De Gruyter Studium

Buddrus, Schmidt • Grundlagen der Organischen Chemie

Empfehlenswerte Titel von De Gruyter

Trennungsmethoden der Analytischen Chemie
Rudolf Bock, Reinhard Nießner, 2014
ISBN 978-3-11-026544-6, e-ISBN 978-3-11-026637-5

Physikalische Chemie – Für die Bachelorprüfung
Hubert Motschmann, Matthias Hofmann, 2014
ISBN 978-3-11-034877-4, e-ISBN 978-3-11-034878-1

Chemische Thermodynamik, 2. Auflage
Grundlagen, Übungen, Lösungen
Walter Schreiter, 2013
ISBN 978-3-11-033106-6, e-ISBN 978-3-11-033107-3

Anorganische Chemie, 5. Auflage
Prinzipien von Struktur und Reaktivität
James Huheey, Richard Keiter, Ellen Keiter, 2014
Ralf Steudel (Hrsg.)
ISBN 978-3-11-030433-6, e-ISBN 978-3-11-030795-5

Chemie der Nichtmetalle, 4. Auflage
Synthesen – Strukturen – Bindung – Verwendung
Ralf Steudel, 2013
ISBN 978-3-11-030439-8, e-ISBN 978-3-11-030797-9

Joachim Buddrus, Bernd Schmidt

Grundlagen der Organischen Chemie

5., überarbeitete und aktualisierte Auflage

DE GRUYTER

Autoren

Prof. Dr. Joachim Buddrus
Trapphofstr. 92
44287 Dortmund
joachim-buddrus@t-online.de

Prof. Dr. Bernd Schmidt
Universität Potsdam
Institut für Chemie
Karl Liebknecht-Straße 24–25
14476 Golm
bernd.schmidt@uni-potsdam.de

ISBN 978-3-11-030559-3
e-ISBN 978-3-11-033105-9
e-ISBN (EPUB) 978-3-11-038998-2

Library of Congress Cataloging-in-Publication Data
A CIP catalog record for this book has been applied for at the Library of Congress.

Bibliografische Information der Deutschen Nationalbibliothek
Die Deutsche Nationalbibliothek verzeichnet diese Publikation in der Deutschen
Nationalbibliografie; detaillierte bibliografische Daten sind im Internet über
http://dnb.dnb.de abrufbar.

© 2015 Walter de Gruyter GmbH, Berlin/München/Boston
Satz: Beltz Bad Langensalza GmbH, Bad Langensalza
Druck und Bindung: Strauss GmbH, Mörlenbach
Coverabbildung: Invariom-based ESP of bergenin mapped as a color code on the ED
isosurface of 0.0067 eÅ−3. Figure 6 of Dittrich, Weber, Kalinowski, Grabowsky, Hübschle
& Luger (2009). Acta Cryst. B65, pp. 749–756. Mit freundlicher Genehmigung
von IUCr (http://dx.doi.org/10.1107/S0108768109046060)
♾ Gedruckt auf säurefreiem Papier
Printed in Germany

www.degruyter.com

Vorwort zur fünften Auflage

Die vorliegende Auflage ist eine Überarbeitung der vorhergehenden. Neben inhaltlichen Ergänzungen und Aktualisierungen wurden auch unter didaktischen Gesichtspunkten Veränderungen vorgenommen. So wurde das Kapitel Eliminierungen neu gestaltet. Dabei haben Begriffe wie Regio- und Stereoselektivität eine Leitfunktion. Aromatische Verbindungen wurden, wie schon in früheren Auflagen, in zwei Kapiteln abgehandelt, die Inhalte wurden aber neu verteilt. Im ersten Kapitel stehen nun Struktur und Bindung von Aromaten und Antiaromaten im Vordergrund, im zweiten ihre Reaktionen. Einige Abschnitte sind hinzugekommen, wie zum Beispiel Abschn. 17.5.10 über die Horner-Wadsworth-Emmons-Reaktion, Abschn. 29.3.5 über thermisch erlaubte [2+2]-Cyclo-additionen, Abschn. 30.2.5 über die Verwendung von Polymeren und Abschn. 30.11 über Weichmacher. Durch die Streichung anderer Abschnitte konnte der Umfang gegenüber der vierten Auflage gleich gehalten werden.

Diese Auflage enthält als wesentliches didaktisches Element ca. 450 Aufgaben. Zur Kontrolle werden am Ende des jeweiligen Kapitels alle Lösungen stichwortartig angegeben, in ausgewählten Fällen ergänzt durch einen ausführlicheren Text.

Auch dieses Mal erhielten wir wertvolle Anregungen und Verbesserungsvorschläge. Unser Dank gilt u. a. Frau Dr. A. Hölemann (Dortmund), Herrn Prof. Dr. A. Laschewsky (Potsdam), Herrn Dr. D. Schanzenbach (Potsdam), Herrn Prof. Dr. B. Straub (Heidelberg) und Herrn Prof. Dr. R. Weberskirch (Dortmund).

November 2014

Joachim Buddrus, Dortmund   *Bernd Schmidt*, Potsdam-Golm

Kurzer Inhalt

Kap. 1　Elektronenstruktur und Reaktivität
　　　　von Kohlenstoffverbindungen 1

Kap. 2　Strukturaufklärung durch Spektroskopie 33

Kap. 3　Alkane. Radikalische Substitution 69

Kap. 4　Cycloalkane 103

Kap. 5　Stereoisomerie 119

Kap. 6　Alkene. Elektrophile Additionen 149

Kap. 7　Alkine 199

Kap. 8　Konjugierte Diene und Polyene 221

Kap. 9　Halogenkohlenwasserstoffe 245

Kap. 10　Nucleophile Substitutionen 255

Kap. 11　β-Eliminierungen 281

Kap. 12　Alkohole 299

Kap. 13　Ether, Epoxide, Organoschwefelverbindungen 331

Kap. 14　Benzol und Aromatizität 361

Kap. 15　Reaktionen von Aromaten 381

Kap. 16　Metallorganische Verbindungen 433

Kap. 17　Aldehyde und Ketone 467

Kap. 18　Carbonsäuren 513

Kap. 19　Derivate von Carbonsäuren 545

Kap. 20　Reaktionen am α-C-Atom von Carbonylverbindungen 595

Kap. 21　α,β-Ungesättigte Carbonylverbindungen 641

Kap. 22　Amine 659

Kap. 23   Phenole 705

Kap. 24   Aromatische Heterocyclen 731

Kap. 25   Kohlenhydrate 757

Kap. 26   Lipide 781

Kap. 27   Aminosäuren, Peptide, Proteine 791

Kap. 28   Naturstoffe 839

Kap. 29   Pericyclische Reaktionen 867

Kap. 30   Synthetische Polymere 887

Sachregister 911

Inhalt

Kapitel 1
Elektronenstruktur und Reaktivität von Kohlenstoffverbindungen

1.1 Sonderstellung des Kohlenstoffs 1

1.2 Ionische und kovalente Bindung 2

1.3 Mesomerie 4

1.4 Elektronegativität und Polarität 6

1.5 Induktive und mesomere Effekte... 10

1.6 Elektronenpaarabstoßung und Molekülgeometrie....................... 12

1.7 Hybridorbitale und Molekülgeometrie 15

1.8 Molekülorbitale 17
    1.8.1 Lokalisierte Molekülorbitale.................................... 18
    1.8.2 Delokalisierte Molekülorbitale................................. 21

1.9 Bindungsenergie 24

1.10 Zum Ablauf einer Reaktion.. 26
    1.10.1 Thermodynamik einer Reaktion.............................. 26
    1.10.2 Kinetik einer Reaktion 26
    1.10.3 Elektronischer Verlauf einer Reaktion....................... 28

1.11 Lösung der Aufgaben zu Kapitel 1.................................... 31

Kapitel 2
Strukturaufklärung durch Spektroskopie

2.1 Bedeutung der spektroskopischen Methoden 33

2.2 Massenspektrometrie 34
    2.2.1 Grundlagen 35
    2.2.2 Massenspektren organischer Verbindungen 37
    2.2.3 Herleitung der Summenformel aus dem Massenspektrum 43

2.3 Kernmagnetische Resonanzspektroskopie 44
      2.3.1 Grundlagen 45
      2.3.2 Chemische Verschiebung von Protonensignalen.................. 47
      2.3.3 Fläche eines Protonensignals 49
      2.3.4 Kopplung zwischen Protonen................................... 49
      2.3.5 Kernmagnetische Resonanzspektroskopie von ^{13}C 54

2.4 Infrarotspektroskopie 57
      2.4.1 Grundlagen 57
      2.4.2 Interpretation von IR-Spektren 60

2.5 Ultraviolettspektroskopie 63
      2.5.1 Grundlagen 63
      2.5.2 UV-Spektren ungesättigter Verbindungen........................ 65

2.6 Lösung der Aufgaben zu Kapitel 2 68

Kapitel 3
Alkane. Radikalische Substitution

3.1 Einteilung der Kohlenwasserstoffe..................................... 69

3.2 Alkane und Konstitutionsisomerie 70

3.3 Nomenklatur von Alkanen.. 72

3.4 Nomenklatur von Alkanen mit funktionellen Gruppen................... 74

3.5 Konformationen von Alkanen... 76

3.6 Löslichkeit, Siede- und Schmelzpunkte von Alkanen 79

3.7 NMR-Spektren von Alkanen... 80

3.8 Vorkommen von Alkanen 81

3.9 Herstellung von Alkanen 82

3.10 Radikalische Substitutionen an Alkanen 82
      3.10.1 Erzeugung von Radikalen.. 83
      3.10.2 Halogenierung von Alkanen mit molekularem Halogen 84
      3.10.3 Chlorierung von Alkanen mit Sulfurylchlorid.................. 90
      3.10.4 *Exkurs:* Reaktionsenthalpie der Halogenierung von Alkanen.... 91
      3.10.5 Halogenierung von Alkenen in Allylstellung 93
      3.10.6 Chlorierung von Alkanen in Gegenwart von Schwefeldioxid.... 95
      3.10.7 Oxidation mit molekularem Sauerstoff 96

3.11 Pyrolyse von Alkanen   98

3.12 Lösung der Aufgaben zu Kapitel 3   100

Kapitel 4
Cycloalkane

4.1 Einteilung der Cycloalkane   103

4.2 cis-trans-Isomerie bei Cycloalkanen   104

4.3 Konformation unsubstituierter Cycloalkane   105

4.4 Konformation substituierter Cyclohexane   107

4.5 Herstellung von Cycloalkanen   110

4.6 Reaktionen von Cycloalkanen   112
     4.6.1 Verbrennung und Ringspannung   112
     4.6.2 Ringöffnung kleiner Ringe   114

4.7 Polycyclische Alkane   115

4.8 Lösung der Aufgaben zu Kapitel 4   117

Kapitel 5
Stereoisomerie

5.1 Einteilung von Isomeren. Chiralität   119

5.2 Moleküle mit einem Chiralitätszentrum. *R,S*-Nomenklatur   121

5.3 Moleküle mit zwei Chiralitätszentren. Diastereomere   124

5.4 Moleküle mit einer Chiralitätsachse   126

5.5 Symmetrieeigenschaften von chiralen Molekülen   127

5.6 Physikalische Unterschiede von Enantiomeren   130

5.7 Chemische Unterschiede von Enantiomeren   132

5.8 Auftrennung eines Racemats in Enantiomere   133

5.9 Prochiralität 137
    5.9.1 Topizität von Substituenten 137
    5.9.2 Topizität von Molekülseiten 141
    5.9.3 Prochirale Moleküle 142

5.10 Lösung der Aufgaben zu Kapitel 5 145

Kapitel 6
Alkene. Elektrophile Additionen

6.1 cis-trans-Isomerie von Alkenen 149

6.2 Nomenklatur von Alkenen 151

6.3 Hydrierung von Alkenen. Dehydrierung von Alkanen 153

6.4 Hydrierungswärme und Stabilität substituierter Alkene 155

6.5 Herstellung von Alkenen 157

6.6 Zur Reaktivität von Alkenen 159

6.7 Elektrophile Additionen an Alkene 160
    6.7.1 Erzeugung und Stabilität von Carbenium-Ionen 160
    6.7.2 Addition von Säuren an Alkene. Markownikow-Regel 162
    6.7.3 Addition von Wasser an Alkene 166
    6.7.4 Addition von Halogenen an Alkene 167
    6.7.5 Addition von hypohalogeniger Säure an Alkene 170
    6.7.6 *Exkurs:* Addition von Halogen an das Trien Myrcen 172
    6.7.7 Addition von Boran an Alkene 174
    6.7.8 Oxidation von Trialkylboranen 176
    6.7.9 Addition von Carbenen oder Carbenoiden an Alkene 179
    6.7.10 Elektrophile Additionen – ein stereochemischer Vergleich 185

6.8 Oxidation von Alkenen 185
    6.8.1 Epoxidierung von Alkenen 185
    6.8.2 Hydroxylierung von Alkenen 188
    6.8.3 Ozonolyse von Alkenen 189

6.9 Radikalische Additionen an Alkene 192

6.10 Lösung der Aufgaben zu Kapitel 6 195

Kapitel 7
Alkine

7.1 Übersicht und Nomenklatur von Alkinen............................. 199

7.2 Struktur und IR-Spektren von Alkinen 200

7.3 Herstellung von Alkinen.. 202

7.4 Reaktionen von Alkinen 203
    7.4.1 Einteilung der Reaktionen von Alkinen 203
    7.4.2 Elektrophile Addition an die Dreifachbindung 205
    7.4.3 Nucleophile Addition an die Dreifachbindung................... 209
    7.4.4 Addition von Wasserstoff an die Dreifachbindung 210
    7.4.5 Acidität von 1-Alkinen. Acetylide 212
    7.4.6 *Exkurs:* Pheromone aus Alkinen. Retrosynthese.................. 213
    7.4.7 Oxidative Kupplung von 1-Alkinen zu 1,3-Diinen.............. 215
    7.4.8 Zusammenfassung der Reaktionen von Alkinen................. 216
    7.4.9 Acetylen als industrielle Ausgangsverbindung 217

7.5 Lösung der Aufgaben zu Kapitel 7 219

Kapitel 8
Konjugierte Diene und Polyene

8.1 Einteilung und Nomenklatur.. 221

8.2 Stabilität konjugierter Diene 222

8.3 Konformation konjugierter Diene 224

8.4 UV-Spektren konjugierter Polyene.................................... 224

8.5 Konstitution und Farbe organischer Verbindungen 226

8.6 Herstellung konjugierter Diene 228

8.7 Reaktionen konjugierter Diene.. 230
    8.7.1 Addition von Bromwasserstoff an konjugierte Diene 231
    8.7.2 Kinetische/thermodynamische Steuerung der HBr-Addition 232
    8.7.3 Weitere Additionen an konjugierte Diene 233
    8.7.4 Diels-Alder-Reaktion.. 234

8.8 *Exkurs:* Die Photochemie des Sehvorgangs 240

8.9 Lösung der Aufgaben zu Kapitel 8.................................... 242

Kapitel 9
Halogenkohlenwasserstoffe

9.1 Bedeutung von Halogenkohlenwasserstoffen 245

9.2 Herstellung von Halogenkohlenwasserstoffen 247

9.3 Halogenkohlenwasserstoffe im Alltag 249

9.4 Reaktionen – ein Überblick 253

9.5 Lösung der Aufgaben zu Kapitel 9 253

Kapitel 10
Nucleophile Substitutionen

10.1 Nucleophile Substitutionen – Übersicht 255

10.2 Die S_N2-Reaktion 256

10.3 Die S_N1-Reaktion 258

10.4 Einfluss des Substrats auf die Substitution 261
       10.4.1 Reaktivität gesättigter Alkylhalogenide 261
       10.4.2 Reaktivität von Allyl- und Benzylhalogeniden 263

10.5 Das Nucleophil 265

10.6 Die Abgangsgruppe 268

10.7 Einfluss des Lösungsmittels 269

10.8 Vergleich von S_N1- und S_N2-Reaktionen 271

10.9 *Exkurs:* Pestizide durch nucleophile Substitution 274

10.10 *Exkurs:* Nucleophile Methylierungen in der Zelle 276

10.11 Lösung der Aufgaben zu Kapitel 10 278

Kapitel 11
β-Eliminierungen

11.1 α- und β-Eliminierungen 281

11.2 β-Eliminierungen zur Herstellung von Alkenen 282

11.3 Mechanistische Abläufe von β-Eliminierungen 283

11.4 Die E2-Reaktion 284
    11.4.1 Regioselektivität bei E2-Reaktionen. 284
    11.4.2 Stereoselektivität bei E2-Reaktionen 286

11.5 Die E1-Reaktion 289

11.6 Die E1cB-Reaktion 290

11.7 *Exkurs:* Kinetische Isotopeneffekte 292

11.8 β-Eliminierung und Substitution in Konkurrenz. 293

11.9 Lösung der Aufgaben zu Kapitel 11 295

Kapitel 12
Alkohole

12.1 Einteilung und Nomenklatur von Alkoholen 299

12.2 Wasserstoffbrücken und IR-Spektren von Alkoholen. 300

12.3 NMR-Unterscheidung von alkoholischen Gruppen. 302

12.4 Eigenschaften und Verwendung von Alkoholen. 304

12.5 Herstellung von Alkoholen. 305

12.6 Reaktionen von Alkoholen 308
    12.6.1 Acidität von Alkoholen. Alkoholate 308
    12.6.2 Veresterung von Alkoholen mit Carbonsäuren. 310
    12.6.3 Veresterung von Alkoholen mit Sulfonsäurechloriden 310
    12.6.4 Umwandlung von Alkoholen in Alkylhalogenide 312
    12.6.5 Dehydratisierung von Alkoholen zu Alkenen 314
    12.6.6 Dehydratisierung von Alkoholen zu Ethern. 317
    12.6.7 Oxidation von Alkoholen 318
    12.6.8 *Exkurs:* Dehydrierung von Alkoholen in der biologischen Zelle. . 321

12.7 Mehrwertige Alkohole 323

    12.7.1 Herstellung und Verwendung mehrwertiger Alkohole.......... 324

    12.7.2 Glykolspaltung von 1,2-Diolen............................... 325

12.8 Lösung der Aufgaben zu Kapitel 12 327

Kapitel 13
Ether, Epoxide, Organoschwefelverbindungen

13.1 Übersicht und Nomenklatur von Ethern.............................. 331

13.2 Herstellung von Ethern.. 333

13.3 Reaktionen von Ethern 336

    13.3.1 Bildung von Oxoniumsalzen 336

    13.3.2 Etherspaltung durch starke Säuren.......................... 337

    13.3.3 Autoxidation von Ethern................................... 338

13.4 Kronenether... 339

13.5 *Exkurs:* Cyclische Ether als Ionophore............................ 341

13.6 Epoxide... 342

    13.6.1 Darstellung von Epoxiden.................................. 342

    13.6.2 Reaktionen von Epoxiden 345

13.7 *Exkurs:* Vom chiralen Epoxid zum chiralen Arzneistoff............. 349

13.8 Organische Schwefelverbindungen 350

13.9 *Exkurs:* Schwefelverbindungen in der Biochemie 355

13.10 Lösung der Aufgaben zu Kapitel 13 357

Kapitel 14
Benzol und Aromatizität

14.1 Aromaten im Überblick 361

14.2 Nomenklatur substituierter Aromaten............................... 362

14.3 *Exkurs:* Krebserregende Aromaten 364

14.4 Bindung in Benzol 365

14.5 Benzoide und nichtbenzoide Aromaten. Hückel-Regel 368

14.6 Antiaromaten 370

14.7 NMR-Spektren von Aromaten und Antiaromaten 373

14.8 Gewinnung von Aromaten aus Erdöl und Teer 375

14.9 Gewinnung von Aromaten durch Synthese........................... 376
      14.9.1 Synthese von benzoiden Aromaten 376
      14.9.2 Synthese von nichtbenzoiden Aromaten/Antiaromaten.......... 377

14.10 Lösung der Aufgaben zu Kapitel 14 379

Kapitel 15
Reaktionen von Aromaten

15.1 Reaktivität von Benzol 381

15.2 Reaktionen von Aromaten im Überblick 381

15.3 Elektrophile Substitution am Benzolring........................... 382
      15.3.1 Nitrierung von Benzol 384
      15.3.2 Halogenierung von Benzol.................................. 385
      15.3.3 Sulfonierung von Benzol................................... 387
      15.3.4 Sulfochlorierung von Benzol............................... 389
      15.3.5 Acylierung von Benzol durch Friedel-Crafts-Reaktion 390
      15.3.6 Alkylierung von Benzol durch Friedel-Crafts-Reaktion 395
      15.3.7 Zusammenfassung elektrophiler Substitutionen von Benzol..... 401

15.4 Elektrophile Zweitsubstitution am Benzolring 402
      15.4.1 Lenkung der Zweitsubstitution durch Erstsubstituenten 402
      15.4.2 Mechanismus der Zweitsubstitution 406
      15.4.3 Geschwindigkeit der Zweitsubstitution 408
      15.4.4 *Exkurs:* Schmerzmittel Ibuprofen durch
              Friedel-Crafts-Acylierung 409

15.5 Elektrophile Substitution an kondensierten Aromaten 410

15.6 Nucleophile Substitution an Aromaten.............................. 413

15.7 Eliminierung an Aromaten: Arine 416

15.8 Additionen an Aromaten 419

15.9 Reaktionen der Seitenkette von Alkylaromaten 423

15.10 *Exkurs:* Süßstoff Saccharin durch Sulfochlorierung 427

15.11 Lösung der Aufgaben zu Kapitel 15 428

Kapitel 16
Metallorganische Verbindungen

16.1 Bedeutung metallorganischer Verbindungen 433

16.2 Bindung in metallorganischen Verbindungen 433
      16.2.1 Ionische Bindung 433
      16.2.2 Kovalente Bindung 434
      16.2.3 Mehrzentrenbindung 435
      16.2.4 π-Bindung und 18-Elektronenregel 435

16.3 Darstellung metallorganischer Verbindungen 437
      16.3.1 Metallorganische Verbindungen aus
              C–H-aciden Verbindungen 437
      16.3.2 Metallorganische Verbindungen aus Halogenverbindungen 438
      16.3.3 Metallorganische Verbindungen aus weiteren Vorstufen 441

16.4 Reaktionen metallorganischer Verbindungen......................... 442
      16.4.1 Reaktivität metallorganischer Verbindungen................ 442
      16.4.2 Lithium- und magnesiumorganische Verbindungen 443
      16.4.3 Kupferorganische Verbindungen 443
      16.4.4 Aluminiumorganische Verbindungen.......................... 445

16.5 Übergangsmetallverbindungen als Katalysatoren..................... 447
      16.5.1 Homogene Hydrierung von Alkenen 449
      16.5.2 Hydroformylierung von Alkenen............................. 452
      16.5.3 Metathese von Olefinen.................................... 453
      16.5.4 Polymerisation von Alkenen 456
      16.5.5 Palladiumkatalysierte C-C-Verknüpfungsreaktionen.......... 459

16.6 Lösung der Aufgaben zu Kapitel 16 464

Kapitel 17
Aldehyde und Ketone

17.1 Aldehyde und Ketone im Alltag 467

17.2 π-Bindung in Aldehyden und Ketonen 470

17.3 IR- und NMR-Spektren von Aldehyden und Ketonen 470

17.4 Herstellung von Aldehyden und Ketonen 471

17.5 Nucleophile Additionen an die Carbonylgruppe 475
   17.5.1 Zur Reaktivität von Aldehyden und Ketonen 475
   17.5.2 Addition von Wasser. *gem*-Diole 477
   17.5.3 Addition von Alkoholen. Halbacetale und Acetale 479
   17.5.4 Addition von Thiolen. Thioacetale 481
   17.5.5 Addition von Aminoverbindungen. Imine und Enamine 483
   17.5.6 *Exkurs:* Imine in der Zelle 487
   17.5.7 Addition von Cyanwasserstoff oder 1-Alkinen 489
   17.5.8 Addition von metallorganischen Verbindungen 491
   17.5.9 Addition von Yliden. Wittig-Reaktion 493
   17.5.10 Addition von Phosphonatcarbanionen 496
   17.5.11 *Exkurs:* Technische Synthese von Vitamin A 498

17.6 Oxidation von Aldehyden und Ketonen 501

17.7 Reduktion von Aldehyden und Ketonen zu Alkoholen 503

17.8 Reduktion von Aldehyden und Ketonen zu Kohlenwasserstoffen 506
   17.8.1 Reduktion mit Zink: Clemmensen-Reduktion 506
   17.8.2 Reduktion mit Hydrazin: Wolff-Kishner-Reduktion 507

17.9 Lösung der Aufgaben zu Kapitel 17 509

Kapitel 18
Carbonsäuren

18.1 Übersicht und Nomenklatur von Carbonsäuren 513

18.2 Vorkommen und Eigenschaften von Carbonsäuren 515

18.3 Herstellung von Carbonsäuren 516

18.4 Reaktionen von Carbonsäuren 519

18.4.1 Acidität von Carbonsäuren 519

18.4.2 Carboxylate – Salze von Carbonsäuren 521

18.4.3 *Exkurs:* Tenside 522

18.4.4 Veresterung von Carbonsäuren mit Alkohol 525

18.4.5 Methylierung von Carbonsäuren mit Diazomethan 526

18.4.6 Überführung von Carbonsäuren in Carbonsäurehalogenide 527

18.4.7 Reduktion von Carbonsäuren zu primären Alkoholen 528

18.4.8 Decarboxylierung von Carbonsäuren durch Erhitzen 529

18.4.9 Decarboxylierung von Carboxylaten durch Elektrolyse 530

18.4.10 Zusammenfassung der Reaktionen an der Carboxylgruppe 531

18.5 Peroxycarbonsäuren 532

18.6 Dicarbonsäuren 533

18.6.1 Herstellung von Dicarbonsäuren 535

18.6.2 Reaktionen von Dicarbonsäuren 536

18.7 Hydroxy- und Ketocarbonsäuren 538

18.8 *Exkurs:* Synthese des Konservierungsstoffs Sorbinsäure 539

18.9 Lösung der Aufgaben zu Kapitel 18 541

Kapitel 19
Derivate von Carbonsäuren

19.1 Carbonsäurederivate und ihre Reaktivität 545

19.2 Carbonsäurehalogenide 547

19.2.1 Herstellung von Carbonsäurechloriden 547

19.2.2 Reaktionen von Carbonsäurechloriden 548

19.3 Carbonsäureanhydride 553

19.3.1 Herstellung von Carbonsäureanhydriden 553

19.3.2 Reaktionen von Carbonsäureanhydriden 555

19.3.3 *Exkurs:* Herstellung des Süßstoffs Aspartam 556

19.4 Carbonsäureester 558

19.4.1 Nomenklatur und Vorkommen 558

19.4.2 Herstellung von Estern 559

19.4.3 Reaktionen an der Estergruppe 560

19.4.4 Lactone 566

19.5 Thiocarbonsäureester.. 569

19.6 Carbonsäureamide 570
      19.6.1 Struktur und Vorkommen 570
      19.6.2 Bindung und Wasserstoffbrücken bei Carbonsäureamiden 571
      19.6.3 ¹H-NMR-Spektren von Carbonsäureamiden 573
      19.6.4 Herstellung von Carbonsäureamiden 574
      19.6.5 Reaktionen von Carbonsäureamiden......................... 574
      19.6.6 Lactame 580

19.7 Nitrile 582
      19.7.1 Herstellung von Nitrilen 583
      19.7.2 Reaktionen von Nitrilen.................................. 584

19.8 Kohlensäurederivate 585

19.9 Vergleich: Metallorganische Additionen an Carbonylverbindungen..... 586

19.10 Lösung der Aufgaben zu Kapitel 19 590

Kapitel 20
Reaktionen am α-C-Atom von Carbonylverbindungen

20.1 α-CH-Acidität von Carbonylverbindungen, Nitrilen, Nitroverbindungen 595

20.2 Keto-Enol-Tautomerie 598

20.3 Racemisierung α-chiraler Carbonylverbindungen 602

20.4 α-Halogenierung von Aldehyden und Ketonen........................ 603

20.5 α-Halogenierung von Carbonsäuren 607

20.6 Alkylierung von Malonester und Acetessigester.................... 608

20.7 α-Alkylierung von Ketonen, Monoestern und Nitrilen............... 612

20.8 α-Alkylierung und α-Acylierung von Aldehyden/Ketonen
      über Enamine.. 615

20.9 Aldoladdition und Aldolkondensation 616
      20.9.1 Gemischte Aldolreaktion.................................. 620
      20.9.2 Aldole: technisch wichtige Zwischenprodukte 623
      20.9.3 *Exkurs:* Aldoladdition in der lebenden Zelle................... 625

20.10 Knoevenagel-Kondensation 628

20.11 α-Aminomethylierung von Aldehyden und Ketonen 629

20.12 Esterkondensation nach Claisen 631

20.13 Lösung der Aufgaben zu Kapitel 20 637

Kapitel 21
α,β-Ungesättigte Carbonylverbindungen

21.1 Übersicht und Herstellung 641

21.2 Reaktivität α,β-ungesättigter Carbonylverbindungen 643

21.3 Elektrophile Additionen 644

21.4 Nucleophile Additionen 645
    21.4.1 Verlauf nucleophiler Additionen 645
    21.4.2 Addition von Alkoholen, Aminen, Thiolen 645
    21.4.3 Addition CH-acider Verbindungen. Michael-Addition 647
    21.4.4 Die Robinson-Anellierung 651
    21.4.5 Addition von Aldehyden: die Stetter-Reaktion 652
    21.4.6 Addition metallorganischer Verbindungen 653

21.5 Lösung der Aufgaben zu Kapitel 21 655

Kapitel 22
Amine

22.1 Einteilung und Nomenklatur von Aminen 659

22.2 Struktur und Inversion von Aminen 661

22.3 *Exkurs:* Pharmakologische Wirkung von Aminen 663

22.4 Herstellung von Aminen 664

22.5 Reaktionen von Aminen 670
    22.5.1 Amine als schwache Basen 671
    22.5.2 Amine als schwache Säuren 674
    22.5.3 Reaktion von Aminen mit Alkylhalogeniden 675
    22.5.4 Quartäre Ammoniumsalze 677

22.5.5 Quartäre Ammoniumsalze und Phasentransfer.................. 679

22.5.6 Reaktion von Aminen mit Carbonsäurechloriden
und mit Sulfonsäurechloriden................................. 680

22.5.7 *Exkurs:* Sulfonamide als Arzneimittel........................ 683

22.5.8 Elektrophile Substitution an aromatischen Aminen 685

22.5.9 *Exkurs:* Vom Anilin zum Arzneistoff Diclofenac 687

22.6 Diazoniumverbindungen 688

22.6.1 Reaktion von aliphatischen Aminen mit salpetriger Säure....... 689

22.6.2 Reaktion von aromatischen Aminen mit salpetriger Säure....... 691

22.6.3 Substitution der Diazoniumgruppe. Sandmeyer-Reaktion 692

22.6.4 Reduktion der Diazoniumgruppe............................. 696

22.6.5 Von Diazoniumverbindungen zu Azofarbstoffen............... 697

22.7 Lösung der Aufgaben zu Kapitel 22 701

Kapitel 23
Phenole

23.1 Einführung und Nomenklatur..................................... 705

23.2 Herstellung von Phenolen 707

23.3 Reaktionen von Phenolen 710

23.3.1 Acidität von Phenolen 710

23.3.2 Reaktionen der phenolischen OH-Gruppe 712

23.3.3 Claisen-Umlagerung von Allyl-phenyl-ethern 714

23.3.4 Elektrophile Substitution am Benzolring von Phenolen 715

23.3.5 Oxidation von Phenolen. Chinone........................... 720

23.3.6 Zusammenfassung der Reaktionen von Phenolen 724

23.4 *Exkurs:* Herstellung des Aromastoffs Menthol 725

23.5 Lösung der Aufgaben zu Kapitel 23 728

Kapitel 24
Aromatische Heterocyclen

24.1 Übersicht 731

24.2 Furan, Thiophen und Pyrrol 732

24.2.1 Bindung in Furan, Thiophen und Pyrrol 732

24.2.2 Herstellung von Furan-, Thiophen- und Pyrrolverbindungen 733

24.2.3 Zur Reaktivität von Furan, Thiophen und Pyrrol 736
24.2.4 Reaktionen des Furans 737
24.2.5 Reaktionen des Thiophens 738
24.2.6 Reaktionen des Pyrrols 739

24.3 Pyridin und Pyridinverbindungen 740
24.3.1 Bindung im Pyridin 740
24.3.2 Gewinnung von Pyridinverbindungen 740
24.3.3 Reaktionen von Pyridinverbindungen 742

24.4 Kondensierte Ringe: Chinolin, Isochinolin und Indol 747

24.5 *Exkurs:* Benzodiazepine. Kombinatorische Synthese 750

24.6 *Exkurs:* der Farbstoff Indigo und seine Herstellung 752

24.7 Lösung der Aufgaben zu Kapitel 24 754

Kapitel 25
Kohlenhydrate

25.1 Einteilung der Kohlenhydrate 757

25.2 Struktur von Monosacchariden 757

25.3 Furanosen und Pyranosen 762

25.4 Vorkommen von Monosacchariden 765

25.5 Reaktionen von Monosacchariden 766
25.5.1 Veresterung von Monosacchariden 766
25.5.2 Glykosidierung von Monosacchariden 767
25.5.3 Reduktion von Monosacchariden 769
25.5.4 Oxidation von Monosacchariden 770

25.6 *Exkurs:* Ascorbinsäure aus Glucose 771

25.7 Disaccharide 772

25.8 Cyclische Saccharide: Cyclodextrine 774

25.9 Polysaccharide 775

25.10 Polysaccharide: Sekundärstruktur und Hydrolyse 777

25.11 Lösung der Aufgaben zu Kapitel 25 779

Kapitel 26
Lipide

26.1 Eigenschaften von Lipiden 781

26.2 Fette und Öle 781
    26.2.1 Reaktionen an der Estergruppe von Fetten 784
    26.2.2 Reaktionen an der ungesättigten Seitenkette. Fetthärtung 785

26.3 Wachse 787

26.4 Phospholipide und Zellmembrane 787

26.5 *Exkurs:* Nachwachsende Rohstoffe 789

26.6 Lösung der Aufgaben zu Kapitel 26 790

Kapitel 27
Aminosäuren, Peptide, Proteine

27.1 Aminosäuren 791
    27.1.1 Struktur von Aminosäuren 791
    27.1.2 Konfiguration von Aminosäuren 793
    27.1.3 Verwendung von Aminosäuren 794
    27.1.4 Herstellung racemischer Aminosäuren 794
    27.1.5 Herstellung enantiomerenreiner Aminosäuren 797
    27.1.6 Säure-Base-Verhalten von Aminosäuren 804
    27.1.7 Veresterung und Acetylierung von Aminosäuren 809
    27.1.8 Nachweis von Aminosäuren: die Ninhydrin-Reaktion 810

27.2 Peptide 810
    27.2.1 Struktur und Nomenklatur von Peptiden 810
    27.2.2 Bedeutung von Peptiden 812
    27.2.3 Herstellung von Peptiden in Lösung 813
    27.2.4 Herstellung von Peptiden an fester Phase. Merrifield-Synthese .. 820
    27.2.5 Chemische und enzymatische Hydrolyse von Peptiden 822
    27.2.6 Sequenzanalyse von Peptiden durch Edman-Abbau 824
    27.2.7 *Exkurs:* Sequenzanalyse durch Massenspektrometrie 826

27.3 Proteine 828
    27.3.1 Primärstruktur von Proteinen 829
    27.3.2 Sekundärstruktur von Proteinen 829

27.3.3 Tertiärstruktur und Domänen von Proteinen 831

27.3.4 Quartärstruktur von Proteinen 833

27.3.5 Konjugierte Proteine 834

27.3.6 Proteine als Enzyme... 835

27.4 Lösung der Aufgaben zu Kapitel 27 836

Kapitel 28
Naturstoffe

28.1 Einteilung der Naturstoffe... 839

28.2 Terpene und Isoprenregel 840

28.3 Steroide.. 844

28.4 Hormone 846

28.4.1 Steroidhormone 846

28.4.2 Amin- und Peptidhormone 848

28.4.3 Prostaglandinhormone 849

28.5 Stickstoffheterocyclen 850

28.5.1 Alkaloide.. 850

28.5.2 Porphyrinfarbstoffe... 853

28.6 Nucleinsäuren 856

28.7 Antibiotika.. 859

28.8 Vitamine... 861

28.9 Lösung der Aufgaben zu Kapitel 28 865

Kapitel 29
Pericyclische Reaktionen

29.1 Einteilung pericyclischer Reaktionen 867

29.2 Elektrocyclische Reaktionen... 868

29.2.1 Stereochemie elektrocyclischer Reaktionen.......................... 869

29.2.2 Orbitalsymmetrie und Drehrichtung.................................. 870

29.2.3 Regeln für elektrocyclische Reaktionen 871

29.3 Cycloadditionen.. 873

    29.3.1 Synchrone Cycloadditionen.............................. 873

    29.3.2 Stereochemie synchroner Cycloadditionen........................ 874

    29.3.3 Orbitalsymmetrie synchroner Cycloadditionen.................... 876

    29.3.4 Regeln für synchrone Cycloadditionen 878

    29.3.5 Thermisch erlaubte [2+2]Cycloadditionen 878

    29.3.6 Stufenweise Cycloadditionen............................. 879

29.4 Sigmatrope Umlagerungen...................................... 880

    29.4.1 Stereochemie sigmatroper Umlagerungen........................ 880

    29.4.2 Orbitalsymmetrie sigmatroper Umlagerungen...................... 881

    29.4.3 Regeln für sigmatrope Umlagerungen 884

29.5 *Exkurs:* Pericyclische Reaktionen in der Biochemie...................... 884

29.6 Lösung der Aufgaben zu Kapitel 29............................ 886

Kapitel 30
Synthetische Polymere

30.1 Einteilung von synthetischen Polymeren 887

30.2 Vinylpolymere 887

    30.2.1 Vinylpolymere durch kationische Polymerisation 888

    30.2.2 Vinylpolymere durch anionische Polymerisation 889

    30.2.3 Vinylpolymere durch radikalische Polymerisation................ 890

    30.2.4 Vinylpolymere durch koordinative Polymerisation............... 892

    30.2.5 Verwendung von Vinylpolymeren......................... 894

30.3 Polymere aus 1,3-Dienen 896

30.4 Copolymere... 897

30.5 Polyether 898

30.6 Polyester... 899

30.7 Polyamide 900

30.8 Polyurethane... 904

30.9 Phenol-Formaldehyd-Harze............................... 905

30.10 Harnstoff-Formaldehyd-Harze 907

30.11 Weichmacher 907

30.12 Lösung der Aufgaben zu Kapitel 30 908

Sachregister   **911**

Kapitel 1
Elektronenstruktur und Reaktivität
von Kohlenstoffverbindungen

1.1 Sonderstellung des Kohlenstoffs

Unter Organischer Chemie versteht man die Chemie der Kohlenstoffverbindungen. Die Zahl dieser Verbindungen und deren Bedeutung ist so groß, dass eine von den übrigen Elementen gesonderte Behandlung gerechtfertigt erscheint. Es sind gegenwärtig etwa zwölf Millionen Kohlenstoffverbindungen bekannt (täglich kommen etwa einhundert hinzu!) gegenüber etwa 400000 Verbindungen der übrigen Elemente. Sie nehmen in der Biologie, Medizin und Technik einen hervorragenden Platz ein. Alle Lebensvorgänge beruhen auf Auf- und Abbau solcher Verbindungen. In der Medizin werden natürliche und künstliche Kohlenstoffverbindungen zur Heilung herangezogen. Schließlich prägen sie unsere technische Welt durch Farbstoffe, Kunststoffe usw.

Entwicklung der Organischen Chemie. Bis zum Anfang des 19. Jahrhunderts glaubte man, dass organische Verbindungen nur von der Pflanze oder von Lebewesen, nicht aber künstlich im Reagenzglas erzeugt werden können. Sie sollten sich damit von anorganischen Verbindungen unterscheiden, die sowohl in der (unbelebten) Natur als auch im Reagenzglas entstehen. 1828 zeigte *F. Wöhler* (geb. 1800 in Eschersheim/Frankfurt), dass organische Verbindungen *auch in der Retorte* gebildet werden können: Er erhitzte eine wässrige Lösung von Ammoniumcyanat und erhielt beim Eindampfen Harnstoff, eine Verbindung, die auch im Urin vorkommt.

Ammoniumcyanat   **Harnstoff**

Heute ist die Herstellung von organischen Verbindungen auf "künstliche" Weise kein Geheimnis mehr, sie ist lediglich eine Frage der Erfahrung und des Geschicks.

Sonderstellung des Kohlenstoffs gegenüber anderen Elementen. Kohlenstoff nimmt gegenüber anderen Elementen aus zwei Gründen eine Sonderstellung ein:

- Kohlenstoff verbindet sich mit seinesgleichen zu langen beständigen Ketten und Ringen. Zwar bilden auch andere Elemente wie Bor, Silicium oder Stickstoff solche Ketten oder Ringe, diese sind aber wenig beständig. Die Ursache für dieses unterschiedliche Verhalten beruht darauf, dass die C-Atome *koordinativ gesättigt*

sind, während andere Atome weiterhin bestimmte Angriffszentren wie Elektronen-
lücken (Bor), freie Elektronenpaare (Stickstoff, Phosphor) oder leere d-Orbitale
(Silicium) aufweisen, die alle die Beständigkeit von Ketten oder Ringen vermindern.

Elektronenlücke   koordinative   freie   leere d-Orbitale
                  Sättigung   Elektronenpaare

● Der Wasserstoff in den Kohlenwasserstoffketten und -ringen kann durch eine
Vielzahl anderer Elemente ersetzt werden, ohne dass dadurch die Stabilität wesentlich herabgesetzt wird. Deshalb ist eine schier unendliche Zahl von Kohlenstoffverbindungen möglich, z. B.:

unsubstituierter   vielfach substituierter
Kohlenwasserstoff   Kohlenwasserstoff

1.2 Ionische und kovalente Bindung

1916 stellten *W. Kossel* (geb. 1888 in Berlin) und *G.N. Lewis* (geb. 1875 in Wey-
mouth/Mass.) eine Theorie auf, wonach sich Elemente deshalb zu Molekülen vereinigen, weil sie dadurch Elektronenanordnungen erlangen, die denen der
Edelgase ähneln. Hierbei wird die Elektronenanordnung desjenigen Edelgases an-
gestrebt, das dem betreffenden Element am nächsten steht. Auf die zweite Periode
des Periodensystems angewendet, heißt das, die Elemente Lithium bis Fluor stre-
ben die Elektronenanordnung des Heliums ($1s^2$) oder Neons ($1s^2\ 2s^2\ 2p^6$) an.

Anzahl der Elektronen in der äußeren (Valenz-)Schale

So gibt Lithium ($1s^2\,2s^1$) bei der Reaktion mit geeigneten Reaktionspartnern das Elektron der äußeren Schale ($2s^1$) ab, wobei Li$^+$ mit der Elektronenanordnung des Heliums entsteht. Umgekehrt nimmt Fluor ($1s^2\,2s^2\,2p^5$) ein Elektron auf und erlangt die Elektronenanordnung des Neons.

$$\text{Li}\cdot \longrightarrow \text{Li}^+ + 1e^- \qquad\qquad \cdot\ddot{\underset{\cdot\cdot}{\text{F}}}\colon + 1e^- \longrightarrow \colon\ddot{\underset{\cdot\cdot}{\text{F}}}\colon{}^-$$

Die Reaktion zwischen Lithium und Fluor verläuft dann wie folgt:

$$\text{Li}\cdot + \cdot\ddot{\underset{\cdot\cdot}{\text{F}}}\colon \longrightarrow \text{Li}^+ + \colon\ddot{\underset{\cdot\cdot}{\text{F}}}\colon{}^-$$

Kohlenstoff ($1s^2\,2s^2\,2p^2$) müsste entweder 4 Elektronen abgeben unter Bildung von C^{4+} (Elektronenanordnung des Heliums) oder 4 Elektronen aufnehmen unter Bildung von C^{4-} (Elektronenanordnung des Neons). Beide Vorgänge sind wegen der großen Ladungsanhäufung energetisch ungünstig. Stellen dagegen Kohlenstoff und sein Bindungspartner, z. B. Wasserstoff, ihre äußeren Elektronen *gegenseitig* zur Verfügung, so erreichen beide ebenfalls edelgasähnliche Anordnungen von Elektronen.

$$4\,\text{H}\cdot + \cdot\dot{\text{C}}\cdot \longrightarrow \begin{matrix} \text{H} \\ \text{H}\colon\!\underset{\cdot\cdot}{\text{C}}\!\colon\text{H} \\ \text{H} \end{matrix}$$

Kohlenstoff erweitert hierbei seine äußere Schale um 4 Elektronen und besitzt damit wie Neon 8 Elektronen in der äußeren Schale. (Die innere Schale des Kohlenstoffs ist mit 2 Elektronen ohnehin voll besetzt und nimmt an der Bindung nicht teil.) Wasserstoff erweitert seine Elektronenschale um ein Elektron und ist dann wie Helium von 2 Elektronen umgeben.

Normalerweise verzichtet man auf die Wiedergabe jedes einzelnen Bindungselektrons und verwendet nach *F.A. Kekulé* (geb. 1829 in Darmstadt) Valenzstriche, wobei ein Valenzstrich zwei Bindungselektronen darstellt.

$$\begin{matrix} \text{H} \\ \text{H}\colon\!\underset{\cdot\cdot}{\text{C}}\!\colon\text{H} \\ \text{H} \end{matrix} \qquad\qquad \begin{matrix} \text{H} \\ | \\ \text{H}-\text{C}-\text{H} \\ | \\ \text{H} \end{matrix}$$

Strukturformel von Methan
nach Lewis

Strukturformel von Methan
nach Kekulé

Die Valenzstrich-Strukturformel lässt klar die Vierwertigkeit des Kohlenstoffs erkennen. C_2H_6 (Ethan), der nächsthöhere Kohlenwasserstoff, ist genauso zu formulieren:

Strukturformel von Ethan
nach Lewis

Strukturformel von Ethan
nach Kekulé

Verbindungen mit Doppel- und Dreifachbindungen bilden sich formal wie folgt:

$4 H\cdot + 2 \cdot \overset{\cdot}{\underset{\cdot}{C}} \cdot \longrightarrow$ oder

Ethen
(nach Lewis)

Ethen
(nach Kekulé)

$2 H\cdot + 2 \cdot \overset{\cdot}{\underset{\cdot}{C}} \cdot \longrightarrow$ $H:C:::C:H$ oder $H-C\equiv C-H$

Ethin
(nach Lewis)

Ethin
(nach Kekulé)

Der Leser überzeuge sich, dass im Ethan, Ethen und Ethin jedes der beiden C−Atome von 8 Elektronen und jedes H-Atom von 2 Elektronen umgeben ist.

1.3 Mesomerie

Bestimmte Moleküle lassen sich mit einfachen Strukturformeln nach Lewis oder Kekulé nur ungenau beschreiben. Dazu zählen Moleküle

- mit konjugierten Doppelbindungen (Doppelbindungen getrennt durch eine Einfachbindung)
- mit einer Doppelbindung in Nachbarschaft zu einem Atom, das eine Elektronenlücke oder ein freies Elektronenpaar aufweist
- mit einem Atom mit Elektronenlücke neben einem anderen Atom, das ein freies Elektronenpaar enthält. Beispiele:

Benzol

$H_2C\!=\!CH\!-\!\overset{+}{C}H_2$
Allylkation

$H_2C\!=\!CH\!-\!\overset{..}{\underset{..}{O}}{}^{-}$
Enolat-Ion

$H_2\overset{+}{C}\!-\!\overset{..}{\underset{..}{O}}R$
Alkoxymethyl-Kation

Die Elektronenverteilung im *Benzol* wird weder durch Ia noch Ib richtig wiedergegeben. Laut Experiment sind alle Bindungen im Ring gleich lang (Abschn. 14.4), was mit alternierenden Einfach- und Doppelbindungen nicht in Einklang steht. Die tatsächliche Elektronenverteilung wird besser durch Überlagerung der Strukturen Ia und Ib oder aber durch die Struktur Ic mit gleichen Bindungslängen im Ring ausgedrückt.

Zeichnen Sie Ia und Ib auf je ein Blatt Pergamentpapier. Legen Sie die Blätter so übereinander, dass die beiden 6-Ringe sich decken. Schauen Sie durch die Blätter: Sie sehen die Elektronenverteilung des Benzols entspr. Ic.

Ia und Ib sind **mesomere Grenzstrukturen**, sie werden mit einem doppelköpfigen Pfeil (↔) verknüpft. Dieser darf nicht mit einköpfigen Doppelpfeilen, wie sie zur Beschreibung chemischer Gleichgewichte dienen (⇆), verwechselt werden. Es sei betont, dass Benzol *nur eine* Elektronenstruktur aufweist. Benzol hat nicht zeitweise die Struktur Ia und zeitweise die Struktur Ib, sondern ist eine Überlagerung der beiden Elektronenstrukturen Ia und Ib.

Im *Allylkation* wird die Elektronenverteilung weder durch IIa noch durch IIb richtig wiedergegeben, da laut Experiment die beiden C,C-Abstände gleich sind. Erst die Überlagerung beider Strukturen führt zu einer Elektronenstruktur, die dem Experiment gerecht wird. Diese Überlagerung wird durch die mesomeren Grenzstrukturen IIa ↔ IIb oder durch IIc zum Ausdruck gebracht.

Im *Enolat-Ion* wird die Elektronenverteilung durch die mesomeren Grenzstrukturen IIIa ↔ IIIb oder durch die Struktur IIIc mit den Partialladungen δ^- beschrieben. Hier wird eines der freien Elektronenpaare des Sauerstoffs in die Mesomerie einbezogen.

Im *Alkoxymethyl-Kation* wird die Elektronenverteilung durch die mesomeren Grenzstrukturen IVa ↔ IVb oder durch IVc beschrieben. Auch hier wird ein freies Elektronenpaar des Sauerstoffs in die Elektronenverteilung einbezogen.

Allen mesomeren Zuständen liegt eine **Delokalisierung** von Elektronenpaaren zugrunde: In I werden Doppelbindungen delokalisiert, in II wird eine Doppelbindung und damit einhergehend eine positive Ladung delokalisiert, in III werden ein freies Elektronenpaar und eine Doppelbindung und in IV ein freies Elektronenpaar und eine positive Ladung delokalisiert. Alle Delokalisierungen sind mit einer Abnahme von Energie verbunden.

Welchen Anteil leisten die einzelnen mesomeren Grenzstrukturen zur tatsächlichen Elektronenstruktur eines Moleküls? Sind die Grenzstrukturen identisch wie im Falle von Ia und 1b (oder IIa und IIb), so ist ihr Anteil an der tatsächlichen Elektronenstruktur gleich. Sind sie unterschiedlich wie im Falle von IIIa und IIIb oder IVa IV, so ist auch ihr Gewicht unterschiedlich: In IIIa sitzt die negative Ladung am Sauerstoff, in IIIb am Kohlenstoff. Da Sauerstoff elektronegativer als Kohlenstoff ist, kommt IIIa ein *größeres Gewicht* zu. Damit leistet IIIa auch einen größeren Beitrag zur Elektronenstruktur gemäß IIIc. Aus analogen Gründen kommt IVa ein größeres Gewicht zu. Die Delokalisierung von Elektronen wird **Mesomerie** oder englisch *resonance* genannt.

Aufgaben

1. Wie viel Moleküle sind bei (a) und (b) beteiligt?

$$A \rightleftharpoons B \qquad\qquad A \longleftrightarrow B$$
$$\text{(a)} \qquad\qquad\qquad\qquad \text{(b)}$$

2. Geben Sie für die folgenden Verbindungen mesomere Grenzstrukturen an, sofern solche möglich sind.

$$H_2C{=}CH{-}B(CH_3)_2 \;\;\text{(a)} \qquad H_2C{=}CH{-}CH{=}CH{-}\ddot{O}{-}CH_3 \;\;\text{(b)}$$

$$H_2C{=}CH{-}CH_2{-}\ddot{O}{-}CH_3 \;\;\text{(c)}$$

1.4 Elektronegativität und Polarität

Die beiden wichtigsten Bindungstypen sind die kovalente Bindung und die ionische Bindung. In diesem Abschnitt soll der *polare* Anteil der kovalenten Bindung behandelt werden.

Kovalente Bindungen (auch homöopolare Bindungen genannt) sind nur dann unpolar, wenn damit zwei gleiche Atome verbunden werden. In allen anderen Fällen treten partielle Ladungen auf (Ladungen, die kleiner als die Ladung eines Elektrons oder Protons sind). Eine partielle Ladung kennzeichnet man mit δ^+ oder δ^-.

$$H\!-\!H \qquad\qquad -\overset{|}{\underset{|}{C}}\!-\!\overset{|}{\underset{|}{C}}- \qquad\qquad \overset{\delta^+\ \ \delta^-}{H\!-\!Cl} \qquad\qquad \overset{\ \ \delta^+\ \delta^-}{-\overset{|}{\underset{|}{C}}\!-\!Cl}$$

    unpolar   unpolar   polar   polar

Die Polarität ist eine Folge der unterschiedlichen Elektronegativität der Atome, d.h. der unterschiedlichen Fähigkeit der Atome, Bindungselektronen anzuziehen. Die Elektronegativität nimmt innerhalb einer *Periode* (des Periodensystems) nach rechts zu, weil auch die Kernladung zunimmt. Innerhalb einer *Gruppe* nimmt sie nach unten ab: Zwar steigt hier ebenfalls die Kernladung, die Valenzelektronen besitzen aber einen zunehmend wachsenden Abstand zum Kern und unterliegen deshalb weniger der Kernanziehung. Das Konzept der Elektronegativität wurde von *L. Pauling* (geb. 1901 in Portland/Oregan) entwickelt, der für seine Arbeiten zur Natur der chemischen Bindung 1954 den Nobelpreis für Chemie erhielt. Die Tabelle gibt die relativen Elektronegativitäten der für die organische Chemie wichtigsten Atome wieder.

Tabelle. Elektronegativität der Atome nach Pauling (bezogen auf Fluor gleich 4,0)

H 2,2						
Li 0,98	Be 1,6	B 2,0	C 2,5	N 3,0	O 3,5	F 4,0
Na 0,93	Mg 1,3	Al 1,6	Si 1,9	P 2,2	S 2,5	Cl 3,0
K 0,82						Br 2,8
Rb 0,82						I 2,5
Cs 0,79						

Fluor besitzt mit 4.0 die größte Elektronegativität. Es trägt (in Verbindungen) eine negative Partialladung δ^- und damit sein Bindungspartner eine positive Partialladung δ^+. Kohlenstoff weist eine mittlere Elektronegativität auf. Das Atom trägt eine positive Partialladung, wenn die Elektronegativität seines Bindungspartners größer als 2.5 ist, und eine negative Partialladung, wenn dessen Elektronegativität den Wert von 2.5 unterschreitet.

$$\overset{\delta^+\ \ \delta^-}{H\!-\!F} \qquad\qquad -\overset{|\ \ \delta^+\ \delta^-}{\underset{|}{C}}\!-\!F \qquad\qquad -\overset{|\ \ \delta^-\ \ \ \delta^+}{\underset{|}{C}}\!-\!\overset{|}{\underset{|}{Si}}-$$

Wasserstoff gehört zu den elektropositiven Elementen. Da sein Wert von 2.2 sich nur unwesentlich von dem des Kohlenstoffs unterscheidet, verzichtet man bei der Zeichnung von Strukturformeln auf die Wiedergabe der C–H-Polarität und beschränkt sich auf die Angabe von C–X-Polaritäten (X = Halogen, Sauerstoff u.a.):

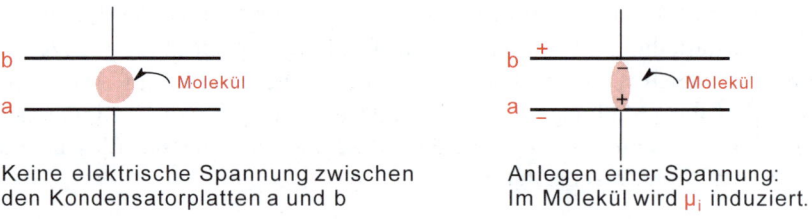

Moleküle, deren Atome positive und negative Partialladungen tragen, besitzen in der Regel ein **permanentes Dipolmoment** μ_p *(p von permanent)*, welches sich aus dem Produkt aus Ladung e und Abstand r ergibt.

$$\mu_p = e \cdot r$$

Bei zweiatomigen Molekülen gibt das Dipolmoment μ_p die Polarität der einen Bindung, bei mehratomigen die Polaritäten *aller* Bindungen als Vektorsumme wieder.

μ_p = 0 Debye μ_p = 1,8 Debye μ_p = 0 Debye

Außer dem permanenten Dipolmoment μ_p existiert noch ein **induziertes Dipolmoment** μ_i. Dieses wird beobachtet, wenn Moleküle (gleichgültig, ob sie bereits ein permanentes Dipolmoment besitzen oder nicht) in ein elektrisches Feld E hineingebracht werden. Elektrische Felder üben Kräfte auf die Elektronenschale (Sitz negativer Ladung) und den Kern (Sitz positiver Ladung) aus und deformieren dabei das Molekül so, dass die Schwerpunkte positiver und negativer Ladung weiter als ursprünglich auseinander liegen.

Keine elektrische Spannung zwischen   Anlegen einer Spannung:
den Kondensatorplatten a und b   Im Molekül wird μ_i induziert.

Das induzierte Dipolmoment μ_i beträgt:

$$\mu_i = \alpha \cdot E$$

α ist die Polarisierbarkeitskonstante. Je größer α desto deformierbarer ("weicher") ist das Molekül.

Ein elektrisches Feld geht nicht nur von den Platten eines geladenen Kondensators aus, sondern auch von einem Molekül, dessen Atome partielle Ladungen besitzen. Ein solches Molekül ist deshalb in der Lage, in einem anderen, sich ihm nähernden Molekül ein Dipolmoment zu induzieren, wie das folgende Beispiel zeigt.

$$\overset{}{Br} \!-\! \overset{}{Br} \qquad\qquad \overset{\delta^-}{Br}\!-\!\overset{\delta^+}{Br} \cdots \overset{\delta^-}{O}\!=\!\overset{\delta^+}{CH_2}$$

Br₂ ist unpolar.   Br₂ wird polar, wenn sich ein Dipol nähert.

Polarität und Polarisierbarkeit sind z.T. für das physikalische Verhalten (Schmelzpunkt, Siedepunkt, Adsorption), z.T. für das chemische Verhalten (Komplexbildung) verantwortlich. Als Beispiel sei der Einfluss der Polarität auf den Siedepunkt einer Verbindung diskutiert. Dazu sollen zwei Verbindungen verglichen werden, deren Molekülmassen M sehr ähnlich sind.

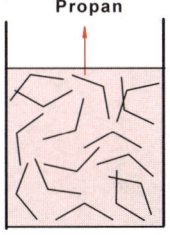

Propan, M = 44:
Sdp. –42°C

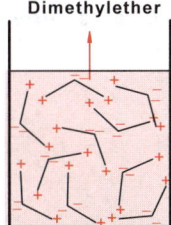

Dimethylether, M = 46:
Sdp. –25°C

Trotz der ähnlichen Molekülmassen siedet Dimethylether um etwa 17°C höher als Propan. Der Grund liegt in der stärkeren intermolekularen Anziehung der polaren Ethermoleküle und der dadurch erforderlichen größeren Energiezufuhr beim Verdampfen.

Propan

Dimethylether

Verdampfung bereits bei tief. Temp.
(kaum Anziehungskräfte)

Verdampfung erst bei höh. Temp.
(Dipol-Dipol-Anziehungskräfte)

Aufgabe

3. Welche Richtung zeigt die Polarität der N–Br-Bindung in *N*-Bromsuccinimid?

1.5 Induktive und mesomere Effekte

Die Ladungsverteilung in einer Kohlenwasserstoffkette wird durch Substituenten (Halogen, OH, NH_2 usw.) beeinflusst. Man unterscheidet zwischen induktiven und mesomeren Effekten der Substituenten.

Induktiver Effekt. Der induktive Effekt (I-Effekt) eines Atoms oder einer Atomgruppe steht in enger Beziehung zur Elektronegativität dieser Atome. Man versteht unter dem induktiven Effekt eines Substituenten dessen Anziehung oder Abstoßung von Bindungselektronen *über die σ-Bindungen*. Die meisten Atome bzw. Atomgruppen üben entspr. ihrer gegenüber Kohlenstoff höheren Elektronegativität einen elektronenanziehenden Effekt (−I-Effekt) auf die benachbarten C-Atome aus, und nur wenige sind elektronenabstoßend (+I-Effekt). Fluor ist ein Substituent mit einem −I-Effekt und Lithium ein Substituent mit einem +I-Effekt. Dementsprechend treten folgende Polarisierungen ein:

Propylfluorid   **Propyllithium**

Hierbei induziert Fluor nicht nur eine positive Partialladung am C-Atom 1, sondern über σ-Bindungen auch an den übrigen C-Atomen. (Der Effekt nimmt sehr stark mit der Entfernung ab.) Entsprechendes gilt für die Lithiumverbindung.

Tabelle. Induktive Effekte der wichtigsten Substituenten

Substituenten mit −I-Effekt	Substituenten mit +I-Effekt
—F > —Cl > —Br > —I	—MgX, —Li
—CH=CH_2, C_6H_5—	—CH_3, —C_2H_5 etc.
—OH, —OR	
—NH_2, —NR_2, —NO_2	

In der vorstehenden Tabelle sind die wichtigsten Substituenten nach ihren +I- und −I-Effekten geordnet.

Mesomerer Effekt. Substituenten, die eine Elektronenlücke oder aber ein freies Elektronenpaar besitzen, überlappen mit unmittelbar benachbarten Doppelbindungen. Man nennt diese Erscheinung einen mesomeren Effekt (M-Effekt). Besitzt der Substituent ein freies Elektronenpaar, so gibt er Elektronen ab und zeigt damit einen +M-Effekt. Verfügt er über eine Elektronenlücke, so wirkt er elektronenanziehend und zeigt einen −M-Effekt.

Zu den Substituenten mit einem +M-Effekt gehört das Chloratom. Der Substituent besitzt drei freie Elektronenpaare und kann deshalb Elektronen an eine unmittelbar benachbarte Doppelbindung abgeben. Dadurch erhält das Chloratom eine positive und das C-Atom in Position 2 eine negative Ladung:

Vinylchlorid

Bor zählt zu den Substituenten mit einem −M-Effekt. In Vinylboranen nimmt das Bor, welches eine Elektronenlücke aufweist, Elektronen aus der Doppelbindung auf, wobei B eine negative Ladung und C- 2 eine positive Ladung erhält.

ein Vinylboran

Die folgende Tabelle enthält die mesomeren Effekte einiger Substituenten.

Tabelle. Mesomere Effekte der wichtigsten Substituenten

Substituenten mit +M-Effekt	Substituenten mit −M-Effekt
$-\ddot{\text{F}}: > -\ddot{\text{C}}\text{l}: > -\ddot{\text{B}}\text{r}: > -\ddot{\text{I}}:$	$-BR_2$
$-\ddot{\text{O}}R$ $-\ddot{\text{N}}R_2$	$>C=O, -C\equiv N$
$-CH_3, -C_2H_5$ etc.	$-N\overset{+}{\underset{\ddot{\text{O}}:}{\overset{\ddot{\text{O}}:}{}}}{}^{-}$

Wie ein Vergleich der beiden Tabellen zeigt, üben fast alle Substituenten beide Effekte aus. Oft sind die Effekte entgegengesetzt. Überwiegt die Elektronenabgabe, so liegt ein **Donorsubstituent** vor, überwiegt die Elektronenanziehung, so handelt es sich um einen **Akzeptorsubstituenten.**
Alkylreste üben einen +I-Effekt und einen +M-Effekt aus. Wenn dieser überraschende Effekt experimentell auch vielfach belegt ist (vgl. Acidität von Carbonsäuren und Basizität von Aminen), so harrt er dennoch einer befriedigenden Deutung.

Aufgaben

4. Welche elektronischen Effekte gehen von den Substituenten $-CCl_3$ oder $-O-CH_3$ in den Verbindungen A-C aus?

A   **B**   **C**

5. Welche elektronischen Effekte kann der Substituent $-S-H$ ausüben?

1.6 Elektronenpaarabstoßung und Molekülgeometrie

Die Theorie von Lewis erklärt zwar die Wertigkeit der Elemente, sie besagt aber nichts über die Anordnung der Elemente in Molekülen. Ist das Molekül H_2O linear oder gewinkelt? Befinden sich die Atome des Moleküls CH_4 in einer Ebene oder nicht?

Es sollen im folgenden zwei Modelle oder Theorien behandelt werden, welche die räumliche Anordnung der Atome in Molekülen erklären: das Elektronenpaarabstoßungsmodell an dieser Stelle und die Hybridisierungstheorie im nächsten Abschnitt.

Nach *R.J. Gillespie* (geb. 1924 in London) verhalten sich Elektronenpaare in einer Valenzschale, die von einem Zentralatom ausgehen, so als würden sie sich abstoßen. Sie nehmen dabei die Lage ein, in der sie *möglichst weit voneinander entfernt sind.* Diese Abstoßung kann man klassisch physikalisch verstehen: Ladungen gleichen Vorzeichens stoßen sich ab. Das Modell heißt **VSEPR-Modell**, hergeleitet von **V**alen**z**schalen-**E**lektronen**p**aar-**R**epulsion.

Einfachbindungen. Gehen von einem Zentralatom A zwei Bindungen aus (Molekül AX_2), so nehmen diese eine lineare Anordnung mit einem Bindungswinkel von 180° ein. In jeder anderen Anordnung befänden sich die beiden Bindungen näher zueinander. Ein Zentralatom mit 3 Bindungen (Molekül AX_3) besitzt eine trigonale Anordnung mit Bindungswinkeln von 120°, da nur in dieser Anordnung die Bindungen maximal voneinander entfernt sind. Ist das Zentralatom Ausgangspunkt von vier Bindungen (Molekül AX_4)**,** so gewährleistet nur die tetraedrische Anordnung (Bindungswinkel 109,5°) und nicht etwa die planare Anordnung (Bindungswinkel 90°) einen größtmöglichen Abstand der Bindungen voneinander. Moleküle vom Typ AX_5 bilden eine trigonal-bipyramidale Anordnung (Bindungswinkel 90° und 120°) und Moleküle vom Typ AX_6 eine oktaedrische Anordnung (Bindungswinkel 90°).

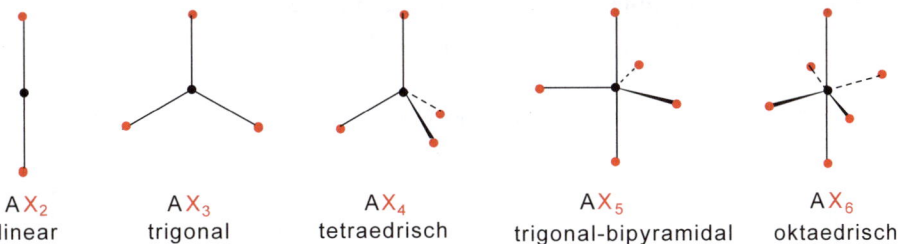

AX_2	AX_3	AX_4	AX_5	AX_6
linear	trigonal	tetraedrisch	trigonal-bipyramidal	oktaedrisch

Nichtbindende (freie) Elektronenpaare E, wie sie z. B. im Ammoniakmolekül :NH_3 oder Wassermolekül $H_2\ddot{O}$: vorkommen, verhalten sich prinzipiell genau so wie bindende Elektronenpaare.

Methan
(Typ AX_4)   109,5°

Ammoniak
(Typ AX_3E)   107,3°

Wasser
(Typ AX_2E_2)   104,5°

Allerdings ist ihr Raumbedarf größer, da sie nur einem Kern angehören – im Gegensatz zu bindenden Elektronenpaaren, die sich über zwei Kerne erstrecken. Dadurch werden bindende Elektronenpaare, die vom selben Zentralatom ausgehen, etwas zusammengedrängt. Im Molekül AX_3E (E gleich nichtbindendes Elektronenpaar) beträgt deshalb der Winkel nicht 109,5° wie bei AX_4, sondern nimmt einen kleineren Wert an: Im Ammoniak beobachtet man einen Winkel von 107,3°. Im Molekül AX_2E_2 weicht der Bindungswinkel noch stärker vom Tetraederwinkel ab, der Winkel im Wassermolekül beträgt nur noch 104,5°. In der Tabelle sind die Verbindungen vom Typ AX_n und AX_nE_m zusammengefasst und mit weiteren Beispielen versehen.

Mehrfachbindungen. Das Elektronenpaarabstoßungsmodell sagt für Verbindungen mit 4-bindigem Kohlenstoff (CX_4) tetraedrische Anordnung voraus. Auf ungesättigte Kohlenstoffverbindungen, in denen der Kohlenstoff nur 3-bindig (Beispiel: $H_2C=CH_2$) oder gar 2-bindig (Beispiel: $H–C\equiv C–H$) ist, lässt sich dieses Modell nicht ohne weiteres übertragen. Zu einer richtigen Vorhersage der Anordnung der Atome in diesen Verbindungen gelangt man aber dadurch, dass man die Doppelbindung durch zwei gebogene und die Dreifachbindung durch drei gebogene Einfachbindungen ersetzt.

Tabelle. Geometrie der Moleküle vom Typ AX_n und AX_nE_m

Typ	Geometrie	Beispiele
AX_2	linear	$H_3C-Hg-CH_3$ $Cl-Zn-Cl$ $Cl-Be-Cl$
AX_3	trigonal  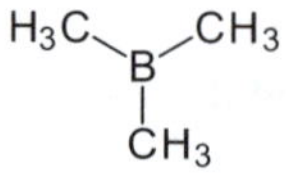 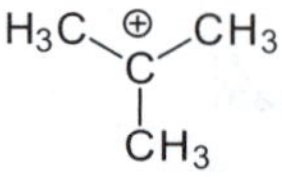	
AX_4	tetraedrisch 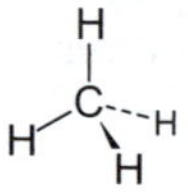 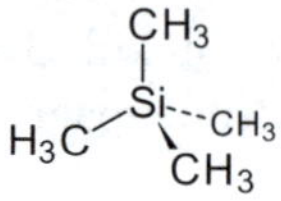	
AX_5	trigonal-bipyramidal	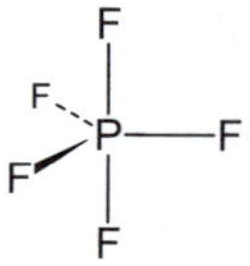
AX_6	oktaedrisch	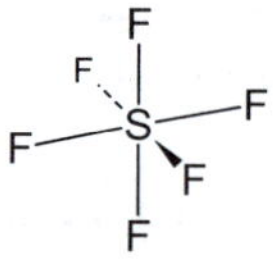
AX_2E_2	V-förmig 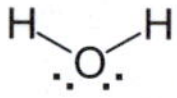 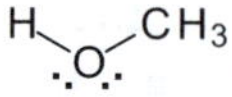 	
AX_3E	trigonal-pyramidal 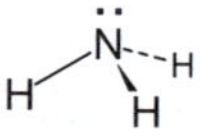 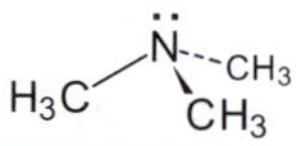	

Dann ist der Kohlenstoff wie bei den gesättigten Verbindungen von vier Elektronenpaaren umgeben, die sich tetraedrisch um das C–Atom anordnen.

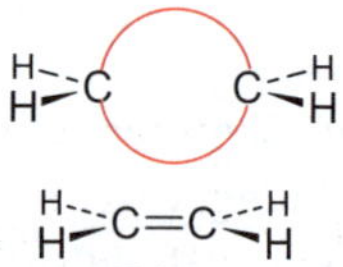

Ethen

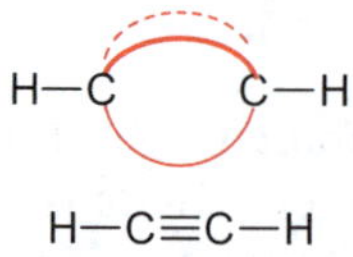

Ethin

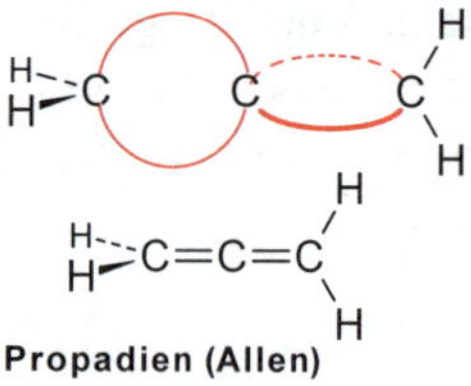

Propadien (Allen)

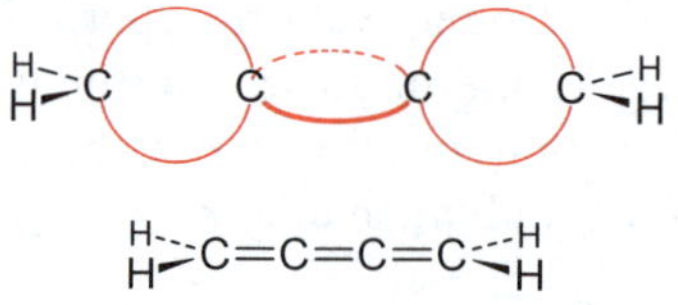

Butatrien

Das Modell gestattet die richtige Vorhersage der räumlichen Anordnung von Atomen in ungesättigten Molekülen. Im Ethen befinden sich alle 6 Atome in einer Ebene, im Ethin liegen die 4 Atome auf einer Geraden. Die Wasserstoffatome im Propadien (Allen) befinden sich paarweise in zwei senkrecht zueinander stehenden Ebenen, während die 4 Wasserstoffatome im Butatrien zusammen mit den 4 C-Atomen alle in derselben Ebene angeordnet sind.

Aufgaben

6. Welche der folgenden Verbindungen besitzt ein permanentes Dipolmoment?

BF_3 CCl_4 NH_3 CO_2 CF_3H

7. Welche Geometrie leitet sich aus dem VSEPR-Modell für folgende Ionen und Moleküle her?

H_3C^+ $H_3C:^-$ $H_2C{=}C{=}C{=}C{=}CH_2$

Methyl-Kation   **Methanid-Ion**   **Pentatetraen**

$:SnCl_2$ (gasförmig) $Pb(CH_3)_4$ $O{=}P(C_6H_5)_3$

Zinndichlorid   **Tetramethylblei**   **Triphenylphosphinoxid**

$:SF_4$ $:P(CH_3)_3$

Schwefeltetrafluorid   **Trimethylphosphin**

1.7 Hybridorbitale und Molekülgeometrie

Die räumliche Anordnung von Atomen in Molekülen lässt sich auch aus der Geometrie der Hybridorbitale herleiten. Die Schlussfolgerungen sind die gleichen wie vorstehend.

Atomorbitale. Nach der Quantenmechanik hält sich ein Elektron eines Atoms in bestimmten Räumen, die allerdings keine scharfen Grenzen aufweisen, um den Kern auf. Diese Räume entsprechen Atomorbitalen. Die Gestalt dieser Räume hängt von der Nebenquantenzahl s, p, d ... ab. s-Orbitale besitzen eine kugelförmige Gestalt. p-Orbitale sind hantelförmig und zudem gerichtet, d. h. sie nehmen eine bestimmte Lage im Raum ein; man unterscheidet zwischen p_x-, p_y- und p_z-Orbitalen. Die folgenden Zeichnungen geben die Gestalt von s- und p-Orbitalen wieder. Beachten Sie, dass es sich hierbei um Räume handelt, in denen das einzelne Elektron nur mit einer bestimmten, wenn auch großen Wahrscheinlichkeit (zum Beispiel mit 90 %iger Wahrscheinlichkeit) anzutreffen ist. Auch außerhalb dieses

Raumes kann es sich aufhalten, allerdings ist die Wahrscheinlichkeit dazu sehr gering.

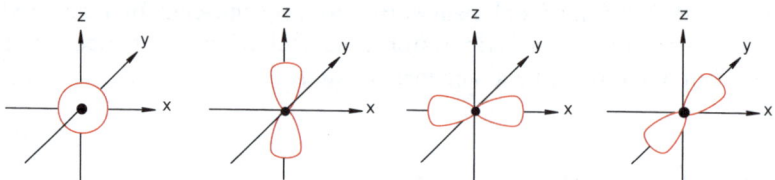

Gestalt des s-Orbitals (links) und der drei p-Orbitale (p_x, p_y und p_z). Der Atomkern befindet sich jeweils im Nullpunkt des Koordinatensystems.

Hybridorbitale. Atomorbitale können sich formal miteinander vermischen, wobei neue Atomorbitale, Hybridorbitale genannt, entstehen (lat. *hybrida,* Mischling). Diese nehmen eine bestimmte räumliche Lage zueinander ein und bestimmen damit ebenfalls die Geometrie des Moleküls.

Die mathematische Behandlung der Mischung oder Hybridisierung eines s-Orbitals mit *einem* p-Orbital führt zu zwei neuen Orbitalen, sp-Orbitale genannt. Wie Berechnungen auf quantenmechanischer Grundlage zeigen, bilden zwei sp-Orbitale einen Winkel von 180°.

Atomkern von 2 Atomorbitalen   Atomkern von 2 sp-Orbitalen
(s und p) umgeben   umgeben, die linear angeordnet sind

Die Hybridisierung eines s-Orbitals mit *zwei* p-Orbitalen führt zu drei sp²-Hybridorbitalen. Die mathematische Behandlung dieses Mischungsvorganges ergibt eine trigonale Anordnung der Orbitale (Winkel: 120°).

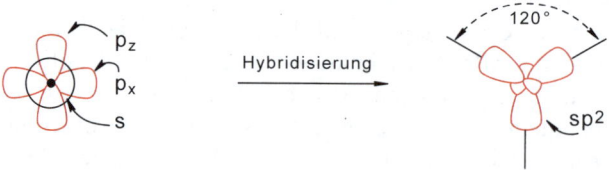

Atomkern von 3 Atomorbitalen   Atomkern von 3 sp2-Orbitalen umgeben,
(s, p_x und p_z) umgeben   die trigonal angeordnet sind

Bei der Hybridisierung eines s-Orbitals mit *drei* p-Orbitalen bilden sich vier sp^3-Orbitale. Diese sind laut Berechnungen tetraedrisch angeordnet.

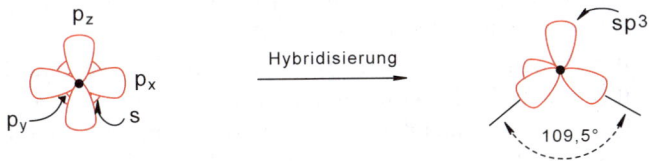

Atomkern von 4 Atomorbitalen   Atomkern von 4 sp^3-Orbitalen
s, p$_x$, p$_y$ und p$_z$ umgeben   umgeben (tetraedrische Anordnung)

Die räumliche Anordnung der Hybridorbitale bleibt auch erhalten, wenn diese Orbitale zur Bindung mit anderen Atomen herangezogen werden. So haben ein C-Atom im sp^3-hybridisierten Zustand und Methan die gleiche tetraedrische Anordnung. *Hybridisierungstheorie und Elektronenpaarabstoßungstheorie liefern somit die gleiche Vorhersage für die Molekülgeometrie.*
In der Tabelle sind die wichtigsten Hybridisierungen und die daraus resultierenden räumlichen Anordnungen zusammengefasst.

Tabelle. Hybridisierung und räumliche Anordnung

Hybridisierung	räumliche Anordnung	Beispiele
sp	linear	$BeCl_2$, H—C≡C—H
sp^2	trigonal	CH_3^+, BF_3, $H_2C{=}CH_2$
sp^3	tetraedrisch	CH_4, $SnCl_4$, $Ni(CO)_4$
dsp^2	quadratisch	$Ni(CN)_4^{--}$
sp^{3}d	trigonal-bipyramidal	PCl_5
sp^{3}d^2	oktaedrisch	SF_6

1.8 Molekülorbitale

Molekülorbitale werden in lokalisierte und delokalisierte unterteilt. Erstere erstrecken sich über zwei Atome, z.B. über C und *ein* H in CH_4, letztere über alle Atome, z.B. über *alle* Atome in CH_4.

1.8.1 Lokalisierte Molekülorbitale

Nähern sich zwei Atome gegenseitig, so tritt eine Überlappung ihrer Atomorbitale ein. Hierbei entstehen Molekülorbitale, die sich über beide Atome erstrecken und die eigentliche Bindung darstellen. Im folgenden wird an Beispielen gezeigt, wie sich dadurch Einfach- und Mehrfachbindungen bilden.

Wasserstoff. Bei der Annäherung zweier H-Atome tritt Überlappung der beiden 1s-Orbitale, die mit je einem Elektron besetzt sind, ein. Daraus gehen zwei Molekülorbitale (MO) hervor, ein bindendes und ein antibindendes. Das bindende ist mit den beiden Elektronen besetzt und stellt die eigentliche Bindung (σ-Bindung genannt) dar. Das antibindende ist unbesetzt und entspricht der σ^*-Bindung.

Fluorwasserstoff. Die Bindung im Fluorwasserstoff entsteht analog durch Überlappung eines 1s-Orbitals, herrührend vom H-Atom, mit einem 2p-Orbital des F-Atoms. Auch hierbei entsteht ein bindendes und ein antibindendes Molekülorbital. Das bindende ist mit zwei jeweils vom H-Atom und F-Atom stammenden Valenzelektronen besetzt und stellt die eigentliche Bindung dar. Das antibindende ist unbesetzt.

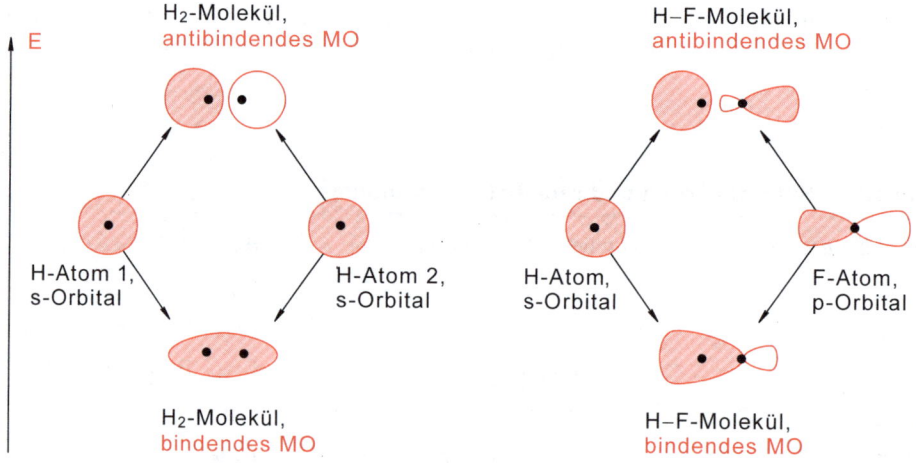

Bildung der Moleküle H_2 und HF. Schraffierte und weiße Flächen drücken entgegengesetzte Schwingungsphasen aus. • bedeutet Atomkern

Methan. Im Grundzustand besitzt Kohlenstoff die Elektronenkonfiguration $1s^2\ 2s^2\ 2p_x^1\ 2p_y^1$. Diese Konfiguration befähigt Kohlenstoff jedoch nur zur Ausbildung von zwei Valenzen. Durch Zufuhr von Energie kann aber die Anordnung $1s^2\ 2s^1\ 2p_x^1\ 2p_y^1\ 2p_z^1$ eingenommen werden, in welcher der Kohlenstoff nunmehr vier Valenzen betätigen kann, die allerdings noch verschieden sind. Erst Hybridisierung des 2s-Zustandes mit den drei 2p-Zuständen führt zu vier gleichwertigen Orbitalen vom Typ sp^3.

Bei der Bildung von Methan überlappt ein s-Orbital eines H-Atoms mit einem der vier sp³-Orbitale, woraus zwei Molekülorbitale, ein bindendes σ-Orbital (besetzt mit 2 Elektronen) und ein antibindendes σ*-Orbital (unbesetzt), hervorgehen. Dasselbe tritt zwischen drei weiteren s-Orbitalen von 3 H-Atomen und den drei restlichen sp³-Orbitalen des C-Atoms ein. Als Folge entstehen 4 σ-Bindungen (besetzt mit je 2 Elektronen) und 4 σ*-Bindungen (unbesetzt). Ebenso wie die vier sp³-Orbitale sind auch die vier σ-Bindungen tetraedrisch angeordnet.

Bildung von CH₄ aus 4H plus 1C. Gezeigt sind nur die bindenden Molekülorbitale.

Ethylen. Die Bildung aus zwei C-Atomen und vier H-Atomen kann man sich wie folgt vorstellen. Zunächst werden aus den vier Atomorbitalen der äußeren Schale des C−Atoms drei sp²-Orbitale gebildet, die trigonal zueinander angeordnet sind. Das verbleibende vierte Atomorbital des Kohlenstoffs (p_z-Orbital) erstreckt sich senkrecht dazu. Jedes dieser 4 Orbitale ist mit je einem Elektron besetzt. Zwei der drei sp²-Hybridorbitale überlappen mit den s-Orbitalen von 2 H-Atomen. Dabei entsteht das Fragment CH_2. Vereinigung zweier CH_2-Fragmente führt zum Molekül Ethylen ($H_2C=CH_2$), wobei sich eine sogenannte σ- und eine π-Bindung bilden. Ethylen besteht demnach aus insgesamt 5 σ-Bindungen und einer π-Bindung.

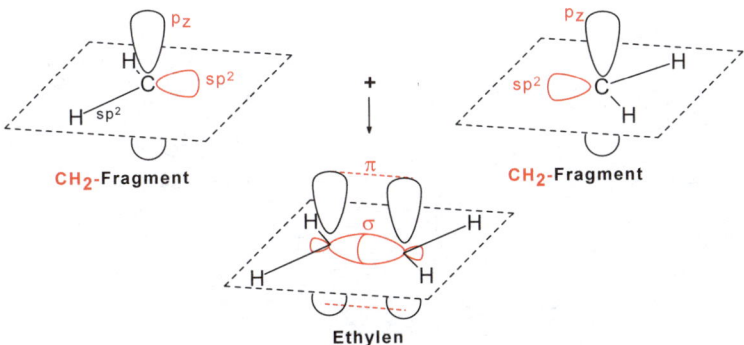

Die vorstehende Abbildung zeigt darüber hinaus den Unterschied zwischen einer σ- und einer π-Bindung auf anschauliche Weise. Eine σ-Bindung erstreckt sich *rotationssymmetrisch längs der Verbindungslinie der Kerne,* während eine π-Bindung *oberhalb und unterhalb der Verbindungslinie der Kerne verläuft.*

Ethylen zeigt folgenden Aufbau:

- Der Winkel zwischen den σ-Bindungen beträgt etwa 120° (als Folge der sp^2-Hybridisierung).
- Alle Atome liegen in einer Ebene. Diese Lage ergibt sich aus der Paralleleinstellung (und damit maximalen Überlappung) der p_z-Orbitale. Bei einer Einstellung der p_z-Orbitale senkrecht zueinander (und damit Abwesenheit von Überlappung) sind die CH_2-Gruppen jeweils in zwei Ebenen angeordnet, die senkrecht zueinander stehen.

p$_z$-Orbitale parallel zueinander   **p$_z$-Orbitale senkrecht zueinander**

Acetylen. Die Bildung des Acetylenmoleküls kann man sich analog durch Vereinigung zweier CH-Fragmente vorstellen. Hybridisierung eines s- und eines p-Orbitals am C-Atom führt zu zwei sp-Orbitalen. Diese bilden einen Winkel von 180° und sind senkrecht zu den beiden verbleibenden Orbitalen p_y und p_z angeordnet. Eines der beiden sp-Orbitale überlappt mit einem s-Orbital eines H-Atoms, wobei ein CH-Fragment entsteht. Vereinigung zweier CH-Fragmente führt wie nebenstehend gezeigt zum Acetylenmolekül, wobei sich eine σ- und *zwei* π-Bindungen ($π_1$ und $π_2$) bilden. Die beiden π-Bindungen stehen wie die ursprünglichen p-Orbitale senkrecht zueinander.

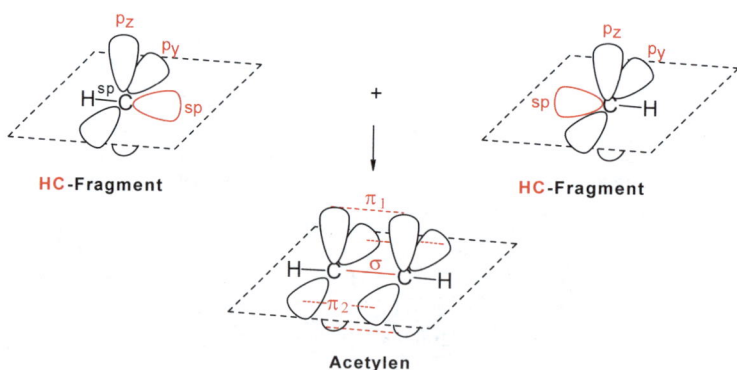

HC-Fragment   +   **HC**-Fragment

Acetylen

Aufgaben

8. Vergleichen Sie die Bindungen im BF_3 mit denen im Ethylen. Welche Gemeinsamkeiten sind vorhanden?

9. Wie viel σ- und π-Bindungen gibt es in folgenden Verbindungen? (a) Acetylen, (b) Allen ($H_2C=C=CH_2$), (c) Wasser

1.8.2 Delokalisierte Molekülorbitale

Die bisher behandelten *lokalisierten* Molekülorbitale erstrecken sich über *zwei* Atome (z.B. im H_2 über beide H-Atome; im CH_4 jeweils über ein C-Atom und *ein* H-Atom). Sie reichen im allgemeinen zur Beschreibung des Verhaltens von Molekülen, die aus σ-Bindungen oder aus σ-Bindungen und voneinander isolierten Mehrfachbindungen bestehen. Dagegen werden die Eigenschaften von Molekülen, die neben σ-Bindungen konjugierte π-Bindungen aufweisen (Butadien, Hexatrien, Benzol u. a.) besser durch *delokalisierte* Molekülorbitale erfasst, die sich über viele oder gar alle Atome des Moleküls erstrecken.

Die Molekülorbitale in ungesättigten Verbindungen werden durch lineare Kombination der p_z-Orbitale (ein mathematischer Vorgang) gebildet. Es gilt: Stets entstehen soviel Molekülorbitale, wie p_z-Orbitale vorhanden sind. Im Ethylen stehen 2 p_z-Orbitale zur Verfügung, deshalb werden 2 Molekülorbitale gebildet, Butadien verfügt über 4 p_z-Orbitale und bildet darum 4 Molekülorbitale. Jedes der Molekülorbitale kann nach dem **Pauli-Prinzip** höchstens mit 2 Elektronen, die zudem entgegengesetzten Spin besitzen müssen, besetzt sein. Die Besetzung erfolgt in der Weise, dass zuerst die Molekülorbitale mit der niedrigsten Energie besetzt werden. Bei Energiegleichheit (Entartung) der Orbitale erhält zunächst jedes Orbital ein Elektron, wobei die Spins der Elektronen gleichgerichtet sind **(Hundsche Regel)**.

Ethylen. Die lineare Kombination der beiden p_z-Orbitale führt zu einer mathematischen Gleichung mit zwei Lösungen, welche den beiden delokalisierten Molekülorbitalen ψ_1 und ψ_2 entsprechen (Abbildung).

- In ψ_1 haben die Schwingungsphasen oberhalb oder unterhalb der Molekülebene gleiches Vorzeichen. Dieses Orbital verbindet C-1 mit C-2 und ist bindend.
- In ψ_2 befindet sich ein Phasensprung (Knotenebene) in der Mitte des Moleküls. Der Phasensprung, in der Abbildung durch eine rote gestrichelte Kurve markiert, führt zu einer Abstoßung. Dieses Orbital ist antibindend.

Im Grundzustand ist ψ_1 mit 2 Elektronen besetzt (Elektronenkonfiguration ψ_1^2). Durch Energiezufuhr (z. B. durch Lichtquanten) kann ein Elektron auf das energiereichere Molekülorbital entsprechend ψ_2 angehoben werden; es liegt dann die Elektronenkonfiguration $\psi_1^1 \psi_2^1$ vor.

Das Molekülorbital, welches die höchste Energie besitzt und außerdem mit einem oder zwei Elektronen besetzt ist, heißt HOMO (highest occupied molecular orbital), das energetisch unmittelbar darüber liegende heißt LUMO (lowest unoccupied molecular orbital).

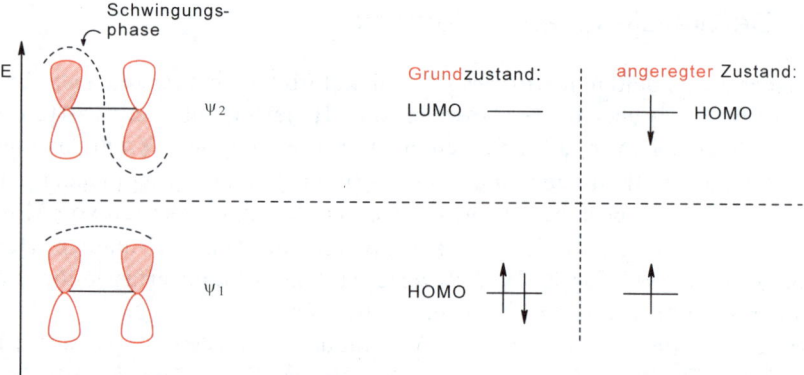

Molekülorbitale im Ethylen

Butadien. Das Molekül besitzt die Konstitution $H_2C=CH-CH=CH_2$. Es enthält zwei *konjugierte* Doppelbindungen (das sind Doppelbindungen, die nur durch eine Einfachbindung voneinander getrennt sind) und vier p_z-Orbitale. Aus dem mathematischen Vorgang der linearen Kombination der vier p_z-Orbitale gehen die vier Molekülorbitale ψ_1 bis ψ_4 hervor (Abbildung).

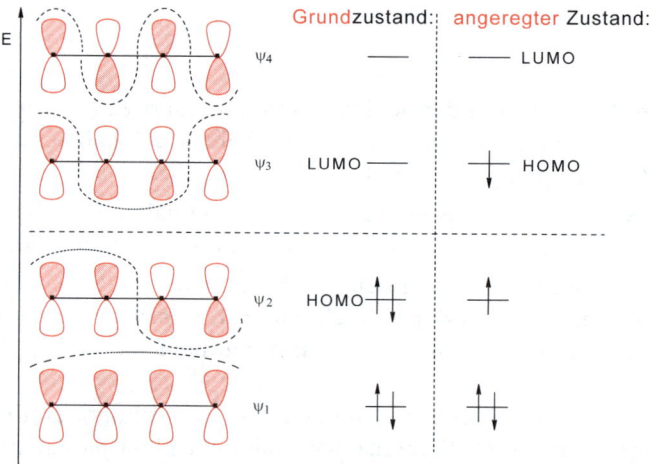

Molekülorbitale im Butadien

- In ψ_1 haben die Schwingungsphasen der p_z-Orbitale oberhalb oder unterhalb der Molekülebene jeweils gleiches Vorzeichen. Dieses Orbital verbindet C-1 mit C-2, C-2 mit C-3, C-3 mit C-4; es ist stark bindend.
- In ψ_2 befindet sich ein Phasensprung (Knotenebene) in der Mitte des Moleküls zwischen C-2 und C-3. In diesem Orbital werden C-1 mit C-2 sowie C-3 mit C-4 gebunden. Der Phasensprung zwischen C-2 und C-3 führt zu einer Absto-

ßung. Trotz dieser Abstoßung dürfen wir für ψ_2 insgesamt bindende Eigenschaften erwarten.

- In ψ_3 begegnen wir zwei Phasensprüngen zwischen C-1 und C-2 sowie zwischen C-3 und C-4, wodurch diese Atome voneinander abgestoßen werden, während die Phasengleichheit zwischen C-2 und C-3 Anziehung zur Folge hat. In summa steht eine bindende Wechselwirkung zwei abstoßenden gegenüber; das Molekülorbital ψ_3 ist daher antibindend.

- Phasensprünge zwischen allen C-Atomen liefert die letzte Kombination. Das Molekülorbital ψ_4 ist stark antibindend.

Die Besetzung dieser vier Orbitale recht unterschiedlicher Energie mit insgesamt vier p_z-Elektronen erfolgt wieder nach dem Pauli-Prinzip. Dabei werden nur die beiden bindenden Orbitale ψ_1 und ψ_2 aufgefüllt.

Hexatrien. Dieses Molekül ($H_2C=CH-CH=CH-CH=CH_2$) weist sechs p_z-Orbitale auf, deren lineare Kombination die Molekülorbitale ψ_1 bis ψ_6 ergibt.

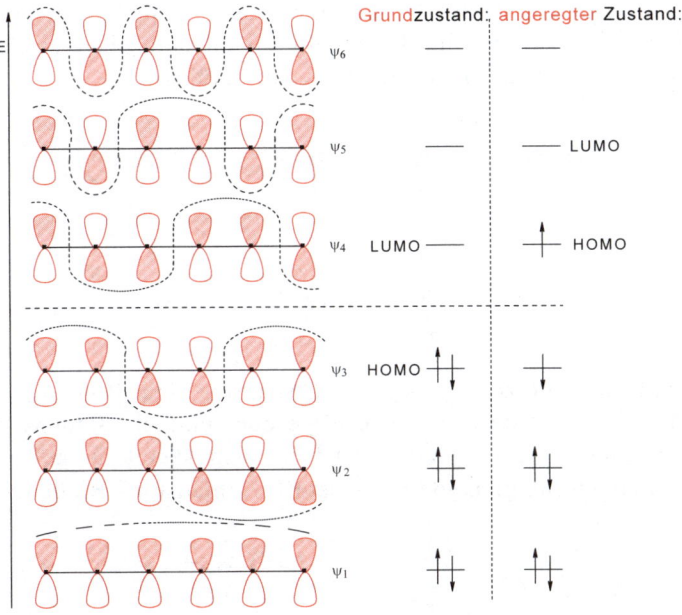

Molekülorbitale im Hexatrien

Welche Symmetrie- und Bindungseigenschaften diese Molekülorbitale besitzen, geht aus der Abbildung hervor. Man erkennt, dass ψ_1 alle C-Atome miteinander verbindet, während ψ_6 stark antibindend ist. Im Grundzustand sind nur die Molekülorbitale ψ_1, ψ_2 und ψ_3 besetzt.

1.9 Bindungsenergie

Durch Zufuhr von Energie kann eine Bindung gelöst werden. Hierbei verteilen sich die beiden Bindungselektronen entweder gleichmäßig oder einseitig auf die beiden Bruchstücke. Im ersten Fall liegt eine **Homolyse**, im zweiten Fall eine **Heterolyse** vor (griech. *lysis,* Trennung). Homolyse und Heterolyse erfordern unterschiedliche Energiebeträge.

Bei der Homolyse entstehen **Radikale**, worunter man Verbindungen mit einem ungepaarten Elektron versteht. Bei der Heterolyse bilden sich Ionen. Nachfolgend sind einige Radikale und die dazugehörigen Ionen aufgeführt.

Homolytische Spaltung. Die zur homolytischen Spaltung einer Bindung erforderliche Energie heißt Bindungsdissoziationsenergie oder einfach Bindungsenergie. Die wichtigsten Bindungsenergien sind in der folgenden Tabelle aufgeführt. Vergleichen Sie die Bindungsenergien von Kohlenstoff–Kohlenstoff- Bindungen:

Die Bindungsenergie liegt umso höher, je mehr Bindungselektronen getrennt werden müssen. Beachten Sie, dass die Spaltung einer Doppelbindung weniger als den doppelten Betrag erfordert, der zur Spaltung einer Einfachbindung notwendig ist. Daraus folgt: *Eine π-Bindung ist weniger fest und damit reaktionsfähiger als eine σ-Bindung.*

Tabelle. Bindungsenergien von Molekülen (oben) und von Molekülfragmenten (unten) in kJ/mol bei 25 °C

H–H	435	$H_3C–H$	435
H–F	565	$H_5C_2–H$	410
H-Cl	431	$(H_3C)_2CH–H$	398
H–Br	364	$(H_3C)_3C–H$	385
H–I	297	$H_2C=CH–CH_2–H$	368
F–F	155	$H_3C–Cl$	352
Cl–Cl	243	$H_5C_2–Cl$	339
Br–Br	193	$iso\text{-}H_7C_3–Cl$	335
I–I	151	$tert\text{-}H_9C_4–Cl$	331
C–H	405	C–O	360
C–F	452	$C=O$ (in CO_2)	804
C–Cl	340	$C=O$ (Ketone)	748
C–Br	285	O–H	465
C–I	222	O–Br	201
C–C	348	$O=O$	498
$C=C$	611		
$C\equiv C$	837		

Heterolytische Spaltung. Diese erfordert mehr Energie als eine homolytische Spaltung. Der Unterschied beträgt oft 400 kJ/mol und mehr. Allerdings sinkt der aufzuwendende Betrag, wenn die Heterolyse nicht in der Gasphase, sondern in einem polaren Lösungsmittel erfolgt, wie das folgende Beispiel zeigt.

$$H_3C–Cl \xrightarrow{\text{Gasphase}} H_3C\cdot + Cl\cdot \qquad \Delta H = +335 \text{ kJ/mol}$$

$$H_3C–Cl \xrightarrow{\text{Gasphase}} H_3C^+ + Cl^- \qquad \Delta H = +950 \text{ kJ/mol}$$

$$H_3C–Cl \xrightarrow{\text{Wasser}} H_3C^+ + Cl^- \qquad \Delta H = +264 \text{ kJ/mol}$$

Die freigesetzte Hydratisierungsenergie ist umso größer, je kleiner das Ion ist. Ursache liegt in der Ladungsdichte, die bei kleinen Ionen einen größeren Wert als bei großen Ionen aufweist.

$$H_3C–Cl \xrightarrow{\text{Wasser}} H_3C^+ (H_2O)_n + Cl^- (H_2O)_n$$

1.10 Zum Ablauf einer Reaktion

1.10.1 Thermodynamik einer Reaktion

Eine Reaktion tritt ein, wenn dabei die Freie Enthalpie G abnimmt, mit anderen Worten, wenn ΔG negativ ist. ΔG wird auch Triebkraft einer Reaktion genannt und lässt sich nach folgender Gleichung berechnen.

$$\Delta G = \Delta H - T \cdot \Delta S$$

ΔH ist die Reaktionsenthalpie, sie kann aus den tabellierten Bindungsenergien der beteiligten Bindungen abgeschätzt werden. ΔS ist die Reaktionsentropie, sie steht in direkter Beziehung zur Unordnung des chemischen Systems. Wandeln sich z.B. zwei Moleküle in ein neues Molekül um, so sinkt die Unordnung und damit die Entropie. Spaltet ein Molekül in zwei neue Moleküle, so steigt die Unordnung und damit die Entropie. ΔS lässt sich viel schwerer abschätzen. Dennoch ist es möglich vorauszusagen, ob eine Reaktion abläuft. Als Faustregel gilt, dass eine Reaktion immer dann abläuft, wenn die Berechnung der Reaktionsenthalpie einen Wert von $\Delta H \leq -60$ kJ/mol ergibt, mit anderen Worten, wenn die erwartete Energieabgabe bei 60 kJ/mol und mehr liegt. Nur in seltenen Fällen ist nämlich das Entropieglied $-T\Delta S$ größer als 60 kJ/mol. Diese Regel gilt nur für Reaktionen, die bei Raumtemperatur - oder wenig höher - ablaufen. Zur Erläuterung soll die Addition von Brom an Ethen dienen.

$$H_2C{=}CH_2 \;\; \overset{611\,kJ}{} \;\; + \;\; Br{-}Br \;\; \overset{193}{} \;\; \longrightarrow \;\; \underset{H_2C{-}CH_2}{\overset{Br\;\;Br}{}} \;\; \overset{-285}{\underset{-348}{}}$$

Aus den Bindungsenergien ergibt sich: $\Delta H = 611+193-348-2\cdot285 = -114$ kJ. Somit sind die Voraussetzungen für den Ablauf der Reaktion gemäß dem Reaktionspfeil gegeben, *obwohl* aus zwei Molekülen nur ein Molekül entsteht und damit Unordnung und somit Entropie abnehmen (ΔS = negativ und damit $-T\Delta S$ = positiv).

1.10.2 Kinetik einer Reaktion

Selbst wenn eine Reaktion thermodynamisch betrachtet ablaufen sollte, ist es noch ungewiss, wie *schnell* sie abläuft. Zwei miteinander reagierende Moleküle müssen zunächst mit einem bestimmten Energiebetrag aktiviert werden, damit sie die Abstoßungskräfte überwinden können, die bei der Annäherung der beiden Elektronengerüste auftreten. Dieser Energiebetrag heißt Freie Aktivierungsenthalpie $G^{\neq}$. Besitzen sie diesen Energiebetrag, so können sie in den Übergangszustand ÜZ gelangen.

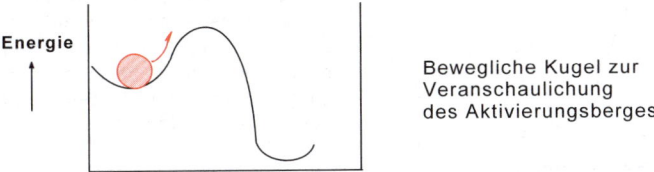

Vom Übergangszustand erfolgt dann ein „Herabrollen" entweder zum Endprodukt oder aber zurück zu den Ausgangsverbindungen.

Beweglige Kugel zur
Veranschaulichung
des Aktivierungsberges

Man kann den Fortgang einer Reaktion in einem sogenannten Energieprofil ausdrücken. Dazu wählt man ein Koordinatensystem, auf dessen vertikaler Achse die Freie Enthalpie und auf dessen horizontaler Achse eine Ortsgröße aufgetragen ist. Statt der Freien Enthalpie trägt man auch die Enthalpie oder die Energie auf und vernachlässigt damit (lediglich) die Entropieänderung der Reaktion. Bei der Ortsgröße kann es sich um eine Abstandsänderung zweier Atome während des Reaktionsvorganges, um eine Winkeländerung usw. handeln, die dazu gehörige Koordinate nennt man deshalb Reaktionskoordinate. Die folgende Abbildung zeigt die Energieprofile zweier Reaktionen, deren eine keine Aktivierungsenergie und deren andere eine solche erfordert. Zu den Reaktionen, die keine Aktivierungsenergie erfordern, gehören bestimmte anorganische Ionenreaktionen. Organisch-chemische Reaktionen erfordern praktisch immer eine Aktivierungsenergie.

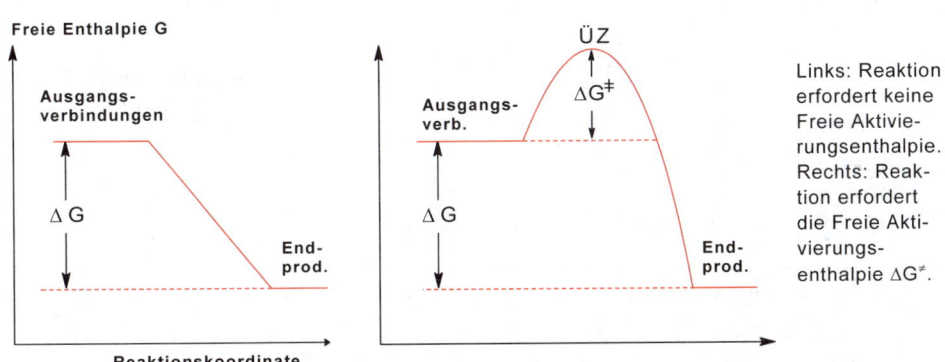

Links: Reaktion erfordert keine Freie Aktivierungsenthalpie. Rechts: Reaktion erfordert die Freie Aktivierungsenthalpie $\Delta G^{\neq}$.

Schließlich noch eine Anmerkung zur Geometrie des Übergangszustands. Wie in den Energieprofilen ausgedrückt, liegt dieser generell zwischen der Geometrie der Ausgangsverbindungen und derjenigen der Endprodukte. Mit welchen Verbindungen er eine größere Ähnlichkeit aufweist, drückt das **Hammondsche Postulat** aus: Ist eine Reaktion stark exotherm, so ähnelt der Übergangszustand den Ausgangsverbindungen, ist die Reaktion stark endotherm, so ist der Übergangszustand mit

den Endprodukten (das sind bei endothermen Reaktionen in der Regel Zwischenstufen) vergleichbar.

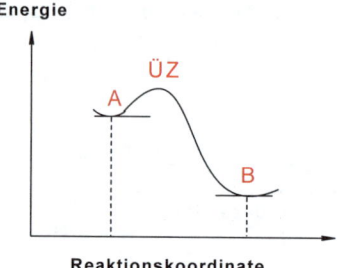

Die Reaktion A → B ist eine stark exo-
therme Reaktion, der Übergangszustand
ÜZ ähnelt der Ausgangsverbindung A.
Die Reaktion B → A ist dagegen eine
stark endotherme Reaktion, der Übergangszustand ähnelt dem Endprodukt,
das nunmehr A darstellt.

Gelegentlich verlaufen Reaktionen über *Zwischenstufen* Z:

$$A \ + \ B \ \rightleftharpoons \ [\text{ÜZ}_1] \ \rightleftharpoons \ Z \ \rightleftharpoons \ [\text{ÜZ}_2] \ \longrightarrow \ A\text{–}B$$

Übergangs-   **Zwischen-**   **Übergangs-**
zustand 1   **stufe**   **zustand 2**

Eine Zwischenstufe hat eine gewisse Lebensdauer und ist in bestimmten Fällen
sogar isolierbar. Ein Übergangszustand dagegen hat eine Lebensdauer, die nahe
bei null liegt, deshalb ist der damit verbundene Übergangskomplex nicht isolierbar.

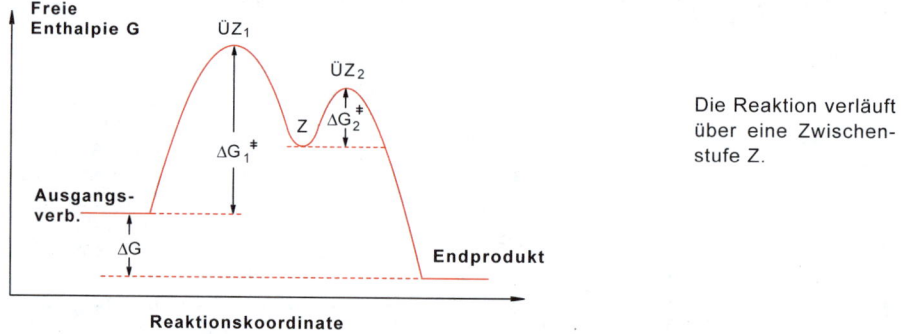

Die Reaktion verläuft
über eine Zwischen-
stufe Z.

1.10.3 Elektronischer Verlauf einer Reaktion

Die meisten Reaktionen sind polarer Natur. Es tritt eine Umsetzung zwischen einem **Elektrophil** und einem **Nucleophil** ein. Elektrophile sind wörtlich übersetzt
elektronenfreundliche oder elektronensuchende Ionen oder Moleküle. Sie sind positiv geladen oder neutral. Beispiele für Elektrophile sind Kationen, Moleküle mit

einer Elektronenlücke, organische Verbindungen vom Typ R–X, in denen X eine größere Elektronegativität als Kohlenstoff aufweist und weitere.

Verbindungen/Ionen mit
einem elektrophilen Zentrum (rot markiert)

$$H^+ \qquad {}^+\overset{\cdot\cdot}{\underset{\cdot\cdot}{Br}}: \qquad \overset{\delta^-}{Br}\diagdown\overset{\delta^+}{\underset{\overset{|}{\underset{Br^{\delta^-}}{}}}{Al}}\diagup\overset{\delta^-}{Br} \qquad \overset{\delta^+}{H_3C}\text{—}\overset{\delta^-}{Br} \qquad H\text{—}\overset{+}{C}\text{=}O \qquad \overset{O^{\delta^-}}{\underset{\underset{H}{\|}}{\underset{H}{C}}{}^{\delta^+}}$$

Nucleophile sind kernfreundliche oder positive Ladungen suchende Ionen oder Moleküle. Sie sind negativ geladen oder neutral. Dazu gehören Anionen, Moleküle mit einem freien Elektronenpaar, metallorganische Verbindungen, Alkene und andere.

Verbindungen/Ionen mit
einem nucleophilen Zentrum (rot markiert)

$$HO^- \qquad Br^- \qquad :NH_3 \qquad \overset{\delta^-}{H_3C}\text{—}\overset{\delta^+}{Li} \qquad H_3C\overset{\overset{\cdot\cdot}{\overset{\cdot\cdot}{O}}{}^{\delta^-}}{\diagup}H^{\delta^+} \qquad H_2C\text{=}CH_2$$

Im folgenden sind zwei Reaktionen formuliert, einmal mit einem Nucleophil und einmal mit einem Elektrophil als angreifendem Reagenz.

nucleophiler Angriff

$$H\text{—}O^- \quad + \quad \overset{\delta^+}{H_3C}\text{—}\overset{\delta^-}{Br} \quad \longrightarrow \quad H\text{—}O\text{—}CH_3 \quad + \quad Br^-$$

Nucleophil   **Substrat**
(Angreifer)

elektrophiler Angriff

$$H^+ \quad + \quad \overset{\delta^-}{O}\text{=}\overset{\delta^+}{C}H_2 \quad \longrightarrow \quad H\text{—}\overset{\cdot\cdot}{O}\text{—}\overset{+}{C}H_2$$

Elektrophil   **Substrat**
(Angreifer)

Als angreifendes Reagenz betrachtet man das kleinere, weniger komplexe, oftmals anorganische Ion oder Molekül. Im oberen Beispiel ist das Hydroxid-Ion das angreifende Reagenz und Methylbromid das Substrat, im unteren Beispiel ist das Proton das angreifende Reagenz und die Carbonylverbindung das Substrat. Die Pfeilspitzen eines Angriffs werden stets so gezeichnet, dass sie die Richtung der Elektronenverschiebung angeben. Beachten Sie, dass beim nucleophilen Angriff der Angriff und die Elektronenverschiebung dieselbe Richtung haben. Beim elektrophilen Angriff sind der Angriff und die Elektronenverschiebung gegenläufig, was zunächst verwirrend erscheint.

Aufgaben

10. Die folgende Abbildung gibt die Energieprofile dreier verschiedener Reaktionen wieder. Beschreiben Sie in kurzen Worten die Abläufe der drei Reaktionen.

Freie Enthalpie G

ÜZ

Z´

Z

Reaktionskoordinate

11. Liegt bei den Reaktionen (a) und (b) ein elektrophiler oder nucleophiler Angriff vor?

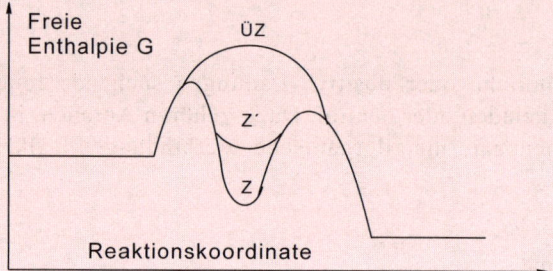

1.11 Lösung der Aufgaben zu Kapitel 1

1.   (a): zwei Moleküle A und B, die im Gleichgewicht miteinander stehen
(b): ein Molekül, dessen Elektronenverteilung durch die mesomeren Grenzstrukturen A und B beschrieben wird

2.

a, b

c: keine mesomeren Grenzstrukturen möglich

d:

e:

f:

g:

3. $N^{\delta-}$—$Br^{\delta+}$

4.   **A**, **B**: –I-Effekt
C: –I, +M; der +M-Effekt ist größer als der –I-Effekt, deshalb ist die Methoxygruppe hier ein Donorsubstituent

5.   –I, +M

6. NH_3, CF_3H; BF_3 ist trigonal und besitzt damit kein Dipolmoment.

7. CH_3^+ trigonal, $:CH_3^-$ pyramidal, H-Atome in $H_2C=C=C=C=CH_2$ angeordnet wie in $H_2C=C=CH_2$, $:SnCl_2$ gewinkelt, $Pb(CH_3)_4$ tetraedrisch, $O=P(C_6H_5)_3$ tetraedrisch, $:SF_4$ trigonal-bipyramidal (freies Elektronenpaar in äquatorialer Stellung), $:P(CH_3)_3$ pyramidal.

8.   Bor und Kohlenstoff sp^2-hybridisiert

9.   **a**: 3σ, 2π. **b**: 6σ, 2π. **c**: 2σ

10.   Z: Die Reaktion verläuft über eine relativ stabile Zwischenstufe. Z': Die Reaktion verläuft über eine relativ instabile Zwischenstufe. ÜZ: Die Reaktion verläuft über keine Zwischenstufe.

11.   (a): Das Reagenz ist das Proton. Es liegt ein elektrophiler Angriff vor.
(b): Das Reagenz ist das Cyanid-Ion. Es liegt ein nucleophiler Angriff vor.

Kapitel 2
Strukturaufklärung durch Spektroskopie

2.1 Bedeutung der spektroskopischen Methoden

Die Aufklärung der Struktur einer organischen Verbindung kann auf chemischem oder spektroskopischem Wege erfolgen. Bei der Aufklärung mit chemischen Mitteln wird das Molekül oftmals zu kleineren Molekülen abgebaut, deren Strukturen bereits bekannt sind. Als Beispiel sei die Abbaureaktion eines Alkens mit Ozon genannt. Bei der Ozonolyse wird das Molekül in zwei kleinere zerlegt. Letztere können durch Überführung in Derivate identifiziert werden, woraus sich die Struktur des Alkens ergibt.

$$R-CH=CH-R' \quad \xrightarrow[\text{2. Zn}]{\text{1. O}_3} \quad R-CH=O \quad + \quad O=CH-R'$$

unbekanntes Molekül **bekanntes Molekül** **bekanntes Molekül**

Abbaureaktionen erfordern bestimmte funktionelle Gruppen (im vorstehenden Beispiel eine Doppelbindung), größere Substanzmengen und sind zeitaufwendig. Heute erfolgt die Strukturaufklärung fast ausschließlich durch Spektroskopie. Zunächst wird die Summenformel durch Massenspektrometrie ermittelt und anschließend das Verknüpfungsmuster der Atome durch NMR-Spektroskopie bestimmt. IR- und UV-Spektroskopie dienen zur Bestätigung bestimmter Strukturmerkmale wie Carbonylgruppen oder CC-Doppelbindungen. Zur spektroskopischen Analyse reichen wenige mg Analyt, und die Aufklärung gelingt in kurzer Zeit.

In diesem Kapitel werden die wichtigsten spektroskopischen Methoden zur Strukturaufklärung erläutert: die Massenspektrometrie, die kernmagnetische Resonanzspektroskopie, die Infrarotspektroskopie und die Ultraviolettspektroskopie.

Elektromagnetische Strahlung und Molekülspektroskopie. Trifft eine elektromagnetische Welle (z. B. sichtbares Licht) auf ein Molekül, so kann teilweise oder vollständige Absorption eintreten. Hierbei geht das Molekül vom Grundzustand in einen *angeregten* Zustand über. Voraussetzung für die Absorption ist eine exakte Übereinstimmung zwischen Energie der Strahlung und Energiedifferenz der Molekülzustände. Im allgemeinen absorbiert ein Molekül Wellen unterschiedlicher Energie und damit unterschiedlicher Frequenz. Trägt man die Frequenzen gegen das jeweilige Ausmaß der Absorption auf, erhält man ein Spektrum. Ein Spektrum enthält wichtige Hinweise auf die Anordnung der Atome in einem Molekül, wenn auch in verschlüsselter Form.

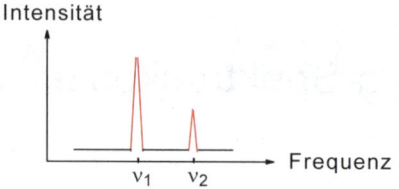

Bei den Frequenzen
ν_1 und ν_2 tritt Absorption der elektromagne-
tischen Welle ein, bei
den anderen nicht.

Zur Anregung der Bindungselektronen ist vergleichsweise energiereiche Strahlung erforderlich: ultraviolette Strahlung oder sichtbares Licht. Man nennt diese Art der Spektroskopie **UV-VIS-** oder **Ultraviolett-Spektroskopie**. Die Anregung der Atome in einem Molekül zu Schwingungen erfordert weniger Energie, sie gelingt bereits mit infraroter Strahlung. Deshalb spricht man hier von **Infrarotspektro-skopie**. Die wenigste Energie erfordert die Änderung der Präzession von Atom-kernen in einem Magnetfeld, hier reichen bereits die langwelligen Radiowellen. Diese Untersuchungsmethode heißt nuklearmagnetische Resonanzspektroskopie (**NMR-Spektroskopie**). Die folgende Abbildung gibt einen Überblick über die elektromagnetischen Strahlungen und über deren Verwendung in der Spektrosko-pie.

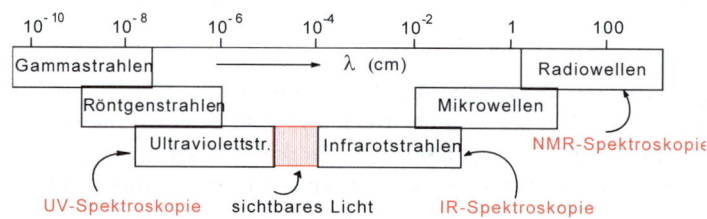

Elektromagne-
tische Strah-
lung und Mo-
lekülspek-
troskopie

2.2 Massenspektrometrie

Eine gewisse Sonderstellung in der Strukturaufklärung nimmt die *Massen-spektrometrie* ein. Die Energieaufnahme erfolgt hier in der Regel durch Zusam-menstoß zwischen einem Molekül und einem Elektron hoher Energie. Diese Ener-gieaufnahme unterscheidet sich in mehrfacher Hinsicht von der, die der UV-, IR- oder NMR-Spektroskopie zugrunde liegt:

- Die kinetische Energie des auftreffenden Elektrons muss zwar einen bestimm-ten Mindestwert aufweisen, aber auch höhere Werte führen zur Energieübertra-gung auf das Molekül.

- Das Molekül wird durch den Zusammenstoß mit dem Elektron ionisiert und somit chemisch verändert.

- Zusätzlich zur Ionisierungsenergie wird noch Anregungsenergie aufgenommen, die ebenfalls unterschiedliche Werte annehmen kann.

Wenn man trotzdem die Massenspektrometrie auf eine Stufe mit der NMR-, IR- und UV-Spektroskopie stellt, so deshalb, weil ein Massenspektrum Ähnlichkeiten mit einem typischen Spektrum aufweist.

Die Ionisierung eines Moleküls kann auf unterschiedliche Weise erfolgen: durch Beschuss mit Elektronen wie vorstehend vermerkt; durch Einwirkung energiereicher Strahlung; durch Einwirkung eines starken inhomogenen elektrischen Feldes und durch weitere Methoden. In diesem Kapitel wird nur die Ionisierung durch Elektronenstoß behandelt, welche auch die älteste und wichtigste ist.

2.2.1 Grundlagen

Trifft ein Elektron mit hinreichender Energie auf ein Molekül, so kann es aus diesem ein Elektron herausschlagen. Dabei entsteht ein positives Ion mit einem ungepaarten Elektron, das man **Molekül-Ion** nennt.

$$M \quad + \quad e^- \quad \longrightarrow \quad M^{+\cdot} \quad + \quad 2\,e^-$$

Molekül   Molekül-Ion
                                (ein Radikalkation)

Beachten Sie, dass *ein* Elektron in das Molekül eintritt und *zwei* dasselbe verlassen. Da das auftreffende Elektron meistens mehr Energie besitzt als zur Ionisierung notwendig ist, wird zusätzlich zur Ionisierungsenergie auch Anregungsenergie übertragen. (In der Regel beträgt die kinetische Energie des auftreffenden Elektrons 70 eV, die Ionisierungsenergie der meisten organischen Moleküle liegt dagegen um 10 eV). Diese Anregungsenergie kann zum Bruch einer oder mehrerer Bindungen des Molekül-Ions führen. Bei diesem Bruch, auch **Fragmentierung** genannt, entstehen zwei Bruchstücke, bei denen es sich je nach Verteilung von positiver Ladung und ungepaartem Elektron um ein Kation plus ein Radikal oder um ein Radikalkation plus ein Neutralmolekül handelt.

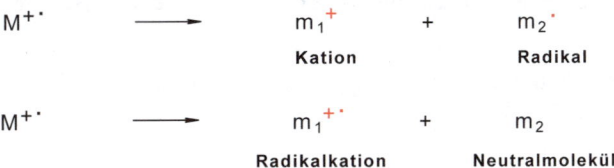

$$M^{+\cdot} \quad \longrightarrow \quad m_1^{+} \quad + \quad m_2^{\cdot}$$
                                Kation   Radikal

$$M^{+\cdot} \quad \longrightarrow \quad m_1^{+\cdot} \quad + \quad m_2$$
                          Radikalkation   Neutralmolekül

Bei der zuerst genannten Fragmentierung sind positive Ladung und ungepaartes Elektron auf beide Bruchstücke verteilt, bei der zuletzt genannten konzentrieren sie sich auf ein einziges Bruchstück.

Auch die Bruchstücke können überschüssige Energie besitzen und ihrerseits ebenfalls fragmentieren. Somit entstehen beim Beschuss von Molekülen mit Elektronen zum einen positiv geladene Molekülionen, zum anderen eine Vielzahl von Fragmenten, teils mit positiver Ladung, teils ohne Ladung.

Mit Hilfe der Massenspektrometrie kann man von allen Partikeln die Massen bestimmen, *sofern sie eine Ladung besitzen*. Die Massen der Fragmente enthalten Hinweise auf die Struktur des Moleküls. Somit verschafft die Massenspektrometrie einen ersten Einblick in die Struktur eins Moleküls. Zur Analyse werden nur winzige Mengen (< 1 mg) benötigt.

Bei der Massenspektrometrie bedient man sich verschiedener Messanordnungen. Nebenstehend ist ein einfach fokussierendes Massenspektrometer mit magnetischer Ablenkung skizziert.

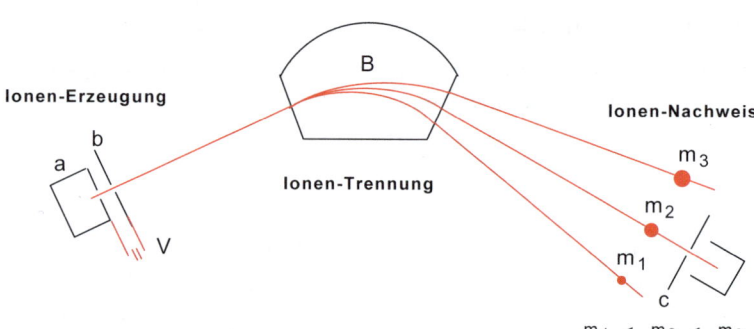

Schematischer Aufbau eines einfach fokussierenden Massenspektrometers mit magnetischer Ablenkung. Zur Bedeutung von a,b,c und B siehe Text.

Zunächst wird die Probe verdampft, gewöhnlich bei niedrigem Druck (10^{-6} bis 10^{-7} Torr). Der niedrige Druck ist erforderlich, um Zusammenstöße zwischen Ionen und neutralen Molekülen zu vermeiden; solche Zusammenstöße würden zum Zerfall der energiereichen Ionen führen. Die verdampften Moleküle werden in der Ionisierungskammer a durch Elektronenbeschuss ionisiert und durch eine Spannung V beschleunigt. Sie treten aus dem Spalt b ins Magnetfeld B, in welchem der gebündelte Ionenstrahl derart aufgefächert wird, dass Teilchen gleicher Masse Bahnen mit gleichem Krümmungsradius r durchlaufen. Durch den Spalt c gelangen nur solche Ionen, deren Masse-Ladungs-Verhältnis folgender Bedingung genügt:

$$\frac{m}{z} = \frac{B^2 \cdot r^2}{2V}$$

Ionen mit zunehmend größerem Masse-Ladungs-Verhältnis werden registriert, indem man die Magnetfeldstärke B erhöht oder die Beschleunigungsspannung V erniedrigt. Schließlich werden die Ionen zu einem messbaren Strom verstärkt, der das Messsignal liefert.

2.2.2 Massenspektren organischer Verbindungen

In einem Massenspektrum sind auf der horizontalen Achse die Massen (genauer: das Verhältnis m/z) und auf der vertikalen die relativen Häufigkeiten derselben dargestellt, wobei das intensivste Signal (**Basispeak**) gleich 100 % gesetzt wird. Zunächst werden die Massenspektren von Kohlenwasserstoffen, danach die von Verbindungen mit jeweils einer funktionellen Gruppen behandelt. Eine funktionelle Gruppe (OR, NH_2, Halogen, Keto etc.) nimmt in charakteristischer Weise Einfluß auf das Fragmentierungsverhalten des Moleküls.

Massenspektren von Kohlenwasserstoffen. Im Massenspektrum von Methan erkennt man Signale bei den Massenzahlen 1, 2, 12, 13, 14, 15, 16 und 17.

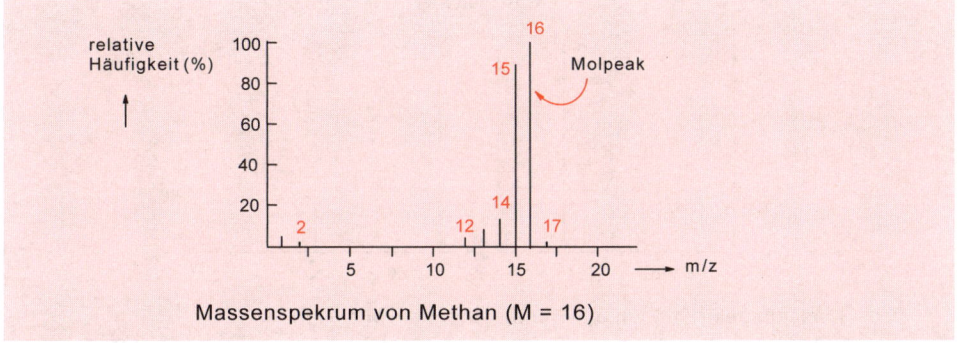

Massenspektrum von Methan (M = 16)

Die Ionisierung ergibt das Molekül-Ion der Masse 16, das betreffende Signal im Massenspektrum wird auch **Molpeak** ($M^{+\bullet}$) genannt. Durch überschüssige Energie tritt eine schrittweise Fragmentierung des Molekül-Ions ein, die man sich wie folgt vorstellt:

Ionisierung:

$$e^- + CH_4 \longrightarrow CH_4^{+\bullet} + 2\,e^- \qquad (1)$$
$$m/z = 16$$

Fragmentierungen:

$$CH_4^{+\bullet} \longrightarrow CH_3^+ + H^\bullet \qquad (2)$$
$$m/z = 15$$

$$CH_3^+ \longrightarrow CH_2^{+\bullet} + H^\bullet \qquad (3)$$
$$m/z = 14$$

$$CH_2^{+\bullet} \longrightarrow CH^+ + H^\bullet \qquad (4)$$
$$m/z = 13$$

$$CH^+ \longrightarrow C^{+\bullet} + H^\bullet \qquad (5)$$
$$m/z = 12$$

$$CH_4^{+\bullet} \longrightarrow CH_2 + H_2^{+\bullet} \quad m/z = 2 \qquad (6)$$

$$CH_4^{+\bullet} \longrightarrow CH_3^\bullet + H^+ \quad m/z = 1 \qquad (7)$$

Bei der Fragmentierung entstehen die Massen 15, 14, 13, 12, 2 und 1. Das Signal bei m/z = 17 ist auf die Anwesenheit des Kohlenstoffisotops ^{13}C zurückzuführen: Von 100 Methanmolekülen besitzt eines die Zusammensetzung $^{13}CH_4$ und damit das Molekulargewicht 17. Das Verhältnis der relativen Häufigkeiten von $^{12}CH_4$ und $^{13}CH_4$ beträgt 99:1. Da nur Ionen detektiert werden können, wird vom Zerfall gemäß (3) nur die Masse m/z = 14 und vom Zerfall gemäß (6) nur die Masse m/z = 2 registriert, obwohl in *beiden* Fällen die Masse 14 entsteht.

Im Massenspektrum von 3,3-Dimethylheptan ist der Molpeak bei m/z = 128 nur schwach zu erkennen. Offenbar zerfällt das Molekül-Ion $M^{+\bullet}$ nach der Entstehung sehr schnell unter Bildung kleinerer Bruchstücke.

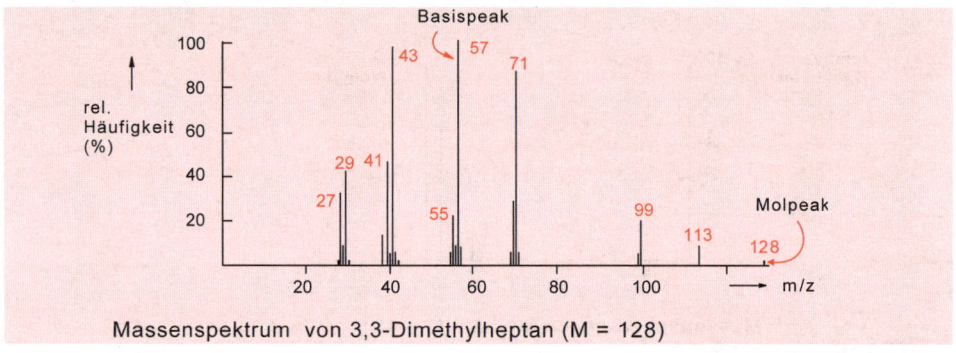

Massenspektrum von 3,3-Dimethylheptan (M = 128)

Durch Abspaltung von C oder H oder C_xH_y könnte eine große Zahl von Massen zwischen 1 und 128 entstehen. Wie der Abbildung zu entnehmen, bilden sich aber nur bestimmte Bruchstücke. *Fragmentierungen erfolgen bevorzugt so, dass thermodynamisch beständige Kationen oder Neutralmoleküle entstehen.* Die Spaltung von 3,3-Dimethylheptan erfolgt bevorzugt zwischen C-3 und einem seiner vier Nachbarn, da nur diese Spaltungen zu tertiären Carbenium-Ionen führt. (Zur Stabilität von Carbenium-Ionen s. Abschn. 6.7.1). Aus diesen Spaltungen gehen die Bruchstücke m/z = 71 ($M^{+\bullet}$ minus $C_4H_9^{\bullet}$), 99 ($M^{+\bullet}$ minus $C_2H_5^{\bullet}$) und 113 ($M^{+\bullet}$ minus $CH_3^{\bullet}$) hervor.

Abb. Ein roter Pfeil weist auf das jeweilige Spaltprodukt, welches die positive Ladung trägt und damit ein Signal im Massenspektrum liefert.

Bruchstücke der Spaltung z.B. zwischen C-4 und C-5 bilden sich nicht, da diese Spaltung nur primäre Carbenium-Ionen ergibt. Bruchstücke der Masse m/z = 43 und 57 beobachtet man in allen Massenspektren von Alkanen mit mindestens 4 C-Atomen, sie rühren von den Fragmenten $C_3H_7^+$ (Isopropylkation) bzw. $C_4H_9^+$ (*tert*-Butylkation) und geben keine Strukturhinweise.

Aufgabe

1. Ein Alkan lieferte im Massenspektrum ein Signal bei m/z = 114 neben weiteren Signalen aus kleineren Massen. Welche Summenformel besitzt das Alkan?

Massenspektren von Ethern. Das Massenspektrum von *sec*-Butyl-isopropyl-ether (Molmasse 116) weist charakteristische Signale bei 116, 101, 87, 57 und 43 auf.

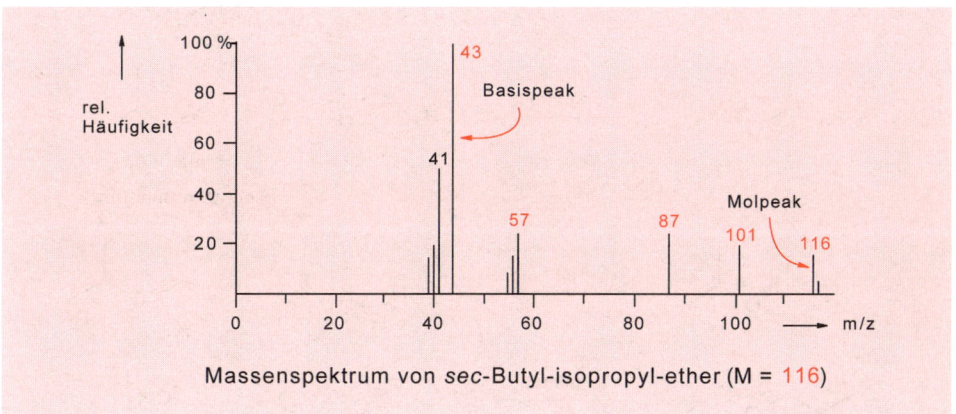

Massenspektrum von *sec*-Butyl-isopropyl-ether (M = 116)

Das Signal bei m/z = 116 rührt vom Molekül-Ion her, das durch Ablösung eines Elektrons aus einem der beiden freien Elektronenpaare entsteht. Solche Elektronen werden besonders leicht abgelöst, da sie nur an einen Atomkern gebunden sind.

sec-Butyl-isopropyl-ether   m/z = 116

Das Molekül-Ion kann auf zweifache Weise fragmentieren:

- durch Spaltung der Etherbindung R−O−C−C
- durch Spaltung der Bindung *neben* der Etherbindung R−O−C−C

Die Spaltung der Etherbindung liefert die beiden Bruchstücke m/z = 57 und 43. Dabei wird die positive Ladung stets auf das Kohlenstoffatom übertragen, da das Sauerstoffatom elektronegativer als das Kohlenstoffatom ist.

Die Spaltung der Bindung neben der Etherbindung (auch **α-Spaltung** genannt) ergibt die Bruchstücke m/z = 101 und 87. Treibende Kraft ist hier die Bildung mesomeriestabilisierter **Oxonium-Ionen**.

Pfeil mit halber Spitze (⤻) bedeutet Verschiebung *eines* Elektrons.

Massenspektren von Aminen. Ein Amin mit einer ungeraden Anzahl von N-Atomen (1,3,5...) ergibt eine Molmasse und damit einen Molpeak mit einer ungeraden Masse, ein Amin mit einer geraden Anzahl von N-Atomen (2,4,6...) einen Molpeak mit einer geraden Masse (**Stickstoffregel**). Darin unterscheiden sich Amine von Sauerstoff-haltigen Verbindungen, die immer Molmassen und damit Molpeaks gerader Masse haben.

N-Isopropyl-*N*-methyl-
butylamin   m/z = 129

Bei der Fragmentierung eines ionisierten Amins dominiert die α-Spaltung, die zu mesomeriestabilisierten **Iminium-Ionen** führt.

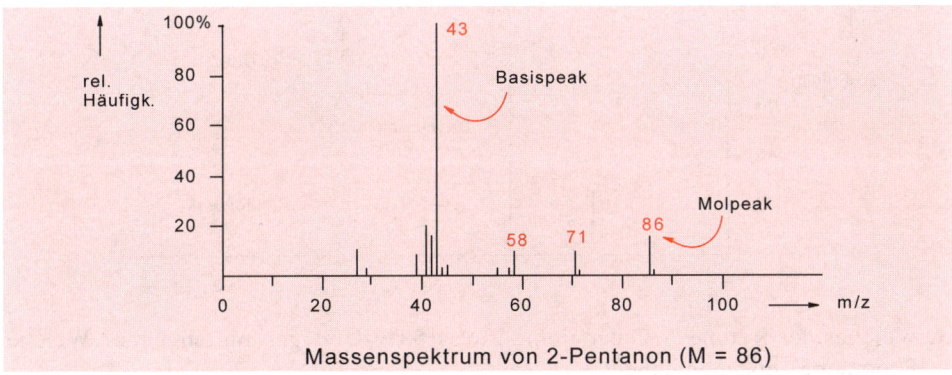

Massenspektren von Ketonen. Das Massenspektrum von 2-Pentanon (Molmasse 86) zeigt Signale u.a. bei m/z 86, 71, 58 und 43.

Massenspektrum von 2-Pentanon (M = 86)

Das Signal bei m/z = 86 rührt vom Molekül-Ion her, es entsteht durch Abspaltung eines Elektrons aus einem der beiden freien Elektronenpaare des Sauerstoffatoms. Die Signale bei m/z 71 und 43 sind eine Folge von zwei α-Spaltungen, die hier zu mesomeriestabilisierten **Acylium-Ionen** führen.

Das Signal bei m/z = 58 geht aus einer sogenannten **McLafferty-Umlagerung** des Molekül-Ions hervor, bei der ein Alken und ein Enol entstehen.

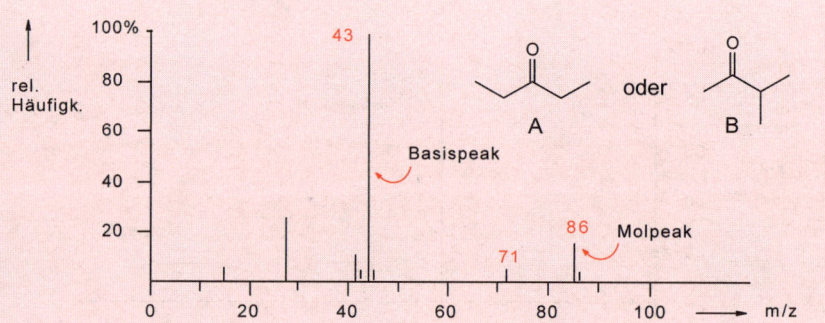

McLafferty-Umlagerungen verlaufen über einen 6-Ring, sie können nur eintreten, wenn in γ-Stellung zur Carbonylgruppe ein H-Atom vorhanden ist.

Aufgaben

2. Nachfolgend ist das Massenspektrum eines Ketons (Molmasse 86) abgebildet. Handelt es sich um das Keton A oder B?

3. Welches der Ketone A–C kann eine McLafferty-Umlagerung eingehen? Welche Fragmente entstehen dabei?

Zusammenfassung

Beim Beschuss eines Moleküls mit einem Elektron bilden sich das ionisierte Molekül und Fragmentierungsprodukte desselben. Ersteres liefert im Massenspektrum den Molpeak, der oftmals eine nur geringe Intensität besitzt, letztere ergeben das für die jeweilige Verbindungsklasse typische Fragmentierungsmuster.

● Alkane fragmentieren in der Weise, dass bevorzugt stabile *tert*-Alkylkationen entstehen.

- Ether spalten an der Etherbindung, ferner in α-Stellung zu derselben. Die Spaltung in α-Stellung liefert mesomeriestabilisierte Oxonium-Ionen.

- Amine fragmentieren bevorzugt in α-Stellung. Dabei bilden sich mesomeriestabilisierte Iminium-Ionen.

- Auch Ketone gehen eine α-Spaltung ein, hier entstehen mesomeriestabilisierte Acylium-Ionen. Bei Ketonen mit einem H-Atom in γ-Stellung kann zusätzlich eine Umlagerung zu einem Alken und einem Enol eintreten (McLafferty-Umlagerung).

2.2.3 Herleitung der Summenformel aus dem Massenspektrum

Häufig enthält das Massenspektrum einer Verbindung das Signal des Molekül-Ions (Molpeak) und damit die Massenzahl der Verbindung. Eine eindeutige Herleitung der Summenformel (Elementarzusammensetzung) ist daraus aber nicht möglich, wie das folgende Beispiel zeigt. Die Masse 28 kann von Stickstoff (N_2), Kohlenmonoxid (CO) oder Ethylen (C_2H_4) herrühren. Eine Unterscheidung gelingt aber mit Hilfe der *hochauflösenden* Massenspektrometrie, welche Massen auf 0,0001 Masseneinheiten genau wiedergibt. Die genauen Massen der genannten Verbindungen lauten:

CO	N_2	C_2H_4
27,9949	28,0062	28,0312

Die Abweichung von der Ganzzahligkeit ist eine Folge der Massen der Isotope, die, mit Ausnahme des Referenzisotops ^{12}C, von ganzen Zahlen abweichen. Die folgende Tabelle enthält die Massen der für die organischen Chemie wichtigsten Isotope, aus denen auch die vorstehenden Molmassen berechnet wurden.

Exakte Massen einiger wichtiger Isotope

^1H 1,0078	^{12}C 12,0000	^{14}N 14,0031	^{16}O 15,9949

Den Nutzen der hochauflösenden Massenspektrometrie zur Bestimmung der Summenformel soll ein weiteres Beispiel verdeutlichen. Die massenspektrometrische Untersuchung einer unbekannten Verbindung mit einem niederauflösenden Massenspektrometer ergab für das Molekül die Masse 98. Mit dieser Masse stimmen folgende Summenformeln überein:

C_7H_{14}	$C_6H_{10}O$	$C_5H_6O_2$	$C_5H_{10}N_2$
98,1092	98,0729	98,0366	98,0842

Wiederholung der Messung mit einem hochauflösenden Massenspektrometer lieferte ein Signal der Masse 98,0738. Somit besitzt das Molekül die Elementarzusammensetzung $C_6H_{10}O$.

Aufgaben

4. Die folgende Abbildung zeigt das Massenspektrum von Ethylchlorid.

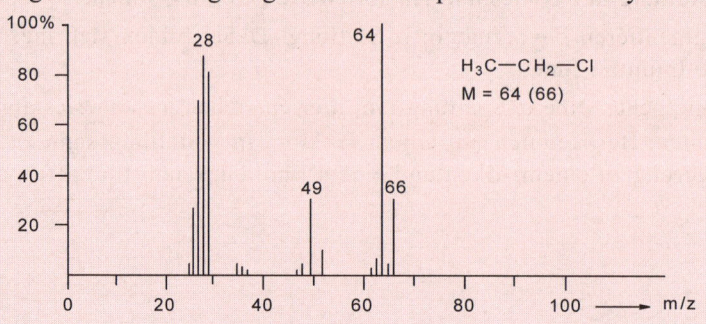

Ordnen Sie die größeren Signale den einzelnen Molekülfragmenten zu. (Hinweis: Die Isotopenzusammensetzung von Chlor beträgt 75% ^{35}Cl und 25% ^{37}Cl. Somit besteht Ethylchlorid aus einer Mischung der Isotopomeren $H_3C-CH_2-^{35}Cl$ und $H_3C-CH_2-^{37}Cl$ im Verhältnis 75 : 25.)

5. Die massenspektrometrische Untersuchung einer unbekannten Verbindung mit einem hochauflösenden Massenspektrometer ergab den Molpeak von m/z = 112,0888. Welche der Verbindungen C_8H_{16}, $C_7H_{12}O$ oder $C_6H_8O_2$ stimmt am besten mit der Masse überein?

2.3 Kernmagnetische Resonanzspektroskopie

Unter kernmagnetischer Resonanz (engl. *nuclear magnetic resonance, NMR)* versteht man die Erscheinung, dass bestimmte Atomkerne, die sich in einem Magnetfeld befinden, Radiowellen definierter Frequenz absorbieren. Die Absorptionsfrequenzen der verschiedenen Atomsorten (z. B. Wasserstoff, Fluor, Phosphor) unterscheiden sich beträchtlich voneinander. Aber auch innerhalb einer bestimmten Atomsorte (z. B. Wasserstoff) beobachtet man geringfügige Unterschiede in den Absorptionsfrequenzen, sofern sich die einzelnen Atome in verschiedener chemischer Umgebung befinden. Diese geringfügigen Unterschiede nutzt man, um die Anordnung der Atome in einem Molekül und damit die Struktur eines Moleküls zu bestimmen.

Zur Beobachtung des Phänomens dient nebenstehende Messanordnung. Man füllt die Lösung einer zu messenden Verbindung in ein Glasrohr G, das sich zwischen den Polen N, S eines Magneten befindet und von einer Spule Sp umgeben ist. Die Spule ist Bestandteil einer Hochfrequenzbrücke, die ihrerseits mit einem Hochfrequenzsender verbunden ist. Stimmen Frequenz des Senders und Eigenfrequenz der Atomkerne überein, so verändert sich der (Schein) Widerstand der Spule Sp. Diese Veränderung wird in der Hochfrequenzbrücke gemessen und als Signal registriert.

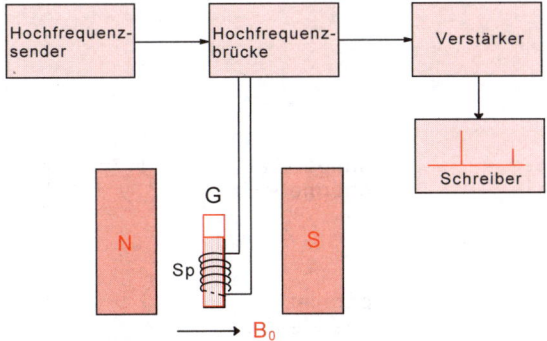

Aufbau eines NMR-Spektrometers

2.3.1 Grundlagen

Die meisten Atomkerne führen eine Drehbewegung um die eigene Achse aus ("Spin"). Da sie geladene Teilchen (Protonen) enthalten, wird bei dieser Drehbewegung ein Kreisstrom und damit ein Magnetfeld erzeugt.

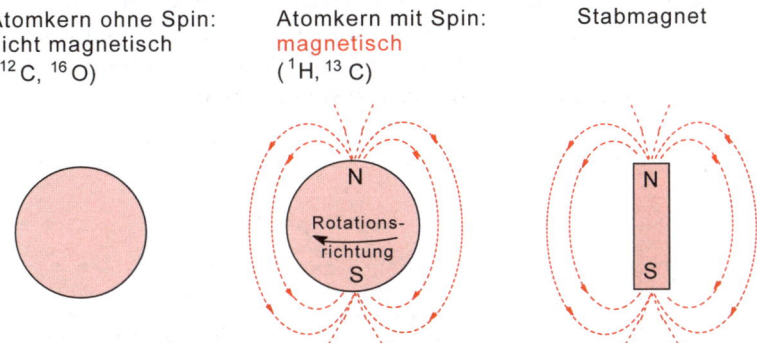

Bringt man Atomkerne mit einem Spin in ein äußeres Magnetfeld, so richten sie sich darin aus, ähnlich wie es mit einer Kompassnadel im Magnetfeld der Erde geschieht. Allerdings gibt es nicht nur eine stabile und eine labile Einstellung, wie im Falle der Kompassnadel, sondern aufgrund der Gesetze der Quantenmechanik mehrere Einstellungen. Wir beschränken uns zunächst auf den Wasserstoffkern (Proton), der die Spinquantenzahl $I = \frac{1}{2}$ und insgesamt $2I + 1 = 2$ Einstellungen aufweist, eine annähernd parallele und eine annähernd antiparallele. Die "parallele" Einstellung ist die energieärmere. Strahlt man Radiowellen passender Energie ein, so erfolgt Absorption und Übergang in den energiereicheren, "antiparallelen" Zustand.

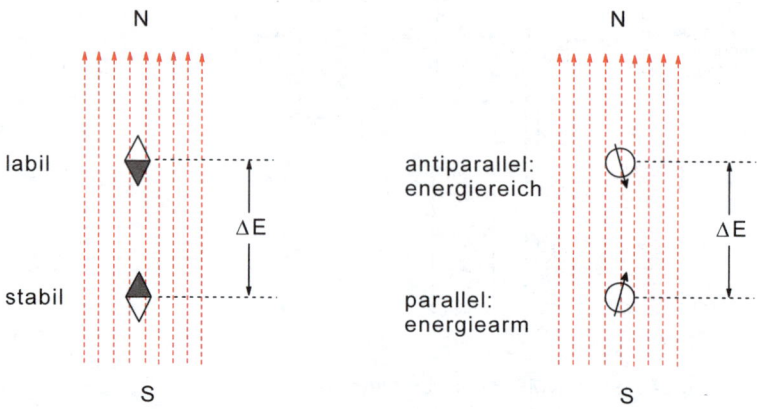

Links: Kompassnadel im Magnetfeld der Erde. Rechts: Proton im Magnetfeld

Die Absorption von Radiowellen passender Frequenz ist ein Resonanzvorgang. Zur Erläuterung desselben soll ein Vorgang ebenfalls aus dem Alltag herangezogen werden. Ein rotierender Kreisel, dessen Achse eine schräge Anordnung zur Richtung des Schwerefeldes einnimmt, führt zwei Drehbewegungen aus, eine Rotation um die eigene Achse und eine "Torkelbewegung", bei welcher das obere Ende der Achse eine Kreisbahn um die Richtung des Schwerefeldes der Erde beschreibt. Letztere Bewegung nennt man Präzession. Ähnlich verhält sich ein Proton in einem Magnetfeld. Auch hier sind zwei Drehvorgänge zu unterscheiden, die Rotation um die eigene Achse (Spin) und die Präzession dieser Achse um die Richtung des Magnetfeldes, **Larmor-Präzession** genannt.

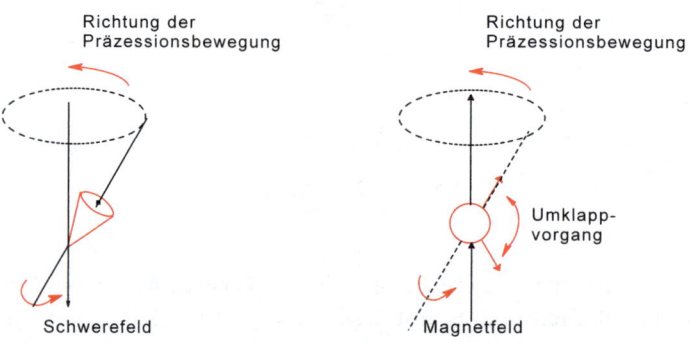

Präzession eines Kreisels um die   Präzession eines Protons um die
Richtung des Schwerefeldes   Richtung des Magnetfeldes

Die Frequenz ν, mit welcher Atomkerne einer bestimmten Atomsorte präzessieren, hängt nur von der Stärke des angelegten Magnetfeldes B_0 ab. Es gilt die Frequenzgleichung:

$$\omega = \gamma \cdot \mathbf{B_0} \qquad \text{oder} \qquad \nu = (\gamma/2\pi) \cdot \mathbf{B_0}$$

(ω = Kreisfrequenz, ν = Frequenz, γ = magnetogyrisches Verhältnis)

Je größer das Magnetfeld um so größer ist die Präzessionsfrequenz. Strahlt man Radiowellen ein, die exakt diese Frequenz besitzen, so erfolgt Absorption (Resonanzfall), wobei ein Teil der Protonen aus der energiearmen "parallelen" Lage in die energiereiche "antiparallele" Lage umklappen. Dieser Vorgang wird in Form eines Signals registriert.

Bei einer magnetischen Feldstärke B_0 von etwa 2,5 Tesla beträgt die Larmorfrequenz von Protonen ca. 10^8 pro Sekunde.

2.3.2 Chemische Verschiebung von Protonensignalen

Nach der Frequenzgleichung müssten alle Protonen eines Moleküls bei ein und derselben Frequenz absorbieren. Wie in der Einleitung schon erwähnt, beobachtet man aber *mehrere* Signale, sofern das Molekül mehrere Sorten von Protonen enthält. So liefert 1,4-Dimethylbenzol, das zwei Sorten von Wasserstoffatomen besitzt, ein ^{1}H-NMR-Spektrum mit zwei Signalen. Das gleiche gilt für Essigsäure-*tert*-butylester: zwei Sorten von Wasserstoffatomen und zwei Signale.

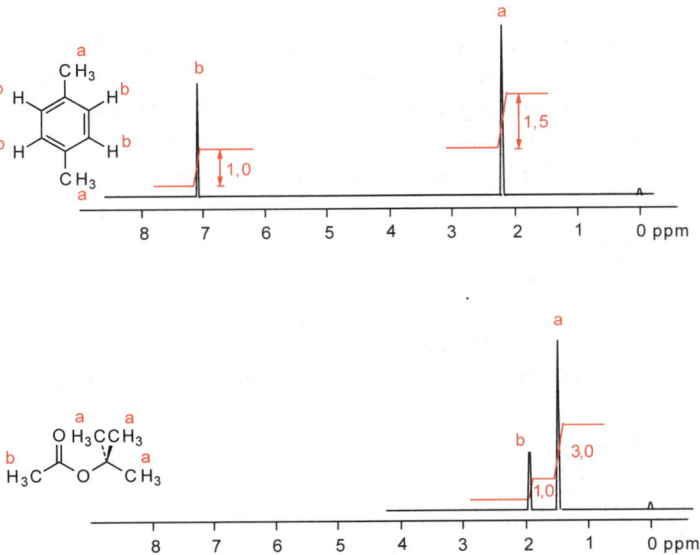

^{1}H-NMR-Spektrum von 1,4-Dimethylbenzol (oben) und Essigsäure-*tert*-butylester (unten). Das Signal bei 0 ppm rührt von der Referenzverbindung $(CH_3)_4Si$ her.

Weshalb führen chemisch verschieden gebundene Wasserstoffatome zu unterschiedlichen Signalen? Das äußere Magnetfeld B_0 induziert in den Bindungselektronen, die ein Proton umgeben, eine kreisförmige Ladungsbewegung und damit ein *zusätzliches* Magnetfeld B_{ind}. Dieses zusätzliche Magnetfeld schwächt gemäß der **Lenzschen Regel** (s. Lehrbücher der Physik) am Ort des Protons das verursachende Magnetfeld, so dass dort nicht die magnetische Feldstärke B_0 sondern die kleinere Feldstärke $B_0 - B_0 \cdot \sigma$ oder $B_0 (1 - \sigma)$ herrscht (σ = Abschirmungskonstante). Die Schwächung oder Stärkung des äußeren Magnetfeldes durch das zusätzliche Magnetfeld heißt **Abschirmung** bzw. **Entschirmung**.

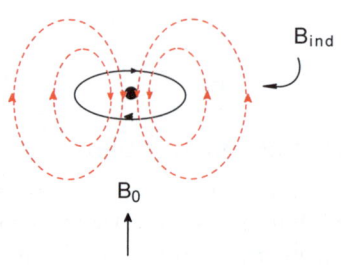

Am Ort des Protons (•) wird B_0 durch B_{ind} geschwächt. (Beachten Sie die an diesem Ort gegenläufigen Feldlinien der beiden Magnetfelder B_0 und B_{ind}.)

Die Verminderung der effektiven magnetischen Feldstärke hat nach der Frequenzgleichung eine Verminderung der Resonanzfrequenz zur Folge. Es gilt:

$$\nu = (\gamma / 2\pi) \, B_0 \, (1 - \sigma)$$

Die Verschiebung der Resonanzfrequenz durch die umgebenden Bindungselektronen des betreffenden Protons heißt **chemische Verschiebung**. Die chemische Verschiebung wird nicht in Hertz angegeben, da sie dann vom Magnetfeld B_0 des jeweiligen Spektrometers abhängig wäre (siehe vorstehende Gleichung). Man hat dafür eine dimensionslose Größe δ eingeführt, die wie folgt definiert ist:

$$\delta = \frac{\nu_{Probe} - \nu_{Standard}}{\nu_{Standard}} \cdot 10^6$$

Maßeinheit für die δ-Skala ist 10^{-6} oder ppm (parts per million). In der Abbildung sind die chemischen Verschiebungen wichtiger protonenhaltiger Gruppen angegeben.

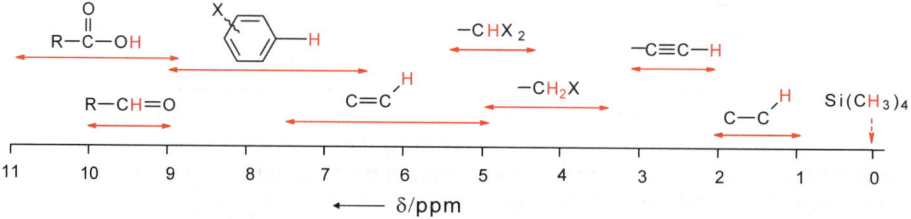

Bereich chemischer Verschiebungen von Protonen (X = Cl, Br, OR, NR$_2$)

Das Proton in einer Carbonsäure ist beträchtlich entschirmt (es liegt ein partiell positives H-Atom vor), deshalb weist es auch die höchste Resonanzfrequenz auf. Das Proton in X-C-H ist aufgrund des $-I$-Effekts des elektronegativen Substituenten X ebenfalls entschirmt, wenn auch weniger stark als in Carbonsäuren. Dagegen ist die Protonen in Tetramethylsilan als partiell negative H-Atome beträchtlich abgeschirmt, woraus eine kleinere Resonanzfrequenz mit kleinerem δ-Wert resultiert. Zur chemischen Verschiebung von olefinischen und aromatischen Protonen s. Abschn. 14.7.

Als Standard dient Tetramethylsilan (TMS), dessen ^{1}H-NMR-Signal auf 0 ppm gesetzt wird. Die Gründe für die Wahl von TMS sind folgende: Die Verbindung enthält 12 identische Protonen, die ein starkes Signal liefern, welches zudem von Signalen der zu messenden Verbindung nicht verdeckt wird. Die Verbindung ist chemisch inert, leicht flüchtig (Sdp. 28 °C) und damit aus der Messlösung leicht entfernbar.

2.3.3 Fläche eines Protonensignals

Die Fläche eines NMR-Signals ist proportional zur Anzahl der Protonen. So zeigt das NMR-Spektrum von 1,4-Dimethylbenzol (s. oben) zwei Signale im Verhältnis von 1:1,5 in Übereinstimmung mit der Anzahl der beiden Sorten von Protonen. Das NMR-Spektrum von Essigsäure-*tert*-butylester enthält zwei Signale im Flächenverhältnis von 1:3, ebenfalls in Übereinstimmung mit den beiden Protonensorten.

Signalflächen erhält man aus der Integrationskurve (s. rote Kurve im Spektrum), welche elektronisch vom NMR-Gerät erstellt wird. Statt der Flächen können auch die Höhen der Singuletts zur Ermittlung der Anzahl der Protonen herangezogen werden. Wegen gelegentlich unterschiedlicher Halbwertsbreiten einzelner Signale weicht das Verhältnis der Höhen aber vom Verhältnis der Protonen etwas ab.

Aufgabe

6. Wie viel ^{1}H-NMR-Signale und in welchem Flächenverhältnis zueinander erwarten Sie für die Verbindungen A und B?

2.3.4 Kopplung zwischen Protonen

Sind zwei Protonen nur wenige Bindungen (typischerweise drei oder zwei) voneinander entfernt, so tritt eine Kopplung zwischen ihnen ein. Diese führt zur Aufspaltung der Signale im NMR-Spektrum, wenn es sich um nichtäquivalente Protonen – im folgenden mit A und X bezeichnet – handelt. Das Spektrum eines 2-Spin-Systems vom Typ AX besteht aus zwei Dubletts.

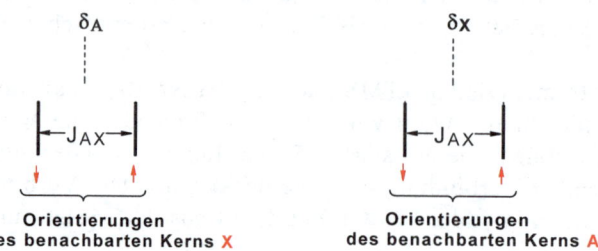

Wie kommt die Aufspaltung zustande? Wir betrachten zunächst das Proton A mit der chemischen Verschiebung δ_A. Das äußere Magnetfeld B_0 wird am Ort desselben geschwächt oder verstärkt, je nachdem ob das *benachbarte* Proton X, ein Kernmagnet mit einem kleinen lokalen Magnetfeld ΔB, eine parallele ($\downarrow$) oder antiparallele ($\uparrow$) Lage zum äußeren Magnetfeld einnimmt (siehe Pfeile im Aufspaltungsschema). Daraus resultieren zwei neue Magnetfelder $B_0 + \Delta B$ und $B_0 - \Delta B$ und somit zwei neue Signale. Die Intensitäten dieser beiden Signale verhalten sich wie 1:1, da das benachbarte Proton X mit praktisch gleicher Wahrscheinlichkeit eine parallele oder antiparallele Lage im Magnetfeld B_0 einnimmt. Für das Proton X mit der chemischen Verschiebung δ_X gilt sinngemäß das gleiche, dessen Signal spaltet daher ebenfalls in ein 1:1-Dublett auf.

Die Kopplung zwischen den beiden Protonen wird durch die Kopplungskonstante J_{AX} in Hertz angegeben. Kopplungskonstanten J sind wie chemische Verschiebungen δ unabhängig von der magnetischen Feldstärke des Spektrometers.

Ein Beispiel für ein 2-Spinsystem mit zwei nichtäquivalenten Protonen A und X ist β-Chloracrylnitril, dessen NMR-Spektrum nachfolgend abgebildet ist.

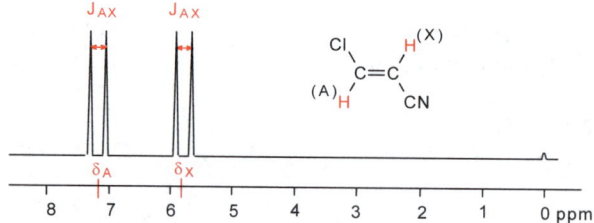

1H-NMR-Spektrum von *trans*-β-Chloracrylnitril. δ_A und δ_X sind die Mittel der Dublettlinien, J_{AX} ist die Differenz derselben.

Nach der Diskussion des 2-Spinsystems wenden wir uns einem 3-Spinsystem, bestehend aus einem Proton A und zwei Protonen X, die äquivalent sind, kurz einem AX_2-Spinsystem zu. Hier führt die Kopplung zu einem Triplett und einem Dublett.

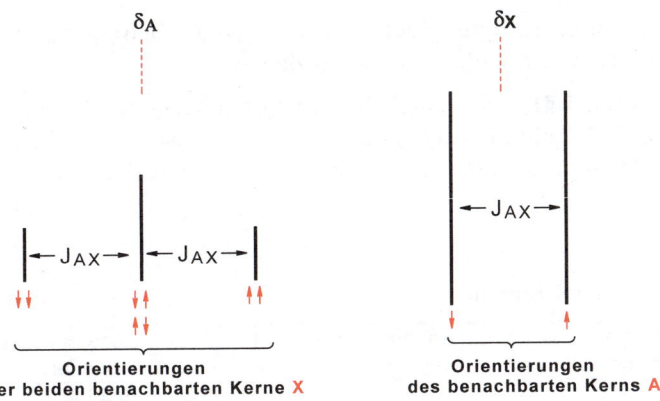

Wie kommen diese Aufspaltungen zustande? Am Ort des Protons A wirken Zusatzfelder entsprechend den Spineinstellungen ↓↓, ↓↑, ↑↓ und ↑↑ der beiden *Nachbar*protonen X. Die erstgenannte und die letztgenannte Einstellung bewirken eine Verschiebung des Signals δ_A nach höheren bzw. tieferen Frequenzen; die Einstellungen ↓↑ und ↑↓ kompensieren sich und haben überhaupt keinen Einfluß auf die chemische Verschiebung. Das Verhältnis der Linien im Triplett entspricht den Wahrscheinlichkeiten der Spineinstellungen und beträgt 1:2:1. Am Ort der beiden äquivalenten Protonen X wirken nur die beiden Spineinstellungen ↓ und ↑ des *Nachbar*protons A, woraus ein 1:1-Dublett resultiert.

Ein Beispiel für eine Verbindung mit einem AX_2-Spinsystem ist 1,1,2-Trichlorethan mit folgendem ^{1}H-NMR-Spektrum.

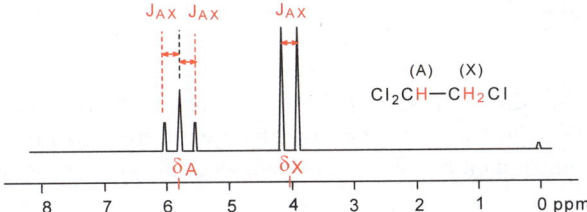

^{1}H-NMR-Spektrum von 1,1,2-Trichlorethan. δ_A ist identisch mit der Lage des mittleren Signals des Tripletts, δ_X ist das Mittel des Dubletts.

Aufspaltung der Signale und Intensität derselben folgen einfachen Regeln, sofern es sich um Spinsysteme 1. Ordnung handelt. Diese liegen vor, wenn die Differenz der chemischen Verschiebung groß ist im Vergleich zur Kopplungskonstante. Die Regeln lauten:

- **Äquivalente Protonen** (z. B. in $H_3C–Br$) liefern nur ein NMR-Signal, auch wenn sie räumlich sehr nahe beieinander liegen.

- **Nichtäquivalente Protonen**, die nahe beieinander liegen, koppeln miteinander und verursachen eine gegenseitige Aufspaltung ihrer NMR-Signale.

- Die **Anzahl** der durch Kopplung entstandenen Signale beträgt n + 1, worin n die Anzahl äquivalenter Nachbarprotonen bedeutet.

- Die relativen **Intensitäten** der durch Kopplung entstandenen Linien stehen in einem bestimmten Verhältnis zueinander, welches aus dem *Pascalsche* Dreieck folgt. (Jede Zahl darin ist die Summe der beiden diagonal darüber stehenden Zahlen.)

Tabelle. Multiplizitäten der Signale

Anzahl n (äquivalenter) benachbarter Protonen	Anzahl u. Intensität der Signale	Bezeichnung der Multipletts
0	1	Singulett
1	1:1	Dublett
2	1:2:1	Triplett
3	1:3:3:1	Quadruplett
4	1:4:6:4:1	Quintuplett
5	1:5:10:10:5:1	Sextett

In β-Chloracrylnitril hat das Proton A ein Nachbarproton (n=1) und spaltet gemäß der (n+1)-Regel in ein Dublett auf, Verhältnis 1:1. Gleiches gilt für das Proton X. In 1,1,2-Trichlorethan hat das Proton A zwei Nachbarprotonen (n=2) und spaltet gemäß der (n+1)-Regel in drei Linien auf, Verhältnis 1:2:1. Die Protonen X besitzen nur ein Nachbarproton, sie spalten in ein 1:1-Dublett auf.
Die folgenden Übungen beziehen sich auf chemische Verschiebungen und Aufspaltungen von NMR-Signalen.

● **Frage.** Nachfolgend sind die ^{1}H-NMR-Spektren a-d der vier isomeren Brombutane I-IV abgebildet. Die Zahlen unter den Signalen geben die Anzahl der Protonen der einzelnen Signalgruppen an. Welches Spektrum gehört zu welcher Verbindung?

● **Antwort.** *Spektrum a* enthält nur ein Singulett und stammt von Verb. I mit 9 äquivalenten H-Atomen. *Spektrum b* enthält als einziges drei Signalgruppen, die nur von Verb. II mit drei nichtäquivalenten Sorten von H-Atomen herrühren können. *Spektren c und d* enthalten je vier Signalgruppen, eine Zuordnung gelingt aus den Flächenverhältnissen: *Spektrum c* mit 2:2:2:3 steht nur mit Verb. III, *Spektrum d* mit 1:2:3:3 nur mit Verb. IV in Einklang.

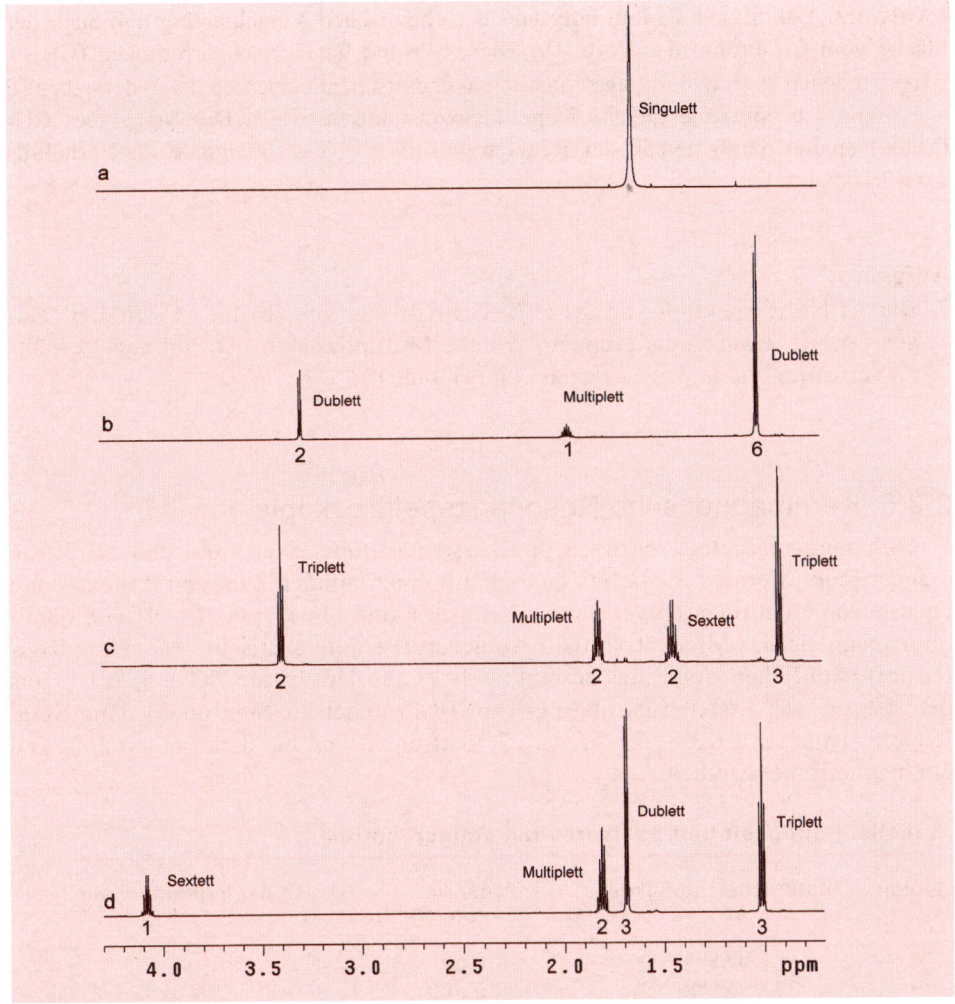

● **Frage.** *Spektrum d* zeigt u.a. zwei Signalgruppen bei δ = 1,0 und δ = 1,7 ppm, die aufgrund der Flächenverhältnisse (3 : 3) von den beiden nichtäquivalenten Methylprotonen der Verb. IV herrühren. Welche Signalgruppe gehört zu welcher Methylgruppe?

● **Antwort.** Die Signalgruppe bei δ = 1,0 ppm ist ein Triplett, woraus folgt, dass die Anzahl der Nachbarprotonen 2 betragen muss (n=2; n+1=3). Die Signalgruppe rührt somit von den Methylprotonen an C-4 her. Die Signalgruppe bei δ = 1,7 ppm ist ein Dublett, die Anzahl der Nachbarprotonen beträgt somit eins (n=1; n+1=2). Damit gehört die Signalgruppe zu den Methylprotonen an C-1.

● **Frage.** Das *Spektrum d* enthält außerdem bei δ = 4,1 ppm ein Sextett im Verhältnis 1:5:10:10:5:1. Wie kommen die Multiplizitäten und Verhältnisse zustande?

●**Antwort.** Das Signal stammt aufgrund der chemischen Verschiebung und auch der Fläche vom CH-Proton der Verb. IV. Dieses Proton hat 5 Nachbarprotonen (CH$_3$ + CH$_2$), zu denen es trotz der unterschiedlichen chemischen Verschiebungen derselben (δ = 1,7 und 1,8 ppm) die gleiche Kopplungskonstante aufweist. Das Signal des CH-Protons spaltet damit gemäß der Regel n + 1 in 5 + 1 = 6 Signale im Verhältnis 1:5:10:10:5:1 auf.

Aufgabe

7. Die ^{1}H-NMR-Spektren von (a) H$_3$C–CH$_2$–Br und von (b) H$_3$C-CHBr-CH$_3$ zeigen jeweils zwei Signalgruppen. Welche Multiplizitäten (Anzahl und Verhältnis) erwarten Sie in den Spektren von (a) und (b)?

2.3.5 Kernmagnetische Resonanzspektroskopie von ^{13}C

Wie eingangs dargelegt, besitzen die meisten Isotope einen Spin und damit ein magnetisches Moment. Lediglich Isotope mit einer geraden Zahl von Protonen und ebenso von Neutronen (sogenannte g,g-Kerne) sind ohne Spin (I = 0) und damit ohne magnetisches Moment. Enthält Kohlenstoff ein magnetisches Moment? Kohlenstoff natürlichen Ursprungs besteht zu 99 % aus dem Isotop ^{12}C und zu 1 % aus dem Isotop ^{13}C. Ersteres ist als g,g-Kern (6 Protonen, 6 Neutronen) ohne Spin, letzteres ist ein g,u-Kern (6 Protonen, 7 Neutronen) und hat damit einen Spin und ein magnetisches Moment.

Tabelle. Häufigkeit und Spinverhalten einiger Isotope

Isotop	natürliche Häufigkeit (%)	Kernsorte (Proton, Neutron)	Kernspinquantenzahl I
^{1}H	99,984	u,g	1/2
^{2}H	0,016	u,u	1
^{12}C	98,9	g,g	0
^{13}C	1,1	g,u	1/2
^{14}N	99,6	u,u	1
^{15}N	0,4	u,g	1/2
^{16}O	99,76	g,g	0
^{17}O	0,04	g,u	5/2
^{18}O	0,2	g,g	0
^{19}F	100	u,g	1/2

Damit ist es möglich, auch Kohlenstoffatome mit Hilfe der NMR-Spektroskopie zu erkennen. Wegen des geringen Anteils von ^{13}C am Gesamtkohlenstoff und wegen des verhältnismäßig kleinen magnetischen Moments von ^{13}C muss man allerdings ein Spektrum mehrmals aufnehmen und die Information digital speichern, um anschließend genügend große Signale zu erhalten.

Die chemische Verschiebung der ^{13}C-Signale erstreckt sich über den weiten Bereich von 200 ppm. Im allgemeinen erscheinen die Signale bei um so größeren δ-Werten, je mehr elektronegative Substituenten X (X = F, Cl, OR u. a.) an das betreffende C-Atom gebunden sind. Wie bei Protonen gilt auch hier: Je stärker der Kern entschirmt ist, desto größer ist die chemische Verschiebung.

CCl_4	$CHCl_3$	CH_2Cl_2	CH_3Cl	CH_4
97 ppm	77 ppm	54 ppm	25 ppm	-2,3

Die folgende Frequenzskala zeigt die Bereiche, über die sich die Signale wichtiger C-Atome erstrecken. Reverenzverbindung ist auch hier Tetramethylsilan.

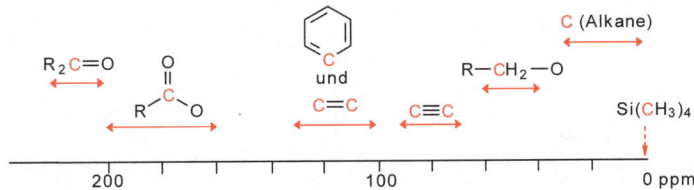

Bereich chemischer Verschiebungen von ^{13}C-Kernen

Auch ^{13}C-Kerne können mit anderen Kernen koppeln. Kopplungen zwischen zwei ^{13}C-Kernen werden nicht beobachtet, weil die Wahrscheinlichkeit gering ist, dass zwei ^{13}C-Atome benachbart sind. Bei einer Häufigkeit von 1 % beträgt diese Wahrscheinlichkeit etwa $10^{-2} \cdot 10^{-2} = 10^{-4}$, d. h. nur jedes 10 000. ^{13}C-Atom ist mit seinesgleichen direkt verbunden, alle anderen haben ^{12}C-Isotope als Nachbarn. Kopplungen zwischen Kohlenstoff und Protonen sind dagegen die Regel und führen zu einem aufgespaltenen ^{13}C-Signal. Zwei Techniken werden angewendet, um solche Aufspaltungen zu eliminieren und damit die Spektren zu vereinfachen.

● Vollständige Entkopplung. Hierzu schickt man während des NMR-Experiments durch die Spule *Sp* (s. Aufbau) einen Hochfrequenzstrom mit der Frequenz der Protonen. Jedes C-Atom einer Sorte ergibt ein Singulett.

● Ebenfalls vollständige Entkopplung, aber unter DEPT-Bedingungen (Distortionless Enhancement by Polarization Transfer, s. Lehrbücher der NMR-Spektroskopie). Auch hier besteht das Spektrum aus Singuletts. Allerdings sind sie nach der Anzahl n der H-Atome in CH_n sortiert. Signale von CH_3 und CH erscheinen auf der einen Seite, Signale von CH_2 auf der anderen Seite der Grundlinie. Signale von quartären C-Atomen fehlen gänzlich.

Zur Erläuterung dient das ¹³C-NMR-Spektrum von 1,2,2-Trichlorpropan (Abbildung). Das entkoppelte Spektrum enthält erwartungsgemäß drei Singuletts. Die δ-Werte folgen der durch das elektronegative Chloratom verursachten Entschirmung der C-Kerne: C-3 < C-1 < C-2. Das DEPT-Spektrum weist oberhalb der Grundlinie zwei CH₃-Signale auf, die von der Referenzverbindung Tetramethylsilan und von C-4 herrühren, und unterhalb der Grundlinie ein CH-Signal von C-1. Das Signal von C-2, einem quartärem C-Atom, erscheint im DEPT-Spektrum überhaupt nicht.

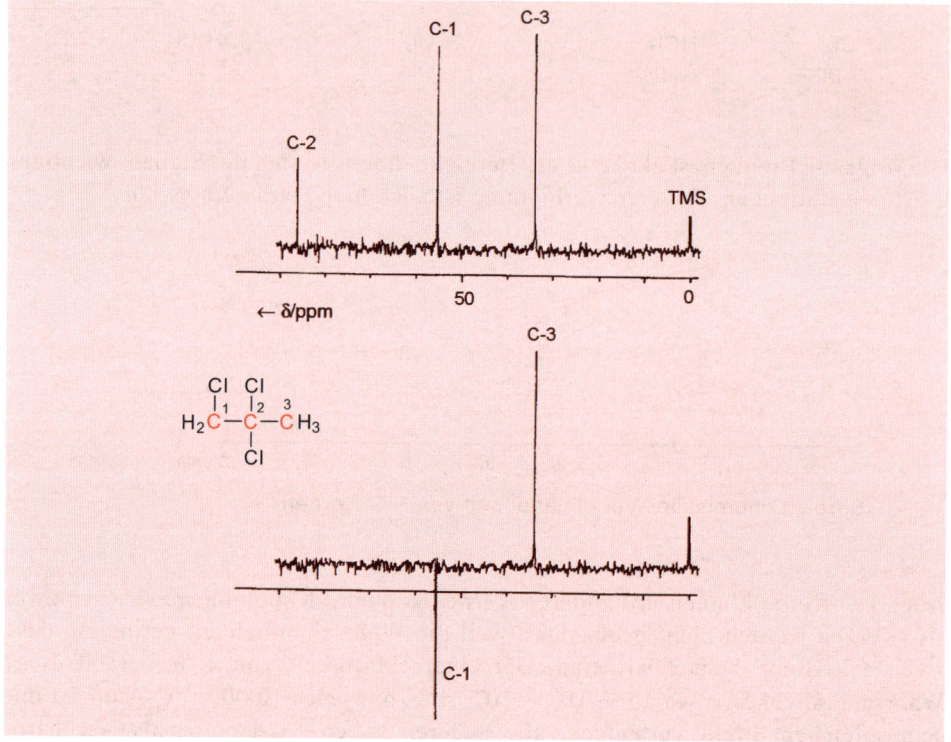

¹³C-NMR-Spektrum von 1,2,2-Trichlorpropan. Oben: vollständige Protonenentkopplung. Unten: ebenfalls vollständige Protonenentkopplung, aber unter DEPT-135-Bedingungen. TMS gleich Si(CH₃)₄. Letztere Verbindung besteht aus 4 äquivalenten C-Atomen, die nur ein Signal liefern.

Protonenentkoppelte ¹³C-NMR-Spektren sind in ihrer Übersichtlichkeit und Aussagekraft kaum zu übertreffen. Für unsymmetrische und damit für die Mehrzahl der organischen Moleküle gilt: *Die Zahl der ¹³C-Signale ist gleich der Zahl der C-Atome in einem Molekül.* Symmetrische Moleküle weisen naturgemäß weniger Signale als C-Atome auf. DEPT-Spektren geben Auskunft über die Anzahl der an ¹³C gebundenen Protonen. Somit liefert ein Vergleich beider Spektrentypen die Anzahl der chemisch unterschiedlichen C-Atome und die jeweilige Anzahl der H-Atome an diesen C-Atomen.

Aufgaben

8. Jeweils wie viel Signale weisen die protonenentkoppelten ^{13}C-NMR-Spektren der Verbindungen A bis D auf?

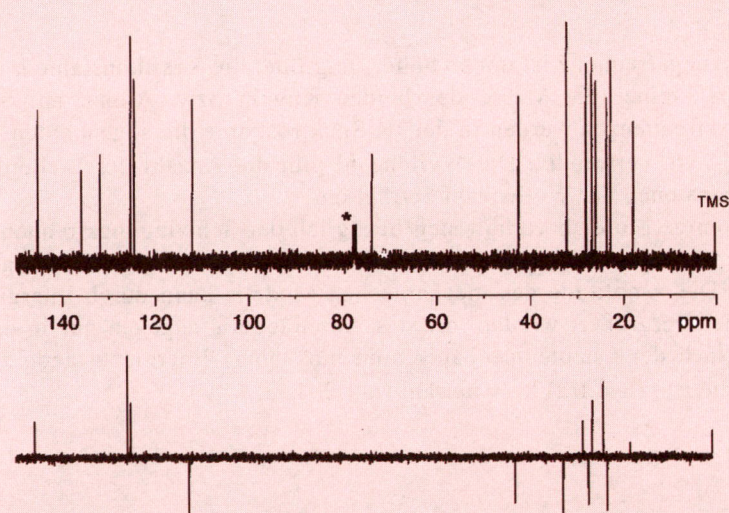

A   B   C   D

9. Die folgende Abbildung enthält das ^{13}C-NMR-Spektrum eines Naturstoffes der Summenformel $C_{15}H_{26}O$. Geben Sie an (a) die Anzahl der Kohlenstoffatome in unterschiedlicher chemischer Umgebung, (b) die Anzahl der quartären Kohlenstoffatome $C_{quart.}$, (c) die Anzahl der Kohlenstoffatome vom Typ CH_2, (d) die Anzahl der Kohlenstoffatome vom Typ CH_3 plus CH. Prüfen Sie Ihre Angaben durch Summenbildung $C+CH_2+(CH + CH_3)$ und Vergleich mit der Summenformel.

Abb. ^{13}C-NMR-Spektrum eines Naturstoffs $C_{15}H_{26}O$. Oben: ^{1}H-entkoppeltes Spektrum. Unten: DEPT-Spektrum. * Signal des Lösungsmittels $CDCl_3$. TMS = Tetramethylsilan

2.4 Infrarotspektroskopie

2.4.1 Grundlagen

Trifft infrarote Strahlung definierter Frequenz auf ein Molekül, so kann unter bestimmten Voraussetzungen Absorption eintreten. Hierbei werden die Atome eines Moleküls zu Schwingungen angeregt. Da die verschiedenen Atomgruppen eines Moleküls (z.B. O–H, C=C, C=O) bei einer ganz bestimmten Frequenz absorbieren, können mit Hilfe der Infrarotspektroskopie *Teilstrukturen* eines Moleküls erkannt werden.

Zunächst soll das Schwingungsverhalten von Molekülen am Beispiel eines *zweiatomigen* Moleküls erläutert werden. Die Atome eines solchen Moleküls können gegeneinander schwingen, ähnlich wie es mit zwei durch eine Schraubenfeder verbundenen Kugeln bei kurzzeitiger Dehnung dieser Feder geschieht.

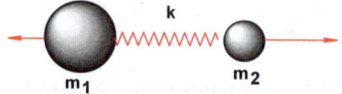

Die Schwingung erfolgt mit einer Frequenz ν, die dem **Hookeschen Gesetz** gehorcht.

$$\nu = \frac{1}{2\pi}\sqrt{\frac{k}{m_r}}$$

(k = Kraftkonstante)

($m_r = m_1 \cdot m_2/(m_1 + m_2)$ = reduzierte Masse)

Die Schwingungsfrequenz ist um so höher, je größer die Kraftkonstante k der Bindung und je kleiner die Masse der beiden Kugeln bzw. Atome ist. Statt der Schwingungsfrequenzen werden in der IR-Spektroskopie die sogenannten Wellenzahlen $1/\lambda = \nu/c$ verwendet. Die Wellenzahl gibt die Anzahl der Wellen pro cm an; die Dimensionen der Wellenzahl beträgt cm^{-1}.

Das zweiatomige Molekül verhält sich bezüglich der Schwingungsfrequenz völlig analog einem mechanischen Modell. Unterschiede existieren jedoch bezüglich der Amplitude. Die Amplitude des mechanischen Modells kann durch Energiezufuhr kontinuierlich vergrößert werden, die des Atommodells dagegen nur in diskreten Schritten. Nach der Quantenmechanik sind nur solche Energiezustände zulässig, deren Energie E = (n + 1/2) h · ν beträgt (n = 0, 1, 2, 3 ...).

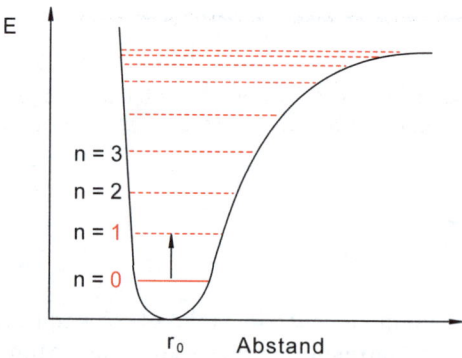

Abbildung. Energiediagramm eines zweiatomigen Moleküls. r_0 = Gleichgewichtsabstand der beiden Atome. Durch Absorption von Strahlungsenergie geht das Molekül vom Grundzustand n = 0 in den Anregungszustand n = 1 über (s. Pfeil).

Trifft eine elektromagnetische Welle auf ein zweiatomiges Molekül, so erfolgt Absorption, sofern zwei Voraussetzungen erfüllt sind:

● Das Dipolmoment des Moleküls muss sich während der Schwingung ändern.

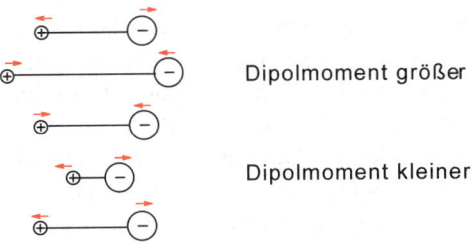

Dipolmoment größer

Dipolmoment kleiner

● Die Frequenz der auftreffenden elektromagnetischen Welle und der Eigenschwingung des Moleküls müssen genau übereinstimmen.

Sind diese beiden Voraussetzungen erfüllt, so wird durch die Absorption der elektromagnetischen Welle eine Vergrößerung der Schwingungsamplitude verursacht, wie es auch das vorstehende Energiediagramm zum Ausdruck bringt. Dagegen bleibt die Frequenz der Schwingung (zumindest im Idealfall) konstant.

Auch in einem *mehratomigen* Molekül können die Atome gegeneinander schwingen. Allerdings gibt es nicht nur eine einzige Schwingungsform wie im Falle eines zweiatomigen Moleküls, sondern mehrere. Enthält ein lineares Molekül N Atome, so sind insgesamt 3 N - 5 Grundschwingungen möglich. Bei nicht linearen Molekülen beobachtet man 3 N - 6 Grundschwingungen. Methan mit 5 Atomen kann demnach 9 Grundschwingungen ausführen (weitere Beispiele siehe nachfolgende Tabelle).

Tabelle. Anzahl der Grundschwingungen in kleinen Molekülen

Verbindung	Anzahl der Atome N	Anzahl der Grundschwingungen
H—Cl	2	1
CH_4 (Methan)	5	9
C_2H_6 (Ethan)	8	18
C_6H_6 (Benzol)	12	30

Jede der insgesamt $3N - 5$ bzw. $3N - 6$ Schwingungen erfasst mehrere oder gar alle Atome eines Moleküls. Das bedeutet, dass das einzelne Atom an der Bewegung der verschiedenen Grundschwingungen teilnimmt und somit eine komplexe periodische Bewegung durchführt. Unter gewissen Voraussetzungen ist aber die mit einer bestimmten Grundschwingung verbundene Bewegung auf zwei (oder nur wenig mehr) Atome beschränkt. Das trifft immer dann zu, wenn sich die Masse eines Atoms oder die Kraftkonstante einer Bindung erheblich von derjenigen der übrigen Atome bzw. Bindungen unterscheidet. Mit anderen Worten: *Auch in einem mehratomigen Molekül lassen sich viele Schwingungen als Schwingungen zweier Atome beschreiben.* Beispielsweise beobachtet man bei allen Alkenen eine Grundschwingung bei einer Wellenzahl von ca. 1650 cm^{-1}, gleichgültig welche Substituenten an die olefinischen C-Atome gebunden sind. An der Bewegung sind in erster Linie eben nur die beiden olefinischen C-Atome beteiligt.

Man unterscheidet zwei Arten von Molekülschwingungen: die **Streckschwingung** (Zeichen: ν) und die **Deformationsschwingung** (Zeichen: δ). Bei der Streckschwingung tritt eine periodische Änderung des Bindungsabstandes ein. So erfolgt die Schwingung bei Alkenen entlang der Verbindungslinie der beiden olefinischen C-Atome.

Streckschwingung einer Doppelbindung:

Bei der Deformationsschwingung wird der Bindungswinkel periodisch verändert. Als Beispiel sei das Schwingungsverhalten einer CH_2-Gruppe aufgeführt. Diese Gruppe weist zwei Streckschwingungen und vier Deformationsschwingungen auf. + und − in der Abbildung bedeuten, die Schwingung verläuft oberhalb bzw. unterhalb der Papierebene.

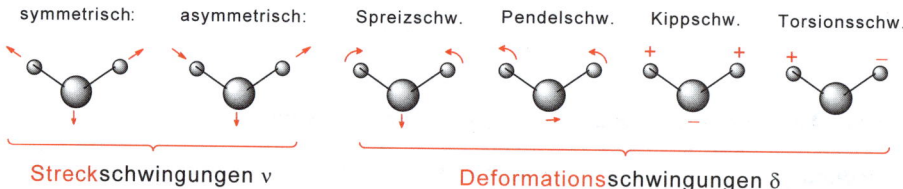

symmetrisch: asymmetrisch: Spreizschw.   Pendelschw.   Kippschw.   Torsionsschw.

Streckschwingungen ν   Deformationsschwingungen δ

2.4.2 Interpretation von IR-Spektren

Das Infrarotspektren (IR-Spektrum) ist in der Regel ein Diagramm mit der Wellenzahl als Abszisse und der Transmission (Durchlässigkeit) als Ordinate. Die Transmission ist das Verhältnis I/I_0 (I_0 = Intensität der Strahlung vor der Messprobe, I = Intensität danach). Oft wird die Transmission T wie in diesem Abschnitt gehandhabt auch in % angegeben: $T = 100\ I/I_0$.

Die meisten IR-Spektren bestehen aus vielen Absorptionsbanden. Diese rühren einmal von den 3N − 6 Grundschwingungen, zum anderen von sogenannten Obertönen und Kombinationsübergängen her, auf die nicht näher eingegangen werden soll. Deshalb ist die vollständige Analyse eines IR-Spektrums selbst einer bekannten Verbindung schwierig und in den meisten Fällen auch noch gar nicht durchgeführt worden. Trotzdem sind IR-Spektren sehr nützlich: Die meisten funktionellen Gruppen und bestimmte andere Molekülsegmente geben sich durch IR-Banden bestimmter Lage (sogenannte Gruppenfrequenzen) zu erkennen. Die IR-Spektren der Alkene weisen eine Bande bei ca. 1650 cm^{-1} auf, die von der C=C-Streckschwingung herrührt, und die von Alkinen eine bei 2200 cm^{-1}, die einer C≡C-Streckschwingung zuzuordnen ist.

In der Tabelle sind die IR-Banden wichtiger funktioneller Gruppen oder anderer Molekülfragmente angegeben. Gemäß dem Hookeschen Gesetz liegen die Wellenzahlen um so höher, je kleiner die Massen der beteiligten Atome sind (vgl. C–C mit C–H) und je stärker die Bindung und damit die Kraftkonstante ist (vgl. C–C, C=C und C≡C).

Tabelle. Streckschwingungen wichtiger Molekülfragmente

Molekülfragment	IR-Bande in cm^{-1}
C—H, N—H, O—H	2850 - 3600
C—C, C—N, C—O	800 - 1300
C=C, C=N, C=O	1500 - 1800
C≡C, C≡N	2000 - 2300

Abschließend sollen die IR-Spektren eines Alkans, Alkens und Ketons erläutert werden. Das IR-Spektrum des Alkans Hexan ist vergleichsweise bandenarm und enthält im wesentlichen 5 Banden. Die beiden Banden um 2900 cm^{-1} rühren von den C–H-Streckschwingungen her; die drei Banden zwischen 700 und 1450 cm^{-1} beruhen auf Deformationsschwingungen der CH$_2$- bzw. CH$_3$-Gruppen. Alle Banden findet man auch in den IR-Spektren anderer Alkane.

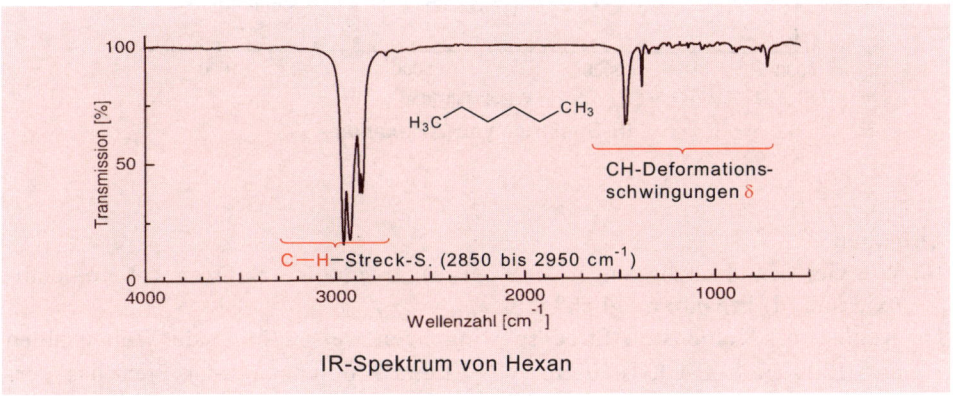

IR-Spektrum von Hexan

Das IR-Spektrum des Alkens 3,3-Dimethyl-1-buten zeigt es eine Bande bei 1650 cm^{-1}, die typisch für Alkene ist und auf der Streckschwingung $\nu_{C=C}$ beruht. Darüber hinaus weist es weitere Banden auf, die auch bei Alkanen auftreten.

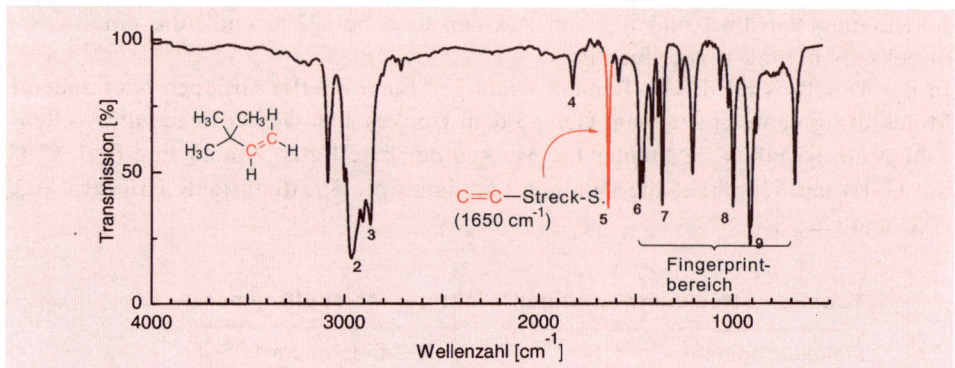

IR-Spektrum von 3,3-Dimethyl-1-buten.
(Bande 1: $\nu_{=C-H}$; Banden 8 und 9: $\delta_{=C-H}$. Bande 4: Oberton der Bande bei 910 (2 x 910 = 1820). Banden 2,3,6,7: siehe Hexanspektrum)

Im IR-Spektrum des Ketons 2-Hexanon fällt eine starke Bande bei 1710 cm^{-1} auf. Sie ist charakteristisch für Ketone und beruht auf der Streckschwingung $\nu_{C=O}$. Weitere Banden (2,3,5,6) sind auf den Alkylteil des Moleküls zurückzuführen.

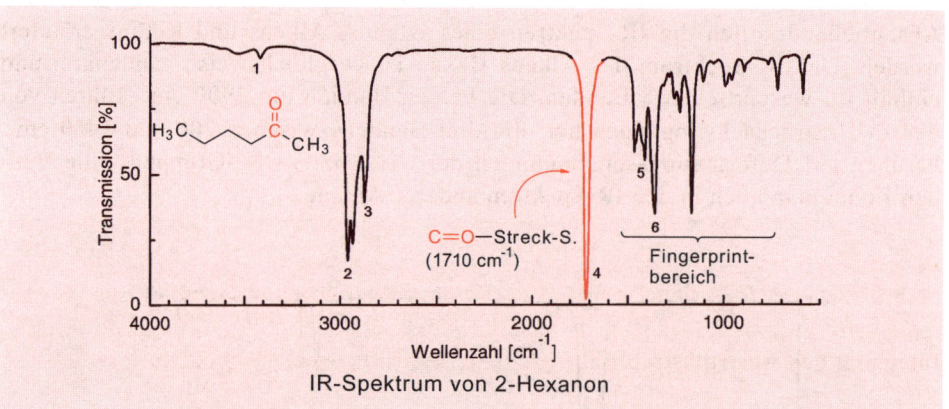

IR-Spektrum von 2-Hexanon

Aufgaben

10. Wie viel Grundschwingungen sind bei (a) Sauerstoff, (b) Ozon, (c) Kohlendioxid und (d) Ethanol möglich?

11. Kohlenstoff-Kohlenstoff-Streckschwingungen weisen folgende Wellenzahlen auf: 1200 cm^{-1} (C-C), 1650 cm^{-1} (C=C) und 2200 cm^{-1} (C≡C). Steht das Verhältnis dieser Wellenzahlen in Einklang mit dem Hookeschen Gesetz?

12. Auf welche funktionelle Gruppe weist das folgende IR-Spektrum?

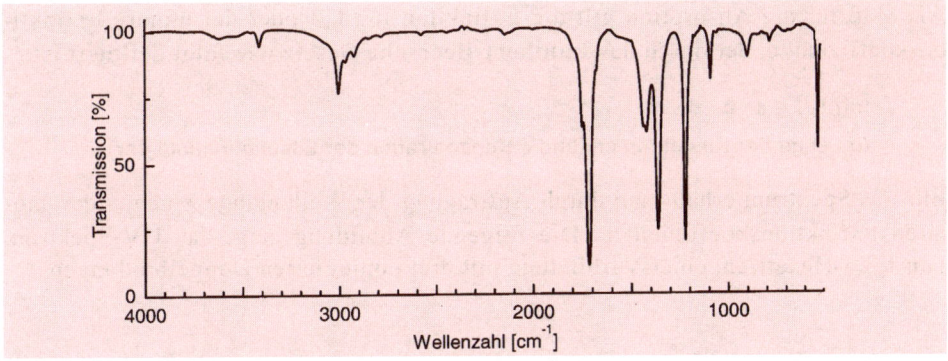

2.5 Ultraviolettspektroskopie

2.5.1 Grundlagen

Trifft ultraviolette oder sichtbare Strahlung auf ein Molekül, so erfolgt teilweise oder vollständige Absorption. Dabei wird ein Elektron aus einem besetzten Molekülorbital in ein unbesetztes überführt. Den Zusammenhang zwischen der Anregungsenergie E und der Wellenlänge λ der absorbierten Strahlung regelt die *Einstein-Bohr*-Frequenzgleichung.

$$E = h \cdot \nu = h \cdot c/\lambda$$

(h = Plancksches Wirkungsquantum, ν = Frequenz der absorbierten Strahlung, c = Lichtgeschwindigkeit)

Zur Aufnahme eines UV-Spektrums wird die Probe in einem Lösungsmittel gelöst, das im interessierenden Wellenbereich lichtdurchlässig ist, die Lösung in eine Meßküvette überführt und durch die Meßküvette und eine parallel dazu angeordnete Reverenzküvette abwechselnd UV-Licht variabler Wellenlänge λ mit der Intensität I_0 geschickt. Dabei tritt in der Meßküvette Absorption ein, wodurch die Intensität des Austrittsstrahls auf I reduziert wird.

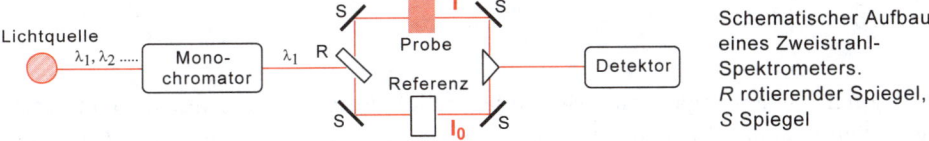

Schematischer Aufbau eines Zweistrahl-Spektrometers. *R* rotierender Spiegel, *S* Spiegel

Als Maß für die Absorption gilt die Extinktion log I_0/I oder der molare Extinktionskoeffizient ε, der durch das **Lambert-Beersche** Gesetz wie folgt definiert ist:

log I_0/I = $\varepsilon \cdot c \cdot d$

(*d* Länge der Küvette in cm und *c* Konzentration der Lösung in mol/Liter)

Ein UV-Spektrum erhält man durch Auftragung der Wellenlänge λ gegen den molaren Extinktionskoeffizient ε. Die folgende Abbildung zeigt das UV-Spektrum von 1,3,5-Hexatrien, einer Verbindung mit drei konjugierten Doppelbindungen.

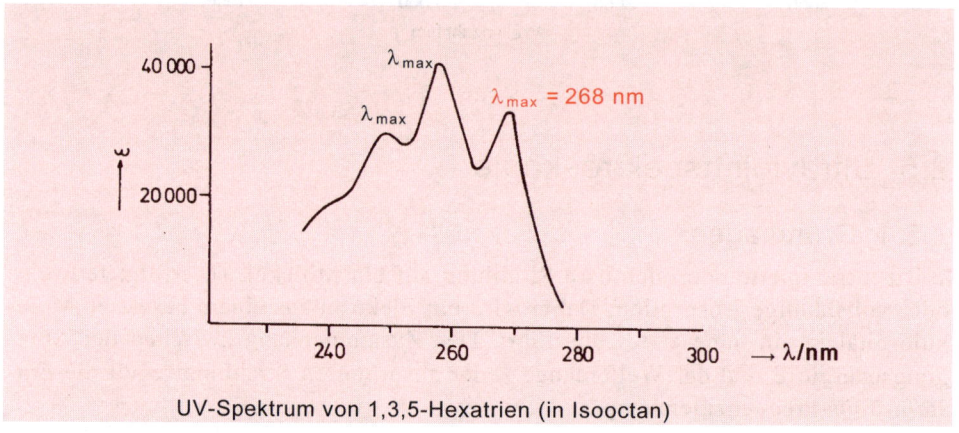

UV-Spektrum von 1,3,5-Hexatrien (in Isooctan)

Gesättigte Moleküle wie Alkane enthalten nur besetzte σ-Orbitale und unbesetzte σ^*-Orbitale. Bei der Absorption von Strahlungsquanten erfolgen $\sigma \rightarrow \sigma^*$-Elektronenübergänge. Ungesättigte Moleküle wie Alkene weisen neben σ- und σ^*-Orbitalen auch besetzte π- und unbesetzte π^*-Molekülorbitale auf. Hier sind deshalb weitere Typen von Elektronenübergängen möglich, unter denen $\pi \rightarrow \pi^*$-Übergänge die größte Bedeutung besitzen.

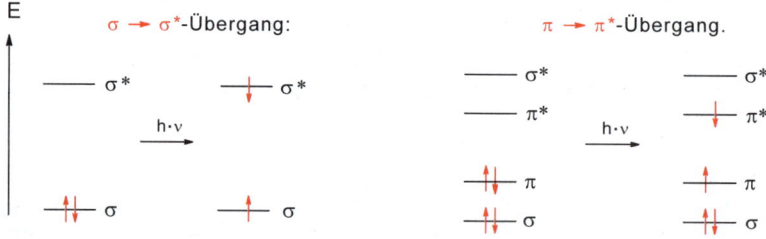

Zusätzlich können organische Moleküle (gleichgültig, ob gesättigt oder ungesättigt) nichtbindende Elektronenpaare *n* wie in Aminen R_3N: enthalten. Eines der beiden Elektronen eines solchen Elektronenpaares *n* kann durch Strahlungsenergie in ein unbesetztes σ^*- oder π^*-Orbital angehoben werden. Dann liegt ein n $\rightarrow \sigma^*$-

bzw. n → π*-Übergang vor. Der n → π*-Übergang, welcher insbesondere bei Carbonylverbindungen von Bedeutung ist, wird durch folgendes Energieschema beschrieben.

σ → σ*-Übergänge erfolgen durch kurzwellige UV-Strahlung. Die Messung solcher Übergänge ist technisch aufwendig, zudem sind solche Übergänge wenig informativ. n → π*- und π → π*-Übergänge werden durch längerwellige UV-Strahlung oder gar sichtbares Licht verursacht. Solche Übergänge sind messtechnisch leicht zu erfassen und liefern interessante Einblicke in die Elektronenverteilung eines Moleküls. In der nebenstehenden Tabelle ist angegeben, bei welcher Wellenlänge **Chromophore** absorbieren. Ein Chromophor ist ein Molekülabschnitt, der die Absorption von Strahlung verursacht.

Tabelle. Chromophor und Wellenlänge der absorbierten Strahlung

Chromophor	Art des Überganges	Wellenlänge (in nm) der absorbierten Strahlung
C—C oder C—H	σ → σ*	~ 150
(O, N)	n → σ*	~ 175 bis 195
C=C	π → π*	163
(Butadien)	π → π*	ca. 220
(Aceton C=O)	n → π*	~ 300

2.5.2 UV-Spektren ungesättigter Verbindungen

Ethen wird durch kurzwellige UV-Strahlung der Wellenlänge 163 nm angeregt, wobei ein π → π*-Übergang erfolgt. Im Butadien liegen die entsprechenden Energieniveaus näher beieinander, zur π → π*-Anregung reicht energieärmere UV-

Strahlung der Wellenlänge 217 nm. Im folgenden Schema sind die für die UV-Absorption relevanten π-Energieniveaus von Ethen und Butadien aufgeführt.

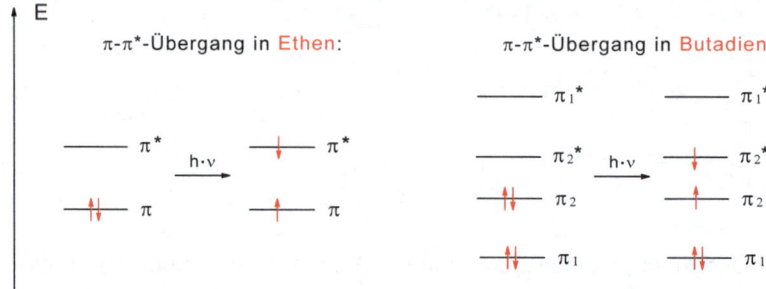

Ein UV-Spektrum besteht in der Regel aus mehreren Absorptionsmaxima λ_{max}., im Falle des Hexatriens sind es drei (s. Abb.). Ursache für das Auftreten mehrerer Maxima ist die Aufspaltung der elektronischen Zustände (π, π*...) jeweils in mehrere Schwingungsniveaus und zudem Aufspaltung dieser Schwingungsniveaus in mehrere Rotationsniveaus:

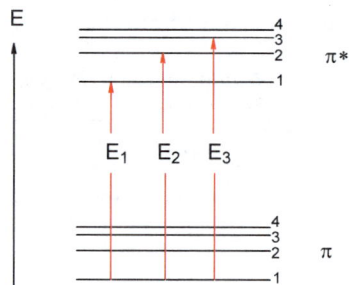

Abbildung. Zur Elektronenanregung π → π* sind die Energiebeträge E_1, E_2, E_3... erforderlich, da zu einem Elektronenzustand mehrere Schwingungszustände (1, 2, 3 ...) und Rotationszustände (nicht eingezeichnet) gehören.

Zur Charakterisierung eines Chromophors wird meistens der *längstwellige* λ_{max}-Wert angegeben. Beim 1,3,5-Hexatrien liegt dieser Wert bei 268 nm.
Ein UV-Spektrum dient primär zur Beantwortung der Frage, ob und wie viel *konjugierte* Doppelbindungen (C=C, C=O, C=N. N=N; Aromaten) oder Dreifachbindungen vorhanden sind. So kann 1,4- von 1,3-Pentadien aufgrund der Lage des längstwelligen Absorptionsmaximums unterschieden werden: 1,4-Pentadien enthält zwei isolierte Doppelbindungen, die Verbindung absorbiert deshalb kaum langwelliger als Ethen. 1,3-Pentadien besitzt dagegen zwei *konjugierte* Doppelbindungen, es absorbiert in dem für konjugierte Diene typischen Bereich um 220 nm.

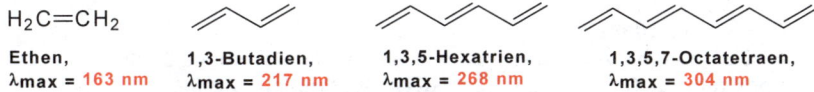

1,4-Pentadien (λ_{max} = 178 nm)   **1,3-Pentadien** (λ_{max} = 223 nm)

Je mehr konjugierte Doppelbindungen vorhanden sind, um so langwelliger ist die absorbierte Strahlung. Die UV-Spektroskopie dient deshalb u.a. zur Bestimmung der Anzahl konjugierter Doppelbindungen, Näheres s. Abschn. 8.4.

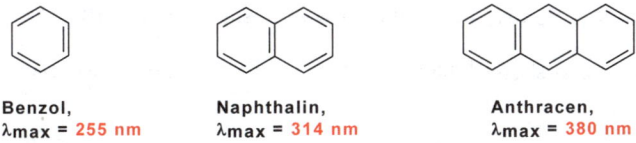

Ethen,   **1,3-Butadien,**   **1,3,5-Hexatrien,**   **1,3,5,7-Octatetraen,**
λ_{max} = 163 nm λ_{max} = 217 nm λ_{max} = 268 nm λ_{max} = 304 nm

Auch Aromaten absorbieren UV-Strahlung. Die absorbierte Wellenlänge ist um so größer, je mehr kondensierte Benzolringe vorhanden sind.

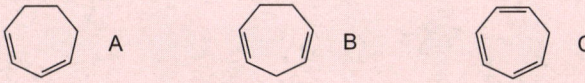

Benzol,   **Naphthalin,**   **Anthracen,**
λ_{max} = 255 nm λ_{max} = 314 nm λ_{max} = 380 nm

Eine adäquate Erklärung der λ_{max}–Werte von Aromaten ist nur auf der Basis der Quantenmechanik möglich.

Aufgaben

13. Stellen Sie für folgende Verbindungen eine Reihenfolge zunehmender λ_{max}-Werte auf.

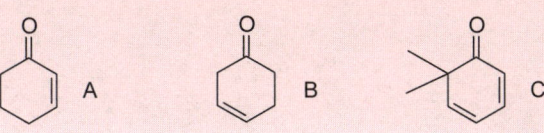

14. Welche der Verbindungen A-C weist das längstwellige Absorptionsmaximum auf?

2.6 Lösung der Aufgaben zu Kapitel 2

1. C_8H_{18}

2. Es handelt sich um **B**. m/z 71 rührt von $O=C^+-CH(CH_3)_2$ und m/z 43 u.a. von $O=C^+-CH_3$ her. Beachten Sie das Fehlen des Signals m/z 57 (Acylium-Ion von **A**).

3. **A**. m/z = 58 (Formel s. Text)

4. $C_2H_5-^{37}Cl^{+\cdot}$ (66), $C_2H_5-^{35}Cl^{+\cdot}$ (64) ($I_{64} : I_{66}$ = 3 : 1) (I = Intensität)
$CH_2=^{37}Cl^+$ (51), $CH_2=^{35}Cl^+$ (49) ($I_{49} : I_{51}$ = 3 : 1), $C_2H_5^+$ (29), $C_2H_4^{+\cdot}$ (28), $C_2H_3^+$ (27), $C_2H_2^{+\cdot}$ (26)

5. $C_7H_{12}O$ (112,0889)

6. **A**: 2 Signale im Verhältnis 9:2. **B**: 3 Signale im Verhältnis 3:2:3

7. Spektrum (a):**CH$_3$**: Triplett,1:2:1. **CH$_2$**: Quadruplett, 1:3:3:1
Spektrum (b): **CH$_3$**, Dublett, 1:1. **CH**, Septett (da 6 benachbarte H-Atome) 1:5:10:10:5:1

8. 4 (**A**), 5 (**B**), 3 (**C**), 11 (**D**)

9. (a) 15, (b) 3*, (c) 5**, (d) 7**. 3 + 5 + 7 = C_{15}
* Das obere Spektrum enthält 3 Signale mehr als das untere.
** Unterscheidung CH_3/CH_2 durch das Reverenzsignal von TMS, das von CH_3 herrührt
Bei der Verbindung $C_{15}H_{26}O$ handelt es sich um den Naturstoff Nerolidol mit folgender Struktur:

10. (a) 1, (b) 3, (c) 4, (d) 21

11.
Ja, da gilt: $\dfrac{1200}{1650} \approx \sqrt{\dfrac{1}{2}}$; $\dfrac{1200}{2200} \approx \sqrt{\dfrac{1}{3}}$

12. 1710 cm^{-1}: C=O (IR-Spektrum von Aceton)

13. **B** (< 200 nm) < **A** (~225 nm) < **C** (~ 275 nm)

14. **C** (drei in Konjugation stehende Doppelbindungen)

Kapitel 3
Alkane. Radikalische Substitution

3.1 Einteilung der Kohlenwasserstoffe

Moleküle, die nur Kohlenstoff und Wasserstoff enthalten, werden Kohlenwasserstoffe genannt und wie folgt in Gruppen aufgeteilt.

```
                    Kohlenwasserstoffe
              ┌───────────┴───────────┐
          Aliphaten                Aromaten
     ┌────────┼────────┐
   Alkane   Alkene   Alkine
```

Alkane enthalten nur Einfachbindungen, Alkene zusätzlich Kohlenstoff-Kohlenstoff-Doppelbindungen und Alkine zusätzlich Kohlenstoff-Kohlenstoff-Dreifachbindungen. Alkane, Alkene und Alkine werden unter dem Begriff *Aliphaten* zusammengefasst (griech. *aleiphar*, Fett). Den Aliphaten stehen die *Aromaten* gegenüber, die ebenfalls Doppelbindungen enthalten, jedoch in einer bestimmten Anzahl und Anordnung. Prototyp der Aromaten ist Benzol.

Alkane sind *gesättigt*. Alkene, Alkine und mit Einschränkung auch Aromaten sind *ungesättigt*. Ungesättigte Kohlenwasserstoffe können unter bestimmten Bedingungen Moleküle wie Wasserstoff oder Halogen addieren, wodurch Absättigung der Doppelbindung eintritt.

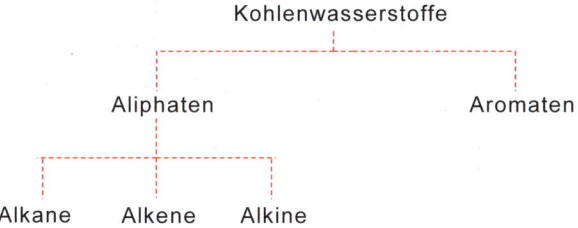

gesättigter Kohlenwasserstoff

ungesättigter Kohlenwasserstoff   **gesättigter** Kohlenwasserstoff

Alkane besitzen die Summenformel $C_n H_{2n+2}$ (n = 1,2,3....). Das H : C-Verhältnis ist bei Alkanen höher als bei Alkenen, Alkinen oder Aromaten.

3.2 Alkane und Konstitutionsisomerie

Das einfachste Alkan ist Methan mit der Summenformel CH_4. Es folgen Ethan (C_2H_6) und Propan (C_3H_8). Zwei Schreibweisen sind gebräuchlich: eine, die mit Strichen, die C- und H-Atome verbindet, und ab Propan auch eine andere, die nur das C-Skelett aber mit richtigen Winkeln wiedergibt (genannt **Skelett-Formel** oder **Zick-Zack-Formel**).

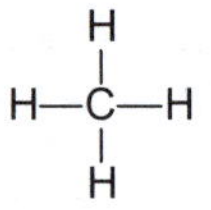

Methan CH_4
(n = 1)

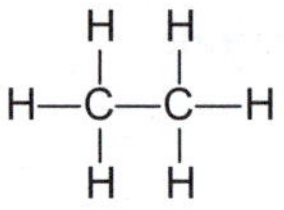

Ethan C_2H_6
(n = 2)

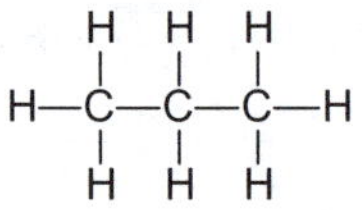

Propan C_3H_8
(n = 3)

Skelettformel
von Propan

Kohlenwasserstoffe der Summenformel C_4H_{10} treten in zwei Anordnungen auf, genannt Butan und Isobutan.

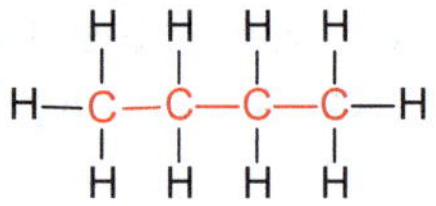

Butan C_4H_{10}
Sdp. + 0,6 °C

Skelettformel
von Butan

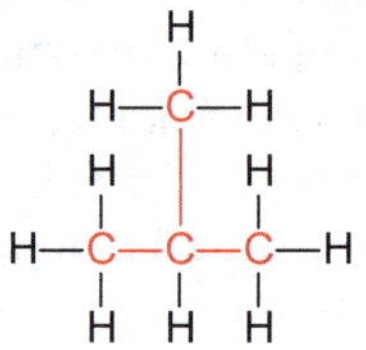

Isobutan C_4H_{10}
Sdp. − 10,2 °C

Skelettformel
von Isobutan

Der Kohlenwasserstoff C_5H_{12} existiert gar in drei verschiedenen Anordnungen: Pentan, Isopentan und Neopentan.

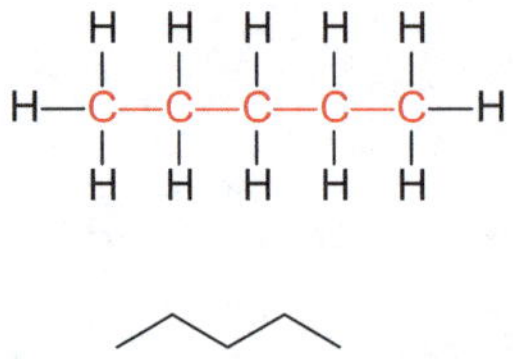

Pentan C_5H_{12}

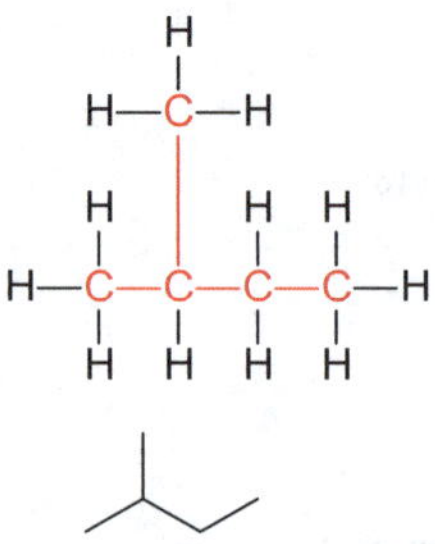

Isopentan C_5H_{12}

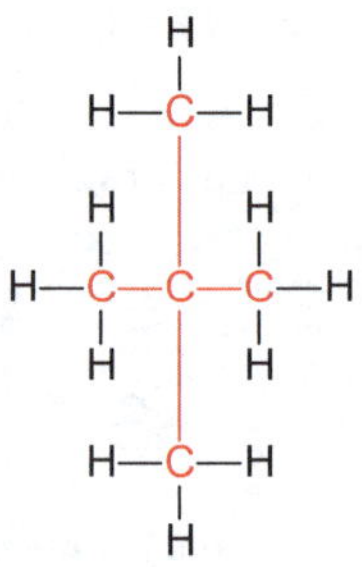

Neopentan C_5H_{12}

Butan und Isobutan sind **Konstitutionsisomere**. Gleiches gilt für Pentan, Isopentan und Neopentan. Darunter versteht man Isomere, welche die gleiche Summenformel besitzen, aber eine unterschiedliche Anordnung der Atome aufweisen. Konstitutionsisomere unterscheiden sich in ihren physikalischen und häufig auch chemischen Eigenschaften. So siedet das geradkettige Butan bei $-0,5\ °C$, das verzweigte bereits bei $-11,7\ °C$.

Mit zunehmendem Molekulargewicht steigt die Anzahl der Isomeren rapide an. So gehören zur Verbindung $C_{20}H_{42}$ bereits 366319 Konstitutionsisomere.

n (in C_nH_{2n+2})	1	2	3	4	5	6	7	8	9	10	20
Zahl der Isomeren				2	3	5	9	18	35	75	366391

Geradkettige Alkane werden auch *n*-Alkane genannt (n = normal); ihnen stehen die verzweigten Alkane gegenüber.

Homologe Reihe. Alkane bilden eine *homologe Reihe*. Darunter versteht man eine Reihe von Verbindungen, die sich nur durch eine bestimmte Atomgruppe, meistens CH_2, unterscheiden.

homologe Reihe der Alkane:

CH_4 C_2H_6 C_3H_8 C_4H_{10} usw.

homologe Reihe der Chloralkane:

CH_3Cl C_2H_5Cl C_3H_7Cl C_4H_9Cl usw.

Die Glieder einer homologen Reihe besitzen physikalische und chemische Eigenschaften, die in charakteristischer Beziehung zueinander stehen. So steigen die Siedepunkte der geradkettigen Alkane C_nH_{2n+2} kontinuierlich mit wachsendem n. Chemisch verhalten sich Homologe sehr ähnlich.

Aufgaben

1. Zeichnen Sie die 5 Isomeren, die zur Summenformel C_6H_{14} gehören. Verwenden Sie dabei Skelettformeln.
2. Bei welchem der folgenden Paare handelt es sich um Isomere?

a)

$$H-\overset{\overset{\displaystyle H}{|}}{\underset{\underset{\displaystyle H}{|}}{C}}-\overset{\overset{\displaystyle H}{|}}{\underset{\underset{\displaystyle H}{|}}{C}}-\overset{\overset{\displaystyle H}{|}}{\underset{\underset{\displaystyle H}{|}}{C}}-H \qquad \text{und} \qquad \overset{\overset{\displaystyle H_2}{C}}{H_2C-CH_2}$$

b)

$$H-\overset{\overset{\displaystyle H}{|}}{\underset{\underset{\displaystyle H}{|}}{C}}-\overset{\overset{\displaystyle H}{|}}{\underset{\underset{\displaystyle H}{|}}{C}}-\overset{\overset{\displaystyle CH_3}{|}}{\underset{\underset{\displaystyle H}{|}}{C}}-CH_3 \qquad \text{und} \qquad \overset{\overset{\displaystyle CH_3}{|}}{H_3C-\underset{\underset{\displaystyle CH_3}{|}}{C}-CH_3}$$

3.3 Nomenklatur von Alkanen

Zur Benennung organischer Verbindungen bedient man sich einer systematischen Nomenklatur, die von der **IUPAC**-Kommission zusammengestellt wurde (**I**nternational **U**nion of **P**ure and **A**pplied **C**hemistry). Für Alkane gelten die folgenden Regeln:

Regel 1   Die unverzweigten Alkane CH_4 bis C_4H_{10} haben unsystematische Namen (Trivialnamen) und heißen Methan, Ethan, Propan und Butan. Ab C_5H_{12} beginnt eine systematische Nomenklatur. Die Namen bestehen aus einer Vorsilbe, welche die Anzahl der C-Atome angibt, und der Nachsilbe -*an* in Anlehnung an Alk*an*. So trägt C_5H_{12} den Namen Pentan, C_6H_{14} heißt Hexan, C_7H_{16} Heptan usw. Die nebenstehende Tabelle gibt die Namen einiger geradkettigen Alkane zusammen mit den jeweiligen Schmelz- und Siedepunkten wieder.

Regel 2   Bei verzweigten Alkane wird zunächst nach der *längsten* Kette im Molekül gesucht und diese benannt. So ist die längste Kette im folgenden Molekül eine Hexan- und nicht eine Pentankette.

| | *nicht* | |
| **Hexankette** | | **Pentankette** |

Regel 3   Zur Durchnummerierung der längsten Kette von einem Ende zum anderen wird diejenige Richtung gewählt, welche die kleinsten Zahlen für die Verknüpfungsstellen ergibt. Im folgenden Beispiel mit einer Verzweigungsstelle ist die links aufgeführte Nummerierung korrekt, da 3 < 4.

richtig   *falsch*

Tabelle. Geradkettige Alkane

n	Struktur	Name	Schmelzpunkt (°C)	Siedepunkt (°C)
1	CH_4	Methan	– 183	– 162
2	H_3C-CH_3	Ethan	– 172	– 88
3	$H_3C-CH_2-CH_3$	Propan	– 187	– 42
4	$H_3C-CH_2-CH_2-CH_3$	Butan	– 138	0
5	$H_3C-(CH_2)_3-CH_3$	Pentan	– 130	36
6	$H_3C-(CH_2)_4-CH_3$	Hexan	– 95	69
7	$H_3C-(CH_2)_5-CH_3$	Heptan	– 90	98
8	$H_3C-(CH_2)_6-CH_3$	Octan	– 57	126
9	$H_3C-(CH_2)_7-CH_3$	Nonan	– 54	151
10	$H_3C-(CH_2)_8-CH_3$	Decan	– 30	174
11	$H_3C-(CH_2)_9-CH_3$	Undecan	– 26	196
12	$H_3C-(CH_2)_{10}-CH_3$	Dodecan	– 10	216
20	$H_3C-(CH_2)_{18}-CH_3$	Eicosan	36	343
30	$H_3C-(CH_2)_{28}-CH_3$	Triacontan	66	
40	$H_3C-(CH_2)_{38}-CH_3$	Tetracontan	81	

Regel 4   Der Name einer Seitenkette wird aus dem zugrundeliegenden Alkan durch Umwandlung der Endung *-an* in *-yl* gebildet. Solche Seitenketten heißen auch Alkylreste oder Kohlenwasserstoffreste (Abkürzung R). Die wichtigsten Alkylreste sind:

Struktur und Bezeichnung von Alkylresten:

Methyl-   Ethyl-   Propyl-   Isopropyl-   *tert*-Butyl-

Der Name der Seitenkette wird vor den Namen der längsten Kette gesetzt, wobei eine Zahl die Position der Seitenkette anzeigt.

3-Methylhexan

Sind mehrere Seitenketten vorhanden, werden deren Namen in alphabetischer Reihenfolge vorangestellt. Vorsilben wie di-, tri- usw., welche lediglich die Anzahl des jeweiligen Substituenten angeben (z.B. *Di*methyl), bleiben bei der alphabetischen Einordnung unberücksichtigt. Das folgende Beispiel demonstriert, dass Isopropyl vor Methyl steht.

4-Isopropyl-3,3-dimethylheptan

● **Frage.** Wie lautet der IUPAC-Name der folgenden Verbindung?

● **Antwort.** Die längste Kette des Moleküls ist Hexan; bei den Substituenten handelt es sich um drei Methylgruppen. Damit die Summe der Zahlen an den Verzweigungsstellen möglichst klein ist, muss die Nummerierung von rechts nach links erfolgen. Der Name lautet 2,3,5-Trimethylhexan.

2,3,5-Trimethylhexan
(nicht 2,4,5-Trimethylhexan, da 3<4)

3.4 Nomenklatur von Alkanen mit funktionellen Gruppen

Obwohl Verbindungen mit funktionellen Gruppen erst später behandelt werden, sollen die Grundzüge der IUPAC-Nomenklatur dieser Verbindungen schon an dieser Stelle behandelt werden. Bei der Benennung eines Alkans mit einer funktionellen Gruppe (–OH, –Cl, –NH$_2$, –NO$_2$ u.a.) bedient man sich entweder der *substitutiven* oder der *radikofunktionellen* Nomenklatur. *Substitutiv* bringt zum Ausdruck, dass ein H-Atom durch eine funktionelle Gruppe substituiert ist. *Radikofunktionell* bedeutet, dass die Stammverbindung als Radikal (Alkylrest) fungiert.

Bei der substitutiven Nomenklatur wird der Name der funktionellen Gruppe entweder als *Vorsilbe* (Präfix) oder als *Nachsilbe* (Suffix) mit dem Namen des Alkans (Stammverbindung) verknüpft. Bei der radikofunktionellen Nomenklatur hängt man an den Namen des Stammes (als Alkylrest bezeichnet) den Namen der funktionellen Gruppe an. Somit stehen drei rationelle Benennungsmöglichkeiten zur Verfügung: Zwei durch die substitutive und eine durch die radikofunktionelle Nomenklatur. Die drei Möglichkeiten sollen am Beispiel eines Moleküls mit einer OH-Gruppe erläutert werden.

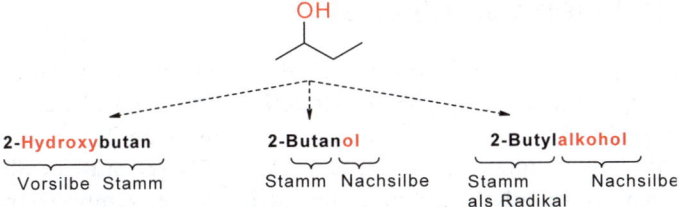

Wie das vorstehende Beispiel zeigt, können Vor- und Nachsilbe für eine bestimmte funktionelle Gruppe (hier OH) verschieden sein, gleiches gilt für die beiden Arten von Nachsilben.

Enthält das Alkan mehrere funktionelle Gruppen, so werden die Namen derselben alphabetisch vor den Stammnamen gesetzt. Alternativ kann als Nachsilbe der Name der funktionellen Gruppe mit der höchsten Priorität herangezogen werden. Beispiel:

So besitzt OH eine höhere Priorität als Halogen. Deshalb hat vorstehende Verbindung die Endbezeichnung *...alkohol* und nicht *...bromid* oder *...chlorid.* (Tabellen zur Priorität von Substituenten s. IUPAC, Nomenclature of Organic Chemistry, Butterworths.) Von großer Bedeutung für die Nomenklatur organischer Verbindungen sind auch Trivialnamen (z. B. Campher, Cholesterin u.a.), die meist historische Ursache haben. Warum diese verwirrende Vielfalt? Gegenwärtig sind über 12 Millionen organischer Verbindungen bekannt. Eine sinnvolle Benennung dieser großen Zahl gelingt nur, wenn mehrere Möglichkeiten zur Verfügung stehen.

Aufgaben

3. Geben Sie den Namen folgender Verbindung an (NO_2 heißt Nitro):

4. 4-Ethyl-2-methylheptan könnte man auch 4-Ethyl-6-methylheptan oder 2-Methyl-4-propylhexan nennen. Warum entspricht nur der zuerst genannte Namen den IUPAC-Regeln?

4-Ethyl-2-methylheptan

3.5 Konformationen von Alkanen

Methan. Im *Methan* sind die Wasserstoffe tetraedrisch um das C-Atom angeordnet. Diese Anordnung folgt aus dem VSEPR-Modell und der Hybridisierungstheorie (Abschn. 1.6 und 1.7). Zur Beschreibung der räumliche Struktur werden unterschiedliche Modelle benutzt: die **Strichformel**, das **Kugel-Stab-Modell** oder das raumfüllende **Kalottenmodell**. Striche in der Strichformel symbolisieren Bindungen in der Papierebene, Keile oder gestrichelte Linien bedeuten Bindungen, die nach vorne bzw. hinten ragen.

Methan

| Strichformel | Kugel-Stab-Modell | Kalottenmodell |

Ethan. Auch im *Ethan* sind die beiden C-Atome jeweils tetradrisch von vier Liganden umgeben (H,H,H,CH₃). Da freie Drehbarkeit um die C–C-Achse herrscht, sind theoretisch viele Anordnungen möglich. Zwei davon sind von besonderem Interesse: die gestaffelte und die ekliptische (verdeckte). In der gestaffelten Anordnung stehen 1,2-ständige H-Atome auf Lücke, in der ekliptischen paarweise gegenüber. In der folgenden Abbildung sind die beiden Anordnungen als Kugel-Stab-Model dargestellt.

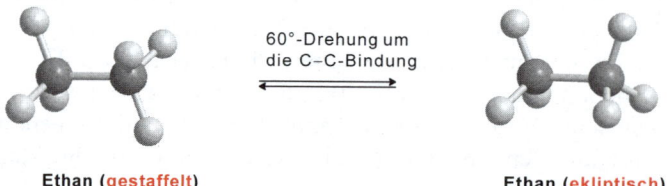

60°-Drehung um
die C–C-Bindung

Ethan (gestaffelt)   Ethan (ekliptisch)

Gestaffeltes und ekliptisches Ethan sind **Konformationsisomere** oder **Konformere**. Darunter versteht man Anordnungen, die durch Rotation um Einfachbindungen sehr schnell ineinander übergehen. Konformationsisomere werden auch **Rotationsisomere** genannt. Konformere sind – wenn überhaupt – nur bei sehr tiefer Temperatur, bei der das Gleichgewicht eingefroren ist, voneinander trennbar.

Da die 3-dimensionale Darstellung von Ethan und anderen Alkanen schwierig ist, werden auch andere Projektionen verwendet. Nachfolgend sind die **Sägebock-** und die **Newman-Projektion** wiedergegeben.

gestaffelte Konformation des Ethans   ekliptische Konformation des Ethans

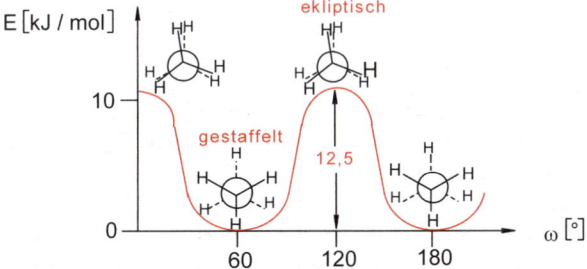

Sägebock-Projektion   Newman-Projektion

Die Newman-Projektion geht aus einer Betrachtung des Moleküls entlang einer C–C-Bindung hervor und gibt die Winkel ω zwischen benachbarten (**vicinalen**) C–H-Bindungen gut erkennbar wieder: In der gestaffelten Konformation hat dieser auch Diederwinkel genannte Winkel ω den Wert 60°, in der ekliptischen (verdeckten) Konformation den Wert 0°.

Die ekliptische Konformation des Ethans ist wegen der Abstoßung gegenüberstehender C–H-Bindungen um ca. 12,5 kJ/mol energiereicher als die gestaffelte. Die höhere potentielle Energie heißt auch **Torsionsspannung**. Durch Aufnahme von Energie (z.B. bei Zusammenstößen mit anderen Molekülen) wandelt sich die gestaffelte Konformation über die ekliptische Konformation in eine weitere gestaffelte Konformation um. Die ekliptische Konformation ist nur ein Übergangszustand. Die folgende Abbildung zeigt den periodischen Wechsel der potentiellen Energie E bei der Drehung der einen CH_3-Gruppe des Ethans gegen die andere. Energiemaxima entsprechen ekliptischen Konformationen, Energieminima gestaffelten Konformationen.

Abbildung. Änderung der potentiellen Energie E des Ethans mit dem Diederwinkel ω.

Butan. Beim *Butan* führt die freie Drehbarkeit um die zentrale C–C-Bindung zu drei gestaffelten Konformeren: einem *anti*-Konformer und zwei energiegleichen *gauche*-Konformeren. Die Newman-Projektionen lauten:

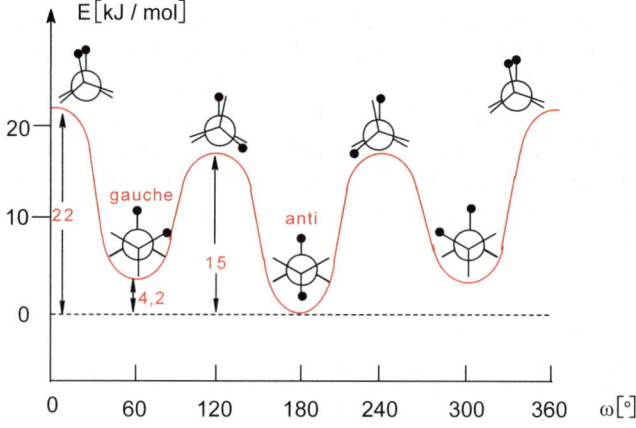

In den beiden *gauche*-Konformeren behindern sich die beiden Methylgruppen.
Daher liegt das Gleichgewicht auf der Seite des *anti*-Konformers: Das Verhältnis
anti : gauche beträgt bei Raumtemperatur 7:3 und nicht 1:2, wie es die Statistik
ohne Berücksichtigung sterischer Wechselwirkungen fordern würde. Die Konformere wandeln sich bei Raumtemperatur rasch ineinander um (s. folgende Abb.).
Bei sehr tiefer Temperatur kommt die gegenseitige Umwandlung allerdings zum
Erliegen, da die erforderliche Aktivierungsenergie nicht mehr aus Molekülzusam-
menstößen entnommen werden kann. In günstigen Fällen ist es daher möglich,
Konformationsisomere bei *tiefer* Temperatur zu isolieren. Sie haben, wie von Isomeren zu erwarten, unterschiedliche physikalische Eigenschaften. Beim Butan ist
die Trennung allerdings bisher nicht gelungen, da die Aktivierungsenergie sehr
klein ist.

Abbildung. Änderung der potentiellen Energie E des Butans mit dem Diederwinkel ω. Die
CH_3-Gruppen sind durch Punkte wiedergegeben.

Die Zahl der Konformeren wächst mit zunehmender Kettenlänge, da viele Kombi-
nationen von gauche und anti möglich sind. Trotzdem existiert bei Raumtemperatur nur eine Butanverbindung, bestehend aus den beiden sich rasch ineinander
umwandelnden Konformeren gauche und anti, und nur eine Pentanverbindung,
bestehend aus mehreren Konformeren, und nur eine Isopentanverbindung usw.
Langkettige Alkane. Einfacher sind die sterischen Verhältnisse bei einem Alkan,
das sich im *kristallinen* Zustand befindet. Hier liegen Ketten ausschließlich in an-
ti-Konformation vor. Solche Konformationen nennt man auch **Zickzack-**

Konformationen. Nachfolgend ist die Konformation von kristallinem Octan wiedergegeben.

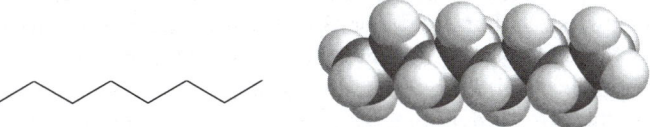

Konformation von
kristallinem Octan;
links Skelettmodell,
rechts Kalottenmodell

Zusammenfassung

- Ethan besteht aus einem einzigen Konformer mit gestaffelter Anordnung vicinaler H-Atome. Analoges gilt für Propan. Butan besteht aus zwei Konformeren mit gestaffelter Anordnung; in einem stehen die benachbarten CH_3-Gruppen *gauche*, im anderen *anti* zueinander. Die höhermolekularen Alkane wie Pentan, Hexan etc. bestehen aus einer Vielzahl von Konformeren mit gestaffelter Anordnung.

- Die Konformeren eines Alkans stehen durch Drehung um die C–C-Einfachbindungen im Gleichgewicht miteinander.

Aufgaben
5. Was sind Konstitutionsisomere, was Konformationsisomere?
6. Zeichnen Sie das energieärmere Konformer des 2,3-Dimethylbutans in der Newman-Projektion.

3.6 Löslichkeit, Siede- und Schmelzpunkte von Alkanen

Alkane bestehen aus unpolaren C–C- und wenig polaren C–H-Bindungen und sind damit kaum polar. Sie lösen sich in wenig polaren Lösungsmitteln (Benzol oder Tetrachlormethan) gut und in polaren Lösungsmitteln wie Wasser praktisch überhaupt nicht. Dieses Verhalten folgt einer Regel, die sich gleichermaßen auf polare und unpolare Verbindungen anwenden lässt: *Gleiches löst sich in Gleichem.* Unpolare Verbindungen lösen sich besonders gut in unpolaren Lösungsmitteln, polare Verbindungen in polaren Lösungsmitteln.

Die Alkane Methan, Ethan, Propan, Butan und Isobutan sind unter Normalbedingungen Gase, die Alkane C_6H_{14} bis etwa $C_{16}H_{34}$ sind flüssig und die ab etwa $C_{17}H_{36}$ fest. Diese Angaben beziehen sich auf Raumtemperatur und 1 atm (Zahlenwerte siehe Eingangstabelle). Bereits aus dem Alltag kennen Sie die physikalischen Eigenschaften einiger Alkane: Propan (für Heiz- und Kochzwecke verwendet) ist ein Gas, Autobenzine sind flüssig, und Paraffinkerzen sind fest.

Die Tatsache, dass die meisten Alkane flüssig oder gar fest sind, zeigt, dass zwischen den einzelnen Molekülen Anziehungskräfte vorhanden sein müssen, obwohl sie selbst unpolar sind. Man nennt diese Kräfte **van-der-Waals-Kräfte**. Erhitzt man ein Alkan bis zum Siedepunkt, so erlangen die einzelnen Moleküle soviel Translationsenergie, dass sie imstande sind, diese Anziehungskräfte zu überwinden, um in den Dampfraum zu gelangen. Je größer ein Molekül, um so stärker sind die Anziehungskräfte, und um so höher liegt der Siedepunkt. Die Siedepunkte steigen kontinuierlich, die Schmelzpunkte dagegen zickzackförmig mit steigendem Molekulargewicht. Wie die Abbildung zeigt, liegen die Schmelzpunkte der geradzahligen Alkane im Verhältnis zu den ungeradzahligen höher, eine Folge der dichteren Packung der geradzahligen Alkane im Kristall.

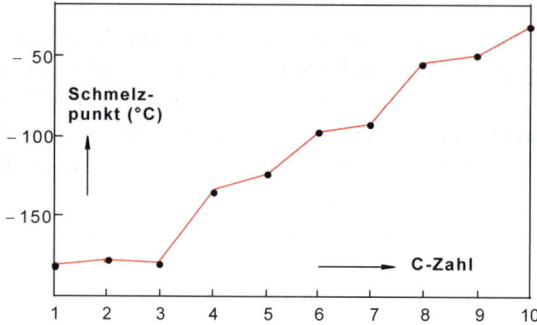

Wie bereits erwähnt, unterscheiden sich konstitutionsisomere Verbindungen u.a. in ihren Siedepunkten. Dabei sieden Isomere mit kugelähnlicher Gestalt tiefer als langgestreckte Isomere.

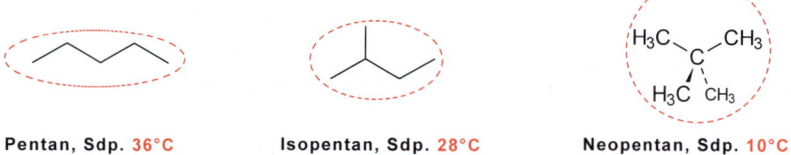

Pentan, Sdp. 36°C   Isopentan, Sdp. 28°C   Neopentan, Sdp. 10°C

Das kugelförmige Isomer besitzt die kleinste Oberfläche unter den Isomeren, erfährt darum die kleinsten Anziehungskräfte von seinesgleichen und ist deshalb am leichtesten flüchtig.

3.7 NMR-Spektren von Alkanen

Die UV-, IR- und Raman-Spektren der Alkane unterscheiden sich nur wenig voneinander. Deshalb ist es nicht möglich, die Struktur eines bestimmten Alkans aufgrund dieser Spektren anzugeben. Dagegen gelingt die Strukturbestimmung eines Alkans häufig mit Hilfe der Massenspektrometrie oder NMR-Spektroskopie. Die Abbildung zeigt die ^{1}H- und ^{13}C-NMR-Spektren von 3-Methylheptan. Das ^{1}H-NMR-Spektrum ist wenig aussagekräftig; es zeigt lediglich zwei breite Banden bei δ = 0,9 ppm und 1,25 ppm, die von CH_3, CH_2 und CH herrühren. Das ^{13}C-NMR-Spektrum zeigt hingegen deutlich, dass das Alkan acht unterschiedliche Kohlenstoffatome besitzt, da acht Signale (davon zwei überlappend) beobachtet werden.

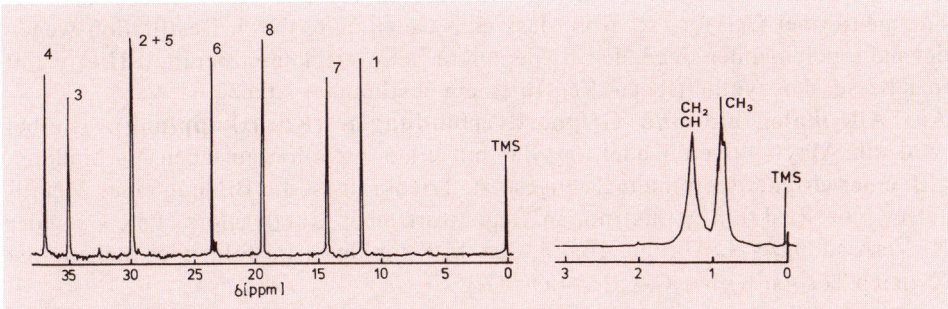

Abb. ^{13}C-NMR-Spektrum (links) und ^{1}H-NMR-Spektrum (rechts) von 3-Methylheptan. TMS = Tetramethylsilan (Bezugsverbindung)

Aufgabe

7. Zur Strukturformel C_6H_{14} gehören fünf Konstitutionsisomere. Benennen Sie alle Isomere und geben Sie an, wie viel Signale im jeweiligen ^{13}C-NMR-Spektrum zu erwarten sind.

3.8 Vorkommen von Alkanen

Methan kommt in Ölsand, in Ölschiefer und auch auf dem Meeresboden vor (hier als Methanhydrat). In geringer Menge findet es sich auch in Steinkohlengruben und verursacht die gefürchteten schlagenden Wetter. Außerdem tritt es zusammen mit Kohlendioxid im Sumpfgas auf, welches bei der bakteriellen Zersetzung von Pflanzenresten im Sumpf entsteht und in stehenden Gewässern beobachtet werden kann. Schließlich kommt es im Darmgas von Wiederkäuern vor. Methan wird wie CO_2 oder N_2O (Lachgas) zu den Treibhausgasen unserer Atmosphäre gerechnet.

Alkane und andere Kohlenwasserstoffe kommen im Erdgas und Erdöl vor. Erdgas enthält hauptsächlich Methan (ca. 80 %), daneben die Kohlenwasserstoffe C_2 bis C_4, Erdöl die Kohlenwasserstoffe von C_2 bis ca. C_{40}. Je nach Fundort des Erdöls liegen entweder mehr offenkettige Kohlenwasserstoffe (Pensylvanien, Michigan) oder mehr cyclische Kohlenwasserstoffe (Baku) vor. Bei den cyclischen Kohlenwasserstoffen handelt es sich hauptsächlich um Cyclopentan, Cyclohexan oder um Verbindungen, die diese Ringe enthalten. Erdgas und Erdöl sind pflanzlichen oder tierischen Ursprungs.

3.9 Herstellung von Alkanen

Die niedermolekularen Glieder der Alkane Methan bis Pentan können in reiner Form aus Erdgas oder -öl durch fraktionierende Destillation gewonnen werden. Ab Hexan wird die Zahl der Konstitutionsisomeren für ein bestimmtes Alkan der Summenformel C_nH_{2n+2} so groß, dass eine Gewinnung durch Destillation wegen der nahe beieinander liegenden Siedepunkte Schwierigkeiten bereitet. Hier wählt man besser den synthetischen Weg zu einem bestimmten Alkan.

Aus Alkylhalogenid und Grignardverbindungen (Kreuzkupplung). Hierbei wird ein Alkylhalogenid oder -tosylat mit einer metallorganischen Verbindung, z.B. einer Grignardverbindung, umgesetzt. Triebkraft ist die Bildung eines Metallsalzes. Die Reaktion gelingt nur in Gegenwart eines Katalysators (Pd-, Cu- oder Ni-Verbindung, vgl. Abschn. 16.5.5, Suzuki-Kupplung). Im folgenden Beispiel ist X gleich Tosylat $[(p)\text{-}H_3C\text{-}C_6H_4\text{-}SO_2\text{-}O^-]$.

Heptyltosylat   **2-Butylmagnesiumtosylat (eine Grignardverbindung)**   **3-Methyldecan**

Aus Natriumcarboxylat durch Elektrolyse nach Kolbe (Abschn. 18.4.9). Die Alkane sind symmetrisch.

2,11-Dimethyldodecan

Alkangemische aus CO durch Hydrierung nach Fischer-Tropsch (Abschn. 12.5).

$$n\,CO \ + \ (2n+1)\,H_2 \ \xrightarrow[\text{200°C, 20 atm}]{\text{Fe}_2\text{O}_3} \ C_nH_{2n+2} \ + \ n\,H_2O$$

Benzingemisch

Die Hydrierung des Kohlenoxids zu Kohlenwasserstoffen wurde früher in Deutschland zur Produktion von Benzin herangezogen. Heute gewinnt man Benzin aus Erdöl. Bei einer Erdölverknappung kann aber das Fischer-Tropsch-Verfahren wieder aktuell werden.

3.10 Radikalische Substitutionen an Alkanen

Alkane sind verhältnismäßig reaktionsträge. Deshalb nennt man sie auch Paraffine (lat. *parum affinis,* wenig reaktionsfreudig). Sie werden weder von Schwefelsäure noch von Natronlauge oder Permanganatlösung angegriffen. Zu den Verbindungen, mit denen sie reagieren, gehören hautsächlich Halogene, Salpetersäure und Sauerstoff. Fast alle Reaktionen verlaufen über Radikale. Technische Bedeutung hat die Chlorierung von niedermolekularen Alkanen, insbesondere von Propen und Toluol.

3.10.1 Erzeugung von Radikalen

Radikale sind Atome oder Moleküle mit einem ungepaarten Elektron. Beispiele:

Fluorradikal   **Stickstoffmonooxid-radikal**   **Methylradikal**   **Phenyl-radikal**

Sie bilden sich aus Neutralmolekülen durch Energiezufuhr. Das kann durch Bestrahlung bei Raumtemperatur oder durch Erhitzen auf in der Regel hohe Temperatur geschehen.

Ein Krummpfeil mit halber Spitze beschreibt Verschiebung eines *einzelnen* Elektrons.

Auch bei Temperaturen unter 100 °C gelingt die thermische Radikalerzeugung, sofern das Molekül labile Bindungen enthält und das ungepaarte Elektron delokalisiert werden kann.

Dibenzoylperoxid   **Benzoyloxyradikal** (2 mesomere Grenzstrukturen)   **Phenylradikal**

Azoisobutyronitril   **2-Cyano-2-propylradikal** (2 mesomere Grenzstrukturen)

Dibenzoylperoxid enthält eine schwache O–O-Bindung, deren Spaltung zudem zwei mesomeriestabilisierte Carboxylradikale liefert. Azoisobutyronitril zerfällt schon bei 80 °C, da dabei molekularer Stickstoff frei wird. Beide Verbindungen dienen als **Radikalstarter** bei Radikalreaktionen.

Radikale enthalten ein Atom mit einer unvollständig besetzten Valenzschale. Sie sind daher instabil und in der Regel sehr reaktionsfähig. In Abwesenheit eines geeigneten Reaktionspartners entreißen sie selbst inerten Lösungsmitteln ein Atom, um Edelgaskonfiguration zu erlangen.

3.10.2 Halogenierung von Alkanen mit molekularem Halogen

Werden die Gase Methan und Chlor im Dunkeln miteinander vermischt, tritt keine Reaktion ein. Diese erfolgt aber, wenn die Mischung stark erhitzt oder mit UV-Licht bestrahlt wird. Hierbei wird ein H-Atom des Methans durch ein Chloratom ersetzt.

Der Ersatz eines Substituenten durch einen anderen heißt **Substitution**. Durch überschüssiges Chlor lassen sich weitere Wasserstoffatome substituieren, wobei ein Gemisch chlorierter Methanverbindungen entsteht.

Die gezielte Darstellung einer bestimmten chlorierten Methanverbindung ist schwierig, da sich die anderen drei Verbindungen ebenfalls bilden. Jedoch bereitet die Trennung der einzelnen Komponenten dieses Gemischs durch Destillation keine Schwierigkeit, da die Siedepunkte jeweils um mehr als 15 °C auseinanderliegen.

Die Reaktion mit Ethan liefert zunächst Chlorethan.

Weitere Einwirkung von Chlor führt auch hier zu höher chlorierten Ethanverbindungen.

Während Methan und Ethan nur eine Monochlorverbindung ergeben, liefert die Chlorierung von Propan, Butan und Isobutan bereits je zwei isomere Monochlorverbindungen, da der Angriff des Chlors an jeweils zwei Positionen des Alkans erfolgen kann. Nachfolgend sind die Monochlorierungen von Propan und Isobutan formuliert. Die Zahlen unter den Strukturformeln geben das Verhältnis wieder, in welchem die Monohalogenalkane gebildet werden.

$$H_3C-CH_2-CH_3 + Cl_2 \xrightarrow[25\,°C]{h\nu} H_3C-CH_2-CH_2Cl + H_3C-\overset{Cl}{\underset{|}{C}}H-CH_3$$

Propan　　　　　　　　　　　　　　　　　**1-Chlorpropan**　　　　**2-Chlorpropan**

45　　:　　55

$$H_3C-\overset{CH_3}{\underset{|}{C}}H-CH_3 + Cl_2 \xrightarrow[25\,°C]{h\nu} H_3C-\overset{CH_3}{\underset{|}{C}}H-CH_2Cl + H_3C-\overset{CH_3}{\underset{\underset{Cl}{|}}{\overset{|}{C}}}-CH_3$$

Isobutan　　　　　　　　　　**1-Chlor-2-methylpropan**　　　***tert*-Butylchlorid**

64　　:　　36

Auch die Bromierung dieser beiden Verbindungen liefert jeweils zwei Produkte.

$$CH_3-CH_2-CH_3 + Br_2 \xrightarrow[130\,°C]{h\nu} CH_3-CH_2-CH_2Br + CH_3-\overset{Br}{\underset{|}{C}}H-CH_3$$

4　　:　　96

$$CH_3-\overset{CH_3}{\underset{|}{C}}H-CH_3 + Br_2 \xrightarrow[130\,°C]{h\nu} CH_3-\overset{CH_3}{\underset{|}{C}}H-CH_2Br + CH_3-\overset{CH_3}{\underset{\underset{Br}{|}}{\overset{|}{C}}}-CH_3$$

1　　:　　99

Beachten Sie, dass Chlorierung und Bromierung unterschiedliche Produktverhältnisse liefern. Dieser Unterschied wird später erläutert.

Mechanismus der Halogenierung. Die Substitution eines Wasserstoffs erfolgt in mehreren Teilschritten. Das folgende Schema zeigt den Mechanismus der Chlorierung von Methan. Die Bromierung verläuft genau so.

$$Cl-Cl \xrightarrow{h\nu} Cl^{\cdot} + Cl^{\cdot} \quad \}\ \text{Kettenstart}$$

$$Cl^{\cdot} + H-CH_3 \xrightarrow{\text{langsam}} Cl-H + {}^{\cdot}CH_3$$
$${}^{\cdot}CH_3 + Cl-Cl \xrightarrow{\text{schnell}} CH_3-Cl + Cl^{\cdot} \quad \}\ \text{Kettenfortpflanzung}$$

$$Cl^{\cdot} + Cl^{\cdot} \longrightarrow Cl-Cl$$
$$Cl^{\cdot} + {}^{\cdot}CH_3 \longrightarrow CH_3Cl$$
$${}^{\cdot}CH_3 + {}^{\cdot}CH_3 \longrightarrow CH_3-CH_3 \quad \}\ \text{Kettenabbruch}$$

Zunächst wird durch Energiezufuhr (UV-Licht oder Wärme) das Chlormolekül in sehr reaktionsfähige Chloratome (Radikale) gespalten. Diese entreißen dem Methan ein Wasserstoffatom, wobei sich ein neues Radikal, das Methylradikal bildet. Das Methylradikal ist ebenfalls sehr reaktionsfähig und reagiert mit molekularem Chlor unter Bildung von Chlormethan und Regenerierung eines neuen Chloratoms, das in den Kreislauf wieder zurückkehrt. Solche Reaktionen nennt man **Kettenreaktionen**. Eine Kettenreaktion besteht aus einer Vielzahl von Einzelschritten; in jedem dieser Schritte wird eine reaktive Verbindung produziert, die selbst Ausgangspunkt des nächsten Schrittes ist. Das Wort „Kette" hat nichts mit Molekülkette zu tun, es bedeutet hier Wiederholung.

Theoretisch reicht für die Aufrechterhaltung der Kettenreaktion ein einziges Chloratom und damit ein Lichtquant aus. Praktisch benötigt man jedoch eine größere Zahl von Lichtquanten, da die erzeugten Radikale teilweise rekombinieren und somit einen Abbruch der Kette bewirken (s. vorstehendes Schema). Die Reaktionsmischung wird deshalb bis zum Ende der Reaktion bestrahlt. Die **Quantenausbeute** ϕ bei der Bildung von Chlormethan beträgt 10 000.

$$\phi = \text{Zahl der gebildeten Moleküle/Zahl der absorbierten Lichtquanten}$$

Da ein Lichtquant 2 Chloratome erzeugt, bedeutet dies, dass eine Reaktionskette hier aus 5000 Zyklen besteht. Erst danach tritt im statistischen Mittel Rekombination der Radikale und damit Abbruch ein.

Der Abbruch kann auch durch fremde Radikale, **Inhibitoren** genannt, herbeigeführt werden. Ein typischer Inhibitor ist das Biradikal Sauerstoff. Sauerstoff fängt CH_3-Radikale ab und unterbricht damit die Kettenreaktion:

$$H_3C\cdot \ + \ \cdot\ddot{O}{-}\ddot{O}\cdot \ \longrightarrow \ H_3C{-}\ddot{O}{-}\ddot{O}\cdot$$

Das neu gebildete Radikal $H_3C{-}O{-}O^{\bullet}$ ist verhältnismäßig reaktionsträge und nicht imstande, die für die Kettenreaktion erforderlichen $Cl^{\bullet}$-Radikale zu erzeugen.

Aufgabe

10. Die Chlorierung von Methan gelingt außer durch Bestrahlung auch durch Erhitzen des Reaktionsgemischs auf 150°C in Gegenwart des Katalysators Bleitetraethyl $Pb(C_2H_5)_4$. Formulieren Sie den Kettenstart. (Hinweis: Bleitetraethyl dissoziiert bei 150°C zu Bleitriethyl und Ethylradikal.)

Reaktivität primärer, sekundärer und tertiärer H-Atome. H-Atome und C-Atome werden in primäre, sekundäre, tertiäre (und quartäre) eingeteilt. Ein primäres, sekundäres, tertiäres oder quartäres C-Atom liegt vor, wenn dasselbe an ein, zwei, drei bzw. vier andere C-Atome gebunden ist. Ein H-Atom, das an eines dieser C-Atome gebunden ist, ist ebenfalls primär, sekundär bzw. tertiär.

Abbildung. Einteilung von C-Atomen (oben) und H-Atomen (unten) in primär (p), sekundär (s), tertiär (t) und quartär (q).

Die verschiedenen Typen von H-Atomen werden unterschiedlich schnell durch Halogen ersetzt. Das soll am Beispiel der Chlorierung von Propan und Isobutan erläutert werden (Reaktionsgleichungen s. oben).

Die Chlorierung von Propan liefert 1- und 2-Chlorpropan im Verhältnis 45:55 und nicht im statistischen Verhältnis von 75:25 (6 primäre und 2 sekundäre H-Atome). Bei der Chlorierung von Isobutan werden die beiden Chlorverbindungen im Verhältnis 64:36 statt im statistischen Verhältnis von 90:10 gebildet (9 primäre H-Atome und 1 tertiäres H-Atom). Aus der Abweichung des experimentellen Verhältnisses vom statistischen gelingt die Berechnung der relativen Reaktivität, mit der die H-Atome substituiert werden (Berechnung s. nächste Seite). Ergebnis: Verglichen mit primären H-Atomen werden sekundäre H-Atome 3,7 mal, tertiäre H-Atome gar 5 mal schneller durch Chlor ausgetauscht.

Noch größer sind die Unterschiede bei der Bromierung. Tertiäre C-H-Bindungen werden 890 mal schneller als primäre bromiert. Die Ergebnisse der Chlorierung, Bromierung und Fluorierung sind in der Tabelle vermerkt. Beachten Sie, dass es sich um relative Reaktivitäten (relative Geschwindigkeiten) handelt, die auf primäre H-Atome bezogen sind.

Rel. Reaktivitäten prim., sek. und tert. H-Atome gegenüber Halogenradikalen

$X^\cdot$	$RCH_2{-}H$	$R_2CH{-}H$	$R_3C{-}H$
$F^\cdot$	1	1,2	1,4
$Cl^\cdot$	1	3,7	5,0
$Br^\cdot$	1	72	890

Warum reagieren tertiäre H-Atome am schnellsten? Eine Erklärung liefern die Bindungsenthalpien.

$$CH_3-CH_2-\overset{\displaystyle H}{\overset{\displaystyle |}{CH_2}} \longrightarrow CH_3-CH_2-\overset{\displaystyle \cdot}{CH_2} \ + \ \overset{\cdot}{H} \qquad \Delta H = +\ 410\ kJ/mol$$

$$CH_3-\overset{\displaystyle H}{\overset{\displaystyle |}{CH}}-CH_3 \longrightarrow CH_3-\overset{\displaystyle \cdot}{CH}-CH_3 \ + \ \overset{\cdot}{H} \qquad \Delta H = +\ 398\ kJ/mol$$

$$CH_3-\overset{\displaystyle H}{\underset{\displaystyle CH_3}{\overset{\displaystyle |}{\underset{\displaystyle |}{C}}}}-CH_3 \longrightarrow CH_3-\overset{\displaystyle \cdot}{\underset{\displaystyle CH_3}{\underset{\displaystyle |}{C}}}-CH_3 \ + \ \overset{\cdot}{H} \qquad \Delta H = +\ 385\ kJ/mol$$

Das tertiäre H-Atom lässt sich mit geringstem Energieaufwand abspalten. Zwei Gründe sind dafür verantwortlich. *Erstens*: Isobutan weist eine Anhäufung von drei sich behindernden CH_3-Gruppen auf (Tetraederwinkel 109 °). Diese Behinderung ist im planaren Radikal vermindert (trigonaler Winkel 120 °).

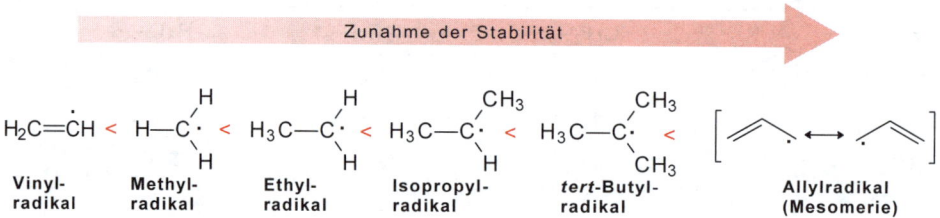

Isobutan (tetraedrisch)   **tert-Butylradikal (planar)**

Zweitens: Ein Radikal wird ähnlich wie ein Carbeniumion durch Methylgruppen stabilisiert. Ursache ist die **Hyperkonjugation** (Abschn. 6.7.3). Besonders stark ausgeprägt ist der Effekt beim *tert*-Butylradikal mit drei CH_3-Gruppen.

besetzt mit
2 Elektronen

Ethyl-Radikal

Nachfolgend sind die Stabilitäten von Alkylradikalen miteinander verglichen. Einbezogen in den Vergleich sind auch das Vinyl- und das Allylradikal. Die besondere Stabilität des Allylradikals ist eine Folge der Delokalisierung des Elektrons.

Zunahme der Stabilität

| Vinyl-radikal | Methyl-radikal | Ethyl-radikal | Isopropyl-radikal | *tert*-Butyl-radikal | Allylradikal (Mesomerie) |

● **Frage.** Propan wird durch Chlor in 1- und 2-Chlorpropan überführt, Mengenverhältnis 45:55. Berechnen Sie daraus die relativen Geschwindigkeiten der Substitution primärer und sekundärer H-Atome durch Chlor. Wie viel mal schneller verläuft die Substitution des sekundären H-Atoms im Vergleich zum primären H-Atom?

● **Antwort.** 45 % 1-Chlorpropan bedeutet, jedes der sechs primären H-Atome steuert einen Beitrag von 45:6 = 7,5 % bei. 55 % 2-Chlorpropan heißt, jedes der beiden sekundären H-Atome ist mit 55:2 = 27,5 % beteiligt. Somit erfolgt die Substitution eines sekundären H-Atoms 27,5:7,5 = 3,7 mal schneller als die eines primären H-Atoms.

Wird diese Berechnung auf die Chlorierung von Isobutan angewandt, ergibt sich: Die Reaktion mit einem tertiären H-Atom erfolgt 5 mal schneller als die mit einem primären H-Atom.

Aufgaben

11. Warum gibt es keine quartären H-Atome?

12. Geben Sie die Anzahl primärer, sekundärer, tertiärer und ggf. quartärer C- und H-Atome in folgenden Verbindungen an:

13. Die Bromierung von 2-Methylhexan ergibt als Hauptprodukt eine Monobromverbindung. Welche?

14. Die Chlorierung von 3-Ethylpentan liefert drei isomere *Mono*chlorverbindungen A-C, daneben höherchlorierte Verbindungen. Geben Sie die Konstitutionen von A-C an und berechnen Sie deren relative Anteile (in %) aus den relativen Geschwindigkeitskonstanten der vorstehenden Tabelle.

$$+ \quad Cl_2 \quad \longrightarrow \quad A \; + \; B \; + \; C$$

3-Ethylpentan

Reaktivität und Selektivität der Halogene. Die Reaktivität der Halogene gegenüber Alkanen steigt wie folgt:

$$I_2 \ll Br_2 < Cl_2 \ll F_2$$

Iodierungen erfolgen praktisch gar nicht, Bromierungen hauptsächlich an tertiären C-Atomen, Chlorierungen an allen C-Atomen eines Alkans, wenn auch mit unterschiedlicher Geschwindigkeit. Fluorierungen verlaufen stürmisch und sind schwer kontrollierbar; dabei erfolgen Substitutionen an allen C-Atomen, außerdem werden teilweise C–C-Bindungen gelöst. Die Zunahme der Reaktivität ist eine Folge der zunehmenden Elektronegativität der Halogenatome, die von Iod (2.2) nach Fluor (4.0) steigt.

Die unterschiedliche Reaktivität der Halogene verdeutlicht auch folgender Vergleich.

$$H_3C-\underset{\underset{H}{|}}{\overset{\overset{CH_3}{|}}{C}}-CH_3 \; + \; X_2 \xrightarrow{h\nu} \; H_3C-\underset{\underset{CH_3}{|}}{\overset{}{C}}H-CH_2-X \; + \; H_3C-\underset{\underset{X}{|}}{\overset{\overset{CH_3}{|}}{C}}-CH_3$$

| | X = Cl | 64 | : | 36 |
| | X = Br | 1 | : | 99 |

Das reaktionsfreudige Chloratom substituiert primäre und tertiäre H-Atome gleichermaßen, das reaktionsträge Bromatom praktisch nur noch die relativ leicht zu lösenden tertiären H-Atome. Brom reagiert somit selektiver als Chlor. Allgemein gilt: *Je reaktionsträger ein angreifendes Atom, Molekül oder Ion ist, desto selektiver reagiert es; je reaktionsfähiger es ist, desto weniger selektiv verhält es sich.* Fluoratome sind so reaktionsfähig, dass sie mit primären H-Atomen fast genau so schnell reagieren wie mit sekundären oder tertiären.

Zusammenfassung

- Bei der UV-Bestrahlung einer Mischung aus Alkan und Halogen werden die H-Atome des Alkans teilweise durch Halogen substituiert. Dabei bildet sich ein Gemisch aus Halogenalkanen und Halogenwasserstoff.

- Die Halogenierung mit Fluor verläuft heftig und schwer kontrollierbar, die mit Chlor schnell, die mit Brom langsam; Iod reagiert überhaupt nicht mehr.

- Große Reaktivität eines Halogens bedeutet geringe Selektivität: Fluor reagiert schnell und unselektiv, Brom reagiert langsam und selektiv.

- Alkane mit tertiären H-Atomen werden schnell halogeniert, solche mit sekundären H-Atomen langsamer und solche mit primären H-Atomen sehr langsam.

- Die Substitution von H-Atomen durch Halogen ist eine radikalische Kettenreaktion, bestehend aus Kettenstart (Bildung von Halogenradikalen $X^\bullet$), Kettenfortpflanzung und Kettenabbruch.

3.10.3 Chlorierung von Alkanen mit Sulfurylchlorid

Außer mit Chlor können Alkane auch mit Sulfurylchlorid chloriert werden. Solche Chlorierungen sind leichter durchzuführen, da Sulfurylchlorid eine Flüssigkeit ist (Siedepunkt 68°C), die besser als gasförmiges Chlor dosiert werden kann. Beispiel:

Toluol   Sulfurylchlorid   Benzylchlorid

Auch diese Reaktion verläuft radikalisch. Als Radikalquelle dient Benzoylperoxid, das beim Erhitzen in Phenylradikale zerfällt (Abschn. 3.10.1). Der Mechanismus verläuft wie folgt:

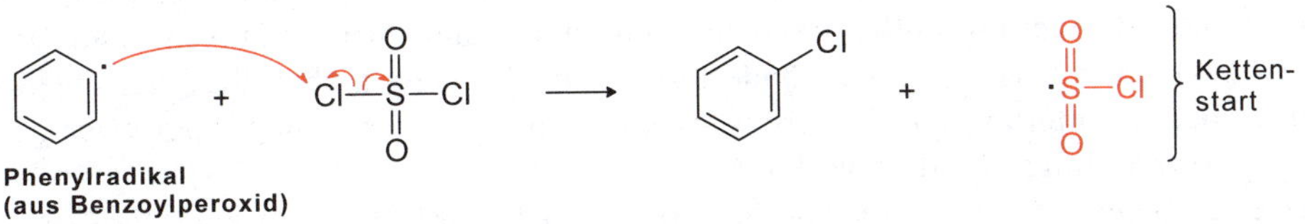

Phenylradikal (aus Benzoylperoxid)

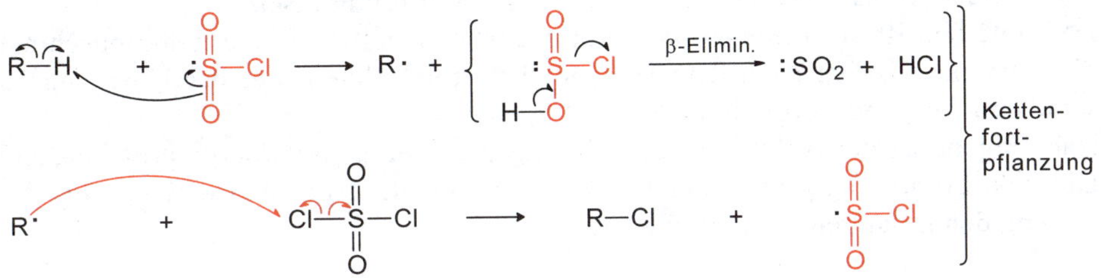

Wie dem Formelschema zu entnehmen hält das SO_2Cl-Radikal die Kettenfortpflanzung aufrecht. Die Chlorierung mit Sulfurylchlorid verläuft selektiver als die mit Chlor, weil nicht das reaktive Chlor-Radikal sondern das weniger reaktive SO_2Cl-Radikal die C–H-Bindung angreift.

3.10.4 *Exkurs*: Reaktionsenthalpie der Halogenierung von Alkanen

Einen weiteren Einblick in den Ablauf der Halogenierung von Alkanen gewähren die Reaktionsenthalpien, die aus den Bindungsenergien berechnet werden können (Abschn. 1.9) und in der Tabelle zusammengestellt sind.

Tabelle. Reaktionsenthalpien ΔH (kJ/mol) der Halogenierung von Methan (berechnet aus den Bindungsenergien)

	F_2	Cl_2	Br_2	I_2
CH_3–H + ·X $\longrightarrow$ $CH_3^{\cdot}$ + H–X	–130	+4	+71	+138
$CH_3^{\cdot}$ + X–X $\longrightarrow$ CH_3–X + X·	–297	–109	–92	–71
Summe: CH_3–H + X–X $\longrightarrow$ CH_3–X + H–X	–427	–105	–21	+67

Der erste Schritt sowohl der *Bromierung* als auch der *Iodierung* verläuft stark endotherm. Da bei endothermen Reaktionen die Aktivierungsenthalpie $\Delta H^{\neq}$ mindestens so groß wie die Reaktionsenthalpie ΔH sein muss (vgl. **Hammond-Postulat**, Abschn. 1.10.1), bedeutet dies, dass Bromierung und Iodierung im ersten Schritt eine hohe Aktivierungsenthalpie benötigen und daher insgesamt sehr langsam bzw. gar nicht verlaufen. Daran ändert auch die Tatsache nichts, dass der zweite Schritt der Bromierung und Iodierung exotherm und mit einer möglicherweise geringen Aktivierungsenthalpie verläuft.

Der erste Schritt der *Chlorierung* verläuft mit 4 kJ/mol nur schwach endotherm, die Aktivierungsenthalpie ist (wie andere Messungen ergeben haben) verhältnismäßig klein (17 kJ/mol). Deshalb erfolgt die Chlorierung rasch.

Der erste Schritt der *Fluorierung* verläuft noch schneller, da die Reaktionsenthalpie stark negativ ist; nach dem Hammond-Postulat ähnelt hier der Übergangszustand den Ausgangsverbindungen.

Nachfolgend ist der Ablauf der Chlorierung von Methan als Energieprofil gezeigt. Die linke Abbildung gibt den ersten Schritt in quantitativer Weise, die rechte Abbildung den gesamten Verlauf wieder.

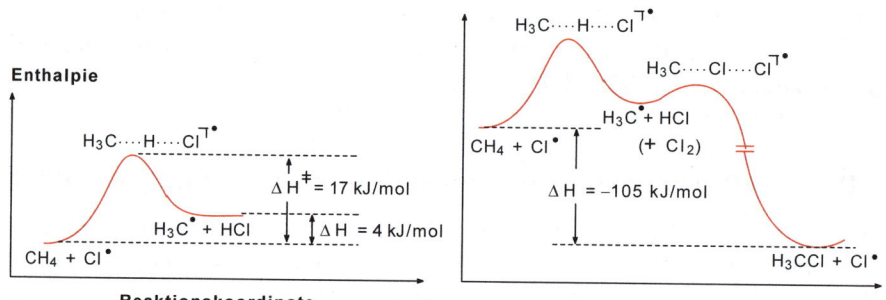

Aufgaben

15. Zeichnen Sie in vorstehende Abbildung den Wert der Reaktionsenthalpie von
    $H_3C^{\bullet} + Cl_2 \rightarrow H_3CCl + Cl^{\bullet}$ ein.
16. Berechnen Sie mit Hilfe der tabellierten Bindungsenergien (Abschn. 1.9) die
    Bildungsenthalpie der Reaktion:

$$(H_3C)_3CH \quad + \quad Cl_2 \quad \longrightarrow \quad (H_3C)_3CCl \quad + \quad HCl$$

3.10.5 Halogenierung von Alkenen in Allylstellung

Ein sp^3-hybridisiertes C-Atom in Nachbarschaft zu einer CC-Doppelbindung wird allylständiges C-Atom, ein daran gebundenes H-Atom **allylständiges H-Atom** genannt. Bei der radikalischen Halogenierung eines Alkens werden zwei Reaktionstypen beobachtet: die Substitution in Allylstellung und die Addition an die Doppelbindung. (Zur Addition s. Abschn. 6.7.4)

Welche Reaktion eintritt, hängt von den Reaktionsbedingungen ab. Bei geringer Konzentration an Halogen erfolgt vorzugsweise Substitution, bei hoher tritt Addition ein. Beide Reaktionen erfordern Radikale zum Start.

Wie ist der Einfluß der Konzentration von Halogen auf den Reaktionslauf zu verstehen? Die Substitution verläuft über ein Allylradikal, das aufgrund der Delokalisierung des Elektrons relativ stabil und langlebig ist. Die Langlebigkeit wird weiter erhöht, wenn das während der Reaktion gebildete HX durch eine Base abgefangen werden kann. Das Allylradikal reagiert mit X_2, wie verdünnt letzteres auch sein mag, zum Endprodukt Allylhalogenid. Dagegen bildet sich bei der Addition ein Alkylradikal. Dieses Radikal ist aufgrund fehlender Delokalisierung des Elektrons weitaus weniger stabil und relativ kurzlebig. Bei geringer Konzentration an X_2 ist die Wahrscheinlichkeit des Aufeinandertreffens mit X_2 klein, und das Alkylradikal zerfällt wieder in die Ausgangsreaktanden.

Bei hoher Temperatur (500 °C) findet nur noch Substitution statt, gleichgültig wie hoch Halogen- und Halogenwasserstoff-Konzentration sind, da sich nunmehr das Gleichgewicht zuungunsten des Alkylradikals verschiebt. Die Hochtemperaturhalogenierung ist ein wichtiges technisches Verfahren zur Herstellung von Allyl-chlorid und Allylbromid.

Allylhalogenierung mit *N*-Bromsuccinimid. Im Labor wird die Allylbromierung von Alkenen nicht mit verdünntem Brom, sondern mit *N*-Bromsuccinimid in Ge-genwart von Licht oder eines anderen Radikalbildners durchgeführt. Bei der Reak-tion tauschen H (in Allylstellung) und Br (am Stickstoff) ihre Positionen.

| Cyclohexen | *N*-Bromsuccinimid (*N*-Brombernsteinsäure-imid) | 3-Brom-1-cyclohexen | Succinimid (Bernsteinsäure-imid) |

Die Reaktion wird durch Brom eingeleitet, welches als Verunreinigung in *N*-Bromsuccinimid enthalten ist. (Darstellung der Verbindung aus Brom und Succin-imid s. Abschn. 19.6.5.)

Cyclohexenylradikal (ein Allylradikal)

Das für die Aufrechterhaltung der Kettenfortpflanzung notwendige Br_2 bildet sich aus Bromwasserstoff und *N*-Bromsuccinimid.

Die Konzentration des Broms (sowohl als Verunreinigung als auch aufgrund vor-stehender Reaktion) ist äußerst gering. Damit sind auch hier die Voraussetzungen für die Halogenierung in Allylstellung (und nicht an der Doppelbindung) erfüllt.

Aufgaben

17. Erklären Sie mit Hilfe der tabellierten Bindungsenergien, weshalb Cyclohexen in 3- und nicht in 4-Stellung durch *N*-Bromsuccinimid bromiert wird.

18. Vervollständigen Sie die folgende Reaktionsgleichung:

$$\text{(2-Chlortoluol)} \quad + \quad \text{(N-Bromsuccinimid)} \quad \xrightarrow{R^{\cdot}} \quad ?$$

3.10.6 Chlorierung von Alkanen in Gegenwart von Schwefeldioxid

Alkane reagieren mit einem Gemisch aus SO_2 und Cl_2 bei Belichtung zu Alkansulfonsäurechloriden und Chlorwasserstoff:

$$R{-}H \;+\; SO_2 \;+\; Cl_2 \;\xrightarrow{h\nu}\; R{-}SO_2{-}Cl \;+\; H{-}Cl$$

Alkansulfonsäurechlorid

Die Auslösung der Reaktion durch Lichtquanten weist darauf hin, dass es sich hier ebenfalls um eine radikalische Kettenreaktion mit den dafür typischen Schritten Kettenstart, Kettenfortpflanzung und Kettenabbruch handelt.

$$Cl{-}Cl \;\xrightarrow{h\nu}\; 2\,Cl^{\cdot} \qquad \Big\}\;\text{Kettenstart}$$

$$R{-}H \;+\; Cl^{\cdot} \longrightarrow R^{\cdot} \;+\; HCl$$
$$R^{\cdot} \;+\; SO_2 \longrightarrow R{-}SO_2^{\cdot} \qquad \Big\}\;\text{Kettenfortpflanzung}$$
$$R{-}SO_2^{\cdot} \;+\; Cl_2 \longrightarrow R{-}SO_2{-}Cl \;+\; Cl^{\cdot}$$

$$\text{Radikale} \longrightarrow \text{Rekombinationsprodukte} \qquad \Big\}\;\text{Kettenabbruch}$$

Alkansulfonsäurechloride besitzen technische Bedeutung: Durch Natronlauge werden sie in die Na-Salze von Sulfonsäuren überführt, die als Waschmittel Verwendung finden, sofern R darin langkettig ist (vgl. Abschn. 18.4.2).

$$R{-}SO_2{-}Cl \;\xrightarrow{H_2O}\; R{-}SO_2{-}OH \;\xrightarrow{NaOH}\; R{-}SO_2{-}O^{-}\,Na^{+}$$

Na-Salz einer Sulfonsäure

Aufgaben

19. Welche Reaktionen führen zum Abbruch der Sulfochlorierung?

20. Welche Sulfonsäurechloride entstehen bei der Sulfochlorierung von Propan? In welchem Verhältnis werden sie gebildet?

3.10.7 Oxidation mit molekularem Sauerstoff

Alkane können durch molekularen Sauerstoff oxidiert werden. Zwei Arten von Oxidation sind zu unterscheiden: Oxidation bei Raumtemperatur oder wenig höher („Autoxidation") und Oxidation bei hoher Temperatur („Verbrennung").

Autoxidation. Verbindungen mit besonders reaktiven C–H-Bindungen reagieren mit molekularem Sauerstoff zu Hydroperoxiden. Dazu wird Luft bei Raumtemperatur oder wenig darüber durch die zu oxidierende Verbindung geleitet. Zu den reaktiven Verbindungen gehören gesättigte Kohlenwasserstoffe mit tertiären H–Atomen, ungesättigte Kohlenwasserstoffe mit allylständigen H-Atomen oder Ether mit α-ständigen H-Atomen. Auch hier sind zum Start Radikale Y$^\bullet$ erforderlich.

Decalin
(2 tertiäre H-Atome)

4a-Hydroperoxydecalin,
isolierbar

Cyclohexen
(4 allylständige H-Atome)

3-Hydroperoxycyclohexen

Diethylether
(4 α-ständige H-Atome)

vermutetes Primärprodukt,
instabil

Die zum Start erforderlichen Radikale Y$^\bullet$ können durch Einwirkung von Lichtquanten auf C–H-Bindungen oder durch Spuren bestimmter Metallsalze entstehen. Der Mechanismus der Autoxidation folgt dem bekannten Schema einer Radikalreaktion.

Beachten Sie, dass das reaktionsträge Biradikal $^{\bullet}$O–O$^{\bullet}$ nicht imstande ist, mit dem Molekül R–H zu reagieren, wohl aber das Monoradikal R–O–O$^{\bullet}$.

Peroxide sind häufig explosiv. Deshalb sollen reaktive Alkane, Alkene, Ether, Aldehyde u.a. Verbindungen so aufbewahrt werden, dass sie mit Luft und Licht nicht in Berührung kommen können (dunkle, bis an den Rand gefüllte Flaschen).

Verbrennung und Octanzahl. Während nur reaktive Kohlenwasserstoffe eine Autoxidation eingehen, lassen sich alle Kohlenwasserstoffe verbrennen. Die Verbrennung eines Kohlenwasserstoffs ist eine komplizierte Radikalreaktion, bei der Kohlendioxid und Wasser entstehen, z.B.:

$$C_7H_{16} + 11\,O_2 \longrightarrow 7\,CO_2 + 8\,H_2O \qquad \Delta H = -4815\ \text{kJ/mol}$$

Hierbei wird Wärme frei. Diese nutzt man in Öfen zum Heizen oder in Verbrennungsmotoren zur Expansion eines Gasgemisches und damit zum Antrieb von Automobilen.

Der Wirkungsgrad von Benzinmotoren in Automobilen steigt mit der Verdichtung des Benzin-Luft-Gemisches. Hohe Verdichtung führt aber auch zum „Klopfen" des Motors, worunter man Geräusche versteht, die durch spontane und nicht durch den Zündfunken herbeigeführte Entzündung bei der Kompression verursacht werden. Dieses Klopfen erhöht den Benzinverbrauch und setzt außerdem die Lebensdauer des Motors herab. Wenig klopffest sind geradkettige Kohlenwasserstoffe, klopffest dagegen verzweigte und aromatische Kohlenwasserstoffe. Über die Ursache der Klopffestigkeit weiß man noch wenig. Die Klopffestigkeit wird durch die Octanzahl ausgedrückt. Heptan erhält willkürlich die Octanzahl 0 und 2,2,4-Trimethylpentan (Trivialname Isooctan) die Octanzahl 100.

Heptan:
Oktanzahl = 0

2,2,4-Trimethylpentan:
Oktanzahl = 100

Die Octanzahl einer beliebigen Kohlenwasserstoffmischung (Benzin) gibt dann den Prozentgehalt an Isooctan eines Heptan-Isooctan-Gemisches an, das die gleiche Klopffestigkeit besitzt.

Die Octanzahl von Benzin lässt sich durch Zusatz bestimmter Verbindungen erhöhen. Früher wurde Bleitetraethyl als wirksames Anti-Klopf-Mittel eingesetzt („verbleites Benzin"). Da es Autoabgaskatalysatoren vergiftet und die Verbrennungsgase umweltschädlich sind, wurde es in zunehmendem Maße durch rein organische Verbindungen ersetzt, die allerdings in wesentlich größerer Menge dem Kraftstoff zugesetzt werden müssen, um den gleichen Effekt zu erzielen. Hier sind insbesondere *tert*-Butyl-methyl-ether und Toluol zu nennen.

***tert*-Butyl-methyl-ether**

Aufgaben

21. Welche Hydroperoxide entstehen, wenn Luft in ein Flüssigkeitsgemisch gelei-
    tet wird, das neben einer geringen Menge einer Radikal-erzeugenden Verbin-
    dung folgende Komponenten enthält:

22. Sie tanken Benzin der Octanzahl 91. Welches Heptan/Isooctangemisch hat die
    gleiche Octanzahl?

23. Schätzen Sie aus den tabellierten Bindungsenergien (Abschn. 1.9) die Reakti-
    onsenthalpie ΔH folgender Reaktion ab.

$$\text{H}_3\text{C}-\text{CH}_2-\text{CH}_3 \text{ (g)} + 5\,\text{O}_2 \text{ (g)} \xrightarrow{25\,°C} 3\,\text{CO}_2 \text{ (g)} + 4\,\text{H}_2\text{O} \text{ (g)}$$

3.11 Pyrolyse von Alkanen

Unter *Pyrolyse* versteht man die Zersetzung einer Verbindung durch Erhitzen
(griech. *pyr,* Feuer; *lysis,* Trennung). Erhitzt man Kohlenwasserstoffe auf 500 -
600 °C, so werden C–C- und C–H-Bindungen gesprengt, und es bilden sich niedermolekulare Verbindungen. So führt die Pyrolyse von Propan u.a. zu Ethen und
Methan.

$$\text{H}_3\text{C}-\text{CH}_2-\text{CH}_3 \xrightarrow{600\,°C} \begin{cases} \text{H}_2\text{C}=\text{CH}_2 + \text{CH}_4 \\ \text{H}_3\text{C}-\text{CH}=\text{CH}_2 + \text{H}_2 \end{cases}$$

Propan → Ethen + Methan; Propen + H$_2$

Auch hier liegen Radikalreaktionen vor, deren Einzelheiten noch ungeklärt sind.
Man stellt sich die Pyrolyse eines Alkans etwa wie folgt vor:

$$\text{R}-\text{CH}_2 \!\!\mid\!\! \text{CH}_2-\text{R} \longrightarrow \text{R}-\dot{\text{C}}\text{H}_2 + \dot{\text{C}}\text{H}_2-\text{R}$$

$$\text{R}-\dot{\text{C}}\text{H}_2 + \text{R}-\text{CH}_2-\underset{\mid}{\overset{\mid}{\text{C}}}\text{H}-\text{R} \longrightarrow \text{R}-\text{CH}_3 + \text{R}-\text{CH}_2-\dot{\text{C}}\text{H}-\text{R}$$

Aus dem Molekül R–CH$_2$–CH$_2$–R entsteht dabei das Molekül R–CH$_3$ mit etwa dem halben Molekulargewicht, das seinerseits ebenfalls fragmentieren kann. Die Pyrolyse von Kohlenwasserstoffen wird auch **cracken** (engl. *to crack*, zerlegen) genannt und großtechnisch durchgeführt. Hierbei werden Erdölfraktionen, die hochmolekulare Alkane enthalten, in Fraktionen umgewandelt, die aus niedermolekularen Alkanen und Alkenen bestehen. Dadurch wird ein größerer Teils des Erdöls für die Herstellung von Benzin (enthält hauptsächlich C$_5$ bis C$_{12}$-Kohlenwasserstoffe) ausgenutzt.

$$
\left.\begin{array}{l} C_{15}H_{32} \\ C_{16}H_{34} \\ C_{17}H_{36} \\ \text{usw.} \end{array}\right\} \xrightarrow[\text{Metalloxide}]{600\,°C} \left.\begin{array}{l} C_5H_{12} \\ C_5H_{10} \\ C_6H_{14} \\ C_6H_{12} \\ \text{usw.} \end{array}\right. \quad + \quad C_n
$$

Petrokohle

Alkangemisch,
als Kraftstoff wenig geeignet

Alkangemisch,
als Kraftstoff geeigneter

Man kann die Crackvorgänge und damit die Endprodukte durch geeignete Katalysatoren (Oxide von Si, Al, Cr) beeinflussen. Auf diese Weise lassen sich Alkan-Alken-Gemische herstellen, die entweder stark verzweigt sind oder Benzolringe besitzen (Benzol, Toluol, Naphthalin). Das Verfahren wird **reforming** genannt.
Wird die Pyrolyse von Alkanen bei höherer Temperatur und in Gegenwart von überhitztem Wasserdampf durchgeführt, bilden sich hauptsächlich die niedermolekularen Alkene C$_2$ bis C$_4$, d.h. Ethylen, Propen und die Butene. Wasserdampf wird zugesetzt, um die Koksbildung, die sich bei solchen hohen Temperaturen nicht vermeiden lässt, zu reduzieren. Das Verfahren heißt **steam-cracking.**

$$
R-(CH_2)_n-H \xrightarrow[\text{800 °C, Metalloxide}]{\text{Wasserdampf}} \left\{\begin{array}{l} H_2C{=}CH_2 \\ H_3C-CH{=}CH_2 \\ H_3C-CH_2-CH{=}CH_2 \\ \text{und weitere Olefine} \end{array}\right.
$$

Folgender Mechanismus wird angenommen:

$$(R-CH_2-CH_2-CH_2-CH_2{\text{+}})_2 \longrightarrow 2\ R-CH_2-CH_2-CH_2-\overset{\cdot}{C}H_2$$

ein Alkylradikal

$$R-CH_2-CH_2{\text{+}}CH_2-\overset{\cdot}{C}H_2 \longrightarrow R-CH_2-\overset{\cdot}{C}H_2 + H_2C{=}CH_2$$

$$R{\text{+}}CH_2-\overset{\cdot}{C}H_2 \longrightarrow \overset{\cdot}{R} + H_2C{=}CH_2$$

Reaktionsabläufe unter industriellen Bedingungen. In der technischen Chemie werden oft Reaktionen durchgeführt, deren Abläufe im einzelnen noch gar nicht geklärt sind. Das liegt häufig an den Reaktionsbedingungen. Eine Reaktion, die oberhalb 200 °C durchgeführt wird, lässt sich reaktionskinetisch schwieriger untersuchen als eine solche bei Raumtemperatur. Zudem wird in der technischen Chemie häufig mit Metalloxiden als Katalysatoren gearbeitet, wie oben und später noch mehrfach beschrieben. Hierbei hat die Oberfläche des heterogenen Katalysators einen entscheidenden Einfluß auf den Ablauf der Reaktion. Über die Beschaffenheit einer Oberfläche und damit über den Ablauf der Reaktionen an derselben ist aber noch wenig bekannt.

Aufgaben

24. Welche Bindung lässt sich leichter spalten, eine C–C- oder eine C–H-Bindung?

25. Welche Konformation besitzt 2-Methylpentan im kristallinen Zustand?

3.12 Lösung der Aufgaben zu Kapitel 3

1.

2.   b

3.   1-Fluor-4-methyl-2-nitrohexan

4.   In 4-Ethyl-6-methylheptan sind die Zahlen größer als in der korrekten Bezeichnung. 2-Methyl-4-propylhexan ist keine korrekte Bezeichnung, da nicht Hexan, sondern Heptan die längste Kohlenstoffkette darstellt.

5.   *Konstitutionsisomere*: Isomere, die sich durch unterschiedliche Verknüpfung der Atome voneinander unterscheiden. *Konformationsisomere*: Isomere, die sich lediglich durch Rotation um Einfachbindungen voneinander unterscheiden.

6.

B ist die energieärmere Konformation (weniger Methyl-Methyl-gauche-Wechselwirkungen als A (id. mit C)).

7.   Hexan 3 Signale, Isohexan 5 Signale, 3-Methylpentan 4 Signale, 2,3-Dimethylbutan 2 Signale und 2,2-Dimethylbutan je 4 Signale

8.   **A:B:C=1:2:1**

9.

A aus Isobutylbromid und Na

B u.a. aus Isobutylbromid, 5,5-Dimethylhexyl-MgBr und Pd-Verb.

10.

$$PbEt_4 \longrightarrow PbEt_3^\bullet + Et^\bullet$$

$$Et^\bullet + Cl_2 \longrightarrow EtCl + Cl^\bullet \quad\Big\} \quad \textbf{Kettenstart}$$

11. Quartäre C-Atome können nur mit C-Atomen verbunden sein.

12. Verb. **A**. C: 4 prim., 1 sek., 1 quart.; H: 12 prim., 2 sek.
Verb. **B**. C: 1 prim., 5 sek., 1 tert.; H: 3 prim., 10 sek., 1 tert.

13. 2-Brom-2-methylhexan

14.

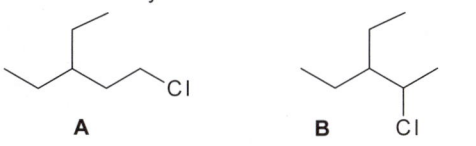

A : B : C = 9·1 : 6·3,7 : 1·5 = **25 : 61 : 14**

15.

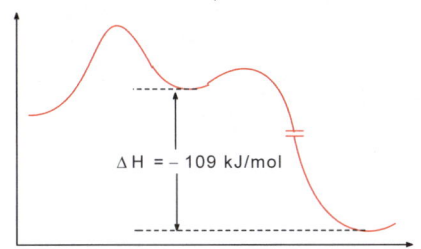

$\Delta H = -109$ kJ/mol

16. $\Delta H = 385 + 243 - 331 - 431 = -143$ kJ/mol

17. $E_{C-C-C \dagger H} \approx 420$ kJ/mol $E_{C=C-C \dagger H} \approx 370$ kJ/mol

18. (2-Brommethyl)chlorbenzol

19. Jede Reaktion zwischen zwei Radikalen führt zum Kettenabbruch.

20. $H_3C-CH_2-CH_2-SO_2Cl + H_3C-CH(SO_2Cl)-CH_3$,
Verhältnis wie bei der Monochlorierung von Propan

21. Cyclohexan reagiert nicht, die anderen Verbindungen ergeben:

22. 9% Heptan + 91 % Isooctan

23. $8 \cdot 405 + 2 \cdot 348 + 5 \cdot 498 - 3 \cdot 2 \cdot 804 - 4 \cdot 2 \cdot 465 = -2118$ kJ/mol

24. Eine C–C-Bindung (Bindungsenergien s. Abschn. 1.9)

25. Die gestreckte Zickzack-Konformation

Kapitel 4
Cycloalkane

Gesättigte Kohlenwasserstoffe, die einen Ring oder mehrere enthalten, nennt man Cycloalkane. Verbindungen mit einem Cycloalkangerüst sind in der Natur weit verbreitet. Besonders häufig treten Sechsringe auf, z.B. in Isoprenoiden oder Steroiden. Aber auch Ringe, die ungewöhnlich klein oder groß sind, kommen in der Natur vor. Nachfolgend sind eine C$_3$-, eine C$_{15}$-Ringverbindung und eine polycyclische Verbindung mit mehreren Ringen aufgeführt.

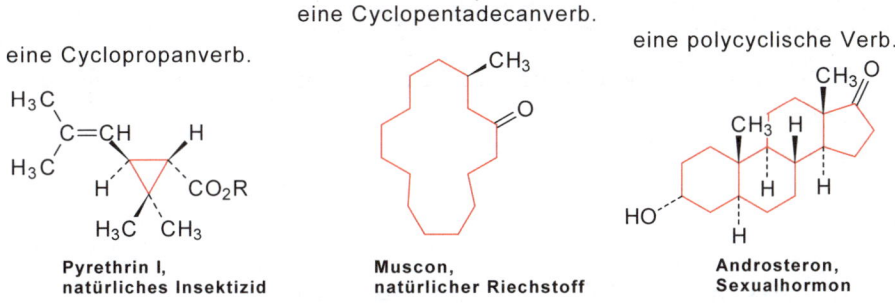

eine Cyclopropanverb.

eine Cyclopentadecanverb.

eine polycyclische Verb.

Pyrethrin I,
natürliches Insektizid

Muscon,
natürlicher Riechstoff

Androsteron,
Sexualhormon

4.1 Einteilung der Cycloalkane

Das einfachste Cycloalkan besteht aus 3 C-Atomen und heißt Cyclopropan.

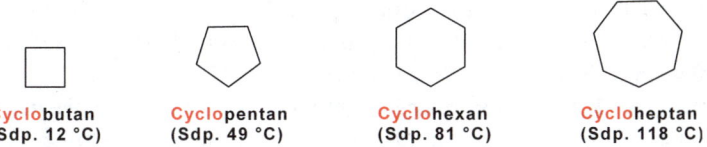

Cyclopropan (Sdp. – 33 °C)

Es folgen Cyclobutan, Cyclopentan, Cyclohexan, Cycloheptan usw.

Cyclobutan	**Cyclo**pentan	**Cyclo**hexan	**Cyclo**heptan
(Sdp. 12 °C)	(Sdp. 49 °C)	(Sdp. 81 °C)	(Sdp. 118 °C)

Zur Benennung von Cycloalkanen setzt man die Silbe *Cyclo-* vor den Namen, der die Anzahl der C-Atome wiedergibt. So ist Cyclopentadecan ein Ring mit 15 C-

Atomen. Sind Substituenten an den Ring gebunden, werden ihre Namen in alphabetischer Reihenfolge vor den Namen des Cycloalkans gesetzt.

Je nach Anzahl der C-Atome im Ring unterscheidet man zwischen kleinen, normalen, mittleren und großen Ringen. Die Einteilung in der folgenden Tabelle mag willkürlich erscheinen; sie ist aber aufgrund unterschiedlicher physikalischer und chemischer Eigenschaften sinnvoll, wie später noch erläutert wird.

Anzahl der C-Atome	Bezeichnung
3,4	kleine Ringe
5,6,7	normale Ringe
8,9,10,11	mittelgroße Ringe
12,13 usw.	große Ringe

Monocyclische Kohlenwasserstoffe enthalten 2 H-Atome weniger als offenkettige:

- offenkettige Kohlenwasserstoffe: $C_n H_{2n+2}$
- monocyclische Kohlenwasserstoffe: $C_n H_{2n}$

4.2 cis-trans-Isomerie bei Cycloalkanen

Sind mindestens zwei Substituenten an unterschiedlichen C-Atomen in einem Cycloalkanring vorhanden, können *cis-trans*-Isomere auftreten. Dibromcyclopropan tritt in den drei isomeren Verbindungen A, B und C auf. (Tatsächlich gibt es noch ein viertes Isomer, das spiegelbildlich zu C ist, s. Abschn. 5.5.)

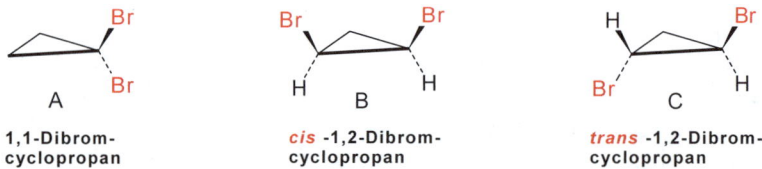

A
1,1-Dibrom-cyclopropan

B
cis **-1,2-Dibrom-cyclopropan**

C
trans **-1,2-Dibrom-cyclopropan**

A und B sind Konstitutionsisomere. Das gleiche gilt für A und C. Dagegen handelt es sich bei B und C um **cis-trans-Isomere**. Im *cis*-Isomer B befinden sich die Substituenten auf derselben Seite der Ringebene, im *trans*-Isomer C auf entgegengesetzten Seiten (lat. *cis*, diesseits; *trans*, jenseits).

cis-trans-Isomere gehören zu den **Stereoisomeren**. Stereoisomere weisen im Gegensatz zu Konstitutionsisomeren die *gleiche* Verknüpfung der Atome auf, unterscheiden sich aber durch die räumliche Lage der Atome im Molekül, Näheres s. Abschn. 5.1.

Aufgaben

1. Zeichnen Sie die chemische Formel von *cis*-1,5-Diethylcyclononan.
2. Benennen Sie die folgenden Verbindungen:

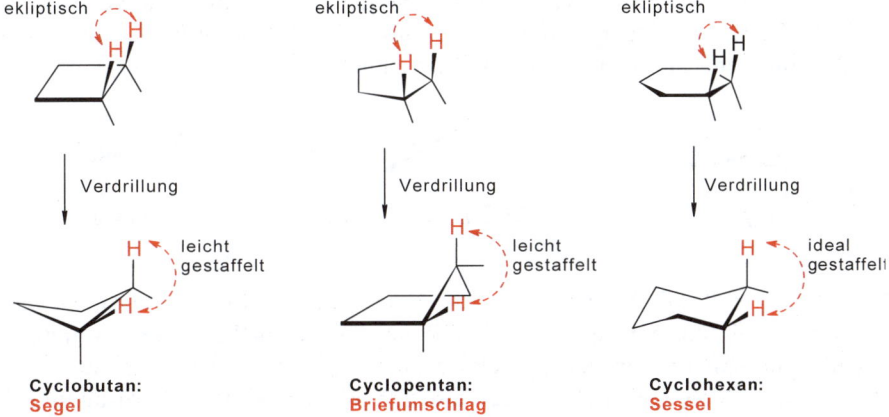

3. Wie viel *cis-trans*-Isomere Dibromcyclobutane gibt es?
4. Wie viel Konstitutionsisomere Difluorcyclohexane gibt es, und wie viel davon sind *cis-trans*-Isomerenpaare?

4.3 Konformation unsubstituierter Cycloalkane

Im Cyclopropan liegen die C-Atome naturgemäß in einer Ebene. Dadurch nehmen zwei vicinale H-Atome eine ekliptische, somit energiereiche Anordnung ein. Mit anderen Worten: Sie stehen unter Torsionsspannung. In den anderen Cycloalkanen sind die vicinale H-Atome aufgrund von Verdrillung (Faltung) des Moleküls mehr oder weniger gestaffelt, die Torsionsspannung ist kleiner als beim Cyclopropan.

Cyclobutan ist leicht, Cyclopentan stärker gefaltet; die Verbindungen haben dadurch die Form eines Segels bzw. Briefumschlags. Cyclohexan ist zu einem Sessel gefaltet, alle H-Atome sind ideal gestaffelt angeordnet und somit *frei von Spannung*.

Cyclohexan in zwei verschiedenen Projektionen.
Links Sesselprojektion, rechts Newman-Projektion

Sie erkennen die
perfekte Staffelung
der H-Atome 1 bis
4. Gleiches gilt für
die übrigen H-
Atome.

Auch bezüglich des Ringwinkels nimmt Cyclohexan eine Sonderstellung ein. Die Winkel in Cycloalkanen betragen 60° (Cyclopropan), 88° (gefaltetes Cyclobutan), 90° (planares Cyclobutan), 105° (gefaltetes Cyclopentan) und 108° (planares Cyclopentan). Dagegen beträgt der Ringwinkel im gefalteten Cyclohexan 109.5°; dieser Ringwinkel stimmt genau mit dem Tetraederwinkel überein. Damit besitzt Cyclohexan keine Spannung, weder durch abstoßende Wechselwirkung zwischen benachbarten H-Atomen noch durch Deformation des Tetraederwinkels. Auch aus diesem Grund ist der Baustein Cyclohexan in der Natur weit verbreitet.

Aufgabe

5. Wieviel *Paare* ekliptischer H-Atome gibt es in der planaren Konformation von Cyclobutan?

Gleichgewicht zwischen Konformeren. Mit Ausnahme von Cyclopropan sind Cycloalkane Gemische aus mehreren Konformeren, die alle im Gleichgewicht miteinander stehen. So existiert Cyclohexan als Gleichgewichtsmischung bestehend aus Sessel und verdrillter Wanne. Der Anteil an verdrillter Wanne beträgt nur 0,1%, da die H-Atome darin eine von der gestaffelten Konformation etwas abweichende, somit energiereiche Konformation einnehmen.

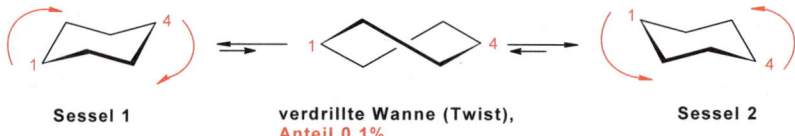

Sessel 1   verdrillte Wanne (Twist),   Sessel 2
                  Anteil 0.1%

Durch Drehung der C-Atome 1 und 4 (s. Krummpfeile in der Abbildung) wandelt sich der Sessel 1 in die verdrillte Wanne um. Die verdrillte Wanne wandelt sich anschließend entweder in den Sessel 1 zurück oder in den Sessel 2 um. Das Umklappen der beiden Sessel (über die verdrillte Wanne) verläuft bei Raumtemperatur sehr schnell, etwa 100 000 mal in der Sekunde!
Die nebenstehende Abbildung zeigt alle Konformeren des Cyclohexans, die bei der gegenseitigen Umwandlung auftreten, ferner die Unterschiede in der potentiellen Energie zwischen den Konformeren. Beachten Sie, dass Halbsessel und Wanne *Übergangszustände* darstellen.

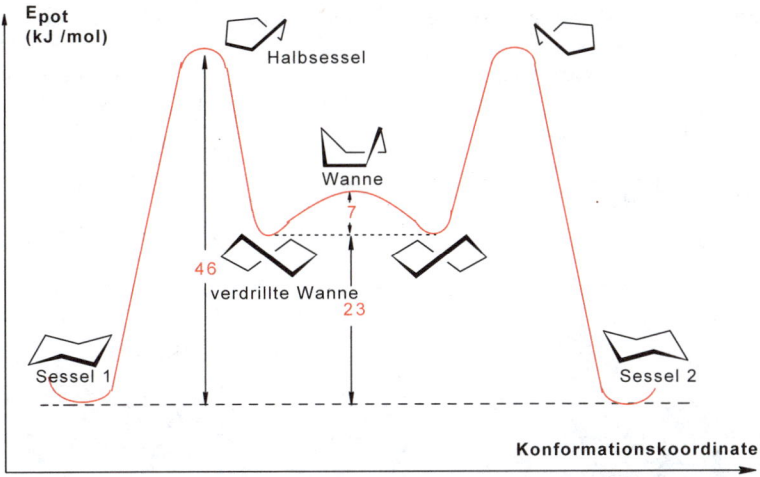

Energieprofil: Umwandlung der Konformeren von Cyclohexan

Axiale und äquatoriale Bindungen. In der Sesselform des Cyclohexans treten zwei Arten von C–H-Bindungen auf, die *axiale (a)* und die *äquatoriale (e* von engl. *equatorial)*. Axiale Bindungen verlaufen parallel zur dreizähligen Achse C_3 des Cyclohexanringes, während äquatoriale Bindungen im „Äquator" des Moleküls liegen und parallel zu den übernächsten C–C-Bindungen verlaufen. Beim Umklappen wandeln sich die beiden Typen von Bindungen gegenseitig um.

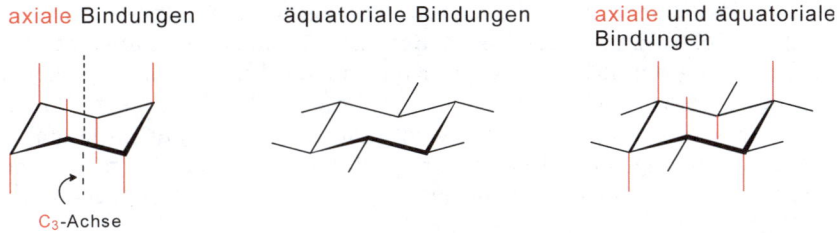

4.4 Konformation substituierter Cyclohexane

Ist an den Cyclohexanring ein Substituent (CH_3, Cl, NH_2 etc.) gebunden, so kann dieser die axiale oder die äquatoriale Position einnehmen. Daraus resultiert ein Gemisch aus zwei Konformeren, die sich durch Umklappen des Sessels rasch ineinander umwandeln. Der Anteil des Konformers mit äquatorialem Substituenten überwiegt, da das Konformer mit axialem Substituenten wegen der abstoßenden Wechselwirkung zwischen dem Substituenten und den beiden axialen H-Atomen in den Positionen 3' und 5' eine höhere potentielle Energie besitzt. Die folgende Abbildung zeigt das Gleichgewicht zwischen den beiden Konformeren des Chlorcyclohexans. Die Abstoßung erkennen Sie am besten anhand des raumfüllenden Kugelmodells.

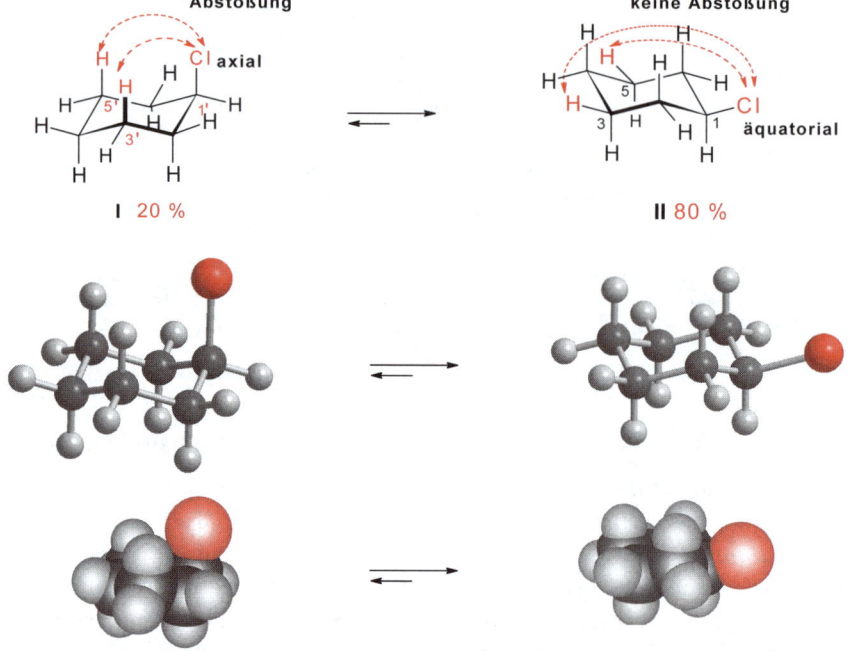

Die Lage des Gleichgewichts zwischen den Konformeren lässt sich mit Hilfe der ^{13}C-NMR-Spektroskopie bestimmen. Bei tiefer Temperatur erfolgt der Umklappvorgang so langsam, dass die beiden Konformeren I und II eine ausreichende Lebensdauer besitzen und getrennte Signale liefern. Die folgende Abbildung zeigt das ^{13}C-NMR-Spektrum von Chlorcyclohexan bei −80 °C mit insgesamt 8 Signalen. Die beiden Signale bei ca. 60 ppm rühren von den C-Atomen 1 und l' her. Auswertung der Flächen dieser beiden Signale liefert das Konformerenverhältnis I:II = 20:80.

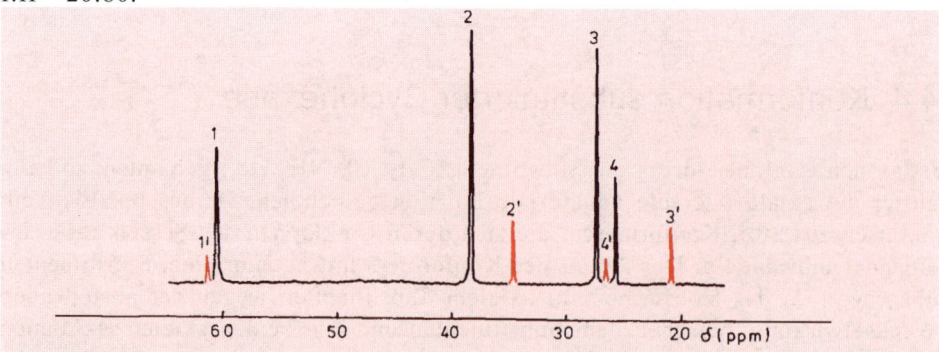

^{13}C-NMR-Spektrum von Chlorcyclohexan bei −80 °C. Schwarz und rot: Signale des Konformers mit äquatorialem bzw. axialem Cl; Zahlen s. Formelschema.

Bei Raumtemperatur verläuft der Umklappvorgang mit großer Geschwindigkeit, so dass die korrespondierenden Signale (z.B. Signale der C-Atome 1 und 1') paarweise zu jeweils einem Signal koaleszieren (verschmelzen).

Auch Methylcyclohexan besteht aus einer Mischung von zwei Konformeren, das Verhältnis bei Raumtemperatur beträgt hier 95:5, ebenfalls zugunsten des Konformers mit äquatorialem Substituenten.

Trägt der Cyclohexanring zwei Substituenten, so können diese ebenfalls axiale und äquatoriale Lagen einnehmen. Im *cis*-1,2-Dimethylcyclohexan steht eine CH_3-Gruppe axial, die andere äquatorial. Beim Umklappen in die andere Sesselform geht die ursprünglich axiale CH_3-Gruppe in die äquatoriale und die ursprünglich äquatoriale in die axiale Position über. Hierbei ändert sich nichts an der *cis*-Stellung der beiden Substituenten zueinander. Im *trans*-1,2-Dimethylcyclohexan stehen die CH_3-Gruppen entweder beide axial oder beide äquatorial, wobei das Konformer mit äquatorialer Lage beider Methylgruppen überwiegt. Auch hier ändert der Umklappvorgang nichts an der *trans*-Stellung der beiden Substituenten zueinander.

Konformerengleichgewicht
bei cis- und trans-1,2-Dimethylcyclohexan:

Aufgaben

6. Wieviel Konformere gibt es theoretisch a) von Ethan, b) von Cyclohexan? Wieviel sind jeweils stabil?

7. Warum besitzt die Sesselkonformation von allen denkbaren Cyclohexankonformationen die geringste potentielle Energie?

8. *cis*- und *trans*-Dimethylcyclohexan treten jeweils in zwei stabilen Konformeren auf. Schätzen Sie das Konformerenverhältnis bei der *cis*- und der *trans*-Verbindung.

9. Bestimmen Sie das Konformerenverhältnis von Chlorcyclohexan durch Heranziehung *sämtlicher* Signalpaare des bei −80 °C aufgenommenen ^{13}C-NMR-Spektrums (s. Abbildung). Hinweis: Es genügt, die Höhen der NMR-Signale auszuwerten.

10. Das ^{13}C-NMR-Spektrum von Chlorcyclohexan zeigt bei -80 °C 8 Signale, bei Raumtemperatur aber nur 4 Signale. Weshalb?

4.5 Herstellung von Cycloalkanen

Cycloalkane werden entweder aus zwei unterschiedlichen Verbindungen durch Cycloaddition hergestellt oder aber aus einer einzigen Verbindung, sofern dieselbe reaktive, zum Ringschluss befähigte Enden besitzt. Nachfolgend sind die wichtigsten Herstellungsmethoden für Cycloalkanverbindungen kleiner Ringgröße aufgeführt. Die meisten der so hergestellten Verbindungen weisen eine funktionelle Gruppe auf.

Cyclopropanverbindungen. Durch Addition von Carbenen oder Carbenoiden an Olefine (Abschn. 6.7.9).

| 2-Methylpropen | Dibromcarben | 1,1-Dibrom-2,2-dimethyl-cyclopropan |

Cyclobutanverbindungen. Durch Cycloaddition zweier Olefine. Die Reaktion verläuft thermisch oder photochemisch (Abschn. 29.3.1). Photochemisches Beispiel:

Tetramethylethylen   Octamethylcyclobutan

Cyclohexanverbindungen. Aus Alkenen und 1,3-Dienen (Diels-Alder-Reaktion, Abschn. 8.7.4).

1,3-Butadien   Maleinsäure-anhydrid   cis-1,2,3,6-Tetrahydro-phthalsäureanhydrid

Mittlere und große Ringe. Man geht von Kohlenwasserstoffketten aus, deren Enden mit reaktionsfähigen Gruppen besetzt sind (–COOR, –C≡N, –C(O)–, -CH=CH$_2$), und verknüpft die beiden Enden mit geeigneten Reagenzien. Bei der **Acyloin-Kondensation** werden die Enden eines Diesters mit metallischem Natrium verknüpft (Abschn. 19.4.3). Bei der **McMurry-Kupplung** stellt man den Ringschluss eines Diketons durch niedervalentes Titan her, und bei der **Ringschlussmetathese** gelingt die Ringbildung eines α,ω-Diens durch Rutheniumverbindungen (Abschn. 16.5.3).

Acyloin-Kondensation:

α,ω-Diester → + 4 Na/sied. Xylol / − 2 NaOCH$_3$ → (O⁻Na⁺ / O⁻Na⁺) → H$_3$O⁺ → **2-Hydroxyketon (Acyloin)**

McMurry-Reaktion:

α,ω-Diketon → + Ti / − TiO$_2$ → **Cycloalken**

Metathese:

α,ω-Dien → Rutheniumverb. → **Cycloalken** + H$_2$C=CH$_2$ **Ethylen**

Ringschlussreaktionen verlaufen mit guten Ausbeuten nur dann, wenn die Konzentration der offenkettigen Verbindung klein ist (**Verdünnungsprinzip**). Bei höherer Konzentration wächst die Wahrscheinlichkeit, dass die beiden funktionellen Gruppen von zwei Molekülen stammen. Als Folge tritt neben der gewünschten *intra*molekularen auch eine unerwünschte *inter*molekulare Reaktion ein, bei der polymere Verbindungen entstehen. Die erforderliche Verdünnung wird u.a. durch langsames Zutropfen der zu cyclisierenden Verbindung auf eine Lösung erreicht, die das Kondensationsmittel enthält.

Die besten Ausbeuten, auch für die kritischen mittleren Ringe, werden mit der Acyloin-Kondensation oder mit der McMurry-Kupplung erzielt. Stärke der Ringschlussmetathese ist die Toleranz gegenüber funktionellen Gruppen.

4.6 Reaktionen von Cycloalkanen

4.6.1 Verbrennung und Ringspannung

Bei der Verbrennung eines offenkettigen, d.h. spannungsfreien Alkans misst man eine Verbrennungsenthalpie von $\Delta H = -658$ kJ/mol pro CH_2-Gruppe. Den gleichen Wert beobachtet man auch bei der Verbrennung von Cyclohexan, ein Beweis für den spannungsfreien Zustand dieser Verbindung.

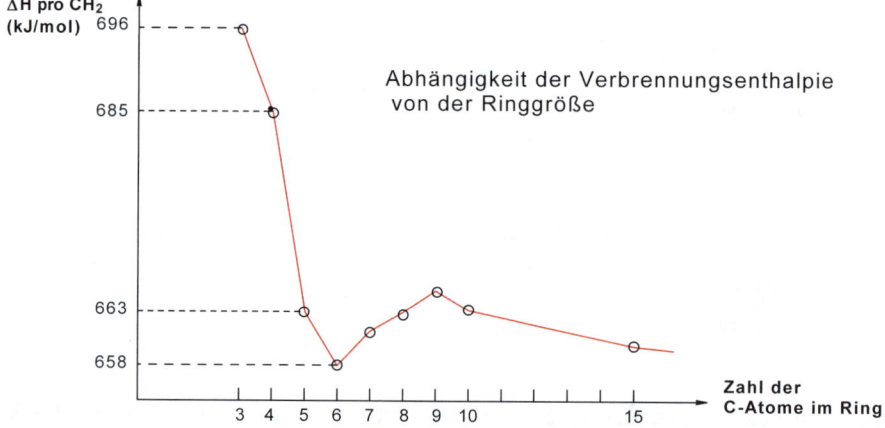

Mittlere Ringe liefern eine gegenüber Cyclohexan nur geringfügig höhere Verbrennungsenthalpie (s. Abbildung), was auf eine von der idealen Staffelung geringfügig abweichende Anordnung benachbarter H-Atome zurückzuführen ist.

Dagegen liefert die Verbrennung von Cyclobutan 685 kJ pro mol CH_2 und die von Cyclopropan gar 696 kJ pro mol CH_2. Die bemerkenswert hohe Verbrennungswärme des Cyclopropans beruht zum einen auf der ekliptischen Wechselwirkung benachbarter H-Atome, zum anderen auf der schwächeren C–C-Bindung. Wie die Kristallstrukturanalyse von 1,2,3-Tricyanocyclopropan zeigt, liegen die Schwerpunkte der C–C-Bindungen *außerhalb* der C–C-Verbindungslinien, d.h. es liegen gebogene Bindungen (sogenannte **Bananenbindungen**) vor: Statt des Modellwinkels von 60° besitzen Cyclopropan und Cyclopropanderivate einen Bindungswinkel, der in der Nähe des Tetraederwinkels liegt.

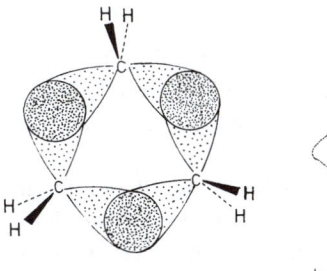
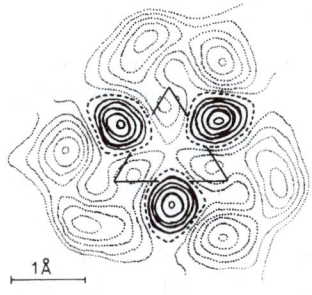

Gebogene Bindungen im Cyclopropanring. Links: Modell von Cyclopropan. Rechts: Röntgenkristallstruktur von *cis*-1,2,3-Tricyanocyclopropan. (Nach *A. Hartman* et al., Acta Crys. 1966, Copyright)

In den gebogenen σ-Bindungen ist die Überlappung der Orbitale geringer als in normalen σ-Bindungen. Geringere Überlappung bedeutet aber, dass weniger Energie zur Lösung der C–C-Bindung benötigt wird und damit mehr Energie bei der Verbrennung frei wird.

Überlappung stärker   Überlappung schwächer

Die Erscheinung, dass Cyclopropan und Cyclobutan pro CH_2 einen höheren Energieinhalt besitzen, nennt man (historisch bedingt) auch **Ringspannung.**

Zusammenfassung

- Cyclopropan und Cyclobutan besitzen pro CH_2-Gruppe eine höhere Verbrennungsenthalpie als offenkettige Alkane. Ursache dafür sind zwei Effekte: die Ringspannung (ungenügende Überlappung der C,C-Bindungsorbitale) und die Torsionsspannung (ekliptische Stellung benachbarter H-Atome).

- Cyclohexan besitzt pro CH_2-Gruppe die gleiche Verbrennungsenthalpie wie offenkettige Alkane. Die Verbindung weist weder Ringspannung (die Ringwinkel sind gleich dem Tetraederwinkel von 109,8°) noch Torsionsspannung (ideale gestaffelte Anordnung der H-Atome) auf.

- Mittlere Ringe besitzen pro CH_2-Gruppe eine geringfügig höhere Verbrennungsenthalpie als offenkettige Alkane, was auf eine geringe Torsionsspannung zurückgeführt wird (keine ideale Staffelung benachbarter H-Atome).

- Große Ringe sind wie offenkettige Alkane spannungsfrei (gleiche Verbrennungsenthalpie pro CH_2-Gruppe).

4.6.2 Ringöffnung kleiner Ringe

Das chemische Verhalten spannungsfreier oder -armer Cycloalkane entspricht dem offenkettiger Alkane. So kann man H-Atome durch Halogen substituieren, wobei auch hier tertiäre H-Atome (z.B. in Methylcyclohexan) am schnellsten reagieren (vgl. Abschn. 3.10.2).

Eine Sonderstellung nehmen Cyclopropan und (mit Einschränkung) Cyclobutan ein. Sie sind wegen der Ringspannung besonders reaktionsfähig und gehen deshalb Reaktionen ein, die bei Cyclopentan, Cyclohexan usw. nicht beobachtet werden. So kann man Cyclopropan bereits bei 80 °C und Cyclobutan bei 180 °C unter Ringöffnung hydrieren, während das weitgehend spannungsfreie Cyclopentan erst bei 300 °C hydriert wird.

$$\triangledown \quad + \quad H_2 \quad \xrightarrow[\text{Ni}]{80\,°C} \quad H_3C-CH_2-CH_3$$

$$\square \quad + \quad H_2 \quad \xrightarrow[\text{Ni}]{180\,°C} \quad H_3C-CH_2-CH_2-CH_3$$

$$\pentagon \quad + \quad H_2 \quad \xrightarrow[\text{Ni}]{300\,°C} \quad H_3C-CH_2-CH_2-CH_2-CH_3$$

In ähnlicher Weise werden Verbindungen wie Br_2, HBr, H_2SO_4 u.a. unter Ringöffnung addiert.

$$\xrightarrow{Br_2} \quad Br-CH_2-CH_2-CH_2-Br$$

$$\xrightarrow{HBr} \quad H-CH_2-CH_2-CH_2-Br$$

$$\xrightarrow{H_2SO_4} \quad H-CH_2-CH_2-CH_2-O-\overset{\displaystyle O}{\underset{\displaystyle O}{S}}-OH$$

Cyclopropan verhält sich demnach bei bestimmten Reaktionen eher wie ein Alken.

Aufgaben

11. Berechnen Sie die Ringspannung von Cyclopropan und Cyclobutan aus der in der Abbildung aufgeführten Verbrennungsenthalpie.
12. Welches ist das Hauptprodukt bei der Chlorierung von Methylcyclohexan in Gegenwart von UV-Strahlung?

4.7 Polycyclische Alkane

Polycyclische Alkane enthalten mehrere Ringe, wobei einige C-Atome verschiedenen Ringen angehören (Brückenkopf-Atome). Bicyclische Alkane enthalten zwei Ringe dieser Art, tricyclische Alkane drei Ringe usw.

Brückenkopf-atome

Bicyclo[1.1.0]butan

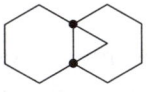

Bicyclo[2.2.1]heptan (Norbornan)

Tricyclo[4.4.1.0]undecan

Zur Benennung setzt man die Vorsilben *Bi-*, *Tri-* usw. vor den Namen des Alkans mit der gleichen C-Zahl. Die Zahlen in der Klammer geben die Anzahl der C-Atome an, die zwischen den Brückenkopf-Atomen liegen: *0* (sprich null) bedeutet, dass kein C-Atom sondern eine direkte Bindung zwischen diesen beiden C-Atomen existiert; *1* heißt, es ist *ein* C-Atom dazwischen usw. *Bicyclo* besagt auch, dass *zwei* C–C-Bindungen getrennt werden müssten, um zu einer offenkettigen Verbindung zu gelangen, *Tricyclo*, dass *drei* C–C-Bindungen zu trennen sind usw. Von den polycyclischen Alkanen beeindrucken vier durch ihre Symmetrie: **Tetrahedran** (griech. *hedra*, Fläche), eine tricyclische Verbindung; **Prisman**, eine tetracyclische Verbindung; **Cuban**, eine pentacyclische Verbindung; und **Dodecahedran**, eine oligocyclische Verbindung.

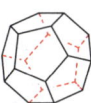

Tetrahedran, C_4H_4 (noch unbekannt)

Prisman, C_6H_6 flüssig, explosiv

Cuban, C_8H_8 Schmp. 130 °C

Dodecahedran Schmp. 430 °C

Tetrahedran konnte bisher noch nicht dargestellt werden, wohl aber das Derivat mit 4 *tert*-Butylgruppen (Schmp. 135 °C). Polycyclen mit 3 oder 4 Ringen sind sehr gespannt und teilweise sogar explosiv, wie das Beispiel Prisman belegt. Soweit die Verbindungen kristallin sind, zeichnen sie sich durch ungewöhnlich hohe Schmelzpunkte aus, eine für kugelförmige Moleküle typische Eigenschaft.

Viele oligocyclische Kohlenwasserstoffe enthalten Cyclohexanringe. So sind die biologisch wichtigen Steroide aus drei Cyclohexanringen (Sessel) und einem Cyclopentanring (Briefumschlag) zusammengesetzt.

Androstan, das Grundgerüst vieler Steroide

Wegen der Starrheit von Polycyclen sind auch Anordnungen stabil, die bei Monocyclen unbeständig sind. So kann Cyclohexan als Wanne oder verdrillte Wanne auftreten. Während **Adamantan** nur aus Cyclohexanringen in der Sesselform besteht, enthält **Norbornan** eine Wanne und **Twistan** fünf verdrillte Wannen. (Nehmen Sie ein Molekülmodell zur Hand.)

**Adamantan,
Schmp. 209 °C**

**Norbornan,
Schmp. 85 °C**

**Twistan,
Schmp. 183 °C**

Diamant, neben Graphit und den Fullerenen eine weitere Modifikation des Kohlenstoffs, ist ein Polycyclus par excellence. Die Verbindung besteht aus unendlich vielen Cyclohexanringen, alle in der Sesselkonformation. Genau so richtig ist Aussage, dass Diamant aus unendlich vielen Adamantanringen besteht. Das Kohlenstoffgerüst ist starr und von äußerster Festigkeit und Härte (*Diamantschneider*).

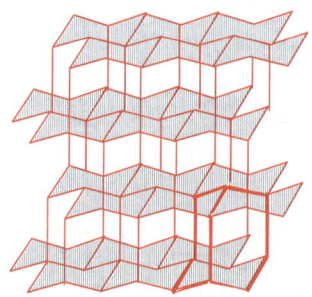

Ausschnitt aus dem Diamantgitter. Das Gitter enthält viele Cyclohexan- und viele Adamantanringe (einer davon **fett** hervorgehoben).

Aufgaben

13. Wie lautet die Summenformel (a) eines monocyclischen, (b) eines bicyclischen, (c) eines tricyclischen Kohlenwasserstoffs?

14. Welchen systematischen Namen besitzt folgende bicyclische Verbindung?

15. Weshalb ist Cuban eine pentacyclische Verbindung?

4.8 Lösung der Aufgaben zu Kapitel 4

1.	Ethylgruppen in 1,5-Stellung auf derselben Seite des 9-Rings
2.	a) Isopropylcyclopentan oder 2-Cyclopentylpropan. b) *trans*-3-*tert*-Butylcyclo-hexylbromid
3.	4
4.	7; 3
5.	8 (je 4 oben und unten)
6.	Je ∞; je ein Konformer (im Fall von Cyclohexan: Sessel)
7.	C–C–C-Winkel von 109° (Tetraederwinkel) und benachbarte gestaffelte Wasser-stoffatome bedeuten geringe potentielle Energie.
8.	cis-Verb. 1:1; trans-Verb. >99 : <1 (vgl. Methylcyclohexan mit 95:5)
9.	1 + 2 + 3 + 4 / 1´+ 2´+ 3´+ 4´ = 80 : 20 = Konformerenverhältnis
10.	Die gegenseitige Umwandlung zwischen I und II verläuft bei Raumtemperatur so rasch, dass im NMR-Spektrum für jedes der vier unterschiedlichen C-Atome nur je ein gemitteltes Signal erscheint.
11.	Dreiring: (696-658) · 3 = 114kJ/mol. Vierring: (685 - 658) · 4 = 108kJ/mol
12.	1-Chlor-1-methylcyclohexan
13.	(a) C_nH_{2n}, (b) C_nH_{2n-2}, (c) C_nH_{2n-4}
14.	Bicyclo[2.2.2]octan
15.	5 C–C-Bindungen müssen getrennt werden, um zu einer offenkettigen Verbindun-gen zu gelangen.

Kapitel 5
Stereoisomerie

5.1 Einteilung von Isomeren. Chiralität

Für manche Studierende gehört die Stereoisomerie zum anspruchsvollen Teil der Chemie. Ihnen sei auch an dieser Stelle empfohlen, Molekülmodelle zu benutzen. Molekülmodelle sind genau so wichtig wie Lehrbücher über Stereochemie.

Zwei Moleküle mit der *gleichen Summenformel* sind entweder Homomere (deckungsgleiche Moleküle) oder Isomere. Letztere werden in Konstitutionsisomere, Stereoisomere, Diastereomere und Enantiomere unterteilt.

Konstitutionsisomere haben die gleiche Summenformel, aber eine unterschiedliche Verknüpfung der Atome. Beispiele:

Konstitutionsisomere der Summenformel C_4H_{10}

Konstitutionsisomere der Summenformel $C_6H_{12}O_2$

Stereoisomere haben die gleiche Summenformel und die gleiche Verknüpfung der Atome, aber eine unterschiedliche räumliche Anordnung der Atome. Man unterscheidet zwei Arten von Stereoisomeren: Stereoisomere, die keine Spiegelbilder sind, heißen **Diastereoisomere.** Beispiele:

Diastereomere der Summenformel C_4H_8

Diastereomere der Summenformel $C_6H_{12}O_2$

Verhalten sich die beiden Stereoisomere dagegen spiegelbildlich, ohne dabei deckungsgleich zu sein, handelt es sich um **Enantiomere** (griech. *enanta,* gegenüber; *meros,* Teil). Beispiele:

Spiegelebene
(senkrecht zum Papier)

Enantiomere der Summenformel $C_6H_{12}O_2$

Enantiomere treten immer dann auf, wenn ein Molekül *chiral* ist, d.h. wenn es ein **Chiralitätszentrum** oder eine **Chiralitätsachse** aufweist. In beiden Fällen sind Molekül und sein Spiegelbild nicht deckungsgleich.

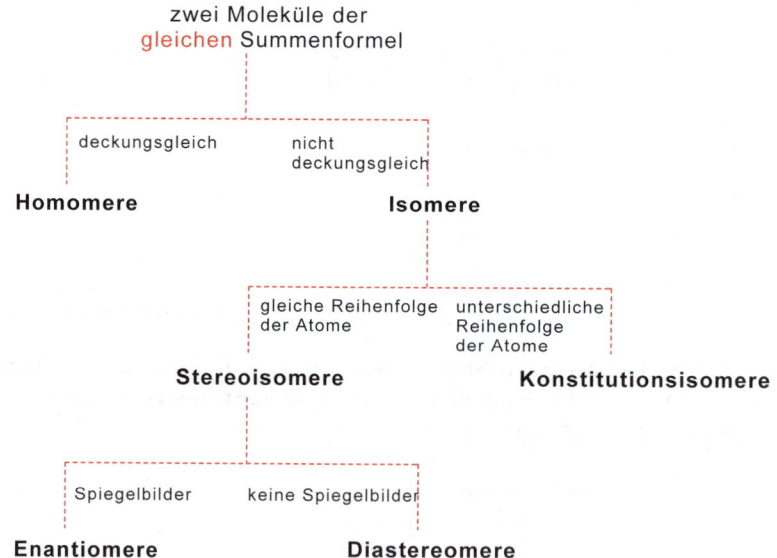

Ein Chiralitätszentrum liegt vor, wenn ein Atom, in den meisten Fällen ein C-Atom, tetraedrisch von vier verschiedenen Substituenten umgeben ist (ein freies Elektronenpaar zählt wie ein Substituent). Eine Chiralitätsachse ist gegeben, wenn zwei unterschiedliche Substituenten (z.B. CH_3 und H) paarweise an den Enden einer Molekülachse und zudem in zwei verschiedenen Ebenen angeordnet sind.
Die verschiedenen Arten von Isomeren und ihre Beziehung zueinander sind nachfolgend in einem Schema wiedergegeben.

5.2 Moleküle mit einem Chiralitätszentrum. *R,S*-Nomenklatur

Ein einfaches Molekül mit einem Chiralitätszentrum ist Bromchlorfluormethan. Das Molekül kann mit seinem Spiegelbild nicht zur Deckung gebracht werden, wie immer man das Molekül dreht oder wendet. Molekül und Spiegelbild sind somit Enantiomere. Anders liegen die Verhältnisse bei Bromchlormethan, einer Verbindung ohne Chiralitätszentrum. Molekül und Spiegelbild sind hier deckungsgleich, und Enantiomere somit nicht möglich. Der Leser überzeuge sich davon anhand eines Molekülbaukastens oder ersatzweise durch Knetmasse und Streichhölzer.

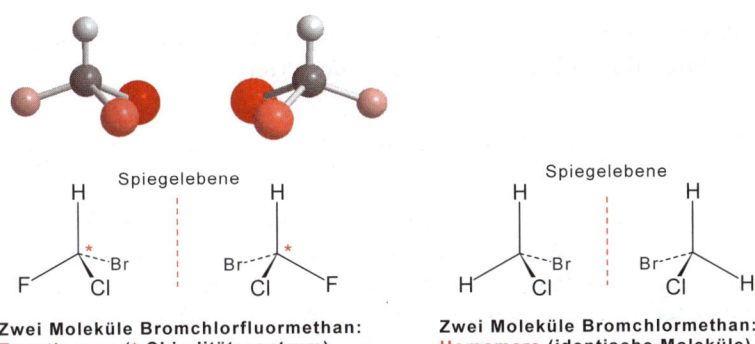

Zwei Moleküle Bromchlorfluormethan:
Enantiomere (* Chiralitätszentrum)

Zwei Moleküle Bromchlormethan:
Homomere (identische Moleküle)

Nomenklatur. Die Benennung der absoluten Konfiguration der Enantiomeren (R oder S) erfolgt nach Regeln, die R.S. **C**ahn, Ch. **I**ngold und V. **P**relog aufgestellt haben (**C**ahn-**I**ngold-**P**relog-Regeln; **CIP-Regeln**). Zunächst wird eine Rangfolge (Priorität) der Substituenten aufgestellt, die an das Chiralitätszentrum gebunden sind. Danach wird der Drehsinn ermittelt (im Uhrzeigersinn oder entgegengesetzt), bei welchem die Rangfolge der Substituenten abnimmt. Dieser Drehsinn ist für die beiden Enantiomeren entgegengesetzt.

Die Bestimmung der Priorität erfolgt nach bestimmten Regeln.

Regel 1   Die Substituenten am Chiralitätszentrum werden nach der Atomnummer (Ordnungszahl) des jeweiligen α-Atoms (Atom, das mit dem Chiralitätszentrum verknüpft ist) geordnet. Die niedrigste Priorität besitzt der Substituent H, eine hohe der Substituent I.

$$H \ < \ CH_3 \ < \ NH_2 \ < \ OH \ < \ F \ < \ Cl \ < \ Br \ < \ I$$

Regel 2   Sind die Ordnungszahlen der α-Atome gleich, zieht man zur Differenzierung die Ordnungszahlen der β-Atome heran. Für Alkylsubstituenten ergibt sich folgende Reihe zunehmender Priorität:

Regel 3   Substituenten mit Mehrfachbindungen werden in solche mit Einfachbindungen zerlegt, wobei eine Doppelbindung eine Verdoppelung und eine Dreifachbindung eine Verdreifachung der Bindungspartner erfährt.

Auf der Basis dieser drei Regeln ergibt sich für wichtige gesättigte und ungesättigte Substituenten folgende Reihe zunehmender Priorität:

Regel 4   Nach Festlegung der Priorität der Substituenten blickt man auf das Chiralitätszentrum in der Weise, dass der Substituent mit der *niedrigsten* Priorität dem Betrachter abgewandt ist. Die anderen drei Substituenten sind mit fallender Priorität entweder im Uhrzeigersinn oder entgegengesetzt dazu angeordnet. Im ersten Fall liegt die *R*-Konfiguration vor (lat. *rectus,* rechts), im zweiten Fall die *S*-Konfiguration (lat. *sinistra,* links). Man kann auch in der Weise auf das Chiralitätszentrum schauen, dass der Substituent mit der niedrigsten Priorität regelwidrig dem Betrachter zugewandt ist. In diesem Fall muss der ermittelte Deskriptor vertauscht werden (S → R; R → S).

Die R,S-Nomenklatur soll an den Beispielen Bromchlorfluormethan und 2-Aminopropionsäure (Alanin) erläutert werden. Zur Konfigurationsbenennung von Bromchlorfluormethan reicht Regel 1, da nur α-Atome vorhanden sind. Die Benennung von 2-Aminopropionsäure erfordert auch den Vergleich der β-Atome gemäß Regel 2.

(*R*)-Bromchlorfluormethan

(*S*)-Bromchlorfluormethan

(*R*)-2-Aminopropionsäure,
((*R*)-Alanin)

(*S*)-2-Aminopropionsäure,
((*S*)-Alanin)

● **Frage.** Weshalb hat 2-Methylpropyl eine höhere Priorität als Butyl?

Butyl   **2-Methylpropyl**

● **Antwort.** Das β-C-Atom in 2-Methylpropyl ist mit zwei weiteren C-Atomen, das β-C-Atom in Butyl nur mit einem weiteren C-Atom verknüpft.

Fischer-Projektion. Die räumliche Darstellung von Molekülen mit einem Chiralitätszentrum bereitet keine Schwierigkeit, wie die vorstehenden Beispiele zeigen. Die Darstellung ist aber weniger übersichtlich, wenn mehrere Chiralitätszentren vorhanden sind. Hier schafft die Projektion nach *E. Fischer* eine Vereinfachung. Bei der Fischerprojektion zeichnet man zunächst die Kohlenstoffkette als vertikale Linie mit dem stärker oxidierten C−Atom nach oben. Oberes und unteres Ende der Kette liegen *unterhalb* der Papierebene. Zu beiden Seiten dieser Linie zieht man horizontale Striche, welche die Verknüpfung zwischen dem Chiralitätszentrum und den Substituenten bedeuten. Diese Substituenten muss man sich *oberhalb* der Papierebene vorstellen. Zu beachten ist, dass das C−Atom im Chiralitätszentrum nicht gezeichnet wird und dass an dieser Stelle ein Kreuz erscheint (**Fischerkreuz**).

Steht der Substituent auf der rechten Seite des Fischerkreuzes, wird dem Namen der Verbindung das Präfix *D* (lat. *dextra*, rechts) vorangestellt. Steht derselbe auf der linken Seite, wird das Präfix *L* (lat. *laevus*, links) verwendet, s. Beispiel Alanin. Die Nomenklatur D und L wird außer bei Aminosäuren hauptsächlich bei Zuckern verwendet (Abschn. 25.2).

(R)-Alanin
(räumliche Darstellung)

D-Alanin
(Fischer-Projektion)

(S)-Alanin
(räumliche Darstellung)

L-Alanin:
(Fischer-Projektion)

Die Fischer-Projektion ist unentbehrlich, wenn Moleküle mit mehreren Chiralitätszentren räumlich dargestellt werden sollen. Besonders in der Kohlenhydratchemie hat diese Art der Projektion einen festen Platz (Abschn. 25.2).

Aufgaben

1. Enthalten folgende Verbindungen Chiralitätszentren? Wenn ja, markieren Sie letztere mit Sternzeichen.

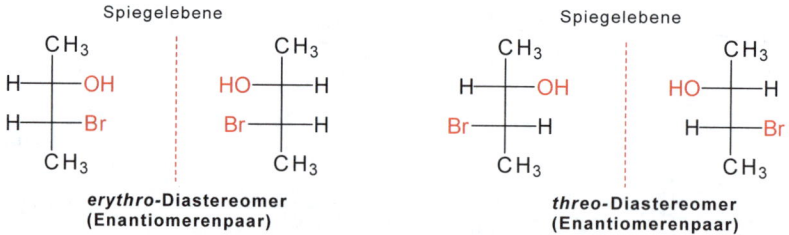

2. Ordnen Sie folgende Substituenten nach fallender Priorität:

—CH(OCH₃)₂   —C(CH₃)₂C₆H₅   —CH=O   —CH=CH—CH₃   —CH₂Br

3. Benennen Sie die chiralen Moleküle A - C nach der *R,S*-Nomenklatur.

5.3 Moleküle mit zwei Chiralitätszentren. Diastereomere

Eine Verbindung mit zwei Chiralitätszentren kommt in zwei Diastereomeren vor. Da von jedem Diastereomer Enantiomerenpaare existieren, sind vier Stereoisomere möglich. Als Beispiel dient 3-Brom-2-butanol.

Im *erythro*-Diastereomer sind die Substituenten auf derselben Seite, im *threo*-Diastereomer auf entgegengesetzten Seiten angeordnet. Die Präfixe *erythro* und *threo* leiten sich von den Namen der Zucker *Erythrose* und *Threose* her (Abschn. 25.2). *erythro*-Verbindungen sind solche, bei denen gleiche oder ähnliche Substituenten (z. B. Chlor und Brom) auf derselben Seite stehen, *threo*-Verbindungen solche mit gleichen oder ähnlichen Substituenten auf entgegengesetzten Seiten. (Merke: **threo** – **trans**).

Eine Verbindung mit *drei* Chiralitätszentren ergibt bereits 4 Diastereomere. Da von jedem jeweils Enantiomere existieren, sind insgesamt 8 Stereoisomere zu erwarten. Allgemein gilt, dass von einem Molekül mit n ungleichen Chiralitätszentren 2^n Stereoisomere existieren, wovon die Hälfte (2^{n-1}) Diastereomere darstellen.

Zahl der Chiralitätszentren	Zahl der Stereoisomeren	Zahl der Diastereomeren
n	2^n	2^{n-1}

***meso*-Verbindungen**. Sind an die Chiralitätszentren jeweils *gleiche* Substituenten gebunden, so reduziert sich die Zahl der möglichen Stereoisomeren. 2,3-Dibrombutan mit zwei Chiralitätszentren bildet nicht vier Stereoisomere, wie es die 2^n-Regel verlangen würde, sondern aufgrund der gleichen Substituenten *nur drei Stereoisomere*.

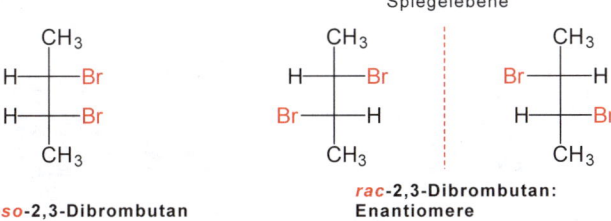

meso-2,3-Dibrombutan

rac-2,3-Dibrombutan: Enantiomere

Das *meso*-2,3-Dibrombutan bildet keine Enantiomere, weil das Spiegelbild durch 180°-Drehung um eine senkrecht zur Papierebene gedachte Achse mit dem Molekül zur Deckung gebracht werden kann.

Die bekannteste Verbindung mit zwei Chiralitätszentren, an die gleiche Substituenten gebunden sind, ist Weinsäure. Zu unterscheiden sind *meso*-Weinsäure und *rac*-Weinsäure. *meso*-Weinsäure ist achiral, da das Molekül mit seinem Spiegelbild identisch ist (vgl. *meso*-2,3-Brombutan). Dagegen ist *rac*-Weinsäure (auch Traubensäure genannt) chiral, da Molekül und Spiegelbild nicht deckungsgleich sind. Insgesamt sind wie beim 2,3-Dibrombutan drei Stereoisomere möglich.

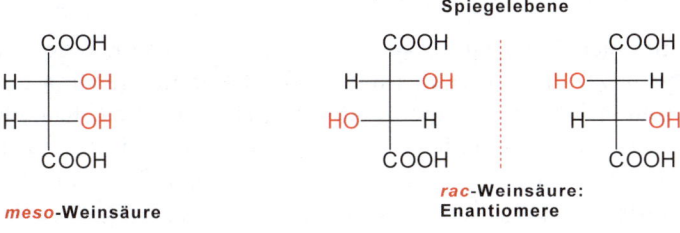

meso-Weinsäure

rac-Weinsäure: Enantiomere

Allgemein versteht man unter *meso*-Verbindungen solche, die trotz vorhandener Chiralitätszentren keine Enantiomere bilden.

Es sei schon an dieser Stelle darauf hingewiesen, dass man chirale und achirale (inklusive *meso*-) Verbindungen nicht nur an ihren Spiegelbildern sondern auch an ihren Symmetrieeigenschaften erkennen kann, Näheres siehe Abschn. 5.5 dieses Kapitels.

Aufgaben

4. Welche der Paare (a) bis (e) sind Homomere, Konstitutionsisomere, Diastereomere oder Enantiomere? (Nehmen Sie die *R,S*-Nomenklatur zu Hilfe.)

5. Zeichnen Sie mit der *Fischer*-Projektion sämtliche Stereoisomere von (a) 2-Brombutan, (b) 1,2-Dihydroxy-1,2-diphenylethan, (c) 2-Brom-3-chlor-4-fluorpentan.

6. In welcher räumlichen Beziehung zueinander stehen zwei Stereoisomere mit der Konfiguration *(R,S)* und *(R,R)*?

5.4 Moleküle mit einer Chiralitätsachse

Bei Molekülen mit einer Chiralitätsachse wird zwischen axialer und helicaler Chiralität unterschieden. Zu den Molekülen mit axialer Chiralität gehören bestimmte Kumulene, das sind Alkene mit angrenzenden Doppelbindungen. Kumulene mit einer *geraden* Anzahl von Doppelbindungen sind chiral, wenn die endständigen C-Atome jeweils mit zwei unterschiedlichen Substituenten (z.B. H und CH_3) verknüpft sind. Molekül und Spiegelbild sind dann nicht deckungsgleich. Beispiel:

Spiegelebene

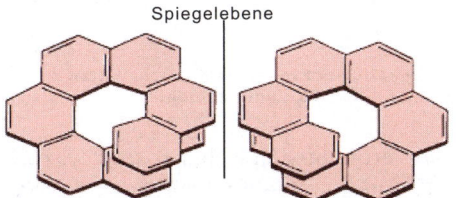

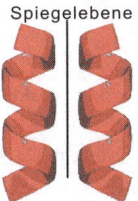

Chiralitäts-
achse

Enantiomere von 2,3-Pentadien

Zu den Molekülen mit helicaler Chiralität zählen Helicene, das sind Verbindungen mit mehreren spiralförmig angeordneten Benzolringen. Voraussetzung für diese Anordnung ist, dass mindestens 5 Benzolringe vorhanden sind. In diesem Fall behindern sich die beiden endständigen Ringe und verursachen damit eine Helixstruktur mit Rechts- oder Linksgewinde. Nachfolgend ist die Helixstruktur von Octahelicen (8 Ringe) wiedergegeben. Auch Peptide und Proteine können eine spiralförmige Anordnung einnehmen (Abschn. 27.3.2). Es existieren rechts- und linksgängige Helices. Bei ersteren verlaufen die Windungen im Uhrzeigersinn, wenn man die Helix entlang der Längsachse betrachtet (gleichgültig von welchem Ende), bei letzteren gegen den Uhrzeigersinn.

Spiegelebene

Spiegelebene

Enantiomere des Octahelicens. Die Chiralitäts-achse steht senkrecht zur Papierebene und geht durch die Mitte der Moleküle.

Linksgängige und rechtsgängige Helix als Enantiomerenpaar. Die Chiralitäts-achse verläuft durch die Mitte der Windungen.

Aufgabe

7. Warum ist Tetrahelicen nicht chiral?

5.5 Symmetrieeigenschaften von chiralen Molekülen

Wie zuvor erläutert, erkennt man ein chirales Molekül daran, dass es mit seinem Spiegelbild nicht zur Deckung gebracht werden kann. Leichter als über das Spiegelbild erkennt man ein chirales Molekül an bestimmten Symmetrieelementen. Vereinfacht gilt: *Ein Molekül ist chiral, wenn es weder eine Symmetrieebene σ noch ein Symmetriezentrum i (i von Inversion) aufweist.*
Vergleichen Sie Chlorfluormethan und Bromchlorfluormethan. Ersteres ist achiral, da es eine Symmetrieebene enthält, letzteres mit einem Chiralitätszentrum ist chiral, da es weder eine Symmetrieebene noch ein Symmetriezentrum aufweist.

Chlorfluormethan
(achiral, enthält σ)

Bromchlorfluormethan
(chiral, enthält weder σ noch i)

2,3-Dibrombutan zählt zu den Verbindungen mit zwei Chiralitätszentren. Das *meso*-Isomer ist achiral, da es eine Symmetrieebene und ein Symmetriezentrum besitzt. Die Symmetrieebene erkennen Sie anhand der nachfolgenden Fischer-Projektion. (Das Symmetriezentrum würden Sie anhand einer Newman-Projektion erkennen.) Das *rac*-Isomer ist dagegen chiral (somit in Enantiomere trennbar), da es weder eine Symmetrieebene noch ein Symmetriezentrum aufweist.

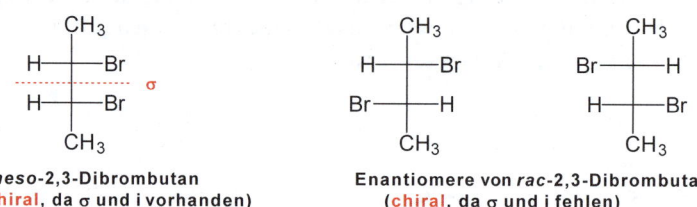

meso-2,3-Dibrombutan
(achiral, da σ und i vorhanden)

Enantiomere von rac-2,3-Dibrombutan
(chiral, da σ und i fehlen)

Von den fünf isomeren Difluorcyclobutanverbindungen A bis E sind A, B, D und E achiral, da diese Verbindungen jeweils eine Symmetrieebene bzw. ein Symmetriezentrum aufweisen.

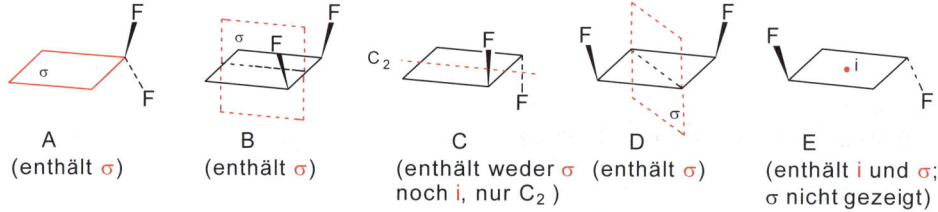

A
(enthält σ)

B
(enthält σ)

C
(enthält weder σ noch i, nur C$_2$)

D
(enthält σ)

E
(enthält i und σ; σ nicht gezeigt)

C ist chiral, da es weder eine Symmetrieebene noch ein Symmetriezentrum enthält. (Dass das Isomer eine zweizählige Symmetrieachse C$_2$ besitzt, ist im Zusammenhang mit der Chiralität definitionsgemäß ohne Belang.) C tritt als einziges Isomer als Enantiomerenpaar auf.

Spiegelebene

trans-1,2-Difluorcyclobutan
(links S,S; rechts R,R)

2,3,4-Trihydroxypentandisäure enthält 3 Chiralitätszentren, es existieren zwei *meso*-Verbindungen und eine *rac*-Verbindung als Enantiomerenpaar, somit insgesamt 4 Stereoisomere.

| Diastereomer 1: *meso*-Verbindung, da σ vorhanden | Diastereomer 2: *meso*-Verbindung, da ebenfalls σ vorhanden | Diastereomer 3: chiral, da weder σ noch i vorhanden (Enantiomere) |

Als besonders nützlich erweist sich die Symmetriebetrachtung bei exotischen Molekülen. Von den Cyclophanen A und B ist A achiral, weil es eine Symmetrieebene σ besitzt und B chiral, da Symmetrieebene und -zentrum fehlen.

Cyclophan A: achiral

Cyclophan B: chiral, Enantiomere bildend

Eine organische Verbindung existiert in der Regel als Gemisch aus vielen Konformeren, die im Gleichgewicht miteinander stehen. Enthält das Gemisch wenigstens ein Konformer, das achiral ist (d.h. weder σ noch i aufweist), so ist die Verbindung als ganzes auch achiral. Die eventuelle Chiralität jedes anderen Konformers wird nämlich aufgehoben, sobald dasselbe kurzzeitig eine achirale Konformation einnimmt (vgl. symmetrische Konformation von Cyclophan A). Es empfiehlt sich daher, das Augenmerk stets auf die symmetrischen Konformeren zu richten.

Der Vollständigkeit halber sei vermerkt, dass die umfassende Definition der Chiralität lautet: Chiral ist jedes Molekül ohne Drehspiegelachsen S_1, S_2, S_3, S_4... . (Eine Drehspiegelachse liegt vor, wenn nacheinander vorgenommene Drehung und Spiegelung zu identischer Anordnung der Atome führt). Da eine S_1-Achse gleichbedeutend mit einer Symmetrieebene, eine S_2-Achse gleichbedeutend mit einem Symmetriezentrum ist und Moleküle mit Drehspiegelachsen S_3, S_4, S_5... äußerst selten anzutreffen sind, ist die am Anfang dieses Abschnitts gegebene Definition ausreichend umfassend und zudem leicht verständlich.

Aufgaben

8. Welche Konformationen des Butans besitzen eine Symmetrieebene und/oder ein Symmetriezentrum? Welche Konformation ist chiral? Ist Butan chiral?

verdeckt   gauche   anti

9. Welche Projektion von *meso*-Weinsäure enthält ein Symmetriezentrum?

10. Welche der Verbindungen A bis G besitzen eine Symmetrieebene und/oder ein Symmetriezentrum? Welche Verbindungen sind chiral bzw. achiral?

A   **B**   **C**

D   **E**   **F**

11. 2,4-Dibrompentan existiert als *meso*-Verbindung und als Racemat. Welche Symmetrieelemente enthalten die Isomeren?

meso-2,4-Dibrompentan   *rac*-2,4-Dibrompentan

5.6 Physikalische Unterschiede von Enantiomeren

Die physikalischen Eigenschaften von zwei Enantiomeren sind bis auf einige wenige Ausnahmen identisch. Sie haben gleichen Schmelzpunkt, gleichen Siedepunkt, ergeben die gleichen Spektren usw. Unterschiedliches Verhalten beobachtet man aber gegenüber bestimmten gerichteten physikalischen Phänomenen, z. B. gegenüber linear polarisiertem Licht (d. i. Licht, dessen elektrischer Vektor in einer Ebene schwingt). Das eine Enantiomer dreht die Ebene eines solchen Lichtes um einen bestimmten Winkel nach rechts und das andere Enantiomer um exakt den gleichen Winkel nach links. Verbindungen, welche die Ebene des linear polarisiertem Lichts drehen, bezeichnet man als **optisch aktiv**.

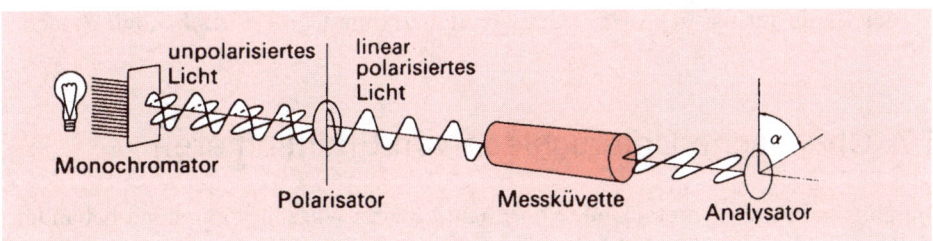

(S)-Milchsäure, Schmp. 53 °C,
$[\alpha]_D$ = +3,3° (in Wasser)

(R)-Milchsäure, Schmp. 53 °C,
$[\alpha]_D$ = −3,3° (in Wasser)

Zur Bestimmung des Drehwertes bedient man sich eines Polarimeters, dessen Aufbau nachfolgend schematisch gezeigt ist. Die Ebene des linear polarisierten Lichtes wird durch die in der Messküvette gelöste optisch aktive Verbindung um den Winkel α gedreht.

unpolarisiertes Licht
linear polarisiertes Licht

Monochromator

Polarisator
Messküvette
Analysator

Wie kommt die Drehung zustande? Man kann sich linear polarisiertes Licht als Resultierende E zweier Lichtstrahlen E_S (links-polarisiertes Licht) und E_R (rechts-polarisiertes Licht) vorstellen, welche zwar gleiche Geschwindigkeiten besitzen, aber gegenläufig sind. E_S und E_R durchdringen achirale Moleküle mit gleicher Geschwindigkeit, chirale (enantiomerenreine) Moleküle aber aufgrund unterschiedlicher Wechselwirkung mit den Bindungselektronen mit unterschiedlicher Geschwindigkeit. Die Folge ist eine Auslenkung der Resultierenden E um einen bestimmten Winkel α.

achirale Moleküle:

E
E_S E_R

chirale Moleküle:

E
E_S E_R

Die Größe des Drehwinkels α hängt nicht nur von der Struktur des chiralen Moleküls ab, sondern auch von der Konzentration desselben, vom Lösungsmittel, ferner von der Länge der Küvette, von der Temperatur der Messlösung und von der verwendeten Wellenlänge. Um dennoch Drehwerte vergleichen zu können, wird der spezifische Drehwinkel [α] angegeben, der sich aus dem beobachteten Drehwert α wie folgt berechnet.

$$[\alpha]_\lambda^T = \frac{\alpha}{l \cdot c}$$

λ = verwendete Wellenlänge (häufig D-Linie des Natriums); T = Temperatur der Lösung; l = Länge der Messküvette in dm; c = Konzentration des optisch aktiven Stoffes in Gramm pro 100 mL

Zwischen der Konfiguration eines Enantiomers und dem Vorzeichen des Drehwertes gibt es keine allgemeine Beziehung. So liefern Moleküle mit (R)-Konfiguration Drehwerte, die manchmal positives, manchmal negatives Vorzeichen besitzen.

Aufgabe

12. Eine unbekannte Menge Cholesterin, gelöst in 100 mL Chloroform, zeigt bei der polarimetrischen Bestimmung einen Drehwert von $\alpha_D = -2{,}65°$ (Länge der Messküvette: 10 cm). Der Literatur entnimmt man für die spezifische Drehung des Cholesterins: $[\alpha]_D$ −39°. Um wie viel Gramm Cholesterin handelt es sich?

5.7 Chemische Unterschiede von Enantiomeren

Die physikalischen Unterschiede von Enantiomeren wurden vorstehend behandelt. Welche chemischen Unterschiede existieren?

Gegenüber einem achiralen Molekül zeigen die beiden Enantiomeren gleiches chemisches Verhalten. Dagegen existieren signifikante Unterschiede gegenüber einem chiralen Molekül. Von besonderer Bedeutung sind die Unterschiede gegenüber chiralen Makromolekülen wie Proteinen, Kohlenhydraten oder Nucleinsäuren.

(R)-Carvon riecht nach Pfefferminz, (S)-Carvon nach Kümmel. Offensichtlich gibt es einen chiralen Geruchsrezeptor, der nur mit dem (R)-Enantiomer in Wechselwirkung tritt und den Pfefferminzgeruch induziert, und einen zweiten chiralen Geruchsrezeptor, der nur mit dem (S)-Isomer koordiniert und den Kümmelgeruch hervorruft.

Spiegelebene

(S)-Carvon,
nach Kümmel riechend

(R)-Carvon,
nach Pfefferminz riechend

Racemisches **D**ihydr**o**xy**p**henyl**a**lanin (Dopa) wurde als Medikament gegen die Parkinsonsche Krankheit (Zittern und Muskelsteife) eingesetzt. Jedoch zeigt es toxische Nebenwirkungen. Appliziert man aber das *(S)*-Enantiomer, treten die unerwünschten Nebenwirkungen nicht auf. Racemate dürfen deshalb als Arzneimittel nur dann verwendet werden, wenn sichergestellt ist, dass das unwirksame, oftmals schwer abtrennbare Enantiomer keine toxische Nebenwirkung zeigt.

Spiegelebene

(S)-Dopa,
wirksam gegen die
Parkinson-Krankheit; wenig toxisch

(R)-Dopa,
wenig wirksam gegen die
Parkinson-Krankheit; toxisch

Das unterschiedliche Verhalten von Enantiomeren gegenüber achiralen und chiralen Molekülen soll schließlich mit Gegenständen aus der makroskopischen Welt verglichen werden. Rechter oder linker Fuß (jeweils chiral) passen in denselben Strumpf (achiral), aber nur in den rechten bzw. linken Schuh (ebenfalls jeweils chiral), wie auch die folgende Abbildung verdeutlicht (nach *J. Rétey, Chemie in unserer Zeit*, 1979).

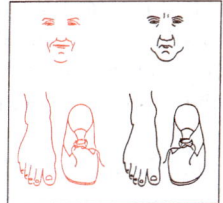

5.8 Auftrennung eines Racemats in Enantiomere

Bildet sich bei einer Synthese eine Verbindung mit einem Chiralitätszentrum, so werden beide Enantiomere im Verhältnis 1:1 gebildet. Mit anderen Worten: Unter Standardbedingungen entsteht stets ein **Racemat.** Beispiel:

Häufig wird nur das eine der beiden Enantiomeren benötigt, etwa in der Pharmazie oder beim Pflanzenschutz. Entweder wird das gewünschte Enantiomer durch eine enantioselektiv verlaufende Reaktionen hergestellt, was nur unter Zuhilfenahme einer optisch aktiven Verbindung möglich ist. Oder es wird das Racemat synthetisiert und in Enantiomere aufgetrennt (**Racematspaltung**).

Vier Methoden kommen zur Trennung eines Racemats in Enantiomere in Frage:
- mechanische Trennung enantiomorpher Kristalle (griech. *morphe,* Gestalt)
- Animpfung einer gesättigten Lösung mit den Kristallen eines der beiden Enantiomeren
- Überführung der Enantiomeren in Diastereoisomere und Trennung derselben
- Kinetische Racematspaltung

Die *erste* Methode, die mechanische Trennung, setzt voraus, dass die beiden Enantiomere in Kristallen von spiegelbildlichem Aussehen aus einer Lösung kristallisieren. Nur wenige Beispiele sind bisher bekannt.
Die *zweite* Methode (Animpfung) ist nur dann durchführbar, wenn das gewünschte Enantiomer bereits in kristalliner Form vorliegt.
Die *dritte* Methode, Trennung eines Racemats über geeignete Diastereomere, wird im Laboratorium am häufigsten angewandt. Dazu lässt man das Racemat, das eine reaktionsfähige Gruppe enthalten muss, mit einer optisch aktiven Verbindung, die ebenfalls über eine reaktionsfähige Gruppe verfügen muss, reagieren. Es entstehen zwei Diastereomere (als Salze oder als kovalente Verbindungen), die sich wie andere Diastereomere (z.B. *cis-* und *trans*-Alkene) in ihren physikalischen Eigenschaften unterscheiden. Die Diastereomeren können z.B. durch fraktionierende Kristallisation getrennt und anschließend in die beiden Enantiomeren zerlegt werden.
Die zuletzt genannte Methode soll am Beispiel der Enantiomerentrennung einer chiralen Carbonsäure erläutert werden. Man versetzt zunächst das Racemat, bestehend aus gleichen Teilen (R)-Säure und (S)-Säure, mit einem optisch aktiven Amin, z.B. dem (R)-Amin. Dabei bilden sich zwei diastereomere Ammoniumsalze, das (R)(R)-Salz und (S)(R)-Salz.

$$\underbrace{(R)\text{-Säure} + (S)\text{-Säure}}_{\textbf{Racemat}} + (R)\text{-Amin} \longrightarrow \underset{\textbf{Diastereomer 1}}{(R)(R)\text{-Salz}} + \underset{\textbf{Diastereomer 2}}{(S)(R)\text{-Salz}}$$

Diastereomere Salze unterscheiden sich in ihren Eigenschaften genau so wie diastereomere kovalente Moleküle. Sie werden durch fraktionierende Kristallisation voneinander getrennt und anschließend durch Salzsäure in die Bestandteile zerlegt. Dabei nutzt man die Tatsache aus, dass organische Salze im allgemeinen gut kristallisieren, ferner dass starke Säuren die schwachen Säuren aus ihren Salzen verdrängen. Es fallen die beiden Enantiomeren, *nunmehr getrennt*, an.

(R)(R)-Salz   +   HCl   ⟶   (R)-Säure   +   (R)-Amin · HCl

Diastereomer 1   **(R)-Enantiomer**

(S)(R)-Salz   +   HCl   ⟶   (S)-Säure   +   (R)-Amin · HCl

Diastereomer 2   **(S)-Enantiomer**

Auch die Trennung eines Enantiomerenpaars durch **Chromatographie** beruht auf der Bildung von Diastereomeren. Bei der Gaschromatographie wird der Dampf eines Racemats mit Hilfe eines Inertgases durch ein Kapillarrohr gedrückt, dessen Innenwandung mit einer chiralen Verbindung belegt ist. Das eine Enantiomer tritt mit dem Rohrbelag in stärkere Wechselwirkung als das andere und wandert deshalb langsamer. So lässt sich racemisches 3-Methylcyclopenten in die beiden Enantiomeren auftrennen, wenn als Rohrbelag eine enantiomerenreine (R)-Rhodiumverbindung verwendet wird. Das (R)-Enantiomer verlässt die Säule später (s. abgebildetes Gaschromatogramm), da das (R,R)-Assoziat eine größere Assoziationskonstante als das (S,R)-Assoziat aufweist. (Die rot markierte Konfigurationsbezeichnung bezieht sich auf die Rh-Verbindung.)

Gaschromatogramm von *(S)*- und *(R)*-3-Methylcyclopenten. Säulentemp. 22 °C. (V. Schurig, *Angew. Chemie* 1977).

Verantwortlich für die Assoziation ist die Bildung eines schwachen π-Komplexes zwischen Alken und Übergangsmetallverbindung (Abschn. 16.2.4).

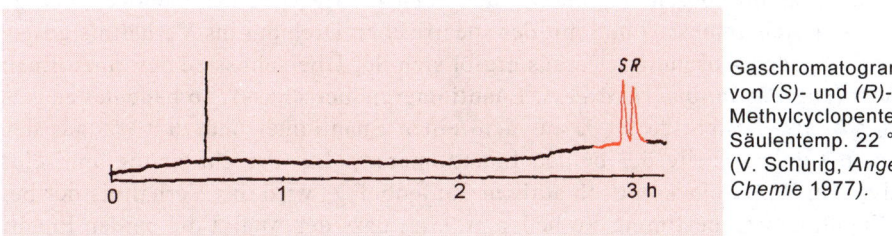

Spiegelebene

(R)-   *(S)*-
3-Methylcyclopenten

Dicarbonylrhodium(I)-3-trifluoracetyl-(1R)-campherat

Häufiger als die Gaschromatographie wird die Flüssigkeitschromatographie mit chiralen stationären Phasen zur Trennung von Enantiomeren herangezogen. Die Trennung verläuft aber nach dem gleichen Prinzip wie vorstehend.

Bei der *vierten* Methode, der kinetischen Racematspaltung, reagiert eine optisch aktive Verbindung mit den beiden Enantiomeren, wobei zwei Diastereomere entstehen. Das eine Diastereomer bildet sich dabei schneller als das andere. Im günstigsten Fall hat sich das eine Enantiomer fast vollständig zum Diastereomer umgesetzt, während das andere in der gleichen Zeit kaum reagiert hat und aus dem Reaktionsgemisch abgetrennt werden kann. Von großer Bedeutung ist die enzymatische kinetische Racematspaltung, bei welcher ein Enzym die Rolle der optisch aktiven Verbindung übernimmt. *L. Pasteur* beobachtete, dass die Enzyme des Schimmelpilzes *Penicillium glaucum* nur den oxidativen Abbau der natürlichen (+)-Weinsäure katalysieren. Damit kann die unnatürliche (−)-Weinsäure aus dem Fermentationsmedium gewonnen werden.

$$(+)(-)\text{-Weinsäure} \xrightarrow[\text{Enzyme}]{O_2} (-)\text{-Weinsäure} + \text{Oxidationsprodukte der } (+)\text{-Weinsäure}$$

L. Pasteur (geb. 1822 in Dôle) führte grundlegende Untersuchungen zur optischen Aktivität durch. Auch die Konservierung von Lebensmitteln durch Erhitzen geht auf ihn zurück und trägt seinen Namen (z.B. "Pasteurisierung" von Milch).

Bestimmung der Enantiomerenreinheit. Der Isolierung eines Enantiomers folgt die Bestimmung der Reinheit desselben. Diese wird durch Polarimetrie oder durch Chromatographie vorgenommen. Bei der Polarimetrie wird der Drehwert des gelösten Analyten gemessen und mit der spezifischen Drehung ins Verhältnis gesetzt (s. vorstehenden Abschnitt). Daraus ergibt sich der Überschuss ee des einen Enantiomers (engl. *enantiomeric excess,* Enantiomerenüberschuss). So bedeutet ee = 90 %, der Analyt besteht zu 90 % aus dem einen Enantiomer und zu 10 % aus dem Racemat (gleiche Teile der beiden Enantiomeren). Bei der chromatographischen Analyse mit Hilfe eines optisch aktiven Säulenbelags wird das Verhältnis der beiden Enantiomeren bestimmt. So bedeutet 95:5, dass der Analyt die beiden Enantiomeren in diesem Verhältnis enthält. Ein Enantiomerenverhältnis von 95:5 ist gleichbedeutend mit einem ee-Wert von 90 %, wie man leicht nachvollziehen kann.

● **Frage.** Die chromatographische Trennung eines Enantiomerengemischs lieferte zwei Signale im Flächenverhältnis 99:1. Wie groß ist der ee-Wert?

● **Antwort.** (99−1) : (1+1) = 98:2. Der ee-Wert beträgt 98 %. D.h. das Gemisch enthält zu 98 % das eine Enantiomer und zu 2 % das Racemat.

Aufgabe

13. α-Phenylethylamin soll in die Enantiomeren zerlegt werden. Welcher optisch aktive Hilfsstoff bietet sich an?

5.9 Prochiralität

In den vorstehenden Abschnitten wurden die räumlichen Unterschiede behandelt, die zwischen Stereoisomeren existieren. In diesem Abschnitt wird das Augenmerk auf nur ein einziges Molekül gerichtet und gefragt, ob Molekül*teile* (z.B. zwei H-Atome oder zwei CH$_3$-Gruppen an einem C-Atom) oder Molekül*flächen* (z.B. oberhalb und unterhalb einer Doppelbindung) identisch sind, mit anderen Worten, es wird nach der Topizität (griech. *topos*, Ort) von Substituenten und Seiten gefragt.

5.9.1 Topizität von Substituenten

Zwei Substituenten gleicher Konstitution (z.B. zwei OH-Gruppppen) können homotop, enantiotop oder heterotop sein. Zwei Substituenten sind **homotop**, wenn sie durch Drehung um eine Achse C$_n$ gegenseitig überführt werden können. Sie sind **enantiotop**, wenn sie *nur* durch eine Symmetrieebene oder ein Symmetriezentrum ineinander überführbar sind. Wenn sie durch keine Symmetrieoperation gegenseitig überführt werden können, sind sie **diastereotop**. Beispiele:

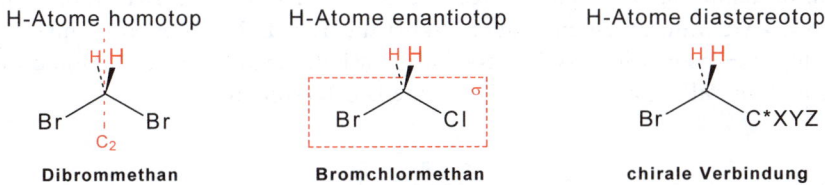

Die H-Atome in Dibrommethan sind homotop, da sie durch eine zweizählige Drehachse ineinander überführbar sind; das gleiche gilt für die beiden Bromatome. Die H-Atome in Bromchlormethan sind dagegen enantiotop, da sie durch eine Symmetrieebene σ (im Formelschema in der Papierebene) gegenseitig überführbar sind. Die H-Atome im dritten Beispiel sind diastereotop, da sie wegen des benachbarten Chiralitätszentrums weder durch eine Drehachse noch durch eine Symmetrieebene ineinander überführbar sind. (Zur Erinnerung: Ein Molekül mit einem Chiralitätszentrum besitzt keinerlei Symmetrieelemente.)
Die topen Substituenten können auch an unterschiedliche C-Atome gebunden sein, wie die folgenden Beispiele zeigen.

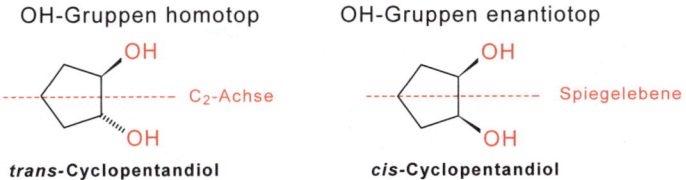

Im *trans*-Cyclopentandiol können die beiden OH-Gruppen durch Drehung ineinander überführt werden, im *cis*-Cyclopentandiol nur durch Spiegelung.

Die verschiedenen Arten von Substituenten sind auch im folgenden Schema aufgeführt, welches auffallende Ähnlichkeit mit dem Schema für Isomere hat, das am Anfang dieses Kapitels steht.

Topizität zweier identischer Atome oder Substituenten an einem C-Atom
(z.B. 2 H-Atome oder 2 CH₃-Gruppen)

durch Drehachse gegenseitig überführbar → **homotop**

durch Drehachse gegenseitig nicht überführbar → **heterotop**

spiegelbildlich → **enantiotop**

nicht spiegelbildl. → **diastereotop**

Eine Unterscheidung homotop, enantiotop und diastereotop gelingt außer durch diesen **Symmetrietest** auch durch einen **Substitutionstest**. Substituiert man in einem Molekül, das zwei gleiche Reste z.B. zwei H-Atome aufweist, das eine oder andere H-Atom durch einen anderen Substituenten (z.B. CH₃), erhält man im Falle homotoper H-Atome identische Moleküle, im Falle enantiotoper H-Atome Enantiomere und im Falle diastereotoper H-Atome Diastereomere.

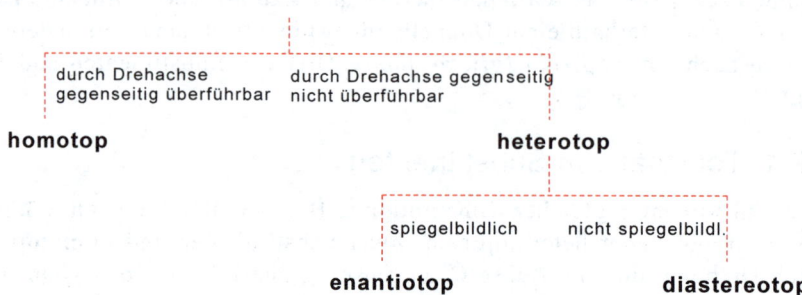

H-Atome **homotop** → Homomere (identische Moleküle)

H-Atome **enantiotop** → Enantiomere

H-Atome **diastereotop** → Diastereomere

Leicht zu merken:
homotop → Homomere
enantiotop → Enantiomere
diastereotop → Diastereomere

Nomenklatur. Enantiotope und diastereotope Substituenten werden ebenfalls nach der *Cahn-Ingold-Prelog*-Nomenklatur benannt. Dazu schaut man auf den zu benennenden Substituenten entlang seiner Bindung. Die anderen drei Substituenten sind mit fallender Priorität (Br > Cl > H) entweder im Uhrzeigersinn angeordnet oder entgegengesetzt dazu. Im ersten Fall erhält der Substituent die Bezeichnung *pro-R*, im zweiten Fall *pro-S*.

Physikalische und chemische Unterschiede von Substituenten. *Homotope* Substituenten sind physikalisch und chemisch identisch. *Enantiotope* Substituenten sind physikalisch und chemisch (gegenüber achiralen Molekülen) identisch. Gegenüber chiralen Molekülen, z. B. Enzymen, weisen sie aber unterschiedliche Reaktivität auf. So wird bei der enzymatischen Hydrolyse von Dicarbonsäure-estern, deren Estergruppen enantiotop sind, nur eine der beiden Estergruppe angegriffen.

Diese Selektivität kommt wie folgt zustande. Der Diester komplexiert mit dem katalytisch aktiven Zentrum des Enzyms so, dass nur ein bestimmter enantiotoper Substituent (hier *pro-R*) mit der komplementären Gruppe des Enzyms in Wechselwirkung treten und reagieren kann.

Diastereotope Substituenten sind sowohl physikalisch als auch chemisch unterschiedlich. So besitzen die diastereotopen H-Atome der CH_2-Gruppe in 2,3-Dibrompropionsäure (Molekültyp Br-CH_2-C*XYZ) unterschiedliche chemische Verschiebungen im ^{1}H-NMR-Spektrum (s. Abbildung).

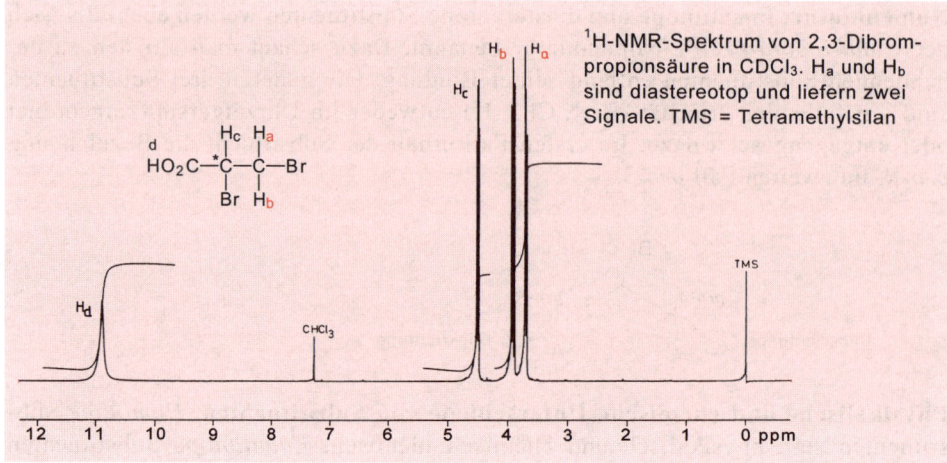

¹H-NMR-Spektrum von 2,3-Dibrom-propionsäure in CDCl₃. Hₐ und H_b sind diastereotop und liefern zwei Signale. TMS = Tetramethylsilan

Ohne Kenntnis der Topizität von Substituenten wären die unterschiedlichen chemischen Verschiebungen von H_a und H_b nur schwer zu verstehen. Allgemein gilt: Zwei identische Substituenten an einem C-Atom in der Nähe eines Chiralitätszentrums sind physikalisch und chemisch unterschiedlich, wenn auch die Unterschiede oftmals klein sind.

● **Frage.** Sind die beiden H-Atome in Ethanol homotop, enantiotop oder diastereotop?

Ethanol

● **Antwort.** Das Molekül besitzt eine nur Symmetrieebene σ, die bei der gewählten Projektion in der Papierebene liegt. Die beiden H-Atome sind bezüglich dieser Ebene spiegelbildlich und damit enantiotop. Zum gleichen Ergebnis führt auch der Substitutionstest: Wird das eine oder andere H-Atom durch einen Substituenten ersetzt, z.B. durch Phenyl, so bildet sich das eine oder andere Enantiomer.

(S)-Enantiomer   **(R)-Enantiomer**

● **Frage.** Können die beiden H-Atome des Ethanols unterschiedlich reagieren?
● **Antwort.** Ja, aber nur mit Molekülen, die selbst chiral sind. Ein Beispiel ist die enzymkatalysierte Oxidation mit dem Wasserstoffakzeptor NAD⁺ (Abschn. 12.6.8). Wie Markierungsversuche mit Deuterium zeigten, wird nur das H-Atom *pro-R* auf den Wasserstoffakzeptor übertragen. Als chirales Molekül fungiert hier

das Enzym Alkoholdehydrogenase (s. auch Abschn. 12.6.8). Beachten Sie in dem folgenden Schema die unterschiedlichen Markierungen der H-Atome (rot; *kursiv*).

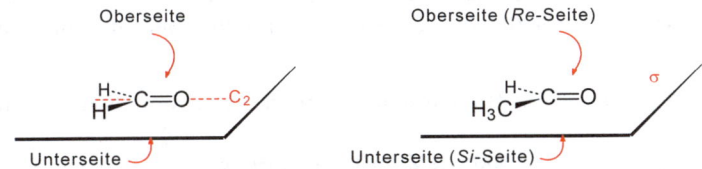

5.9.2 Topizität von Molekülseiten

Nicht nur zwei Substituenten eines Moleküls können unterschiedlich sein, sondern auch zwei Seiten eines Moleküls.

Zwei Seiten eines Moleküls sind homotop, enantiotop und diastereotop. Ober- und Unterseite eines Moleküls sind homotop, wenn sie durch Drehung um eine Achse C_n ineinander überführbar sind. Sie sind enantiotop, wenn sie nur durch eine Symmetrieebene σ ineinander überführt werden können.

Oberseite   Oberseite (*Re*-Seite)

H—C=O----C_2 H_3C—C=O   σ

Unterseite   Unterseite (*Si*-Seite)

Formaldehyd: Seiten homotop   **Acetaldehyd: Seiten enantiotop**

So sind die Seiten von Formaldehyd homotop, da sie durch Drehung um eine C_2-Achse ineinander überführbar sind. Die Seiten des Acetaldehyds sind dagegen enantiotop, da sie sich wie Gegenstand und nicht deckungsgleiches Spiegelbild verhalten: Von oben betrachtet sind die Substituenten gemäß den *Cahn-Ingold-Prelog*-Regeln im Uhrzeigersinn angeordnet (O > C > H); diese Seite wird *Re*-Seite genannt. Von unten betrachtet sind die Seiten entgegen dem Uhrzeigersinn angeordnet; diese Seite heißt *Si*-Seite. *Re* und *Si* leiten sich von lat. *rectus* und *sinister* ab und stehen in logischer Beziehung zu R und S der *CIP*-Nomenklatur. Zur Veranschaulichung sei empfohlen, die Formel des Acetaldehyds einmal mit der *Re*-, einmal mit der *Si*-Seite auf undurchsichtige Papierbögen zu zeichnen und zu versuchen, die Formeln zur Deckung zu bringen: Es wird nicht gelingen! Auch die Seiten von Alkenen können enantiotop sein, wie der Papiertest mit dem Beispiel Propen zeigt.

Ober- und Unterseite eines Moleküls sind diastereotop, wenn sie durch keinerlei Symmetrieoperation ineinander überführt werden können.

Cyclobutanol:
Ober- und Unterseite diastereotop

Chemische Unterschiede von Molekülseiten. Homotope Seiten weisen keine Unterschiede auf. Dagegen werden enantiotope Seiten von chiralen Verbindungen unterschieden. Die Unterscheidung enantiotoper Seiten durch chirale Verbindungen spielt in der Biochemie eine große Rolle. So wird die Carbonylgruppe der Brenztraubensäure durch den Wasserstofflieferanten $NADH + H^+$ (Nicotinamid-adenin-dinucleotid plus 2 H) in Gegenwart des Enzyms Alkoholdehydrogenase nur von der *Re*-Seite angegriffen, wobei unter H_2-Addition (*S*)-Milchsäure entsteht.

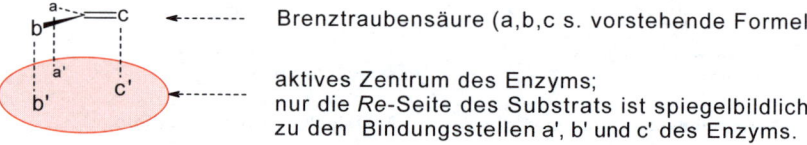

Verantwortlich für den stereoselektiven Verlauf ist die Wechselwirkung Brenztraubensäure/Enzym, die nur für die *Re*-Seite der Brenztraubensäure optimal ist.

Brenztraubensäure (a,b,c s. vorstehende Formel)

aktives Zentrum des Enzyms;
nur die *Re*-Seite des Substrats ist spiegelbildlich
zu den Bindungsstellen a', b' und c' des Enzyms.

Diastereotope Seiten schließlich werden von allen Verbindungen, auch von achiralen unterschieden.

5.9.3 Prochirale Moleküle

Ein sp^3-hybridisiertes C-Atom mit zwei enantiotopen Substituenten bildet ein **Prochiralitätszentrum**, weil der Ersatz des einen oder anderen Substituenten zu einem Chiralitätszentrum führt. Ebenso bildet ein sp^2-hybridisiertes C-Atom mit enantiotoper Ober- und Unterseite ein Prochiralitätszentrum, weil die Addition von XY an die Doppelbindung ein Chiralitätszentrum ergibt.

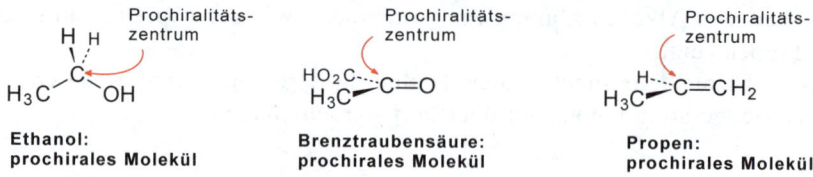

Ethanol: Brenztraubensäure: Propen:
prochirales Molekül   prochirales Molekül   prochirales Molekül

Moleküle mit einem Prochiralitätszentrum werden auch **prochirale Moleküle** genannt. Somit ist zwischen achiralen, prochiralen und chiralen Molekülen zu unterscheiden. Wie die Beispiele Brenztraubensäure und Propen zeigen, schließen sich Achiralität und Prochiralität nicht aus.

Zusammenfassung

- Zwei identische Substituenten an einem C-Atom (z.B. zwei H-Atome oder zwei Carboxylgruppen) oder die beiden Seiten oberhalb und unterhalb eines ungesättigten Moleküls (z.B. eines Alkens oder eines Ketons) können homotop, enantiotop oder diastereotop sein.

- Homotope Substituenten oder Seiten verhalten sich chemisch gleich. Enantiotope Substituenten oder Seiten weisen keine unterschiedliche Reaktivität gegenüber achiralen Reaktionspartnern, jedoch eine solche gegenüber chiralen Reaktionspartnern auf. Diastereotope Substituenten oder Seiten verhalten sich chemisch unterschiedlich.

- Moleküle mit enantiotopen Substituenten oder Seiten heißen prochirale Moleküle. Ein prochirales Molekül kann in ein chirales Molekül überführt werden.

- Reaktionen mit prochiralen Molekülen sind insbesondere in der Biochemie von Bedeutung.

Aufgaben

14. Welche Gegenstände sind chiral, welche achiral: Tasse, Handschuh, Vase, Schneckengehäuse?

15. Nachfolgend sind zwei Isomerenpaare aufgeführt. Um welche Art von Isomeren handelt es sich jeweils?

16. In welcher sterischen Beziehung zueinander stehen die geminalen (d.h. am selben C-Atom gebundenen) CH$_3$-Gruppen jeweils in Menthan und Menthol?

17. Die folgende Formel zeigt eine Draufsicht auf Acrolein. Schauen Sie auf die *Re*- oder *Si*-Seite der CC-Doppelbindung?

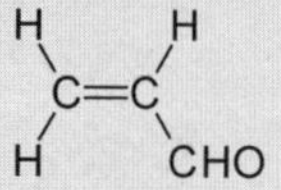

Acrolein

18. Welche der folgenden Verbindungen sind achiral, prochiral oder chiral? Sind die darin markierten Substituenten homotop, enantiotop oder diastereotop?

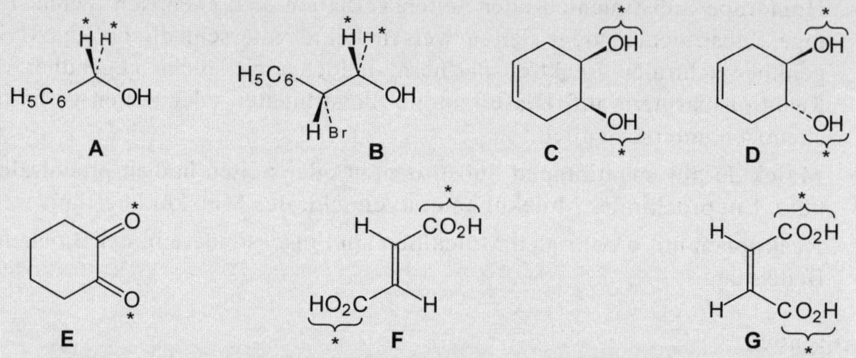

A   B   C   D

E   F   G

19. Welche prostereoisomere Beziehung existiert zwischen H_1/H_2, H_1/H_3 und H_1/H_4, ferner zwischen den Molekülteilen a und b der folgenden Verbindung?

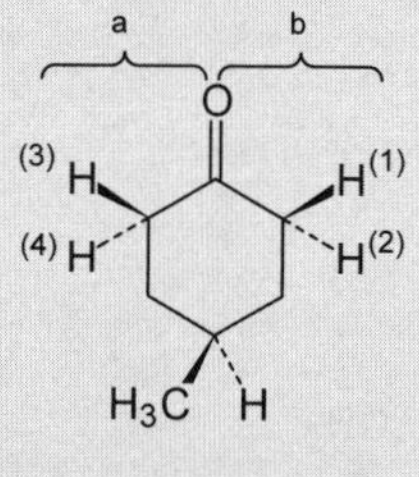

20. Bei der durch das Enzym Oxynitrilase katalysierten Addition von Blausäure an Benzaldehyd entsteht das *(R)*-Enantiomer von α-Hydroxybenzylnitril. Wird Benzaldehyd von der *Re*- oder *Si*-Seite angegriffen?

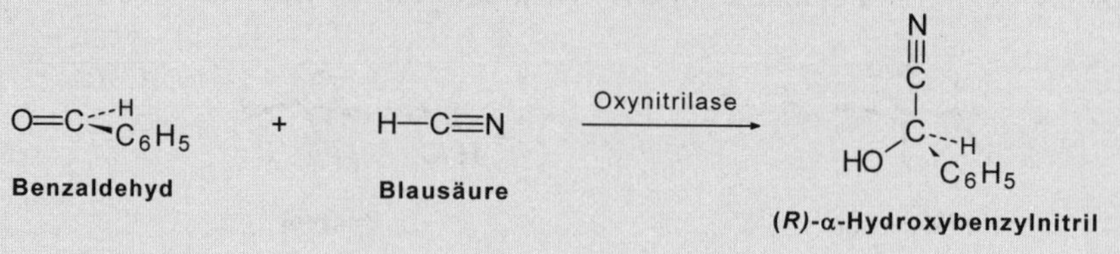

Benzaldehyd   Blausäure

(R)-α-Hydroxybenzylnitril

21. Die enzymatische Oxidation von Ölsäure ergibt das folgende optisch aktive Epoxid. Von welcher Seite der Doppelbindung (*Si* oder *Re*) erfolgt die Addition des Sauerstoffatoms? (Hinweis: Betrachten Sie C-9 und C-10 einzeln.)

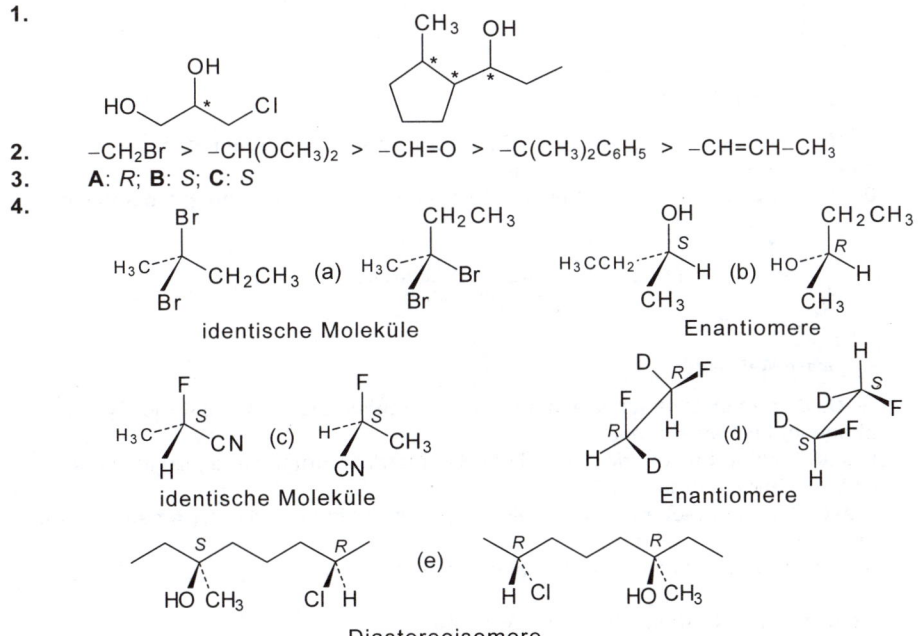

$$H_3C(CH_2)_7 \overset{H}{\underset{10}{C}} = \overset{H}{\underset{9}{C}} (CH_2)_7COOH \xrightarrow[\text{(Enzyme)}]{[O]} H_3C(CH_2)_7 \overset{H}{\underset{10}{\diagdown}} \overset{O}{\diagup} \overset{H}{\underset{9}{\diagdown}} (CH_2)_7COOH$$

optisch aktives Epoxid

22. Die partielle enzymatische Hydrolyse der Di-ester A-C liefert in allen Fällen Halbester (Verbindungen mit einer Ester- und einer Carbonsäuregruppe). Welche der Halbester sind optisch aktiv?

A   B   C

5.10 Lösung der Aufgaben zu Kapitel 5

1.

CH₃ OH

OH

HO   Cl

2. $-CH_2Br > -CH(OCH_3)_2 > -CH=O > -C(CH_3)_2C_6H_5 > -CH=CH-CH_3$

3.   **A**: *R*; **B**: *S*; **C**: *S*

4.

Br   CH₂CH₃   OH   CH₂CH₃

H₃C—CH₂CH₃ (a) H₃C—Br   H₃CCH₂—H (b) HO—H

Br   Br   CH₃   CH₃

identische Moleküle   Enantiomere

F   F

H₃C—CN (c) H—CH₃

H   CN

identische Moleküle   Enantiomere

(d)

Enantiomere

(e)

HO CH₃   Cl H   H Cl   HO CH₃

Diastereoisomere

5.

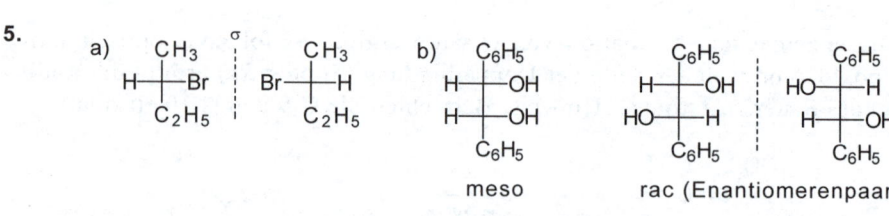

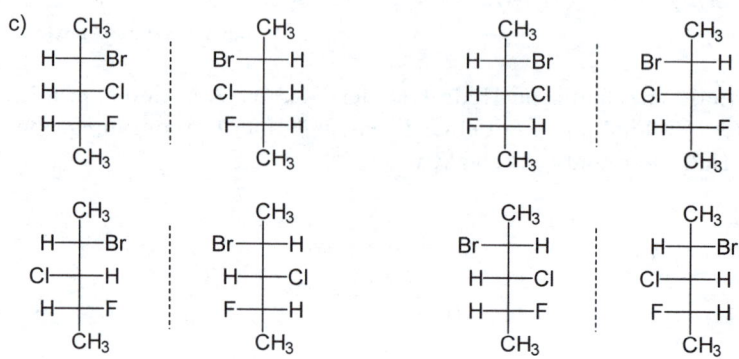

6.   Es handelt sich um Diastereomere. (Enantiomere besäßen die Konfiguration *(R,S)* und *(S,R)*.)

7.   Das Molekül ist planar.

8.   *verdeckt*: Symmetrieebene. *anti*: Symmetrieebene und Symmetriezentrum. *gauche*: keine Symmetrieelemente; chiral
Butan ist achiral, da ein rascher Wechsel zwischen gauche und anti stattfindet.

9.

● **Symmetriezentrum, deshalb achiral**

meso-**Weinsäure**

10.   **A, C, D**: Symmetrieebene, achiral, keine Enantiomere; in **D** liegt die Symmetrieebene in der Papierebene
B und **F**: keine Symmetrieebene, kein Symmetriezentrum, chiral, Enantiomere.
E: Symmetriezentrum, achiral

11.   *meso*: Symmetrieebene. *rac*: keine Symmetrieebene, kein Symmetriezentrum, nur C_2-Achse
rac ist chiral und existiert als Enantiomerenpaar.

12.   6.8 g

13.   Optisch aktive Carbonsäure, z.B. Weinsäure

14.   Tasse, Vase: achiral. Handschuh, Schneckengehäuse: chiral

15.   a: Konstitutionsisomere

b: Diastereomere; links: *meso* (Symmetriezentrum), rechts ein Isomer von *rac* (keine Symmetrie)

16.   **Menthan**: Die geminalen CH_3-Gruppen lassen sich nur durch eine Symmetrieebene σ (verläuft durch die drei CH-Kohlenstoffatome) ineinander überführen, sie sind somit enantiotop. **Menthol**: keinerlei Symmetrie vorhanden, die geminalen CH_3-Gruppen sind diastereotop.

17.   *Re*-Seite

18.   **A** prochiral, enantiotop. **B** chiral, diastereotop. **C** prochiral, enantiotop. **D** chiral, homotop. **E** – **G**: achiral, homotop (Substituenten durch Drehung ineinander überführbar)

19. H_1, H_2: diastereotop. H_1, H_3: enantiotop. H_1, H_4: diastereotop. a, b: enantiotop.

20.   *Si*-Seite

21.   Die enzymatische Addition erfolgt von der 9-*Si*, 10-*Re* Seite (in der Formel Vorderseite).

22.   **A** und **C** sind prochiral (Symmetrieebene σ), die partielle Hydrolyse liefert jeweils einen chiralen und damit optisch aktiven Halbester. **B** ist achiral (C_2-Achse), die partielle Hydrolyse ergibt einen prochiralen und damit nicht optisch aktiven Halbester.

Kapitel 6
Alkene. Elektrophile Additionen

Alkene sind Kohlenwasserstoffverbindungen mit einer C=C-Bindung. Sie enthalten zwei H-Atome weniger als die Alkane mit der gleichen C-Zahl und besitzen die Summenformel C_nH_{2n}. Alkene sind in vielen Pflanzen enthalten: Sie tragen u.a. zum Reifen von Früchten bei (Ethylen), verleihen einigen Pflanzen deren Duftnote (Limonen) und dienen bestimmten Insekten als Sexuallockstoffe (Muscalur).

Ethen (Pflanzenhormon)   **Limonen (in Fichtennadeln)**

Muscalur (Sexuallockstoff der Hausfliege)

Alkene werden auch **Olefine** genannt, da das Gas Ethen mit Halogenen ölige, wasserunlösliche Verbindungen bildet (franz. *gaz oléfiant*, ölbildendes Gas).

6.1 cis-trans-Isomerie von Alkenen

Das einfachste Alken ist Ethen mit 2 C-Atomen und 4 H-Atomen. Beim Ersatz zweier vicinaler (1,4-ständiger) H-Atome durch zwei Substituenten (z. B. Methylgruppen) bilden sich zwei Isomere: In einem Isomer stehen die beiden Gruppen auf derselben Seite, im anderen Isomer auf entgegengesetzten Seiten. Im ersten Fall handelt es sich um das *cis-* oder *(Z)*-Isomer, im zweiten Fall um das *trans-* oder *(E)*-Isomer (Z und E von zusammen und entgegengesetzt).

Ethen   **(Z)-2-Buten**   **(E)-2-Buten**
                   oder *cis*-2-Buten   **oder *trans*-2-Buten**

cis-trans-Alkene sind **Stereoisomere**. Da sie keine Spiegelbilder zueinander bilden, gehören sie zu den **Diastereomeren**. Gelegentlich werden sie auch **geometrische Isomere** genannt.

1,2-Disubstituierte Alkene sind konfigurationsstabil, so wie es für 1,2-disubstituierte Cycloalkane der Fall ist. Der Grund dafür liegt in der elektronischen Struktur der Doppelbindung. Wie im Abschn. 1.8.1 erläutert besteht eine Doppelbindung aus zwei Anteilen, einer σ-Bindung entlang der CC-Bindung und einer π-Bindung oberhalb und unterhalb der σ-Bindung.

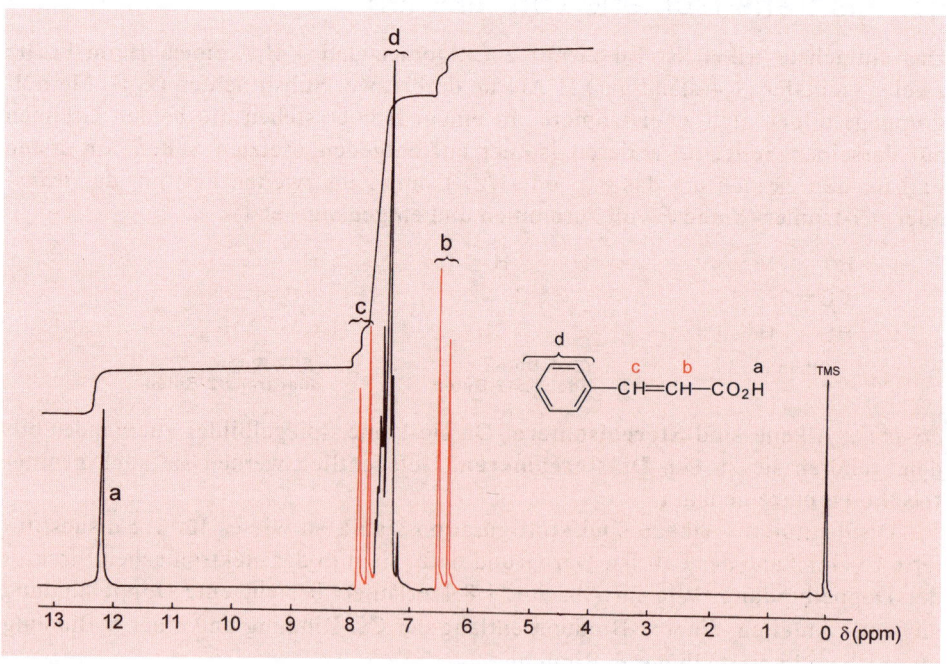

Damit eine Isomerisierung eintreten kann, die muss π-Bindung gelöst und müssen die p_z-Orbitale aus der parallelen Lage in eine zueinander senkrechte Lage überführt werden. Dazu sind 263 kJ erforderlich, wie die Differenzbildung der Bindungsenergien von C=C (611 kJ) und C−C (348 kJ) zeigt (Abschn. 1.9). Deshalb treten *cis-trans*-Isomerisierungen von Alkenen im allgemeinen erst bei hoher Temperatur oder bei Bestrahlung ein.

Unterscheidung von *cis-trans*-Alkenen durch NMR. Die Bestimmung der Konfiguration an der Doppelbindung gelingt in den meisten Fällen durch ¹H- oder ¹³C-NMR-Spektroskopie. Sind zwei Substituenten (Alkyl, Aryl, Carboxyl usw.) und damit zwei H-Atome an die Doppelbindung gebunden (s. folgendes Formelschema), so kann die Konfiguration durch die Größe der Kopplung zwischen den beiden H-Atomen bestimmt werden. *Cis*-ständige H-Atome koppeln im Bereich von 6-12 Hz und *trans*-ständige zwischen 12-18 Hz. Für 2-Butensäure-ester liefert das ¹H-NMR-Spektrum folgende Werte:

Aufgaben

1. Erwarten Sie Dipolmomente (Abschn. 1.4) für *E*- und *Z*-1,2-Dichlorethen?

2. Sind drei verschiedene Substituenten A, B und C an die C-Atome des Ethens gebunden, können 6 isomere Verbindungen auftreten. Welche?

3. Nebenstehend ist das ^{1}H-NMR-Spektrum von Zimtsäure abgebildet (C_6H_5–CH=CH–COOH). Handelt es sich um das *Z*- oder *E*-Isomer? (Hinweis: Der Abstand der Linien in den Dubletts b und c beträgt 16 Hz.)

6.2 Nomenklatur von Alkenen

Zur Benennung von Alkenen ersetzt man die Endung *-an* im Namen des entsprechenden gesättigten Kohlenwasserstoffs durch die Endung *-en* und gibt die Lage der Doppelbindung durch eine vorangestellte Zahl an.

1-Buten

2-Methyl-2-Buten

Bei verzweigten Alkenen wird nach der längsten Kette mit der Doppelbindung gesucht und diese benannt, wobei die Nummerierung an dem Ende beginnt, das der Doppelbindung am nächsten ist:

4-Ethyl-1-hepten
(**rot**: längste Kette)

Zur Benennung von cis-trans-Isomeren werden die Deskriptoren *cis* und *trans* oder *Z* und *E* verwendet.

(*E*)-2-Hexen

(*Z*)-2-Hexen

Bei mehr als 2 Substituenten am Ethylengerüst beziehen sich die Bezeichnungen *Z* und *E* auf diejenigen vicinalen Substituenten, welche nach den **CIP**-Regeln (Abschn. 5.2) die höhere Priorität besitzen. Beispiel:

(*E*)-1-Brom-1-iod-1-buten

(*Z*)-1-Brom-1-iod-1-buten

Ungesättigte Alkylreste werden teilweise auch mit Trivialnamen benannt.

Vinyl-   Allyl-

Die einfachsten Alkene und Cycloalkene sind zusammen mit den Siedepunkten in der Tabelle aufgeführt. Wie bei den Alkanen steigen auch bei den Alkenen die Siedepunkte mit zunehmendem Molekulargewicht. Beachten Sie auch die unterschiedlichen Siedepunkte von *(E)-* und *(Z)*-2-Buten.

Tabelle. Alkene und Cycloalkene

Konstitution	Name (Trivialname)	Siedepunkt (in °C)
$H_2C{=}CH_2$	Ethen (Ethylen)	– 104
	Propen (Propylen)	– 47
	1-Buten	– 6,5
	(Z)-2-Buten	3,7
	(E)- 2-Buten	1
	2-Methylpropen	– 6,6
	1-Penten	30
	2-Methyl-1-buten	31
	3-Methyl-1-buten	20
	Cyclopropen (unbeständig)	- 36
	Cyclobuten	2
	Cyclopenten	44
	(Z)-Cyclodecen	235

Aufgaben

4. Geben Sie die IUPAC-Namen der isomeren Alkene A und B an.

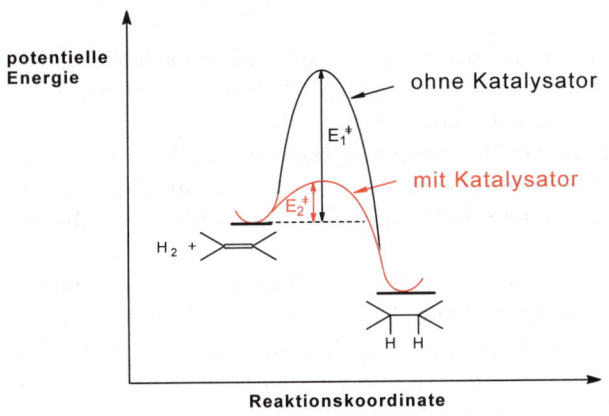

5. Welche Art der Isomerie besteht zwischen (Z)-2-Buten und den anderen drei C_4-Alkenen?

| (Z)-2-Buten | (E)-2-Buten | 1-Buten | 2-Methylpropen |

6.3 Hydrierung von Alkenen. Dehydrierung von Alkanen

Molekularer Wasserstoff addiert sich in Gegenwart von Metallkatalysatoren an Alkene. Dabei bilden sich Alkane. Beispiel:

Propen   + H_2 $\xrightarrow{Ni}$ Propan $\Delta H = -125{,}5$ kJ/mol

Als Katalysatoren haben sich Metalle wie Ni, Pd oder Pt jeweils in fein verteilter Form bewährt. Die Wirkung des Katalysators beruht darauf, dass die Aktivierungsenergie herabgesetzt wird (Abbildung).

potentielle Energie

ohne Katalysator

$E_1^{\ddagger}$

$E_2^{\ddagger}$

mit Katalysator

$H_2 +$

H H

Reaktionskoordinate

Herabsetzung der Aktivierungsenergie der Hydrierung von $E_1^{\ddagger}$ auf $E_2^{\ddagger}$ durch einen Katalysator

Die Wirkungsweise des Metalls stellt man sich wie folgt vor. Zunächst werden die Ausgangsverbindungen Alken und Wasserstoff an die Oberfläche des fein verteilten Metalls gebunden, wobei das Alken möglicherweise eine π-Bindung mit dem Metall eingeht. Danach erfolgt die Addition von H_2 an die Doppelbindung.

Dieser Mechanismus steht in Einklang mit der Beobachtung, dass die Wasserstoffatome von derselben Seite addiert werden **(syn-Addition)**, wie das folgende Beispiel zeigt.

Alkylgruppen an der Doppelbindung behindern die Addition von H_2. Deshalb reagieren disubstituierte Alkene langsamer als monosubstituierte. Beispiel:

4-Vinylcyclohexen   **4-Ethylcyclohexen**

Bei dieser selektiven Hydrierung muss die Reaktion spätestens nach Aufnahme *eines* mols Wasserstoff abgebrochen werden. Andernfalls wird die zweite Doppelbindung ebenfalls hydriert ,wenn auch langsamer als die erste.
Fein verteilte Metalle gehören zu den **heterogenen Hydrierungskatalysatoren**. Ihnen stehen die **homogenen Hydrierungskatalysatoren** gegenüber, das sind lösliche Verbindungen des Rhodiums und Rutheniums. Diese werden im Abschn. 16.5.1 behandelt.
Dehydrierung von Alkanen. Die Addition von H_2 an Alkene ist ein reversibler Vorgang. Die Umkehrung heißt **Dehydrierung**. Letztere verlaufen im allgemeinen erst bei hoher Temperatur, da C–H-Bindungen gespalten werden müssen. Als Katalysatoren werden die gleichen wie bei der Hydrierung verwendet. Auch mechanistisch ist die Dehydrierung die Umkehrung der Hydrierung.

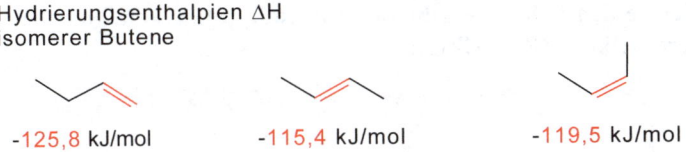

Cyclohexan   300 °C/Pd   **Benzol**   +   3 H$_2$

Ethylbenzol   600 °C/ ZnO, Al$_2$O$_3$ **Styrol**   +   H$_2$

Die Dehydrierung von Ethylbenzol wird großtechnisch zur Gewinnung von Styrol durchgeführt, das zur Herstellung von Polystyrol benötigt wird. Als Katalysatoren dienen hier Metalloxide.

Die Verschiebung des Gleichgewichts bei höherer Temperatur zugunsten der Dehydrierung mag verwundern, da dieselbe stark endotherm und damit nicht begünstigt ist.

$$\text{Alken} \quad + \quad \text{H}_2 \quad \underset{\text{Dehydrierung}}{\overset{\text{Hydrierung}}{\rightleftharpoons}} \quad \text{Alkan} \qquad \Delta H = -125 \text{ kJ/mol}$$

Wie im Abschn. 1.10.1 erläutert, entscheidet aber nicht nur die Reaktionsenthalpie ΔH über den Reaktionsablauf einer Reaktion, sondern auch die Reaktionsentropie ΔS. Da bei der Dehydrierung zwei Moleküle aus einem Molekül entstehen, ist von einer Zunahme der Entropie auszugehen. Bei hoher Temperatur T ist TΔS viel größer als ΔH. Es resultiert daher gemäß der Gleichung $\Delta G = \Delta H - T\Delta S$ für die Freie Enthalpie ΔG ein negativer Wert, was bedeutet, dass die Reaktion in Richtung Dehydrierung abläuft.

6.4 Hydrierungswärme und Stabilität substituierter Alkene

Die bei der Addition von Wasserstoff an eine CC-Doppelbindung abgegebene Wärmemenge hängt von der Konfiguration und von der Anzahl der Alkylgruppen an der Doppelbindung ab. Bei der Hydrierung der drei isomeren Butenverbindungen 1-Buten, (Z)- und (E)-2-Buten wurden folgende Enthalpien ΔH gemessen:

Hydrierungsenthalpien ΔH
isomerer Butene

-125,8 kJ/mol   -115,4 kJ/mol   -119,5 kJ/mol

Da bei allen Reaktionen das gleiche Produkt Butan entsteht, muss der Energieinhalt der eingesetzten Alkene unterschiedlich sein. Ähnliche Ergebnisse liefert die

Hydrierung der isomeren Pentenverbindungen, Hexenverbindungen etc. Die Ergebnisse können daher wie folgt verallgemeinert werden:

● *Alkene sind um so stabiler, je mehr Alkylgruppen an die olefinischen C-Atome gebunden sind.* Ursache dafür ist die **Hyperkonjugation** zwischen der α-C–H-Bindung als Elektronendonor und der π*-Bindung als Elektronenakzeptor. Bei dieser Elektronenverschiebung wird Energie abgegeben. Die folgende Abbildung beschreibt die Hyperkonjugation im Propen.

Propen

Hyperkonjugation im Propen. Der Pfeil markiert die Elektronenverschiebung von einer α-C–H-Bindung (besetzt mit 2 Elektronen) zum π*-Orbital (unbesetzt). Rechts: vereinfachte Darstellung

Bei der Hydrierung muss dieser Energiebetrag zugeführt werden, deshalb ist die Hydrierungswärme von *trans*-2-Buten, dessen Doppelbindung durch zwei Alkylgruppen stabilisiert ist, geringer als die von 1-Buten, welches nur durch eine Alkylgruppe stabilisiert ist.

● *trans-Alkene sind stabiler als cis-Alkene.* Im *cis*-Alken behindern sich die Substituenten und erhöhen damit die potentielle Energie des Moleküls. Bei der Hydrierung wird diese potentielle Energie frei und erhöht die Hydrierungswärme gegenüber der *trans*-Verbindung. Beim *cis*-Buten beträgt diese potentielle Energie 4,1 kJ/mol, wie die Differenzbildung vorstehender Werte für Hydrierungsenthalpien ergibt. Die folgende Abbildung beschreibt die Behinderungen anhand der Kalottenmodelle der 2-Butene.

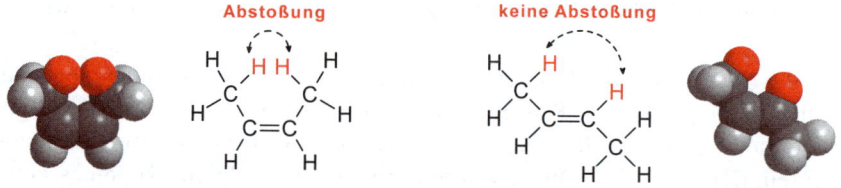

Auf der Basis der beiden Effekte ergibt sich folgende Reihe zunehmender Stabilität für substituierte Alkene (R = Alkyl):

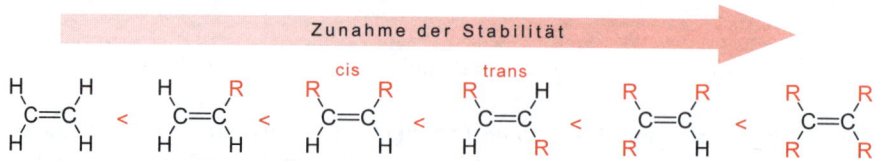

Aufgaben

6. Erklären Sie die Begriffe Hydrierung, Hydratisierung und Hydrolyse.

7. Wie viel Liter Wasserstoff unter Normalbedingungen nehmen 10 g 2,4,4-Tri-methyl-2-penten auf?

8. Welches der C_5-Alkene A bis C besitzt die größte thermodynamische Stabilität?

A   **B**   **C**

9. Berechnen Sie die Hydrierungsenthalpie einer Doppelbindung aus den tabellier-ten Bindungsenergien (Abschn. 1.9).

10. Welche Stereoisomere entstehen bei der Addition von molekularem Deuterium D_2 an a) Cyclopenten, b) *cis*-2-Buten?

6.5 Herstellung von Alkenen

Herstellung von Alkenen - ein Überblick. Alkene stehen hinsichtlich ihrer Sätti-gung zwischen Alkanen und Alkinen. Dementsprechend können sie aus Alkanen durch *Dehydrierung* und aus Alkinen durch *Hydrierung* hergestellt werden.

Die Dehydrierung erfordert höhere Temperaturen und wird deshalb im Labormaß-stab nur selten durchgeführt, sie ist aber in der Technik von Bedeutung. Dagegen stellt die partielle Hydrierung einer Dreifachbindung eine im Labor und in der Technik gleichermaßen gängige, oftmals bei Raumtemperatur verlaufende Metho-de zur Gewinnung von Alkenen dar.

Eine weitere wichtige Darstellungsmethode von Alkenen beruht auf der 1,2-Eliminierung von H−X (X z.B. Halogen) aus geeigneten Ausgangsverbindungen (Abschn. 11.2). Die Eliminierung gelingt mit Hilfe von Basen, manchmal auch einfach durch Erhitzen.

Darüber hinaus gibt es spezielle Methoden zur Herstellung von Alkenen. Nachfol-gend sind die wichtigsten Darstellungsmethoden zusammengefasst.

Aus Alkanen durch Pyrolyse (Abschn. 3.11).

$$H_3C{-}CH_3 \xrightarrow[\text{Metalloxide}]{800°C} H_2C{=}CH_2 \quad + \quad H_2$$

$$H{-}(CH_2)_n{-}H \xrightarrow[(H_2O)]{800°C} H_2C{=}CH_2 \ + \ \diagup\!\!\diagdown \ + \ \diagdown\!\!\diagup\!\!\diagdown \ + \ \text{usw.}$$

Die Alkene werden anschließend durch Tieftemperaturdestillation voneinander getrennt. Auf diese Weise werden Ethen, Propen und andere Alkene großtechnisch hergestellt. Ethen ist mengenmäßig die bedeutendste Industriechemikalie, da viele andere Grundchemikalien daraus hergestellt werden können.

Aus Alkinen durch Hydrierung (Abschn. 7.4.4).

Aus Alkylhalogeniden durch Abspaltung von Halogenwasserstoff mit Basen (Abschn. 11.2).

Aus Alkoholen durch Wasserabspaltung mit Säuren (Abschn. 12.6.5).

1-Phenylethanol   Styrol

Aus quartären Ammoniumhydroxiden durch Erhitzen (Hofmann-Eliminierung) (Abschn. 11.2).

Cyclopropyltrimethyl-ammoniumhydroxid   Cyclopropen   Trimethylamin

Aus Carbonylverbindungen und Yliden (Wittig-Reaktion) (Abschn. 17.5.9).

| Cyclohexanon | ein Ylid | Methylencyclohexan |

Aus α,ω−Dienen durch Abspaltung von Alken (Olefinmetathese) (Abschn. 16.5.3)

α,ω-Dodecadien   Cyclodecen

6.6 Zur Reaktivität von Alkenen

Alkene besitzen zwei reaktive Zentren: die Doppelbindung und die allylständigen H-Atome neben der Doppelbindung.

An der Doppelbindung beobachtet man Additionen, an den allylständigen H-Atomen Substitutionen. Chlor reagiert je nach Temperatur unter Addition oder Substitution.

Additionen an die Doppelbindung. Die wichtigsten Reaktionen sind Additionen an die Doppelbindung. Diese können radikalisch oder ionisch verlaufen. Im Falle eines ionischen Verlaufs kann der erste Schritt ein elektrophiler oder ein nucleophiler Angriff sein. (Zu den Begriffen *elektrophil* und *nucleophil* s. Abschn. 1.10.3.) Somit sind drei Typen von Additionen an die C=C-Bindung zu unterscheiden.

radikalischer Angriff:

(radikalische
Addition von Cl_2)

elektrophiler Angriff:

(elektrophile
Addition von HCl)

nucleophiler Angriff:

(nucleophile
Addition von $HOCH_3$)

Ob ein Angriff auf eine Doppelbindung radikalisch, elektrophil oder nucleophil erfolgt, bestimmen mehrere Faktoren. An erster Stelle sind es die Substituenten an der Doppelbindung: Ein Elektronendonor (z.B. CH_3) begünstigt einen radikalischen oder elektrophilen Angriff, da dieser Substituent ein radikalisches oder kationisches C-Atom stabilisiert. Ein Elektronenakzeptor (z.B. Carbonylgruppe C=O) fördert einen nucleophilen Angriff, da dieser Substituent ein anionisches C-Atom stabilisiert (Abschn. 21.4.1).

Nach einem völlig anderen, noch nicht restlos geklärten Mechanismus verläuft die im Abschn. 6.3 behandelte metallkatalysierte Addition von Wasserstoff.

6.7 Elektrophile Additionen an Alkene

6.7.1 Erzeugung und Stabilität von Carbenium-Ionen

Bei der elektrophilen Addition an die Doppelbindung von Alkenen spielen Übergangszustände und Zwischenstufen, in denen der Kohlenstoff eine partielle oder volle positive Ladung besitzt, eine große Rolle. Deshalb werden zunächst Verbindungen mit einem positiv geladenem C-Atom erörtert. Die zugrunde liegenden Ionen heißen **Carbenium-Ionen** oder **Carbokationen**.

Carbenium-Ionen bilden sich bei der Addition eines Protons an eine CC-Doppelbindung.

elektrophiler
Angriff des Protons

Ethyl-Kation

Das positiv geladene C-Atom in Carbenium-Ionen besitzt nur sechs Valenzelektronen und somit eine Elektronenlücke. Aufgrund dieser Lücke sind Carbenium-Ionen äußerst reaktionsfreudig. Eine Stabilisierung erfolgt ähnlich wie bei Kohlenstoffradikalen (Abschn. 3.10.2) durch Alkylgruppen oder Phenylgruppen.

Die Zunahme der Stabilität durch Alkylgruppen wird z.T. auf den Elektronendonor-Effekt der Alkylgruppen, z.T. auf die C–H-Bindungen in α-Stellung zurückgeführt. Eine dieser Bindungen kann sich so ausrichten, dass sie coplanar mit dem leeren p-Orbital stehen und σ-Elektronen an letzteres abgeben kann. Es tritt eine Delokalisierung der σ-Elektronen ein, die **Hyperkonjugation** genannt wird.

Hyperkonjugation im Ethyl-Kation. Der rote Pfeil markiert den Elektronenfluss von einer α-C–H-Bindung (besetzt mit zwei Elektronen) zum p-Orbital (leer). Rechts: vereinfachte Darstellung

Beide Effekte führen zu einer Delokalisierung der positiven Ladung und damit zu einer Stabilisierung des Carbenium-Ions. Die besondere Stabilität des *tert*-Butyl-Kations beruht darauf, dass sich drei C–H-Bindungen (je Methylgruppe eine CH-Bindung) *syn*-coplanar zum leeren p-Orbital anordnen können. Noch stabiler ist das Triphenylmethyl-Kation, das durch Delokalisierung der positiven Ladung stabilisiert ist (Mesomerie).

Triphenylmethyl-Kation (4 von 10 möglichen mesomeren Grenzstrukturen)

Umlagerung von Carbenium-Ionen. *In situ* hergestellte primäre und sekundäre Carbenium-Ionen lagern sich oftmals in die stabileren tertiären Carbenium-Ionen um, sofern die strukturellen Voraussetzungen gegeben sind. Dabei wandert ein Substituent (Alkyl oder H) *mitsamt* seinen Bindungselektronen zum benachbarten C-Atom. Diese Wanderung heißt **Anionotropie**. So lagert sich *tert*-Butylethen unter Wanderung einer Methylgruppe in Tetramethylethen um, wenn Protonen auf die Verbindung einwirken.

tert-**Butylethen**   **sekundäres**   **tertiäres**   **Tetramethylethen**
                               Carbenium-Ion   **Carbenium-Ion**

Umlagerungen von Carbenium-Ionen wurden zuerst 1899 von *G. Wagner* beobachtet und später von *H. Meerwein* insbesondere an Terpenen studiert und werden **Wagner-Meerwein-Umlagerungen** genannt.

Isolierung von Carbenium-Salzen. Salze von Carbenium-Ionen können auch isoliert und gelagert werden, sofern die positive Ladung an einem tertiären C-Atom sitzt und das Gegenion kaum nucleophil ist. Zu den stabilen Carbenium-Salzen zählt Trimethylcarbenium-hexafluoroantimonat, das wie folgt hergestellt wird:

tert-**Butylfluorid**   **Trimethylcarbenium-**
                                                     hexafluoroantimonat

Aufgabe

11. Ordnen Sie die folgenden Carbenium-Ionen nach abnehmender Stabilität.

Benzylkation

6.7.2 Addition von Säuren an Alkene. Markownikow-Regel

Übersicht. Säuren wie Halogenwasserstoff oder Schwefelsäure lagern sich an die Doppelbindung von Alkenen, wobei Halogenalkane bzw. Schwefelsäuremono-alkylester entstehen.

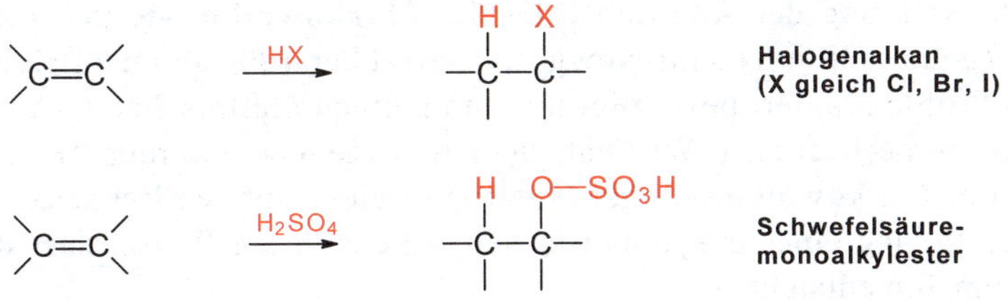

Addition von Halogenwasserstoff. Halogenwasserstoff liegt in einem unpolaren Lösungsmittel oder im gasförmigen Zustand in undissoziierter Form vor, in einem polaren Lösungsmittel in dissoziierter Form. Dementsprechend reagiert es als HX oder als $H^+ + X^-$.

Leitet man gasförmigen Chlorwasserstoff in eine Lösung von Cyclohexen in Methylenchlorid, so bildet sich Chlorcyclohexan.

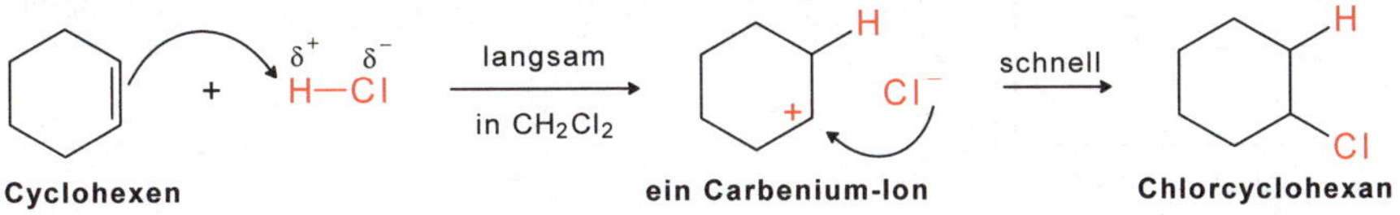

Im ersten Schritt erfolgt ein elektrophiler Angriff des H-Atoms auf eines der beiden olefinischen C-Atome unter Bildung eines Carbenium-Ions. Im zweiten Schritt reagiert das Chlorid-Ion mit dem Carbenium-Ion zu Chlorcyclohexan.

Unsymmetrische Alkene ergeben zwei Produkte, da das Proton mit dem einen oder anderen olefinischen C-Atom reagieren kann. So liefern Propen und wässriger Bromwasserstoff 2-Brompropan als Hauptprodukt und 1-Brompropan als Nebenprodukt.

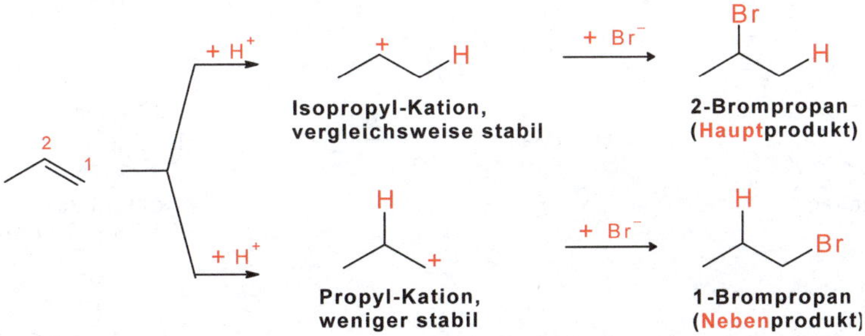

Welches ist die Ursache dieser Selektivität? Das Proton greift das C-Atom 1 in Propen schneller an, weil dazu weniger Aktivierungsenergie erforderlich ist als beim Angriff auf C-2. Beim Angriff auf C-1 entsteht im Übergangszustand ein Ion, das einem relativ energiearmen Isopropylkation ähnelt, während beim Angriff auf C-2 ein Ion entsteht, das einem relativ energiereichen n-Propylkation nahe kommt. Die nachfolgende Abb. gibt das Energieprofil der Reaktion Propen plus Bromwasserstoff wieder. Beachten Sie, dass $E_1^{\neq}$ kleiner als $E_2^{\neq}$ ist.

Die bevorzugte Richtung der Addition folgt der **Markownikow-Regel**, die *W.W. Markownikow* (geb. 1838 in Nishni-Nowgorod) vor über 100 Jahren aufstellte und die lautet: Ein Proton reagiert bevorzugt mit demjenigen olefinischen C-Atom, das die meisten H-Atome besitzt. („Wer hat, dem wird gegeben werden.") Eine modernere Form der Markownikow-Regel lautet: Ein elektrophiles Reagenz reagiert mit der Doppelbindung eines unsymmetrischen Alkens in der Weise, dass das stabilere Carbenium-Ion entsteht.

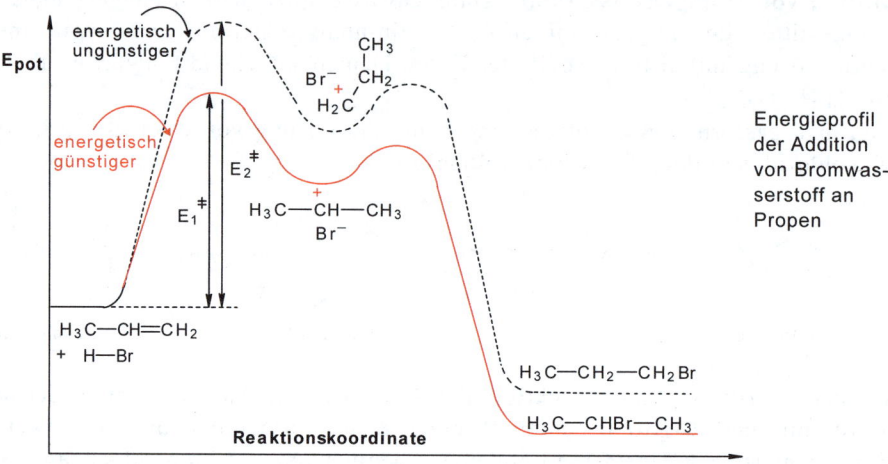

Energieprofil der Addition von Bromwasserstoff an Propen

Die Bevorzugung einer bestimmten Position gegenüber einer anderen (in vorstehender Reaktion 2- vor 1-Brompropan) wird auch **Regioselektivität** genannt. Alkene, an deren olefinische C-Atome statt Alkylsubstituenten andere Substituenten wie Phenyl oder Alkoxy gebunden sind, reagieren ebenfalls regioselektiv.

Inden + HCl (Gas) $\xrightarrow{0°\text{ C}}$ **1-Chlorindan (75 % Ausbeute)**

Ethyl-vinyl-ether + HBr (Gas) $\longrightarrow$ **1-Bromethyl-ethyl-ether**

Ursache für die Regioselektivität ist hier die Delokalisierung der positiven Ladung durch Phenyl bzw. durch ein einsames Elektronenpaar.

Inden

ein Carbenium-Ion
(2 von 4 mesomeren Grenzstrukturen)

ein Carbenium-Ion
(2 mesomere Grenzstrukturen)

Addition von Schwefelsäure. Bei der Addition von konzentrierter Schwefelsäure an Alkene bilden sich Halbester der Schwefelsäure. Die Richtung der Addition folgt auch hier der Markownikow-Regel. Die Halbester können anschließend zu Alkohol und Schwefelsäure hydrolysiert werden.

Propen — H_2SO_4 (80 %ig) → **Isopropylhydrogensulfat** — H_2O → **2-Propanol** + H_2SO_4

Aufgaben

12. Octahydronaphthalin reagiert mit HBr zu folgendem *cis-trans*-Gemisch. Erklären Sie den nicht stereospezifischen Reaktionsablauf.

Octahydronaphthalin — HBr (Gas) → *cis* und *trans*–4a–Bromdecalin

13. Welches Produkt entsteht?

+ HBr (Gas) — in CH_2Cl_2 →

14. Methylencyclohexan (A) isomerisiert in Gegenwart von Protonen zu B. Welche Konstitution besitzt B? Weshalb tritt Isomerisierung ein?

A

Methylencyclohexan — H^+ → **B**

6.7.3 Addition von Wasser an Alkene

Addition von Wasser unter Protonenkatalyse. Alken und Wasser reagieren nicht miteinander, auch nicht beim Erhitzen. Fügt man aber eine katalytische Menge einer starken Säure hinzu, so erfolgt eine Addition des Wassers an die Doppelbindung. Dabei entsteht ein Alkohol. Die Reaktion verläuft regioselektiv: Das Proton reagiert bevorzugt mit dem olefinischen C-Atom, das mit den meisten H-Atomen verbunden ist (**Markownikow-Regel**). Propen liefert 2-Propanol, Isobuten ergibt *tert*-Butylalkohol. Diese Reaktionen werden auch im großtechnischen Maßstab durchgeführt.

Der Mechanismus der Hydratisierung von Isobuten verläuft wie folgt:

Zunächst addiert sich das Proton an C-1, wobei das *tert*-Butylkation entsteht. Letzteres reagiert mit Wasser zum protonierten Alkohol und schließlich zum freien Alkohol. Die Addition von Wasser an endständige Alkene ist ein weiteres Beispiel für eine regioselektive Reaktion.

Addition von Wasser mit Hilfe von Quecksilberacetat. Im Labor wird die Wasseranlagerung an Alkene schonender mit Hilfe einer *äquimolaren* Menge an Quecksilberacetat (Hg(OAc)$_2$) durchgeführt. Als Zwischenstufe bildet sich eine quecksilberorganische Verbindung, die mit Natriumborhydrid NaBH$_4$ nach einem noch nicht ganz geklärten Mechanismus in den quecksilberfreien Alkohol überführt wird. Der gebildete Alkohol ist identisch mit dem, der bei der H$^+$-katalysierten Wasseraddition entsteht.

Zunächst erfolgt eine elektrophile Addition von $AcOHg^+$ (aus $(AcO)_2Hg$ $\leftrightarrows$ $AcOHg^+ + OAc^-$) an das Alken, wobei als Zwischenstufe eine cyclische oder eine offenkettige Verbindung entsteht. (Die Struktur der Zwischenstufe ist noch unklar.). Die Addition zur offenkettigen Zwischenstufe folgt der Markownikow-Regel.

Aufgaben

15. Die Addition von Wasser an alkylsubstituierte Alkene gelingt unter H^+-, nicht aber unter OH^--Katalyse. Geben Sie eine Erklärung.
16. Zur Addition von Wasser an eine olefinische Doppelbindung wird als Katalysator verd. HNO_3 oder verd. H_2SO_4, nicht aber verd. HBr verwendet. Weshalb nicht die zuletzt genannte Verbindung?
17. Vervollständigen Sie:

18. Welcher Alkohol bildet sich aus 1-Methylcyclopenten und verdünnter Schwefelsäure?

6.7.4 Addition von Halogenen an Alkene

Halogene wie Chlor oder Brom lagern sich an die Doppelbindung eines Alkens an, wobei 1,2-Dihalogenalkane entstehen. So bildet sich aus Chlor und Ethen 1,2-Dichlorethan.

1,2-Dichlorethan dient als Ausgangsverbindung zur Herstellung von Polyvinylchlorid, ferner als Lösungsmittel für organische Verbindungen.

Fluor reagiert ebenfalls, aber heftig und schwer kontrollierbar, Iod in der Regel gar nicht. Die Reaktion mit Brom kann zum Nachweis von CC-Doppelbindungen herangezogen werden. Dazu wird die zu untersuchende Verbindung mit einer rotbraunen Brom-Lösung versetzt. Tritt momentane Entfärbung ein, so enthält die Verbindung eine Doppelbindung (oder eine andere reduzierende Gruppe).

Die Anlagerung ist eine *anti*-**Addition**: Das eine Halogenatom greift von der Vorder-, das andere von der Rückseite der Doppelbindung an. So liefert Cyclopenten *trans*-1,2-Dibromcyclopentan.

Cyclopenten　　　　　　　　　*trans*-**1,2-Dibromcyclopentan**

Wie kommt die *anti*-Addition zustande? Zunächst bildet sich in einer Gleichgewichtsreaktion ein π-Komplex. Dieser wandelt sich langsam in einen Dreiring mit Bromoniumstruktur um. Der Dreiring wird durch das nucleophile Bromid-Ion geöffnet, wobei der Angriff von der dem Dreiring abgewandten Seite erfolgt. *Dieser rückwärtige Angriff ergibt zwangsläufig eine trans-Anordnung der Br-Atome.*

π-Komplex　　　　　　　**Bromonium-Verb.**

Eine Zwischenstufe mit Bromoniumstruktur konnte auch isoliert und durch Analyse der Einkristalle mit Röntgenstrahlen aufgeklärt werden:

Adamantyliden-adamantan

Die *anti*-Addition von Brom tritt auch bei offenkettigen Alkenen ein. So liefert *trans*-2-Buten stereospezifisch das symmetrische *meso*-2,3-Dibrombutan (mit einem rot markierten Symmetriezentrum *i*) und *cis*-2-Buten stereospezifisch *rac*-2,3-Dibrombutan.

trans-**2-Buten**　　　　　　　　　　　　　　　*meso*-**2,3-Dibrombutan**

cis-2-Buten → **rac-2,3-Dibrombutan**

Die Unterscheidung von *meso* und *rac* gelingt durch Gaschromatographie mit einem chiralen Säulenbelag (Abschn. 5.7): Die *meso*-Verbindung liefert ein Signal, da sie nur aus einer Verbindung besteht; die *rac*-Verbindung verursacht zwei Signale herrührend von zwei Verbindungen (Enantiomerenpaar).

Uneinheitlich verläuft die Halogenierung, wenn an die Doppelbindung Substituenten gebunden sind, die eine positive Ladung erheblich stabilisieren. Hier bildet sich als Zwischenstufe neben der cyclischen Bromoniumverbindung auch eine offenkettige, mesomeriestabilisierte Carbeniumverbindung. Als Beispiel dient die Bromierung von β-Methylstyrol.

(Z)-β-Methylstyrol   **Bromonium-Ion**   **Carbenium-Ion**

A (Anteil 78 %)   **B (Anteil 22 %)**

Die Bromoniumverbindung reagiert mit Bromid-Ionen zu einem Dibromid (A); die Carbeniumverbindung liefert dagegen zwei Dibromide (neben A auch B), da der Angriff der Bromid-Ionen von beiden Seiten des Carbenium-Ions erfolgen kann. Das Verhältnis der beiden diastereoisomeren Dibromide (A und B) beträgt 78 : 22.

Reaktionsgeschwindigkeit elektrophiler Additionen. Elektrophile Additionen an Alkene verlaufen um so schneller, je mehr Alkylsubstituenten oder andere elektronenabgebende Substituenten an die olefinischen C-Atome gebunden sind. Bei der Bromierung wurden folgende relativen Geschwindigkeiten gemessen (in Methanol/NaBr, Reaktionstemperatur 25 °C):

Die gegenüber Ethen enorme Beschleunigung beruht darauf, dass die im Übergangszustand auftretende δ^+-Ladung durch Alkyl, Phenyl u.a. delokalisiert werden
kann, z.B.:

δ^+-Ladung wird durch CH$_3$ stabilisiert.

Hingegen reagiert Vinylchlorid ($H_2C=CH-Cl$) langsamer als Ethen, da der Chlorsubstituent insgesamt elektronenanziehend wirkt ($-I$, $+M$).

Aufgaben

19. Adamantyliden-adamantan gehört zu den wenigen Alkenen, die bei der Bromierung eine stabile Bromoniumverbindung liefern (s. Text). Woher rührt die
Stabilität?

20. Wird die Bromierung von Ethen in Gegenwart von Chlorid-Ionen durchgeführt, bildet sich neben 1,2-Dibrom- auch 1-Brom-2-*chlor*ethan. Formulieren
Sie den Mechanismus der Bildung der letztgenannten Verbindung.

1,2-Dibrom-ethan   1-Brom-2-chlor-ethan

21. Brom wird zu einer Lösung getropft, die einen großen Überschuss äquimolarer
Mengen an Ethen und Propen enthält. In welchem Verhältnis bilden sich die
beiden Dibromide?

22. Maleinsäure und Fumarsäure werden mit Brom unter ionischen Bedingungen
(polare Lösungsmittel, Lichtausschluss) stereospezifisch in Dibromide überführt. Welche Säure liefert die *meso*-, welche die *rac*-Verbindung?

Maleinsäure   Fumarsäure

6.7.5 Addition von hypohalogeniger Säure an Alkene

Wird die Halogenierung eines Alkens in Gegenwart von Wasser vorgenommen, so
erfolgt nicht die Addition von Halogen sondern die von hypohalogeniger Säure
HOX. Dabei bildet sich ein Alkohol mit einem Halogenatom in β-Stellung zur
OH-Gruppe, ein sogenanntes **Halogenhydrin**. Beispiel:

trans-2-Bromcyclohexanol

Weshalb nimmt die Bromierung in Gegenwart von Wasser einen anderen Verlauf? Auch hier entsteht als Zwischenstufe zunächst eine Bromoniumverbindung. Diese wird aber zum größten Teil durch das im Überschuss vorhandene schwache Nucleophil Wasser und nur zu einem kleinen Teil durch das in geringer Konzentration vorhandene Nucleophil Bromid geöffnet. Wie die Bromierung verläuft auch diese Reaktion stereospezifisch unter **_anti_-Addition**.

Unsymmetrische Alkene liefern hauptsächlich das **Markownikow-Produkt**. Es bildet sich durch Angriff des Wassers auf das höher substituierte C-Atom, obwohl dasselbe durch Alkyl abgeschirmt ist. Beispiel:

1-Brom-2-propanol   **2-Brom-1-propanol**
(Hauptprodukt)   **(Nebenprodukt)**

Welches ist die Ursache dieser Regioselektivität? Der Angriff auf das höher substituierte C-Atom erfordert weniger Aktivierungsenergie als der alternative Angriff, da die im Übergangszustand (ÜZ) auftretende δ^+-Ladung durch die Methylgruppe stabilisiert wird. Dass eine δ^+-Ladung am Ring-C-Atom überhaupt auftritt, ist eine Folge des zeitlichen Ablaufs der Substitution: Die Lösung der Bindung C–Br ist stärker vorangeschritten als die Bildung der Bindung C–OH_2. Die energetische Situation ist die gleiche wie bei der H^+-katalysierten Ringöffnung substituierter Epoxide (Abschn. 13.6.2).

ÜZ durch Methyl stabilisiert   **ÜZ durch Methyl nicht stabilisiert**

Bequemer als mit dem flüssigen aggressiven Brom gelingt die Addition mit kristallinem _N_-Bromsuccinimid (NBS) und Wasser. Hierbei erfolgt zunächst eine Übertragung des elektrophilen Broms in NBS auf die Doppelbindung unter Bildung einer Bromoniumverbindung, anschließend tritt Ringöffnung des Bromoniumringes durch Hydroxid ein. Beispiel:

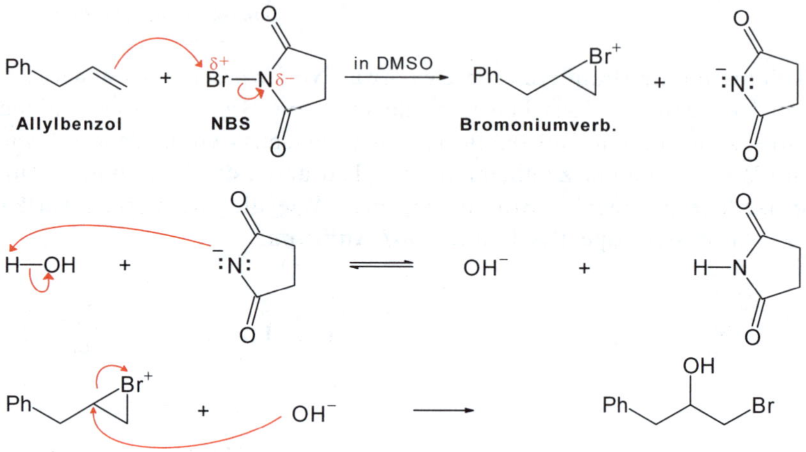

Halogenhydrine sind reaktionsfähige Verbindungen. Mit Natriumhydroxid werden sie in Epoxide überführt (Abschn. 13.6.1).

Aufgaben

23. Bromhydrine können auch durch Addition der unbeständigen Hypobromigen Säure (HOBr) und Alken hergestellt werden. Formulieren Sie die Reaktion mit Isobuten.

24. Welche Verbindung bildet sich bei der Einwirkung von Iodchlorid (ICl) auf 1-Methylcyclohexen?

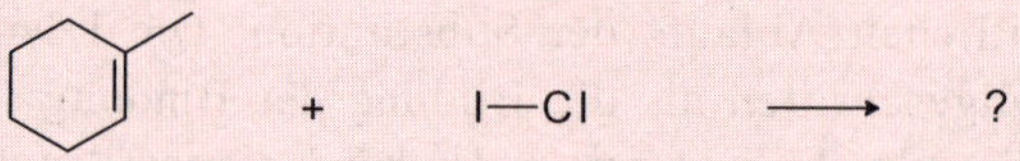

25. Was bedeuten Regioselektivität und Stereoselektivität?

6.7.6 *Exkurs:* Addition von Halogen an das Trien Myrcen

Myrcen ist ein in Pflanzenöl vorkommendes Terpen mit drei olefinischen Doppelbindungen. Die Verbindung kann durch Halogenierung in Halomon überführt werden, welches cytotoxische Eigenschaften besitzt und deshalb von besonderem Interesse ist. Nachfolgend ist die Synthese von Halomon beschrieben.

Myrcen, ein Terpen

$$+ 2 \overset{\delta+ \quad \delta-}{Br-Cl} \text{*)}$$
in CH_2Cl_2, 20 °C

$! \not{\Big/} \; \begin{array}{l} 3\,Br-Cl \\ -HBr \end{array}$

$-HBr$
(DBN in DMFA**)
bei 20 °C)

$$+ \overset{\delta+ \quad \delta-}{Br-Cl}$$
in CH_2Cl_2, −55 °C

Halomon (Nebenprodukt: Diastereomer)

*) Aus NBu_4^+ [Cl-Br-Cl]$^-$. **) **DBN** (Diazabicyclononen) ist eine starke Base, zur Struktur dieses Amidins s. Abschn. 22.5.1. **DMF** Dimethylformamid.

Die Synthese geht von Myrcen und dem Halogenierungsreagenz Br−Cl aus. Letzteres wird aus Tetrabutylammoniumdichlorobromat durch Erwärmen erhalten.

$$N(Bu)_4^+ \; [Cl-Br-Cl]^- \quad \rightleftharpoons \quad N(Bu)_4^+ \; Cl^- \quad + \quad \overset{\delta+ \quad \delta-}{Br-Cl}$$

Versuche, durch dreifache Addition von Br-Cl an Myrcen und anschließende HBr-Abspaltung zum Halomon zu gelangen, scheiterten (siehe gestrichelten Pfeil im Formelschema). Deshalb wurde ein Umweg gewählt. Zunächst werden nur zwei Äquivalente Br−Cl addiert. Bei beiden Additionen reagiert das δ^+-Brom gemäß der Markownikow-Regel jeweils mit dem weniger substituierten C-Atom. Anschließend wird HBr abgespalten und erneut Br−Cl addiert, wiederum gemäß der Markownikow-Regel. Letztere Addition erfolgt an die alkylsubstituierte C=C-Bindung, da die chlorsubstituierte weniger reaktiv ist.

Das Reaktionsprodukt enthält zwei Chiralitätszentren (n = 2) und besteht somit gemäß der Stereoregel 2^n aus vier Stereoisomeren (Abschn. 5.3). Das gewünschte Stereoisomer Halomon kann aus dem Gemisch durch Flüssigkeitschromatographie mit einer chiralen Phase abgetrennt werden.

Halomon kommt auch in der Natur vor, u.a. in der Rotalge *portieria hornemanni*). Die Biosynthese verläuft wahrscheinlich auf ähnliche Weise wie im Labor. Bromid-Ionen, im Meerwasser reichlich vorhanden, werden mit Hilfe des Enzyms Haloperoxidase in eine Verbindung mit positivem Brom umgewandelt. Dieses lagert sich elektrophil und gemäß der Markownikow-Regel an Myrcen an. Auch hier gilt: Die Gesetzmäßigkeiten der Biochemie sind die gleichen wie die der Chemie, nur dass die Zelle mit Enzymen über effektive Katalysatoren verfügt und deshalb ein einziges Diastereomer und zudem enantiomerenrein synthetisiert.

6.7.7 Addition von Boran an Alkene

Boran besitzt die Summenformel BH_3. Aufgrund der Elektronenlücke am Boratom ist die Verbindung sehr reaktionsfähig. Boran addiert sich an die Doppelbindung von Alkenen, wobei Alkylborane gebildet werden. Letztere können in eine Vielzahl anderer organischer Verbindungen umgewandelt werden. Die Addition heißt **Hydroborierung** und wurde von *H.C. Brown* (geb. 1914 in London) entdeckt, der dafür 1979 den Nobelpreis für Chemie erhielt.

Addition von Boran an symmetrische Alkene. Bei der Addition von Boran an Ethylen reagiert ein mol Boran mit drei mol Ethylen. Dabei bildet sich Triethylboran.

Triethylboran, Sdp. 95°C

Als Quelle für Boran wird entweder Diboran verwendet, das in geringem Maße zu Boran dissoziiert, oder ein Additionsprodukt aus Boran und Tetrahydrofuran (THF), das ebenfalls zu Boran dissoziiert.

Wie verläuft die Addition von Boran an Ethen? Zunächst koordiniert das Boratom des Borans mit den π-Elektronen des Alkens. Danach erfolgt die Addition des B–H-Fragments an die Doppelbindung, wobei Ethylboran gebildet wird.

Ethylboran

Ethylboran enthält ebenfalls B–H-Bindungen und reagiert wie BH_3 mit Ethen. Es bildet sich Diethylboran und schließlich Triethylboran.

Bei der Reaktion eines sterisch gehinderten Alkens mit Boran werden weniger als drei mol Alken addiert. So bleibt die Addition an 2,3-Dimethyl-2-buten auf der Stufe des 1:1-Produkts stehen, da das Boratom darin durch die Methylgruppen abgeschirmt ist.

2,3-Dimethyl-2-buten   Thexylboran

Addition von Boran an unsymmetrische Alkene. Die Hydroborierung unsymmetrischer Alkene verläuft **regioselektiv**: Das Bor-Atom als elektrophiles Zentrum tritt fast ausschließlich an das olefinische C-Atom mit der größeren Anzahl von H-Atomen. Die Reaktion mit Propen verläuft wie folgt:

Propen   Tripropylboran

Das alternative Produkt (mit Bor an C-2) bildet sich nur in geringem Maße (< 5% im Fall von Propen).

Worauf beruht die Regioselektivität? Bei der Addition von BH_3 an eine unsymmetrisch alkylierte Doppelbindung sind zwei regioisomere Übergangszustände I und II möglich (s. folgende Abb.). Beide enthalten partielle Ladungen, da die Bindung des Boratoms an das eine olefinische C-Atom stärker vorangeschritten ist als die des H-Atoms an das andere olefinische C-Atom. Übergangszustand I ist energieärmer, da die δ^+-Ladung durch den Elektronendonor Alkyl stabilisiert ist. Übergangszustand I führt zum Markownikow-Produkt, Übergangszustand II zum anti-Markownikow-Produkt.

Übergangszustand I   Übergangszustand II
durch Methyl stabilisiert   durch Methyl nicht stabilisiert

Auch sterische Faktoren tragen zur Regioselektivität bei: Die Bindung des Boratoms erfolgt bevorzugt an das weniger substituierte C-Atom (s. Übergangszustand I). Damit lenken elektronische und sterische Faktoren die Addition in die gleiche Richtung.

Stereoselektivität der Addition von Boran an Alkene. Neben der Regioselektivität beobachtet man auch eine **Stereoselektivität**: Wasserstoff und Bor treten stets von derselben Seite ans Alken. Die Hydroborierung ist somit eine **syn-Addition**. Beispiel:

Aufgaben

26. Was bedeutet A in der folgenden Gleichung?

27. Bei der Reaktion von Boran mit 1-Methylcyclopenten bildet sich zunächst ein Monoalkylboran. Welche Struktur besitzt die Verbindung? (Achten Sie auf die Regio- und Stereoselektivität.) Wie wird das Produkt bezeichnet?

6.7.8 Oxidation von Trialkylboranen

Trialkylborane sind unbeständige, oft luftempfindliche Verbindungen. Sie werden im allgemeinen nach der Herstellung sofort weiter verarbeitet. Von besonderer Bedeutung ist die Oxidation mit H_2O_2, die zu Alkoholen führt.

Oxidation von Trialkylboranen zu Alkoholen. Alkylborane werden durch H_2O_2 zu Borsäureestern oxidiert, deren Hydrolyse Alkohole liefert. Damit können Alkene über Alkylborane in Alkohole überführt werden. Das folgende Schema zeigt den Reaktionsverlauf zunächst summarisch. Beachten Sie den rot markierten Einschub des Sauerstoffatoms in die Kohlenstoff-Bor-Bindung. Triebkraft der Reaktion ist die große Affinität des Bors zu Sauerstoff.

Die Einschiebung des Sauerstoffatoms verläuft nach folgendem Mechanismus:

Trialkylboran   **peroxidisches Boranat-Ion**

Zunächst tritt ein Hydroperoxid-Anion HO–O$^-$ in die Elektronenlücke des Bor-Atoms. Es bildet sich ein peroxidisches Boranat mit einer schwachen O–O-Bindung. Diese löst sich unter Wanderung eines der Alkylsubstituenten mitsamt seinem Elektronenpaar zum Sauerstoffatom. Der Vorgang (Addition von HO–O$^-$ und Wanderung) wiederholt sich noch zweimal, danach liegt ein Borsäure-trialkylester vor, dessen Hydrolyse einen Alkohol ergibt. Die Wanderung eines Substituenten als Anion wie vorstehend wird **Anionotropie** genannt.

Wie im Abschn. 6.7.3 beschrieben, gelingt die Umwandlung eines Alkens in einen Alkohol auch durch H$^+$-katalysierte Wasseraddition. Beide Methoden liefern im Falle *symmetrischer* Alkene den gleichen Alkohol. Im Falle *unsymmetrischer* Alkene bilden sich jedoch unterschiedliche Alkohole, wie das Beispiel Propen zeigt: Die H$^+$-katalysierte Wasseraddition liefert 2-Propanol (Markownikow-Produkt) und die Wasseraddition mit BH$_3$/H$_2$O$_2$ das isomere 1-Propanol (*anti*-Markownikow-Produkt). Somit ergänzen sich beide Methoden.

Stereochemie der Oxidation von Trialkylboranen. Bei der Oxidation des Alkyl-borans tritt die OH-Gruppe stereochemisch genau an die Stelle des Boratoms. Dabei wird die Konfiguration des beteiligten C-Atoms beibehalten **(Retention)**.

Die Reaktion mit dem Cycloalken α-Pinen ist aus stereochemischer Sicht besonders interessant. BH_3 addiert sich zum einen von unten an die sterisch weniger gehinderte Seite, zum anderen regioselektiv gemäß der Markownikow-Regel, und schließlich wird das Boratom durch OH unter Retention an C−3 substituiert.

α-Pinen   trans-3-Hydroxy-cis-pinan

Statt 6 möglicher Alkohole bildet sich nur ein Alkohol: ein bemerkenswertes stereochemisches Resultat. Stereoselektivitäten dieser Art sind von großer Bedeutung für die Darstellung von Arzneimitteln und anderen Wirkstoffen.

Aufgaben

28.. Welche Verbindung entsteht bei der Reaktion von 2-Methyl-2-buten mit B_2H_6/H_2O_2?

29. Mit welchen Reagenzien gelingen folgende Reaktionen?

C   1-Phenylcyclohexen (A)   B

30. Welche C_4H_8-Verbindungen liefern mit welchen Verbindungen 2-Butanol?

31. Ausgehend von 4*H*-Dihydropyran sollen A und B dargestellt werden. Formulieren Sie die beiden Reaktionsgleichungen.

A   4*H*-Dihydropyran   B

32. Das Dien A kann durch Hydroborierung/Oxidation in das Diol B überführt werden. Formulieren Sie die einzelnen Schritte.

A   B

33. Welches Produkt entsteht bei der Hydroborierung/Oxidation des Naturstoffs Cholesterin?

Cholesterin

6.7.9 Addition von Carbenen oder Carbenoiden an Alkene

Struktur und Stabilität von Carbenen. Carbene sind Verbindungen mit zweibindigem Kohlenstoff. Das einfachste Carben ist Methylen CH_2. Die anderen Carbene leiten sich davon durch Substitution des H-Atoms ab.

| Methylen | Phenylcarben | Methoxycarbonylcarben | Difluorcarben |

Wie in Carbenium-Ionen besitzt der Kohlenstoff auch in Carbenen nur sechs Valenzelektronen und somit eine Elektronenlücke. Aufgrund dieser Lücke sind Carbene äußerst reaktionsfreudig und *nur selten isolierbar*. Eine Isolierung gelingt aber, wenn der zweibindige Kohlenstoff mit Donorsubstituenten verbunden ist, die zudem sperrig sind. Beispiel:

ein beständiges Diaminocarben (R = Isopropyl),
Zersetzungspunkt 50 °C

Elektronenverteilung in Carbenen. Die beiden nichtbindenden Elektronen in Carbenen besetzen entweder gemeinsam ein Orbital oder einzeln zwei verschiedene Orbitale. Im ersten Fall sind ihre Spins gemäß dem *Pauli-Prinzip* antiparallel angeordnet; solche Carbene nennt man **Singulett-Carbene**. Im zweiten Fall sind die Spins gemäß der *Hundschen Regel* parallel gerichtet; es liegen sogenannte **Triplett-Carbene** vor, die zu den Diradikalen gehören.

Singulett-Methylen,
Spins antiparallel

Triplett-Carben,
Spins parallel

Die Multiplizitätsbezeichnungen beziehen sich auf die Anzahl der Energiezustände in einem Magnetfeld: Singulett weist auf einen Zustand hin ($\downarrow\uparrow$), Triplett auf drei Zustände ($\uparrow\uparrow;\uparrow\downarrow;\downarrow\downarrow$).

Carbene sind gewinkelt, eine Folge des Raumbedarfs der nichtbindenden Elektronen (s. VSEPR-Modell, Abschn. 1.6). Der Winkel im Singulett-Methylen beträgt 105°, der im Triplett-Methylen 136°.

Erzeugung von Carbenen. Carbene werden durch Eliminierung geeigneter Substituenten vom *selben* Kohlenstoffatom erzeugt (α-Eliminierung). Bei den Substituenten handelt es sich häufig um Distickstoff oder um die Atome Wasserstoff plus Halogen.

Erzeugung und Reaktionen von Methylen. Methylen wird durch Bestrahlung einer Diazomethan-Lösung erzeugt, wobei *Singulett-Methylen* entsteht. Führt man die Bestrahlung in Gegenwart eines Sensibilisators, z.B. Benzophenon (H_5C_6–CO–C_6H_5) durch, so bildet sich *Triplett-Methylen*. Ein **Sensibilisator** ist eine Verbindung, die bei der Bestrahlung in eine Triplettverbindung übergeht und diesen Triplettzustand beim Zusammenstoß mit einem Fremdmolekül auf letzteres überträgt.

Herausragende Eigenschaft von Carbenen ist die Reaktion mit Alkenen, die zu auf andere Weise nur schwer zugänglichen Cyclopropanverbindungen führt.

Singulett-Methylen reagiert mit *cis*-Alkenen zu *cis*-Cyclopropanverbindungen und mit *trans*-Alkenen zu *trans*-Cyclopropanverbindungen. Diese Stereospezifität erklärt sich zwanglos aus der *gleichzeitigen* Knüpfung der beiden C,C-Bindungen im Übergangszustand. Somit liegt eine **syn-Addition** vor.

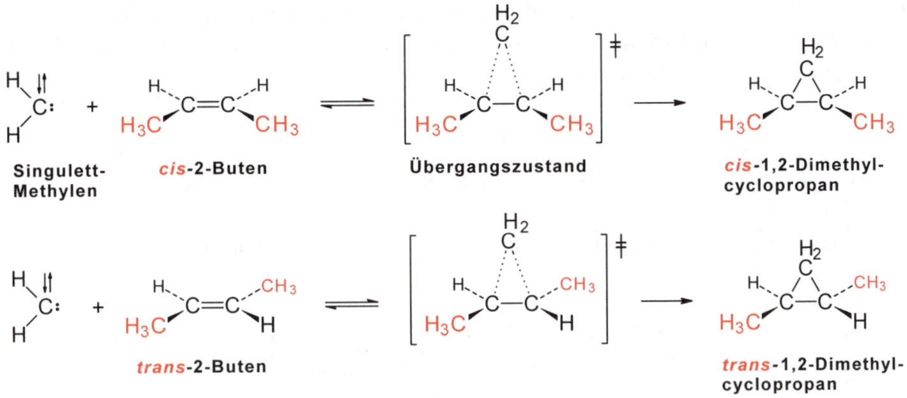

Anders verhält sich das Diradikal Triplett-Methylen. Hier erfolgt die Addition an *cis*-2-Buten *stufenweise*, wobei als Zwischenstufe ein neues Diradikal auftritt. Die ungepaarten Elektronen der Zwischenstufe können sich nicht ohne weiteres zu einem bindenden Elektronenpaar vereinigen, da ihre Spins darin parallel ausgerichtet wären, was das Pauli-Prinzip verletzen würde. Deshalb hat das Diradikal eine gewisse Lebensdauer, innerhalb welcher Rotation um die C–C-Bindung eintritt (vgl. den gekrümmten Pfeil in der folgenden Abbildung). Durch Zufuhr von Energie tritt Spin-Umkehr zu einer Singulett-Verbindung ein. Der nunmehr mögliche Ringschluss führt zu einem *cis-trans*-Gemisch.

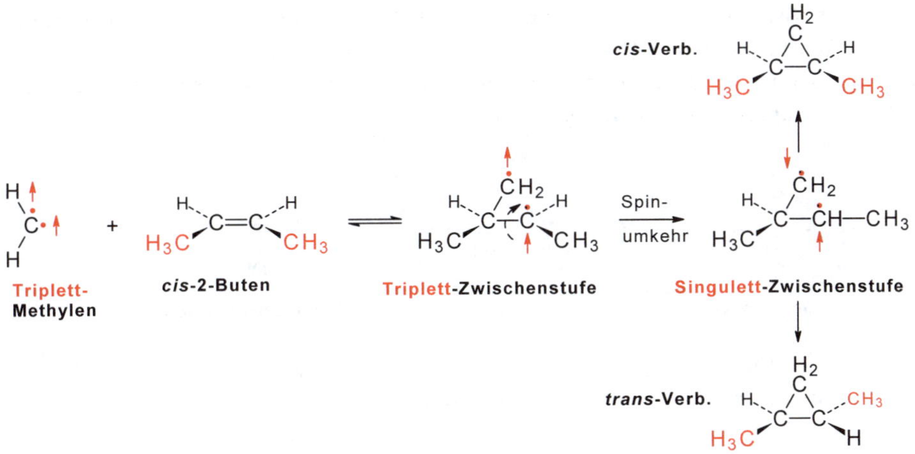

Das gleiche Gemisch bildet sich auch, wenn *trans*-2-Buten eingesetzt wird. Somit verläuft die Addition von Triplett-Methylen an Alkene nicht stereospezifisch.

Erzeugung und Reaktionen von Ethoxycarbonylcarben. Die Verbindung bildet sich beim Erhitzen von Diazoessigester. Sie gehört wegen des elektronenanziehenden Charakters der Estergruppe zu den reaktivsten Carbenen und addiert sich sogar an die π-Bindungen des Benzols. Das dabei gebildete Primärprodukt ist nicht stabil, es wandelt sich im Zuge einer elektrocyclischen Ringöffnung (Abschn. 29.2) in einen 7-Ring um.

Diazoessigsäure-ethylester   **Ethoxycarbonylcarben**

Norcaradiencarbonsäure-   **2,4,6-Cycloheptatrien-**
ethylester   **carbonsäure-ethylester**

Erzeugung und Reaktionen von Dihalogencarbenen. Carbene mit zwei Halogenatomen bilden sich aus Haloform CHX_3 und einer Base, vorzugsweise Kalium-*tert*-butylalkoholat $KOC(CH_3)_3$.

$$H{-}CCl_3 \;+\; K^+ \; {}^-O{-}R \longrightarrow \; :CCl_2 \;+\; H{-}O{-}R \;+\; KCl$$
Chloroform

Zunächst löst die Base den durch den $-I$-Effekt dreier Halogenatome besonders aciden Wasserstoff in CHX_3 ab, wobei sich ein Carbanion bildet. Dieser Schritt verläuft schnell und reversibel. Anschließend zerfällt das Carbanion langsam in Dihalogencarben und ein Halogenid-Ion.

Chloroform   **Trichlormethanid-Ion**

Dichlorcarben

Dihalogencarbene sind Singulett-Carbene. Sie reagieren wie Singulett-Methylen mit Alkenen stereospezifisch unter *syn*-Addition.

trans-1-Phenylpropen   *trans*-1,1-Dichlor-2-methyl-
                                        3-phenylcyclopropan

Erzeugung und Reaktionen von Carbenoiden. Carbenoide sind Verbindungen mit einem C-Atom, an welches ein Metall- und ein Halogenatom gebunden sind. Letztere spalten sich leicht als Metallhalogenid ab (s. gestrichelten Pfeil im Formelschema).

Iodmethylzinkiodid   Trichlormethyllithium

Die Bezeichnung „Carbenoide" soll zum Ausdruck bringen, dass sich die Verbindungen gegenüber Alkenen wie Carbene verhalten. Iodmethylzinkiodid entsteht beim Rühren von Zinkpulver (aktiviert mit Cu) und Diiodmethan in Diethylether.

Fügt man zu der Reaktionsmischung ein Alken hinzu, so reagiert das Carbenoid mit dem Alken zu einer Cyclopropanverbindung. Dabei verlaufen Abspaltung von ZnI_2 und Bildung der Cyclopropanverbindung *synchron*. Folgender Ablauf wird angenommen:

Norcaran (Bicyclo[4.1.0]heptan)
(92 % Ausb.)

Treibende Kraft ist die Bildung von ZnI_2. Auch diese Reaktion verläuft stereospezifisch, wie die Umsetzung mit einem *cis*- oder *trans*-Alken zeigt. Die Reaktion wird nach ihren Entdeckern **Simmons-Smith-Reaktion** genannt.

Aufgaben

34. Anders als $CHCl_3$ ergibt CH_2Cl_2 mit Alkoholat keine α-Eliminierung. Geben Sie eine Erklärung.

35. Warum reagiert Dichlorcarben regioselektiv mit der mittleren Doppelbindung von 1,4,5,8-Tetrahydronaphthalin?

1,4,5,8-Tetrahydronaphthalin

36. Aus welchen olefinischen Verbindungen können A, B und C hergestellt werden?

Zusammenfassung

- Carbene sind Verbindungen mit zweibindigem Kohlenstoff.
- Carbene bilden sich aus Diazoverbindungen durch thermische oder photochemische Abspaltung von N_2 oder aus Haloformen durch α-Eliminierung von Halogenwasserstoff.
- Carbene besitzen zwei freie Elektronen. In Singulett-Carbenen sind dieselben gepaart, in Triplett-Carbenen ungepaart.
- Carbene reagieren mit Alkenen zu Cyclopropanen. Mit Singulett-Carbenen verläuft die Reaktion stereospezifisch unter syn-Addition, mit Triplett-Carbenen dagegen nicht stereospezifisch.
- Carbenoide sind Verbindungen mit einem vierbindigen C-Atom, an das ein Metall- und ein Halogenatom gebunden sind. Chemisch verhalten sie sich ähnlich wie Carbene.

6.7.10 Elektrophile Additionen – ein stereochemischer Vergleich

Elektrophile Additionen an Alkene verlaufen teils stereospezifisch (*anti-* oder *syn-*Additionen) teils nicht stereospezifisch. Das folgende Reaktionsschema enthält für jeden Reaktionstyp ein Beispiel. Zur Erläuterung dient ein cyclisches Alken, da hier die stereochemischen Abläufe besonders einfach zu erkennen sind.

Weitere Beispiele für die drei Reaktionstypen sind: Addition von Hypohalogeniger Säure (*anti-*Addition), Addition von Dihalogencarben (*syn-*Addition) und Addition von Halogenwasserstoff (Addition nicht stereospezifisch).

6.8 Oxidation von Alkenen

Alkene werden durch Verbindungen, die die peroxidische Struktur -O–O- besitzen, an der Doppelbindung oxidiert. Reaktionsprodukte sind Epoxide, Alkohole, Aldehyde, Ketone oder Carbonsäuren, alles Verbindungen, die als Zwischenprodukte für weitere Synthesen nützlich sind. Mechanistisch verlaufen die Oxidationen unterschiedlich. Die Epoxidierung mit Peroxycarbonsäuren ist eine elektrophile Addition. Die Diolbildung mit Permanganat oder Osmiumtetroxid und die Spaltung durch Ozon gehören zu den Cycloadditionen (Abschn. 29.3).

6.8.1 Epoxidierung von Alkenen

Epoxidierung mit Peroxycarbonsäuren. Peroxycarbonsäuren reagieren mit Alkenen, wobei der peroxidische Sauerstoff auf die Doppelbindung übertragen wird. Es bildet sich ein Dreiring mit Sauerstoff, Epoxid oder Oxiran genannt. Ein häufig verwendetes Oxidationsmittel ist die gut dosierbare *m*-Chlorperoxybenzoesäure (Schmelzpunkt 88 °C).

Isobuten   *m*-Chlorperoxybenzoesäure   Isobutenoxid   *m*-Chlorbenzoesäure

Hierbei wird der elektrophile δ^+-Sauerstoff der Peroxygruppe in einer Synchronreaktion auf die Doppelbindung des Alkens übertragen.

Die Reaktion verläuft stereospezifisch: *trans*-2-Buten liefert *trans*-2,3-Dimethyloxiran, *cis*-2-Buten ergibt *cis*-2,3-Dimethyloxiran. Wie bei der Reaktion mit Singulettcarbenen liegt auch hier eine **syn-Addition** vor.

trans-2-Buten   *trans*-2,3-Dimethyloxiran

cis-2-Buten   *cis*-2,3-Dimethyloxiran

Epoxidierung mit Dimethyldioxiran. Zur Epoxidierung eignet sich auch die peroxidische Verbindung Dimethyldioxiran. Die Isolierung verläuft hier besonders einfach, da neben dem Epoxid nur Aceton (ohnehin Lösungsmittel) entsteht.

cis-Stilben   Dimethyldioxiran   *cis*-Stilbenoxid   Aceton

Die Reaktion verläuft wie folgt:

Enantioselektive Epoxidierung von Allylalkoholen. Sharpless-Epoxidierung.
Im speziellen Fall von Allylalkoholen gelingt die Epoxidierung auch durch
Hydroperoxide wie *tert*-Butylhydroperoxid oder Cumolhydroperoxid. Als Kataly-
sator dient u.a. Vanadium-acetylacetonat:

Allylalkohol   *tert*-**Butylhydroperoxid**   **2,3-Epoxypropanol**
(Glycidol)

2,3-Epoxypropanol fällt dabei als 1:1-Mischung aus *(R)*- und *(S)*-Enantiomer an.
Die Epoxidierung kann aber auch enantioselektiv durchgeführt werden. wenn als
Katalysator ein Gemisch aus Titantetraalkoholat (Ti(OR)$_4$) und chiralem Di-
isopropyltartrat (DIPT) eingesetzt wird. (Tartrate sind Ester der *rac*-Weinsäure.)
Je nach Chiralität des Katalysators bildet sich das eine oder andere Enantiomer.

Allylalkohol

(S)-**2,3-Epoxypropanol**

(R)-**2,3-Epoxypropanol**

Voraussetzung für die enantioselektive Epoxidation ist eine Prochiralität des Substrats. Sie erinnern sich: Die beiden Seiten von Allylalkohol sind enantiotop und
damit für chirale Moleküle unterscheidbar (Abschn. 5.9.2). Der Mechanismus der
enantioselektiven Epoxidierung ist noch nicht restlos geklärt.
Enantiomerenreine Epoxide sind wichtige Zwischenstufen zur Synthese anderer
chiraler Verbindungen, welche u.a. als Arzneimittel verwendet werden (s. Synthese des Propranolols, Abschn. 13.7). Die Reaktion wird nach dem Entdecker
Sharpless-Epoxidierung genannt. *K.B. Sharpless* (geb. 1941 in Philadelphia) erhielt 2001 dafür und für weitere Arbeiten auf dem Gebiet der enantioselektiven
Katalyse den Nobelpreis für Chemie.

Aufgaben

37. Limonen, Bestandteil von Zitronenöl, wird mit der äquivalenten Menge *m*-
Chlorperoxybenzoesäure in ein Monoepoxid überführt. Wie lautet die Konstitution desselben?

Limonen   **m-Chlorperoxybenzoesäure**

38. Welches Epoxid bildet sich bei der Einwirkung von *m*-Chlorperoxybenzoe-säure (MCPBA) auf (*E*)-1-Phenylpropen?

(E)-1-Phenylpropen   MCPBA   **?**

39. Geraniol, ein Allylalkohol aus Rosenöl, wird in Gegenwart des Katalysators $Ti(OR)_4$/(+)DET (Diethyltartrat) durch *tert*-Butylhydroperoxid zu folgendem enantiomerenreinen Epoxid oxidiert:

Geraniol   **Geraniol-2,3-oxid**

Welche der beiden enantiotopen Seiten (*Si* oder *Re*) wird dabei epoxidiert?

6.8.2 Hydroxylierung von Alkenen

Kaliumpermanganat, Osmiumtetroxid oder Rutheniumtetraoxid oxidieren Alkene zu 1,2-Diolen, wobei die Wertigkeit der Metalle um zwei sinkt.

Alle Reaktionen verlaufen über metallhaltige Fünfringe, deren Hydrolyse 1,2-Diole liefert. Die Oxidation von Cyclopenten zur *cis*-Verbindung zeigt, dass eine **syn-Addition** vorliegt.

Cyclopenten   **Mangansäureester**   *cis*-**1,2-Cyclopentandiol**

Osmiumsäureester

Die Oxidation mit $KMnO_4$ muss in der Kälte und zudem in alkalischem Medium durchgeführt werden, andernfalls wird auch das Diol unter Glykolspaltung oxidiert (Abschn. 12.7.2). Die Oxidation mit OsO_4 ist eine glatt verlaufende Reaktion ohne Nebenprodukte, aber das Oxidationsmittel ist teuer und zudem sehr giftig. Deshalb führt man die Oxidation mit einem Oxidationsmittel wie H_2O_2 oder $NaIO_4$ in Gegenwart einer katalytischen Menge von OsO_4 durch.

Die Reaktion verläuft auch hier über den Os-haltigen 5-Ring, dessen Solvolyse mit H_2O/H_2O_2 den Katalysator OsO_4 regeneriert.

Aufgabe
40. Welche 1,2-Diole entstehen bei der OsO_4-Oxidation von *(Z)*- und *(E)*-2-Buten?

6.8.3 Ozonolyse von Alkenen

Ozon addiert sich schon bei ca. $-70\ °C$ an die Doppelbindung von Alkenen. Dabei entstehen zunächst Primärozonide, die sich rasch in die Sekundärozonide (auch einfach Ozonide genannt) umlagern. In den Ozoniden sind die C-Atome der ursprünglichen Doppelbindung *durch Sauerstoffatome voneinander getrennt.*

Primärozonid, instabil   **Ozonid**

Die Umwandlung eines Alkens in ein Ozonid verläuft über mehrere Zwischenstufen. Zunächst addiert sich Ozon, dessen Elektronenverteilung durch vier mesomere Grenzstrukturen beschrieben werden kann,

1,2-Dipol   1,2-Dipol   1,3-Dipol   1,3-Dipol

Ozon (vier mesomere Grenzstrukturen)

als 1,3-Dipol an die Doppelbindung des Alkens, wobei das Primärozonid entsteht. Primärozonide lassen sich bei ca. −100 °C nachweisen. Sie zerfallen oberhalb dieser Temperatur jeweils in eine Carbonylverbindung und ein peroxides Molekül A, das man als ein Carbonyloxid auffassen kann. Beide Moleküle vereinigen sich nach Umorientierung (s. *gestrichelten* Krummpfeil) erneut, wobei das eigentliche Ozonid entsteht.

Wie man dem Formelschema entnehmen kann, entsteht das Ozonid über eine Folge von drei **1,3-dipolaren Reaktionen**, das sind Reaktionen, an denen ein 1,3-Dipol $^+$X−Y−Z$^-$ beteiligt ist. Der erste Schritt ist eine 1,3-dipolare Cycloaddition, der zweite Schritt eine Spaltung zu einem 1,3-Dipol und der dritte Schritt ebenfalls eine 1,3-dipolare Cycloaddition.

Ozonide sind häufig explosiv. *Deshalb müssen bei ihrer Herstellung besondere Schutzmaßnahmen ergriffen werden* (u.a. Arbeiten hinter explosionsgeschütztem Glas). In der Regel werden Ozonide aber nicht isoliert, sondern unmittelbar nach der Entstehung in andere Verbindungen umgewandelt. Die Hydrolyse durch verdünnte Säure führt zu Aldehyden und Ketonen einerseits und H_2O_2 andererseits. Da H_2O_2 einen Teil des gebildeten Aldehyds oxidiert und damit die Produktzusammensetzung verändert, führt man die Hydrolyse entweder in Gegenwart eines Reduktionsmittels durch, welches H_2O_2 reduziert, oder aber man lässt die Hydrolyse in einem Überschuss von H_2O_2 ablaufen, so dass die *gesamte* Menge an gebildetem Aldehyd zur entsprechenden Carbonsäure oxidiert wird. Somit sind drei Varianten der Hydrolyse von Ozoniden zu unterscheiden.

2-Methyl-2-buten ⟶ (O₃/Methanol, −70 °C) ⟶ Ozonid

+ H₂O/H⁺, − H₂O₂ → Acetaldehyd + Aceton

+ Zn/H₃O⁺ → Acetaldehyd + Aceton

+ H₂O₂/H₃O⁺ → Essigsäure + Aceton

Ozonolysen werden auch in technischem Maßstab durchgeführt. So führt die Ozonolyse von Ölsäure zu den beiden Carbonsäuren Nonansäure und Nonandisäure, die vielseitige technische Verwendung finden.

$H_3C-(CH_2)_7$ und $(CH_2)_7-CO_2H$ an C=C gebunden, je ein H
Ölsäure

1. O_3
2. H_2O_2

$H_3C-(CH_2)_7-CO_2H$ + $HO_2C-(CH_2)_7-CO_2H$
Nonansäure   **Nonandisäure**

Aufgaben

41. Welches Oxidationsprodukt entsteht?

Cyclohexen $\xrightarrow[\text{2. } H_2O_2]{\text{1. } O_3}$?

42. Die Ozonolyse eines unbekannten Alkens lieferte nach reduktiver Aufarbeitung $(CH_3)_2C=O$ und $(CH_3)_3C-CHO$. Um welches Alken handelt es sich?

43. Welches Alken wird durch Ozonolyse und anschließende Oxidation mit H_2O_2 in $HO_2C-(CH_2)_{10}-CO_2H$ überführt?

44. Welche Konstitutionen besitzen die Verbindungen A, B und C?

4-Vinylcyclohexen → 1 mol Br₂ → A; 1 mol H₂ → B; 1 mol CCl₂ → C

45. Welche der folgenden Reaktionen sind *syn*-Additionen, *anti*-Additionen oder nicht stereospezifische Additionen?
Addition von Singulett-CH_2; Addition von Triplett-CH_2; Addition von Dichlorcarben; Hydrierung; Epoxidierung; Halogenierung (im polaren Lösungsmittel); Oxidation mit OsO_4; Oxidation mit MnO_4^-; Addition von HBr; Hydroborierung.

6.9 Radikalische Additionen an Alkene

Bestimmte Verbindungen wie Br_2 oder HBr addieren sich an die Doppelbindung eines Alkens nicht nur ionisch wie oben beschrieben sondern auch radikalisch. Die Produkte beider Reaktionstypen können sich voneinander unterscheiden.
Ob eine Addition ionisch oder radikalisch verläuft, hängt von den Reaktionsbedingungen ab. Ionische Additionen beobachtet man häufig in polaren Lösungsmitteln, welche Ladungen stabilisieren. Radikalische Additonen finden in unpolaren Lösungsmitteln (z.B. Pentan) und vor allem in Gegenwart von Radikalbildnern statt.
Radikalische Addition von Brom. Die radikalische Addition von Brom an die Doppelbindung gelingt u.a. durch Bestrahlung mit sichtbarem Licht. Wie bei der ionischen Addition bilden sich 1,2-Dibromverbindungen, die Addition verläuft aber stereochemisch uneinheitlich, wie das folgende Beispiel zeigt.

Cyclopenten + Br₂ → (hν in Pentan) → *cis* + *trans*

Die Addition verläuft nach der für radikalische Reaktionen typischen Reihenfolge Kettenstart, Kettenfortpflanzung und Kettenabbruch. Der Abbruch erfolgt durch solche Reaktionen, bei denen zwei Radikale zu einem Neutralmolekül kombinieren.

$$Br_2 \xrightarrow{\text{Licht}} 2\ Br^\bullet \qquad \Big\} \ \textbf{Kettenstart}$$

$$Br^\bullet \ + \ CH_2{=}CH_2 \ \rightleftharpoons \ \overset{\displaystyle Br}{\underset{}{CH_2}}{-}\overset{\bullet}{C}H_2$$

$$\overset{\displaystyle Br}{\underset{}{CH_2}}{-}\overset{\bullet}{C}H_2 \ + \ Br_2 \ \longrightarrow \ \overset{\displaystyle Br}{\underset{}{CH_2}}{-}\overset{\displaystyle Br}{\underset{}{CH_2}} \ + \ Br^\bullet$$

$$\Bigg\} \ \textbf{Ketten-fortpflanzung}$$

Radikalische Addition von Bromwasserstoff. Die radikalische Addition von Bromwasserstoff an die Doppelbindung von Alkenen führt ebenso wie die ionische Addition zu Bromalkanen. Jedoch unterscheiden sich die Endprodukte durch die Stellung des Broms. So liefert Propen unter ionischen Bedingungen 2-Brompropan, unter radikalischen Bedingungen dagegen 1-Brompropan. Die radikalische Addition verläuft somit entgegen der Regel von Markownikow, man spricht auch von **Anti-Markownikow-Addition**. Somit gelingt durch Änderung der Reaktionsbedingungen die Darstellung des einen oder anderen Isomers.

ionisch
(ohne Peroxid) → **2-Brompropan** — Markownikow-Addition

Propen + HBr

radikalisch
(mit Peroxid) → **1-Brompropan** — anti-Markownikow-Addition

Die radikalische Addition wird durch Erzeugung von Radikalen vom Typ R-O· eingeleitet. Diese reagieren exotherm mit HBr unter Freisetzung von Bromatomen.

$$R{-}O{-}O{-}R \xrightarrow{\text{Wärme}} 2\ R{-}O^\bullet \qquad \Big\} \ \textbf{Kettenstart}$$

$$R{-}O^\bullet + HBr \begin{cases} \longrightarrow R{-}O{-}H \ + \ Br^\bullet & \Delta H = -100 \ \text{kJ/mol} \\ \xrightarrow{\ //\ } R{-}O{-}Br \ + \ H^\bullet & \Delta H = 161 \ \text{kJ/mol} \end{cases}$$

keine Reaktion

Die so erzeugten Bromatome addieren sich an die Doppelbindung unter Bildung eines Kohlenstoff-Radikals. Letzteres reagiert mit HBr zum Endprodukt. Gleichzeitig wird ein Bromatom frei, das die Kettenreaktion aufrecht erhält.

1-Brompropan

Die übrigen Halogenwasserstoffe addieren sich an Alkene ionisch, selbst wenn Peroxide vorhanden sind.

Aufgaben

46. Nachfolgend sind vier Bromatome (-moleküle) aufgeführt. Welche reagieren elektrophil, welche nucleophil, welche radikalisch?

47. Zeigen Sie mit Hilfe der tabellierten Bindungsenergien (Abschn. 1.9), dass der Reaktionsschritt $R-O\cdot + HBr \rightarrow R-O-Br + H\cdot$ endotherm verläuft und somit wie im Formelschema gezeigt (s. oben) als Startreaktion für die *anti*-Markownikow-Addition von HBr an Alkene ausscheidet.

6.10 Lösung der Aufgaben zu Kapitel 6

1. *E*: nein; *Z*: ja

2.

3. Die große Kopplungskonstante von 16 Hz beweist, dass die beiden H-Atome *trans*-ständig angeordnet sind. Bei *cis*-ständiger Anordnung läge dieselbe bei ca. 10 Hz.

4. **A** und **B**: *(E)*- und *(Z)*-2-Brom-1-chlor-1-nonen

5. *(Z)/(E):* Diasteromere. *(Z)*/1-Buten (oder 2-Methylpropen): Konstitutionsisomere

6. Hydrierung gleich Anlagerung von H_2, Hydratisierung gleich Anlagerung von H_2O, Hydrolyse gleich Spaltung einer Bindung durch H_2O

7. Molmasse 112; 112 g verbrauchen 22,4 l, 10 g verbrauchen 2 l.

8. **C**. Darin ist Doppelbindung durch 3 Alkylgruppen stabilisiert.

9. 611 - 348 + 435 - 2 · 405 = – 112 kJ/mol. (Zum Vergleich: Die Hydrierungs-enthalpie von *Z*-2-Buten beträgt – 115,4 kJ/mol.)

10.

(Z)-1,2-Dideuteriocyclopentan   *meso*-**2,3-Dideuteriobutan**

11.

Benzylkation

Stabilisierung durch Mesomerie effektiver als durch Hyperkonjugation. Benzyl ist daher am stärksten stabilisiert. Die anderen Kationen sind umso stabiler, je mehr Alkylgruppen die positive Laddung durch Hyperkonjugation stabilisieren können. Im Methylkation ist eine Hyperkonjugation nicht möglich.

12.

Br^--Angriff von unten *oder* oben

13.

Carbenium-Ion stabiler als das alternative

14.

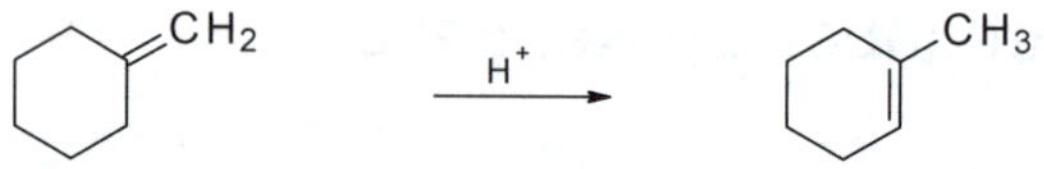

A
(Methylencyclohexan)

B
(1-Methylcyclohexen)

In **A** ist die Doppelbindung mit zwei, in **B** mit drei Alkylgruppen verbunden. Somit ist **B** stabiler.

15. Alkylsubstituierte Doppelbindungen sind elektronenreich und reagieren nur mit Elektrophilen.

16. Br⁻ (aus HBr) ist nucleophil und reagiert mit dem Carbenium-Ion aus Alken und Proton. NO_3^- und HSO_4^- sind kaum nucleophil.

17.

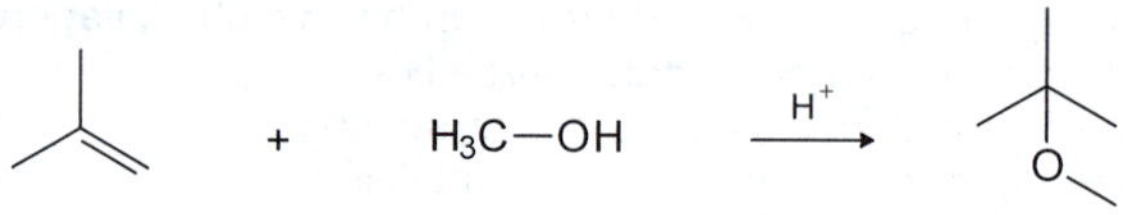

18.

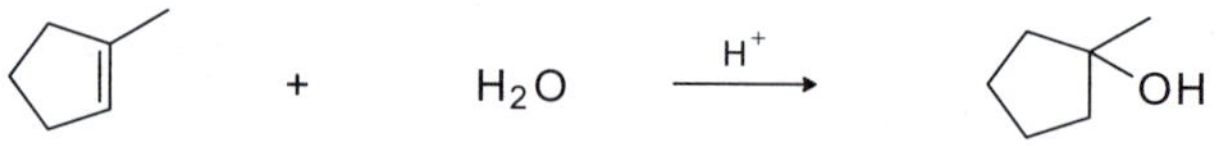

19. Der Dreiring ist sterisch stark abgeschirmt und damit der Angriff von Br⁻ behindert.

20.

21. 1 : 61 (Folgt aus den relativen Geschwindigkeiten der Bromierung.)

22. Der stereochemische Verlauf ist der gleiche wie der bei der Bromierung von (E,Z)-2-Buten, s. Text.

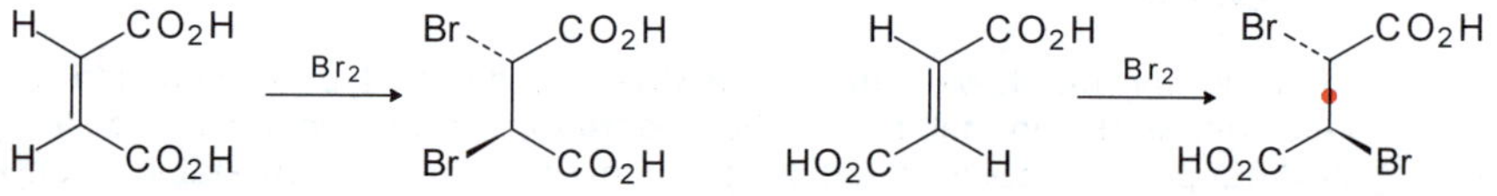

Maleinsäure   *rac*-Verb.   Fumarsäure   *meso*-Verb.
(Symmetriezentrum)

23.

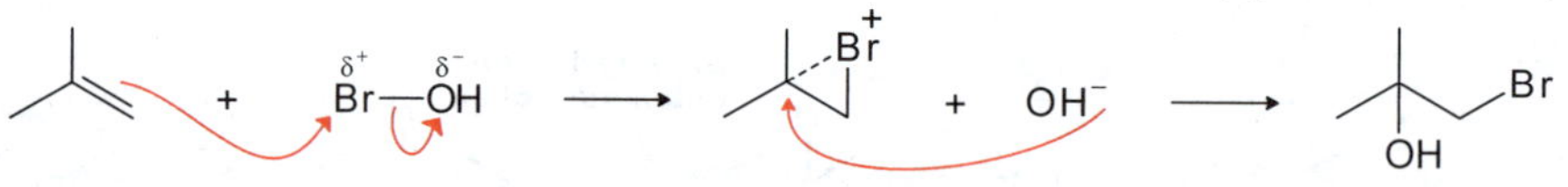

Brom ist weniger elektronegativ als Sauerstoff, deshalb besitzt es in BrOH eine δ⁺-Ladung und reagiert als Elektrophil mit der Doppelbindung. OH⁻ reagiert mit dem stärker substituierten C-Atom, da die im Übergangszustand auftretende partiell positive Ladung durch Methyl stabilisiert werden kann.

24.

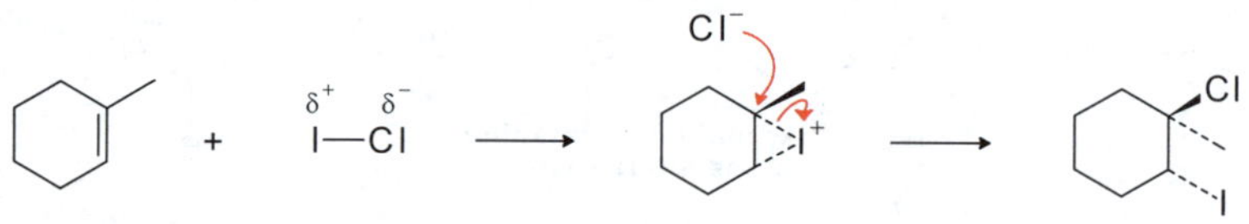

25. **Regioselektivität:** bevorzugte Bildung eines Konstitutionsisomers, **Stereoselektivität**: bevorzugte Bildung eines Stereoisomers; s. auch vorstehende Addition

26.

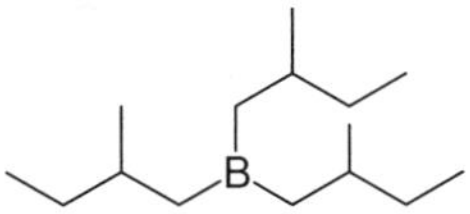

27.

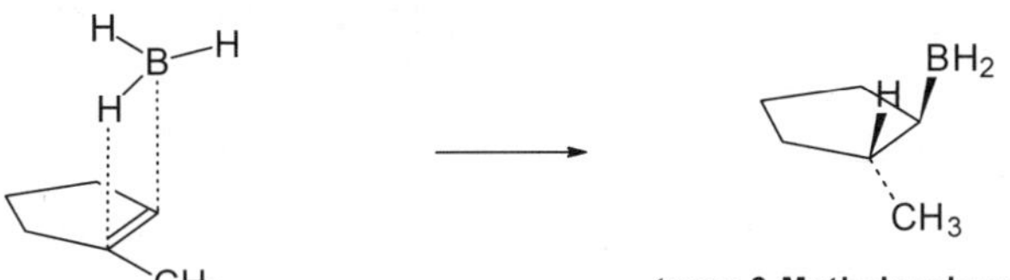

trans-**2-Methylcyclopentylboran**

28. 3-Methyl-2-butanol

29. A + H_2O/H^+ → **B.**   A + B_2H_6/H_2O_2 → **C**

30. 1-, ferner 2-Buten + H_2O/H^+; 2-Buten + B_2H_6/H_2O_2

31.

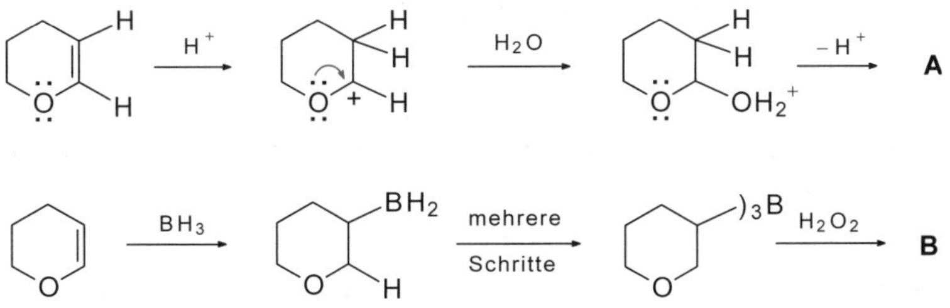

32.

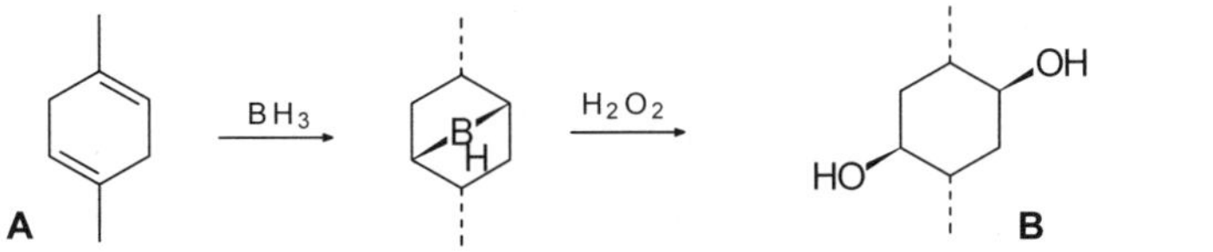

Vergleichen Sie diese Reaktion mit der im Text beschriebenen von Boran mit 1-Methylcyclohexen .

33.

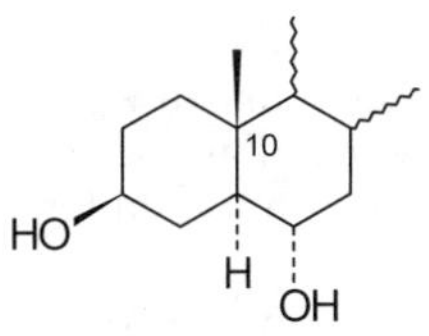

Die Methylgruppe an C-10 blockiert die Seite, auf der sie steht.

34. Die C–H-Acidität ist in CH_2Cl_2 sehr viel kleiner als in $CHCl_3$.

35. Mittlere Doppelbindung ist höher substituiert und deshalb reaktionsfähiger gegenüber Elektrophilen.

36.

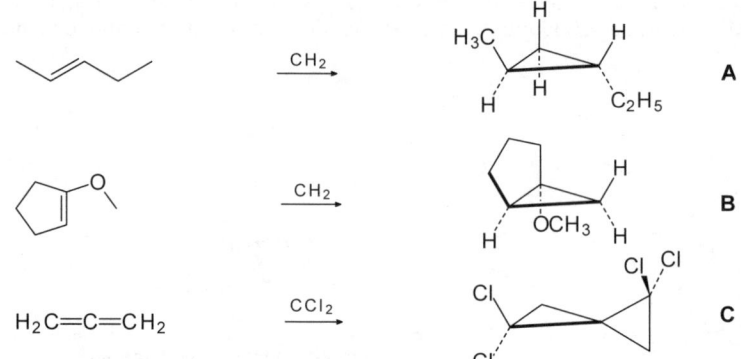

37. Sauerstoff reagiert mit der trisubstituierten Doppelbindung, die reaktiver ist als die disubstituierte.

38.

MCPBA

trans

39. 2-*Re*,3-*Si* Seite (Seite unterhalb der Papierebene)

40. *(Z)*-2-Buten ergibt *meso*-2,3-Butandiol, *(E)*-2-Buten liefert *rac*-2,3-Butandiol.

HO   HO

σ

HO   OH

meso   *rac*

41.

CO₂H   **Hexandisäure**

CO₂H

42. $(H_3C)_2C=CH-C(CH_3)_3$

43. Cyclododecen

44.

Br

Br

A   B   C

Cl₂C

Eine zweifach alkylierte Doppelbindung reagiert bei elektrophilen Additionen wie Bromierung und Cyclopropanierung schneller als eine einfach alkylierte.
Eine weniger substituierte Doppelbindung und damit weniger gehinderte reagiert bei Hydrierungen schneller als eine höher substituierte.

45. *syn:* Hydrierung, Hydroborierung, Addition von Singulett-Methylen und von :C(Halogen)₂, Epoxidierung, Oxidation mit OsO₄, MnO₄⁻
anti: Halogenierung
nicht stereospezifisch: HX, CH₂(Triplett)

46. **A:** elektrophil. **B:** radikalisch (und elektrophil). **C:** nucleophil. **D:** elektrophil

47. 364 - 201 = + 163 kJ/mol (endotherme Reaktion).

Kapitel 7
Alkine

7.1 Übersicht und Nomenklatur von Alkinen

Alkine sind Kohlenwasserstoffe mit einer CC-Dreifachbindung. Sie besitzen die Summenformel C_nH_{2n-2} und enthalten damit vier H-Atome weniger als Alkane mit der Summenformel C_nH_{2n+2}.

Alkine sind wichtige Zwischenstufen bei Synthesen. Aber auch in der Natur kommen sie vor. Zwei Vertreter seien herausgegriffen: Capillin, eine Verbindung mit fungiziden Eigenschaften, und Ichthyothereol, die aktive Komponente eines Pfeilgifts der Indianer im Amazonasgebiet.

Capillin (ein Fungizid)   **Ichthyothereol (ein Pfeilgift)**

Das einfachste Alkin ist Ethin (Acetylen), die nächsthöheren Homologen sind Propin, 1-Butin, 2-Butin und weitere, s. Tabelle.

Ethin   **Propin**   **1-Butin**   **2-Butin**
(Acetylen)

Die Benennung der Alkine erfolgt nach zwei unterschiedlichen Regeln. Nach der ersten Regel (IUPAC-Regel) werden Alkine wie Alkene benannt, jedoch steht anstelle der Endung *-en* nunmehr die Endung *-in*. Nach der zweiten Regel betrachtet man Alkine als Derivate des Acetylens, dessen Wasserstoffatome durch Alkylgruppen ersetzt sind.

1-Butin   **2-Methyl-3-hexin**
oder Ethylacetylen   **oder Ethyl-isopropylacetylen**

Sind Doppel- und Dreifachbindungen gleichzeitig vorhanden, so verwendet man deren Nachsilben in der Reihenfolge *-en-in*. Auch bei Alkinen werden Trivialnamen verwendet, so Propargyl für einen C_3-Rest.

Propargyl

$$H_3C—CH\!=\!CH—C\!\equiv\!C—H$$
$^3\quad ^2\quad ^1$

3-Penten-1-in
(*nicht* 1-Pentin-3-en)

$$H—C\!\equiv\!C—CH_2—Br$$

Propargylbromid
(3-Brom-1-propin)

Tabelle. Alkine

Konstitution	Name	Schmp. °C	Sdp. °C
$H—C\!\equiv\!C—H$	Ethin (Acetylen)		−85
$H—C\!\equiv\!C—CH_3$	Propin	−101	−23
$H—C\!\equiv\!C—CH_2—CH_3$	1-Butin	−125	9
$H_3C—C\!\equiv\!C—CH_3$	2-Butin	−32	27
$H—C\!\equiv\!C—CH_2—CH_2—CH_3$	1-Pentin	−98	40
$H_3C—C\!\equiv\!C—CH_2—CH_3$	2-Pentin	−101	55
$H—C\!\equiv\!C—(CH_2)_3—CH_3$	1-Hexin	−132	71
$H—C\!\equiv\!C—C(CH_3)_3$	3,3-Dimethyl-1-butin	−81	38
$H—C\!\equiv\!C—(CH_2)_4—CH_3$	1-Heptin	−80	100
$H—C\!\equiv\!C—(CH_2)_5—CH_3$	1-Octin	−70	126
$H—C\!\equiv\!C—(CH_2)_6—CH_3$	1-Nonin	−65	151
$H—C\!\equiv\!C—(CH_2)_7—CH_3$	1-Decin	−35	182

Aufgaben
1. Zeichnen Sie die *Lewis-* und *Kekulé*-Formel von Acetylen.
2. Welche offenkettigen, unverzweigten Verbindungen besitzen die Summenformel C_5H_8?
3. Weshalb siedet 3,3-Dimethyl-1-butin tiefer als das isomere 1-Hexin?

7.2 Struktur und IR-Spektren von Alkinen

Als Folge der sp-Hybridisierung am Kohlenstoff (Abschn. 1.7) sind die vier Atome des Acetylens linear angeordnet. Das gleiche gilt für die vier C-Atome von 2-Butin.

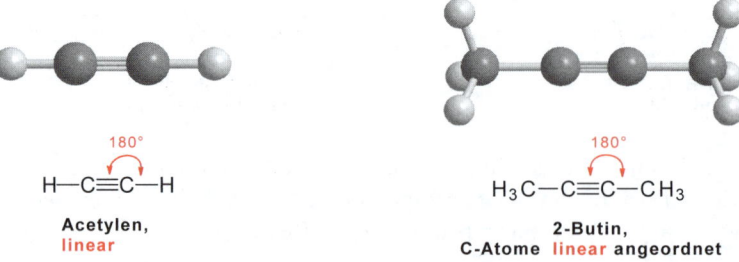

180°
$$H—C\!\equiv\!C—H$$

Acetylen,
linear

180°
$$H_3C—C\!\equiv\!C—CH_3$$

2-Butin,
C-Atome linear angeordnet

Bei kleinen Ringen ist eine lineare Anordnung wie im 2-Butin nicht möglich. Im Cyclooctin beträgt der Winkel am acetylenischen C-Atom laut Elektronenbeugungs-Experiment nur 155° (statt 180°), und im Cycloheptin ist die Abweichung von der geforderten Linearität so groß, dass das Molekül nicht mehr beständig ist. Mit anderen Worten: Cycloalkine sind nur beständig, wenn die Anzahl der C-Atome im Ring mindestens 8 beträgt.

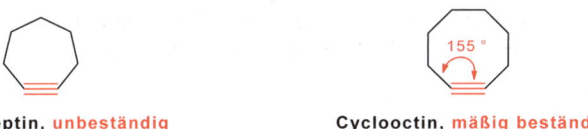

Cycloheptin, unbeständig   **Cyclooctin, mäßig beständig**

Aufgaben

4. Sowohl gasförmiges $BeCl_2$ als auch Acetylen sind linear. Erklären Sie diese Befunde mit Hilfe (a) des Elektronenpaarabstoßungsmodells, (b) der Hybridisierungstheorie.

5. Welche Anordnung besitzen die sechs Kohlenstoffatome in $CH_3-(C{\equiv}C)_2-CH_3$?

6. Cycloheptin ist bei Raumtemperatur unbeständig, 3,3,7,7-Tetramethylcycloheptin dagegen beständig. Erklären Sie die größere Beständigkeit der zuletzt genannten Verbindung.

IR-Spektren. Verbindungen mit einer Dreifachbindung zeigen im IR-Spektrum eine charakteristische Bande um 2200 cm^{-1}, die von der Streckschwingung der Dreifachbindung $v_{C{\equiv}C}$ verursacht wird. Nur bei Alkinen mit einem Symmetriezentrum (z.B. bei 2-Butin) fehlt diese Bande, da auch kein Dipolmoment vorhanden ist. Eine weitere typische Bande tritt bei endständigen Alkinen auf: die Streckschwingung $v_{{\equiv}C-H}$ bei 3300 cm^{-1}. Die folgende Abbildung zeigt das IR-Spektrum von 1-Hexin mit diesen beiden typischen und weiteren Banden.

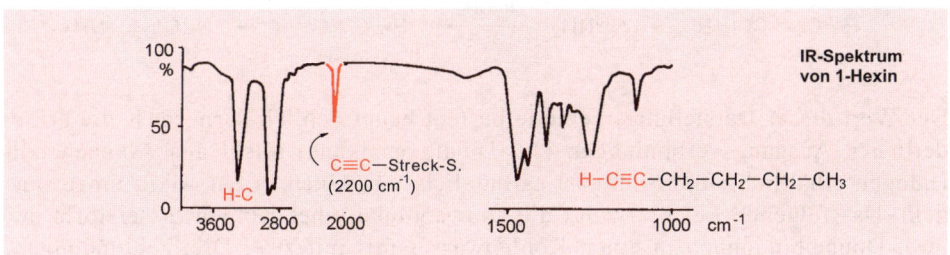

Vergleicht man die Kohlenstoff-Kohlenstoff-Streckschwingung in Alkinen mit der in Alkanen und Alkenen, so fällt die große Wellenzahl auf:

$$-\overset{|}{\underset{|}{C}}-\overset{|}{\underset{|}{C}}- \qquad \overset{}{\underset{}{C}}=\overset{}{\underset{}{C}} \qquad -C\equiv C-$$

800 - 1200 cm^{-1} 1650 cm^{-1} 2200 cm^{-1}

Worauf beruht die Verschiebung nach größeren Wellenzahlen (gleichbedeutend mit größerer Frequenz)? Die Dreifachbindung besteht aus drei Elektronenpaaren, deshalb ist die Bindung sehr fest. Eine feste Bindung bedeutet aber eine große Kraftkonstante k und damit nach der Frequenzgleichung (Abschn. 2.4.1) auch eine große Frequenz.

7.3 Herstellung von Alkinen

Alkine aus Dihalogenalkanen und Basen. 1,2-Dihalogenalkane reagieren mit starken Basen wie Natriumamid oder Natriumhydroxid, wobei zwei mol Halogenwasserstoff abgespalten werden. Dabei bilden sich Alkine.

$$R-\overset{H}{\underset{Cl}{C}}-\overset{H}{\underset{Cl}{C}}-R' \; + \; 2\,NaNH_2 \; \xrightarrow{\text{in } NH_3} \; R-C\equiv C-R' \; + \; 2\,NaCl \; + \; 2\,NH_3$$

1,2-Dichloralkan   Natriumamid   Alkin

Die Reaktion verläuft über zwei β-Eliminierungen. Zunächst bildet sich ein Vinylchlorid und daraus das Alkin.

$$R-\overset{H}{\underset{Cl}{C}}-\overset{H}{\underset{Cl}{C}}-R' \; + \; NaOH \; \longrightarrow \; R-CH=CCl-R' \; + \; NaCl \; + \; H_2O$$

ein Vinylchlorid,
reaktionsträge

$$R-CH=CCl-R' \; + \; NaNH_2 \; \xrightarrow{\text{in } NH_3} \; R-C\equiv C-R' \; + \; NaCl \; + \; NH_3$$

Alkin

Der Wert dieser Darstellungsmethode besteht hauptsächlich darin, dass die erforderlichen Ausgangsverbindungen (1,2-Dihalogenalkane) leicht aus Alkenen und Halogen erhältlich sind. Somit ist es möglich, ein Alken in ein Alkin umzuwandeln. Das folgende Beispiel zeigt die Umwandlung eines Kohlenwasserstoffs mit zwei Doppelbindungen in einen Kohlenwasserstoff mit zwei Dreifachbindungen. Es werden insgesamt sechs mol Natriumamid benötigt, vier mol für die Abspaltung von vier mol HBr und zwei mol für die Neutralisation der beiden C–H-aciden Endgruppen. (Zur C–H-Acidität von endständigen Alkinen s. Abschn. 7.4.5)

1,5-Hexadien → 2 Br₂ → (Tetrabromverbindung) → 6 NaNH₂ → Na⁺ ⁻:C≡C... C≡C:⁻ Na⁺ → H₂O → **1,5-Hexadiin**

Alkine aus Acetyliden und Alkylhalogeniden. Diese Reaktion ist die wichtigste Methode zur Herstellung von Alkinen. (Weitere Beispiele s. Abschnitte 7.4.5 und 7.4.6.)

$H-C\equiv C:^-\ Na^+ \xrightarrow[-\,NaBr]{H_3C-CH_2-Br} H-C\equiv C-C_2H_5$ **1-Butin**

$Na^+\ {}^-:C\equiv C-C_2H_5 \xrightarrow[-\,NaBr]{H_3C-CH_2-Br} H_5C_2-C\equiv C-C_2H_5$ **3-Hexin**

7.4 Reaktionen von Alkinen

7.4.1 Einteilung der Reaktionen von Alkinen

Wie bei Alkenen erfolgen auch bei Alkinen elektrophile Additionen. Hierbei können bis zu zwei mol Elektrophil addiert werden.

$R-C\equiv C-H \xrightarrow{Br_2} R-CBr=CBr-H \xrightarrow{Br_2} R-CBr_2-CBr_2-H$

Im Gegensatz zu Alkenen sind bei Alkinen auch nucleophile Additionen möglich, wenn auch erst bei höherer Temperatur.

$H-C\equiv C-H\ +\ HO$... (Ethanol)   Katalysator: ^-O... / 150 °C → (Ethylvinylether)

Endständige Alkine haben ein weiteres reaktives Zentrum: Das acetylenische H-Atom reagiert sauer und kann durch starke Basen wie NaNH₂ abstrahiert werden. Eine vergleichbare Acidität besitzen olefinische H-Atome nicht.

$$R\!-\!C\!\equiv\!C\!-\!H \ + \ :\!NH_2 \ Na^+ \ \xrightarrow{\text{in NH}_3(\text{flüss.})} \ R\!-\!C\!\equiv\!C\!:^-\ Na^+ \ + \ NH_3$$

Natriumamid   **ein Na-Acetylid**

$$\underset{\substack{\\ }}{\overset{\substack{R \qquad H}}{C=C}} \quad + \quad :\!NH_2 \ Na^+ \ \xrightarrow{\text{in NH}_3(\text{flüss.})} \ \text{keine Reaktion}$$

Woher rührt das unterschiedliche Verhalten von Alkenen und Alkinen bei Additionen oder Säure-Base-Reaktionen? Ursache ist die unterschiedliche Hybridisierung der ungesättigten C-Atome. In der Tab. sind Ethan, Ethen und Ethin gegenübergestellt. Das C-Atom in Ethin ist sp-hybridisiert, der s-Anteil beträgt 50 %. Hoher s-Anteil einer Bindung führt zu einer starken Anziehung der Bindungselektronen. Verstärkte Anziehung von Bindungselektronen bedeutet erhöhte Elektronegativität.

Tabelle. Hybridisierung, Elektronegativität und Aciditätskonstanten von Ethan, Ethylen und Acetylen

	$H_3C\!-\!CH_3$	$H_2C\!=\!CH_2$	$H\!-\!C\!\equiv\!C\!-\!H$
Hybridisierung des Kohlenstoffatoms	sp^3	sp^2	sp
s-Anteil	25 %	33 %	50 %
Elektronegativität des Kohlenstoffatoms* (Fluor = 4.0)	2.5	2.75	3.1
pK_a-Werte (bezogen auf Wasser)	50	36	25

* hergeleitet aus den Atomradien der C-Atome in Ethan, Ethen oder Ethin

Die größere Elektronegativität des acetylenischen C-Atoms ist der Schlüssel zum Verständnis der unterschiedlichen Reaktivität von Alkinen und Alkenen: Die π-Elektronen werden vom acetylenischen C-Atom so stark angezogen, dass der Angriff von Elektrophilen wie $[Br^+]$ erschwert, der von Nucleophilen wie OH^- aber ermöglicht wird. Sie erklärt auch die gegenüber Ethen höhere Acidität von Ethin. Zunächst werden Additionen an die Dreifachbindung, danach Substitutionen des aciden Wasserstoffs eines endständigen Alkins beschrieben. Zum Schluss wird die Stammverbindung Acetylen behandelt, die unter den Alkinen eine Sonderstellung einnimmt.

7.4.2 Elektrophile Addition an die Dreifachbindung

Ebenso wie an der Doppelbindung sind auch an der Dreifachbindung elektrophile Additionen möglich. Generell verlaufen solche Additionen langsamer als bei Alkenen, da Alkine als Folge der größeren Elektronegativität des acetylenischen C-Atoms schwächere Lewis-Basen als Alkene sind.

Reaktivität bei elektrophilen Additionen:

$$-C\equiv C- \quad < \quad \ce{>C=C<}$$

Im folgenden werden die Additionen von Halogen, Halogenwasserstoff, Wasser und Boranen an Alkine behandelt.

Addition von Halogen an Alkine. Brom addiert sich an die Dreifachbindung von Alkinen, wobei Dibromalkene entstehen. Es erfolgt ausschließlich oder hauptsächlich *anti*-Addition. Letztere ist eine Folge der rückwärtigen Öffnung der Bromoniumverbindung durch Br⁻ (vgl. Bromierung von Alkenen). So liefert 2-Butin als alleiniges Produkt folgende *trans*-Verbindung.

2-Butin   Bromoniumverbindung   (E)-2,3-Dibrom-2-buten

Eine Unterscheidung von *(E)-* und *(Z)-*Isomer gelingt durch das Dipolmoment μ_P oder das Infrarotspektrum. Das *(E)*-Isomer besitzt ein Symmetriezentrum und damit kein Dipolmoment und zeigt im IR-Spektrum keine Bande für die C=C-Streckschwingung. Das *(Z)*-Isomer weist ein Dipolmoment auf, im Infrarotspektrum beobachtet man daher die Bande der C=C-Streckschwingung. (Zur Wechselwirkung Dipolmoment und Strahlungsabsorption s. Abschn. 2.4.1).

(E)-Isomer,   *(Z)*-Isomer,
$\mu_P = 0$ Debye $\mu_P = 2{,}5$ Debye; IR 1633 cm⁻¹

Mit zwei mol Brom auf ein mol Alkin bildet sich über das Dibromalken das Tetrabromalkan.

2,2,3,3-Tetrabrombutan

Das zweite mol Brom wird langsamer als das erste addiert, was auf den elektronischen und sterischen Einfluss der Bromatome im Dibrombuten zurückzuführen ist. Diese setzen durch ihren −I-Effekt die Elektronendichte der Doppelbindung herab; außerdem schirmen sie durch ihren vergleichsweise großen Raumbedarf die Doppelbindung vor einem weiteren Angriff ab.

Addition von Halogenwasserstoff an Alkine. Bromwasserstoff reagiert mit Alkinen zunächst zum 1:1−Produkt, welches mit überschüssiger Säure in das 2:1−Produkt überführt wird.

Die Reaktion wird durch elektrophilen Angriff des Protons eingeleitet, der gemäß der Markownikow-Regel auf die 1-Stellung erfolgt. Als Zwischenstufe bildet sich ein Vinylkation, das mit Bromid zum 1:1-Produkt reagiert.

Die Addition des zweiten mols HBr verläuft nach dem gleichen Mechanismus.

Addition von Wasser an Alkine. Wasser addiert sich an Alkine, wobei Ketone entstehen. Die Addition wird durch Säuren oder (schonender) durch Säuren plus Schwermetall-Ionen (Hg^{++}, Cu^+, Ni^{++}) katalysiert. Als Zwischenstufe bildet sich ein Enol, das unter Wanderung des enolischen H-Atoms zur β-Position in ein Keton übergeht.

Die reversible Umlagerung eines Enols in das jeweilige Keton heißt **Keto-Enol-Tautomerie** und wird im Abschn. 20.2 näher behandelt.

Wie verläuft die Bildung des Enols? Zunächst erfolgt eine elektrophile Addition des Hg^{2+}-Ions an die Dreifachbindung, wobei als Zwischenstufe eine cyclische oder offenkettige Quecksilberverbindung entsteht. (Die Struktur der Zwischenstufe ist noch unklar.) Die Addition zur offenkettigen Zwischenstufe folgt der Markownikow-Regel. Die Zwischenstufe reagiert anschließend mit Wasser zu einem Hg-haltigen Enol, das unter H$^+$-Wanderung in ein Hg-haltiges Keton übergeht. Letzteres wird durch ein Proton in ein Hg-freies Enol überführt.

Die Hydratisierung von Alkinen hat erhebliche präparative Bedeutung: Acetylen liefert Acetaldehyd, ein endständiges Alkin ergibt ein Methylketon (wie vorstehend beschrieben), ein internes Alkin führt zu einem Keton oder zu zweien, je nachdem ob es symmetrisch oder unsymmetrisch ist. Somit verläuft die Hydratisierung eines Alkins nur dann einheitlich, wenn es sich um Ethin oder ein endständiges Alkin oder ein symmetrisches Alkin handelt.

Aufgaben

7. Welches Produkt bildet sich, wenn Brom mit 1-Penten-4-in (molares Verhältnis 1:1) vermischt wird?

8. Bei der H^+/Hg^{++}-katalysierten Addition von Wasser an ein bestimmtes Alkin entsteht 3-Hexanon. Um welches Alkin handelt es sich?

9. Welches Alkin liefert bei der H^+/Hg^{++}-katalysierten Wasseraddition folgendes Keton?

10. Welche Struktur (symmetrisch oder unsymmetrisch) besitzt ein Alkin, das bei der H⁺/Hg⁺⁺-katalysierten Wasseraddition ein Gemisch zweier Ketone liefert?

Hydroborierung von Alkinen. Borane reagieren mit Alkenen unter Addition. Gleiches geschieht mit Alkinen. Je nach Konstitution des Alkins tritt dabei eine einfache oder eine zweifache Hydroborierung ein. Mit *internen* Alkinen erfolgt eine einfache Hydroborierung. Das gebildete Vinylboran kann mit H_2O_2 zu einem Keton oxidiert werden. Beispiel:

Endständige Alkine sind reaktiver, da die Dreifachbindung nur durch eine einzige Alkylgruppe abgeschirmt ist; sie werden durch Boran zweifach hydroboriert. Eine einfache Hydroborierung nur bis zur Stufe des Vinylborans gelingt aber mit sperrigen Alkylboranen vom Typ $R_2B–H$ (R gleich voluminöser Alkylsubstituent). So ergibt 1-Hexin mit dem sperrigen Dicyclohexylboran ein **Vinylboran**, dessen Doppelbindung abgeschirmt ist und deshalb nicht weiter reagiert. Oxidation des Vinylborans führt über das Enol zum Aldehyd Hexanal.

Wie das vorstehende Beispiel auch zeigt erfolgt die Hydroborierung von endständigen Alkinen regioselektiv unter Addition des Boratoms an das endständige C-Atom. Damit liegt eine Markownikow-Addition vor. Ferner erfolgt die Hydroborierung sowohl von endständigen als auch von internen Alkinen stereoselektiv unter *syn*-Addition. Somit weist die Hydroborierung von Alkinen die gleiche Regio- und Stereoselektivität auf wie die von Alkenen.

Hydratisierung einerseits und Hydroborierung/Oxidation andererseits eines 1-Alkins ergänzen sich: Erstere Reaktion liefert ein Keton (Methylketon), letztere führt zu einem Aldehyd.

Aufgaben

11. Dicyclohexylboran ist ein Reagenz zur Überführung eines 1-Alkins in einen Aldehyd (s. Formelschema im Text). Schlagen Sie eine Synthese von Dicyclohexylboran vor.

12. Ausgehend von geeigneten Alkinen sollen die vier Carbonylverbindungen A–D hergestellt werden. Geben Sie die jeweiligen Alkine und Reagenzien an.

7.4.3 Nucleophile Addition an die Dreifachbindung

Während Alkene mit nucleophilen Verbindungen nur dann reagieren, wenn elektronenanziehende Substituenten an die olefinischen C-Atome gebunden sind (Beispiele: $F_2C=CF_2$, $H_2C=CH-CN$), gelingt die entsprechende Reaktion mit Alkinen auch ohne solche Substituenten. Ursache für die gegenüber Alkenen leichtere Addition eines Nucleophils ist die größere Elektronegativität des acetylenischen C-Atoms. So lagert sich ein Thiol (R–S–H) in Gegenwart seiner konjugierten Base Thiolat (R–S$^-$) *trans*-ständig an die Dreifachbindung an.

Die Reaktion wird durch den Angriff des starken Nucleophils H_3C-S^- eingeleitet. Als Zwischenstufe bildet sich ein Vinylanion, das durch Aufnahme eines Protons ins Endprodukt übergeht.

ein Vinylanion

Besonders leicht erfolgen nucleophile Additionen, wenn das Alkin konjugierte Dreifachbindungen enthält (s. Aufgabe).

Aufgabe

13. Erklären Sie den Ablauf folgender Reaktion:

$$H_3C-(C\equiv C)_4-CH_3 + H_2S \xrightarrow[\text{in CH}_3\text{OH}]{\substack{\text{Katalysator:}\\ \text{NaHS}}} H_3C-(C\equiv C)_2-\overset{\text{S}}{\underset{}{\bigcirc}}-CH_3$$

7.4.4 Addition von Wasserstoff an die Dreifachbindung

Molekularer Wasserstoff addiert sich an die Dreifachbindung eines Alkins, sofern katalytische Mengen eines pulverförmigen Metalls (Pd, Pt, Ni) zugegen sind. Es werden zwei mol Wasserstoff aufgenommen, Produkt ist ein Alkan.

Will man nur bis zur Stufe des Alkens hydrieren, so bedient man sich eines Katalysators, der durch Zusätze desaktiviert ist. Dazu zählt pulverförmiges Palladium, dem Spuren von Chinolin und Bleiacetat beigemengt wurden (**Lindlar-Katalysator**).

$$H_5C_2-C\equiv C-C_2H_5 \quad + \quad H_2 \xrightarrow{\text{Lindlar-Katalysator}}$$

3-Hexin

(Z)-3-Hexen

Hierbei nutzt man die Tatsache aus, dass eine Dreifachbindung aufgrund ihrer stärkeren Adsorption auf der Pd-Oberfläche schneller hydriert wird als eine Doppelbindung.

Reaktivität bei der Hydrierung:

$$-C\equiv C- \quad > \quad \overset{}{\underset{}{>}}C=C\overset{}{\underset{}{<}}$$

Bei der partiellen Hydrierung entsteht ein *cis*-Alken, da die beiden Wasserstoffatome an *dieselbe* Seite des Alkins angelagert werden. Der Hydrierungsablauf entspricht somit dem bei Alkenen, bei denen ebenfalls *cis*-Hydrierung beobachtet wird (Abschn. 6.3).

Eine andere Möglichkeit, Alkine partiell zu Alkenen zu hydrieren, bietet das Reduktionsmittel Natrium in flüssigem Ammoniak (Siedepunkt –33°C). Hierbei entstehen *trans*-Alkene.

$$H_5C_2-C \equiv C-C_2H_5 \ + \ 2\,Na \ + \ 2\,NH_3 \ \xrightarrow{\text{flüss. } NH_3} \ \underset{H_5C_2}{\overset{H}{>}}C=C\underset{H}{\overset{C_2H_5}{<}} \ + \ 2\,NaNH_2$$

(E)-**3-Hexen**

Die Reduktion wird von solvatisierten Elektronen eingeleitet, die bei der Auflösung von Natrium in flüssigem Ammoniak entstehen und darüber hinaus der Lösung eine blaue Farbe verleihen.

$$Na \ \xrightarrow{NH_3,\,\text{flüssig}} \ Na^+(NH_3)_n \ + \ e^-(NH_3)_m$$

metallisches Natrium   **solvatisierte Natrium-Ionen, farblos**   **solvatisierte Elektronen, blau**

Es folgt eine nucleophile Addition eines Elektrons an die Dreifachbindung. Das dabei gebildete Radikal-Anion ist eine starke Base und wird durch die schwache Säure NH_3 protoniert, woraus ein Vinylradikal hervorgeht. Die weiteren Schritte verlaufen analog.

Radikal-Anion   **Vinylradikal**

trans-Alken   **Vinylanion**

Das Vinylanion weist *trans*-Konfiguration auf, eine Folge der gegenseitigen Abstoßung von R. Diese Konfiguration bleibt bei der erneuten Protonierung erhalten, so dass schließlich ein *trans*-Alken entsteht.

Zusammenfassung

Ein Alkin kann zu einem Alken oder weiter zu einem Alkan hydriert werden. Die Konfiguration des gebildeten Alkens hängt vom Reduktionsmittel ab: Katalytische Hydrierung liefert ein *cis*-Alken, Reduktion mit Natrium in flüssigem Ammoniak ein *trans*-Alken.

Aufgabe

14. 2-Pentin soll in die Epoxide A oder B überführt werden. Formulieren Sie die einzelnen Reaktionsschritte.

7.4.5 Acidität von 1-Alkinen. Acetylide

Das acetylenische H-Atom in 1-Alkinen besitzt schwach sauren Charakter. Starke Basen überführen 1-Alkine in Acetylide. Es liegt eine Säure-Base-Gleichgewichtsreaktion vor, deren Lage (K) von den pK_a-Werten abhängt. Mit der starken Base Natriumamid liegt das Gleichgewicht ganz auf der Seite des Acetylids, mit der schwächeren Base Natriumethanolat ganz auf der Seite des 1-Alkins.

Alkaliacetylide sind nützliche Zwischenstufen bei Synthesen. Auch Silberacetylide sind von Bedeutung. Sie dienen zur Unterscheidung von endständigen und internen Alkinen: Endständige geben mit Silbernitrat einen in Ethanol unlöslichen Niederschlag, interne nicht.

Reaktionen der Acetylide. Acetylide enthalten ein Carbanion und sind damit sowohl nucleophil als auch basisch. Besonders glatt verläuft die Reaktion mit primären Halogenalkanen.

Es liegt eine S_N2-Reaktion vor, die zur Verlängerung der Kette des Alkins führt. Im vorstehenden Fall geht 1-Propin in 2-Pentin über. Startet man mit Ethin, ist eine Kettenverlängerung auf beiden Seiten möglich. Sekundäre und tertiäre Halogenide werden aufgrund der stark basischen Eigenschaft des Acetylid-Ions hauptsächlich oder gänzlich unter Eliminierung von HX in Alkene überführt. Zur Reaktion von Acetyliden mit Carbonylverbindungen s. Abschn. 17.5.7.

● **Frage.** Ausgehend von 1-Hexin soll Nonan hergestellt werden. Welche Reaktionsschritte sind erforderlich?

● **Antwort.** Nonan enthält drei C-Atome mehr als 1-Hexin. Somit muss 1-Hexin um eine Propylkette verlängert werden. Das geschieht durch Überführung von 1-Hexin ins Acetylid und Reaktion des letzteren mit Propylbromid. Dabei bildet sich 4-Nonin, dessen Hydrierung Nonan ergibt.

Aufgaben

15. Warum reagiert $H-C\equiv N$ (pK$_a$ 9) saurer als $H-C\equiv C-H$ (pK$_a$ 25)?

16. Durch welche Reaktionen lassen sich folgende C$_4$-Verbindungen voneinander unterscheiden?

17. Ausgehend von 1-Butin sollen folgende Verbindungen hergestellt werden: Butan, 1-Buten, 1,1,2,2-Tetrachlorbutan, 2-Butanon, Butanal, 2-Pentin. Wie lauten die jeweiligen Reaktionsgleichungen?

18. Ausgehend von Acetylen soll 5-Decanon hergestellt werden. Formulieren Sie die einzelnen Schritte.

7.4.6 *Exkurs*: Pheromone aus Alkinen. Retrosynthese

Pheromone (griech. *pherein,* übertragen, *horman,* erregen) sind Wirkstoffe, die Tiere (meist Insekten) oder Pflanzen nach außen abgeben und die auf andere Individuen der gleichen Art Wirkung zeigen. Zu den Pheromonen zählen Sexuallockstoffe, Alarmstoffe, Versammlungspheromone u. a. Viele dieser Stoffe wirken bereits in überaus niedriger Konzentration. Das Studium der Pheromone hat sich als nützlich zur Insektenbekämpfung erwiesen.

Disparlur ist der Sexuallockstoff des weiblichen Schwammspinners. Es handelt sich um einen langkettigen Kohlenwasserstoff mit einem Epoxidring.

Disparlur
(cis-7,8-Epoxy-2-methyloctadecan)

Stellt man einen Behälter mit einer winzigen Menge dieses Epoxids ins Freiland, so sammeln sich darin die männlichen Schwammspinner. Somit können gezielt Schädlinge bekämpft werden, ohne die Umwelt durch erheblich größere Mengen an Insektiziden zu belasten.

Strategie bei der Synthese einer Verbindung. Der synthetischen Planung eines organischen Moleküls (sei es Disparlur oder ein anderes Molekül) geht in der Regel eine retrosynthetische Betrachtung **(Retrosynthese)** voraus. Dabei wird durch Bindungszerlegung des Zielmoleküls nach dem Molekül gesucht, welches als Vorstufe am besten geeignet erscheint. Die gleiche Strategie wird auf diese Vorstufe selbst angewandt usw. Das Ergebnis ist ein Syntheseplan, dem anschließend die Bestätigung (manchmal auch Verwerfung!) durch das Experiment folgt.

Als Vorstufe des Epoxids Disparlur bietet sich das zugrundeliegende Alken und als dessen Vorstufe das entsprechende Alkin an. Die retrosynthetische Analyse dieses Alkins führt zu einem 1-Alkin und schließlich zu Ethin. Die offenen Pfeile ($\Rightarrow$) weisen auf die jeweilige Vorstufe der retrosynthetischen Betrachtung.

Retrosynthese:

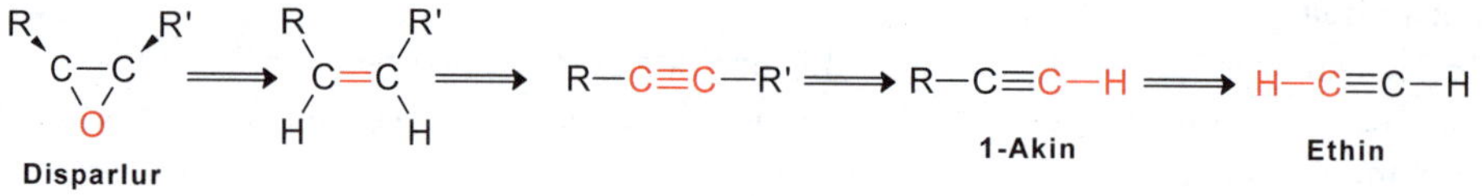

Umkehr der Retrosynthese ist die Synthese, die wie folgt abläuft: Alkylierung von Ethin zum 1-Alkin; Alkylierung des 1-Alkins zum Dialkylacetylen; partielle Hydrierung letzterer Verbindung zur Ethenverbindung und Epoxidierung derselben zum Disparlur. Das folg. Schema beschreibt die Realisierung der Retrosynthese.

Synthese:

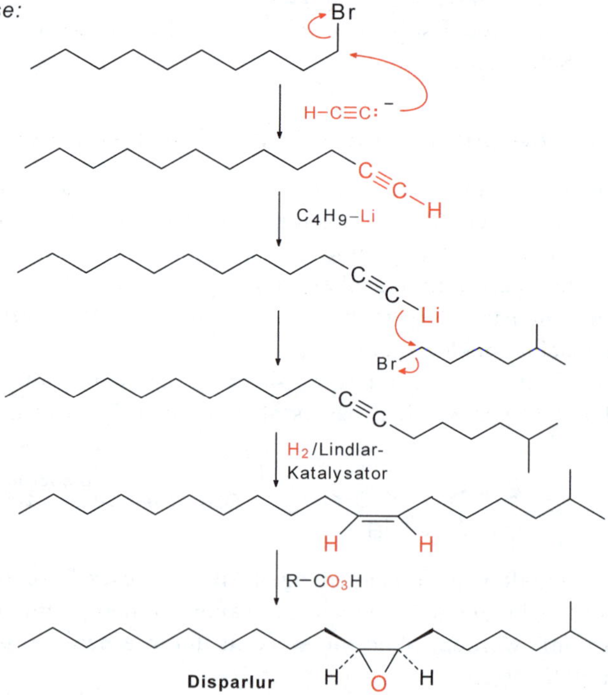

Aufgabe

19. Der Sexuallockstoff Muscalur der gemeinen Hausfliege besitzt folgende Struktur. Formulieren Sie eine von Acetylen ausgehende Synthese.

$$(n)\; H_{27}C_{13} \qquad C_8H_{17}\;(n)$$

Muscalur
(n geradkettig)

7.4.7 Oxidative Kupplung von 1-Alkinen zu 1,3-Diinen

Zwei Moleküle 1-Alkin können mit geeigneten Oxidationsmitteln zu 1,3-Diinen gekuppelt werden.

$$R-C\equiv C-H \;+\; H-C\equiv C-R \xrightarrow[\text{CuCl}]{\text{O}_2} R-C\equiv C-C\equiv C-R \;+\; H_2O$$

ein 1,3-Diin

Als Oxidationsmittel haben sich Sauerstoff (Katalysator Kupfer(I)-chlorid) oder Kupfer-II-acetat bewährt. Genaues über den Ablauf der Reaktion, nach dem Entdecker auch **Glaser-Reaktion** genannt, ist nicht bekannt. Die Kupplung führt zu Ketten, wenn man von 1-Alkinen ausgeht (vorstehende Gleichung), oder zu Ringen, wenn α,ω-Diine, d.h. Moleküle mit zwei endständigen Dreifachbindungen eingesetzt werden:

α,ω-Diin   **1,3-Cycloalkadiin**

Das folgende Beispiel beschreibt die oxidative Kupplung eines En-ins. Nur die H-Atome an der Dreifachbindung werden durch das Oxidationsmittel angegriffen.

1-Hexen-5-in   **1,11-Dodecadien-5,7-diin**

1,3-Diine und erst recht solche mit zusätzlichen Doppelbindungen sind auf andere Weise nur schwer zugänglich. Sie dienen als Ausgangsverbindungen zur Herstellung von Polyenen und Annulenen (Abschn. 8.6).

7.4.8 Zusammenfassung der Reaktionen von Alkinen

Reaktion des endständigen H-Atoms von 1-Alkinen. Das endständige H–Atom eines 1–Alkins reagiert sauer. Starke Basen überführen 1–Alkine in Acetylide. Acetylide sind starke Nucleophile, sie reagieren mit primären Halogeniden zu längerkettigen Alkinen. 1–Alkine reagieren auch mit Sauerstoff (Katalysator CuCl), wobei eine oxidative Kupplung zu 1,3–Diinen erfolgt (Glaser-Reaktion).

Reaktion der Dreifachbindung. Alkine gehen eine Vielzahl von Additionen an die Dreifachbindung ein. Es reagieren elektrophile oder nucleophile Verbindungen oder molekularer Wasserstoff, wobei *syn-* oder *anti*-Additionen erfolgen.

Reaktivitätsvergleich Doppelbindung/Dreifachbindung. Die Geschwindigkeit, mit der Additionen an die C,C-Dreifachbindung erfolgen, unterscheidet sich in charakteristischer Weise von der an die C,C-Doppelbindung.

- Elektrophile Verbindungen (HBr, Br_2 u.a.) addieren sich an die Dreifachbindung langsamer als an die Doppelbindung.

- Nucleophile Verbindungen addieren sich ebenfalls an die Dreifachbindung, wenn auch erst bei erhöhter Temperatur. Dagegen erfolgt in der Regel keine nucleophile Addition an die Doppelbindung.

- H_2 (durch Metalle aktiviert) wird an die Dreifachbindung schneller addiert als an die Doppelbindung.

7.4.9 Acetylen als industrielle Ausgangsverbindung

Acetylen, die Stammverbindung der Alkine, unterscheidet sich hinsichtlich Darstellung, Reaktivität und Bedeutung von den übrigen. Eine gesonderte Beschreibung erscheint deshalb gerechtfertigt. Die Chemie des Acetylens ist insbesondere von *W. Reppe* (geb. 1892 in Göringen) bei der ehemaligen I.G. Farbenindustrie Ludwigshafen mit großem Erfolg untersucht worden.

Acetylen wird großtechnisch entweder aus Kohlenwasserstoffen durch Pyrolyse oder (früher ausschließlich) aus Calciumcarbid und Wasser hergestellt.

$$2\,CH_4 \xrightarrow{\;1250\,°C\;} \underset{\textbf{Acetylen}}{H{-}C\equiv C{-}H} \;+\; 3\,H_2$$

$$\underset{\textbf{Calciumcarbid}}{Ca^{++}\;:C\equiv C:^{--}} + 2\,H_2O \longrightarrow H{-}C\equiv C{-}H \;+\; Ca(OH)_2$$

Acetylen ist eine thermodynamisch sehr instabile Verbindung. Durch hohen Druck oder katalytische Mengen Kupfer zerfällt es explosionsartig in Wasserstoff und Kohlenstoff. Dabei werden 228 kJ/mol Wärme frei.

$$H{-}C\equiv C{-}H \longrightarrow H_2 \;+\; 2\,C\,(fest) \qquad \Delta H = -228\ kJ/mol$$

Zur Stabilisierung und Lagerung wird Acetylen in Aceton gelöst und mit dieser Lösung der Feststoff Kieselgur, befindlich in einer Stahlflasche, getränkt. Acetylen ist ein farbloses Gas von etherischem Geruch. Wenn das im Handel befindliche Gas dennoch einen unangenehmen Geruch aufweist, so deshalb, weil es durch geringe Mengen an H_2S und PH_3 verunreinigt ist. Acetylen wird als Schweißgas und zur Herstellung von Grundchemikalien verwendet. Die Verwendung als Schweißgas beruht darauf, dass die bei der Verbrennung mit Sauerstoff gebildete Flamme heißer ist (2800 °C) als die von vergleichbaren Gasen wie Ethylen und Ethan. Die folgenden Verbrennungswärmen beziehen sich auf gasförmige Ausgangs- und Endprodukte.

$$\underset{\textbf{Acetylen}}{C_2H_2} + \tfrac{5}{2}O_2 \longrightarrow 2\,CO_2 \;+\; 1\,H_2O \qquad \Delta H = -1254\ kJ/mol$$

$$\underset{\textbf{Ethylen}}{C_2H_4} + 3\,O_2 \longrightarrow 2\,CO_2 \;+\; 2\,H_2O \qquad \Delta H = -1317\ kJ/mol$$

$$\underset{\textbf{Ethan}}{C_2H_6} + \tfrac{7}{2}O_2 \longrightarrow 2\,CO_2 \;+\; 3\,H_2O \qquad \Delta H = -1421\ kJ/mol$$

Zwar ist die Verbrennungswärme ΔH mit 1254 kJ/mol am kleinsten, ebenso aber auch die Anzahl der Endprodukte, da bei der Verbrennung von Acetylen nur ein mol Wasser entsteht.

Acetylen lässt sich dimerisieren, trimerisieren, tetramerisieren und polymerisieren, wobei Vinylacetylen, Benzol, Cyclooctatetraen bzw. Polyacetylen entstehen. Als Katalysatoren dienen in allen Fällen Übergangsmetallverbindungen. Die mechanistischen Abläufe der Cyclisierungen sind noch nicht restlos geklärt.

$$2 \ H—C≡C—H \xrightarrow{Cu_2Cl_2/HCl} H_2C=CH—C≡C—H$$

Vinylacetylen   Dimerisierung

$$3 \ H—C≡C—H \xrightarrow{Ni(CN)_2/PR_3}$$

Benzol   Trimerisierung

$$4 \ H—C≡C—H \xrightarrow{Ni(CN)_2 \ / \ CaC_2}$$

Cyclooctatetraen   Tetramerisierung

$$n \ H—C≡C—H \xrightarrow[150 \ °C]{Ti(OR)_4/Et_3Al}$$

***trans*-Polyacetylen**   Polymerisierung

Acetylen geht zahlreiche elektrophile Additionen ein. Nucleophile Additionen werden ebenfalls beobachtet, wenn auch erst bei höherer Temperatur (s. Addition von Ethanol). Stets bilden sich Verbindungen vom Typ $H_2C=CH–X$. Die folgenden Reaktionen, auch **Reppe-Vinylierungen** oder einfach **Vinylierungen** genannt, sind von großer technischer Bedeutung. So liefert die HCl-Addition Vinylchlorid, dessen Polymerisationsprodukt Polyvinylchlorid (PVC) aus unserem Alltag nicht wegzudenken ist.

$$H—C≡C—H$$
Acetylen

$\xrightarrow[(H^+, Hg^{++})]{H_2O}$ →OH → **Acetaldehyd**   elektrophile Addition

$\xrightarrow{HCl}$ Cl **Vinylchlorid**   elektrophile Addition

$\xrightarrow[(H^+, Cu^+)]{H–C≡N}$ CN **Acrylnitril**   elektrophile Addition

$\xrightarrow[(RO^-) \ (150° \ C)]{}$ O **Ethyl-vinyl-ether**   nucleophile Addition

$\xrightarrow[(HO^-) \ (150° \ C)]{}$ N **Vinylpyrrolidon**   nucleophile Addition

7.5 Lösung der Aufgaben zu Kapitel 7

1.   Lewis-Formel: H:C:::C:H   Kekulé-Formel: H–C≡C–H

2.   Laut Summenformel sind zwei Doppelbindungsäquivalente vorhanden (eine Dreifachbindung oder zwei Doppelbindungen): C≡C–C–C–C, C–C≡C–C–C,
C=C=C–C–C, C=C–C=C–C, C=C–C–C=C, C–C=C=C–C.

3.   Ersteres Molekül hat eine kugelähnliche Gestalt, die zwischenmolekulare *van-
der-Waals*-Anziehung ist daher geringer als beim langgestreckten 1-Hexin.

4.   **(a)** Sowohl von Be als auch C gehen zwei Bindungen (so verschieden sie auch
sein mögen) aus. Diese stoßen sich ab und bilden einen Winkel von 180°.

  (b) Die Einfachbindungen, die von Be und C in Cl–Be–Cl bzw. H–C≡C–H ausgehen, sind sp-hybridisiert und damit linear angeordnet (Winkel 180°).

5.   Linear

6.   Die vier Methylgruppen in Tetramethylcycloheptin schirmen die Dreifachbindung
ab. Deshalb ist diese Verbindung verglichen mit der unsubstituierten weitaus be-
ständiger.

7.   4,5-Dibrom-1-pentin. Die Dreifachbindung ist gegenüber Elektrophilen weniger
reaktiv als die Doppelbindung.

8.   3-Hexin

9.

10.   Unsymmetrische Struktur

11.

  Die Hydroborierung bleibt auf der Stufe von Dicyclohexylboran stehen, da die
B–H-Bindung darin abgeschirmt ist und erst bei höherer Temperatur mit weiterem
Cyclohexen reagiert.

12.   **A:** 1-Hexin + H–BR$_2$ (R gleich Cyclohexyl); + H$_2$O$_2$

  B: 1-Hexin + H$_2$O/H$^+$/Hg^{++}

  C: 3-Hexin + BH$_3$; + H$_2$O$_2$; oder 3-Hexin + H$_2$O/H$^+$/Hg^{++}

  D: 1,7-Octadiin + 2 H$_2$O/H$^+$/Hg^{++}

13.

14.   C–C≡C–C–C + H$_2$ (Lindlar-Katalysator) → (*Z*)-2-Penten; (*Z*)-2-Penten + *m*-Chlor-
peroxybenzoesäure → **A**

  C–C≡C–C–C + 2 Na + 2 NH$_3$ → (*E*)-2-Penten → → **B**

15.   N ist elektronegativer als C.

16.   **Butan** ist die einzige Verbindung, die nicht mit Brom reagiert. (Erst bei Bestrahlung tritt eine Reaktion ein.) **1-Buten** ist die einzige Verbindung, die mit nur einem mol Brom reagiert. Nur **1-Butin** ergibt ein unlösliches Silbersalz.

17.

18.   Na-Acetylid + n-Butylbromid → 1-Hexin; Na-Salz von 1-Hexin + n-Butylbromid → 5-Decin; 5-Decin + H_2O (H^+, Hg^{++}) → 5-Decanon

19.   Die Synthese von Muscalur verläuft analog der von Disparlur. Reaktanden sind Acetylen, n-$C_{13}H_{27}Br$ und n-$C_8H_{17}Br$.

Kapitel 8
Konjugierte Diene und Polyene

8.1 Einteilung und Nomenklatur

Ein konjugiertes Dien ist ein Kohlenwasserstoff mit zwei Doppelbindungen, die durch eine Einfachbindung voneinander getrennt sind. Beispiel:

konjugiertes Dien:

1,3-Butadien

Analog ist ein konjugiertes Polyen ein Kohlenwasserstoff mit mehreren Doppel- und Einfachbindungen in alternierender Anordnung. Je nach Anzahl der Doppelbindungen unterscheidet man zwischen konjugierten Dienen, Trienen, Tetraenen usw. und schließlich Polyenen.

Isopren, ein konjugiertes Dien

**1,3,5-Cyclooctatrien,
ein konjugiertes Trien**

CH₂OH

Vitamin A, ein konjugiertes Pentaen

**_trans_-Polyacetylen,
ein konjugiertes Polyen**

Konjugierte Polyene mit mehreren Doppelbindungen sind farbig. Sie verleihen vielen Früchten (Orangen, Tomaten) deren Farbe. So wird die Farbe von Tomaten durch den Inhaltsstoff Lycopin verursacht, ein Polyen mit 11 konjugierten Doppelbindungen.

Kumulierte, konjugierte und isolierte Doppelbindungen. Zwei Doppelbindungen können auch *kumuliert* oder *isoliert* sein. Im ersten Fall grenzen die Doppelbindungen aneinander, im zweiten Fall liegen zwei oder mehr Einfachbindungen dazwischen. Somit sind drei Typen von Dienen zu unterscheiden. Beispiele:

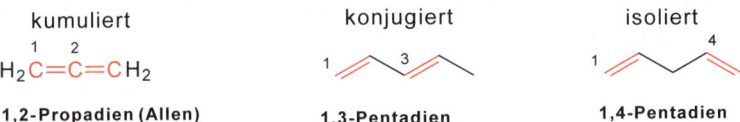

kumuliert	konjugiert	isoliert
H₂C=C=CH₂		
1,2-Propadien (Allen)	**1,3-Pentadien**	**1,4-Pentadien**

Zur Benennung von Dienen, Trienen usw. wird der Endbuchstabe *-n* des zugrunde liegenden Alkans durch die Silben *-dien, -trien* usw. ersetzt und die Lage der Doppelbindungen durch vorangestellte Zahlen angegeben, s. vorsteh. Beispiele.

In der folgenden Tabelle sind einige Diene und Polyene mit den jeweiligen UV-Daten, die später diskutiert werden, aufgeführt.

Tabelle. Mehrfach ungesättigte Kohlenwasserstoffe

Konstitution	Name	Siedep.(°C)	λ_{max} (nm) (ϵ)
($H_2C=CH_2$)	(Ethen)	(-104)	(163) (16000)
$H_2C=C=CH_2$	Propadien (Allen)	-34	
	1,3-Butadien	-4,5	217 (21000)
	2-Methyl-1,3-butadien (Isopren)	34	222 (10800)
Cl	2-Chlor-1,3-butadien (Chloropren)	59,5	
	(Z)-1,3,5-Hexatrien	78	
	(E)-1,3,5-Hexatrien	78,5	268 (36300)
	(E,E)-1,3,5,7-Octatetraen		304 (33000)
	(E,E,E)-1,3,5,7,9-Decapentaen		
	"Polyacetylen"		
	Cyclopentadien	41	238 (4200)
	1,3-Cyclohexadien	80,5	256 (8000)
	1,4-Cyclohexadien	85,5	<200
	Cholestadien		275

8.2 Stabilität konjugierter Diene

Diene mit konjugierten Doppelbindungen sind stabiler als Diene mit isolierten Doppelbindungen. Den Beweis liefern die Hydrierungsenthalpien ΔH, wie die folgende Gegenüberstellung zeigt.

1,3-Butadien $\xrightarrow{2\ H_2}$ $\Delta H = -239$ kJ/mol

1,4-Pentadien $\xrightarrow{2\ H_2}$ $\Delta H = -253$ kJ/mol

Die Hydrierung von 1,3-Butadien ergibt ΔH = -239 kJ/mol, die von 1,4-Pentadien den höheren Betrag von ΔH = -253 kJ/mol. Die Differenz von 14 kJ/mol ist der Energiebetrag, um den 1,3-Butadien mit konjugierten Doppelbindungen stabiler ist als 1,4-Pentadien mit isolierten Doppelbindungen. Mit anderen Worten: 14 kJ/mol wären aufzuwenden, um 1,3-Butadien in ein hypothetisches 1,3-Butadien *ohne* Wechselwirkung zwischen den beiden Doppelbindungen zu überführen.

Ursache für die Stabilität konjugierter Doppelbindungen ist die mit einer Energieabnahme verbundene Delokalisierung der π-Elektronen. Wie in Abschn. 1.8.2 erläutert, überlappen die vier p_z-Orbitale des Butadiens zu vier Molekülorbitalen ψ_1 bis ψ_4, wobei sich jedes Orbital über das gesamte C-Gerüst erstreckt. Die Orbitale ψ_1 und ψ_2 sind mit je zwei π-Elektronen besetzt. Wie in der folgenden Abbildung zu erkennen, verbinden die π-Elektronen in ψ_1 die C-Atome 1 und 2, ferner 3 und 4, *zusätzlich aber auch die C-Atome 2 und 3.*

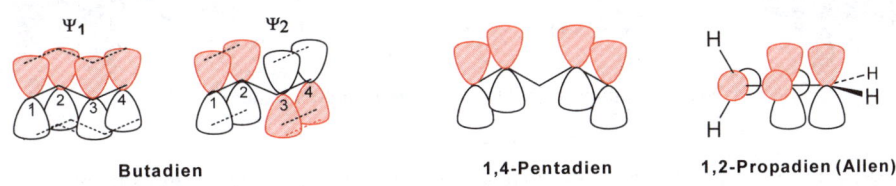

Butadien   **1,4-Pentadien**   **1,2-Propadien (Allen)**

In 1,4-Pentadien ist diese zusätzliche Überlappung und damit Stabilisierung nicht möglich, da zwei Einfachbindungen dazwischen liegen. Auch beim Allen ist eine zusätzliche Überlappung nicht möglich, weil hier die p_z-Orbitale paarweise senkrecht zueinander stehen. Diese Orthogonalität hat auch zur Folge, dass die Ebenen, in denen sich die beiden CH_2-Gruppen befinden, ebenfalls senkrecht zueinander stehen. (Die gleiche stereochemische Aussage für Allen liefert auch das VSEPR-Modell, Abschn. 1.6.)

Aufgaben

1. Benennen Sie die Verbindung $(H_3C)_2C=CCl–CH_2–CH=C=CH_2$.

2. Ist 1,4-Cyclohexadien ein konjugiertes Dien?

3. Wie viel kumulierte, konjugierte und isolierte Diene sind von Cyclooctadien möglich?

4. Welches der beiden folgenden Diene liefert die größere Hydrierungsenthalpie?

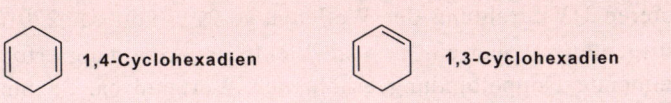

1,4-Cyclohexadien   **1,3-Cyclohexadien**

8.3 Konformation konjugierter Diene

Wie Butan existiert auch 1,3-Butadien als Gemisch von Konformeren. Allerdings ist die Anzahl der Konformeren im 1,3-Butadien kleiner, da das Fragment C=C starr ist. Existent sind laut Infrarot- und Ramanspektrum nur die beiden Konformere, in denen die vier C-Atome weitgehend in einer Ebene liegen. Es handelt sich um das *s-trans*- und das *s-cis*-Konformer. Die Angaben *cis* und *trans* beziehen sich hier auf die Einfachbindung *s* (von engl. *single*) zwischen den Doppelbindungen. Beide Konformere stehen im Gleichgewicht miteinander, das ganz auf der Seite des *s-trans*-Konformers liegt. Das Verhältnis *s-trans : s-cis* beträgt bei Raumtemperatur ca. 95 : 5.

s-cis-Butadien: verdrillt
(5 %)

s-trans-Butadien: planar
(95 %)

Der geringe Anteil des *s-cis*-Konformers beruht u.a. auf der gegenseitigen Behinderung der endständigen H-Atome, die zu einer Verdrillung des Moleküls führt. Das Molekül ist dadurch nicht mehr planar, was zur Folge hat, dass die p_z-Orbitale weniger überlappen. Das *s-trans*-Isomer ist dagegen planar, alle vier p_z-Orbitale können eine parallele Lage einnehmen und somit maximal überlappen.
cis,trans-Konformere konjugierter Diene unterscheiden sich auch in der Reaktivität. So gelingt die Diels-Alder-Reaktion nur mit dem *s-cis*-Konformer, Näheres s. Abschn. 8.7.4.

Aufgabe

5. Handelt es sich bei den Verbindungen des Gleichgewichts *s-cis*-Butadien/*s-trans*-Butadien um *cis-trans*-Isomere?

8.4 UV-Spektren konjugierter Polyene

Die folgenden Ausführungen basieren auf den bereits in Kap. 2 behandelten Grundlagen der UV-Spektroskopie.
1,3-Diene absorbieren UV-Strahlung der Wellenlänge λ_{max} von ca. 220 nm (abhängig von Substituenten), wobei ein $\pi \rightarrow \pi^*$-Elektronen-Übergang erfolgt. Jede weitere hinzukommende Doppelbindung erhöht den Wert um ca. 35 nm. Diese Regel gilt für konjugierte Polyolefine mit bis zu ca. 7 Doppelbindungen, danach ist der Zuwachs geringer. Auch der Extinktionskoeffizient ε steigt mit der Anzahl

der Doppelbindungen. Nachfolgend sind die λ_{max}-Werte und Extinktionskoeffizienten einiger Polyene mit zwei bis fünf konjugierten Doppelbindungen zusammengestellt.

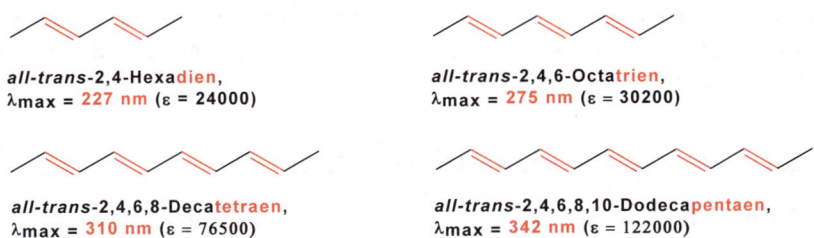

all-trans-2,4-Hexadien,
λ_{max} = 227 nm (ε = 24000)

all-trans-2,4,6-Octatrien,
λ_{max} = 275 nm (ε = 30200)

all-trans-2,4,6,8-Decatetraen,
λ_{max} = 310 nm (ε = 76500)

all-trans-2,4,6,8,10-Dodecapentaen,
λ_{max} = 342 nm (ε = 122000)

Die Proportionalität zwischen der Anzahl konjugierter Doppelbindungen einerseits und λ_{max} oder ε andererseits geht besonders anschaulich aus der nachfolgenden Abbildung hervor, welche die UV-Spektren der Polyene mit 3, 4 und 5 Doppelbindungen wiedergibt.

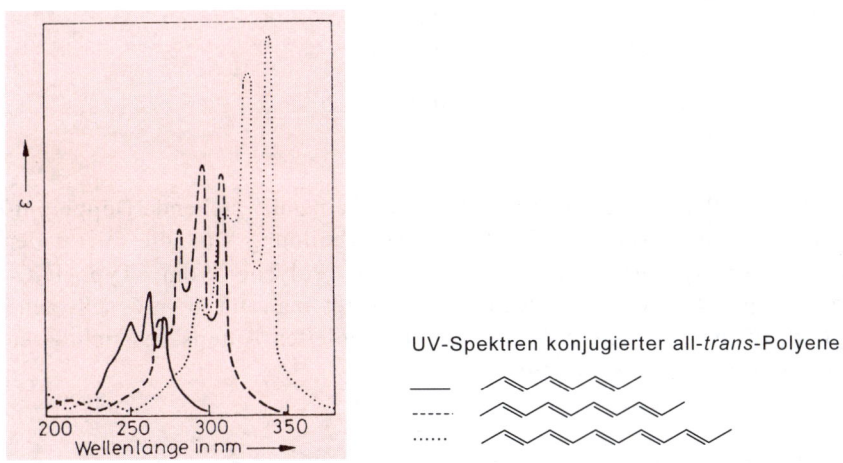

UV-Spektren konjugierter all-*trans*-Polyene

Es gilt: Je größer das konjugierte Polyen ist, desto längerwellig und intensiver ist der energieärmste $\pi \rightarrow \pi^*$-Elektronen-Übergang.

Aufgabe

6. Das UV-Spektrum eines ungesättigten Kohlenwasserstoffs der Summenformel $C_{12}H_{14}$ zeigt einen λ_{max}-Wert von 364 nm. Wie viel konjugierte Doppelbindungen enthält das Molekül?

8.5 Konstitution und Farbe organischer Verbindungen

Eine Verbindung ist farbig, wenn sie einen Teil des sichtbaren Lichts (ca. 400–700 nm) absorbiert. Dabei nimmt das Auge diejenige Farbe wahr, die komplementär zur absorbierten Farbe ist. Absorbiert eine Verbindung z.B. violettes Licht (400–430 nm), so erscheint sie uns in der Komplementärfarbe grüngelb, s. Tabelle.

Tabelle. Absorbiertes Licht und Komplementärfarbe

absorbiertes Licht in nm	Farbe des absorbierten Lichts	Komplementärfarbe
400–430	violett	gelbgrün
430–480	blau	gelb
480–490	grünblau	orange
490–510	blaugrün	rot
510–530	grün	purpur
530–570	gelbgrün	violett
570–580	gelb	blau
580–600	orange	grünblau
600–680	rot	blaugrün
680–750	purpur	grün

Olefine, die etwa sechs oder mehr in Konjugation zueinander stehende Doppelbindungen enthalten, sind farbig. In der folgenden Abbildung sind die Werte der längstwelligen Absorptionsmaxima λ_{max} einiger Polyene vom Typ H_3C-$(CH=CH)_n$-CH_3 angegeben. Bei Polyenen beobachtet man für n = 6 schwache Endabsorption, für n = 7 stärkere Absorption des violetten Anteils des sichtbaren Lichts: Beide Verbindungen sind gelb.

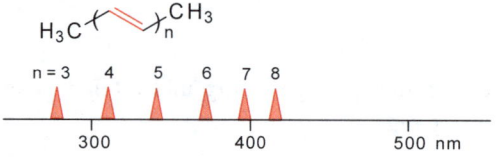

Abb. Längstwellige Absorptionsmaxima λ_{max} von Polyenen

Zu den farbigen Polyenen pflanzlichen Ursprungs gehören die Carotinoide β-Carotin und Lycopin, beides Verbindungen mit jeweils 11 konjugierten Doppelbindungen. Diese Verbindungen verleihen Mohrrüben bzw. Tomaten die aus dem Alltag bekannte Farbe.

β-Carotin, **rot**, λ_{max} bei **466** und **497** nm;
in Mohrrüben ("Karotten")

Lycopin, tiefrot; längstwelliges λ_{max} = **520** nm;
in Tomaten, Hagebutten

Strukturell verwandt mit den Polyenen sind die **Polymethine** (Methin bedeutet
-CH−). Sie bestehen ebenfalls aus einem Polyenanteil, besitzen jedoch als Endgruppen je eine Donorgruppe D und eine Akzeptorgruppe A.

ein Polyen (R: H, Alkyl, Aryl)   **ein Polymethin (D, A: s.Text)**

Bei den Donorgruppen handelt es sich um Substituenten mit +M-Effekt wie −OH
oder −NR$_2$ und bei den Akzeptorgruppe um Substituenten mit −M-Effekt wie C=O
oder C=NR$_2^+$. Die wichtigsten Polymethine enthalten N-haltige Endgruppen und
heißen **Cyanine**. Cyanine besitzen folgende Struktur und Elektronenverteilung:

ein Cyanin (R = Alkyl)
(2 mesomere Grenzstrukturen)

Bei den Cyaninen erhöht sich λ_{max} pro Doppelbindung um konstant 100 nm, hier
reichen schon drei Doppelbindungen (C=N mitgerechnet) zur Farbigkeit.

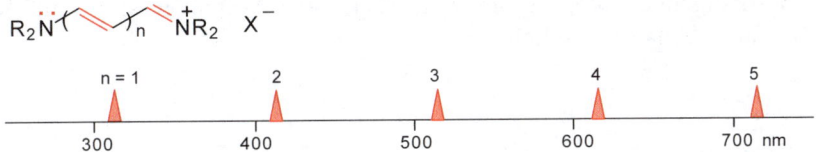

Abb. Längstwellige Absorptionsmaxima λ_{max} von Cyaninen (M. Klessinger, *Chemie i. u.
Zeit* 1978)

Wie zu erkennen absorbieren fast alle Cyanine im sichtbaren oder gar IR-Bereich
(>800 nm).

Aufgaben

7. Zeichnen Sie das einfachste konjugierte Polyen und das einfachste Cyanin mit jeweils 4 Doppelbindungen. Welche der beiden Verbindungen ist farbig?

8. Polymethinfarbstoffe treten auch in der Natur auf. Sie sind für die Farbe vieler Blüten und Früchte verantwortlich. Nachfolgend sind die Strukturen eines gelben Cyaninfarbstoffs im Feigenkaktus und eines roten Cyaninfarbstoffs in der Roten Beete aufgeführt. Woher rührt die Farbverschiebung von gelb nach rot?

ein gelber Cyaninfarbstoff
(Vorkommen im Feigenkaktus)

ein roter Cyaninfarbstoff (Gal = Galactosyl)
(Vorkommen in Roter Beete)

Zu den ungesättigten Verbindungen, die ebenfalls farbig sind, gehören auch Aromaten, sofern sie mindestens vier anellierte (aneinander gereihte) Benzolringe enthalten. Wie bei den Polyenen sind auch hier $\pi \rightarrow \pi^*$-Übergänge für die Strahlungsabsorption verantwortlich.

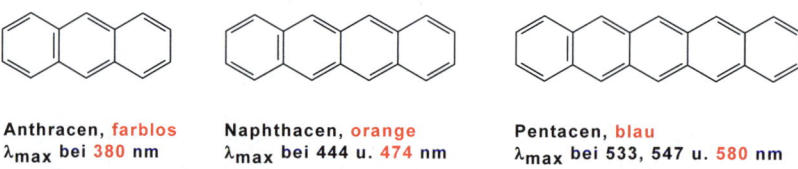

Anthracen, farblos
λ_{max} bei 380 nm

Naphthacen, orange
λ_{max} bei 444 u. 474 nm

Pentacen, blau
λ_{max} bei 533, 547 u. 580 nm

Eine befriedigende Erklärung der λ_{max}–Werte von Aromaten ist nur auf der Basis der Quantenmechanik möglich.

8.6 Herstellung konjugierter Diene

Im Labor werden konjugierte Diene oft nach Verfahren hergestellt, die man auch zur Darstellung von Alkenen anwendet. Allerdings sind jetzt Ausgangsverbindungen mit zwei funktionellen Gruppen erforderlich.

Aus einem Allylhalogenid durch Eliminierung von Halogenwasserstoff (Abschn. 11.2). Das Allylhalogenid selbst wird aus dem zugrunde liegenden Alken durch Allylbromierung mit *N*-Bromsuccinimid (NBS) hergestellt (Abschn. 3.10.5).

| Cyclohexen | 3-Bromcyclohexen | 1,3-Cyclohexadien (75 %) |

Aus einem Diol durch zweifache Wasserabspaltung (Abschn. 12.6.5)

1,3-Butandiol   1,3-Butadien

Aus zwei Alkenen durch Heck-Reaktion (Abschn. 16.5.5). Beispiel:

OTf gleich O–SO$_2$–CF$_3$ 82 %

Technische Synthesen. In der Technik bedient man sich spezieller Verfahren, die meistens hohe Temperaturen erfordern. Butadien und Isopren, Monomere zur Produktion von Kunststoffen, werden wie folgt hergestellt.

Butadien aus Butan.

Butan   1,3-Butadien

Isopren aus Propen. Zunächst wird Propen mit Hilfe von (n-Propyl)$_3$Al zu 2-Methyl-1-penten dimerisiert wird. Das Dimer wird anschließend der Crackung bei 650 °C unterworfen, wobei unter Methanabspaltung Isopren entsteht. Treibende Kraft der Methanabspaltung ist neben der Entropieerhöhung (aus einem Molekül entstehen zwei) die Bildung eines konjugierten Diens.

Propen   2-Methyl-1-penten   2-Methyl-1,3-butadien
(Isopren)

Aufgaben

9. Vervollständigen Sie das Reaktionsschema:

$$\text{HO}-\!\!\bigcirc\!\!-\text{OH} \quad \xrightarrow[\;(\text{H}^+)\;]{-\,2\,\text{H}_2\text{O}}$$

10. Polyene können aus Diinen durch basenkatalysierte Protonenverschiebung hergestellt werden. So gelingt die Synthese von Dodecahexaen (Polyen mit 6 konjugierten Doppelbindungen) aus dem Diin A durch Behandlung mit K-*tert*-Butylalkoholat. Welche Reagenzien/Verbindungen sind erforderlich, um das Diin A aus Allylbromid herzustellen?

Allylbromid + Br

Welches Reagenz?

1,5-Hexadien

Welches Reagenz?

1-Hexen-5-in C≡C–H

Welches Reagenz?

C≡C–C≡C

A

basenkatalysierte H-Verschiebungen

H   H

H   H

1,3,5,7,9,11-Dodecahexaen, λ_{max} = 364 nm

8.7 Reaktionen konjugierter Diene

Die Reaktivität von mehrfach ungesättigten Kohlenwasserstoffen zeigt sich bereits beim Aufbewahren ohne besondere Schutzmaßnahmen. Während Polyolefine mit isolierten Doppelbindungen weitgehend beständig sind, polymerisieren konjugierte Diene und erst recht konjugierte Polyene bei längerer Aufbewahrung.

Die größte Bedeutung haben konjugierte Diene als Edukte bei der Diels-Alder-Reaktion (Abschn. 8.7.4).

8.7.1 Addition von Bromwasserstoff an konjugierte Diene

Das chemische Verhalten von Dienen gegenüber HBr hängt vom Abstand der Doppelbindungen ab. Verbindungen mit kumulierten oder isolierten Doppelbindungen reagieren wie Alkene. Es erfolgt eine 1,2-Addition, wobei das H-Atom gemäß der **Markownikow-Regel** mit dem C-Atom reagiert, das die meisten H-Atome enthält.

Verbindungen mit konjugierten Doppelbindungen liefern hingegen nicht nur Produkte der 1,2-Addition, sondern auch solche der 1,4-Addition.

Wie verläuft die 1,4-Addition? Die Addition besteht aus zwei Schritten. Im ersten Schritt greift das Proton das C-Atom 1 des konjugierten Diens an, wobei ein substituiertes Allylkation mit delokalisierter Ladung entsteht. Ein Angriff des Protons auf das C-Atom 2 tritt nicht ein, da das dabei gebildete Carbenium-Ion eine lokalisierte Ladung besitzt und damit energiereicher ist.

Die Delokalisierung der Ladung im substituierten Allylkation kann außer durch die beiden mesomeren Grenzstrukturen Ia und Ib auch durch die Formeln Ic oder Id (dargestellt ist das HOMO des Allylkations) beschrieben werden.

π-Bindung im substituierten
Allylkation. Die beiden
π–Elektronen sind
auf 3 C-Atome verteilt.

Im zweiten Schritt reagiert das Bromid-Ion entweder mit der 2- oder 4-Position des substituierten Allylkations.

substituiertes
Allylkation

Angriff
auf C-2

1,2-Addition

Angriff
auf C-4

1,4-Addition

8.7.2 Kinetische/thermodynamische Steuerung der HBr-Addition

Bei der Addition von HBr an Butadien entsteht bei niedriger Temperatur (-75 °C) ein Gemisch, in dem das 1,2-Produkt überwiegt. Erwärmt man dieses Gemisch auf Raumtemperatur, so stellt sich ein Gleichgewicht zwischen den Isomeren ein, in dem nunmehr das 1,4-Produkt überwiegt. Wie ist diese Verschiebung der Produktzusammensetzung zu verstehen? Bei −75 °C ist die Addition nicht reversibel. Es bildet sich mehr 1,2-Produkt, weil die Aktivierungsenergie hierfür kleiner ist. Bei Raumtemperatur verläuft die Addition reversibel. Das Gleichgewicht liegt auf der Seite des 1,4-Produkts, weil ein Alken mit einer Doppelbindung im Inneren der Kette thermodynamisch stabiler ist als ein Alken mit einer endständigen Doppelbindung.

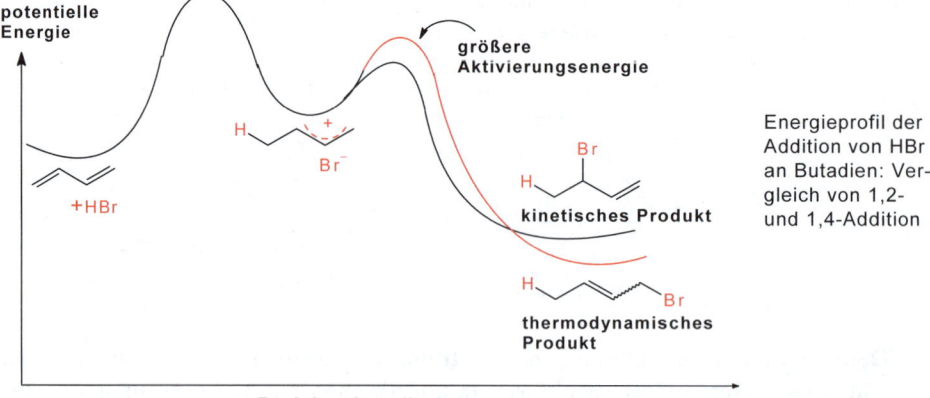

potentielle
Energie

größere
Aktivierungsenergie

+HBr

kinetisches Produkt

thermodynamisches
Produkt

Reaktionskoordinate

Energieprofil der
Addition von HBr
an Butadien: Ver-
gleich von 1,2-
und 1,4-Addition

Die Gleichgewichtseinstellung bei Raumtemperatur verläuft über eine **Allylverschiebung**, bei der das allylständige Bromatom reversibel von der 3- in die 1-Position wandert.

3-Brom-1-buten
25 %

1-Brom-2-buten
75 %

Die Zusammensetzung bei −75°C ist somit **kinetisch gesteuert**, während die Zusammensetzung bei Raumtemperatur **thermodynamisch gesteuert** ist. Bei tiefer Temperatur bestimmt die Aktivierungsenergie, bei höherer Temperatur die thermodynamische Stabilität die Zusammensetzung des Isomerengemischs. Ein thermodynamisch gesteuertes Verhältnis unterscheidet sich damit grundsätzlich von einem kinetisch gesteuerten und ist stets die Folge eines Gleichgewichts zwischen zwei Verbindungen.

Kinetisch und thermodynamisch gesteuerte Produktverhältnisse treten auch bei anderen chemischen Reaktionen auf. Ein allgemeines Reaktionsschema dafür lautet wie folgt (k = Geschwindigkeitskonstanten):

Das Produktverhältnis B : C ist kinetisch gesteuert und beträgt $k_1 : k_2$.

Das Produktverhältnis B : C ist thermodynamisch gesteuert und unabhängig von k-Werten.

8.7.3 Weitere Additionen an konjugierte Diene

1,2- und 1,4-Addition an konjugierte Diene ist keineswegs auf HBr und die übrigen Halogenwasserstoff-Verbindungen beschränkt. Auch andere elektrophile Verbindungen wie Halogen oder unterhalogenige Säure gehen diese Art von Addition ein.

1,2-Addition:

1,4-Addition:

3,4-Dibrom-1-buten

1,4-Dibrom-2-buten
(E/Z-Gemisch)

Auch Wasserstoff wird in 1,2- oder 1,4-Stellung addiert.

1,2-Addition:

1,4-Addition:

1-Buten

2-Buten (E/Z-Gemisch)

Aufgaben

11. Warum liegen alle Atome des Allyl-Kations in einer Ebene?

12. Geben Sie die vier Verbindungen an, die bei der ionischen Addition von HCl an 2-Methyl-1,3-butadien entstehen können.

13. Bei der Addition von HBr an Allen ($H_2C=C=CH_2$) bilden sich die Verbindungen A-C. Erklären Sie die Bildung derselben.

14. Welche Verbindungen entstehen bei der Addition von a) einem mol b) zwei mol Brom an ein mol 1,3-Butadien?

15. Bei der Addition von einem mol Brom an 1,3,5-Hexatrien können sich drei Reaktionsprodukte mit unterschiedlicher Stellung der Bromatome bilden. Es werden aber nur zwei beobachtet. Warum?

8.7.4 Diels-Alder-Reaktion

Unter einer Diels-Alder-Reaktion versteht man die reversible Vereinigung eines 1,3-Diens mit einem Alken oder einem Alkin zu einem ungesättigten Sechsring. Nachfolgend ist je ein Beispiel für beide Reaktionen angegeben.

1,3-Butadien   Ethylen   200 °C   18 % Ausbeute   Cyclohexen

2-Methyl-butadien   Acetylendicarbonsäure-dimethylester   150 °C, 12h   75% Ausbeute   4-Methyl-3,6-Dihydro-phthalsäure-dimethylester

Hierbei werden Doppel- oder Dreifachbindungen in zwei neue Einfachbindungen (σ_1 und σ_2) umgewandelt. Die Reaktion verläuft synchron, was durch drei Krummpfeile zum Ausdruck gebracht wird.

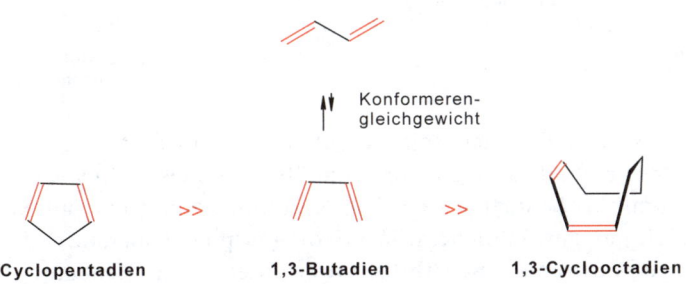

Das 1,3-Dien nennt man kurz **Dien**, das Alken oder Alkin **Dienophil**, und das Produkt heißt **Addukt**. Die Reaktion wurde von *O. Diels* (geb. 1876 in Hamburg) und *K. Alder* (geb. 1902 in Königshütte/Oberschlesien) erkannt und 1950 mit dem Nobelpreis für Chemie honoriert.

Die Diels-Alder-Reaktion ist eine sogenannte [4+2]Cycloaddition. Mit den Zahlen wird zum Ausdruck gebracht, dass 4 Atome plus 2 Atome an der Ringbildung beteiligt sind. Die große Bedeutung der Reaktion liegt darin, dass im Gegensatz zu den meisten Reaktionen der organischen Chemie *zwei C,C-Bindungen (σ_1 und σ_2) in einem Schritt* gebildet werden.

1,3-Diene gehen nur dann eine Diels-Alder-Reaktion ein, wenn sie eine planare *s-cis*-Konformation einnehmen können. Das ist bei allen *offenkettigen* 1,3-Dienen möglich, selbst wenn der Anteil des *s-cis*-Konformers häufig klein ist (im Falle des 1,3-Butadiens nur 5%). Im Cyclopentadien ist die *s-cis*-Konformation fixiert, es gehört daher zu den reaktivsten Dienen. Im 1,3-Cyclooctadien ist dagegen eine *planare s-cis*-Konformation nicht möglich, die Verbindung reagiert daher sehr langsam. Für die Diels-Alder-Reaktion dieser drei Verbindungen gilt folgende Reihe abnehmender Reaktivität:

Die Diels-Alder-Reaktion ist eine Gleichgewichtsreaktion. Im Falle der Reaktion zwischen Butadien und Ethylen liegt das Gleichgewicht auf der Seite der Ausgangsverbindungen. Sind aber *elektronenabgebende* Substituenten an das Dien und *elektronenanziehende* Substituenten an das Dienophil gebunden, so verschiebt sich das Gleichgewicht zugunsten des Addukts. Folgende Verbindungen enthalten elektronenabgebende oder elektronenanziehende Substituenten und sind damit geeignete Diene bzw. Dienophile:

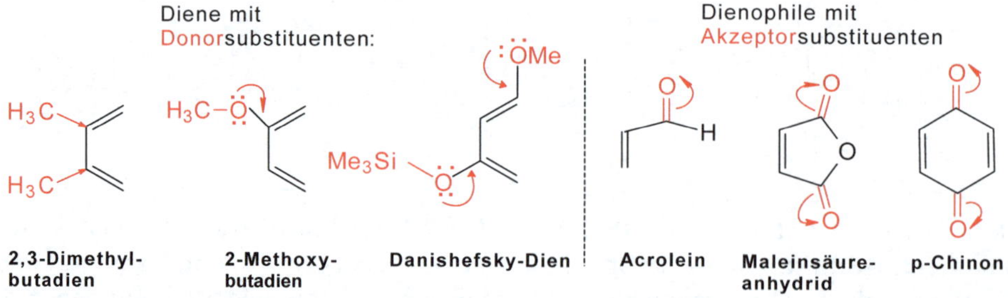

Diene mit
Donorsubstituenten:

2,3-Dimethyl-
butadien

2-Methoxy-
butadien

Danishefsky-Dien

Dienophile mit
Akzeptorsubstituenten

Acrolein

Maleinsäure-
anhydrid

p-Chinon

Die geraden oder gekrümmten Pfeile geben die Richtung der Elektronenverschiebung an.

Als Dien oder Dienophil eignen sich auch Verbindungen, die an den reagierenden Positionen Heteroatome (O, S, N) statt C-Atome enthalten. Nachfolgend sind zwei Reaktionen aufgeführt, die Heteroatome im Dienophil aufweisen.

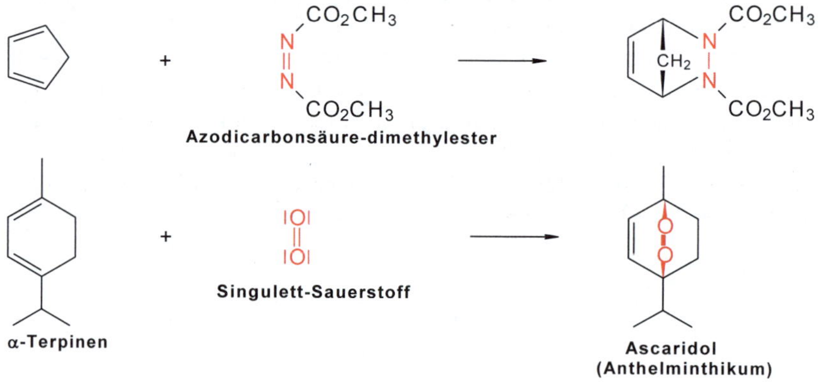

Azodicarbonsäure-dimethylester

Singulett-Sauerstoff

α-Terpinen

Ascaridol
(Anthelminthikum)

Bei der Reaktion von α-Terpinen mit Singulett-Sauerstoff entsteht Ascaridol, wirksamer Hauptbestandteil des Chenopodiumöls, welches früher als Anthelminthikum (Wurmmittel) benutzt wurde. Die Reaktion gelingt nur mit Singulett-Sauerstoff, der sich aus gewöhnlichem Sauerstoff (Triplett-Sauerstoff) durch Bestrahlung in Gegenwart eines **Sensibilisators** bildet. (Zur Bedeutung Singulett/Triplett und Sensibilisator s. Abschn. 6.7.9.)

Aufgaben

16. Welche Diene sind für die Diels-Alder-Reaktion ungeeignet und warum?

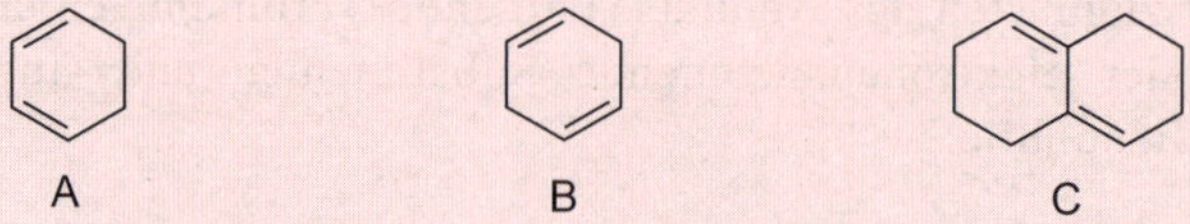

A

B

C

17. Ordnen Sie die folgenden Dienophile nach zunehmender Reaktivität:

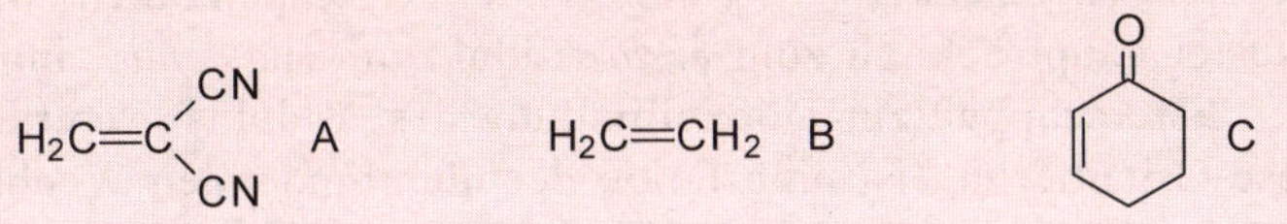

Stereochemie der Diels-Alder-Reaktion. Die Diels-Alder-Reaktion verläuft **stereospezifisch**. Dies ist eine Folge der *synchronen* Bildung der beiden neuen σ-Bindungen. (Nehmen Sie ein Molekülmodell zur Hand!)

Bei der Addition der *Z*-Verbindung Maleinsäure-dimethylester an Butadien bildet sich nur das *cis*-Addukt, und bei der Addition der *E*-Verbindung Fumarsäure-dimethylester nur das *trans*-Addukt.

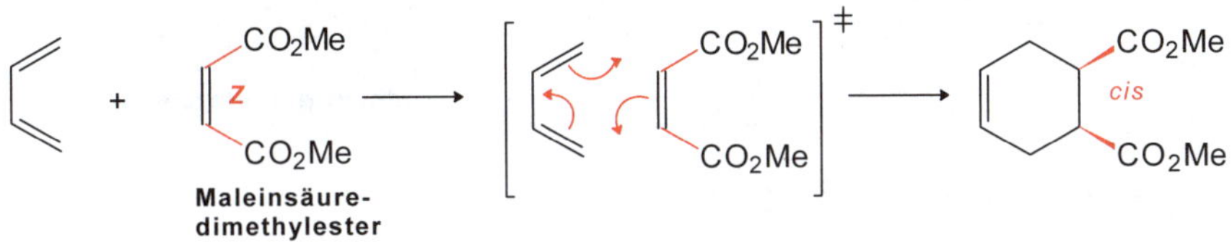

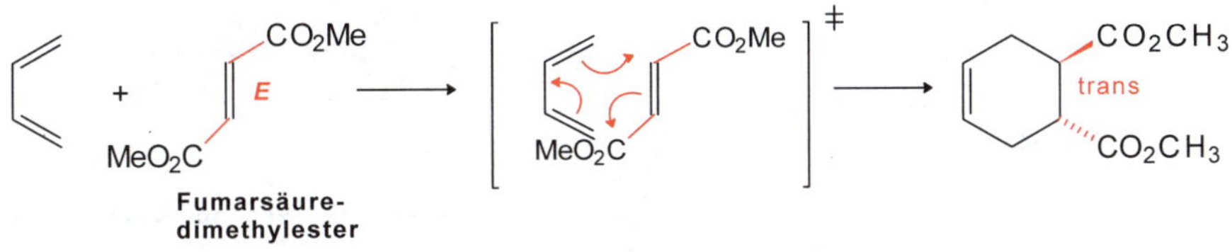

Auch die Konfiguration des Diens bestimmt die des Addukts. Bei der Addition von (*E,E*)-2,4-Hexadien an Acetylendicarbonsäure-dimethylester entsteht nur das *cis*-Addukt, bei der Addition von (*E,Z*)-2,4-Hexadien nur das *trans*-Addukt.

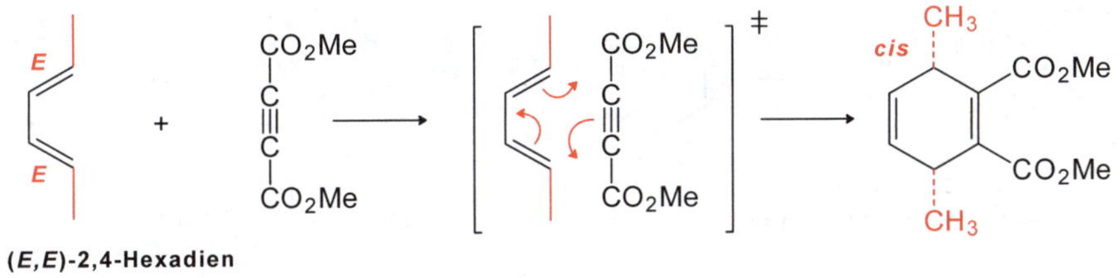

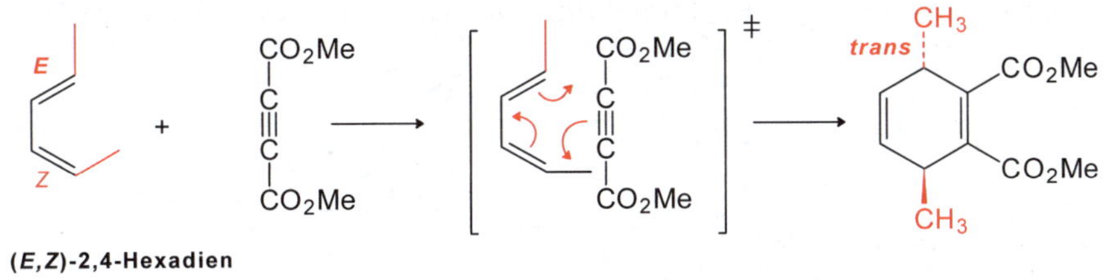

Auch bezüglich der Orientierung der Substituenten von Dien und Dienophil *zuein-ander* erfolgt eine sterische Lenkung. So setzen sich Cyclopentadien und Ma-leinsäure-dimethylester hauptsächlich zum *endo*-Addukt um (lat. *endo*, innen), in welchem die beiden Estergruppen zur Doppelbindung des Addukts orientiert sind (**endo-Regel**). Diese Orientierung ist eine Folge der nichtbindenden Wechselwir-kung im Übergangszustand zwischen den Carbonylgruppen der Estergruppen und den Doppelbindungen des Diens.

endo-Annäherung: Wechselwirkung (s. Text)

endo-**Adrukt (Hauptprodukt)**

exo-Annäherung: keine Wechselwirkung

exo-**Addukt (Nebenprodukt)**

Intramolekulare Diels-Alder-Reaktion. Besitzt ein Molekül sowohl ein 1,3-Dien- als auch ein Dienophil-Fragment, kann eine *intra*molekulare Diels-Alder-Reaktion eintreten. Im folgenden Schema sind eine intermolekulare und eine in-tramolekulare Reaktion gegenübergestellt.

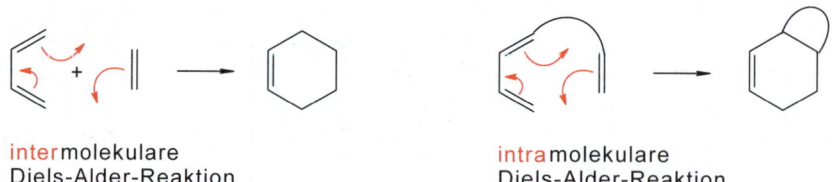

*inter*molekulare
Diels-Alder-Reaktion

*intra*molekulare
Diels-Alder-Reaktion

Bei einer intramolekularen Reaktion bildet sich stets ein Bicyclus. Beispiel:

130 °C

E = –CO2CH3

Retro-Diels-Alder-Reaktion. Wie eingangs erwähnt verläuft die Diels-Alder-Reaktion reversibel. Bei mäßiger Temperatur erfolgt Adduktbildung, bei Temperaturen meist über 200 °C beobachtet man Spaltung in Dien und Dienophil. Praktische Bedeutung hat die Retro-Diels-Alder-Reaktion bei der Herstellung von Cyclopentadien. Wird Dicyclopentadien, ein Produkt aus Steinkohlenteer, auf ca. 200 °C erhitzt, so tritt Spaltung zu Cyclopentadien ein. Bei längerem Aufbewahren von Cyclopentadien erfolgt wieder Dimerisierung.

Zusammenfassung

- Bei der Diels-Alder-Reaktion reagiert ein 1,3-Dien (Dien genannt) mit einem Alken oder Alkin (beide Dienophil genannt) zu einem ungesättigten Sechsring (Addukt genannt).

- Die Reaktion tritt nur ein, wenn das Dien eine s-cis-Konformation einnehmen kann.

- Bei der Bildung des Addukts werden die beiden σ-Bindungen synchron geknüpft. Die Folge ist ein stereospezifischer Reaktionsverlauf: Ein Z-Dienophil liefert ein *cis*-Addukt, ein E-Dienophil ein *trans*-Addukt. Für das Dien gilt: Ein E-E-Dien führt zu einem *cis*-Addukt, ein E-Z-Dien zu einem *trans*-Addukt.

- Die Diels-Alder-Reaktion ist eine Gleichgewichtsreaktion. Bei Raumtemp. und wenig höher liegt das Gleichgewicht auf der Seite des Addukts, bei Temperaturen oberhalb 200 °C auf der Seite der Ausgangsverbindungen.

Aufgaben

18. Welche Verbindung entsteht beim Erhitzen von 2,3-Dimethyl-1,3-butadien und 1,1-Dicyanoethylen?

19. Welche der Verbindungen A–F können durch eine Diels-Alder-Reaktion hergestellt werden? (Achten Sie auch auf die Stereochemie.) Beantworten Sie die Frage retrosynthetisch, indem Sie gestrichelte Linien durch diejenigen σ-Bindungen von A–F zeichnen, die bei der Diels-Alder-Reaktion gebildet werden. Geben Sie auch die Ausgangsverbindungen an.

20. Welche Strukturen besitzen A und B? (Achten Sie auf die relativen Konfigurationen.)

21. Welches Stereoisomer entsteht, wenn *p*-Chinon mit einer äquivalenten Menge von 2-Methyl-1,3-butadien (Verb. A) oder Cyclopentadien (Verb. B) umgesetzt wird?

p-Chinon
(s. diese Aufgabe)

Norbornadien
(s. nächste Aufgabe)

22. Norbornadien (Formel vorstehend) wurde durch eine Diels-Alder-Reaktion hergestellt. Welches sind die Ausgangsverbindungen?

8.8 *Exkurs:* Die Photochemie des Sehvorgangs

Moleküle mit konjugierten Doppelbindungen spielen beim Sehvorgang eine wichtige Rolle. Dabei nimmt 11-*cis*-Retinal, ein Aldehyd mit fünf konjugierten C,C-Doppelbindungen, eine zentrale Stellung ein.

11-*cis*-Retinal bildet sich in der Leber aus Retinol (Vitamin A) durch *cis-trans*-Isomerisierung und Oxidation.

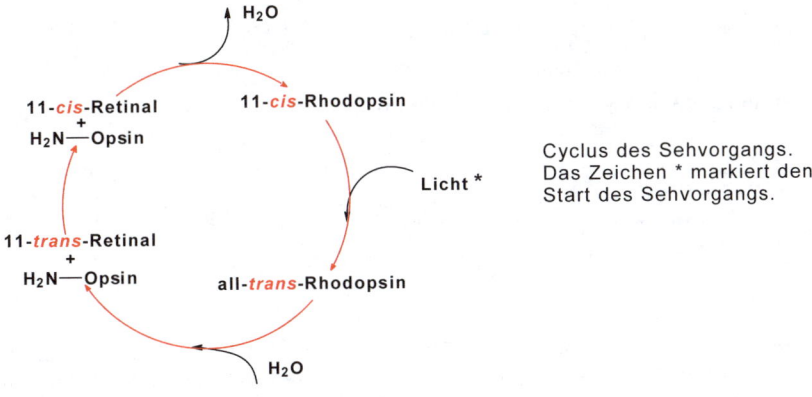

Vitamin A (Retinol),
in der Nahrung

11-*cis*-Retinal

Die Verbindung kondensiert in der Netzhaut (Retina) des Auges mit der freien Aminogruppe einer Lysin-Seitenkette des Proteins *Opsin* zum purpurfarbenen Rhodopsin. Trifft nun Licht auf die Netzhaut, wird die *cis*-Doppelbindung des Rhodopsins in der sehr kurzen Zeit von 200 Femtosekunden (1fs = 10^{-15} s) isomerisiert, wobei all-*trans*-Rhodopsin entsteht. Gleichzeitig mit der *cis-trans*-Isomerisierung erfolgt eine Änderung der molekularen Ausdehnung: *Ein gekrümmtes Molekül wandelt sich in ein gestrecktes um.* Diese Änderung löst einen Nervenimpuls und damit die Sehempfindung aus.

11-*cis*-Rhodopsin,
λ_{max} = 498 nm, gekrümmt

all-*trans*-Rhodopsin,
gestreckt

all-*trans*-Rhodopsin wird anschließend über mehrere Stufen wieder in 11-*cis*-Rhodopsin überführt, welches danach für eine erneute Absorption von Licht zur Verfügung steht. Sämtliche Reaktionen werden durch Enzyme katalysiert. Das folgende Schema fasst die Reaktionen des Sehvorganges zusammen.

Cyclus des Sehvorgangs.
Das Zeichen * markiert den
Start des Sehvorgangs.

Die rote Farbe des Rhodopsins und damit der Netzhaut zeigt sich gelegentlich beim Photographieren mit Blitzlicht. Unter bestimmten Aufnahmebedingungen erscheinen die Pupillen einer Person auf dem Bild rot. Ursache ist die Reflexion des Blitzlichts an der purpurfarbenen Netzhaut.

8.9 Lösung der Aufgaben zu Kapitel 8

1.   5-Chlor-6-methyl-1,2,5-heptatrien
2.   nein
3.   1 (kumuliert); 1 (konjugiert); 2 (isoliert)
4.   1,4-Cyclohexadien
5.   Nein; um Konformationsisomere
6.   Laut Summenformel sind 6 Doppelbindungsäquivalente vorhanden. Der experimentelle Wert λ_{max} = 364 nm stimmt gut mit sechs konjugierten Doppelbindungen überein, wie auch die folgende Berechnung zeigt: 268 nm (Hexatrien; s. Abb.) + 3 · 35 = 363 nm.- Es handelt sich um Dodecahexaen.

Dodecahexaen, λ_{max} = 364 nm

7.

farblos   farbig

8.   Der Chromophor im Farbstoff der Roten Beete ist aufgrund des Phenylringes und der daran gebundenen Substituenten länger als der im Farbstoff des Feigenkaktus und absorbiert daher im längerwelligen Bereich.
9.   1,3- und 1,4-Cyclohexadien
10.   **(a)** Mg in Diethylether (Wurtz-Reaktion). Die Wurtz-Reaktion wird hier statt mit Na mit dem weniger reaktiven Mg durchgeführt, da Allylbromid sehr reaktiv ist.
(b) + 1 mol Br_2; + 3 mol $NaNH_2$ (1 mol davon für die Acetylidbildung)
(c) + O_2/CuCl (Glaser-Reaktion)
11.   Nur bei dieser Geometrie ist eine größtmögliche Überlappung der 3 p_z-Orbitale möglich.
12.

(1,4-Addition)   (1,2-Addition)

13.   **A** und **B** gemäß Markownikow-Regel; **C**:

14.   **(a)** 3,4-Dibrom-1-buten und 1,4-Dibrom-2-buten, **(b)** 1,2,3,4-Tetrabrombutan
15.   Es tritt nur 1,2- und 1,6-Addition ein. Die 1,4-Addition unterbleibt, da hierbei ein Dien mit isolierten Doppelbindungen entstehen würde.

16.   **B** und **C**. **B** ist kein konjugiertes Dien, **C** ist zwar ein konjugiertes Dien, eine s-*cis*-Konformation ist hier aber nicht möglich.

17.   **B** $\ll$ **C** $<$ **A**

18.

19.

20.

21.

22.   Cyclopentadien und Acetylen

Kapitel 9
Halogenkohlenwasserstoffe

9.1 Bedeutung von Halogenkohlenwasserstoffen

Halogenkohlenwasserstoffe sind Kohlenwasserstoffe, deren H-Atome teilweise oder ganz durch Halogenatome ersetzt sind. Sie galten früher als rein synthetische Produkte. Tatsächlich begegnet man ihnen auch in der Natur, insbesondere in der Biosphäre des Ozeans. Quelle des organisch gebundenen Halogens ist das im Meerwasser gelöste Halogenid. So wurden die beiden folgenden Verbindungen, die vier oder fünf Halogenatome enthalten, aus Seetang bzw. Algen isoliert.

Tetrachlormertensin,
im Seetang

Halomon,
in Rotalgen

Große Bedeutung haben Halogenkohlenwasserstoffe als Zwischenprodukte für die Synthese anderer Verbindungen. In der Technik werden sie als Feuerlöschmittel, Kühlmittel, Treibmittel, Kleiderreinigungsmittel etc., in der Medizin als Anästhetika verwendet. Wegen des schädlichen Einflusses auf die Ozonschicht der Atmosphäre werden Halogenkohlenwasserstoffe zunehmend durch andere Verbindungen ersetzt.

Nomenklatur. Bei der Benennung nach IUPAC setzt man den Namen des Halogens vor den Namen des Kohlenwasserstoffs. Weit verbreitet ist auch die Anfügung des Namens des Halogenids ans Ende des Namens des Kohlenwasserstoffrestes.

1-Chlorbutan oder Butylchlorid   **2-Chlorbutan oder 2-Butylchlorid**

In der folgenden Tabelle sind einige gesättigte und ungesättigte Halogenverbindungen zusammen mit den Siedepunkten und Dichten aufgeführt. Die Dichten von Halogenalkanen erstrecken sich über den weiten Bereich von 0,9 g/mL (Chloralkan) bis hin zu dem für organische Verbindungen ungewöhnlichen großen Wert von 4,3 g/mL für Tetraiodmethan.

Tabelle. Siedepunkte und Dichten einiger Halogenkohlenwasserstoffe

Konstitution	Name	Siedepunkt in °C	Dichte bei 20°C in g/ml
$H_3C\!-\!F$	Methylfluorid	−78	
$H_3C\!-\!Cl$	Methylchlorid	−24	
$H_3C\!-\!Br$	Methylbromid	5	
$H_3C\!-\!I$	Methyliodid	43	
(Ethylchlorid-Struktur) Cl	Ethylchlorid	12	
(Propylchlorid-Struktur) Cl	Propylchlorid	47	
(Isopropylchlorid-Struktur) Cl	Isopropylchlorid	36.5	
(Butylchlorid-Struktur) Cl	Butylchlorid	78.5	
(2-Butylchlorid-Struktur) Cl	2-Butylchlorid	68	
(Isobutylchlorid-Struktur) Cl Cl	Isobutychlorid	68	
(tert-Butylchlorid-Struktur) Cl	*tert*-Butylchlorid	51	0.85
CF_4	Tetrafluormethan	−128	1.61 (-130°C)
CCl_4	Tetrachlormethan	77	1.59
CBr_4	Tetrabrommethan	189	3.42
CI_4	Tetraiodmethan	subl.	4.32
(Vinylchlorid-Struktur) Cl	Vinylchlorid	−14	
(Vinylbromid-Struktur) Br	Vinylbromid	16	

Perfluoralkane. Perfluoralkane unterscheiden sich in vielerlei Hinsicht von den anderen Perhalogenalkanen. Schon die Siedepunkte sorgen für eine Überraschung: Fluoralkane sieden in der Regel tiefer als die zugrundeliegenden Kohlenwasserstoffe, obwohl die Molekulargewichte viel höher liegen (s. nebenstehende Abbildung, oben).

Woher rühren die verhältnismäßig niedrigen Siedepunkte von fluorierten Kohlenwasserstoffen? Moleküle mit Fluor stoßen sich gegenseitig ab. Dadurch werden die van-der-Waals-Kräfte, die für die Anziehung unpolarer Moleküle verantwortlich sind, vermindert. Als Folge verdampfen die Moleküle leichter.

Auch bei der Löslichkeit fallen Perfluoralkane aus der Reihe: Obwohl wie Alkane kaum polar, mischen sie sich darin nur oberhalb einer bestimmten Temperatur, wie die nebenstehende Abbildung zeigt. Für dieses Verhalten gibt es keine Erklärung. Die fluorige Phase wird als eine neue Phase angesehen. Damit existieren drei flüssige Phasen: die wässrige Phase, die organische Phase und die fluorige Phase. (Ionische Flüssigkeiten als vierte flüssige Phase: Abschn. 22.5.4.)

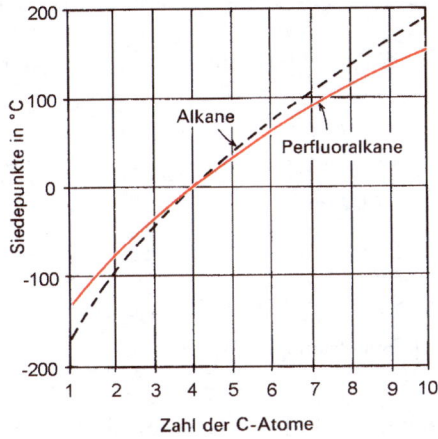

Abb. Siedepunkte von *n*-Alkanen und Perfluoralkanen. Ab C_5 sieden die Perfluoralkane tiefer als die Alkane, obwohl ihre Molekulargewichte viel höher liegen als die der Alkane.

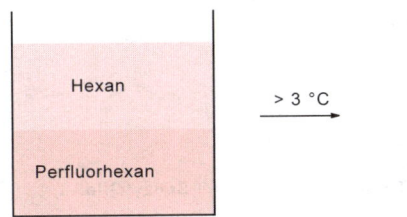

unterhalb 3 °C: **zwei** Phasen

oberhalb 3 °C: **eine** Phase

9.2 Herstellung von Halogenkohlenwasserstoffen

Aus Alkanen und Halogen (Abschn. 3.10.2). Hierbei fallen Isomerengemische an, in denen tertiäre und sekundäre Alkylhalogenide vorherrschen. Einheitlich verläuft die Halogenierung nur dann, wenn der Kohlenwasserstoff eine C-H-Gruppe besitzt, deren Reaktivität die anderer übertrifft. Hierzu zählen Verbindungen mit tertiären, allylständigen oder benzylständigen C−H-Gruppen.

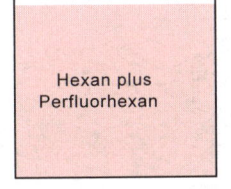

Die Halogenierung gelingt nur mit Chlor oder Brom; Iod ist zu reaktionsträge und Fluor zu reaktionsfähig.

Aus Alkenen und Halogen (Abschn. 6.7.4). Die Addition verläuft stereospezifisch unter *anti*-Addition. Beispiel:

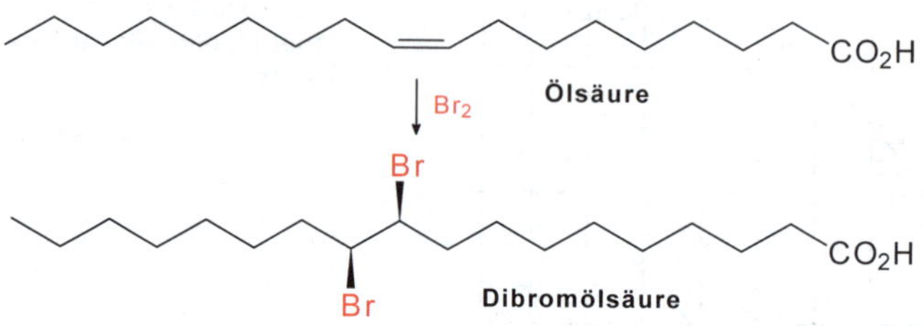

Aus Aromaten und Halogen (Abschn. 15.3.2). Unter ionischen Bedingungen wird ein aromatisches H-Atom, unter radikalischen ein benzylisches H-Atom substituiert.

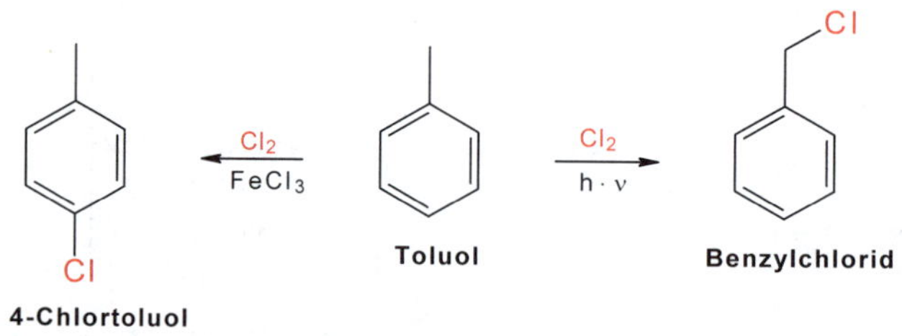

Aus Alkenen und Halogenwasserstoff (Abschn. 6.7.2). Die Richtung der Addition folgt der Markownikow-Regel:

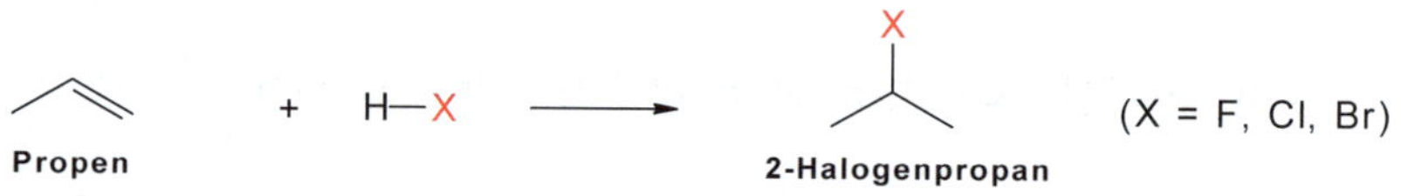

Aus Alkoholen und Halogenwasserstoff oder Säurehalogenid (Abschn. 12.6.4). Diese Reaktion besitzt eine große Anwendungsbreite, da Alkohole leicht erhältlich sind.

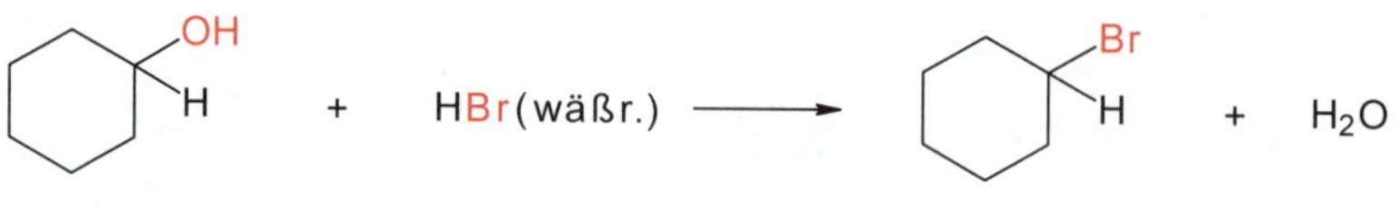

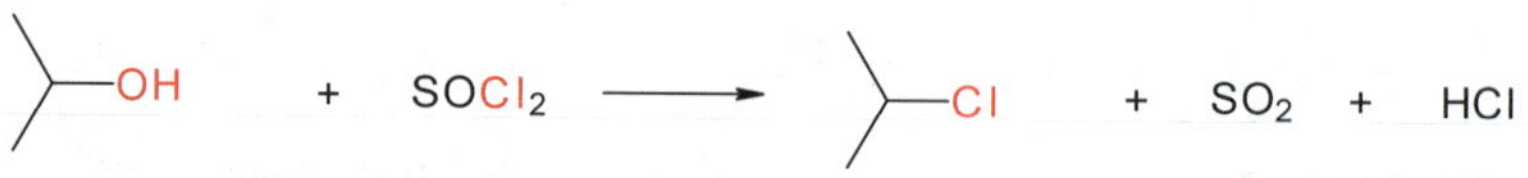

Aus Halogenalkanen durch Halogenaustausch (Abschn. 10.5). Bei dieser nucleophilen Substitution wird ein Halogenid gegen ein anderes ausgetauscht.

$$Na^+ I^- \; + \quad \diagdown\!\diagup\!\diagdown\!\diagup \, Br \xrightleftharpoons[\text{Aceton}]{\text{in sied.}} \quad \diagdown\!\diagup\!\diagdown\!\diagup \, I \quad + \quad Na^+ Br^- \downarrow$$

1-Brombutan   1-Iodbutan

$$K^+ F^- \; + \quad \diagdown\!\diagup\!\diagdown\!\diagup\!\diagdown \, Br \xrightarrow[\text{in Glykol}]{175\ °C} \quad \diagdown\!\diagup\!\diagdown\!\diagup\!\diagdown \, F \quad + \quad K^+ Br^-$$

1-Bromhexan   1-Fluorhexan

Triebkraft des Halogenaustausches mit Jodid in Aceton ist die unterschiedliche Löslichkeit der beteiligten Salze: Natriumiodid ist in Aceton löslich, Natriumbromid nicht. Als Folge wird das Gleichgewicht nach rechts verschoben. Die Reaktion mit Jodid in Aceton heißt **Finkelstein-Reaktion**.

Die Herstellung von Iod- oder Fluoralkanen durch Halogenaustausch ergänzt die Halogenierung von Alkanen, die nur mit Chlor oder Brom gelingt.

Aufgaben

1. Wie stellt man Bromcyclohexan, 1,2-Dibromcyclohexan und 1,2,3-Tribromcyclohexan her?
2. Formulieren Sie die einzelnen Schritte der Umwandlung 3-Methyl-1-buten → 1-Chlor-3-methylbutan.

9.3 Halogenkohlenwasserstoffe im Alltag

Mehrfach halogenierte Kohlenwasserstoffe haben große technische Bedeutung. Nachfolgend werden die wichtigsten Vertreter in der Reihenfolge zunehmender Anzahl der C-Atome behandelt.

Die chlorierten Methanverbindungen Dichlormethan, Chloroform und Tetrachlorkohlenstoff werden als Lösungsmittel verwendet. Man stellt sie aus Methan durch Chlorierung her. Bei unsachgemäßer Lagerung von Chloroform (Kontakt mit Luft und Licht) entsteht das äußerst giftige Phosgen.

$$H{-}CCl_3 \xrightarrow{O_2\,/\,h\cdot\nu} \left[\begin{array}{c} \text{Cl} \quad \text{Cl} \\ H{-}O{-}O{-}C{-}Cl \end{array} \right] \xrightarrow{-\,HOCl} O{=}C\!\!\begin{array}{c}\text{Cl}\\\text{Cl}\end{array}$$

Chloroform   ein Peroxid   Phosgen, sehr giftig

Deshalb sollte Chloroform unter Luftausschluss gelagert werden. Da ein rigoroser Ausschluss von Luft nur schwer zu erreichen ist, versetzt man Chloroform zur Zerstörung des gebildeten Phosgens mit 1% Ethanol. Dabei entsteht unschädlicher Kohlensäure-diethylester.

$$O=C\begin{smallmatrix}Cl\\Cl\end{smallmatrix} \quad + \quad 2\ C_2H_5OH \quad \longrightarrow \quad O=C\begin{smallmatrix}O-C_2H_5\\O-C_2H_5\end{smallmatrix} \quad + \quad 2\ HCl$$

Kohlensäure-diethylester

Trichlorethylen und Tetrachlorethylen dienen zur „Trockenreinigung" (Reinigung von Kleidungsstücken in chlorierten Kohlenwasserstoffen). Zur Herstellung geht man von Ethylen bzw. Acetylen aus. Es wird zunächst Chlor addiert, danach durch Pyrolyse oder mit einer Base Chlorwasserstoff abgespalten. Gegebenenfalls wird diese Reaktionsfolge bis zum gewünschten Chlorierungsgrad wiederholt.

$$\underset{\text{1,2-Dichlorethan}}{CH_2Cl-CH_2Cl} \xrightarrow[\substack{\text{(Pyrolyse oder}\\ Ca(OH)_2)}]{-HCl}$$

Vinylchlorid

$$H-C\equiv C-H \xrightarrow{Cl_2/N_2} \underset{\text{1,1,2,2-Tetrachlorethan}}{CHCl_2-CHCl_2} \xrightarrow[Ca(OH)_2]{-HCl}$$

Trichlorethylen

$$\xrightarrow{Cl_2} \underset{\text{Pentachlorethan}}{CHCl_2-CCl_3} \xrightarrow[Ca(OH)_2]{-HCl}$$

Tetrachlorethylen

Einige Fluorkohlenwasserstoffe der Methan- und Ethanreihe werden oder wurden wegen ihrer niedrigen Siedepunkte, chemischen Trägheit und der Tatsache, dass sie nicht giftig sind, als Kältemittel für Haushaltskühlschränke, Klimaanlagen und als Treibmittel in Sprühdosen verwendet. Hierzu zählen Dichlorfluormethan ($CHCl_2F$), Dichlordifluormethan (CCl_2F_2), Trichlorfluormethan (CCl_3F), 1,2-Dichlortetrafluorethan (CF_2Cl-CF_2Cl) u.a. Man nennt diese Verbindungen auch Frigene oder (engl.) Freone oder auch FCKW's (Fluorchlorkohlenwasserstoffe). Die nebenstehende Tabelle gibt die Siedepunkte und Verwendung einiger Frigene und weiterer Polyhalogenverbindungen an.

Bei der Darstellung der Frigene geht man von den entsprechenden Chlorkohlenwasserstoffen aus und ersetzt Chlor teilweise durch Fluor. Als Fluorid-Ionen-Spender dienen hauptsächlich wasserfreie Flusssäure (HF), SbF_3 oder HgF_2.

$$CHCl_3 \ + \ 2\,HF \xrightarrow[\text{als Katalysator}]{AlF_3} CHClF_2 \ + \ 2\,HCl$$

$$CCl_4 \ + \ HF \xrightarrow[\text{als Katalysator}]{AlF_3} CCl_3F \ + \ CCl_2F_2 \ + \ HCl$$

Tabelle. Siedepunkte und Verwendung einiger (Poly)halogenkohlenwasserstoffe

Name	Formel	Siedepunkt (°C)	Verwendung
Chlordifluormethan	$CHClF_2$	– 41	Kältemittel, Kunststoffverschäumer
Dichlorfluormethan	$CHCl_2F$	9	
Chloroform	$CHCl_3$	61	Lösungsmittel
Bromchlordifluormethan	$CClBrF_2$		früher Feuerlöschmittel
Dichlordifluormethan	CCl_2F_2	– 30	
Trichlorfluormethan	CCl_3F	24	
Tetrachlormethan (Tetrachlorkohlenstoff)	CCl_4	77	als Fleckenwasser bis 1987 erlaubt
Ethylchlorid	C_2H_5Cl	12	Localanästhetikum
Bromchlortrifluorethan (Halothan)	$BrClCH—CF_3$	50	Inhalationsnarcoticum
Trichlorethylen	$Cl_2C{=}CHCl$	87	Trockenreinigungsmittel
Tetrachlorethylen	$Cl_2C{=}CCl_2$	121	Trockenreinigungsmittel
1,2-Dichlorethan	$Cl—H_2C—CH_2—Cl$	84	zur Herstellung von Vinylchlorid

Der Gebrauch niedermolekularer Frigene ist nicht ungefährlich. Sie entweichen in die Stratosphäre und bewirken dort den Abbau von Ozon. Dadurch wird die Schutzwirkung der Ozonschicht gegenüber harter UV-Strahlung verringert. Aus diesem Grund wurde bereits 1989 international vereinbart, die Produktion von FCKW's stark zu drosseln. So werden FCKW's in Kühlschränken zunehmend durch Kohlenwasserstoffe wie Isobutan (Sdp. –10°C) ersetzt.

Der Abbau von Ozon durch Frigene (FCKW's) verläuft in der Stratosphäre wie folgt:

$$CF_2Cl_2 \xrightarrow{h\cdot\nu} CF_2Cl^{\bullet} + Cl^{\bullet} \quad \text{Kettenstart}$$

$$Cl^{\bullet} + O_3 \longrightarrow Cl—O^{\bullet} + O_2$$
$$ClO^{\bullet} + O_3 \longrightarrow Cl^{\bullet} + 2O_2$$

$\left.\vphantom{\begin{array}{c}a\\b\end{array}}\right\}$ Kettenfortpflanzung

$$\text{Bilanz:}\quad 2\,O_3 \xrightarrow[\text{oder } ClO^{\bullet}]{Cl^{\bullet}} 3\,O_2$$

Mehrfach chlorierte Verbindungen zeichnen sich in einigen Fällen auch durch insektizide Eigenschaften aus. Folgende Verbindungen wurden früher als Insektizide eingesetzt. Da sie schwer abbaubar sind, verzichtet man heute weitgehend auf ihren Einsatz.

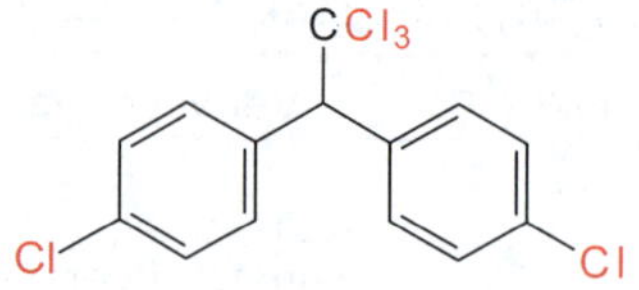

Dichlordiphenyltrichlorethan (DDT)

Lindan

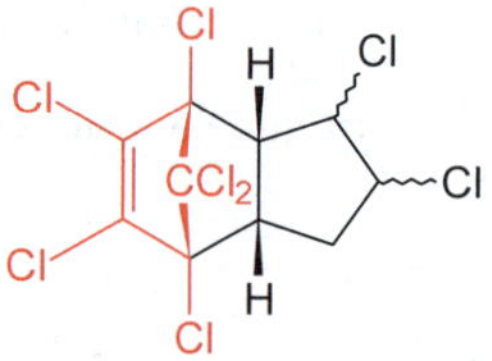

Chlordan

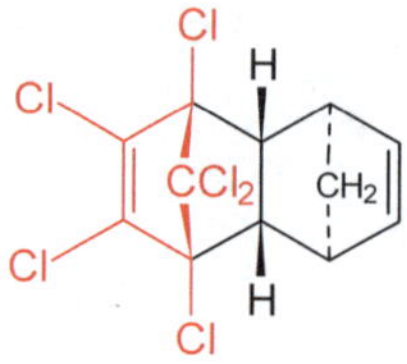

Aldrin

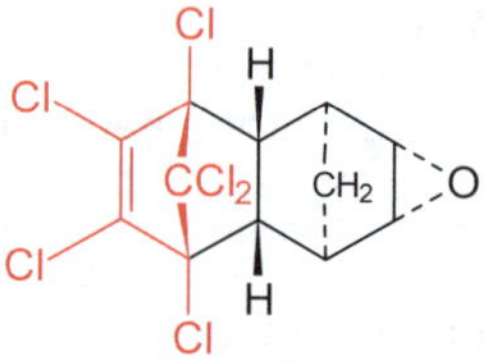

Dieldrin

Zur Herstellung von DDT und Lindan und zur Problematik dieser Verbindungen s. Abschn. 15.3.6 und 15.8. Die anderen drei Verbindungen werden mit Hilfe der Diels-Alder-Reaktion hergestellt, wobei Perchlorcyclopentadien, im Formelschema rot markiert, als Dien dient. (Zur Diels-Alder-Reaktion s. Abschn. 8.7.4). Die Namen Aldrin und Dieldrin leiten sich von den Namen der Entdecker der Reaktion ab, eine rationelle Benennung wäre umständlich.

Polymere Ketten mit Halogenatomen als Liganden haben günstige technische Eigenschaften: Sie werden von Chemikalien nicht angegriffen und sind nur schwer entzündbar. Die bekanntesten Halogen-haltigen Kunststoffe sind Polyvinylchlorid („PVC") und Polytetrafluorethylen („Teflon"). Beide Polymere stellt man durch radikalische Polymerisation von Vinylchlorid bzw. Tetrafluorethylen her. (Einzelheiten zum Polymerisationsvorgang s. Abschn. 30.2.3.)

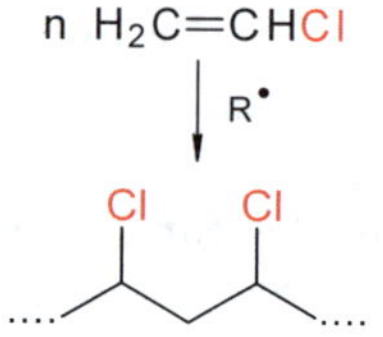

PVC (Ausschnitt)

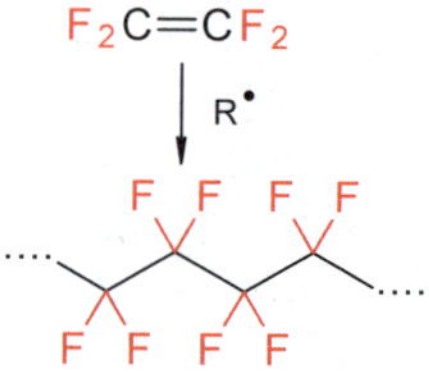

Teflon (Ausschnitt)

Vinylchlorid entsteht - wie oben formuliert - aus 1,2-Dichlorethan. Tetrafluorethylen bildet sich durch Pyrolyse von Chlordifluormethan bei 700 °C, wobei als Zwischenstufe Difluorcarben auftritt. Somit spielen Carbene auch technisch eine Rolle.

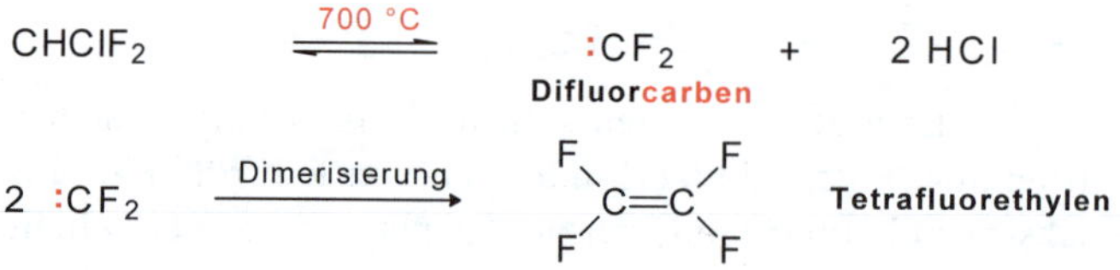

Aufgaben

3. Wie lautet der IUPAC-Name für Halomon (Struktur s. Abschn. 9.1)?

4. Warum wird Chloroform in dunklen Flaschen aufbewahrt?

5. Statt der umweltschädlichen Fluorchlorkohlenwasserstoffe verwendet man für Spraydosen in zunehmenden Maße Fluorkohlenwasserstoffe, z.B. CHF_2-CH_3, Sdp. -25 °C. Weshalb sind letztere weniger umweltschädlich?

9.4 Reaktionen – ein Überblick

Halogenkohlenwasserstoffe lassen sich bequem herstellen und leicht in andere Verbindungen umwandeln. Sie nehmen daher eine zentrale Stellung bei der Synthese organischer Verbindungen ein. Die wichtigsten Reaktionen sind: Substitution durch ein nucleophiles Reagenz, Eliminierung durch eine Base und Substitution durch ein unedles Metall. Im folgenden bedeutet Y^- eine Base oder ein Nucleophil.

Substitution und Eliminierung werden in den nächsten beiden Kapiteln, Substitution durch ein Metall im Abschn. 16.3.2 behandelt.

9.5 Lösung der Aufgaben zu Kapitel 9

1. Cyclohexanol + HBr. Cyclohexan + Br_2. 3-Bromcyclohexen (aus Cyclohexen + N-Bromsuccinimid) + Br_2

2. 3-Methyl-1-buten + $B_2H_6/H_2O_2 \rightarrow$ Isopentylalkohol $\rightarrow$ Isopentylchlorid

3. (3S,6R)-6-Brom-3-brommethyl-2,3,7-trichlor-7-methyl-1-octen

4. Dunkles Glas absorbiert UV-Licht. Damit wird die Phosgenbildung verhindert.

5. CHF_2–CH_3 enthält kein Chlor. Somit können sich keine Ozon abbauenden Chlorradikale bilden.

Kapitel 10
Nucleophile Substitutionen

10.1 Nucleophile Substitutionen - Übersicht

Nucleophile Substitutionen gehören zu den wichtigsten und zudem am besten untersuchten Reaktionen in der organischen Chemie. Sie finden sowohl im Regenzglas als auch in der biologischen Zelle statt. Die mechanistischen Untersuchungen über nucleophile Substitutionen verdanken wir insbesondere *C. K. Ingold* (geb. 1893 in Ilford, England).

Bei einer nucleophilen Substitution greift ein Nucleophil ein Substrat an, das eine Abgangsgruppe enthält. Dabei verdrängt das Nucleophil die Abgangsgruppe.

$$\text{H}-\overset{..}{\underset{..}{\text{O}}}:^-\quad +\quad \text{H}_3\text{C}-\text{Br}\quad \longrightarrow\quad \overset{\text{H}}{\underset{..}{\text{O}}}-\text{CH}_3\quad +\quad \text{Br}^-$$

Nucleophil   **Substrat**   Abgangsgruppe

Bei den Nucleophilen handelt es sich entweder um neutrale Verbindungen mit einem freien Elektronenpaar (Wasser, Amine u.a.) oder um Anionen (Hydroxid-Ionen, Cyanid-Ionen u.a.). Zu den Abgangsgruppen gehören Halogenide, Tosylester und andere. Geeignete Substrate sind Verbindungen vom Typ R–X, worin R eine Alkylgruppe darstellt (Methyl wie vorstehend, Ethyl u.a.). Verbindungen mit R gleich Aryl reagieren nach einem anderen Mechanismus und werden im Abschn. 15.6 behandelt.

Bei einer nucleophilen Substitution wird das Substrat R–X heterolytisch gespalten. Diese Spaltung kann *synchron* mit dem Angriff des Nucleophils erfolgen oder *vor* dem Angriff des Nucleophils Y⁻ eintreten.

Spaltung synchron mit dem Angriff von Y^-:

$$Y^-\quad +\quad R-X\quad \longrightarrow\quad Y-R\quad +\quad :X^-$$

Spaltung vor dem Angriff von Y^-:

$$R-X\quad \longrightarrow\quad R^+\quad +\quad :X^-$$
$$R^+\quad +\quad Y^-\quad \longrightarrow\quad R-Y$$

Den Ausschlag für den einen oder anderen Weg gibt der Kohlenwasserstoffrest R im Substrat R–X. Die synchrone Substitution wird mit S_N2 und die stufenweise

Substitution mit S_N1 bezeichnet. S_N steht für nucleophile Substitution, die Zahlen geben die Anzahl der Moleküle im geschwindigkeitsbestimmenden Schritt an.

Es werden zunächst die Mechanismen der S_N1- und S_N2-Reaktionen behandelt, danach der Einfluss des Substrats, des Nucleophils, der Abgangsgruppe und des Lösungsmittels auf den Ablauf einer nucleophilen Substitution.

10.2 Die S_N2-Reaktion

Betrachten wir die eingangs formulierte Reaktion zwischen Hydroxid-Ionen und Methylbromid erneut. Die Substitution des Broms durch Hydroxid-Ionen wird durch folgende Reaktions- und Geschwindigkeitsgleichung beschrieben:

$$H-\ddot{\underset{..}{O}}:^- \;+\; H_3C-Br \;\longrightarrow\; \overset{H}{\underset{..}{\ddot{O}}}-CH_3 \;+\; Br^- \quad \left.\right\} \text{Reaktions-gleichung}$$

$$-\frac{d\,[CH_3Br]}{dt} \;=\; v \;=\; k \cdot [CH_3Br] \cdot [HO^-] \quad \left.\right\} \text{Geschwindigkeits-gleichung}$$

Die Reaktionsgeschwindigkeit v, ausgedrückt in Konzentrationsabnahme pro Zeiteinheit ($-d[CH_3Br]/dt$; $[CH_3Br]$ = Konzentration von CH_3Br) verläuft proportional zur Konzentration an Methylbromid *und* zur Konzentration an Hydroxid-Ionen. *k* ist die Reaktionsgeschwindigkeitskonstante. Die Reaktion verläuft somit nach der zweiten Ordnung: nach der ersten Ordnung bezüglich der Konzentration an Methylbromid und nach der ersten Ordnung bezüglich der Konzentration an Hydroxid-Ionen. Beide Moleküle (Alkylhalogenid, Nucleophil) sind am geschwindigkeitsbestimmenden Schritt beteiligt. Es liegt eine **bimolekulare Reaktion** vor. Folgender Reaktionsablauf steht damit in Einklang:

$$HO^- \;+\; \overset{H}{\underset{H}{\overset{|}{C}}}{}^{H}-Br \;\longrightarrow\; \left[HO\cdots\cdots\underset{H}{\overset{H\,H}{C}}\cdots\cdots Br \right]^{\ddagger} \;\longrightarrow\; HO-\underset{H}{\overset{H}{\overset{|}{C}}}{}^{H} \;+\; Br^-$$

Am Übergangszustand einer S_N2-Reaktion
sind zwei Moleküle (Ionen) beteiligt.

Das Hydroxid-Ion greift Methylbromid von derjenigen Seite an, die der C–Br-Bindung abgewandt ist. In dem Maße, wie sich die HO–C-Bindung bildet, löst sich die C–Br-Bindung. Die Reaktion verläuft synchron über einen **trigonal-bipyramidalen Übergangszustand**, eine Zwischenstufe tritt nicht auf. Das Energieprofil verläuft wie folgt:

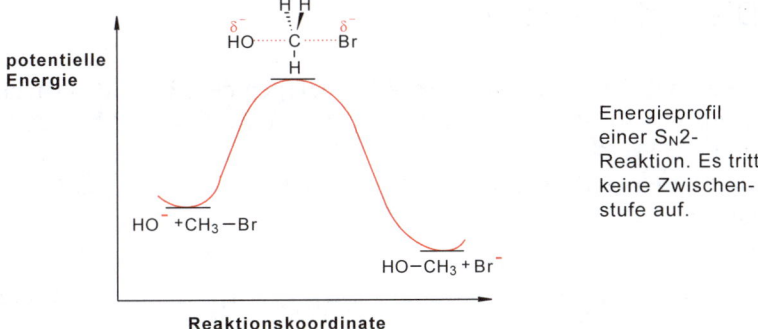

Energieprofil
einer S$_N$2-
Reaktion. Es tritt
keine Zwischen-
stufe auf.

Stereochemie von S$_N$2-Reaktionen. Bei der S$_N$2-Substitution tritt eine Umkehr der Konfiguration am betroffenen C-Atom ein. Solche Umkehr nennt man nach dem Entdecker *P. von Walden* (geb. 1863 in Rosenbeck/Riga) **Waldensche Umkehr** oder **Inversion**. Die Inversion lässt sich an Ringverbindungen leicht nachweisen, sofern ein neutraler Bezugspunkt, z. B. eine Methylgruppe, vorhanden ist. Im folgenden Beispiel wird die *cis*-Bromverbindung ausschließlich in die *trans*-Cyanverbindung überführt und nicht in die *cis*-Cyanverbindung, die entstünde, wenn die Substitution unter Retention verliefe.

cis-**Verbindung**   *trans*-**Verbindung**

Auch bei Verbindungen ohne Bezugspunkt lässt sich die Inversion nachweisen, wenn die Substitution an einem Chiralitätszentrum bekannter Konfiguration durchgeführt wird. So liefert das *(S)*-konfigurierte 2-Brompentan ausschließlich das *(R)*-konfigurierte 2-Pentanol, dessen Konfiguration aus der spezifischen Drehung ([α]$_D$ = −13°) hervorgeht.

(S)-**2-Brompentan**   *(R)*-**2-Pentanol**

Die Inversion am Chiralitätszentrum ist anschaulich mit dem Umklappen eines Regenschirms vergleichbar, der von einem Windstoß erfasst wird.

10.3 Die S_N1-Reaktion

Während Methylbromid und primäre Alkylhalogenide (R–CH$_2$–Hal) nach dem S_N2-Mechanismus substituiert werden, verläuft die Substitution bei *tertiären* Halogeniden in mehrfacher Hinsicht anders. Die Substitution des Broms in *tert*-Butylbromid durch Hydroxid-Ionen folgt folgender Reaktions- und Geschwindigkeitsgleichung:

$$HO^- \;+\; (CH_3)_3C-Br \;\longrightarrow\; (CH_3)_3C-OH \;+\; Br^- \qquad \left.\right\}\; \text{Reaktionsgleichung}$$

$$-\frac{d\,[(CH_3)_3CBr]}{dt} \;=\; v \;=\; k \cdot [(CH_3)_3CBr] \qquad \left.\right\}\; \text{Geschwindigkeitsgleichung}$$

Hydroxid-Ionen sind auf der einen Seite unentbehrlich für den Reaktionsablauf, haben aber auf der anderen Seite keinen Einfluss auf die Reaktionsgeschwindigkeit v. Diese wird nur durch die Konzentration an *tert*-Butylbromid bestimmt. Es liegt eine **monomolekulare Reaktion** vor, weil nur ein Molekül am geschwindigkeitsbestimmenden Schritt beteiligt ist.

Wie verläuft die Reaktion? Im ersten Schritt dissoziiert *tert*-Butylbromid langsam in Bromid und *tert*-Butylkation. Dieses Kation bildet sich verhältnismäßig leicht, weil die positive Ladung darin durch drei Methylgruppen stabilisiert ist. (Zur Stabilisierung von Carbenium-Ionen durch Alkylgruppen s. Abschn. 6.7.1.) Die Dissoziation bestimmt die Geschwindigkeit der Reaktion, Hydroxid-Ionen sind daran nicht beteiligt. Im zweiten Schritt reagiert das reaktive Carbenium-Ion mit dem Hydroxid-Ion zu einem Gemisch aus Substitutionsprodukt und Eliminierungsprodukt.

Schritt 1: Bildung des Carbenium-Ions

tert-Butylbromid   Übergangszustand   *tert*-Butylkation

Schritt 2: Reaktion des Carbenium-Ions

tert-Butylalkohol   Isobuten

Das folgende Energieprofil gibt den Ablauf einer S$_N$1-Reaktion wieder. Vergleichen Sie dieses Profil mit dem einer S$_N$2-Reaktion. Auffallender Unterschied ist eine Energiemulde.

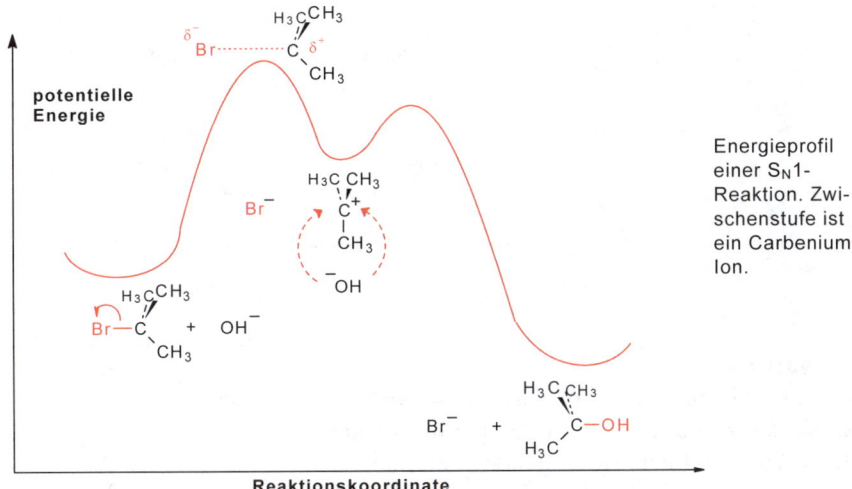

Energieprofil einer S$_N$1-Reaktion. Zwischenstufe ist ein Carbenium-Ion.

Stereochemie von S$_N$1-Reaktionen. Der Angriff des Nucleophils auf das freie Carbenium-Ion erfolgt von beiden Seiten mit gleicher Wahrscheinlichkeit: Bei der Hälfte der Moleküle wird daher **Retention,** bei der anderen Hälfte **Inversion** beobachtet. So ergibt das *(R)*-Enantiomer des folgenden tertiären Halogenids ein **Racemat** aus *(R)*- und *(S)*-Alkohol.

Ionenpaare. Abschließend sei noch auf eine Besonderheit bei S$_N$1-Reaktionen hingewiesen. Gelegentlich beobachtet man, dass die C–X-Bindung zwar ionisiert, aber nur bis zur Stufe des **Kontakt-Ionenpaares** und nicht zu voneinander unabhängigen Ionen. Dabei schirmt die Abgangsgruppe diejenige Seite ab, an der sie entstand. Das nucleophile Reagenz greift in diesem Fall bevorzugt die gegenüberliegende Seite des Carbenium-Ions an. Die Folge ist eine teilweise Inversion, *obwohl* Carbenium-Ionen als Zwischenstufe auftreten. So liefert die Hydrolyse des folgenden sekundären *(R)*-Bromids (Hex gleich Hexyl), die laut reaktionskinetischer Untersuchung monomolekular verläuft, ein Enantiomerengemisch, in dem das Enantiomer mit invertierter Konfiguration überwiegt.

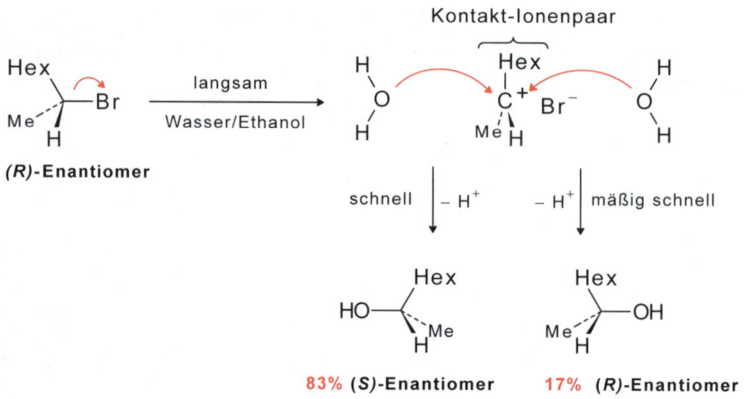

Kontakt-Ionenpaar
Hex
Br
Me
H
(R)-Enantiomer
langsam
Wasser/Ethanol
H
O
H
Hex
C+
Br−
Me
H
H
O
H
schnell
− H+
− H+
mäßig schnell
Hex
HO
Me
H
Hex
OH
Me
H
83% (S)-Enantiomer
17% (R)-Enantiomer

Aufgaben

1. Was bedeuten Retention, Inversion, Racematbildung?

2. Worauf beziehen sich die Zahlen in S_N1 und S_N2?

3. Vervollständigen Sie folgende Gleichung:

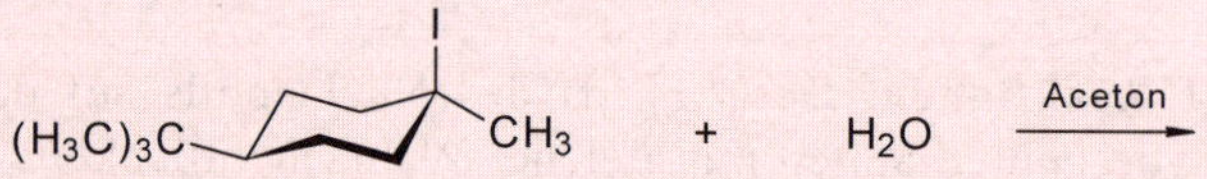

I
(H3C)3C
CH3
+
H2O
Aceton

4. Die folgende Reaktion verläuft mit einer Geschwindigkeit, die unabhängig von der Konzentration an Natriummethanolat ist. Geben Sie Mechanismus und Geschwindigkeitsgleichung der Reaktion an.

$$(C_6H_5)_3C{-}Br \;+\; H_3C{-}O^- \, Na^+ \longrightarrow (C_6H_5)_3C{-}OCH_3 \;+\; NaBr$$

Na-methanolat

5. Betrachten Sie die beiden Reaktionen (a) und (b). Wie ändern sich die Reaktionsgeschwindigkeiten von (a) oder (b), wenn die Konzentration von OH^- verdoppelt und die des jeweiligen Halogenalkans halbiert wird?

(a) $$HO^- \;+\; H_3C{-}Br \xrightarrow{S_N2} HO{-}CH_3 \;+\; Br^-$$

(b) $$HO^- \;+\; (H_3C)_3C{-}Br \xrightarrow{S_N1} (H_3C)_3C{-}OH \;+\; Br^-$$

10.4 Einfluss des Substrats auf die Substitution

Wie vorstehend dargelegt, werden einige Alkylhalogenide (Prototyp Methylbromid) nach dem S_N2-Mechanismus und andere Alkylhalogenide (Prototyp *tert*-Butylbromid) nach dem S_N1-Mechanismus substituiert. Wie verhalten sich andere gesättigte Alkylhalogenide, ferner Allyl- und Benzylhalogenide oder Arylhalogenide?

10.4.1 Reaktivität gesättigter Alkylhalogenide

Reaktionskinetische Untersuchungen haben gezeigt, dass die Geschwindigkeit der Substitution von X in R–X (X = Halogenid, Tosylate etc.) in der Reihe

$$\begin{array}{cccc}
\text{H} & \text{CH}_3 & \text{CH}_3 & \text{CH}_3 \\
| & | & | & | \\
\text{H–C–X} & \text{H–C–X} & \text{H–C–X} & \text{H}_3\text{C–C–X} \\
| & | & | & | \\
\text{H} & \text{H} & \text{CH}_3 & \text{CH}_3 \\
\text{primär} & \text{sekundär} & & \text{tertiär}
\end{array}$$

- von links nach rechts abnimmt, wenn die Substitution nach dem bimolekularen Mechanismus verläuft und
- von links nach rechts zunimmt, wenn die Substitution dem monomolekularen Mechanismus folgt.

Die Abnahme der Reaktionsgeschwindigkeit nach dem bimolekularen Mechanismus von links nach rechts ist eine Folge der sterische Hinderung. Je mehr Alkylreste an das Kohlenstoffatom mit der Abgangsgruppe gebunden sind, desto langsamer verläuft die Substitution. Bei Verbindungen mit einem tertiären C-Atom ist diese Hinderung bereits so groß, dass eine Substitution nach S_N2 praktisch ausbleibt.

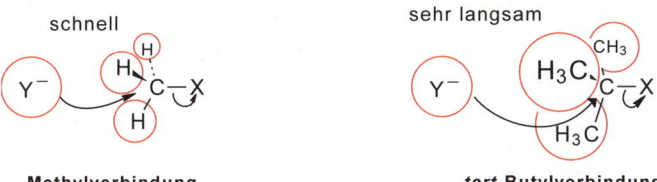

schnell — **Methylverbindung**   sehr langsam — ***tert*-Butylverbindung**

Die Zunahme der Substitutionsgeschwindigkeit nach dem monomolekularen Mechanismus von links nach rechts beruht dagegen hauptsächlich auf einem elektronischen Effekt. Die Heterolyse einer C–X-Bindung (X = Halogen, –OTs, $–OH_2^+$ u.a.) in ein Carbenium-Ion und in X^- nach dem S_N1-Mechanismus erfolgt um so schneller, je mehr Alkylgruppen die partielle positive Ladung im Übergangszustand stabilisieren. Es gilt somit:

Sekundäre Halogenide werden nach *beiden* Mechanismen substituiert. So verläuft die Reaktion zwischen Isopropylbromid und Natriumhydroxid wie folgt:

$$-\frac{d[(CH_3)_2CHBr]}{dt} = k_1 \cdot [(CH_3)_2CHBr]\,[OH^-] + k_2 \cdot [(CH_3)_2CHBr]$$

Ist die Konzentration an Hydroxid-Ionen groß, so ist auch der erste Term der Reaktionsgleichung groß, und die Reaktion läuft hauptsächlich nach S_N2 ab. Ist umgekehrt die Konzentration an Hydroxid-Ionen klein, so überwiegt der zweite Term und damit die S_N1-Reaktion. Die mechanistische Lenkung durch die Konzentration des Nucleophils kann auch sterische Folgen haben, da der Verlauf nach S_N2 eine Inversion und der nach S_N1 in der Regel die Bildung eines racemischen Gemischs bedeutet. So liefert die folgende *cis*-Bromverbindung bei hoher Konzentration an Hydroxid-Ionen vorzugsweise den *trans*-Alkohol und bei niedriger Konzentration vorzugsweise ein *cis-trans*-Gemisch von Alkoholen. Somit kann man die Produktzusammensetzung durch die Konzentration des Nucleophils lenken.

Zusammenfassung

- Substitutionen am primären Kohlenstoffatom (einschließlich $H_3C–X$) verlaufen fast immer nach dem bimolekularen Mechanismus (S_N2) und außerdem schnell.

- Substitutionen am tertiären Kohlenstoffatom verlaufen nach dem monomolekularen Mechanismus (S_N1) und ebenfalls schnell.

- Substitutionen am sekundären Kohlenstoffatom erfolgen nach beiden Mechanismen, außerdem langsam, da die Voraussetzungen für den einen oder anderen Mechanismus nur ungenügend erfüllt sind.

- Substitutionen (ob nach S_N2 oder S_N1) sind oft von Eliminierungen von HX aus RX begleitet.

Aufgaben

6. Welche absoluten bzw. relativen Konfigurationen besitzen die Substitutionsprodukte A–D?

7. Folgende Hydrolysen verlaufen unter Umlagerung. Formulieren Sie die einzelnen Schritte der Umlagerungen. Wie nennt man diese Umlagerungen?

10.4.2 Reaktivität von Allyl- und Benzylhalogeniden

Das Halogenatom in Allyl- und Benzylhalogeniden ist sehr reaktiv und kann oft schon bei Raumtemperatur substituiert werden. Je nach Nucleophil, Abgangsgruppe und Lösungsmittel wird dabei der S_N1- oder S_N2-Mechanismus durchlaufen.

Allylbromid   **Benzylbromid**

S_N2-Reaktionen verlaufen oft schneller als bei Alkylverbindungen, weil die im Übergangszustand (ÜZ) auftretende partielle Ladung (positiv oder negativ; das hängt vom ÜZ ab) durch die benachbarte Doppelbindung delokalisiert werden kann. Auch S_N1-Reaktionen verlaufen schnell, weil die Heterolyse der C–X-Bindung durch Delokalisierung der im ÜZ auftretenden positiven Partialladung erleichtert wird.

Allyl-Kation
(durch Delokalisierung der Ladung stabilisiert)

Benzyl-Kation
(durch Delokalisierung der Ladung stabilisiert)

Besonders schnell ionisiert Triphenylmethylchlorid. Löst man diese farblose Verbindung in ebenfalls farblosem flüssigem Schwefeldioxid (einem aprotischen Lösungsmittel), so erhält man eine gelbe Lösung, deren Farbe von Triphenylmethyl-Kationen herrührt. Die Carbenium-Ionen liegen teilweise als Kontakt-Ionenpaare vor (die den elektrischen Strom nicht leiten) und teilweise als **freie Ionen** (die den elektrischen Strom leiten). Triphenylmethylium-Salze (auch Tritylsalze genannt) sind stabil und können sogar isoliert werden, sofern sie ein nicht nucleophiles Anion enthalten (BF_4^-, $SbCl_6^-$).

Ionenpaar   freie Ionen

Triphenylmethylchlorid   **Triphenylmethylium-chlorid**
(farblos)   **(gelb)**

Aufgabe

8. Wie viel mesomere Grenzstrukturen existieren vom (a) Allylkation, (b) Benzylkation, (c) Triphenylmethylkation?

Zusammenfassung

Die Reaktivität der Verbindungen vom Typ R–X (X = Halogenid, Tosylat u.a.) bei nucleophilen Substitutionen hängt vom Rest R ab. Am reaktivsten sind Benzyl- und Allylverbindungen. Weniger reaktiv sind gesättigte Alkylverbindungen. Das Schlusslicht in der Reaktivitätsreihe bilden Vinyl- und Arylverbindungen, bei denen die nucleophile Substitution weder nach S_N2 oder S_N1 sondern nach einem anderen Mechanismus verläuft (Additions-Eliminierungs-Mechanismus, Abschn. 14.11).

Reaktivitätsreihe:

Benzylverb.   **Allylverb.**   **Alkylverb.**   **Vinylverb.**   **Phenylverb.**

Aufgabe

9. Der Naturstoff Halomon (Abschn. 6.7.6) enthält Halogenatome in 5 unterschiedlichen Positionen. Ordnen Sie die Halogenatome nach fallender Reaktivität gegenüber einem Nucleophil.

Halomon

10.5 Das Nucleophil

Einteilung von Nucleophilen. Nucleophile sind entweder neutrale Verbindungen mit einem freien Elektronenpaar oder Anionen. Beispiele:

neutrales Nucleophil   anionisches Nucleophil

Das nucleophile Zentrum kann ein O-Atom sein (wie vorstehend), ein N-Atom, ein S-Atom, ein C-Atom u.a. In der nachfolgenden Tabelle sind einige wichtige Nucleophile aufgeführt. Reaktion eines Nucleophils mit einem Alkylhalogenid als Substrat liefert eine Vielzahl interessanter Produkte, u.a. Alkohole, Ether, Thioether, Ammoniumsalze, Alkine, Nitrile

Tab. Reaktion Nucleophil plus Substrat R-Br

Nucleophil	Substrat		Produkt	Name des Produkts
H—Ö:⁻	+ R—Br	— Br⁻ →	H—Ö—R	Alkohol
R—Ö:⁻	+ R—Br	— Br⁻ →	R—Ö—R	Ether
R—S̈:⁻	+ R—Br	— Br⁻ →	R—S̈—R	Thioether
R₃N:	+ R—Br	— Br⁻ →	R₃N⁺—R	Ammoniumsalz
R—C≡C:⁻	+ R—Br	— Br⁻ →	R—C≡C—R	Alkin
:N≡C:⁻	+ R—Br	— Br⁻ →	:N≡C—R	Nitril

Manche Nucleophile besitzen zwei nucleophile Zentren, sie werden **ambidente Nucleophile** genannt (lat. *ambo* beide, *dens* Zahn). Dazu gehört das Cyanid-Ion, das mit Methyliodid zwei Produkte liefert: Methylcyanid als Hauptprodukt und Methylisocyanid als Nebenprodukt.

zwei nucleophile Zentren

$$\left[\ ^{-}:C\equiv N: \longleftrightarrow \ :C=\ddot{N}^{-} \right] + H_3C-I \xrightarrow{-I^{-}} \begin{cases} H_3C-C\equiv N: & \text{Hauptprodukt} \\ \\ H_3C-\ddot{N}\equiv C: & \text{Nebenprodukt} \end{cases}$$

Cyanid-Ion, ambident   **Methylcyanid**   **Methylisocyanid**

Reaktivität von Nucleophilen. Nucleophile reagieren bei S$_N$2-Reaktionen mit unterschiedlicher Geschwindigkeit. Zur Bestimmung derselben lässt man die Nucleophile auf ein und dasselbe Substrat im selben Lösungsmittel einwirken.

$$Nu:^{-} \ + \ H_3C-Br \xrightarrow{\text{Wasser/Ethanol}} Nu-CH_3 \ + \ Br^{-}$$

Mit dem Substrat Methylbromid (hier sind Eliminierungen nicht möglich) wurden im Lösungsmittel Wasser/Ethanol folgende relativen Geschwindigkeiten ermittelt:

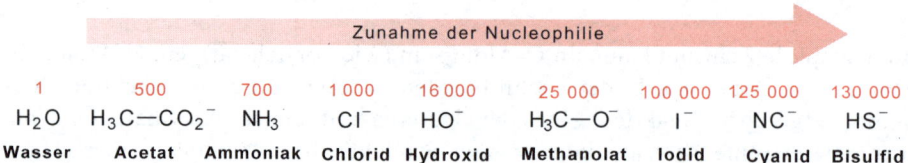

Zunahme der Nucleophilie

1	500	700	1 000	16 000	25 000	100 000	125 000	130 000
H₂O	H₃C—CO₂⁻	NH₃	Cl⁻	HO⁻	H₃C—O⁻	I⁻	NC⁻	HS⁻
Wasser	**Acetat**	**Ammoniak**	**Chlorid**	**Hydroxid**	**Methanolat**	**Iodid**	**Cyanid**	**Bisulfid**

H_2O ist ein sehr schwaches, HS^- ein sehr starkes Nucleophil. Zwischen diesen Extremen liegen die meisten anderen Nucleophile. Die vorstehende Reihenfolge lässt sich nicht im Detail, wohl aber in groben Zügen erklären:

- **Ein negativ geladenes Nucleophil ist reaktiver als ein neutrales.** Unter den negativ geladenen Nucleophilen ist dasjenige am reaktivsten, dessen Ladung am wenigsten delokalisiert ist.

Der Vergleich ist nur zulässig, wenn derselbe sich auf Nucleophile mit dem gleichen Atom im nucleophilen Zentrum (z.B. O wie vorstehend) bezieht.

- **Ein Nucleophil ist um so reaktiver, je größer der Radius des nucleophilen Zentrums ist.** Die nachfolgenden Vergleiche beziehen sich auf die Atome aus zwei verschiedenen Hauptgruppen des Periodensystems. Das Hydrogensulfid-Ion ist ein starkes Nucleophil, da der Schwefel darin ein voluminöses Zentrum darstellt. Solche Zentren sind leicht deformierbar und damit imstande, eine Abgangsgruppe rasch zu verdrängen. Das Hydroxid-Ion ist weniger nucleophil, da Sauerstoff entsprechend seiner Stellung im Periodensystem ein kleineres Volumen als Schwefel aufweist. Analoges gilt für Halogenid-Ionen, Iodid ist hier am reaktivsten.

$$HO^- < HS^- \qquad Cl^- < Br^- < I^-$$

Erfolgt eine nucleophile Substitution durch das Lösungsmittelmolekül (H_2O, ROH), so liegt eine **Solvolyse** vor. Bei einer Solvolyse kann es sich um eine **Hydrolyse** (Reaktionspartner ist Wasser) oder um eine **Alkoholyse** (Reaktionspartner ist Alkohol) handeln. Solvolysen verlaufen, wenn überhaupt, dann unter S_N1-Bedingungen, da die Nucleophilie von Wasser oder Alkoholen sehr klein ist und für eine Substitution nach S_N2 nicht reicht.

Nucleophilie und Basizität. Ein Nucleophil (gleichgültig, ob neutral oder anionisch) enthält ein freies Elektronenpaar und ist damit auch eine Lewisbase. Bei einer Reaktion mit einem Substrat R–X kann deshalb außer Substitution von X auch Eliminierung von HX (z.B. Chlorwasserstoff) eintreten. Beispiel:

Zwischen Nucleophilie und Basizität besteht keine enge Beziehung. Ein Nucleophil besitzt eine Affinität zum C-Atom, eine Base eine solche zum H-Atom. Es gibt starke Nucleophile, die schwache Basen sind, und schwache Nucleophile, die starke Basen sind.

mäßig basisch (pK$_a$ 7.8), jedoch stark nucleophil:

H_5C_6—$\overset{..}{\underset{..}{S}}$: $^-$ Na$^+$

Natriumthiophenolat

stark basisch (pK$_a$ ca. 40), jedoch kaum nucleophil:

$\overset{|}{\underset{|}{N}}$ $^-$ Li$^+$

Lithium-diisopropylamid (LDA)

Die erhöhte Nucleophilie von Schwefel wurde bereits erörtert. Lithium-diisopropylamid ist eine starke Base, aber aufgrund der beiden sperrigen Isopropylgruppen ein äußerst schwaches Nucleophil.

Zur Konkurrenz von Substitution und Eliminierung s. Abschn. 11.8.

Aufgaben

10. Welche Produkte erwarten Sie bei der Reaktion von 1-Brombutan mit folgenden Verbindungen?

    (a) NaI   (b) KOH   (c) H−C≡C−Li   (d) N(CH$_3$)$_3$

11. Welches Nucleophil in den folgenden Paaren ist reaktiver?

    (a) NH$_3$/NH$_2^-$ (b) (H$_3$C)$_3$P/(H$_3$C)$_3$N   (c) H$_3$C−O$^-$/(H$_3$C)$_3$C−O$^-$

12. Azid-Ionen N$_3^-$ gehören zu den starken Nucleophilen. So wird das Bromatom in Methylbromid durch N$_3^-$, gelöst in Wasser, 10 000 mal schneller substituiert als durch H$_2$O. Existiert dieser Reaktivitätsunterschied auch gegenüber *tert*-Butylbromid?

10.6 Die Abgangsgruppe

Zu den austrittsfreudigen Substituenten zählen die Halogenatome in Halogenalkanen, wobei folgender Reaktivitätsabfall beobachtet wird:

R—I   >   R—Br   >   R—Cl   >   R—F

Somit besitzt Halogenid sowohl nucleophile Eigenschaften als auch die Fähigkeit zum Abgang. Dieses doppelseitige Verhalten kann durch Isotopenaustausch nachgewiesen werden. Wirkt radioaktives Iodid auf Methyliodid ein, so verteilt sich die Radioaktivität nach einer bestimmten Zeit gleichmäßig auf Nucleophil und Substrat:

$$*I^- \; + \; H_3C{-}I \; \rightleftharpoons \; *I{-}CH_3 \; + \; I^-$$

Methyliodid

Zu den austrittsträgen Substituenten zählen $-OH$, $-SH$ und $-NH_2$. Durch geeignete Derivatisierung gelingt es aber, auch diese Substituenten in austrittsfreudige umzuwandeln. So wird der OH-Substituent durch Protonierung oder Veresterung mit einer Sulfonsäure $Ar-SO_2-OH$ (Ar gleich Aryl) in einen austrittsfreudigen Substituenten umgewandelt. Im Falle des protonierten Alkohols entsteht beim Austritt das thermodynamisch stabile H_2O-Molekül, im Falle des Sulfonsäureesters bildet sich das mesomeriestabilisierte Sulfonat-Ion $Ar-SO_3^-$. Bei den Substituenten $-SR$ und $-NR_2$ ist eine Alkylierung bis zur Stufe der *onium*-Verbindung erforderlich, damit der Austritt erfolgen kann.

Aufgaben

13. Wie muss eine Abgangsgruppe beschaffen sein, damit sie nach dem Austritt in ladungsfreier Form vorliegt?

14. α-Halogenether und α-Halogenthioether besitzen ein leicht substituierbares Halogenatom. Warum?

15. Welche der folgenden S_N2-Reaktionen verlaufen schneller?

(a) $I^- + H_3C{-}Cl$ oder (b) $I^- + H_3C{-}O{-}SO_2{-}C_6H_4(p)CH_3$

(c) $H_3C{-}CO_2^- + H_5C_2{-}Br$ oder (d) $H_3C{-}CO_2^- + $ Bromcyclohexan

10.7 Einfluss des Lösungsmittels

Lösungsmittel üben einen erheblichen Einfluss auf die Geschwindigkeit von nucleophilen Substitutionen aus. Im folgenden wird zunächst die Solvatisierung von Salzen und damit von Anionen, danach der Einfluss des Lösungsmittels auf S_N2- und S_N1-Reaktionen beschrieben.

Solvatisierung von Salzen durch organische Lösungsmittel. Organische Lösungsmittel werden in unpolare und polare eingeteilt. In ersteren ist das Dipolmoment gleich null (oder nur wenig größer), in letzteren bedeutend größer als null. Polare Lösungsmittel sind entweder protisch, d.h. sie enthalten OH- oder NH-Gruppen, oder aprotisch. Somit ist zwischen **unpolaren, protischen** und **(di)polar-aprotischen** Lösungsmitteln zu unterscheiden. Für alle drei Gruppen sind nachfolgend je zwei Beispiele aufgeführt.

unpolare   *protische*   *dipolar-aprotische Lösungsmittel:*
Lösungsmittel: *Lösungsmittel:*

CCl₄ ... H—O—H R—O—H   R—O—R   H—C(=O)—N(CH₃)₂   H₃C—S(=O)—CH₃

Wasser Alkohol   Ether   Dimethylformamid   Dimethylsulfoxid
                              (DMF)   (DMSO)

Wird ein Salz in einem organischen Lösungsmittel gelöst, so kann eine Sovatisierung der Ionen eintreten. Protische Lösungsmittel solvatisieren Kation und Anion, dipolar-aprotische Lösungsmittel meistens nur das Kation. Das folgende Beispiel zeigt die Solvatisierung von KF durch Alkohol oder durch DMSO.

In Alkohol ist das Fluorid-Ion solvatisiert, in DMSO dagegen weitgehend unsolvatisiert („nackt"). Solvatisierte Nucleophile sind reaktionsträge, nackte Nucleophile dagegen reaktionsfreudig.

Einfluss des Lösungsmittels auf S_N2-Reaktionen. S_N2-Reaktionen werden häufig in dipolar-aprotischen Lösungsmitteln wie Aceton, Dimethylformamid oder Dimethylsulfoxid durchgeführt, da diese Lösungsmittel zum einen die Salze gut lösen, zum anderen das Nucleophil kaum solvatisieren. Protische Lösungsmittel sind für S_N2-Reaktionen ungeeignet, da sie das Nucleophil solvatisieren.

Der Einfluss von Lösungsmitteln auf die Geschwindigkeit von S_N2-Reaktionen soll am Beispiel Halogenid-Ionen verdeutlicht werden. Je nach Lösungsmittel beobachtet man folgenden Reaktivitätsabfall:

$$I^- > Br^- > Cl^- > F^- \qquad\qquad F^- > Cl^- > Br^- > I^-$$

(in protischen Lösungsmitteln)   **(in aprotischen Lösungsmitteln)**

H-Brücken desaktivieren das Nucleophil um so stärker, je kleiner der Ionenradius ist. Deshalb reagiert Fluorid in Ethanol kaum nucleophil. In dipolar-aprotischen

Lösungsmitteln dreht sich die Reihenfolge um: Fluorid ist am reaktivsten, da hier die Solvatisierung am geringsten ist.

Einfluss des Lösungsmittels auf S_N1-Reaktionen. Bei S_N1-Reaktionen spielt die Solvatisierung des Nucleophils keine Rolle, da nur die Heterolyse der C–X-Bindung die Geschwindigkeit bestimmt. Es gilt: Polare Lösungsmittel (gleichgültig, ob protische oder aprotische) beschleunigen die S_N1-Reaktion, da sie den Übergangszustand stabilisieren, unpolare verlangsamen die S_N1-Reaktion.

Übergangszustand (ÜZ)

Stabilisierung der δ-Ladungen von R-X im ÜZ durch polares Lösungsmittel (rot)

So steigt die Geschwindigkeit der Hydrolyse von *tert*-Butylbromid im Lösungsmittelgemisch Wasser/Ethanol an, wenn der Anteil an Wasser erhöht wird. Die Stabilisierung von Ladungen ist um so größer, je größer die Polarität des Lösungsmittels ist. Als Maß für die Polarität dient die **Dielektrizitätskonstante**. Die Dielektrizitätskonstante eines Stoffes ist eine dimensionslose Zahl, die angibt, um das wie vielfache die Kapazität eines im Vakuum befindlichen Kondensators steigt, wenn man den Stoff zwischen die Platten einbringt. Unter den gängigen Lösungsmitteln besitzt Wasser die größte Dielektrizitätskonstante, s. Tabelle.

Tabelle. Dielektrizitätskonstanten (DK) gängiger Lösungsmittel

Lösungsmittel	Strukturformel	DK
Wasser	H_2O	80
Ameisensäure	$H-CO-OH$	59
Dimethylsulfoxid	$H_3C-SO-CH_3$	49
Methanol	H_3C-OH	33
Ethanol	H_3C-CH_2-OH	24
Aceton	$H_3C-CO-CH_3$	21
Tetrachlormethan	CCl_4	2

10.8 Vergleich von S_N1- und S_N2-Reaktionen

In der Tabelle sind S_N1- und S_N2-Reaktionen von Alkylhalogeniden miteinander verglichen. Sie erkennen, dass sich die beiden Reaktionstypen fast in jeder Hinsicht voneinander unterscheiden.

Tabelle. Vergleich von S_N1- und S_N2-Reaktionen

	S_N2	S_N1
Reaktionsgeschwindigkeit v	$v = k[RX]\,[Y^{\ominus}]$ (Reaktion 2. Ordnung)	$v = k[RX]$ (Reaktion 1. Ordnung)
Molekularität der Reaktion	bimolekular	monomolekular
Mechanismus	synchron	über Zwischenstufe
Stereochemie	Inversion	Racematbildung
Geschwindigkeit der Substitution bei:		
$R-CH_2-X$	schnell	sehr langsam
R_2CH-X	langsam	mäßig schnell
R_3C-X	sehr langsam	sehr schnell
$H_2C=CH-CH_2-X$	schnell	schnell
$H_5C_6-CH_2-X$	schnell	schnell
geeignetes Lösungsmittel	(schwach) polar	stark polar

Aufgaben

16. Welche der z.T. als Lösungsmittel verwendeten Verbindungen A-E sind protisch, welche aprotisch?

A	B	C	D	E
(Anisol)	(Phenol)	(Sulfolan)	(Kohlendioxid)	(Dimethylformamid)

17. Verläuft folgende Reaktion schneller in Ethanol oder in Dimethylsulfoxid?

$$\text{Br} + \text{NaCN} \longrightarrow \text{CN} + \text{NaBr}$$

18. Folgende Reaktion verläuft in der Gasphase 10^9 mal schneller als in Aceton. Geben Sie eine Erklärung.

$$Cl^{\ominus} + CH_3-Br \longrightarrow Cl-CH_3 + Br^{\ominus}$$

19. Erklären Sie die stereochemischen Abläufe der beiden folgenden Reaktionen.

20. Ausgehend von zwei unterschiedlichen Bromalkanen soll folgender Ether hergestellt werden. Benennen Sie die Ausgangsverbindungen.

21. 1-Buten soll in A oder B überführt werden. Schlagen Sie die Schritte dahin vor.

22. Formulieren Sie die einzelnen Schritte bei der Überführung von Ethin in 2-Pentin.

23. Vervollständigen Sie folgende Reaktionsgleichungen. Bei welcher der Reaktionen (a) – (c) könnte es sich um eine Solvolyse handeln?

(a) $CH_3{-}S^- Na^+$ + $C_6H_5{-}CH_2{-}I$ $\longrightarrow$?

(b)

(c) $(C_6H_5)_3P:$ + ? $\longrightarrow$

10.9 *Exkurs*: Pestizide durch nucleophile Substitution

Im folgenden wird die enantioselektive Synthese eines Pflanzenschutzmittels beschrieben, bei der nucleophile Substitutionen eine zentrale Rolle spielen.

Pflanzenschutzmittel sind für die Steigerung der Erträge von Nutzpflanzen wichtig. Man unterteilt Pflanzenschutzmittel, auch **Pestizide** genannt, in **Herbizide** (Unkrautvernichter), **Fungizide** (Pilzvernichter) und **Insektizide** (Insektenvernichter) ein. Herbizide verhindern das Wachstum bestimmter Unkräuter. Weit über 100 Herbizide unterschiedlicher Struktur sind gegenwärtig im Einsatz. Eine bedeutende Rolle spielen Ester der Propionsäure, die in 2-Stellung substituiert sind. Die Verbindungen besitzen ein Chiralitätszentrum und treten daher als *(R)*- und *(S)*-Enantiomere auf.

(R)-   *(S)*-

α-Aryloxypropionsäure-ester
(Ar gleich Phenyl, Chlorphenyl etc.)

Zur Unkrautbekämpfung wurden bisher stets racemische Gemische der Ester verwendet. Inzwischen weiß man, dass nur das *(R)*-Enantiomer herbizid wirkt. Deshalb wird zunehmend dieses Enantiomer eingesetzt, weil dadurch die *Umweltbelastung um 50 %* reduziert wird.

Ausgangsverbindung für die enantioselektive Synthese des *(R)*-Enantiomers ist *(D)*-Glucose, die enzymatisch zu *(R)*-Milchsäure vergoren werden kann. Die Milchsäuregärung ist ein komplexer biochemischer Prozess, an dem mehrere Enzyme beteiligt sind. Die folgende Gleichung gibt lediglich die Summenformeln der Ausgangs- und Endprodukte wieder. Achten Sie auf die Stöchiometrie.

$$C_6H_{12}O_6 \xrightarrow[\text{Milchsäurebakterien}]{\text{Enzyme in}} 2\ C_3H_6O_3$$

(D)-Glucose   *(R)*-Milchsäure

Im zweiten Schritt wird die Milchsäure verestert. Näheres zu Veresterungen im Abschn. 18.4.4.

(R)-Milchsäure   *(R)*-Milchsäure-ester

Vergleicht man die Struktur des *(R)*-Milchsäureesters mit der des Herbizids, so wähnt man sich fast am Ziel der Synthese. Jedoch ist die direkte Substitution des Wasserstoffatoms in OH durch Phenyl nicht möglich (s. Aufgabe). Zum Ziel gelangt man aber über eine Folge von drei Reaktionsschritten, von denen zwei Schritte nucleophile Substitutionen darstellen.

Zunächst wird die austrittsträge HO-Gruppe mit Thionylchlorid/Pyridin in eine austrittsfreudige Gruppe umgewandelt. Auch diese Reaktion wird später genauer behandelt (Abschn. 12.6.4). Es folgen zwei nucleophile Substitutionen, die unter Inversion verlaufen. Die doppelte Inversion am α-Kohlenstoff der Carbonsäure ergibt wieder die ursprüngliche Konfiguration, so als habe es im Verlauf der Reaktionsfolge gar keine Konfigurationsänderung gegeben.

(R)-Milchsäure-ester

(R)-Milchsäure-Derivat

(S)-2-Chlorpropionsäure-ester

Na-phenolat

(R)-2-Phenoxypropionsäure-ester

Merke:
2mal
Inversion
gleich
Retention

Obwohl die beiden Substitutionen an einem sekundären C-Atom erfolgen, wird eine im Prinzip ebenso mögliche Substitution nach S_N1 nicht beobachtet, da eine Carbonylgruppe ein benachbartes Carbeniumion destabilisieren würde. (Eine Carbonylgruppe stabilisiert aber ein benachbartes Carbanion.)

Aufgabe

24. Wie im vorstehenden Formelschema beschrieben, wird das Pflanzenschutzmittel *(R)*-2-Phenoxypropionsäure-ester aus *(R)*-Milchsäure-ester in einer *drei*stufigen Synthese hergestellt. Warum gelingt die Herstellung nicht einfacher durch folgende *ein*stufige Synthese?

(R)-Milchsäure-ester
(als Alkoholat)

Brombenzol

keine Reaktion!

10.10 *Exkurs*: Nucleophile Methylierungen in der Zelle

Nucleophile Substitutionen laufen auch in der Zelle von Pflanzen und Tieren ab. Nachfolgend ist die Übertragung von Methyl aus der Aminosäure Methionin auf körpereigene Verbindungen wie Adrenalin beschrieben.

Methionin enthält eine an ein Schwefelatom gebundene Methylgruppe. Eine direkte Übertragung der Methylgruppe auf ein Nucleophil ist nicht möglich, da der Substituent –SR eine schlechte Abgangsgruppe darstellt.

Wird aber die Thiolgruppe in eine Sulfoniumgruppe überführt, gelingt die Übertragung der Methylgruppe, da eine Sulfoniumgruppe eine gute Abgangsgruppe liefert.

Die Methylierung in der Zelle mit Methionin verläuft über zwei nucleophile Schritte. Im ersten Schritt verdrängt das nucleophile Schwefelatom des Methionins die Abgangsgruppe Triphosphat des Adenosyltriphosphats. Hierbei bildet sich SAM, die eigentliche Methylierungsverbindung Es handelt sich um eine S_N2-Reaktion, bei welcher ein zweibindiges Schwefelatom in ein dreibindiges Schwefelatom überführt wird..

Schritt 1: Bildung der Methylierungsverbindung SAM

Im zweiten Schritt reagiert ein nucleophiles Substrat (z.B. ein Amin) mit SAM, wobei die Methylgruppe auf das nucleophile Substrat übertragen wird.

Schritt 2: Übertragung der Methylgruppe von SAM auf das Substrat

SAM (* s. Text)   S-Adenosylhomocystein

Auch hier liegt eine S_N2-Reaktion vor. Der alternative Angriff des Nucleophils auf eine der beiden CH_2-Gruppen von SAM (s. Sterne in der Formel) unterbleibt, weil auch für Sulfoniumverbindungen ein Reaktivitätsabfall gemäß $H_3C–X >$ $R–CH_2–X$ gilt (X gleich Abgangsgruppe).

Zelleigene nucleophile Substrate sind z.B. Noradrenalin oder Phosphatidyl-ethanolamin. Erstere Verbindung reagiert mit einem Äquivalent der Methylie-rungsverbindung SAM, letztere mit drei Äquivalenten.

Noradrenalin (ein Hormon)   Adrenalin (ein Hormon)

Phosphatidylethanolamin   Phosphatidylcholin (Lecithin)
(in der Zellmembran)   (in der Zellmembran)

Die Beispiele in diesem Abschnitt zeigen, wie die Natur die besonderen Eigen-schaften des Schwefels nutzt: Schwefel im 2-bindigen Zustand als Nucleophil und im 3-bindigen Zustand (Sulfoniumverbindung) als Abgangsgruppe. Die Reaktio-nen mögen kompliziert erscheinen, aber nur weil die Moleküle relativ groß sind. Der Substitutionsvorgang am Ort des Kohlenstoffs ist der gleiche wie bei kleinen

Molekülen in vitro. Ein grundsätzlicher Unterschied existiert jedoch in anderer Hinsicht: In der Zelle werden alle Reaktionen durch Enzyme katalysiert. Enzyme sorgen für eine günstige Anordnung der Reaktanden zueinander und verringern damit die Aktivierungsbarriere. Dadurch verlaufen die Reaktionen bei Raumtemperatur oder wenig höher und zudem viel schneller als im Reagenzglas.

Aufgabe

25. Noradrenalin und $H_3C–(SAM)$ reagieren wie im Text gezeigt. Warum greift statt der Aminogruppe nicht eine der drei OH-Gruppen $H_3C–(SAM)$ an?

10.11 Lösung der Aufgaben zu Kapitel 10

1.   **Retention:** Beibehaltung der Konfiguration. **Inversion:** Umkehr der Konfiguration. **Racematbildung:** Bildung der beiden Enantiomeren zu gleichen Teilen.

2.   *1:* Am geschwindigkeitsbestimmenden Schritt ist *ein* Molekül beteiligt.
           2: Am geschwindigkeitsbestimmenden Schritt sind *zwei* Moleküle beteiligt.

3.

4.

5.   (a) keine Änderung, (b) Halbierung

6.   **A** (*R*); **B** Racemat aus *R* und *S*; **C** *trans*; **D** *cis/trans*-Gemisch. **A** und **C**: S_N2-Reaktionen. **B** und **D**: S_N1-Reaktionen (S_N2 mit Methanol als Nucleophil verläuft sehr langsam.)

7.

Die Umlagerung wird durch Bildung eines tertiären Carbenium-Ions und Verminderung der Ringspannung begünstigt.

Die Umlagerung wird durch Aufhebung der Ringspannung begünstigt. Beide Ringerweiterungen sind Wagner-Meerwein-Umlagerungen.

8.   **a**: 2; **b**: 4 (s. nachfolgend); **c**: 1+3+3+3=10

9.   3-Cl > 7-Cl > 3'-Br > 6-Br >> 2-Cl

10.

      (a)   (b)   (c)   (d)

11.   (a) NH_2^- > NH_3 (b) R_3P > R_3N (c) H_3C–O^- > $(H_3C)_3C$–O^-

12.   Nein. Geschwindigkeitsbestimmend ist hier allein die Bildung des Carbenium-Ions.

13.   Die Austrittsgruppe muss eine positive Ladung besitzen wie in R–NR_3^+.

14.   Stabilisierung der partiellen positiven Ladung des α-C-Atoms im Übergangszustand durch die freien Elektronenpaare des Heteroatoms

15.   **b** verläuft schneller als **a**. **c** verläuft schneller als **d**, da primäre Halogenide schneller als sekundäre reagieren.

16.   B: protisch. Übrige Verbindungen: aprotisch

17.   Ethanol bildet H-Brücken zu CN^-, wodurch dessen Nucleophilie herabgesetzt wird. Dimethylsulfoxid kann solche Brücken nicht bilden. Somit verläuft die Reaktion in Dimethylsulfoxid schneller.

18.   In der Gasphase ist Cl^- perfekt nackt und damit sehr reaktiv.

19. CN^- ist ein starkes Nucleophil (besonders im dipolar-aprotischen Lösungsmittel Aceton), welches das Chloratom unter Inversion substituiert; S_N2-Reaktion.
MeOH ist ein schwaches Nucleophil und Iod in R-I eine gute Austrittsgruppe (besser als Chlor). Begünstigt durch H-Brücken zwischen Iod und MeOH bildet sich ein sekundäres Carbenium-Ion, das mit MeOH zu einem Racemat reagiert; S_N1-Reaktion.

20. n-H_7C_3—Br + n-H_9C_4—O^- n-H_7C_3—O^- + n-H_9C_4—Br

21.   1-Buten plus HBr → 2-Brombutan; 2-Brombutan plus Methanolat → **A**.
1-Buten plus HBr/Peroxid → 1-Brombutan usw. → **B**.

22.

23.   (a) C_6H_5–CH_2–S–CH_3 + NaI; (b) H_3C–O–H + ... (c) $(C_6H_5)_3P$: + $(H_3C)_2CHI$. Bei **(b)**, sofern Methanol auch Lösungsmittel ist.

24.   Aryl- und Vinylhalogenide sind gegenüber Nucleophilen sehr reaktionsträge, Näheres s. Abschn. 15.6.

25. R–NH_2 ist nucleophiler als R–OH.

Kapitel 11
β-Eliminierungen

11.1 α- und β-Eliminierungen

Bei einer Eliminierung werden zwei Substituenten (Atome oder Atomgruppen) aus einem Molekül entfernt. Man unterscheidet zwischen α- und β-Eliminierung, je nachdem ob die Substituenten vom selben C-Atom oder von zwei benachbarten C-Atomen abgespalten werden. Im folgenden ist für jeden Fall ein Beispiel angegeben.

α-Eliminierung:

Dichlorcarben

β-Eliminierung:

1-Buten

Die wichtigste Eliminierung ist die basenvermittelte β-Eliminierung. Sie wird in diesem Kapitel behandelt, wobei mechanistische Betrachtungen im Vordergrund stehen. Die α-Eliminierung, die zu Carbenen führt, wurde bereits im Abschn. 6.7.9 erläutert.

Aufgabe

1. Handelt es sich bei den Reaktionen (a), (b) und (c) jeweils um eine α- oder β-Eliminierung?

(a) $H_5C_6-Hg-CBr_3 \xrightarrow{\text{erhitzen}} H_5C_6-Hg-Br + [:CBr_2]$

(b)

(c) Ph—CH=N—O—C(=O)—CH₃ →(erhitzen)→ Ph—C≡N + HO—C(=O)—CH₃

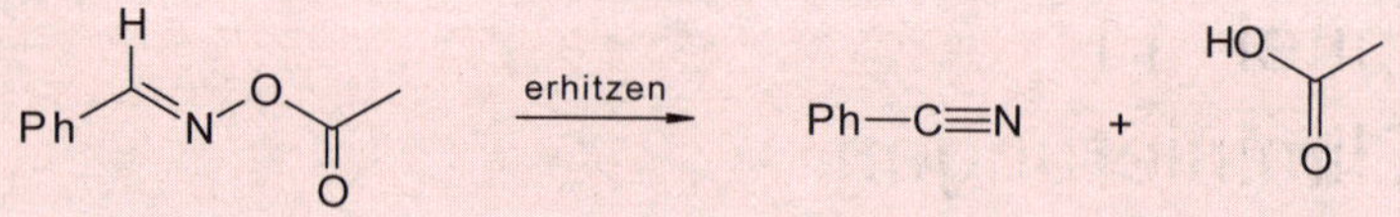

11.2 β-Eliminierungen zur Herstellung von Alkenen

β-Eliminierungen spielen bei der Herstellung von Alkenen eine wichtige Rolle. Dazu gehört die basenvermittelte Eliminierung von HX aus Halogeniden oder die säurekatalysierte Eliminierung von Wasser aus Alkoholen (Abschn. 12.6.5):

Alkene aus Halogenalkanen:

... β ... α ... Br + OH⁻ → (1-Buten) + Br⁻ + H—OH
H

1-Buten

Alkene aus Alkoholen:

α OH₂⁺ + :O: (H, H) →(−H⁺)→ (Cyclohexen) + 2 H₂O
β H

Alkohol, protoniert   **Cyclohexen**

Auch beim Erhitzen von quartären Ammoniumsalzen auf über 100 °C tritt eine *β*-Eliminierung ein, die zu einem Alken und Trimethylamin führt (**Hofmann-Eliminierung**, Abschn. 22.5.4).

Alkene aus quart. Ammoniumhydroxiden (Hofmann-Eliminierung):

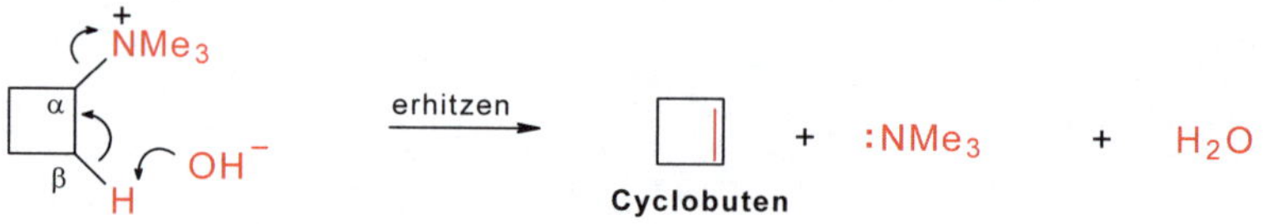

$\overset{+}{N}Me_3$ α β H OH⁻ →(erhitzen)→ (Cyclobuten) + :NMe₃ + H₂O

Cyclobuten

Auch die Pyrolse von Estern bei sehr hoher Temperatur ist eine *β*-Eliminierung, die ebenfalls zu Alkenen führt. Es liegt hier eine über einen 6-Ring verlaufende *syn*-Eliminierung vor.

Alkene aus Estern:

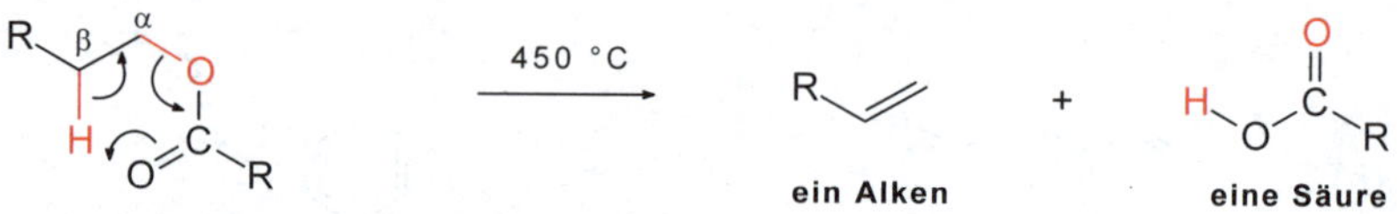

R β α O
H O=C—R →(450 °C)→ R—CH=CH₂ + H—O—C(=O)—R

ein Ester   **ein Alken**   **eine Säure**

Schließlich spielen *β*-Eliminierungen auch bei bestimmten biochemischen Reaktionen eine Rolle. So wird Bernsteinsäure durch den Wasserstoffakzeptor FAD (Flavin-Adenin-Dinucleotid) zu Fumarsäure dehydriert. Katalysator ist dabei das Enzym Succinat-Dehydrogenase.

Bernsteinsäure   **Fumarsäure**

Die Dehydrierung von Bernsteinsäure zu Fumarsäure ist Teil des **Zitronensäure-Cyclus**, in welchem C_2-Baustein Essigsäure (Abschn. 19.5) zu CO_2 und Wasser oxidiert wird.

11.3 Mechanistische Abläufe von β-Eliminierungen

Die *β*-Eliminierung von H–X aus dem Substrat H–C–C–X mittels einer Base kann auf dreierlei Weise erfolgen.

- H und X werden *gleichzeitig* eliminiert, Zwischenstufen treten nicht auf. Diese Eliminierung ist eine E2-Reaktion, weil zwei Moleküle (Base und Substrat) am geschwindigkeitsbestimmenden Schritt beteiligt sind.
- Zuerst tritt die Abgangsgruppe X aus dem Substrat. Es entsteht ein Carbenium-Ion, das anschließend ein Proton an eine Base abgibt. Diese Eliminierung verläuft im Gegensatz zur erstgenannten über eine Zwischenstufe und wird E1-Reaktion genannt, weil nur ein Molekül (das Substrat) am geschwindigkeitsbestimmenden Schritt beteiligt ist.
- Zuerst wird das Proton des Substrats auf eine Base übertragen. Das zurückbleibende Carbanion verliert danach die Abgangsgruppe X. Auch diese Eliminierung verläuft über eine Zwischenstufe. Sie wird E1cB-Reaktion genannt, weil nur ein Molekül (die **c**onjugierte **B**ase des Substrats) am geschwindigkeitsbestimmenden Schritt beteiligt ist.

Die mechanistischen Unterschiede der *β*-Eliminierung können auch in einem Satz ausgedrückt werden: Entweder wird die C–X-Bindung gleichzeitig mit der C–H-Bindung gespalten (E2) oder davor (E1) oder danach (E1cB). Nachfolgend werden die drei Reaktionstypen in der genannten Reihenfolge behandelt.

11.4 Die E2-Reaktion

Ist die Abgangsgruppe X (X = Halogen, Tosylat) an ein primäres oder sekundäres C-Atom gebunden, so verläuft die basenvermittelte Eliminierung von H und X synchron: In dem Maße, wie die angreifende Base die H−C-Bindung lockert, wird auch die C−X-Bindung gedehnt.

Propylbromid   **Übergangszustand:**   **Propen**
                    synchrone **Lockerung von H und Br**

Als Nebenreaktion tritt Substitution der Abgangsgruppe Br durch Alkoholat ein. (Zur Konkurrenz von Eliminierung und Substitution s. Abschn. 11.8.)
Die Eliminierung verläuft nach der ersten Ordnung bezüglich der Konzentration an Halogenalkan und bezüglich der Konzentration an Alkoholat, somit insgesamt nach der 2. Ordnung.

$$\frac{d\,[\text{Alken}]}{dt} \;=\; k \cdot \left[\text{RO}^-\right] \cdot \left[\;\diagdown\!\!\diagup\!\text{Br}\;\right]$$

Die Bezeichnung E2 bringt zum Ausdruck, dass am geschwindigkeitsbestimmenden Schritt der **Eliminierung 2** Moleküle beteiligt sind. Es liegt eine **bimolekulare Reaktion** vor.

11.4.1 Regioselektivität bei E2-Reaktionen

Eine Verbindung mit einer endständigen Abgangsgruppe X kann bei der β-Eliminierung nur ein einziges Alken liefern. Beispiel:

Sitzt die Abgangsgruppe X aber an einem C-Atom im Inneren der Kette, liefert die E2-Eliminierung in der Regel zwei Alkene: ein Alken mit einer höher alkylierten Doppelbindung, **Saytzeff-Produkt** genannt, und ein Alken mit einer niedriger alkylierten Doppelbindung, **Hofmann-Produkt** genannt. Das Verhältnis der beiden Produkte hängt von der Abgangsgruppe X, ferner von sterischen Faktoren ab. Beispiel:

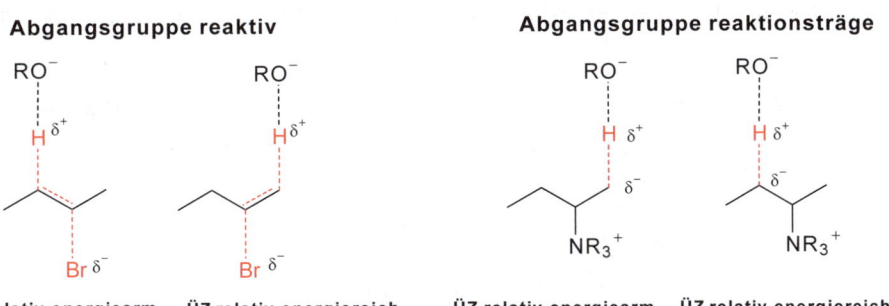

	Saytzeff-Produkt	Hofmann-Produkt
X = Br	80 %	20 %
X = N(CH₃)₃⁺	5 %	95 %

Bei einer austrittsfreudigen Abgangsgruppe (z.B. −Br, Tosylat) überwiegt das Saytzeff-Produkt, bei einer austrittsträgen Abgangsgruppe (z.B. -N(CH₃)₃⁺) das Hofmann-Produkt (s. %-Angaben).

Wie ist die Abhängigkeit der Regioselektivität von der Abgangsgruppe X zu erklären? Bei Molekülen mit einer reaktiven Abgangsgruppe X ist im Übergangszustand (ÜZ) die Lockerung sowohl der C−H- als auch der C−X-Bindung beträchtlich vorangeschritten und die Doppelbindung bereits vorgebildet. Von zwei H-Atomen wird bevorzugt dasjenige abgespalten, das zum thermodynamisch stabileren, d.h. höher substituierten Alken führt (**Saytzeff-Regel**). Bei der obigen Verbindung führt die Eliminierung von 3-H zu einem Alken mit zwei Alkylresten, die von 1-H aber zu einem Alken mit nur einem Alkylrest an der Doppelbindung.

Bei Molekülen mit einer trägen Abgangsgruppe X ist die Trennung der C−H-Bindung im Übergangszustand viel stärker vorangeschritten als die der C−X-Bindung. Es wird bevorzugt 1-H eliminiert, da das entstehende δ⁻−C-Atom weniger als das alternative δ⁻−C-Atom destabilisiert ist. (Zur Erinnerung: Eine Methylgruppe stabilisiert zwar ein Carbenium-Ion, destabilisiert aber ein Carbanion). Als Folge erhält man das Hofmann-Produkt mit endständiger Doppelbindung.

Neben den elektronischen Faktoren spielen auch sterische eine Rolle. Man beobachtet, dass der Wasserstoff am weniger substituierten Kohlenstoff (in der obigen Verbindung 1-H) um so bevorzugter eliminiert wird, je voluminöser die angreifende Base (z.B. *tert*-Butylalkoholat) und die Abgangsgruppe X (z.B. Tosylatgruppe) sind.

Aufgabe

2. Welche Konstitution besitzen die Alkene A und B?

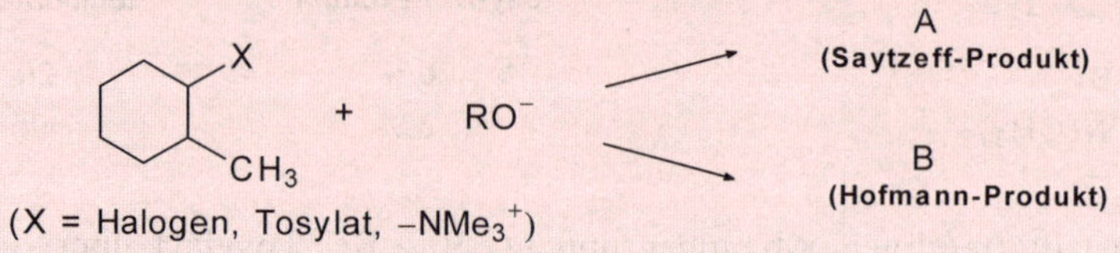

X
CH3
+
RO⁻
A
(Saytzeff-Produkt)
B
(Hofmann-Produkt)
(X = Halogen, Tosylat, –NMe3⁺)

11.4.2 Stereoselektivität bei E2-Reaktionen

Die Eliminierung nach E2 erfolgt über eine Konformation, in der die C–H- und die C–X-Bindung *anti*- oder *syn*-ständig angeordnet sind. Nur diese beiden Konformationen gestatten den coplanaren Übergang der σ-Elektronen des Substrats in die π-Elektronen des Alkens. Das *anti*-Konformer wird dabei durch eine *anti*-Eliminierung, das *syn*-Konformer durch eine *syn*-Eliminierung ins Alken überführt.

H,X: anti
X
H
B⁻
anti-Eliminierung
– X⁻
– HB
syn-Eliminierung
– X⁻
– HB
H,X: syn
X
H
B⁻

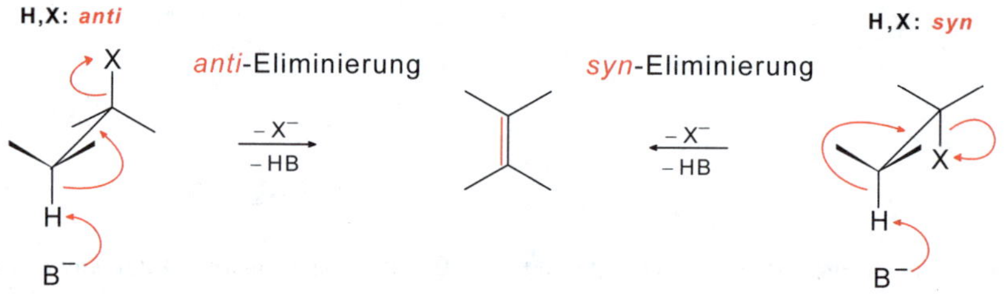

Kann das Molekül beide Konformationen einnehmen, wird die *anti*-Eliminierung bevorzugt, da hierbei alle die Substituenten im Übergangszustand gestaffelt und damit energetisch günstiger angeordnet sind. (Bei einer *syn*-Eliminierung weisen die Substituenten die energetisch ungünstige ekliptische Anordnung auf.) Nachfolgend sind zwei Beispiele für die *anti*-Eliminierung bei offenkettigen Alkanen aufgeführt.

1-Brom-1,2-diphenylpropan wird durch Na-alkoholat in 1,2-Diphenylpropen überführt. Das *1S,2S*-Diastereomer liefert die *Z*-Verbindung und das *1R,2S*-Diastereomer die *E*-Verbindung. In beiden Fällen liegt eine *anti*-Eliminierung vor.

(Z)-1,2-Diphenylpropen

(1S,2S)-Verbindung

(E)-1,2-Diphenylpropen

(1R,2S)-Verbindung

● **Frage**. Die folgende Frage ist ein Gedankenexperiment. Welche Konfigurationen besäßen die Alkene, wenn vorstehende Reaktionen unter *syn*-Eliminierung verliefen?

● **Antwort.** Zeichnen Sie die jeweiligen Ausgangsverbindungen so, dass die zu eliminierenden Atome H und Br eine *syn*-coplanare Anordnung einnehmen. Sie erkennen, dass alle Substituenten ekliptisch angeordnet sind. Basenvermittelte Eliminierung von HBr liefert für die *1S,2S*–Verbindung das *E*-Alken und für die *1R,2S*-Verbindung das *Z*-Alken. Somit führen *anti*- und *syn*-Eliminierung zu Alkenen mit entgegengesetzten Konfigurationen.

(E)-1,2-Diphenylpropen

(1S,2S)-Verbindung

(Z)-1,2-Diphenylpropen

(1R,2S)-Verbindung

Im Falle von Cyclohexanverbindungen müssen H-Atom und Abgangsgruppe diaxial angeordnet sein, damit eine *anti*-Eliminierung eintreten kann. Die folgenden Reaktionen beschreiben die basenvermittelten *anti*-Eliminierungen von H–O–Tos (*p*-Toluolsulfonsäure) aus *cis*- und *trans*-2-Methylcyclohexyltosylat. Bei der *trans*-Verbindung bringt von den beiden Konformeren A und B nur B die diaxiale Voraussetzung mit.

Konformer A
der trans-Verbindung

Konformer B
der trans-Verbindung

anti-Eliminierung

3-Methylcyclohexen

Bei der *cis*-Verbindung bringt nur D die diaxiale Voraussetzung mit, hier bilden sich aber zwei Alkene (3- und 1-Methylcyclohexen), da auch zwei axiale H-Atome (rot markiert) zur Verfügung stehen.

anti-Eliminierungen

Konformer C
der cis-Verbindung

Konformer D
der cis-Verbindung

3-Methylcyclohexen

1-Methylcyclohexen

Es sei betont, dass von zwei oder mehreren Konformeren nicht das Konformer reagiert, das im Überschuss vorhanden ist, sondern das Konformer mit der diaxialen Anordnung von H und Abgangsgruppe.

Zusammenfassung

Die basenvermittelte *β*-Eliminierung von H–X erfolgt fast immer aus einer Konformation heraus, in der H und X *anti*-ständig angeordnet sind. Das gilt sowohl für offenkettige als auch für Cyclohexanverbindungen. Dabei ist es ohne Belang, ob das betreffende Konformer energetisch begünstigt ist. Ist eine *anti*-Anordnung von H und X nur mit beträchtlichem Energieaufwand verbunden (z.B. bei kleinen, ferner gespannten Ringen), tritt als Alternative auch eine *syn*-Eliminierung ein. *anti*-Eliminierungen werden auch *trans*-Eliminierungen, *syn*-Eliminierungen auch *cis*-Eliminierungen genannt.

Aufgaben

3. Cyclohexylbromid wird mit KOH in Cyclohexen überführt. Formulieren Sie den stereochemischenVerlauf.

4. Ist folgende Dehydrochlorierung eine *syn*- oder eine *anti*-Eliminierung?

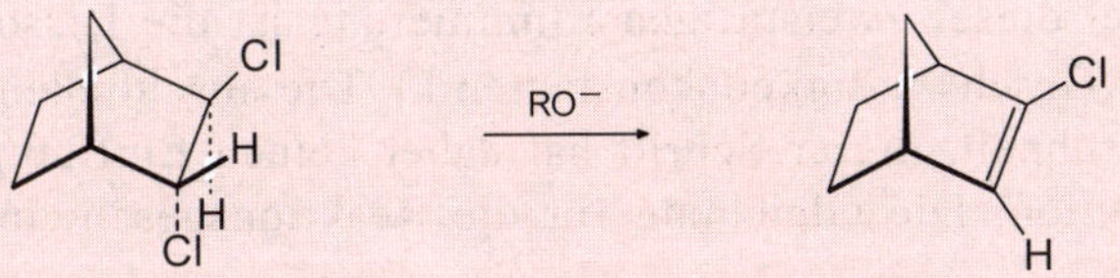

5. 1-Brom-1,2-diphenylethan reagiert mit Alkoholat zu einem Gemisch aus *Z*- und *E*-Stilben. Formulieren Sie auch hier den stereochemischen Verlauf. (Verwenden Sie dabei die Sägebock- und die Newman-Projektion.) Weshalb ist *E*-Stilben das Hauptprodukt?

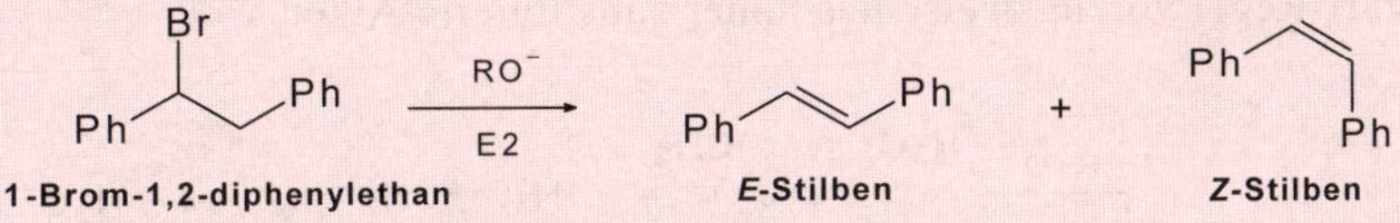

6. Bei der alkalischen Dehydrochlorierung von 1,2,3,4,5,6-Hexachlorcyclohexan reagiert das Diastereomer A etwa 10000 mal langsamer als alle anderen Diastereomere. Welches ist die Ursache?

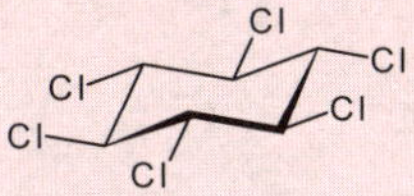

11.5 Die E1-Reaktion

Ist die Abgangsgruppe X an ein tertiäres C-Atom gebunden, so verläuft die β-Eliminierung stufenweise. Zuerst erfolgt wie bei einer S_N1-Reaktion eine Dissoziation der C–X-Bindung, wobei ein relativ stabiles **tertiäres Carbenium-Ion** zurückbleibt. Dieses gibt anschließend an eine Base wie H_2O oder OH^- ein Proton ab und geht in ein Alken über.

Schritt 1: Dissoziation

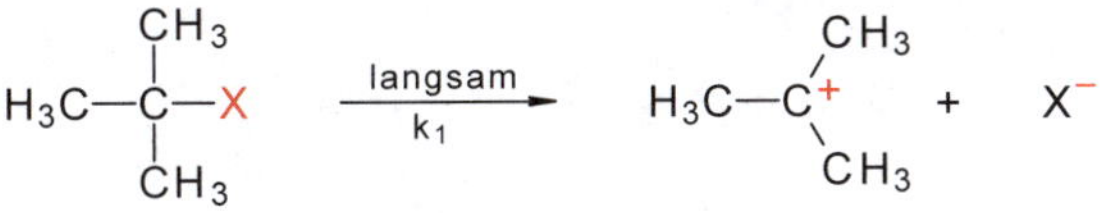

Schritt 2: Alkenbildung

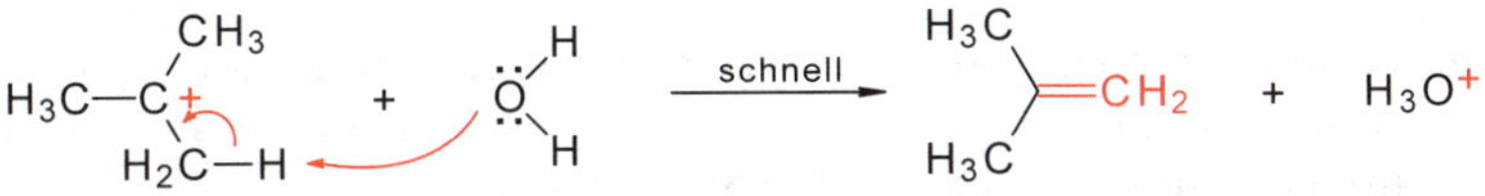

Der langsamere Schritt bei dieser zweistufigen Eliminierung ist die Dissoziation der C–X-Bindung mit der Geschwindigkeitskonstanten k_1. Die anschließende Abgabe des Protons erfolgt schnell, dieser Schritt hat daher keinen Einfluß auf die Geschwindigkeit der Reaktion. Die Gleichung für die Reaktionsgeschwindigkeit lautet:

$$-\frac{d[(H_3C)_3CX]}{dt} = \frac{d[(H_3C)_2C=CH_2]}{dt} = k_1\,[(H_3C)_3CX]$$

Da am geschwindigkeitsbestimmenden Schritt nur ein Molekül beteiligt ist, liegt eine E1-Reaktion vor. Die E1-Reaktion ist eine monomolekulare Reaktion.

Sofern eine Eliminierung in mehrere Richtungen möglich ist, bildet sich gemäß der Saytzeff-Regel vorzugsweise das höher substituierte Alken.

Auch hier tritt als Nebenreaktion eine Substitution ein, die nach dem S_N1-Mechanismus abläuft (s. untere Hälfte des Formelschemas).

Aufgabe

7. Die Verbindungen A-C ergeben beim Erhitzen (Verb. A) oder bei der Einwirkung von Natriumethanolat (Verbindungen B und C) Gemische von Alkenen. Welches Alken überwiegt jeweils?

11.6 Die E1cB-Reaktion

Bei einigen Verbindungen verläuft die basenvermittelte Eliminierung in der Weise, dass zuerst das Proton abgegeben wird. Als Zwischenstufe tritt ein **Carbanion** auf, das anschließend die Abgangsgruppe X entlässt.

$$R-\overset{..}{\underset{..}{O}}:^{-} \;+\; H-\underset{\underset{F}{|}}{\overset{\overset{Cl}{|}}{C}}-\underset{\underset{F}{|}}{\overset{\overset{F}{|}}{C}}-F \;\overset{K}{\rightleftharpoons}\; R-OH \;+\; {}^{-}:\underset{\underset{F}{|}}{\overset{\overset{Cl}{|}}{C}}-\underset{\underset{F}{|}}{\overset{\overset{F}{|}}{C}}-F$$

ein Carbanion

$$ {}^{-}:\underset{\underset{F}{|}}{\overset{\overset{Cl}{|}}{C}}-\underset{\underset{F}{|}}{\overset{\overset{F}{|}}{C}}-F \;\xrightarrow[\text{langsam}]{k}\; \underset{Cl}{\overset{Cl}{\Big\rangle}}C=C\underset{F}{\overset{F}{\Big\langle}} \;+\; F^{-}$$

1,1-Dichlordifluorethen

Im vorstehenden Beispiel ist die leichte Bildung des Carbanions auf die Stabilisierung der negativen Ladung durch den –I-Effekt von zwei Chloratomen und der CF$_3$-Gruppe zurückzuführen. Die Bildung des Carbanions erfolgt schnell und reversibel (Gleichgewichtskonstante K) und der Zerfall des Carbanions langsam (Geschwindigkeitskonstante k). Die Gleichung für die Reaktionsgeschwindigkeit lautet somit:

$$\frac{d\,[CCl_2{=}CF_2]}{dt} = k\cdot[:\overset{-}{C}Cl_2{-}CF_3] = k\cdot K\cdot\frac{[RO^-]\cdot[CHCl_2{-}CF_3]}{[ROH]}$$

Diese Gleichung vereinfacht sich, wenn die Reaktion im Lösungsmittel ROH durchgeführt wird, da dann [ROH] = konstant ist.

$$k\cdot K/[ROH] = k'$$

$$\frac{d\,[CCl_2{=}CF_2]}{dt} = k'\cdot[RO^-]\,[CHCl_2{-}CF_3]$$

Unter diesen Bedingungen verläuft die Eliminierung nach der zweiten Ordnung. Da am geschwindigkeitsbestimmenden Schritt aber nur ein Molekül beteiligt ist, liegt eine **monomolekulare Reaktion** vor. Die Reaktion wird mit E1cB bezeichnet. **1** gibt die Anzahl der Moleküle im geschwindigsbestimmenden Schritt an, **cB** steht für conjugierte Base.
Dieses Beispiel zeigt auch, dass *Ordnung und Molekularität* einer Reaktion verschiedene Zahlenwerte haben können. Die Ordnung bezieht sich immer auf die Summe der Exponenten der Konzentrationen in den Geschwindigkeitsgleichungen, während die Molekularität die Anzahl der Moleküle im geschwindigkeitsbestimmenden Schritt angibt. Bei S$_N$1-, S$_N$2-, E1- und E2-Reaktionen stimmen die Zahlenwerte überein. Bei E1cB-Reaktionen ist das nicht der Fall: Die Reakionen sind zweiter Ordnung, aber monomolekular.

Aufgabe

8. Bei der Einwirkung von RO$^-$ auf das Aldol A tritt β-Eliminierung von Wasser ein, die nach dem E1cB-Mechanismus verläuft. Formulieren Sie die einzelnen Reaktionsschritte und stellen Sie die Gleichung für die Reaktionsgeschwindigkeit auf unter der Annahme, dass die Konzentration an Alkohol konstant ist.

11.7 *Exkurs*: Kinetische Isotopeneffekte

Unter einem kinetischen Isotopeneffekt (kin. IE) versteht man die Verlangsamung einer Reaktion, wenn ein Atom, das an einem geschwindigkeitsbestimmenden Schritt einer Reaktion beteiligt ist, durch ein schwereres Isotop ersetzt wird. Substituiert man z.B. ein H-Atom durch das doppelt so schwere Deuteriumatom, so tritt eine Verlangsamung der Reaktion ein, sofern dieses Atom am geschwindigkeitsbestimmenden Schritt beteiligt ist. Der kinetische Isotopeneffekt für Wasserstoff oder für Kohlenstoff ist wie folgt definiert:

$$\text{kin. IE}_H = \frac{k_H}{k_D} \qquad\qquad \text{kin. IE}_C = \frac{k_{12C}}{k_{13C}}$$

k_H, k_D etc. sind die Geschwindigkeitskonstanten der jeweiligen reaktionskinetischen Gleichungen.

Weshalb reagieren Moleküle mit einem schweren Isotop langsamer als solche mit einem leichten Isotop? Eine C–D-Bindung schwingt aufgrund der größeren Masse m nach der Frequenzgleichung

$$\nu = \frac{1}{2\pi} \sqrt{\frac{k}{m_r}} \qquad \begin{array}{l}\text{(k = Kraftkonstante, } m_r \text{ = reduzierte Masse)}\\ \text{(Abschn. 2.4.1)}\end{array}$$

langsamer und besitzt deshalb nach $E = 1/2 \cdot h \cdot \nu$ eine kleinere Schwingungsenergie als eine C–H-Bindung. Mehr Aktivierungsenergie ist deshalb erforderlich, um die Bindung zu lösen.

Der Effekt ist bei Wasserstoff vergleichsweise groß, k_H/k_D liegt zwischen 2 und 8, d.h. eine C–H-Bindung reagiert maximal 8mal schneller als eine C–D-Bindung. Bei Kohlenstoff fällt der Effekt viel kleiner aus, da der relative Unterschied in den Massen viel kleiner ist als bei Wasserstoff.

Einen kinetischen Isotopeneffekt beobachtet man auch, wenn die isotopensubstituierte Bindung in einer Gleichgewichtsreaktion gelöst wird, die *vor* dem geschwindigkeitsbestimmenden Schritt liegt. Der Wert k_H/k_D ist dann allerdings klein, er liegt zwischen 1-2, d.h. eine C–H-Bindung reagiert maximal doppelt so schnell wie eine C–D-Bindung.

Welche kinetischen Isotopeneffekte sind bei der β-Eliminierung von H–X aus H–C–C–X nach den drei Mechanismen E2, E1 oder E1cB zu erwarten?

Bei der *synchronen* β-Eliminierung geht die C–H-Bindung in den geschwindigkeitsbestimmenden Schritt ein, deshalb beobachtet man hier einen großen kinetischen Isotopeneffekt (s. Tabelle). Beim *zweistufigen* Carbenium-Ion-Mechanismus erfolgt die Lösung der C–H-Bindung *nach* dem geschwindigkeitsbestimmenden Schritt. Deshalb verläuft die Reaktion mit der C–D-Bindung genau so schnell, $k_H/k_D=1$. Die Eliminierung nach dem *zweistufigen* Carbanion-Mechanismus zeigt nur einen kleinen Isotopeneffekt, da die Lösung der C–H-Bindung nicht im geschwindigkeitsbestimmenden Schritt, sondern in einem vorgelagerten Gleichgewicht erfolgt.

Tabelle. Kinetische Isotopeneffekte k_H/k_D bei β-Eliminierungen

Mechanismus	Symbol	k_H/k_D
Synchron-Mechanismus	E2	2 - 8
Carbanion-Mechanismus	E1cB	1 - 2
Carbeniumion-Mechanismus	E1	1

Aufgabe

9. Erwarten Sie für die basenvermittelte, bimolekulare Eliminierung von HBr aus Cyclohexylbromid einen kinetischen Isotopeneffekt?

11.8 β-Eliminierung und Substitution in Konkurrenz

In den vorstehenden Abschnitten wurde mehrfach darauf hingewiesen, dass Eliminierung und Substitution gleichzeitig ablaufen. Welche Reaktionsbedingungen fördern den einen oder anderen Reaktionstyp? Nachfolgend wird die Antwort für die verschiedenen Typen von Alkylhalogeniden gegeben.

Tertiäre Alkylhalogenide. Mit einem schwachen Nucleophil und damit einer schwachen Base (z.B. H_2O) in einem polaren Lösungsmittel bildet sich hauptsächlich das Substitutionsprodukt, wie das folgende Beispiel zeigt.

tert-Butylbromid

Mit einem starken Nucleophil und damit einer starken Base (z.B. OH⁻) tritt ganz überwiegend Eliminierung ein, insbesondere wenn die Konzentration an Nucleophil groß ist. Die Eliminierung erfolgt nach dem E2-Mechanismus.

Damit ist es möglich, das Verhältnis Eliminierung/Substitution durch Wahl der Reaktionsbedingungen zu steuern.

Primäre Alkylhalogenide. Auch hier treten Substitution und Eliminierung nebeneinander auf. Der Anteil an Eliminierung wächst in dem Maße, wie das Volumen des Nucleophils steigt. So steigt bei der Einwirkung von Alkoholat auf 1-Brompentan das Eliminierungsprodukt 1-Penten von 1 % auf 85 %, wenn statt Methylalkoholat das voluminöse *tert*-Butylalkoholat verwendet wird.

Das voluminöse *tert*-Butylalkoholat kann nur mit Hilfe beträchtlicher kinetischer Energie das Bromid-Ion verdrängen, während die Abstraktion des an der Peripherie befindlichen β-H-Atoms weniger gehindert ist.

Sekundäre Alkylhalogenide. Je nach Konstitution reagieren sie teils wie tertiäre, teils wie primäre Alkylhalogenide, teils wie beide.

Aufgaben

10. *tert*-Butyl-methyl-ether soll durch nucleophile Substitution hergestellt werden. Führt Weg A oder Weg B zum Ziel?

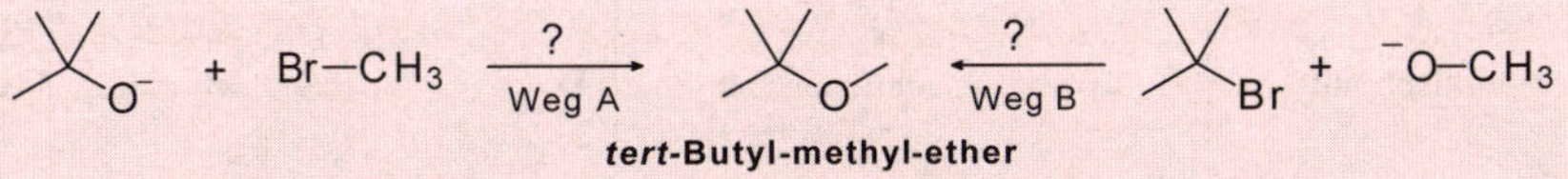

tert-**Butyl-methyl-ether**

11. Bei der Einwirkung von Methylalkoholat auf 1-Brompropan entsteht fast ausschließlich Substitutionsprodukt, bei der Einwirkung auf 1-Brom-2-methylpropan dagegen mehr Eliminierungsprodukt als Substitutionsprodukt. Weshalb?

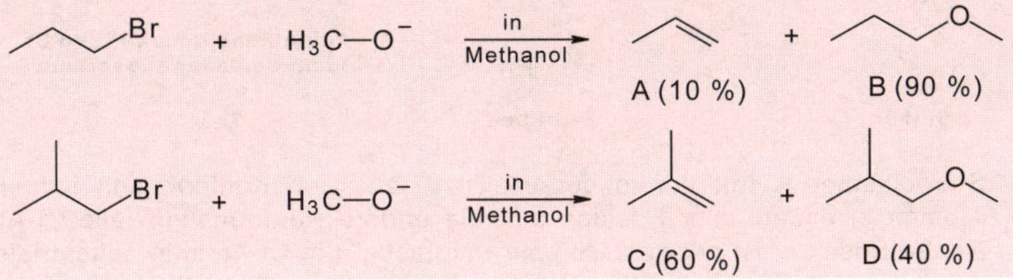

A (10 %)   B (90 %)

C (60 %)   D (40 %)

11.9 Lösung der Aufgaben zu Kapitel 11

1. **(a)** α ; **(b)** β (zweifach); **(c)** β

2.

A (Saytzeff-Produkt)   B (Hofmann-Produkt)

3.

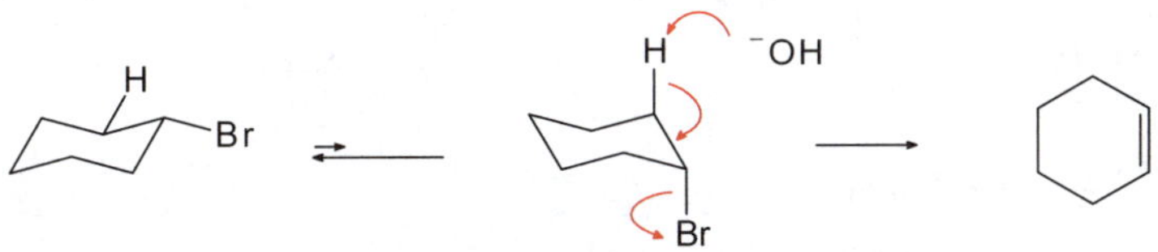

Brom muss die energetisch ungünstige axiale Position einnehmen.

4. Es ist nur eine *syn*-Eliminierung möglich.

5. Die Bromverbindung stellt ein Gemisch der Konformeren A – C dar. A liefert Z-Stilben, B ergibt E-Stilben, und C reagiert überhaupt nicht. E-Stilben ist Hauptprodukt, weil sich die voluminösen Phenylsubstituenten weder im Grundzustand B noch im Übergangszustand behindern.

identisch mit: } **A**

identisch mit: } **B**

identisch mit: } **C**

keine Reaktion, da H und Br nicht coplanar angeordnet sind

Z-Stilben   *E*-Stilben

6.   Stereoisomer **A** tritt nur in der im Text gezeigten Konformation mit allen Cl-Atomen in equatorialer Position auf, die andere Konformation (alle Cl-Atome in axialer Position) ist energetisch sehr ungünstig. Ein Cl-Atom in equatorialer Position kann aber an einer *anti*-coplanaren Eliminierung nicht teilnehmen.

7.   **A:** $CH_2=CH_2$. (Die CH_3-Gruppe des Ethylrestes in A bildet leichter ein δ^--C-Atom und ist sterisch weniger gehindert als die mittlere CH_2-Gruppe des Propylrestes).
B: 1-Methylcyclohexen (thermodynamisch stabiler als Methylencyclohexan)
C: 2-Penten (E/Z-Gemisch)

8.

ein Aldol   + $^-$OR $\overset{K}{\rightleftharpoons}$ **Enolat**   +   HOR

Enolat $\xrightarrow[\text{langsam}]{k}$ **Alken**   + OH^-

$$\frac{d\,[\text{Alken}]}{dt} = k\,[\text{Enolat}]$$

$$K = \frac{[\text{Enolat}]\,[\text{HOR}]}{[\text{Aldol}]\,[\text{RO}^-]}$$

$$= k\,K\,[\text{Aldol}]\,[\text{RO}^-]/[\text{ROH}]$$

$$= k'\,[\text{Aldol}]\,[\text{RO}^-] \qquad (\text{da } [\text{ROH}] = \text{konstant})$$

9.   Ja, da die C–H- (C–D)-Bindung in den geschwindigkeitsbestimmenden Schritt eingeht. Zu erwarten ist ein kin. IE von > 2.

Reaktion schneller   **Reaktion langsamer**

10.   Weg A. Weg B wird nicht beschritten, statt dessen erfolgt Eliminierung zu Isobuten.

11.   Der Anteil an Substitutionsprodukt ist kleiner (gegenüber 1-Brompropan), da die
sperrige Isopropylgruppe die Substitution erschwert.

Kapitel 12
Alkohole

12.1 Einteilung und Nomenklatur von Alkoholen

Alkohole besitzen die Struktur R–OH. Sie stehen strukturell zwischen Wasser und Ethern.

Wasser	Alkohol	Phenol	Ether

Typisch für Alkohole ist die OH-Gruppe, die auch **Hydroxygruppe** genannt wird. Ist die OH-Gruppe mit einem Aromaten verbunden, liegt ein Phenol vor.
Alkohole kommen wie auch Phenole in großer Zahl in der Natur vor. Viele etherische Öle von Pflanzen enthalten Alkohole. Beispiele:

Geraniol
(in Koriander, Lorbeer)

Menthol
(in Pfefferminzöl)

Alkohole werden in primäre, sekundäre und tertiäre Alkohole eingeteilt. Primäre Alkohole enthalten das Fragment CH_2–OH, sekundäre das Fragment CH–OH und tertiäre das Fragment C–OH.

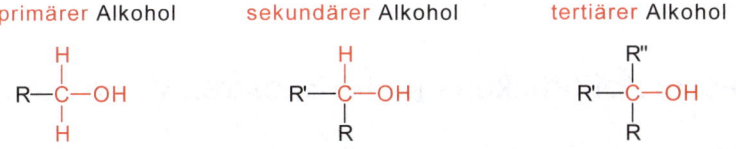

primärer Alkohol   sekundärer Alkohol   tertiärer Alkohol

Zur Benennung von Alkoholen wird die Nachsilbe *–ol* an den Namen des Kohlenwasserstoffs angehängt. Ist zusätzlich zur OH-Gruppe eine funktionelle Gruppe höherer Priorität im Molekül vorhanden, wird deren Endung an den Stammnamen angehängt, und die OH-Gruppe durch die Vorsilbe „hydroxy" angezeigt. Eine veraltete Nomenklatur verwendet eine Kombination aus Alkylrest und angehängtem *alkohol*.

1-Butanol oder
Butylalkohol

2-Methyl-1-propanol oder
Isobutylalkohol

2-Hydroxypropanal
(Priorität: C=O > C-O)

Tabelle. Alkohole

Struktur	Bezeichnung	Siedepunkt °C	Löslichkeit (g/100g Wasser)
H$_3$C—OH	Methanol	65	mischbar
H$_3$C—CH$_2$—OH	Ethanol	78	mischbar
H$_3$C—CH$_2$—CH$_2$—OH	1-Propanol	97	mischbar
H$_3$C—CH$_2$—CH$_2$—CH$_2$—OH	1-Butanol	118	7,8
H$_3$C—(CH$_2$)$_3$—CH$_2$—OH	1-Pentanol	138	2,3
H$_3$C—(CH$_2$)$_4$—CH$_2$—OH	1-Hexanol	156	0,6
H$_3$C—(CH$_2$)$_8$—CH$_2$—OH	1-Decanol	232	wenig lösl.
H$_3$C—(CH$_2$)$_{10}$—CH$_2$—OH	Laurylalkohol	259	wenig lösl.
H$_3$C—(CH$_2$)$_{16}$—CH$_2$—OH	Stearylalkohol	210/15mm	wenig lösl.
H$_3$C—CH$_2$—CH(OH)—CH$_3$	2-Butanol	100	12,5
(CH$_3$)$_2$CH—CH$_2$OH	2-Methyl-1-propanol	108	10
(CH$_3$)$_3$C—OH	*tert*-Butylalkohol	83	mischbar
H$_2$C=CH—CH$_2$OH	Allylalkohol	97	mischbar
H$_3$C—CH=CH—CH$_2$—OH	Crotylalkohol	118	17
	Cyclohexanol	161	3,6
	Menthol	34 (Schmelzp.)	

12.2 Wasserstoffbrücken und IR-Spektren von Alkoholen

Alkohole fallen durch zwei physikalische Eigenschaften auf: Sie sieden verhältnismäßig hoch, und ihre niedermolekularen Vertreter sind in Wasser löslich. Das sei an der Gegenüberstellung der drei Verbindungen Propan, Dimethylether und Ethanol, deren Molekulargewichte nur wenig voneinander abweichen (M = 44, 46 und 46), demonstriert.

Propan, Sdp. −43 °C
unlöslich in Wasser

Dimethylether, Sdp. −25 °C
löslich: 7g/100 g Wasser

Ethanol, Sdp. 78 °C
mischbar mit Wasser

Verantwortlich für die hohen Siedepunkte und die gute Wasserlöslichkeit sind Wasserstoffbrücken.

Eine Wasserstoffbrücke kann sich zwischen dem Wasserstoff einer aciden Verbindung (H–O–H, R–O–H, R–NH$_2$, R–CO–OH) und dem freien Elektronenpaar einer basischen Verbindung (R–O–R, :NR$_3$, F$^-$) bilden. Sie kommt hauptsächlich durch die elektrostatische Anziehung zwischen dem δ^+-Wasserstoff und dem δ^--Heteroatom zustande.

Man unterscheidet zwischen asymmetrischen Wasserstoffbrücken (der Abstand des Wasserstoffatoms zu den beiden Nachbaratomen ist ungleich) und symmetrischen Wasserstoffbrücken (der Abstand ist gleich). Die meisten Wasserstoffbrücken sind asymmetrisch. Zu den wenigen Verbindungen mit symmetrischer Anordnung zählt das Anion des Salzes K$^+$ [FHF]$^-$.

In reinem Alkohol liegt eine Vielzahl von Assoziaten vor, die ihre Existenz Wasserstoffbrücken verdanken. Wir greifen zwei heraus:

Zur Aufhebung einer Wasserstoffbrücke ist Energie erforderlich, etwa 20 kJ/mol. Deshalb muss man Alkohole zum Zwecke des Siedens höher erhitzen als andere Verbindungen mit ähnlichem Molekulargewicht.

Auch in einem Gemisch aus Alkohol und Wasser liegen Wasserstoffbrücken vor:

H-Brücken sind für die vergleichsweise gute Löslichkeit der C$_1$- bis C$_5$-Alkohole in Wasser verantwortlich. Dass sich höhermolekulare Alkohole in Wasser kaum lösen (s. Tabelle), hängt mit dem hydrophoben Alkylrest zusammen, der mit zunehmender Größe den Einfluss der OH-Gruppen überflügelt.

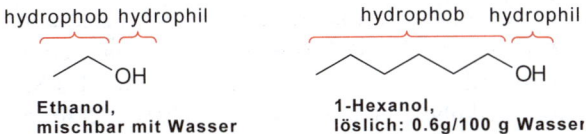

hydrophob hydrophil

Ethanol,
mischbar mit Wasser

hydrophob hydrophil

1-Hexanol,
löslich: 0.6g/100 g Wasser

Einen direkten Hinweis auf Wasserstoffbrücken liefert das Infrarotspektrum. Verdünnte Lösungen von Alkoholen absorbieren bei 3600 cm^{-1} (O–H-Streckschwingung des freien Alkoholmoleküls), weniger verdünnte bei 3300 cm^{-1} (OH–Streckschwingung eines Alkoholmoleküls, das eine Wasserstoffbrücke bildet). Die folgende Abbildung zeigt einen Ausschnitt des IR-Spektrums von 1-Butanol. Das Auftreten beider Banden bei höherer Konzentration (siehe rechts) zeigt, dass hier sowohl freie als auch assoziierte Alkoholmoleküle vorhanden sind.

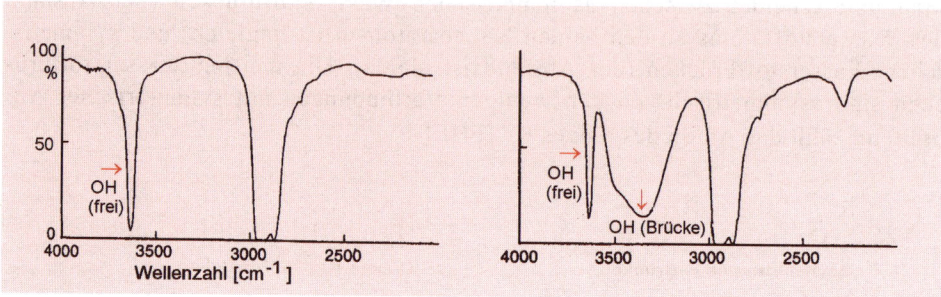

IR-Spektrum (Ausschnitt) von 1-Butanol in CCl$_4$. Links 0,005 molar, rechts 0,25 molar. (aus *H. Günzler, H.M. Heise*, IR-Spektroskopie, VCH 1996)

Weshalb erscheint die OH-Bande in Wasserstoffbrücken bei kleineren Wellenzahlen und ist darüber hinaus sehr breit? Wasserstoffbrücken setzen die OH-Bindung herab, woraus eine kleinere Kraftkonstante und damit eine kleinere Frequenz resultiert. Die Verbreiterung ist das Resultat einer Überlagerung *mehrerer* OH-Banden als Folge der Existenz unterschiedlicher H-Brücken (Dimere, Trimere usw.). Wasserstoffbrücken spielen auch bei der Sekundärstruktur von Proteinen und Nucleinsäuren (s. dort) eine große Rolle.

Aufgaben

1. Zeichnen Sie die Strukturformeln (Zick-Zack-Projektion) von 1,3-Pentandiol und 2-Penten-1,4-diol.

2. Welche Wasserstoffbrücken treten in einem Gemisch der vier Komponenten Aceton, Dichlormethan, Toluol und Essigsäure auf?

3. Wie viel mal kleiner ist die Bindungsenergie einer Wasserstoffbrückenbindung als die einer O–H-Bindung?

12.3 NMR-Unterscheidung von alkoholischen Gruppen

Das ^{1}H-NMR-Spektrum eines Alkohols zeigt an, ob ein primärer, sekundärer oder tertiärer Alkohol vorliegt. Das Signal des OH-Protons eines *primären* Alkohols spaltet durch die benachbarten beiden H-Atome in ein Triplett und das Signal des OH-Protons eines *sekundären* Alkohols durch das benachbarte H-Atom in ein Dublett auf. Keine Aufspaltung zeigt das Signal des OH-Protons eines *tertiären*

Alkohols, da kein benachbartes H-Atom vorhanden ist. Die folgende Abbildung gibt die Spektren der drei Typen von Alkoholen wieder.

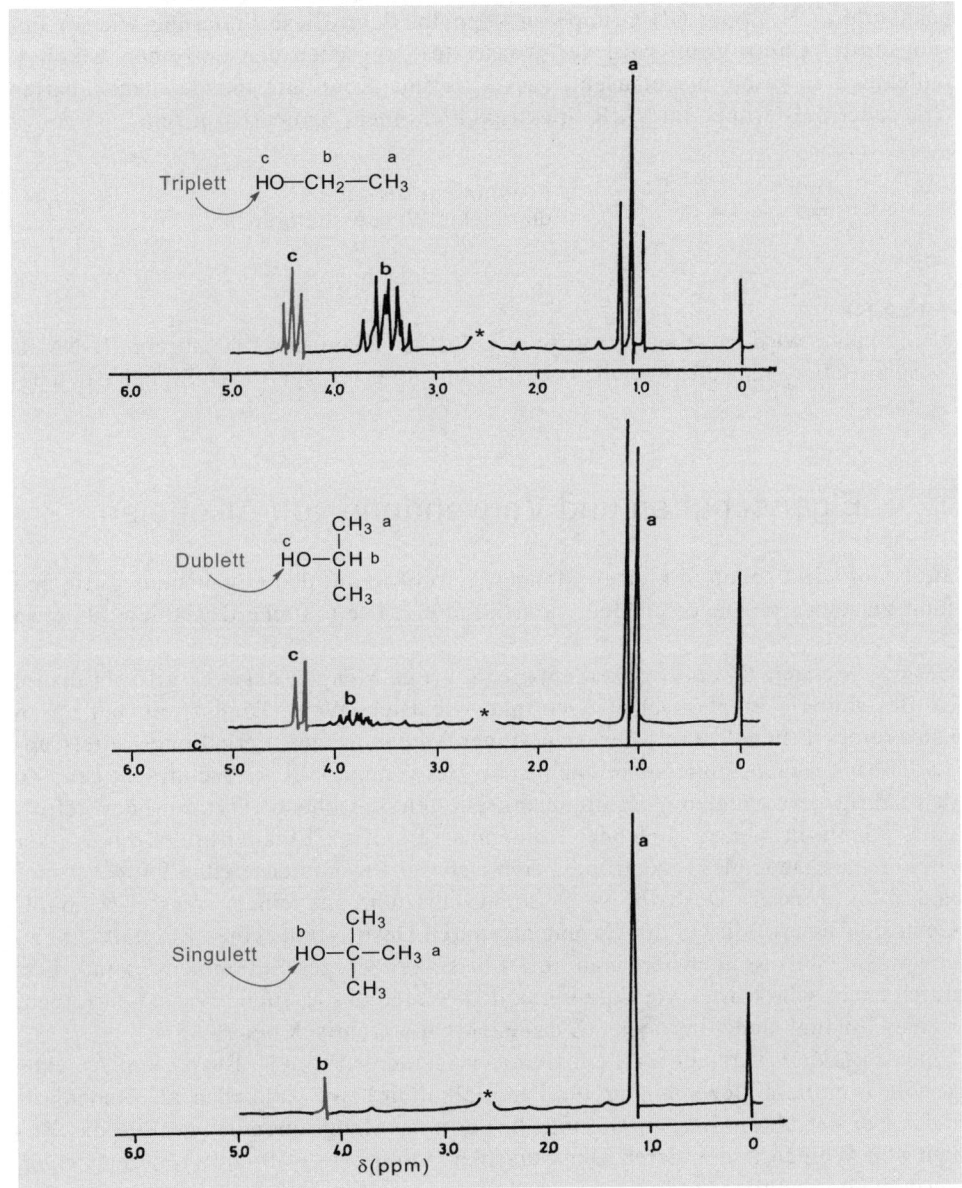

Abb. ^{1}H-NMR-Spektren von Ethanol, 2-Propanol und *tert*-Butylalkohol jeweils in Dimethylsulfoxid gelöst. Signal des Lösungsmittels (*) nicht registriert

Die Aufspaltungen registriert man allerdings nur in Lösungsmitteln, die mit Alkoholen *langlebige Wasserstoffbrücken bilden*. Dazu gehören Dimethylsulfoxid und Aceton. Letztere fixieren den OH-Wasserstoff, der damit imstande ist, mit der benachbarten CH_2- oder CH-Gruppe zu koppeln. Fehlt diese Fixierung wie im Lösungsmittel Chloroform, wird der Wasserstoff zwischen den einzelnen Alkoholmolekülen so rasch ausgetauscht, dass sich eine Kopplung mit der benachbarten CH_2- oder CH-Gruppe im NMR-Spektrum nicht mehr bemerkbar macht.

$$\text{S}=\text{O} ----- \text{H}-\text{O}^{\diagup \text{Et}}$$

Fixierung des H-Atoms
durch eine Wasserstoffbrücke

Aufgaben

4. Methanol wird in Dimethylsulfoxid gelöst und von der Lösung ein ^{1}H-NMR-Spektrum registriert. Welches Aufspaltungsmuster zeigt das Signal des OH-Protons?

12.4 Eigenschaften und Verwendung von Alkoholen

Methanol wirkt schon in kleinen Mengen getrunken auf den Organismus giftig und führt zu schweren Dauerschäden wie Erblindung. Die tödliche Dosis liegt bei etwa 25 g.

Geringe Mengen *Ethanol* wirken anregend, große Mengen dagegen giftig. Ethanol ist Bestandteil "alkoholischer" Getränke wie Bier, Wein, Branntwein u.a.. Man kann reines Ethanol durch Zusatz geringer Mengen eines Vergällungsmittels ungenießbar machen, ohne seine chemische Verwendbarkeit zu beeinträchtigen. Zu den häufig verwendeten Vergällungsmitteln gehören Phenol, Pyridin oder Petrolether (Gemisch niedrig siedender Kohlenwasserstoffe). Ethanol bildet mit Wasser ein konstant siedendes (azeotropes) Gemisch der Zusammensetzung 96 % Ethanol und 4 % Wasser. Deshalb ist es nicht möglich, aus einem Wasser-Alkohol-Gemisch (dieses fällt bei der Gärung an) durch Destillation reinen Ethylalkohol zu gewinnen: Stets kondensiert man eine Flüssigkeit obiger Zusammensetzung. Erst durch chemische Mittel wie Calziumoxid lässt sich das restliche Wasser entfernen. Reines Ethanol siedet bei 78,3 °C, das **azeotrope Gemisch** bei 78,15 °C.

Unter *Fuselölen* versteht man ein Gemisch isomerer Propyl-, Butyl- und Amylalkohole (veraltete Bezeichnung für Pentylalkohole). Sie entstehen als Nebenprodukte bei der alkoholischen Gärung. In geringer Menge prägen Fuselöle das Bukett von Weinen und anderen alkoholischen Getränken, während größere Mengen gesundheitsschädlich sind.

Methanol dient zur Herstellung von Formaldehyd und Methyl-*tert*-butyl-ether sowie als Beimengung zu Kraftstoffen. Ethanol wird als Lösungsmittel, ferner als Kraftstoffzusatz verwendet.

12.5 Herstellung von Alkoholen

Aus Alkenen durch Anlagerung von Wasser (Abschn. 6.7.3). Beispiel:

tert-**Butylalkohol**

Aus Alkenen durch Hydroborierung und anschließende Oxidation (Abschn. 6.7.8). Beispiel:

Isobutylalkohol

Beachten Sie, dass die Wasseraddition über das Boran eine Anti-Markownikow-Addition ist und entgegengesetzt zu der verläuft, die bei der säurekatalysierten Wasseraddition beobachtet wird.

Aus Alkylhalogeniden durch Substitution mit Hydroxiden (Abschn. 10.5).

$$R-CH_2-X \ + \ NaOH \ \longrightarrow \ R-CH_2-OH \ + \ NaX$$

Neben der Substitution tritt jedoch auch Eliminierung von H–X ein, die zu Alkenen als Nebenprodukt führt.

Aus Carbonylverbindungen durch Reduktion (Abschn. 17.7).

Aldehyd   **primärer Alkohol**

Ester   **Alkohol**   **Alkohol**
           (stets primär) **(prim., sek. od. tertiär)**

Als Reduktionsmittel kann - wie in den Formeln gezeigt - molekularer Wasserstoff verwendet werden, sofern dieser durch feinverteilte Metalle wie Raney-Nickel, Platin oder Palladium aktiviert ist. Im Laboratorium wird die Reduktion meistens mit komplexen Hydriden wie $LiAlH_4$, $NaBH_4$ u. a. durchgeführt.

Aus Carbonylverbindungen und Grignardverbindungen (Abschn. 17.5.8). Primäre, sekundäre oder tertiäre Alkohole lassen sich aus Aldehyden bzw. Ketonen und Grignardverbindungen herstellen. Beispiel für die Synthese eines sekundären Alkohols:

Propanal → 2-Butanol (sek. Alkohol)

1. $H_3C-MgBr$
2. H_2O

Tertiäre Alkohole lassen sich auch aus Estern durch Addition von zwei Äquivalenten eines Grignard-Reagenzes herstellen.

Herstellung von Alkoholen in der Technik. Zur Herstellung von Alkoholen im technischen Maßstab bedient man sich hauptsächlich zweier Verfahren: der Addition von Wasser an Alkene und der Hydroformylierung (Abschn. 16.5.2). Daneben gibt es spezielle Verfahren. Nachfolgend wird die Herstellung der wichtigsten niedermolekularen Alkohole behandelt.

Methanol. Aus Kohlenoxid und Wasserstoff.

$$CO \quad + \quad 2\,H_2 \quad \xrightarrow[\text{400°C, 200 atm}]{\text{ZnO/Cr}_2\text{O}_3} \quad \text{Methanol}$$

Bei Verwendung von Fe_2O_3 als Katalysator entsteht statt Methanol ein Kohlenwasserstoffgemisch **(Fischer-Tropsch-Verfahren)**. Die Wahl des Katalysators ist demnach entscheidend für den Verlauf der Reaktion.

$$n\,CO \quad + \quad (2n+1)\,H_2 \quad \xrightarrow[\text{200°C, 20 atm}]{\text{Fe}_2\text{O}_3} \quad C_nH_{2n+2} \quad + \quad n\,H_2O$$

Benzingemisch

Da beide Reaktionen unter Volumenabnahme verlaufen, wird die Reaktion unter Druck durchgeführt, um das Gleichgewicht nach rechts zu verschieben **(Prinzip des kleinsten Zwanges)**.

Ethanol aus Ethylen. Addition von Wasser an Ethylen liefert Ethanol. Als Katalysator dient H_3PO_4.

$$H_2C{=}CH_2 \quad + \quad H_2O \quad \xrightarrow[\text{300°C, 70 atm}]{\text{H}_3\text{PO}_4 / \text{SiO}_2} \quad \text{OH}$$

Das so gewonnene Ethanol wird hauptsächlich als Lösungsmittel verwendet. Es darf nicht zur Herstellung alkoholischer Getränke herangezogen werden.

Ethanol aus Zucker. Durch Vergärung von Zuckerlösungen. Hierzu wird zunächst eine Stärkelösung, die man aus Kartoffeln, Getreidekörnern, Reis usw. gewinnt, zu Glucose $C_6H_{12}O_6$ hydrolysiert. Anschließend erfolgt "Vergärung" der Glucose zu Ethanol durch Zugabe von *Saccharomyces cerevisiae* (Bäckerhefe), welches alle erforderlichen Enzyme enthält. Man spricht von Vergärung, weil ein Gas (CO_2)

entweicht. Der gebildete Alkohol wird schließlich vom Rückstand (Schlempe) abdestilliert. Das so gewonnene Ethanol dient zur Herstellung alkoholischer Getränke, ferner zunehmend als Benzinersatz („Biosprit"). Bei der Gewinnung von Ethanol durch Gärung sind somit zwei Vorgänge zu unterscheiden:

Hydrolyse der Stärke:

$$(C_6H_{10}O_5)_n \quad + \quad n\,H_2O \quad \xrightarrow{\text{Enzyme}} \quad n\,C_6H_{12}O_6$$

Stärke   Glucose

Vergärung der Glucose:

$$C_6H_{12}O_6 \quad \xrightarrow{\text{Enzyme}} \quad 2\,C_2H_5{-}OH \quad + \quad 2\,CO_2 \nearrow$$

Glucose   Ethanol

Achten Sie auf die Stöchiometrie in beiden Gleichungen. Hinter beiden Reaktionen verbergen sich viele Einzelschritte, Näheres s. Lehrbücher der Biochemie.
Propylalkohole. 2-Propanol durch Hydratisierung von Propen und 1-Propanol durch Hydroformylierung von Ethylen.

Propen   2-Propanol

$$H_2C{=}CH_2 \quad \xrightarrow[\text{Co-Verb.}]{CO,\ H_2} \quad H{-}CH_2{-}CHO \quad \xrightarrow{H_2} \quad \text{1-Propanol}$$

Ethen   Propanal   1-Propanol

Butylalkohole. Die vier möglichen Butylalkohole werden durch Hydratisierung der entsprechenden Alkene oder durch Hydroformylierung gewonnen.

1-Buten   2-Butanol

Isobuten   *tert*-Butylalkohol

Propen   1. CO, H_2 / Co-Verb.   2. H_2   1-Butanol + 2-Methyl-1-propanol

12.6 Reaktionen von Alkoholen

12.6.1 Acidität von Alkoholen. Alkoholate

Alkohole sind wie Wasser schwache Brønsted-Säuren: pK_a von Ethanol 15,9, pK_a von Wasser 15,7. Wie Wasser können auch Alkohole Protonen abgeben oder aufnehmen.

Abgabe eines Protons:

$$R{-}O{-}H \;+\; :B \;\rightleftharpoons\; R{-}O:^- \;+\; H{-}B^+$$

Aufnahme eines Protons:

$$R{-}\overset{..}{\underset{..}{O}}{-}H \;+\; H{-}X \;\rightleftharpoons\; R{-}\overset{H}{\underset{..}{\overset{+}{O}}}{-}H \;\; X^-$$

Die Acidität der Alkohole äußert sich u. a. darin, dass diese ähnlich wie Wasser mit Alkalimetallen oder Alkalihydriden reagieren. Hierbei bilden sich Salze, **Alkoholate** oder Alkanolate genannt.

$$H_5C_2{-}\overset{..}{\underset{..}{O}}{-}H \;+\; Na \;\longrightarrow\; H_5C_2{-}\overset{..}{\underset{..}{O}}:^- \; Na^+ \;+\; 1/2\,H_2\uparrow$$

Ethanol   **Na-ethanolat**

$$\text{Cyclohexyl}{-}\overset{..}{\underset{..}{O}}{-}H \;+\; NaH \;\longrightarrow\; \text{Cyclohexyl}{-}\overset{..}{\underset{..}{O}}:^- \; Na^+ \;+\; H_2\uparrow$$

Cyclohexanol   **Na-cyclohexanolat**

Die Acidität eines Alkohols sinkt mit Anzahl der Substituenten am α-C-Atom, die Basizität eines Alkoholats steigt mit der Anzahl derselben. Unter den nachfolgend aufgeführten Alkoholen ist Methanol die stärkste Säure und *tert*-Butylalkoholat die stärkste Base. Beachten Sie, dass zunehmender pK_a abnehmende Acidität bedeutet.

Abnahme der Acidität →

$$H{-}OH \;\approx\; H{-}\overset{H}{\underset{H}{\overset{|}{C}}}^{\alpha}{-}OH \;>\; H{-}\overset{CH_3}{\underset{H}{\overset{|}{C}}}{-}OH \;>\; H{-}\overset{CH_3}{\underset{CH_3}{\overset{|}{C}}}{-}OH \;>\; H_3C{-}\overset{CH_3}{\underset{CH_3}{\overset{|}{C}}}{-}OH$$

$pK_a = 15{,}7$ 15,5   15,9   17,1   19,2

Zunahme der Basizität →

$$H{-}O^- \;\approx\; H{-}\overset{H}{\underset{H}{\overset{|}{C}}}{-}O^- \;<\; H{-}\overset{CH_3}{\underset{H}{\overset{|}{C}}}{-}O^- \;<\; H{-}\overset{CH_3}{\underset{CH_3}{\overset{|}{C}}}{-}O^- \;<\; H_3C{-}\overset{CH_3}{\underset{CH_3}{\overset{|}{C}}}{-}O^-$$

Ursache ist die Solvatisierung der Alkanolat-Ionen. Die Methylgruppe im Methanolat-Ion behindert die Solvatisierung nur wenig, das Ion ist durch Solvatisierung erheblich stabilisiert und bildet sich somit leicht. Daraus folgt eine erhöhte Acidität von Methanol. Genau umgekehrt sind die Verhältnisse in *tert*-Butylalkoholat, dessen drei Methylgruppen die Solvatisierung und damit die Stabilisierung erschweren.

Induktive Effekte können ebenfalls zur Acidität von Alkoholen beitragen. Elektronenanziehende Substituenten verteilen die negative Ladung des Alkanolat-Ions stärker auf das Molekül, woraus eine größere Acidität resultiert.

H_3C⌒OH

Ethanol,
pKa 15,9

F_3C⌒OH

Trifluorethanol,
pKa 12,4

Alkoholate werden oft als Basen bei organischen Synthesen eingesetzt. Die Stärke ihrer Basizität im Vergleich zu anderen Basen geht aus folgender Gegenüberstellung hervor.

NH_2^- > H^- > $R-C\equiv C^-$ > $R-O^-$ > $H-O^-$ > R_3N

Amid   Hydrid   Acetylid   Alkoholat   Hydroxid   Amin

Danach sind Alkoholate basischer als Amin oder Hydroxid, aber weniger basisch als Acetylid oder gar Amid.

Aufgabe

5. Im Labor fallen gelegentlich Reste von reaktivem metallischem Natrium an. Diese werden durch Alkohol in Na-alkoholat überführt und somit unschädlich gemacht. Welchen Alkohol würden Sie wählen?

6. Auf welcher Seite liegt das folgende Gleichgewicht?

$R-C\equiv C-H$ + $R-O^-$ ⇌ $R-C\equiv C^-$ + $R-OH$

12.6.2 Veresterung von Alkoholen mit Carbonsäuren

Alkohole reagieren mit Carbonsäuren zu Estern und Wasser. Beispiel:

Auch mit Carbonsäurechloriden oder -anhydriden können Alkohole verestert werden. Beispiel:

Bei der Veresterung mit Carbonsäurechlorid bildet sich HCl, das mit Pyridin abgefangen wird. Zum Mechanismus der Veresterung von Alkoholen mit Carbonsäuren oder mit Carbonsäurechloriden s. Abschn. 18.4.4 bzw. Abschn. 19.2.2.

Alkohole werden um so schneller verestert, je niedriger der Substitutionsgrad am α-C-Atom ist. Im folgenden ist R gleich Alkyl.

Ursache ist die Abschirmung der OH-Gruppe durch die benachbarten Alkylgruppen.

Aufgabe

7. α-Methyl-glucopyranosid (ein Zucker mit OH-Gruppen, die teils primär, teils sekundär sind) wird mit einem mol Acetylchlorid in Pyridin umgesetzt. Dabei entsteht A. Welche Struktur besitzt A?

12.6.3 Veresterung von Alkoholen mit Sulfonsäurechloriden

Alkohole reagieren mit Sulfonsäurechloriden zu Sulfonsäureestern. Der dabei freigesetzte Chlorwasserstoff wird durch Zugabe von Pyridin neutralisiert. Die Reaktion ist vergleichbar mit der zwischen Alkohol und Carbonsäurechlorid, s. vorstehenden Abschnitt.

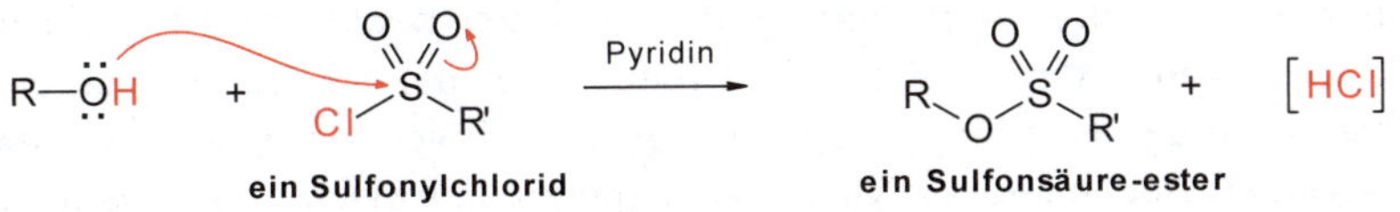

R—OH
Cl
S
O
O
R'
Pyridin
R
O
S
O
O
R'
HCl
ein Sulfonylchlorid
ein Sulfonsäure-ester

R' bedeutet Alkyl oder Aryl. Die am häufigsten verwendeten Sulfonsäurechloride leiten sich von *p*-Toluolsulfonsäure, Methansulfonsäure oder Trifluormethansulfonsäure ab:

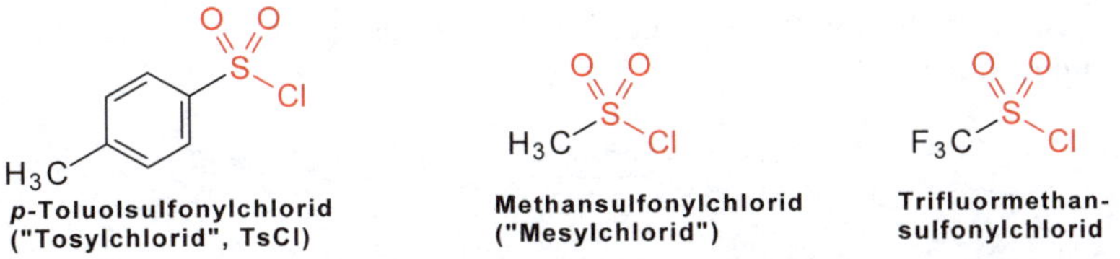

H3C
S
Cl
p-Toluolsulfonylchlorid
("Tosylchlorid", TsCl)
H3C
Methansulfonylchlorid
("Mesylchlorid")
F3C
Trifluormethan-
sulfonylchlorid

Die Ester von *p*-Toluolsulfonsäure heißen **Tosylate**, die von Trifluormethansulfonsäure werden **Triflate** genannt. Tosylate und Triflate werden bei nucleophilen Reaktionen eingesetzt, da die Sulfonatgruppe leicht, oftmals schon bei Raumtemperatur substituiert werden kann (Abschn. 10.6).

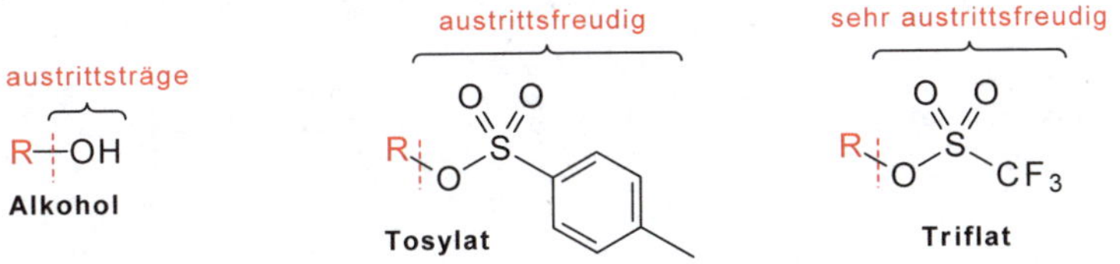

austrittsträge
R—OH
Alkohol
austrittsfreudig
Tosylat
sehr austrittsfreudig
CF3
Triflat

Das folgende Schema zeigt, wie ein sekundärer Alkohol über das Tosylat in eine Vielzahl von Substitutionsprodukten überführt werden kann.

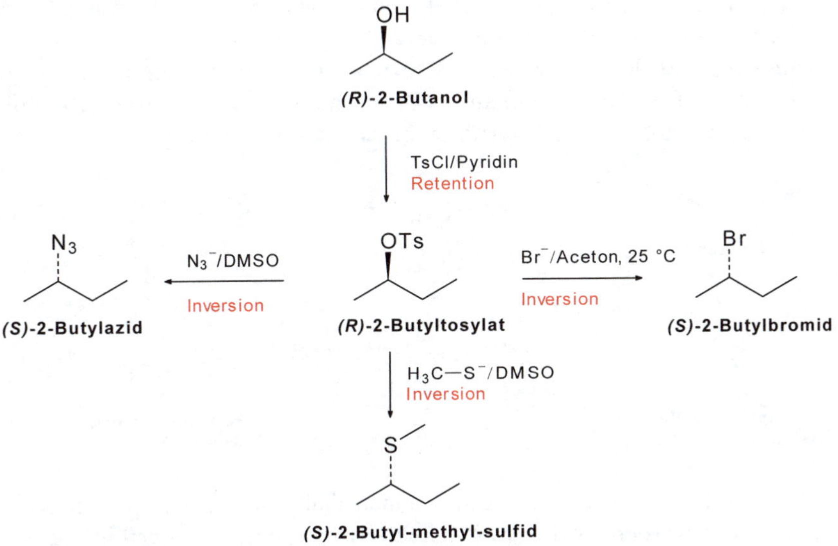

OH
(*R*)-2-Butanol
TsCl/Pyridin
Retention
OTs
(*R*)-2-Butyltosylat
N3⁻/DMSO
Inversion
N3
(*S*)-2-Butylazid
Br⁻/Aceton, 25 °C
Inversion
Br
(*S*)-2-Butylbromid
H3C—S⁻/DMSO
Inversion
S
(*S*)-2-Butyl-methyl-sulfid

Beachten Sie auch den stereochemischen Verlauf der Reaktionen. Die Tosylierung verläuft unter Retention, da die C–O-Bindung bei der Reaktion erhalten bleibt. Die Substitution der Tosyloxygruppe erfolgt unter Inversion, sofern wie hier S$_N$2-Bedingungen vorliegen (starke Nucleophile; polare aprotische Lösungsmittel).

Aufgaben

8. Was bedeuten A und B im folgenden Reaktionsschema? (Achten Sie auf die Konfiguration.)

9. Ambrox ist ein begehrter Duftstoff, der durch Cyclisierung des Diols A hergestellt werden kann. Formulieren Sie den Verlauf der Cyclisierung.

Diol A
(aus Pflanze)

(–)-Ambrox
(Duftstoff)

12.6.4 Umwandlung von Alkoholen in Alkylhalogenide

Die Umwandlung von Alkoholen in Alkylhalogenide gelingt durch Halogenwasserstoff, durch anorganische Säurehalogenide oder wie im vorstehenden Schema formuliert über die Tosylate durch Natriumhalogenid.

Umwandlung durch Halogenwasserstoff. Alkohole reagieren mit wässrigem Halogenwasserstoff zu Halogenalkanen. Die Reaktion mit primären Alkoholen verläuft oberhalb 100 °C, die mit tertiären bereits bei Raumtemperatur.

1-Butanol

1-Brombutan,
Ausb. 95 %

tert-Butylalkohol

tert-Butylchlorid,
Ausb. 94 %

Da Alkohole leicht zugänglich sind, können dadurch bequem Halogenverbindungen hergestellt werden. Auf die umgekehrte Reaktion, die Überführung von Halogenalkanen in Alkohole, ist bereits hingewiesen worden. Alkohole und Halogen-verbindungen sind demnach gegenseitig umwandelbar.

Die Reaktionen werden durch die Addition eines Protons an die OH-Gruppe einge-leitet. Hierbei geht die als Austrittsgruppe ungeeignete OH-Gruppe in die wirksa-me Austrittsgruppe $-OH_2^+$ über. Im nächsten Schritt wird die $-OH_2^+$ -Gruppe durch das Halogenid-Ion substituiert, je nach Substrat nach S_N2 oder S_N1.

Addition von H^+ und Substitution nach S_N2:

Addition von H^+ und Substitution nach S_N1:

Methanol und primäre Alkohole werden nach dem S_N2-Mechanismus substituiert. Die Substitution sekundärer Alkohole verläuft je nach Substrat und Reaktionsbe-dingungen (Lösungsmittel, Temperatur, Konzentration) nach S_N2 oder S_N1. Tertiä-re Alkohole reagieren nach S_N1, zudem bereits bei Raumtemperatur, da tertiäre Carbenium-Ionen sich sehr leicht bilden.

Die Reaktion zwischen Alkohol und Halogenwasserstoff verläuft um so schneller, je höher die Ordnungszahl des Halogens ist.

$$H-Cl \quad < \quad H-Br \quad < \quad H-I$$

Wässriger Iodwasserstoff reagiert am schnellsten, weil HI die stärkste Säure ist und das Iodid-Ion im wässrigen Medium die größte Nucleophilie besitzt. Mit Salz-säure gelingt der Austausch bei primären und sekundären Alkoholen nur in Ge-genwart von $ZnCl_2$, welches mit der OH-Gruppe des Alkohols komplexiert und damit dessen Reaktivität erhöht. Wässriger Fluorwasserstoff reagiert überhaupt nicht.

Umwandlung durch anorganische Säurehalogenide. Für die Umwandlung von Alkoholen in Alkylhalogenide können auch anorganische Säurechloride wie Thio-nylchlorid ($SOCl_2$), Phosphortrihalogenid (PX_3), Phosphorpentachlorid (PCl_5), Triphenylphosphindihalogenid [$(H_5C_6)_3PX_2$] und andere verwendet werden. Die Substitutionen erfolgen bereits bei Raumtemperatur oder wenig höher. Im folgen-den bedeutet [HCl], dass Chlorwasserstoff an die Base Pyridin gebunden ist.

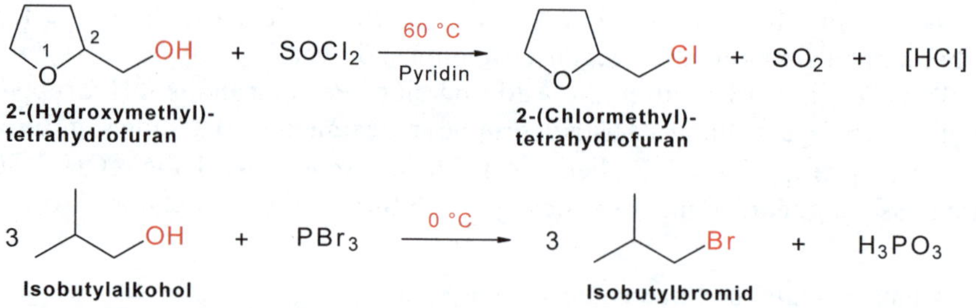

2-(Hydroxymethyl)-
tetrahydrofuran

2-(Chlormethyl)-
tetrahydrofuran

Isobutylalkohol

Isobutylbromid

Die Reaktionen verlaufen über anorganische Ester, deren Estergruppe im zweiten Schritt durch Halogenid-Ionen substituiert wird. Die Substitution erfolgt nach S_N2 (primäre und sekundäre Alkohole) oder nach S_N1 (tertiäre Alkohole). Nachfolgend ist der Mechanismus der Reaktion mit einem primären Alkohol in Pyridin (zum Abfangen von HCl) formuliert.

Schritt 1: Bildung des anorganischen Esters

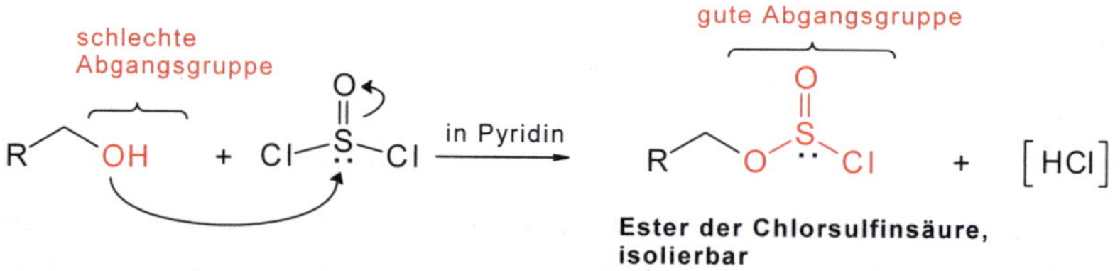

Ester der Chlorsulfinsäure,
isolierbar

Schritt 2: Substitution der Estergruppe

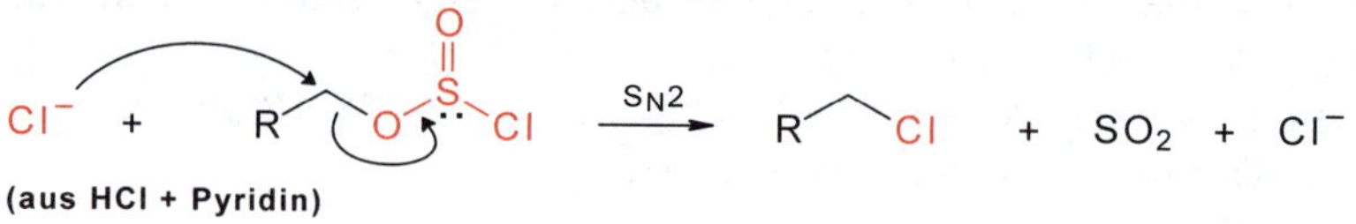

(aus HCl + Pyridin)

Aufgaben

10. Formulieren Sie den Mechanismus folgender Reaktion.

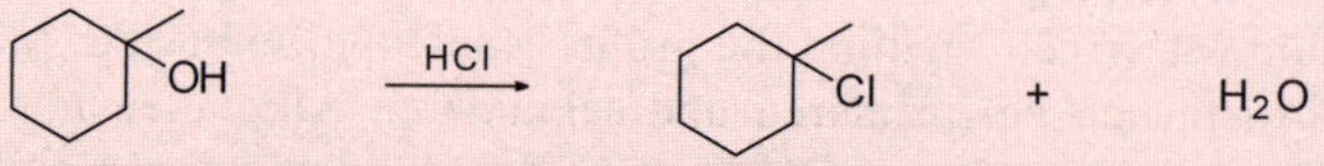

11. Tritt eine Reaktion ein, und wenn ja welche, wenn Kaliumiodid, gelöst in Aceton, auf $R–CH_2–OH$ (**A**), $R–CH_2–OH_2^+$ (**B**), $R–CH_2–O–SO_2–R$ (**C**) einwirkt?

12.6.5 Dehydratisierung von Alkoholen zu Alkenen

Wirkt eine Mineralsäure bei höherer Temperatur auf einen Alkohol ein, so erfolgt Eliminierung von Wasser unter Bildung eines Alkens. Primäre und sekundäre Alkohole reagieren bei Temperaturen zwischen 100 und 200°C, tertiäre bereits bei ca. 50 °C.

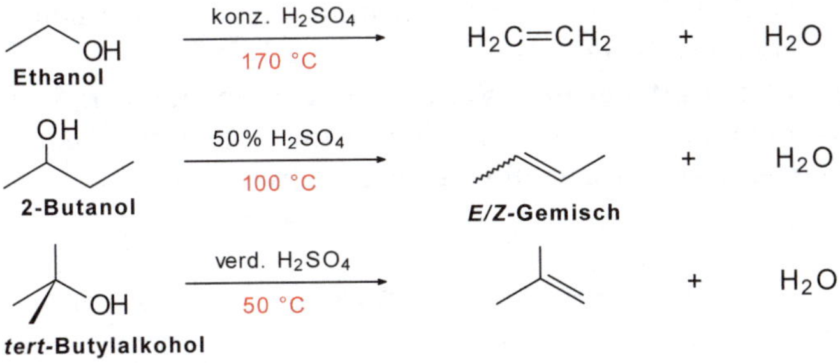

Die Dehydratisierung eines Alkohols verläuft in 2 Schritten. Zunächst wird die OH-Gruppe protoniert, anschließend erfolgt Eliminierung, entweder nach dem E2-Mechanismus, wenn es sich um einen primären Alkohol handelt, oder nach dem E1-Mechanismus, wenn der Alkohol tertiär ist. Sekundäre Alkohole werden entsprechend den Reaktionsbedingungen nach E2 oder E1 dehydratisiert.

Dehydratisierung von primären Alkoholen nach E2:

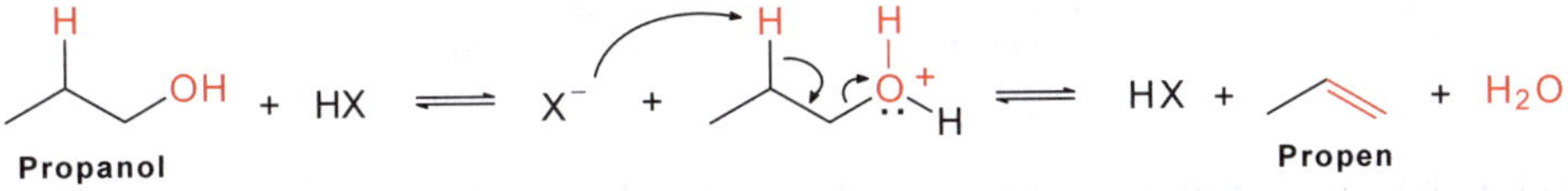

Dehydratisierung von tertiären Alkoholen nach E1:

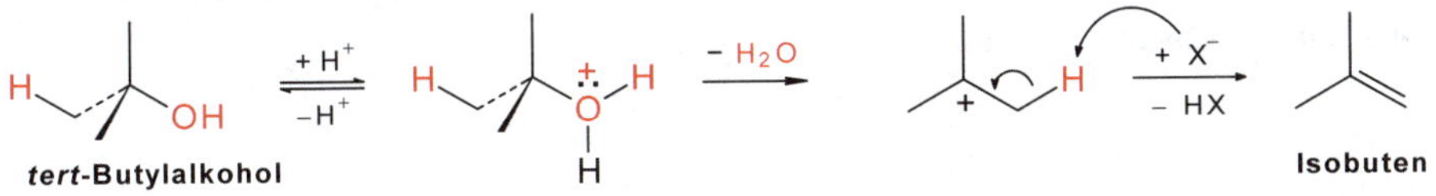

Der Leser wird fragen, weshalb X^- als Base und nicht als Nucleophil wirkt. Grundsätzlich ist beides möglich. Durch Auswahl bestimmter Säuren H–X und damit bestimmter Anionen X^- kann aber die Reaktion in die eine oder andere Richtung gelenkt werden. Katalysatoren wie Schwefelsäure, Phosphorsäure oder Oxalsäure ($HO_2C–CO_2H$) führen vorwiegend zu Eliminierungen, da deren Anionen (HSO_4^-, $H_2PO_4^-$ bzw. $HO_2C–CO_2^-$) nur schwach nucleophile aber noch ausreichende basische Eigenschaften aufweisen.
Sekundäre oder tertiäre Alkohole können mehr als ein Alken ergeben, wie das folgende Beispiel zeigt.

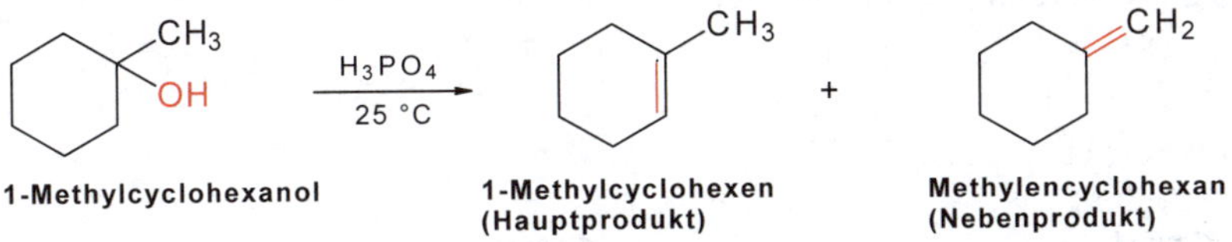

Hauptprodukt ist das Alken mit der höher substituierten Doppelbindung (siehe **Saytzeff-Produkt**, Abschn. 11.4.1).

Dehydratisierung unter Umlagerung. Verläuft eine Dehydratisierung über ein Carbenium-Ion, so kann eine Umlagerung eintreten. So wird 3,3-Dimethyl-2-butanol mit Phosphorsäure zu 2,3-Dimethyl-2-buten dehydratisiert.

3,3-Dimethyl-2-butanol   2,3-Dimethyl-2-buten

Triebkraft dieser Umlagerung ist die Bildung eines tertiären Carbenium-Ions aus einem sekundären.

Außer einer Alkylgruppe kann auch eine Arylgruppe oder einfach ein H-Atom wandern. In allen Fällen wandert der Substituent mitsamt seinem Elektronenpaar. Umlagerungen dieser Art gehören mechanistisch zu den **Wagner-Meerwein-Umlagerungen**, s. Abschn. 6.7.1.

Aufgaben

12. 3-Methyl-2-butanol wird mit Phosphorsäure zu einem Gemisch der drei Alkene A-C dehydratisiert. Erklären Sie deren Bildung.

3-Methyl-2-butanol   A   B   C

13. Der zweiwertige Alkohol Pinakol wird durch konzentrierte Schwefelsäure zu Pinakolon dehydratisiert. Dabei tritt eine Umlagerung ein (**Pinakol-Umlagerung**). Schlagen Sie einen Mechanismus vor.

Pinakol   Pinakolon

14. Geben Sie eine Erklärung für folgenden Reaktionsablauf.

12.6.6 Dehydratisierung von Alkoholen zu Ethern

Lässt man konzentrierte Schwefelsäure auf Alkohole einwirken, können sich neben Alkenen auch Ether bilden. Aus Ethanol entsteht Diethylether.

Die Wasserabspaltung erfolgt hierbei intermolekular, d.h. zwischen zwei Molekülen Alkohol und nicht intramolekular wie bei der Alkenbildung. Ob Alken oder Ether entsteht, hängt vom Alkohol, ferner von den Reaktionsbedingungen ab. So wird Ethanol mit konz. H_2SO_4 bei 125 °C in Diethylether und bei 180 °C in Ethylen überführt.

Bei der Etherbildung wird zunächst ein Alkoholmolekül protoniert. Danach erfolgt ein nucleophiler Angriff eines unprotonierten Alkoholmoleküls auf ein protoniertes Alkoholmolekül. Es bildet sich ein protoniertes Ethermolekül, das sein Proton an einen Protonenakzeptor der Lösung abgibt.

Schritt 1: Protonierung

$$\text{CH}_3\text{CH}_2\ddot{\text{O}}\text{H} \quad \xrightarrow{\;+\;\text{H}^+\;} \quad \text{CH}_3\text{CH}_2\overset{+}{\underset{\cdot\cdot}{\text{O}}}\text{H}_2$$

Schritt 2: nucleophile Substitution

$$\text{CH}_3\text{CH}_2\ddot{\text{O}}\text{H} \;+\; \overset{+}{\underset{\cdot\cdot}{\text{O}}}\text{H}_2 \quad \xrightarrow{\;S_N2\;} \quad \overset{+}{\underset{\overset{|}{\text{H}}}{\text{O}}} \;+\; \text{H}_2\text{O}$$

Schritt 3: Deprotonierung

$$\overset{+}{\underset{\overset{|}{\text{H}}}{\text{O}}} \quad \xrightarrow{\;-\;\text{H}^+\;} \quad \ddot{\text{O}}$$

Die nucleophile Substitution erfolgt, weil die OH-Gruppe durch Protonierung in eine gute Abgangsgruppe überführt wird.

Die Etherbildung verläuft glatt mit primären Alkoholen.

$$2\;\; \text{(Isobutylalkohol)}\text{—OH} \quad \xrightarrow{\;\text{H}_2\text{SO}_4\;} \quad \text{(Diisobutylether)} \;+\; \text{H}_2\text{O}$$

Isobutylalkohol · · · · · · · · · **Diisobutylether**

Sekundäre und tertiäre Alkohole sind zur Etherbildung wenig geeignet bzw. ungeeignet, da sie durch Säure leicht in die entsprechenden Alkene überführt werden.

Aufgabe

15. Ausgehend von Ethylen soll der Ether $Cl\text{–}CH_2\text{–}CH_2\text{–}O\text{–}CH_2\text{–}CH_2\text{–}Cl$ hergestellt werden. Formulieren Sie die Reaktionsfolge.

12.6.7 Oxidation von Alkoholen

Die Oxidation von Alkoholen führt zu Carbonylverbindungen. Welche Carbonylverbindung entsteht, hängt von der Art des Alkohols ab. Primäre Alkohole ergeben Aldehyde, die weiter zu Carbonsäuren oxidiert werden können. Sekundäre Alkohole werden in Ketone überführt. Tertiäre Alkohole lassen sich nicht oxidieren, es sei denn sehr starke Oxidationsmittel werden verwendet, wobei dann auch C–C-Bindungen gespalten werden. Die folgenden Gleichungen geben die Oxidations- und Reduktionsvorgänge bei primären und sekundären Alkoholen schematisch wieder.

Dehydrierung (Oxidation)
Hydrierung (Reduktion)

R—CH$_2$—OH $\underset{+H_2}{\overset{-H_2}{\rightleftarrows}}$ R—C$\overset{O}{_H}$ $\underset{-H_2O}{\overset{+H_2O}{\rightleftarrows}}$ R—C(OH)(OH)H $\underset{+H_2}{\overset{-H_2}{\rightleftarrows}}$ R—C$\overset{O}{_{OH}}$

primärer Alkohol   **Aldehyd**   **Aldehyd-hydrat**   **Carbonsäure**

R—C(R)(OH)H $\underset{+H_2}{\overset{-H_2}{\rightleftarrows}}$ (R)(R)C=O

sekundärer Alkohol   **Keton**

Die **Oxidation** von primären und sekundären Alkoholen zu Aldehyden bzw. Ketonen gelingt mit Oxidationsmitteln wie $KMnO_4$, $K_2Cr_2O_7$, CrO_3, MnO_2, Ag_2O,
Ag_2CO_3 u.a. Mit Kaliumbichromat verläuft sie nach folgender Stöchiometrie:

$$3 \ H-\overset{CH_3}{\underset{CH_3}{\overset{|}{\underset{|}{C}}}}-OH + K_2Cr_2O_7 + 4 \ H_2SO_4 \longrightarrow 3 \ \overset{H_3C}{\underset{H_3C}{>}}C=O + Cr_2(SO_4)_3 + K_2SO_4 + 7 \ H_2O$$

Isopropylalkohol   **Aceton**

Es werden 3 mol Alkohol zu 3 mol Aceton oxidiert (das entspricht 3 x 2 = 6 Oxi-
dationsstufen), gleichzeitig wird ein mol $K_2Cr_2O_7$ zu einem mol $Cr_2(SO_4)_3$ redu-
ziert (das entspricht ebenfalls 6 Oxidationsstufen).
Die Reaktion verläuft über einen Chromsäureester, der zum Keton und zu einer
Chrom-IV-Verbindung fragmentiert. Letztere Verbindung disproportioniert zu
Chrom (III) und zu Chrom (VI).

Chromsäure-isopropylester

Während die Oxidation sekundärer Alkohole auf der Stufe der Ketone stehen
bleibt, wie vorstehend am Beispiel des Isopropylalkohols gezeigt, werden primäre
Alkohole z.T. zu Aldehyden, z.T. über die Stufe des Aldehyd-hydrats zu Carbonsäuren oxidiert.

Soll die Oxidation nur bis zur Aldehydstufe erfolgen, wird als Oxidationsmittel ein Komplex aus Chromtrioxid und Pyridin im Lösungsmittel Dichlormethan verwendet. In wasserfreiem Dichlormethan kann sich kein Aldehyd-hydrat und damit auch keine Carbonsäure bilden. Beispiel:

Wie das Beispiel Citronellol auch zeigt, reagiert CrO_3 selektiv: Es wird die OH-Gruppe oxidiert, nicht die CC-Doppelbindung.

Bei der Oxidation von Alkohol mit Kaliumbichromat tritt ein Farbumschlag von gelb (Cr-VI) nach grün (Cr-III) ein. Man nutzt diesen Umschlag zur Erkennung von „Alkohol" in der Atemluft. Dazu bläst die Prüfperson (z.B. bei einer Verkehrskontrolle) in ein Prüfröhrchen, welches Kieselgel, getränkt mit einer schwefelsauren Bichromatlösung, enthält. Tritt hierbei ein grüner Ring auf, besteht Verdacht auf Alkohol. (Der Alkohol gelangt über Magen und Blutkreislauf in die Lunge und von dort in die Atemluft.)

Cr(VI)-Verbindungen gehören zu den starken Oxidationsmitteln, schwächere wie MnO_2, Ag_2O u.a. reagieren nur mit allylständigen Alkoholgruppen. Somit können letztere selektiv neben normalen Alkoholgruppen oxidiert werden, wie das folgende Beispiel aus der Steroidreihe (zwei normale und eine allylständige OH-Gruppe) zeigt.

Aufgabe

16. Ausgehend von C_4-Alkenen sollen A–C hergestellt werden. Formulieren Sie die einzelnen Synthesen.

12.6.8 *Exkurs*: Dehydrierung von Alkoholen in der biologischen Zelle

Der Leser kennt das: Man nimmt eine größere Menge eines alkoholischen Getränks zu sich und wird tags darauf von Kopfschmerzen und Übelkeit geplagt. Was verursacht diese Beschwerden?

Nach Aufnahme eines alkoholischen Getränks wird Ethanol von Magen und Darm rasch resorbiert und zur Leber, dem Entgiftungsorgan für Schadstoffe, transportiert. Dort wird Ethanol durch NAD^+ (Nicotinadenindinucleotid) zu Acetaldehyd dehydriert (oxidiert), wobei als Katalysator das Zn-haltige Enzym Alkoholdehydrogenase dient.

Sowohl Acetaldehyd als auch eine erhöhte Konzentration an NADH sind schädlich: Acetaldehyd reagiert mit freien Aminogruppen von Proteinen und beraubt letztere ihrer biologischen Funktionen; überschüssiges NADH reduziert u.a. Brenztraubensäure zu Milchsäure, welche Muskelkater verursacht. Die schädliche Wirkung von Acetaldehyd kommt erst dann zum Erliegen, wenn derselbe restlos zu Essigsäure dehydriert ist (s. auch Aufgabe).

Auch Methanol wird durch NAD^+ dehydriert. Dabei entsteht Formaldehyd, welcher noch giftiger als Acetaldehyd ist.

Lebensbedrohliche Methanolvergiftungen werden durch Verabreichung von Ethanol (!) behandelt: Das Enzym Alkoholdehydrogenase hat eine ca. 25mal größere Affinität zu Ethanol als zu Methanol und steht deshalb für eine Oxidation von Methanol nicht zur Verfügung, so dass letzteres wieder unverändert ausgeschieden werden kann.

Nach welchem Mechanismus verläuft die Dehydrierung/Hydrierung? Bei der *Dehydrierung* wird ein **Hydrid-Ion** vom Substrat (Alkoholat) auf die 4-Position des

Pyridiniumringes (Bestandteil von NAD$^+$) übertragen, dessen positive Ladung die Anlagerung begünstigt. Bei der *Hydrierung* wird ebenfalls ein Hydrid-Ion übertragen, nunmehr auf das Substrat Acetaldehyd. Im folgenden Gleichgewicht beschreibt die Reaktion von links nach rechts die Dehydrierung und die von rechts nach links die Hydrierung des Substrats in der Zelle. Beachten Sie, dass jeweils nur eines der enantiotopen H-Atome (*pro-R* oder *pro-S*) reagiert.

NAD$^+$ ist das wichtigste Dehydrierungsmittel (Oxidationsmittel) der Zelle und NADH das wichtigste Hydrierungsmittel (Reduktionsmittel) derselben, nicht nur für das Redoxpaar Ethanol/Acetaldehyd, sondern auch für andere -ol/-on Redoxpaare.

Nachfolgend sind die Strukturformeln von NAD$^+$ und NADH aufgeführt, wobei die für die Redoxvorgänge wichtigen Molekülteile Pyridinium und Dihydropyridin rot markiert sind.

NAD$^+$
(Nicotin-adenin-dinucleotid)

NADH (*reduziertes*
Nicotin-adenin-dinucleotid)

Aufgaben

17. Ethanol wird durch NAD^+ über die Stufe des Acetaldehyds zu Essigsäure dehydriert. Formulieren Sie die Stöchiometrie der enzymatischen Dehydrierung von Ethanol zu Essigsäure.

18. Alkohole werden sowohl durch Kaliumbichromat als auch durch NAD^+ zu Aldehyden oxidiert. Welcher mechanistische Unterschied existiert zwischen beiden Oxidationen? (Richten Sie Ihr Augenmerk auf das H-Atom, das an das alkoholische C-Atom gebunden ist.)

12.7 Mehrwertige Alkohole

Die bisher behandelten Alkohole enthielten nur eine OH-Gruppe pro Molekül. Nachfolgend stehen Alkohole im Vordergrund, die mehrere OH-Gruppen besitzen. Solche Alkohole werden **mehrwertige Alkohole** genannt. Mehrwertige Alkohole sind nur stabil, wenn die einzelnen OH-Gruppen an *verschiedene* Kohlenstoffatome gebunden sind (s. Erlenmeyer-Regel, Abschn. 17.5.2).

1,1-Ethandiol,
unbeständig

1,2-Ethandiol,
beständig

Zu den wichtigsten mehrwertigen Alkoholen gehören Glykole (zwei benachbarte OH-Gruppen), Glycerin (drei benachbarte OH-Gruppen), Inosite (6 OH-Gruppen) und vor allem die Zucker (variable Zahl von OH-Gruppen, zusätzlich noch eine Carbonylgruppe).

1,2,3-Propantriol,
(Glycerin), Sdp. 290 °C

1,2,3,4,5,6-Hexahydroxycyclohexan
(*myo*-Inosit), Wuchsstoff in Hefen

ein C_6-Zucker
(L-Glucose)

Wie zu erwarten sind die typischen physikalischen Merkmale der Alkohole (Wasserstoffbrücken, Siedepunkte, Wasserlöslichkeit) bei den mehrwertigen Alkoholen noch ausgeprägter als bei den einwertigen. Der Leser kennt diese Eigenschaft aus dem Alltag: Man kann Getränke mit Zucker, z.B. Glucose, beliebig stark süßen. Glycerin ist Bestandteil der Nahrungsfette. Einfache C_6-Zucker wie Glucose oder Fructose kommen in Früchten vor. Darüber hinaus ist Glucose der Baustein für Stärke und Zellulose.

12.7.1 Herstellung und Verwendung mehrwertiger Alkohole

Ethylenglykol (1,2-Ethandiol) wird aus Ethylenoxid und Wasser hergestellt (s. Abschn. 13.6.2).

Ethylenoxid   **Ethylenglykol**

Ethylenglykol mischt sich in jedem Verhältnis mit Wasser und wird u. a. als Frostschutz bei wassergekühlten Automobilen verwendet. Der größte Teil des synthetisierten Ethylenglykols dient aber zur Herstellung des Polyesters Polyethylenterephthalat (Abschn. 30.6).

Glycerin wird synthetisch aus Allylalkohol und H_2O_2 gewonnen (Abschn. 6.8.1).

Allylalkohol   **Glycidol**   **Glycerin**

Halbsynthetisch erhält man die Verbindung aus natürlichen Ölen durch Methanolyse, Hydrolyse oder Hydrogenolyse; diese technisch wichtigen Reaktionen sind in Abschn. 26.2.1 beschrieben. Glycerin dient u. a. zur Herstellung von Salben und Zahncremes und zum Feuchthalten fertiger Tabakware. Der größte Teil wird aber zur Herstellung des Sprengstoffs Nitroglycerin verwendet, ein Ester, der aus Glycerin und Salpetersäure wie folgt hergestellt wird.

Glycerin   **Nitroglycerin,**
Ester aus Glycerin und Salpetersäure

Dynamit und die Nobelstiftung. Nitroglycerin ist ein farbloses Öl. Bei Schlag oder Stoß explodiert es heftig, wobei ausschließlich gasförmige Produkte entstehen.

Es ist deshalb für den Transport ungeeignet. 1886 fand *Alfred Nobel* (geb. 1833 in Stockholm), dass man Nitroglycerin transportieren kann, sofern es durch Kieselgur (feinkörnige, amorphe Kieselsäure) aufgesaugt ist. Zur Explosion lässt sich dieses Gemenge dennoch bringen, aber erst durch eine Initialzündung. Diese Beobachtung brachte ihm ein großes Vermögen ein.

Nobel legte testamentarisch fest, dass nach seinem Tode die Zinsen dieses Vermögens zu fünf gleichen Teilen denen zugute kommen sollen, „die im verflossenen Jahr der Menschheit den größten Nutzen geleistet haben". Diese Teile werden seit 1901 jährlich als Preise für Chemie, Physik, Medizin und Literatur (in Stockholm) und als Preis für den Frieden (in Oslo) verliehen.

12.7.2 Glykolspaltung von 1,2-Diolen

Wie zu erwarten gehen mehrwertige Alkohole Reaktionen ein, die man auch bei Alkoholen mit nur einer OH-Gruppe beobachtet. So können mehrwertige Alkohole mit Carbonsäuren in Ester überführt oder mit Mineralsäuren dehydratisiert werden. Einzigartig ist aber die nachfolgend beschriebene Oxidation von 1,2-Diolen.

1,2-Diole werden durch Bleitetraacetat oder Periodsäure zu Carbonylverbindungen oxidiert, wobei die zentrale C–C-Bindung gespalten wird (**Glykolspaltung**). Dabei liefert ein mol 1,2-Diol zwei mol Carbonylverbindung.

Die Spaltung der C–C-Bindung verläuft in beiden Fällen über einen heterocyclischen Fünfring. Nachfolgend ist der Mechanismus der Glykolspaltung mit Bleitetraacetat beschrieben (HOAc gleich Essigsäure). Kinetische Untersuchungen haben gezeigt, dass der Ringschluss der langsamste Schritt ist.

Mit 1,3-Diolen tritt keine Reaktion ein, da hier eine Fragmentierung über einen Fünfring nicht möglich ist.

1,2,3-Triole werden in der gleichen Weise wie 1,2-Glykole oxidiert. Glycerin liefert bei der Glykolspaltung Formaldehyd und Ameisensäure.

Die beiden Oxidationsmittel ergänzen sich: HIO_4 wird im Lösungsmittel Wasser eingesetzt und $Pb(O–CO–CH_3)_4$ in organischen Lösungsmitteln. Breite Anwendung findet die Glykolspaltung mit Periodsäure bei den wasserlöslichen Zuckern.

Aufgaben

19. Welche Zwischenstufe tritt bei der Oxidation eines 1,2-Diols mit HIO_4 auf?

20. Welche Produkte liefert die Glykolspaltung folgender Verbindung?

21. Geben Sie zwei voneinander unabhängige Methoden zur C=C-Spaltung gemäß folgender Gleichung an:

12.8 Lösung der Aufgaben zu Kapitel 12

1.

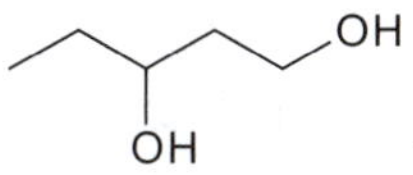

1,3-Pentandiol 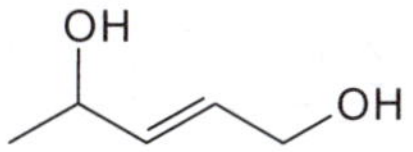   **2-Penten-1,4-diol**

2.

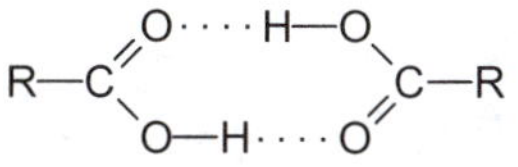

3. $E(O\cdots H)$ = 20 kJ/mol; $E(O-H)$ = 465 kJ/mol (Abschn. 1.9). Das Verhältnis beträgt 0,043. Mit anderen Worten: Die Energie einer H-Brücke beträgt nur 4% der Energie einer kovalenten O-H-Bindung. Trotzdem sind die Auswirkungen groß, vgl. Siedepunkte, Wasserlöslichkeit etc. von Alkoholen.

4. 4 Linien (Quadruplett)

5. *tert*-Butylalkohol. Dieser Alkohol ist unter den gängigsten am wenigsten acid und demzufolge gegenüber dem hoch reaktiven Natrium am reaktionsträgsten.

6. Auf der linken Seite. R–OH ist eine stärkere Säure als 1-Alkin, s. auch K_a-Werte.

7.

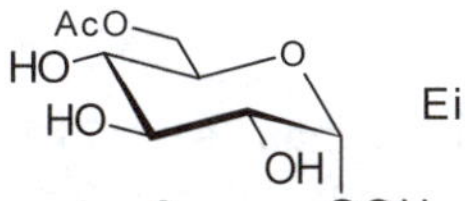

Eine primäre OH-Gruppe ist reaktiver als eine sekundäre.

8.

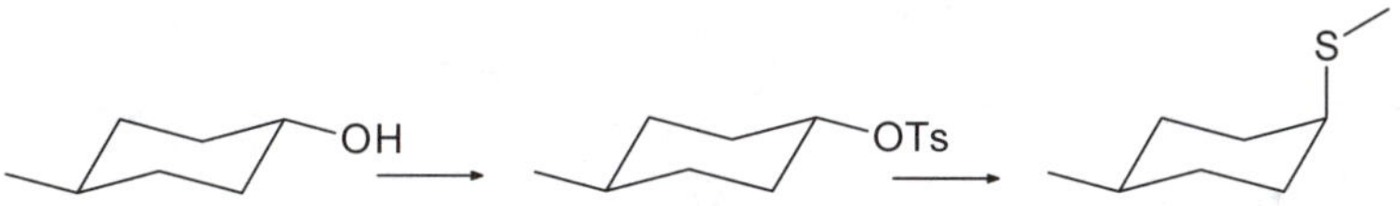

A (trans)   **B (cis)**

9.

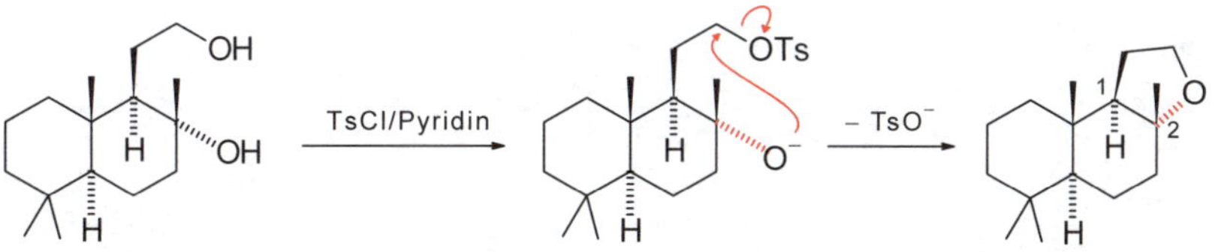

Die primäre OH-Gruppe ist reaktiver als die abgeschirmte tertiäre OH-Gruppe. Die nucleophile Substitution der Tosylgruppe verläuft ohne Änderung der Konfiguration an C-2.

10.

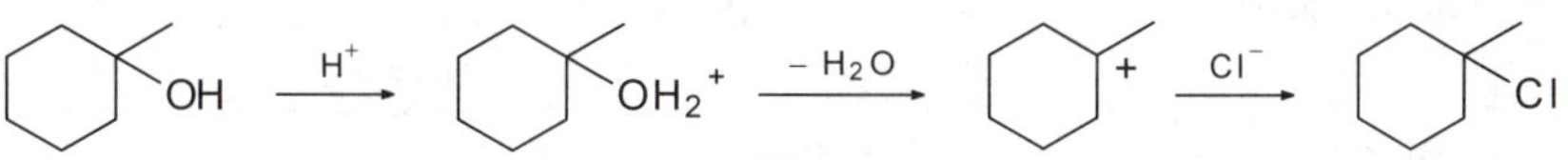

11. Mit **A** keine Reaktion; mit **B** und **C** Bildung von R–CH$_2$–I. Grund: –OH ist eine schlechte Abgangsgruppe, $-OH_2^+$ und $-O-SO_2-R$ sind gute Abgangsgruppen.

12. **A** und **B** sind die erwarteten Produkte der Dehydratisierung; **C** geht ebenfalls aus einer Dehydratisierung hervor, die jedoch mit einer Hydridverschiebung verbunden ist.

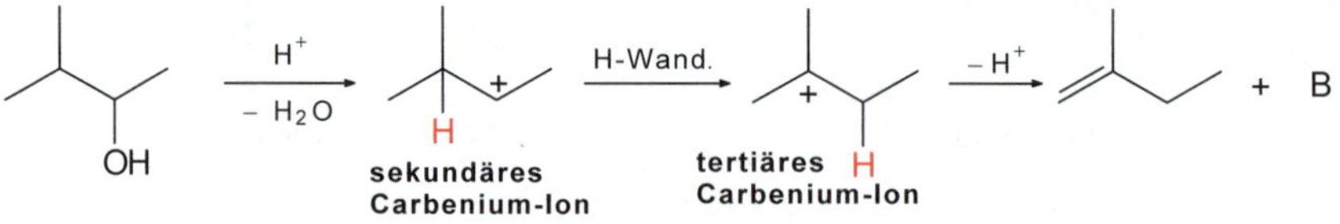

13.

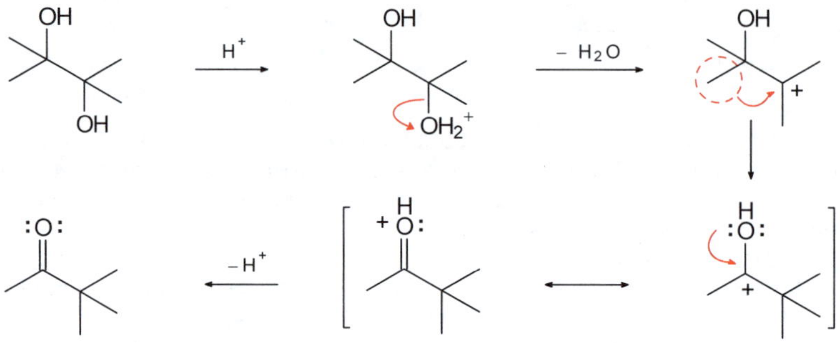

Triebkraft der Umlagerung ist die Umwandlung eines tertiären Carbenium-Ions in ein mesomeriestabiliertes Hydroxycarbenium-Ion.

14. Das Nebenprodukt geht aus einer S_N2-, das Hauptprodukt aus einer S_N1-Reaktion mit Hydridverschiebung hervor. Letztere erfolgt, weil dabei ein energiearmes tertiäres Carbenium-Ion entsteht:

15.

16.

1-(oder 2-)Buten $\xrightarrow{H_2O/H^+}$ 2-Butanol $\xrightarrow{CrO_3/Pyridin}$ **A**

1-Buten $\xrightarrow{B_2H_6/H_2O_2}$ 1-Butanol $\xrightarrow{CrO_3/Pyridin}$ **B**

1-Butanol $\xrightarrow{K_2Cr_2O_7}$ **C**

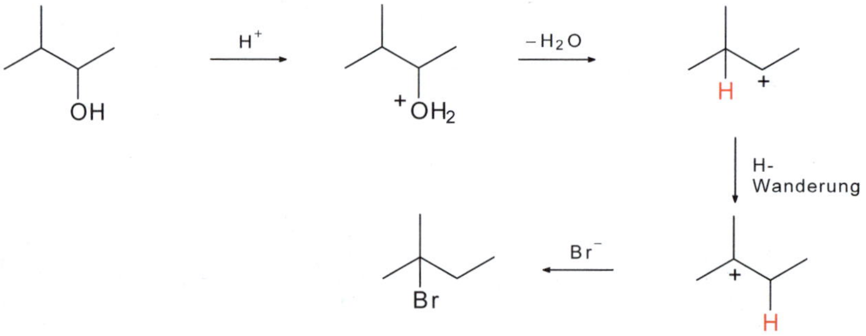

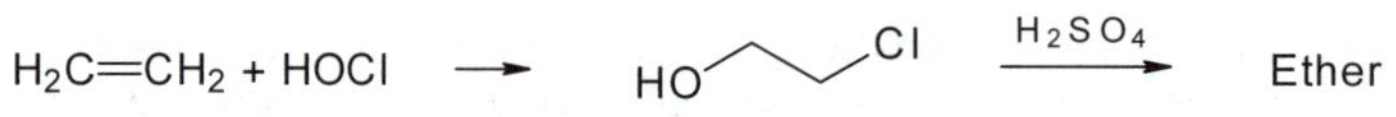

17.

$$\text{(Ethanol)} + 2\,NAD^+ + H_2O \longrightarrow \text{(Essigsäure)} + 2\,NADH + 2\,H^+$$

18. Oxidation durch Cr(VI): H wird als Proton abgespalten.
Oxidation durch NAD⁺: H wird als Hydrid abgespalten.

19.

20. Cyclopentanon + H₂C=O

21.

Methode 1: **A** $\xrightarrow{\;O_3/Zn\;}$ 2 **B**

Methode 2: **A** $\xrightarrow{\;OsO_4\;}$

$\xrightarrow{\;Pb(OAc)_4\;}$ 2 **B**

Kapitel 13
Ether, Epoxide, Organoschwefelverbindungen

13.1 Übersicht und Nomenklatur von Ethern

Ether sind Verbindungen mit dem Strukturmerkmal C-O-C. Es gibt offenkettige und cyclische Ether.

offenkettiger Ether: cyclischer Ether:

Zur Benennung eines offenkettigen Ethers wird die Vorsilbe *Alkoxy-* vor den Namen der Stammverbindung geschrieben. Oder es werden die Namen der beiden Alkylsubstituenten in alphabetischer Reihenfolge vor die Funktionsbezeichnung *-ether* gesetzt.

| Ethoxyethan | 2-Methoxypropan | Ethoxycyclohexan |
| (Diethyl-ether) | (Isopropyl-methyl-ether) | (Cyclohexyl-ethyl-ether) |

Zur Benennung cyclischer Ether wird die Vorsilbe *Oxa-* mit dem Namen des zugrunde liegenden Cycloalkans kombiniert oder nach **Hantzsch-Widman** die Vorsilbe *Ox* mit einer Nachsilbe verbunden, die für eine bestimmte Ringgröße und Sättigungsgrad des Heterocyclus steht (Näheres s. Lehrbücher der Heterocyclenchemie). Auch kann man die Vorsilbe *Epoxy* verwenden. Die Vielfalt mag verwirren, sie erleichtert aber die Benennung unterschiedlicher, zudem komplexer Strukturen.

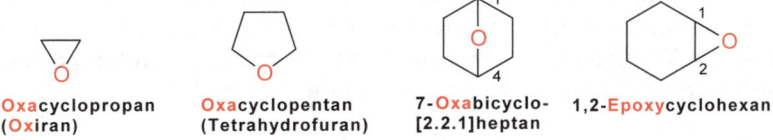

| Oxacyclopropan | Oxacyclopentan | 7-Oxabicyclo- | 1,2-Epoxycyclohexan |
| (Oxiran) | (Tetrahydrofuran) | [2.2.1]heptan | |

In der Tabelle sind einige niedermolekulare Ether aufgeführt, unterteilt in offenkettige, cyclische und ungesättigte Ether. Ungesättigte Ether mit einer Doppelbindung neben dem O-Atom werden auch **Enolether** genannt. Mit Ausnahme einiger niedermolekularer Vertreter sind Ether bei Raumtemperatur flüssig oder fest. Die Siedepunkte liegen nur wenig höher als die der entsprechenden Alkane (CH_2 statt O), woraus folgt, dass die Anziehungskräfte zwischen Ethermolekülen trotz der polaren C−O-Bindung nur schwach sind.

Tabelle. Ether

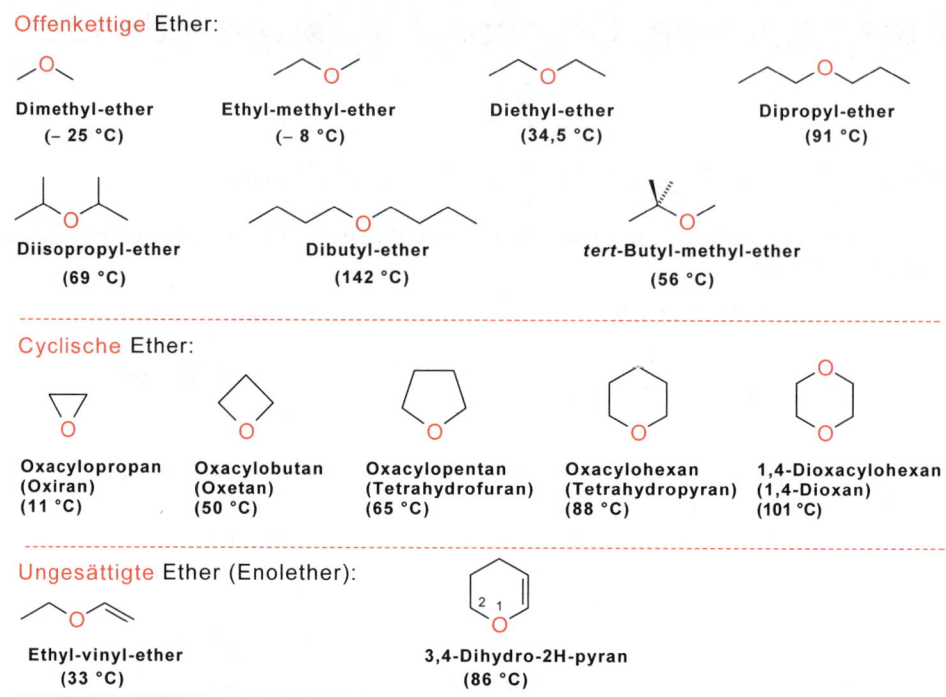

Offenkettige Ether:

Dimethyl-ether
(– 25 °C)

Ethyl-methyl-ether
(– 8 °C)

Diethyl-ether
(34,5 °C)

Dipropyl-ether
(91 °C)

Diisopropyl-ether
(69 °C)

Dibutyl-ether
(142 °C)

tert-Butyl-methyl-ether
(56 °C)

Cyclische Ether:

Oxacylopropan
(Oxiran)
(11 °C)

Oxacylobutan
(Oxetan)
(50 °C)

Oxacylopentan
(Tetrahydrofuran)
(65 °C)

Oxacylohexan
(Tetrahydropyran)
(88 °C)

1,4-Dioxacylohexan
(1,4-Dioxan)
(101 °C)

Ungesättigte Ether (Enolether):

Ethyl-vinyl-ether
(33 °C)

3,4-Dihydro-2H-pyran
(86 °C)

Verwendung von Ethern. Ether, insbesondere Diethyl-ether und Tetrahydrofuran, werden häufig als Lösungsmittel für chemische Reaktionen verwendet, da sie weitgehend inert sind, organische Verbindungen gut lösen und zudem leicht verdampfbar sind. Diethylether diente auch als Narkotikum. Die Wirkung beruht darauf, dass die Verbindung aufgrund ihrer Fette lösenden Eigenschaft physikalische Veränderungen in den Lipiden der Nervenzellen herbeiführt. Die gleiche Wirkung haben auch bestimmte andere organische Verbindungen wie Ethylen, Cyclopropan und Chloroform, die daher ebenfalls als Narkotika verwendet werden.

Epoxide, insbesondere Oxiran, sind technisch wichtige Verbindungen zur Herstellung polymerer Verbindungen (Abschn. 30.5). Oxiran findet aufgrund seiner Toxizität auch Verwendung als Schädlingsbekämpfungsmittel.

Aufgaben

1. Benennen Sie folgende Verbindungen:

2. Ether lösen sich in Wasser besser als Alkane mit ähnlichem Molekulargewicht. Weshalb?

3. Formulieren Sie je ein Beispiel mit möglichst wenigen C-Atomen für einen (a) aliphatischen, (b) aromatischen, (c) symmetrischen, (d) unsymmetrischen, (e) offenkettigen, (f) cyclischen Ether und (g) Enolether.

13.2 Herstellung von Ethern

Aus Alkylhalogeniden und Alkoholaten. Ether werden aus primären Alkylhalogeniden (-tosylaten) und Alkoholaten (Phenolaten) hergestellt **(Ethersynthese nach Williamson)**. Die erforderlichen Alkoholate gewinnt man aus Alkohol und metallischem Na oder NaH (Abschn. 12.6.1). Das folgende Beispiel zeigt die beiden Reaktionsschritte, die zur Herstellung eines Ethers erforderlich sind.

Schritt 1: Bildung des Alkoholats

Na-*tert*-butylalkoholat

Schritt 2: Bildung des Ethers

Ethylbromid
(prim. Bromid)   **$S_{N}2$**   **tert-Butyl-ethyl-ether**

Solche Ethersynthesen verlaufen glatt mit primären Alkylhalogeniden. Mit sekundären Halogeniden tritt neben Substitution (Bildung von Ethern) auch β-Eliminierung ein (Bildung von Alkenen). Tertiäre Alkylhalogenide liefern ausschließlich Alkene.

Als Ausgangsalkohole bei der Ethersynthese nach Williamson können auch Kohlenhydrate dienen. Auf diese Weise gelingt die erschöpfenden Methylierung von Mono- und Oligosacchariden.

β-D-Glucose   **Pentamethyl-β-D-Glucose**

Hierbei werden die OH-Gruppen durch die schwache Base Ag_2O nacheinander in Alkoholat-Gruppen überführt und letztere methyliert. Gefördert wird die Reaktion durch die Schwerlöslichkeit von AgI.

Aus primären Alkoholen und Schwefelsäure. Die Reaktion wurde ausführlich in Abschn. 12.6.6 behandelt. Es bilden sich stets symmetrische Ether.

Auf sekundäre oder tertiäre Alkohole lässt sich das Schwefelsäureverfahren nicht anwenden, da diese zu Alkenen dehydratisiert werden.

Aus Alkoholen und Isobuten. Ebenfalls unter sauren Bedingungen verläuft die Addition von primären oder sekundären Alkoholen an Isobuten, die zu Ethern mit einem *tert*-Butylrest führt. Katalysator ist Schwefelsäure. Wegen der Neigung des Isobutens, in Gegenwart von Säuren zu polymerisieren (Abschn. 30.2.1), legt man Alkohol und Schwefelsäure vor und leitet Isobuten ein. Als Zwischenstufe bildet sich das *tert*-Butylkation $(H_3C)_3C^+$, welches rasch mit Alkohol zum protonierten Ether reagiert.

Die Reaktion mit Methanol wird auch großtechnisch durchgeführt. Dabei wird als Katalysator ein saurer Ionenaustauscher vom Typ Polymer–SO_3^- H^+ verwendet. *tert*-Butyl-methyl-ether ist ein wirksames Antiklopfmittel und hat das umweltschädliche Bleitetraethyl verdrängt.

Technische Herstellung von Tetrahydrofuran. Neben Diethylether ist Tetrahydrofuran der mengenmäßig wichtigste Ether. Ein technisches Verfahren geht von Acetylen und Formaldehyd aus. Hierbei addiert sich das nucleophile Acetylid-Ion (gebildet aus Acetylen und einem basischen Katalysator) an die Carbonylgruppe des Formaldehyds (Abschn. 17.5.7).

$$H-C\equiv C-H \quad + \quad 2\,H_2C=O \quad \xrightarrow[90\,°C]{Cu_2C_2} \quad HO-CH_2-C\equiv C-CH_2-OH$$

2-Butin-1,4-diol

$$\Big\downarrow \begin{array}{l} 2\,H_2 \;/\; Ni \\ 160\,°C \end{array}$$

Tetrahydrofuran $\xleftarrow[100\,°C]{-H_2O}$ $HO-(CH_2)_4-OH$

1,4-Butandiol

Es entsteht zunächst 2-Butin-1,4-diol, welches zu 1,4-Butandiol hydriert wird. Letzteres spaltet bei bloßem Erhitzen ein mol Wasser unter Bildung von Tetrahydrofuran ab. Die Etherbildung erfolgt ohne Schwefelsäure, da es sich um einen *innermolekularen* Vorgang handelt, der zudem zu einem spannungsarmen Fünfring führt. Tetrahydrofuran findet Verwendung als Lösemittel für Polymere und Klebstoffe, und es kann selbst als Monomer in kationischen Polymerisationen zu Polytetrahydrofuran umgesetzt werden.

Zusammenfassung der Darstellungsmethoden von Ethern

- Ether bilden sich in einer S_N2-Reaktion aus primären Alkylhalogeniden und primären, sekundären oder tertiären Alkoholaten oder Phenolaten. Diese Ethersynthese (nach Williamson) ist die universellste.
- Ether mit gleichen Seitenketten werden aus primären Alkoholen und konzentrierter Schwefelsäure erhalten.
- Ether mit einem *tert*-Butylrest bilden sich durch säurekatalysierte Addition von primären oder sekundären Alkoholen an Isobuten.

Aufgabe

4. Die Ether A bis D sollen hergestellt werden. Geben Sie die jeweiligen Ausgangsverbindungen an.

(Die Lösung der Aufgabe wird erleichtert, wenn Sie zunächst eine retrosynthetische Zerlegung von A bis D durchführen.)

13.3 Reaktionen von Ethern

Ether sind aufgrund der freien Elektronenpaare am O-Atom schwache Lewisbasen, sie reagieren mit starken Brønsted- oder Lewis-Säuren zu Oxoniumsalzen. Gegenüber Basen sind sie inert. Mit Radikalen reagieren sie unter Substitution der H-Atome in α–Stellung. Das folgende Schema zeigt die reaktiven Stellen eines Ethers.

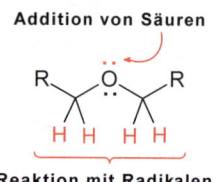

Trotz der Reaktivität gegenüber starken Säuren und Radikalen gelten Ether als reaktionsträge und werden vielfach als Lösungsmittel bei Reaktionen verwendet, die unter neutralen, basischen oder schwach sauren Bedingungen verlaufen.

13.3.1 Bildung von Oxoniumsalzen

Die freien Elektronenpaare am Sauerstoff im Ethermolekül befähigen Ether zur Reaktion mit Brønsted- oder Lewis-Säuren. Dabei bilden sich Verbindungen mit 3-bindigem Sauerstoff, **Oxoniumverbindungen** genannt.

Die Eigenschaft des Ethersauerstoffatoms, mit Säuren zu reagieren, kann auch zur Unterscheidung von Ethern und Alkanen genutzt werden. So löst sich Diethylether in konzentrierter Schwefelsäure, während das im Molekulargewicht ähnliche Pentan darin unlöslich ist.

Aufgabe

5. Bei der Reaktion von Diisopropyl-ether mit Isopropylium-tetrafluoroborat bildet sich das Salz A. Welche Konstitution besitzt A?

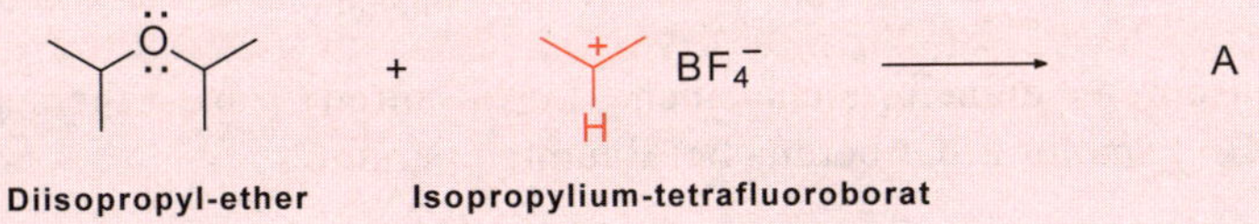

Diisopropyl-ether   **Isopropylium-tetrafluoroborat**

13.3.2 Etherspaltung durch starke Säuren

Halogenwasserstoffsäuren wie HBr oder HI spalten bei höherer Temperatur die C–O-Bindung von Ethern. Dabei entstehen Alkylhalogenid und Wasser.

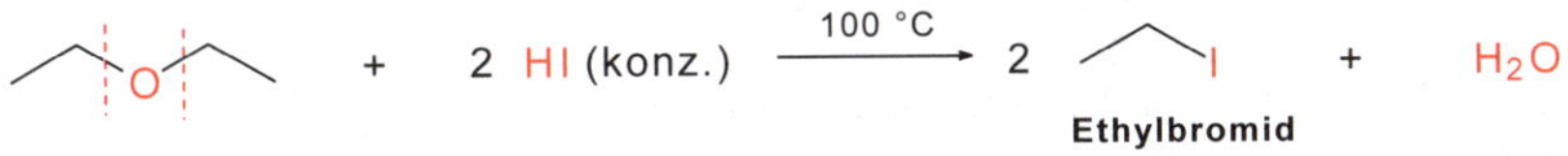

Ethylbromid

Die Reaktion wird durch Protonierung des Ethersauerstoffs eingeleitet. Es schließt sich eine nucleophile Substitution an, bei welcher das Halogenid an die Stelle des Sauerstoffatoms tritt. Schließlich wird der bei der Spaltung gebildete Alkohol ebenfalls ins Halogenid überführt. Somit ist zwischen drei Schritten zu unterscheiden.

Schritt 1: Protonierung

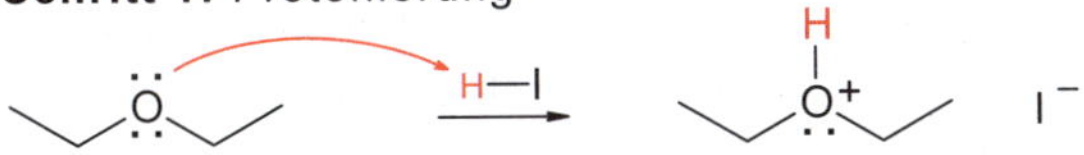

Schritt 2: Etherspaltung

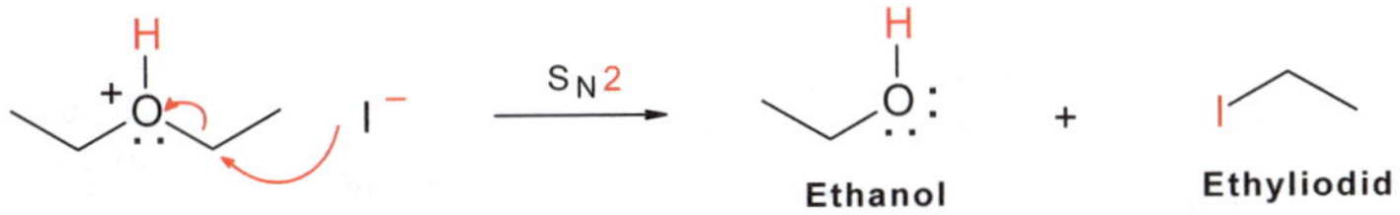

Ethanol   **Ethyliodid**

Schritt 3: Reaktion des gebildeten Alkohols mit HI

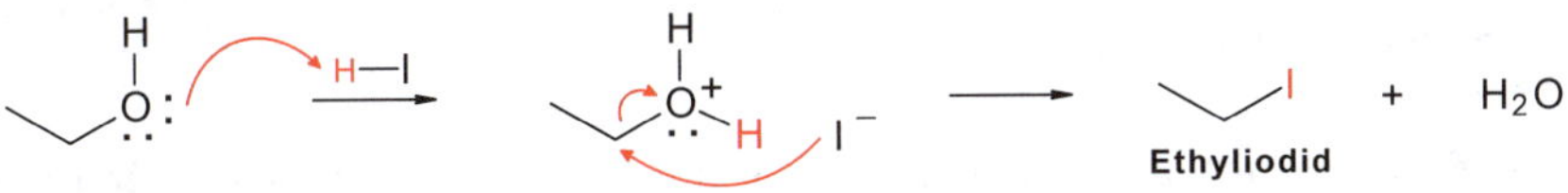

Ethyliodid

Auch aliphatisch-aromatische Ether werden durch Säuren gespalten. Die Reaktion bleibt hier auf der Stufe des Phenols stehen, da eine phenolische OH-Gruppe durch ein Nucleophil nicht substituiert werden kann.

Anisol + H—I (konz.) →(130 °C) Phenol + H₃C—I

Außer Brønstedsäuren eignen sich auch Lewissäuren zur Etherspaltung. Bortribromid (BBr₃) spaltet Ether bereits bei Raumtemperatur.

Aufgaben

6. Zur Etherspaltung verwendet man häufig HI. Weshalb gelingt die Spaltung nicht auch mit NaI?

7. Welcher Ether wird durch Erhitzen mit konz. HBr in 1,4-Dibrombutan überführt?

8. Die Spaltung eines unbekannten Ethers mit konz. HBr lieferte Isobutylbromid und Phenol. Um welchen Ether handelte es sich?

13.3.3 Autoxidation von Ethern

Bereits im Abschn. 3.10.7 wurde die Autoxidation reaktiver C–H-Bindungen, wozu auch die α-C–H-Bindung von Ethern gehört, behandelt. Bei der Einwirkung von Luft auf Ether schiebt sich der Sauerstoff in diese Bindung ein. Das gebildete Hydroperoxid reagiert nach einem komplizierten Mechanismus zum polymeren, *äußerst explosiven* **Etherperoxid**.

Diethyl-ether →(O₂) Hydroperoxid (explosiv) → Etherperoxid, polymer (explosiv)

Die Reaktion mit Sauerstoff ist ein radikalischer Vorgang, der u.a. durch Licht katalysiert wird.

Autoxidationen treten immer dann ein, wenn Ether in ungenügend verschlossenen, lichtdurchlässigen Glasflaschen aufbewahrt werden. Beim Eindampfen wird das Etherperoxid konzentriert, wobei Explosionen eintreten können. Deshalb darf ein Ether nie restlos verdampft werden. Peroxide in Ethern werden mit angesäuerter wässriger KI-Lösung nachgewiesen: KI wird zu I₂ oxidiert, welches mit I⁻ braunes

I_3^- bildet. Zur Entfernung von Peroxiden wird der Ether durch eine mit Al_2O_3 gefüllte Glassäule geschickt, wobei das polarere Peroxid stärker an Al_2O_3 adsorbiert wird als Ether selbst, Oder der Ether wird mit einer wässrigen Lösung eines Fe(II)- oder Ti(III)- Salzes geschüttelt.

Zusammenfassung

- Ether sind schwache Lewis-Basen. Sie reagieren mit Lewis- oder Brønsted-Säuren zu Oxoniumsalzen.

- Ether werden durch eine konzentrierte wässrige Lösung von Halogenwasserstoff HX bei höherer Temperatur gespalten, wobei Alkylhalogenid entsteht.

- Ether mit einem H-Atom in α-Stellung reagieren schon bei Tageslicht mit Sauerstoff zu Hydroperoxiden, die äußerst explosiv sind. Deshalb müssen Ether in dunklen Flaschen aufbewahrt werden.

Aufgabe

9. Diisopropyl-ether wird durch Luft leichter peroxidiert als Dipropyl-ether. Weshalb?

13.4 Kronenether

Unter Kronenethern versteht man Ringe, die sich aus Ethylenoxy-Bausteinen (CH_2-CH_2-O) zusammensetzen. Die einfachsten Kronenether besitzen folgende Struktur:

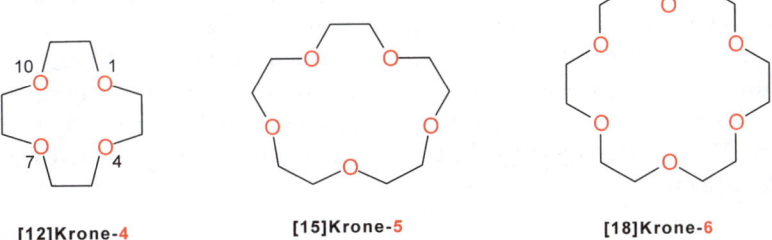

[12]Krone-4   [15]Krone-5   [18]Krone-6

Zur Benennung bedient man sich entweder des Stammwortes *Krone* und gibt mit Zahlen davor und dahinter die Anzahl der Ringatome bzw. die Zahl der Sauerstoffatome an (s. vorstehende Beispiele), oder man verwendet eine systematische Nomenklatur mit dem Namen des zugrunde liegenden Carbocyclus, z.B. 1,4,7,10-Tetraoxocyclododecan für [12]Krone-4.

Kronenether besitzen eine bemerkenswerte Eigenschaft: Sie können Metallionen geeigneter Größe aufnehmen. Kleinere Kronenether komplexieren bevorzugt kleinere Kationen und größere Kronenether größere Kationen. So komplexiert

[18]Krone-6 (Hohlraumdurchmesser 2,6 – 3,2 Å) in Gegenwart eines Gemischs der Ionen Na^+ (Ionendurchmesser 1,90 Å), K^+ (2,66 Å) und Cs^+ (3,34 Å) bevorzugt mit Kalium-Ionen.

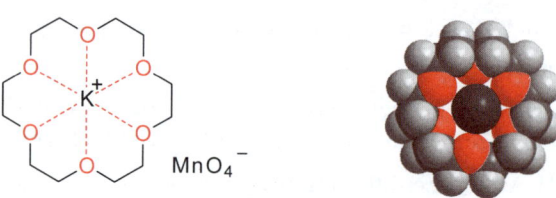

KMnO₄ komplexiert mit [18]Krone-6

Die Komplexe sind in organischen Lösungsmitteln löslich, ein bemerkenswertes Verhalten, denkt man an die geringe Löslichkeit von Metallsalzen in organischen Lösungsmitteln. So löst sich Kaliumpermanganat in Benzol („violettes Benzol") oder Kaliumhydroxid in Toluol, wenn der Kronenether [18]Krone-6 hinzugefügt wird.

Kronenether erhöhen nicht nur die Löslichkeit eines anorganischen Salzes in einem organischen Lösungsmittel, sondern steigern auch die Reaktivität des betreffenden Anions, da letzteres frei ("nackt") auftritt. Freie Anionen sind reaktionsfähiger und reagieren bei nucleophilen Substitutionen schneller als solche in Ionenpaaren (Ionenpaare s. Abschn. 10.4.2).

Die **Herstellung** des häufig verwendeten Kronenethers [18]Krone-6 geht von Triethylenglykol aus. Die eine Hälfte der Verbindung wird mit HCl in die Dichlorverbindung, die andere mit Kalium-*tert*-butylalkoholat ins Dialkoholat überführt. Dialkoholat und Dichlorverbindung reagieren nach S_N-Mechanismen zum Kronenether. Die Ringbildung gelingt hier besonders glatt, weil bereits die Zwischenstufe Z mit einem Kalium-Ion komplexiert, wodurch die Endgruppen von Z eine für den Ringschluss günstige Lage einnehmen. Die Begünstigung einer Reaktion durch Komplexierung mit einem Metall-Ion heißt auch **Templat-Effekt** (engl. *template*, Schablone).

Aufgaben

10. Glyme, Diglyme, Triglyme usw. sind Ether, die häufig als Lösungsmittel bei Reaktionen verwendet werden, an denen anorganische Salze beteiligt sind. Geben Sie eine Erklärung.

**Glykoldimethylether
(Glyme)**   **Diglykoldimethylether
(Diglyme)**   **Triglykoldimethylether
(Triglyme)**

11. [18]Krone-6 (s. Text) wurde auch aus Tetraethylenglykol und einer Dichlorverbindung hergestellt. Formulieren Sie die Reaktion in Anlehnung an die Reaktion im Text.

Tetraethylenglykol

13.5 *Exkurs*: Cyclische Ether als Ionophore

Ionophore sind polare Verbindungen, die den Transport von Ionen durch die im wesentlichen unpolare Zellmembran bewerkstelligen (griech. *phoros*, tragend). Bei den Ionophoren handelt es sich entweder um Kanäle, durch die Ionen geschleust werden, oder um (Lasten) Träger von Ionen.

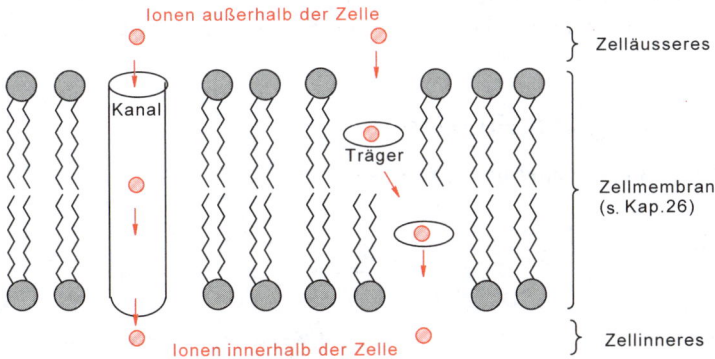

Kanäle bestehen aus Bündel von Proteinketten. Zu den Trägern von Ionen gehören bestimmte Naturstoffe wie das Antibiotikum Nonactin oder synthetische Verbindungen wie Kronenether. Nonactin ist eine 32-gliedrige Ringverbindung mit vier Ether-Sauerstoffatomen und vier Lacton-Sauerstoffatomen. Die Verbindung komplexiert selektiv mit Kalium-Ionen.

Nonactin

Die antibiotische Wirkung des Nonactins beruht darauf, dass die Verbindung nach Komplexierung mit Kalium-Ionen und Wanderung durch die Zellmembran das lebenswichtige Konzentrationsgefälle dieses Ions, welches zwischen dem Inneren und dem Äußeren einer Bakterienzelle existiert, aufhebt und damit den Tod der Zelle herbeiführt.

Die Untersuchungen zur Herstellung und zum Komplexierungsverhalten von Kronenethern verdanken wir *C.J. Pedersen* (geb. 1904 in Korea), *D.J. Cram* (geb. 1919 in Chester, USA) und *J.M. Lehn* (geb. 1939 in Rosheim, Frankreich). Sie erhielten dafür 1987 den Nobelpreis für Chemie.

13.6 Epoxide

Epoxide sind ähnlich wie Cyclopropane aufgrund von Ringspannung besonders reaktiv. Eine von den übrigen Ethern getrennte Behandlung ist deshalb sinnvoll.

13.6.1 Darstellung von Epoxiden

Aus Alkenen und Peroxycarbonsäuren (Abschn. 6.8.1)

Cyclohexen   1,2-Epoxycyclohexan

Aus Alkenen und Dimethyldioxiran (Abschn. 6.8.1). Die Epoxidierung mit Dimethyldioxiran verläuft sehr schonend.

Dimethyldioxiran   Aceton

Aus Allylalkoholen und Hydroperoxiden (Sharpless-Oxidation, Abschn. 6.8.1). Allylalkohole werden außer durch Peroxycarbonsäuren auch durch Hydroperoxide epoxidiert. Als Katalysator dient ein Gemisch aus $Ti(OR)_4$ und Weinsäure-diethylester (Diethyltartrat, Abkürzung DET). Wird optisch aktives Diethyltartrat verwendet, bilden sich enantiomerenreine Epoxide. So wird Allylalkohol in Gegenwart von (−)-DET in *(R)*-Glycidol überführt.

Allylalkohol   tert-Butylhydroperoxid   (R)-2,3-Epoxypropanol
                                                        [*(R)*-Glycidol]

Die enantioselektive Epoxidierung ist zwar auf Allylalkohole beschränkt, dennoch ist sie von besonderem Interesse: Die enantiomerenreinen Glycidole sind als Verbindungen mit zwei funktionellen Gruppen für die Synthese von Naturstoffen oder Arzneimitteln sehr geschätzt (s. Exkurs Abschn. 13.7).

Aus α,β-ungesättigten Carbonylverbindungen und H_2O_2 (Abschn. 21.4.2). Die Epoxidierung von α,β-ungesättigten Carbonylverbindungen mit Peroxycarbonsäuren verläuft langsam, da die Doppelbindung elektronenarm ist, und zudem uneinheitlich. Bessere Ausbeuten werden mit H_2O_2 unter basischen Bedingungen erzielt.

2-Cyclohexenon   2,3-Epoxycyclohexanon

Aus 2-Halogenalkoholen und Basen. Alkohole mit einem Halogenatom oder einer anderen geeigneten Austrittsgruppe in 2-Stellung werden durch Basen in Epoxide überführt.

Im ersten Schritt bildet sich aus dem Alkohol das Alkoholat-Ion. Dieser Schritt verläuft schnell, da das alkoholische Proton ähnlich wie das Proton im Wassermolekül leicht abgelöst werden kann. Im zweiten, langsamen Schritt verdrängt das Alkoholat-Ion das eigene Halogenid-Ion. Dabei erfolgt der Angriff des negativ geladenen Sauerstoffatoms von der Seite, welche der Kohlenstoff-Halogenbindung abgewandt ist. Es liegt hier eine **intramolekulare nucleophile Substitution** vor.

Schritt 1: Bildung des Alkoholats

Schritt 2: Bildung des Epoxids

Der Wert dieser Darstellungsmethode besteht u.a. darin, dass die erforderlichen 2-Halogenalkohole aus Alken und unterhalogeniger Säure leicht zugänglich sind (Abschn. 6.7.5). Beispiel:

Aus Alkenen und Sauerstoff (ein technisches Verfahren). Ethylenoxid wird großtechnisch aus Ethen und Luft hergestellt, wobei fein verteiltes Silber als Katalysator dient.

Zur Herstellung von Epoxypropan aus Propen ist dieses Verfahren weniger geeignet, da der Sauerstoff auch die reaktiven allylischen CH-Bindungen von Propen angreift.

Aufgaben

12. Propenoxid wird aus Propen und HOCl nach folgendem Reaktionsschema hergestellt. Was bedeutet A? Wie wird A in Propenoxid überführt?

13. Die Bildung von Oxiran aus 2-Chlorethanol und NaOH verläuft wie im Text beschrieben: Zwei der Einzelschritte (k_1, k_2) verlaufen schnell, der dritte Einzelschritt (k_3) verläuft langsam. Stellen Sie die Geschwindigkeitsgleichung für die Bildung von Oxiran auf.

14. Ausgehend von Verbindungen mit einem Cyclopentangerüst sollen die Epoxide A-C hergestellt werden. Formulieren Sie die drei Synthesen.

15. Welche Verbindung entsteht bei der Einwirkung von *m*-Chlorperoxybenzoesäure auf 1-Ethinylcyclohexen?

13.6.2 Reaktionen von Epoxiden

Die wichtigste Reaktion von Epoxiden ist die Ringöffnung. Zunächst wird die Ringöffnung symmetrischer Epoxide behandelt, die stets nur ein Produkt liefert, danach die Ringöffnung unsymmetrischer Epoxide, die ein oder zwei Produkte ergeben kann.

symmetrisches Epoxid   **unsymmetrisches Epoxid**

Ringöffnung symmetrischer Epoxide. Ähnlich wie im Cyclopropan überlappen auch im Oxiran die σ-Bindungen nur ungenügend, der Ring lässt sich deshalb leicht öffnen. Die Ringöffnung erfolgt durch eine Vielzahl von Verbindungen vom Typ H−X und führt zu β-substituierten Alkoholen.

Die Palette der Moleküle vom Typ H−X reicht von den starken Säuren H−Cl, H−Br und H−I über die schwachen Säuren H−OH, H−OR bis hin zu den basischen Aminen.

Technisch wichtig ist die Addition von Wasser an Ethylenoxid, die Ethylenglykol ergibt. Die Verbindung wird in großer Menge als Frostschutzmittel bei wasserge-kühlten Automobilen oder zur Herstellung des Polyesters PET (Polyethylentere-phthalat) verwendet.

Wie verläuft die Öffnung des Oxiranrings? Bei der Addition starker Säuren wird zunächst der Sauerstoff des Oxirans protoniert. Anschließend erfolgt eine nucleo-phile Substitution durch die konjugierte Base. Im Gegensatz zur klassischen nu-cleophilen Substitution verbleibt hier die Abgangsgruppe beim Substrat.

Schwache Säuren wie Wasser oder Alkohol werden nach dem gleichen Mechanis-mus addiert. Die Geschwindigkeit der Ringöffnung ist allerdings klein, da hier nur wenige protonierte Oxiranmoleküle vorliegen. Zur Erhöhung der Reaktionsge-schwindigkeit fügt man deshalb als Katalysator eine starke Säure wie Schwefel-säure oder eine starke Base wie NaOH zu. H_2SO_4 protoniert den Epoxidring, ohne ihn zu öffnen. (HSO_4^- ist ein äußerst schlechtes Nucleophil.) Die Hydrolyse von Cyclopentenoxid unter sauren oder basischen Bedingungen verläuft wie folgt:

Hydrolyse, H^+–katalysiert:

Hydrolyse, OH^-–katalysiert:

Die Addition von Aminen an Epoxide (letztes Beispiel in dem Übersichtsschema) bedarf keiner Katalyse, da Amine ausreichend nucleophil sind, um die ohnehin reaktiven Epoxide zu öffnen. Als Zwischenstufe tritt hier eine dipolare Verbin-dung auf.

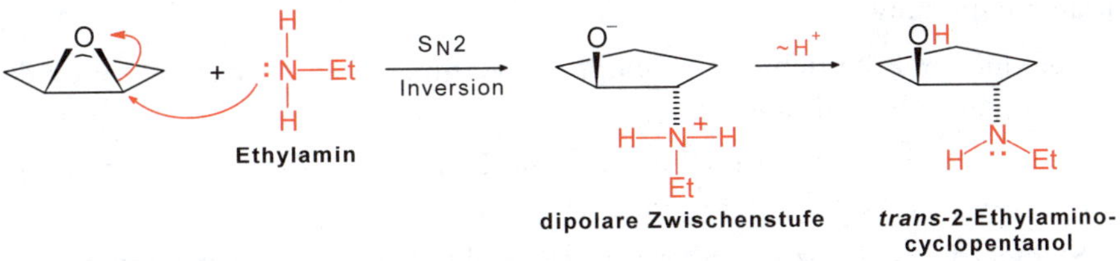

Ethylamin · **dipolare Zwischenstufe** · *trans*-**2-Ethylamino-cyclopentanol**

Ringöffnungen am Epoxidring verlaufen nach S_N2 unter Inversion an dem C-Atom, welches vom Nucleophil angegriffen wird. Die Inversion erkennen Sie besonders einfach an cyclischen Verbindungen, s. vorstehende Beispiele.

Ringöffnung unsymmetrischer Epoxide. Die Ringöffnung unsymmetrischer Epoxide kann an beiden C-Atomen erfolgen. Unter *basischen* Bedingungen greift das Nucleophil regioselektiv das unsubstituierte, unbehinderte C-Atom an, unter *sauren* Bedingungen regioselektiv das höher substituierte C-Atom. Die Ringöffnung von 2,2-Dimethyloxiran mit Methanol verläuft wie folgt:

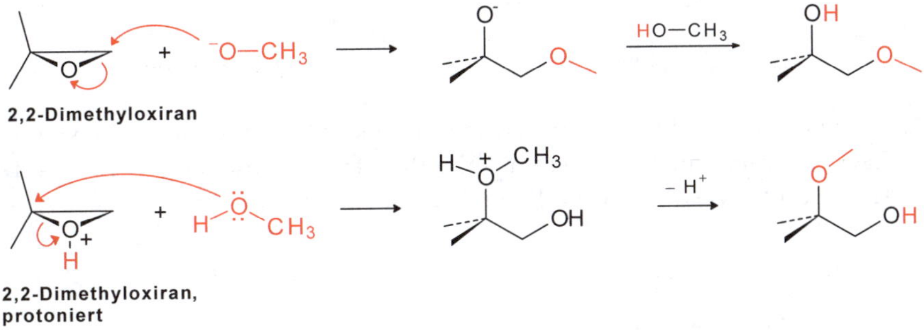

2,2-Dimethyloxiran

2,2-Dimethyloxiran, protoniert

Woher rührt die unterschiedliche Regioselektivität? Unter Protonenkatalyse erfolgt ein Angriff bevorzugt auf das höher substituierte C-Atom, weil hier die im Übergangszustand (ÜZ) gebildete δ^+-Ladung durch Methyl stabilisiert wird. Zum Vergleich: Die Regioselektivität ist die gleiche wie bei der Ringöffnung unsymmetrisch substituierter Bromoniumcyclopropane (s. Abschn. 6.7.5).

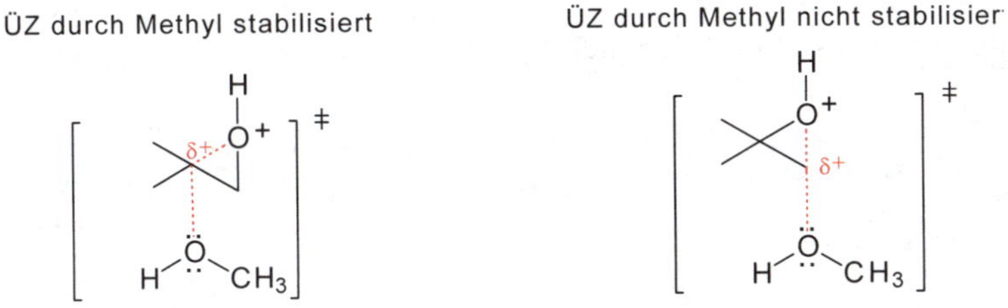

ÜZ durch Methyl stabilisiert   ÜZ durch Methyl nicht stabilisiert

Zusammenfassung

- Epoxide sind ähnlich wie Cyclopropanverbindungen gespannte Verbindungen und somit sehr reaktionsfähig.

- Eine Vielzahl von Verbindungen vom Typ H-X öffnet den Epoxidring. Die Ringöffnung wird durch Protonen oder Basen katalysiert.

- Symmetrische Epoxide liefern ein Produkt. Unsymmetrische führen zu zwei Produkten: Unter basischen Bedingungen erfolgt der Angriff regioselektiv am weniger substituierten C-Atom, unter sauren Bedingungen regioselektiv am höher substituierten C-Atom.

Aufgaben

16. Bei der säurekatalysierten Addition von Ethylenglykol an Ethylenoxid entsteht Diethylenglykol. Formulieren Sie den Mechanismus.

17. Diglyme ist eine dipolar-aprotische Flüssigkeit. Sie dient als Lösungsmittel für Lacke, ferner als Heiz- und Kühlmittel. Die Verbindung wird aus Diethylenglykol hergestellt. Formulieren Sie die einzelnen Schritte.

18. Geben Sie zwei Wege für die Darstellung von *trans*-2-Bromcyclopentanol aus Cyclopenten an.

19. Was bedeuten A bis D im folgenden Reaktionsschema?

13.7 *Exkurs*: Vom chiralen Epoxid zum chiralen Arzneistoff

Organische Verbindungen, die Rezeptoren in der Zelle blockieren, nennt man Rezeptorblocker. Solche, die auf der Zellmembran fixierte β-adrenerge Rezeptoren blockieren, werden β-Blocker genannt. β-Blocker verhindern die Anlagerung des blutdrucksteigernden Adrenalins an den betreffenden Rezeptor. Als Folge dieser Blockierung tritt eine Absenkung des Blutdrucks und der Herzfrequenz, ferner eine Reduzierung des Sauerstoffverbrauchs des Herzens ein. Zu den wirksamsten β-Blockern gehört Propranolol.

(S)-Propranolol   (R)-Propranolol

Die Verbindung besitzt ein Chiralitätszentrum und tritt als *(S)-* und *(R)-*Enantiomer auf. Obwohl das (S)-Enantiomer ca. 100 mal wirksamer ist als das (R)-Enantiomer, wird der Wirkstoff nach wie vor als racemisches Gemisch verabreicht. Nachfolgend ist die Synthese von enantiomerenreinem (S)-Propranolol beschrieben.

Am Anfang der Synthese steht auch hier die Retrosynthese, die durch offene Pfeile ($\Rightarrow$) formuliert wird. Bindungszerlegung des Zielmoleküls liefert zunächst ein Epoxid mit der geforderten Konfiguration am chiralen C-Atom. Weitere Zerlegungen führen schließlich zu Allylakohol (Ar = 1-Naphthyl; Ts = Tosyl).

Retrosynthese:

(S)-Propranolol

Allylalkohol

Die Synthese als Umkehr der Retrosynthese verläuft wie folgt. Allylalkohol wird nach Sharpless mit Cumolhydroperoxid epoxidiert, wobei enantiomerenreines Glycidol entsteht (Abschn. 6.8.1). Veresterung der freien OH-Gruppe desselben mit Tosylchlorid (TsCl) ergibt das Tosylat, dessen abgangsfreudige Tosylgruppe durch 1-Naphtholat substituiert wird. Zum Schluss erfolgt nucleophile Ringöffnung des Epoxidringes durch Isopropylamin, wobei Propranolol entsteht (ArOH = 1-Naphthol, DMF = Dimethylformamid, DIPT = Diisopropyltartrat).

Synthese:

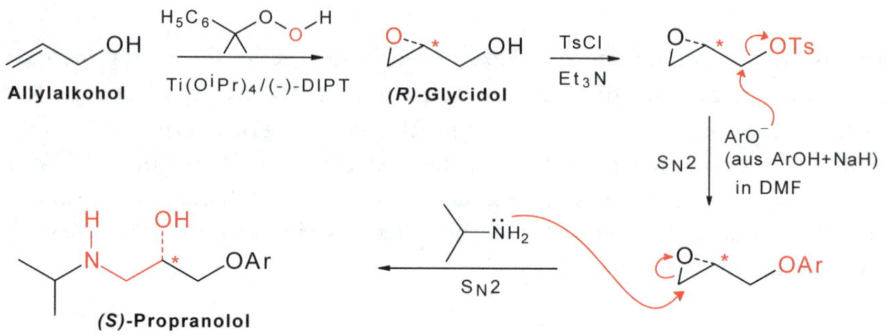

Bemerkenswert ist die Regioselektivität der nucleophilen Angriffe: Die Tosyl-gruppe in Glycidyltosylat ist eine gute Abgangsgruppe, deshalb erfolgt der Angriff des Phenolations an C-1. Hingegen ist die Gruppe O-Ar eine schlechte Abgangs-gruppe, der Angriff des Amins tritt an C-3 ein:

Der Wirkungsmechanismus von Propranolol als β-Blocker wurde von *J.W. Black* (geb. 1924 in Uddingston, Schottland) erkannt, der dafür und für weitere Untersu-chungen auf dem Gebiet von Struktur und Wirkungsmechanismus von Medika-menten 1988 den Nobelpreis für Medizin erhielt.

13.8 Organische Schwefelverbindungen

Einteilung organischer Schwefelverbindungen. Schwefel und Sauerstoff gehö-ren zur gleichen Hauptgruppe des Periodensystems und ähneln sich chemisch. Es überrascht daher nicht, dass von vielen organischen Sauerstoffverbindungen ana-loge Schwefelverbindungen existieren. Die wichtigsten Typen von Schwefelver-bindungen sind:

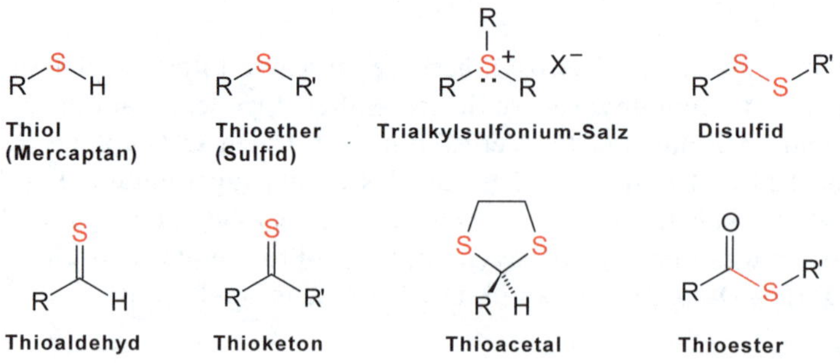

Thiole sind Schwefelanaloga von Alkoholen und werden deshalb auch Thioalkohole genannt. Da das Proton in R−S−H sauer reagiert (s. unten) und leicht durch
Quecksilber- oder andere Metall-Ionen ersetzt werden kann, heißen sie auch Mer-
captane (lat. *mercurium captans*, Quecksilber abfangend). Thioether und Disulfide
sind Schwefelanaloga von Ethern bzw. Peroxiden. Im Gegensatz zu Peroxiden
sind Disulfide aber recht beständig, die Anordnung -S-S- kommt sogar in Proteinen als Brücke zwischen zwei Peptidketten vor. Thioester leiten sich von Estern
dadurch ab, dass der σ-gebundene Sauerstoff in der Estergruppe durch Schwefel
ersetzt ist.

Neben Ähnlichkeiten mit Sauerstoff existieren aber auch Unterschiede: Sauerstoff
besitzt die Wertigkeit 2, Schwefel die Wertigkeiten 2 und durch die Einbeziehung
der d-Orbitale 4 und 6:

2-wertig:	4-wertig:	6-wertig:
H_3C — S — CH_3	H_3C — S(=O) — CH_3	H_3C — S(=O)(=O) — CH_3
Dimethylsulfid	**Dimethylsulfoxid**	**Dimethylsulfon**

Zu den Verbindungen mit höherwertigem Schwefel gehören auch die Sulfonsäuren, die als H^+-Katalysatoren bei Veresterungen Verwendung finden, ferner die
Sulfonsäure-ester. Nachfolgend sind einige dieser Verbindungen aufgeführt, wobei aus Gründen der Übersichtlichkeit die Winkel am Schwefel mit 90° und nicht
mit dem tatsächlichen Wert von ca. 110° wiedergegeben sind.

6-wertig:

H_3C—S(=O)(=O)—OH	H_3C—C₆H₄—S(=O)(=O)—OH	H_3C—C₆H₄—S(=O)(=O)—O—CH_3
Methansulfonsäure	**p-Toluolsulfonsäure**	**p-Toluolsulfonsäure-methylester**

Nomenklatur organischer Schwefelverbindungen. Zur Benennung von Thiolen
wird entweder die Nachsilbe *-thiol* oder die Vorsilbe *Mercapto-* verwendet. Bei
Thioethern bedient man sich der Vorsilbe *Alkylthio-* oder der Nachsilbe *–sulfid*.

H_3C—SH	C_6H_5—SH	4-Mercapto-2-pyridinsulfonsäure	1-(Methylthio)propan
Methanthiol	**Benzolthiol**	**4-Mercapto-2-pyridinsulfonsäure**	**oder Methyl-propyl-sulfid**

4- oder 6-wertige Schwefelverbindungen mit Sauerstoff am Schwefelatom werden
–sulfoxid bzw. *–sulfon* genannt, Beispiele s. oben.

Geruch und Geschmack organischer Schwefelverbindungen. Organische Schwefelverbindungen weisen oftmals einen sehr unangenehmen Geruch auf und werden daher im Laboratorium nur ungern verwendet. Stinktiere wehren sich gegen Angreifer durch Aussonderung eines Sekrets, das folgende Verbindungen enthält:

3-Methylbutan-1-thiol
(ein Thiol)

***trans*-5,6-Dithia-2-hepten**
(ein Disulfid)

Den unangenehmen Geruch von Thiolen nutzt man auch zur Warnung: Dazu wird geruchsarmes Erdgas mit Thiolen versetzt, um auf undichte Stellen im Leitungsnetz von Stadtgas aufmerksam zu machen. Andererseits verleihen bestimmte Schwefelverbindungen einigen Nahrungs- und Genussmitteln eine vielfach geschätzte Note, *sofern sie in äußerst geringer Konzentration auftreten.* Zum Aroma frisch gerösteten Kaffees oder gekochten Rindfleischs tragen bei:

2-Furfurylthiol
(im Kaffeearoma)

2-Methyl-3-furanthiol
(im gekochten Rindfleisch)

Für das Aroma gepresster Knoblauchzehen ist das Disulfid Allicin und für die Reizung der Augen beim Schneiden von Zwiebeln ein Thioaldehyd verantwortlich. Beide Verbindungen liegen als Sulfoxid vor.

Allicin
(als Derivat im Knoblauch)

Thiopropanal-oxid
(als Derivat in Zwiebeln)

Beide Verbindungen bilden sich erst beim Aufschneiden der Knollen aus jeweiligen Vorstufen. (Intakter Knoblauch und intakte Zwiebel sind bekanntlich fast geruchlos.)

Darstellung organischer Schwefelverbindungen. Thiole werden aus Kaliumhydrogensulfid und Alkylhalogenid hergestellt. Beispiel:

K-hydrogensulfid
(Überschuss)

Ethanthiol

Dabei wird ein großer Überschuss an Kaliumhydrogensulfid gewählt, damit Alkylhalogenid nur damit und nicht auch mit Ethanthiolat (gebildet aus Ethanthiol und Base) reagiert.

Ohne einen Überschuss gelingt die Herstellung eines Thiols, wenn Thioharnstoff als nucleophile Schwefelverbindung eingesetzt wird. Als Zwischenstufe tritt ein Salz auf, dessen Hydrolyse Harnstoff und Thiol ergibt.

$$H_2N\!-\!\underset{H_2N}{\overset{}{C}}\!=\!\ddot{S} \;+\; \text{(Ethylbromid)} \quad\xrightarrow{S_N2}\quad H_2N\!-\!\underset{H_2N}{\overset{}{C}}\!=\!\overset{+}{\ddot{S}}\,\text{Et} \;\; Br^- \quad\xrightarrow{H_2O/NaOH}\quad H_2N\!-\!\underset{H_2N}{\overset{}{C}}\!=\!\ddot{O} \;+\; H\!-\!\ddot{S}\!-\!\text{Et}$$

Thioharnstoff   **Zwischenstufe**   **Harnstoff**   **Ethanthiol**

Thioether bilden sich aus Kalium-thiolat und Alkylhalogenid.

$$H_3C\!-\!\ddot{\underset{..}{S}}{}^{-}\; K^{+} \;+\; \text{(Ethylbromid)} \quad\xrightarrow{S_N2}\quad H_3C\!-\!\ddot{S}\!-\!\text{Et} \;+\; KBr$$

Kalium-methanthiolat   **Ethyl-methyl-thioether**

Sulfoxide und Sulfone bilden sich durch Oxidation von Sulfiden mit einem bzw. zwei mol Wasserstoffperoxid.

$$H_3C\!-\!\ddot{S}\!-\!CH_3 \quad\xrightarrow{H_2O_2}\quad H_3C\!-\!\underset{}{\overset{:\ddot{O}:}{S}}\!-\!CH_3 \quad\xrightarrow{H_2O_2}\quad H_3C\!-\!\underset{}{\overset{:\ddot{O}:\;:\ddot{O}:}{S}}\!-\!CH_3$$

Dimethylsulfid   **Dimethylsulfoxid**   **Dimethylsulfon**

Das wichtigste Sulfoxid ist Dimethylsulfoxid, Sdp. 189 °C. Die Verbindung findet als aprotisches Lösungsmittel vielfache Verwendung.
Reaktionen von Thiolen und Thioethern. Thioalkohole sind schwache Säuren. Sie sind aber stärker sauer als Alkohole, da aufgrund des größeren Schwefel-Volumens der S–H-Abstand größer als der O–H-Abstand ist und das Proton vom zurückbleibenden Anion leichter abgelöst werden kann.

$$H_3C\!-\!\overset{O}{}\!H \qquad\qquad H_3C\!-\!\overset{S}{}\!H$$

Methanol, pKa 16   **Methanthiol, pKa 10,5**

Mit Alkalihydroxid reagieren sie zu Alkanthiolaten, wobei das Gleichgewicht entsprechend den pK$_a$-Werten von Thiol und Wasser ganz auf der Seite des Thiolats liegt.

Ethanthiol   **Ethanthiolat**

Thiolate sind nucleophiler als Alkoholate, ebenfalls eine Folge des größeren Volumens des Schwefelatoms und darüber hinaus der leichteren Deformierbarkeit desselben. Die erhöhte Nucleophilie des Schwefelatoms manifestiert sich auch im chemischen Verhalten von Thioethern: Obwohl das Schwefelatom darin keine negative Ladung besitzt, kann sich das Atom als reaktives Nucleophil betätigen. Beachten Sie den Unterschied zu Sauerstoff.

Thiole werden durch Iod in alkalischem Medium glatt zu Disulfiden oxidiert. Eine Umkehr dieser Reaktion ist die Reduktion von Disulfiden mit Zink in verdünnter Schwefelsäure.

Die Oxidation verläuft wie folgt:

- **Frage.** Wie verläuft die Synthese von Allicin, dem für Geruch und Geschmack verantwortlichen Inhaltsstoff von Knoblauch?
- **Antwort.** Die retrosynthetische Betrachtung führt zu folgender Zerlegung:

In Übereinstimmung damit verläuft die Synthese:

Aufgabe

20. Ausgehend von NaHS und organischen Halogenverbindungen sollen die Verbindungen A bis E hergestellt werden. Formulieren Sie die einzelnen Reaktionsgleichungen.

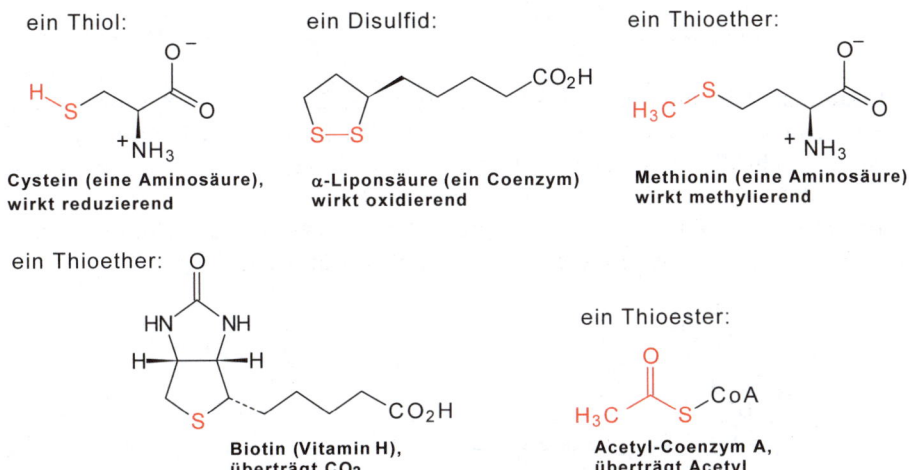

13.9 *Exkurs*: Schwefelverbindungen in der Biochemie

Verbindungen mit zweiwertigem Schwefel spielen in der Biochemie eine bedeutende Rolle. Dabei handelt es sich um Verbindungen, die zu den Thiolen, Thioethern, Disulfiden oder Thioestern gehören.

ein Thiol:

Cystein (eine Aminosäure),
wirkt reduzierend

ein Disulfid:

α-Liponsäure (ein Coenzym)
wirkt oxidierend

ein Thioether:

Methionin (eine Aminosäure),
wirkt methylierend

ein Thioether:

Biotin (Vitamin H),
überträgt CO_2

ein Thioester:

Acetyl-Coenzym A,
überträgt Acetyl

Die Verbindungen besitzen eine vielfältige biochemische Wirkung, wie im folgenden beschrieben.

Cystein tritt als Baustein in Peptidketten auf. Zwei SH-Gruppen in einer Kette können zu einer Disulfidbrücke oxidiert werden, wobei eine Schleife entsteht. Solche Schleifen verändern die Gestalt und damit Funktion einer Proteinkette auf markante Weise.

gestreckte Peptidkette   Peptidkette mit fixierter Schleife

Ein Beispiel für solche Disulfidbrücken ist das Peptid Insulin, welches insgesamt drei Disulfidbrücken enthält, s. Abschn. 27.2.2. Auch das Legen einer Dauerwelle beim Friseur beruht auf vorstehenden Redoxvorgängen. Hierbei wird zunächst die natürliche Struktur des Haares, welches aus Faserprotein besteht, durch Reduktion mit Thioglykolsäure (HS−CH$_2$−CO$_2$H) zerstört. Dabei werden Disulfidgruppen zu Thiolgruppen reduziert. Anschließend wird das Haar auf mechanische Weise in eine modische Form gebracht und diese Form durch Oxidation der Thiolgruppen zu Disulfidgruppen (Oxidationsmittel H$_2$O$_2$) fixiert.

α-Liponsäure ist ein Coenzym und das Redox-Gegenstück zu Cystein. Das Disulfid vermag Wasserstoff aufzunehmen, wobei Dihydroliponsäure, ein Dithiol, entsteht. Letzteres kann den Wasserstoff an ein anderes Substrat übertragen, wobei sich α-Liponsäure zurückbildet. α-Liponsäure ist somit ein Wasserstoffüberträger.

α-Liponsäure   Dihydroliponsäure

Methionin enthält eine an ein Schwefelatom gebundene Methylgruppe, die auf andere zelluläre Verbindungen übertragen werden kann. Die Übertragung erfolgt allerdings nicht direkt, sondern erst nach Umwandlung des Sulfids in eine Sulfoniumverbindung, Einzelheiten siehe Abschn. 10.10.

Biotin, auch Vitamin H genannt, fungiert als Coenzym bei der Übertragung von CO$_2$. Die reversible Bindung von CO$_2$ an Biotin verläuft wie folgt:

Biotin (ein Tautomer)

Im Gegensatz zu den Schwefelatomen in anderen Schwefelverbindungen hat das Schwefelatom im Biotin keine besondere biochemische Aufgabe.

Acetyl-Coenzym A enthält eine reaktive Acyl-Schwefelbindung. Die Verbindung dient als Überträger von Acetyl, Näheres s. Abschn. 19.5.

Aufgabe

21. α-Liponsäure wird als Arzneimittel gegen Schwermetall-Vergiftung verabreicht. Worauf beruht die Wirkung des Medikaments?

13.10 Lösung der Aufgaben zu Kapitel 13

1. Oxacycloheptan; Z-1,7-Dioxacyclododec-3-en

2. Ether können sich an Wasserstoffbrücken beteiligen.

3. **a,c,e**: $H_3C-O-CH_3$. **b,d**: $H_3C-O-C_6H_5$. **f**: Oxiran. **g**: $H_2C=CH-O-CH_3$

4.

---------- : Diese Retrosynthese führt zum Ziel.

- - - - - - - - - : Diese Retrosynthese führt nicht zum Ziel.

Zu **A** und **D**: Die Alternativen (------) führen nicht zum Ziel, da das Brom in Brombenzol bzw. in Bromnaphthalin nur bei sehr hoher Temperatur substituiert werden kann.

Zu **B** und **C**: Die Alternativen (------) ergeben eine schlechte Ausbeute, da Isopropylbromid durch Alkoholat z.T. eine β-Eliminierung zu Propen erleidet.

Zu **C**: Die Reaktion zu C ist keine Ethersynthese nach Williamson, sondern eine Reaktion eines Alkohols mit einem tertiären Carbeniumion.

5.

Triisopropyloxonium-tetrafluoroborat

6. Es fehlen Protonen zur Aktivierung des Ethersauerstoffs.

7. Tetrahydrofuran

8. $(H_3C)_2CH-CH_2-O-C_6H_5$

9. In Diisopropyl-ether stehen zwei Methylgruppen, in Diethyl-ether steht nur eine zur Stabilisierung des Radikals zur Verfügung (Abschn. 3.10.7).

10. Die Glyme komplexieren mit Salzen und erhöhen damit deren Löslichkeit:

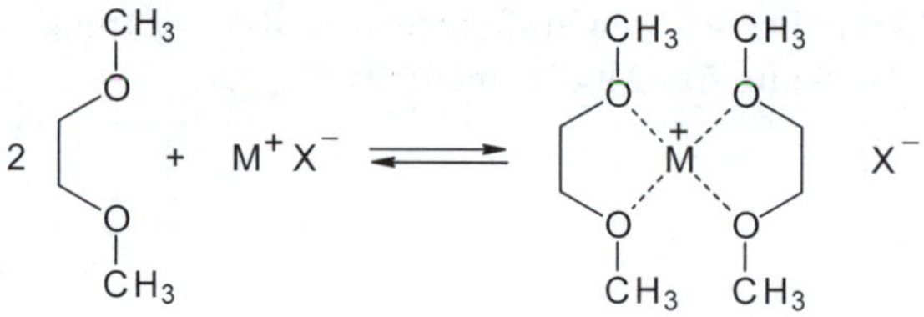

11.

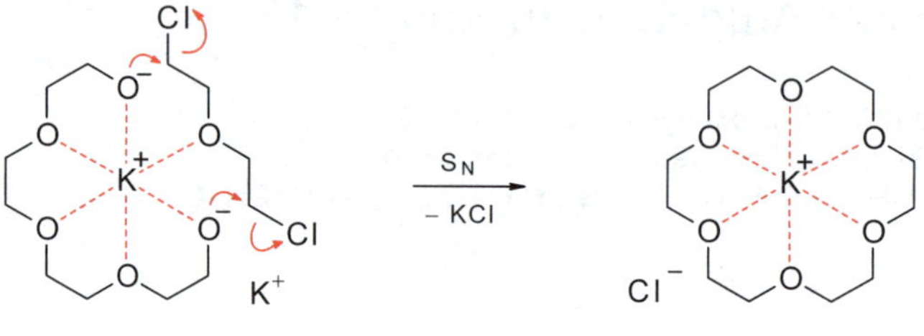

$$S_N \atop - KCl$$

[18]Krone-6 + KCl

12.

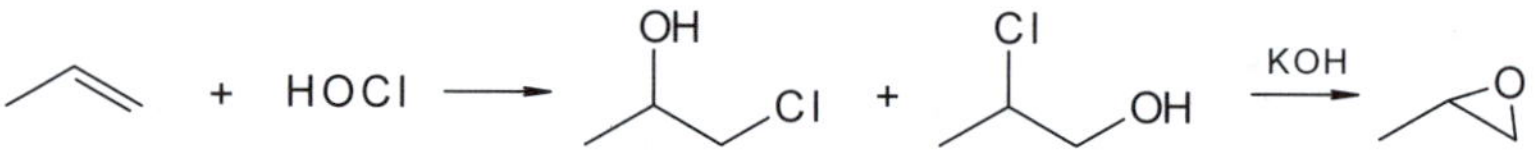

Hauptprodukt   **Nebenprodukt**
(Markownikowprodukt)

13.

$$\frac{d\,[C_2H_4O]}{dt} = k_3 \cdot [CH_2Cl\!-\!CH_2\!-\!O^-]$$

$$\frac{[CH_2Cl\!-\!CH_2\!-\!O^-]\cdot[H_2O]}{[CH_2Cl\!-\!CH_2\!-\!OH]\;[OH^-]} = K$$

$$[CH_2Cl\!-\!CH_2\!-\!O^-] = K' \cdot [CH_2Cl\!-\!CH_2\!-\!OH]\cdot[OH^-]$$

$$\frac{d\,[C_2H_4O]}{dt} = k_3 \cdot K' \cdot [CH_2Cl\!-\!CH_2\!-\!OH]\cdot[OH^-]$$

$$\frac{d\,[C_2H_4O]}{dt} = k' \cdot [CH_2Cl\!-\!CH_2\!-\!OH]\cdot[OH^-]$$

Es handelt sich um eine monomolekulare Reaktion, die nach der 2. Ordnung verläuft. (Vergleichen Sie mit dem E1cb-Beispiel in Abschn. 11.6.)

14. Cyclopenten + *m*-Chlorperoxybenzoesäure → **A**
3-Hydroxycyclopenten + *tert*-Butylhydroperoxid + Ti(OR)$_4$ + Weinsäureester → **B**
B ist enantiomerenrein, wenn als Katalysator enantiomerenreiner Weinsäureester
verwendet wird.
Cyclopenten-3-on + H$_2$O$_2$ → **C**

15. Das O-Atom epoxidiert die Doppelbindung, die bei elektrophilen Additionen reaktiver als die Dreifachbindung ist.

16.

Diethylenglykol

17. Diethylenglykol +2 NaH → Dinatrium-diethylenglykolat

Dinatrium-diethylenglykolat + 2 CH$_3$I → Diglyme (Williamsonsche Ethersynthese)

18. a) Cyclopenten + H–O–Br

b) Cyclopenten + R–CO$_3$H → Cyclopentenoxid; Cyclopentenoxid + HBr

19.

Hauptprodukt (A) Nebenprodukt (B)   **Hauptprodukt (C) Nebenprodukt (D)**

Die Selektivität ist geringer als bei 2,2-Dimethyloxiran, welches jeweils nur ein Produkt liefert (analog zu A und C).

20.

(n)-C$_4$H$_9$—Br + NaHS ⟶ **A** + NaBr

C$_2$H$_5$—Br $\xrightarrow{\text{NaHS}}$ C$_2$H$_5$—SH $\xrightarrow{\text{KOH}}$ C$_2$H$_5$—S$^-$ $\xrightarrow{\text{HO—CH}_2\text{—CH}_2\text{—Br}}$ **B** + Br$^-$

Br—(CH$_2$)$_5$—Br $\xrightarrow{\text{NaHS}}$ HS—(CH$_2$)$_5$—Br $\xrightarrow{\text{KOH}}$ $^-$S—(CH$_2$)$_5$—Br $\xrightarrow{-\text{Br}^-}$ **C**

C$_3$H$_7$—Br $\xrightarrow[-\text{NaBr}]{\text{NaHS}}$ C$_3$H$_7$—SH $\xrightarrow[\text{2. C}_2\text{H}_5\text{Br}]{\text{1. OH}^-}$ C$_3$H$_7$—S—C$_2$H$_5$ $\xrightarrow{\text{CH}_3\text{—I}}$ **D**

C$_2$H$_5$—Br $\xrightarrow{\text{NaHS}}$ C$_2$H$_5$—SH $\xrightarrow{\text{KOH}}$ C$_2$H$_5$—S$^-$ $\xrightarrow[\text{Inversion}]{}$ **E**

21. Das Schwefelatom im Disulfid α-Liponsäure hat eine beträchtliche Affinität zu Schwermetall-Ionen. (Zur Erinnerung: Mercaptan bedeutet Quecksilber abfangend)

Kapitel 14
Benzol und Aromatizität

14.1 Aromaten im Überblick

Aromaten im engen Sinn sind Verbindungen mit einem oder mehreren Benzolringen. Der Name rührt vom aromatischen Geruch einiger weniger niedermolekularer Vertreter wie Benzol, Toluol oder Benzaldehyd her. Die meisten Aromaten besitzen keinen aromatischen (angenehmen) Geruch.

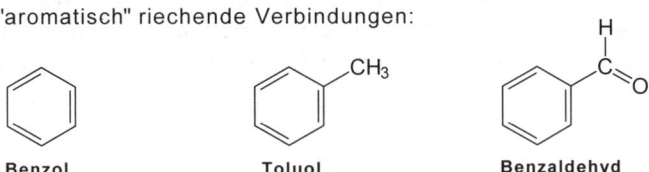

"aromatisch" riechende Verbindungen:

Benzol   Toluol   Benzaldehyd

Prototyp der Aromaten ist Benzol. Benzol besitzt eine besondere Stabilität, die auf die Delokalisierung der sechs π-Elektronen zurückzuführen ist. In diesem Kapitel stehen Struktur und Bindung, ferner Gewinnung von Benzol und anderen Aromaten im Vordergrund, im nächsten die Reaktionen der Aromaten.

Höhermolekulare Aromaten bestehen aus mehreren Benzolringen, die eine oder mehrere gemeinsame CC-Bindungen enthalten. So enthält Naphthalin die gemeinsame Bindung 4a–8a. Aromaten mit gemeinsamer Bindung heißen **kondensierte** oder **anellierte Aromaten**. Aromaten besitzen im Vergleich zu Cycloaliphaten gleicher C-Zahl hohe Schmelzpunkte (s. Formelschema), eine Folge der van-der-Waals-Anziehungskräfte zwischen den planaren Molekülen.

Benzol,
Schmp. 5,5 °C

Naphthalin,
Schmp. 80 °C

Anthracen,
Schmp. 216 °C

Phenanthren,
Schmp. 101 °C

Chrysen,
Schmp. 255 °C

Pyren,
Schmp. 156 °C

Durch Anellierung vieler Benzolringe bildet sich eine schichtförmigen Anordnung. **Graphit** setzt sich aus vielen solcher übereinander liegenden Schichten zusammen. Die Schichten werden nur durch schwache van-der-Waals-Kräfte zusammengehalten und sind leicht gegeneinander verschiebbar. Wegen dieser leichten Verschiebbarkeit wird Graphit als *trockenes* Schmiermittel oder zur Herstellung von Bleistiften verwendet.

Eng verwandt mit den polycyclischen Aromaten sind die **Fullerene**. Diese bestehen aus C-Atomen, die symmetrisch auf einer Kugel oder einem Ellipsoid angeordnet sind und dabei Fünf- oder Sechsringe bilden. Prototyp der Fullerene ist das besonders stabile C_{60}-Fulleren, das nachfolgend abgebildet ist. Es enthält 20 Sechsringe und 12 Fünfringe, die gleichmäßig auf der Oberfläche einer Kugel verteilt sind. Die Anordnung der Seiten dieser Ringe ist identisch mit der Anordnung der Nähte eines klassischen Lederfußballs. Das abgebildete ^{13}C-NMR-Spektrum weist ein Signal auf und zeigt damit, dass nur eine Sorte von C-Atomen vorhanden ist. Die chemische Verschiebung (143 ppm) weicht deutlich von der von Graphit und Benzol ab.

Benzol (fest),
δ ~ 120 ppm

Graphit (Ausschnitt),
δ ~ 115 ppm

C_{60}-Fulleren.
δ ~ 143 ppm

145   140   135 ppm

^{13}C-NMR-Spektrum
von C_{60}-Fulleren

Fullerene entstehen beim Verdampfen von Graphit in einer Heliumatmosphäre (*W. Krätschmer und D. Huffman* 1990). Sie sind reaktiver als Aromaten und gehen wie Alkene Additionsreaktionen ein. Die erhöhte Reaktivität ist eine Folge der Krümmung der Ringe, bei der die für planare Aromaten typische Stabilität verloren geht. Für die Entdeckung der Fullerene erhielten *R.F. Curl* (geb. 1933 in Alice, Texas), *H.W. Kroto* (geb. 1939 in Wisbech, UK) und *R.E. Smalley* (geb. 1943 in Akron, Ohio) 1996 den Nobelpreis für Chemie.

14.2 Nomenklatur substituierter Aromaten

Wie substituierte Alkane werden auch substituierte Aromaten auf dreierlei Weise benannt. (Zur Nomenklatur substituierter Alkane s. Abschn. 3.3.)

- Der Name des Substituenten wird *vor* den Namen des Aromaten gesetzt.
- Der Name des Substituenten wird *hinter* den Namen des Aromaten gesetzt.
- Der Name des Substituenten wird ebenfalls *hinter* den Namen des Aromaten gesetzt, der nunmehr als Aromaten*rest* benannt wird.

Nachfolgend ist je ein Beispiel für ein substituiertes Alkan (zum Vergleich) und für einen substituierten Aromaten aufgeführt. Beachten Sie die Analogie der Benennungen.

2-Aminobutan,
2-Butanamin,
2-Butylamin

2-Aminonaphthalin,
2-Naphthalinamin,
2-Naphthylamin

Bei mehrfach substituierten Aromaten werden die Namen der Substituenten in alphabetischer Reihenfolge vor den Namen des Aromaten gesetzt und ihre Position mit Zahlen angegeben.

1,2,4-Trifluorbenzol

1-Amino-4-brombenzol

2-Brom-6-chlor-3-hydroxy-naphthalin

Auch substituierte Aromaten können mit Trivialnamen benannt werden, wie folgende Beispiele zeigen.

Toluol
(Methylbenzol)

Phenol
(Hydroxybenzol)

Anilin
(Aminobenzol)

Benzoesäure
(Benzolcarbonsäure)

Sind nur zwei Substituenten am Benzolring vorhanden, werden auch die Vorsilben *ortho, meta* und *para* (Abkürzungen *o,m,p*) verwendet, die für die 1,2-, 1,3- bzw. 1,4-Anordnung stehen. Im übrigen sind auch hier Trivialnamen gebräuchlich.

1,2-Dimethylbenzol
oder *o*-Xylol

1,3-Dimethylbenzol
oder *m*-Xylol

1,4-Dimethylbenzol
oder *p*-Xylol

1-Fluor-4-nitrobenzol
oder *p*-Nitrofluorbenzol

2-Fluor-6-nitronaphthalin
(o,m,p-Benennung nicht möglich)

Die Namen aromatischer Radikale enden häufig auf –yl. Achten Sie auf den Unterschied von Benzyl und Benzoyl.

Phenyl- (nicht Benzyl!)   **Benzyl-**   **Benzal-**   **Benzoyl-**   **1-Naphthyl-**

Aromatische Radikale werden unter dem Oberbegriff **Aryl** zusammengefasst, der sich von *Aren* für Aromaten herleitet.

Aufgaben

1. Benennen Sie folgende Verbindungen:

2. Aus welchen molekularen Bausteinen besteht (a) Graphit, (b) Diamant?

14.3 *Exkurs*: Krebserregende Aromaten

Aromatische Verbindungen können krebserregend (carcinogen) wirken. Zu den stärksten carcinogenen Verbindungen gehören Aflatoxin und Benzo[a]pyren. Aflatoxin, welches in verschimmelten Nüssen vorkommt, ist nach dem heutigen Erkenntnisstand das stärkste Carcinogen. Benzo[a]pyren, Bestandteil des Steinkohlenteers, verursacht wie auch bestimmte andere Aromaten im Steinkohlenteer Hautkrebs. Auch Tabakrauch ist krebserregend, wofür man darin enthaltene Aromaten, ferner Nicotin und Stickoxid verantwortlich macht.

Aflatoxin B1, in verschimmelten Nüssen

Benzo[a]pyren, im Steinkohlenteer

Worauf beruht die Carcinogenität von Aflatoxin und Benzo[a]pyren? Gelangt ein Aromat in einen Organismus, so ist letzterer bestrebt, den Aromaten durch enzymatische Oxidation wasserlöslich zu machen und auszuscheiden. Einige Aromaten werden in Epoxide überführt, die anschließend mit einer Aminogruppe der Desoxyribonucleinsäure (im Formelschema mit DNA-NH_2 abgekürzt) reagieren und damit das Erbmaterial verändern können. Bei Benzo[a]pyren wird folgender Ablauf angenommen:

Benzo[a]pyren   ein Epoxid   mehrkerniger Aromat, verknüpft mit DNA

Aflatoxin besitzt eine reaktive Doppelbindung vom Typ Enolether. Es reagiert analog Benzo[a]pyren. Auch das früher vielfach als Lösungsmittel verwendete Benzol ist krebserregend (Leberschäden), deshalb wird es im Labor durch Toluol ersetzt. Letzteres wird zwar ebenfalls enzymatisch oxidiert, jedoch an der reaktiveren Methylgruppe, wobei sich die unschädliche Benzoesäure bildet.

14.4 Bindung in Benzol

Bereits 1865 schlug *Kekulé* (F.A. Kekulé, geb. 1829 in Darmstadt) für Benzol eine ringförmige Struktur vor, was in der damaligen Zeit einer Pionierleistung gleichkam. Nach seiner Vorstellung sollte Benzol eine 1:1-Mischung der beiden Verbindungen Ia und Ib mit je drei Doppelbindungen sein, die sich in einer Gleichgewichtsreaktion sehr schnell gegenseitig umwandeln würden. Nach heutiger Vorstellung besteht Benzol aus einer einzigen Verbindung, deren Elektronenstruktur ebenfalls durch Ia und Ib, jedoch als **mesomere Grenzstrukturen** beschrieben wird. Äquivalent damit ist die Formulierung II, welche die Delokalisierung der π-Elektronen besonders anschaulich beschreibt. Beide Formulierungen bringen auch zum Ausdruck, dass alle Bindungen identisch und gleich lang sind. Die CC-Bindungslänge beträgt 139 pm und liegt damit zwischen der von Ethan (154 pm) und Ethen (134 pm).

Ia   Ib   II

Benzol
(2 mesomere Grenzstrukturen)

Benzol
(delokalisierte Formulierung)

Die gleiche Delokalisierung tritt bei substituierten Benzolverbindungen ein. *o*-Xylol wird weder durch die Grenzstruktur IIIa (Doppelbindung zwischen den beiden CH$_3$-Gruppen) noch durch die Grenzstruktur IIIb (Einfachbindung zwischen den beiden CH$_3$-Gruppen), sondern allein durch die Überlagerung der mesomeren Grenzstrukturen IIIa und IIIb oder durch IV richtig beschrieben.

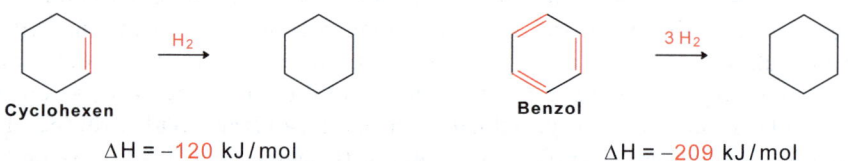

o-Xylol
(2 mesomere Grenzstrukturen)

Auch in kondensierten Aromaten sind die π-Elektronen delokalisiert, wie das Beispiel Naphthalin zeigt.

Naphthalin
(2 mesomere Grenzstrukturen)

Hydrierungswärme von Benzol. Die Delokalisierung der π-Elektronen verleiht dem Benzolring eine besondere Stabilität. Diese kann durch Vergleich der Hydrierungswärme von Benzol und Cyclohexen quantifiziert werden. Bei der Hydrierung von Cyclohexen werden 120 kJ/mol frei, bei der Hydrierung von Benzol sind es nur 209 kJ/mol und nicht 3·120 kJ/mol, wie bei drei isolierten Doppelbindungen zu erwarten wäre.

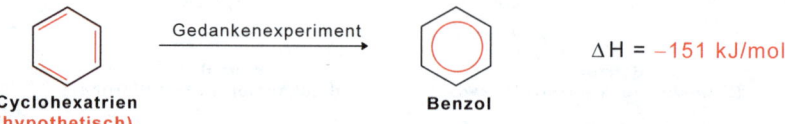

Cyclohexen   **Benzol**

ΔH = −120 kJ/mol   ΔH = −209 kJ/mol

Die Differenz von 3·120 − 209 = 151 kJ/mol ist ein quantitatives Maß für die Stabilität von Benzol gegenüber einem hypothetischen Cyclohexatrien und heißt **Delokalisierungsenergie** (englisch *resonance energy*), da sie von der Delokalisierung der π-Elektronen herrührt. Das folgende Gedankenexperiment gibt diese energetische Beziehung wieder. Um ein Gedankenexperiment handelt es sich insofern, als es kein Cyclohexatrien, sondern eben nur Benzol gibt.

Gedankenexperiment →   ΔH = −151 kJ/mol

Cyclohexatrien
(hypothetisch)   **Benzol**

Molekülorbitale in Benzol. Wie bei Ethylen oder Butadien (Abschn. 1.8.2) gehen auch bei Benzol von jedem einzelnen C-Atom drei sp^2-Orbitale (σ-Bindungen) und ein p_z-Orbital aus. Die σ-Bindungen bilden einen Winkel von 120° und bestimmen damit die Geometrie des gesamten Benzolrings: Benzol stellt ein regelmäßiges Sechseck dar. Senkrecht zu den σ-Bindungen sind die p_z-Orbitale angeordnet.

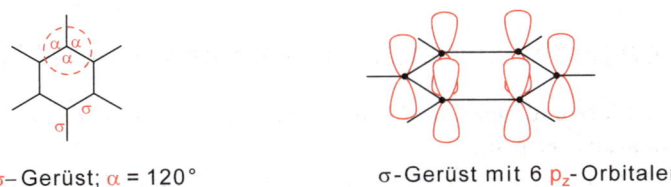

σ–Gerüst; α = 120° σ-Gerüst mit 6 p_z-Orbitalen

Die sechs p_z-Orbitale überlappen und bilden die sechs Molekülorbitale ψ_1 bis ψ_6, die sich über *alle* C-Atome erstrecken. In ψ_1 haben die Schwingungsphasen der p_z-Orbitale oberhalb (oder unterhalb) der Molekülebene gleiches Vorzeichen. Dieses Orbital ist stark bindend. In ψ_6 sind die Schwingungsphasen alternierend, dieses Molekülorbital ist stark antibindend. In ψ_2 bis ψ_5 sind die Molekülorbitale teils bindend teils antibindend. Die Molekülorbitale ψ_1 bis ψ_3 sind mit je zwei Elektronen besetzt, die Molekülorbitale ψ_4 bis ψ_6 sind unbesetzt (s. Abb.).

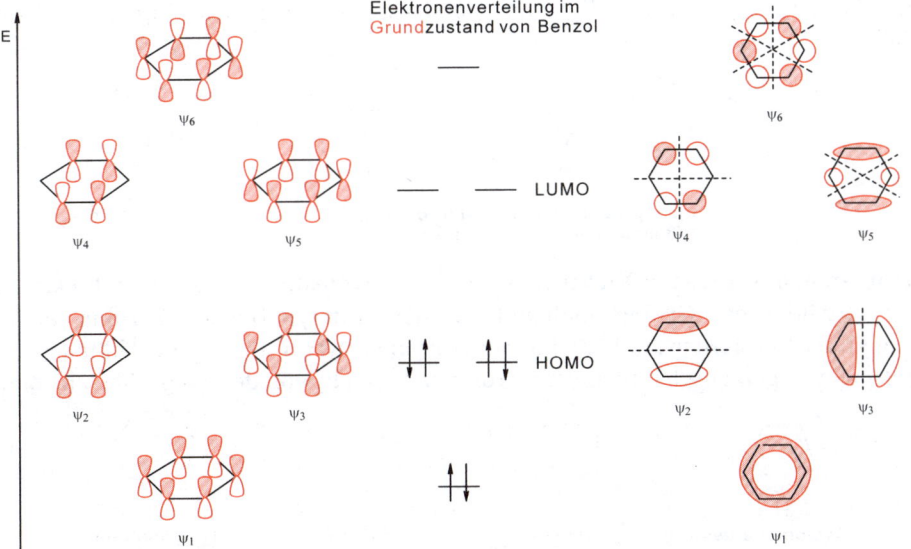

Molekülorbitale im Benzol in Seitenansicht (links) und Draufsicht (rechts) mit eingezeichneten Knotenebenen der Schwingungsphasen (------). Mitte: Besetzung der jeweiligen Energieniveaus mit π-Elektronen

Aufgabe

3. Wird die Bindung in *o*-Dichlorbenzol durch I oder II richtig wiedergegeben?

14.5 Benzoide und nichtbenzoide Aromaten. Hückel-Regel

Nachfolgend stehen Verbindungen im Mittelpunkt, die keine Benzolringe aufweisen, aber trotzdem aromatisch sind.

E. Hückel (geb. 1896 in Berlin) hat sich schon in den dreißiger Jahren des letzten Jahrhunderts mit der Frage befasst, weshalb einige ungesättigte Ringverbindungen wie Benzol verhältnismäßig stabil, andere ungesättigte Ringverbindungen dagegen reaktiv oder gar unbeständig sind. Nach Hückel liegt die Erklärung in der *Anzahl* der π-Elektronen in einem Ring. Aromatisch sind alle monocyclischen planaren Ringe, die $(4n + 2)$ π-Elektronen (n = 0,1,2,3...) in durchgehend konjugierter Anordnung enthalten **(Hückel-Regel)**. Vereinfacht ausgedrückt: Monocyclen mit 2,6,10,14...π-Elektronen sind aromatisch, solche mit 4,8,12,16...π-Elektronen nicht. Nachfolgend werden typische Vertreter mit $4n + 2$ π-Elektronen vorgestellt.

Aromaten mit zwei π-Elektronen. Zu den Aromaten mit zwei π-Elektronen (n = 0) gehört das Cyclopropenylium-Ion, dessen π-Elektronen wie folgt delokalisiert sind:

Cyclopropenylium-tetrafluoroborat
(3 mesomere Grenzstrukturen)

Aromaten mit sechs π-Elektronen. Zu den Aromaten mit sechs π-Elektronen (n = 1) zählen das Cyclopentadienid-Ion, der Prototyp Benzol, Pyridin und das Tropylium-Ion, ferner die Fünfring-Heterocyclen Pyrrol, Furan und Thiophen. Die Beispiele zeigen anschaulich, dass Aromatizität nicht von der Ringgröße abhängt.

Cyclopentadienid-Ion   Benzol   Pyridin   Tropylium-Ion

Pyrrol   Furan   Thiophen

Bei den drei zuletzt genannten Verbindungen steuert das Heteroatom (O, N oder S) die beiden fehlenden Elektronen bei, wie am Beispiel Pyrrol erläutert.

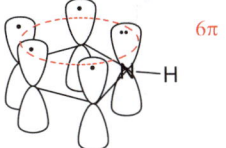 6π

Pyrrol.
Die 4 p_z-Elektronen an den vier C-Atomen und das Elektronenpaar am N-Atom bilden ein aus sechs π-Elektronen bestehendes aromatisches System, das sich über alle Ringatome erstreckt.

Aromaten mit 10 π-Elektronen. Zu den Aromaten mit 10 π-Elektronen (n = 2) gehören das Dianion von Cyclooctatetraen, ferner 1,6-Methano[10]annulen und Azulen. Die beiden letzten Verbindungen sind nicht monocyclisch, laut Hückelregel sollten sie nicht aromatisch sein. Entscheidend für Aromatizität ist aber, dass die π-Elektronen an der Peripherie (am Rand) eines Ringes oder mehrerer Ringe durchgehend konjugiert angeordnet sind. Überbrückungen beeinträchtigen die Aromatizität nicht.

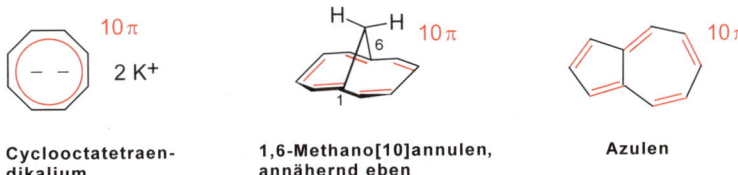

Cyclooctatetraen-dikalium   **1,6-Methano[10]annulen, annähernd eben**   **Azulen**

Aromaten mit 18 π-Elektronen. Zu den Aromaten mit 18 π-Elektronen (n = 4) zählen [18]Annulen und Porphin, die Stammverbindung der Naturstoffe Hämoglobin und Chlorophyl. Porphin enthält zwar 22 π-Elektronen, aber nur 18 π-Elektronen bilden einen aromatischen Ring (in der Abbildung rot markiert). Die vier restlichen π-Elektronen stabilisieren den Ring.

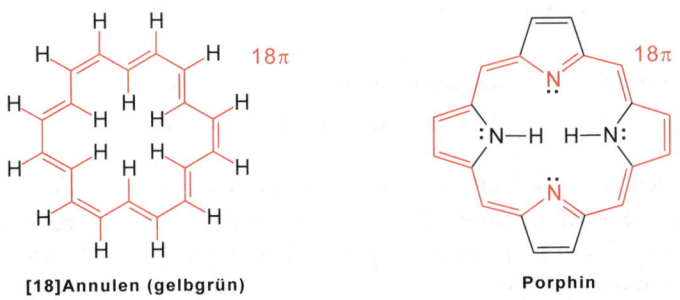

[18]Annulen (gelbgrün)   **Porphin**

Nomenklatur. Monocyclische Ringe, die alternierend aus C=C- und C–C-Bindungen bestehen, werden auch [n]Annulene genannt. n gibt die Zahl der π-Elektronen an. Benzol ist nach dieser Nomenklatur ein [6]Annulen.

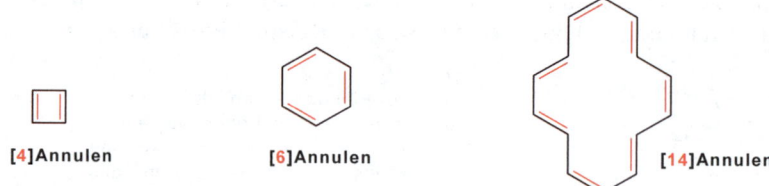

[4]Annulen   [6]Annulen   [14]Annulen

Aufgaben

4. Warum ist die 6π-Elektronenverbindung Cycloheptatrien nicht aromatisch?

5. Formulieren Sie die mesomeren Grenzstrukturen des Cyclopentadienid-Ions.

6. Warum wird die Aromatizität verringert, wenn der Ring von der Planarität abweicht?

7. Tropon besitzt ein Dipolmoment von 4.3 Debye, Cycloheptanon ein solches von nur ca. 3 Debye. Erklären Sie den Unterschied.

Tropon, 4.3 D   Cycloheptanon, ca. 3 D

14.6 Antiaromaten

Wie vorstehend beschrieben sind monocyclische Verbindungen mit (4n + 2) π-Elektronen (n = 0,1,2,3...) verhältnismäßig beständig und aromatisch. Welche Eigenschaften besitzen monocyclische Verbindungen mit 4n π-Elektronen (n = 1,2,3...)? Diese Verbindungen sind sehr unbeständig, sie werden **Antiaromaten** oder Anti-Hückel-Aromaten genannt.

- (4n + 2) π-Elektronen   : beständig, aromatisch
- 4n π-Elektronen   : unbeständig, antiaromatisch

Nachfolgend werden typische Vertreter mit 4n π-Elektronen vorgestellt.

Antiaromaten mit 4 π-Elektronen. Die einfachsten Antiaromaten besitzen 4 π-Elektronen (n = 1). Hierzu gehören das Cyclopropenid-Anion, das Cyclobutadien und das Cyclopentadienyl-Kation.

Cyclopropenid-Anion (3 mesomere Grenzstr.)   Cyclobutadien (2 Valenztautomere)   Cyclopentadienyl-Kation (5 mesomere Grenzstrukturen)

Cyclobutadien ist nur bei sehr tiefer Temperatur (20 K) in einer festen Matrix beständig. Beständig ist dagegen Cyclobutadien mit vier *tert*-Butylgruppen. Bei Raumtemperatur haltbar ist auch ein Komplex mit Eisentricarbonyl, der als Quelle zur Erzeugung von freiem Cyclobutadien dient.

Cyclobutadien, unbeständig

Tetra-*tert*-butylcyclobutadien, beständig

Cyclobutadien-eisen-tricarbonyl, beständig

Antiaromaten mit 8 π-Elektronen. Zu den 8π-Verbindungen (n = 2) gehört Pentalen. Pentalen ist bei Raumtemperatur unbeständig und wird erst durch *tert*-Butyl-Substituenten stabilisiert.

Pentalen, unbeständig

1,3,5-Tri-tert-butylpentalen (blau), beständig

Somit gibt es zwei Möglichkeiten, ungesättigte unbeständige Moleküle zu stabilisieren: durch Verknüpfung mit sperrigen Gruppen oder durch Komplexierung mit Übergangsmetallen. Sperrige Gruppen schirmen das Molekül gegen den Angriff eines anderen Moleküls ab. Bei der Komplexbildung mit einem Übergangsmetall werden die π-Elektronen einer instabilen ungesättigten Verbindung durch das Metall beansprucht und damit desaktiviert. (Einzelheiten über die Bindung zwischen einem Alken und einem Übergangsmetall s. Abschn. 16.2.4).

Vergleich von Aromaten und Antiaromaten. Der energetische Unterschied zwischen einer aromatischen und einer antiaromatischen Verbindung wird durch die folgenden hypothetischen Energieprofile für Benzol und Cyclobutadien verdeutlicht. Benzol im Grundzustand besitzt delokalisierte π-Bindungen; lokalisierte π-Bindungen ergeben zwei energiereiche Cyclohexatrienverbindungen. Im Cyclobutadien sind die Verhältnisse genau umgekehrt; hier weist der Grundzustand lokalisierte π-Bindungen auf und der Übergangszustand delokalisierte.

Cyclobutadien wurde bisher als Quadrat betrachtet. Tatsächlich hat die Verbindung unterschiedliche Längen von Einfach- und Doppelbindung, was nur mit einer Rechteck-Anordnung vereinbar ist. Es stehen zwei Rechtecke im **valenztautomeren Gleichgewicht**, bei dem sich nur π-Elektronen verschieben.

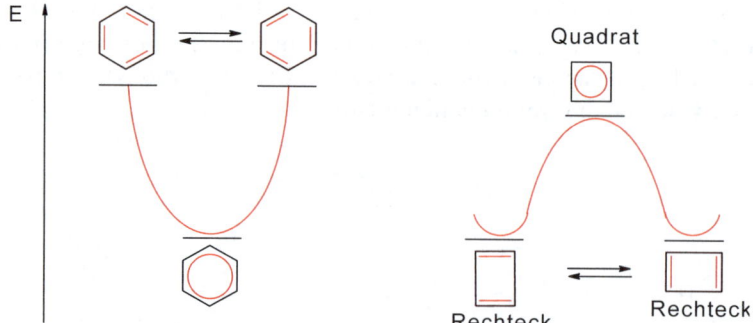

● **Frage.** [8]Annulen besitzt 8 π-Elektronen in cyclischer Anordnung. Die Verbindung sollte antiaromatisch und instabil sein. Tatsächlich ist die Verbindung stabil. Warum? Eine weitere Frage. [10]Annulen enthält 10 π-Elektronen in cyclischer Anordnung; diese Verbindung sollte aromatisch und stabil sein. Sie ist aber wenig stabil. Warum?

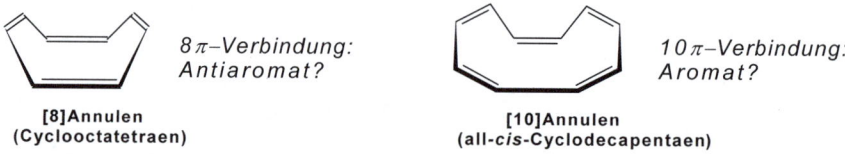

● **Antwort.** Voraussetzung für Aromatizität oder Antiaromatizität ist Planarität, weil nur diese eine maximale Überlappung der π-Elektronen gewährleistet. Obige Ringe sind aber nicht planar sondern wannenförmig. Ergebnis: [8]Annulen und [10]Annulen gehören weder zu den Antiaromaten noch Aromaten sondern zu den Polyenen.

Elektronenverteilung in Aromaten und Antiaromaten. Warum sind Aromaten vergleichsweise stabil und Antiaromaten sehr instabil? Eine Antwort liefern die Energiediagramme der π-Elektronen. Wie im Abschn. 14.4 erläutert besetzen die sechs π-Elektronen im Benzol paarweise drei Molekülorbitale (MO's), die damit vollständig gefüllt sind. Anders in Antiaromaten, wie das Beispiel hypothetisches planares Cylooctatetraen zeigt.

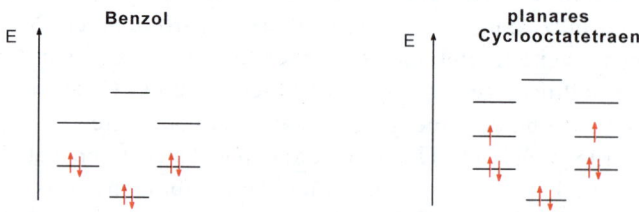

Energieniveaus der π-Elektronen in Benzol und planarem Cyclooctatetraen

Sechs π-Elektronen besetzen die unteren MO's jeweils vollständig, die beiden restlichen verteilen sich gemäß der Hundschen Regel (Abschn. 1.8.2) *einzeln* auf zwei weitere MO's. Diese unvollständige Besetzung ist der Grund für die hohe Reaktivität und damit Instabilität von Antiaromaten.

Aufgaben

8. Die Verteilung der π-Elektronen im Pentalen kann durch zwei Valenzisomere beschrieben werden. Zeichnen Sie das Energieprofil.

9. Welche der folgenden Verbindungen sind olefinisch, aromatisch oder antiaromatisch?

10. Bei – 60 °C konnten zwei *cis-trans*-isomere [10]Annulene dargestellt werden, die all-*cis*-Verbindung und die *cis-cis-cis-cis-trans*-Verbindung. Zeichnen Sie die Strukturformeln beider Verbindungen.

11. H-Atome α-ständig zu einer Carbonylgruppe reagieren sauer und können mit R–O⁻/ R–O–D (R gleich Alkyl) gegen Deuteriumatome ausgetauscht werden (Abschn. 20.1). Warum verläuft der Austausch in A schneller (ca. 6000 mal) als in B?

14.7 NMR-Spektren von Aromaten und Antiaromaten

Auch die chemischen Verschiebungen der Protonen von Aromaten und Antiaromaten unterscheiden sich erheblich voneinander, wie die Prototypen dieser Verbindungen zeigen.

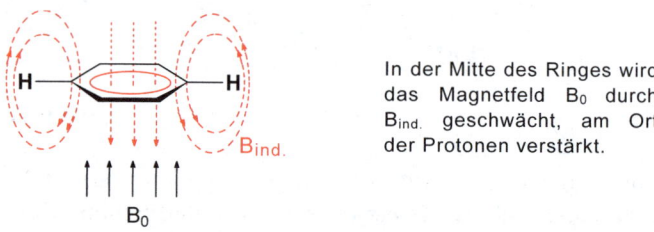

Protonen von Olefinen und von Antiaromaten absorbieren in einem ähnlichen Bereich, aromatische Protonen dagegen bei höheren Resonanzfrequenzen (größeren δ-Werten). Ursache ist ein **Ringstrom**, der wie folgt zustande kommt. Beim Einbringen eines ungesättigten Moleküls in ein starkes Magnetfeld B_0 setzen sich die π-Elektronen in eine kreisförmige Bewegung. In Aromaten wird ein diamagnetischer Ringstrom induziert, dessen Magnetfeld $B_{ind.}$ das angelegte Magnetfeld B_0 an der Peripherie des Moleküls verstärkt und im Inneren des Moleküls schwächt.

In der Mitte des Ringes wird das Magnetfeld B_0 durch $B_{ind.}$ geschwächt, am Ort der Protonen verstärkt.

Das zusätzliche Magnetfeld $B_{ind.}$ führt nach der Resonanzgleichung $\omega = \gamma \cdot (B_0 \pm B_{ind.})$ zu einer höheren Resonanzfrequenz, da $B_{ind.}$ am Ort der Protonen positiv ist (Lenzsche Regel, Abschn. 2.3.2).

Zusammenfassung

● Aromaten sind cyclische Verbindungen mit $4n + 2$ π-Elektronen (n = 0,1,2,3...) und Antiaromaten solche mit $4n$ π-Elektronen (n = 1,2,3...)

● Aromaten sind stabil, Antiaromaten sehr instabil. Ursache sind vollständig mit π-Elektronen besetzte MO's bei Aromaten und nur teilweise besetzte MO's bei Antiaromaten.

● Aromatische Protonen liefern NMR-Signale bei 7-9 ppm, olefinische und antiaromatische bei 5-7 ppm. Ursache für die Verschiebung der aromatischen Protonen zu höheren ppm-Werten ist ein Ringstrom im aromatischen Ring.

Aufgaben

12. Nachfolgend ist das ^{1}H-NMR-Spektrum von 2-Phenylpropen abgebildet. Ordnen Sie die vier Signalgruppen den Protonen zu.

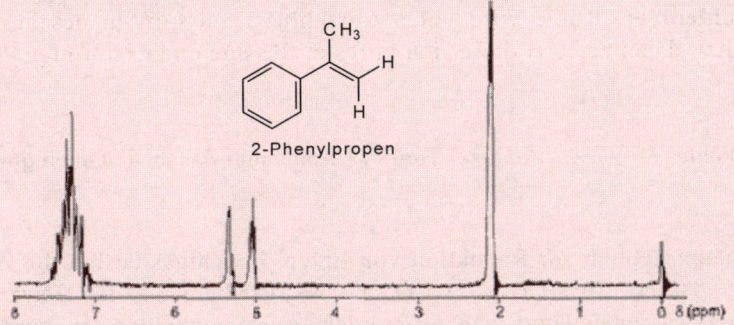

2-Phenylpropen

13. [18]Annulen besitzt zwei Sorten von H-Atomen: solche, die innere Positionen und solche, die äußere Positionen einnehmen. Dementsprechend beobachtet man zwei Signale mit den chemische Verschiebungen δ = 9,3 und δ = -3.0 ppm. Erklären Sie den großen Unterschied der δ–Werte anhand des Ringstromes.

+ 9,3 ppm
– 3,0 ppm

[18]Annulen (gelbgrün)

14.8 Gewinnung von Aromaten aus Erdöl und Teer

Aus Erdöl. Erdöl besteht hauptsächlich aus aliphatischen Verbindungen, der Anteil aromatischer Verbindungen ist in der Regel klein. Dennoch bildet Erdöl auch die Basis für aromatische Verbindungen. Werden Erdöldestillate (z.B. Schwerbenzin) bei 500-600 °C über einen Platinkontakt geleitet, so finden Dehydrierungen statt. Hexan liefert dabei Benzol, Heptan ergibt Toluol usw. Das Verfahren trägt den Namen **Reforming** und liefert 90 % des technisch benötigten Benzols und Toluols.

Aus Steinkohlenteer. Kohle wird unter Ausschluss von Luft in geschlossenen Gefäßen erhitzt, dabei zersetzt diese sich in feste, flüssige und gasförmige Produkte.

Steinkohle $\xrightarrow{1000\ °C}$ Koks + Teer + Ammoniakwasser + Leuchtgas

80 %   5%   5%   10%

Koks dient hauptsächlich zur Reduktion von Erzen. Leuchtgas besitzt die Zusammensetzung: 50% H_2, 30% CH_4, 7% CO, 5% N_2. Es dient u.a. für Heizzwecke. Aus Ammoniakwasser gewinnt man Ammoniak. Aus Steinkohlenteer wurden bereits mehrere tausend aromatische Verbindungen isoliert. Es handelt sich um aromatische Kohlenwasserstoffe, stickstoffhaltige Basen und Phenole. Die Auftrennung geschieht hauptsächlich durch fraktionierende Destillation gefolgt von Kristallisation. Viele der kondensierten Aromaten, die am Anfang dieses Kapitels aufgeführt sind, lassen sich aus Teer gewinnen. In großer Menge werden die neutralen Verbindungen Naphthalin, Anthracen, Pyren, Cyclopentadien und die sauren Verbindungen Phenol und Kresole isoliert und in geringerer Menge die basischen Verbindungen Pyridin und Homologe.

14.9 Gewinnung von Aromaten durch Synthese

14.9.1 Synthese von benzoiden Aromaten

Viele benzoide Aromaten sind im Steinkohlenteer vorhanden und können daraus isoliert werden. Andere werden durch Synthese erhalten. So können Aromaten mit einem bestimmten Substituentenmuster durch elektrophile Substitution eines H-Atoms hergestellt werden, z.B.:

Eine große Zahl mono- und polysubstituierter benzoider Aromaten wird durch elektrophile Substitution hergestellt, siehe nächstes Kapitel.

14.9.2 Synthese von nichtbenzoiden Aromaten/Antiaromaten

Nichtbenzoide Aromaten und Antiaromaten werden ausschließlich durch Synthesen hergestellt.

Cyclopropenylium- und Tropylium-Salze. Aus den entsprechenden Cycloolefinen durch Abstraktion eines Hydrid-Ions H⁻.

| Cyclopropen | Triphenylmethylium-tetrafluoroborat | Cyclopropenylium-tetrafluoroborat | Triphenylmethan |

| Cycloheptatrien | | Tropylium-tetrafluoroborat | |

Die Hydridübertragungen erfolgen, weil die neu gebildeten Carbenium-Ionen aromatisch und damit stabiler als die eingesetzten nichtaromatischen Olefine sind.

Cyclobutadien-Verbindungen. Cyclobutadien bildet sich aus Cyclobutadieneisentricarbonyl durch Oxidation.

Cyclobutadien-eisen-tricarbonyl

Cyclobutadien ist sehr reaktiv und reagiert nach der Freisetzung sofort weiter, entweder mit sich selbst oder mit einem zugesetzten Dienophil. Beide Reaktionen sind Diels-Alder-Reaktionen, die hauptsächlich zu *endo*-Produkten führen.

endo-Isomer
(Nebenprodukt: *exo*)

endo-Isomer

Beständig sind dagegen Cyclobutadien-Verbindungen mit sperrigen Substituenten. Sie entstehen bei der Bestrahlung bestimmter ungesättigter Verbindungen. Hierbei bewirken Lichtquanten die Eliminierung thermodynamisch stabiler Moleküle wie CO_2, CO, N_2 u.a.

Tri-*tert*-butylcyclobutadien

Cyclopentadienid-Salze. Aus Cyclopentadien mit einer Base oder mit Eisenpulver, siehe Abschn. 16.3.1.

Cyclopentadien   Natrium-cyclopentadienid

Ferrocen

Cyclooctatetraen und -dianion. Cyclooctatetraen durch Tetramerisierung von Acetylen (s. Abschn. 7.4.9). Die Verbindung reagiert mit Kalium zu einem Dianion, welches 10 π-Elektronen besitzt, planar und aromatisch ist.

Cyclooctatetraen,   Cyclooctatetraen-
olefinisch   Dikalium, aromatisch

Azulen. Die Verbindung wird durch folgende mehrstufige Synthese hergestellt. Zunächst wird Natrium-cyclopentadienid mit dem ungesättigten Aldehyd A zum Fulvenderivat B umgesetzt. (Zur Reaktion zwischen einem Carbanion und einem Aldehyd s. Abschn. 17.5.7.)

A   B
ein Pentadienal-Derivat   ein Fulvenderivat

Das Fulvenderivat B wird auf ca. 200 °C erhitzt, wobei ein elektrocyclischer Ringschluss des 10π-Elektronensystems zwischen den Enden C-1 und C-10 eintritt. (Näheres zu elektrocyclischen Ringschlüssen s. Abschn. 29.2). Hierbei bildet sich Verbindung C mit den Substituenten H und NRR' in *trans*-Stellung zueinander. Es folgt eine β-Eliminierung, die zum Endprodukt Azulen führt.

Azulen ist tiefblau, eine Folge der fünf in Konjugation stehenden Doppelbindungen.

Aufgaben

14. Bildet sich bei folgender Reaktion eine im Sinne der Hückel-Regel aromatische Verbindung?

15. Azulen löst sich wie erwartet nicht in Wasser aber sehr gut in organischen Lösungsmitteln. Die Verbindung löst sich aber auch in Mineralsäuren. Warum?

14.10 Lösung der Aufgaben zu Kapitel 14

1. *o*-Allylstyrol oder 1,2-Allylvinylbenzol; 2,5-Dibrom-1,4-dimethyl-7-vinyl-naphthalin

2. (a) Benzol; (b) Cyclohexan als Sessel (Abschn. 4.7)

3. Weder I noch II geben die Bindungsverhältnisse richtig wieder. Richtig: I ↔ II

4. Durchgehende Konjugation fehlt.

5.

6. Größere Abweichungen von der Planarität verringern die Überlappung benachbarter p_z-Orbitale.

7. Der Anteil von 1b ist größer als der von 2b am jeweiligen mesomeren Gleichgewicht. Somit ist auch der Abstand der Ladungen und damit des Dipolmoments im Tropon größer als im Cycloheptanon.

8.

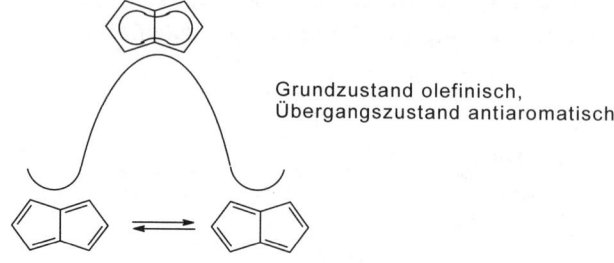

Grundzustand olefinisch,
Übergangszustand antiaromatisch

9.   Cyclopentadien und dessen Radikal: olefinisch; Cyclopentadienid-Ion ($C_5H_5^-$): aromatisch; restliche Verbindungen sind 4 n π-Verbindungen (n = 1 oder 2) und somit antiaromatisch.

10.

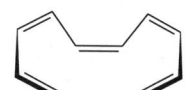   

all-*cis*-Verbindung   ***cis.cis,cis,cis,trans*-Verb.**

11.

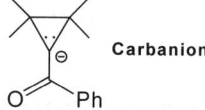   **Carbanion**   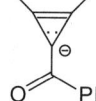   **antiaromatisches Carbanion (4π–Elektronen): energiereich**

12.   **2,1 ppm**: aliphatische Protonen; **5,1 und 5,3**: olefinische Protonen. **7-7,6** ppm: aromatische Protonen

13.   Verantwortlich für die unterschiedlichen δ-Werte ist das durch den starken Ringstrom induzierte Magnetfeld B_{ind}. Dieses verstärkt B_0 an der Peripherie des Moleküls (s. Benzol) und schwächt B_0 im Inneren des Moleküls. Als Folge werden die δ-Werte relativ zum δ-Wert von Ethen erhöht bzw. erniedrigt.

14.   Ja, da (4n + 2) π-Elektronen (n = 0) vorhanden sind, die über den ganzen Ring verteilt sind.

15.   Azulen wird protoniert unter Bildung eines Tropyliumions:

Tropyliumion, wasserlöslich

2 von 5 mesomeren Grenzstrukturen

Kapitel 15
Reaktionen von Aromaten

15.1 Reaktivität von Benzol

Unter den ungesättigten Kohlenwasserstoffen (Alkene, Diene etc.) besitzen Aromaten eine besondere Reaktivität. Während Alkene, Diene etc. Additionen wie die spontane, unkatalysierte Addition von Brom eingehen, tritt bei Aromaten unter diesen Bedingungen keine Addition ein. Dies sei an den Beispielen Cyclohexen, 1,3-Cyclohexadien und Benzol erläutert.

Erst in Gegenwart eines Katalysators wie $FeBr_3$ tritt mit Benzol eine Reaktion ein. Dabei addiert sich Brom jedoch nicht an eine der Doppelbindungen, sondern substituiert ein H-Atom.

Substitution statt Additin ist ein Charakteristikum für die Reaktivität von Aromaten.

15.2 Reaktionen von Aromaten im Überblick

Aromaten gehen hauptsächlich vier Typen von Reaktionen ein: die elektrophile Substitution, die nucleophile Substitution, die Eliminierung und die radikalische Addition, letztere allerdings häufig erst bei hoher Temperatur. Die wichtigste Reaktion ist die elektrophile Substitution. Sie steht im Mittelpunkt dieses Kapitels.

elektrophile Substitution:

Nitrobenzol

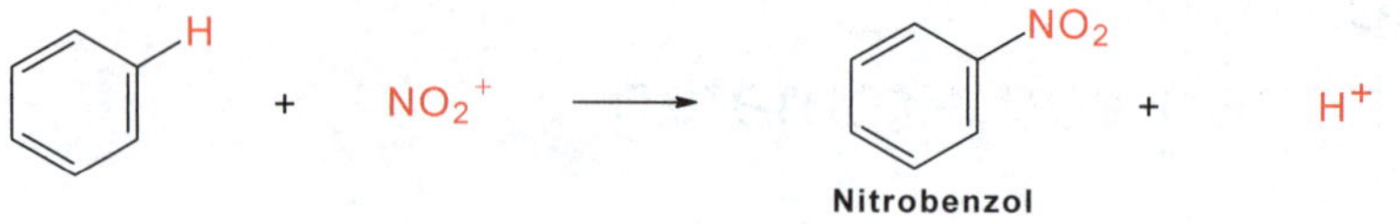

nucleophile Substitution:

Phenol

Eliminierung:

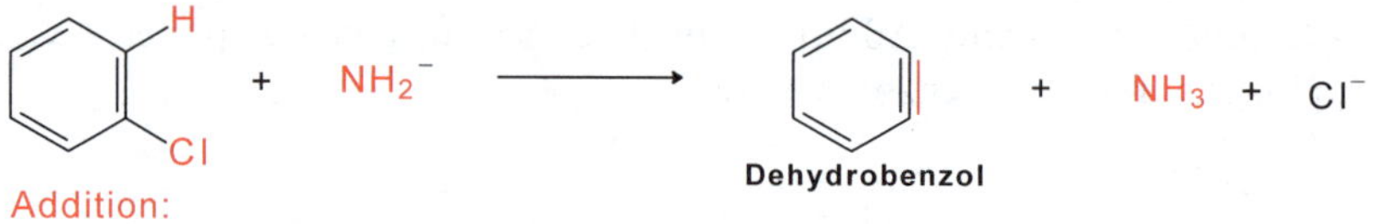

Dehydrobenzol

Addition:

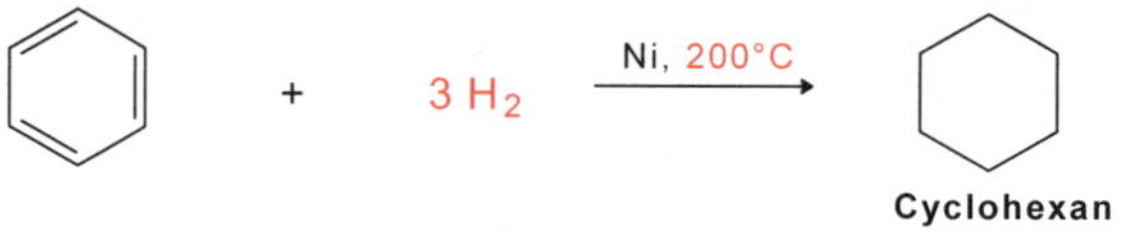

Cyclohexan

15.3 Elektrophile Substitution am Benzolring

Elektrophile Verbindungen E^+ substituieren den Wasserstoff des Benzolrings nach folgendem Schema:

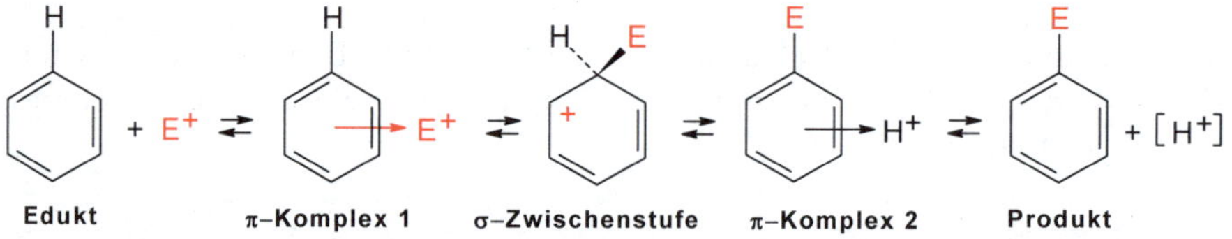

Edukt   π–Komplex 1   σ–Zwischenstufe   π–Komplex 2   Produkt

Hierbei werden drei Zwischenstufen durchlaufen. Zunächst bildet sich aus elektrophilem Reagenz E^+ und den π-Bindungen des Benzols der π-Komplex **1**. In dem π-Komplex **1** ist der aromatische Zustand noch vorhanden. Dieser Komplex wandelt sich anschließend in ein **Cyclohexadienylium**-Ion um. Das Ion wird auch **σ-Zwischenstufe** genannt; σ besagt, dass eine kovalente Bindung zu E^+ geknüpft ist. In der σ-Zwischenstufe ist der aromatische Zustand aufgehoben, der Bindungszustand lässt sich durch die drei folgenden mesomeren Grenzstrukturen beschreiben:

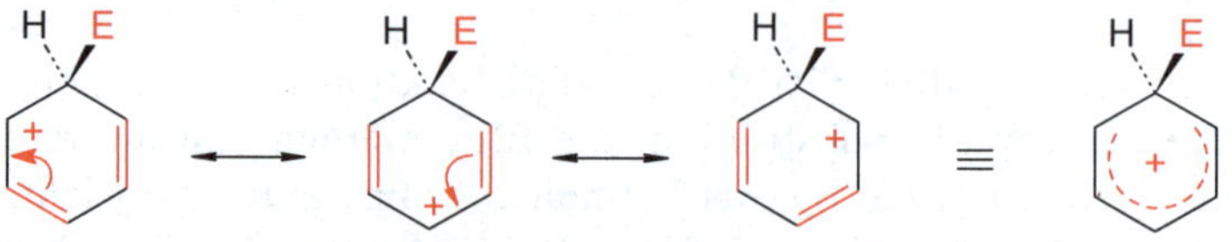

Cyclohexadienylium-Ion (drei mesomere Grenzstrukturen)

Die σ-Zwischenstufe geht anschließend in den π-Komplex **2** über, hier mit einem Proton als Komplexpartner. Dieser π-Komplex gibt schließlich das Proton an eine Base ab.

Die Lebensdauer der drei Zwischenstufen ist bei Raumtemperatur sehr klein. Deshalb gelingt ihre Isolierung bei dieser Temperatur nicht. Erniedrigt man aber die Temperatur, lässt sich die σ-Zwischenstufe in günstigen Fällen isolieren, wie das folgende Beispiel mit NO_2^+ als elektrophilem Reagenz zeigt.

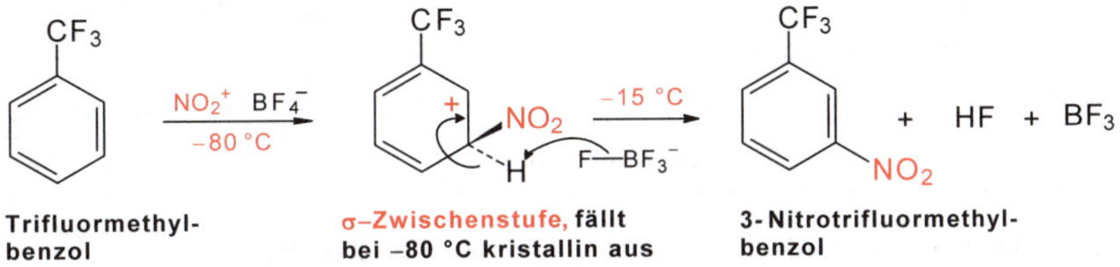

Trifluormethyl-
benzol

σ–Zwischenstufe, fällt
bei –80 °C kristallin aus

3-Nitrotrifluormethyl-
benzol

Welcher der vier Schritte bei der elektrophilen Reaktion der langsamste und damit der die Geschwindigkeit bestimmende ist, hängt vom Elektrophil und vom Aromaten ab. In einigen Fällen ist die Bildung des π-Komplexes **1**, in anderen Fällen die Bildung der σ-Zwischenstufe der langsamste Schritt. Dementsprechend sind zwei Typen von Energieprofilen zu unterscheiden, wie die beiden folgenden Abbildungen verdeutlichen.

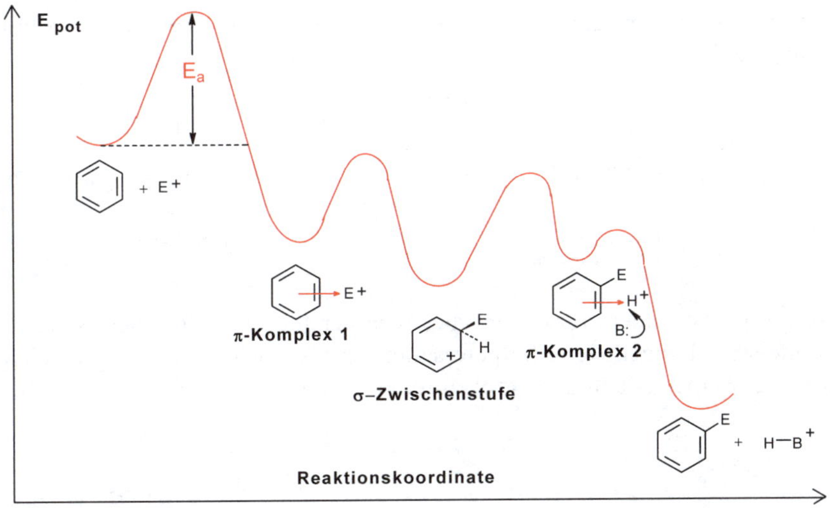

Energieprofil einer aromatischen Substitution, bei der die Bildung des π-Komplexes **1** geschwindigkeitsbestimmend ist. E_a = Aktivierungsenergie. Diesem Profil folgt die Nitrierung von Benzol mit dem hoch reaktiven NO_2^+ BF_4^- im Lösungsmittel Sulfolan.

Energieprofil einer aromatischen Substitution, bei der die Bildung der σ-Zwischenstufe geschwindigkeitsbestimmend ist: Bromierung von Benzol in Essigsäure.

Im folgenden wird bei der Beschreibung elektrophiler Substitutionen auf die vollständige Wiedergabe aller Zwischenstufen verzichtet und nur die σ-Zwischenstufe (als eine der drei mesomeren Grenzstrukturen) angegeben.

15.3.1 Nitrierung von Benzol

Lässt man Nitroniumsalze, z.B. $NO_2^+ BF_4^-$, auf Benzol einwirken, so bildet sich Nitrobenzol.

Anstelle der besonders reaktiven aber weniger leicht erhältlichen Nitroniumsalze wird meistens konzentrierte Salpetersäure oder Nitriersäure, ein Gemisch aus konzentrierter Salpeter- und Schwefelsäure, verwendet.

Das elektrophile Reagenz ist auch hier ein Nitronium-Ion, welches sich aus der Nitriersäure in einer Gleichgewichtsreaktion bildet:

$$H\!-\!\overset{H}{\underset{..}{O}}\!-\!NO_2 \;+\; H_2SO_4 \;\rightleftharpoons\; H\!-\!\overset{H}{\underset{H}{\overset{+}{O}}}\!-\!NO_2 \;+\; HSO_4^-$$

$$H\!-\!\overset{H}{\underset{H}{\overset{+}{O}}}\!-\!NO_2 \;\rightleftharpoons\; \overset{H}{\underset{H}{..O:}} \;+\; O\!=\!\overset{+}{N}\!=\!O$$

Reaktionen von Nitroaromaten. Die Nitrogruppe in Nitroaromaten ist gegenüber Säuren oder anderen elektrophilen Reagenzien inert. Jedoch reagiert sie mit stark basischen Verbindungen. Von Bedeutung ist auch die Reduktion. Unter sauren Bedingungen entstehen aromatische Amine, unter neutralen oder basischen Bedingungen bleibt die Reduktion auf einer Redoxstufe stehen, die zwischen $Ar\!-\!NO_2$ und $Ar\!-\!NH_2$ liegt.

$$
\begin{array}{l}
\text{Fe/HCl} \\
\text{(saure Reduktion)}
\end{array}
\longrightarrow
\begin{array}{l}
H_5C_6\!-\!NH_2 \\
\textbf{Anilin}
\end{array}
$$

$H_5C_6\!-\!NO_2$ **Nitrobenzol**

$$
\begin{array}{l}
\text{Zn/wässr. NH}_4\text{Cl} \\
\text{(neutrale Reduktion)}
\end{array}
\longrightarrow
\begin{array}{l}
H_5C_6\!-\!NHOH \\
\textbf{Phenylhydroxylamin}
\end{array}
$$

$$
\begin{array}{l}
\text{As}_2\text{O}_3\text{/wässr. NaOH} \\
\text{(basische Reduktion)}
\end{array}
$$

Azoxybenzol
(rot)

$$H_5C_6\!-\!\overset{\overset{-}{O}}{\underset{}{\overset{+}{N}}}\!=\!\overset{..}{N}\!-\!C_6H_5$$

Anilinverbindungen sind wichtige Ausgangsverbindungen zur Synthese von Azofarbstoffen, s. Abschn. 22.6.5.

Aufgabe

1. NO_2^+ ist linear, $R\!-\!NO_2$ trigonal angeordnet. Erklären Sie die räumlichen Strukturen mit Hilfe (a) des Elektronenpaarabstoßungsmodells, (b) der Hybridisierungstheorie (s. Abschnitte 1.6 und 1.7).

$$\overline{O}\!=\!\overset{+}{N}\!=\!\overline{O} \qquad\qquad R\!-\!\overset{+}{N}\underset{\underline{\overline{O}I^-}}{\overset{\overline{O}I}{<}}$$

15.3.2 Halogenierung von Benzol

Benzol reagiert mit dem äußerst reaktionsfähigen Fluor bereits bei $-35\,°C$ zu Fluorbenzol, ohne dass ein Katalysator notwendig ist. Dagegen tritt eine Reaktion mit Chlor, Brom oder Iod nur in Anwesenheit einer Lewissäure als Katalysator ein.

Brombenzol

Die Rolle der Lewissäure, meistens FeX_3, besteht darin, das unpolare Halogen zu polarisieren. Hierbei erhält ein Bromatom eine δ^+-Ladung, wodurch es zu einer elektrophilen Reaktion befähigt ist.

Entsteht nicht !

Bei der Reaktion bildet sich Brombenzol und kein Dibromcyclohexadien, da die σ-Zwischenstufe schneller ein Proton abgibt (wobei Rearomatisierung eintritt) als ein Bromid-Ion aus $FeBr_4^-$ aufnimmt (wobei ein Dien entstünde).

Die direkte Halogenierung von Aromaten ist die wichtigste Methode zur Darstellung von Halogenaromaten.

Reaktionen der Arylhalogenide. Arylhalogenide sind im allgemeinen weniger reaktiv als Alkylhalogenide. Während die Substitution von Chlor in Chloralkanen durch NaOH bereits bei Raumtemperatur eintritt, erfolgt die Substitution in Chlorbenzol erst bei 350 °C und zudem nach einem anderen Mechanismus (s. Abschn. 15.6). Glatt reagieren Arylhalogenide dagegen mit Metallen wie Magnesium oder Lithium, wobei sich die metallorganischen Verbindungen Ar–MgX (X = Halogenid) bzw. Ar–Li bilden.

Aufgaben

2. Bei der Bromierung von Benzol werden als Katalysator statt $FeBr_3$ oft Eisenspäne verwendet. Geben Sie eine Erklärung.

3. Iodbenzol kann aus Benzol und Iodchlorid in Gegenwart von $ZnCl_2$ hergestellt werden. Worauf beruht die katalytische Wirkung von $ZnCl_2$?

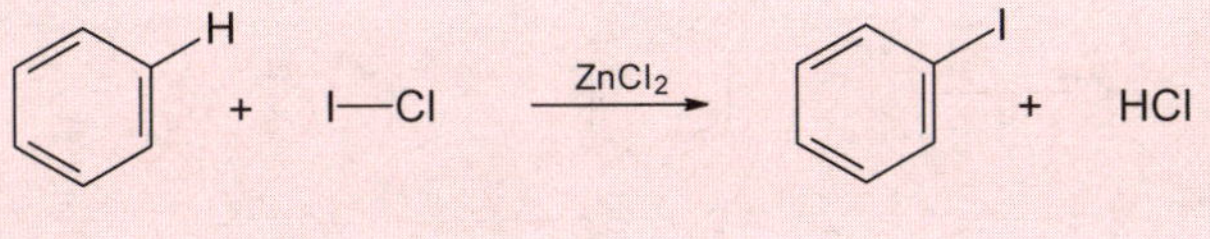

4. Geben Sie drei Merkmale an, worin sich die Bromierung von Benzol und Ethylen unterscheidet.

15.3.3 Sulfonierung von Benzol

Benzol reagiert mit rauchender Schwefelsäure (Schwefelsäure mit wechselnden Mengen an SO_3) unter Abspaltung von Wasser zu Benzolsulfonsäure.

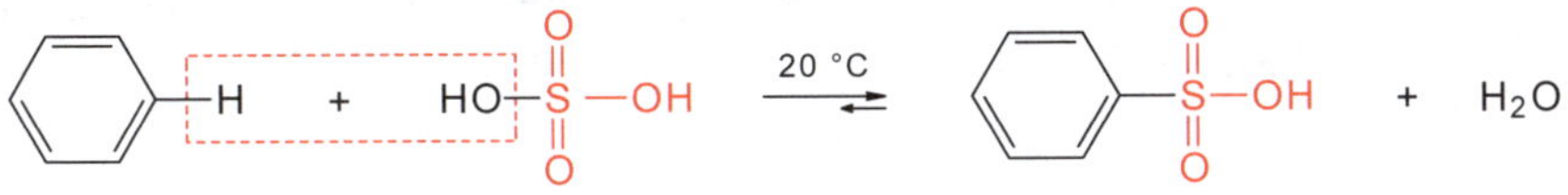

Benzolsulfonsäure

Die Reaktion wird durch Elektrophile wie SO_3 (Schwefeltrioxid), SO_3H^+ (protoniertes Schwefeltrioxid) und möglicherweise weitere Spezies eingeleitet. SO_3 ist Bestandteil der rauchenden Schwefelsäure, die Verbindung kann aber auch ebenso wie SO_3H^+ aus Schwefelsäure gebildet werden:

$$2\ H_2SO_4 \rightleftharpoons SO_3 + H_3O^+ + HSO_4^-$$

Schwefeltrioxid

$$3\ H_2SO_4 \rightleftharpoons SO_3H^+ + H_3O^+ + 2\ HSO_4^-$$

Schwefeltrioxid, protoniert

Mit SO_3H^+ als elektrophilem Reagenz nimmt die Sulfonierung folgenden Verlauf:

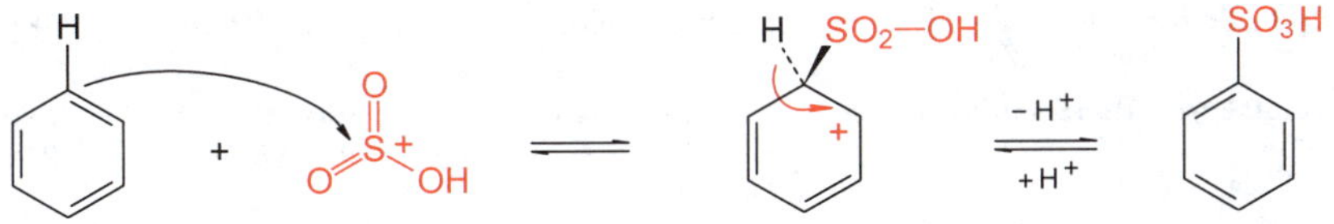

Aromaten, die durch Säuren eine Polymerisation erfahren (Furan, Pyrrol), werden schonender mit Pyridinium-1-sulfonat sulfoniert, das im Gleichgewicht mit Schwefeltrioxid und Pyridin steht.

Pyridinium-1-sulfonat

Beispiele zur Sulfonierung von Aromaten mit Pyridinium-1-sulfonat s. Abschn. 24.2.4 und 24.2.6.

Sulfonierungen verlaufen reversibel, die Umkehr heißt **Desulfonierung**. Die Gleichung für die Desulfonierung lautet:

Desulfonierungen gelingen durch Erhitzen (ca. 150 °C) der Arensulfonsäure in halbkonzentrierter Schwefelsäure oder in einer anderen Mineralsäure, welche sowohl die erforderliche ausreichende Konzentration an Protonen als auch Wasser zum Abfangen des freigesetzten Elektrophils SO_3H^+ enthält. Die Reaktionsfolge Sulfonierung-Desulfonierung ist von Bedeutung bei der Herstellung von Benzolverbindungen mit einem bestimmten Substitutionsmuster.

Der Mechanismus der Desulfonierung entspricht dem Mechanismus der Sulfonierung: Lesen Sie einfach die entsprechende mechanistische Gleichung von rechts nach links. (Dahinter verbirgt sich das *Prinzip der mikroskopischen Reversibilität*, das in Abschn. 29.2.2 erläutert wird.)

Eigenschaft und Verwendung von Arensulfonsäuren. Arensulfonsäuren sind kristalline, hygroskopische Substanzen, die ähnlich wie Schwefelsäure stark sauer reagieren. Nachfolgend ist der pK_a-Wert von Benzolsulfonsäure den pK_a-Werten anderer Säuren gegenübergestellt.

H_2SO_4	⬡—SO_3H	H_3C-CO_2H	⬡—OH	Alkyl—OH
Schwefelsäure pK_a ca. -5	**Benzolsulfonsäure** pK_a ca. 0	**Essigsäure** pK_a ca. 5	**Phenol** pK_a ca. 10	**Alkohole** pK_a ca. 15

Arensulfonsäuren sind in organischen Lösungsmitteln, aber auch in Wasser löslich. Somit können wasserunlösliche Aromaten (z.B. aromatische Farbstoffe, Pharmazeutica u.a.) durch Sulfonierung in wasserlösliche Verbindungen überführt werden.

Bedeutung haben Arensulfonsäuren auch für die Gewinnung von Phenolen gemäß Ar−SO$_3$H → Ar−OH, s. Abschn. 15.6.

15.3.4 Sulfochlorierung von Benzol

Eng verwandt mit der Sulfonierung ist die Sulfochlorierung. Hierbei wird Benzol mit Chlorsulfonsäure umgesetzt, wobei ebenfalls unter Abspaltung von Wasser nunmehr Benzolsulfonylchlorid entsteht.

Chlorsulfonsäure   **Benzolsulfonylchlorid**

Bei der Sulfochlorierung werden zwei mol Chlorsulfonsäure verbraucht, ein mol für die elektrophile Substitution und ein weiteres mol zum Abfangen des Reaktionswassers gemäß $H_2O + HO–SO_2–Cl \rightarrow HO–SO_2–OH + HCl^{\uparrow}$.

Eingeleitet wird die Sulfochlorierung durch das elektrophile Sulfurylkation SO_2Cl^+, das aus Chlorsulfonsäure wie folgt entsteht.

Chlorsulfonsäure   **Sulfurylkation**

Die Umsetzung des Sulfurylkations mit Benzol folgt dem Schema elektrophiler Substitutionen:

Sulfurylkation

Reaktionen von Arensulfonylchloriden. Arensulfonylchloride enthalten wie Carbonsäurechloride ein sehr reaktives Chlor. Durch Wasser werden sie in Arensulfonsäuren, durch Alkohole in Arensulfonsäure-ester und durch Amine in Arensulfonamide (Abschn. 22.5.6) überführt. Nachfolgend sind die Reaktionen mit Ethanol und Ammoniak formuliert.

p-Toluolsulfonylchlorid
(Tosylchlorid)

reaktive Austrittsgruppe

p-Toluolsulfonsäure-ethylester
(Ethyltosylat)

Benzolsulfonylchlorid

Benzolsulfonamid

Arensulfonylverbindungen haben vielfältige Bedeutung. Toluolsulfonate (Tosyla-te) werden aufgrund der austrittsfreudigen Tosylgruppe bei nucleophilen Substitu-tionen eingesetzt (Abschn. 12.6.3); Sulfonamide dienen als Arzneimittel (Abschn. 22.5.7) und Sulfonimide als Süßstoffe (Saccharin, Abschn. 15.10).

Aufgabe
5. Vervollständigen Sie das folgende Schema:

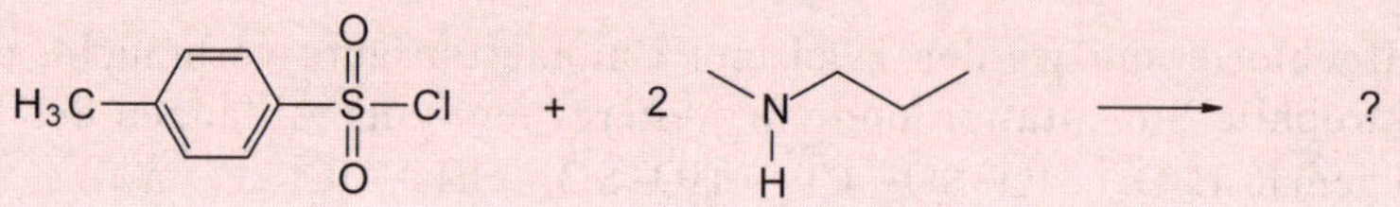

15.3.5 Acylierung von Benzol durch Friedel-Crafts-Reaktion

Acylierung mit Carbonsäurechloriden oder -anhydriden. Carbonsäurechloride oder Carbonsäureanhydride setzen sich mit Benzol zu aromatischen Ketonen um, sofern eine Lewis-Säure wie Aluminiumchlorid zugegen ist. Bei der Acylierung wird ein H-Atom am Benzolring durch eine **Acylgruppe** (Acyl gleich R–C=O) ersetzt. Mit Essigsäurechlorid (Acetylchlorid) oder -anhydrid (Acetanhydrid) bil-det sich Methylphenylketon (Acetophenon).

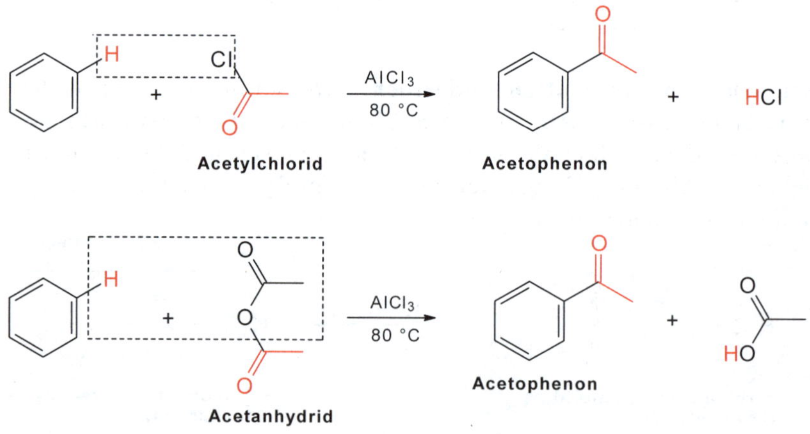

Cyclische Carbonsäureanhydride reagieren analog. Das gebildete Keton enthält nunmehr zusätzlich eine Carboxylgruppe.

Bernsteinsäureanhydrid
(ein cycl. Carbonsäureanhydrid)   *β*–Benzoylpropionsäure

Die Reaktion mit Essigsäurechlorid verläuft eindrucksvoll und ist auch für Demonstrationszwecke geeignet: Sobald die Reaktion einsetzt, entwickelt sich stürmisch Chlorwasserstoff. Dieser ist in Benzol kaum löslich, er entweicht in die feuchte Luft und verursacht dort dichte Wolken aus Salzsäuretröpfchen. Die Reaktion von Aromaten mit Acylhalogeniden und Carbonsäureanhydriden (hier) oder mit Alkylhalogeniden (nächster Abschnitt) wurde 1877 von *Ch. Friedel* (geb. 1832 in Straßburg) und *J.M. Crafts* (geb. 1839 in Boston) entdeckt und heißt **Friedel-Crafts-Acylierung** bzw. **Friedel-Crafts-Alkylierung.**

Wie verläuft die Acylierung? Zunächst bildet aus dem Carbonsäurechlorid (linke Hälfte des folgenden Schemas) oder dem Carbonsäureanhydrid (rechte Hälfte) ein **Acylium-Ion**. Treibende Kraft hierbei ist das Bestreben des Aluminiumchlorids, sein Elektronensextett zum Oktett aufzufüllen.

Carbonsäurechlorid   **Acylium-Ion**
(2 mesomere Grenzstrukturen)   **Carbonsäureanhydrid**

Das Acylium-Ion ist ein starkes Elektrophil. Es substituiert ein H-Atom am Aromaten. wobei sich das aromatische Keton bildet.

Für die Acylierung mit einem Carbonsäurechlorid sind etwa 1,1 mol AlCl₃ erforderlich: ein mol für die Komplexierung der gebildeten Ketogruppe und 0.1 mol für katalytische Zwecke. Für die Acylierung mit Carbonsäureanhydrid werden gar 2,1 mol AlCl₃ benötigt: je ein mol für die Komplexierung der Ketogruppe und der Carbonsäuregruppe und ebenfalls 0,1 mol für katalytische Zwecke.

Aufgaben

6. Die Kristallstrukturanalyse des Salzes H_3CCO^+ SbF_6^- ergab für $C-C^+=O$ eine lineare Struktur. Erklären Sie dieses Ergebnis mit (a) dem Elektronenpaarab-stoßungsmodell, (b) der Hybridisierungstheorie.

7. Bei der Hydroborierung von Alkenen ist nur das Monomer des Diborans B_2H_6 und bei der Acylierung von Benzol ist nur das Monomer von Al_2Cl_6 wirksam. Warum sind nicht auch die jeweiligen Dimere wirksam?

8. Aus welchen Vorstufen können die beiden aromatischen Ketone A und B herge-stellt werden?

A

B

Acylierung mit Derivaten der Ameisensäure. Wird die Acylierung von Aroma-ten mit Derivaten der Ameisensäure durchgeführt, bilden sich aromatische Alde-hyde. Geeignete Ameisensäurederivate sind Formylchlorid, Dimethylformamid oder H–CN.

Formylgruppe

Ameisensäure   Formylchlorid   Dimethylformamid
(unterhalb – 180 °C beständig)

Formylchlorid ist bei Raumtemp. unbeständig, es wird deshalb ein Gemisch aus CO und HCl verwendet, das im Gleichgewicht mit Formylchlorid steht. Die Reak-tion von CO mit Benzol in Gegenwart der Katalysatormischung HCl/AlCl$_3$/CuCl liefert Benzaldehyd.

+   CO $\xrightarrow{\text{HCl, AlCl}_3\text{, CuCl}}$

Benzaldehyd

Beachten Sie die einfache Stöchiometrie der Reaktion: CO wird formal in eine der C–H-Bindungen eingeschoben. Wie Benzol reagieren auch alkylsubstituierte Benzolverbindungen. Phenole und Anilinverbindungen sind ungeeignet, da ihre funktionellen Gruppen mit $AlCl_3$ komplexieren. Die Umsetzung von Aromaten mit Kohlenmonoxid zu Aldehyden heißt **Gattermann-Koch-Reaktion** (*L. Gattermann*, geb. 1860 in Goslar) und wird auch großtechnisch durchgeführt.

Wie verläuft die Reaktion? Zunächst bildet sich aus Formylchlorid und $AlCl_3$ das elektrophile **Formylium-Ion**. Dieses substituiert wie das zuvor beschriebene Acylium-Ion ein H-Atom am Aromaten, wobei sich der aromatische Aldehyd bildet. (Die Rolle des Kupfersalzes ist im Detail noch unklar.)

Formylium-Salz
(zwei mesomere Grenzstrukturen)

Mit Dimethylformamid und Phosphoroxychlorid kann die Aldehydgruppe ebenfalls eingeführt werden.

Anisol   **Dimethylformamid**   **4-Anisaldehyd**   **Dimethylamin**

Diese Reaktion trägt den Namen **Vilsmeier-Reaktion** (*A. Vilsmeier*, geb. 1894 bei Regensburg). Die Vilsmeier-Reaktion besteht aus zwei Reaktionsfolgen: (1) Bildung eines **Iminiumsalzes**; (2) elektrophile Reaktion desselben mit dem Aromaten zu einem neuen Iminiumsalz. Letzteres wird zum Aldehyd hydrolysiert.

Reaktionsfolge 1: Bildung des Iminiumsalzes

ein **Iminiumsalz**
(X^- gleich $PO_2Cl_2^-$)

Reaktionsfolge 2: Reaktion des Iminiumsalzes

Die doppelköpfigen Krummpfeile in vorstehendem Formelschema beschreiben zwei nacheinander verlaufende Schritte, gekennzeichnet mit a und b.

Das in der Reaktionsfolge 1 gebildete Iminiumsalz ist ein schwaches Elektrophil, deshalb gelingt die Vilsmeier-Reaktion nur mit besonders reaktiven Aromaten wie Phenolen, Phenolethern, aromatischen Dialkylaminen, Anthracen, Thiophen etc. Die bevorzugte Bildung des *p*-Isomers bei der Formylierung von Anisol beruht auf dem *o,p*-dirigierenden Einfluss der Methoxygruppe (Abschn. 15.4.1).

Acylierung nichtbenzoider Aromaten durch Friedel-Crafts-Reaktion. Die Reaktivität nichtbenzoider Aromaten ist weniger homogen als die benzoider Aromaten. Einige Vertreter wie Ferrocen reagieren wie Aromaten, andere wie Annulene verhalten sich eher wie Polyolefine und gehen Additionsreaktionen ein. Azulen und Ferrocen können aber nach Friedel-Crafts acyliert werden.

Azulen   σ–Zwischenstufe   1-Acetylazulen

Ferrocen   Acetylferrocen

Azulen wird in 1-Stellung (gleich 3-Stellung) angegriffen, da nur hierbei eine relativ stabile σ-Zwischenstufe, ein aromatisches Tropylium-Kation, entsteht. Überzeugen Sie sich, dass der Angriff auf andere Positionen stets zu σ-Zwischenstufen führt, die nicht aromatisch sind.

Auch die aromatischen Heterocyclen Furan, Pyrrol oder Thiophen gehen eine elektrophile Acylierung ein. Die Chemie dieser Verbindungen wird ausführlich im Abschn. 24.2.3 behandelt.

Reaktionen aromatischer Aldehyde und Ketone. Aromatische Aldehyde und Ketone dienen als Zwischenstufen für weitere Synthesen. Wichtig ist die Reduktion von Ketonen mit Zn/HCl, bei der die Ketogruppe zur CH_2-Gruppe reduziert wird. (Clemmensen-Reduktion, Abschn. 17.8.1)

Acetophenon   Ethylbenzol

Auch aromatische Ketocarbonsäuren werden durch Zink reduziert. Es bilden sich Carbonsäuren, die mit konzentrierter Schwefelsäure zu neuen Ketonen cyclisiert werden können. Die Cyclisierung gelingt nur, wenn dieselbe zu 5- oder 6-Ringen führt. (Zum Mechanismus des Cyclisierungsschrittes s. Aufgabe.)

Aufgaben

9. Über welche Zwischenstufen verläuft folgende Reaktion?

Phthalsäureanhydrid   Anthrachinon

10. Schlagen Sie eine Synthese von 1-Benzylazulen vor?

15.3.6 Alkylierung von Benzol durch Friedel-Crafts-Reaktion

Benzol kann unter Friedel-Crafts-Bedingungen nicht nur acyliert sondern auch alkyliert werden. Die Alkylierung wird hauptsächlich mit Alkylhalogeniden, daneben mit Alkenen oder Carbonylverbindungen durchgeführt. Die nachfolgende Beschreibung folgt auch in dieser Reihenfolge.

Alkylierung mit Alkylhalogeniden. Wirkt Alkylchlorid auf Benzol in Gegenwart von $AlCl_3$ ein, bildet sich Alkylbenzol neben Chlorwasserstoff. $AlCl_3$ hat hier eine ausschließlich katalytische Funktion, deshalb reicht eine Menge von 0,1 Äquivalenten.

Die Reaktion heißt **Friedel-Crafts-Alkylierung** und ist im Gegensatz zur Acylierung reversibel. Der Verlauf der Reaktion hängt davon ab, ob das Alkylhalogenid primär, sekundär oder tertiär ist.

Ein *tertiäres* Alkylhalogenid reagiert mit $AlCl_3$ zu einem Lewis-Säure-Base-Komplex, der anschließend in ein tertiäres **Carbenium-Ion** dissoziiert. Letzteres greift den Benzolring an, wobei über eine σ-Zwischenstufe das Produkt entsteht. Der Ablauf besteht somit aus zwei Reaktionsfolgen.

Reaktionsfolge 1: Bildung des Carbenium-Ions

ein Komplex   *tert*- Butylcarbenium-Ion

Reaktionsfolge 2: Reaktion des Carbenium-Ions

tert-Butylbenzol

Ein *primäres* Alkylhalogenid bildet ebenfalls einen Lewis-Säure-Base-Komplex. Dieser dissoziiert aber nicht zu einem Carbenium-Ion, da primäre Carbenium-Ionen sehr energiereich sind. Die C–Cl-Bindung ist jedoch darin so stark polarisiert, dass sich die Verbindung wie ein Carbenium-Ion verhält und Benzol elektrophil angreift.

schwach elektrophil   stärker elektrophil

Ethylbenzol

Sekundäre Halogenide reagieren bei Friedel-Crafts-Reaktionen je nach Katalysator oder Temp. über Carbenium-Ionen oder über polarisierte Halogenide.

Unter den Alkylhalogeniden sind Fluoride am reaktivsten, und unter den Lewis-Säuren sind die Aluminiumsalze die wirksamsten Katalysatoren.

$$R{-}F \quad > \quad R{-}Cl \quad > \quad R{-}Br \quad > \quad R{-}I$$

$$AlX_3 > SbX_5 > FeX_3 > SnX_4 > TiX_4 > ZnX_2$$

Reaktivitätsabfall bei der Friedel-Crafts-Alkylierung (X = Halogenid)

Zur Darstellung einheitlicher Alkylaromaten sind *Friedel-Crafts*-Alkylierungen nur bedingt geeignet. Erstens tritt neben Monosubstitution auch Mehrfachsubstitution ein, da der monosubstituierte Benzolring reaktiver als Benzol selbst ist. Beispiel:

Ethylbenzol   **Diethylbenzol**

Zweitens kann der Alkylrest isomerisieren. So liefert *n*-Propylchlorid neben dem erwarteten *n*-Propylbenzol in gleicher Menge auch das Isomerisierungsprodukt Isopropylbenzol.

Propylchlorid   ***n*-Propylbenzol**   **Isopropylbenzol**

Die Isomerisierung des Propylrestes erfolgt *vor* der Friedel-Crafts-Reaktion. Sie wird durch eine **Hydridwanderung** eingeleitet, die synchron mit der Heterolyse der C–Cl-Bindung erfolgt. Treibende Kraft der Hydridwanderung ist die Bildung eines sekundären Carbenium-Ions.

Propylchlorid   **sekundäres**   **Isopropylchlorid**
+ AlCl₃   **Carbenium-Ion**   **+ AlCl₃**

Wie gelangt man zu *n*-Alkylbenzol frei von Isomeren und mehrfach alkylierten Aromaten? Dazu wird ein Umweg beschritten. Zunächst wird nach *Friedel-Crafts* acyliert. Es entsteht ein einziges Produkt, da die Acylgruppe den Benzolring desaktiviert. Anschließend erfolgt Reduktion der Carbonylgruppe mit Zink/Salzsäure nach *Clemmensen* (Abschn. 17.8.1), wobei Alkylbenzol frei von anderen Produkten entsteht.

Propiophenon
(isomerenfrei)

Propylbenzol
(ohne Nebenprodukte)

Alkylierung mit Alkenen. Benzol wird auch mit Alkenen alkyliert, sofern eine starke Säure zugegen ist.

Hierbei wird zunächst das Alken protoniert, wobei die Addition des Protons der Markownikow-Regel folgt.

Die Alkylierung mit Alkenen besitzt erhebliche technische Bedeutung. So wird nach diesem Verfahren Ethylbenzol hergestellt, dessen Dehydrierung Styrol (Ausgangsverbindung für Polystyrol, Abschn. 30.2.3) ergibt.

Alkylierung mit Carbonylverbindungen. Unter sauren Reaktionsbedingungen wird Benzol auch durch Aldehyde oder Ketone alkyliert. Primärprodukt ist ein Alkohol, der durch Chlorwasserstoff in ein Halogenalkan überführt werden kann. Formaldehyd und Chlorwasserstoff liefern Benzylchlorid, Katalysator ist $ZnCl_2$ (**Chlormethylierung** nach **Blanc**).

Benzylchlorid

Hierbei wird HCl durch $ZnCl_2$ in die starke Säure H_2ZnCl_4 überführt, die anschließend Formaldehyd protoniert. Es entsteht ein Hydroxycarbenium-Ion H_2C^+-OH, das den Benzolring elektrophil angreift. Im letzten Schritt wird die protonierte OH–Gruppe durch Cl^- nucleophil substituiert.

Hydroxycarbenium-Ion $ZnCl_4^{2-}$

Benzylalkohol   **Benzylchlorid**

Trichloracetaldehyd reagiert in Gegenwart von Schwefelsäure ebenfalls mit Aromaten. Mit Chlorbenzol bildet sich als Hauptprodukt das bekannte Kontaktinsektizid DDT.

Dichlor-diphenyl-trichlorethan (DDT)
(Nebenprodukt: o,p'-Isomer)

Die Reaktion wird auch hier durch die Addition eines Protons an die Carbonylgruppe eingeleitet, wobei ebenfalls ein elektrophiles Hydroxycarbenium-Ion entsteht.

ein Hydroxycarbenium-Ion
(2 mesomere Grenzstrukturen)

Das Hydroxycarbenium-Ion setzt sich mit Chlorbenzol zu einem Benzylalkohol um, der nach Protonierung mit einem zweiten mol Chlorbenzol reagiert (s. Aufgabe). Nach dem gleichen Mechanismus verläuft auch die Alkylierung von Phenol mit Aceton. Das Produkt ist Bisphenol A (*A* für Aceton), welches zur Synthese von Polycarbonaten verwendet wird (Abschn. 30.6).

Bisphenol A

DDT ist ein unspezifisches, aber höchst wirksames Insektenbekämpfungsmittel. Es tötet Mücken (auch solche, die Malaria, Fleckfieber und Schlafkrankheit übertragen), Fliegen, Wanzen, Läuse usw. DDT ist biologisch schwer abbaubar. Bei der Behandlung kann die Verbindung in Flüsse und Seen gelangen und dort die Gesundheit von Lebewesen beeinträchtigen. Deshalb wurde die Produktion von DDT in fast allen Industrieländern eingestellt. In einigen Entwicklungsländern wird DDT aber weiterhin angewandt, da es zur Zeit keine wirksame und preiswerte Alternative zur Bekämpfung der Malaria übertragenden Anophelesmücke gibt.
Die insektizide Wirkung von DDT wurde von *Paul Müller* (geb. 1889 in Olten/Schweiz) entdeckt, der dafür 1948 als erster Chemiker den Nobelpreis für Physiologie und Medizin erhielt.

Aufgaben

11. Als Katalysatoren bei der Alkylierung von Benzol mit Alkenen werden Säuren H–X verwendet, deren Anion X^- nur schwach nucleophil ist (z.B. H_3PO_4, H_2SO_4, HF/BF_3). Warum?

12. Wie kann man Pentylbenzol isomerenfrei darstellen?

13. Welches Produkt entsteht?

14. Bei der Friedel-Crafts-Reaktion von Benzol mit Butylchlorid entstehen zwei monosubstituierte Verbindungen. Welche?

15. Formulieren Sie Bildung und Reaktion der alkoholischen Zwischenstufe bei der Synthese von DDT.

16. Wenn HF/BF_3 längere Zeit auf Ethylbenzol einwirkt, entsteht eine Reaktionsmischung, die hauptsächlich aus Benzol und *m*-Diethylbenzol besteht. Wie verläuft die Reaktion?

17. Bisphenol A (Formel s. Text) wird in großem Maßstab für die Herstellung des Kunststoffs Polycarbonat benötigt. Formulieren Sie den Mechanismus der Bildung aus Phenol.

18. Die Friedel-Crafts-Alkylierung von Benzol mit Isobutylchlorid/$AlCl_3$ liefert ein Gemisch verschiedener Butylbenzolverbindungen (A,B,C). Schlagen Sie einen Mechanismus zur Bildung von B vor.

15.3.7 Zusammenfassung elektrophiler Substitutionen von Benzol

Im folgenden Schema sind die wichtigsten elektrophilen Substitutionen von Benzol zusammengefasst. Bei allen Reaktionen bleibt das cyclisch konjugierte 6π-Elektronensystem des Benzolrings erhalten. Stets wird ein H-Atom des Benzols substituiert. Es entsteht eine Vielzahl substituierter Benzolverbindungen, die wichtige Zwischenstufen für weitere Synthesen sind.

15.4 Elektrophile Zweitsubstitution am Benzolring

15.4.1 Lenkung der Zweitsubstitution durch Erstsubstituenten

Enthält der Benzolring bereits einen Substituenten, so beeinflusst dieser den Eintritt eines weiteren Substituenten auf zweierlei Weise: Erstens beeinflusst er die Geschwindigkeit der Zeitsubstitution. Zweitens lenkt er den neu hinzukommenden Substituenten in bestimmte Positionen *(o,m,p)* des Aromaten. Es gibt drei Gruppen von Substituenten.

- **Gruppe 1**: Substituenten, die beschleunigen und in die *o*- und *p*-Stellung dirigieren.
- **Gruppe 2**: Substituenten, die verlangsamen aber ebenfalls in die *o*- und *p*-Stellung dirigieren.
- **Gruppe 3**: Substituenten, die verlangsamen und in die *m*-Stellung dirigieren.

Zur Gruppe 1 und 2 zählen Substituenten mit einem Elektronenpaar an dem Atom, das mit dem Benzolring verbunden ist (z.B. Cl oder O in OH), ferner Alkyl- und Arylsubstituenten. Zur Gruppe 3 gehören Substituenten mit einer partiellen oder ganzen positiven Ladung an dem Atom, das mit dem Benzolring verbunden ist (z.B. eine $-NR_3^+$-Gruppe). Die folgende Tabelle zeigt, welcher Substituent zu welcher Gruppe gehört. Außerdem gibt die Tabelle Auskunft über die Geschwindigkeiten der elektrophilen Zweitsubstitution (roter Pfeil): Nitrobenzol wird am langsamsten substituiert, Phenolat am schnellsten.

Zur **Gruppe 1** gehört der Substituent Methyl. Toluol reagiert schneller als Benzol und wird vorwiegend in *o*- und *p*-Stellung substituiert. So liefert die Nitrierung folgende Nitrotoluole:

Die Zahlen geben die relativen Mengen der Produkte an. *o*- und *p*-Nitrotoluol sind die Hauptprodukte, *m*-Nitrobenzol entsteht nur in kleiner Menge. Die Trennung der Isomeren gelingt durch fraktionierende Destillation oder durch Chromatographie. Die Sulfonierung von Toluol führt zu Toluolsulfonsäure mit einer ähnlichen Produktverteilung.

Hauptprodukt ist hier p-Toluolsulfonsäure, eine kristalline Verbindung vom Schmelzpunkt 106 °C, die vielfach als Katalysator bei Dehydratisierungen, Veresterungen etc. verwendet wird.

Tabelle. Substituenteneffekte bei Substitution am Benzolring

Substituent (R gleich Alkyl)	elektronischer Effekt	Geschwindigkeit der Zweitsubstitution	Lenkung	
$-\ddot{O}:^-$	+I, +M	sehr schnell	o,p	
$-\ddot{O}H$ $-\ddot{O}R$	–I, +M		o,p	
$-\ddot{N}H_2$ $-\ddot{N}R_2$	–I, +M		o,p	Gruppe 1 (o,p-dirigierend)
$-C_6H_5$	–I, +M	schnell	o,p	
$-$Alkyl	+I, +M*		o,p	
$-\ddot{F}:, -\ddot{C}l:, -\ddot{B}r:, -\ddot{I}:$	–I, +M	langsam	o,p	Gruppe 2 (o,p-dirigierend)
$-CH_2Cl$	–I, +M		o,p	
$\overset{O^{\delta-}}{\underset{\delta+}{\text{C}}}R$	–I, –M		m	
$-\overset{\delta+}{C}\equiv\overset{\delta-}{N}$	–I, –M		m	
$-\overset{\delta+}{C}F_3^{\,\delta-}$	–I		m	Gruppe 3 (m-dirigierend)
$-\overset{+}{N}R_3\ X^-$	–I		m	
$-\overset{O}{\underset{O^{\delta-}}{\overset{\|}{\underset{\|}{S^{\delta+}}}}}-OH$	–I, –M		m	
$-\overset{O}{\underset{O^-}{\overset{\|}{\underset{\|}{N^+}}}}$	–I, –M	sehr langsam	m	

*) Für den +M-Effekt ist die Hyperkonjugation verantwortlich, s. Abschn. 6.7.1.

Zur **Gruppe 2** zählt Chlor. Chlorbenzol reagiert langsamer als Benzol, ansonsten tritt Substitution ebenfalls fast ausschließlich in o- und p-Stellung ein.

Chlorbenzol $\xrightarrow{\text{HNO}_3\,/\,\text{H}_2\text{SO}_4}$ 17   +   1   +   82

Das Verhältnis von o:p**-Substitution** sollte bei allen aufgeführten Reaktionen 66:33 betragen, da zwei o-Positionen einer p-Position gegenüber stehen. Beobachtet wird aber aufgrund sterischer und elektronischer Effekte meistens ein höherer Anteil an *p*-Produkt. So liefert die Nitrierung von *tert*-Butylbenzol wegen der Sperrigkeit der *tert*-Butylgruppe ein *o:p*-Verhältnis von 18:82 und die Nitrierung von Chlorbenzol wegen des –I-Effekts von Chlor, der sich hauptsächlich auf die *o*-Position auswirkt, ein *o:p*-Verhältnis von 17:82.

Zur **Gruppe 3** gehört die Nitrogruppe. Diese Gruppe desaktiviert den Benzolring in starkem Maße. Mäßig elektrophile Verbindungen wie Friedel-Crafts-Reagenzien reagieren mit Nitrobenzol überhaupt nicht. (Nitrobenzol wird sogar als Lösungsmittel bei Friedel-Crafts-Reaktionen verwendet.) Erst mit reaktiven elektrophilen Reagenzien wie dem Nitronium-Ion tritt eine langsame Reaktion ein; dabei bildet sich hauptsächlich das *m*-Isomer. Achten Sie bei der folgenden Reaktion auf die drastischen Reaktionsbedingungen.

Dreifachsubstitution. Welches Substitutionsmuster ist zu erwarten, wenn bereits zwei Substituenten an den Benzolring gebunden sind? Handelt es sich um Substituenten, die beide *o,p*-dirigieren, jedoch mit stark unterschiedlicher Geschwindigkeit, so wird der stärker dirigierende das Substitutionsmuster bestimmen.

Ist der eine Substituent *o,p*-dirigierend und der andere *m*-dirigierend, so bestimmt ersterer aufgrund seiner beschleunigenden Wirkung die Substitution.

Aufgaben

19. Geben Sie für die beiden folgenden Reaktionen geeignete Katalysatoren an und erklären Sie außerdem die jeweiligen Regioselektivitäten.

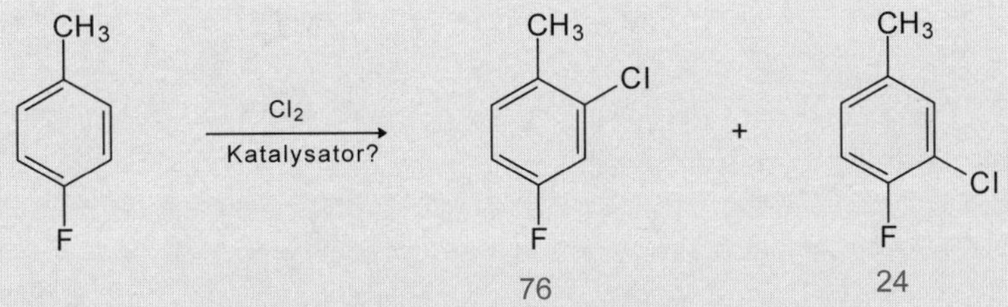

20. Die folgende Abbildung zeigt die ^{1}H-NMR-Spektren von *o*-, *m*- und *p*-Dinitrobenzol. Ordnen Sie die Spektren a, b und c diesen Isomeren zu.

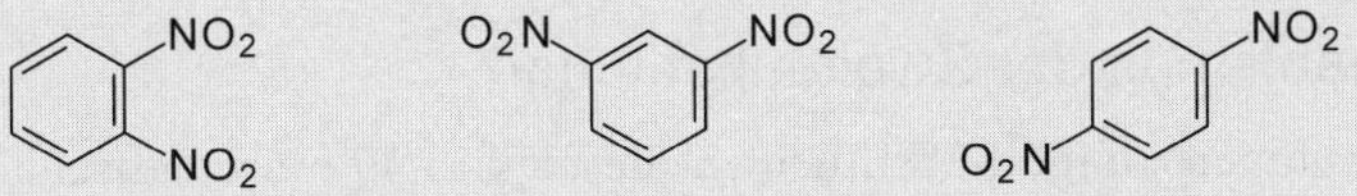

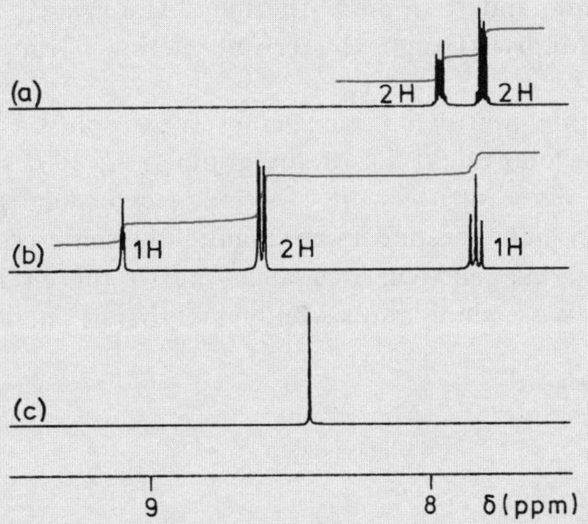

21. Trinitrotoluol ist eine kristalline Verbindung (Schmelzpunkt 81 °C), die als Sprengstoff verwendet wird („TNT"). Die Verbindung wird aus Toluol und Nitriersäure hergestellt. Formulieren Sie sämtliche Zwischenstufen, die bei der Nitrierung auftreten.

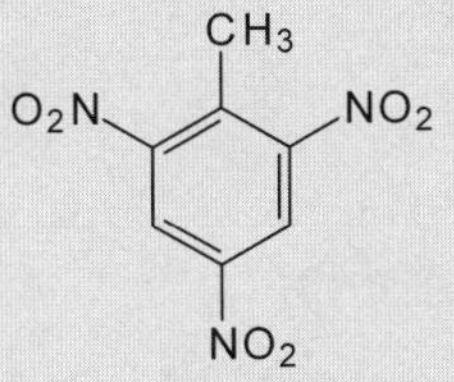

2,4,6-Trinitrotoluol
(Sprengstoff)

22. Ausgehend von Benzol und anorganischen Verbindungen sollen die isomeren Verbindungen A-C hergestellt werden. Beschreiben Sie die Reaktionsschritte.

A   **B**   **C**   Br

23. Methoxybenzol reagiert bei elektrophilen Substitutionen schneller als Toluol. Welcher Effekt ist dafür verantwortlich?

15.4.2 Mechanismus der Zweitsubstitution

Weshalb beschleunigen einige Substituenten die elektrophile aromatische Substitution, während andere dieselbe verlangsamen? Weshalb dirigieren einige Substituenten in die *o,p*-Stellung, andere in die *m*-Stellung? Die Fragen werden am Beispiel der Substituenten Methyl (Gruppe 1), Trifluormethyl (Gruppe 3) und Chlor (Gruppe 2) beantwortet.

Eine Methylgruppe beschleunigt den Eintritt eines Elektrophils E^+, da der Übergangszustand durch den Donoreffekt der Methylgruppe *(+I, +M)* stabilisiert wird. Stark beschleunigt wird der Eintritt in die Positionen *ortho* und *para*, kaum beschleunigt in die Position meta. Besonders anschaulich lassen dies auch die jeweiligen σ-Zwischenstufen erkennen: Nur *o*- und *p*-Angriff führen zu σ-Zwischenstufen, in denen die positive Ladung durch Methyl stabilisiert ist.

Eine Trifluormethylgruppe (Gruppe 3) verlangsamt die Substitution, da der ÜZ durch den Akzeptoreffekt der CF_3-Gruppe *(−I)* destabilisiert wird. Das Elektrophil reagiert bevorzugt (wenn auch langsam) mit der *m*-Position, da ein Angriff auf die *o*- und *p*-Positionen zu einem ÜZ führt, der durch CF_3 destabilisiert ist.

ÜZ erheblich destabilisiert:

ÜZ weniger destabilisiert:

ÜZ erheblich destabilisiert:

Halogensubstituenten (Gruppe 2) nehmen eine Sonderstellung ein. Einerseits verlangsamen sie durch ihren *−I*-Effekt die elektrophile Substitution, andererseits dirigieren sie durch ihren *+M*-Effekt in die *o,p*-Positionen.

−I-Effekt: **+M-Effekt:**

Entgegengesetzte Effekte wie bei Halogen gehen auch von einigen Substituenten der Gruppe 1 wie $-NR_2$ und $-OR$ *(+M, −I)* aus. Allerdings dominiert dort der *+M*-Effekt den *−I*-Effekt in weitaus stärkerem Maße, so dass Beschleunigung und *o,p*-Orientierung eintreten.

Aufgabe

24. Clofenamid ist ein Arzneimittel gegen erhöhten Blutdruck (Antihypertonikum). Die Synthese der Verbindung verläuft wie nachfolgend formuliert. Was bedeuten A und B? Wie kommt das Substitutionsmuster zustande?

15.4.3 Geschwindigkeit der Zweitsubstitution

Wie beschrieben entstehen bei der elektrophilen Zweitsubstitution fast immer Isomerengemische. Die quantitative Zusammensetzung der Gemische folgt aus den unterschiedlichen Geschwindigkeiten, mit denen die einzelnen Positionen im Benzolring reagieren. Diese relativen Geschwindigkeiten können leicht durch Konkurrenzversuche bestimmt werden. Dazu lässt man das elektrophile Reagenz auf ein überschüssiges 1:1-Gemisch aus substituierter Benzolverbindung und Benzol reagieren. Nachfolgend sind die relativen Geschwindigkeiten der Nitrierung (Salpetersäure in Essigsäure) einiger Aromaten angegeben. Bezugsgröße ist eine der sechs Positionen des Benzols.

Die *p*-Position von Toluol wird 58 mal schneller nitriert als eine der 6 Positionen des Benzols, und auch die *m*-Position wird noch etwas schneller nitriert. Die *p*-Position von *tert*-Butylbenzol wird ähnlich schnell nitriert, während die Reaktivität der *o*-Position aufgrund der sterischen Hinderung stark zurückfällt. Deutlich ist auch der Geschwindigkeitsabfall bei Chlorbenzol: Alle Positionen werden langsamer nitriert als eine Position im Benzol; besonders langsam die *m*-Position.

Aufgaben

25. Vervollständigen Sie:

26. Ordnen Sie die Verbindungen a bis c jeweils nach abnehmender Reaktivität bei elektrophilen Reaktionen. (a) Phenol, Benzol, Nitrobenzol, Ethylbenzol; (b) *N,N*-Dimethylanilin, Benzol, Benzaldehyd, Chlorbenzol; (c) Benzylbromid, Phenol, Benzoesäure, Benzol.

27. In welchem Verhältnis (in %) bilden sich die Isomeren von Nitrochlorbenzol bei der Nitrierung von Chlorbenzol? (Relative Geschwindigkeiten s. Text)

15.4.4 *Exkurs*: Schmerzmittel Ibuprofen durch Friedel-Crafts-Acylierung

Ibuprofen ist eine Propionsäure mit einem Phenylsubstituenten in α-Stellung. Die Verbindung dient als Arzneistoff gegen Schmerzen und Entzündungen.

Ibuprofen
2-(4-Isobutylphenyl)propionsäure

Zur Herstellung von Ibuprofen wird zunächst Bruchstück a synthetisiert und schrittweise mit den Bruchsstücken b und c verknüpft. Dabei spielen Friedel-Crafts-Acylierungen eine zentrale Rolle.

Zunächst wird Benzol durch Friedel-Crafts-Acylierung in Isobutyrobenzol überführt und letzteres durch Clemmensen-Reduktion in Isobutylbenzol umgewandelt. (Die direkte Überführung von Benzol in Isobutylbenzol durch Friedel-Crafts-*Alkylierung* mit Isobutylchlorid verläuft uneinheitlich.) Isobutylbenzol wird ebenfalls einer Friedel-Crafts-Acylierung unterworfen. Die Substitution erfolgt dabei hauptsächlich in *p*-Position, da die Isobutylgruppe zu den *o,p*-dirigierenden Substituenten gehört (Abschn. 15.4.1) und die *o*-Position durch die voluminöse Isobutylgruppe abgeschirmt ist.

Isobutyrobenzol   **Isobutylbenzol**   **1,4-Acetylisobutylbenzol**
(plus 1,2-Isomer)

Es folgt eine erneute Reduktion einer Carbonylgruppe, die diesmal mit Wasserstoff/Ni durchgeführt wird und nur bis zur Stufe des Alkohols verläuft. Im letzten Schritt wird Kohlenmonoxid in die C–OH-Bindung eingeschoben. Dabei entsteht Ibuprofen.

Ibuprofen

Die Palladium-katalysierte Carbonylierung eines Alkohols zu einer Carbonsäure nach dem Schema R–OH + CO → R–CO–OH ist eine Reaktion, deren Einzelheiten noch nicht restlos geklärt sind. Die Rolle des ebenfalls als Katalysator dienenden Iodwasserstoffs besteht darin, den Alkohol in das reaktivere Iodid umzuwandeln. Allein in Deutschland werden auf diese Weise jährlich ca. 5000 Tonnen Ibuprofen produziert.

Ibuprofen enthält ein Chiralitätszentrum. Nur das *(S)*-Enantiomer ist wirksam. Trotzdem wird das Racemat appliziert, da im menschlichen Körper eine Isomerisierung des *(R)*-Enantiomers zum *(S)*-Enantiomer erfolgt.

15.5 Elektrophile Substitution an kondensierten Aromaten

Kondensierte Aromaten sind bedeutend reaktiver als Benzol. So reagiert Naphthalin mit Brom, ohne dass ein Katalysator zugegen ist. Die Reaktionen mit Naphthalin sind im folgenden Schema zusammengestellt. Beachten Sie die bevorzugte Substitution in 1-Stellung.

HNO$_3$ in H$_2$SO$_4$	90 : 10	
	1-Nitro-	**2-Nitronaphthalin**
Br$_2$ in CH$_3$COOH	99 : 1	
	1-Brom-	**2-Bromnaphthalin**
Cl / AlCl$_3$ in CS$_2$	75 : 25	
	1-Acetyl-	**2-Acetylnaphthalin**
Cl / AlCl$_3$ in C$_6$H$_5$—NO$_2$	**2-Acetylnaphthalin**	
H$_2$SO$_4$	**1-Naphthalinsulfonsäure** (Hauptprodukt bei 50-100 °C)	**2-Naphthalinsulfonsäure** (Hauptprodukt bei 150 °C)

Naphthalin

Weshalb reagiert bevorzugt die 1-Position? Die Aktivierungsenergie beim elektrophilen Angriff ist hier vergleichsweise gering, da die partielle positive Ladung durch die Doppelbindung delokalisiert werden kann (s. Übergangszustand A). Das ist beim Angriff auf die 2-Position nicht möglich ist (s. Übergangszustand B). Eine zusätzliche Delokalisierung der Ladung durch den Benzolring ist in beiden Fällen möglich. Noch besser als am Übergangszustand erkennen Sie die Ladungsdelokalisierung an der jeweiligen σ-Zwischenstufe.

Übergangszustand A
(relativ energiearm)

σ–Zwischenstufe
(mesomere Grenzstrukturen)

Übergangszustand B
(relativ energiereich)

σ–Zwischenstufe

Eine Naphthalinverbindung mit dem Substituenten in 2-Stellung bildet sich nur, wenn das elektrophile Reagenz voluminös ist und in die gehinderte 1-Stellung nicht hineinpasst. So bildet sich bei der Sulfonierung unterhalb 100 °C in einer *kinetisch* gesteuerten Reaktion zwar die 1-Sulfonsäure; oberhalb 100 °C verläuft diese Reaktion merklich reversibel (s. Sulfonierung von Benzol), und es entsteht schließlich die *thermodynamisch stabilere* 2-Sulfonsäure, in der dem Sulfonsäurerest mehr Platz zur Verfügung steht. Die Sulfonierung ist ein weiteres Beispiel dafür, dass unterschiedliche Produkte entstehen können, wenn eine Reaktion einmal kinetisch, einmal thermodynamisch gesteuert wird.

kinetisch gesteuert:

thermodynamisch gesteuert:

Die Acetylierung in *Nitrobenzol* erfolgt mit dem Komplex H$_3$C–C=O$^+$/AlCl$_4^-$/ C$_6$H$_5$–NO$_2$, dessen genaue Struktur nicht bekannt ist. Dieses voluminöse Reagenz reagiert aus sterischen Gründen ebenfalls bevorzugt mit der 2-Position.

Enthält der Naphthalinring bereits einen Substituenten, so dirigiert letzterer das angreifende Reagenz in den eigenen Ring, wenn es sich um einen die Substitution beschleunigenden Substituenten handelt, und in den Nachbarring, wenn ein die elektrophile Substitution verlangsamender Substituent vorliegt.

1-Brom-2-methylnaphthalin

Anthracen und Phenanthren werden bei der Bromierung leicht am mittleren Ring angegriffen. Dabei bilden sich sowohl das Substitutionsprodukt als auch das Produkt einer Addition. Offenbar besitzen beide Verbindungen nicht nur aromatischen sondern auch olefinischen Charakter.

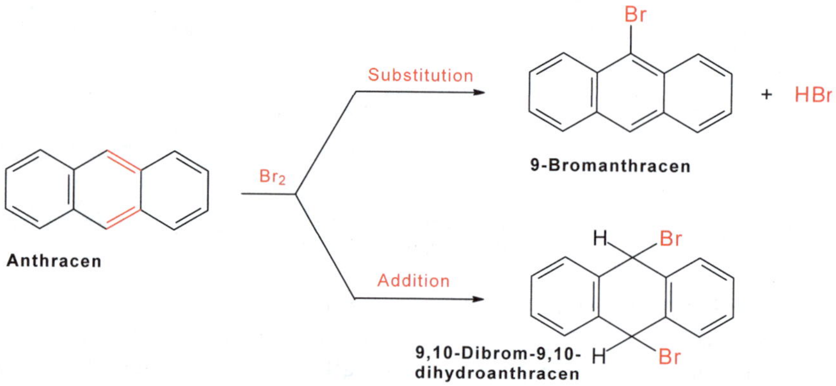

9-Bromanthracen

9,10-Dibrom-9,10-dihydroanthracen

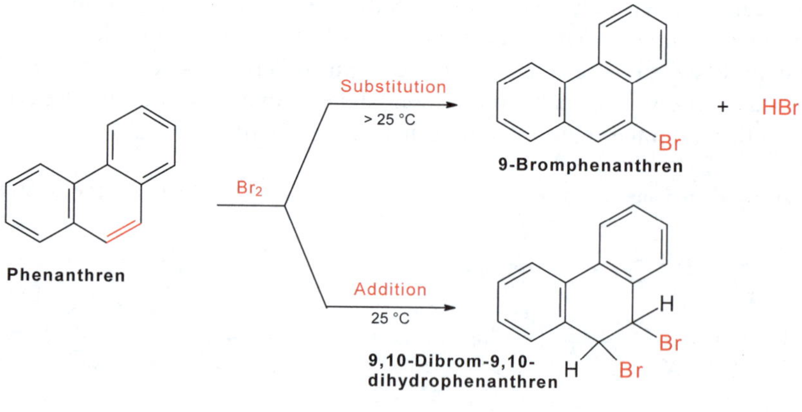

Anthracen

9-Bromphenanthren

9,10-Dibrom-9,10-dihydrophenanthren

Phenanthren

Anthracen kann auch als Dien reagieren. Mit dem Dienophil Singulett-Sauerstoff tritt eine Diels-Alder-Reaktion ein, bei der sich ein Peroxid bildet. Triebkraft dieser 1,4-Additionen ist die Bildung von zwei stabilen Benzolringen.

O$_2$/hv
(Singulett-O$_2$)

**Anthracenperoxid,
explosiv**

Aufgaben

28. Die Verbindungen A und B sollen aus Phthalsäureanhydrid und jeweils einem weiterem Aromaten durch Friedel-Crafts-Acylierung hergestellt werden. Formulieren Sie jeweils die einzelnen Schritte.

Phthalsäureanhydrid   **A**   **B**

29. Beim Erhitzen von Anthracen und Maleinsäureanhydrid in siedendem Xylol entsteht ein 1:1-Addukt. Welche Konstitution besitzt das Addukt?

15.6 Nucleophile Substitution an Aromaten

Nucleophile Substitutionen sind auch am Aromaten möglich, erfordern aber oft hohe Temperatur und hohen Druck oder stark elektronenziehende funktionelle Gruppen, welche die Elektronendichte des aromatischen Systems verringern und dadurch den Angriff eines Nucleophils erleichtern. Man unterscheidet zwei Mechanismen: den **Additions-Eliminierungs-Mechanismus** (dieser Abschnitt) und den **Eliminierungs-Additions-Mechanismus** (nächster Abschnitt).
Der **Additions-Eliminierungs-Mechanismus** sei am Beispiel der Reaktion von 2-Nitrochlorbenzol und Hydroxid zu 2-Nitrophenol erläutert:

H—O$^-$ +   160 °C   +   Cl$^-$

2-Nitrochlorbenzol   **2-Nitrophenol**

Zunächst *addiert* sich das Nucleophil OH⁻ an das C-Atom mit der Abgangsgruppe. Hierbei bildet sich eine carbanionische Zwischenstufe, die durch die Nitrogruppe in ortho-Stellung stabilisiert wird. Anschließend wird die Abgangsgruppe aus dieser Zwischenstufe *eliminiert*, wobei das Endprodukt entsteht.

Eine Substitution nach dem bei aliphatischen Verbindungen vom Typ Alkyl-X beobachteten Mechanismus nach S_N2 oder S_N1 ist nicht möglich, da die Rückseite der Bindung durch den aromatischen Ring abgeschirmt ist bzw. ein Arylkation aufgrund fehlender Delokalisierung der positiven Ladung sich nicht bilden kann. Voraussetzung für eine nucleophile aromatische Substitution nach diesem Mechanismus ist die Anwesenheit elektronenanziehender Substituenten in o- und/oder p-Position (z.B. $-CO_2R$, $-NO_2$, $-C\equiv N$). Beachten Sie: Auch in Chlorbenzol kann Chlorid durch Hydroxid substituiert werden, obwohl keine elektronenanziehenden Substituenten vorhanden sind. Diese Substitution verläuft aber nach einem anderen Mechanismus und erfordert eine viel höhere Temperatur (s. Abschn. 15.6). Mehrere elektronenanziehende Gruppen in o- und p-Position führen zu einer noch besseren Stabilisierung des Carbanions und damit zu einer Beschleunigung der Substitution. Die Stabilisierung kann so weit gehen, dass die carbanionische Zwischenstufe, auch **Meisenheimer-Komplex** genannt, sogar isoliert werden kann:

ein Meisenheimer Komplex
(gelbes Salz)

Durch nucleophile aromatische Substitution wird 2,4-Dinitrophenylhydrazin, ein wichtiges Reagenz zum Nachweis von Aldehyden und Ketonen, synthetisiert. Beachten Sie auch hier die niedrige Reaktionstemperatur.

2,4-Dinitrochlorbenzol   2,4-Dinitrophenylhydrazin

Bei einer nucleophilen aromatischen Substitution nach dem Additions-Eliminie-rungs-Mechanismus nimmt der eintretende Substituent exakt die Stelle des austre-tenden ein. Man nennt diese Art der Substitution eine **ipso-Substitution** (lat. *ipso*, sich selbst). *ipso*-Substitutionen werden bei *nucleophilen* aromatischen Substitu-tionen immer beobachtet, bei *elektrophilen* aromatischen Substitutionen gelegent-lich (s. Desulfonierung von Arensulfonsäure).

Aufgaben

30. Erfolgt die nucleophile Substitution des Chlors in Verbindung A oder B schneller?

31. Nach welchem Mechanismus verläuft folgende Umlagerung? Welches ist der Grund für die Umlagerung?

32. Ciprofloxacin (A) ist ein Fluor enthaltendes Chinolonderivat, das als Antibio-tikum verwendet wird. Nachfolgend ist der letzte Schritt der Synthese angege-ben. Warum wird das Cl-Atom und nicht das F-Atom substituiert?

15.7 Eliminierung an Aromaten: Arine

Lässt man eine sehr starke Base z.B. Natriumamid auf Halogenbenzol einwirken, erfolgt Eliminierung von Halogenwasserstoff. Dabei entsteht Dehydrobenzol.

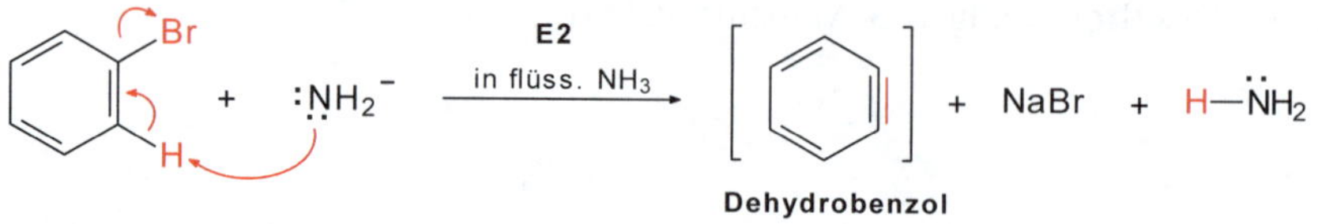

Dehydrobenzol

Der Mechanismus der Eliminierung hängt von der Abgangsgruppe ab. Brom als gute Abgangsgruppe wird synchron mit dem H-Atom eliminiert (E2-Mechanismus, s. vorstehendes Schema), Chlor als trägere Abgangsgruppe erst nach Bildung des Carbanions (E1cB-Mechanismus).

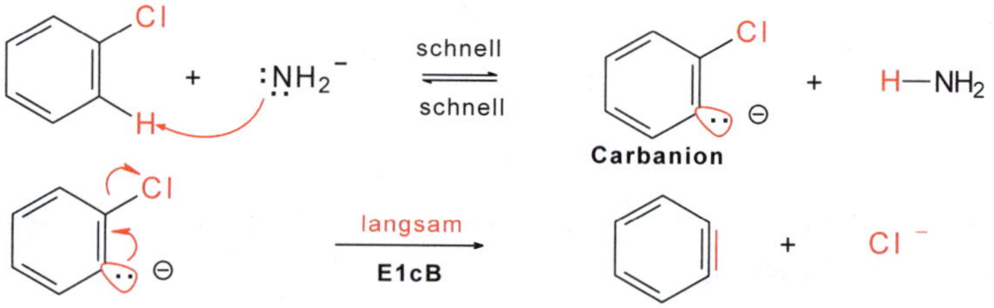

Carbanion

Dehydrobenzol gehört zur Gruppe der **Arine**, das sind Aromaten mit einer zusätzlichen Doppelbindung im 6-Ring.

einige Arine:

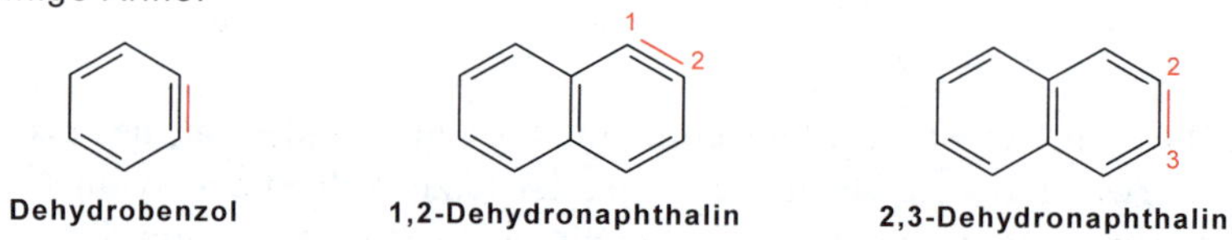

Dehydrobenzol   **1,2-Dehydronaphthalin**   **2,3-Dehydronaphthalin**

Arine enthalten zwei voneinander unabhängige π-Systeme, das π-System des Benzolrings und senkrecht dazu das π-System der zusätzlichen Doppelbindung.

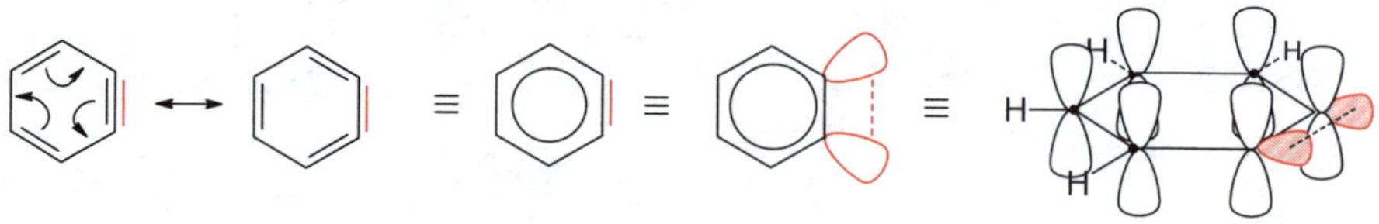

Dehydrobenzol ist äußerst reaktionsfähig und kann deshalb nicht isoliert werden. Es reagiert sofort mit vorhandenem Amid, wobei Anilin entsteht.

Die Reaktionsgleichung für den Umsatz von Brombenzol mit Natriumamid lautet somit:

Brombenzol + NaNH$_2$ $\longrightarrow$ **Anilin** + NaBr

Diese Gleichung täuscht eine einfache Substitution vor. Z.T. tritt diese auch ein, hauptsächlich findet aber eine Eliminierung gefolgt von einer Addition statt. Somit liegt eine **Eliminierungs-Additions-Reaktion** vor.

p-Bromtoluol setzt sich mit Natriumamid zu zwei Aminen um, da der Angriff des Nucleophils NH$_2^-$ sowohl auf die *m*- als auch auf die *p*-Stellung des Arins erfolgen kann.

Die intermediär gebildeten Arine können außer durch Basen auch durch Diene abgefangen werden, da Arine dienophile Eigenschaften besitzen. Mit Furan tritt folgende Diels-Alder-Reaktion ein:

1,4-Dihydro-1,4-epoxy-naphthalin

Dehydrobenzol bildet sich auch unter neutralen Bedingungen: *o*-Benzoldiazoniumcarboxylat (Darstellung aus Anthranilsäure, Abschn. 22.6.2) spaltet beim Erhitzen CO$_2$ und N$_2$ ab und geht in Dehydrobenzol über. Triebkraft der Reaktion ist die Bildung zweier Gase (starke Zunahme der Reaktionsentropie, Abschn. 1.10.1).

o-Benzoldiazonium-carboxalat
(ein Zwitterion)

Addition/Eliminierung und Eliminierung/Addition in Konkurrenz. Gelegentlich treten die beiden Mechanismen nebeneinander auf. Durch Markierung mit dem Isotop ^{13}C können die Anteile beider Reaktionstypen bestimmt werden. So wird Chlorbenzol, dessen 1-Stellung durch ^{13}C markiert ist, mit wässriger Natronlauge in Phenol überführt, dessen 1- *und* 2-Stellung ^{13}C enthalten.

Die von 50:50 abweichende Verteilung beweist, dass beide Reaktionen nebeneinander ablaufen. Aus dem Verhältnis 58:42 folgt, dass 16% Phenol nach dem Additions-Eliminierungs- und 84% Phenol nach dem Eliminierungs-Additions-Mechanismus gebildet werden. (Die Zahl 42 ist zu verdoppeln, da das intermediär gebildete Dehydrobenzol an zwei Positionen reagiert; die Zahl 58 ist um 42 zu vermindern.) Ein elegantes Experiment, das zugleich zeigt, wie man Isotope zur Aufklärung von Reaktionsabläufen heranziehen kann.

Durch Umsetzung von Chlorbenzol mit Natronlauge bei 350 °C wurde Phenol auch im technischen Maßstab hergestellt (so genanntes Dow-Verfahren). Inzwischen wird der größte Teil des weltweit produzierten Phenols jedoch nach dem Hock-Verfahren (s. Abschn. 23.2) erhalten.

Aufgaben

33. Welches der drei isomeren Bromtoluole ergibt mit Natriumamid alle drei möglichen Methylaniline?

34. Die Verbindungen A und B können jeweils aus dem gleichen Arin hergestellt werden. Formulieren Sie die Reaktionsgleichungen.

Triptycen,
Schmelzp. 255 °C

B

A

35. Wird eine Lösung von *o*-Benzoldiazoniumcarboxylat und *(E,E)*-2,4-Hexadien erwärmt, bilden sich die drei Verbindungen A, B und C. Welche Strukturen besitzen dieselben?

15.8 Additionen an Aromaten

Trotz der Stabilität der π-Elektronen des Benzolringes gelingen bestimmte Additionen an die Doppelbindungen. Dabei handelt es sich meistens um radikalische Additionen. Die angreifenden Reagenzien sind Halogenatome, solvatisierte Elektronen oder Wasserstoffatome.

Radikalische Addition von Halogen. Chlor und Brom werden bei UV-Bestrahlung an Benzol addiert.

1,2,3,4,5,6-Hexachlorcyclohexan

Gestartet wird die Reaktion durch die Spaltung eines Chlormoleküls mittels eines Lichtquants. Auf den Kettenstart folgt die Kettenfortpflanzung.

Zwischenprodukt ist Dichlorcyclohexadien, das nach dem gleichen Kettenmechanismus zum Endprodukt weiterreagiert.

Hexachlorcyclohexan kann in 8 Diastereomeren auftreten. Das Diastereomer mit folgender Konfiguration heißt Lindan (Gammexan) und ist als Insektizid wirksam. Es macht 18 % der Diastereomerenmischung aus.

Lindan ist wie DDT schwer abbaubar und kann zur Umweltbelastung führen. Die Verbindung darf in der Europäischen Union als Insektizid nicht mehr eingesetzt werden.

Aufgaben

36. Zeichnen Sie sämtliche Isomere des 1,2,3,4,5,6-Hexachlorcyclohexans jeweils mit ebenem 6-Ring. Von welchen Isomeren sind Enantiomere möglich?

37. Führt man die UV-Chlorierung von Benzol in Gegenwart von Maleinsäureanhydrid durch, isoliert man außer Hexachlorcyclohexan auch 2-Chlor-3-phenylbernsteinsäureanhydrid (s. Formel). Erklären Sie die Bildung dieser Verbindung.

Addition von solvatisierten Elektronen und Protonen. Birch-Reduktion. Aromatische Verbindungen werden durch Alkalimetall (Li, Na, K) und Alkohol zu

1,4-Dihydroverbindungen reduziert (**Birch-Reduktion**). Als Lösungsmittel dient flüssiges Ammoniak.

1,4-Dihydrobenzol

Die Reduktion erfolgt durch solvatisierte Elektronen (aus Li → Li$^+$ + e$^-$), deren Reduktionsvermögen bereits bei der Reduktion von Alkinen zu *trans*-Alkenen behandelt wurde (Abschn. 7.4.4).

Radikal-Anion   **Radikal**   **Anion**

Der Vergleich mit der Alkin-Reduktion (s. dort) zeigt, dass die einzelnen Schritte ähnlich sind. Der einzige Unterschied liegt darin, dass zur Reduktion von Aromaten als Protonenspender ein Alkohol benötigt wird. Alkohol ist im Gegensatz zu Ammoniak genügend acid, um das delokalisierte Radikal-Anion zu protonieren. Dagegen reicht zur Protonierung des stark basischen Radikal-Anions von Ethin bereits die schwache NH-Acidität des Lösungsmittels Ammoniak.

delokalisiertes **Radikal-Anion:**
schwach basisch

lokalisiertes **Radikal-Anion:**
stark basisch

Die Bildung von 1,4-Dienen ist typisch für die Birch-Reduktion. Weshalb sich nicht die thermodynamisch stabileren 1,3-Diene bilden, ist noch nicht restlos geklärt.

Ist ein Substituent an den Benzolring gebunden, erfolgt die 1,4-Addition in der Weise, dass ein elektronenabgebender Substituent (–CH$_3$, –OR, –NH$_2$ u.a.) mit einer der Doppelbindungen verknüpft bleibt, während ein elektronenanziehender Substituent (–COOH) von den Doppelbindungen getrennt wird. Folgende Reaktionen bezeugen die Vielfalt der Birch-Reduktion. Die meisten Produkte sind wertvolle Zwischenstufen für weitere Synthesen, z.B. für die Synthese von 2-Cyclohexenon.

Aufgaben

38. Formulieren Sie das von Benzol sich herleitende Radikal-Kation, Radikal und Radikal-Anion.

39. Welche Verbindungen entstehen bei der Birch-Reduktion von (a) 2-Methoxytoluol, (b) 3-Methoxytoluol?

40. Naphthalin wurde in die tricyclische Verbindung A überführt. Formulieren Sie die Reaktionsschritte.

Addition von molekularem Wasserstoff. Ebenso wie Alkene und Alkine werden auch aromatische Verbindungen katalytisch hydriert.

Die Hydrierung aromatischer Verbindungen erfolgt allerdings viel langsamer als die von Alkenen und Alkinen. Man beobachtet folgenden Reaktivitätsabfall:

$$-C\equiv C- \quad > \quad C=C \quad \gg \quad \bighexagon$$

Während Alkine und Alkene durch H_2/Raney-Ni bereits bei Raumtemperatur hydriert werden, erfordern Aromaten wegen der Stabilität des 6π-Systems eine Reaktionstemperatur von 150 °C bis 200 °C.

Aufgabe
41. Schlagen Sie eine Synthese von 1,2,3,4,5,8-Hexahydronaphthalin vor.

15.9 Reaktionen der Seitenkette von Alkylaromaten

Alle in diesem Kapitel behandelten Reaktionen betrafen den aromatischen Ring. Nachfolgend werden Reaktionen beschrieben, die an der Alkylseitenkette eines aromatischen Ringes ablaufen.

Chlorierung von Seitenketten. Lässt man Chlor unter UV-Bestrahlung auf Toluol einwirken, erfolgt Chlorierung der CH_3-Gruppe. Die Reaktion unterscheidet sich somit grundsätzlich von der, die in Gegenwart von $FeCl_3$ verläuft und zur Kernsubstitution führt.

Ob eine Halogenierung in der Seitenkette oder im Kern eintritt, hängt somit von den Reaktionsbedingungen ab. Es gilt die *S,S,S*- bzw. *K,K,K*-Regel:

- **S**onne, **S**iedehitze: **S**eitenkette
- **K**älte, **K**atalysator: **K**ern.

Sonne und Siedehitze erzeugen Halogenatome, welche nur das benzylische Wasserstoffatom substituieren. Dagegen entstehen in Gegenwart von Katalysatoren wie $FeCl_3$, $AlCl_3$ usw. elektrophile Halogenmoleküle, die umgekehrt nur das aromatische Wasserstoffatom substituieren.

Die Chlorierung unter UV-Bestrahlung verläuft radikalisch:

Cl—Cl $\xrightarrow{h\nu}$ Cl• + Cl•   } Kettenstart

$\begin{array}{c}\text{CH}_3 \\ \end{array}$ + Cl• ⟶ $\begin{array}{c}\text{•CH}_2 \\ \end{array}$ + HCl

$\begin{array}{c}\text{•CH}_2 \\ \end{array}$ + Cl—Cl ⟶ $\begin{array}{c}\text{CH}_2\text{—Cl} \\ \end{array}$ + Cl•

} Ketten-
fortpflanzung

Weshalb abstrahiert das Chloratom ein H-Atom der Seitenkette und nicht ein H-Atom des Benzolrings? Die Abstraktion eines benzylischen H-Atoms unter Bildung eines Benzylradikals erfordert weniger Aktivierungsenergie, da folgende Delokalisierung des zurückbleibenden Elektrons eintritt.

$\begin{array}{c}\text{CH}_2\text{•}\end{array}$ ⟷ $\begin{array}{c}\text{CH}_2\end{array}$ ⟷ $\begin{array}{c}\text{CH}_2\end{array}$ ⟷ $\begin{array}{c}\text{CH}_2\end{array}$

Benzylradikal
(4 mesomere Grenzstrukturen)

Dagegen ist zur Abstraktion eines H-Atoms aus dem Benzolring eine höhere Aktivierungsenergie notwendig, da eine Delokalisierung des zurückbleibenden Radikals nicht möglich ist: Orbital mit dem Einzelelektron und p_z-Orbitale des Benzolringes stehen *senkrecht* zueinander.

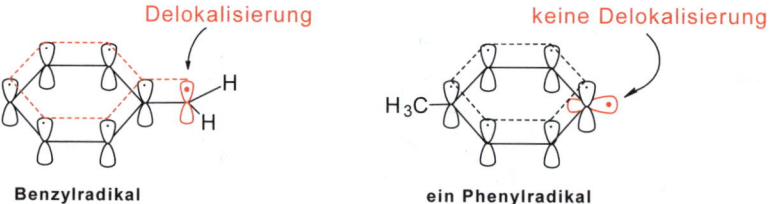

Delokalisierung   keine Delokalisierung

Benzylradikal   **ein Phenylradikal**

Eine weitere Frage drängt sich auf. Weshalb reagiert das Halogen mit den benzylischen H-Atomen und nicht mit den Doppelbindungen des Aromaten, wie es bei Benzol geschieht? Grund ist die hohe Reaktivität der benzylischen H-Atome.
Enthält der Aromat zwei Alkylketten, so kann Zweifachbromierung erfolgen. Dabei verteilen sich die beiden Bromatome auf beide Alkylgruppen. Grund ist u.a. die Voluminösität eines Bromatoms.

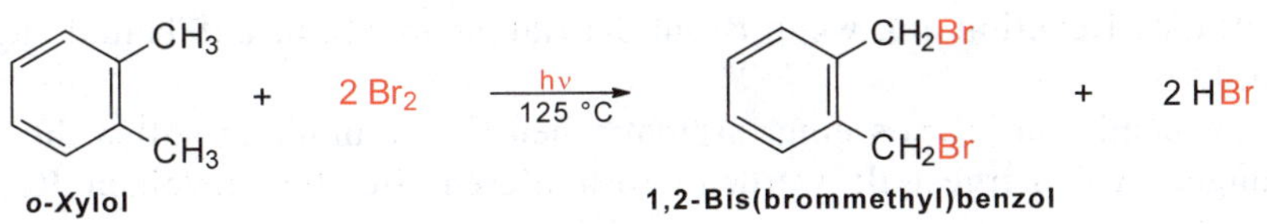

Benzylhalogenide sind reaktionsfähiger als Alkylhalogenide und finden daher vielfältige Verwendung bei Substitutionen.

Oxidation von Seitenketten. Gesättigte Kohlenwasserstoffe sind gegenüber Oxidationsmitteln wie $KMnO_4$ oder $K_2Cr_2O_7$ resistent. Anders verhält sich eine Alkylseitenkette an einem aromatischen Ring. Sofern die Seitenkette wenigstens ein benzylisches H-Atom enthält, tritt Oxidation ein, wobei sich eine aromatische Carbonsäure bildet.

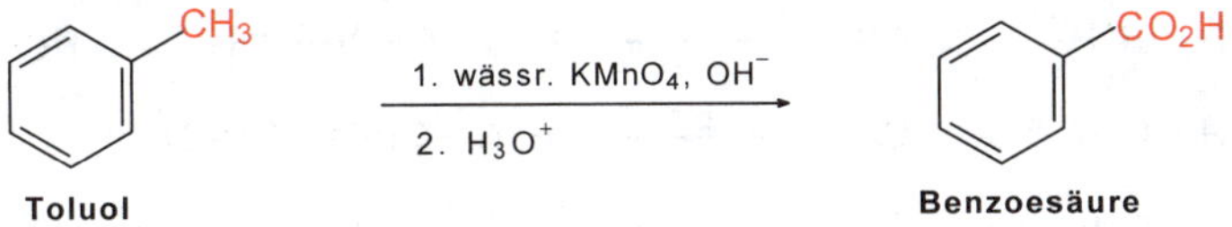

Zunächst wird ein **Hydrid-Ion** auf das Oxidationsmittel übertragen. Dabei bildet sich Benzylalkohol. Dieser wird über mehrere Zwischenstufen in Benzoesäure überführt.

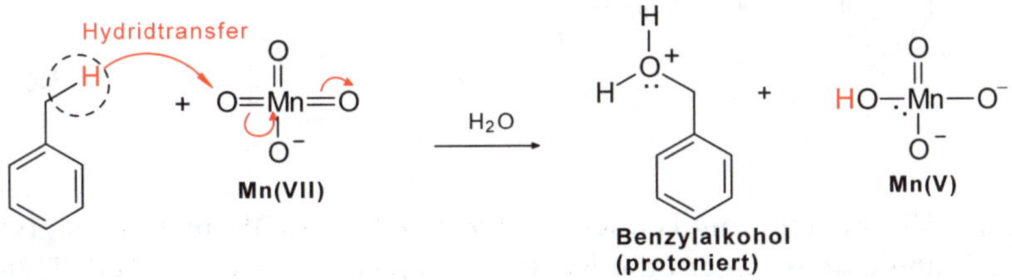

Auf diese Weise können aromatische Monocarbonsäuren, Dicarbonsäuren etc. aus Methylaromaten hergestellt werden. Beispiele:

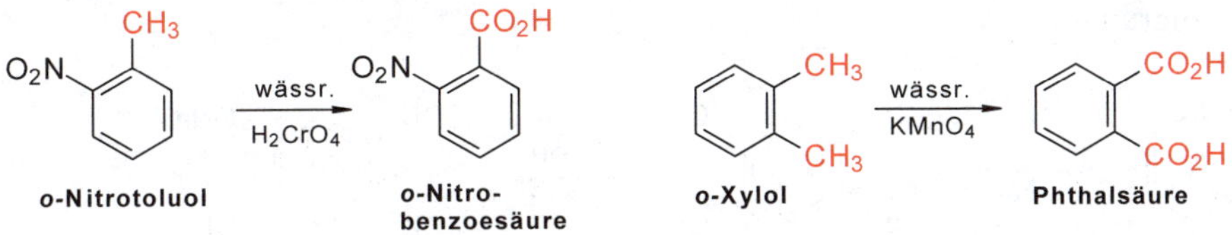

Aufgaben

42. Wie werden folgende H-Atome genannt?

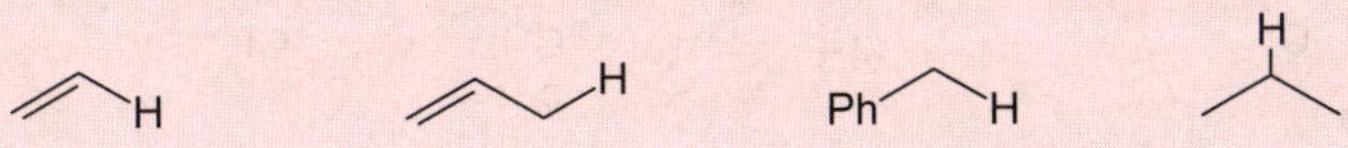

43. Tritt eine Reaktion ein, wenn Brom bei Raumtemperatur auf Toluol zugetropft wird?

44. Ausgehend von jeweils einer aromatischen C_7-Verbindung sollen die Verbindungen A-C hergestellt werden. Formulieren Sie die einzelnen Reaktionsschritte.

45. Geben Sie die Reaktionsbedingungen a-e für folgende Chlorierungen an:

46. Bei der Umsetzung von Tetrachlorbenzol A mit NaOH in Ethylenglykol entsteht B und daraus, sofern die Reaktionstemperatur oberhalb 180 °C liegt, das äußerst giftige 2,3,7,8-Tetrachlordibenzo-*p*-dioxin C, auch *Seveso*-Gift genannt (nach der Katastrophe bei der Produktion von B in Seveso/Italien). Jeweils welcher Typ von Substitution liegt bei der Bildung der Verbindungen A-C zugrunde?

15.10 *Exkurs*: Süßstoff Saccharin durch Sulfochlorierung

Zucker haben Eigenschaften, die ihren Konsum für manche Personen problematisch machen:

- Zucker sind kalorienreich.
- Glucose (in Rohrzucker) belastet den Organismus von Diabetikern.

Deshalb spielen künstliche Süßstoffe eine zunehmende Rolle. Die bekanntesten Süßstoffe sind Saccharin und dessen in Wasser besser lösliches Natriumsalz, ferner Natriumcyclamat und Aspartam. Ein Blick auf die Formeln zeigt: Süßstoffe besitzen unterschiedliche Struktur, einziges gemeinsames Merkmal zumindest der hier abgebildeten Verbindungen ist eine Amidbindung.

| Saccharin | Natriumcyclamat | Aspartam, ein Dipeptid |

Natriumcyclamat süßt etwa 40mal stärker, Aspartam ca. 200mal stärker und Natrium-Saccharin gar 500mal stärker als Saccharose (Vergleich in Gramm). Nachteil des Saccharins ist der leicht metallisch-bittere Nachgeschmack.

Die Entdeckung der Süßkraft von Saccharin und Natriumcyclamat verdanken wir dem Zufall. 1878 erhitzte der Chemiker C. Fahlberg eine Saccharinlösung, wobei diese z.T. verspritzte. Er reinigte das Gefäß und stellte anschließend einen süßen Geschmack an seinen Händen fest. 1937 beobachtete der Chemiker Sveda, dass seine Zigarette süß schmeckte, nachdem er dieselbe zuvor auf einen mit Resten von Natriumcyclamat verunreinigten Labortisch gelegt hatte.

Die Synthese von Saccharin beginnt mit der Sulfochlorierung von Toluol, wobei das 2- und 4-Isomer (Verhältnis ca. 1:1) gebildet werden. Das 2-Isomer ist weniger löslich als das andere und fällt beim Abkühlen des Gemischs zuerst aus. Reaktion desselben mit Ammoniak liefert 2-Toluolsulfonamid.

Oxidation des Sulfonamids überführt die Methylgruppe in eine Carboxylgruppe. Solche Oxidationen gelingen nur, wenn die Methylgruppe an einen aromatischen Ring gebunden ist (Abschn. 15.9). Schließlich wird das Carboxysulfonamid durch Erhitzen dehydratisiert, wobei der Ringschluss zu Saccharin eintritt. (Zur Erinnerung: Ringschlüsse treten immer dann leicht ein, wenn dabei 5- oder 6-Ringe gebildet werden.) Die Überführung ins Na-Saccharin gelingt wegen der beträchtlichen Acidität des Amidprotons (zweifaches Amid) bereits mit wässrigem Natriumhydroxid.

Aufgaben

47. Geben Sie den wichtigsten Reaktionstyp jeweils bei Alkanen, Alkenen, Alkinen, Aromaten und Antiaromaten an.

48. Nitrobenzol wird gelegentlich als Lösungsmittel bei Friedel-Crafts-Reaktionen verwendet (s. Acylierung von Naphthalin). Warum wird die Verbindung nicht selbst alkyliert oder acyliert?

15.11 Lösung der Aufgaben zu Kapitel 15

1. *Elektronenpaarabstoßungsmodell*: Im NO_2^+ gehen vom N zwei Bindungen aus, die aufgrund der gegenseitigen Abstoßung einen Winkel von 180° bilden. Im $R-NO_2$ gehen vom N drei Bindungen aus, die einen Winkel von 120° bilden. *Hybridisierungstheorie*: N in NO_2^+ ist sp-hybridisiert und linear (Winkel 180°), N in $R-NO_2$ ist sp^2-hybridisiert und trigonal (Winkel 120°).

2. Eisen plus Brom → Eisen(III)bromid

3. I–Cl: elektrophiler Charakter des Iods gering. I–Cl .... $ZnCl_2$: elektrophiler Charakter des Iods größer

4. *Ethylen*: kein Katalysator erforderlich; Zwischenstufe ist ein Bromonium-Ion; zwei Bromatome werden addiert. *Benzol*: Katalysator erforderlich; σ-Zwischenstufe; nur ein Bromatom wird (unter Substitution eines H-Atoms) eingeführt.

5.

Zum Abfangen von HCl wird die Reaktion mit zwei mol Amin durchgeführt.

6. *Elektronenpaarabstoßungsmodell*: Von C^+ gehen 2 Bindungen aus, die sich abstoßen und einen Winkel von 180° bilden. *Hybridisierungstheorie*: Die beiden σ-Bindungen von C^+ sind sp-hybridisiert und linear angeordnet (Winkel 180°).

7. Nur das jeweilige Monomere besitzt eine reaktive Elektronenlücke.

8. **A** aus Benzol und 2-Methylpropansäurechlorid
B aus Benzol und Benzoylchlorid

9.

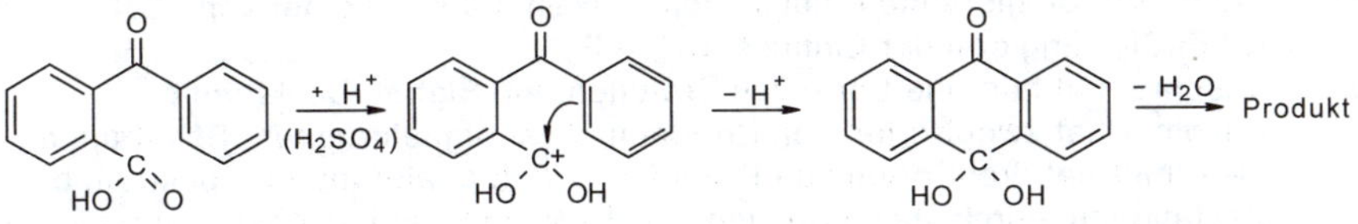

10. Azulen + $C_6H_5-CO-Cl/AlCl_3$, anschließend Clemmensen-Reduktion

11. Um zu verhindern, dass sich der Katalysator H–X an die Doppelbindung des Alkens addiert.

12. $H_3C-CH_2-CH_2-CH_2-CO-Cl + C_6H_6 \rightarrow H_3C-CH_2-CH_2-CH_2-CO-C_6H_5$; anschließend Clemmensen-Reduktion des Ketons

13. $C_6H_5-C(CH_3)_2-C_2H_5$, daneben Zweifachalkylierung

14. $C_6H_5-C_4H_9(n) + C_6H_5-CH(CH_3)-C_2H_5$

15.

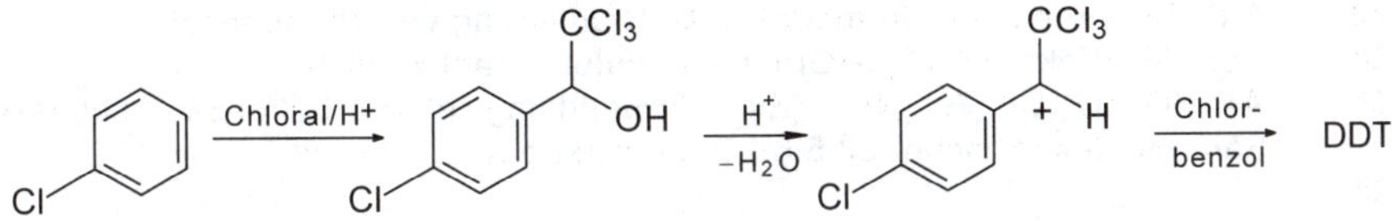

16. Friedel-Crafts-Alkylierungen sind reversibel. Aus Ethylbenzol und HF entstehen Benzol und Ethylfluorid. Letzteres ethyliert noch vorhandenes Ethylbenzol, wobei sich ein Isomerengemisch aus Diethylbenzol bildet. Unter sauren Bedingungen herrscht zwischen den Isomeren ein Gleichgewicht, in dem das *m*-Isomer dominiert (thermodynamisches Gleichgewicht). Ursache ist die Stabilisierung der positiven Ladung der σ-Zwischenstufe durch die 1,3-ständigen Ethylgruppen (R gleich Et).

17.

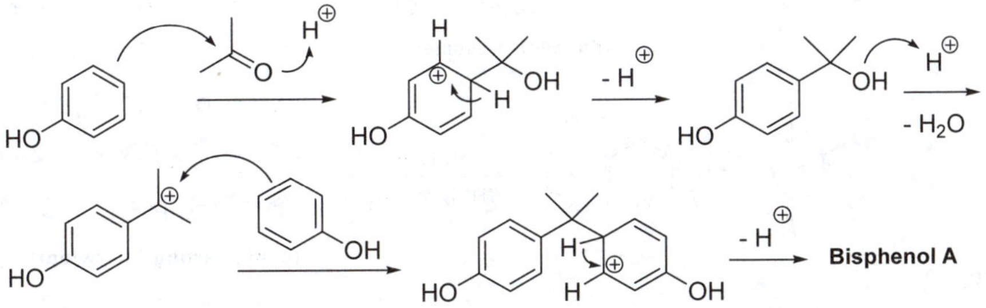

18.

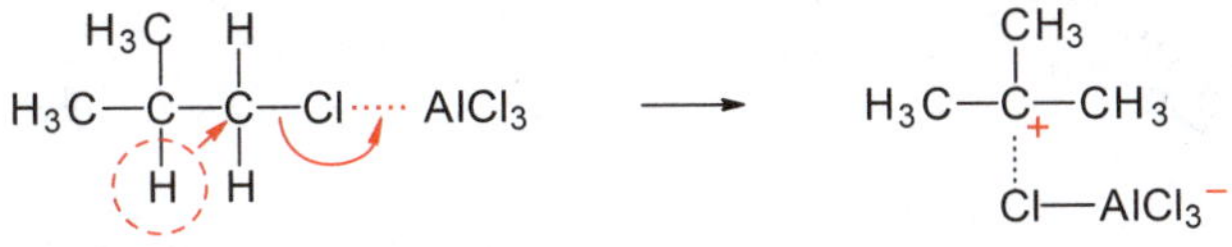

Hydrid-Verschiebung unter Bildung eines tertiären Carbenium-Ions. Letzteres reagiert mit Benzol zu **B**.

19. (a) H^+; der dirigierende Einfluss von –OH ist stärker als der von –CH_3.
(b) $FeCl_3$; dirigierender Einfluss: $CH_3 > F$

20. *p*-Isomer hat nur eine Sorte von Protonen: ein Signal, Spektrum **c**
o-Isomer hat zwei Sorten von Protonen: zwei Signalgruppen, Spektrum **a**
m-Isomer hat drei Sorten von Protonen: drei Signalgruppen, Spektrum **b**
Bestätigung durch das jeweilige Flächensignal und (weniger gut zu erkennen) durch die Kopplungsaufspaltungen.

21.

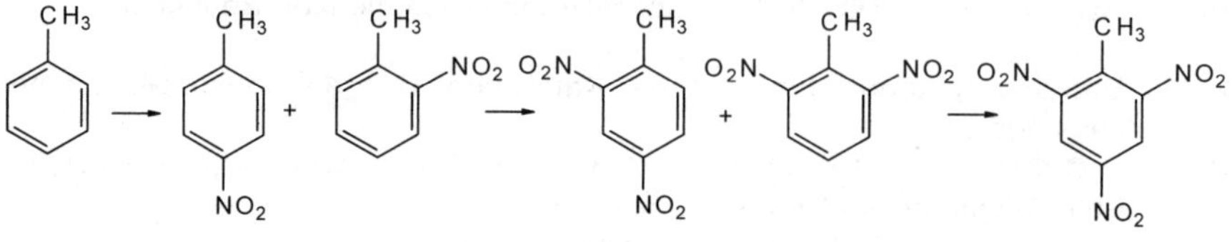

Hauptprodukt Nebenprodukt

22. **A,C**: Nitrierung von Brombenzol; **B**: Bromierung von Nitrobenzol
23. Der +M-Effekt der OCH_3-Gruppe ist dafür verantwortlich.
24. **A:** HO-SO_2-Cl; **B:** NH_3 (Zur Umwandlung eines Sulfonsäurechlorids in ein Säureamid s. Abschn. 22.5.6.) Chlor wirkt *o,p*-dirigierend.

25.

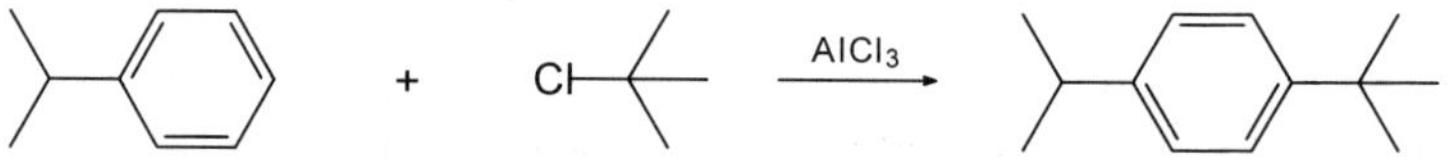

o-Produkt bildet sich aufgrund der gegenseitigen Hinderung in nur geringem Maße.

26. (a) Phenol > Ethylbenzol > Benzol > Nitrobenzol
(b) *N,N*-Dimethylanilin > Benzol > Chlorbenzol
(c) Phenol > Benzol > Benzylbromid > Benzoesäure

27. o : m : p = 2 · 0,029 : 2 · 0,001 : 1 · 0,137 = **29 : 1 : 70**

28.

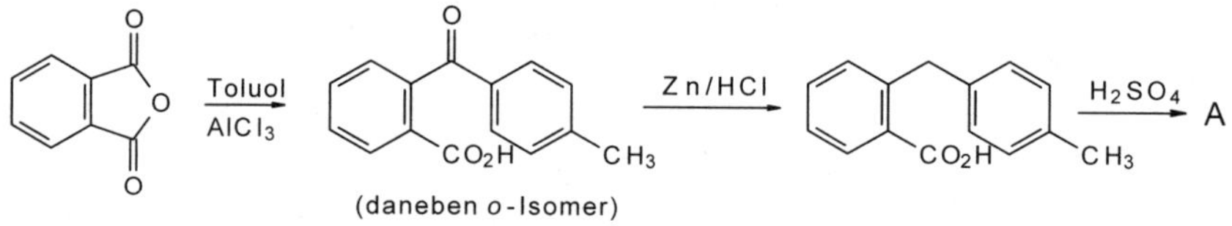

(daneben *o*-Isomer)

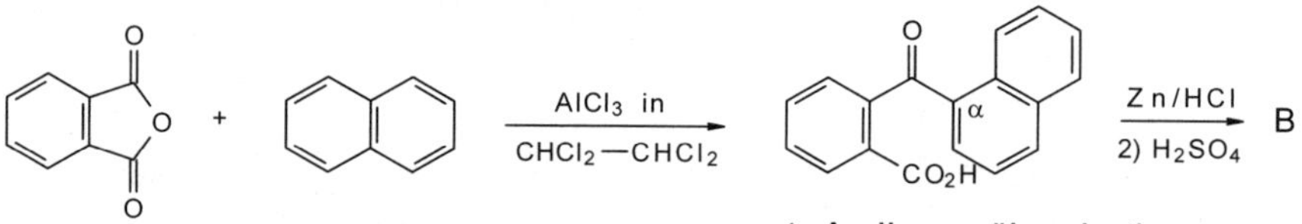

(α-Acylierung überwiegt)

29.

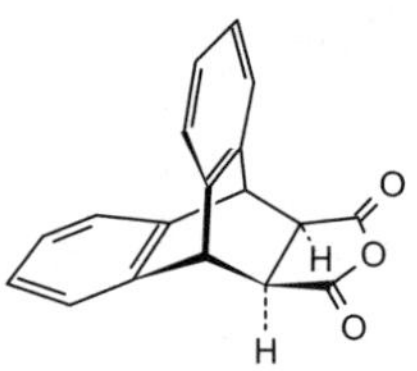

30. A >> B

31.

Bessere Delokalisierung der negativen Ladung in B als in A

32. Aktivierungsenergie beim Angriff des Nucleophils auf das (Cl-)C-Atom niedriger als beim Angriff auf das (F-)C-Atom, da im ersten Fall Delokalisierung über C=O möglich.

33. 3-Bromtoluol

34. **A**: Dehydrobenzol (Dienophil) plus Cyclopentadien (Dien), anschließend Hydrierung der isolierten Doppelbindung.
B: Dehydrobenzol (Dienophil) plus Anthracen (Dien). In beiden Fällen handelt es sich um eine Diels-Alder-Reaktion.

35.

$+\quad CO_2\quad +\quad N_2$

36.

Gammexan

$\sigma\qquad\sigma\qquad\sigma\qquad\sigma\qquad\sigma\qquad\sigma\qquad C_2\qquad\sigma$

σ = Symmetrieebene. Nur das Molekül ohne σ bildet Enantiomere.

37.

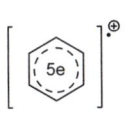

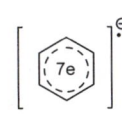

Produkt

38.

Radikal-Kation
(Benzol minus e)

neutrales Radikal
(Benzol minus H)

Radikal-Anion
(Benzol plus e)

39.

(Alle Substituenten sind mit olefinischen C-Atomen verknüpft.)

40.

Das aus Chloroform und Alkoholat gebildete Dichlorcarben ist elektrophil und reagiert mit der mittleren Doppelbindung, die am höchsten alkyliert ist und damit die höchste Elektronendichte aufweist.

41.

42. Vinyl-, Allyl-, Benzyl- bzw. Alkyl-H (von links nach rechts)

43. Nein. (Katalysator FeBr$_3$ fehlt; Bestrahlung fehlt)

44. **A** und **C**: Nitrierung von Toluol; Trennung der Isomeren; Oxidation mit KMnO$_4$
B: Nitrierung von Benzoesäure

45. **a**: unpolares Lösungsmittel, UV-Bestrahlung; **b**: polares Lösungsmittel, Kälte; **c**: 500 °C (Abschn. 3.10.5); **d** (neben o-Produkt): Kälte, FeCl$_3$; **e**: Siedehitze, UV-Bestrahlung

46. **A**: elektrophile Substitution. **B, C**: nucleophile aromatische Substitution

47. **Alkane**: radikalische Substitution. **Alkene**: elektrophile Addition. **Alkine**: Salzbildung (1-Alkine). **Aromaten**: elektrophile Substitution. **Antiaromaten** sind sehr unbeständig. In Abwesenheit eines geeigneten Reaktionspartners dimerisieren sie.

48. Die Nitrogruppe desaktiviert einen Aromatenring.

Kapitel 16
Metallorganische Verbindungen

16.1 Bedeutung metallorganischer Verbindungen

Metallorganische Verbindungen enthalten mindestens eine Metall-Kohlenstoff-Bindung. Sie sind einerseits in struktureller und bindungstheoretischer Hinsicht interessant, haben andererseits aber auch große Bedeutung als Reagenzien in der Organischen Synthese erlangt. Insbesondere Verbindungen von Magnesium (sogenannte Grignardverbindungen), Lithium, Kupfer oder Bor werden sehr häufig für C-C-Knüpfungsreaktionen verwendet. Viele Übergangsmetallkomplexe werden als Katalysatoren im Labormaßstab, aber auch in technischen Prozessen für die Produktion von Feinchemikalien, Pharmaka und Pflanzenschutzmitteln eingesetzt.

16.2 Bindung in metallorganischen Verbindungen

Die Natur der Metall-Kohlenstoff-Bindung kann sehr unterschiedlich sein. Man unterscheidet folgende Bindungstypen:

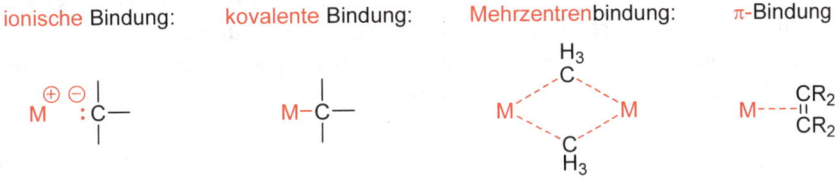

Die drei zuerst genannten Bindungen beobachtet man vorwiegend bei Hauptgruppenmetallen, seltener bei Übergangsmetallen, die π-Bindung fast ausschließlich bei Übergangsmetallen. In den folgenden Abschnitten werden die verschiedenen Typen näher beschrieben.

16.2.1 Ionische Bindung

Früher nahm man an, die meisten metallorganischen Verbindungen seien ähnlich den Metallsalzen ionisch aufgebaut. Heute weiß man, dass ein solcher Aufbau selten ist. Die ionische Bindung tritt nur bei solchen Verbindungen auf, die entweder ein stark elektropositives Metall enthalten oder deren Anion eine große Bildungstendenz aufweist. Zu den ersteren gehört Kalium-methylid, zu den letzteren zählen das Acetylid- und Cyclopentadienid-Ion. (Die Endung *-id* bringt den salzartigen Charakter zum Ausdruck, vgl. Natriumchlor*id*).

Kalium-methylid   Lithium-acetylid   Lithium-cyclopentadienid

Aufgaben

1. Worauf beruht die große Bildungstendenz des Cyclopentadienid-Ions?
2. Welche räumliche Anordnung besitzen die Anionen in (a) K-methylid, (b) Li-acetylid?

16.2.2 Kovalente Bindung

Metalle, die kovalente Metall-Kohlenstoff-Bindungen ohne ionischen Charakter eingehen, finden sich hauptsächlich in der dritten bis sechsten Hauptgruppe des Periodensystems. Auch die Metallorganyle von einigen Halbmetallen wie Bor, Silicium, Arsen oder Selen werden aufgrund der Polarisierung der Metall-Kohlenstoff-Bindung und der daraus resultierenden Reaktivität häufig zu den metallorganischen Verbindungen gezählt. Die Molekülgeometrien lassen sich leicht mit den Regeln des VSEPR-Modells ermitteln. Im folgenden ist jeweils ein Beispiel für eine metallorganische Verbindung aus der dritten bis sechsten Hauptgruppe gezeigt. Ein Beispiel für ein Nebengruppenmetallorganyl mit kovalenter M-C-σ-Bindung ist Methyltrioxorhenium (MTO).

Trimethylboran   Trimethylzinnhydrid   Triphenylarsan   Diphenyldiselenid   Methyltrioxorhenium (MTO)

Aufgaben

3. Welche Verbindungen sind metallorganisch? (a) Borsäure-trimethylester, (b) Trimethylboran, (c) Tetramethylammoniumborhydrid
4. Vergleichen Sie die Richtung der Polarität einer metallorganischen Bindung mit der einer Kohlenstoff-Halogen-Bindung. Was fällt auf?

16.2.3 Mehrzentrenbindung

Einige metallorganische Verbindungen „assoziieren" sowohl in Lösung als auch in festem Zustand zu Dimeren, Trimeren, Oligomeren oder Polymeren. Die Ursache der Assoziation sei am Beispiel Trimethylaluminium erläutert:

In der monomeren Form besitzt das Aluminium ein unbesetztes Orbital und weist somit einen Elektronenmangel auf. Trimethylaluminium ist also eine Lewis-Säure und kann mit Lewis-Basen unter Bildung tetraedrischer Addukte reagieren. In Abwesenheit von Lewis-Basen erfolgt eine Kompensation des Elektronenmangels durch Dimerisierung, indem sich *drei* Atome *zwei* Bindungselektronen teilen. Bindungen wie im dimeren Trimethylaluminium werden auch *Elektronenmangelbindungen* genannt, da mehr Bindungen gebildet werden als Elektronenpaare vorhanden sind.

Aufgabe

5. Formulieren Sie die Reaktionsgleichung für die Umsetzung von Al_2Me_6 mit Trimethylamin.

16.2.4 π-Bindung und 18-Elektronenregel

Viele Alkene und Aromaten bilden mit Übergangsmetallen so genannte π-Komplexe. Eines der ältesten Beispiele ist das Zeise-Salz, das erstmals 1827 durch Erhitzen von Na_2PtCl_4 in Ethanol erhalten wurde. Die Verbindung entsteht auch, wenn eine Lösung von Na_2PtCl_4 in einer Ethenatmosphäre erhitzt wird. In diesem Komplex fungiert Ethen, das aus Ethanol durch Eliminierung von Wasser entstanden ist, als π-Ligand. Die Bindung des Alkens im Zeise-Salz und anderen Alkenkomplexen besteht aus zwei Anteilen. Anteil 1: Das mit zwei Elektronen besetzte π-Molekülorbital des Alkens überlappt mit einem unbesetzten p-Orbital des Metalls (σ-Bindung, abgekürzt als M←Ligand). Anteil 2: Ein besetztes d-Orbital des Metalls überlappt mit dem unbesetzten π^*-Molekülorbital des Alkens (π-Bindung, M→Ligand); diesen Anteil nennt man auch **Rückbindung** (zur Bedeutung von HOMO und LUMO s. Abschn. 1.8.2).

Ligand:
π-Molekülorbital
(HOMO)

Metall:
p-Orbital
(unbesetzt)

Ligand:
π*-Molekülorbital
(LUMO)

Metall:
d-Orbital
(besetzt)

H$_2$C —— CH$_2$

M

H$_2$C —— CH$_2$

M

Zeise-Salz

M $\xleftarrow{\sigma}$ Ligand

M $\xrightarrow{\pi}$ Ligand

Eine nützliche Regel für die Vorhersage der Stabilität von Übergangsmetallkomplexen ist die **18-Elektronen-Regel**. Sie besagt, dass stabile Verbindungen dann erhalten werden, wenn das Metall formal die Elektronenkonfiguration des im Periodensystem folgenden Edelgases erlangt. Dies ist dann gegeben, wenn die Zahl der Valenzelektronen, also die Summe der Valenzelektronen des Metalls und der von den Liganden beigesteuerten Elektronen, 18 beträgt. Ein Beispiel ist Ferrocen. Es gehört zu den so genannten Sandwich-Verbindungen, bei denen sich ein Übergangsmetallatom zwischen zwei cyclischen π-Liganden, in diesem Fall Cyclopentadienyl-(Cp)-Liganden, befindet. Um die Zahl der Valenzelektronen zu ermitteln, wird der Übergangsmetallkomplex gedanklich in die Liganden und das Metall zerlegt. Üblicherweise werden bei dieser Betrachtung die Bindungselektronen dem Liganden zugeschlagen, so dass jeder Cp-Ligand als Anion mit 6 π-Elektronen gewertet wird. Da Ferrocen insgesamt neutral ist, muss das Eisen als Fe^{2+} (Elektronenkonfiguration: 3d^6) gewertet werden, es trägt also weitere 6 Elektronen bei. Demnach erfüllt Ferrocen die 18-Elektronen-Regel.

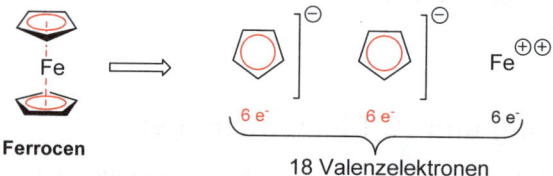

Ferrocen

6 e$^-$ 6 e$^-$ 6 e$^-$

18 Valenzelektronen

Die Aufklärung der Struktur des Ferrocens gelang 1955 *E. O. Fischer* (geb. 1918 in München, Nobelpreis für Chemie 1973). In Einklang mit der 18-Elektronenregel ist Ferrocen sehr stabil und zersetzt sich erst oberhalb von 300°C.

Aufgabe

6. Ermitteln Sie die Zahl der Valenzelektronen von Co in Cobaltocen (Co-Analogon von Ferrocen). Ist Cobaltocen ein Oxidations- oder ein Reduktionsmittel?

16.3 Darstellung metallorganischer Verbindungen

Metallorganische Verbindungen können auf vielfältige Weise hergestellt werden. In diesem Abschnitt werden die wichtigsten Methoden vorgestellt.

16.3.1 Metallorganische Verbindungen aus C–H-aciden Verbindungen

Viele C–H-acide Verbindungen reagieren mit elektropositiven Metallen unter Oxidation des Metalls und Reduktion des Wasserstoffs zu einer metallorganischen Verbindung und elementarem Wasserstoff. So kann zum Beispiel Natriumcyclopentadienid aus Cyclopentadien und Natriumsand erhalten werden. Alternativ ist auch eine Deprotonierung mit Natriumhydrid möglich. Hierbei handelt es sich nicht um eine Redoxreaktion, sondern um eine Säure-Base-Reaktion. Diese Methode ist bequemer und zuverlässiger. Die Bildung einer metallorganischen Verbindung aus einer C-H-aciden Verbindung wird als **Metallierung** bezeichnet.

Metallierungen werden in der Praxis meistens mit stark basischen metallorganischen Verbindungen durchgeführt. Die Erfolgsaussichten einer solchen Metallierung können durch eine Betrachtung der pK_a-Werte abgeschätzt werden: So kann man mit *n*-Butyllithium (einem häufig verwendeten Metallierungsreagenz) im Prinzip alle Verbindungen metallieren, die eine größere C–H-Acidität als Butan aufweisen. Sehr häufig sind diese Metallierungsreaktionen allerdings kinetisch gehemmt. So findet zwischen Benzol und Butyllithium keine Reaktion statt, obwohl diese thermodynamisch aufgrund einer Differenz von 14 pK_a-Einheiten eintreten sollte. Wird die Deprotonierung von Benzol mit Butyllithium allerdings in Gegenwart von Tetramethylethylendiamin (TMEDA, $Me_2NCH_2CH_2NMe_2$) durchgeführt, findet eine rasche und vollständige Bildung von Phenyllithium statt. Tetramethylethylendiamin wirkt als Chelatligand, der die Lithiumionen komplexiert und so zu einem Aufbrechen der hexameren Assoziate von Butyllithium führt. Hierdurch wird die Basizität des Butylrestes erhöht, und die Reaktion erheblich beschleunigt.

$pK_a \sim 36$

H_3C——Li + [Benzol]—H →(TMEDA)→ [Benzol]—Li-TMEDA + H_3C——H $pK_a \sim 50$

Benzolderivate mit einem elektronenziehenden und koordinierenden Substituenten werden vorwiegend in *o*-Stellung metalliert (**dirigierte ortho-Metallierung**).

NEt$_2$ → (BuLi, −78°C, in THF/TMEDA) → NEt$_2$ ... dirigierende Gruppe ... → NEt$_2$

Zum einen ist die C–H-Acidität in *o*-Stellung aufgrund von −I- oder −M-Effekten des Substituenten am größten. Zum anderen tritt oftmals eine Komplexierung zwischen metallorganischer Verbindung und Substituent ein, ein Vorgang, der die anschließende Lenkung in die *o*-Stellung begünstigt.

Eine vergleichsweise hohe C-H-Acidität weisen terminale Alkine auf (Abschn. 7.4.5). Diese können zum Beispiel durch die stark basische Grignard-Verbindung Isopropylmagnesiumbromid vollständig deprotoniert werden:

Me_3Si—C≡C—H $pK_a \sim 25$ + (iPr)—MgBr → Me_3Si—C≡C:$^-$ $MgBr^+$ + (iPr)—H $pK_a \sim 50$

Aufgabe

7. Die Verbindungen **A** bis **C** werden mit *einem* Äquivalent Butyllithium umgesetzt. An welchen Positionen erfolgt eine Deprotonierung? Warum müssen bei Verb. **C** mindestens zwei Äquivalente Butyllithium eingesetzt werden, um eine metallorganische Verbindung zu erhalten?

A [Phenyl]—C≡C—H   **B** [Phenyl]—OCH$_3$ **C** H—C≡C—C(CH$_3$)=CH—CH$_2$—OH

16.3.2 Metallorganische Verbindungen aus Halogenverbindungen

Halogenverbindungen reagieren mit unedlen Metallen wie zum Beispiel Li, Na, Mg und Zn zu polaren metallorganischen Verbindungen. Diese häufig angewendete Synthesemethode wird als **Direktsynthese** bezeichnet. Das unedle Metall wird hierbei oxidiert, und das Kohlenstoffatom reduziert. Direktsynthesen unter Verwendung unedler Metalle sind exotherm, was auf die hohe Bildungsenthalpie der Metallhalogenide zurückzuführen ist. Durch Direktsynthese werden im industriellen Maßstab Organolithiumverbindungen synthetisiert, von denen Butyllithium die wichtigste ist. Die Verbindung wird durch Reaktion von 1-Chlor- oder 1-Brombutan mit zwei Äquivalenten Lithium in einem inerten Lösungsmittel, zum Beispiel Hexan, erhalten:

$$H_3C\diagup\!\!\!\diagdown\!\!\!\diagup Cl \quad + 2\ Li \quad \xrightarrow{\text{In Hexan}} \quad H_3C\diagup\!\!\!\diagdown\!\!\!\diagup Li \quad + \ LiCl$$

Butyllithium wird als Initiator für die anionische Polymerisation von Butadien oder Isopren verwendet. Im Labormaßstab dient es oft als starke Base (siehe dieses Kapitel, Abschnitte 3.1 und 4.1).

Die analoge Synthese von Organomagnesiumverbindungen wird in Ethern als Lösungsmittel durchgeführt, insbesondere in Diethylether oder Tetrahydrofuran (THF). Die Reaktionsgeschwindigkeit hängt stark vom Halogen X ab und sinkt in der Reihenfolge I > Br > Cl. Organofluorverbindungen sind unter normalen Bedingungen unreaktiv. Die Reaktion wurde intensiv von *V. Grignard* (geb. 1871 in Cherbourg, Nobelpreis für Chemie 1912) untersucht, der auch die Schreibweise R-Mg-X für diese so genannten „Grignard-Reagenzien" vorschlug.

$$R-X \quad + \ Mg \quad \longrightarrow \quad R-MgX$$
R = Alkyl, Aryl, Vinyl
X = Cl, Br, I

Diese Formulierung erklärt die meisten Folgereaktionen gut. Die Strukturen magnesiumorganischer Verbindungen in Ethern sind aber komplizierter: Es liegt ein Gleichgewicht zwischen RMgX einerseits und R_2Mg plus MgX_2 andererseits vor („Schlenk-Gleichgewicht", benannt nach *W. Schlenk*). Aufgrund des Elektronenmangelcharakters von R_2Mg und RMgX kommt es zusätzlich zur Ausbildung von Lewis-Säure-Base-Addukten mit dem Lösungsmittel und zur Dimerisierung durch Ausbildung von Halogenbrücken:

Schlenk-Gleichgewicht:

$$2\ R-MgX \quad \rightleftharpoons \quad R_2Mg + MgX_2$$

Eine zweite wichtige Methode für die Synthese metallorganischer Verbindungen aus Halogenverbindungen ist der **Metall-Halogen-Austausch**. Hierbei wird im Unterschied zur Direktsynthese kein elementares Metall, sondern eine andere metallorganische Verbindung eingesetzt. Bei diesen Reaktionen findet kein Wechsel in der Oxidationsstufe des Metalls statt, sondern es handelt sich um eine Substitution. Besonders häufig werden Metall-Halogen-Austauschreaktionen zur Synthese von Organolithiumverbindungen eingesetzt. Diese Reaktion verläuft nach folgendem Schema:

$$R-Li \ + \ R'-X \ \rightleftharpoons \ R'-Li \ + \ R-X$$

In der Praxis ist X fast immer Brom oder Iod und R' ein Aryl- oder Vinylrest. Als Organolithiumverbindung wird Butyllithium, noch häufiger aber das basischere *tert*-Butyllithium eingesetzt. Metall-Halogen-Austauschreaktionen sind wie Metallierungen auch Gleichgewichtsreaktionen. Eine synthetisch nützliche Gleichgewichtslage wird erreicht, wenn der Rest R' eine negative Ladung besser stabilisieren kann als der Rest R. Ein Vergleich der pK$_a$-Werte der Kohlenwasserstoffe R-H und R'-H ist ein guter Anhaltspunkt, um abzuschätzen, ob eine Halogen-Metall-Austauschreaktion eintritt. Im folgenden Beispiel liegt das Gleichgewicht weit auf der rechten Seite, was aufgrund einer pK$_a$-Differenz von ca. 14 Einheiten zwischen Benzonitril und Butan auch zu erwarten ist:

Auch Organomagnesiumverbindungen können durch Halogen-Metall-Austausch synthetisiert werden. Hierfür hat sich das sehr basische Isopropylmagnesiumchlorid bewährt:

Metall-Halogen-Austauschreaktionen gelingen in der Regel bei niedrigeren Temperaturen ($-100°C$ bzw. $-20°C$ in den oben gezeigten Beispielen) als Direktsynthesen. Sie werden daher bevorzugt angewendet, wenn funktionelle Gruppen im Molekül vorhanden sind, die bei höherer Temperatur mit dem Metallorganyl reagieren würden.

Aufgabe

8. Geben Sie für die Grignard-Reagenzien **A** bis **D** jeweils ein geeignetes Edukt und das benötigte Reagenz an.

16.3.3 Metallorganische Verbindungen aus weiteren Vorstufen

Aus Alkenen und Metallhydriden. Metallhydride des Bors und Aluminiums lagern sich an die Doppelbindung von Alkenen an. Die Reaktion mit Diboran ist im Abschn. 6.7.7 näher beschrieben, die Reaktion mit in situ gebildetem Aluminiumhydrid wird in Abschn. 16.4.4 behandelt.

Aus Metallhalogeniden oder -alkoholaten durch Ummetallierung. Unter einer **Ummetallierung** versteht man die Substitution einer Austrittsgruppe in Metallsalzen (z.B. $FeCl_2$) oder kovalenten Metallverbindungen (z.B. $B(OR)_3$) durch eine sehr nucleophile metallorganische Verbindung. Ummetallierungen gelingen, wenn die neu gebildete metallorganische Verbindung weniger polar ist als die ursprünglich eingesetzte. Triebkraft der Reaktion ist die Bildung von ionischen Metallsalzen. Die Ummetallierung ist, nach der Hydroborierung, die zweite wichtige Methode für die Synthese bororganischer Verbindungen. Hierzu werden Organolithium- oder -magnesiumverbindungen mit Borhalogeniden oder Borsäuretrimethylester umgesetzt. Die Methode hat große Bedeutung erlangt, da so die in Suzuki-Kupplungen benötigten Arylboronsäuren (vgl. Abschnitt 16.5.5) zugänglich sind. Die Bezeichnung „Bor*on*säure" wird für Verbindungen mit einer B-C-Bindung und zwei OH-Gruppen am Bor verwendet.

Das bereits mehrfach erwähnte Ferrocen wird durch Ummetallierung aus $FeCl_2$ und zwei Äquivalenten Natriumcyclopentadienid (Abschnitt 16.3.1) synthetisiert.

Metall-Metall-Austausch. Bei einem Metall-Metall-Austausch reagieren zwei metallorganische Verbindungen unter Platzwechsel des Metalls. Diese Methode wird zum Beispiel zur Synthese von Vinyllithium- aus Tetravinylzinn angewendet.

Aufgaben

9. Thiophen wird durch Phenyllithium metalliert. Welche Stellung nimmt das Lithium vorzugsweise ein?

10. Weshalb wird Trifluormethylbenzol bei der Metallierung mit *n*-Butyllithium hauptsächlich in *o*-Stellung substituiert, bei der Bromierung dagegen in *m*-Stellung?

11. Eine Lösung von $H_3C-MgBr$ in deuteriertem Diethylether zeigt im ^{1}H-NMR-Spektrum nur ein Signal, obwohl die Lösung verschiedene Verbindungen enthält. Warum?

12. Ist eine Ummetallierung zu erwarten, wenn Methylmagnesiumchlorid mit (a) $HgCl_2$; (b) NaCl; (c) $B(OCH_3)_3$; (d) $SiCl_4$ umgesetzt wird? Falls ja: Welche Produkte entstehen jeweils? (Gehen Sie davon aus, dass Methylmagnesiumchlorid in sehr großem Überschuss vorliegt).

16.4 Reaktionen metallorganischer Verbindungen

Metallorganische Verbindungen zählen zu den reaktivsten Verbindungen in der Chemie. Die Art der Reaktion hängt vom Metall und den daran gebundenen Substituenten ab. Reaktionen, die allen metallorganischen Verbindungen gemeinsam sind, werden zuerst behandelt; anschließend folgt die Beschreibung einzelner metallorganischer Verbindungen.

16.4.1 Reaktivität metallorganischer Verbindungen

Sehr empfindlich gegen Luft und Feuchtigkeit sind Metallorganyle der Alkali- und Erdalkalimetalle, die so genannten polaren metallorganischen Verbindungen. In ihnen reagiert der organische Rest wie ein Carbanion, er kann also als Nucleophil oder als Base fungieren. Die Basizität sinkt in dieser Reihenfolge:

Mit Wasser, Alkoholen und anderen aciden Verbindungen reagieren Alkylmetallverbindungen z.T. explosionsartig (Alkylnatrium, Alkylkalium) in einer Säure-Base-Reaktion unter Bildung von Kohlenwasserstoffen. Vorsicht ist deshalb beim Umgang mit solchenVerbindungen geboten.

Im Unterschied zu Grignard-Reagenzien sind die basischeren Organolithiumverbindungen in Ethern nur eingeschränkt stabil. Besonders leicht wird Tetrahydrofuran von Alkyllithiumverbindungen bei Raumtemperatur zersetzt. Der einleitende Schritt ist eine Metallierung der α-Position, anschließend erfolgt eine Fragmentierung in Ethen und ein Lithium-Enolat:

Aus diesem Grund müssen Reaktionen mit Organolithiumverbindungen in THF als Lösungsmittel stets bei tiefen Temperaturen durchgeführt werden.

Mit Sauerstoff (und damit auch mit Luft) bilden sich Alkoholate. Gelegentlich wird diese Reaktion gezielt zur Umwandlung einer metallorganischen Verbindung in einen Alkohol herangezogen.

Wegen der Feuchtigkeits- und Luftempfindlichkeit σ-gebundener metallorganischer Verbindungen werden letztere unter Inertgas (N_2, Ar) aufbewahrt. Eine Ausnahme bilden einige σ-gebundene metallorganische Verbindungen der Gruppen IVa und Va des Periodensystems. Sie sind gegenüber Wasser und Luft weitgehend stabil. Bestimmte siliciumorganische Verbindungen wie Siliconöl werden sogar zum Beschichten von Regenmänteln verwendet. Geringe Basizität, und damit auch eine geringe Empfindlichkeit gegenüber Hydrolyse, findet man bei vielen Übergangsmetallorganylen. Sehr häufig sind metallorganische Verbindungen der Übergangsmetalle auch stabil gegenüber Sauerstoff. So ist Ferrocen stabil gegenüber Luftsauerstoff und Wasser, es kann außerdem in Gegenwart starker Basen und Säuren umgesetzt werden, ohne dass die Cyclopentadienylliganden abgespalten werden. Oft ermöglicht die im Abschn. 16.2.4 erläuterte 18-Elektronenregel Voraussagen hinsichtlich der Oxidationsstabilität von Übergangsmetallorganylen.

16.4.2 Lithium- und magnesiumorganische Verbindungen

Diese Verbindungen werden im Laboratorium häufig verwendet. Besonders wichtig sind die Reaktionen zwischen Grignard-Verbindungen und Carbonylverbindungen, die hauptsächlich zu primären, sekundären oder tertiären Alkoholen führen. Die Grignard-Reaktion wird im Abschn. 17.5.8 ausführlich behandelt. Einige Grignard-Reagenzien können auch als Base verwendet werden (Abschn. 16.3.1).

16.4.3 Kupferorganische Verbindungen

Kupferorganische Verbindungen reagieren, wie Lithium- und Magnesiumorganyle, als Nucleophile. Es gibt allerdings qualitative Reaktivitätsunterschiede: Während polare metallorganische Verbindungen wie RLi und RMgX bevorzugt mit polaren

Elektrophilen reagieren, gehen Kupferorganische Verbindungen eher Reaktionen mit weniger polaren Elektrophilen ein. Diese Reaktivitätsunterschiede haben sich als nützlich für die organische Synthese erwiesen, da Organolithium und – magnesiumverbindungen einerseits, und Organokupferverbindungen andererseits, häufig komplementär reagieren.

Der bevorzugte Weg zu Organokupferverbindungen ist die Ummetallierung. So reagieren beispielsweise Alkyl- oder Aryllithiumverbindungen mit Cu-I-halogeniden CuX zunächst zu einer Alkyl- oder Arylkupferverbindung CuR. Diese Verbindungen haben keine synthetische Bedeutung. Bei Zugabe eines weiteren Äquivalents einer Organolithiumverbindung entstehen jedoch **Lithiumcuprate**, Li[CuR$_2$], die sich als nützlich erwiesen haben. Anstelle von Organolithiumverbindungen können auch Grignardreagenzien bei der Ummetallierung verwendet werden.

Methylkupfer   **Li-Dimethylcuprat**

Cuprate reagieren mit Alkylhalogeniden zu Alkanen. Die Reaktion verläuft wahrscheinlich über eine Cu(III)-Verbindung, die unter reduktiver Eliminierung (Abschnitt 16.5) in die Reaktionsprodukte zerfällt.

eine Cu(III)-Verbindung

Würde das stark basische Methyllithium statt des schwächer basischen Lithiumdimethylcuprats verwendet, müsste mit einer Eliminierung unter Bildung von Decen gerechnet werden.

Auch Vinylhalogenide reagieren mit Cupraten. Es tritt ebenfalls eine C–C-Verknüpfung ein. Dabei bleibt die Konfiguration der Doppelbindung erhalten:

E-β-Bromstyrol   **E-β-Methylstyrol**

Eine besondere Gruppe von Substitutionsreaktionen stellen nucleophile Ringöffnungen von Epoxiden dar, da hier die Austrittsgruppe noch über eine andere Position an das Molekül gebunden ist (Abschn. 13.6.2). Für die Öffnung von Epoxiden
mit C-Nucleophilen haben sich Cuprate bewährt, wie das folgende Beispiel illustriert:

Cyclohexenoxid   *trans*-2-Vinylcyclohexanol

Weder Vinyllithium noch Vinylmagnesiumhalogenide können für diese Ringöff-
nungsreaktion verwendet werden, da im Falle von Vinyllithium eine Deprotonierung erfolgt, und im Falle von Vinylmagnesiumhalogeniden das Halogenid als
Nucleophil reagiert. Wichtig ist auch die Reaktion von Cupraten mit α,β-
ungesättigten Ketonen, die zu β-substituierten Ketonen führt (Abschn. 21.4.6).

Aufgabe

13. Schlagen Sie eine zweistufige Synthese von 1,2,2-Triphenylethanol aus Stilben vor.

16.4.4 Aluminiumorganische Verbindungen

Aluminiumorganische Verbindungen werden entweder aus Aluminium und einem
Halogenalkan (analog zur Synthese von Grignard-Reagenzien) oder technisch aus
Aluminium, Wasserstoff und einem Alken hergestellt. Letztere Reaktion verläuft
wahrscheinlich über AlH_3, das sich ähnlich wie BH_3 an die Doppelbindung anla-
gert.

$$2\,Al \; + \; 2\,H_2 \; + \; 6\,H_2C{=}CH_2 \; \longrightarrow \; Al_2(C_2H_5)_6 \; \rightleftharpoons \; 2\,Al(C_2H_5)_3$$

Dimer   Monomer

Die wichtigste Verbindung ist Triethylaluminium. Dieses Molekül nimmt bei hoher Temperatur und hohem Druck eine große Anzahl von Ethenmolekülen auf, die
sich dabei formal in die Al–C-Bindung einschieben. Bei dieser bemerkenswerten
Reaktion werden bis zu ca. 100 Ethenmoleküle aneinandergereiht. Über den Mechanismus herrscht noch keine volle Klarheit. Die so hergestellten langkettigen
Alkylaluminiumverbindungen gehen drei technisch wichtige Reaktionen ein.

- Sie reagieren mit Wasser zu einem Gemisch von Kohlenwasserstoffen (**a**).
- Sie werden durch Sauerstoff und anschließende Hydrolyse in ein Gemisch aus
  primären Alkoholen überführt (**b**).
- Sie spalten bei kurzzeitigem Erhitzen auf 300 °C durch β-H-Eliminierung
  (Abschn. 16.5) in ein Gemisch von 1-Alkenen und Dialkylaluminiumhydrid (**c**).

In allen Fällen entstehen Kohlenwasserstoffketten, die *unverzweigt und geradzahlig* sind. Bei den Reaktionen (**a**) und (**b**) ist die Aluminiumverbindung Reaktionspartner und wird durch Hydrolyse bzw. Oxidation plus Hydrolyse zu Aluminiumhydroxid. Von den drei Reaktionen ist die zu Alkoholen führende Reaktion die technisch wichtigste. Die Alkohole (es bilden sich hauptsächlich C_{12}- bis C_{16}- Alkohole) werden in großer Menge zur Herstellung von Waschmitteln benötigt (Abschn. 18.4.3). Eine alternative Synthese langkettiger Alkohole basiert auf der Hydroformylierung von Alkenen (vgl. dieses Kapitel, Abschnitt 5.2). Bei Reaktion (**c**) wirkt die Aluminiumverbindung katalytisch, da nach Abspaltung des 1-Alkens ein erneuter Einschub von Ethen in die Al-H-Bindung möglich ist. Anschließend erfolgen weitere Einschubreaktionen in die Al-Ethyl-Bindung. Langkettige 1-Alkene haben zahlreiche Anwendungen gefunden. Sie werden im technischen Sprachgebrauch häufig als α-Olefine bezeichnet.

Eine wichtiges Reagenz für die organische Synthese ist **Diisobutylaluminiumhydrid (DIBAl-H)**. Es reagiert bei leicht erhöhter Temperatur unter regio- und stereoselektiver Addition an CC-Dreifachbindungen unter Bildung von Vinylaluminiumverbindungen:

Sehr wichtig ist die Verwendung von DIBAl-H als Reduktionsmittel für Carbonylverbindungen, beispielsweise für die selektive Reduktion von Carbonsäureestern zu Aldehyden (Abschnitt 19.4).

Aufgaben

14. Schlagen Sie eine Laborsynthese vor, die selektiv Tributylaluminium ergibt.

15. Zeichnen Sie die Strukturformeln für $Al_2(C_2H_5)_6$ und $Al_2X_3R_3$ (X = Hal, CH₃).

16. Wie muss R in R_3Al beschaffen sein, damit die Umsetzung mit Ethylen ungeradzahlige Alkohole liefert?

16.5 Übergangsmetallverbindungen als Katalysatoren

Viele Reaktionen können durch Übergangsmetallverbindungen katalysiert werden. Für die Beschreibung katalysierter Reaktionen hat sich eine Darstellung in Reaktionscyclen, so genannten **Katalysecyclen**, bewährt. Das Prinzip sei am Beispiel einer allgemeinen Reaktion erläutert:

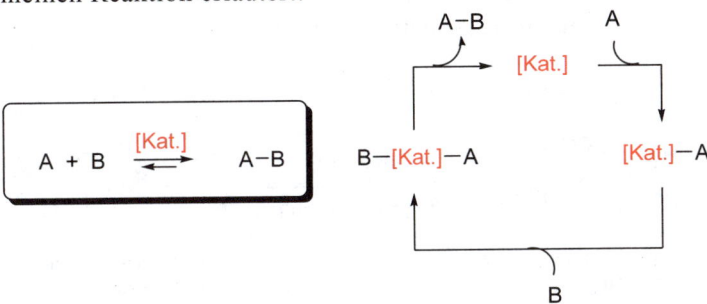

Der Katalysator reagiert zunächst mit dem ersten Reaktanden A zu einem Metallkomplex [Kat.]-A. Dieser bindet im nächsten Schritt den zweiten Reaktanden B, und es entsteht ein neuer Komplex B-[Kat.]-A. Dieser zerfällt abschließend unter Regenierung von [Kat.] und Bildung des Reaktionsproduktes A-B. Für Übergangsmetallkatalysierte Reaktionen wurde eine Reihe immer wiederkehrender Reaktionsschritte identifiziert, die **metallorganischen Elementarschritte**. Die wichtigsten und ihre Rückreaktionen werden im folgenden vorgestellt.

Dissoziation/Assoziation. Für die Katalyse sind Phosphinliganden besonders wichtig. Sie steuern aufgrund ihres freien Elektronenpaars zwei Elektronen zur Metall-Ligand-Bindung bei und können in Lösung in vielen Fällen leicht vom Metall dissoziieren. Dadurch entsteht ein koordinativ ungesättigter Komplex, der wiederum mit einem Liganden reagieren kann (Assoziation). Ein solcher Ligand kann zum Beispiel ein Alken sein, das über die beiden π-Elektronen unter Ausbildung eines π-Komplexes an das Übergangsmetall bindet. Im folgenden Beispiel ist gezeigt, wie in einem Rhodiumkomplex über eine Folge von Dissoziations- und Assoziationsschritten ein Triphenylphosphin (PPh₃) durch ein Alken RCH=CH₂ substituiert wird:

freie
Koordinationsstelle

Ph₃P—Rh(CO)(PPh₃)₂H $\xrightarrow{\text{- PPh₃ (Dissoziation)}}_{\text{+ PPh₃ (Assoziation)}}$ Rh(CO)(PPh₃)₂H $\xrightarrow{\text{+ H₂C=R (Assoziation)}}_{\text{- H₂C=R (Dissoziation)}}$ (H₂C=R)Rh(CO)(PPh₃)₂H

18 VE, koordinativ
gesättigt

16 VE, koordinativ
ungesättigt

18 VE, koordinativ
gesättigt

Insertion/β-Hydrid-Eliminierung (Extrusion). Unter einer Insertion versteht man die formale Einschiebung eines an ein Metallatom gebundenen Liganden in eine andere Metall-Ligand-Bindung des gleichen Komplexes. Dieser Prozess verläuft meistens unter Wanderung eines formal anionischen Liganden vom Metall zu einem anderen Liganden des gleichen Komplexes. Im folgenden Beispiel wandert ein Hydrid (formal H$^-$) vom Rhodium zum π-Alkenliganden, wobei sich eine Metall-Kohlenstoff-σ-Bindung ausbildet:

Die Rückreaktion heißt β-Hydrid- oder kurz β-H-Eliminierung. Bei dieser Reaktion, die für das Verständnis vieler katalysierter Reaktionen wichtig ist, wird aus der β-Position eines σ-Alkylliganden ein Wasserstoff abgespalten und an das Metall gebunden. Ein anderer Ligand, der sehr häufig an Insertionen beteiligt ist, ist der Carbonylligand (Kohlenmonoxid, CO). Im folgenden Beispiel wandert ein σ-Alkylligand R vom Rhodium an das Kohlenstoffatom des CO-Liganden:

Der neu entstehende Ligand –C(O)R wird als Acylligand bezeichnet. In diesem Fall nennt man die Rückreaktion Extrusion (Extrusion ist der allgemeinere Begriff, eine β-H-Eliminierung ist also ein Spezialfall einer Extrusion).

Oxidative Addition/Reduktive Eliminierung. Für das Verständnis dieses Reaktionspaars ist die Ermittlung der formalen Oxidationsstufe des Zentralatoms nötig.

Im vorstehenden Beispiel ist für den koordinativ ungesättigten 16-VE-Komplex die formale Oxidationsstufe des Rhodiums +1, da CO- und PPh$_3$-Liganden neutral sind und nur der σ-gebundene Alkylrest als Anion gezählt wird. Unter einer **oxidativen Addition** versteht man eine Reaktion, bei der ein Molekül unter Spaltung einer Bindung an einen koordinativ ungesättigten Komplex in niedriger Oxidationsstufe addiert wird. Besonders wichtig ist die oben gezeigte oxidative Addition von molekularem Wasserstoff. Diese führt dazu, dass ein koordinativ gesättigter Dihydrid-Komplex entsteht, in dem Rhodium die formale Oxidationsstufe +3 hat, da zusätzlich zum σ-gebundenen Alkylrest auch die beiden H-Liganden als Anionen gezählt werden. Eine Reaktion, bei der unter Abspaltung zweier Liganden ein koordinativ ungesättigter Komplex entsteht und sich die formale Oxidationsstufe um zwei verringert, wird als **reduktive Eliminierung** bezeichnet. Im hier diskutierten Beispiel sind zwei Möglichkeiten einer reduktiven Eliminierung denkbar: zum einen die unproduktive Rückreaktion unter Bildung von H$_2$, zum anderen die reduktive Eliminierung des σ-Alkylrestes und eines Wasserstoffs, die zu einem ungesättigten Rh(+1)-Komplex und einem Alkan führt:

18 VE, koordinativ gesättigt,   16 VE, koordinativ gesättigt,
formale Oxidationsstufe: +3   formale Oxidationsstufe: +1

Außer molekularem Wasserstoff gehen auch Halogenaromaten und Halogenalkene unter Spaltung der C-X-Bindung leicht oxidative Additionen ein, insbesondere in Gegenwart von Pd(0)-Komplexen. Diese Reaktion ist die Basis der wichtigsten Palladium-katalysierten Kupplungs- und Kreuzkupplungsreaktionen (Abschn. 16.5.5).

14 VE   16 VE
Formale Oxidationsstufe: 0   Formale Oxidationsstufe: +2

16.5.1 Homogene Hydrierung von Alkenen

Hydrierung mit dem Wilkinson-Katalysator. Die heterogen katalysierte Hydrierung von Alkenen in Gegenwart fein verteilter Metalle wie Nickel, Palladium oder Platin wurde bereits in Abschn. 6.3 vorgestellt. Bei dieser Reaktion ist der Katalysator im Reaktionsmedium unlöslich. Bei einer homogen katalysierten Hydrierung sind hingegen sowohl der Katalysator als auch die Reaktionspartner gelöst. Für diese Reaktion haben sich insbesondere Komplexe von Ruthenium, Rhodium und Iridium bewährt. Der bekannteste Hydrierkatalysator ist Tris(triphenylphosphin)rhodium-I-chlorid [RhCl(PPh₃)₃], der so genannte **Wilkinson-Katalysator** (benannt nach *G. Wilkinson*, geb. 1921 in Todmorden/Engl., Nobelpreis für Chemie 1973). Ein Vorteil des Wilkinson-Katalysators gegenüber vielen heterogenen Hydrierkatalysatoren ist die hohe Toleranz gegenüber reduzierbaren funktionellen Gruppen. So führt zum Beispiel die Reaktion eines Nitroalkens mit Wasserstoff in Gegenwart von Pd auf Aktivkohle auch zur Reduktion der Nitrogruppe unter Bildung eines primären Amins. Bei Verwendung des Wilkinson-Katalysators wird hingegen *nur* die C-C-Doppelbindung hydriert, und es entsteht ein Nitroalkan:

Mechanistische Untersuchungen haben gezeigt, dass nicht der Wilkinson-Katalysator, sondern der durch Dissoziation eines Phosphinliganden entstehende 14 VE-Komplex [RhCl(PPh₃)₂] katalytisch aktiv ist. Der Wilkinson-Katalysator wird auch **Präkatalysator** genannt, da aus ihm erst der eigentliche Katalysator entsteht. In den ersten Schritten des Katalysecyclus erfolgt eine oxidative Addition von H₂ (**a**) und die Assoziation des zu hydrierenden Alkens (**b**). Die nächsten Schritte sind eine Insertion (**c**) und eine Isomerisierung (**d**). Letztere führt dazu, dass Hydrid und σ-Alkylligand *cis*-konfiguriert sind. Diese Anordnung ist für den folgenden Schritt, die reduktive Eliminierung (**e**), unbedingt erforderlich. Nach Vollendung des Katalysecyclus wird so die katalytisch aktive 14VE-Species zurückgebildet.

Enantioselektive Hydrierungen. Ein prochirales Alken (Abschn. 5.9.3) wird durch eine Hydrierung in eine chirale Verbindung überführt. Bei Verwendung eines achiralen Katalysators, wie zum Beispiel des Wilkinson-Katalysators, entsteht zwangsläufig das Racemat, da die beiden enantiotopen Seiten des Alkens nicht unterschieden werden können. Um eine Differenzierung der enantiotopen Seiten einer C-C-Doppelbindung zu erreichen, muss der Katalysator chiral und enantiomerenrein sein, was am besten durch chirale und enantiomerenreine Liganden erreicht werden kann. Besonders bewährt haben sich Bisphosphine, die als Chelatliganden in kationischen Rhodiumkomplexen gebunden sind, beispielsweise Methyl-1,2-Bis(phospholano)ethan (Me-BPE):

[Rh(Me-BPE)]-Triflat
ein Katalysator für enantioselektive Hydrierungen

Ein Anwendungsbeispiel für eine enantioselektive Hydrierung ist die Herstellung der Aminosäure L-Dopa, einem Arzneimittel gegen die Parkinsonsche Krankheit:

Die Methode ist auch für die enantioselektive Synthese anderer α-Aminosäuren anwendbar (Abschn. 27.1.5) und hat insbesondere für die Wirkstoffsynthese im industriellen Maßstab große Bedeutung erlangt. Wichtige Beiträge auf dem Gebiet der enantioselektiven, homogen katalysierten Hydrierung leisteten *W.S. Knowles* (geb. 1917 in Taunton/Mass.) und *R. Noyori* (geb. 1938 in Kobe), die im Jahre 2001 mit dem Nobelpreis für Chemie ausgezeichnet wurden.

Aufgabe

17. *(S)*-Naproxen ist ein Arzneimittel, das u.a. Fieber senkt. Es kann durch enantioselektive Hydrierung von **A** hergestellt werden. Was bedeuten **A** und **B** im folgenden Reaktionsschema?

(S)-Naproxen

16.5.2 Hydroformylierung von Alkenen

Hydroformylierung bedeutet die Reaktion von Alkenen mit Kohlenmonoxid und Wasserstoff zu Aldehyden. Die Reaktion wurde 1938 von *O. Roelen* (geb. 1897 in Mülheim/Ruhr) entdeckt. Die Synthese von Aldehyden durch Hydroformylierung wird weltweit in einem Umfang von mehreren Millionen Tonnen durchgeführt. Von herausragender Bedeutung ist die Hydroformylierung von Propen, bei der die beiden isomeren Aldehyde Butanal (das so genannte *n*-Produkt) und 2-Methylpropanal (das so genannte *iso*-Produkt) in einem Verhältnis größer als 9 : 1 entstehen:

Butanal wird in großem Umfang für die Synthese des Weichmachers Diisooctylphthalat benötigt, wohingegen der isomere Aldehyd keine technische Verwendung gefunden hat. Ein häufig eingesetzter Präkatalysator ist $H(CO)Rh(PPh_3)_3$, aus dem durch Dissoziation eines PPh_3-Liganden der katalytisch aktive Komplex $H(CO)Rh(PPh_2)_2$ entsteht. Der Katalysecyclus der Hydroformylierung verläuft folgendermaßen (nur für die Bildung des *n*-Produktes dargestellt):

Großtechnisch ebenfalls wichtig ist die Hydroformylierung der langkettigen Alkene 1-Octen und 1-Decen. Die aus ihnen entstehenden Aldehyde Nonanal und Undecanal werden zu den primären Alkoholen reduziert, welche dann mit Schwefelsäure verestert werden. Nach Neutralisation mit Natronlauge entstehen so Na-Alkylsulfate, die als anionische Tenside Verwendung finden (Abschn. 18.4.3):

Aufgaben

18. Welches Produkt entsteht bei der Hydroformylierung von Ethen?

19. Welche Alkene liefern bei der Hydroformylierung isomerenfreie Aldehyde?

20. Wie kann Heptanal großtechnisch hergestellt werden?

21. Welche Haupt- und Nebenprodukte können sich bei der Hydroformylierung von 1,3-Butadien bilden?

22. 1,4-Butandiol wird in einem zweistufigen großtechnischen Prozess synthetisiert. Welches Ausgangsmaterial wird benötigt? Welche Zwischenprodukte entstehen?

16.5.3 Metathese von Olefinen

Bei der Olefinmetathese werden zwei olefinische Doppelbindungen gespalten und anschließend neu gebildet (griech. *metathesis*, Umstellung). Die Reaktion ist reversibel, so dass sich ein Gleichgewicht einstellt. Bei der einfachsten Olefinmetathesereaktion entsteht aus zwei Molekülen Propen ein Molekül Ethen und ein Molekül 2-Buten. Umgekehrt kann aus Ethen und 2-Buten auch Propen gebildet werden:

Von 1966 bis 1972 wurde diese Olefinmetathesereaktion ausgehend von Propen erstmals für einen industriellen Prozess genutzt, den Phillips-Triolefin-Prozess. Er wurde heterogen katalysiert durchgeführt, wobei Metalloxide (zum Beispiel WO_3, CoO, MoO_3 oder Re_2O_7) auf festen Trägern, wie SiO_2 oder Al_2O_3, als Katalysatoren verwendet wurden. Zur damaligen Zeit war das Verfahren wirtschaftlich sinnvoll, da beim Crack-Prozess (Abschn. 3.11) mehr Propen anfiel als benötigt wurde, und Ethen und 2-Buten die wertvolleren Produkte waren. Heute sind die Verhältnisse genau umgekehrt: Propen wird wegen des hohen Bedarfs an Polypropylen in wesentlich größeren Mengen benötigt als es der Crack-Prozess zur Verfügung stellen kann. Daher ist es zur Zeit ökonomisch sinnvoll, aus Ethen und 2-Buten Propen zu synthetisieren.

Katalytisch aktiv sind nicht die eingesetzten Metalloxide, sondern Metall-Carben-Komplexe [M=CR$_2$], die unter den Reaktionsbedingungen gebildet werden:

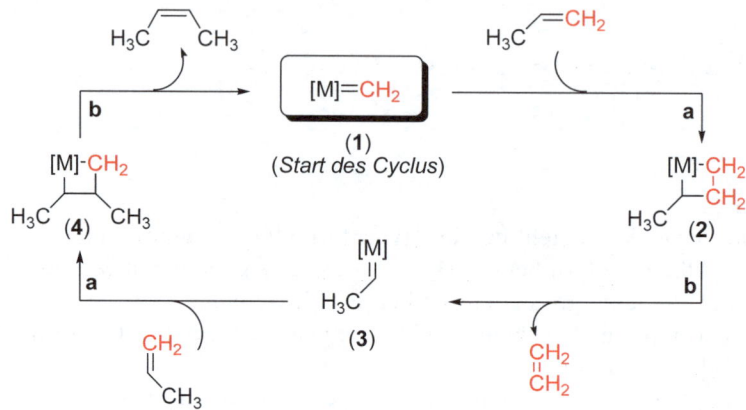

Demnach reagiert ein katalytisch aktiver Metall-Carbenkomplex (**1**) zunächst in einer [2+2]-Cycloadditionsreaktion (**a**) zu einem Metallacyclobutan (**2**), welches dann in einer [2+2]-Cycloreversion (**b**) zu einem neuen Metallcarbenkomplex (**3**) zerfällt. Hieran schließt sich wieder eine [2+2]-Cycloaddition (**a**) zu einem Metallacyclobutan (**4**) an, welches durch [2+2]-Cycloreversion (**b**) zum Metallcarbenkomplex (**1**) zerfällt. Alle Teilschritte sind reversibel, was aus Gründen der Übersichtlichkeit in der Darstellung nicht berücksichtigt wurde.

Eine intermolekulare Olefinmetathese, wie im oben gezeigten Beispiel, wird **Kreuzmetathese** (engl. cross metathesis, CM) genannt. Die intramolekulare Variante der Olefinmetathese geht von α,ω-Dienen aus und führt zu Cycloalkenen. Sie wird **Ringschlussmetathese** (engl. ring closing metathesis, RCM) genannt. Eine vollständige Verschiebung des Gleichgewichts nach rechts kann erreicht werden, wenn die Reaktion in einem offenen System durchgeführt wird, da das flüchtige Ethen so kontinuierlich aus dem Gleichgewicht entfernt wird. Die Rückreaktion, eine **Ringöffnungsmetathese** (engl. ring opening metathesis, ROM) kann erreicht werden, wenn ein Cycloalken mit Ethen in einem geschlossenen System unter hohem Druck umgesetzt wird. Ringschluss- und Ringöffnungsmetathese illustrieren somit sehr gut das **Prinzip des kleinsten Zwanges** (Abschn. 12.5):

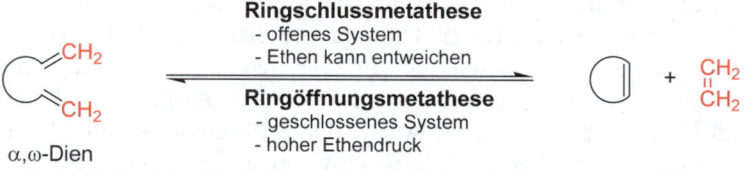

Neben diesen drei Olefinmetathesekategorien sind zwei weitere für die Synthese von Polymeren wichtig. Bei der ersten geht man, wie bei der Ringschlussmetathese, von α,ω-Dienen aus. Es findet aber keine intra-, sondern eine intermolekulare Olefinmetathese statt. Dieser Typ wird als **acyclische Dien Metathese Polymerisation** (engl. *acyclic diene metathesis*, ADMET) bezeichnet und ist im folgenden für die ersten drei Wachstumsschritte der Polymerisation von *cis*-1,2-Divinylcyclohexan illustriert. Wie bei der Ringschlussmetathese ist die Triebkraft der ADMET-Polymerisation die Entfernung von Ethen aus dem Gleichgewicht. Eine RCM von *cis*-1,2-Divinylcyclohexan würde zu einem sehr gespannten Cyclobuten führen und ist daher gegenüber der ADMET benachteiligt.

cis-1,2-Divinylcyclohexan

Die zweite Möglichkeit, durch Olefinmetathese Polymere zu synthetisieren, ist die **ringöffnende Metathese Polymerisation** (engl. *ring opening metathesis polymerization*, ROMP). Diese Reaktion bezieht ihre Triebkraft aus dem Abbau der Ringspannung im Monomer, wie am Beispiel der ROMP von Norbornen gezeigt wird:

Norbornen   Polynorbornen (Norsorex®)

Polynorbornen ist ein Kunststoff mit hervorragenden schall- und vibrationsdämmenden Eigenschaften. Er wird unter dem Handelsnamen Norsorex® unter anderem im Fahrzeugbau verwendet.

Anwendung in der organischen Synthesechemie findet die Olefinmetathese erst seit Anfang der 1990iger Jahre, als definierte und stabile Übergangsmetallcarbenkomplexe von Molybdän und Ruthenium gefunden wurden, die eine gute Toleranz gegenüber funktionellen Gruppen auszeichnen. Die Entdeckung dieser Katalysatoren für die homogen-katalysierte Olefinmetathese geht auf *R. R. Schrock* (geb. 1945 in Berne/USA) und *R. H. Grubbs* (geb. 1942 in Calvert City/USA) zurück, die für diese Arbeiten 2005 zusammen mit *Y. Chauvin* (geb. 1930 in Menem, Belgien), der den Mechanismus der Olefinmetathese aufklärte, den Nobelpreis für Chemie erhielten. Besonders häufig wird der so genannte „Grubbs' Katalysator der ersten Generation" verwendet:

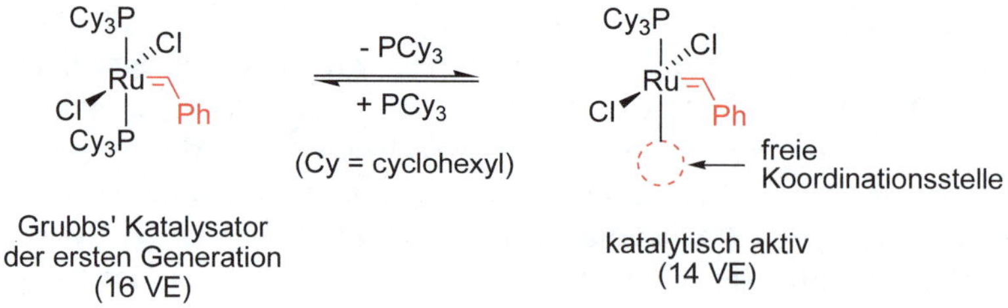

Grubbs' Katalysator
der ersten Generation
(16 VE)

(Cy = cyclohexyl)

freie
Koordinationsstelle

katalytisch aktiv
(14 VE)

Dieser Komplex hat nur 16 VE, ist aber trotzdem katalytisch inaktiv. Erst durch Dissoziation eines Tricyclohexylphosphinliganden entsteht der aktive Katalysator, ein koordinativ ungesättigter 14 VE Komplex.

Ein Anwendungsbeispiel für eine Ringschlussmetathese ist die Synthese des Moschus-Riechstoffs Exaltolid®, ein 16-gliedriges Lacton, das in sehr geringen Mengen im Echten Engelwurz vorkommt:

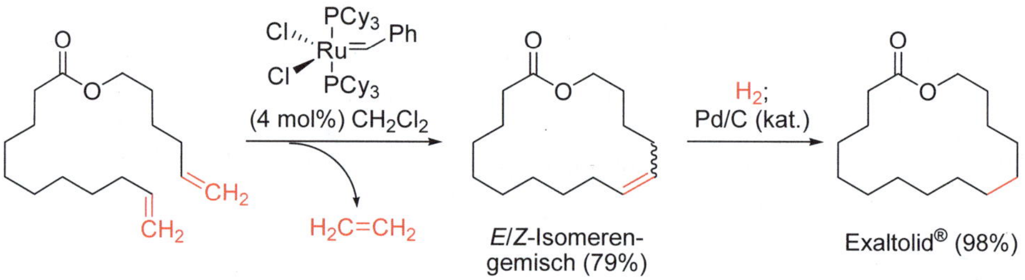

Aufgaben

23. Die Ringschlußmetathese von 1,7-Octadien mit dem Katalysator $[M]=CH_2$ ergibt Cyclohexen. Formulieren Sie sämtliche Zwischenstufen.

24. Welche Produkte entstehen bei der Kreuzmetathese von Ölsäure (Strukturformel siehe Abschn. 26.2) und Ethen?

25. Die Verbindungen **A**, **B** und **C** wurden durch Olefinmetathese hergestellt. Welches sind die jeweiligen Ausgangsverbindungen, und zu welchem Typ gehört die jeweilige Metathesereaktion?

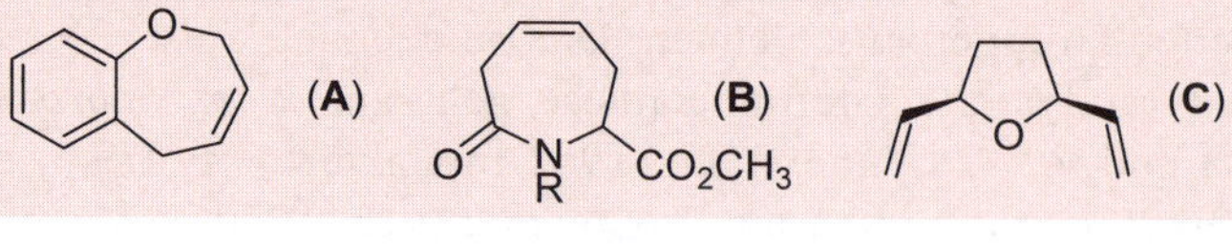

16.5.4 Polymerisation von Alkenen

Die übergangsmetallkatalysierte oder koordinative Polymerisation von Ethen und Propen ist industriell von großer Bedeutung. Details zu Polymerisationsreaktionen und zu den besonderen Materialeigenschaften der durch koordinative Polymerisation erhaltenen Polyethylene und Polypropylene werden im Abschn. 30.2.5 behandelt.

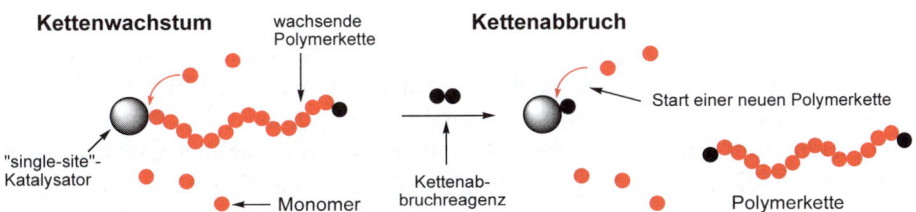

"High-density"-Polyethylen
(HDPE)

Isotaktisches Polypropylen
(PP)

Für die koordinative Polymerisation werden so genannte **Ziegler-Natta-Katalysatoren** verwendet, die löslich oder unlöslich sein können. Ein unlöslicher Katalysator entsteht zum Beispiel aus $TiCl_4$ und $Al(C_2H_5)_3$. Als sehr aktive lösliche Katalysatoren wurden später Metallocene der frühen Übergangsmetalle, zum Beispiel Zirconocendichlorid, in Kombination mit Methylalumoxan (MAO; Formel s. unten) identifiziert. Diese Katalysatoren haben, im Unterschied zu den unlöslichen Systemen, nur ein aktives Zentrum, weshalb für sie der Begriff „single-site"-Katalysator geprägt wurde. Eine koordinative Polymerisation mit solchen Katalysatoren kann schematisch folgendermaßen veranschaulicht werden: Die Polymerkette ist an das Metall gebunden und wächst, indem ein Monomer nach dem nächsten in die Metall-Kohlenstoff-Bindung eingeschoben wird. Eine Kontrolle des Polymerisationsgrades ist durch Zusatz eines Reagenzes möglich, das eine Spaltung der Metall-Kohlenstoff-Bindung bewirkt. Idealerweise ist die resultierende Metallverbindung wieder katalytisch aktiv, und eine neue Polymerkette kann aufgebaut werden.

Kettenwachstum wachsende Polymerkette   **Kettenabbruch**   Start einer neuen Polymerkette

"single-site"-Katalysator   Kettenabbruchreagenz   ← Monomer   Polymerkette

Im folgenden soll der Mechanismus der koordinativen Polymerisation mit den Schritten Katalysatoraktivierung, Kettenwachstum und Kettenabbruch detaillierter diskutiert werden. Die **Katalysatoraktivierung** erfolgt durch Reaktion von Methylalumoxan (MAO), einem polymeren Aluminiumorganyl, mit Zirconocendichlorid in einer Ummetallierung. Da MAO aber auch eine Lewis-Säure ist, kann es aus dem 16 VE-Zirconiumdimethylkomplex einen Methidsubstituenten abspalten. So wird die eigentlich katalytisch aktive Species, ein kationischer 14 VE Komplex mit einer freien Koordinationsstelle (roter Kreis) gebildet:

Katalysatoraktivierung

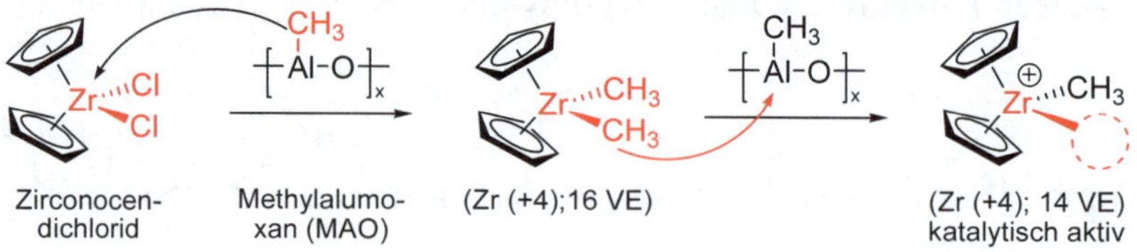

| Zirconocen-dichlorid | Methylalumo-xan (MAO) | (Zr (+4);16 VE) | | (Zr (+4); 14 VE) katalytisch aktiv |

Im folgenden wird der Katalysator mit $[Cp_2Zr(CH_3)]^+$ abgekürzt. Das **Kettenwachstum** erfolgt durch eine alternierende Abfolge von Ethenadditionen und Insertionsschritten, wobei die freie Koordinationsstelle nach jedem Additions-Insertionsschritt ihren Platz wechselt. Der Katalysator „pendelt" während des Kettenwachstums zwischen einer 14 VE-Konfiguration und einer 16 VE-Konfiguration:

Kettenwachstum

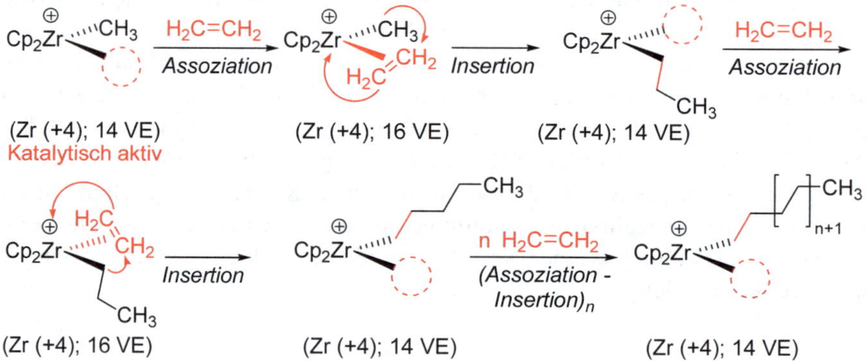

Der **Kettenabbruch** erfolgt in der Praxis durch Zusatz von molekularem Wasserstoff. Dies führt zur Freisetzung der Polymerkette und zur Bildung eines Zr-Hydridkomplexes mit 14 VE, der wiederum katalytisch aktiv ist. Ein weiteres Ethenmolekül kann jetzt an die freie Koordinationsstelle gebunden und anschließend in die Zr-H-Bindung eingeschoben werden, so dass eine neue Polymerkette wächst.

Kettenabbruch

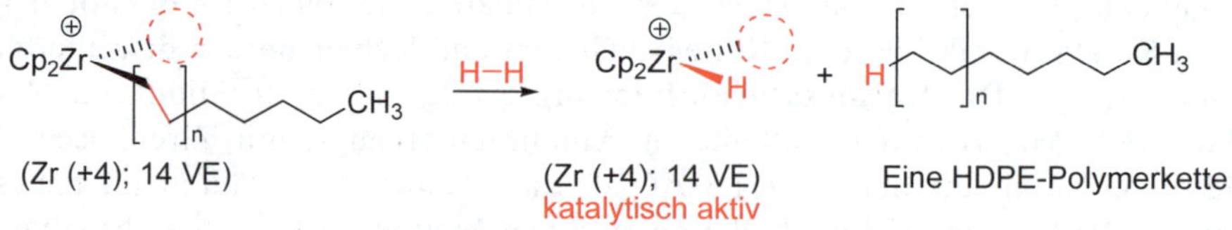

Aufgabe

26. Der Kettenabbruch der koordinativen Polymerisation erfolgt in der Regel durch H$_2$-Zugabe (s. vorstehend). Derselbe gelingt aber auch durch (thermische) β-Hydrid-Eliminierung. Formulieren Sie den Mechanismus.

16.5.5 Palladiumkatalysierte C-C-Verknüpfungsreaktionen

Die Reaktion eines Alkens mit einem Aryl-, Vinyl- oder Benzylhalogenid R-X verläuft unter Abspaltung von H-X. Sie ist als **Heck-Reaktion** bekannt und wird durch Pd(0)-Verbindungen katalysiert:

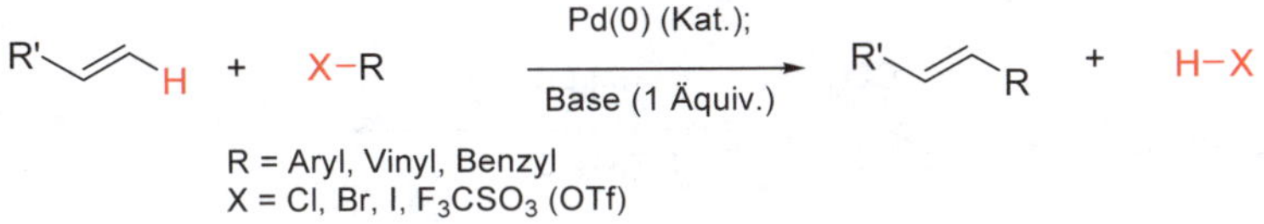

$$R' \diagup \diagdown_H + X{-}R \xrightarrow[\text{Base (1 Äquiv.)}]{\text{Pd(0) (Kat.);}} R' \diagup \diagdown_R + H{-}X$$

R = Aryl, Vinyl, Benzyl
X = Cl, Br, I, F$_3$CSO$_3$ (OTf)

Anstelle der Halogenide können auch Trifluormethansulfonate R-OSO$_2$CF$_3$ (Abkürzung: Triflate, R-OTf) eingesetzt werden. In den meisten Fällen ist eine stöchiometrische Menge einer Base erforderlich, um die gebildete Säure HX abzufangen. Einer der am häufigsten verwendeten Präkatalysatoren ist Tetrakis(triphenyl-phosphin)palladium(0) [Pd(PPh$_3$)$_4$]. Aus diesem Komplex dissoziieren zunächst mindestens zwei PPh$_3$-Liganden, der resultierende Komplex ist koordinativ ungesättigt und stellt den eigentlichen Katalysator dar. Er wird in der folgenden Darstellung vereinfacht als Pd(0) ohne die noch vorhandenen Phosphan-Liganden wiedergegeben:

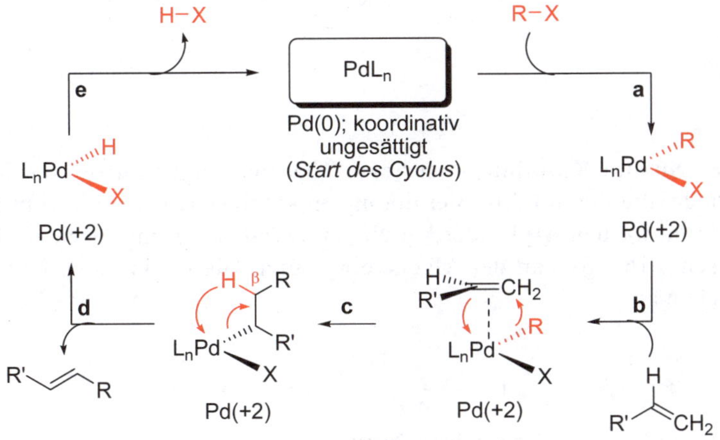

Im ersten Schritt (**a**) des Katalysecyclus erfolgt die oxidative Addition von R-X, anschließend wird das Alken gebunden (Assoziation, **b**). Die Bildung der neuen C-C-Bindung erfolgt durch eine Insertion (**c**). Danach wird das Reaktionsprodukt durch eine β-Hydrideliminierung (**d**) freigesetzt. Die katalytisch aktive Species wird durch reduktive Eliminierung von HX (**e**) regeneriert.

Wichtige Kupplungspartner R-X sind Aryl- und Vinylhalogenide und -triflate. Seltener werden auch Benzylverbindungen eingesetzt. Die Reaktivität hängt stark von X ab: Am reaktivsten sind Triflate und Iodide, eine deutlich abgeschwächte Reaktivität zeigen Bromide und Chloride. An zwei Beispielen sei der Nutzen der Heck-Reaktion illustriert. So reagieren Vinyliodide und Alkene unter Erhalt der Konfiguration des Vinyliodids zu konjugierten Dienen:

Mit Iodaromaten und Styrolen werden funktionalisierte Stilbene gebildet. Im folgenden Beispiel ist die Synthese von Resveratroltriacetat gezeigt. Nach Abspaltung der Acetylschutzgruppen kann Resveratrol erhalten werden, das unter anderem in Rotwein vorkommt:

Auch die **Suzuki-Kupplung** ist eine häufig angewendete C-C-Verknüpfungsmethode, die durch Pd(0)-Verbindungen katalysiert wird. Im Unterschied zur Heck-Reaktion werden Aryl- oder Vinyl*borverbindungen* (insbesondere Boronsäuren, s. Abschn. 16.3.3) statt der Alkene eingesetzt. Die Reaktion verläuft nach folgendem Schema:

$$R'-B(OH)_2 \; + \; X-R \; \xrightarrow[\text{Base (1 Äquiv.)}]{\text{Pd(0)}} \; R'-R \; + \; X-B(OH)_2$$

R' = Aryl,
Vinyl, Benzyl

R = Aryl, Vinyl, Benzyl
X = Cl, Br, I, F_3CSO_3 (OTf)

Es wird folgender Katalysecyclus angenommen:

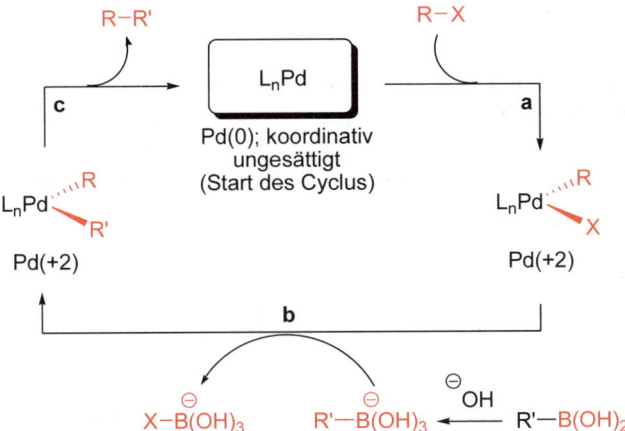

Wie bei der Heck-Reaktion entsteht durch Dissoziation von Phosphinliganden ein katalytisch aktiver Pd(0)-Komplex L_nPd, der dann in einer oxidativen Addition (**a**) mit R-X reagiert. Im Unterschied zur Heck-Reaktion folgt anschließend eine **Um-metallierung** (**b**). Hierbei wird ein Pd-gebundenes Halogenid durch den nucleophilen Rest R' der bororganischen Verbindung substituiert. Da die Nucleophilie von R' in Boronsäuren hierfür nicht ausreicht, wird eine Base (im obigen Katalysecyclus Hydroxid) zugesetzt, die die Bildung des stärker nucleophilen Borats bewirkt. Der abschließende Reaktionsschritt ist eine reduktive Eliminierung (**c**).

Suzuki-Kupplungen können, wie Heck-Reaktionen, für die Synthese konjugierter Diene verwendet werden. Eine wichtigere Anwendung ist jedoch die Synthese von Biarylen:

Außer bororganischen Verbindungen können viele andere Metallorganyle Pd-katalysierte C-C-Verknüpfungsreaktionen eingehen, die mechanistisch der Suzuki-Kupplung ähneln. Große Bedeutung haben Zinnorganische Verbindungen wie Vinyl- oder Arylzinnverbindungen erlangt (**Stille-Kupplung**; *J. K. Stille*, geb. 1930 in Tucson, Arizona). Ein Beispiel für eine Stille-Kupplung ist folgende Reaktion einer Vinylzinnverbindung mit einem Vinyltriflat, die zu einem konjugierten Dien führt:

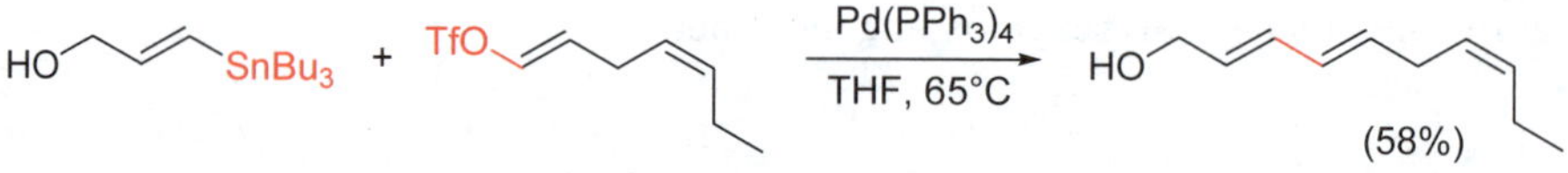

(58%)

Auch Zinkorganyle haben sich in Pd-katalysierten C-C-Verknüpfungsreaktionen bewährt (**Negishi-Kupplung**). Folgendes Beispiel zeigt die Synthese eines unsymmetrischen Bipyridins nach dieser Methode. Aufgrund der relativ geringen Nucleophilie des eingesetzten Zinkorganyls wird die Estergruppe nicht angegriffen:

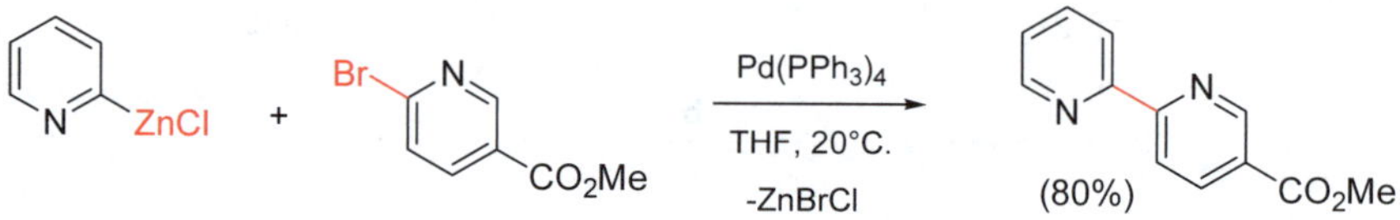

Reaktionen wie die Negishi-Kupplung, die Stille-Kupplung und die Suzuki-Kupplung sind **Pd-katalysierte Kreuzkupplungsreaktionen**. Die Heck-Reaktion zählt nicht zu den Kreuzkupplungsreaktionen, da kein Metallorganyl sondern ein Alken eingesetzt wird. Die herausragende Bedeutung der Pd-katalysierten C-C-Verknüpfungsreaktionen wurde durch die Verleihung des Nobelpreises für Chemie im Jahr 2010 an *R. F. Heck* (geb. 1931 in Springfield, Massachusetts), *E. Negishi* (geb. 1935 in Hsinking, Mandschurei) und *A. Suzuki* (geb. 1930 in Mukawa, Japan) gewürdigt.

Zusammenfassung

Pd(0)-Verbindungen katalysieren die C,C-Verknüpfung bestimmter Halogenide oder Triflate vom Typ R–X (Aryl–X, Vinyl–X oder Benzyl–X) mit:

- Alkenen (Heck-Reaktion)

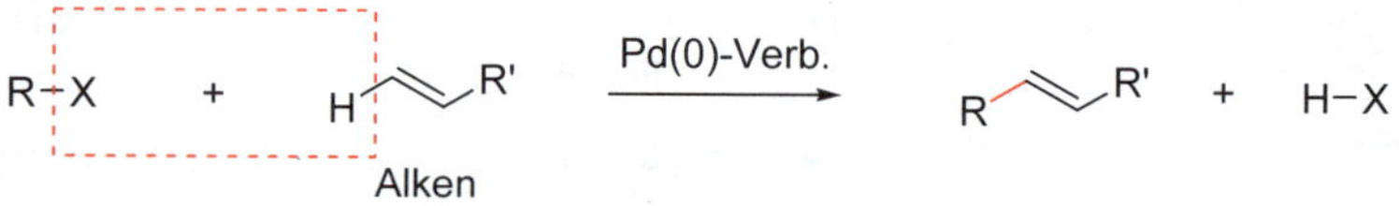

- Organoborverbindungen (Suzuki-Kupplung)

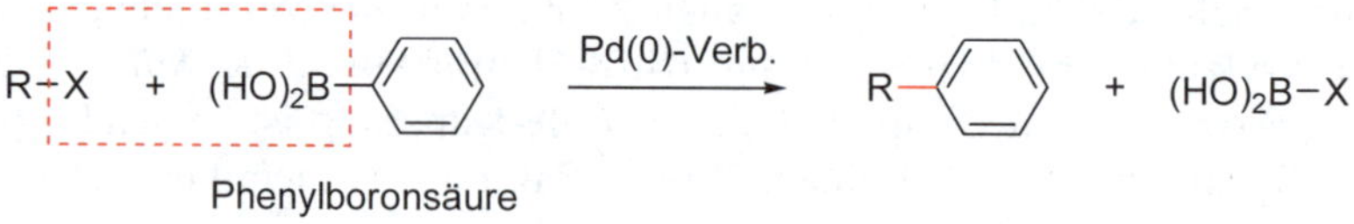

- Organozinnverbindungen (Stille-Kupplung)

Alkenyltributylzinn

- Organozinkverbindungen (Negishi-Kupplung)

Alkylzinkbromid

Suzuki-, Stille und Negishi-Kupplung ähneln sich: Alle drei Reaktionen starten mit einer metallorganischen Verbindung, und alle drei Reaktionen durchlaufen einen Cyclus, in dem eine Ummetallierung auftritt.

Aufgaben

27. Schlagen Sie eine zweistufige Synthese des entzündungshemmenden Wirkstoffs Nabumetone aus 2-Brom-6-methoxynaphthalin vor. Beide Schritte sollen übergangsmetallkatalysiert durchgeführt werden:

28. Welches Produkt entsteht, wenn 2-Brom-6-methoxynaphthalin mit Phenyltributylzinn in Gegenwart eines Pd(0)-Katalysators umgesetzt wird?

29. Schlagen Sie je eine Synthese folgender Verbindung unter Verwendung einer Heck-Reaktion und einer Suzuki-Kupplung vor. In beiden Fällen soll die markierte Bindung durch die Pd-katalysierte Reaktion gebildet werden.

16.6 Lösung der Aufgaben zu Kapitel 16

1.   Aromatisierung

2.   **a**: pyramidal (wie :NH$_3$); **b**: linear. Siehe Elektronenpaarabstoßungsmodell

3.   **b**

4.   Die Richtung der Polarität kehrt sich um.

5.   Al$_2$Me$_6$ + 2 NMe$_3$ ⇌ 2 Me$_3$Al ⋅ NMe$_3$

6.   Cobaltocen ist ein 19-Elektronenkomplex. Dies lässt eine starke Tendenz zur Bildung eines Cp$_2$Co$^+$-Ions vermuten, das 18 Elektronen aufweist. Cobaltocen ist ein starkes Reduktionsmittel.

7.   (**A**) sp-hybridisiertes C-Atom. (**B**) ortho-Position zur Methoxygruppe. (**C**) OH-Funktion hat einen pK$_a$-Wert von ca 15 und wird zuerst deprotoniert. Danach wird das sp-hybridisierte C-Atom deprotoniert.

8.   **A**: Bromethen + Mg; **B**: 4-Brom-methoxybenzol + Mg; **C**: 2-(Brommethyl)-1,3-dioxolan + Mg; **D**: 3-Iodnitrobenzol + Isopropylmagnesiumchlorid bei -20°C.

9.   α-Stellung, da hier die CH-Acidität aufgrund des –I-Effekts von S am größten ist

10.   Aufgrund des –I-Effektes der CF$_3$-Gruppe ist (a) die C–H-Acidität in o-Stellung am größten und wird (b) die elektrophile Substitution in m-Stellung am wenigsten erschwert.

11.   Es findet ein auf der NMR-Zeitskala schneller Platzwechsel der Methylgruppen zwischen den einzelnen Komponenten des Schlenk-Gleichgewichtes statt.

12.   a) Ja, (CH$_3$)$_2$Hg; b) Nein; c) Ja, B(CH$_3$)$_3$; d) Ja, Si(CH$_3$)$_4$.

13.   Stilben wird zunächst unter Verwendung einer Persäure epoxidiert. Das entstehende Epoxid wird anschließend mit Lithiumdiphenylcuprat umgesetzt.

14.   Durch Ummetallierung aus AlCl$_3$ und BuLi oder BuMgCl.

15.   Al$_2$(C$_2$H$_5$)$_6$ wie Al$_2$(CH$_3$)$_6$; Al$_2$X$_3$R$_3$ wie Al$_2$(CH$_3$)$_6$, wobei X als Brücke fungiert.

16.   Der Alkylrest von R muss eine ungerade Zahl von C-Atomen enthalten.

17.

A: (Struktur)   **B**: Chiraler Rhodium-Katalysator

18.   Propanal

19.   R-CH=CH-R; Cycloalkene

20.   Aus 1-Hexen und CO/H$_2$ durch Hydroformylierung

21.   Durch Hydroformylierung einer C-C-Doppelbindung: 4-Pentenal; 2-Methyl-3-butenal. Durch Hydroformylierung beider C-C-Doppelbindungen: Hexandial; 2-Methylpentandial; 2,3-Dimethyl-butandial.

22.   Allylalkohol ⇌ 4-Hydroxybutanal (Hydroformylierung) ⇌ 1,4-Butandiol (Hydrierung)

23.

24.

25. Für (**A**):   Für (**B**): 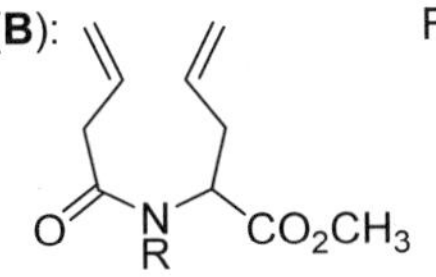   Für (**C**):

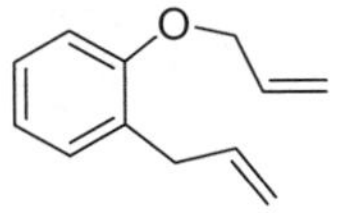

(**A**) und (**B**): RCM;
(**C**): ROM

und Ethen

26.

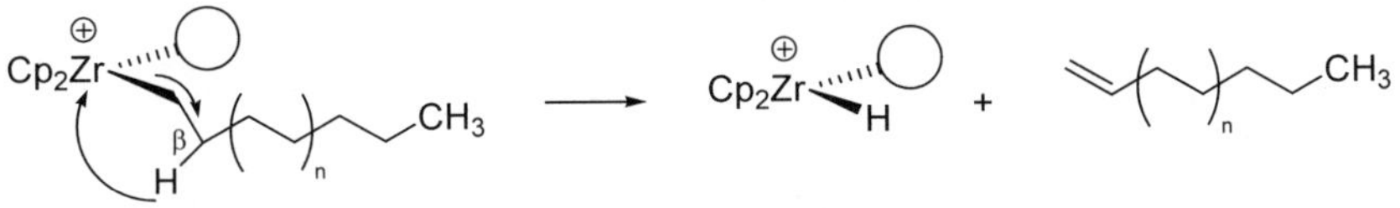

27.

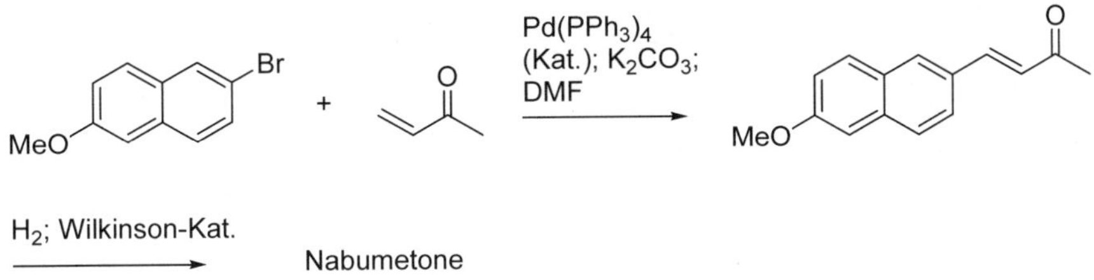

Pd(PPh₃)₄
(Kat.); K₂CO₃;
DMF

$$Pd(PPh_3)_4 \text{ (Kat.); } K_2CO_3; \text{ DMF}$$

H₂; Wilkinson-Kat.   Nabumetone

28.

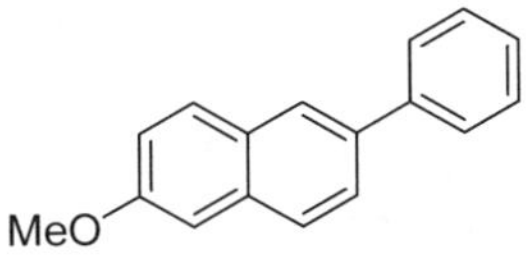

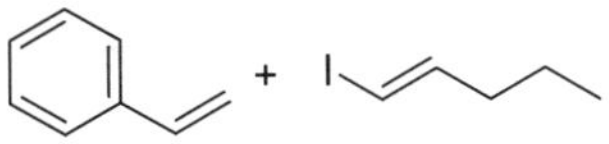

29. a) Heck-Reaktion: b) Suzuki-Reaktion:

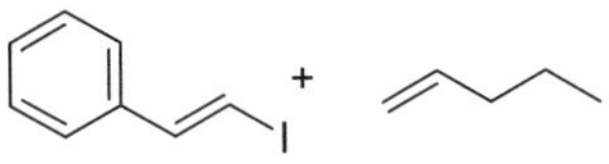

oder

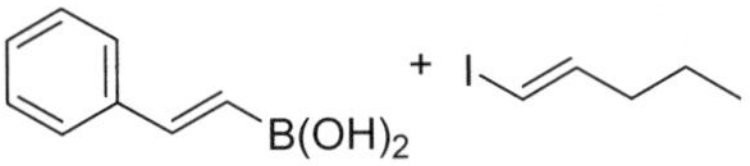

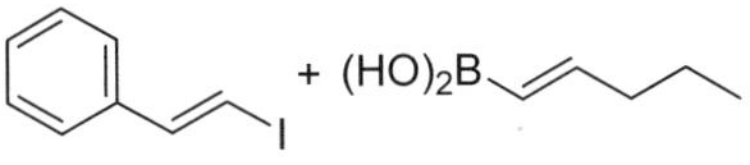

Kapitel 17
Aldehyde und Ketone

17.1 Aldehyde und Ketone im Alltag

Unter Aldehyden versteht man Verbindungen mit einer **Formylgruppe** $-CH=O$ und unter Ketonen solche mit einer **Ketogruppe** $C=O$.
Aldehyde und Ketone trifft man in großer Zahl in Pflanzen an. Nachfolgend sind einige Vertreter aufgeführt, die sich durch einen angenehmen Geruch oder Geschmack auszeichnen.

Benzaldehyd
(in bitteren Mandeln)

Zimtaldehyd
(in Zimtstangen)

Vanillin
(in Vanilleschoten)

Citral
(in Zitronenöl)

D-Campher
(im Campherbaum)

α-Thujon
(in etherischen Ölen)

Benzaldehyd (Bittermandelöl) wird als Geruchs- und Geschmacksstoff verwendet. Mit Zimtaldehyd werden Seifen parfümiert und Gewürze verfeinert. Vanillin fügt man Speisen und Getränken zur Geschmacksverbesserung zu (Eis, Pudding, Schokolade, Likör). Citral dient als Zusatzstoff bei der Herstellung von Likören, Parfüms und Kosmetikartikeln. Campher ist Bestandteil von Salben gegen Rheuma, Entzündungen und Herzschmerzen; außerdem dient es als Weichmacher von Kunststoffen. α-Thujon kommt in verschiedenen etherischen Ölen vor, schmeckt bitter und ist ein Nervengift.
Eine Bedeutung ganz anderer Art hat Formaldehyd ($H_2C=O$): Die wässrige Lösung, Formalin genannt, dient als Desinfektions- und Konservierungsmittel, z.B. für anatomische Präparate.

Nomenklatur von Aldehyden und Ketonen. Zur Benennung von Aldehyden wird *Formyl* als Vorsilbe und *–al* oder *-carbaldehyd* als Nachsilbe verwendet.

Propanal
(Ethancarbaldehyd)

Cyclohexancarbaldehyd
oder Formylcyclohexan

2-Formyl-
cyclohexancarbonsäure

Zur Bezeichnung von Ketonen wird die Vorsilbe *Oxo-* oder die Nachsilbe *-on* mit dem zugrunde liegenden Kohlenwasserstoff kombiniert. Darüber hinaus wird die Bezeichnung *–keton* als Nachsilbe verwendet, wobei die Namen der beiden Alkyl-substituenten in alphabetischer Reihenfolge vorangestellt werden.

2-Pentanon oder 2-Oxopentan
oder Methyl-propyl-keton

Cyclohexyl-methyl-keton

Daneben werden Trivialnamen verwendet, insbesondere für die Anfangsglieder. In der folgenden Tabelle sind die einfachsten Vertreter mit Siedepunkten und Lös-lichkeiten in Wasser aufgeführt. Die Siedepunkte liegen höher als bei den jeweils zugrundeliegenden Alkanen, eine Folge des polaren Charakters der Carbonylgrup-pe. Niedermolekulare Aldehyde und Ketone sind in Wasser löslich, Ursache sind Wasserstoffbrücken gemäß C=O·····H–O–H. Höhermolekulare Vertreter sind trotz der Wasserstoffbrücken in Wasser wenig löslich, da der unpolare Charakter des Alkangerüsts überwiegt.

Aufgaben

1. Welche Konstitution besitzen Isohexanal, Butyl-isopropyl-keton und 3-Vinyl-2-heptenal?
2. Wie lautet die Bezeichnung für folgende Verbindung?

3. Warum siedet 2-Propanol höher als Aceton, obwohl die Molekulargewichte fast gleich sind?

Tabelle.   Aldehyde und Ketone

Konstitution	Name (Trivialname)	Siedepunkt (°C)	Löslichkeit (g /100 g Wasser)
	Methanal (Formaldehyd)	−21	mischbar
	Ethanal (Acetaldehyd)	20	mischbar
	Propanal (Propionaldehyd)	49	16
	Butanal (Butyraldehyd)	70	7
	Benzaldehyd	178	0,3
	2-Hydroxybenzaldehyd (Salicylaldehyd)	197	1,7
	2-Propanon (Aceton)	56	mischbar
	2-Butanon oder Ethyl-methyl-keton	80	26
	Cyclohexanon	157	wenig löslich
	Methyl-phenyl-keton (Acetophenon)	202	wenig löslich
	Progesteron (ein Diketon)	127 (Schmp.)	wenig löslich

17.2 π-Bindung in Aldehyden und Ketonen

Die Bindungen in Aldehyden oder Ketonen ähneln denen in Alkenen. In beiden Fällen sind die drei Substituenten am sp^2-hybridisierten C-Atom trigonal (Winkel ≈ 120 °) und zusammen mit dem C-Atom in einer Ebene angeordnet. Senkrecht zu dieser Ebene erstreckt sich das p$_z$-Orbital, das mit dem benachbarten p-Orbital eine π-Bindung bildet. In beiden Fällen besteht die Doppelbindung aus einer σ- und einer π-Bindung. Nachfolgend sind die Bindungsverhältnisse von Formaldehyd und Ethen gegenübergestellt.

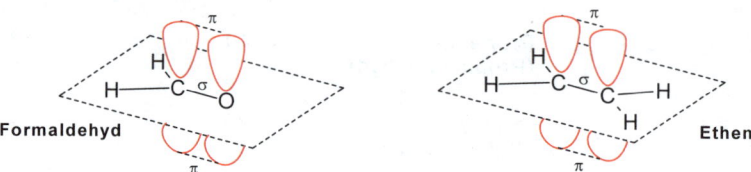

Trotz dieser strukturellen Parallelität besteht ein wesentlicher Unterschied: Die C=C-Bindung ist unpolar, die C=O-Bindung dagegen polar. Ursache der Polarität ist die gegenüber Kohlenstoff größere Elektronegativität des Sauerstoffs. Die Polarität kann wie folgt beschrieben werden. (Achten Sie auf die partiell positive Ladung am C-Atom.)

Carbonylgruppe
(zwei mesomere Grenzstrukturen)   oder

Aufgabe
4. Welche räumliche Anordnung sagt das Elektronenpaarabstoßungsmodell für Formaldehyd voraus?

17.3 IR- und NMR-Spektren von Aldehyden und Ketonen

Wie im Abschn. 2.4.2 dargelegt, zeigen die IR-Spektren von Carbonylverbindungen auffallend starke Banden um 1700 cm^{-1}. Diese rühren von der Streckschwingung der C=O-Bindung her. Die Lage der Bande gibt Auskunft darüber, welche Art von Carbonylverbindung (Aldehyd, Keton, Ester) vorliegt.

1710 cm^{-1} 1730 cm^{-1} 1740 cm^{-1}

Keton   **Aldehyd**   **Ester**

Steht die Carbonylgruppe in Konjugation mit einer Doppelbindung oder einem Benzolring, so tritt eine Erniedrigung der Schwingungsfrequenz um ca. 35 cm^{-1} ein, eine Folge des partiellen Einfachbindungscharakters der Carbonylbindung. (Sie erinnern sich: Zwei Atome verbunden durch eine Einfachbindung schwingen langsamer als solche verbunden durch eine Doppelbindung.)

Cyclohexanon   **Cyclohexen-2-on (2 mesomere Grenzstrukturen)**

Auch die Ringgröße schlägt sich in der Frequenz nieder: je kleiner der Ring, umso größer die Schwingungsfrequenz. Cyclohexanon absorbiert bei 1710 cm^{-1}, Cyclopentanon bei 1750 cm^{-1} und Cyclobutanon bei 1785 cm^{-1}.

Die Beeinflussung der Lage der C=O-Bande durch die genannten Strukturparameter macht die IR-Spektroskopie zu einer wertvollen Methode zur Erkennung der Umgebung einer Carbonylgruppe. Hinzu kommt, dass im IR-Spektrum um 1700 cm^{-1} keine Banden von anderen Strukturelementen auftauchen.

Auch die NMR-Spektren liefern charakteristische Signale. Im ^{1}H-NMR-Spektrum gibt sich ein Aldehyd durch ein Signal bei δ = 9,7 ppm zu erkennen, welches vom Proton der Formylgruppe −CH=O herrührt. Das ^{13}C-NMR-Spektrum erlaubt die Unterscheidung zwischen Keton, Aldehyd und Ester, wie die folgenden chemischen Verschiebungen belegen.

chemische Verschiebung δ im ^{1}H-NMR-Spektrum

chemische Verschiebungen δ in den ^{13}C-NMR-Spektren

Da in den Frequenzbereichen um 9,7 ppm bzw. 200 ppm kaum andere NMR-Signale liegen, sind Carbonylgruppen außer durch IR- auch durch NMR-Spektroskopie leicht zu erkennen.

17.4 Herstellung von Aldehyden und Ketonen

Der Herstellung von Aldehyden und Ketonen kommt große Bedeutung zu, da diese Verbindungen in eine Vielzahl anderer Verbindungen umgewandelt werden können.

Aldehyde stehen hinsichtlich ihrer Oxidationsstufe zwischen Alkoholen und Carbonsäuren. Dementsprechend können sie aus Alkoholen durch Oxidation und aus bestimmten Carbonsäurederivaten durch Reduktion hergestellt werden.

prim. Alkohol — Aldehyd — Carbonsäurechlorid

Ketone haben die gleiche Oxidationsstufe wie Aldehyde, sie werden aus sekundären Alkoholen durch Oxidation oder aus Carbonsäurederivaten durch alkylierende Reduktion mit metallorganischen Verbindungen gewonnen.

sek. Alkohol — Keton — Carbonsäurechlorid

Weitere Herstellungsmethoden gehen von ungesättigten Verbindungen (Alkene, Alkine, Aromaten) aus. Nachfolgend sind die wichtigsten Herstellungsmethoden von Aldehyden und Ketonen aufgezählt.

Aldehyde und Ketone aus Alkoholen durch Oxidation mit Chromtrioxid (Abschn. 12.6.7). Primäre Alkohole liefern Aldehyde, sekundäre Ketone.

1-Heptanol → Heptanal (93 %)
$CrO_3/Pyridin$ (in CH_2Cl_2)

Zur Oxidation besonders reaktiver Alkohole wie Allylalkohol genügt das milde Oxidationsmittel Mangandioxid.

Aldehyde und Ketone aus Alkenen durch Ozonierung (Abschn. 6.8.3).

Isoeugenol (aus Pflanzen) → Vanillin + Acetaldehyd
1. O_3
2. Zn/H_3O^+

Aldehyde aus Carbonsäurederivaten durch Reduktion. Aldehyde bilden sich aus Carbonsäurechloriden mit dem sperrigen, somit reaktionsträgen Hydrid Li[AlH(OR)₃] (Abschn. 19.2.2) oder aus Estern mit Diisobutylaluminiumhydrid (DIBAl–H) (Abschn. 19.4.3). Beide Reduktionen müssen bei tiefer Temperatur durchgeführt werden, um eine Weiterreduktion zum Alkohol zu verhindern.

4-Cyanobenzoylchlorid → 4-Cyanobenzaldehyd (80%)
$Li^+ [AlH(O-tBu)_3]^-$, −78 °C

Ethyl-dodecanat → Dodecanal (90%)
$(i-Bu)_2AlH$, −78 °C, Hexan

Ketone aus Carbonsäurederivaten und metallorganischen Verbindungen (Abschn. 17.5.8). Säurechloride und Organocuprate reagieren bei tiefer Temperatur zu Ketonen. Beispiel:

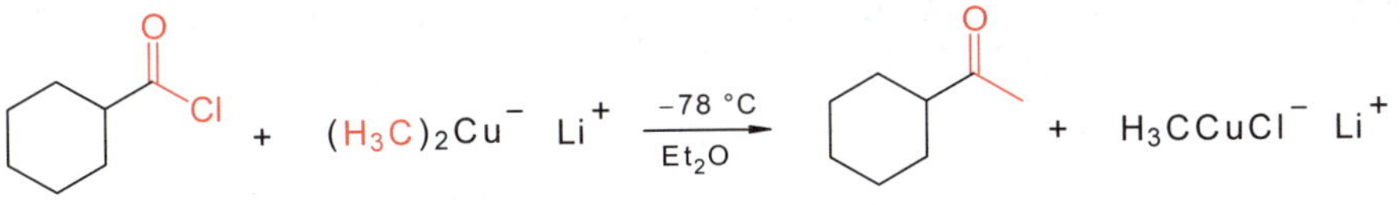

Cyclohexyl-methyl-keton

Bei Verwendung der reaktiveren Grignard-Reagenzien sind Carbonsäureamide des N,O-Dimethylhydroxylamins (so genannte **Weinreb-Amide**) geeignetere Reaktionspartner, wenn die Reaktion zu Ketonen führen soll. Beispiel:

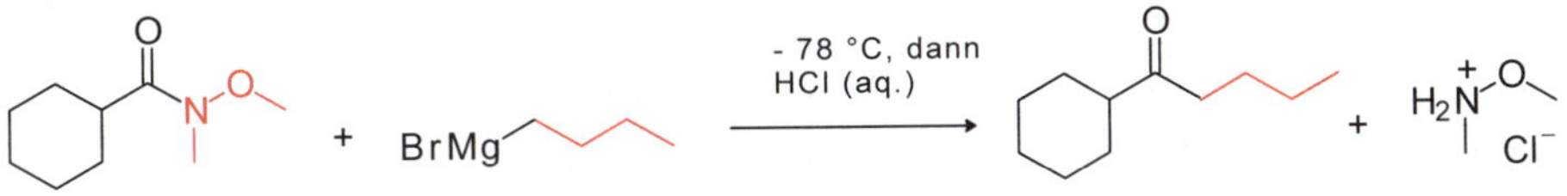

ein Weinreb-Amid

Ketone aus Alkinen durch Wasseraddition (Abschn. 7.4.2). Beispiel:

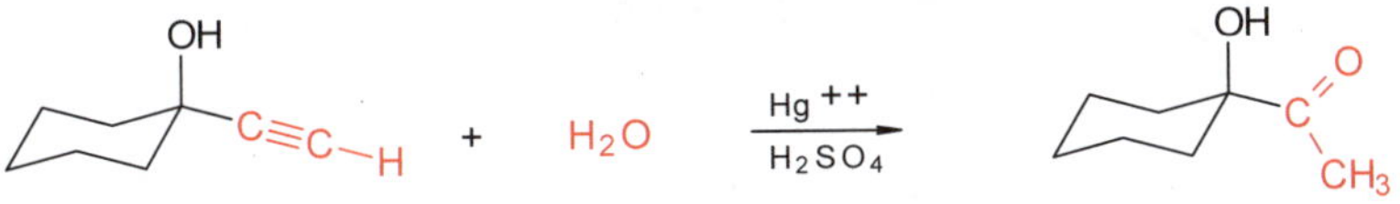

1-Acetylcyclohexanol

Aromatische Aldehyde und Ketone durch Acylierung von Aromaten. Aldehyde bilden sich aus Dimethylformamid und Aromaten (Vilsmeier-Reaktion), Ketone aus Carbonsäurechloriden und Aromaten (Friedel-Crafts-Acylierung). Beide Reaktionen wurden in Abschn. 15.3.5 beschrieben.

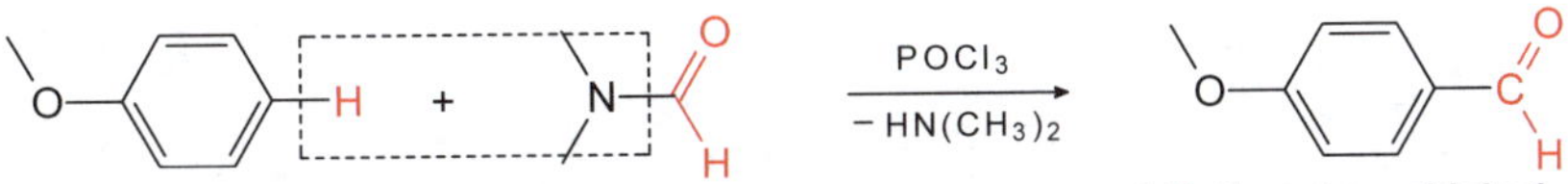

Anisol   **Dimethylformamid**   **4-Methoxybenzaldehyd**

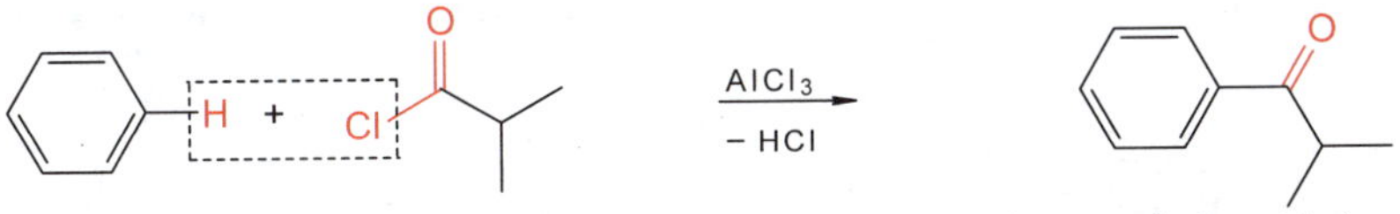

Isopropyl-phenyl-keton

Technische Herstellung von Aldehyden u. Ketonen. *Formaldehyd:* Durch Oxidation von Methanol mit Luft bei 240-400 °C am Metalloxid-Katalysator.

$$H_3C-OH \quad + \quad 1/2\ O_2 \quad \xrightarrow{Fe_2O_3/MoO_3} \quad H_2C=O \quad + \quad H_2O$$

Formaldehyd ist einer der wichtigsten Rohstoffe der chemischen Industrie. Die Verbindung wird überwiegend zur Herstellung von Kleb- und Kunststoffen (so genannte Formaldehydharze) eingesetzt.

Acetaldehyd und Aceton: Aus Ethen bzw. Propen durch Luftsauerstoff. Als Katalysator dient eine wässrige PdCl$_2$–CuCl$_2$-Lösung (**Wacker-Verfahren**).

Für die technische Synthese von Aceton sind daneben noch die Dehydrierung von 2-Propanol und das Hock-Cumolverfahren (Abschn. 23.2) bedeutend.

Acetaldehyd ist ein wichtiges Zwischenprodukt für die Herstellung von Essigsäure (Abschn. 18.3). Aceton wird vorwiegend als Lösungsmittel für die Lack- und Klebstoffverarbeitung eingesetzt.

Aldehyde: Aus Alkenen durch Hydroformylierung (Abschn. 16.5.2). Beispiel:

Benzaldehyd: Aus Toluol entweder durch katalytische Oxidation mit Luft oder durch Chlorierung/Hydrolyse. Das Nebenprodukt Benzoesäure, welches sich bei beiden Reaktionen bildet, kann durch Ausschütteln mit verdünnter NaOH-Lösung vom Benzaldehyd abgetrennt werden.

Aufgabe

5. Wie gelingen folgende z.T. mehrstufigen Reaktionen?

(a)

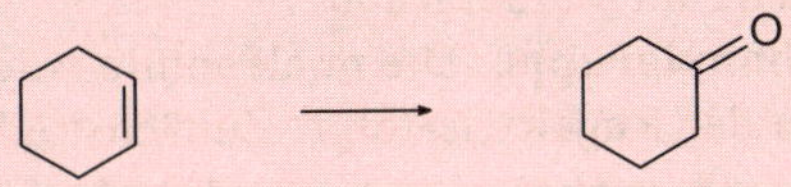

(b) 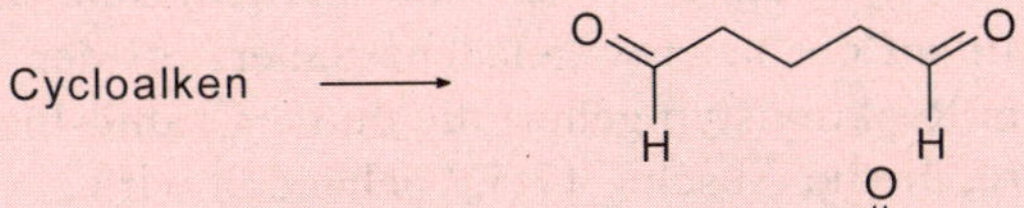 Cycloalken $\longrightarrow$

(c)

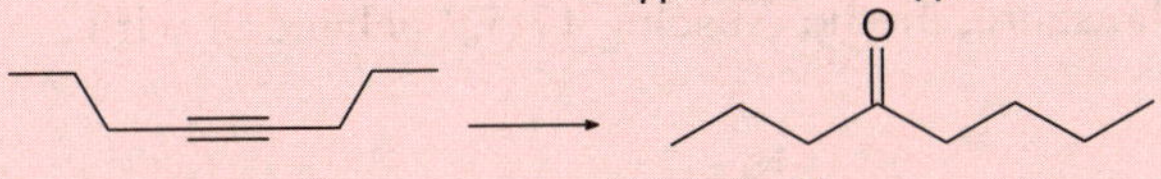

(d)

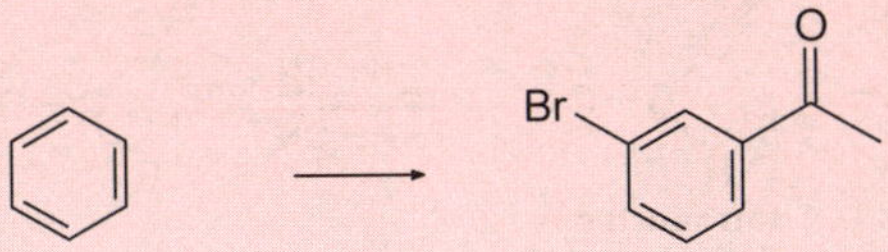

17.5 Nucleophile Additionen an die Carbonylgruppe

17.5.1 Zur Reaktivität von Aldehyden und Ketonen

Aldehyde und Ketone besitzen zwei reaktive Zentren: die Carbonylgruppe und die Wasserstoffatome α-ständig zur Carbonylgruppe. An der Carbonylgruppe beobachtet man eine **Addition**, an den α-ständigen H-Atomen eine **Substitution**.

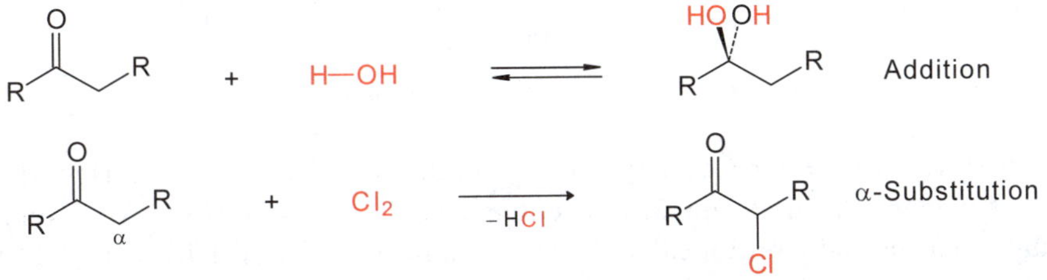

Diese Eigenschaften erinnern an Alkene, bei denen ebenfalls Addition an die Doppelbindung und Substitution in Allylstellung beobachtet werden. Allerdings sind die Mechanismen der Addition und Substitution bei Carbonylverbindungen völlig verschieden von denen bei Alkenen, wie die folgende Gegenüberstellung zeigt.

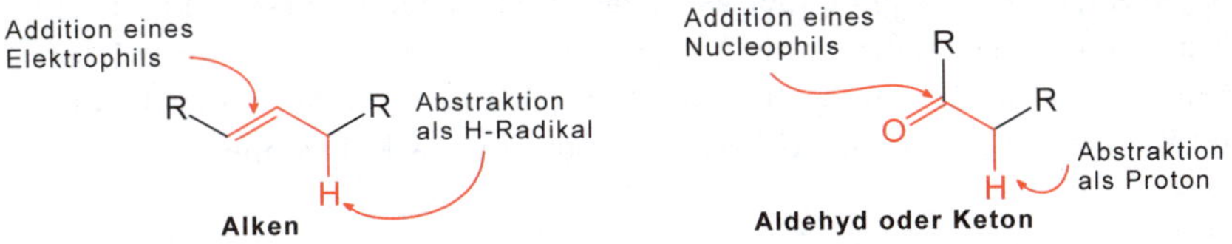

In diesem Kapitel wird die nucleophile Addition an die Carbonylgruppe, ferner die Oxidation und Reduktion der Carbonylgruppe behandelt. Im Kapitel 20 steht die Substitution des Protons in α-Stellung im Vordergrund.

Nucleophile Addition an die Carbonylgruppe. Die nucleophile Addition von HX an eine Carbonylgruppe verläuft in der Regel wie folgt: Zunächst addiert sich das Nucleophil X^- an die Carbonylgruppe, wobei eine **tetraedrische Zwischenstufe** entsteht. Anschließend nimmt der negativ geladene Sauerstoff der Zwischenstufe ein Proton auf. Zu diesem Reaktionstyp gehört die durch Cyanid-Ionen katalysierte Addition von Blausäure, die im Abschn. 17.5.7 behandelt wird.

Ist X^- nur schwach nucleophil, muss die Carbonylgruppe durch Aufnahme eines Protons aktiviert werden. Auch hier verläuft die Reaktion in zwei Schritten, aber in umgekehrter Reihenfolge: zuerst Addition des Protons, danach Addition des Nucleophils an die nunmehr aktivierte Carbonylgruppe. Das Proton kann vom Reaktionspartner herrühren (s. Formel), es kann aber auch von einer als Katalysator zugesetzten starken Säure stammen. Zu diesem Reaktionstyp gehört die Addition von Chlorwasserstoff.

Der Aktivierung einer Carbonylgruppe durch ein Proton steht die Desaktivierung des Nucleophils durch ein Proton entgegen ($H^+ + X^- \rightarrow HX$). Als Kompromiss führt man deshalb protonenkatalysierte Additionen an Aldehyde und Ketone in schwach saurem Medium durch.

Relative Reaktivitäten von Aldehyden und Ketonen. Aldehyde sind reaktionsfähiger als Ketone. Verantwortlich dafür sind sterische und elektronische Faktoren. Sterische Faktoren: Eine Ketogruppe enthält zwei abschirmende Alkylgruppen, eine Aldehydgruppe nur eine. Daher ist ein Angriff auf die Carbonylgruppe eines Ketons stärker behindert. Elektronische Faktoren: Eine Alkylgruppe übt auf das C-Atom, an das es gebunden ist, einen Elektronendonor-Effekt aus (s. Abschn. 1.5) und stabilisiert dadurch die δ^+-Ladung des Carbonyl-C-Atoms. Diese Stabilisierung ist bei einem Keton mit zwei Alkylgruppen R größer und damit die Reaktivität kleiner als bei einem Aldehyd mit nur einer Alkylgruppe R.

Aldehyd
(mäßige Stabilisierung von δ^+)

Keton
(beträchtliche Stabilisierung von δ^+)

Ist die Carbonylgruppe mit einem Phenylsubstituenten verbunden, wird die δ^+-Ladung ebenfalls stabilisiert. Daher ist Ph–CHO (Benzaldehyd) weniger reaktiv als Me–CHO (Ethanal). Einen entgegengesetzten Effekt üben an das α-C-Atom gebundene elektronenanziehende Substituenten (z.B. Fluor) aus. Sie erhöhen die δ^+-Ladung und damit die Reaktivität der Carbonylgruppe. Damit ergibt sich folgender Reaktivitätsabfall bei nucleophilen Additionen an die Carbonylgruppe:

$$F_3C{-}CH{=}O \;>\; H{-}CH{=}O \;>\; Alk{-}CH{=}O \;>\; Ar{-}CH{=}O \;>\; Alk_2C{=}O \;>\; Ar_2C{=}O$$

17.5.2 Addition von Wasser. *gem*-Diole

Wasser wird an die Doppelbindung von Aldehyden und Ketonen addiert, wobei *gem*-Diole entstehen (lat. *geminus*, doppelt). *gem*-Diole werden auch **Hydrate** genannt.

ein *gem*-Diol

Die Reaktion wird durch den nucleophilen Angriff von Wasser auf die Carbonylgruppe eingeleitet. Dabei entsteht eine tetraedrische Zwischenstufe. Protonenverschiebung liefert das Endprodukt.

tetraedrische Zwischenstufe

Die Lage des Gleichgewichts zwischen Carbonylverbindung und *gem*-Diol hängt von den Substituenten R und R′ ab. Formaldehyd wird durch Wasser fast vollständig in das Hydrat überführt, Acetaldehyd teilweise und Aceton kaum. Ursache ist u.a. die Stabilisierung und damit Desaktivierung der Carbonylgruppe durch Alkylgruppen (siehe vorstehenden Abschnitt).

Formaldehyd (0,1%)   +   H$_2$O   ⇌   Formaldehyd-hydrat (99,9%)

Acetaldehyd (43%)   +   H$_2$O   ⇌   Acetaldehyd-hydrat (57%)

Aceton (99,8%)   +   H$_2$O   ⇌   Aceton-hydrat (0,2%)

Ist die Carbonylgruppe mit einer Elektronenakzeptor-Gruppe verbunden (siehe Kreise im Formelschema), liegt das Gleichgewicht ganz auf der Seite des Hydrats, da eine Akzeptorgruppe die δ^+-Ladung an der Carbonylgruppe und damit deren Reaktivität erhöht. Einige Hydrate lassen sich sogar in kristalliner Form isolieren:

Chloral   +   H$_2$O   ⇌   Chloral-hydrat, Schmp. 57 °C

Triketohydrinden   +   H$_2$O   ⇌   Ninhydrin, Zers. 241-43 °C

Chloralhydrat ist das älteste synthetische Schlafmittel. Wegen seiner Nebenwirkungen wurde es später durch andere Schlafmittel ersetzt. Ninhydrin ist ein wichtiges Reagenz zum Nachweis von Aminosäuren (Abschn. 27.1.8).

Die Instabilität von einfachen *gem*-Diolen wie Aceton-hydrat kann auch durch die **Erlenmeyer-Regel** beschrieben werden, die wie folgt lautet: *Sind an ein C-Atom zwei Substituenten gebunden, aus denen sich H–X abspalten kann (Wasser, Alkohol, Amin, Halogenwasserstoff etc.), so tritt die Abspaltung unter gleichzeitiger Bildung der Carbonylverbindung ein.* So sind die Verbindungen (a) bis (c) instabil, da daraus HBr, H$_2$O bzw. NH$_3$ abgespalten werden kann.

Aufgabe

6. Cyclohexanon löst sich wie andere niedermolekulare Ketone in geringem Maße in Wasser. Schätzen Sie den Prozentgehalt an *gem*-Diol ab.

17.5.3 Addition von Alkoholen. Halbacetale und Acetale

Halbacetale. Aldehyde und Ketone reagieren mit Alkoholen zu Halbacetalen, das sind Verbindungen mit einer OH- und einer OR-Gruppe am selben C-Atom. Es liegt eine Gleichgewichtsreaktion vor, das Gleichgewicht liegt in der Regel ganz auf der Seite der Ausgangsverbindungen. Beispiel:

Der Mechanismus der Halbacetalbildung entspricht dem Mechanismus der vorstehend beschriebenen Hydratbildung.

Enthält der Aldehyd oder das Keton zusätzlich zur Carbonylgruppe eine alkoholische Gruppe, so kann eine intramolekulare Reaktion eintreten, bei der sich ein cyclisches Halbacetal bildet. Auch hier liegt ein Gleichgewicht vor. Das Gleichgewicht liegt ganz auf der Seite des Halbacetals, wenn dasselbe aus einem 5- oder 6-Ring besteht. (Sie erinnern sich: 5- und 6-Ringe sind besonders stabil.)

Cyclische Halbacetale treten besonders häufig bei Zuckern auf, da diese die erforderlichen funktionellen Gruppen besitzen. So besteht eine wässrige Lösung von Glucose zu >99% aus dem cyclischen Halbacetal und nur zu 0,002% aus dem offenkettigen Hydroxyaldehyd (Näheres s. Abschn. 25.3).

Acetale. Ist eine Säure zugegen, so reagieren Aldehyde und Ketone mit Alkoholen zu **Acetalen**, das sind Verbindungen mit zwei OR-Gruppen am selben C-Atom. Beispiel:

Acetaldehyd   Methanol   1,1-Dimethoxyethan, ein Acetal

Vorstehende Reaktion ist eine Gleichgewichtsreaktion. Durch Entfernung des Reaktionswassers kann das Gleichgewicht ganz zur Seite des Acetals verschoben werden. Die Entfernung gelingt physikalisch durch azeotrope Destillation oder chemisch durch Zugabe von wasserfreiem $MgSO_4$. Acetale, die sich von Ketonen herleiten, werden auch **Ketale** genannt.

Nach welchem Mechanismus erfolgt die Acetalbildung? Zunächst bildet sich das Halbacetal (mit oder ohne H^+-Katalyse). Dieses wird in das protonierte Halbacetal überführt, aus welchem ein Wassermolekül austritt. Es bleibt ein stabilisiertes Carbenium-Ion zurück, das mit einem zweiten Alkoholmolekül zum protonierten Acetal und weiter zum freien Acetal reagiert.

Halbacetal   ein Carbenium-Ion
                                                        (2 mesomere Grenzstrukturen)

Carbenium-Ion   Acetal, protoniert   Acetal

Aufgabe

7. Aldehyde können in Halbacetale oder Acetale überführt werden. Welche der Reaktionen ist eine Kondensationsreaktion?

Reaktionen der Acetale. Gegenüber Basen sind Acetale beständig. Mit verdünnter Säure tritt eine Hydrolyse ein, bei der sich Aldehyd (oder Keton) und Alkohol zurückbilden. (Lesen Sie den unteren Teil des folgenden Reaktionsschemas von rechts nach links.) Die Beständigkeit von Acetalen gegenüber Basen nutzt man zum vorübergehenden Schutz einer Carbonylgruppe aus, wie die Umwandlung von 4-Brombutanal in 4-Methoxybutanal zeigt.

Direkte Einwirkung von Natriummethanolat führt nicht zum Ziel, da neben Substitution auch Aldolkondensation eintritt (Abschn. 20.9). Wird die Aldehydgruppe aber durch Acetalisierung geschützt, z.B. mit 1,2-Ethandiol, so erfolgt die Substitution ohne Schwierigkeit. Nach der Substitution wird die Schutzgruppe durch saure Hydrolyse entfernt, wobei die gewünschte Verbindung entsteht.

Aufgaben

8. Zu welchen Verbindungsklassen gehören die Verbindungen A-H?

9. Formulieren Sie das Acetal (a) aus Benzaldehyd und Methanol, (b) aus Aceton und 1,2-Ethandiol.

17.5.4 Addition von Thiolen. Thioacetale

Bei der Addition von Thiolen an Aldehyde und Ketone entstehen Thioacetale. Wie bei der Bildung von Acetalen bedarf auch diese Reaktion eines sauren Katalysators.

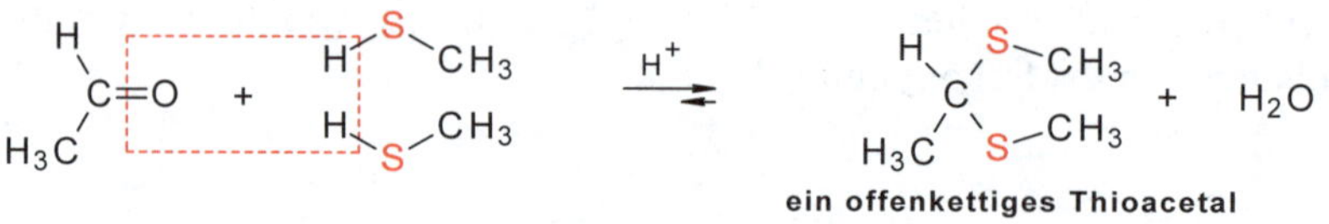

ein offenkettiges Thioacetal

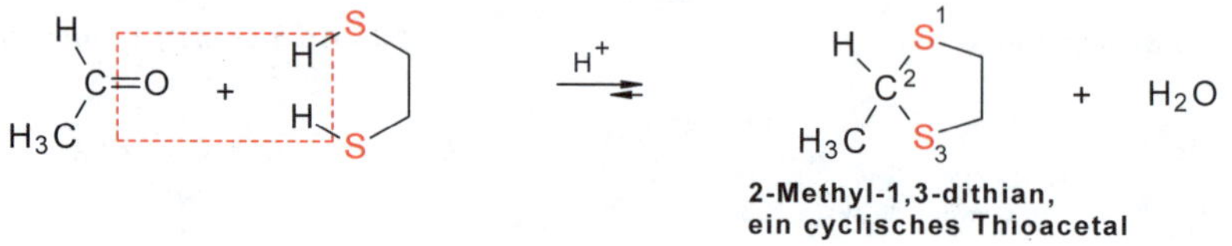

2-Methyl-1,3-dithian,
ein cyclisches Thioacetal

Das Gleichgewicht liegt hier ganz auf der Seite des Thioacetals, da Thiole stark nucleophil sind. Somit ist es nicht nötig, das Reaktionswasser zwecks Gleichgewichtsverschiebung zu entfernen.

Der Mechanismus verläuft analog dem der H^+-katalysierten Bildung von Acetalen.

Reaktionen der Thioacetale. Thioacetale besitzen ein schwach acides H-Atom und können mit starken Basen in Carbanionen überführt werden.

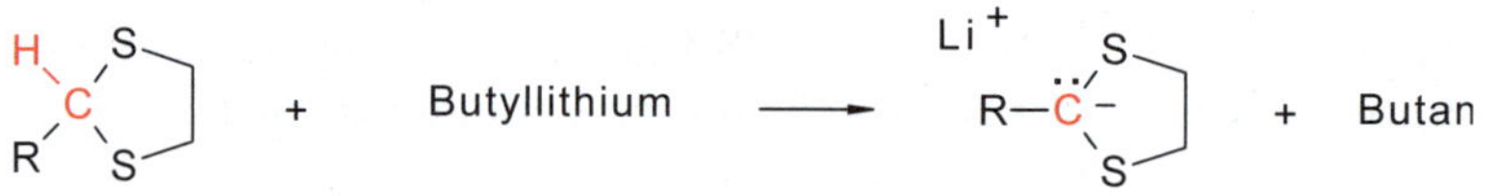

Die gegenüber Acetalen höhere Acidität beruht u.a. auf der Delokalisierung der negativen Ladung durch die leeren d-Orbitale der beiden S-Atome:

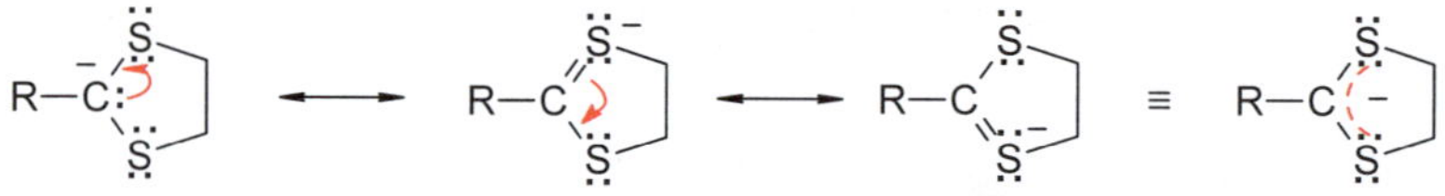

Carbanionen dieses Typs werden **Acylanion-Äquivalente** genannt. Diese sind im Gegensatz zu Acylanionen stabil. Nachfolgend sind einige Acylionen gegenübergestellt.

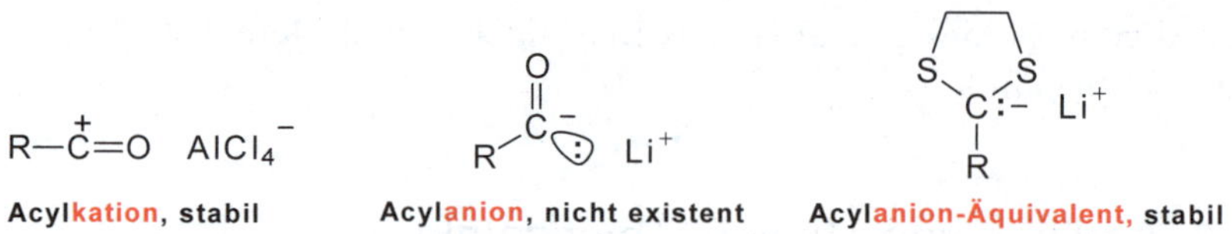

Acylkation, stabil   **Acylanion, nicht existent**   **Acylanion-Äquivalent, stabil**

Acylanion-Äquivalente sind Nucleophile und reagieren mit einer Vielzahl von Elektrophilen, z.B. mit Alkylhalogeniden:

Acetaldehyd / 2-Butanon

In der vorstehenden Reaktion wird ein Aldehyd in ein Keton überführt, was auf direktem Wege nicht möglich ist.

Die Umwandlung des δ^+-C-Atoms der Carbonylgruppe in das negativ geladene C-2-Atom der Thioacetals ist ein Beispiel für eine **Umpolung**, worunter man eine Polaritätsumkehr an einem Atom versteht.

17.5.5 Addition von Aminoverbindungen. Imine und Enamine

Addition primärer Amine: Imine. Aldehyde oder Ketone reagieren mit primären Aminen, wobei unter Abspaltung von Wasser **Imine** entstehen. Imine sind Verbindungen mit einer C=N-Doppelbindung.

Cyclohexylamin, ein primäres Amin / ein Imin

Das Gleichgewicht kann zugunsten des Imins verschoben werden, wenn das Reaktionswasser durch azeotrope Destillation mit Toluol als Schleppmittel entfernt wird.

Zum Ablauf: Zunächst erfolgt ein nucleophiler Angriff des Amins am Carbonyl-C-Atom. Hierbei bildet sich eine dipolare Zwischenstufe und daraus ein geminaler Aminoalkohol (**Halbaminal**). Letztere Verbindung wandelt sich durch Abspaltung von Wasser in das Imin um. Diese Umwandlung verläuft jedoch nicht direkt (die OH-Gruppe ist eine schlechte Austrittsgruppe), sondern erst nach Protonierung (die OH_2^+-Gruppe ist eine gute Austrittsgruppe) und Deprotonierung.

Amin   tetraedrische   geminaler
              Zwischenstufe   Aminoalkohol

Imin   Iminium-Ion

Wichtig für das Gelingen der Reaktion ist ein pH-Wert zwischen 4 und 5. Bei kleinerem pH-Wert verläuft die Reaktion sehr langsam, da das freie Elektronenpaar des Amins protoniert vorliegt, bei größerem pH-Wert ebenfalls sehr langsam, da nunmehr die Konzentration an protoniertem Aminoalkohol (s. Formelschema) sehr klein ist.

Imine sind wie Amine basisch und werden auch **Schiffsche Basen** genannt. Sie sind im allgemeinen unbeständig (Polymerisation), erst Phenylgruppen erhöhen die Stabilität:

Methanimin, unbeständig   1,2-Diphenylmethanimin, beständig

Imine können wie Alkene *E/Z*-Isomere bilden, wobei das freie Elektronenpaar am Stickstoff den Platz eines Substituenten einnimmt. Zur Benennung wird die Nachsilbe *-imin* an den Namen des Kohlenwasserstoffs angehängt (s. vorstehendes Beispiel).

Addition weiterer primärer Aminoverbindungen. Auch bestimmte anorganische Verbindungen mit freien NH_2-Gruppen reagieren mit Aldehyden und Ketonen. Von besonderer Bedeutung sind Hydroxylamin, Hydrazin und substituierte Hydrazinverbindungen.

Hydroxylamin   Hydrazin   2,4-Dinitrophenylhydrazin   Semicarbazid

Die Reaktion mit Hydroxylamin ergibt ein Imin mit einer OH-Gruppe am N-Atom. Solche Verbindungen heißen **Oxime**. Auch hier sind E/Z-Isomere möglich.

Die Reaktion mit Hydroxylamin ebenso wie die mit Hydrazin(derivaten) verläuft nach dem gleichen Mechanismus wie die Reaktion mit primären Aminen. Im folgenden Schema sind die Reaktionen von Aldehyden und Ketonen mit den wichtigsten Verbindungen des Typs R–NH$_2$ zusammengefasst.

Iminderivate wie Oxime oder Dinitrophenylhydrazone kristallisieren sehr gut und haben scharfe Schmelzpunkte. Sie sind dadurch zur Identifizierung von Aldehyden oder Ketonen hervorragend geeignet, da diese flüssig sind oder fest, aber schlecht kristallisieren. Darüber hinaus spielen Iminderivate als Zwischenprodukte bei der Synthese von Heterocyclen eine Rolle.

Aufgaben

10. Welche Verbindungen entstehen, wenn Benzaldehyd mit (a) Methylamin, (b) Hydroxylamin umgesetzt wird? (Berücksichtigen Sie auch die Stereochemie.)

11. Welche spektroskopische Methode beweist, dass das Oxim von Aceton die Struktur A und nicht die Struktur B besitzt?

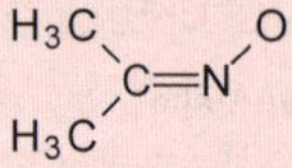

$$H_3C \diagdown_{} OH$$
$$C=N \quad \mathbf{A}$$
$$H_3C \diagup$$

$$H_3C \diagdown$$
$$C=N-OH \quad \mathbf{B}$$
$$H_3C \diagup$$

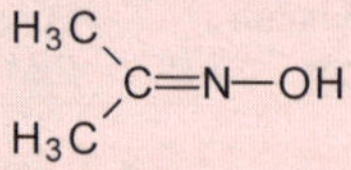

12. Weshalb reagiert bei der Umsetzung von Aldehyden oder Ketonen mit $C_6H_5-NH-NH_2$ oder $H_2N-CO-NH-NH_2$ stets das endständige Hydrazin-N-Atom?

Addition sekundärer Amine: Enamine. Auch mit sekundären Aminen reagieren Aldehyde oder Ketone. Unter Wasserabspaltung entstehen α,β-ungesättigte Amine, die in Analogie zu Enolen **Enamine** genannt werden.

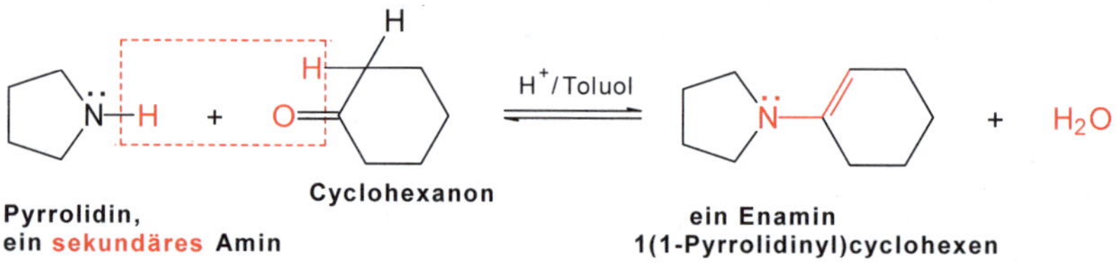

Pyrrolidin,
ein **sekundäres** Amin

Cyclohexanon

ein Enamin
1(1-Pyrrolidinyl)cyclohexen

Das eine H-Atom des Reaktionswassers stammt vom Aminstickstoff, das andere von der Carbonylverbindung. Durch Entfernung des Wassers wird das Gleichgewicht auf die Seite des Enamins verschoben. Die Enaminbildung verläuft wie bei primären Aminen über eine dipolare Zwischenstufe:

dipolare Zwischenstufe

Enamin

Iminiumverb.

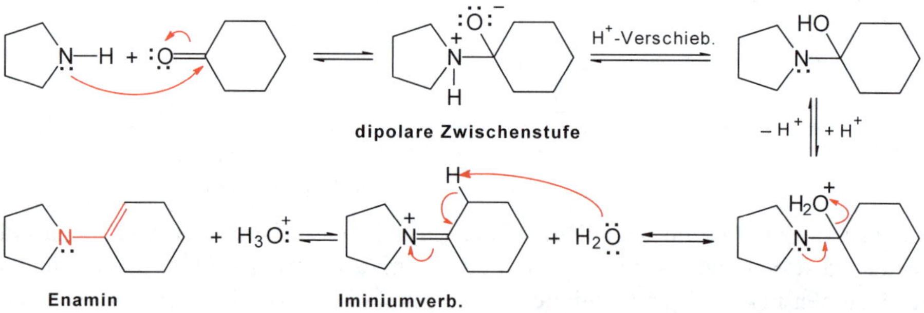

Enamine besitzen eine sehr reaktive Doppelbindung. Ursache ist die Aminogruppe, die als Elektronendonor die Elektronendichte der Doppelbindung erhöht. Näheres zur Reaktivität von Enaminen s. Abschn. 20.8.

Aufgabe

13. Wie lauten die Konstitutionen der Verbindungen A und B?

Addition tertiärer Amine: Betaine. Die Addition von tertiären Aminen an Aldehyde oder Ketone bleibt wegen fehlender H-Atome am Aminstickstoff auf der dipolaren Stufe eines Betains stehen.

Trimethylamin,
ein tertiäres Amin   Aceton   ein Betain

Die Betaine stehen im Gleichgewicht mit den Ausgangsverbindungen. Beim Versuch sie zu isolieren, zerfallen sie in die Ausgangsverbindungen.

Zusammenfassung

- Primäre Amine reagieren mit Aldehyden oder Ketonen zu Iminen (auch Schiffsche Basen genannt), das sind Verbindungen mit der Gruppe C=N.
- Sekundäre Amine können keine Imine bilden, da sie nur ein H-Atom am N-Atom enthalten. Stattdessen entstehen Enamine, das sind Verbindungen mit der Gruppe C=C–N.
- Tertiäre Amine können wegen fehlender H-Atome am N-Atom weder Imine noch Enamine bilden. Stattdessen bilden sich dipolare Verbindungen (Betaine), die nur in Lösung beständig sind.

17.5.6 *Exkurs*: Imine in der Zelle

Auch in der biologischen Zelle verlaufen einige Vorgänge über Imine oder Enamine. Nachfolgend werden zwei Reaktionen behandelt, die über Imine ablaufen.
Imin als Zwischenstufe beim Sehvorgang. Die Photochemie des Sehens wurde im Abschn. 8.8 behandelt. Hier soll nur die Reaktion erörtert werden, bei der sich

ein Imin bildet. 11-*cis*-Retinal, ein mehrfach ungesättigter Aldehyd, kondensiert mit einer Lysinseitenkette des Proteins Opsin zu 11-*cis*-Rhodopsin, einem mehrfach ungesättigten purpurfarbenen Imin.

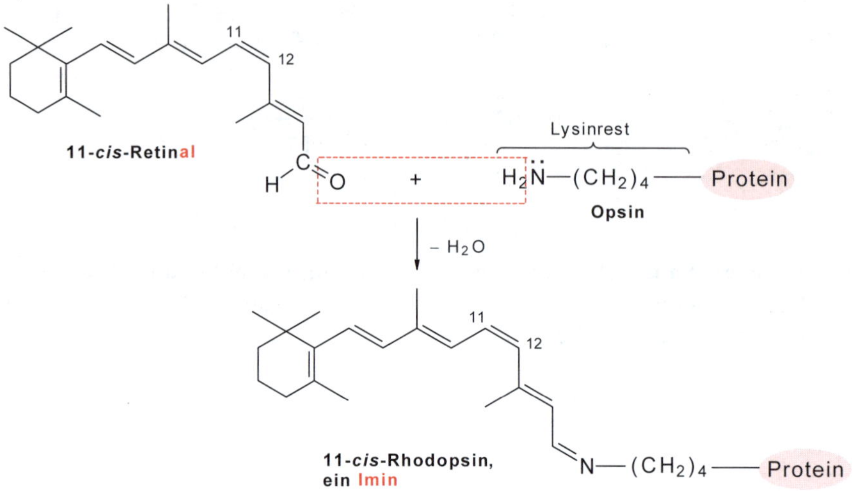

11-*cis*-Retinal

Lysinrest

Opsin

$- H_2O$

11-*cis*-Rhodopsin, ein Imin

Das ungesättigte Imin absorbiert sichtbares Licht, wodurch Isomerisierung der Doppelbindung 11-12 eintritt. Diese Isomerisierung löst die Sehempfindung aus.
Imine bei Transaminierungen. Imine treten auch als Zwischenstufen bei der reversiblen Übertragung einer Aminogruppe auf eine Carbonylgruppe auf. Dabei reagiert die Aminogruppe einer α-Aminocarbonsäure mit der Aldehydgruppe von Pyridoxal zu einem Imin. Das Imin tautomerisiert zu einem neuen Imin. Hydrolyse desselben liefert eine α-Ketocarbonsäure und Pyridoxamin. Die Reaktionsfolge ist reversibel und wird **Transaminierung** genannt.

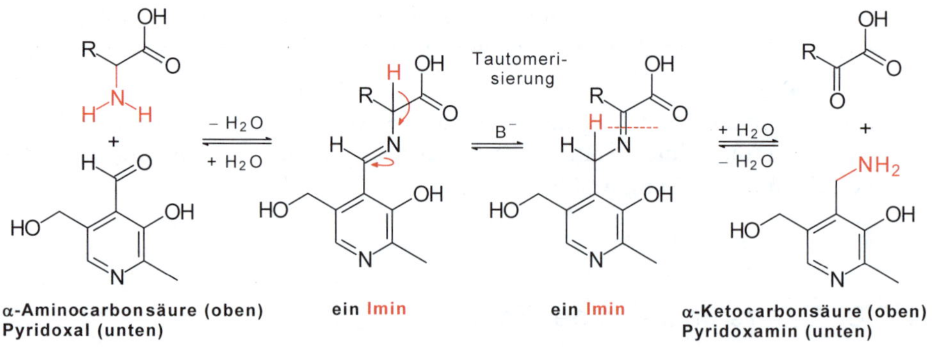

α-Aminocarbonsäure (oben)
Pyridoxal (unten)

ein Imin

Tautomerisierung

ein Imin

α-Ketocarbonsäure (oben)
Pyridoxamin (unten)

Transaminierungen sind sowohl beim Aufbau als auch beim Abbau von Aminocarbonsäuren von Bedeutung. Pyridoxal und Pyridoxamin, welche die Transaminierungen vermitteln, gehören zum Vitamin B_6-Komplex.

17.5.7 Addition von Cyanwasserstoff oder 1-Alkinen

Addition von Cyanwasserstoff. Cyanwasserstoff addiert sich an die C=O-Gruppe eines Aldehyds oder Ketons unter Bildung eines α-Hydroxynitrils, auch **Cyanhydrin** genannt. Als Katalysator dient Cyanid.

$$N{\equiv}C{-}H \quad + \quad \begin{matrix} H_3C \\ {}C{=}O \\ H_3C \end{matrix} \quad \xrightarrow{CN^-} \quad \begin{matrix} CH_3 \\ N{\equiv}C{-}C{-}OH \\ CH_3 \end{matrix}$$

Cyanwasserstoff   **Aceton**   **ein α-Hydroxynitril (ein Cyanhydrin)**

Die Reaktion wird durch einen nucleophilen Angriff des Katalysators Cyanid eingeleitet, wobei sich das Alkoholat des Cyanhydrins bildet. Es folgt eine Protonenübertragung unter Bildung des Cyanhydrins und Freisetzung des Katalysators.

$$:N{\equiv}C:^- \; + \; \begin{matrix} R \\ C{=}O: \\ R \end{matrix} \; \rightleftharpoons \; \begin{matrix} R \\ :N{\equiv}C{-}C{-}O:^- \\ R' \end{matrix} \; \underset{- HCN}{\overset{+ HCN}{\rightleftharpoons}} \; \begin{matrix} R \\ :N{\equiv}C{-}C{-}OH \\ R' \end{matrix} \; + \; CN^-$$

Statt des Cyanwasserstoffs, der wegen seiner Flüchtigkeit (Sdp. 26 °C) und Giftigkeit schwer zu handhaben ist, kann auch Alkalicyanid plus HCl verwendet werden.

$$NaCN \; + \; HCl \; + \; \begin{matrix} R \\ C{=}O \\ R \end{matrix} \; \longrightarrow \; \begin{matrix} R \\ N{\equiv}C{-}C{-}OH \\ R' \end{matrix} \; + \; NaCl$$

Cyanhydrine stellen nützliche Ausgangsverbindungen für weitere Synthesen dar: Wasserabspaltung ergibt α,β-ungesättigte Nitrile, und saure Hydrolyse der Nitrilgruppe (Abschn. 19.7.2) führt zu α-Hydroxycarbonsäuren.

Wasserabspaltung:

$$\begin{matrix} OH \\ H_3C{-}C{-}CH_3 \\ CN \end{matrix} \quad \xrightarrow{H^+} \quad \begin{matrix} CH_3 \\ H_2C{=}C \\ CN \end{matrix} \quad + \quad H_2O$$

2-Methylacrylnitril

Hydrolyse:

$$\begin{matrix} OH \\ H_5C_6{-}C{-}CN \\ H \end{matrix} \; + \; 2\,H_2O \quad \xrightarrow{H^+} \quad \begin{matrix} HO \quad\quad O \\ H_5C_6{-}C{-}C \\ H \quad\quad OH \end{matrix} \; + \; [NH_3]$$

Phenylhydroxyessigsäure (Mandelsäure)

Addition von 1-Alkinen. Die Addition von 1-Alkinen an Aldehyde oder Ketone führt zu α-Hydroxyalkinen. Als Katalysator dient eine starke Base wie NaNH$_2$ in Ammoniak oder CsOH in Dimethylsulfoxid (DMSO):

Die Rolle des Katalysators besteht darin, aus dem 1-Alkin die konjugierte Base zu erzeugen, die dann als Nucleophil die Carbonylgruppe angreift.

Bei der Reaktion von Acetylen mit dem Steroidketon Östron bildet sich 17α-Ethinylöstradiol, ein Östrogen, das Bestandteil empfängnisverhütender Mittel ist. Die Addition des Acetylid-Ions erfolgt von der Seite, die der Methylgruppe abgewandt ist.

Östron
(weibliches Sexualhormon)

17α-Ethinylöstradiol
(ein künstliches Östrogen)

Aufgaben

14. Ausgehend von Cyclohexanon soll 1-Vinylcyclohexanol hergestellt werden. Skizzieren Sie die Reaktionsschritte.

15. Wie gelingt folgende Umwandlung?

16. Cyanhydrine können auch aus einer Carbonylverbindung und Trimethylsilylcyanid hergestellt werden (Katalysator: Cyanid). Schlagen Sie einen Mechanismus vor.

17.5.8 Addition von metallorganischen Verbindungen

Metallorganische Verbindungen reagieren mit der Carbonylgruppe eines Aldehyds oder Ketons, wobei ein Alkohol entsteht. Von herausragender Bedeutung sind die Reaktionen mit magnesiumorganischen Verbindungen (**Grignard-Reaktion**) und mit lithiumorganischen Verbindungen. In beiden Fällen liegt ein nucleophiler Angriff des δ^--C-Atoms der metallorganischen Verbindung auf die Carbonylgruppe vor.

Reaktion mit R-MgX (Grignard-Reaktion):

ein Magnesium-alkoholat   Alkohol

Reaktion mit R-Li :

ein Lithium-alkoholat   1-Phenylethanol

Die Additionen verlaufen komplexer als vorstehend dargestellt. So sind bei der Grignard-Reaktion zwei Moleküle Grignard-Reagenz beteiligt: Ein Molekül aktiviert als Lewis-Säure die C=O-Gruppe, das andere greift als Nucleophil die aktivierte C=O-Gruppe an (siehe Pfeil 1 im Formelschema). Schließlich reagieren Alkylmagnesiumalkoholat und Magnesiumhalogenid miteinander, wobei ein Molekül Grignard-Reagenz regeneriert wird.

Alkylmagnesiumalkoholat

Mit der Grignard-Reaktion können Alkohole unterschiedlichster Struktur hergestellt werden. Welcher Typ von Alkohol entsteht, hängt von der eingesetzten Carbonylverbindung ab. Formaldehyd liefert primäre Alkohole, alle anderen Aldehyde führen zu sekundären Alkoholen, und Ketone ergeben tertiäre Alkohole.

Bei der Darstellung eines sekundären Alkohols vom Typ RR′CH(OH) oder eines tertiären Alkohols vom Typ RR′R′′C(OH) nach der Grignard-Methode bieten sich zwei bzw. drei Reaktionswege an, da ein bestimmter Substituent R entweder von der Grignard-Verbindung oder von der Carbonylverbindung stammen kann.

Synthese eines sekundären Alkohols nach Grignard: Zwei Wege

Synthese eines tertiären Alkohols nach Grignard: Drei Wege

Aufgaben

17. Die Verbindungen A und B können mit Grignard-Reaktionen hergestellt werden. Formulieren Sie jeweils mehrere Reaktionswege.

18. Ausgehend von einem Keton und einer Grignard-Verbindung soll die Verb. A hergestellt werden. Geben Sie die Reaktionsfolge an. (Hinweis: Der Grignard-Reaktion schließt sich eine zweite Reaktion an.)

Keton   +   R-MgBr $\longrightarrow$ **A**

17.5.9 Addition von Yliden. Wittig-Reaktion

Struktur und Herstellung von Yliden. Ein **Ylid** ist eine Verbindung, in der ein negativ geladenes C-Atom über eine σ-Bindung an ein positiv geladenes Atom (N, P, S u.a.) gebunden ist. Die wichtigsten Ylide leiten sich von Phosphor als positiv geladenem Atom her und heißen **Phosphonium-Ylide**. Ein Phosphonium-Ylid besitzt folgende Struktur und Elektronenverteilung.

$$R_3\overset{+}{P}-\overset{-}{C}R'_2 \longleftrightarrow \overset{\delta+}{R_3P}=\overset{\delta-}{C}R'_2$$

ein Phosphonium-Ylid   ein Ylen
(Phosphor 4-bindig)   (Phosphor 5-bindig)

Die Struktur mit 4-bindigem Phosphor heißt Ylid, die mit 5-bindigem Phosphor Ylen. Oberbegriff für beide Spezies ist die Bezeichnung Ylid. *Yl* steht für den kovalenten Teil der Bindung (vgl. Meth**yl**bromid) und *id* für den salzartigen Teil (vgl. Natriumchlor**id**).
Ylide werden aus tertiären Phosphinen in einer 2-stufigen Reaktion hergestellt. Im ersten Schritt wird ein Phosphin R_3P mit einem Alkylhalogenid in ein quartäres Phosphoniumsalz überführt. Meistens wird Triphenylphosphin verwendet, das im Gegensatz zu vielen anderen Phosphinen luft- und feuchtigkeitsbeständig ist. Im zweiten Schritt wird das quartäre Phosphoniumsalz, das in der Regel in α-Stellung ein acides H-Atom aufweist, mit einer Base ins Ylid überführt.

Schritt 1: Bildung des Phosphoniumsalzes

$$(H_5C_6)_3P: + H_3C-Br \xrightarrow{S_N2} (H_5C_6)_3\overset{+}{P}-CH_3 \; Br^-$$

Triphenylphosphin   **Methyltriphenylphosphonium-bromid**

Schritt 2: Bildung des Ylids

pK_a ca. 50

$$(H_5C_6)_3\overset{+}{P}-\underset{H}{\overset{H}{C}}-H \; + \; Li-Butyl \xrightarrow{-\, LiBr} (H_5C_6)_3\overset{+}{P}-\overset{..}{\overset{-}{C}}H_2 \; + \; Butan$$
Br^- $pK_a = 22{,}4$

Triphenylphosphonium-methylid

Der erste Schritt stellt eine nucleophile Substitution mit dem Nucleophil Triphenylphosphin dar. Die Substitution gelingt bei primären und oft auch sekundären Halogeniden; tertiäre Halogenide werden dagegen in Alkene überführt. Der zweite Schritt ist eine Säure-Base-Reaktion. Die Acidität des H-Atoms α-ständig zum positiv geladenen Phosphoratom beruht auf der Ladungsdelokalisierung des korrespondierenden Ylids (s. obiges mesomeres Gleichgewicht).

Die Wahl der Base richtet sich nach der CH-Acidität des Salzes. Phosphoniumsalze wie das vorstehende sind nur schwach α-CH-acid, eine starke Base wie Butyllithium ist zur Deprotonierung erforderlich. Phosphoniumsalze, die neben der α-C–H-Bindung eine Akzeptorgruppe wie z.B. Carbonyl enthalten, sind erheblich stärker acid, hier reicht schon eine wässrige Lösung von Na-carbonat zur Abstraktion des H-Atoms.

ein mesomerie-stabilisiertes Ylid
(3 mesomere Grenzstrukturen), unlösl. in Wasser

Die höhere Acidität des vorstehenden Phosphoniumsalzes beruht auf der zusätzlichen Delokalisierung der negativen Ladung der konjugierten Base durch die Carbonylgruppe. Ylide mit einer zusätzlichen Delokalisierung der negativen Ladung heißen **mesomerie-stabilisierte Ylide** (Typ Ph$_3$P=CH-CO-R), solche ohne zusätzliche Delokalisierung werden **nichtstabilisierte Ylide** (Typ Ph$_3$P=CH-Alkyl) genannt.

Reaktion von Yliden mit Aldehyden und Ketonen. Ylide reagieren mit Aldehyden oder Ketonen zu Alkenen.

Im vorstehenden Beispiel tauschen Methylen und Sauerstoff die Plätze. Triebkraft der Reaktion ist die große Affinität des Phosphors zu Sauerstoff. Die Reaktion heißt nach dem Entdecker **Wittig-Reaktion.** *G. Wittig* (geb. 1897 in Berlin) erhielt dafür 1979 den Nobelpreis für Chemie.

Wie verläuft die Wittig-Reaktion? Im ersten Schritt erfolgt eine stufenweise oder - wie nachfolgend formuliert - synchrone Addition des Ylids an die Carbonylgruppe, wobei das carbanionische C-Atom des Phosphonium-Ylids mit dem C-Atom der Carbonylgruppe reagiert. Hierbei entsteht als Zwischenstufe ein **Oxaphosphetan** (4-Ring mit Sauerstoff und Phosphor). Im zweiten Schritt fragmentiert das Oxaphosphetan zu den Endprodukten Alken und Triphenylphosphinoxid.

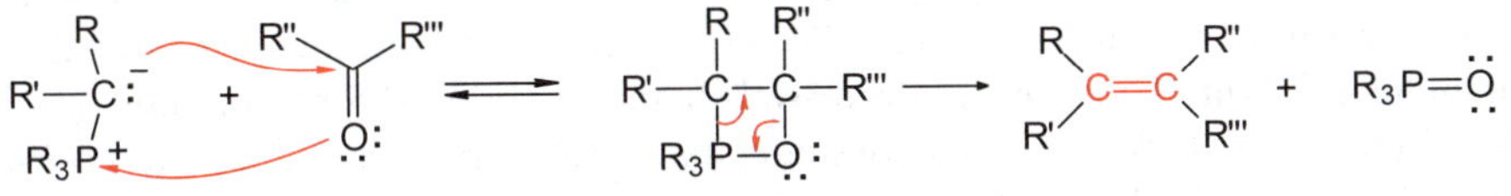

**ein Oxaphosphetan,
unterhalb –70 °C nachweisbar**

Die Wittig-Reaktion ist eine vielfach angewandte Methode zur Olefinierung von Aldehyden und Ketonen, die Reaktion wird deshalb auch **Carbonylolefinierung** genannt. Dabei gelingt die Synthese eines bestimmten Alkens auf zweifache Weise, wie das Beispiel 4-Methyl-2-penten zeigt: Die C_6-Verbindung bildet sich entweder aus einem C_2-Ylid und einem C_4-Aldehyd oder aus einem C_4-Ylid und einem C_2-Aldehyd.

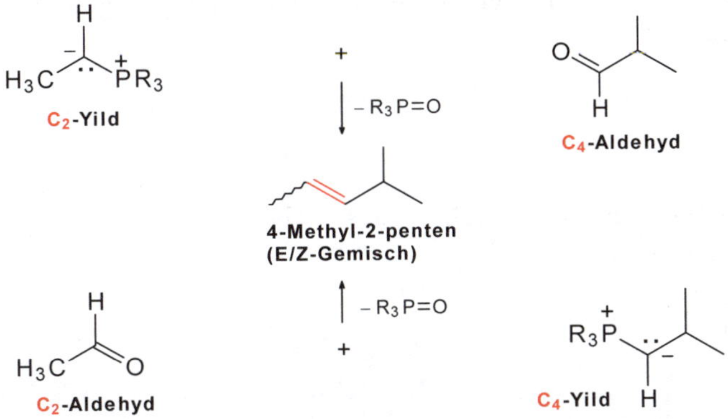

C_2-Yild

C_4-Aldehyd

$- R_3P=O$

**4-Methyl-2-penten
(E/Z-Gemisch)**

$- R_3P=O$

C_2-Aldehyd

C_4-Yild

Enthalten die Ausgangsverbindungen bereits Doppelbindungen oder Aromaten, so bilden sich mehrfach ungesättigte Verbindungen. Beispiele:

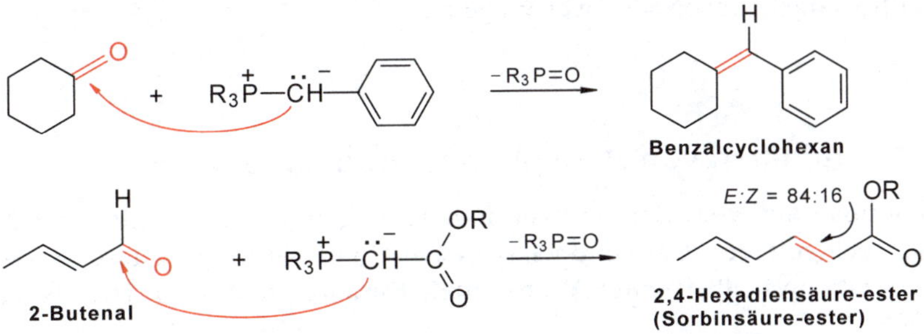

$- R_3P=O$

Benzalcyclohexan

$E:Z = 84:16$

$- R_3P=O$

2-Butenal

**2,4-Hexadiensäure-ester
(Sorbinsäure-ester)**

Regio- und Stereoselektivität der Wittig-Reaktion. Welchen Vorteil bietet die Darstellung von Alkenen durch die Wittig-Reaktion gegenüber der Darstellung von Alkenen durch β-Eliminierung aus Alkoholen mit Säuren oder aus Halogeniden mit Basen? Die Wittig-Reaktion verläuft *regiospezifisch*, d.h. die Doppelbindung nimmt exakt die Position der Carbonylgruppe ein. (Zur Erinnerung: β-Eliminierungen liefern bei struktureller Voraussetzung stets Isomerengemische.) Uneinheitlich verläuft die Wittig-Reaktion aber in sterischer Hinsicht. Stets bildet sich ein Gemisch aus *E*- und *Z*-Alken. Dabei liefern nichtstabilisierte Ylide Alkene mit hohem *Z*-Anteil und mesomerie-stabilisierte Ylide Alkene mit hohem *E*-Anteil. Letzteres demonstriert vorstehende Reaktion, bei der sich 2,4-Hexadiensäure-ester im Verhältnis *E:Z* = 84:16 bildet.

Zusammenfassung

Bei der Wittig-Reaktion wird die C=O-Gruppe eines Aldehyds oder Ketons durch Reaktion mit einem Ylid in eine C=C-Gruppe überführt. Die Umwandlung heißt auch Carbonylolefinierung. Eine Vielzahl von Alkenen, Dienen etc. kann auf diese Weise hergestellt werden. Die Reaktion verläuft regiospezifisch, d.h. die neu gebildete Doppelbindung nimmt exakt die Position der Carbonylgruppe ein. Hingegen verläuft die Wittig-Reaktion nicht stereospezifisch, d.h. das gebildete Alken ist ein *E/Z*-Gemisch.

Aufgaben

19. Wie wird folgendes Phosphoniumsalz hergestellt?

20. Beim Angriff einer Base auf Ethyltriphenylphosphoniumbromid wird das α-ständige Proton abstrahiert, nicht das β-ständige. Warum?

21. Benzalcyclohexan (Formel s. oben) soll mit Hilfe der Wittig-Reaktion hergestellt werden. Geben Sie zwei Wege an.

17.5.10 Addition von Phosphonatcarbanionen

Die Olefinierung von Carbonylverbindungen gelingt außer mit Phosphonium-Yliden auch mit den Carbanionen von Alkylphosphonaten. Diese Variante der Wittig-Reaktion heißt **Horner-Wadsworth-Emmons-Reaktion.** Die als Vorläufer benötigten α-aciden Alkylphosphonate können über die **Michaelis-Arbusov-Reaktion** synthetisiert werden, wie folgendes Beispiel zeigt:

Triethylphosphit **Bromessigsäure-ethylester** **Triethylphosphono-acetat**

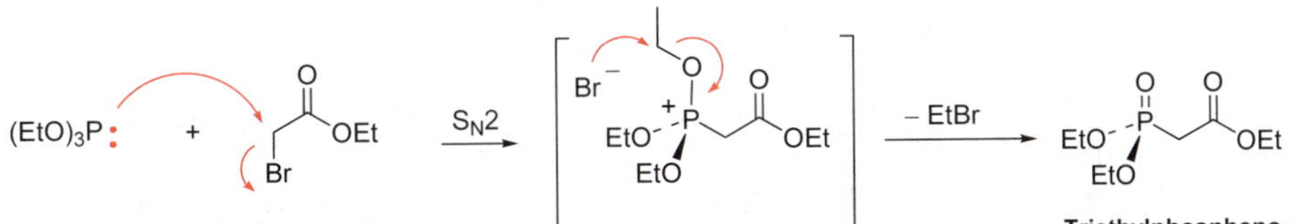

Zur Durchführung der Olefinierungsreaktion wird das Alkylphosphonat deprotoniert, z. B. durch NaH oder durch Alkoxide. Im Falle des sehr häufig eingesetzten Triethylphosphonoacetats gelingt die Deprotonierung wegen der Anwesenheit zweier elektronenziehender Gruppen besonders leicht (vgl. 1,3-Dicarbonylverbindungen, Abschn. 20.1). Durch anschließende Zugabe der Carbonylverbindung, im nachfolgenden Beispiel 2-Methylpropenal, kommt es zur Bildung der CC-Doppelbindung. Als Nebenprodukt entsteht Na-Diethylphosphat, welches bei der Aufarbeitung in die wässrige Phase übergeht und somit leicht vom Reaktionsprodukt abgetrennt werden kann.

Triethylphosphono-acetat **2-Methylpropenal** **(*E*)-Ethyl-4-methyl-2,4-pentadienoat** **Na-Diethylphosphat**

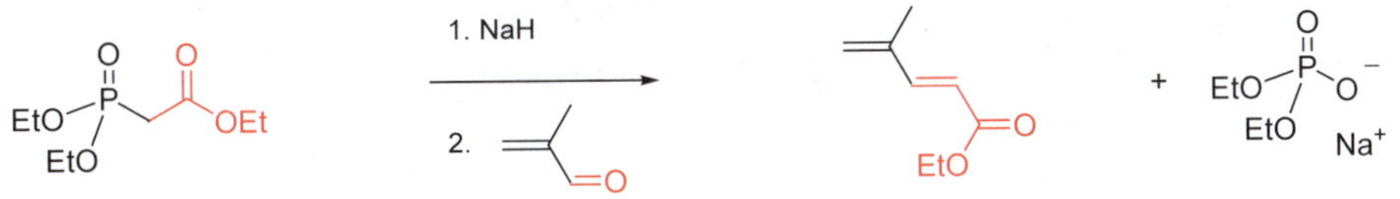

Der Mechanismus der Horner-Wadsworth-Emmons-Reaktion ähnelt dem der Wittig-Reaktion: Das Alkylphosphonat wird deprotoniert, das resultierende Carbanion greift nucleophil den Carbonylkohlenstoff des Aldehyds an. Nun erfolgt aus einer synperiplanaren Anordnung heraus ein nucleophiler Angriff des negativ geladenen Sauerstoffatoms auf das Phosphoratom unter Bildung eines Vierrings, welcher anschließend zu den Produkten zerfällt:

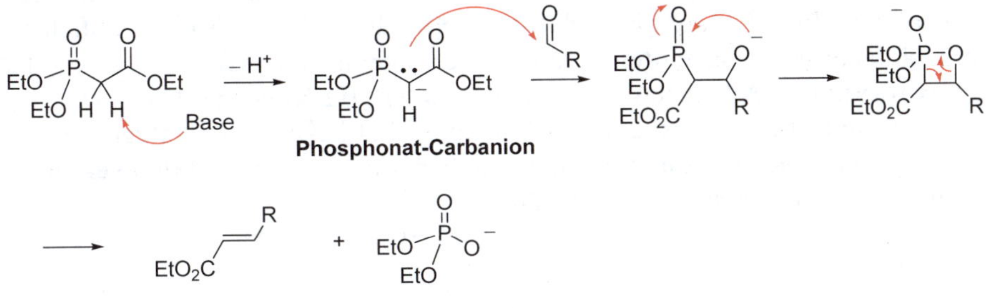

Horner-Wadsworth-Emmons-Reaktionen verlaufen in der Regel mit hoher *E*-Selektivität.

Aufgaben

22. Geben Sie zwei weitere mesomere Grenzstrukturen des Carbanions von Triethylphosphonoacetat an.

23. Der folgende Macrocyclus soll in einem Schritt durch intramolekulare Horner-Wadsworth-Emmons-Reaktion synthetisiert werden. Geben Sie die Strukturformel der Ausgangsverbindung an.

24. Wie können die Alkylphosphonate **A** und **B** mithilfe der Michaelis-Arbusow-Reaktion synthetisiert werden?

17.5.11 *Exkurs*: Technische Synthese von Vitamin A

Vitamine sind Verbindungen, die chemische Vorgänge im menschlichen und tierischen Organismus steuern. Sie werden vom Körper nicht synthetisiert und müssen deshalb mit der Nahrung aufgenommen werden. Zu den Vitaminen zählt u.a. das Vitamin A, dessen Mangel zur Gewichtsabnahme (bei Säuglingen) und zu Degenerationserscheinungen der Schleimhäute, vor allem der Binde- und Hornhaut der Augen führt. Vitamin A kommt u.a. in der Milch, in der Butter, im Eigelb und im Lebertran vor. In der Margarine fehlt die Verbindung. Deshalb ist es üblich, diesem wichtigem Nahrungsmittel synthetisches Vitamin A beizufügen. Sogar Tierfutter wird Vitamin A beigemischt („Intensivfutter" für Kühe und Hühner).

Mehrere technische Synthesen dieses Vitamins sind bekannt. Im folgenden sollen nur solche Synthesen behandelt werden, die über eine Wittig-Reaktion verlaufen. Vitamin A besitzt folgende Konstitution:

Vitamin A, $C_{20}H_{30}O$

Es handelt sich um einen primären Alkohol, der 5 konjugierte Doppelbindungen enthält. Jede der 4 Doppelbindungen der Seitenkette kann (nach Schutz der OH-Gruppe durch Acetyl) mit Hilfe der Wittig-Reaktion geknüpft werden. Die dazu erforderlichen Bruchstücke gehen aus einer retrosynthetischen Analyse hervor, die das Molekül entsprechend a, b, c oder d teilt. So verlangt eine Synthese entsprechend der Teilung c die Bruchstücke C_{15} und C_5. Dabei kann das Bruchstück C_{15} entweder die Ylidgruppe oder aber die Carbonylgruppe enthalten. Bei 4 Doppelbindungen gibt es demnach insgesamt 8 Möglichkeiten, die entsprechenden Bruchstücke durch die Wittig-Reaktion zum Vitamin A zu verknüpfen.

H. *Pommer* (BASF AG, Ludwigshafen) zeigte, dass die besten Ergebnisse erzielt werden, wenn das C_{15}-Ylid mit dem C_5-Aldehyd verknüpft wird. (Die Zahlen in C_{15} und C_5 beziehen sich auf den Phosphor- bzw. Acetat-*freien* Teil der Reaktanden.) Dabei bildet sich zunächst ein *E/Z*-Gemisch von Vitamin-A-acetat. Das Gemisch wird anschließend durch Iod als Katalysator in das reine *E*-Isomer überführt, dessen Hydrolyse schließlich das Vitamin A ergibt.

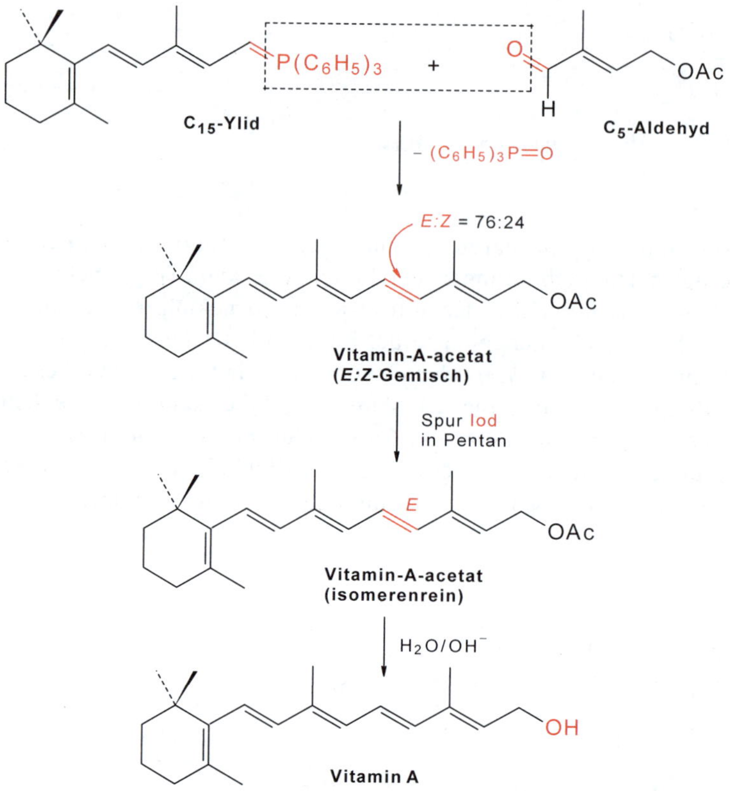

P(C6H5)3
+
O
H
OAc
C15-Ylid
C5-Aldehyd
– (C6H5)3P=O
E:Z = 76:24
OAc
Vitamin-A-acetat
(E:Z-Gemisch)
Spur Iod
in Pentan
E
OAc
Vitamin-A-acetat
(isomerenrein)
H2O/OH⁻
OH
Vitamin A

Zur Herstellung des C_5-Aldehyds und des C_{15}-Ylids sind jeweils mehrere Syntheseschritte erforderlich. Der C_5-Aldehyds wird ausgehend von Chloraceton in drei Stufen hergestellt, die nachstehend beschrieben sind.

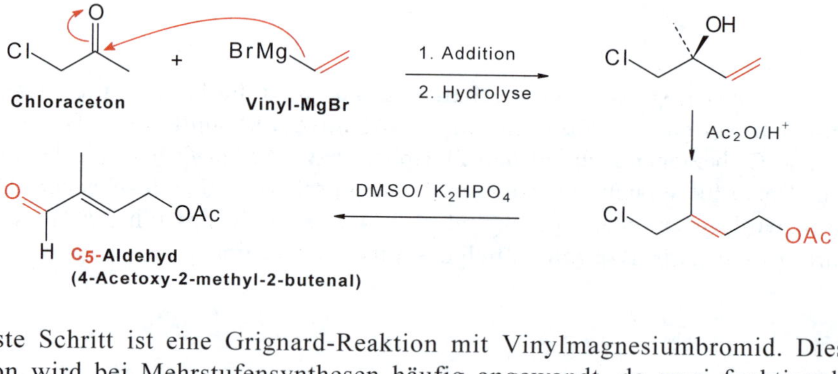

O
Cl
+
BrMg
Chloraceton
Vinyl-MgBr
1. Addition
2. Hydrolyse
OH
Cl
Ac2O/H⁺
O
OAc
DMSO/ K2HPO4
Cl
OAc
H
C5-Aldehyd
(4-Acetoxy-2-methyl-2-butenal)

Der erste Schritt ist eine Grignard-Reaktion mit Vinylmagnesiumbromid. Diese Reaktion wird bei Mehrstufensynthesen häufig angewandt, da zwei funktionelle Gruppen (OH und Doppelbindung) entstehen. Im zweiten Schritt wird die Alkoholgruppe durch Acetanhydrid (Ac_2O) verestert. Dabei tritt gleichzeitig eine Allylverschiebung der Doppelbindung ein, eine Folge der Stabilisierung der Doppelbindung durch drei Alkylgruppen. Im dritten Schritt erfolgt Oxidation der Gruppe -CH$_2$-Cl durch Dimethylsulfoxid (DMSO) zur Aldehydgruppe, wobei Dimethylsulfoxid zu Dimethylsulfid reduziert wird. Diese Oxidation, auch **Kornblum-Oxidation** genannt, verläuft wahrscheinlich wie folgt.

Aufgabe

25. In diesem Abschnitt wurde die Synthese von Vitamin-A-acetat aus einem C$_{15}$-Ylid und einem C$_5$-Aldehyd beschrieben. Aus welchen Yliden und welchen Carbonylverbindungen kann Vitamin-A-acetat außerdem hergestellt werden?

17.6 Oxidation von Aldehyden und Ketonen

Oxidation von Aldehyden zu Carbonsäuren. Aldehyde werden leicht zu Carbonsäuren oxidiert. Bei Ketonen ist diese Oxidation wegen des fehlenden H-Atoms an der Carbonylgruppe nicht möglich.

Zur Oxidation von Aldehyden können neben den gebräuchlichen Oxidationsmitteln (KMnO$_4$, K$_2$Cr$_2$O$_7$) auch milde Oxidationsmittel wie Ag(I)- und Cu(II)-Salze verwendet werden, da Aldehyde sehr reaktiv sind. Das Silberreagenz hat die Zusammensetzung Ag(NH$_3$)$_2^+$ NO$_3^-$ (**Tollens-Reagenz**). Bei der Oxidation wird das Silbersalz durch den Aldehyd zu metallischem Silber reduziert, das sich als Metallspiegel an der Glaswand des Reaktionsgefäßes niederschlägt.

Die Oxidation mit Silbersalzen dient zum einen zur Synthese von Carbonsäuren aus Aldehyden, zum anderen zur technischen Herstellung von Silberfilmen auf Glas und damit zur Herstellung von Spiegeln für den Haushalt.

Baeyer-Villiger-Oxidation von Ketonen zu Estern. Ketone reagieren mit Peroxycarbonsäuren (Peroxyessigsäure, Peroxytrifluoressigsäure u.a.). Dabei bilden sich Ester. Beispiel:

Die Reaktion verläuft nach folgendem Mechanismus:

Zunächst bildet sich durch nucleophile Addition der Peroxycarbonsäure an die Carbonylgruppe des Ketons ein Additionsprodukt. Diese Reaktion ist vergleichbar mit der Bildung eines Halbacetals aus einem Keton und einem Alkohol. Anschließend zerfällt das Additionsprodukt, das eine labile Peroxidbindung enthält, in Ester und Carbonsäure. Hierbei wandert ein Alkylrest mit dem Elektronenpaar zum Sauerstoff (**Anionotropie**). Triebkraft ist die Spaltung der labilen Peroxidbindung. Cyclische Ketone verhalten sich wie offenkettige, nur dass hier Lactone entstehen.

Unsymmetrische Ketone sollten zwei Ester bilden, da der Sauerstoff sich zwischen den einen oder anderen Substituenten der Carbonylgruppe schieben kann. Tatsächlich bildet sich oft nur ein Ester, wie das folgende Beispiel zeigt:

Ursache ist die unterschiedliche Wanderungsfreudigkeit der Substituenten. Diese steigt mit zunehmendem Substitutionsgrad des α-C-Atoms.

Methyl < n-Alkyl < sek-Alkyl = Phenyl < tert-Alkyl

Als Grund für diesen Anstieg werden z.T. elektronische, z. T. sterische Faktoren angegeben. Die Reaktion heißt nach den Entdeckern **Baeyer-Villiger-Oxidation** (*A. v. Baeyer*, geb. 1835 in Berlin, Nobelpreis für Chemie 1905; *V. Villiger*, geb. 1868 in Cham, Schweiz).

Aufgaben

26. Welche Ester bzw. Lactone entstehen bei der Einwirkung von Peroxyessigsäure auf folgende Verbindungen?

27. Verbindung A wurde durch Baeyer-Villiger-Oxidation in Verbindung B überführt. Welche Struktur besitzt A?

28. Eine unbekannte Verbindung der Zusammensetzung $C_4H_{10}O$ liefert mit dem Oxidationsmittel $CrO_3 \cdot 2$ Pyridin die Verbindung C_4H_8O, welche mit dem Tollens-Reagenz nicht reagiert. Wie heißt die unbekannte Verbindung?

17.7 Reduktion von Aldehyden und Ketonen zu Alkoholen

Die Reduktion von Aldehyden und Ketonen führt je nach Reduktionsmittel zu Alkoholen oder gar zu Kohlenwasserstoffen. Die Reduktion zu Alkoholen wird in diesem Abschnitt, die zu Kohlenwasserstoffen im nächsten behandelt.

Hydrierung mit Wasserstoff. Die Hydrierung gelingt in Gegenwart eines metallischen Katalysators (Ni, Pd, Pt).

Aldehyde werden im allgemeinen rascher als Ketone hydriert, wie der folgende Reaktivitätsvergleich zeigt, in den auch Alkine, Alkene und Aromaten einbezogen sind.

$$R-C\equiv C-R \approx R-\overset{\overset{O}{\|}}{C}-H \; > \; R-CH=CH-R \; > \; R-\overset{\overset{O}{\|}}{C}-R \; > \; \text{Aromaten}$$

Die Hydrierung mit molekularem Wasserstoff wird auch in technischem Maßstab durchgeführt. Von Bedeutung ist die Hydrierung von Aldehyden aus der Oxosynthese (Abschn. 16.5.2) und aus der Aldolkondensation (Abschn. 20.9).

Oxosynthese und Hydrierung:

Propen $\xrightarrow[\text{HCo(CO)}_4]{\text{H}_2 + \text{CO}}$ Butanal $\xrightarrow[\text{Ni}]{\text{H}_2}$ Butanol

Aldolkondensation und Hydrierung:

2 Propanal $\xrightarrow[-\,\text{H}_2\text{O}]{\text{OH}^-}$ 2-Methyl-2-pentenal $\xrightarrow[\text{Ni}]{2\,\text{H}_2}$ 2-Methylpentanol

Reduktion mit komplexen Hydriden. Komplexe Hydride (LiAlH$_4$, LiAlH(OR)$_3$, NaBH$_4$ u.a.) reduzieren Aldehyde oder Ketone zu Alkoholen. Dabei entstehen zunächst Alkoholate, aus denen die Alkohole durch Hydrolyse in Freiheit gesetzt werden.

$$4\;R-\overset{\overset{O}{\|}}{C}-H \xrightarrow{\text{LiAlH}_4} (R-\overset{\overset{H}{|}}{\underset{H}{C}}-O)_4\text{Al}^- \text{Li}^+ \xrightarrow{4\;\text{H}_2\text{O}} R-\overset{\overset{H}{|}}{\underset{H}{C}}-\text{OH} \; + \; \text{LiAl(OH)}_4$$

Die Reaktion wird durch den nucleophilen Angriff eines Hydrids auf die Carbonylgruppe eingeleitet, wobei ein Alkoxytrihydroaluminat-Ion entsteht. Dieses enthält noch weitere Hydridbindungen und könnte ebenfalls als Reduktionsmittel wirken. Mechanistische Untersuchungen machen aber wahrscheinlich, dass die Verbindung disproportioniert, wobei sich das Reduktionsmittel AlH$_4^-$ regeneriert.

Kohlenstoff-Kohlenstoff-Doppelbindungen werden durch AlH$_4^-$ nicht angegriffen, so dass eine Carbonylgruppe neben einer Doppelbindung selektiv reduziert werden kann.

Enantioselektive Reduktion von Ketonen. Bei der Reduktion eines unsymmetrischen Ketons (Keton mit zwei verschiedenen Substituenten) mit LiAlH$_4$ bildet sich ein sekundärer Alkohol mit einem Chiralitätszentrum. Das Reaktionsprodukt ist ein Racemat bestehend aus gleichen Teilen *R* und *S*.

Wird aber ein chirales Hydrid eingesetzt, so erfolgt eine selektive Hydrid-Übertragung, wobei ein enantiomerenangereicherter Alkohol entsteht.

Bei dem chiralen Hydrid handelt es sich um BINAL-H, einem komplexen Aluminiumhydrid folgender Struktur:

(R)-BINAL-H

Die Enantioselektivität kommt dadurch zustande, dass die Annäherung des Reduktionsmittels (R)-BINAL-H von der *Si*-Seite des prochiralen Acetophenons weniger Energie erfordert als die von der *Re*-Seite. Ursache sind diastereomere Übergangszustände unterschiedlicher Energie.

17.8 Reduktion von Aldehyden und Ketonen zu Kohlenwasserstoffen

Aldehyde und Ketone können über die Stufe der jeweiligen Alkohole hinaus auch zu Kohlenwasserstoffen reduziert werden. Dabei entsteht entweder der zugrunde liegende Kohlenwasserstoff (Clemmensen-Reduktion oder Wolff-Kishner-Reduktion) oder unter Vereinigung zweier Moleküle ein Alken (McMurry-Reaktion). Im folgenden werden die beiden zuerst genannten Reaktionen behandelt; zur McMurry-Reaktion s. Abschn. 4.5.

17.8.1 Reduktion mit Zink: Clemmensen-Reduktion

Die Carbonylgruppe von Aldehyden und Ketonen kann mit Zink (amalgamiert) und Chlorwasserstoff (konzentriert in Wasser oder in Ether) zur Methylengruppe reduziert werden.

Die Reduktion trägt den Namen des Entdeckers *E.C. Clemmensen* (geb. 1876 in Odense/Dänemark). Der Mechanismus dieser bemerkenswerten Reduktion ist noch unklar.

Die beiden folgenden Beispiele beschreiben die Reduktion eines gemischt aliphatisch-aromatischen und eines rein aliphatischen Ketons.

Propiophenon

Propylbenzol

3-Cholestanon
(R = Isohexyl)

5α-Cholestan

Die Reduktion zu Kohlenwasserstoffen ist von großem Nutzen für die Herstellung von Alkylaromaten aus Acylaromaten (s. vorstehendes Beispiel), welche leicht durch Friedel-Crafts-Acylierung erhältlich sind.

17.8.2 Reduktion mit Hydrazin: Wolff-Kishner-Reduktion

L. Wolff (geb. 1857 in Neustadt/Hardt) und N. M. Kishner (geb. 1867 in Moskau) beobachteten unabhängig voneinander, dass man Aldehyde und Ketone mit Hydrazin zu Kohlenwasserstoffen reduzieren kann. Hydrazin wird dabei zu Stickstoff oxidiert. Die Reaktion verläuft in zwei Schritten: Bildung des Hydrazons und basenkatalysierte Eliminierung von Stickstoff aus dem Hydrazon. Treibende Kraft der Eliminierung ist die Bildung des thermodynamisch besonders stabilen Stickstoffmoleküls.

Cyclopentanon   Hydrazin   Cyclopentanon-hydrazon

Cyclopentan

Die Funktion der Base besteht darin, das Hydrazon zunächst in eine Azoverbindung umzuwandeln (**Allylverschiebung** des Wasserstoffatoms) und anschließend die Azoverbindung zu deprotonieren. Das gebildete stickstoffhaltige Anion verliert leicht Stickstoff und liefert ein Carbanion, welches die Vorstufe des Kohlenwasserstoffs ist.

Schritt 1: Allylverschiebung

ein Hydrazon   eine Azoverbindung

Schritt 2: N₂-Eliminierung

ein Alkan

Clemmensen- und Wolff-Kishner-Reduktion ergänzen sich: Ketone mit basenempfindlichen Substituenten werden nach der Clemmensen-Methode reduziert, die unter sauren Bedingungen abläuft, und Ketone mit säureempfindlichen nach der Wolff-Kishner-Methode, die im basischen Medium stattfindet.

Aufgaben

29. Welche Produkte entstehen bei der Reduktion der Verbindungen A und B mit überschüssigem molekularen Wasserstoff, ferner mit LiAlH₄?

30. Warum verläuft die Herstellung von Propylbenzol aus Benzol und Propylbromid nach *Friedel-Crafts* unbefriedigend? Welche Alternative bietet sich?

31. Bei der H⁺-katalysierten Addition von Methanal an Isobuten entsteht ein 1,3-Diol (**Prins-Reaktion**). Nach welchem Mechanismus verläuft die Reaktion?

Isobuten   Methanal

17.9 Lösung der Aufgaben zu Kapitel 17

1.

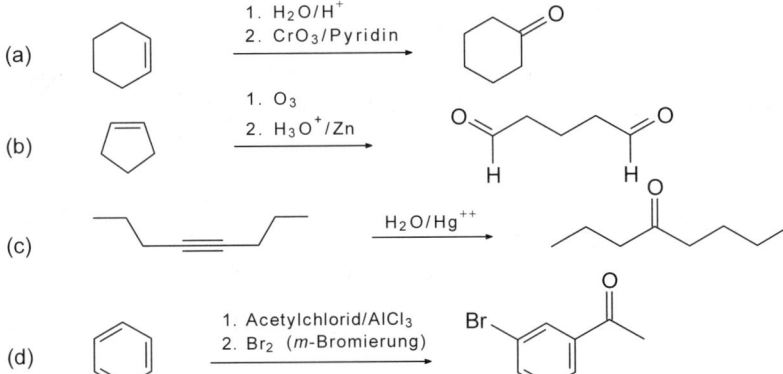

2. 3-Methoxy-3-methylcyclopentancarbaldehyd

3. Zwischen Alkoholmolekülen können sich H-Brücken ausbilden, zwischen Ketonen nicht.

4. Trigonal planar (sp^2-hybridisiertes C-Atom)

5.

(a)
1. H$_2$O/H$^+$
2. CrO$_3$/Pyridin

(b)
1. O$_3$
2. H$_3$O$^+$/Zn

(c)
H$_2$O/Hg^{++}

(d)
1. Acetylchlorid/AlCl$_3$
2. Br$_2$ (*m*-Bromierung)

6. <1 %, vgl. Aceton

7. Die Acetalbildung ist eine Kondensationsreaktion, da ein kleines Molekül (Wasser) frei gesetzt wird.

8. Ether (A,E), Thioether (C), Enolether (D), Acetal (B,F,H), Ketal (G).

9.

Ph—CH(OCH$_3$)$_2$ (a)

(b)

10.

(a)

(b)

E/Z-Gemisch   *E/Z*-Gemisch

11. Das ^{1}H- und ^{13}C-NMR-Spektrum des Oxims zeigt 2 Methylsignale. Das ist nur mit **A** vereinbar.

12. Dieses N-Atom besitzt in beiden Fällen die größte Nucleophilie. Die anderen N-Atome reagieren weniger nucleophil, da ihr freies Elektronenpaar durch Phenyl bzw. Carbonyl delokalisiert ist.

13.

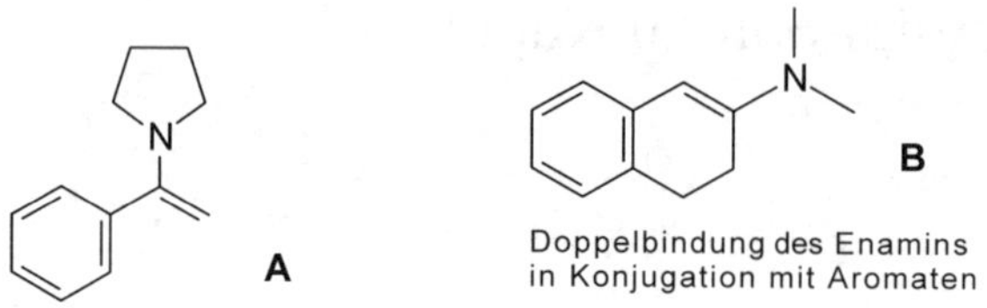

A

B

Doppelbindung des Enamins
in Konjugation mit Aromaten

14.

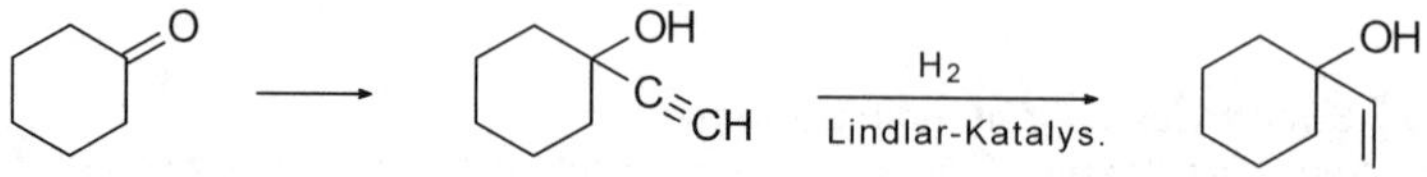

15.

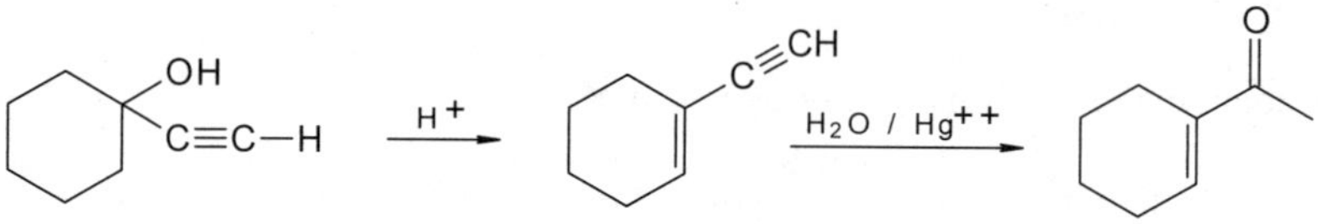

16.

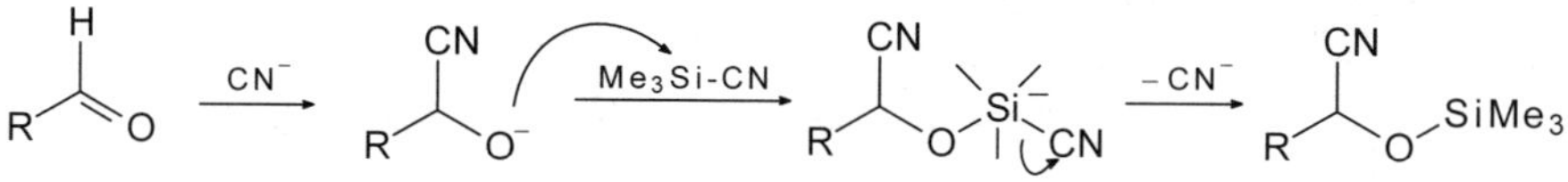

17.

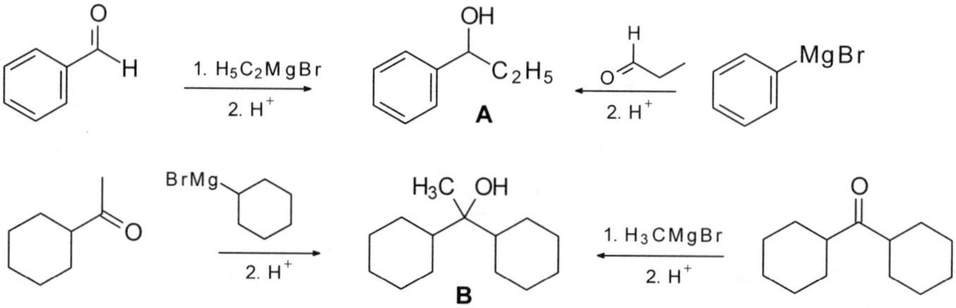

18.

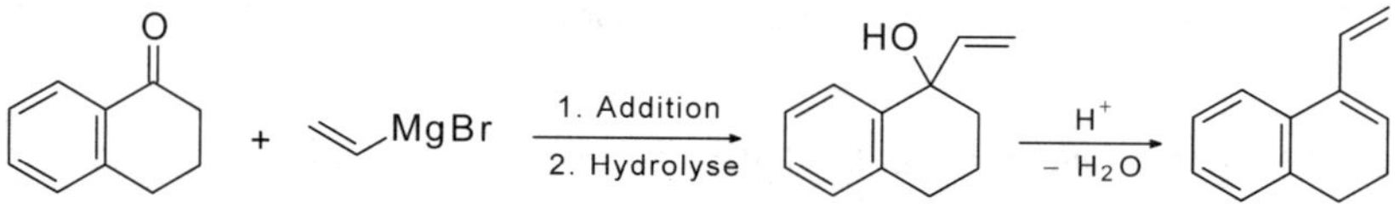

19.   Aus Triphenylphosphin und Bromessigsäure-methylester
20.   Bei Ablösung des α-H-Atoms hinterbleibt ein Carbanion, das durch Delokalisierung stabilisiert ist. Das trifft für das β-H-Atom nicht zu.

21.

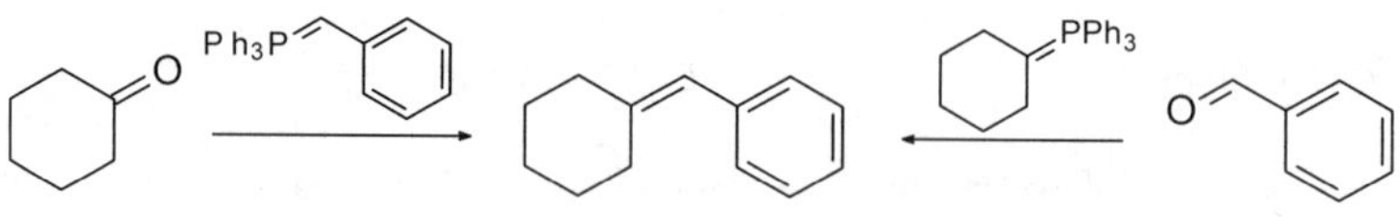

22.

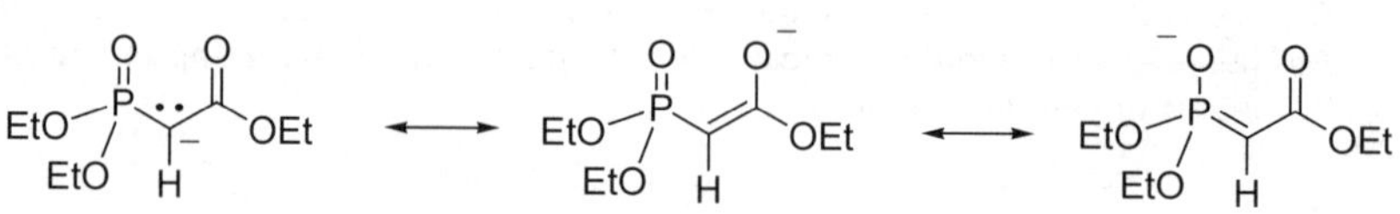

23.

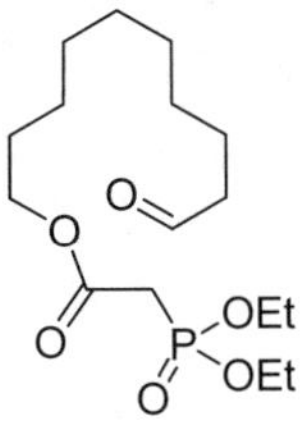

24.

A: + P(OEt)$_3$ **B:** + P(OEt)$_3$

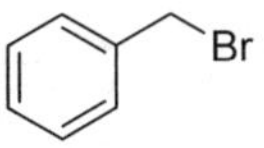

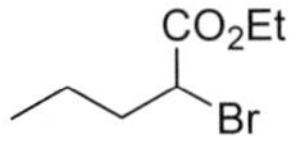

25. Aufteilung der Formel von Vitamin A gemäß a–d (s. die Vitamin-A-Formel im Text). Daraus folgen die Synthesen C$_{18}$-Ylid + C$_2$-Aldehyd; C$_{18}$-Keton +C$_2$-Ylid. C$_{15}$-Ylid + C$_5$-Aldehyd; C$_{15}$-Aldehyd + C$_5$-Ylid usw.

26.

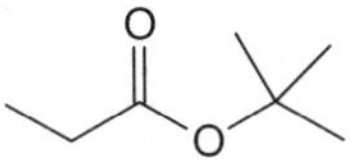

    A 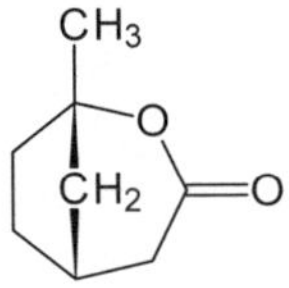   **B** 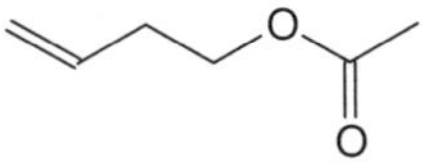   **C** (C=O reaktiver als C=C)

27.

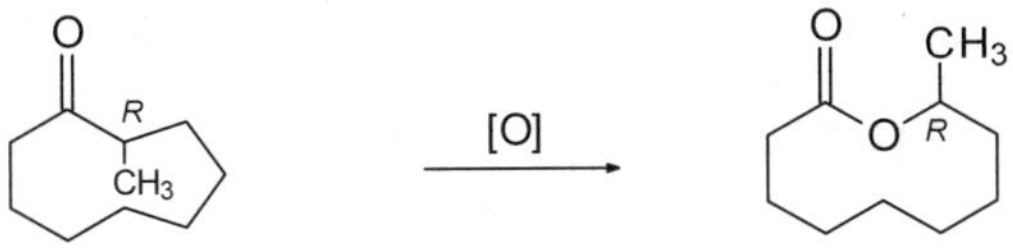

    A   **B**

28. 2-Butanol

29. **A** + H$_2$ (oder LiAlH$_4$) → *cis/trans*-4-Methylcyclohexanol
B + H$_2$ → 1-Butanol
B + LiAlH$_4$ → (E)-2-Buten-1-ol

30. Bildung eines Gemischs aus Propyl- und Isopropylbenzol und Di(iso)propylbenzol
Alternative: Benzol + Propionylchlorid/AlCl$_3$; anschließend Wolff-Kishner-Reduktion

31.

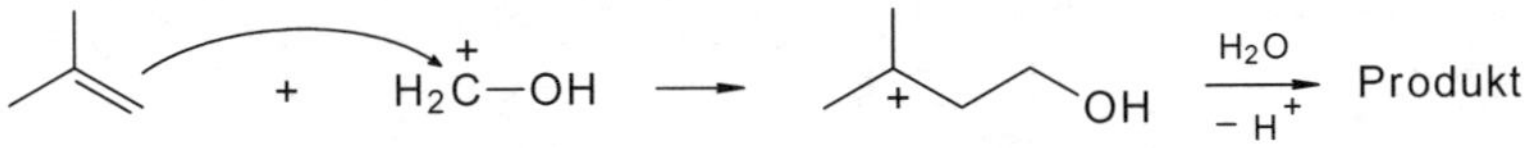

Kapitel 18
Carbonsäuren

18.1 Übersicht und Nomenklatur von Carbonsäuren

Carbonsäuren sind Verbindungen mit der **Carboxylgruppe** –COOH (–CO₂H).
Von Carbonsäuren leiten sich die Carbonsäurederivate Ester, Amide, Säurehalogenide u.a. her, die im nächsten Kapitel behandelt werden.

Eine Vielzahl von Carbonsäuren begegnet uns im Alltag. Dazu gehören Essigsäure, Hauptbestandteil von Tafelessig, oder Buttersäure, verantwortlich für den ranzigen Geruch von unsachgemäß gelagerter Butter, oder Zitronensäure, die in Zitronen und vielen anderen Früchten vorkommt. Auch als Arzneimittel spielen Carbonsäuren oder deren Salze eine bedeutende Rolle. So ist Ibuprofen eine substituierte Propionsäure, die als Arzneimittel gegen Schmerzen und Entzündungen eingesetzt wird.

Das C-Atom der Carboxylgruppe besitzt eine hohe Oxidationsstufe, die nur noch von der des Kohlendioxids übertroffen wird.

Ist die Carboxylgruppe mit einem Wasserstoffatom oder einer Alkylgruppe verbunden, liegt eine aliphatische Carbonsäure vor. Ist sie mit einem Arylrest verknüpft, handelt es sich um eine aromatische Carbonsäure.

Nomenklatur. Offenkettige Carbonsäuren werden durch Anfügen der Nachsilbe *-säure* an den zugrunde liegenden Kohlenwasserstoff benannt.

Propansäure

2-Chlor-3-methylpentansäure

Pentandisäure

Carbonsäuren mit einer Carboxylgruppe am Ring werden mit der Nachsilbe -carbonsäure benannt, die an den Namen des Cycloalkans angehängt wird.

2-Oxocyclohexancarbonsäure

1,2-Cyclohexandicarbonsäure

In den folgenden Tabellen sind einige niedermolekulare Carbonsäuren mit ihren Siedepunkten und Dissoziationskonstanten pK_a aufgeführt. Die Siedepunkte sind verhältnismäßig hoch, eine Folge von intermolekularen H-Brücken.

Tabelle. Gesättigte Carbonsäuren

Konstitution	IUPAC-Name (Trivialname)	Sdp. in °C	$pK_a^{25°C}$ (in Wasser)
H—COOH	Methansäure (Ameisensäure)	100	3,75
H_3C—COOH	Ethansäure (Essigsäure)	118	4,76
H_3C—H_2C—COOH	Propansäure (Propionsäure)	141	4,87
H_3C—$(CH_2)_2$—COOH	Butansäure (Buttersäure)	163	4,81
$(H_3C)_2CH$—COOH	2-Methylpropansäure (Isobuttersäure)	154	4,85
H_3C—$(CH_2)_3$—COOH	Pentansäure (Valeriansäure)	187	4,82
H_3C—$(CH_2)_4$—COOH	Hexansäure (Capronsäure)	205	4,84
H_3C—$(CH_2)_6$—COOH	Octansäure (Caprylsäure)	223	
H_3C—$(CH_2)_8$—COOH	Decansäure	31 (Schmp.)	
H_3C—$(CH_2)_{10}$—COOH	Dodecansäure	44 (Schmp.)	
H_3C—$(CH_2)_{14}$—COOH	Hexadecansäure (Palmitinsäure)	63 (Schmp.)	

Aufgaben

1. Benennen Sie die Carbonsäuren A-C.

2. Welche Konstitutionen besitzen 2-Brom-4-ethyloctansäure und 2,2-Dimethyl-propansäure?

18.2 Vorkommen und Eigenschaften von Carbonsäuren

Vorkommen. Carbonsäuren sind in der Natur weit verbreitet, teils in freier Form, teils verestert mit Glycerin (Fette) oder anderen Alkoholen. Ameisensäure kommt im Sekret von Ameisen und Brennnesseln vor und ist für den Schmerz verantwortlich, den das Sekret verursacht. Essigsäure entsteht neben anderen Verbindungen bei der trockenen Destillation von Holz (Erhitzen von Holz unter Luftausschluss). Außerdem bildet sich diese Säure bei der enzymatischen Oxidation von Ethanol, ein Vorgang, den Sie aus dem alltäglichen Leben kennen: Bier und Wein werden sauer, wenn sie längere Zeit an der Luft stehen.

Die isomeren Buttersäuren kommen verestert mit Glycerin u.a. in der Butter vor. Hexansäure ("Capronsäure") und Octansäure ("Caprylsäure") treten als Glycerinester in der Kuh- und Ziegenbutter (lat. *capra*, Ziege) auf.

Die mengenmäßig bedeutendsten Carbonsäuren sind Palmitinsäure, Ölsäure, Stearinsäure und weitere Carbonsäuren von ähnlichem Molekulargewicht. Verestert mit Glycerin stellen sie den Hauptbestandteil der Fette dar. Deshalb werden Carbonsäuren auch **Fettsäuren** genannt.

Geruch. Die niedermolekularen Carbonsäuren (C_1 bis etwa C_{10}) stellen Flüssigkeiten dar, die oft einen typischen Geruch besitzen. Ameisensäure und Essigsäure riechen stechend. Butter-, Valerian- und Isovaleriansäure (3-Methylbutansäure) sind durch einen unangenehmen Geruch charakterisiert. Wird Butter unsachgemäß gelagert, so bilden sich die isomeren Buttersäuren in freier Form und verursachen den Geruch nach "ranziger Butter". Die höhermolekularen Carbonsäuren (ab etwa C_{10}) sind fest und wegen des damit verbundenen geringen Dampfdruckes praktisch geruchlos.

Hunde vermögen kleinste Mengen bestimmter Carbonsäuren durch ihren Geruch zu erfassen. Im Falle der Buttersäure genügen bereits 10^{-17} mol pro Liter. Da einige niedermolekulare Carbonsäuren im Fußschweiß von Menschen vorkommen, können Hunde die Spur flüchtender Personen ausfindig machen ("Spürhunde").

Wasserstoffbrücken. Carbonsäuremoleküle assoziieren zu Dimeren, die durch Wasserstoffbrücken zusammengehalten werden. Solche Dimere beobachtet man in allen drei Aggregatzuständen, ferner in unpolaren Lösungsmitteln wie Pentan oder Tetrachlormethan.

**H-Brücken zwischen
2 Carbonsäuremolekülen**

**H-Brücke zwischen
Carbonsäure und Wasser**

In Wasser bilden sich ebenfalls Assoziate, die aber aus je einem Molekül Carbonsäure und Wasser bestehen.

Löslichkeit. Die niedermolekularen Carbonsäuren sind in Wasser gut löslich. Ursache sind H-Brücken mit den Wassermolekülen. Höhermolekulare Carbonsäuren wie Palmitinsäure sind in Wasser nur geringfügig löslich, da nunmehr der hydrophobe Charakter der Kohlenwasserstoffkette überwiegt.

18.3 Herstellung von Carbonsäuren

Carbonsäuren aus primären Alkoholen durch Oxidation (Abschn. 12.6.7). Beispiel:

3,3-Dimethyl-1-butanol

3,3-Dimethylbutansäure

Carbonsäuren aus Alkylaromaten durch Oxidation (Abschn. 15.9). Die Oxidation erfolgt an den benzylischen Wasserstoffatomen und ergibt aromatische Carbonsäuren. Beispiel:

Ethylbenzol

Benzoesäure

Carbonsäuren aus Nitrilen oder Estern durch Hydrolyse (Abschn. 19.7.2). Beispiele:

2-Hydroxy-propionitril

2-Hydroxy-propansäure (Milchsäure)

$+$ 2 H_2O → H^+ → $+$ NH_4^+

4-Chlorbenzoesäure-ethylester $+$ H_2O → H^+ → **4-Chlorbenzoesäure** $+$ $HO-C_2H_5$ **Ethanol**

Carbonsäuren aus alkylierten Malonsäuren durch Decarboxylierung (Abschn. 18.4.8). Beispiel:

Butylmalonester 1. H_2O/OH^- 2. H^+ → **Butylmalonsäure** 150 °C ($- CO_2$) → **Hexansäure**

Carbonsäuren aus Kohlendioxid und metallorganischen Verbindungen (Abschn. 19.9). Beispiele:

Mg →   1. CO_2 2. H^+ → **2-Methylbutansäure**

$+2\ Li$ $-LiBr$ → 1. CO_2 2. H^+ → **2-Methylbenzoesäure**

Hierzu wird in eine etherische Lösung der metallorganischen Verbindung entweder gasförmiges Kohlendioxid eingeleitet oder festes hinzugefügt. Es entstehen zunächst die Salze der Carbonsäuren, aus denen durch Ansäuern die freien Carbonsäuren erhalten werden. Die Reaktion wird gelegentlich zur Umwandlung eines Halogenids in eine Carbonsäure herangezogen.

Synthesen von Carbonsäuren in technischem Maßstab. *Ameisensäure* aus Kohlenmonoxid und Natriumhydroxid bei 120 °C in quantitativer Ausbeute.

$$NaOH + C{=}O \xrightarrow[\text{6 bar}]{120\,^\circ C} \underset{\text{Natriumformiat}}{H-C\!\!\begin{array}{c}O\\ONa\end{array}} \xrightarrow{+HX} \underset{\substack{\text{Methansäure}\\\text{(Ameisensäure)}}}{H-C\!\!\begin{array}{c}O\\OH\end{array}}$$

Essigsäure. (a) Durch Oxidation von Acetaldehyd mit Luftsauerstoff in Gegenwart von Mangan(II)acetat. Da Acetaldehyd seinerseits durch Luftoxidation von Ethylen hergestellt wird (*Wacker*-Verfahren, s. Abschn. 17.4), verläuft die technische Darstellung von Essigsäure wie folgt:

$$H_2C{=}CH_2 \xrightarrow{O_2 \atop PdCl_2/CuCl_2} H_3C-C\!\!\begin{array}{c}O\\H\end{array} \xrightarrow{O_2 \atop Mn(OAc)_2} \underset{\text{Essigsäure}}{H_3C-C\!\!\begin{array}{c}O\\OH\end{array}}$$

(b) Durch Carbonylierung von Methanol (Abschn. 16.5.5) in Gegenwart einer Rh-Verb.

$$\underset{\text{Methanol}}{H_3C-OH} + CO \xrightarrow{\text{Rh-Verb.}} \underset{\text{Essigsäure}}{H_3C-C\!\!\begin{array}{c}O\\OH\end{array}}$$

Benzoesäure durch Oxidation von Toluol mit Luftsauerstoff bei 150 °C in Gegenwart bestimmter Mangan- oder Cobaltsalze.

$$\underset{\text{Toluol}}{\text{CH}_3\text{-C}_6\text{H}_5} \xrightarrow{O_2 / Mn^{2+}} \underset{\text{Benzoesäure}}{\text{C}_6\text{H}_5\text{COOH}}$$

Salicylsäure aus Natriumphenolat und Kohlendioxid (Abschn. 23.3.4).

$$\text{Natriumphenolat} + O{=}C{=}O \longrightarrow \text{Natriumsalicylat} \xrightarrow[-NaX]{+HX} \text{Salicylsäure}$$

Aufgaben

3. Benzoesäure kann auf vielfache Weise hergestellt werden. Ersetzen Sie die Fragezeichen im folgenden Schema durch die Reaktionspartner.

4. Formulieren Sie folgende jeweils mehrstufigen Reaktionen: (a) Isobuten →
Trimethylessigsäure. (b) Toluol → 3,5-Dinitrobenzoesäure. (c) Toluol →
Phenylessigsäure.

5. Toluol wird in einer mehrstufigen Reaktion in folgende Verbindung umgewandelt. Formulieren Sie die einzelnen Schritte. Hinweis: Beim ersten Schritt wird
CO verwendet.

18.4 Reaktionen von Carbonsäuren

Carbonsäuren besitzen zwei reaktive Zentren: die Carboxylgruppe und die Wasserstoffatome in α-Stellung. Die Reaktionen an der Carboxylgruppe werden in diesem Kapitel, die der Wasserstoffatome in α-Stellung im Kapitel 20 behandelt.

18.4.1 Acidität von Carbonsäuren

Carbonsäuren dissoziieren in wässriger Lösung unter Abgabe eines Protons.

Hierbei stellt sich ein Gleichgewicht zwischen Carbonsäure und Carboxylat ein, das in der Regel ganz auf der Seite der Carbonsäure liegt. Die Lage wird durch die Aciditätskonstante K_a wiedergegeben, die wie folgt definiert ist.

$$K_a = \frac{[R-CO_2^-]\ [H_3O^+]}{[R-COOH]} \qquad \text{und } pK_a = -\log K_a$$

(Die Konzentration des Wassers ist konstant und in die Konstante K_a einbezogen.) Die Dissoziationskonstante K_a für Essigsäure beträgt $1{,}75 \cdot 10^{-5}$, was einem pK_a-Wert von 4,75 entspricht.

● **Frage.** Wie viel % der Essigsäuremoleküle einer 1-molaren wässrigen Lösung sind dissoziiert? Welchen pH hat die Lösung?

● **Antwort.** Für $[H_3C-CO_2H] = 1$ mol/l ergibt sich:

$$\frac{[H_3C-CO_2^-]\ [H_3O^+]}{1} = 1{,}75 \cdot 10^{-5}$$

$$[H_3O^+] = \sqrt{1{,}75 \cdot 10^{-5}} = 0{,}42 \cdot 10^{-2}\ \text{mol/l}$$

In Worten: Nur ca. 0,5 % der Essigsäuremoleküle sind bei dieser Konzentration dissoziiert. Die Lösung hat einen pH von 2,4.

Ursache der Acidität. Im Vergleich zu Mineralsäuren wie Perchlorsäure, Chlorwasserstoff u.a. sind Carbonsäuren schwache Säuren, ihre Acidität ist aber größer als die von Phenolen und erst recht von Alkoholen. Worauf beruht die im Vergleich zu Phenolen und Alkoholen größere Acidität von Carbonsäuren?
Bei der Übertragung eines Protons von der Carboxylgruppe auf eine Base bleibt ein **Carboxylat-Ion** zurück, dessen Ladung sich gleichmäßig auf die beiden Sauerstoffatome verteilt. Diese Delokalisierung ist mit Abgabe von Energie verbunden. Bei Alkoholat-Ionen ist eine Delokalisierung nicht möglich, bei Phenolat-Ionen nur in begrenztem Maße. Deshalb sind Alkohole und Phenole schwächere Säuren als Carbonsäuren.

Carboxylat-Ion
(zwei mesomere Grenzstrukturen)

Einfluss von Substituenten auf die Acidität. Ist an die Seitenkette der Carbonsäure ein Substituent X gebunden, der elektronenanziehend wirkt (Substituent mit –I-Effekt), so reagiert die Carbonsäure stärker sauer. Solche Substituenten ziehen einen Teil der negativen Ladung des Carboxylat-Ions über die σ-Bindungen an und erhöhen dadurch dessen Stabilität (Verschiebung des Säure-Base-Gleichgewichts zugunsten des Carboxylat-Ions). Der Einfluss ist umso größer, je kleiner der Abstand zwischen X und der Carboxylatgruppe ist. Die Zahlen im folgenden Formelschema geben die pK_a-Werte der jeweiligen Carbonsäuren an.

Sind an das α-C-Atom mehrere elektronenanziehende Substituenten gebunden, reagiert die Carbonsäure besonders acid. So besitzt Trifluoressigsäure mit einem pK_a von 0,2 bereits die Acidität einer mittelstarken Mineralsäure (Benzolsulfonsäure 0,5).

Tabelle. Halogenierte Carbonsäuren

Konstitution	Name	Sdp. in °C	$pK_a^{25°C}$ (in Wasser)
(H_3C—COOH)	(Essigsäure)	(118)	4,76
ClH_2C—COOH	Chloressigsäure	189	2,86
Cl_2CH—COOH	Dichloressigsäure	194	1,48
Cl_3C—COOH	Trichloressigsäure	196	0,70
F_3C—COOH	Trifluoressigsäure	72	0,22

Aufgaben

6. Nennen Sie ein aus drei C-Atomen bestehendes Carbanion, dessen negative Ladung ähnlich wie im Carboxylat-Ion delokalisiert ist.
7. Ordnen Sie die folgenden Carbonsäuren nach steigender Acidität: Chloressigsäure, Essigsäure, Trifluoressigsäure, 2-Chlorpropionsäure, Ameisensäure

18.4.2 Carboxylate - Salze von Carbonsäuren

Bei der Neutralisation einer Carbonsäure mit Alkalihydroxid entsteht ein Alkalicarboxylat, z.B.:

$$H_3C-C{\overset{O}{\underset{OH}{}}} \ + \ NaOH \ \longrightarrow \ H_3C-C{\overset{O}{\underset{O^- \ Na^+}{}}} \ + \ H_2O$$

Essigsäure   **Natriumacetat**

Carboxylate sind kristallin; teilweise haben sie scharfe Schmelzpunkte, teilweise tritt vor Erreichen des Schmelzpunktes Zersetzung ein (Homolyse von C–C-Bindungen). Sie sind in Wasser gut löslich und bilden bei höherer Konzentration sogenannte Micellen (s. unten). Die Alkalisalze höherer Fettsäuren (ab etwa C_{10}) werden **Seifen** genannt. Sie entstehen außer bei der Neutralisation auch bei der alkalischen Hydrolyse von Estern langkettiger Carbonsäuren. Beispiel:

$$H_3C-(CH_2)_{14}-C{\overset{O}{\underset{O-CH_3}{}}} \ + \ NaOH \ \longrightarrow \ H_3C-(CH_2)_{14}-C{\overset{O}{\underset{O^- \ Na^+}{}}} \ + \ HO-CH_3$$

Palmitinsäure-   **Natriumpalmitat**
methylester   **(Seife)**

Zur Verseifung von Fetten s. Abschn. 26.2.1.
Seifenlösungen wirken schmutzlösend. Im folgenden Exkurs werden die Vorgänge beim Waschen näher beschrieben.

Aufgabe

8. Während der Aufbewahrung einer Chemikalie, bei der es sich nur um Methoxy- oder Ethoxyessigsäure handeln konnte, ging das Etikett verloren. Deshalb wurde eine Neutralisationstitration durchgeführt. 0,187 g Säure verbrauchten 18,7 mL 0,0972 mol/L NaOH. Um welche Säure handelt es sich?

18.4.3 *Exkurs:* Tenside

Seifenlösungen und Waschvorgang. Im Gegensatz zu normalen Lösungen sind Seifenlösungen nicht homogen im strengen Sinne. Die darin gelösten Salze halten sich hauptsächlich in zwei Bereichen auf: an der Grenzfläche Wasser-Luft und im Inneren der Lösung in Form sogenannter **Micellen**. An der Grenzfläche ragen die hydrophoben Kohlenwasserstoffketten aus dem Wasser heraus, während die hydrophilen Carboxylatgruppen und die Alkali-Ionen im Wasser gelöst sind. Micellen sind kugelförmige Gebilde, deren Inneres aus Kohlenwasserstoffketten und deren Oberfläche aus Carboxylat-Ionen und den dazu gehörigen Alkali-Ionen besteht. In welchem der beiden Bereiche sich die Seifenmoleküle auch immer aufhalten, stets sind die hydrophilen Carboxylat-Ionen und die Alkali-Ionen von Wassermolekülen umgeben, während die hydrophoben Alkylketten das Wasser meiden, indem sie entweder aus dem Wasser ragen oder im Inneren eines Micells einen Knäuel bilden.

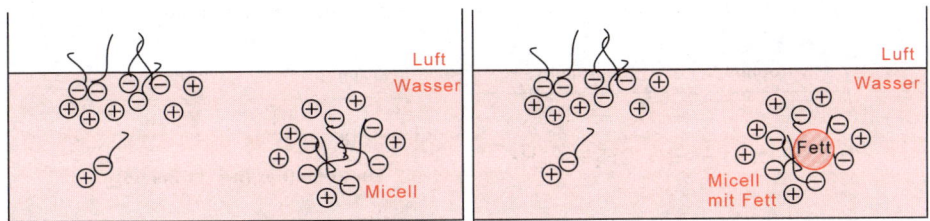

Abbildung. Links: Lösung einer Seife in Wasser. Die Seifenmoleküle halten sich hauptsächlich in der Grenzfläche Wasser/Luft oder in Micellen auf. Rechts: Wirkungsweise
einer Seifenlösung. Nach dem Waschvorgang befindet sich das vom Gewebe abgelöste
Fetttröpfchen im Inneren eines Micells.

Schmutz haftet in der Regel mittels einer Fettschicht am Gewebe. Entfernt man
die Fettschicht, so löst sich auch der Schmutz. Die reinigende Kraft einer Seifenlösung beruht nun darauf, dass Wasser wegen der herabgesetzten Oberflächenspannung das Gewebe benetzt und das Fett mittels der lipophilen Kohlenwasserstoffketten vom Gewebe ablöst. Danach befinden sich die abgelösten Fettpartikel
im Inneren der Micellen, wie in der Abbildung gezeigt.

Tenside. Seifen gehören zur Gruppe der Tenside (lat. *tensio*, Spannung), die auch
Detergentien genannt werden. Darunter versteht man Verbindungen, die in Wasser
gelöst die Grenzflächenspannung des Wassers herabsetzen und darüber hinaus
schmutziges Gewebe reinigen. So verschieden die Strukturen der einzelnen Tenside untereinander auch sind, stets enthalten sie eine hydrophobe Kohlenwasserstoffkette und eine hydrophile Gruppe. Je nach Art der letzteren wird zwischen
anionenaktiven, **kationenaktiven** und **nichtionogenen Tensiden** unterschieden.
Anionenaktive Tenside enthalten als hydrophile Gruppe eine Carboxylat-, Sulfo-
nat- oder Sulfatgruppe.

Anionenaktive Tenside (Carboxylat und Sulfat):

| hydrophob | hydrophil | | hydrophob | hydrophil |

$$H_3C-(CH_2)_n-C\begin{matrix}O\\\\O^-\ Na^+\end{matrix}$$

Natriumcarboxylat

$$H_3C-(CH_2)_n-O-\overset{O}{\underset{O}{\overset{\|}{\underset{\|}{S}}}}-O^-\ Na^+$$

Natriumalkylsulfat

Kationenaktive Tenside besitzen als hydrophile Gruppe in der Regel eine quartäre
Ammoniumgruppe; sie werden auch Invertseifen genannt, da die Ladungen gegenüber herkömmlichen Seifen invertiert sind.
Nichtionogene Tenside enthalten als hydrophile Gruppe den Baustein (Poly)ethy-
lenoxid, der zwar polar ist, aber keine Ladungen enthält.

Kationenaktives Tensid: **Nichtionogenes** Tensid:

hydrophob   hydrophil   hydrophob   hydrophil

$$H_3C-(CH_2)_{17}-\overset{+}{\underset{CH_3}{\overset{CH_3}{N}}}-CH_2-C_6H_5 \quad Cl^-$$

$$H_{37}C_{18}-(O-CH_2-CH_2)_n-OH$$

**Benzyldimethyloctadecyl-
ammoniumchlorid**

ein Polyether (n = 11 bis 15)

Eigenschaften von Tensiden. Alkalicarboxylate bilden mit den Erdalkali-Ionen des Waschwassers schwer lösliche Salze, die beim Waschvorgang zu unerwünschten Niederschlägen führen. Tenside mit Sulfat- oder Sulfonatgruppen sind mit diesem Nachteil nicht behaftet und deshalb als Waschmittel geeigneter. Kationenaktive Tenside werden nicht nur als Waschmittel sondern auch als **Germizide** verwendet, das sind Keime abtötende Verbindungen. Germizide finden als Antiseptica, Bakterizide etc. Verwendung.

Herstellung von Tensiden. Na-alkylsulfat erhält man aus langkettigen Alkoholen und konzentrierter Schwefelsäure durch Monoveresterung und anschließende Neutralisation mit Alkalilauge.

$$R-OH \xrightarrow{H^+} R-OH_2^+ \xrightarrow{^-O-S(=O)_2-OH} R-O-S(=O)_2-OH \xrightarrow{NaOH} R-O-S(=O)_2-O^- \; Na^+$$

**Alkohol
(langkettig)**   **Na-alkylsulfat**

Tenside mit einer quartären Ammoniumstruktur gewinnt man aus einem tertiären Amin mit einer organischen Halogenverbindung, z.B. mit Benzylchlorid:

$$R-CH_2-\overset{..}{N} + H_5C_6-CH_2-Cl \xrightarrow{S_N2} R-CH_2-\overset{+}{N}-CH_2-C_6H_5 \; Cl^-$$

**tertiäres Amin
(langkettig)**   **Benzylchlorid**   **quartäres Ammoniumsalz
(langkettig)**

Nichtionogene Tenside werden unter basischen Bedingungen aus einem Alkohol und Ethylenoxid hergestellt:

$$H_{37}C_{18}-OH + n\, H_2C\overset{O}{-}CH_2 \xrightarrow{OH^-} H_{37}C_{18}-(O-CH_2-CH_2)_n OH$$

Octadecylalkohol   **Ethylenoxid**   **ein Polyether**

Hierbei bildet sich aus Alkohol und Hydroxid ein Alkoholat-Ion, das den Epoxidring angreift. Es entsteht ein neues Alkoholat-Ion, das seinerseits ein weiteres Ethylenoxid angreift usw. (s. Polymerisation von Epoxiden, Abschn. 30.6).

Umweltverträglichkeit von Tensiden. Alle im Alltag verwendeten Tenside enthalten geradkettige Alkylketten. Der Grund dafür ist, dass geradkettige Alkylgruppen ähnlich wie Nahrungsfette biologisch abbaubar sind, verzweigte dagegen nicht. Somit werden sämtliche ins Abwasser gelangenden Tenside, und das sind große Mengen, umweltverträglich beseitigt.

Aufgabe
9. Welche der Verbindungen A bis E zählt definitionsgemäß zu den Tensiden?

18.4.4 Veresterung von Carbonsäuren mit Alkohol

Wird eine Carbonsäure mit einem Alkohol erhitzt, bilden sich ein Ester und Wasser, z.B.:

Es stellt sich ein Gleichgewicht ein, das sich auch bildet, wenn Ester und Wasser erhitzt werden. Die Einstellung des Gleichgewichts erfolgt sehr langsam. Enthält die Lösung aber geringe Mengen einer starken Säure (HCl, H_2SO_4), stellt sich obiges Gleichgewicht rasch ein. Deshalb wird eine Veresterung stets in Gegenwart einer Säure durchgeführt.

Eine Verschiebung des Gleichgewichts zugunsten einer höheren Ausbeute an Ester wird erreicht (a) durch einen großen Überschuss an Alkohol oder (b) durch Entfernung des Reaktionswassers. Letzteres gelingt durch Zusatz von Toluol, das mit Wasser und Alkohol ein **azeotropes Gemisch** bildet. Erfolgt nun die Veresterung wenig oberhalb des Siedepunktes des azeotropen Gemisches, so werden Wasser und die beiden anderen Komponenten als Azeotrop bei relativ niedriger Temperatur abdestilliert.

Die Esterbildung verläuft wie folgt. Zunächst wird die Carbonsäure protoniert. Es folgt ein nucleophiler Angriff durch ein Alkoholmolekül, bei dem eine tetraedrische Zwischenstufe entsteht. Die Zwischenstufe geht durch Wanderung (Zeichen:

~) eines Protons in eine neue tetraedrische Zwischenstufe über. Bei beiden Zwischenstufen handelt es sich um Derivate einer Orthocarbonsäure. Die zuletzt gebildete Zwischenstufe verliert ein Molekül Wasser und bildet den Ester.

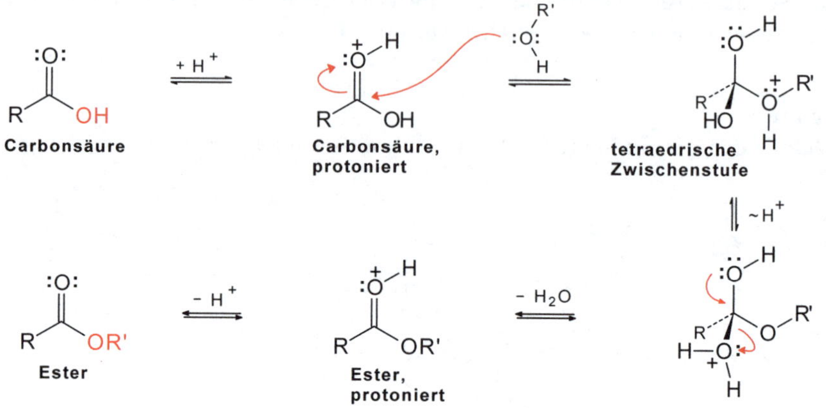

Aufgaben

10. Welche Verbindung entsteht beim Erhitzen von Valeriansäure mit 2-Butanol (a) in Abwesenheit von Schwefelsäure, (b) in Gegenwart von Schwefelsäure?

11. 4-Aminobenzoesäureester, z.B. Benzocain, werden als Lokalanästhetika eingesetzt. Formulieren Sie die Synthese von Benzocain aus Toluol.

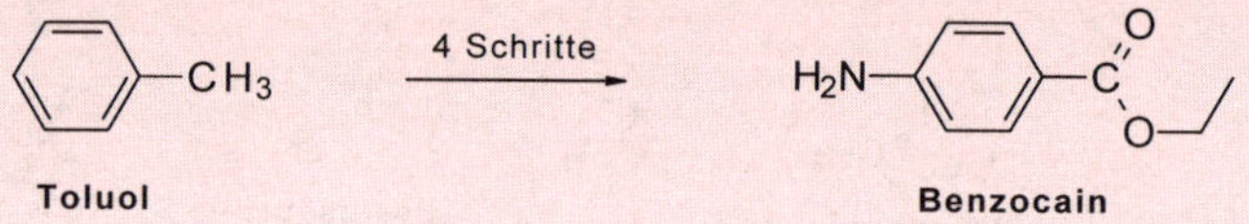

18.4.5 Methylierung von Carbonsäuren mit Diazomethan

Soll eine Carbonsäure speziell in den *Methyl*ester umgewandelt werden, so stehen zwei Verfahren zur Verfügung: einmal die klassische Veresterung mit Methanol wie vorstehend beschrieben oder die im folgenden beschriebene Veresterung mit Diazomethan. Beispiel:

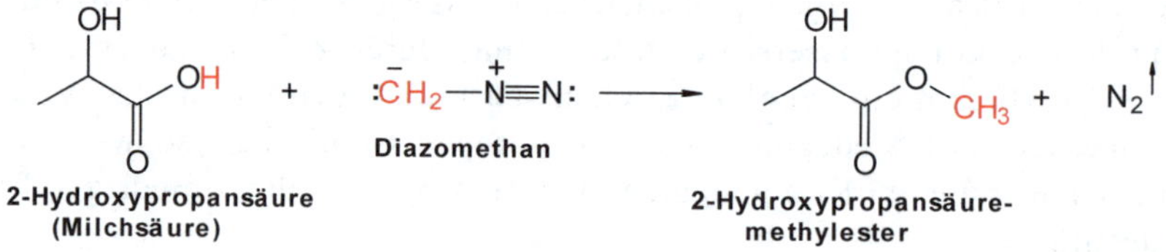

Dazu wird die etherische Lösung von Diazomethan, einem gelben Gas mit einem Siedepunkt von -24 °C, mit der Carbonsäure versetzt. Es tritt momentan N_2-

Entwicklung ein. Der Ether wird verdampft, wobei die methylierte Carbonsäure frei von weiteren Produkten zurückbleibt. Bei der Durchführung der Reaktion ist darauf zu achten, dass Diazomethan krebserregend wirkt. Die Reaktion verläuft wie folgt:

Zunächst wird das acide Proton auf das negativ geladene C-Atom des Diazomethans übertragen (Säure-Base-Reaktion). Dabei entsteht das Methandiazonium-Ion, welches eine äußerst reaktive Abgangsgruppe besitzt. Angriff des Carboxylat-Ions führt zur Substitution, wobei Methylester und N_2 entstehen.

Diazomethan reagiert mit allen Verbindungen, die eine acide OH-Gruppe enthalten. Dazu gehören Carbonsäuren, aber auch Phenole oder Enole. Alkohole reagieren nicht ohne weiteres, wie das obige Beispiel Milchsäure zeigt, so dass eine selektive Methylierung einer Hydroxycarbonsäure möglich ist.

18.4.6 Überführung von Carbonsäuren in Carbonsäurehalogenide

Carbonsäuren reagieren mit Thionylchlorid zu Carbonsäurechloriden. Dabei findet ein Austausch der OH-Gruppe gegen Chlor statt. Triebkraft der Reaktion ist die Bildung zweier Gase, was eine starke Zunahme der Reaktionsentropie ΔS bedeutet. (Zur Erinnerung: $-\Delta G = \Delta H - T \cdot \Delta S$)

Die Reaktion verläuft über ein gemischtes Anhydrid. Dieses ist unbeständig und zerfällt in die Endprodukte, wobei wahrscheinlich Chlorid-Ionen den Zerfall katalysieren. In der Literatur findet man folgenden Vorschlag für den Ablauf:

Schritt 1: Bildung eines gemischten Anhydrids

Schritt 2: Zerfall des gemischten Anhydrids

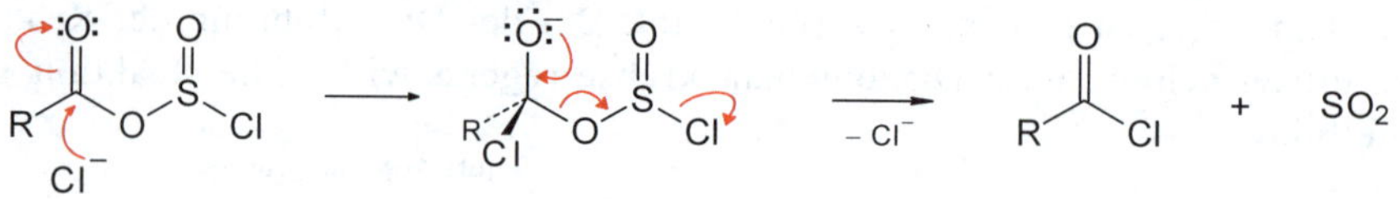

Statt Thionylchlorid können auch Phosphorchloride (PCl$_3$, PCl$_5$) verwendet werden. Triebkraft dieser Reaktionen ist die Affinität des Phosphors und Schwefels zum Sauerstoff.

Thionylchlorid wird bevorzugt, da außer dem gewünschten Carbonsäurechlorid nur gasförmige Produkte (SO$_2$ und HCl) entstehen.

Aufgabe

12. Bei der Reaktion zwischen Carbonsäure und Thionylchlorid wird eine OH-Gruppe durch Chlor ersetzt. Formulieren Sie eine damit verwandte Reaktion.

18.4.7 Reduktion von Carbonsäuren zu primären Alkoholen

Carbonsäuren werden durch Lithiumaluminiumhydrid zu primären Alkoholen reduziert.

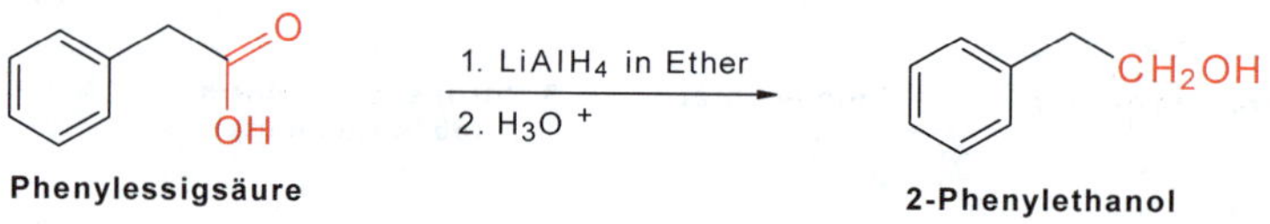

Phenylessigsäure   2-Phenylethanol

Im ersten Schritt reagiert das δ^+-H-Atom der Carbonsäure mit dem δ^--H-Atom des Lithiumaluminiumhydrids, wobei sich molekularer Wasserstoff und Aluminiumcarboxylat bilden. Anschließend wird in einer mehrstufigen Reaktion Hydrid-Wasserstoff auf die Carboxylatgruppe übertragen. Hydrolyse des Alkoholats ergibt schließlich den primären Alkohol.

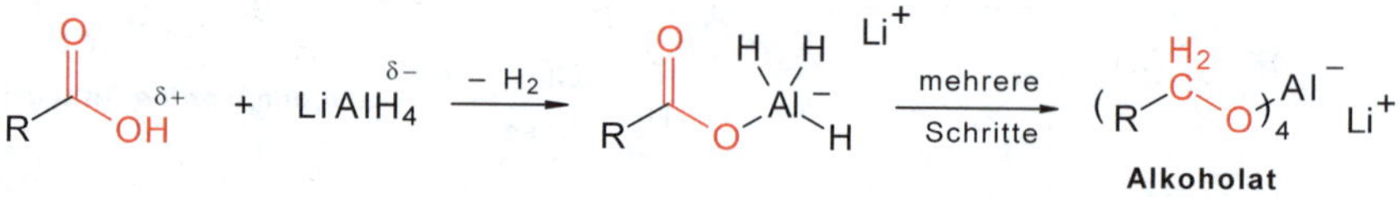

Alkoholat

18.4.8 Decarboxylierung von Carbonsäuren durch Erhitzen

Unter Decarboxylierung versteht man die Abspaltung von Kohlendioxid aus einer Carbonsäure oder deren Salz. Eine Carbonsäure ohne zusätzliche funktionelle Gruppe (Essigsäure, Propionsäure etc.) kann erst bei sehr hoher Temperatur decarboxyliert werden. Dagegen lässt sich eine Carbonsäure, die in α-Stellung einen elektronenanziehenden Substituenten trägt, durch Erhitzen leicht decarboxylieren. Das gleiche gilt für die Salze dieser Carbonsäure. Besonders glatt verläuft die Decarboxylierung, wenn es sich bei dem Substituenten in α-Stellung um eine Carbonylgruppe oder eine Carboxylgruppe handelt. Acetessigsäure und Malonsäure verlieren bereits bei ca. 100 °C bzw. 150 °C Kohlendioxid.

Die Bedeutung dieser Reaktion liegt darin, dass die Ausgangsverbindungen leicht erhältlich sind: substituierte Acetessigsäuren aus der Acetessigester-Synthese und substituierte Malonsäuren aus der Malonester-Synthese. Näheres dazu siehe Abschn. 20.6.

Vorstehende Decarboxylierungen gelingen sowohl mit der Säure (formuliert) als auch mit dem Salz. Die Säure decarboxyliert unter Einbeziehung des Protons nach einem cyclischen Mechanismus, das Salz nach einem offenkettigen Mechanismus.

Die untere Reaktionsgleichung lässt klar erkennen, weshalb eine β-ständige Carbonylgruppe die Decarboxylierung beschleunigt: Sie delokalisiert die am α-C-Atom auftretende negative Ladung. Carbonsäuren, die keinen elektronenanziehenden Substituenten am α-C-Atom besitzen, werden erst bei hoher Temperatur decarboxyliert. Da hierbei gleichzeitig teilweise Zersetzung eintritt (Homolyse von C–C-Bindungen), ist die Decarboxylierung einfacher Carbonsäuren ohne präparative Bedeutung.

Decarboxylierungen in der biologischen Zelle. Decarboxylierungen sind in der Natur weit verbreitet. Im Zitronensäure-Cyclus tritt als Zwischenstufe Isocitrat auf, ein Tricarboxylat mit einer OH-Gruppe. Die OH-Gruppe wird durch NAD^+ zur Ketogruppe oxidiert. Anschließend erfolgt Decarboxylierung an C-3. Beachten Sie, dass nur die Decarboxylierung an C-3 durch die Bildung eines Enolat-Ions begünstigt ist.

Aufgabe

13. Welche der Carbonsäuren A-E lässt sich durch Erhitzen leicht decarboxylieren?

18.4.9 Decarboxylierung von Carboxylaten durch Elektrolyse

Bei der Elektrolyse einer konzentrierten wässrig-alkoholischen Lösung eines Natriumcarboxylats tritt Decarboxylierung unter Bildung eines symmetrischen Alkans ein, das sich aus den Alkylresten des Carboxylats zusammensetzt.

$$2\ R-CO_2Na\ +\ 2\ H_2O\ \xrightarrow{\text{Elektrolyse}}\ R-R\ +\ 2\ CO_2\nearrow\ +\ 2\ NaOH + H_2\nearrow$$

An der negativ geladenen Elektrode (Kathode) entwickelt sich Wasserstoff, an der positiv geladenen Elektrode (Anode) bilden sich Carboxyl-Radikale, die rasch in CO_2 und Alkylradikale R· zerfallen. Letztere sind äußerst reaktiv und dimerisieren zu Alkanen.

Kathode:

$$H^+ \xrightarrow{+e} 0,5\ H_2 \nearrow$$

Anode:

$$R{-}CO_2^- \xrightarrow{-e} R{-}CO_2^{\cdot} \xrightarrow{-CO_2} R^{\cdot} \longrightarrow R{-}R$$

Auf diese Weise können langkettige Alkane aus den leicht erhältlichen Carboxylaten von Fettsäuren hergestellt werden. Beispiel:

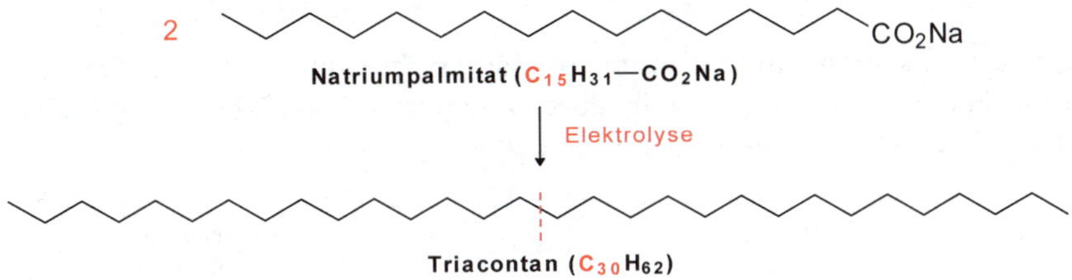

2   ⌒⌒⌒⌒⌒⌒⌒⌒⌒ CO₂Na

Natriumpalmitat ($C_{15}H_{31}{-}CO_2Na$)

Elektrolyse

Triacontan ($C_{30}H_{62}$)

Das Verfahren wird **Kolbe-Elektrolyse** genannt.

18.4.10 Zusammenfassung der Reaktionen an der Carboxylgruppe

Nachfolgend sind die Reaktionen der Carboxylgruppe zusammengefasst. Die Vielfalt der Reaktionen beruht darauf, dass die Carboxylgruppe ein acides H-Atom, eine reaktive OH-Gruppe und eine reaktive Carbonylgruppe enthält. Diese funktionellen Gruppen können in andere funktionelle Gruppen umgewandelt werden oder wie bei der Decarboxylierung gänzlich eliminiert werden.

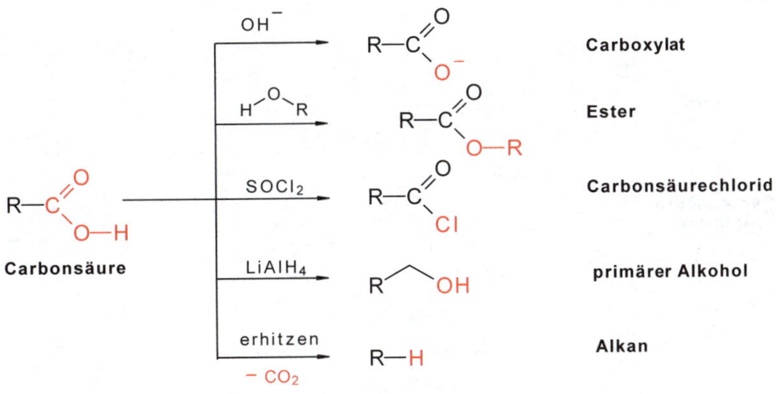

18.5 Peroxycarbonsäuren

Peroxycarbonsäuren unterscheiden sich von Carbonsäuren durch ein zusätzliches O-Atom in der Carboxylgruppe.

Carbonsäure   **Peroxycarbonsäure**

Peroxycarbonsäuren sind schwächere Säuren (pK$_a$ 7-8) als die entsprechenden Carbonsäuren (pK$_a$ ca. 5), da in der konjugierten Base keine Stabilisierung der Ladung durch Delokalisierung möglich ist.

Peroxycarboxylat

Ladung lokalisiert

Die Herstellung von Peroxycarbonsäuren erfolgt durch protonenkatalysierte Umsetzung von Carbonsäuren mit Wasserstoffperoxid (30–90%ig). Als H$^+$-Quelle hat sich Methansulfonsäure bewährt.

$$R-C \quad + \quad H_2O_2 \quad \underset{H_3C-SO_3H}{\rightleftharpoons} \quad R-C \quad + \quad H_2O$$

Eingeleitet wird die Reaktion durch den nucleophilen Angriff von H$_2$O$_2$ auf die protonierte Carbonsäure.

Carbonsäure, protoniert

~H$^+$

−H$_2$O

−H$^+$

Peroxycarbonsäure

Peroxycarbonsäuren neigen wie andere Peroxyverbindungen zur Zersetzung (Vorsicht ist demnach geboten) und werden deshalb meist nur in Lösung verwendet. Ausnahme ist *m*-Chlorperoxybenzoesäure, welche in festem Zustand begrenzt haltbar ist und deshalb für viele Oxidationen (Epoxidierung von Alkenen; Baeyer-Villiger-Oxidation) verwendet wird.

_m_-Chlorperoxybenzoesäure,
Schmp. 88 °C

Aufgaben

14. *m*-Chlorperoxybenzoesäure wird aus Benzoesäure hergestellt. Formulieren Sie die Reaktionsschritte.

15. Käufliche *m*-Chlorperoxybenzoesäure ist oft durch *m*-Chlorbenzoesäure verunreinigt. Die Entfernung der Verunreinigung gelingt durch Auswaschen mit einer Phosphat-Pufferlösung vom pH 7,5. Warum wird dabei nicht auch *m*-Chlorbenzoesäure ausgewaschen?

18.6 Dicarbonsäuren

Dicarbonsäuren enthalten zwei Carboxylgruppen. Diese können benachbart oder durch mehrere C-Atome voneinander getrennt sein.

| **Ethandisäure** | **Propandisäure** | **Phthalsäure** |
| (Oxalsäure) | (Malonsäure) | |

Die wichtigsten Dicarbonsäuren sind in der nebenstehenden Tabelle aufgeführt. Sämtliche Dicarbonsäuren sind kristallin und - sofern es sich um die niedermolekularen Vertreter handelt - in Wasser gut löslich. Oxalsäure kommt im Rhabarber und im Sauerklee vor. Malonsäure und Glutarsäure sind Bestandteile des Zuckerrübensafts. Bernsteinsäure ist ein Stoffwechselprodukt, das u.a. im Zitronensäurecyclus auftritt.

Acidität von Dicarbonsäuren. Die Dissoziation der beiden Carboxylgruppen erfolgt in zwei Stufen, die durch die Dissoziationskonstanten K_1 und K_2 beschrieben werden.

Dissoziationsstufe 1:

$+ H_2O \rightleftharpoons$

$+ H_3O^+$

Dissoziationsstufe 2:

$+ H_2O \rightleftharpoons$

$+ H_3O^+$

Die Dissoziationskonstante K_1 ist wegen des $-I$-Effektes der zweiten Carboxylgruppe größer als die von Monocarbonsäuren. Mit anderen Worten: Dicarbonsäuren sind stärkere Säuren als Monocarbonsäuren. Dagegen ist die Dissoziationskonstante K_2 meistens kleiner als die von Monocarbonsäuren, da die Carboxylatgruppe wegen ihres $+I$-Effektes die Dissoziation hemmt. In der Tabelle sind einige niedermolekulare Dicarbonsäuren mit Dissoziationskonstanten aufgeführt. Für Vergleichszwecke ist auch der pK_a-Wert von Essigsäure darin enthalten.

Tabelle. Dicarbonsäuren

Konstitution	Trivialname (IUPAC-Name)	Schmp. in °C	$pK_a^{25°C}$ (1.Stufe)	$pK_a^{25°C}$ (2.Stufe)
($H_3C-COOH$)	(Essigsäure)		(4,76)	
HOOC—COOH	Oxalsäure (Ethandisäure)	189	1,27	4,2
HOOC␣COOH	Malonsäure (Propandisäure)	136	2,85	5,7
HOOC␣COOH	Bernsteinsäure (Butandisäure)	185	4,18	5,6
HOOC␣COOH	Glutarsäure (Pentandisäure)	98	4,34	5,4
HOOC␣COOH	Adipinsäure (Hexandisäure)	151	4,43	5,5

Ungesättigte Dicarbonsäuren:

Konstitution	Trivialname (IUPAC-Name)	Schmp. in °C	$pK_a^{25°C}$ (1.Stufe)	$pK_a^{25°C}$ (2.Stufe)
	Maleinsäure ((Z)-Butendisäure)	130	1,92	6,1
	Fumarsäure ((E)-Butendisäure)	302	3,02	4,4
	ortho: Phthalsäure	231	2,95	5,4
	meta: Isophthalsäure	348	3,62	4,6
	para: Terephthalsäure	300	3,54	4,8

Aufgaben

16. Ordnen Sie auf der Basis induktiver Effekte folgende Säuren nach steigender Acidität: Milchsäure, Zitronensäure, Weinsäure, Äpfelsäure (Struktur s. Abschn. 18.7).

17. Warum ist Maleinsäure eine stärkere Säure als Fumarsäure und *o*-Phthalsäure eine stärkere Säure als *m*- und *p*-Phthalsäure (pK$_a$-Werte s. Tabelle)?

18.6.1 Herstellung von Dicarbonsäuren

Bei der Herstellung von Dicarbonsäuren bedient man sich teilweise der gleichen Methoden wie bei Monocarbonsäuren, teilweise spezieller Verfahren, insbesondere bei der technischen Herstellung der einfachsten Dicarbonsäuren.

Aus Nitrilen durch Verseifung (Abschn. 19.7.2):

Natrium-chloracetat   Natrium-cyanoacetat   Malonsäure

Bernsteinsäure

Synthesen in technischem Maßstab. *Oxalsäure:* Aus Natriumformiat durch Erhitzen auf 360 °C, am besten in Gegenwart von Ätznatron, wobei unter Wasserstoffentwicklung Natriumoxalat entsteht. Natriumoxalat wird in unlösliches Calciumoxalat überführt und aus letzterem mit Schwefelsäure Oxalsäure freigesetzt.

Natriumformiat   Dinatriumoxalat   Calciumoxalat   Oxalsäure

Adipinsäure (Hexandisäure): aus Cyclohexan und Sauerstoff oder aus Adipinsäuredinitril durch Hydrolyse (Abschn. 30.7).

Maleinsäure, Phthalsäure, Terephthalsäure: Die Anhydride aus Maleinsäure und Phthalsäure entstehen durch Oxidation von Benzol bzw. *o*-Xylol mit Luft bei 400 - 500°C, Katalysator ist V$_2$O$_5$. Terephthalsäure bildet sich durch Oxidation von *p*-Xylol mit Luft.

Maleinsäureanhydrid

Phthalsäureanhydrid

Aus den Anhydriden entstehen durch Wasseranlagerung Maleinsäure bzw. Phthalsäure. Maleinsäure lagert sich bei 150 °C in die thermodynamisch stabilere *Fumarsäure* um.

Maleinsäure   **Fumarsäure**

Adipinsäure dient u.a. zur Herstellung des Polyamids Nylon. Phthalsäureanhydrid
ist ein wichtiges Zwischenprodukt zur Herstellung von Phthalatweichmachern.
Terephthalsäure dient zur Herstellung von Polyethylenterephthalat (PET), woraus
Kunstfasern (Trevira[R]) und Getränkeflaschen produziert werden.

Aufgaben

18. Hexandisäure (Adipinsäure) wird aus 1,3-Butadien, Chlor und Kaliumcyanid
    gewonnen. Formulieren Sie die Reaktionsschritte.
19. Phthalsäure, Isophthalsäure und Terephthalsäure können nach ein und demsel-
    ben Verfahren hergestellt werden. Nach welchem?

18.6.2 Reaktionen von Dicarbonsäuren

Erhitzt man Dicarbonsäuren auf höhere Temperatur, so können Kohlendioxid oder
Wasser, in manchen Fällen beide Moleküle abgespalten werden. Oxalsäure, die
einfachste Dicarbonsäure, verliert beim Schmelzen (189°C) Kohlendioxid und
geht in Ameisensäure über.

Ethandisäure   **Ameisensäure**
(Oxalsäure)

Malonsäure und substituierte Malonsäuren geben beim Erwärmen ebenfalls Kohlendioxid ab. Zum Ablauf der Decarboxylierung s. Abschn. 18.4.8.

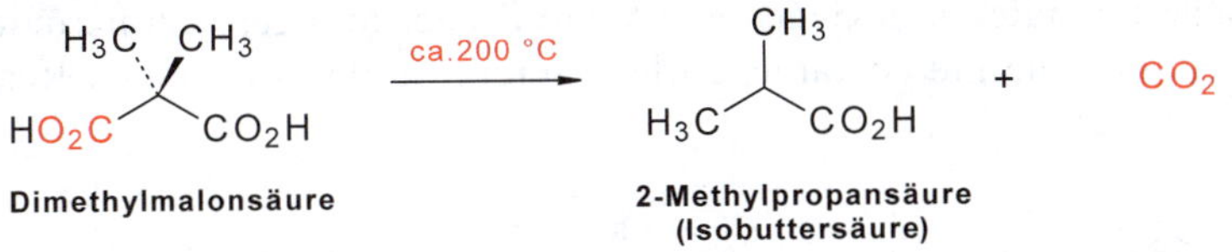

Dimethylmalonsäure   **2-Methylpropansäure (Isobuttersäure)**

Bernsteinsäure und Glutarsäure, an deren α–C-Atome keine elektronenanziehende Substituenten gebunden sind und die somit nur schwer decarboxylieren, verlieren beim Erhitzen Wasser, wobei cyclische Anhydride entstehen.

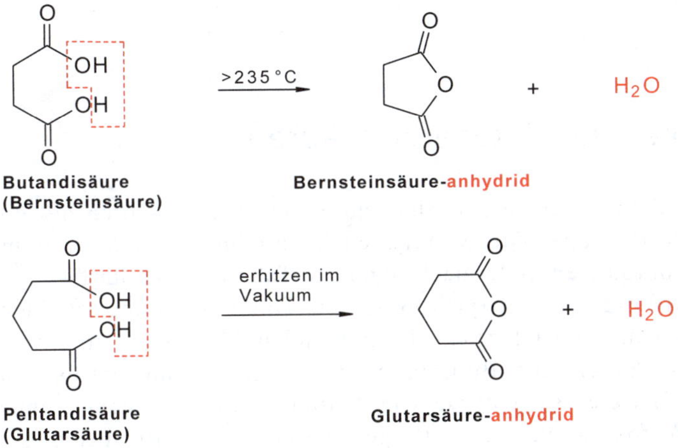

Butandisäure (Bernsteinsäure)   **Bernsteinsäure-anhydrid**

Pentandisäure (Glutarsäure)   **Glutarsäure-anhydrid**

Die Ringbildung erfolgt durch nucleophilen Angriff einer OH-Gruppe auf eine Carboxylgruppe:

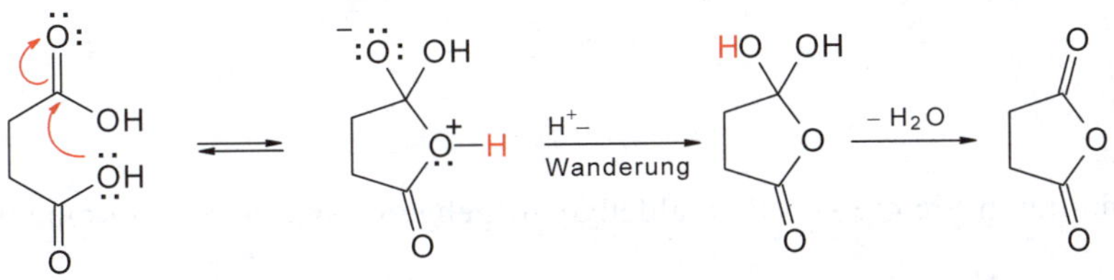

Wie für andere Ringschlüsse gilt auch hier: Besonders leicht bilden sich Fünfringe und Sechsringe. Hexandisäure, Heptandisäure usw. bringen die Voraussetzung dafür nicht mehr mit, beim Erhitzen bilden sich hier polymere Anhydride.

Aufgaben

20. Welche Dicarbonsäure decarboxyliert bei 200 °C und liefert dabei 2-Methyl-pentansäure?

21. Carbonsäuren reagieren in Gegenwart katalytischer Mengen von Peroxiden mit 1-Alkenen zu höhermolekularen Carbonsäuren. Stellen Sie einen Reaktionsmechanismus auf.

| 1-Penten | Propionsäure | 2-Methylheptansäure |

22. Ausgehend von 4-Bromtoluol, Chlor und weiteren Grundchemikalien soll (4-Bromphenyl)essigsäure hergestellt werden. Formulieren Sie die einzelnen Reaktionsschritte.

18.7 Hydroxy- und Ketocarbonsäuren

Von großer Bedeutung, auch in der Biochemie, sind Carbonsäuren mit einer zusätzlichen Sauerstoffgruppe. Die wichtigsten Verbindungen sind zusammen mit dem jeweiligen Vorkommen in der nachfolgenden Tabelle aufgeführt.

Milchsäure gehört zu den Hydroxycarbonsäuren. Die Verbindung ist Endprodukt des anaeroben Abbaus von Glucose, sie gibt vielen Lebensmitteln einen säuerlichen Geschmack (Sauerkraut, Buttermilch u.a.). Shikimisäure ist ein wichtiges Zwischenprodukt bei der Biosynthese von Aminosäuren mit einem aromatischen Ring. Auch der Aufbau aromatischer Ringe im Lignin verläuft über diese Säure. Strukturell verwandt mit den Hydroxycarbonsäuren sind die Ketocarbonsäuren. Der einfachste Vertreter ist Brenztraubensäure. Der Name leitet sich von der Herstellung ab, da die Verbindung beim „Brennen" (trockenen Destillieren) von Traubensäure entsteht. Brenztraubensäure ist eine wichtige Zwischenstufe beim aeroben und anaeroben Abbau von Glucose.

Aufgabe

23. Formulieren Sie die von Benzaldehyd ausgehende Synthese von Mandelsäure.

| Benzaldehyd | Mandelsäure |

Tabelle. Carbonsäuren mit zusätzlicher Sauerstoffgruppe

Konstitution	Trivialname	Schmp. (in °C)	pK$_a$ (25°C) (1., 2., 3. Stufe)
COOH / OH (Salicylsäure-Struktur)	Salicylsäure (als Methylester in ätherischen Ölen)	159	2,99
OH—CH—COOH (Phenyl)	Mandelsäure (als Nitril in Mandeln)	119 (rac)	3,89
OH / CO$_2$H	Milchsäure (im Sauerkraut, in sauren Gurken)	17 (rac)	3,83
O / CO$_2$H	Brenztraubensäure (Stoffwechselprodukt)	12	2,48
HO, HO, OH / COOH (Cyclohexen)	Shikimisäure (in vielen Pflanzen)	190	4,15
HO, HO, OH / COOH (Benzol)	Gallussäure (in Eichenrinde)	133	4,33
HO$_2$C / CO$_2$H / OH	Äpfelsäure (in unreifen Äpfeln)	100	3,46 (5,10)
HO$_2$C / OH / OH / CO$_2$H	Weinsäure (in vielen Früchten)	159 (meso)	3,22 (4,82)
		169 (rac)	3,04 (4,36)
HO$_2$C / HO$_2$C / OH / CO$_2$H	Zitronensäure (im Zitronensaft)	153	3,10 (4,76) (6,4)

18.8 *Exkurs*: Synthese des Konservierungsstoffs Sorbinsäure

Zur chemischen Konservierung von Lebensmitteln werden Stoffe verwendet, die das Wachstum von Schimmelpilzen, Hefen, Bakterien u.a. herabsetzen. Früher kamen dabei Verfahren wie Salzen, Pökeln, Einzuckern, Einsäuern und Räuchern zum Einsatz. Diese führen aber zu einer teilweisen Geschmacksbeeinträchtigung. Deshalb greift man in neuerer Zeit zunehmend zu anderen Konservierungsstoffen. Fast alle heute gebräuchlichen Konservierungsstoffe sind Carbonsäuren:

Ameisensäure   Sorbinsäure   Benzoesäure   4-Hydroxybenzoesäure-
                                                                              ethylester

Das wichtigste Konservierungsmittel ist Sorbinsäure. Eine Vorstufe dieser Säure kommt im Saft von Vogelbeeren *(Sorbus aucuparia)* vor. Synthetisch gewinnt man die Verbindung wie folgt:

Sorbinsäure,   ein β-Lacton, protoniert   Crotonaldehyd
Schmelzp. 133 °C

Ethen wird über drei Stufen in Crotonaldehyd umgewandelt. Letztere Verbindung reagiert mit Keten (H$_2$C=C=O) zu einem β-Lacton. Hierbei handelt es sich um eine thermisch erlaubte [2 + 2]-Cycloaddition, die nur dann abläuft, wenn der eine Reaktionspartner eine Doppelbindung und der andere eine kumulierte Doppelbindung aufweist (Abschn. 29.3.5). Im letzten Schritt wird das gespannte β-Lacton im Zuge einer H$^+$-katalysierten β-Eliminierung in Sorbinsäure umgewandelt.

Vorstehend aufgeführte Reaktionsfolge wird in leicht abgewandelter Form auch großtechnisch durchgeführt. Weltweit werden auf diese Weise jährlich ca. 20 000 Tonnen Sorbinsäure produziert.

18.9 Lösung der Aufgaben zu Kapitel 18

1.   **A**: 3-Phenylpentansäure oder 3-Phenylvaleriansäure
B: 2-Brom 5-formylcyclohexancarbonsäure
C: 3-Vinyl-4-hexinsäure

2.

3.

4.

a) $H_2C{=}C(CH_3)_2$ + HBr $\longrightarrow$ $(H_3C)_3CBr$ $\xrightarrow{\text{Mg}}$ $(H_3C)_3C{-}MgBr$

$(H_3C)_3C{-}MgBr$ $\xrightarrow[\text{2. H}^+]{\text{1. CO}_2}$ Trimethylessigsäure

b) Toluol $\xrightarrow{\text{KMnO}_4}$ Benzoesäure $\xrightarrow{\text{HNO}_3,\,\text{konz.}}$ 3,5-Dinitrobenzoesäure

c) Toluol + Br$_2$ (hν) $\longrightarrow$ Benzylbromid $\xrightarrow[\text{+ H}^+]{\text{+ Mg, + CO}_2}$ Phenylessigsäure

5.

6.   Allyl-Anion

7.   Essigsäure < 2-Chlorpropionsäure < Ameisensäure < Chloressigsäure < Trifluoressigsäure

8.   Es wurden $1,81 \cdot 10^{-3}$ mol NaOH verbraucht. Nur mit Ethoxyessigsäure (MG = 104) vereinbar.

9.   **C, D. E** gehört nicht dazu, da eine längere hydrophobe Kette fehlt.

10. In beiden Fällen bildet sich Valeriansäure-2-butylester, mit H$^+$ allerdings viel schneller!

11.

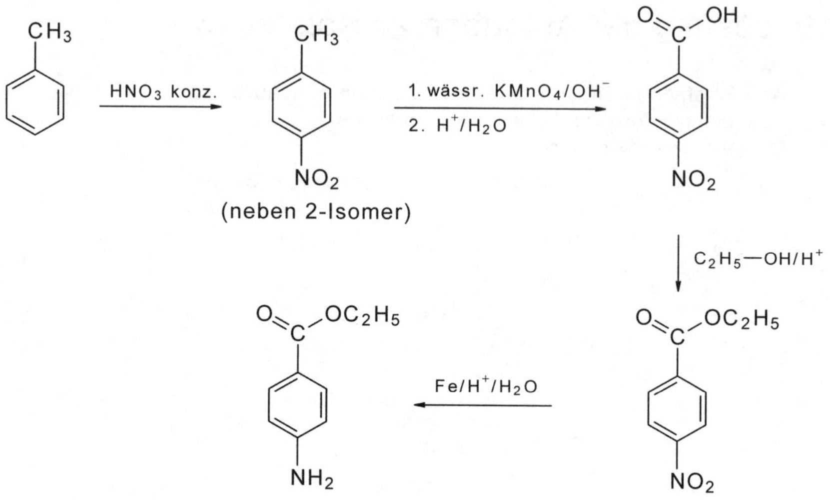

(neben 2-Isomer)

Die Schritte 3 und 4 können auch vertauscht werden.

12. $R-OH + SOCl_2 \rightarrow R-Cl + SO_2 + HCl$

13. **C, E**

14. Benzoesäure + Chlor/FeCl₃ → 3-Chlorbenzoesäure (Hauptprodukt); 3-Chlorbenzoesäure + H₂O₂ in Methansulfonsäure → 3-Chlorperoxybenzoesäure

15. 3-Chlorbenzoesäure ist acider als die entsprechende Persäure und löst sich in Wasser bei pH = 7.5.

16. Milchsäure < Zitronensäure < Äpfelsäure < Weinsäure

17. Stabilisierung des Carboxylat-Ions durch H-Brücke:

18.

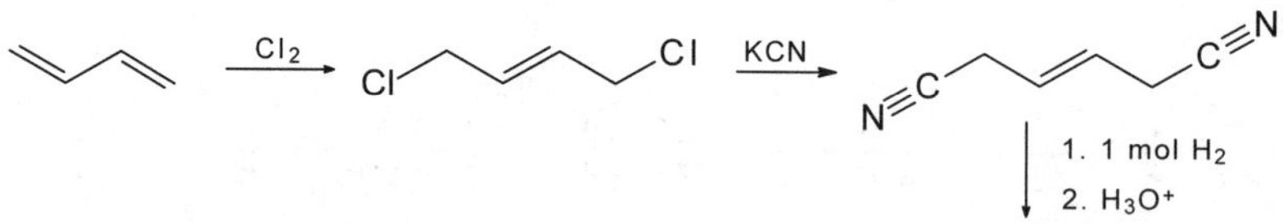

19. o-, m- oder p-Xylol + KMnO₄

20.

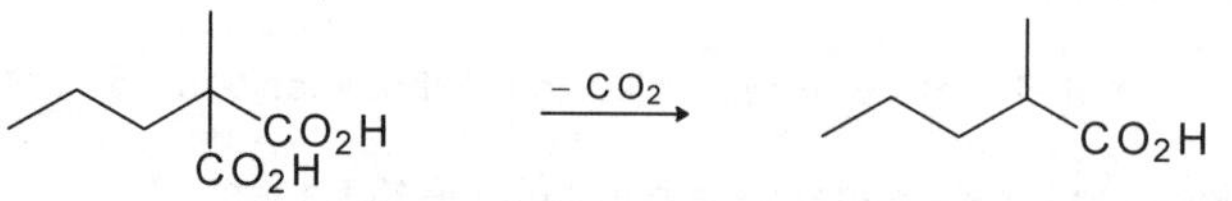

2-Methyl-2-propylmalonsäure   2-Methylpentansäure

21. Radikalbildung:

$$2 \ R{-}O{-}O{-}R \xrightarrow{\text{erhitzen}} 2 \ R{-}O^{\bullet}$$

Kettenstart:

Kettenfortpflanzung:

22.

23.

Kapitel 19
Derivate von Carbonsäuren

19.1 Carbonsäurederivate und ihre Reaktivität

Carbonsäurederivate sind Verbindungen mit einer funktionellen Gruppe, welche bei der sauren oder basischen Hydrolyse eine Carbonsäure ergibt.

Alle Carbonsäurederivate haben die gleiche Oxidationsstufe wie die zugrunde liegende Carbonsäure.

Mehr als ein Dutzend Carbonsäurederivate sind bekannt. Nur die wichtigsten werden in diesem Kapitel behandelt: Carbonsäurechloride, Carbonsäureanhydride, Carbonsäureester, Thiocarbonsäureester, Carbonsäureamide und Nitrile. Die meistens Carbonsäurederivate enthalten eine Carbonylgruppe. Das Beispiel Nitril zeigt aber, dass das nicht immer der Fall sein muss.

Carbonsäurederivate weisen eine Vielfalt von Reaktionen auf, die auf zwei Typen zurückgeführt werden können: Substitution von X in R–CO–X (X gleich Halogen, OR, NR$_2$ u.a.) und Austausch des reaktiven H-Atoms in α-Stellung.

In diesem Kapitel wird die Substitution des Heteroatoms X in R–CO–X und im nächsten der Austausch des α-Wasserstoffatoms behandelt.

Die Substitution des Heteroatoms X verläuft in zwei Schritten. Im ersten Schritt erfolgt eine Addition des Nucleophils Y⁻ an die Carbonylgruppe. Dabei bildet sich eine in der Regel kurzlebige **tetraedrische Zwischenstufe**. Im zweiten Schritt tritt eine Eliminierung von X ein.

tetraedrische Zwischenstufe

Der gesamte Verlauf ist eine **nucleophile Acylsubstitution**, die zu den Additions-Eliminierungs-Reaktionen gehört. Ähnlichkeiten mit der nucleophilen aromatischen Substitution (Abschn. 15.6) sind unverkennbar. Beachten Sie aber den Unterschied zur nucleophilen (aliphatischen) Substitution, die nur bei S_N1-Reaktionen über eine Zwischenstufe verläuft

Reaktivitätsvergleich von Acylverbindungen. Carbonsäurederivate unterscheiden sich in der Reaktivität der Carbonylgruppe erheblich voneinander. Am reaktionsfähigsten sind Carbonsäurechloride, während Carbonsäureamide die geringste Reaktivität aufweisen. Das zeigt schon ein einfaches Experiment: Ein niedermolekulares Säurechlorid reagiert spontan mit Wasser, ein niedermolekulares Amid dagegen erst in einem Zeitraum von mehreren Tagen oder Wochen. Die Reaktivität von Carbonsäurederivaten gegenüber einem Nucleophil nimmt wie folgt zu:

Diese Reaktivitätszunahme ist eine Folge zunehmender Reaktivität der Carbonylgruppe, ferner zunehmender Reaktivität des Abgangsgruppe X in R–CO–X. Säurechloride sind am reaktionsfähigsten, da der Chlorsubstituent aufgrund seines –I-Effekts Elektronen vom Carbonyl-C-Atom abzieht und damit letzteres besonders aktiviert. Außerdem ist der Chlorsubstituent eine gute Abgangsgruppe, da das austretende Chlorid-Ion nur schwach basisch ist. Säureamide sind am wenigsten reaktiv, da eine Aminogruppe einen starken +M-Effekt besitzt (s. Krummpfeile im vorstehenden Formelschema) und dadurch die Reaktivität des Carbonyl-C-Atoms herabsetzt. Auch stellt die Aminogruppe eine schlechte Abgangsgruppe dar (I- und M-Effekte: Abschn. 1.5).

Aufgabe

1. Welche der folgenden Verbindungen sind Derivate von Carbonsäuren?

19.2 Carbonsäurehalogenide

Carbonsäurehalogenide enthalten die Gruppierung R–CO–X (X gleich Halogen). Zur Benennung nach IUPAC wird der Name des betreffenden Kohlenwasserstoffs mit der Nachsilbe *-oyl* und dem Namen des Halogenids verknüpft. Daneben werden weniger systematische Namen verwendet. Beispiele:

Ethanoylchlorid
(Acetylchlorid), Sdp. 52 °C

Propanoylchlorid
(Propionylchlorid), Sdp. 80 °C

Benzoylchlorid,
Sdp. 197 °C

Die niedermolekularen Carbonsäurehalogenide sind bei Raumtemperatur Flüssigkeiten mit einem stechenden, tränenreizenden Geruch. Dieser rührt teilweise von Halogenwasserstoff her, welcher bei der Hydrolyse der Carbonsäurehalogenide an den Schleimhäuten von Nase und Augen entsteht. Die größte Bedeutung besitzen Carbonsäurechloride.

19.2.1 Herstellung von Carbonsäurechloriden

Carbonsäurechloride werden aus Carbonsäuren und anorganischen Säurechloriden hergestellt (Abschn. 18.4.6). Beispiel:

Benzoesäure   **Thionylchlorid**   **Benzoylchlorid**

Aufgabe

2. Formulieren Sie die Synthese der Säurechloride A–C aus den jeweils in Klammern vermerkten Verbindungen. (Sämtliche Synthesen verlaufen mehrstufig.)

A (aus Propen)   **B** (aus Benzol)   **C** (aus Toluol)

19.2.2 Reaktionen von Carbonsäurechloriden

Carbonsäurehalogenide gehören zu den reaktionsfreudigsten Verbindungen der organischen Chemie. Die Reaktion mit Aromaten unter Friedel-Crafts-Bedingungen wurde bereits zuvor behandelt (Abschn. 15.3.5). Hier stehen die Reaktionen mit nucleophilen Verbindungen wie Alkohol, Amin, Hydrazin u.a. im Vordergrund.

Reaktion von Carbonsäurechloriden mit Wasser. Ein Carbonsäurechlorid reagiert mit Wasser unter Bildung von Carbonsäure und Chlorwasserstoff.

Die Hydrolyse verläuft nach dem Schema einer nucleophilen Acylsubstitution über eine tetraedrische Zwischenstufe.

Reaktion von Carbonsäurechloriden mit Alkoholen. Mit Alkoholen oder Phenolen setzen sich Säurechloride in einer Gleichgewichtsreaktion zu Estern um.

Die Alkoholyse verläuft mechanistisch wie die Hydrolyse von Säurechloriden. Zur Verschiebung des Gleichgewichts zugunsten des Esters bedarf es eines HCl-Abfängers, wozu sich verdünnte Natronlauge oder Pyridin eignen.

Mit verdünnter Natronlauge als HCl-Abfänger verläuft die Reaktion als **Zweiphasenreaktion** (Wasser/organisches Lösungsmittel): In der unteren wässrigen Phase ist NaOH gelöst, in der oberen organischen Phase sind Säurechlorid und Alkohol gelöst. Die Neutralisation des gebildeten HCl erfolgt in der Grenzschicht. Die Acylierung von Alkoholen, Phenolen und Aminen mit Natronlauge im Zweiphasensystem wird auch **Schotten-Baumann-Reaktion** genannt.

Mit Pyridin als HCl-Abfänger nimmt die Esterbildung mechanistisch einen anderen Verlauf. Pyridin ist nicht nur Base, sondern auch Katalysator. Die Verbindung greift als Nucleophil die Carbonylgruppe des Säurechlorids an, wobei ein Acylpyridinium-Ion entsteht. Die Carbonylgruppe darin ist äußerst reaktiv und reagiert mit dem Alkohol zum Ester.

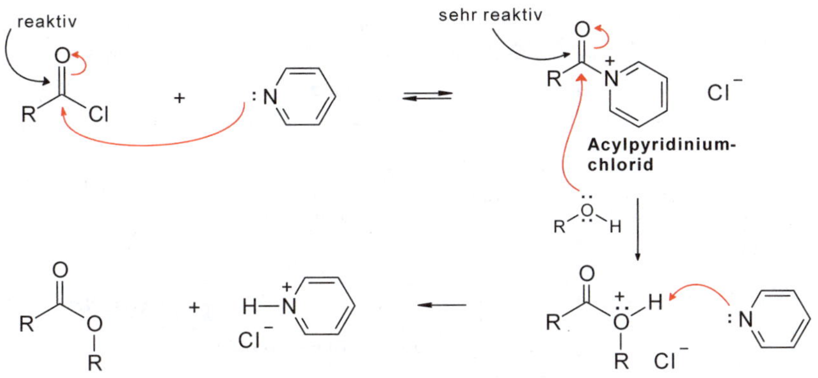

Ein besonders wirksamer Katalysator ist Dimethylaminopyridin. Diese Verbindung übertrifft die katalytische Aktivität von Pyridin um ein Vielfaches. Als Zwischenstufe tritt auch hier eine Acylverbindung auf:

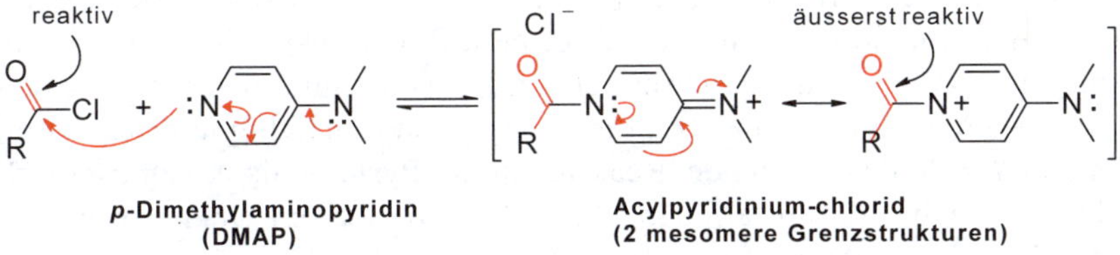

Die Reaktion eines Carbonsäurechlorids mit einem Alkohol oder einem anderen Nucleophil hat auch analytische Bedeutung. Niedrig schmelzende, schlecht zu charakterisierende Alkohole, Phenole oder Amine werden mit geeigneten Säurechloriden wie 3,5-Dinitrobenzoylchlorid in höher schmelzende, gut kristallisierende 3,5-Dinitrobenzoylderivate überführt, deren Schmelzpunkte zur Identifizierung des eingesetzten Nucleophils dienen. Beispiel:

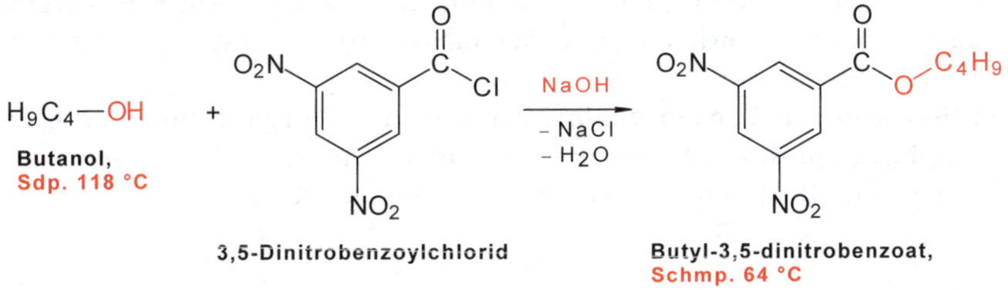

Reaktion von Carbonsäurechloriden mit Aminen. Säurechloride reagieren mit Ammoniak oder Aminen zu Carbonsäureamiden. Dabei werden zwei mol der nucleophilen Verbindung benötigt, ein mol für die Reaktion, ein zweites mol, um den gebildeten Chlorwasserstoff zu binden. Bei der Reaktion mit tertiären Aminen, z.B. mit Pyridin reicht ein mol, da kein Chlorwasserstoff gebildet wird.

Mechanistisch verläuft die Reaktion von Aminen mit Säurechloriden wie die Hydrolyse oder Alkoholyse von Säurechloriden. Reaktionsprodukte bei der Reaktion mit primären oder sekundären Aminen sind *N*-substituierte Amide und mit tertiären Aminen Acylammoniumsalze, die äußerst reaktionsfähig und schwer zu isolieren sind. Werden vorstehende Reaktionen in Pyridin als Lösungsmittel durchgeführt, so reicht ein mol aliphatisches Amin, da das im Überschuss vorhandene Pyridin den Chlorwasserstoff bindet.

Zwar reagiert auch Pyridin mit dem Säurechlorid, das gebildete Acylpyridiniumchlorid steht aber im Gleichgewicht mit den jeweiligen Ausgangsverbindungen. Dagegen reagiert ein primäres oder sekundäres Amin irreversibel mit dem Säurechlorid zum Säureamid.

Reaktion von Carbonsäurechloriden mit metallorganischen Verbindungen. Carbonsäurechloride reagieren mit zwei mol Grignardverbindungen zu tertiären Alkoholen. Die Reaktion verläuft über die Stufe des Ketons.

Wird die Reaktion mit nur einem mol Grignard-Verbindung und zudem bei −30°C durchgeführt, bleibt die Reaktion im wesentlichen auf der Stufe des Ketons stehen. Die wässrige Aufarbeitung liefert Keton mit geringen Mengen an tertiärem Alkohol.

Ausschließlich Keton bildet sich, wenn eine kupferorganische Verbindung eingesetzt wird. Kupferorganische Verbindungen, auch **Cuprate** genannt; sind nur mäßig reaktiv, sie reagieren mit den äußerst reaktionsfähigen Säurechloriden, aber nicht mit Ketonen. Die Reaktion bleibt somit auf der Stufe des Ketons stehen.

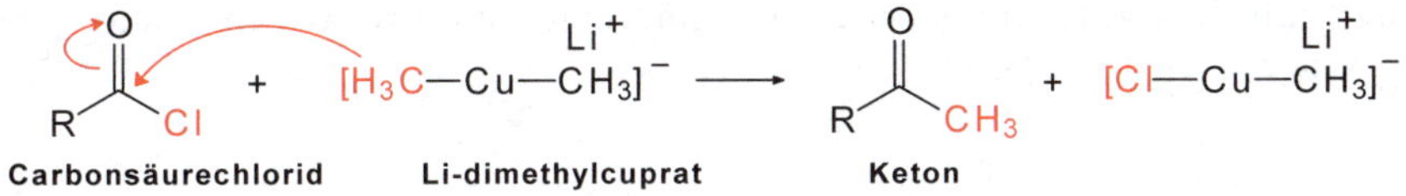

Somit kann ein Säurechlorid gezielt in ein Keton (mit Cuprat) oder in einen tertiären Alkohol (mit Grignardverbindung) überführt werden. Beispiel:

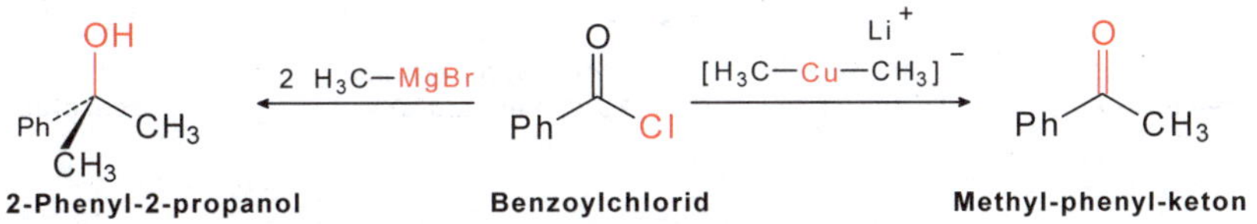

Eine Anwendung der Reaktion mit Cuprat ist die Synthese von Manicon, einem Pheromon, mit dem sich Ameisen untereinander verständigen (Et = Ethyl):

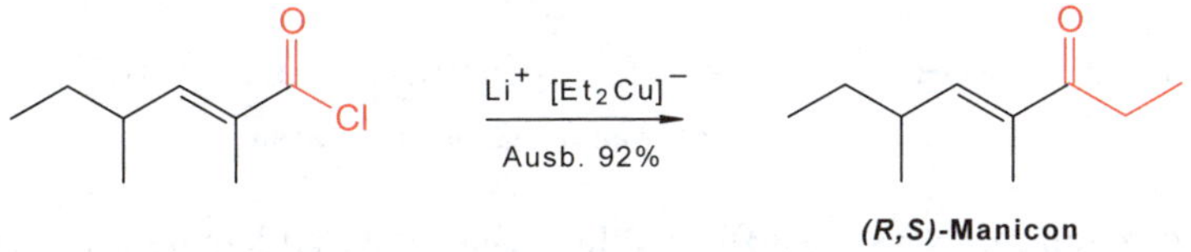

Reduktion von Carbonsäurechloriden. Carbonsäurechloride können je nach Art des Reduktionsmittels zu Aldehyden oder weiter zu primären Alkoholen reduziert werden. Das starke Reduktionsmittel Lithiumaluminiumhydrid überführt ein Carbonsäurechlorid in einen primären Alkohol.

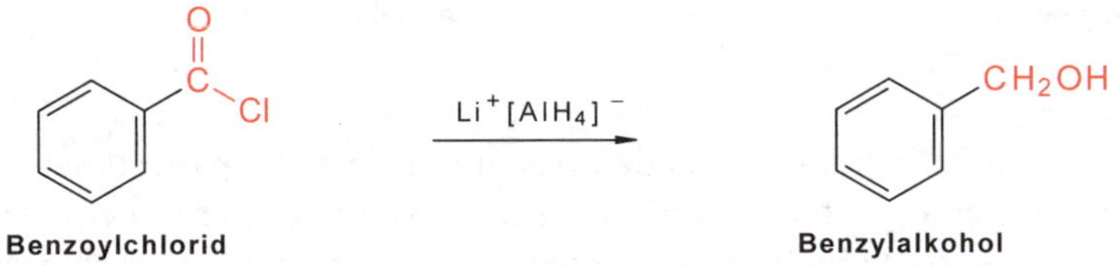

Die Reduktion verläuft über einen Aldehyd als Zwischenprodukt.

ein Säurechlorid — ein primärer Alkohol

Diese Reduktion ist präparativ von geringem Interesse, da auch Carbonsäuren (von denen sich Carbonsäurechloride herleiten) zu primären Alkoholen reduziert werden können. Wichtiger ist die partielle Reduktion zu einem Aldehyd. Diese gelingt mit dem aufgrund sterischer Hinderung wenig reaktiven Reduktionsmittel $Li^+ [AlH(OR)_3]^-$ bei −78°C.

Benzoylchlorid — tetraedrische Zwischenstufe (bei −78 °C beständig) — Benzaldehyd

Das Lithium-Alkoxyaluminiumhydrid wird aus Lithiumaluminiumhydrid und drei mol Alkohol, z.B. *tert*-Butylalkohol (nachfolgend mit ROH abgekürzt) hergestellt.

starkes Reduktionsmittel   schwaches Reduktionsmittel

$$LiAlH_4 \; + \; 3 \, ROH \; \longrightarrow \; Li^+ \, [AlH(OR)_3]^- \; + \; 3 \, H_2$$

Li-tri(*tert*-butoxy)aluminiumhydrid

Auch die Reduktion mit Wasserstoff/Pd führt selektiv zu Aldehyden. Diese Reaktion wird nach dem Entdecker **Rosenmund-Reduktion** genannt *(K. W. Rosenmund,* geb. 1884 in Berlin).

Butanoylchlorid — Butanal

Als Katalysator wird Palladium verwendet, das durch Chinolin partiell desaktiviert ("vergiftet") ist, um eine weitere Reduktion zum Alkohol zu verhindern. Die partielle Desaktivierung von Palladium wurde bereits bei der Hydrierung von Alkinen zu Alkenen behandelt (Abschn. 7.4.4).

Aufgaben

3. Die Alkohole A und B können aus Benzoylchlorid hergestellt werden. Formulieren Sie die einzelnen Schritte.

OH
Ph CH₃
H₃C
A

OH
Ph C₂H₅
H₃C
B

4. Vervollständigen Sie folgendes Reaktionsschema:

$$\xrightarrow[-78\,°C]{Li\,[(H_3C)_3C-O]_3AlH}$$

5. Die Verbindung H_3C-CH_2-COCl (A) soll in die Verbindungen B-E umgewandelt werden. Formulieren Sie die einzelnen Reaktionen.

B   **C**   **D**   **E**

19.3 Carbonsäureanhydride

Carbonsäureanhydride sind Verbindungen der Konstitution $R-CO-O-CO-R$. Der Name "Anhydrid" bringt zum Ausdruck, dass die Verbindungen aus Carbonsäuren durch Wasserentzug entstehen können. Erfolgt der formale Wasserentzug zwischen zwei Carbonsäuremolekülen, entstehen offenkettige Carbonsäureanhydride; tritt derselbe innerhalb einer Dicarbonsäure ein, bildet sich ein cyclisches Carbonsäureanhydrid.

offenkettiges Anhydrid

Essigsäureanhydrid

cyclisches Anhydrid

Bernsteinsäureanhydrid

19.3.1 Herstellung von Carbonsäureanhydriden

Aus Carbonsäurechloriden und Natriumcarboxylat:

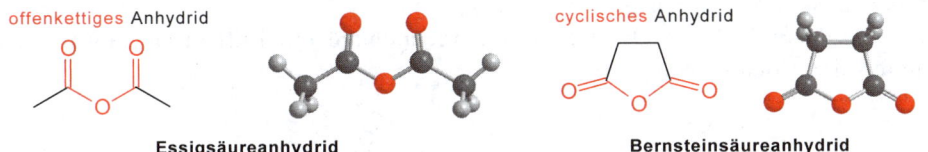

Benzoat-Ion   Benzoylchlorid   Benzoesäureanhydrid

Die Rückreaktion unterbleibt, da Chlorid-Ionen schwächere Nucleophile als Carb-oxylat-Ionen sind. Mit vorstehender Reaktion können auch gemischte Anhydride (Anhydride aus zwei verschiedenen Carbonsäuren) hergestellt werden.

Aus Dicarbonsäuren durch Wasserabspaltung. Während Monocarbonsäuren beim Erhitzen selbst auf höhere Temperatur kaum Neigung zeigen, unter Wasser-abspaltung in die entsprechenden Carbonsäureanhydride überzugehen, gelingt die Wasserabspaltung bei 1,2- und 1,3-Dicarbonsäuren schon bei mäßig hoher Tempe-ratur. Grund ist die leichte Bildung von 5- und 6-Ringen (Abschn. 18.6.2). Bei-spiel:

Noch schonender verläuft die Wasserabspaltung mit Acetanhydrid. Beachten Sie die Gleichgewichtsverschiebung durch den Überschuss an Acetanhydrid.

Technische Herstellung von Essigsäureanhydrid. Von allen Carbonsäurean-hydriden wird Essigsäureanhydrid (Acetanhydrid) am häufigsten verwendet. Zwei großtechnische Verfahren sind im Einsatz.

Aus Acetaldehyd. Durch Oxydation von Acetaldehyd mit Luft in Gegenwart von Kupfer- und Cobaltacetat:

Aus Essigsäure und Keten. Wird Essigsäure in Gegenwart bestimmter Metalloxide auf 700 °C erhitzt, so bilden sich in einer Gleichgewichtsreaktion Keten und Was-ser. Eine Verschiebung des Gleichgewichts zugunsten des Ketens gelingt u.a. durch Abschrecken des Reaktionsgemischs auf tiefere Temperatur.

Keten ist ein farbloses, äußerst reaktives Gas (Sdp. −56 °C), dessen Reaktionsfreudigkeit auf der Kumulierung der beiden Doppelbindungen beruht. Es reagiert mit einer Vielzahl nucleophiler Verbindungen. Mit Essigsäure entsteht über einen cyclischen Übergangszustand Acetanhydrid.

19.3.2 Reaktionen von Carbonsäureanhydriden

Carbonsäureanhydride zeigen ein ähnliches chemisches Verhalten wie Carbonsäurechloride: Sie reagieren mit Wasser zu Carbonsäuren, mit Alkoholen zu Estern und mit Aminen zu Amiden. Im allgemeinen sind sie aber nicht ganz so reaktionsfähig, wie auch der folgende Vergleich zeigt: Acetylchlorid reagiert mit Wasser momentan, Acetanhydrid setzt sich damit erst innerhalb einiger Stunden um.

Essigsäureanhydrid wird häufig zur Acetylierung von Alkoholen herangezogen. Primäre Alkohole werden schnell, sekundäre langsamer und die sterisch gehinderten tertiären Alkohole nur in Gegenwart des Katalysators 4-Dimethylaminopyridin (DMAP) verestert. Lösungsmittel ist meistens Pyridin. Zur Wirkungsweise des Katalysators s. Abschn. 19.2.2.

● **Frage.** Das Diol A wird mit einem Äquivalent Acetanhydrid umgesetzt. Was entsteht?

Antwort. Das Diol A enthält eine primäre und eine sekundäre OH-Gruppe. Die primäre ist sterisch weniger gehindert und reagiert deshalb bevorzugt mit Acetanhydrid zum Acetat.

Aufgaben

6. Benzoesäure-butansäure-anhydrid ist ein gemischtes Anhydrid. Schlagen Sie eine Synthese vor.
7. Welche Produkte entstehen bei der Reaktion zwischen Propionsäureanhydrid und Propylamin?

19.3.3 *Exkurs*: Herstellung des Süßstoffs Aspartam

Aspartam ist ein Süßstoff zur zuckerfreien Zubereitung von Speisen. Die Verbindung besitzt folgende Struktur:

Aspartam

Es handelt sich um ein Dipeptid bestehend aus den Aminosäureresten Asparaginsäure und Phenylalanin, die über eine Amidbindung miteinander verknüpft sind. Die retrosynthetische Betrachtung (rote gestrichelte Linie) legt eine Synthese aus Asparaginsäure-anhydrid und Phenylalanin-methylester nahe. Nachfolgend wird zunächst die Synthese des Anhydrids, danach die von Aspartam beschrieben.
Synthese von *Z*-Asparaginsäure-anhydrid. Die Herstellung erfordert zwei Schritte. Im ersten Schritt wird die Aminogruppe von Asparaginsäure durch Überführung in eine Amidgruppe geschützt. Als Schutzgruppe dient die Benzyloxycarbonylgruppe, auch Z-Gruppe genannt, die am Schluss der Aspartamsynthese wieder abgespalten wird. Bei diesem Schritt handelt sich um eine typische nucleophile Acylsubstitution, die zu einem Amid führt.

Schritt 1: Schutz der Aminogruppe

Chlorameisensäure-benzylester   Asparaginsäure   Z-Asparaginsäure

Im zweiten Schritt wird die *Z*-geschützte Asparaginsäure mit Acetanhydrid (Ac$_2$O) ins Anhydrid überführt. Ein Überschuss von Anhydrid sorgt für die Verschiebung des Gleichgewichts zur Seite des cyclischen Anhydrids. Die Wasserabspaltung mit Hilfe von Acetanhydrid verläuft schonender als die durch bloßes Erhitzen (Abschn. 19.3.1).

Schritt 2: Anhydridbildung

Z-Asparaginsäure   Z-Asparaginsäure-anhydrid (Baustein A)

Synthese von Aspartam. Das cyclische Anhydrid wird mit dem Methylester von Phenylalanin erhitzt. Unter Ringöffnung des Anhydrids bildet sich dabei das Dipeptid *Z*-Aspartam.

Phenylalanin-methylester   Z-Aspartam

Der Angriff der Aminogruppe erfolgt vorwiegend auf C-2 (roter Krummpfeil), da diese Carbonylgruppe wegen des –I-Effekts der Amidogruppe elektrophiler als die andere Carbonylgruppe ist. In untergeordnetem Maße greift die Aminogruppe auch C-5 an (schwarzer Krummpfeil). Somit entsteht ein Gemisch aus *Z*-Aspartam (Hauptprodukt) und *Z*-Isoaspartam. (Im Schema ist nur das Hauptprodukt aufgeführt.) Reduktive Entfernung der *Z*-Schutzgruppe durch H$_2$/Pd liefert ein Gemisch aus Aspartam und Isoaspartam. (Zur Hydrogenolyse einer Benzylbindung s. Abschn. 27.2.3.) Die Isolierung von Aspartam aus dem Gemisch gelingt durch fraktionierende Kristallisation einer wässrigen, auf pH 5 eingestellten Lösung.

Aufgaben

8. Werfen Sie nochmals einen Blick auf die Bildung von *Z*-Aspartam (vorstehende Gleichung). Warum reagiert die Aminogruppe wie formuliert mit der einen Carbonylgruppe des Anhydrids und nicht mit der Carbonylgruppe eines anderen Estermoleküls? Mit anderen Worten: Warum reagiert der Ester nicht mit sich selbst?

9. Welche Struktur besitzt *Z*-Isoaspartam (s. Text)?

19.4 Carbonsäureester

19.4.1 Nomenklatur und Vorkommen

Carbonsäureester enthalten die Gruppe R–CO–O–R'. Zur Benennung behandelt man Ester entweder wie Salze, wobei anstelle des Namens des Kations der des Alkylrests des Alkohols steht, oder man fügt den Namen des Alkylrests an den Namen der Carbonsäure an.

Methyl-acetat (vgl. Na-acetat)
(Essigsäure-methylester)

Ethyl-hexanoat,
(Hexansäure-ethylester)

Benzyl-benzoat
(Benzoesäure-benzylester)

Carbonsäureester sind in der Natur weit verbreitet. Niedermolekulare Ester kommen in Früchten, Blüten usw. vor und bestimmen zusammen mit anderen Stoffen das Aroma dieser Naturprodukte. Nachfolgend ist vermerkt, welcher Ester zum Geruch welchen Getränks oder welcher Frucht beiträgt. Höhermolekulare Ester treten als Glycerylester in Fetten und Ölen auf (Kap. 26).

Ethyl-formiat
(Sdp. 54°C), im Rum

Pentyl-acetat (Sdp. 147 °C)
in Bananen

Octyl-acetat (Sdp. 210 °C),
in Apfelsinen

Ethyl-butyrat (Sdp. 123 °C),
in Ananas

Pentyl-butyrat (Sdp. 186 °C),
in Aprikosen

19.4.2 Herstellung von Estern

Aus Carbonsäuren und Alkoholen (Abschn. 18.4.4).

Methyl-benzoat

Aus Carbonsäurechloriden oder -anhydriden und Alkoholen (Kap. 19.2.2 und 19.3.2).

Aufgaben

10. Benennen Sie folgende Ester:

11. Bis(2-ethylhexyl)phthalat ist ein vielseitig verwendeter Weichmacher, insbesondere für PVC (Polyvinylchlorid). Der Ester wird technisch aus *o*-Xylol und Butanal hergestellt. Wie verläuft die Synthese? (Führen Sie zunächst eine retrosynthetische Analyse durch und tragen Sie das Ergebnis in die Esterformel ein.)

Bis(2-ethylhexyl)phthalat
(Weichmacher)

19.4.3 Reaktionen an der Estergruppe

Hydrolyse. Bei der Hydrolyse eines Esters entstehen eine Carbonsäure und ein Alkohol. Die Hydrolyse stellt somit die Umkehr der Veresterung dar.

In Abwesenheit eines Katalysators verlaufen Hydrolyse und Veresterung sehr langsam. Sind aber geringe Mengen einer Mineralsäure vorhanden, stellt sich vorstehendes Gleichgewicht rasch ein, ohne dass dabei die Lage des Gleichgewichts verändert wird. Eine fast vollständige Hydrolyse des Esters wird durch einen großen Überschuss an Wasser erreicht.

Häufig wird die Hydrolyse eines Esters mit einer äquimolaren Menge Natrium- oder Kaliumhydroxid durchgeführt. Hierbei wandelt sich der Ester quantitativ ins Carboxylat um, aus dem die freie Carbonsäure durch Ansäuern gewonnen werden kann.

Der Mechanismus der säurekatalysierten Hydrolyse hat große Ähnlichkeit mit dem Mechanismus der säurekatalysierten Veresterung (s. Abschn. 18.4.4). Zunächst wird die Carbonylgruppe protoniert. Der protonierte Ester reagiert mit einem Wassermolekül unter Bildung einer protonierten tetraedrischen Zwischenstufe. Es folgt Wanderung des Protons (Zeichen:~) innerhalb der Zwischenstufe und schließlich Abgang der Alkoholgruppe unter Bildung der (protonierten) Carbonsäure.

Auch die alkalische Hydrolyse verläuft über eine tetraedrische Zwischenstufe. Hier tritt die alkoholische Gruppe als Alkoholat-Ion aus.

Ester   **tetraedrische Zwischenstufe**   **Carboxylat**

Die Hydrolyse eines Esters wird auch **Verseifung** genannt, gleichgültig ob sie unter sauren oder basischen Bedingungen verläuft. Der Name "Verseifung" rührt daher, dass bei der alkalischen Hydrolyse eines Fettes (ein Ester aus Glycerin und einer höhermolekularen Carbonsäure) Alkalicarboxylate langkettiger Carbonsäuren entstehen, welche die Eigenschaft einer Seife besitzen, Näheres s. Kap. 26.

Vergleich von saurer und alkalischer Hydrolyse

- Die saure Hydrolyse eines Esters liefert eine Carbonsäure, die alkalische ein Carboxylat.
- Die saure Hydrolyse ist ein reversibler, die alkalische ein irreversibler Vorgang. Höhere Ausbeuten werden bei der alkalischen Verseifung erzielt.

Aufgabe

12. Bei der sauren Hydrolyse eines Esters aus einem primären oder sekundären Alkohol wird die Bindung gemäß (a) gespalten, und bei der sauren Hydrolyse eines Esters aus einem tertiären Alkohol gemäß (b). Wie verläuft der Mechanismus der sauren Hydrolyse gemäß (b)?

(a)   (b)

Umesterung. Bei der Umesterung eines Esters wird der Alkylrest des Esters gegen einen anderen ausgetauscht. Dazu vermischt man den Ester mit demjenigen Alkohol, dessen Alkylrest eingeführt werden soll, und erhitzt in Gegenwart einer Spur Alkanolat oder Säure. Achten Sie auf die rot markierten Reste R und R'.

Es stellt sich ein Gleichgewicht ein, das durch einen Überschuss an H–OR' oder aber durch Abdestillieren von H–OR (sofern dieser Alkohol niedriger siedet als der eingesetzte) zur rechten Seite hin verschoben werden kann. Zum Mechanismus der Umlagerung s. Aufgabe 15.

Umesterungen werden u.a. durchgeführt, um einen Methyl- oder Ethylester (diese beiden sind im allgemeinen leicht zugänglich) in einen Ester mit einem höhermolekularen Alkoholteil zu überführen. So gelingt die Umwandlung von Methylbenzoat in Cyclohexylbenzoat durch destillative Entfernung von Methanol aus folgender Gleichgewichtsmischung:

Methylbenzoat   **Cylohexyl**benzoat

Technisch bedeutsam ist die Umesterung von Rapsöl mit Methanol zu Fettsäuremethylester, welcher als Biodiesel dient (Abschn. 26.5).

Reaktion von Estern mit Ammoniak und Aminen. Ester reagieren mit Ammoniak, primären oder sekundären Aminen zu Carbonsäureamiden.

Die Umwandlung eines Esters in ein Amid besitzt auch analytische Bedeutung, da Amide kristallin und somit zur Charakterisierung eines Acylrestes gut geeignet sind. So fiel bei einer Reaktion folgender, zunächst unbekannte Dichlorester an, der durch Überführung in ein bekanntes kristallines Säureamid aufgeklärt werden konnte.

Ester, bei Raumtemp. flüssig   **Säureamid, Schmp. 117 °C**

Aufgabe

13. Isonicotinsäurehydrazid ist ein Arzneimittel gegen Tuberkulose. Die Verbindung wird aus Isonicotinsäure hergestellt. Formulieren Sie die einzelnen Schritte.

Isonicotinsäure →(?)→ **Isonicotinsäurehydrazid (gegen Tuberkulose)**

Reaktion von Estern mit Grignard-Verbindungen. Ester werden mit Grignardverbindungen in tertiäre Alkohole überführt. Als Zwischenstufe wird ein Keton durchlaufen.

Benzoesäure-methylester —H₃C—MgBr→ **Methyl-phenyl-keton** —H₃C—MgBr→ **2-Phenyl-2-propanol**

Was passiert, wenn zu einem mol Ester nur ein mol Grignard-Verbindung hinzugefügt wird? Auch jetzt bildet sich der tertiäre Alkohol, dafür bleibt die Hälfte des eingesetzten Esters übrig. Der Grund liegt in der gegenüber Estern größeren Reaktivität von Ketonen: In dem Maße wie das Keton sich bildet, reagiert es mit der Grignard-Verbindung sofort weiter.

Zur Alkylierung von Carbonsäurederivaten nur bis zur Stufe des Ketons siehe Abschn. 19.2.2.

Reduktion von Estern. Die Estergruppe kann je nach Reduktionsmittel zu einer Aldehydgruppe oder zu einer prim. Alkoholgruppe reduziert werden. Beispiel:

Dodecanol ←LiAlH₄, RT, Ether— **Ethyl-dodecanoat** —(i-Bu)₂AlH, −78 °C, Hexan→ **Dodecanal (90%)**

Die Reduktion zum Aldehyd gelingt mit Diisobutylaluminiumhydrid (DIBAl-H), im folgenden Formelschema mit $AlHR_2$ abgekürzt, bei −78°C. Die Reduktion bleibt auf der Stufe des Aldehyds stehen, weil bei dieser Temperatur das sperrige Halbacetal-Derivat stabil ist.

Ester —H—AlR₂, −78°C→ → **Halbacetal-Derivat, bei −78 °C stabil** —wässr. Aufarb.→ **Aldehyd** + HO—R **Alkohol**

Eine Reduktion zum primären Alkohol tritt mit Lithiumaluminiumhydrid bei Raumtemperatur oder mit molekularem Wasserstoff/Metalloxid bei höherer Temperatur ein. Beachten Sie, dass bei diesen Reduktionen im Gegensatz zu vorstehender Reduktion zwei Alkohole entstehen: ein primärer Alkohol aus dem Carbonsäureteil und ein weiterer aus dem Alkoholteil des Esters.

Reduktionen mit molekularem Wasserstoff werden vor allem in technischem Maßstab durchgeführt, wobei als Katalysator das Gemisch $CuO \cdot CuCr_2O_4$ dient.

Reduktive Dimerisierung von Estern. Acyloinkondensation. Wird ein Ester mit metallischem Natrium in Lösungsmitteln wie Diethylether oder Alkanen erhitzt, so erfolgt eine reduktive Dimerisierung, aus der nach wässriger Aufarbeitung ein α-Hydroxyketon, auch **Acyloin** genannt, hervorgeht.

Die reduktive Dimerisierung des Esters verläuft heterogen (an der Oberfläche des Natriums), wobei wahrscheinlich zunächst ein Radikal-Anion entsteht, welches rasch dimerisiert.

Schritt 1: Radikalbildung

Schritt 2: Radikal-Dimerisierung

Wird ein Diester eingesetzt, so tritt eine intramolekulare Reaktion ein, bei der ein *cyclisches* Acyloin entsteht. Das folgende Beispiel zeigt die Synthese eines C_{12}-Ringes mit Hilfe der Acyloinkondensation.

ein Diester   ein cyclisches Hydroxyketon

Die intramolekulare Acyloinkondensation ist eine generelle Methode zur Herstellung von kleinen und großen Ringen. Wie bei anderen Ringschlussreaktionen von Ketten mit reaktiven Enden muss auch hier zwecks Vermeidung einer *inter*molekularen Reaktion das **Verdünnungsprinzip** angewandt werden (Abschn. 4.5).

Aufgaben

14. Welche Verbindungen entstehen, wenn Methyl-dodecanoat und 2-Butanol in Gegenwart einer Säure erhitzt werden?

15. Geben Sie den Mechanismus für den Ablauf der Umesterung unter basischen, ferner unter sauren Bedingungen an.

16. Bei der Hydrolyse des Tosylesters A mit $H_2^{18}O$ entstehen die folgenden Verbindungen. Welche Bindung im Tosylat wird gespalten?

17. Ethyl-acetat wurde in verdünnter Säure, die $H_2^{18}O$ enthielt, hydrolysiert. Die Reaktion wurde nach halbem Umsatz abgebrochen, unverbrauchter Ester isoliert und analysiert. Dabei zeigte sich, dass die Carbonylgruppe des Esters z.T. ^{18}O enthält. Erklären Sie den Einbau von ^{18}O.

18. Welcher Ester entsteht aus Oxalsäure und Glykol? Was kann man über die Bildungstendenz dieses Esters sagen?

19. Folgende Umwandlungen können mit Hilfe der Grignard-Reaktion erreicht werden. Formulieren Sie die Stufen.

(a) CO$_2$H →(2 Stufen)→ OH

(b) OH →(3 Stufen)→

20. Vervollständigen Sie folgende Reaktionsschemata:

(a) Ph–C(=O)–O–C$_4$H$_9$ $\xrightarrow{\text{1) LiAlH}_4 \quad \text{2) H}_3\text{O}^+}$

(b) Cyclopentyl–C(=O)–O–propyl $\xrightarrow{\text{1) LiAlH}_4 \quad \text{2) D}_3\text{O}^+}$

(c) Ph–O–C(=O)–CH$_2$–C(=O)–O–Ph $\xrightarrow{\text{1) LiAlD}_4 \quad \text{2) D}_3\text{O}^+}$

19.4.4 Lactone

Lactone sind cyclische Ester. Sie treten als 4-Ringlactone, 5-Ringlactone usw. auf, die auch β-Lactone, γ-Lactone usw. genannt werden. Die einfachsten Vertreter sind:

β-Propiolacton   **γ-Butyrolacton**   **δ-Valerolacton**

Lactone zeichnen sich oftmals durch einen angenehmen Geruch aus, wie das auch bei Estern der Fall ist. Einige höhergliedrige Vertreter werden als Duftstoffe in der Parfümerieindustrie verwendet. Im folgenden sind drei Lactone aufgeführt, die in Pflanzen vorkommen. Die Zahlen in den Formeln geben die Anzahl der Ringatome an:

Cumarin   **Exaltolid**   **Ambrettolid**
(Waldmeister, Klee)   **(Angelikawurzelöl)**   **(Moschuskörneröl)**

Darstellung von Lactonen. 4-Ringlactone werden aus Epoxiden durch Einschub von Kohlenmonoxid in eine Epoxidbindung hergestellt. Als Katalysator dient die Cobaltverbindung M$^+$[Co(CO)$_4$]$^-$ (M$^+$ gleich L$_n$Ti$^+$; L gleich Ligand).

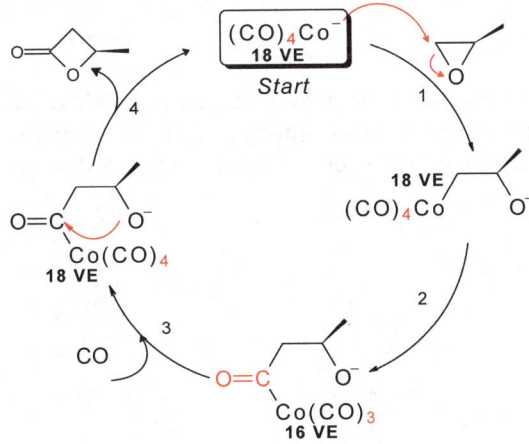

Eingeleitet wird die Reaktion durch Anlagerung der Lewis-Säure M^+ an das O-Atom des Epoxidringes, wodurch die Reaktivität des Ringes erhöht wird (im folgenden Formelschema nicht gezeigt). Anschließend erfolgt ein nucleophiler Angriff des Anions $Co(CO_4)^-$ auf das sterisch weniger gehinderte C-Atom des Epoxids. Danach tritt eine intramolekulare Insertion von CO wie bei der Hydroformylierung ein (Abschn. 16.5.2). Es bildet sich eine Co-organische Verbindung mit 16 Valenzelektroden (VE). Diese nimmt Kohlenmonoxid auf und erlangt wieder Edelgaskonfiguration (18 VE). Der letzte Schritt ist eine innermolekulare Substitution (S_Ni), bei dem das Lacton und der Katalysator freigesetzt werden.

1: S_N2-Reaktion 2: Insertion
3: Addition 4: S_Ni-Reaktion

Statt Epoxide können auch Aziridine (das sind Azacyclopropanverbindungen) eingesetzt werden. Endprodukte sind nunmehr β-Lactame, s. Abschn. 19.6.6.
Ebenfalls zu 4-Ringlactonen gelangt man durch [2+2]Cycloaddition von Ketenen ($R_2C=C=O$) an Aldehyde in Gegenwart der Lewis-Säure Zinkchlorid (Cycloadditionen s. Abschn. 29.3.5). Beispiel:

β-Propiolacton

5- und 6-Ringlactone werden durch Erhitzen der entsprechenden Hydroxycarbonsäuren hergestellt. Beispiel:

δ-Valerolacton

Recht allgemein ist die Herstellung von Lactonen aus offenkettigen oder cyclischen Ketonen mit Peroxycarbonsäuren (Baeyer-Villiger-Oxidation, Abschn. 17.6). Beispiel:

Cyclopentadecanon   Exaltolid

Reaktionen von Lactonen. Lactone reagieren ähnlich wie Ester: Nucleophile greifen bei beiden Verbindungen die Carbonylgruppe an. Anders verhalten sich die sehr gespannten 4-Ringlactone. Hier erfolgt der Angriff des Nucleophils meistens am β-C-Atom.

Ester   5-Ringlacton   4-Ringlacton

Nachfolgend ist die Reaktion eines weitgehend spannungsfreien 5-Ringlactons und eines sehr gespannten 4-Ringlactons mit dem Nucleophil Ammoniak beschrieben.

γ-Butyrolacton   4-Hydroxybutanamid

β-Propiolacton   3-Aminopropionsäure
                                  (als Zwitterion formuliert)

Worauf beruht die Abhängigkeit des Reaktionsverlaufs von der Ringgröße? Die Reaktivität des 4-Ringlactons wird von der Ringspannung bestimmt. Nur bei einem Angriff auf das β-C-Atom wird diese und damit die Aktivierungsenergie vermindert.

Aufgabe
21. Was geschieht beim Erhitzen folgender Hydroxycarbonsäuren mit verdünnter Säure?

19.5 Thiocarbonsäureester

Werden die Sauerstoffatome einer Carboxylgruppe teilweise oder ganz durch Schwefelatome ersetzt, bildet sich eine Thio- bzw. eine Dithiocarbonsäure. Die Thiocarbonsäure existiert als Gemisch zweier Tautomerer.

Wie Carbonsäuren bilden auch Thio- und Dithiocarbonsäuren Ester. Am wichtigsten sind Ester der Thiocarbonsäure. Diese bilden sich u.a. aus Carbonsäurechloriden und Thiolaten.

Thioester sind reaktionsfähiger als Ester. Die höhere Reaktivität beruht darauf, dass eine R–S-Gruppe eine bessere Austrittsgruppe als eine R–O-Gruppe ist.
Thioester spielen in der Biochemie eine bedeutende Rolle. Der wichtigste Thioester ist Acetyl-Coenzym A, abgekürzt mit Acetyl-CoA. Letztere Verbindung wird auch **aktivierte Essigsäure** genannt, da die Acetylgruppe aufgrund der reaktiven C-S-Bindung leicht auf andere Nucleophile übertragen werden kann. Das folgende Beispiel beschreibt die Übertragung von Acetyl aus Acetyl-CoA auf Glucosamin, bei der *N*-Acetylglucosamin entsteht. Diese Verbindung ist ein wichtiger Bestandteil von Membranen in biologischen Zellen.

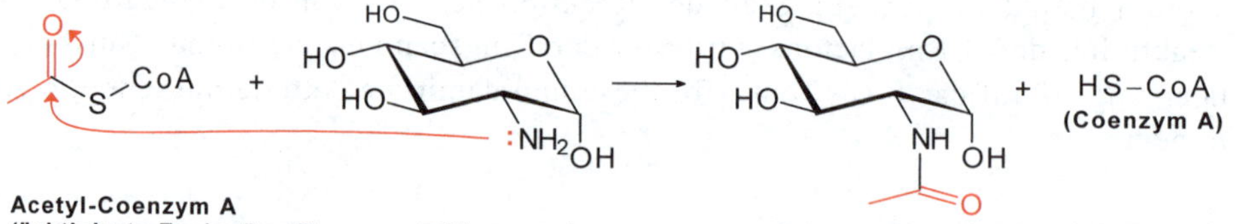

Acetyl-Coenzym A
("aktivierte Essigsäure")   **D-Glucosamin**   **N-Acetylglucosamin**

Coenzym A selbst ist eine höhermolekulare Verbindung, welche u.a. den Baustein **Cysteamin** enthält. Die SH-Gruppe dieses Bausteins reagiert mit einem Carbonsäurederivat unter Bildung von Acetyl-CoA, Propionyl-CoA etc.:

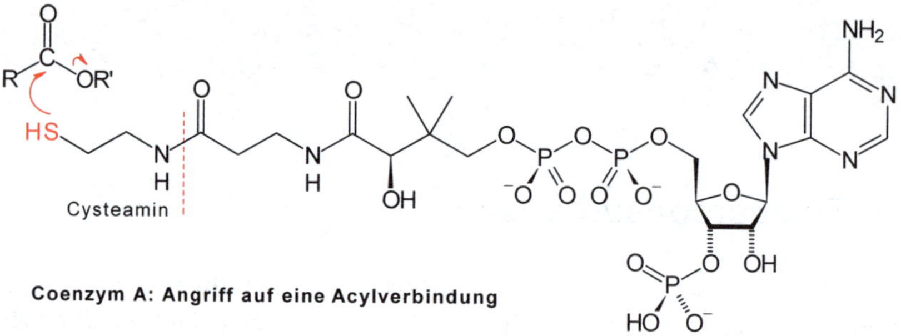

Coenzym A: Angriff auf eine Acylverbindung

Verbindungen wie Acetyl-CoA, Propionyl-CoA und andere treten als Zwischenstufen bei vielen Aufbau- und Abbaureaktionen in der Zelle auf, beispielsweise in der Fettsäurebiosynthese.

19.6 Carbonsäureamide

19.6.1 Struktur und Vorkommen

Carbonsäureamide leiten sich von Ammoniak oder Aminen dadurch ab, dass ein H-Atom in letzteren durch eine Acylgruppe substituiert ist. Zur Benennung wird die Nachsilbe *-säure* durch *–amid* ersetzt. Die beiden einfachsten Amide heißen danach Methanamid und Ethanamid. Gebräuchlich sind auch die Namen Formamid, Acetamid, Propionamid usw.

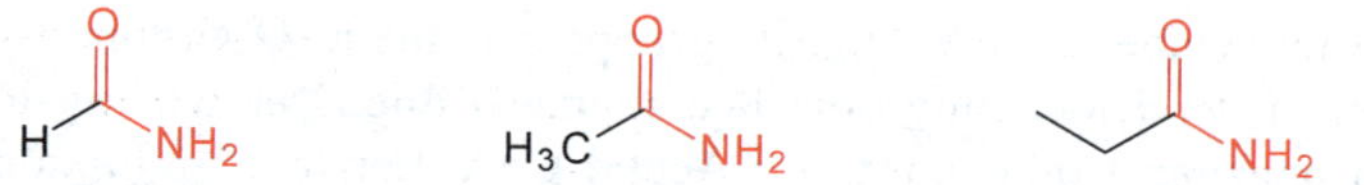

Methanamid   **Ethanamid**   **Propanamid**
(Formamid)   **(Acetamid)**   **(Propionamid)**

Sind zwei H-Atome des Ammoniaks oder eines primären Amins durch Acyl ersetzt, so liegen **Imide** vor.

Diacetimid
(Diacetamid)

Bernsteinsäureimid
(Succinimid)

Phthalimid

Beachten Sie, dass die Bezeichnungen –*amid* und –*imid* auch in der anorganischen Chemie zur Benennung von Salzen des Ammoniaks verwendet werden.

$$NaNH_2 \qquad Na_2NH \qquad Na_3N$$

Natriumamid   **Natrium**imid   **Natrium**nitrid

Carbonsäureamide treten häufig in der Natur auf. Nicotinsäureamid (Niacinamid) ist das menschliche Antipellagra-Vitamin (ital. *pelle agra,* raue Haut), auch Vitamin B_3 genannt. Es besitzt Bedeutung als Baustein von wasserstoffübertragenden Enzymen (s. Abschn. 12.6.8). Große Bedeutung haben Amide auch als Bausteine in Peptiden und Proteinen.

Nicotinamid
(Pyridin-3-carboxamid)

Ausschnitt aus einer Peptidkette

19.6.2 Bindung und Wasserstoffbrücken bei Carbonsäureamiden

Die Bindung in Carbonsäureamiden wird durch folgende mesomere Grenzstrukturen beschrieben:

ein Carbonsäureamid (zwei mesomere Grenzstrukturen)

Sowohl die beiden mesomeren Grenzstrukturen als auch die rechts stehende Schreibweise mit delokalisierten Bindungen bringen zum Ausdruck:

- Die Kohlenstoff-Stickstoff-Bindung in Amiden besitzt partiellen Doppelbindungscharakter. *cis-trans*-Isomerie wie bei Alkenen ist möglich.
- Die Amidgruppe besitzt partiellen **Zwitterionencharakter**, wobei das N-Atom die partiell positive Ladung und das O-Atom die partiell negative Ladung trägt.

Mit Ausnahme von Formamid sind alle Amide bei Raumtemperatur fest. Diese Eigenschaft überrascht, wenn man diesen Aggregatzustand mit dem anderer Verbindungen von ähnlicher Molmasse vergleicht:

Acetylfluorid (M = 62), Sdp. 20,5 °C

Essigsäure (M = 60), Sdp. 118 °C

Acetamid (M = 59), Sdp. 222 °C, Schmp. 82 °C

Obwohl die Molmassen der vorstehenden Verbindungen ungefähr gleich sind, siedet Acetamid am höchsten und ist als einzige der drei Verbindungen bei Raumtemperatur fest. Ursache für die hohen Siedepunkte und Schmelzpunkte von Amiden sind partieller Zwitterionencharakter und Wasserstoffbrücken:

H-Brücken zwischen Carbonsäureamid-Moleküle

Wasserstoffbrücken zwischen Amidgruppen spielen in der Proteinchemie eine wichtige Rolle, da sie die Gestalt der Proteinmoleküle bestimmen. Solche Brücken treten sowohl innerhalb einer Proteinkette als auch zwischen zwei (oder mehreren) Proteinketten auf. Im folgenden sind Wasserstoffbrücken zwischen zwei Proteinketten dargestellt (Abschn. 27.3.2).

H-Brücken zwischen zwei Proteinketten

Proteinkette 1

Proteinkette 2

19.6.3 ^{1}H-NMR-Spektren von Carbonsäureamiden

Die partielle Kohlenstoff-Stickstoff-Doppelbindung in Amiden hat zur Folge, dass zwei identische Substituenten am Stickstoff (z.B. H oder CH$_3$) unterschiedliche Umgebung haben, da der eine Substituent *cis*-ständig zum O-Atom, der andere *trans*-ständig dazu angeordnet ist. Diese Unterschiede zeigen sich auch im NMR-Spektrum. So weist das ^{1}H-NMR-Spektrum von *N,N*-Dimethylformamid bei Raumtemperatur zwei Signale für die beiden Methylgruppen auf. Erst bei höherer Temperatur erfolgt die Rotation um die Carbonylkohlenstoff-Stickstoff-Bindung auf der NMR-Zeitskala so rasch, dass die beiden CH$_3$-Gruppen spektroskopisch nicht mehr unterscheidbar sind.

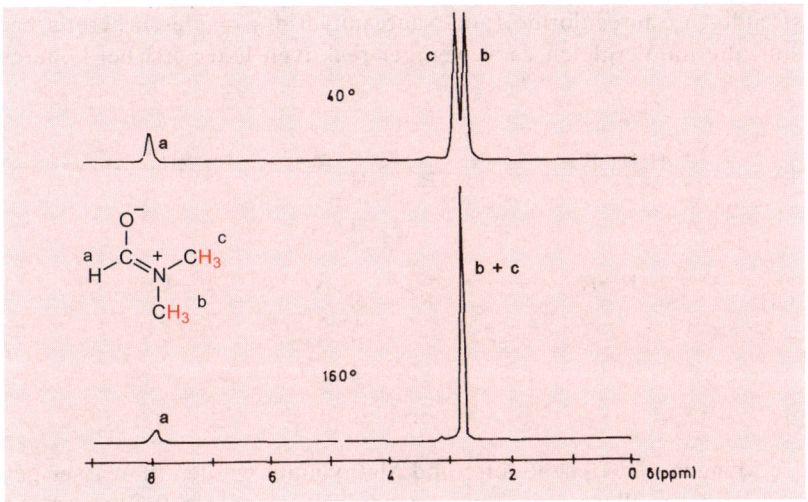

^{1}H-NMR-Spektrum von *N,N*-Dimethylformamid bei 40 °C und 160 °C

Aufgabe

22. Wie viele Signale zeigen die bei Raumtemperatur aufgenommenen ^{1}H-NMR-Spektren der Verbindungen A-C?

19.6.4 Herstellung von Carbonsäureamiden

Aus Ammoniumsalzen durch Erhitzen. Neutralisiert man eine Carbonsäure mit Ammoniakwasser, so entsteht ein Ammoniumcarboxylat. Das feste Salz spaltet beim Erhitzen Wasser ab, wobei sich ein Amid bildet.

Aus anderen Carbonsäurederivaten und Ammoniak oder Aminen. Die meisten Carbonsäurederivate reagieren mit Aminen unter Bildung von Carbonsäureamiden. Die reaktionsfreudigen Säurechloride (und Säureanhydride) reagieren bereits bei Raumtemperatur, die im Vergleich dazu weniger reaktiven Ester erst bei höherer Temperatur.

Aufgabe

23. Äquimolare Mengen von Benzoesäure und Methylamin werden in Wasser gelöst, danach wird das Wasser im Vakuum verdampft und der Rückstand auf 200 °C erhitzt. Was entsteht?

19.6.5 Reaktionen von Carbonsäureamiden

Basizität und Acidität von Carbonsäureamiden und -imiden. Carbonsäureamide können ein Proton aufnehmen oder abgeben. Sie sind wie Amine **amphoter** (griech. *amphoteros,* beiderseitig). Die Addition des Protons erfolgt an das Sauerstoffatom, da dieses eine partiell negative Ladung trägt. Zur Abstraktion eines Protons von der NH_2-Gruppe ist eine starke Base wie Natriumamid erforderlich.

Aufnahme eines Protons:

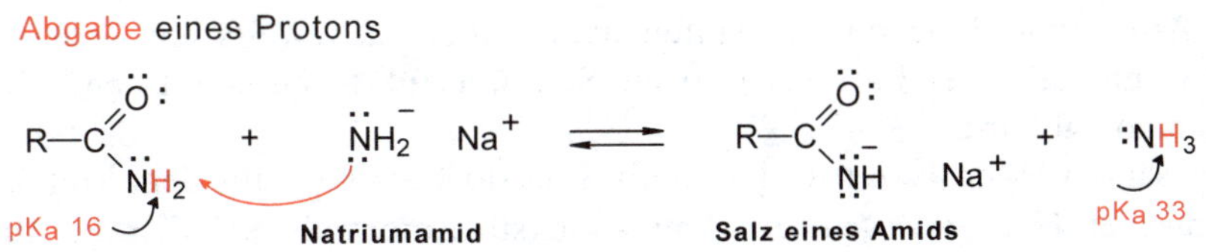

Abgabe eines Protons

pKa 16   **Natriumamid**   **Salz eines Amids**   pKa 33

Sind an das Stickstoffatom zwei Acylgruppen gebunden wie in Imiden, so besitzt der N-H-Wasserstoff erhöhte Acidität und wird bereits durch Hydroxid-Ionen abgespalten, wie das Beispiel Succinimid zeigt. Vergleichen Sie auch die pKa-Werte eines Amids und Imids.

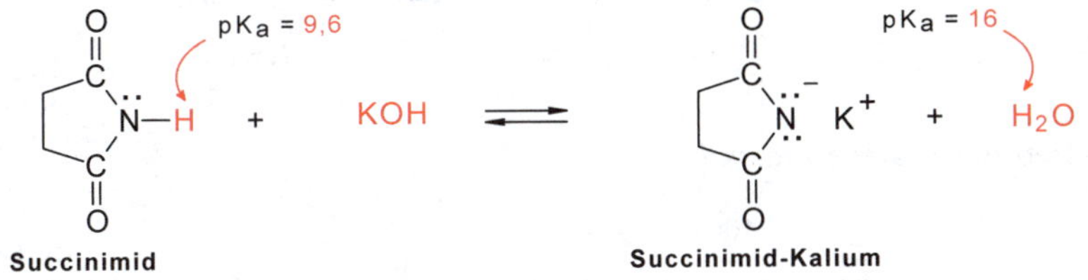

pKa = 9,6   pKa = 16

Succinimid   **Succinimid-Kalium**

Succinimid-Kalium lässt sich leicht in *N*-Bromsuccinimid überführen, welches ein viel verwendetes Reagenz zur Bromierung von Alkenen in Allylstellung ist (Abschn. 3.10.5).

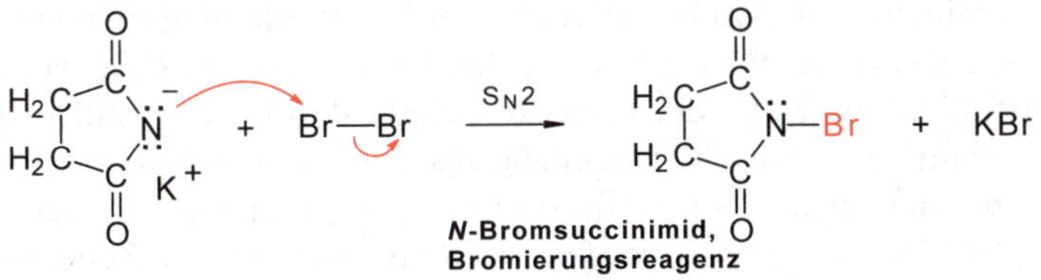

N-Bromsuccinimid,
Bromierungsreagenz

Hydrolyse von Carbonsäureamiden. Die Hydrolyse von Amiden gelingt nur unter drastischen Bedingungen, gleichgültig ob sie unter sauren oder basischen Bedingungen erfolgt. So muss eine Lösung aus Amid und halbkonzentrierter Schwefelsäure mehrere Stunden unter Rückfluss erhitzt werden, um eine vollständige Hydrolyse zu erzielen. Ähnliche Reaktionsbedingungen gelten für die alkalische Hydrolyse.

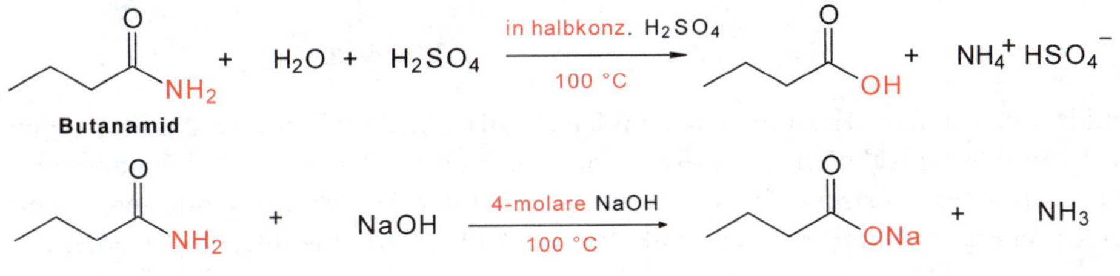

in halbkonz. H_2SO_4
100 °C

Butanamid

4-molare NaOH
100 °C

Beide Arten von Hydrolyse verlaufen irreversibel, da jeweils ein Reaktionsprodukt (Ammoniak oder Carbonsäure) ins Salz überführt und somit dem Gleichgewicht entzogen wird.

Bei der sauren Hydrolyse tritt der Amid-Stickstoff als NH_3 aus dem Molekül. Bei der basischen Hydrolyse tritt der Amid-Stickstoff nicht als NH_2^- (träge Austrittsgruppe), sondern ebenfalls als NH_3 aus, was mit Unterstützung eines Wassermoleküls ermöglicht wird:

saure Hydrolyse eines Amids

basische Hydrolyse eines Amids

Die Hydrolyse von Carbonsäureamiden ist von zentraler Bedeutung für die Verdauung von Proteinen in der Zelle. Hierbei werden Verdauungsenzyme (Proteasen) von der Bauchspeicheldrüse an den Dünndarm abgegeben, in welchem die Hydrolyse stattfindet. Die Rolle der Protease besteht darin, den Amidstickstoff zu aktivieren und damit den Austritt derselben aus der Amidgruppe zu erleichtern, ähnlich wie es bei der alkalischen Hydrolyse in vitro geschieht. Im Gegensatz zu den Reaktionen im Reagenzglas verlaufen die Reaktionen in der Zelle bereits bei pH 7 und 37 °C ab, Näheres s. Abschn. 27.2.5.

Reaktion von Amiden mit Grignardverbindungen. Amide mit einem aciden H-Atom am Amidstickstoff reagieren mit Grignard-Verbindungen zu Amid-Salzen (Säure-Base-Reaktion). Die Carbonylgruppe wird nicht angegriffen.

Amide ohne acides H-Atom am Amidstickstoff (*N,N*-dialkylierte Amide) gehen dagegen eine typische Grignard-Reaktion ein. Es bildet sich eine bei Raumtemperatur stabile tetraedrische Zwischenstufe, die bei der Aufarbeitung mit verd. Säure ein Keton ergibt. Somit können dialkylierte Amide in Ketone überführt werden.

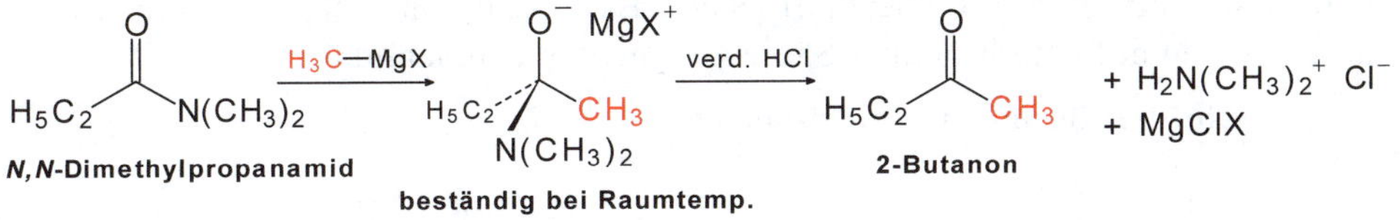

Durch Zugabe von verdünnter Säure wird die träge Abgangsgruppe –N(CH$_3$)$_2$ in die reaktive Abgangsgruppe –NH(CH$_3$)$_2$$^+$ umgewandelt.

Reduktion von Amiden. Die Reduktion von Amiden mit Lithiumaluminiumhydrid führt zu Aminen. Dabei bilden sich je nach Alkylierungsgrad des Amid-N-Atoms primäre, sekundäre oder tertiäre Amine.

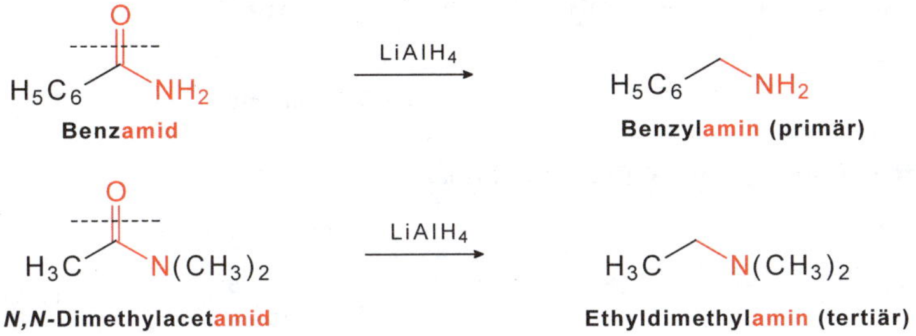

Da Amide aus anderen Carbonsäurederivaten leicht herstellbar sind und bei der Reduktion stets nur ein einziges Amin entstehen kann, wird diese Methode häufig zur Darstellung *einheitlicher* Amine verwendet.

Hofmann-Abbau von Amiden. Einige Derivate von Carbonsäuren können zu primären Aminen abgebaut werden, die *ein C-Atom weniger* als die Ausgangsverbindungen enthalten. Die Reaktionen verlaufen nach folgendem Schema:

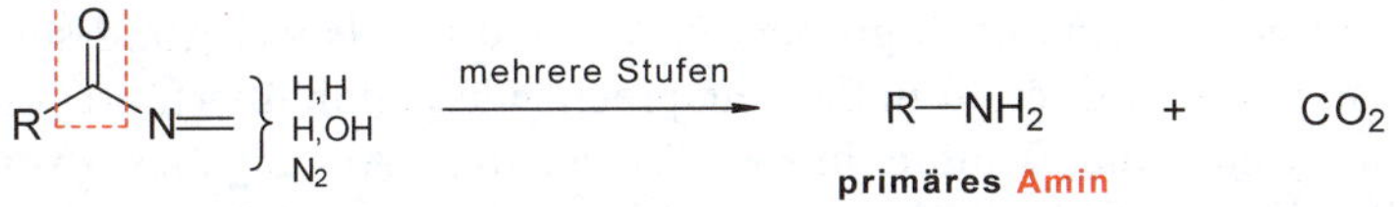

Hinter vorstehendem Reaktionsschema verbergen sich der Hofmann-Abbau von Carbonsäureamiden (nicht zu verwechseln mit der Hofmann-Eliminierung von quartären Ammoniumsalzen) und der Curtius-Abbau von Carbonsäureaziden.

Beim Hofmann-Abbau wird ein Carbonsäureamid mit wässrigem Natriumhypobromit zu einem Amin abgebaut. Hierbei wandert der Alkylrest R von der Amidgruppe zur Aminogruppe, wobei Kohlendioxid freigesetzt wird.

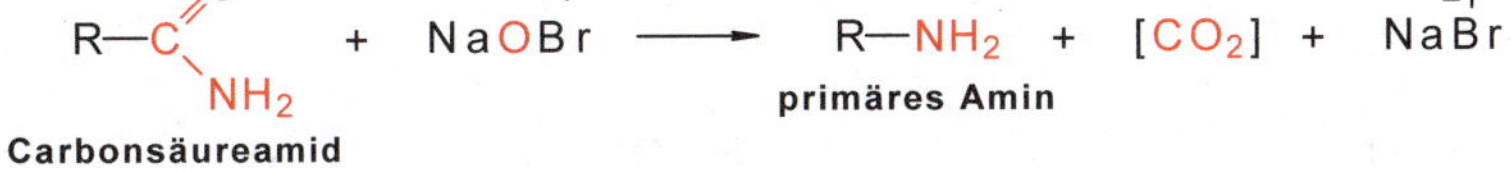

Wie im folgenden Reaktionsschema gezeigt, verläuft der Abbau über mehrere Zwischenstufen, die bei tiefer Temperatur alle isoliert werden können. Zunächst wird das Amid ins Anion überführt (Säure-Base-Reaktion). Dieses Anion reagiert anschließend mit unterbromiger Säure zu einem *N*-Bromamid.

Schritt 1: Bildung des Amid-Anions

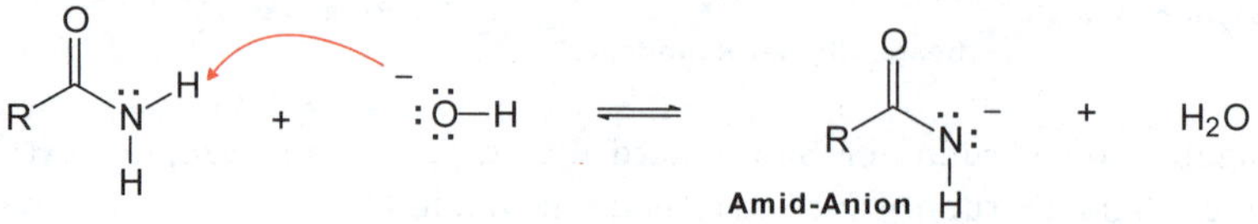

Amid-Anion

Schritt 2: Bildung des *N*-Bromamids

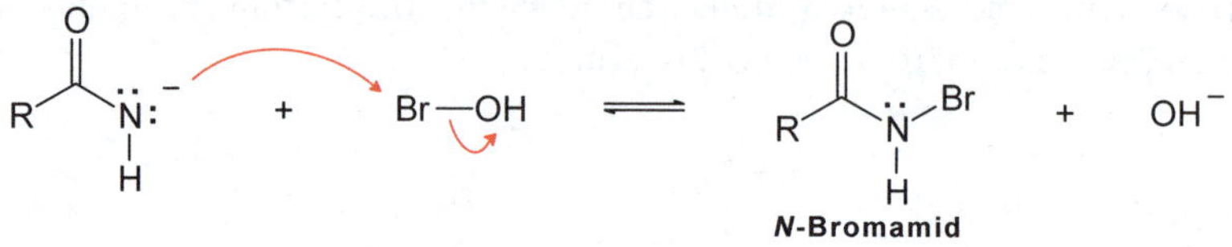

N-Bromamid

Schritt 3: Bildung des *N*-Bromamid-Anions

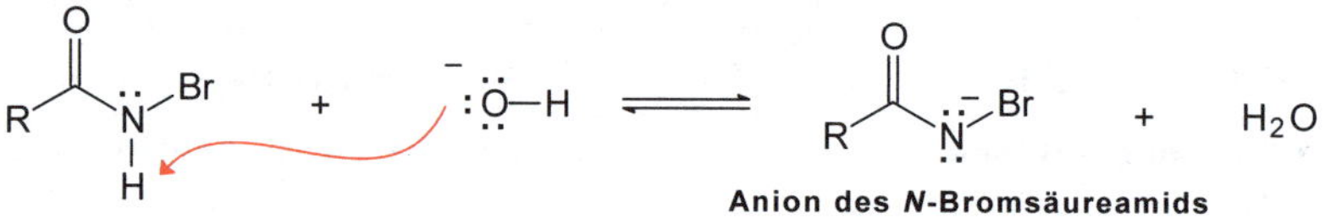

Anion des *N*-Bromsäureamids

Schritt 4: Umlagerung zum Isocyanat

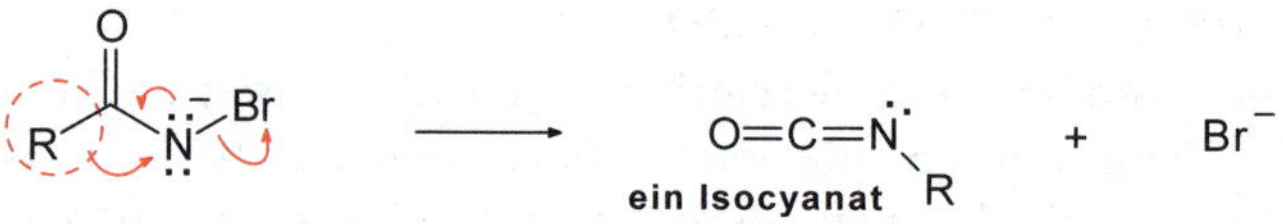

ein Isocyanat

Das *N*-Bromamid besitzt eine noch größere N–H-Acidität als das Amid selbst (–I-Effekt des Broms) und wird leicht in das entsprechende Anion überführt. Letzteres zerfällt zum Isocyanat und Bromid in der Weise, dass Abgang des Broms (als Bromid) und Wanderung des Alkylrestes mit Elektronenpaar *gleichzeitig* erfolgen. Die Wanderung des Alkylrestes mit seinem Elektronenpaar nennt man **Anionotropie.**

Im letzten Schritt wird Isocyanat, das eine kumulierte Doppelbindung besitzt und somit sehr reaktionsfähig ist, zum primären Amin hydrolysiert.

Schritt 5: Hydrolyse des Isocyanats

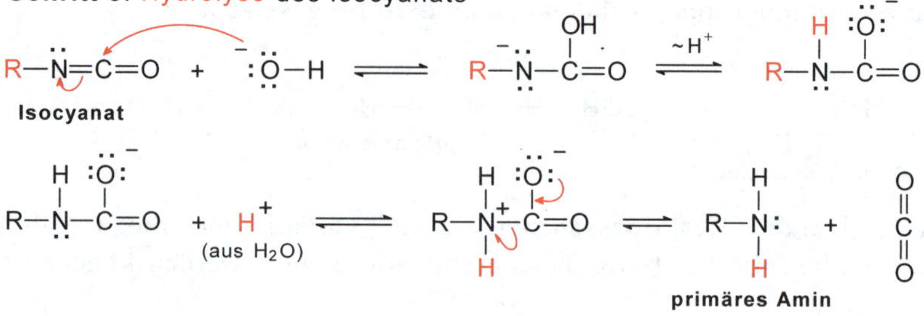

Isocyanat

primäres Amin

Der Hofmannsche Säureamid-Abbau ist eine nützliche Methode zur Herstellung von Aminen, insbesondere von solchen, die sich nicht durch direkte nucleophile Substitution herstellen lassen wie *tert*-Butylamin oder Anthranilsäure. Letztere wird auf diese Weise auch in technischem Maßstab hergestellt.

2,2-Dimethylpropanamid   NaOBr →   ***tert*-Butylamin**

Phthalsäureanhydrid   NH₃ →   NaOBr →   **Na-Salz der Anthranilsäure**

Curtius-Abbau von Carbonsäureaziden. Carbonsäureazide bilden sich aus Carbonsäurechloriden und Natriumazid. Beim Erhitzen verlieren sie molekularen Stickstoff, wobei gleichzeitig eine Wanderung des Alkylrestes mit seinen beiden Bindungselektronen zum benachbarten N-Atom erfolgt (**Anionotropie**). Dabei bildet sich ein Isocyanat. Bei Abwesenheit von Wasser ist ein Isocyanat das Endprodukt der Reaktion, bei Anwesenheit von Wasser tritt Hydrolyse des Isocyanats zum entsprechenden Amin ein.

Treibende Kraft der Wanderung des Alkylrestes ist die Bildung von molekularem Stickstoff. Sie erinnern sich, dass die Gruppe $-N_2^+$ zu den reaktivsten Abgangsgruppen der organischen Chemie gehört.

Wie beim Hofmann-Abbau wird auch beim Curtius-Abbau ein Carbonsäurederivat unter Verlust des Carboxyl-C-Atoms in ein primäres Amin umgewandelt. Die Mechanismen beider Reaktionen sind ähnlich.

Hofmann- und Curtius-Abbau verlaufen stereospezifisch, da bei beiden Reaktionen der Alkylrest *mit* seinem Elektronenpaar wandert. Somit bleibt die Konfiguration der Ausgangsverbindung im Endprodukt erhalten. Beispiel:

cis-Verbindung   erhitzen $-N_2$ →   **cis-Verbindung** H_2O $-CO_2$ →   **cis-Verbindung**

Aufgaben

24. Warum wird ein Carbonsäureamid am O-Atom und nicht am N-Atom protoniert, obwohl NH_3 stärker basisch reagiert als H_2O?

25. Die Verbindungen A und B sollen aus derselben Ausgangsverbindung, C soll aus einer in natürlichen Fetten vorkommenden Säure dargestellt werden. Geben Sie die Ausgangsverbindungen und den jeweiligen Reaktionstyp an.

$$H_3C-(CH_2)_6-NH_2 \qquad H_3C-(CH_2)_7-NH_2 \qquad H_3C-(CH_2)_{14}-NH_2$$

$$\textbf{A} \qquad\qquad\qquad \textbf{B} \qquad\qquad\qquad \textbf{C}$$

26. Harnstoff wird durch Natriumhypobromit in Stickstoff und Carbonat überführt. Zeigen Sie, dass hier ebenfalls ein Hofmannscher Abbau vorliegt.

19.6.6 Lactame

Lactame sind cyclische Amide. Die einfachsten Vertreter haben folgende Struktur:

β-Propiolactam   γ-Butyrolactam   δ-Valerolactam

Die wichtigsten Lactame sind die 4-Ringlactame (β-Lactame). Diese treten in Penicillinen und Cephalosporinen auf, welche als Antibiotika Anwendung finden (Abschn. 28.7). Von technischer Bedeutung ist das 7-Ringlactam ε-Caprolactam, das als Ausgangsverbindung zur Herstellung von Perlon dient.

ein Penicillin   ein Cephalosporin   ε-Caprolactam
(R variabel)   (R variabel)

Darstellung von Lactamen aus Oximen. Beckmann-Umlagerung. Offenkettige Amide oder Lactame können aus Oximen durch säurekatalysierte **Umlagerung** hergestellt werden. Hierbei tauschen die OH-Gruppe und der dazu *trans*-ständige

Substituent die Positionen. So liefert das Oxim aus Aceton die Verbindung *N*-Methylacetamid und das Oxim aus Cyclohexanon die technisch wichtige Verbindung ε-Caprolactam.

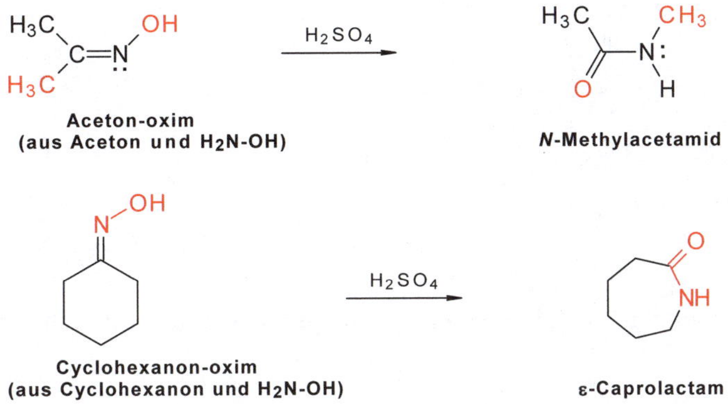

Aceton-oxim
(aus Aceton und H₂N-OH)

N-Methylacetamid

Cyclohexanon-oxim
(aus Cyclohexanon und H₂N-OH)

ε-Caprolactam

Bei der Umlagerung wird zunächst das Oxim protoniert. Es folgt Austritt von H_2O unter synchroner Wanderung des Alkylrestes zum N-Atom.

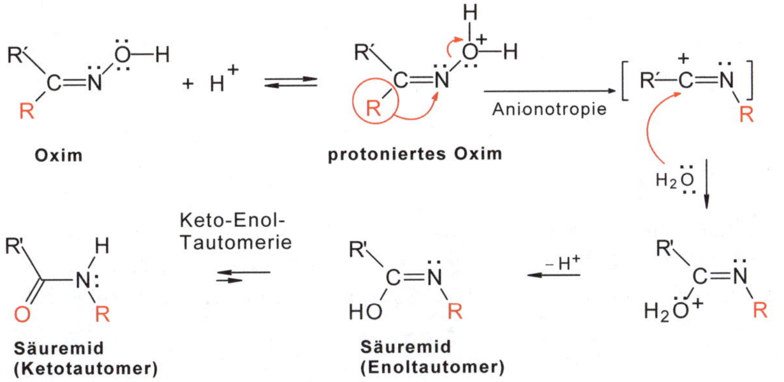

Oxim   **protoniertes Oxim**

Anionotropie

Keto-Enol-Tautomerie

Säuremid
(Ketotautomer)

Säuremid
(Enoltautomer)

Die Umlagerung verläuft regiospezifisch: Es wandert stets das C-Atom, das *trans*-ständig zur OH-Gruppe angeordnet ist. Im folgenden Beispiel ist das für Ethyl und nicht für Methyl der Fall:

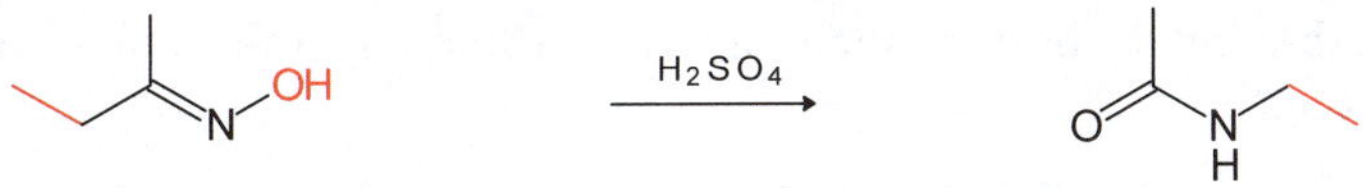

Die säurekatalysierte Umlagerung eines Oxims zu einem Carbonsäureamid heißt **Beckmann-Umlagerung** (*E. Beckmann*, geb. 1853 in Solingen). In der Technik wird auf diese Weise ε-Caprolactam hergestellt (Formelschema s. oben), welches als Monomer zur Produktion von Polyamid dient (Abschn. 30.7).

Aufgaben

27. Verbindung A kann sowohl in Verbindung B als auch in Verbindung C umgewandelt werden. Welche Struktur hat Verbindung A?

28. Welche Verbindung entsteht, wenn das folgende Oxime mit Schwefelsäure erhitzt wird?

19.7 Nitrile

Nitrile besitzen die Struktur R–C≡N. Zur Benennung wird die Vorsilbe *Cyano* verwendet oder die Nachsilbe *Nitril* bzw. *Carbonitril,* je nachdem, ob man den Nitrilkohlenstoff in das Kohlenstoffgerüst einbezieht oder nicht. Beispiele:

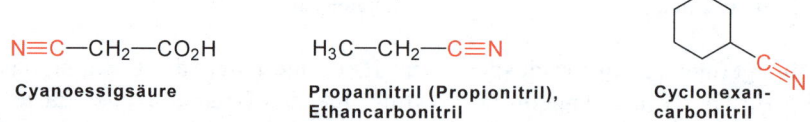

N≡C—CH₂—CO₂H   H₃C—CH₂—C≡N

Cyanoessigsäure   **Propannitril (Propionitril),**
                            Ethancarbonitril

**Cyclohexan-
carbonitril**

Das IR-Spektrum einer Nitrilgruppe zeigt eine Bande um 2250 cm^{-1}. Das ist der gleiche Wellenzahlbereich, in dem auch andere Verbindungen mit einer Dreifachbindung absorbieren.

2230 cm^{-1}	2250 cm^{-1}	2200 cm^{-1}
:N≡N:	R—C≡N:	R—C≡C—H

19.7.1 Herstellung von Nitrilen

Aus Natriumcyanid und primärem Alkylhalogenid. Da das Cyanid-Ion ambident ist (Abschn. 10.5), bildet sich neben dem Nitril auch Isonitril als Nebenprodukt.

Isonitrile enthalten formal 2-wertigen Kohlenstoff. Selbst Spuren nimmt man an ihrem widerlichen Geruch wahr. Gegen Alkalien sind Isonitrile beständig, aber in Gegenwart von verdünnten Säuren hydrolysieren sie zu Amin und Ameisensäure.

Dadurch können Isonitrile aus einem Isonitril/Nitril-Gemisch durch Schütteln mit verdünnter Säure entfernt werden.

Aus Säureamiden durch Wasserabspaltung. Ein Carbonsäureamid-Molekül unterscheidet sich von dem entsprechenden Nitril-Molekül um ein Molekül Wasser. Dementsprechend kann durch Wasserentzug oder -zugabe das eine Molekül in das andere überführt werden. Der Wasserentzug erfolgt durch Thionylchlorid, die Wasseraddition durch Zugabe von konzentrierter Schwefelsäure (Wassergehalt 4 %).

Die Dehydratisierung beginnt durch nucleophilen Angriff des Amid-O-Atoms auf das S-Atom von Thionylchlorid. Es folgen Eliminierungen von HCl und SO_2.

Zum Ablauf der Hydratisierung von Nitrilen s. nächsten Abschnitt.

19.7.2 Reaktionen von Nitrilen

Nitrile besitzen infolge der Elektronegativitätszunahme C < N folgende Polarität:

$$\overset{\delta+}{R}—\overset{\delta-}{C}{\equiv}N:$$

Dementsprechend reagieren Nucleophile mit dem C-Atom und Elektrophile mit dem N-Atom der Nitrilgruppe.

Hydrolyse von Nitrilen. Sie liefert unter sauren oder basischen Bedingungen zunächst das Carbonsäureamid, das in einem zweiten Schritt zur Carbonsäure hydrolysiert.

Nitril Carbonsäureamid Carbonsäure

Die partielle Hydrolyse zum Amid gelingt mit 96 %iger Schwefelsäure bei Raumtemperatur oder mit Natronlauge bei erhöhter Temperatur. Die einzelnen Schritte bei der sauren oder basischen Hydrolyse zum Amid sind:

saure Hydrolyse:

basische Hydrolyse:

Zur Hydrolyse der Carbonsäureamide zu Carbonsäuren s. Abschn. 19.6.5.

Reaktion von Nitrilen mit Grignard-Verbindungen. Die Grignardreaktion mit einem Nitril bleibt auf der Stufe des Imin-Anions stehen, da das Anion vom Grignard-Reagenz nicht angegriffen wird.

1-Cyanonaphthalin   Anion eines Imins   1-Naphthyl-phenyl-keton
(beständig)

Auf diese Weise kann ein Carbonsäurederivat (Nitril) in ein Keton überführt werden.

Reduktion von Nitrilen zu Aminen. Bei der Reduktion von Nitrilen entstehen primäre Amine. Als Reduktionsmittel dienen komplexe Hydride oder molekularer Wasserstoff. Beispiel:

$$\text{(Struktur: o-Methylbenzonitril)} \xrightarrow[\text{2. H}_2\text{O/H}^+]{\text{1. LiAlH}_4 \text{ (Ether)}} \text{(Struktur: o-Methylbenzylamin, } NH_2\text{)}$$

Aufgabe

29. Milchsäure kann aus Acetaldehyd hergestellt werden. Formulieren Sie die Schritte.

$$\text{Acetaldehyd} \longrightarrow ? \longrightarrow \text{Milchsäure}$$

19.8 Kohlensäurederivate

Kohlensäure gehört zu den anorganischen Verbindungen. Bestimmte Derivate besitzen aber Eigenschaften, die denen von Carbonsäurederivaten sehr ähnlich sind. Deshalb sollen sie an dieser Stelle behandelt werden.

Ersetzt man die beiden OH-Gruppen der Kohlensäure schrittweise durch NH_2-Gruppen, so gelangt man zunächst zur Carbamidsäure und dann zu Harnstoff.

Kohlensäure   **Carbamidsäure**   **Harnstoff**
(Beide Verbindungen existieren nur als Derivate.)

Während Carbamidsäure in reinem Zustand unbeständig ist, sind ihre Salze (Carbamate genannt) und Ester (Urethane oder Carbamate genannt) stabile Verbindungen.

Natriumcarbamat   **Ethylurethan (Schmp. 50 °C)**

Urethane gehören sowohl zu den Estern als auch zu den Amiden. Ihre Darstellung gelingt aus Chlorameisensäureester und Ammoniak, z.B.:

Phosgen   **Chlorameisensäure-   Ethylurethan**
                  ethylester

Harnstoff gewinnt man technisch aus Kohlendioxid und Ammoniak bei 150 °C und Überdruck.

Carbamid-   Ammonium-   Harnstoff,
säure   **carbamat**   **Schmp. 133 °C**

Von allen Kohlensäurederivaten ist Harnstoff das wichtigste. Die Verbindung stellt eines der Endprodukte des Eiweißabbaus bei Menschen und Säugetieren dar. Der erwachsene Mensch scheidet täglich etwa 30g Harnstoff durch den Urin aus. Große Mengen an Harnstoff werden als Düngemittel, ferner zur Fabrikation von Harnstoff-Formaldehyd-Harzen benötigt. Auch dient Harnstoff zur Beseitigung von Stickoxiden aus den Abgasen von Dieselmotoren. Schließlich sei an das historische Experiment Wöhlers erinnert, dem die Überführung von Ammoniumcyanat (synthetische Verbindung) in Harnstoff (natürliche Verbindung) gelang (Abschn. 1.1).

19.9 Vergleich: Metallorganische Additionen an Carbonyl-verbindungen

Additionen von metallorganischen Verbindungen an Carbonylverbindungen ziehen sich wie ein roter Faden durch die synthetische organische Chemie. Bei diesen Reaktionen wird eine neue C–C-Bindung geknüpft, ein Vorgang, der metallorganische Reaktionen so wichtig macht.

Ob eine solche Addition eintritt und wenn ja, welches Produkt entsteht, hängt von der Reaktivität der Carbonylverbindung und der Reaktivität der metallorganischen Verbindung ab. Die Reaktivität von Carbonylverbindungen nimmt wie folgt zu:

Ester sind am wenigsten reaktiv, Säurechloride am reaktivsten. Aldehyde und Ketone liegen dazwischen.
Die Reaktivität metallorganischer Verbindungen steigt mit zunehmender Elektropositivität des Metalls:

Reaktionsträge und damit selektiv sind Cuprate, äußert reaktiv und damit unselektiv sind Alkyllithium-Verbindungen.
Die reaktionsfreudigen Lithium- und magnesiumorganischen Verbindungen reagieren mit allen Carbonylverbindungen. Die reaktionsträgen kupferorganischen Verbindungen setzen sich nur mit den besonders reaktiven Säurechloriden um, und auch hier nur bis zur Stufe des Ketons.
Die wichtigste und auch einfach durchführbare Reaktion ist die mit einer Grignardverbindung R–MgX. Die Tabelle fasst diese Reaktionen zusammen. Formaldehyd liefert primäre Alkohole, Aldehyde ergeben sekundäre Alkohole, Ketone und Ester führen zu tertiären Alkoholen. Carbonsäurechloride liefern je nach Reaktionsbedingungen Ketone oder tertiäre Alkohole. Bei Nitrilen verläuft die Reaktion nur zum Imin, das auf der Oxidationsstufe eines Ketons steht. Kohlendioxid ergibt Carbonsäuren. Orthoester sind ein Sonderfall: Obwohl keine Carbonylgruppe enthaltend reagieren sie dennoch mit Grignardverbindungen, wobei sich Ketale bilden.

Tabelle. Reaktion zwischen Carbonylverbindung und Grignardverbindung R'MgX

Carbonylverbindung	Produkt	Hydrolyseprodukt

H–C(=O)–H **Formaldehyd** → R'–C(H)(H)–OMgX → R'–C(H)(H)–OH **prim. Alkohol**

R–C(=O)–H **Aldehyd** → R–C(OMgX)(H)–R' → R–C(OH)(H)–R' **sek. Alkohol**

R–C(=O)–R **Keton** → R–C(OMgX)(R)–R' → R–C(OH)(R)–R' **tert. Alkohol**

R–C(=O)–OR **Ester** → R–C(OMgX)(R')–R' (2 mol R'MgX) → R–C(OH)(R')–R' **tert. Alkohol**

R–C(=O)–Cl **Carbonsäurechlorid** →

R–C(=O)–R' **Keton** (1 mol R'MgX, −30 °C)

R–C(OMgX)(R')–R' (2 mol R'MgX, Raumtemp.) → R–C(OH)(R')–R' **tert. Alkohol**

R–C(=O)–N(CH₃)₂ **Carbonsäureamid** → R–C(OMgX)(R')–N(CH₃)₂ → R–C(=O)–R' **Keton**

R–C≡N **Nitril** → R–C(=NMgX)–R' → R–C(=O)–R' **Keton**

R–C(OR)₃ **Orthocarbonsäureester** → R–C(OR)(R')–OR **Ketal** → R–C(=O)–R' **Keton**

O=C=O **Kohlendioxid** → R'–C(=O)–OMgX → R'–C(=O)–OH **Carbonsäure**

Aufgaben

30. Welche Verbindung bildet sich, wenn man Propyliodid zunächst mit Magnesium umsetzt, danach das Reaktionsprodukt mit Aceton reagieren lässt und schließlich verdünnte Salzsäure hinzufügt?

31. Ausgehend von geeigneten Ketonen sollen die Verbindungen A und B hergestellt werden, wobei jeweils auch eine Grignard-Reaktion heranzuziehen ist. Formulieren Sie die beiden Synthesen. (Hinweis: Die Synthese von B verläuft mehrstufig.)

$$(H_3C-CH_2)_3C-OH$$

CH₃ ... (Struktur B)

A   **B**

32. 2-Phenyl-2-butanol soll mit Hilfe der Grignard-Reaktion dargestellt werden. Geben Sie drei Wege an.

33. Ausgehend von Naphthalin, einer C_2-Verbindung und anorganischen Stoffen soll folgende Verbindung hergestellt werden. Formulieren Sie die Reaktionsschritte.

HO CH₃ ... (Struktur)

34. Die Umwandlung eines Alkohols R−OH in den nächst höheren homologen Alkohol $R-CH_2-OH$ gelingt mit Hilfe der Grignard-Reaktion. Formulieren Sie die Reaktionsgleichungen.

35. Ausgehend von Aceton und 4-Brombutanal soll folgende Verbindung hergestellt werden. Geben Sie die Reaktionsschritte an.

HO ... H ... O (Struktur)

36. Bei der Darstellung einer Grignard-Verbindung platzte das Reaktionsgefäß, und der Inhalt entzündete sich. Zwei Feuerlöscher standen zur Verfügung, der eine war mit CO_2, der andere mit einem „Pulver" (K_2SO_4) gefüllt. Welchen würden Sie verwenden?

37. Zeichnen Sie die Strukturformeln aller 8 gesättigten C_5-Alkohole. Sämtliche Alkohole können durch eine Grignard-Reaktion hergestellt werden. Vermerken Sie unter jeder Strukturformel die für die Grignard-Reaktion erforderliche Carbonylverbindung (Aldehyd, Keton, Ester). Hinweis: Einige Alkohole können aus verschiedenen Carbonylverbindungen hergestellt werden.

38. Worin liegt die Bedeutung des Wöhler'schen Experiments (Umwandlung von Ammoniumcyanat in Harnstoff)? Schlagen Sie einen Mechanismus vor.

39. Nennen Sie eine aus 2 C-Atomen bestehende Verbindung, die sowohl einen Ester als auch ein Säurechlorid darstellt.

40. Zu welchen Verbindungsklassen gehören die Verbindungen A bis E?

A   **B**   **C**   **D**   **E**

41. Wie lauten die Strukturformeln von **A** bis **D**?

$$\text{Phthalsäure (C}_8\text{H}_6\text{O}_4) \xrightarrow[-\text{H}_2\text{O}]{\text{erhitzen}} \textbf{A } (\text{C}_8\text{H}_4\text{O}_3) \xrightarrow{\text{H}_3\text{C}-\text{OH}} \textbf{B } (\text{C}_9\text{H}_8\text{O}_4)$$

$$\xrightarrow{\text{SOCl}_2} \textbf{C } (\text{C}_9\text{H}_7\text{ClO}_3) \xrightarrow{\text{NH}_3} \textbf{D } (\text{C}_9\text{H}_9\text{NO}_3)$$

42. Vervollständigen Sie folgende Gleichung:

$+$ $\text{NH}_3 \longrightarrow$

19.10 Lösung der Aufgaben zu Kapitel 19

1.   **B, D**

2.

$$\text{Propen} \xrightarrow{\text{HBr}} 2\text{-Brompropan} \xrightarrow{\text{Mg}} (\text{H}_3\text{C})_2\text{CH}-\text{MgBr} \longrightarrow$$

$$\xrightarrow[2.\ \text{H}_3\text{O}^+]{1.\ \text{CO}_2} (\text{H}_3\text{C})_2\text{CH}-\text{COOH} \xrightarrow{\text{SOCl}_2} \textbf{A}$$

$$\text{Benzol} \xrightarrow[2.\ \text{Mg} \quad 3.\ \text{CO}_2]{1.\ \text{Br}_2/\text{Fe}} \text{Benzoesäure} \xrightarrow[2.\ \text{SOCl}_2]{1.\ \text{HNO}_3/\text{H}_2\text{SO}_4} \textbf{B}$$

$$\text{Toluol} \xrightarrow{\text{HNO}_3} 2,4\text{-Dinitrotoluol} \xrightarrow[2.\ \text{SOCl}_2]{1.\ \text{KMnO}_4} \textbf{C}$$

3.

$$\text{H}_5\text{C}_6-\text{CO}-\text{Cl} + 2\ \text{H}_3\text{C}-\text{MgBr} \longrightarrow \textbf{A}$$

$$\text{H}_5\text{C}_6-\text{CO}-\text{Cl} + [\text{H}_3\text{C}-\text{Cu}-\text{CH}_3]^-\text{Li}^+ \longrightarrow \text{H}_5\text{C}_6-\text{CO}-\text{CH}_3 \xrightarrow{\text{H}_5\text{C}_2\text{MgBr}} \textbf{B}$$

4.

5. $A + Li[AlH(OR)_3] \rightarrow B$; $A + (H_5C_2)_2Cu^- Li^+ \rightarrow C$;
$A + 2$ mol $C_2H_5–Mg–Br \rightarrow D$; $A +$ Naphthalin $+ AlCl_3$ (Lösungsm. Nitrobenzol) $\rightarrow E$

6. $C_6H_5—CO_2Na + n\text{-}C_3H_7—CO—Cl$ oder $C_6H_5—CO—Cl + C_3H_7—CO_2Na$

7. $C_2H_5—CO—NH—C_3H_7$ + $C_2H_5—CO_2H$

8. Die Carbonylgruppe eines Carbonsäureanhydrids ist reaktiver als die Carbonylgruppe eines Esters. Daher reagiert die Aminogruppe mit dem Anhydrid.

9.

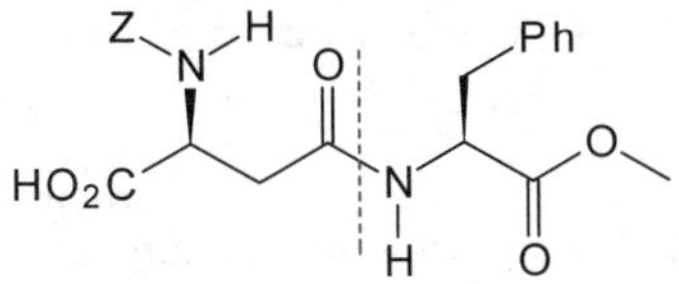

10. Cyclohexylacrylat; Ethyl-methyl-malonat

11.

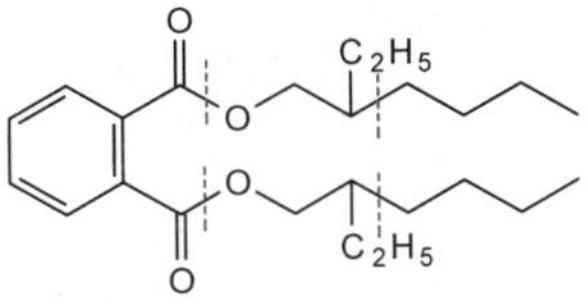

Die roten Striche sind das Ergebnis einer retrosynthesischen Analyse. Die Synthese lautet:

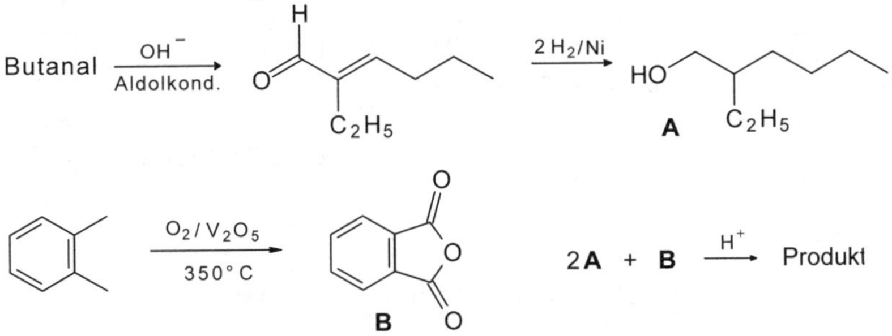

12.

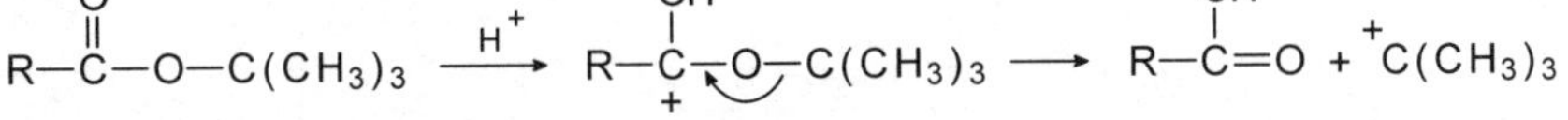

Die Bildung eines *tert*-Butylkations verläuft schneller als die Addition eines Wassermoleküls an den protonierten Ester.

13. Isonicotinsäure $\xrightarrow{ROH/H^+}$ Ester $\xrightarrow{N_2H_4}$ Isonicotinsäure-hydrazid

14. 2-Butyl-dodecanoat $+ CH_3OH$

15.   basische Umesterung:

$$R-\overset{\overset{O}{\|}}{C}-OR + {}^-O-R' \rightleftharpoons R-\overset{\overset{O^-}{|}}{\underset{\underset{OR}{|}}{C}}-OR' \rightleftharpoons R-\overset{\overset{O}{\|}}{C}-OR' + {}^-OR$$

saure Umesterung:

$$R-\overset{\overset{OH}{|}}{\underset{+}{C}}-OR + R'-OH \rightleftharpoons R-\overset{\overset{OH}{|}}{\underset{\underset{+}{H-O-R'}}{C}}-OR \rightleftharpoons R-\overset{\overset{OH}{|}}{\underset{\underset{+}{O-R'}}{C}}-\overset{+}{O}\overset{H}{\underset{R}{}} \underset{+ HOR}{\overset{- HOR}{\rightleftharpoons}} R-\overset{\overset{OH}{|}}{\underset{OR'}{C}}+$$

Ester, protoniert   **Ester, protoniert**

16.   Die *O*-Alkyl-Bindung. Damit nimmt die Hydrolyse von Sulfonsäure-estern einen anderen Verlauf als die von Carbonsäure-estern aus primären oder sekundären Alkoholen. Hier wird die *O*-Acylbindung gespalten.

$$H_3C-\overset{\overset{O}{\|}}{\underset{\underset{O}{\|}}{S}}-O\vdots CH_3 \qquad\qquad H_3C-\overset{\overset{O}{\|}}{C}\vdots O-CH_3$$

17.

$$H_3C-\overset{\overset{16}{O}}{\underset{\underset{O-C_2H_5}{\|}}{C}} + H^+ \rightleftharpoons H_3C-\overset{\overset{16}{O}H}{\underset{\underset{O-C_2H_5}{|}}{\overset{+}{C}}}$$

$$H_3C-\overset{\overset{16}{O}H}{\underset{\underset{O-C_2H_5}{|}}{\overset{+}{C}}} + H_2{}^{18}O \rightleftharpoons H_3C-\overset{\overset{16}{O}H}{\underset{\underset{H_5C_2-O}{|}}{C}}{}^{18}\overset{+}{O}\overset{H}{\underset{H}{}}$$

$$\underset{-H^+}{\overset{\sim H^+}{\underset{-H_2{}^{16}O}{}}} \rightarrow H_3C-\overset{\overset{18}{O}}{\underset{\underset{H_5C_2}{|}}{C}}-O$$

$$\underset{-HO-C_2H_5}{} \rightarrow H_3C-\overset{\overset{18}{O}}{\underset{\underset{OH}{}}{C}}$$

18.

6-Ringe bilden sich im allgemeinen rasch.

19.

(a)   ⌐___/CO₂H $\xrightarrow[\text{2. 2 mol Et–MgBr}]{\text{1. } H_3C-OH/H^+}$ (Produkt mit OH)

(b)   (Alkohol) OH $\xrightarrow[\substack{\text{2. Butyl–MgBr} \\ \text{3. CrO}_3/\text{Pyridin}}]{\text{1. CrO}_3/\text{Pyridin (Produkt: Aldehyd)}}$ (Keton-Produkt)

20.   (a) Benzylalkohol + 1-Butanol
(b) Cyclopentylmethanol + 1-Propanol, jeweils als OD vorliegend
(c) $CH_2(CD_2-OD)_2 + 2\ C_6H_5OD$

21.   **A** → Acrylsäure (Propensäure); **B** → γ-Butyrolacton
(Bildung von Acrylsäure begünstigt durch Konjugation.)

22. **A**: drei (Rotation praktisch eingefroren); **B**: zwei (Methylgruppen wegen Rotation nicht unterscheidbar); **C**: vier

23. H_5C_6-CO-NH-CH_3

24. O trägt δ^-, N δ^+.

25. **A** und **B** aus n-C_7H_{15}–CO–NH_2; (Hofmann-Abbau bzw. Reduktion). **C** aus Palmitinsäureamid (Hofmann-Abbau) (Palmitinsäure gleich Hexadecansäure)

26. Harnstoff $\rightarrow$ O=C=N–NH_2 $\rightarrow$ CO_2 + N_2H_4

N_2H_4 + 2 Br_2 $\rightarrow$ N_2 + 4 HBr

27. Cyclopentanon

28.

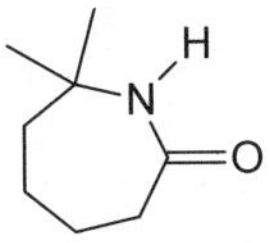

29.

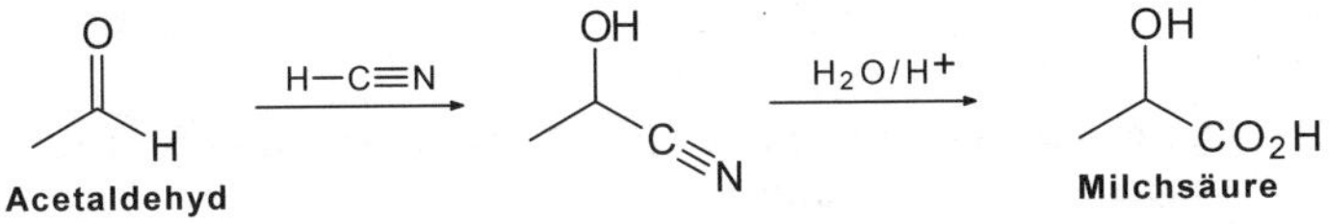

Die Hydrolyse gelingt nur unter sauren Bedingungen. Unter basischer Bedingungen zerfällt das Nitril in die Ausgangsverbindungen.

30. 2-Methyl-2-pentanol

31. Diethylketon + Ethylmagnesiumbromid $\rightarrow$ **A**

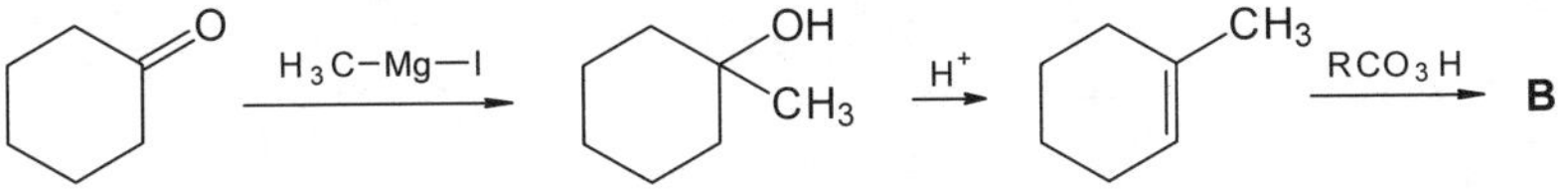

32. (a) Ethylphenylketon + CH_3–MgI; (b) Methylphenylketon + C_2H_5–MgI; (c) Ethylmethylketon + C_6H_5–MgBr

33.

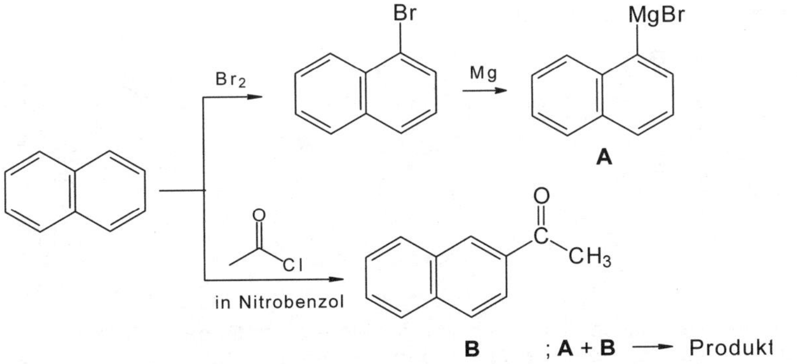

34.

$$R\text{—}OH \longrightarrow R\text{—}Br \longrightarrow R\text{—}MgBr \xrightarrow{H_2CO} R\text{—}CH_2\text{—}OH$$

35.

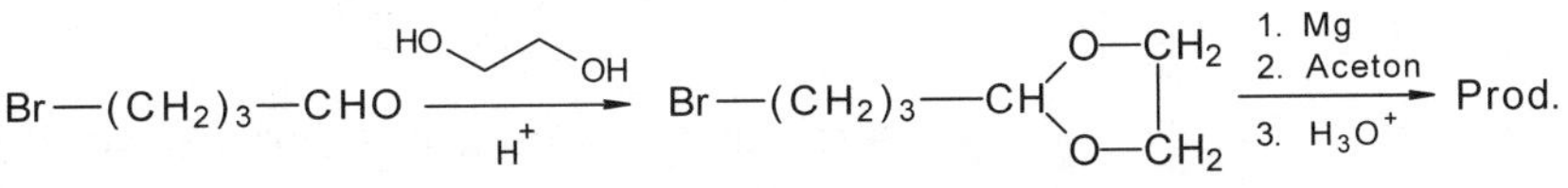

36. Pulverlöscher; R–MgX reagiert mit CO_2.

37.

38. Experiment zeigt, dass man „organische" (im Organ vorkommende) Verbindungen auch im Reagenzglas herstellen kann.

39.

Chlorameisensäure-methylester

40. **A**: 1,3-Diketon; **B**: β-Ketoester; **C**: Lacton; **D**: cyclisches Carbonsäureanhydrid; **E**: cyclischer Kohlensäureester

41.

Bei der Alkoholyse bildet sich nur der Monoester **B**, da für eine zweite Veresterung Protonen als Katalysator fehlen.- Bei der Reaktion von **C** mit Ammoniak reagiert bei Raumtemp. nur die reaktivere Säurechloridgruppe.

42.

$+ H_3C$—SH (Reaktivität: Thioester > Ester)

Kapitel 20
Reaktionen am α-C-Atom von Carbonylverbindungen

In den vorangegangenen drei Kapiteln wurden Reaktionen behandelt, die am C-Atom einer Carbonylgruppe, Carboxylgruppe oder Estergruppe ablaufen. In diesem Kapitel stehen Reaktionen im Vordergrund, an denen das C-Atom *in α-Stellung* einer Carbonylgruppe beteiligt ist. Dieses C-Atom kann, sofern daran ein H-Atom gebunden ist, leicht in ein Enolat überführt werden und als Nucleophil fungieren. Viele der im folgenden beschriebenen Reaktionen führen zu neuen CC-Verknüpfungen und sind daher zum Aufbau von Kohlenstoffgerüsten von großem Nutzen.

20.1 α-CH-Acidität von Carbonylverbindungen, Nitrilen, Nitroverbindungen

Kohlenwasserstoffe ohne funktionellen Gruppen gehören zu den schwächsten Säuren der organischen Chemie. Ursache sind die ähnlichen Elektronegativitäten von Wasserstoff und Kohlenstoff (relative Werte 2,2 bzw. 2,4). Enthält der Kohlenwasserstoff aber eine ungesättigte Gruppe wie C=O, C≡N etc., weist das H-Atom *in α-Stellung dazu* eine erhöhte CH-Acidität auf.

rot markiert: erhöhte Acidität

Carbonylverbindung   Nitril   Nitroalkan

Nachfolgend werden die Ursachen dieser CH-Aciditäten erläutert.

CH-Acidität von Carbonylverbindungen. Bei der Einwirkung einer starken Base B:⁻ (z.B. Alkoholat) auf eine Carbonylverbindung wird ein Proton in α-Stellung abgelöst, wobei ein Carbanion (**Enolat-Ion**) zurückbleibt.

Aceton   Base   Enolat-Ion (2 mesomere Grenzstrukturen)

Welches ist die Ursache für die erhöhte Acidität des H-Atoms in α-Stellung zur Carbonylgruppe? Zwei Effekte sind dafür verantwortlich: der −I-Effekt der Carbonylgruppe und insbesondere die Stabilisierung der negativen Ladung durch Delokalisierung über das α-C-Atom *und* das O-Atom der Carbonylgruppe.

Die CH-Acidität einer Carbonylverbindung hängt vom Typ der Carbonylgruppe ab. Bei den drei wichtigsten Carbonylverbindungen (Aldehyd, Keton und Ester) beobachtet man folgende Zunahme der Acidität:

Ester   Keton   Aldehyd

Bezogen auf Ketone sind Ester weniger acid, da die beiden freien Elektronenpaare am σ-gebundenen O-Atom der Delokalisierung der negativen Ladung entgegenwirken. Aldehyde sind stärker acid, da das aldehydische H-Atom die negative Ladung weniger destabilisiert als eine elektronenliefernde Alkylgruppe im Keton. Besonders acid sind Verbindungen, bei denen die C−H-Bindung von zwei Carbonylgruppen flankiert ist. Hauptursache ist hier die Delokalisierung der negativen Ladung nunmehr über drei Atome.

2,4-Pentandion   Enolat-Ion (2 von 3 mesomeren Grenzstrukturen)

CH-Acidität von Nitrilen und Nitroverbindungen. Auch bei diesen Verbindungen ist das α-H-Atom beträchtlich acid. Ursache der Acidität sind auch hier der −I-Effekt der jeweiligen Gruppe und die Delokalisierung der negativen Ladung.

Acetonitril   Carbanion (2 mesomere Grenzstrukturen)

Nitromethan   Carbanion (2 von 3 mesomeren Grenzstrukturen)

CH-Aciditäten werden wie OH-Aciditäten durch Aciditätskonstanten pK_a beschrieben. Die Tabelle enthält die pK_a-Werte einiger CH- und OH-acider Verbindungen (letztere für Vergleichszwecke) geordnet nach der Acidität. Je kleiner der pK_a-Wert desto größer ist die Acidität. Unter den aufgeführten Verbindungen besitzt Nitromethan die größte CH-Acidität, es folgen mit abnehmender Acidität 1,3-Dicarbonylverbindungen, dann Aldehyde, Ketone und Ester und schließlich Acetonitril. Weitere pK_a-Werte s. Anfang des Buches.

Tabelle. pK_a-Werte einiger CH-acider Verbindungen und Vergleichsverbindungen

Aufgaben

1. Ordnen Sie die folgenden Verbindungen nach abnehmender Acidität. (Benutzen Sie auch die Tabelle am Anfang des Buches.)

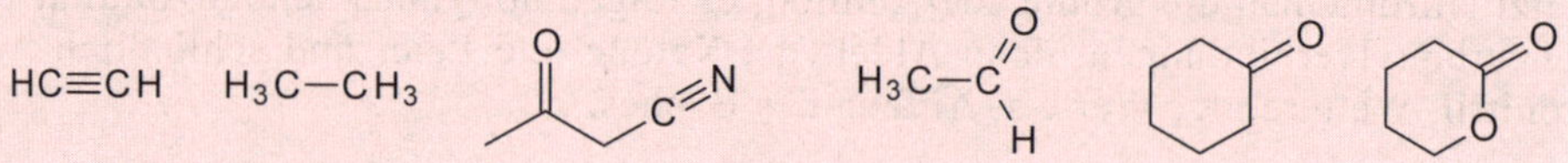

$HC\equiv CH$ H_3C-CH_3

2. Weshalb ist Acetessigsäure-ester acider als Malonsäure-diester?

20.2 Keto-Enol-Tautomerie

Aldehyde, Ketone, Ester und weitere Carbonylverbindungen, die über ein H-Atom α-ständig zur Carbonylgruppe verfügen, stehen im Gleichgewicht mit dem jeweiligen Enol. Zur Einstellung des Gleichgewichts bedarf es eines basischen oder sauren Katalysators.

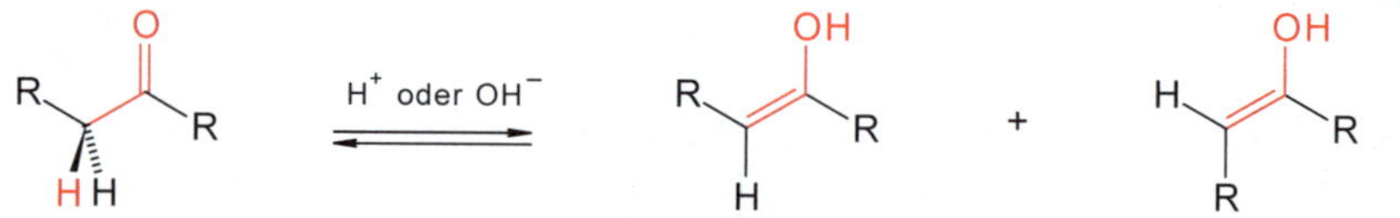

Das Gleichgewicht wird **Keto-Enol-Tautomerie** genannt. Tautomerie bedeutet Gleichgewicht zwischen zwei Isomeren, die sich lediglich in der Position eines Atoms (hier ein H-Atom) und typischerweise einer Doppelbindung unterscheiden (griech. *tauto,* das Gleiche; *meros,* der Anteil). Die Verbindungen des Gleichgewichts heißen **Tautomere**. Enol-Tautomere können wie Alkene als *cis-trans*-Isomere auftreten.

Keto- und Enol-Tautomer einer Carbonylverbindung stellen zwei unterschiedliche Verbindungen mit unterschiedlichen physikalischen und chemischen Eigenschaften dar. Besonders ausgeprägt sind die Unterschiede beim Acetessigester.

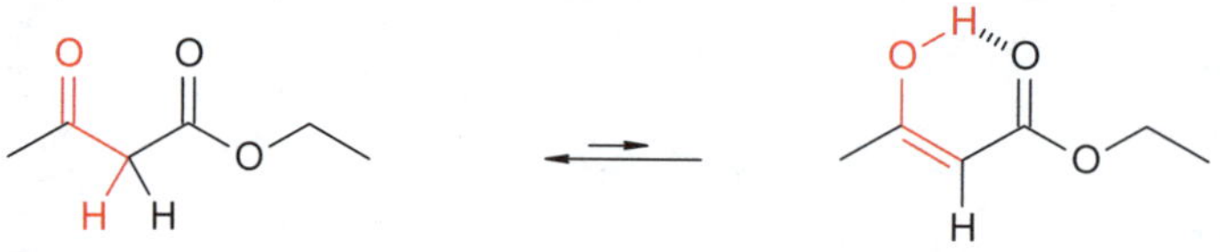

Kühlt man eine etherische Lösung von Acetessigester auf –78 °C, so fällt das Ketotautomer als Feststoff mit dem Schmelzpunkt –39 °C aus, während das Enolautomer in Lösung bleibt. Destilliert man aber Acetessigester, so kondensiert das Enoltautomer in der Kühlfalle zuerst, da es aufgrund einer innermolekularen H-Brücke leichter flüchtig ist.

Die Auftrennung von Tautomeren wie vorstehend gelingt nur in den seltensten Fällen. Bei einer Aufbewahrung der getrennten Tautomeren ist darauf zu achten, dass die Gefäßwand keine Spuren von Säuren oder Basen enthält, da andernfalls Tautomerisierung eintritt.

Mechanismus der Keto-Enol-Tautomerie. Die Mechanismen der Keto-Enol-Umwandlung hängen vom Katalysator ab. Bei der *basenkatalysierten* Einstellung des Gleichgewichts bildet sich zunächst das Enolat-Ion. Das Enolat-Ion ist eine starke Base und nimmt ein Proton auf, das sich entweder an das α-C-Atom oder an das O-Atom addiert. Im ersten Fall bildet sich die eingesetzte Carbonylverbindung zurück, im zweiten Fall entsteht das Enol. Das Resultat ist ein Gleichgewicht zwischen den beiden Tautomeren.

Bei der *säurekatalysierten* Gleichgewichtseinstellung findet eine Protonierung gefolgt von einer Deprotonierung statt.

Lage des Keto-Enol-Gleichgewichtes. Die Lage des Gleichgewichtes hängt von den Substituenten im Molekül, vom Lösungsmittel und von der Temperatur ab.

Acetaldehyd und Aceton existieren praktisch ausschließlich als Ketotautomer. Enthält das Molekül aber eine weitere Carbonylgruppe β-ständig zur bereits vorhandenen, so dominiert das Enol. So enthält 2,4-Pentandion bereits 87 % Enol.

Worauf beruht der höhere Prozentsatz an Enol in Acetessigester und 2,4-Pentandion? Zwei Gründe sind dafür verantwortlich. Erstens: Die Doppelbindung des Enols wird durch die C=O-Doppelbindung stabilisiert, da beide Doppelbindungen in Konjugation zueinander stehen. Zweitens: Im Enol kann sich eine Wasserstoffbrücke ausbilden, die ebenfalls zur Stabilisierung beiträgt.

Aceton   >99 %   ~0,0002 %
                                   $H_2C=C$ OH, CH_3

Acetessigsäure-ethylester   93 %   7 %

2,4-Pentandion   13 %   87 %

A   B   C

Auch Phenole unterliegen der Keto-Enol-Tautomerie. Das Gleichgewicht zwischen Phenol und dem dazu tautomeren Cyclohexadienon liegt allerdings ganz auf der Seite des Phenols, da im Cyclohexadienon die stabilisierende Aromatizität aufgehoben ist. Anders im 2-Pyridon. In polaren Lösungsmitteln überwiegt hier das Keto-Tautomer. Ursache sind Dipol-Dipol-Wechselwirkungen zwischen dem polaren 2-Pyridon und dem polaren Lösungsmittel.

~100 %   ~ 0 %   ~ 1 %   in Acetonitril   ~ 99 %

Phenol (Enol)   **2-Pyridon (Keton)**

Die Bestimmung der Tautomerenanteile gelingt auf einfache Weise durch ^{1}H-NMR-Spektroskopie, sofern das Gleichgewicht nicht ganz auf einer Seite liegt. Im NMR-Spektrum von 2,4-Pentandion (s. Abbildung) erkennen Sie zwei Methylsignale um 2 ppm, die von beiden Tautomeren herrühren. Integration der Flächen dieser Signale liefert das Verhältnis von Keto : Enol gleich 13 : 87.

Schließlich sei noch auf eine Besonderheit des enolischen H-Atoms von 1,3-Carbonylverbindungen hingewiesen. Dieses H-Atom reagiert beträchtlich sauer und kann durch Metall-Ionen ersetzt werden, wobei sogenannte Metall-Chelate (griech. *chele*, Schere) entstehen.

2,4-Pentandion, Enolform   **Kupferacetylacetonat**

Metall-Chelate besitzen physikalische Eigenschaften, die eher denen organischer Moleküle als denen anorganischer Metallsalze ähneln. Sie lösen sich häufig in organischen Lösungsmitteln und können sogar unzersetzt destilliert werden. Einige von ihnen sind in Wasser schwer löslich und farbig und dienen deshalb zum Nachweis bestimmter Metall-Ionen.

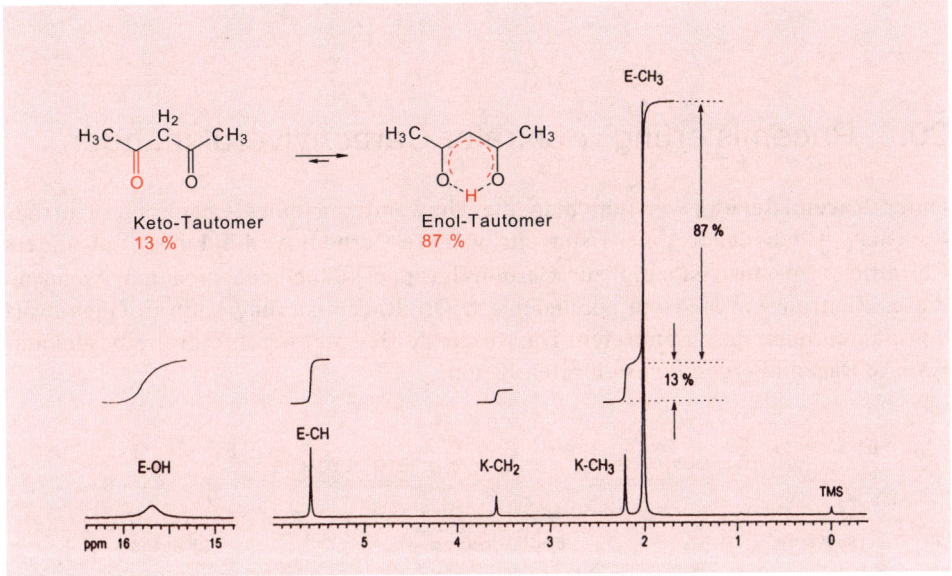

^{1}H-NMR-Spektrum (80 MHz) von 2,4-Pentandion (Acetylaceton) in CCl_4 bei Raumtemperatur. K = Keto-Tautomer, E = Enol-Tautomer

Zusammenfassung

- Aldehyde, Ketone und andere Carbonylverbindungen stehen im Gleichgewicht mit den jeweiligen Enolen. Dieses Gleichgewicht heißt Keto-Enol-Gleichgewicht oder Keto-Enol-Tautomerie. In der Regel liegt das Gleichgewicht ganz auf der Seite des Tautomers mit der Carbonylgruppe.

- Die Einstellung des Gleichgewichts erfolgt durch Säuren oder Basen. Dazu reichen oft Spuren, wie sie auch in den Wänden von Glasflaschen vorkommen.

Aufgaben

3. Handelt es sich beim Keto- und Enoltautomer von Aceton um Konstitutionsisomere?

4. Bestimmen Sie das Verhältnis Keto : Enol im Acetylaceton auch durch Auswertung der ^{1}H-NMR-Signale von CH_2 und CH (s. vorstehendes ^{1}H-NMR-Spektrum).

5. Warum ist der Enolgehalt von B größer als der von A?

A

7,5 % Enolgehalt

B

H   C$_6$H$_5$ **30 % Enolgehalt**

20.3 Racemisierung α-chiraler Carbonylverbindungen

Unter **Racemisierung** versteht man die Umwandlung eines Enantiomers in das Racemat. Aldehyde, Ketone, Ester und weitere Carbonylverbindungen mit einem Chiralitätszentrum α-ständig zur Carbonylgruppe können racemisieren, wenn an dieses Zentrum ein H-Atom gebunden ist. Die Racemisierung kann in Gegenwart von Säuren oder Basen eintreten. Das folgende Beispiel beschreibt die basenkatalysierte Racemisierung eines chiralen Ketons.

Et   O   EtO$^-$/EtOH   Et   O$^-$ EtO$^-$/EtOH   Et   O
Me   Ph   Me   Ph   Me   Ph
H   H
(R)-Keton   **Enolat-Ion: eben**   **(S)-Keton**

Die Racemisierung verläuft über das achirale Enolat-Ion, dessen Protonierung durch Ethanol mit gleicher Wahrscheinlichkeit R- und S-Keton ergibt.

Racemisierungen α-chiraler Carbonylverbindungen können durch Ausschluss von Spuren von Säuren oder Basen vermieden werden. Dass die konfigurative Labilität am α-C-Atom aber auch präparativ nützlich sein kann, zeigt das folgende Beispiel. Die Diels-Alder-Reaktion zwischen 2-Cyclohexenon und 2,3-Dimethylbutadien liefert in einer **kinetisch gesteuerten Reaktion** ein *cis*-Adukt (Abschn. 8.7.4).

2-Cyclohexenon   kinetisch gesteuert → **cis-Adukt**   H$_3$O$^+$ oder OH$^-$ / thermodyn. gesteuert → **trans-Adukt**

Wird das *cis*-Adukt mit einer Säure oder Base behandelt, so bildet sich in einer **thermodynamisch gesteuerten Reaktion** ein *cis,trans*-Gemisch, in dem das *trans*-Adukt überwiegt.

Aufgabe

6. Welche der enantiomerenreinen Verbindungen A–D wird durch Zugabe einer ethanolischen Lösung von HCl oder NaOH racemisiert?

20.4 α-Halogenierung von Aldehyden und Ketonen

Wasserstoffatome, die α-ständig zu einer Carbonylgruppe stehen, können durch Halogenatome ersetzt werden. Auch diese Reaktion wird durch Säuren oder Basen katalysiert. Unter sauren Bedingungen entsteht vorwiegend die Monohalogenverbindung und unter basischen Bedingungen die höher halogenierte Verbindung.

Ablauf der Halogenierung unter sauren Bedingungen. Hierbei greift das Halogenmolekül das Enol-Tautomer elektrophil an. Da das Enol-Tautomer in der Regel aber nur zu weniger als 1 % in der Keto-Enol-Mischung vorliegt, wäre die Reaktion alsbald beendet, würde sich nicht durch die im Reaktionsverlauf gebildete Säure HX das Keto-Enol-Gleichgewicht rasch wieder einstellen.

Die Halogenierung unter sauren Bedingungen bleibt auf der Stufe des Monohalogenketons stehen, weil das Halogenketon viel langsamer als das halogenfreie Keton enolisiert. Verantwortlich dafür ist der −I-Effekt des Halogens, der die Basizität der Carbonylgruppe vermindert und damit den zur Enolisierung erforderlichen Angriff des Protons erschwert.

Basizität relativ groß   Basizität relativ klein

Ablauf der Halogenierung unter basischen Bedingungen. Zunächst bildet sich das elektronenreiche Enolat-Ion. Dieses reagiert mit dem Halogenmolekül in einer schnellen Reaktion zum Monohalogenketon.

Das Monohalogenketon ist reaktiver als das eingesetzte Keton, da es wegen des $-I$-Effekts des Halogenatoms eine größere CH-Acidiät aufweist und somit leichter deprotoniert wird. Noch reaktionsfähiger ist das Dihalogenketon. Bei einem Überschuss an Halogen bildet sich somit als Endprodukt ein Trihalogenketon.

CH-Acidität relativ klein   CH-Acidität relativ groß

Aufgaben

7. Handelt es sich bei der Reaktion zwischen einem Enol (oder einem Enolat-Ion) und einem Halogenmolekül um einen nucleophilen oder elektrophilen Angriff?
8. Unter welchen Bedingungen gelingt folgende Chlorierung?

9. Die Halogenierung von Ketonen sowohl unter sauren als auch unter basischen Bedingungen verläuft mit einer Geschwindigkeit, die von der Halogenkonzentration unabhängig ist. Welches ist jeweils der geschwindigkeitsbestimmende Schritt?

Reaktionen von α-Halogencarbonylverbindungen. Ein Halogenatom am α-C-Atom einer Carbonylverbindung ist bei nucleophilen Substitutionen weitaus reaktionsfähiger als ein Halogenatom an anderen Positionen. Ursache dafür ist die Delokalisierung der im Übergangszustand auftretenden negativen Partialladung durch die Carbonylgruppe (vgl. auch Abschn. 10.4.2).

S$_N$2-Übergangszustand
rot: Wechselwirkung zwischen Bindungen

Mit H$_2$O entstehen α-Hydroxy-, mit NH$_3$ α-Aminocarbonylverbindungen. Beispiele:

α,α,α-Trihalogenketone stellen ebenfalls reaktive Verbindungen dar. Zwar ist die Substitution eines Halogenatoms wegen sterischer Hinderung nicht möglich, dafür tritt mit verdünnter Natronlauge eine interessante C,C-Bindungsspaltung ein.

Diese Reaktion wird nach dem Spaltprodukt auch **Haloform-Reaktion** genannt. Sie wird durch den nucleophilen Angriff des Hydroxid-Ions am Carbonylkohlenstoff eingeleitet. Als Zwischenstufe entsteht ein Alkanolat-Ion, aus dem sich das Carbanion :CX$_3^-$ löst. Carbanionen als Austrittsgruppen sind zwar selten, im vorliegenden Fall wird der Austritt aufgrund der Stabilisierung der negativen Ladung durch die drei elektronegativen Halogenatome begünstigt.

tetraedrische Zwischenstufe

Die Haloform-Reaktion ist ein nützliches Verfahren zur Herstellung von Carbonsäuren aus im allgemeinen leicht zugänglichen Methylketonen. Dazu wird die Reaktion nicht bei 0 °C sondern bei Raumtemperatur durchgeführt. Hierbei erfolgen nacheinander dreifache Chlorierung und C,C-Spaltung zum Carboxylat. Ansäuren des letzteren liefert die freie Carbonsäure. Beispiele:

4-Methyl-3-penten-2-on
(erhältlich aus 2 mol Aceton)

β,β-Dimethylacrylsäure

2-Acetylnaphthalin
(aus Naphthalin und Acetylchlorid)

2-Naphthalincarbonsäure

Zusammenfassung

● Aldehyde und Ketone können in α-Stellung bromiert oder chloriert werden. Unter sauren Bedingungen wird ein Halogenatom, unter basischen Bedingungen werden mehrere Halogenatome in α-Stellung eingeführt.

● Das Halogenatom in α-Stellung zur Carbonylgruppe ist sehr reaktiv und kann durch eine Vielzahl von Nucleophilen ersetzt werden.

Aufgaben

10. Schlagen Sie Synthesen für die Verbindungen A-D vor.

(aus Cyclohexanon)   (aus Benzol)   (aus Benzol)   (aus Naphthalin auf zwei verschiedenen Wegen)

11. Werfen Sie nochmals einen Blick auf die Reaktion zwischen 4-Methyl-3-penten-2-on und Chlor unter alkalischen Bedingungen (s. vorstehend). Weshalb reagiert Chlor mit der CH$_3$-Gruppe und nicht mit der C,C-Doppelbindung?

20.5 α-Halogenierung von Carbonsäuren

Wie Aldehyde und Ketone können auch Carbonsäuren in α-Stellung bromiert werden. Als Katalysator dient hier Phosphortribromid (PBr_3). Wegen der schwierigen Handhabung von PBr_3 (ätzend, tränenreizend) kann auch roter Phosphor verwendet werden, der mit Brom *in situ* zu PBr_3 reagiert. Die Reaktion mit 4-Methylpentansäure verläuft wie folgt:

4-Methylpentansäure   **2-Brom-4-methylvaleriansäure**

Die Reaktion verläuft in vier Schritten. Im ersten Schritt wird *ein Teil* der Carbonsäure durch PBr_3 in das Carbonsäurebromid überführt. Im zweiten Schritt erfolgt Enolisierung des Carbonsäurebromids.

Schritt 1: Bildung des Carbonsäurebromids

Carbonsäurebromid

Schritt 2: Enolisierung des Carbonsäurebromids

Enol

Das Enol setzt sich im dritten Schritt mit Brom zum α-Bromcarbonsäurebromid um. Im vierten Schritt erfolgt in einer Gleichgewichtsreaktion ein Austausch der Substituenten an den carboxylischen C-Atomen, wobei das Endprodukt α-Bromcarbonsäure entsteht und das für Schritt 2 erforderliche Zwischenprodukt Bromcarbonsäurebromid regeneriert wird.

Schritt 3: Bromierung des Enols

α-Bromcarbonsäurebromid + H+

Schritt 4: Austausch der Substituenten

vor dem Austausch   nach dem Austausch

α-Bromcarbon-säurebromid   **Endprodukt   Zwischenprodukt**

Der eigentliche Bromierungsvorgang (Schritt 3) verläuft über das Enol, ganz analog der Halogenierung von Aldehyden und Ketonen unter sauren Bedingungen. Dennoch gibt es einen grundsätzlichen Unterschied: Aldehyde und Ketone enolisieren, Carbonsäuren praktisch nicht. Erst der Umweg über die enolisierenden Carbonsäurebromide führt zur Bromierung.

Die α-Halogenierung von Carbonsäuren wird **Hell-Volhard-Zelinski**-Reaktion genannt. Die Bedeutung dieser Reaktion liegt darin, dass α-Halogencarbonsäuren ein reaktives Halogen enthalten, welches durch andere Nucleophile substituiert werden kann. Nachfolgend ist die Reaktion von 2-Bromhexansäure mit Ammoniak beschrieben, die zu der selten vorkommenden Aminosäure Norleucin führt.

2-Bromhexansäure + 2 NH_3 $\xrightarrow{50\,°C}$ **(R,S)-Norleucin, 65 % Ausb.** + NH_4Br

Aufgaben

12. Welche Verbindung entsteht bei der Umsetzung von äquimolaren Mengen an Phenylessigsäure und Brom in Gegenwart einer katalytischen Menge an rotem Phosphor?

13. 2,4-Dichlorphenoxyessigsäure („2,4-D") ist ein wirksames Herbizid gegen Unkräuter in Getreide oder Mais. Die Verbindung wird aus Phenol, Essigsäure und anorganischen Verbindungen hergestellt. Formulieren Sie ausgehend von Phenol sämtliche Reaktionsschritte.

2,4-Dichlorphenoxyessigsäure

20.6 Alkylierung von Malonester und Acetessigester

Die Methylengruppe in Malonester oder Acetessigester ist von zwei Carbonylgruppen flankiert, sie ist besonders acid und kann leicht alkyliert werden. Nachfolgend wird zunächst die Alkylierung von Malonester, danach die von Acetessigester behandelt.

Malonestersynthese. Na-alkoholat wandelt Malonester nahezu vollständig ins entsprechende Enolat um, da Malonester ($pK_a = 13,3$) eine stärkere Säure ist als Ethanol ($pK_a = 16$).

Diethylmalonester (kurz: Malonester)   **Na-Salz** von Malonester

Als Base wird das Alkoholat verwendet, dessen Alkylrest auch Bestandteil des Esters ist (vorstehend: Ethyl). Dadurch führt die gleichzeitig stattfindende Umesterung zu keinen neuen Produkten.

Malonester-enolat reagiert wie andere carbanionische Verbindungen nucleophil und setzt sich mit Alkylhalogeniden oder –tosylaten zu alkylierten Malonestern um.

Na-Salz von Malonester   **substituierter Malonester**

Monoalkylierter Malonester besitzt noch ein weiteres acides H-Atom, deshalb ist eine zweite Alkylierung möglich.

monoalkylierter Malonester   **di**alkylierter Malonester

Die Bedeutung dieser Alkylierungen liegt darin, dass alkylierte Malonester in Carbonsäuren überführt werden können. Dazu wird der alkylierte Malonester zunächst hydrolysiert und die dabei gebildete alkylierte Malonsäure zu einer Carbonsäure decarboxyliert (Decarboxylierung s. Abschn. 18.4.8).

alkylierte Malonsäure   **substituierte Essigsäure**

Die Reaktionsfolge Malonester → Alkylmalonester → Alkylmalonsäure → substituierte Essigsäure ist eine gängige Methode zur Herstellung von Carbonsäuren und heißt auch **Malonestersynthese**, weil die Synthese von Malonester startet. Das folgende Beispiel beschreibt die Herstellung von Hexansäure nach der Malonestersynthese.

Malonester → EtONa → **Butylmalonester**

1. H$_2$O/OH$^-$
2. H$^+$

aus Alkylbromid   aus Malonester

Hexansäure   150 °C (– CO$_2$)   **Butylmalonsäure**

Wird ein Alkylhalogenid mit zwei Halogenatomen eingesetzt, ist eine Wiederholung des Alkylierungsschrittes und somit doppelte Alkylierung von Malonester möglich. Endprodukt ist eine cyclische Carbonsäure. Auf diese Weise können Cyclopropan- und Cyclopentancarbonsäure hergestellt werden:

2 NaOEt (2 Schritte)   1. + H$_2$O/H$^+$ 2. – CO$_2$ **Cyclopropancarbonsäure**

2 NaOEt (2 Schritte)   1. + H$_2$O/H$^+$ 2. – CO$_2$ **Cyclopentancarbonsäure**

Aufgabe

14. Malonsäure-diethylester wird aus Na-chloracetat nach folgendem Schema hergestellt. Was bedeuten A und B.

+ NaCN ⟶ A ⟶ B ⟶ **Malonsäure-diethylester**

Acetessigester-Synthese. Diese Synthese verläuft ähnlich wie die Malonestersynthese, als Endprodukt erhält man hier jedoch ein **Methylketon**. Die einzelnen Schritte der Acetessigester-Synthese sind: Acetessigester → Alkylacetessigester → Alkylacetessigsäure → Methylketon. Im folgenden Beispiel ist gezeigt, wie aus Acetessigester das Methylketon 2-Heptanon hervorgeht.

Acetessigester → Natrium-acetessigester → 2-Butylacetessigester → 2-Butylacetessigsäure

Methyl-pentyl-keton (2-Heptanon)

Zusammenfassung

- Die α-H-Atome von Malonester oder Acetessigester reagieren beträchtlich sauer und können durch Alkylgruppen ersetzt werden, wobei ein alkylsubstituierter Malonester bzw. Acetessigester entsteht.

- Durch Hydrolyse und anschließende Decarboxylierung wird ein alkylsubstituierter Malonester in eine Carbonsäure und ein alkylsubstituierter Acetessigester in ein Methylketon überführt.

- Die Reaktionsfolge Malonester → Alkylmalonester → Alkylmalonsäure → Carbonsäure heißt Malonestersynthese, und die Reaktionsfolge Acetessigester → Alkylacetessigester → Alkylacetessigsäure → Methylketon wird Acetessigestersynthese genannt.

Aufgabe

15. Ausgehend von Malonester oder Acetessigester sollen die Verbindungen A bis E hergestellt werden. Formulieren Sie die einzelnen Schritte.

20.7 α-Alkylierung von Ketonen, Monoestern und Nitrilen

Auch Aldehyde, Ketone, Ester oder Nitrile können in α-Position deprotoniert und anschließend alkyliert werden. Zur Deprotonierung benötigt man allerdings sehr starke Basen. Bewährt haben sich Lithium-diisopropylamid (LDA) und Natrium-hydrid (NaH). LDA ist eine starke Base und aufgrund der sperrigen Isopropylgruppen ein nur schwaches Nucleophil: Die Verbindung deprotoniert, ohne sich an ungesättigte Gruppen (C=O etc.) anzulagern.

α-Alkylierung von Ketonen. Die Deprotonierung mit LDA wird bei −78 °C durchgeführt, um eine Weiterreaktion des Enolats mit noch vorhandenem Keton zum Aldol (Abschn. 20.9) zu verhindern. Die Deprotonierung verläuft praktisch vollständig, da das Keton eine viel stärkere Säure als Diisopropylamin ist.

Aceton   Diisopropylamid

**Aceton-Enolat
(zwei mesomere Grenzstrukturen)**

Die vollständige Überführung eines Ketons ins Enolat gelingt auch mit Natrium-hydrid. Neben Enolat entsteht hier molekularer Wasserstoff, der aus dem Reaktionsgefäß gasförmig entweicht.

Isopropyl-phenyl-keton

Enolat-Ion

Enolate, die sich von Aldehyden herleiten, können weder mit LDA noch mit Natriumhydrid hergestellt werden, da sie auch bei −78 °C mit noch vorhandenem Aldehyd zum entsprechenden Aldolprodukt weiterreagieren.

Enolate von Ketonen sind bei Raumtemperatur stabil, sofern man für Ausschluss von Luft und Feuchtigkeit sorgt. Sie sind starke Basen und sehr reaktive ambidente Nucleophile. Mit einem Alkylhalogenid oder -tosylat reagiert bevorzugt das C-Atom, mit dem Silylierungsmittel Trimethylchlorsilan aber das O-Atom des Enolat-Ions. Die Präferenz des O-Atoms für das Si-Atom ist eine Folge der starken Si-O-Bindung.

Aceton-Enolat, ambidentes Nucleophil

I—CH₃ → − I⁻ → **2-Butanon**

Cl—Si(CH₃)₃ → − Cl⁻ → **2-Propenyl-trimethylsilylether**

Die Reaktion von Keto-Enolaten mit Alkylhalogeniden oder -tosylaten führt zum Aufbau höhermolekularer Ketone. So kann Aceton über das Enolat in Isopentyl-methyl-keton überführt werden.

Aceton-Enolat   **Isobutylbromid**   **Isopentyl-methyl-keton**

Die nach dem S_N2-Mechanismus verlaufenden Alkylierungen gelingen am besten mit primären Alkylhalogeniden oder -tosylaten. Sekundäre oder tertiäre Halogenide oder Tosylate werden durch die starke Base Enolat teilweise oder ganz in Alkene überführt.

Unsymmetrische Ketone ergeben zwei isomere Enolate, wie das Beispiel 2-Methylcyclohexanon zeigt.

gehindert   weniger gehindert

LDA in Ether
- 78 °C
kinetisch gesteuert

2-Methylcyclohexanon

Li-Enolat A (Hauptprodukt)   **Li-Enolat B (Nebenprodukt)**

Bei tiefer Temperatur entsteht hauptsächlich das Enolat A, das aus der schnelleren Abstraktion des weniger behinderten H-Atoms hervorgeht (**eine kinetisch gesteuerte Reaktion**). Erwärmt man dieses Enolatgemisch auf Raumtemperatur, so bildet sich über die Reaktionsfolge Reprotonierung/Deprotonierung ein neues Gemisch, in dem nunmehr das Enolat B überwiegt (**eine thermodynamisch gesteuerte Reaktion**). Ursache der größeren Stabilität von B ist die Stabilisierung der Doppelbindung durch die Methylgruppe.

Aufgaben

16. Formulieren Sie die Reaktionen der Li-Enolate A und B (s. vorstehende Formel) mit Methyliodid.

17. Was bedeuten A bis C im folgenden Reaktionsschema?

α-Alkylierung von Monoestern und Nitrilen. Zur α-Alkylierung eines Monoesters wird derselbe mit Lithiumdiisopropylamid (LDA) bei −78 °C ins entsprechende Enolat überführt und letzteres alkyliert. Als Alkylierungsmittel eignen sich Alkylhalogenide, aber auch Aldehyde (s. Aufgabe) oder Ketone. Die folgende Reaktionsfolge beschreibt die Alkylierung von Essigester mit Allylbromid.

Schritt 1: Bildung des Enolats

Schritt 2: Alkylierung des Enolats

Auch Nitrile mit einem H-Atom in α−Stellung können alkyliert werden. Sind zwei H-Atome vorhanden, gelingt gar eine zweifache Alkylierung.

Aufgabe

18. Welches Elektrophil verbirgt sich hinter A?

20.8 α-Alkylierung und α-Acylierung von Aldehyden/Ketonen über Enamine

Die α-Alkylierung eines Ketons gelingt außer über das Enolat auch über das Enamin. Selbst Aldehyde, die direkt nicht alkyliert werden können, lassen sich über ihre Enamine alkylieren.

Enamine werden aus Ketonen oder Aldehyden und sekundären Aminen hergestellt, Näheres s. Abschn. 17.5.5. Die Verbindungen sind wie Enolate ambidente Nucleophile. es reagiert das N-Atom oder das β-C-Atom.

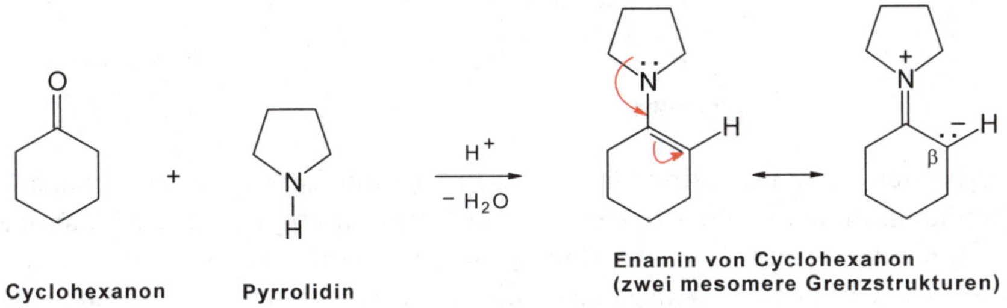

Cyclohexanon   **Pyrrolidin**

Enamin von Cyclohexanon (zwei mesomere Grenzstrukturen)

Mit reaktiven Halogeniden (Methyliodid, Allylbromid u.a.) oder mit Carbonylverbindungen (Aldehyde, Ketone, Carbonsäurechloride) tritt Alkylierung bzw. Acylierung am β-C-Atom ein.

Alkylierung eines Enamins:

ein Iminiumsalz

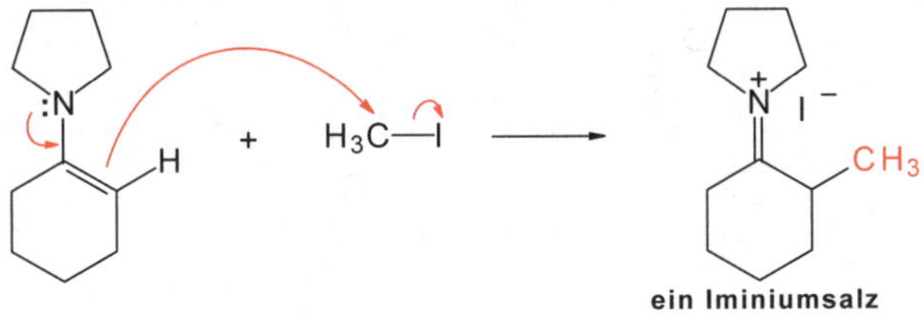

Acylierung eines Enamins:

ein Iminiumsalz

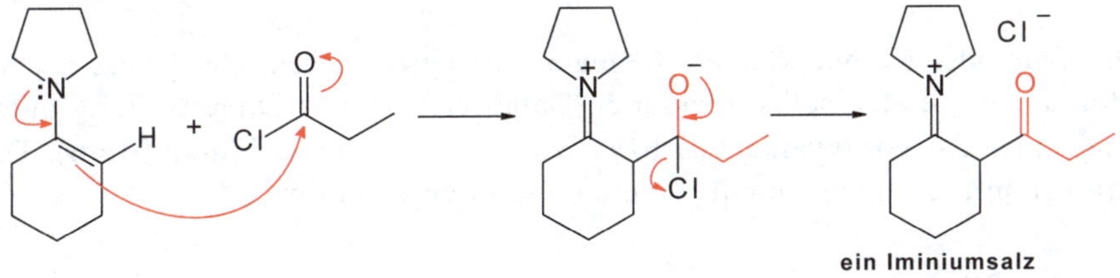

Die gebildeten Iminiumsalze hydrolysieren leicht zu den entsprechenden Carbonylverbindungen. Somit kann ein Keton sowohl über das Enolat als auch über das Enamin alkyliert werden, wie die folgende Gegenüberstellung am Beispiel Cyclohexanon zeigt.

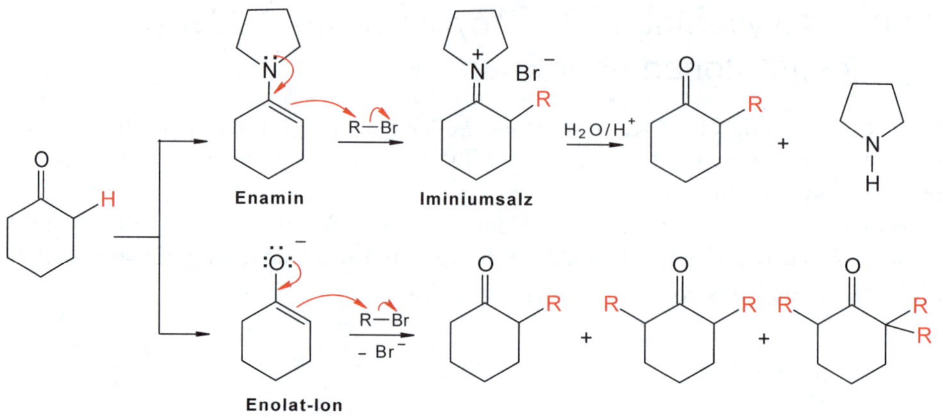

Enamin   **Iminiumsalz**

Enolat-Ion

Die Alkylierung eines Ketons über dessen Enamin liefert nur die monoalkylierte Verbindung, diejenige über das Enolat ein Gemisch alkylierter Verbindungen (mit der Monoalkylverbindung als Hauptprodukt), weil das monoalkylierte Keton durch noch vorhandenes Ausgangsenolat teilweise ebenfalls ins Enolat überführt und anschließend alkyliert werden kann.

Aufgabe

19. Die Verbindungen A-C wurden über Enamine hergestellt. Formulieren Sie die Reaktionen.

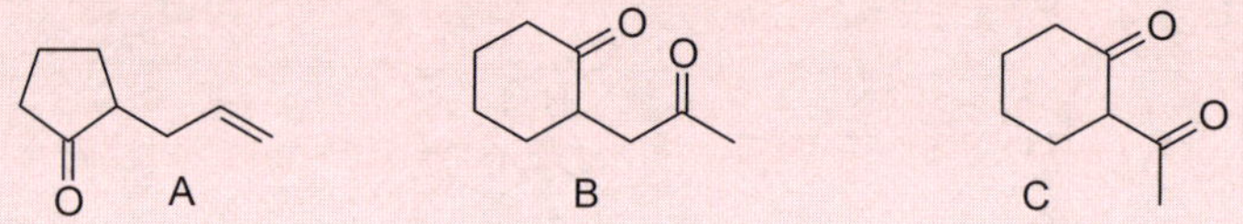

A   B   C

20.9 Aldoladdition und Aldolkondensation

Aldehyde oder Ketone können in Gegenwart eines sauren oder basischen Katalysators auch mit sich selbst reagieren. Dabei erfolgt eine Dimerisierung unter Bildung eines β-Hydroxyaldehyds bzw. β-Hydroxyketons (**Aldoladdition**). Die Reaktionen mit Acetaldehyd oder Aceton verlaufen wie folgt:

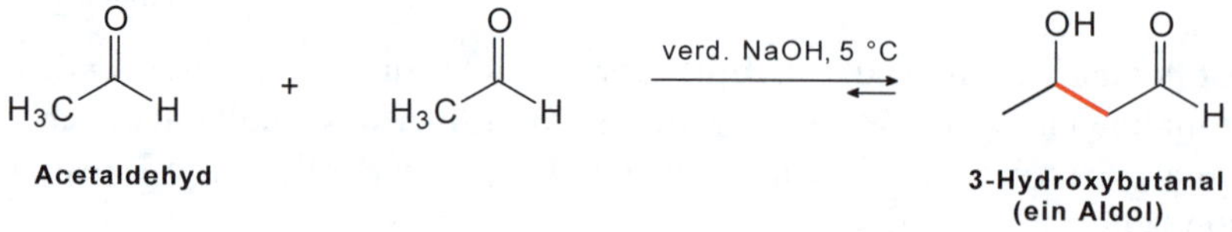

Acetaldehyd   verd. NaOH, 5 °C   **3-Hydroxybutanal (ein Aldol)**

Hierbei addiert sich formal die α–CH-Bindung des einen Moleküls an die Carbonylgruppe des anderen Moleküls, wobei eine neue C,C-Bindung geknüpft wird (rot markiert). Die Produkte heißen **Aldole** oder **Ketole**, da sie eine *Ald*ehyd (bzw. *Ket*o)-Gruppe und eine Alko*hol*gruppe enthalten.

Bei der *basenkatalysierten* Addition greift das nucleophile Enolat-Ion ein Molekül Aldehyd oder Keton an. Anschließend erfolgt die Übertragung eines Protons (z.B. aus Wasser) auf das Aldolat-Ion.

Bei der *protonenkatalysierten* Aldoladdition greift das nucleophile Enol die protonierte Carbonylgruppe eines anderen Moleküls an. Es bildet sich ein protoniertes Aldol oder Ketol, das anschließend ein Proton abgibt.

Gleichgültig ob basen- oder säurekatalysiert reagiert bei einer Aldolreaktion das eine Molekül (Enol oder Enolat) als **Elektronendonor,** das andere Molekül (Carbonyl) als **Elektronenakzeptor.**

Aldoladditionen sind Gleichgewichtsreaktionen. Bei Aldehyden liegt das Gleichgewicht auf der Seite des Aldols, bei Ketonen jedoch ganz auf der Seite der Ausgangsverbindungen. Im Falle von Aceton ist das Verhältnis Aceton : Ketol gleich 94 : 6. Trotzdem gelingt eine Umsetzung zum Ketol in hoher Ausbeute, wenn man das Ketol, sobald es sich gebildet hat, vom basischen Katalysator entfernt. Dazu wird Aceton auf festes BaO getropft, welcher sich in einer Extraktionshülse befindet. Ketol und nicht umgesetztes Aceton fließen ab, und nur Aceton wird durch Verdampfen (das höhersiedende Ketol verbleibt in der flüssigen Phase) und Kondensieren des Dampfes erneut auf den Katalysator getropft. Nach ca. 30 h hat sich Aceton zu 70% ins Ketol umgewandelt.

Aus dem Gleichgewichtscharakter der Aldoladdition folgt, dass Aldole und Ketole wieder in die Ausgangsverbindungen gespalten werden können. Suspendiert man BaO im Ketol von Aceton und legt an das Gemisch ein leichtes Vakuum an, so kondensiert in der gekühlten Vorlage reines Aceton. Die Spaltung von Aldolen oder Ketolen in die Ausgangsaldehyde (-ketone) nennt man **Aldolspaltung oder** *retro*-**Aldolreaktion**.

Aldole und Ketole verlieren bei erhöhter Temperatur leicht Wasser, wobei α,β-ungesättigte Aldehyde oder Ketone entstehen. Auch hier bedarf es eines sauren oder basischen Katalysators.

3-Hydroxybutanal   **2-Butenal (Crotonaldehyd)**

Bei der basenkatalysierten Wasserabspaltung bildet sich zunächst das Enolat, aus dem nach einem E1cB-Mechanismus Hydroxid eliminiert wird.

ein Enolat-Ion

Treibende Kraft der Wasserabspaltung ist die Bildung eines konjugierten Systems bestehend aus C,C-Doppelbindung und Carbonylgruppe. Die Reaktion zweier Aldehyd- oder Ketonmoleküle unter Wasseraustritt heißt **Aldolkondensation**. (Sie erinnern sich: Kondensation bedeutet Vereinigung zweier Moleküle unter Austritt eines kleinen Moleküls, z.B. Wasser oder Alkohol.)

Aldoladditionen treten typischerweise unter basischen Bedingungen und bei Temperaturen um 0 °C auf. Die weiterführende Aldolkondensation erfolgt unter basischen Bedingungen bei erhöhter Temperatur, unter sauren Bedingungen bereits bei Raumtemperatur. So liefert Aceton, in das man bei Raumtemperatur gasförmiges HCl einleitet, folgendes Kondensationsprodukt:

Aceton   Aceton   **4-Methyl-3-penten-2-on**

Aufgabe

20. Propen soll mit einer C_1-Verbindung in Butanal und letzteres in 2-Ethyl-1-hexanol umgewandelt werden. Geben Sie die Reaktionspartner und Katalysatoren an. Hinweis: Bei der ersten Stufe ist eine Übergangsmetallverbindung als Katalysator beteiligt.

Stereochemischer Verlauf der Aldolreaktion. Bei der Aldolreaktion können neue Chiralitätszentren entstehen. Das Ketol aus Aceton enthält kein Chiralitätszentrum, das Aldol aus Acetaldehyd enthält eines davon und das aus Propionaldehyd zwei Chiralitätszentren.

Aldole mit zwei Chiralitätszentren treten als Diastereomere auf, die bei offenkettigen Verbindungen auch *syn* und *anti* genannt werden. *syn* bedeutet, die 1,2-ständigen Substituenten stehen auf derselben Seite der Zick-Zack-Kette, *anti* heißt, sie stehen auf entgegengesetzten Seiten. Durch Wahl der Reaktionsbedingungen gelingt es oftmals, bevorzugt das eine oder andere Diastereomer herzustellen.

Aufgabe

21. Wie viele Stereoisomere bilden sich bei der Aldoladdition von Propionaldehyd (Reaktionsgleichung vorstehend)?

Intramolekulare Aldoladdition. Besitzt ein Molekül zwei Carbonylgruppen in passendem Abstand zueinander, so kann eine intramolekulare Aldoladdition oder -kondensation unter Bildung eines cyclischen Produkts eintreten. So ergibt 6-Oxo-heptanal folgende Cyclopentenverbindung:

6-Oxoheptanal   1-Cyclopentenyl-methyl-keton

Im vorstehenden Beispiel wird der Weg a gegenüber Weg b bevorzugt, da eine Aldehydgruppe gegenüber einem nucleophilen Angriff reaktionsfähiger als eine Ketogruppe ist.

Intramolekulare Aldoladditionen verlaufen besonders glatt, wenn dabei 5-Ringe (vorstehend) oder 6-Ringe entstehen.

Aufgaben

22. Die α,β-ungesättigten Ketone A – D wurden durch basenkatalysierte intramolekulare Aldolkondensation hergestellt. Markieren Sie die Verknüpfungsstellen durch gestrichelte Linien und benennen Sie die Ausgangsverbindungen.

A   B   C   D

23. 1-Cyclopentencarbaldehyd wurde aus 1,2-Cyclohexandiol in zwei Schritten hergestellt. Formulieren Sie die Schritte.

1,2-Cyclohexandiol   1-Cyclopentencarbaldehyd

20.9.1 Gemischte Aldolreaktion

Bei einer gemischten Aldolreaktion reagieren zwei unterschiedliche Carbonylverbindungen, z.B. Acetaldehyd und Propanal, miteinander. In der Regel sind solche Reaktionen von geringem praktischen Wert, da sich Gemische von vier Aldolen bilden. Achten Sie bei folgender Reaktionsgleichung auf die Farbmarkierungen.

Acetaldehyd + Propanal $\xrightarrow{OH^-}$ Aldol von Acetaldehyd + Aldol von Propanal + Aldole aus beiden Aldehyden

Einheitlich verläuft die gemischte Aldolreaktion, wenn eine der beiden Carbonyl-verbindungen kein α-ständiges Wasserstoffatom wie in Benzaldehyd oder Formal-dehyd aufweist. Diese Carbonylverbindungen können keine Enolate bilden und somit nicht mit sich selbst reagieren. Sie können aber als Elektronenakzeptoren fungieren, wie die beiden folgenden Beispiele zeigen.

Benzaldehyd (vorgelegt) + Acetaldehyd (zugetropft) $\xrightarrow{H-O^- \ (vorgelegt)}$ 3-Hydroxy-3-phenylpropanal

4 Formaldehyd + Cyclohexanon $\xrightarrow{OH^-}$ 2,2,6,6-Tetrakis(hydroxy-methyl)cyclohexanon

Die vierfache Aldolreaktion im zweiten Beispiel ist eine Folge der hohen Reakti-vität des Formaldehyds.

Nebenprodukt einer gemischten Aldoladdition ist das Dimerisierungsprodukt der-jenigen Carbonylverbindung, die ein Wasserstoffatom in α-Stellung besitzt. So bildet sich bei der vorstehend beschriebenen Reaktion zwischen Benzaldehyd und Acetaldehyd auch 3-Hydroxybutanal, das Dimer des Acetaldehyds. Zur Unterdrü-ckung der Bildung des Nebenproduktes legt man Benzaldehyd und Katalysator vor und tropft langsam Acetaldehyd hinzu. Dadurch ist gewährleistet, dass die Kon-zentration des Acetaldehyds in der Reaktionslösung und damit die Wahrschein-lichkeit der Dimerisierung desselben sehr klein ist.

Die vorstehend beschriebene Reaktionsführung erlaubt in bestimmten Fällen auch die gezielte Aldolreaktion von zwei Carbonylverbindungen, die *beide* über α-stän-dige H-Atome verfügen:

Aceton
(vorgelegt)   Acetaldehyd
                   (zugetropft)   4-Hydroxy-2-pentanon,
                                             60 % Ausbeute

Die Base überführt einen Teil des Acetons ins Enolat-Ion, welches anschließend mit der reaktiven Carbonylgruppe des Acetaldehyds reagiert. Statt der vier denkbaren Aldole entsteht praktisch nur ein einziges Aldol.

Noch selektiver verläuft die gemischte Aldoladdition, wenn das Keton bei −78 °C ins Li-Enolat überführt und auch bei dieser Temperatur mit der zweiten Carbonylverbindung umgesetzt wird.

Aceton   Lithiumenolat von Aceton
                                             4-Hydroxy-2-pentanon

Gemischte Aldoladditionen und -kondensationen haben große praktische Bedeutung. So wird der Veilchen-Duftstoff Pseudojonon aus dem Naturstoff Citral und Aceton wie folgt hergestellt:

Citral
(aus Lemongras)   Aceton   Pseudojonon,
                                                 gelbes Öl (49 % Ausb.)

Hierbei reagiert Citral, welches kein reaktives Wasserstoffatom in α-Stellung enthält und daher mit sich selbst nicht reagieren kann, mit dem Enolat des Acetons zum Aldolprodukt, aus dem sich anschließend Wasser abspaltet. Aldolreaktion und Wasserabspaltung verlaufen hier bereits bei −5 °C, da ein konjugiertes System mit drei Doppelbindungen entsteht. Pseudojonon dient als Zusatz in der Parfümerieindustrie, ferner zur technischen Synthese von Vitamin A.

Zusammenfassung

- Bei einer Aldoladdition addiert sich das Enol oder Enolat-Ion des einen Aldehydmoleküls (Elektronendonor) an die Carbonylgruppe des anderen Aldehydmoleküls (Elektronenakzeptor). Analog reagiert ein Ketonmolekül.

- Aldolreaktionen verlaufen säure- oder basenkatalysiert.

- Bei einer gemischten Aldoladdition reagieren zwei unterschiedliche Carbonylverbindungen miteinander. Dabei wird diejenige Carbonylverbindung, deren C=O-Gruppe erhalten bleiben soll, ins Enolat überführt (z.B. mit Lithiumdiisopropylamid bei −78 °C) und anschließend mit der anderen Carbonylverbindung umgesetzt.

- Schließt sich einer Aldoladdition eine Wassereliminierung an, so liegt eine Aldolkondensation vor.

- Die Umkehr der Aldolreaktion ist die Aldolspaltung, bei welcher ein Aldol in zwei Carbonylverbindungen zerlegt wird. Auch Aldolspaltungen verlaufen säure- oder basenkatalysiert.

- Aldolreaktionen sind von ähnlich großer Bedeutung wie Grignard-Reaktionen: Beide Reaktionen führen zu einer neuen C−C-Bindung und werden zum Aufbau größerer Kohlenstoffgerüste eingesetzt.

Aufgaben

24. Die basenkatalysierte Kondensation von Citral mit Aceton liefert Pseudojonon (siehe vorstehende Gleichung). Weshalb bildet sich nicht auch das Ketol von Aceton?

25. Vervollständigen Sie das Reaktionsschema:

26. Die Verbindungen A-C sollen durch Aldolreaktionen hergestellt werden. Formulieren Sie die einzelnen Reaktionen.

20.9.2 Aldole: technisch wichtige Zwischenprodukte

Sowohl Aldole als auch ihre Dehydratisierungsprodukte enthalten jeweils zwei funktionelle Gruppen. Sie können daher in eine Vielzahl anderer Verbindungen überführt werden. Nachfolgend ist das chemische Verhalten der Aldole an den

Beispielen 3-Hydroxybutanal und Crotonaldehyd, beides Produkte der Aldoladdition bzw. –kondensation von Acetaldehyd, beschrieben.

Die Hydrierung von Aldolen liefert erwartungsgemäß 1,3-Diole. Der Hydrierungsverlauf bei α,β-ungesättigten Carbonylverbindungen hängt hingegen vom Hydrierungsmittel ab: Lithiumaluminiumhydrid führt zu α,β-ungesättigten Alkoholen, während die Hydrierung mit molekularem Wasserstoff Aldehyde ergibt, die weiter zu Alkoholen reduziert werden können.

Verbindungen mit einer Aldehydgruppe können leicht mit milden Oxidationsmitteln wie Silber-I-Salzen zu Carbonsäuren oxidiert werden.

Viele der aus der Aldolreaktion hervorgehenden Produkte haben technische Bedeutung. 1,3-Butandiol und andere Diole werden in Ester umgewandelt und letztere als Weichmacher verwendet. 1-Butanol dient als Lösungsmittel bei der Herstellung von Lacken, daneben ebenfalls zur Herstellung von Weichmachern.

Aufgaben

27. Schlagen Sie Synthesen der Butandiole A–D vor.

1,2-Butandiol (A)
(aus einer C$_4$-Verb.)

1,3-Butandiol (B)
(aus 2 C$_2$-Verb.)

1,4-Butandiol (C)
(aus 2 C$_1$- u. 1 C$_2$-Verb.)

2,3-Butandiol (D)
(aus einer C$_4$-Verb.)

28. 2-Ethylhexan-1,3-diol dient u.a. als Insektenvertreibungsmittel. Schlagen Sie eine zweistufige Synthese vor, die von einem C$_4$-Aldehyd ausgeht.

2-Ethylhexan-1,3-diol
(Insektenvertreibungsmittel)

20.9.3 *Exkurs*: Aldoladdition in der lebenden Zelle

Aldoladditionen und -spaltungen treten auch in der Zelle auf. So wird die C$_6$-Verbindung Fructose-1,6-diphosphat durch das Enzym **Aldolase** in die beiden C$_3$-Verbindungen Dihydroxyaceton-phosphat und Glycerinaldehyd-3-phosphat gespalten, ein Vorgang, der beim Abbau von Glucose eine wichtige Rolle spielt. Das gleiche Enzym katalysiert auch den umgekehrten Vorgang: die Aldoladdition dieser beiden Verbindungen zu Fructose-1,6-diphosphat, eine Reaktion, die beim Aufbau von Kohlenhydraten in der Photosynthese ebenfalls von großer Bedeutung ist.

Fructose-1,6-diphosphat
(Fischer-Projektion)

Aldol-Spaltung

Aldol-Addition

Dihydroxyaceton-phosphat
("C$_3$-Keton")

D-Glycerinaldehyd-3-phosphat
("C$_3$-Aldehyd")

Nachfolgend ist die Aldol-Addition dieser beiden C_3-Verbindungen durch das Enzym Aldolase II beschrieben, wie sie in den Zellen bestimmter Bakterien abläuft. Zunächst dringt das C_3-Keton in die aktive Tasche der Aldolase (ein Protein). Dort wird das C_3-Keton durch Zn^{2+}-Ionen komplexiert, wodurch das H-Atom in α-Stellung eine Steigerung der Acidität erfährt und nunmehr von der schwachen Base Carboxylat abgelöst werden kann. Es bildet sich das Enolat des C_3-Ketons. Anschließend nimmt die aktive Tasche des Enzyms auch den C_3-Aldehyd auf. Der C_3-Aldehyd, durch eine Wasserstoffbrücke aktiviert, reagiert mit dem Enolat, wobei die C_6-Verbindung Fructose-1,6-diphosphat entsteht.

Bei dieser Aldol-Reaktion entstehen zwei neue Chiralitätszentren (n). Nach der Formel 2^n können sich hierbei vier stereoisomere Verbindungen (A – D) bilden, wie das folgende Schema zeigt.

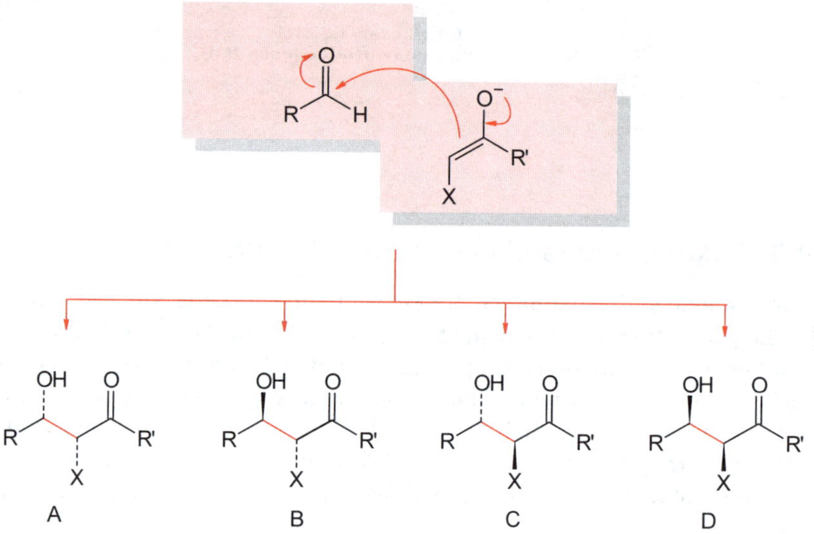

Die durch Aldolase katalysierte Aldol-Reaktion liefert aber nur eines der vier möglichen Stereoisomeren, bei dem es sich um das Stereoisomer entsprechend D handelt (s. Markierung durch rote Sterne in der nebenstehenden Abbildung). Offensichtlich reagiert nur eine der beiden enantiotopen Seiten des Enolats mit nur einer der beiden enantiotopen Seiten des Aldehyds: eine stereochemische Meisterleistung des Enzyms.

Aufgabe

29. Sortieren Sie die Stereoisomeren A-D nach Enantiomerenpaaren.

Abb. Aldolreaktion zwischen dem C₃-Keton Dihydroxyaceton-phosphat und dem C₃-Aldehyd D-Glycerinaldehyd-phosphat. Katalysator ist das Enzym Aldolase II (als roter Halbring dargestellt). (His)₃– und –CO₂⁻ rühren von den Aminosäureresten Histidin bzw. Asparaginsäure der Aldolase her.

20.10 Knoevenagel-Kondensation

Verwandt mit der Aldol-Kondensation ist die Knoevenagel-Kondensation. Während bei der Aldol-Kondensation Enole oder Enolate von Aldehyden oder Ketonen mit Carbonylverbindungen reagieren, sind es bei der Knoevenagel-Kondensation Enole oder Enolate der CH-aciden Verbindung X-CH$_2$-Y, die mit Carbonylverbindungen eine Reaktion eingehen. X und Y bedeuten funktionelle Gruppen wie Carboxyl, Nitro, Cyano u.a. Besonders wichtig sind die Reaktionen von Malonester oder –säure mit Aldehyden, die zu α,β-ungesättigten Diestern bzw. Dicarbonsäuren führen. Erhitzen letzterer ergibt Monocarbonsäuren. Beispiel:

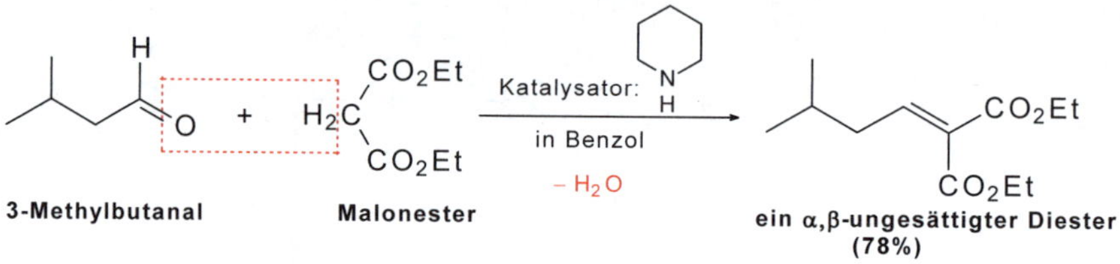

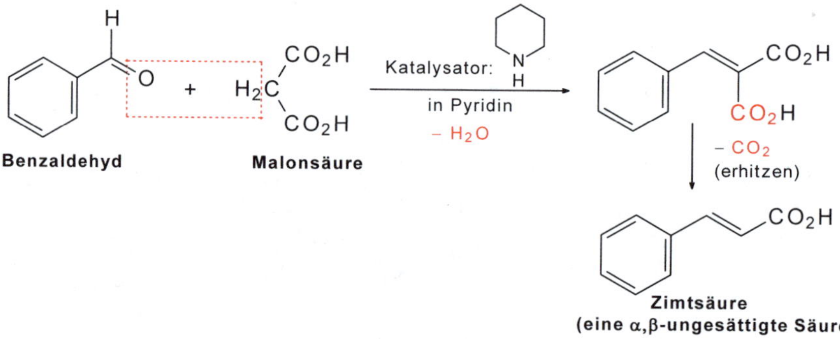

Der Mechanismus der Reaktion mit Malonester ähnelt dem der Aldol-Kondensation: Bildung des Enolat-Ions aus der CH-aciden Verbindung und dem basischen Katalysator, nucleophiler Angriff des Enolat-Ions auf die Carbonylgruppe und E1-cB-Eliminierung von Wasser.

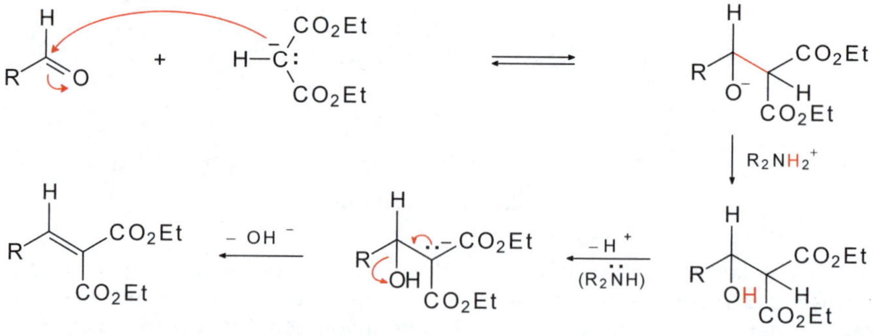

Die Reaktion von CH-aciden Verbindungen (Malonester, Acetessigester, Nitrile u.a.) mit Aldehyden und Ketonen heißt nach dem Entdecker **Knoevenagel-Kondensation** (*E. Knoevenagel*, geb. 1865 bei Hannover) und gelingt am besten mit Aldehyden.

Aufgabe

30. Dihydroconiferylalkohol kommt u. a. in den Wurzeln der großen Brennnessel vor. Schlagen Sie eine möglichst kurze Synthese unter Verwendung einer Knoevenagel-Kondensation vor.

Dihydroconiferylalkohol

20.11 α-Aminomethylierung von Aldehyden und Ketonen

Verwandt mit der Aldoladdition ist auch die Aminomethylierung. Hierbei reagiert ein Enol nicht mit einem Aldehyd (Keton) wie bei der Aldoladdition sondern mit einer Iminiumverbindung eines Aldehyds oder Ketons.

Lässt man Formaldehyd und ein sekundäres Amin (als Hydrochlorid) auf einen Aldehyd oder ein Keton einwirken, so erfolgt eine Aminomethylierung in α-Stellung der Carbonylverbindung. Basische Aufarbeitung liefert einen β-Aminoaldehyd oder -keton. Beispiel:

Die Reaktion läuft in zwei Schritten ab. Im ersten Schritt bildet sich aus Formaldehyd und dem sekundären Ammoniumchlorid ein **Iminiumsalz** (s. Abschn. 17.5.5), welches ein reaktives Derivat von Formaldehyd ist. Im zweiten Schritt reagiert das Iminiumsalz mit dem Enol nach Art einer Aldoladdition, wobei das Iminiumsalz die Rolle einer Carbonylverbindung übernimmt.

Schritt 1: Bildung des Iminiumsalzes

Schritt 2: Aldolähnliche Reaktion des Iminiumsalzes

Schütteln des Ammoniumsalzes mit verdünnter Natronlauge liefert schließlich die freie Base. Statt Formaldehyd, Dimethylamin und HCl kann auch direkt das (oftmals käuflich erhältliche) Iminiumsalz eingesetzt werden, das zudem höhere Ausbeuten liefert. Beispiel:

84 % Ausbeute
(mit CH$_2$O : 25 %)

Die Reaktion wird nach ihrem Entdecker **Mannich-Reaktion** genannt, und die gebildete Base heißt **Mannichbase** (*C. Mannich*, geb. 1877 in Breslau).

Die Mannich-Reaktion spielt in der pharmazeutischen Chemie eine wichtige Rolle, da sowohl Mannichbasen als auch die daraus durch Grignardreaktion erhältlichen β-Aminoalkohole als Arzneimittel von Bedeutung sind. Hierzu zwei Beispiele:

Falicain (Anästheticum),
eine Mannichbase

HO Cyclohexyl

Procyclidin (Antiparkinsonmittel),
ein Aminoalkohol

Aufgaben

31. Welche der Verbindungen A–D können durch Mannich-Reaktion und gegebenenfalls aus welchen Ausgangsverbindungen hergestellt werden?

32. Formulieren Sie ausgehend von Acetophenon die Synthesen von Falicain und Procyclidin. Strukturformeln s. Text.

20.12 Esterkondensation nach Claisen

Wie Aldehyde und Ketone können auch Ester in Gegenwart eines Katalysators mit sich selbst reagieren. Allerdings tritt hier keine Dimerisierung wie bei Aldehyden oder Ketonen ein, sondern eine Kondensation unter Austritt von Alkohol.

Lässt man auf einen Ester, der in α-Stellung über Wasserstoff verfügt, Natriumalkoholat einwirken, erfolgt eine Vereinigung von zwei Molekülen Ester zu einem β-Ketoester. Gleichzeitig wird ein mol Alkohol frei. Mit Essigester entsteht **Acetessigester.**

Essigsäure-ethylester (2 Moleküle)
(kurz: Essigester)

Acetessigsäure-ethylester
(kurz: Acetessigester)

Man nennt diese Reaktion nach ihrem Entdecker **Claisen-Kondensation** (*Ludwig Claisen*, geb. 1851 in Köln). Eine Kondensation liegt vor, da bei der Vereinigung ein niedermolekulares Molekül (C_2H_5-OH) austritt.

Wie verläuft die Kondensation? Im ersten Schritt bildet sich in einer Gleichgewichtsreaktion die konjugierte Base (ein Ester-Enolat). Das Gleichgewicht liegt ganz auf der Seite der Ausgangsverbindungen, da Essigester ($pK_a = 24$) eine schwächere Säure ist als Ethanol ($pK_a = 16$). Im zweiten Schritt greift das in geringer Konzentration vorhandene Enolat-Ion von Essigester den Carbonylkohlenstoff eines anderen Estermoleküls an, wobei als tetraedrische Zwischenstufe ein Halbketal-Anion entsteht.

Schritt 1: Bildung des Enolat-Ions von Essigester

Ester-Enolat

Schritt 2: nucleophiler Angriff des Enolat-Ions

Halbketal-Anion

Das Halbketal-Anion zerfällt im dritten Schritt in Acetessigester und Ethanolat. Im vierten Schritt reagieren diese beiden Verbindungen zum entsprechenden Salz, da der Ester eine stärkere Säure ($pK_a = 11$) ist als Ethanol ($pK_a = 16$).

Schritt 3: Bildung von Acetessigester

Acetessigester

Schritt 4: Bildung des Enolats von Acetessigester

Na-Salz des Acetessigesters

Alle Reaktionen sind Gleichgewichtsreaktionen. Obwohl das Gleichgewicht gemäß Schritt 1 ganz auf der Seite der Ausgangsverbindungen liegt, wird dennoch der gesamte Essigester zum Endprodukt umgesetzt, da Acetessigester durch Salzbildung gemäß Schritt 4 praktisch gänzlich dem Gleichgewicht entzogen wird. (Achten Sie auf die Länge der roten Pfeile in vorstehenden Gleichgewichten.) Zur Erzielung hoher Ausbeuten ist es daher wichtig, dass die Claisen-Kondensation mit der *stöchiometrischen* Menge Na-ethanolat durchgeführt wird (ein mol auf zwei mol Essigester) statt mit einer katalytischen Menge, die für den eigentlichen Kondensationsschritt durchaus reichen würde.

Nach Beendigung der Reaktion wird das Na-Salz des Acetessigesters mit verdünnter Säure neutralisiert und der freigesetzte Acetessigester isoliert. Acetessigester ist ein wichtiges Zwischenprodukt für weitere Synthesen (s. Acetessigester-Synthese, Abschn. 20.6).

Die Claisen-Kondensation erfordert zwei H-Atome in α-Position des Ausgangsesters: ein H-Atom für die Bildung von Ethanol gemäß Schritt 1 und ein zweites H-Atom für die Bildung von Ethanol gemäß Schritt 4. Ester mit nur einem α-H-Atom gehen daher keine durch Alkoholat herbeigeführte Claisen-Kondensation ein.

Claisen-Kondensation möglich: **Claisen-Kondensation nicht möglich:**

Aufgaben

33. Welche Produkte entstehen, wenn bei der Claisen-Kondensation von Essigsäure-ethylester nicht Natrium-ethanolat sondern Natrium-methanolat verwendet wird?

34. Welche Produkte bilden sich, wenn die Claisen-Kondensation auf A oder B angewandt wird?

Intramolekulare Claisen-Kondensation. Die Claisen-Kondensation gelingt auch *intra*molekular, wenn die beiden Estergruppen im passenden Abstand zueinander angeordnet sind.

Diese intramolekulare Variante heißt **Dieckmann-Kondensation** (*W. Dieckmann*, geb. 1869 in Hamburg).

Aufgabe

35. Die Dieckmann-Kondensation des Diesters A ergibt C. Warum nicht B?

Gemischte Claisen-Kondensation. Setzt man statt eines Esters ein Gemisch zweier unterschiedlicher Ester ein, so erhält man vier β-Ketoester, da neben der Kondensation zwischen gleichen Estermolekülen auch eine Kreuzkondensation eintreten kann. Solche Reaktionen haben keinen präparativen Wert. Die Claisen-Kondensation verläuft aber einheitlich, wenn einer der beiden Ester kein α-Wasserstoffatom und darüber hinaus eine besonders reaktive Carbonylgruppe besitzt:

Ester *ohne* H-Atom am α-C-Atom:

Methyl-formiat   **Methyl-benzoat**   **Dimethyl-oxalat**

Das folgende Schema beschreibt die Claisen-Kondensation zwischen Methylformiat (Ester ohne α-H-Atom) und Methylpropionat (Ester mit α-H-Atom).

Methyl-formiat   Methyl-propionat   **Methyl-2-formylpropionat**

Eine Claisen-Kondensation zwischen zwei Molekülen Propionsäure-ester tritt in nur geringem Maße ein, da das Enolat-Ion von Propionsäure-ester bevorzugt mit der Carbonylgruppe von Methylformiat reagiert: Letztere ist sterisch weniger gehindert und damit reaktiver als die Carbonylgruppe von Methylpropionat. Auch in Methylbenzoat und Dimethyloxalat ist die Reaktivität der Carbonylgruppe erhöht, hier aufgrund des −I-Effektes des Phenylsubstituenten bzw. der zweiten Estergruppe.

Aufgabe

36. Welche Verbindung entsteht, wenn ein Gemisch von Oxalsäure- und Essigsäureester mit der äquimolaren Menge eines Alkoholats versetzt wird?

Dialkyl-oxalat

Claisen-Kondensation mit Ketonen. Die Claisen-Kondensation gelingt nicht nur zwischen zwei Estern, sondern auch zwischen einem Ester und einem Keton.
Lässt man auf ein äquimolares Gemisch eines Esters und eines Ketons eine Base wie Na-alkoholat, Na-hydrid u.a. einwirken, so tritt unter Abspaltung von Alkohol eine Kondensation ein, und es bildet sich ein Diketon.

$pK_a = 24$ $pK_a = 19$

Essigester   Aceton   NaH/Ether   2,4-Pentandion

Im ersten Schritt abstrahiert die Base ein α-H-Atom von Aceton ($pK_a = 19$), welches acider als das in Essigester ($pK_a = 24$) ist. Es entsteht das Enolat von Aceton, welches im zweiten Schritt mit dem Ester zum Diketon reagiert. Der Mechanismus verläuft ganz ähnlich dem der Claisen-Kondensation von Estern.

Durch die Kondensation von Ketonen mit Estern gelingt die Herstellung einer Vielzahl von **1,3-Dicarbonylverbindungen**: Ameisensäure-ester ergibt einen 1,3-Ketoaldehyd, Essigester und höhermolekulare Ester liefern 1,3-Diketone, und Kohlensäure-ester führt zu 3-Ketocarbonsäure-estern, wie die Reaktion mit Cyclohexanon demonstriert.

Cyclohexanon   Ethyl-formiat   EtO⁻   2-Formyl-cyclohexanon   + Et—OH

Ethyl-acetat   EtO⁻   2-Acetyl-cyclohexanon   + Et—OH

Diethyl-carbonat   2-Ethoxycarbonyl-cyclohexanon   EtO⁻   + Et—OH

Vergleich von Aldol-Addition und Claisen-Kondensation. Aldol-Addition und Claisen-Kondensation sind mechanistisch verwandt. In beiden Fällen greift ein Enolat-Ion eine Carbonylgruppe an, und in beiden Fällen wird eine neue C,C-Bindung geknüpft.

Aldol-Addition:

| Acetaldehyd | Enolat-Ion | | | 3-Hydroxybutanal (ein Aldol) |

Claisen-Kondensation:

| Ester | Enolat-Ion | | |

Acetessigester-Enolat
(ein β-Ketoester-Enolat)

Die Aldol-Addition ist nach der Addition des Enolat-Ions beendet (sieht man von der anschließenden Protonenübertragung ab). Bei der Claisen-Kondensation erfolgt nach der Addition des Enolat-Ions noch eine Eliminierung von Alkanolat, ferner eine Säure-Base-Reaktion.

Aufgabe

37. Die 1,3-Dicarbonylverbindungen A - D wurden durch Claisen-Kondensation hergestellt. Markieren Sie die Verknüpfungsstellen durch rote Linien und benennen Sie die Ausgangsverbindungen.

| A (aus zwei Verbindungen) | B (aus einer Verbindung) | C (aus zwei Verbindungen) | D (**a**: aus einer Verb.; **b**: aus zwei Verb.) |

20.13 Lösung der Aufgaben zu Kapitel 20

1.

$$\text{(Struktur)} > H_3C{-}C\underset{H}{\overset{O}{<}} > \text{(Cyclohexanon)} > \text{(Lacton)} > HC{\equiv}CH \gg H_3C{-}CH_3$$

2. Eine Ketogruppe erhöht die α-CH-Acidität stärker als eine Estergruppe, s. Tab.

3. Ja

4. Höhenauswertung: $K\text{-}CH_2/2 : E\text{-}CH = 0,9 : 6$. Daraus folgt Keto : Enol = 15 : 85

5. Enolbildung in **B** begünstigt durch Konjugation mit Phenylring

6. **A,C**

7. Das ist eine Frage des Standpunktes. Halogen greift als Elektrophil, Enol oder Enolat greift als Nucleophil an.

8. Unter sauren Bedingungen

9. Der geschwindigkeitsbestimmende Schritt ist die Bildung des Enols bzw. Enolats. Die nachfolgende Reaktion mit Halogen verläuft schnell und ist somit von der Halogenkonzentration unabhängig.

10.

Cyclohexanon + $Cl_2/HCl \longrightarrow$ **A**

$$\text{Benzol} \xrightarrow[\text{Acylierung}]{\text{Friedel-Crafts-}} \text{Acetophenon} \xrightarrow[0\,°C]{Br_2/\text{Spur AlCl}_3} \textbf{B}$$

$$\text{Benzol} \longrightarrow \text{Brombenzol} \longrightarrow p\text{-Bromacetophenon} \xrightarrow[\text{2. verd. NaOH}]{\text{1. Br}_2/\text{Spur AlCl}_3} \textbf{C}$$

$$C_{10}H_8 \longrightarrow 1\text{-Brom-}C_{10}H_7 \longrightarrow 1\text{-Brommagnesium-}C_{10}H_7 \xrightarrow[\text{2. H}^+]{\text{1. CO}_2} \textbf{D}$$

$$C_{10}H_8 \xrightarrow[\text{Acylierung}]{\text{Friedel-Crafts-}} \text{(Naphthalin-Struktur: O=C-CH}_3\text{)} \xrightarrow[\text{2. H}^+]{\text{1. NaOCl}} \textbf{D} \text{ (Haloform-Rk.)}$$

11. Die Enolat-Doppelbindung ist elektronenreicher und damit reaktiver als die C,C-Doppelbindung.

12. 2-Brom-2-phenylessigsäure

13. Phenol + Chlor $\rightarrow$ 2,4-Dichlorphenol; Essigsäure + $Br_2/P \rightarrow$ Bromessigsäure; 2,4-Dichlorphenolat + Bromacetat $\rightarrow$ 2,4-Dichlorphenoxyacetat; letzteres liefert mit wässrigem HCl das Endprodukt 2,4-D.

14.

$$\text{Na-chloracetat} + \text{NaCN} \xrightarrow{-\text{NaCl}} N{\equiv}C{-}CH_2{-}CO_2Na \; (\textbf{A})$$

$$\downarrow H_2O/H^+$$

$$\text{Malonsäure-diethylester} \xleftarrow{C_2H_5OH/H^+} \text{Malonsäure} \; (\textbf{B})$$

15. Acetessigester → Na-Salz $\xrightarrow{\text{Benzylbromid}}$ Benzylacetessigester $\xrightarrow[\text{2. } -CO_2]{\text{1. Hydrolyse}}$ **A**

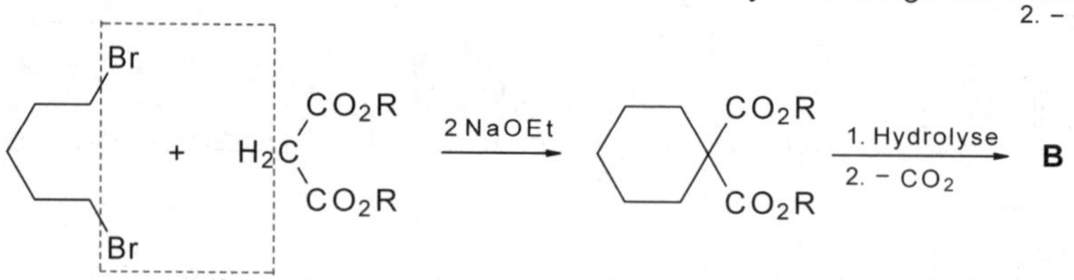

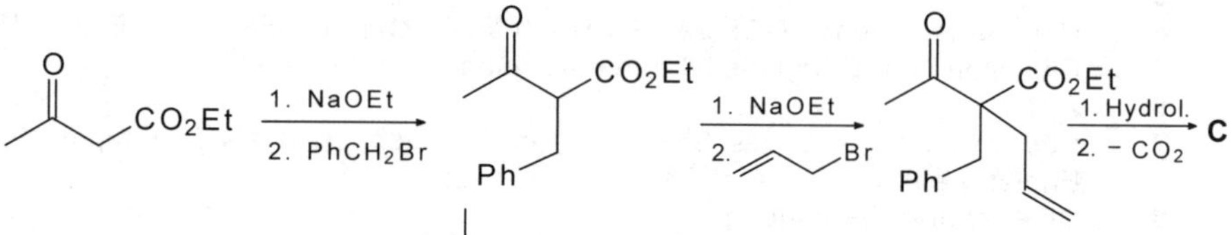

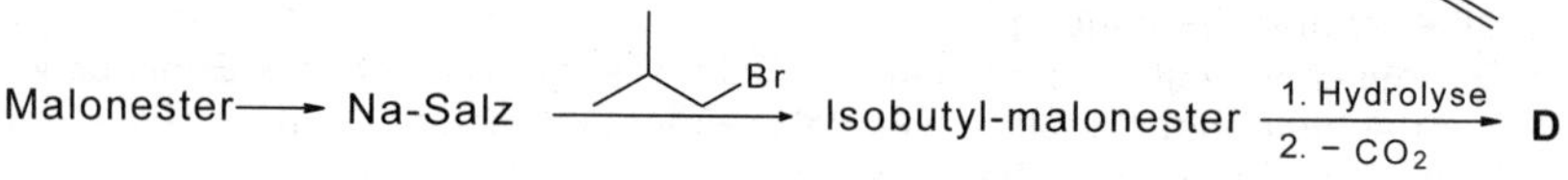

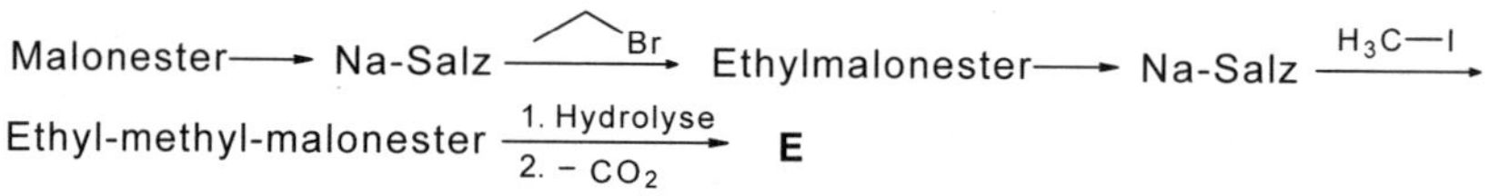

Br
Br
+
H_2C
CO_2R
CO_2R
2 NaOEt
CO_2R
CO_2R
1. Hydrolyse
2. − CO_2
B

O
CO_2Et
1. NaOEt
2. $PhCH_2Br$
O
CO_2Et
Ph
1. NaOEt
2.
Br
O
CO_2Et
Ph
1. Hydrol.
2. − CO_2
C

Malonester → Na-Salz
Br
Isobutyl-malonester
1. Hydrolyse
2. − CO_2
D

Malonester → Na-Salz
Br
Ethylmalonester → Na-Salz
H_3C—I
Ethyl-methyl-malonester
1. Hydrolyse
2. − CO_2
E

16.

A
CH_3—I
O
B
CH_3—I
O

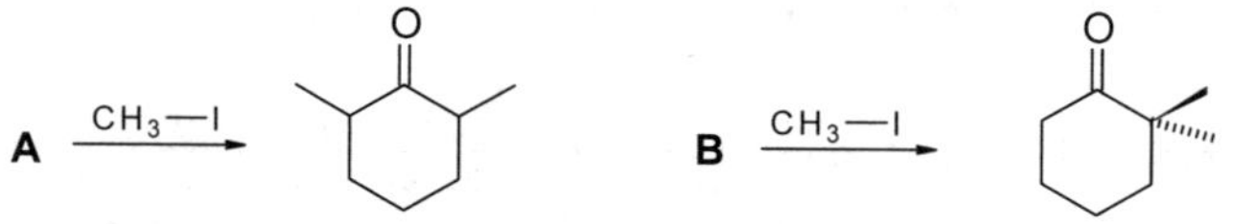

17. A bis C bedeuten: NaH, Butylbromid bzw. NaBr

18. Acetaldehyd

19.

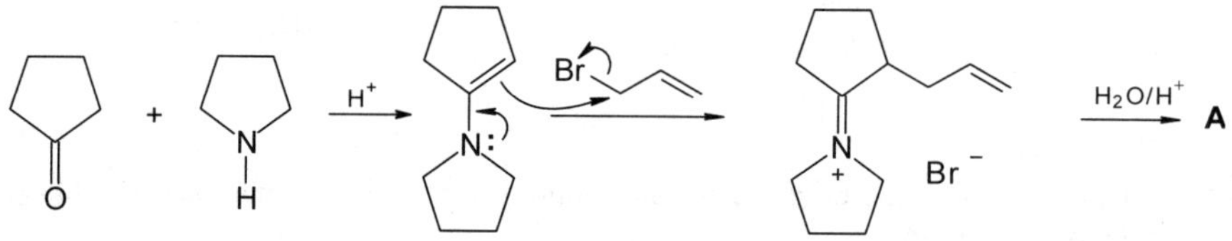

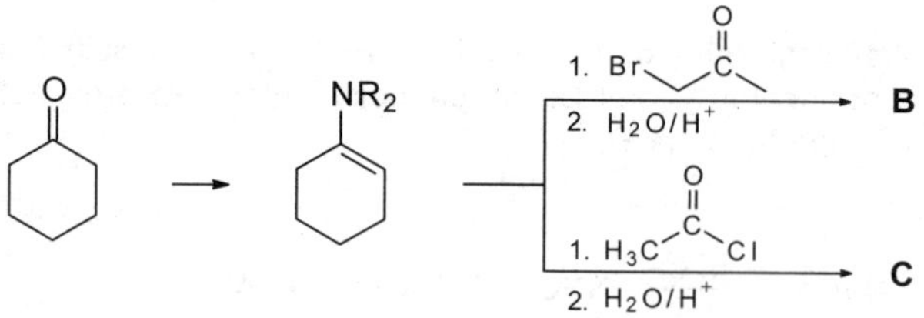

O
+
N
H
H^+
N:
Br
N
+
Br^-
H_2O/H^+
A

O
NR_2
1. Br
O
C
2. H_2O/H^+
B
O
C
1. H_3C
Cl
2. H_2O/H^+
C

20.

CO, H_2, Co-Verb.
(Hydroformylierung)
O
1. OH^- (Aldolkond.)
2. H_2/Ni
Produkt

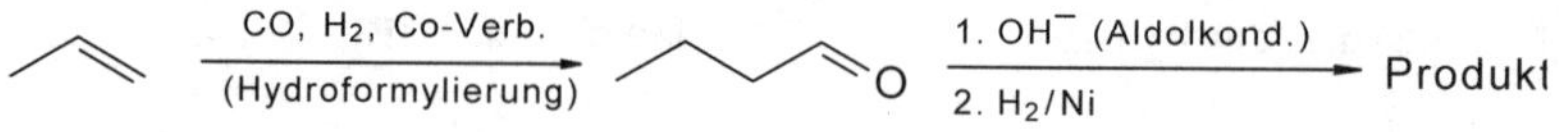

21. Vier Stereoisomere (je ein Enantiomerenpaar von *syn* und *anti*)

22.

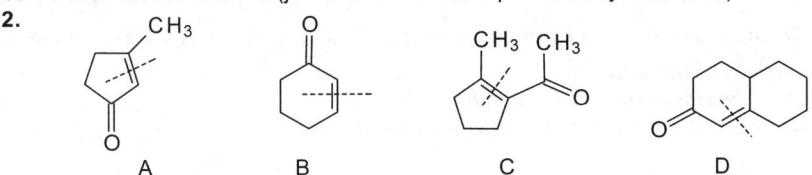

A   B   C   D

A aus 2,5-Hexandion; **B** aus 5-Oxohexanal; **C** aus 2,7-Octandion
D aus 2-(3-Oxobutyl)-cyclohexanon

23.

NaIO$_4$ (Glykolspaltung) → CH=O / CH=O → verd. NaOH → CHO

24. Das Enolat von Aceton reagiert mit Citral (ein Aldehyd) schneller als mit Aceton (ein Keton).

25.

OH$^-$ / $-$ H$_2$O → **Zimtaldehyd** Ag(NH$_3$)$_2$$^+$ NO$_3$$^-$ → CO$_2$H **Zimtsäure**

Produkt der Aldolkondensation ist Zimtaldehyd (aus Benzaldehyd und Acetaldehyd) und nicht 2-Butenal (aus zwei mol Acetaldehyd), da im Zimtaldehyd mehr Doppelbindungen in Konjugation zueinander stehen.

26.

Ph / H + (Aceton) →OR$^-$→ Ph ... **A**

Ph / H + (Ph) →OR$^-$→ Ph ... Ph **B**

(tBu-CHO) + CHO →OR$^-$→ OH ... CHO **C**

Ph begünstigt bei A un B die Aldol*kondensation* durch Stabilisierung der Doppelbindung.

27. 1-Buten + Peroxycarbonsäure → 1,2-Epoxybutan; + verd. Schwefelsäure → **A**
Acetaldehyd + verd. Natronlauge (0 °C) → Aldol; + H$_2$/Ni → **B**
Ethin + 2 mol Formaldehyd (Katalys. Na-acetylid) → 1,4-Butindiol; + 2H$_2$/Ni → **C**
2-Buten + Peroxycarbonsäure → 2,3-Epoxybutan; + H$_2$O/H$^+$ → **D**

28.

2 (Butanal) → OH ... =O →H$_2$/Ni→ Produkt

29. A+D; B+C

30.   4-Hydroxy-3-methoxybenzaldehyd + Malonsäure in Ggw. von Piperidin ‖ ungesättigte Dicarbonsäure ‖ ungesättigte Monocarbonsäure; dann H_2, Pd/C; dann LiAlH$_4$/wässrige Aufarbeitung.

31.   Aceton + Dimethylmethylen-iminiumchlorid → **B**
Acetaldehyd + Dimethylmethylen-iminiumchlorid → **D**

32.

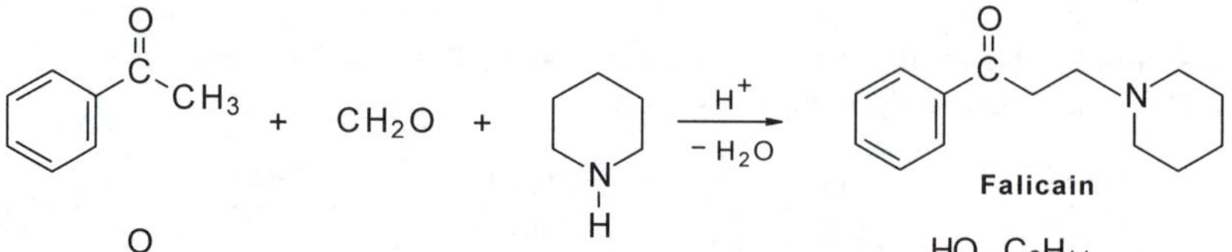

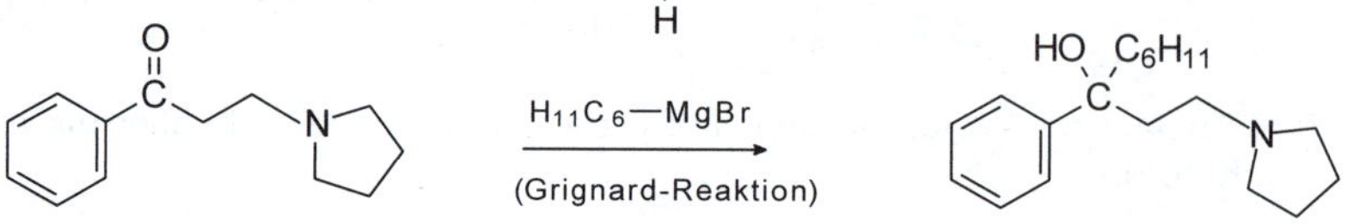

(Synthese analog Falicain)   **Procyclidin**

33.   Es tritt z.T. Umesterung ein, wobei ein Gemisch entsteht (s. Formel). Zur Vermeidung der Umesterung wird stets ein Alkoholat verwendet, das mit dem Alkoholrest im Ester übereinstimmt.

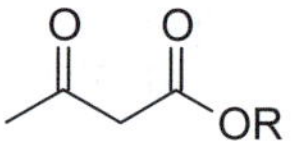

(R = CH$_3$, C$_2$H$_5$)

34.

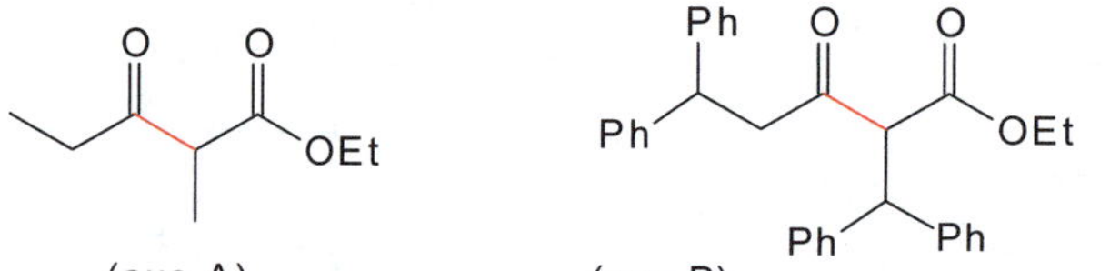

(aus A)   (aus B)

35.   Die Gleichgewichte zwischen A, B und C werden zugunsten von C verschoben, da nur diese Verbindung ein besonders acides H-Atom besitzt und mit Ethanolat zum Enolat weiterreagiert.

36.

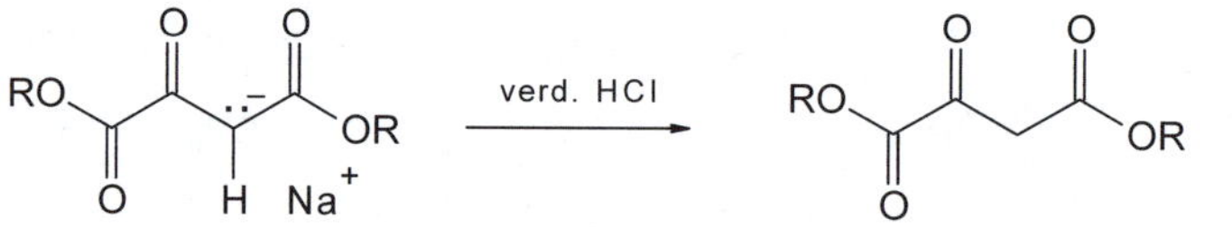

Oxalylessigester

Es bildet sich Oxalylessigester. Acetessigester entsteht nicht, da die Carbonylgruppe in Oxalsäure-ester reaktiver als die in Essigester ist.

37.

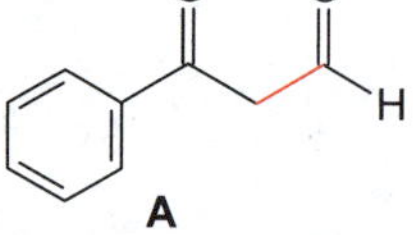

A   **B**   **C**   **D**
(aus Acetophenon und Ethylformiat)   (aus 5-Oxo-hexansäure-ester)   (aus Essigester)   (a: aus 7-Oxo-octansäure-ester; b: aus Cyclohexanon und Essigester)

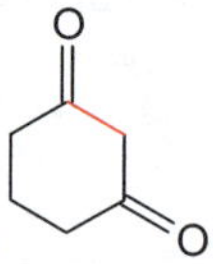

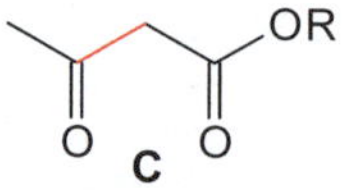

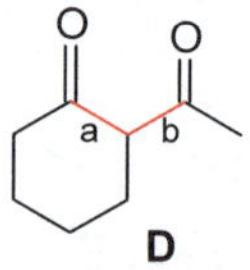

Kapitel 21
α,β-Ungesättigte Carbonylverbindungen

21.1 Übersicht und Herstellung

α,β-ungesättigte Carbonylverbindungen sind Carbonylverbindungen, die in Konjugation zur Carbonylgruppe eine olefinische Doppelbindung enthalten. Sie werden auch **Enone** genannt. Dazu gehören α,β-ungesättigte Aldehyde, Ketone, Carbonsäuren, Ester und weitere Carbonylverbindungen.

Acrolein
(Propenal)

Methyl-vinyl-keton
(3-Buten-2-on)

Acrylsäure
(Propensäure)

2-Cyclohexenon

(E,E)-2,4-Hexadiensäure
(Sorbinsäure)

Enone weichen chemisch von einfachen Alkenen (Ethen, Propen etc.) und einfachen Carbonylverbindungen (Aldehyde, Ester etc.) ab. Grund ist eine wechselseitige Beeinflussung der beiden funktionellen Gruppen. Eine Behandlung in einem gesonderten Kapitel ist daher gerechtfertigt.

Herstellung. Zur Herstellung α,β-ungesättigter Carbonylverbindungen bedient man sich häufig der Aldolkondensation, die zu α,β-ungesättigten Aldehyden oder Ketonen führt. Da α,β-ungesättigte Aldehyde leicht zu Carbonsäuren oxidiert werden können, gelangt man über die Aldolkondensation auch zu α,β-ungesättigten Carbonsäuren.

Acetaldehyd

Crotonaldehyd
(2-Butenal)

Crotonsäure
(2-Butensäure)

Daneben führen spezielle Reaktionen zum Ziel. So wird Acrolein, der einfachste ungesättigte Aldehyd aus Glycerin durch Wasserabspaltung hergestellt.

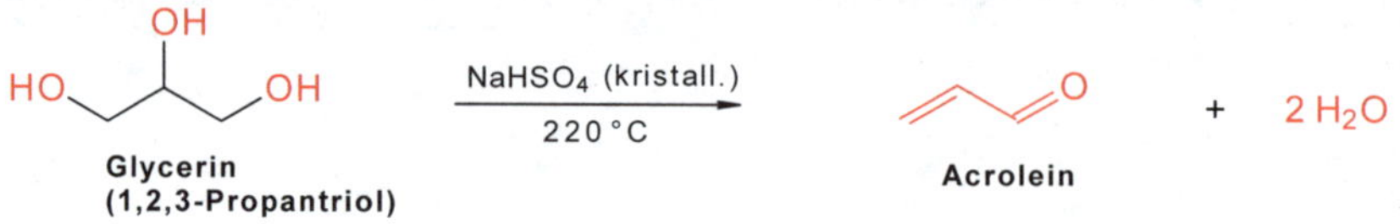

Glycerin
(1,2,3-Propantriol)

Acrolein

Acrolein ist eine zu Tränen reizende Flüssigkeit, die auch beim Überhitzen von Nahrungsfett entsteht. (Fette sind Ester aus Glycerin und Carbonsäuren.)
Methyl-vinyl-keton, das einfachste α,β-ungesättigte Keton, entsteht aus Vinylacetylen durch Anlagerung von Wasser. (Sie erinnern sich: Die Hg^{++}-katalysierte Wasseranlagerung an 1-Alkine liefert Methylketone, s. Abschn. 7.4.2.)

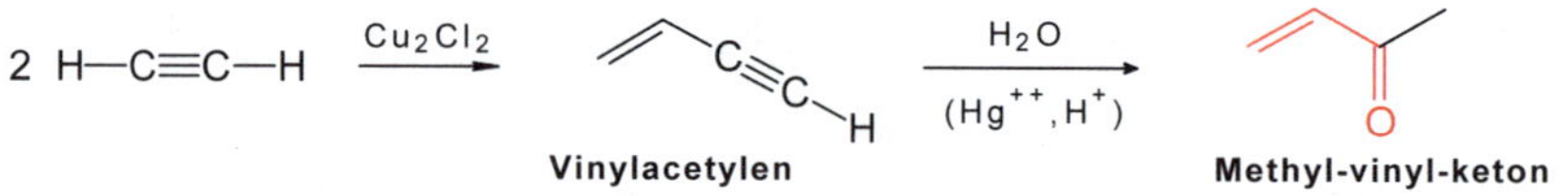

Vinylacetylen

Methyl-vinyl-keton

2-Cyclohexenon, ein cyclisches Enon, wird aus Anisol durch Birch-Reduktion hergestellt, s. Abschn. 15.8.

Aufgaben

1. Wie verläuft die Bildung von Acrolein aus Glycerin, ferner von Methyl-vinyl-keton aus Vinylacetylen (Reaktionsgleichungen im Text)?
2. Formulieren Sie die einzelnen Schritte für die Umwandlungen (a) bis (d). Beginnen Sie mit einer retrosynthetischen Analyse und tragen Sie das Ergebnis als roten Strich in die Formel des jeweiligen Endproduktes ein.

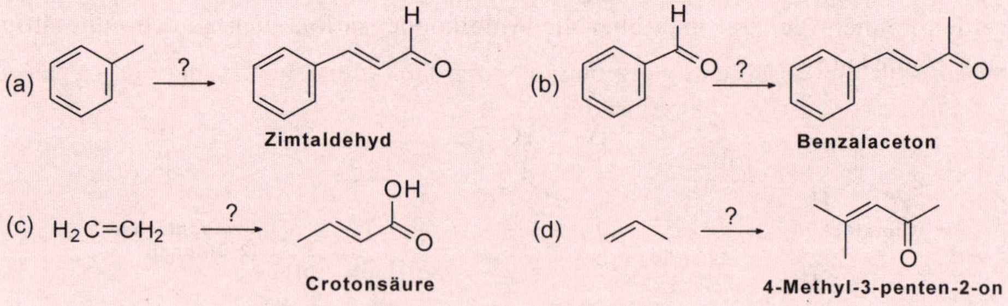

(a) Zimtaldehyd

(b) Benzalaceton

(c) $H_2C=CH_2$ Crotonsäure

(d) 4-Methyl-3-penten-2-on

21.2 Reaktivität α,β-ungesättigter Carbonylverbindungen

α,β-ungesättigte Carbonylverbindungen weisen ein π-Elektronensystem auf, das dem von 1,3-Dienen ähnlich ist: Zwischen den Atomen b und c (in A) tritt eine Wechselwirkung der Doppelbindungen ein, so dass die Elektronenverteilung auch durch B oder C beschrieben werden kann.

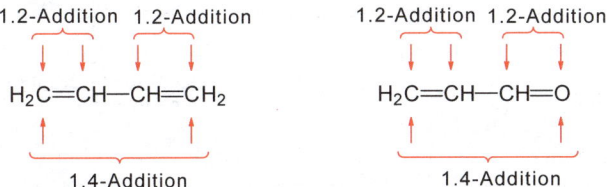

π-Bindung im Acrolein. Links: Doppelbindungen ohne Wechselwirkung miteinander. Mitte und rechts: Doppelbindungen in Wechselwirkung miteinander. ----- bedeutet Überlappung.

Es überrascht deshalb nicht, dass wie bei 1,3-Dienen auch hier 1,2-Additionen und 1,4-Additionen möglich sind.

1.2-Addition 1.2-Addition   1.2-Addition 1.2-Addition

$H_2C{=}CH{-}CH{=}CH_2$ $H_2C{=}CH{-}CH{=}O$

1.4-Addition   1.4-Addition

Abbildung. 1.2- und 1.4-Addition an Butadien (links) und Acrolein (rechts). Im Falle von Acrolein sind zwei Arten von 1,2-Addition möglich.

Additionen an α,β-ungesättigte Carbonylverbindungen (gleichgültig ob 1,2- oder 1,4-Additionen) werden in elektrophile und nucleophile Additionen unterteilt. Elektrophile Additionen (von Halogen, Halogenwasserstoff u.a.) verlaufen langsamer als bei alkylsubstituierten Alkenen. Dafür werden nucleophile Additionen beobachtet (von R–NH₂, R–OH u.a.), die bei alkylsubstituierten Alkenen nur in Ausnahmen eintreten. Ursache für die Verlangsamung bei elektrophilen Additionen und für die Beschleunigung bei nucleophilen Additionen ist der elektronenanziehende Effekt der Carbonylgruppe.

Nucleophile Additionen an α,β-ungesättigte Carbonylverbindungen sind von besonderer präparativer Bedeutung und stehen im Mittelpunkt dieses Kapitels.

21.3 Elektrophile Additionen

Elektrophile Verbindungen wie Halogen (X–X), Halogenwasserstoff (H–X) u.a. lagern sich an die olefinische Doppelbindung von α,β-ungesättigten Carbonylverbindungen an. Diese Addition erfolgt wegen des elektronenanziehenden Charakters der Carbonylgruppe jedoch langsamer als bei alkoxy- oder alkylsubstituierten Alkenen. Es gilt folgender Reaktivitätsabfall:

Im Falle symmetrischer Verbindungen (z. B. Cl–Cl) kann nur ein Produkt entstehen. Unsymmetrische Verbindungen (z.B. H–Cl) könnten theoretisch zwei Produkte ergeben, beobachtet wird aber nur dasjenige Produkt, welches den elektronegativeren Teil in β-Stellung trägt.

Die Addition von Chlorwasserstoff scheint entgegen der Markownikow-Regel zu verlaufen. Tatsächlich gilt diese Regel nur für Alkene, an deren olefinische C-Atome Substituenten mit überwiegend Donoreigenschaften gebunden sind (Alkyl, Alkoxy, Halogen). Bei der Addition an α,β-ungesättigte Carbonylverbindungen tritt das Proton zunächst an den Carbonylsauerstoff, da hierfür vergleichsweise wenig Aktivierungsenergie erforderlich ist (Ausbildung eines durch Mesomerie stabilisierten Allylkations). Das Chlorid-Ion könnte anschließend mit C–2 oder C–4 reagieren. Addition an C–2 würde einen Alkohol liefern, der gemäß der Erlenmeyer-Regel instabil ist. Hingegen führt die Addition an C–4 zu einem Enol, das zu einem stabilen Keton tautomerisieren kann (Keto-Enol-Tautomerie).

Schritt 1: Addition des Protons

Schritte 2 und 3: Addition des Chlorid-Ions u. Tautomerisierung

Enol   Keton

21.4 Nucleophile Additionen

21.4.1 Verlauf nucleophiler Additionen

Nucleophile Additionen an α,β-ungesättigte Carbonylverbindungen verlaufen unter 1,2- oder 1,4-Addition. Eine 1,2-Addition erfolgt an der Carbonylgruppe, eine 1,4-Addition an den Enden des Enons. Letztere Addition wird auch **konjugierte Addition** genannt, da die CC-Doppelbindung eine konjugierte Doppelbindung ist.

1,2-Addition:

1,2-Additionsprodukt

1,4-Addition:

1,4-Additionsprodukt

Bei der 1,4-Addition bildet sich zunächst ein Enol, das anschließend in das thermodynamisch stabilere Keton übergeht. (Das Endprodukt erweckt den Anschein einer 1,2-Addition an die CC-Doppelbindung.)
Ob eine 1,2- oder 1,4-Addition eintritt, hängt hauptsächlich von der Natur des Nucleophils ab. Harte, d.h. kaum polarisierbare Nucleophile wie Lithiumalkyle oder Lithiumaluminiumhydrid gehen bevorzugt eine 1,2-Addition an die Carbonylgruppe ein und weiche, leicht polarisierbare Nucleophile wie Amine, Enolate oder Thiole eine 1,4-Addition.

21.4.2 Addition von Alkoholen, Aminen, Thiolen

Die Addition von Verbindungen vom Typ H–X (Alkohole, Amine, Thiole u.a.) erfolgt sowohl an die olefinische Doppelbindung als auch an die Carbonylgruppe. Beide Additionsprodukte stehen im Gleichgewicht miteinander. Das Gleichgewicht liegt aber ganz auf der Seite der β-substituierten Carbonylverbindung, da Verbindungen mit einem OH-Substituenten und einem Heteroatom am selben C-Atom unbeständig sind (Erlenmeyer-Regel).

Die Reaktion mit einem primären oder sekundären Amin liefert eine β-Amino-carbonylverbindung.

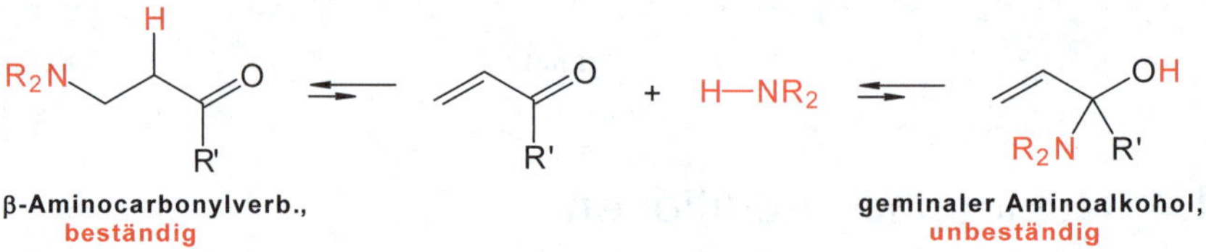

β-Aminocarbonylverb.,
beständig

geminaler Aminoalkohol,
unbeständig

Die Addition von Aminen verläuft ohne basischen Katalysator, da Amine genügend basisch sind. Bei der Addition von Alkoholen oder Thiolen ist ein basischer Katalysator zwecks Bildung von Alkoholat bzw. Thiolat erforderlich. Nachfolgend ist die Addition eines Thiols an ein cyclisches Enon beschrieben.

Schritt 1: Bildung des Nucleophils

Schritt 2: β-Addition des Nucleophils

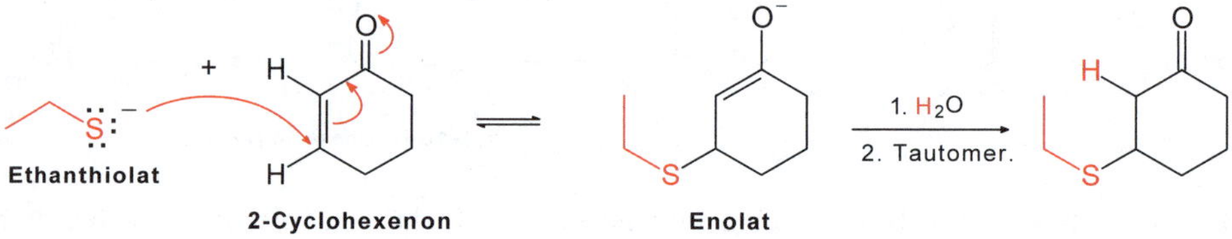

| Ethanthiolat | | 2-Cyclohexenon | | Enolat | |

H_2O_2 addiert sich in basischem Medium ebenfalls an die CC-Doppelbindung. Als Zwischenstufe bildet sich auch hier ein Enolat, das intramolekular zu einem Epoxid weiterreagiert. Acrolein liefert 2,3-Epoxypropanal.

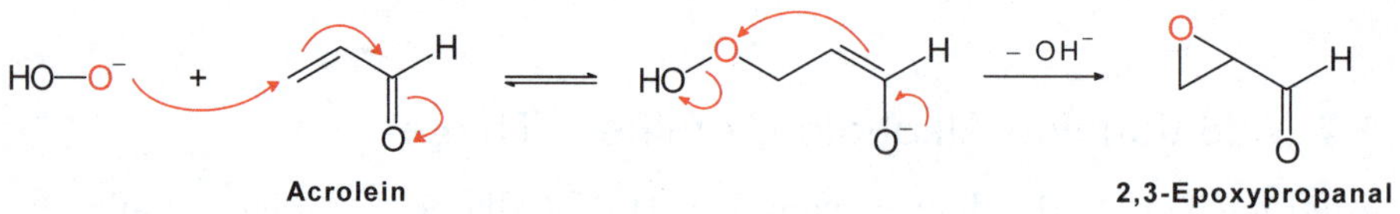

Acrolein

2,3-Epoxypropanal

Die Epoxidierung von α,β-ungesättigten Carbonylverbindungen mit H_2O_2 schließt eine Lücke bei der Herstellung von Epoxiden, da Peroxycarbonsäuren CC-Doppelbindungen in Enonen nicht epoxidieren.

Aufgaben

3. Erklären Sie die unterschiedliche Stereochemie folgender Epoxidierungen:

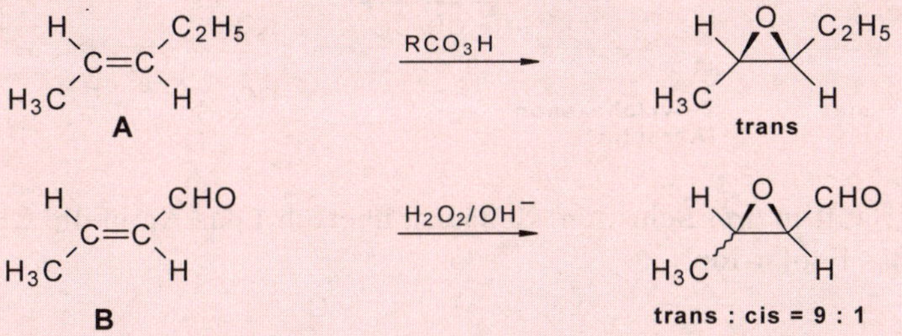

4. Chloratom in Vinylchlorid wird nur unter drastischen Bedingungen substituiert. Völlig anders verhält sich das Chloratom in dem α,β-ungesättigten Ester A, obwohl auch hier der Baustein Vinylchlorid vorliegt. So erfolgt die Substitution mit Alkoholat bereits bei 0 °C. Erklären Sie die milden Reaktionsbedingungen.

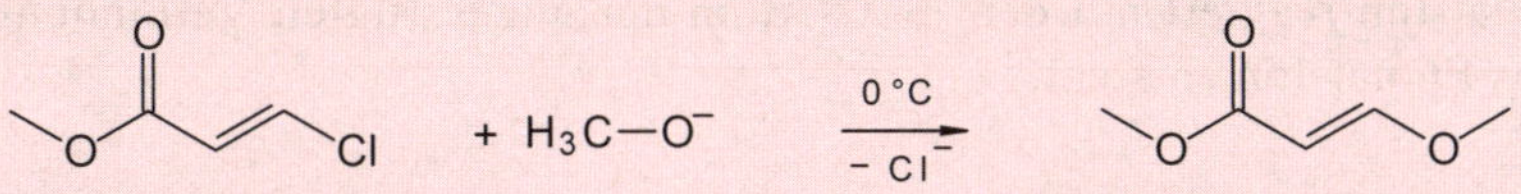

β-Chlor-acrylsäure-ester A   **p-Methoxyacrylsäure-ester B**

5. Nach welchem Mechanismus läuft die folgende Reaktion ab?

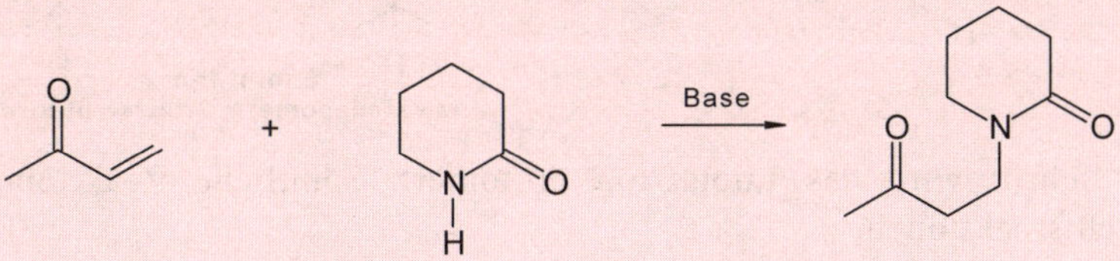

6. Beim Erhitzen des Naturstoffs Citral mit verdünnter Natronlauge tritt eine Retroaldol-Reaktion ein, bei der folgende Produkte entstehen. Wie verläuft die Reaktion?

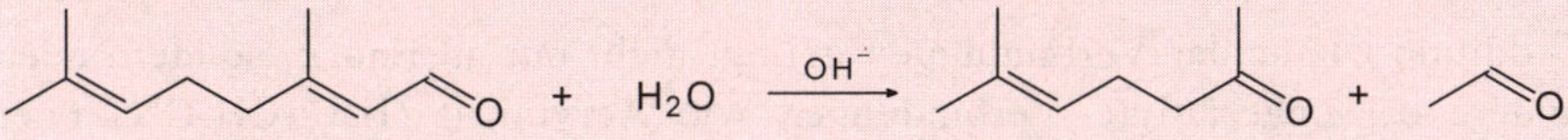

Citral

21.4.3 Addition CH-acider Verbindungen. Michael-Addition

Auch CH-acide Verbindungen addieren sich an die C,C-Doppelbindung α,β-ungesättigter Carbonylverbindungen. Die Reaktion erfordert ebenfalls einen basischen Katalysator. Beispiel:

Malonsäureester
(Donor)   **2-Cyclohexenon**
                     (Akzeptor)

Et₃N
in CH₂Cl₂
79 % Ausb.

Die Addition verläuft in drei Schritten. Zunächst überführt das Amin die CH-acide Verbindung in das Enolat-Ion.

Enolat-Ion (R'₂HC:⁻)

Das Enolat-Ion reagiert mit dem β–C-Atom der ungesättigten Verbindung, wobei ein neues Enolat-Ion entsteht.

Enolat-Ion
(zwei mesomere Grenzstrukturen)

Im letzten Schritt wird das Enolat-Ion protoniert. Sämtliche Reaktionen sind Gleichgewichtsreaktionen.

Die Addition CH-acider Verbindungen gelingt nicht nur an Enone, sondern auch an andere α,β-ungesättigte Verbindungen wie Acrylnitril ($H_2C=CH-CN$) oder Nitroethen ($H_2C=CH-NO_2$). Die Reaktion heißt nach dem Entdecker **Michael-Addition** (A. Michael, geb. 1853 in Buffalo). Die CH-aciden Verbindungen werden auch **Michael-Donoren**, die ungesättigten Verbindungen **Michael-Akzeptoren** genannt.

Besonders glatt verläuft die Michael-Addition mit solchen CH-aciden Verbindungen, die stabile Enolate liefern (Malonester, Acetessigester u.a.) und mit solchen α,β-ungesättigten Verbindungen, die sterisch wenig gehindert sind. In der folgenden Tabelle sind einige typische Reaktanden der Michael-Addition aufgeführt.

Tabelle. Einige Michael-Donoren und -Akzeptoren

Michael-Donoren	Michael-Akzeptoren

Michael-Donoren:

Malonsäure-diester

Acetessigsäure-ester

2,4-Pentandion

Aceton

3-Ketobutyronitril

Nitroethan

Michael-Akzeptoren:

Methy-vinyl-keton

Acrylsäure-ester

2-Cyclopenten-1-on

Acrylnitril

Nitroethen

● **Frage.** Warfarin ist ein Cumarinderivat, das als Antikoagulans zur Verhinderung von Blutgerinnung dient. Die Verbindung wird durch Michael-Addition hergestellt. Welcher Michael-Donor und welcher Michael-Akzeptor werden verwendet?

Cumarin

Warfarin
(ein Cumarinderivat)

● **Antwort.** Warfarin weist eine Enolgruppe auf, die im Gleichgewicht mit einer Ketogruppe steht. Eine retrosynthetische Betrachtung des Ketons offenbart die Bausteine, aus denen die Verbindung hergestellt werden kann: Es ist der Michael-Donor A und der Michael-Akzeptor B.

Warfarin
(Enoltautomer)

Warfarin
(Ketotautomer)

A
(Donor)

B
(Akzeptor)

Aufgaben

7. Erklären Sie den Ablauf folgender Reaktion:

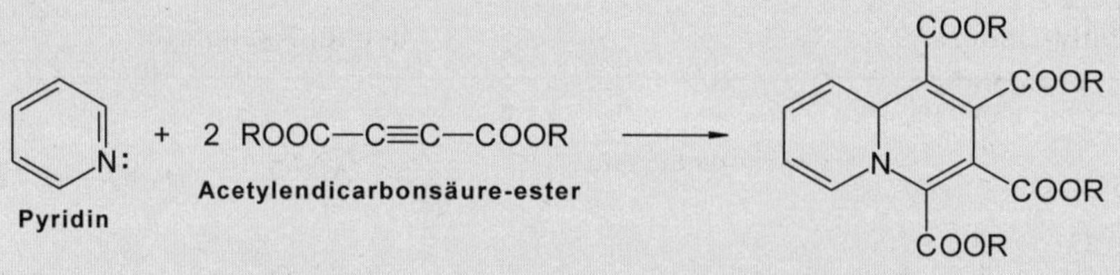

8. Welche der folgenden Verbindungen sind Michael-Donoren, welche Michael-Akzeptoren, welche weder das eine noch das andere?

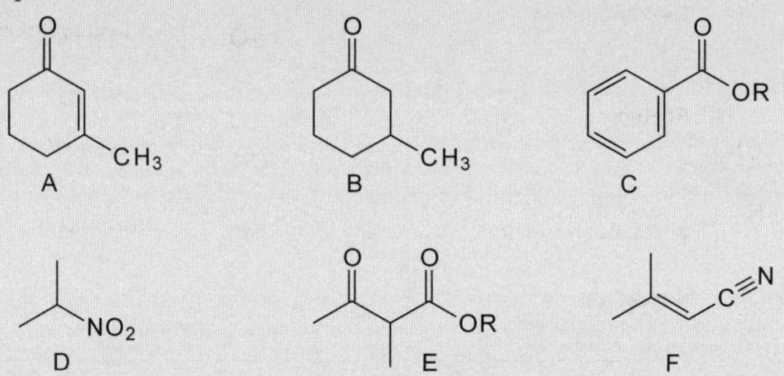

9. Welche Verbindungen verbergen sich hinter den Buchstaben A - F folgender Michael-Additionen?

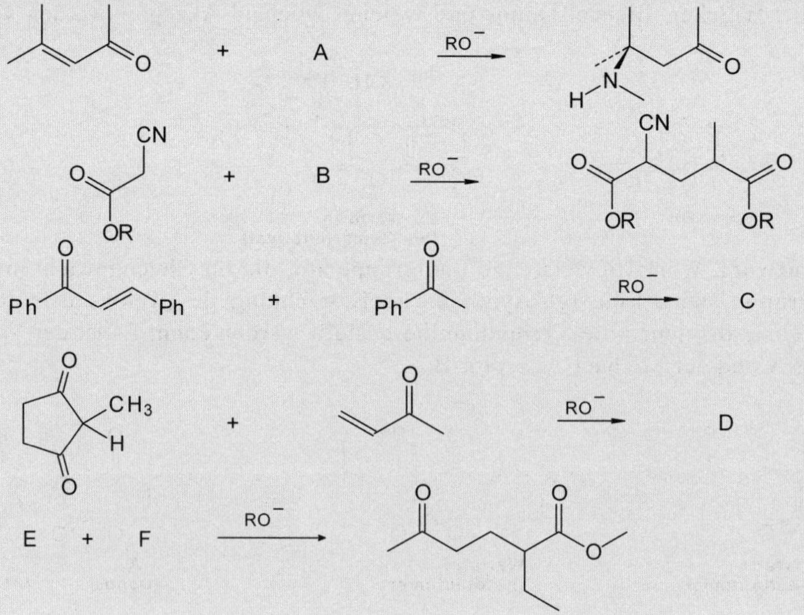

10. Auch Enamine können als Michael-Donoren reagieren, wie das folgende Beispiel zeigt. Formulieren Sie den Ablauf der Reaktion.

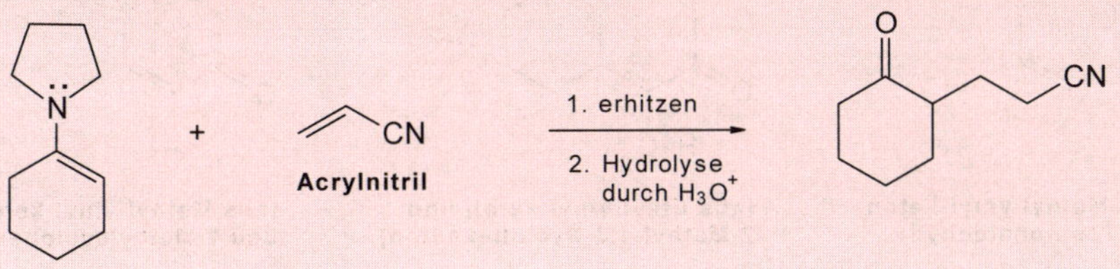

Acrylnitril

1. erhitzen
2. Hydrolyse durch H_3O^+

21.4.4 Die Robinson-Anellierung

Unter einer Robinson-Anellierung versteht man eine Michael-Addition gefolgt von einer Aldolkondensation. Produkt ist eine Cyclohexenon-Verbindung. Beispiel:

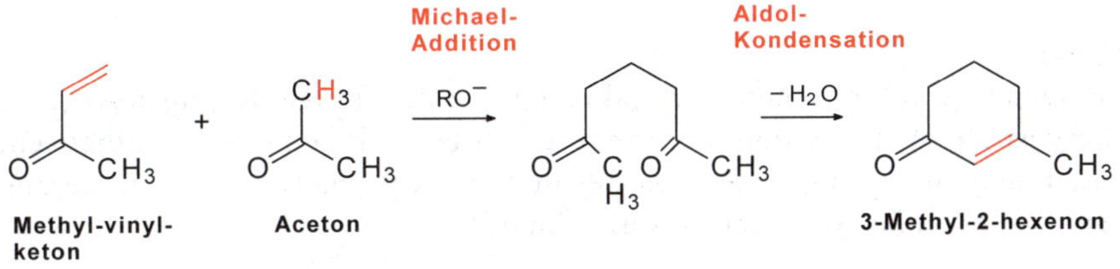

Michael-Addition RO^- Aldol-Kondensation $-H_2O$

Methyl-vinyl-keton   **Aceton**   **3-Methyl-2-hexenon**

Im ersten Schritt addiert sich ein Michael-Donor an einen Michael-Akzeptor, bei dem es sich häufig um Methyl-vinyl-keton handelt. Es bildet sich eine Zwischenstufe, die alle Voraussetzungen für eine innermolekulare Aldolreaktion mitbringt. Endprodukt ist ein Cyclohexenonderivat.

Das folgende Beispiel demonstriert, dass auch bicyclische Ketone hergestellt werden können.

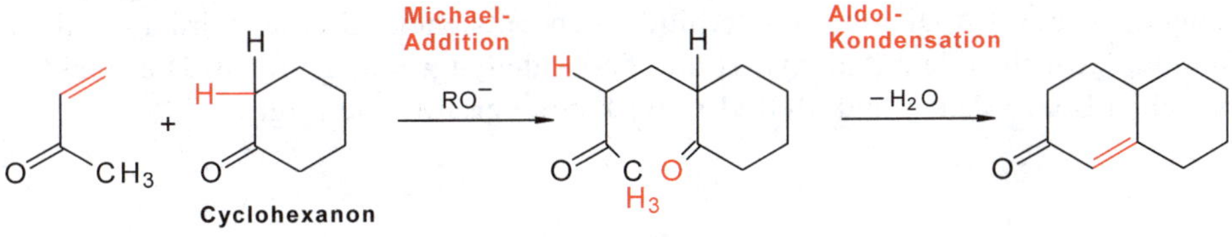

Michael-Addition RO^- Aldol-Kondensation $-H_2O$

Cyclohexanon

Auch die folgenden Verbindungen wurden mit der Robinson-Anellierung hergestellt. Die gestrichelten Linien verdeutlichen, welche Ausgangsverbindungen erforderlich sind.

anguläre
Methylgruppe

| (aus Methyl-vinyl-keton und Propionaldehyd) | (aus Ethyl-vinyl-keton und 2-Methyl-1,3-Cyclohexadion) | (aus Methyl-vinyl-keton und 2-Methylcyclopentanon) |

Die Reaktion wurde von *R. Robinson* (geb. 1886 in Rufford/Chesterfield) entdeckt, der für seine Arbeiten auf dem Gebiet biologisch wichtiger Pflanzeninhaltsstoffe 1947 den Nobelpreis für Chemie erhielt. Anellierung (*lat. anellus*, kleiner Ring) bedeutet, dass ein Ring an einen bereits vorhandenen angefügt wird (was bei der Robinson-Anellierung nicht immer zutrifft). Die Robinson-Anellierung liefert nicht nur mono- oder bicyclische Cyclohexenone (s. vorstehende Beispiele), sondern auch höhercyclische und dient u.a. zur Synthese von Steroiden, die vier Ringe, ferner anguläre Methylgruppen (s. ebenfalls vorstehende Beispiele) enthalten.

Aufgabe

11. Folgende Cyclohexenon-Verbindungen wurden durch Robinson-Anellierung hergestellt. Welches sind die Vorstufen? Stellen Sie eine retrosynthetische Betrachtung an und tragen Sie das Resultat als gestrichelte Linien in die Formeln ein. Sie erkennen dann leichter die Vorstufen.

21.4.5 Addition von Aldehyden: die Stetter-Reaktion

Aldehyde addieren sich an die Doppelbindung α,β-ungesättigter Carbonylverbindungen, wobei 1,4-Dicarbonyl-Verbindungen entstehen. Hierbei wird formal die Bindung zwischen dem Aldehyd-H und der Aldehydgruppe getrennt. Die Reaktion zwischen Benzaldehyd und Methyl-vinyl-keton verläuft wie folgt:

| Benzaldehyd | Methyl-vinyl-keton | | 1-Phenyl-1,4-pentandion |

Als Katalysator dient u.a. Kaliumcyanid. Die Wirkung des Cyanids beruht darauf, dass sich das Anion an die Carbonylgruppe addiert und ein Cyanhydrin bildet. Der ursprüngliche Aldehyd-Wasserstoff steht nunmehr in α-Stellung zur Cyanidgruppe und ist somit genügend sauer, um von einer Base entfernt zu werden. Das gebildete Carbanion addiert sich wie bei einer Michael-Addition an die Doppelbindung, wobei ein neues Cyanhydrin entsteht, das unter Freisetzung des Katalysators zum Endprodukt reagiert.

Die Reaktion wird nach dem Entdecker *H. Stetter* (geb. 1914 in Bonn) auch Stetter-Reaktion genannt. Produkte sind **1,4-Dicarbonylverbindungen**, die als Zwischenstufen für die Synthese u.a. von Heterocyclen dienen (Abschn. 24.2.2).
Folgende 1,4-Diketone wurden mit der Stetter-Reaktion hergestellt. Auch hier zeigen die roten Linien, welches die jeweiligen Ausgangsverbindungen sind.

(aus Acetaldehyd und Methyl-vinyl-keton)

(aus 3-Pyridylaldehyd und Phenyl-vinyl-keton)

21.4.6 Addition metallorganischer Verbindungen

Metallorganische Verbindungen können sowohl mit der Carbonylgruppe als auch mit der olefinischen Doppelbindung einer α,β-ungesättigten Carbonylverbindung reagieren. Welche Reaktion eintritt, hängt von der metallorganischen Verbindung ab. *Lithium*-organische Verbindungen reagieren vorwiegend mit der Carbonylgruppe und *Kupfer*-organische Verbindungen nur mit der olefinischen Doppelbindung. *Grignard*-Verbindungen reagieren mit beiden funktionellen Gruppen.

	1,2-Addition		1,4-Addition
H$_3$C—Li :	100	:	0
H$_3$C—MgBr :	80	:	14
[H$_3$C—Cu—CH$_3$]$^-$ Li$^+$:	0	:	100

Damit ergänzen sich diese metallorganischen Verbindungen in idealer Weise: Organolithiumverbindungen liefern mit α,β-ungesättigten Carbonylverbindungen ungesättigte Alkohole, Organokupferverbindungen dagegen gesättigte Ketone (oder Aldehyde).

Zum Mechanismus der 1,2-Addition von Li- und Mg-organischen Verbindungen s. Abschn. 17.5.8. Den Ablauf der 1,4-Addition beschreibt das folgende Schema. Im ersten Schritt bildet das Cuprat-Ion mit der Doppelbindung einen π-Komplex, der sich langsam in ein 1,4-Additionsprodukt mit 3-wertigem Kupfer umwandelt. Im nächsten Schritt tritt eine reduktive Eliminierung von Cu–R ein.

Die Addition von Cupraten an α,β-ungesättigte Carbonylverbindungen ist mechanistisch und präparativ betrachtet eine Michael-Addition.

Aufgabe

12. Welche Verbindung bildet sich?

21.5 Lösung der Aufgaben zu Kapitel 21

1.

Glycerin $\xrightarrow{-H_2O}$ HO—CH$_2$—CH=CH—OH → HO—CH$_2$—CH$_2$—CHO

$\xrightarrow{-H_2O}$ H$_2$C=CH—CHO

Vinylacetylen + H$_2$O $\xrightarrow[H^+]{Hg^{++}}$ H$_2$C=CH—CH=CH$_2$ → Methyl-vinyl-keton
$\quad\quad\quad\quad\quad\quad\quad\quad\quad\quad\quad\quad$ |
$\quad\quad\quad\quad\quad\quad\quad\quad\quad\quad\quad\quad$ OH

2.

(a) Toluol $\xrightarrow[h\nu]{Cl_2}$ Benzalchlorid $\xrightarrow{H_2O}$ Benzaldehyd $\xrightarrow[OH^-]{H_3C—CHO}$ Zimtaldehyd

(b) Benzaldehyd + Aceton $\xrightarrow{OH^-}$ H$_5$C$_6$—CH=CH—CO—CH$_3$ (Benzalaceton)

(c) H$_2$C=CH$_2$ + 1/2 O$_2$ ⟶ H$_3$C—CHO (Wacker-Verfahren)

$\xrightarrow{OH^-}$ Crotonaldehyd $\xrightarrow{Ag_2O}$ Crotonsäure

(d) Propen + H$_2$O/H$^+$ ⟶ 2-Propanol ⟶ Aceton $\xrightarrow{Ba(OH)_2}$ Pentenonverb.

3. Die Epoxidierung von **A** mit Peroxyessigsäure ist ein Synchronvorgang, bei dem die relative Anordnung der Substituenten erhalten bleibt. Die Epoxidierung von **B** mit H$_2$O$_2$/OH$^-$ verläuft über eine carbanionische Zwischenstufe. Da in letzterer freie Drehbarkeit herrscht, geht die relative Anordnung der Substituenten verloren. Es bildet sich ein *cis/trans*-Gemisch, in dem das *trans*-Isomer aus sterischen Gründen überwiegt.

4.

H$_3$CO—C—CH=CH—Cl + $^-$O—CH$_3$ ⟶ H$_3$CO—C—CH—CH—O—CH$_3$ ⟶ **B**

Konjugierte Additionen verlaufen oftmals bei Raumtemperatur.

5.

6.

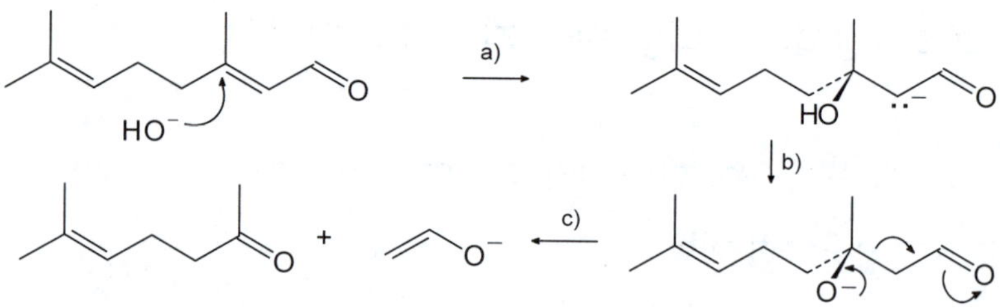

a) konjugierte Addition b) Proton-Wanderung c) Aldolspaltung

7.

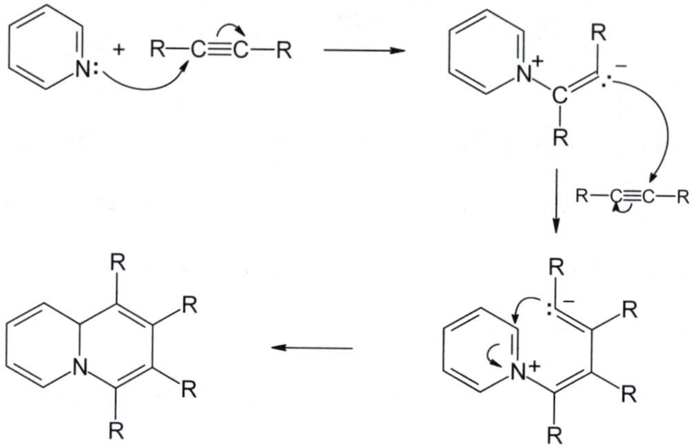

8.   **A,F**: Michael-Akzeptoren; **B,D,E**: Michael-Donoren; **C**: -

9.

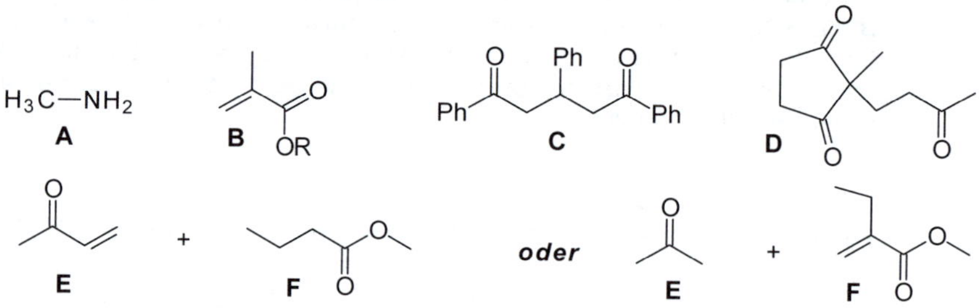

H_3C-NH_2

A

B

C

D

E   +   **F**

oder

E   +   **F**

10.

in Ethanol

$\sim H^+$

H_2O

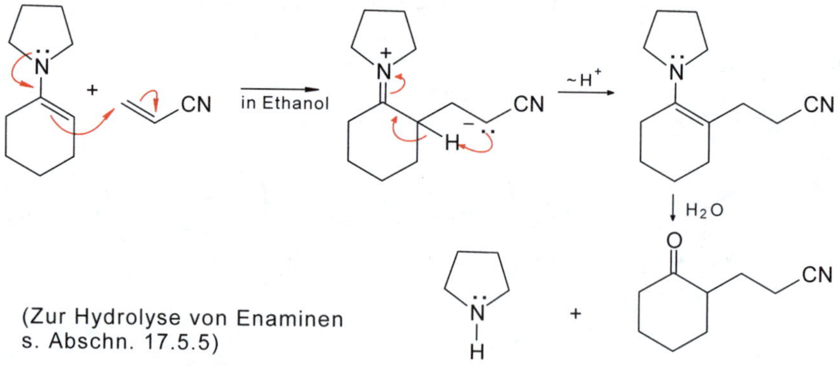

(Zur Hydrolyse von Enaminen
s. Abschn. 17.5.5)

11.

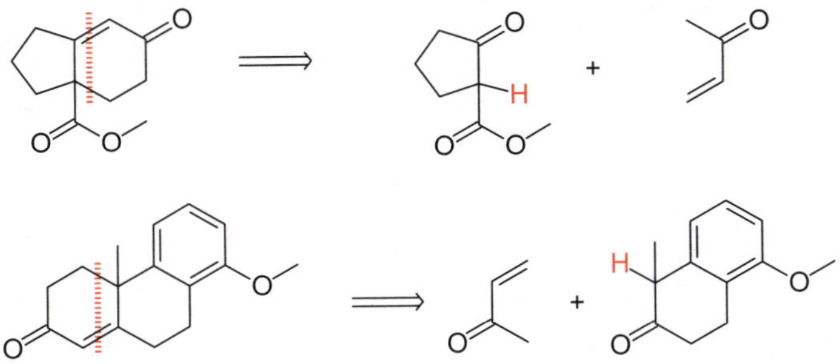

Beide Robinson-Anellierungen verlangen einen basischen Katalysator zur Abstraktion des aciden Protons (rot markiert).

12.

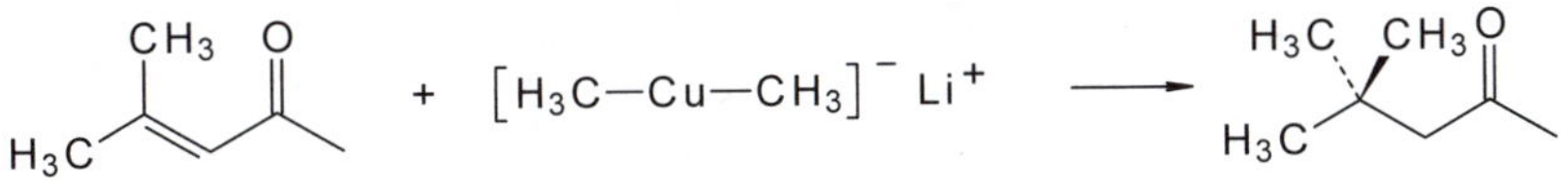

Kapitel 22
Amine

22.1 Einteilung und Nomenklatur von Aminen

Amine und andere Stickstoffverbindungen sind chemisch, biochemisch und pharmazeutisch wichtige Verbindungen. Zu den biochemisch bedeutsamen Verbindungen gehören die Aminosäuren, Peptide und Proteine. Zu den pharmazeutisch relevanten Verbindungen zählen Alkaloide wie Morphin, ein Arzneimittel gegen schwere Schmerzen, oder Verbindungen mit dem Gerüst des Phenylethylamins wie das blutdrucksteigernde Adrenalin.

Einteilung der Amine. Ersetzt man die Wasserstoffatome in NH_3 durch Alkyl- oder Arylsubstituenten, so gelangt man zu Aminen. Je nach Substitutionsgrad wird zwischen primären, sekundären und tertiären Aminen unterschieden.

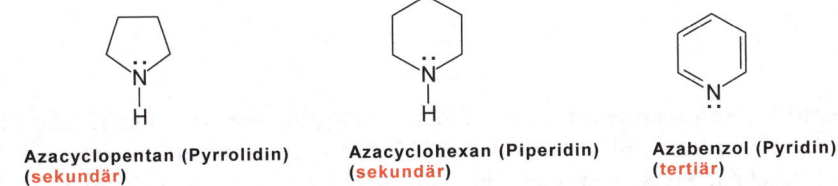

Ammoniak	Methylamin, primäres Amin	Dimethylamin, sekundäres Amin	Trimethylamin, tertiäres Amin

Die Unterscheidungen beziehen sich auf den Substitutionsgrad am N-Atom und nicht wie bei Alkoholen auf den Substitutionsgrad am α-C-Atom.

Zu den Aminen gehören auch Verbindungen mit einem N-Atom in einem Ring.

Azacyclopentan (Pyrrolidin) (sekundär)   Azacyclohexan (Piperidin) (sekundär)   Azabenzol (Pyridin) (tertiär)

Nomenklatur. Amine werden vielfältig benannt. Sie erhalten die Nachsilbe *-amin*, die an den Namen der Alkyl- oder Aryl-Gruppe angehängt wird, oder die Vorsilbe *Amino-*, die vor den Namen der Stammverbindung gesetzt wird.

Cyclohexanamin (Aminocyclohexan)   4-Aminobenzoesäure   Methylpropylamin oder *N*-Methylpropylamin

Sind mehrere Substituenten an das N-Atom gebunden, so kann das Amin auch nach dem Alkylrest mit dem größten Molekulargewicht benannt und der andere Substituent mit vorgesetztem *N*-Alkyl berücksichtigt werden (s. *N*-Methyl-propylamin). Bei cyclischen Verbindungen mit N-Atomen im Ring wird die Bezeichnung *Aza*- gebraucht (s. Azacyclopentan).

In der Tabelle sind einige niedermolekulare Amine zusammen mit den Siedepunkten und Basizitätskonstanten pK_b aufgeführt.

Tabelle. Amine

Konstitution	Name	Sdp. in °C	$pK_a^{25\,°C}$ (in Wasser)
$(\ddot{N}H_3)$	(Ammoniak)	(− 33)	(9,3)
$H_3C—\ddot{N}H_2$	Methylamin	− 6,5	10,6
$(H_3C)_2\ddot{N}H$	Dimethylamin	7,5	10,7
$(H_3C)_3\ddot{N}$	Trimethylamin	3,5	9.8
$H_3C—CH_2—\ddot{N}H_2$	Ethylamin	17	10,7
$H_3C—(CH_2)_2—\ddot{N}H_2$	Propylamin	49	10,6
$H_3C—(CH_2)_3—\ddot{N}H_2$	Butylamin	78	10,6
$H_2\ddot{N}—CH_2—CH_2—\ddot{N}H_2$	Ethylendiamin	116	10,7
$H_2\ddot{N}—(CH_2)_6—\ddot{N}H_2$	Hexamethylendiamin	205	10,9
$H_5C_6—\ddot{N}H_2$	Anilin	184	4,6
$H_5C_6—\ddot{N}(CH_3)_2$	*N,N*-Dimethylanilin	194	5,0
	Pyridin	115	5,3
	Nicotin	246	

Siedepunkte von Aminen. Primäre und sekundäre Amine sieden höher als Alkane mit vergleichbarem Molekulargewicht. Ursache dafür sind intramolekulare Wasserstoffbrücken. Sie sieden aber tiefer als Alkohole mit vergleichbarem Molekulargewicht, da die Wasserstoffbrücken bei Aminen schwächer als bei Alkoholen sind.

schwache H-Brücken

vergleichsweise starke H-Brücken

Tertiäre Amine können untereinander keine H-Brücken bilden, sie sieden daher tiefer als primäre oder sekundäre Amine mit vergleichbarem Molekulargewicht, vgl. Trimethylamin, Sdp. 3,5 °C, und Propylamin, Sdp. 49 °C.

Aufgaben

1. Nennen Sie das sekundäre Amin mit dem kleinsten Molekulargewicht und den sekundären Alkohol mit dem kleinsten Molekulargewicht.
2. Benennen Sie die Amine A-D und geben Sie an, welcher Typ (primär, sekundär, tertiär) jeweils vorliegt.

3. Können sich tertiäre Amine an H-Brücken beteiligen?

22.2 Struktur und Inversion von Aminen

Amine haben wie Ammoniak eine pyramidale Struktur. Diese Anordnung ist eine Folge der Elektronenpaarabstoßung zwischen den drei kovalenten Bindungen und dem Elektronenpaar, welches die Rolle eines vierten Substituenten einnimmt.

Die pyramidale Anordnung ist flexibel: Das Stickstoffatom schwingt bei Raumtemperatur sehr schnell zwischen den drei Liganden (H oder Alkyl) durch.

planarer Übergangszustand

Die erforderliche Aktivierungsenergie beträgt nur ca. 25 kJ/mol und ist somit nur wenig größer als diejenige, die zur Überwindung der Rotationsbarriere in Ethan notwendig ist (12,5 kJ/mol). Die Konfigurationsumkehr an einem N-Atom ist vergleichbar mit der an einem C-Atom bei einer S_N2-Reaktion. In beiden Fällen liegt eine **Inversion** vor.

Ein Amin mit drei verschiedenen Substituenten am N-Atom ist chiral, da es weder eine Spiegelebene noch ein Symmetriezentrum besitzt. Ein Vergleich mit substituierten Methanderivaten drängt sich auf, wenn man das freie Elektronenpaar als vierten Liganden betrachtet. Dennoch gelingt es nicht, offenkettige Amine mit einem Chiralitätszentrum am N-Atom in Enantiomere zu überführen. Grund ist die schnelle Racemisierung durch Inversion (s. vorstehende Abb.). Anders bei quartären Ammoniumsalzen: Hier ist eine Inversion nicht möglich, und die chiralen Salze existieren als beständige Enantiomere mit *R*- oder *S*-Konfiguration.

Spiegelebene

$$CH_3$$
$$H_5C_2 \overset{+}{N} C_6H_5$$ $$X^-$$
$$CH_2CH=CH_2$$

S-Enantiomer

$$X^-$$ $$CH_3$$
$$H_5C_6 \overset{+}{N} C_2H_5$$
$$H_2C=CHCH_2$$

R-Enantiomer

Aufgaben

4. Im Gegensatz zu offenkettigen Aminen sind cyclische Amine vom Typ Aziridin bei Raumtemperatur konfigurationsstabil und können in Enantiomere getrennt werden. Erklären Sie das unterschiedliche Verhalten.

Konfiguration labil

Ethylmethylamin

Konfiguration stabil

1,2,2-Trimethylaziridin

5. Phosphine mit drei verschiedenen Liganden lassen sich bei Raumtemperatur in Enantiomere auftrennen. Vergleichen Sie die Aktivierungsenergien E_a für die Inversion von Aminen und Phosphinen. Welche Aussage können Sie treffen?

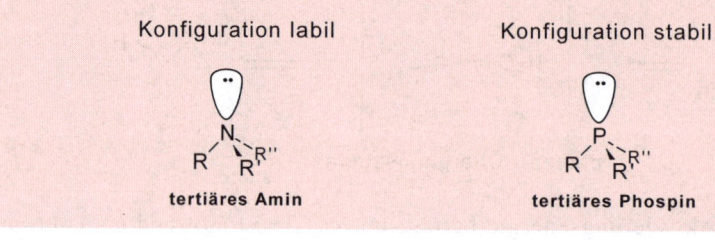

Konfiguration labil

tertiäres Amin

Konfiguration stabil

tertiäres Phospin

22.3 *Exkurs*: Pharmakologische Wirkung von Aminen

Amine zeigen vielfältige physiologische Wirkungen. Besonders wirksam sind Amine mit einem aromatischen Ring in β-Stellung (Arylethylamine).

Histamin,
blutgefäßerweiternd

Amphetamin,
psychomotorisch anregend

Dopamin,
blutdrucksenkend

Nachfolgend sind weitere physiologisch aktive Amine aufgeführt, die wie Amphetamin das Kohlenstoffgerüst des 2-Phenylethylamins enthalten. Von besonderer Bedeutung ist Adrenalin, ein Hormon, das im Nebennierenmark gebildet und an die Blutbahn abgegeben wird. Bei Anspannung, Gefahr etc. werden größere Mengen gebildet, wodurch Blutdruck, Herzfrequenz und Lungenaktivität steigen. Alle diese Effekte tragen dazu bei, dass sich Stresssituationen leichter bewältigen lassen.

Ephedrin,
u.a. blutdrucksteigernd

Adrenalin,
u.a. blutdrucksteigernd

Propylhexedrine,
appetitzügelnd

Dopa,
gegen Parkinson-Krankheit

Pharmazeutisch wirksame Verbindungen bestehen oftmals aus einer polaren (hydrophilen) Gruppe, welche die Löslichkeit im Blut und damit den Transport ermöglicht, und einer unpolaren (lipophilen) Gruppe, welche das Passieren durch die Zellwand erleichtert. Auch in der Zelle sind die beiden Gruppen von Bedeutung. Die lipophile Gruppe sorgt für die Verankerung der Verbindung mit dem biologischen Rezeptor (z.B. Protein), die polare Gruppe (oftmals ein H-Brücken-donor wie $-NH_2$ oder $-CO_2H$) für die eigentliche Wirkung. Nachfolgend ist diese Wechselwirkung - auch **Schlüssel-Schloss-Beziehung** genannt - am Beispiel des 2-Phenylethylamins schematisch dargestellt.

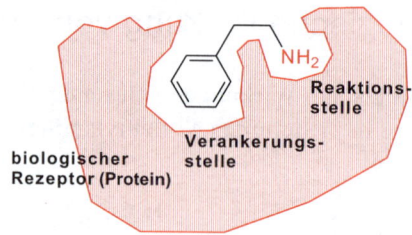

Aufgabe

6. Wie viele Stereoisomere existieren von (a) Ephedrin, (b) Dopa?

22.4 Herstellung von Aminen

Amine durch Alkylierung von Ammoniak oder anderen Aminen. Ammoniak ergibt ein primäres Amin.

$$\ddot{N}H_3 \; + \; R\!-\!Br \xrightarrow{S_N2} R\!-\!\overset{+}{N}H_3 \; Br^- \xrightarrow[-\,NH_4Br]{+\,NH_3} R\!-\!\ddot{N}H_2$$

Alkylammoniumbromid   **primäres Amin**

Diese Herstellung leidet unter dem Nachteil, dass das gebildete primäre Amin ebenfalls nucleophil ist und deshalb mit noch vorhandenem Alkylhalogenid reagiert, wobei als Folgeprodukt ein sekundäres Amin entsteht.

$$R\!-\!\ddot{N}H_2 \; + \; R\!-\!Br \xrightarrow{S_N2} R\!-\!\overset{+}{\underset{H_2}{N}}\!-\!R \;\; Br^- \xrightarrow[-\,NH_4Br]{+\,NH_3} R\!-\!\underset{H}{N}\!-\!R$$

primäres Amin   **Dialkylammoniumbromid**   **sekundäres Amin**

Auch das sekundäre Amin kann weiterreagieren usw., so dass schließlich ein Gemisch aus primärem, sekundärem und tertiärem Amin und quartärem Ammoniumsalz entsteht. Durch einen großen Überschuss an Ammoniak oder Amin können die Folgereaktionen aber zurückgedrängt werden, so dass das gewünschte Amin als Hauptprodukt entsteht.

Das Problem der Mehrfachalkylierung von Ammoniak oder Aminen kann umgangen werden, wenn N-Nucleophile eingesetzt werden, die *nur einmal* nucleophil reagieren können. Solche Verbindungen sind Natriumazid, Phthalimid-Kalium und Kaliumcyanid. Alle drei Verbindungen liefern Zwischenstufen, die in primäre Amine überführt werden können. Nachfolgend werden diese drei Reaktionen im einzelnen erörtert.

Natriumazid   **Phthalimid-Kalium**   **Kaliumcyanid**

Primäre Amine aus Alkylhalogeniden und Natriumazid. Hierbei bildet sich zunächst ein Alkylazid. Alkylazide sind wie Acylazide (s. Curtius-Abbau, Abschn. 19.6.5) unbeständig, teilweise sogar explosiv. Sie werden deshalb gleich in Lösung weiterverarbeitet. Durch Reduktion mit H_2 oder $LiAlH_4$ entstehen primäre Amine, welche frei von höher alkylierten Aminen sind.

Die nucleophile Substitution verläuft bei primären oder sekundären Halogeniden (Tosylaten) unter Inversion (S_N2-Mechanismus). So liefert das folgende *cis*-Tosylat ein *trans*-Amin.

Primäre Amine aus Alkylhalogeniden und Phthalimid-Kalium. Phthalimid-Kalium, das in einer Säure-Base-Reaktion aus Phthalimid und KOH entsteht (Abschn. 19.6.5), reagiert mit Alkylhalogeniden zu *N*-Alkyl-phthalimid.

Phthalimid-Kalium   ***N*-Alkyl-phthalimid**

Letztere Verbindung wird durch eine verdünnte Base oder durch Hydrazin in ein primäres Amin überführt (Formelschema s. nächste Seite). Zum Mechanismus der Hydrolyse der Imidbindung s. Abschn. 19.6.5, zum Mechanismus der Reaktion mit Hydrazin s. Aufgabe. Auch bei diesem Verfahren wird nur das primäre Amin gebildet, da eine weitere Alkylierung aufgrund der beiden Carbonyl-Schutzgruppen nicht möglich ist. Die Synthese von primären Aminen ausgehend von Phthalimid-Kalium heißt **Gabriel-Synthese** (*S. Gabriel*, geb. 1851 in Berlin).

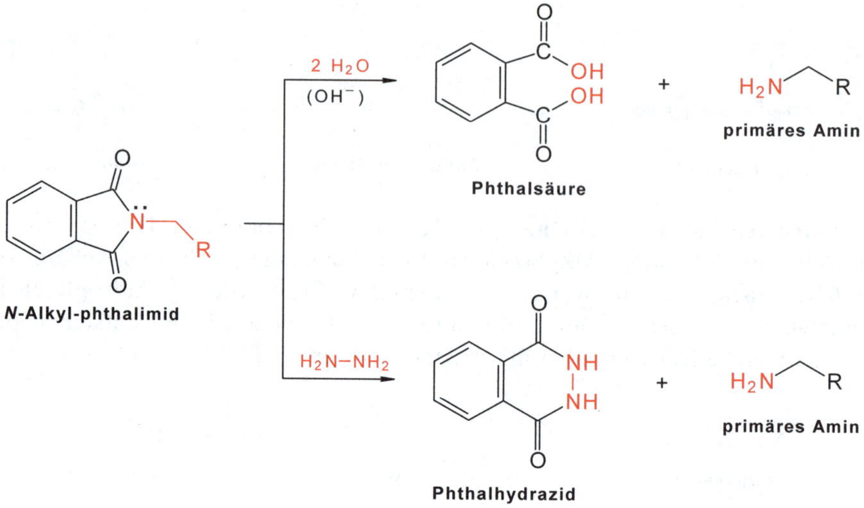

N-Alkyl-phthalimid

Phthalsäure

primäres Amin

Phthalhydrazid

primäres Amin

Primäre Amine aus Alkylhalogeniden und Kaliumcyanid. Kaliumcyanid reagiert mit Alkylhalogeniden zu Nitrilen, deren Hydrierung ebenfalls nur primäre Amine liefert.

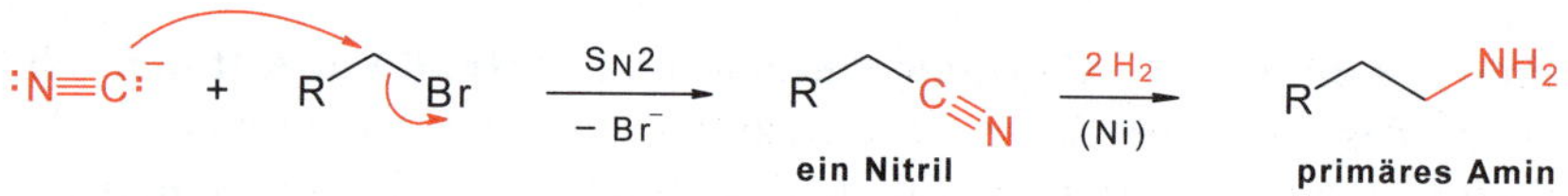

ein Nitril

primäres Amin

Primäre Amine aus Carbonsäurederivaten durch Hofmann- oder Curtius-Abbau (Abschn. 19.6.5). Bei diesem Abbau entstehen ebenfalls ausschließlich primäre Amine. Beispiele für jeweils einen Hofmann- und einen Curtius-Abbau:

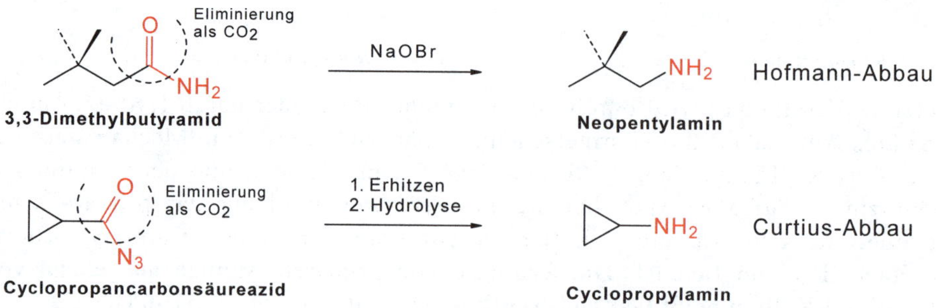

3,3-Dimethylbutyramid

Neopentylamin

Hofmann-Abbau

Cyclopropancarbonsäureazid

Cyclopropylamin

Curtius-Abbau

Amine aus Carbonsäureamiden durch Reduktion (Abschn. 19.6.5). Hierbei entstehen je nach Anzahl der an den Stickstoff gebundenen Substituenten primäre, sekundäre oder tertiäre Amine.

Butyramid	**Butylamin** (prim. Amin)
Acetanilid	**N-Ethylanilin** (sek. Amin)
N-Cyclohexyl-N-methylbenzamid	**N-Cyclohexyl-N-methylbenzyl-amin** (tert. Amin)

Amine aus Iminen durch Reduktion. Bei der Reaktion zwischen Ammoniak oder Aminen einerseits und Aldehyden oder Ketonen andererseits entstehen Imine (s. Abschn. 17.5.5). Diese lassen sich durch Reduktionsmittel wie H_2/Ni, $Na^+BH_3CN^-$ oder Ameisensäure zu Aminen reduzieren. Man kann die Kondensation zum Imin und die nachfolgende Reduktion zum Amin auch im Eintopfverfahren durchführen, da die Reduktion des Imins schneller als die der Carbonylverbindung verläuft.

Amin (primär)	**Imin**	**Amin (sekundär)**

Die Reaktionsfolge heißt **reduktive Aminierung** von Aldehyden oder Ketonen; ihre synthetische Bedeutung liegt darin, dass die erforderlichen Ausgangsverbindungen (Aldehyde oder Ketone) im allgemeinen leicht zugänglich sind. Die folgenden drei Beispiele beschreiben die reduktive Aminierung mit den vorstehend genannten Reduktionsmitteln.

H$_9$C$_4$—CHO **Pentanal** $\xrightarrow[\text{2. H}_2/\text{Ni}]{\text{1. NH}_3}$ H$_9$C$_4$—CH$_2$—NH$_2$ **Pentylamin**

Cyclohexanon $\xrightarrow[\text{2. Na}^+ \text{ BH}_3\text{CN}^-]{\text{1. H}_3\text{C—NH}_2}$ **Cyclohexylmethylamin**

H$_2$C=O **Formaldehyd** $\xrightarrow[\text{2. H—CO}_2\text{H}]{\text{1. H}_5\text{C}_6}$ **1-Methyl-2-phenyl-azacyclohexan**

Die Reduktion mit Ameisensäure, auch **Leuckart-Wallach-Reaktion** genannt, verläuft über eine **Hydridübertragung** aus der Ameisensäure auf die Iminium-Zwischenstufe. Triebkraft der Hydridübertragung ist die Bildung von CO_2.

H$_2$C=O + H—N(R)(R') $\xrightarrow[\text{– H}_2\text{O}]{\text{+ H}^+}$ H$_2$C=N$^+$(R)(R')   **Iminium-Ion** $\longrightarrow$ H$_3$C—N(R)(R') + CO$_2$

Auch bei der reduktiven Aminierung können höher alkylierte Amine als Neben-produkt entstehen, da das gebildete Amin mit der Carbonylverbindung ebenfalls reagieren kann (z.B. Pentylamin mit Pentanal, s. oben).

Amine aus Nitroverbindungen durch Reduktion. Die Reduktion von Nitrover-bindungen zu Aminen wird vor allem bei den leicht erhältlichen aromatischen Nitroverbindungen durchgeführt. Als Reduktionsmittel kommen H$_2$ (aktiviert durch Raney-Nickel), Fe/HCl, H$_2$S u.a. in Frage. Beispiel:

(NO$_2$, CH$_3$) $\xrightarrow{\text{Fe/HCl}}$ ($^+$NH$_3$ Cl$^-$, CH$_3$) $\xrightarrow{\text{KOH}}$ (NH$_2$, CH$_3$) **2-Methylanilin**

Der Weg über die Nitroverbindung ist die Methode der Wahl zur Darstellung aromatischer Amine.

Vergleich der Darstellungsmethoden von Aminen. Wie vorstehend beschrieben steht zur Darstellung von Aminen eine Vielzahl von Methoden zur Verfügung. Das folgende Schema fasst diese unter dem Gesichtspunkt zusammen, ob die C-Zahl des eingesetzten Substrats gleich bleibt, zu- oder abnimmt, wobei die gegebenenfalls durch das nucleophile Amin eingebrachten C-Atome nicht gezählt werden. Einige Methoden liefern nur primäre Amine, andere je nach Ausgangsverbindung primäre, sekundäre oder tertiäre Amine.

Tabelle. Methoden zur Darstellung von Aminen

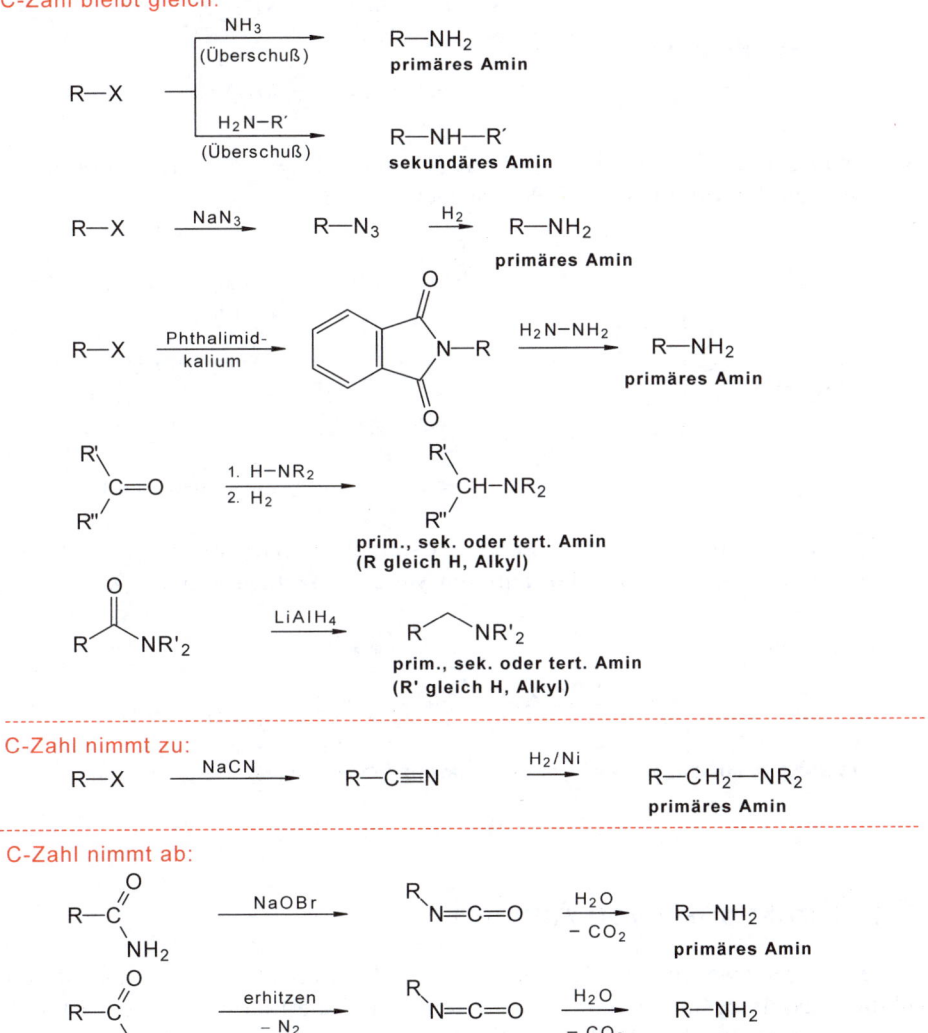

Aufgaben

8. Über welche Zwischenstufen verläuft die reduktive Aminierung von Benzaldehyd zu Benzyldimethylamin?

9. Die Bromverbindung A soll in die primären Amine B oder C umgewandelt werden, ohne dass höher alkylierte Amine entstehen. Welche Methoden kommen in Frage?

10. 1- und 2-Phenylethylamin sollen aus Benzol und jeweils einer Carbonylverbindung dargestellt werden. Was bedeuten A – D?

11. (S,S)-2,3-Butandiol kann in drei Stufen stereospezifisch in (R,R)-2,3- Diaminobutan überführt werden. Formulieren Sie die einzelnen Stufen.

22.5 Reaktionen von Aminen

Amine besitzen zwei reaktive Zentren: das freie Elektronenpaar am Stickstoffatom und die Wasserstoffatome am Stickstoffatom. Das freie Elektronenpaar ist für das basische und nucleophile Verhalten von Aminen verantwortlich. Die Wasserstoffatome am Stickstoff sind schwach acid und können durch starke Basen abgelöst werden. Somit können Amine (wie Ammoniak selbst) sowohl ein Proton aufnehmen als auch abgeben. Ammoniak und Amine sind damit **amphoter** (gr. *amphoteros*, auf beiderlei Art).

Amine als Protonenakzeptoren:

Amine als Protonendonoren:

Amine als Nucleophile:

22.5.1 Amine als schwache Basen

Löst man ein Amin in Wasser, so wandelt sich ein geringer Teil des Amins unter Aufnahme eines Protons in das entsprechende Alkylammoniumhydroxid um. Folgendes Gleichgewicht stellt sich ein:

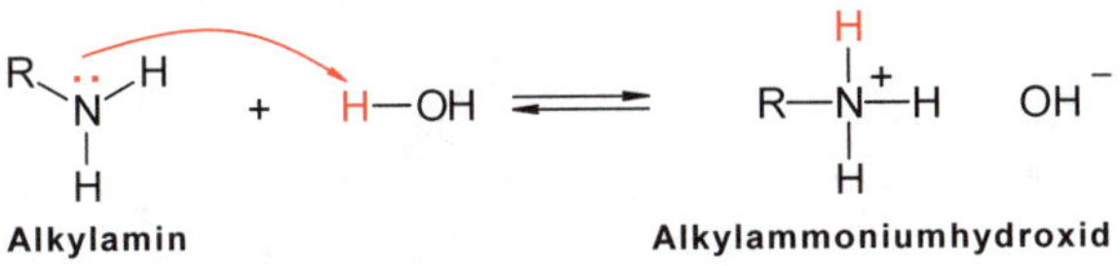

$$\tag{1}$$

Alkylamin   **Alkylammoniumhydroxid**

Die Lage des Gleichgewichts wird durch die Basizitätskonstante K_b beschrieben, die wie folgt definiert ist.

$$K_b = \frac{[R-NH_3^+][OH^-]}{[R-NH_2]} \qquad -\log K_b = pK_b$$

(Die Konzentration des Wassers ist konstant und in die Konstante K_b einbezogen.) Statt der Basizität des Amins wird häufig die Acidität des konjugierten Ammonium-Ions angegeben und durch eine Aciditätskonstante K_a des Ammonium-Ions ausgedrückt.

$$R-\overset{\overset{\displaystyle H}{|}}{\underset{\underset{\displaystyle H}{|}}{\overset{+}{N}}}-H \; + \; H-\overset{..}{\underset{..}{O}}-H \; \rightleftharpoons \; R-\overset{..}{N}H_2 \; + \; \overset{\displaystyle H}{\underset{H}{\overset{|}{\overset{+}{O}}}}-H$$

$$K_a \; = \; \frac{[R-NH_2]\;[H_3O^+]}{[R-NH_3^+]} \qquad -\log K_a \; = \; pK_a$$

Wie man sich leicht überzeugen kann, ergibt $K_a \cdot K_b$ das Ionenprodukt des Wassers: $pK_a + pK_b = 14$.

Nachfolgend sind die pK_a-Werte einiger typischer Amine aufgeführt. *Je größer ein pK_a-Wert um so größer ist die Basizität.*

Zunahme der Basizität

$$H_3C-\overset{..}{N}H_2 \quad > \quad \overset{..}{N}H_3 \quad > \quad \underset{\overset{..}{N}}{\bigcirc} \quad > \quad \underset{..}{\bigcirc}\!-NH_2$$

pK_a 10,6   9,3   5,3   4,6

Methylamin ist wie andere Monoalkylamine basischer als Ammoniak. Die Basizität steigt weiter durch Dialkylierung, um bei Trialkylierung stärker zu sinken. Beispiel:

$$\underset{H}{\overset{CH_3}{\underset{\displaystyle}{\overset{|}{\underset{N}{..}}}}}\!\!H \qquad\qquad H_3C\!\!\underset{H}{\overset{CH_3}{\overset{|}{N}}}\qquad\qquad H_3C\!\!\underset{CH_3}{\overset{CH_3}{\overset{|}{N}}}$$

pK_a = 10,6   10,7   9,8

Offensichtlich gehen von Alkylgruppen zwei gegenläufige Effekte aus. Einerseits erhöhen Alkylgruppen durch ihren +I-Effekt die Elektronendichte und damit die Basizität am Stickstoffatom; andererseits üben sie einen sterischen Effekt aus und behindern die Solvatation der Alkylammonium-Ionen (Verschiebung des Gleichgewichts (1) nach links). Bei der Solvatation handelt es sich um eine Anziehung zwischen den polaren Molekülen Amin und Wasser.

Pyridin ist weniger basisch als NH_3, da das Elektronenpaar im sp^2-Orbital stärker vom Stickstoff angezogen wird als das Elektronenpaar im sp^3-Orbital (vgl. auch Acidität von Alkenen und 1-Alkinen, Abschn. 7.4.1). Aromatische Amine sind ebenfalls weniger basisch als NH_3, da die Elektronendichte am Stickstoff durch Delokalisierung des Elektronenpaars vermindert ist.

Stärker basisch als aliphatische Amine sind Amidine, die sich formal von Carbonsäuren durch Ersatz der beiden O-Atome mit zwei N-Atomen herleiten.

Acetamidin,	**Imidazolin,**	**1,5-Diazabicyclo[4.3.0]**
pKa 12,4	**pKa 11**	**nonen-5 (DBN), pKa 11,7**

Die erhöhte Basizität von Amidinen beruht auf der Stabilisierung der positiven Ladung im Amidinium-Ion durch Delokalisierung.

Amidinium-Kation, 3 mesomere Grenzstrukturen

Amidine wie DBN werden als starke, aber sterisch gehinderte Basen bei Synthesen verwendet. Bei der Einwirkung auf Halogenalkane erfolgt Eliminierung von Halogenwasserstoff, und keine Substitution des Halogenid-Ions.

Löslichkeit von Aminen in Wasser und wässrigen Säuren. Niedermolekulare Amine sind in Wasser löslich. Grund dafür sind Wasserstoffbrücken zwischen Amin und Wasser.

Die Wasserlöslichkeit nimmt in dem Maße ab, wie die Größe der Substituenten steigt. Amine lösen sich aber in verdünnter Säure, gleichgültig, ob sie nieder- oder höhermolekular sind. Ursache dafür ist die Bildung des entsprechenden Ammoniumsalzes.

Heptylamin,
wenig löslich in Wasser

Heptylammoniumchlorid,
löslich in Wasser

Damit lassen sich Amine von neutralen organischen Verbindungen unterscheiden: Erstere lösen sich in verdünnter Säure, letztere nicht. Auch ist eine quantitative Abtrennung von Aminen aus organischen Gemischen möglich: Man löst das Gemisch in einem organischen Lösungsmittel, extrahiert mit verdünnter Säure und versetzt anschließend das Extrakt mit verdünnter Lauge. Dabei wird das Amin freigesetzt.

Aufgabe

12. Wie würden Sie ein Gemisch bestehend aus Anilin (Sdp. 184 °C), Butylbenzol (183 °C) und Valeriansäure (189 °C) in seine Komponenten auftrennen?

22.5.2 Amine als schwache Säuren

Stickstoff besitzt eine höhere Elektronegativität als Wasserstoff (3.0 gegenüber 2.2). Daraus resultiert eine schwache Acidität des NH-Wasserstoffs.

Starke Basen wie Alkyllithium vermögen das H-Atom als Proton abzulösen. Von besonderer Bedeutung ist die Deprotonierung von Diisopropylamin mit Butyllithium zu Lithium-diisopropylamid.

Diisopropylamin   **Butyllithium**   **Lithium-diisopropylamid (LDA)**

Treibende Kraft dieser Säure-Base-Reaktion ist das Bestreben des Lithiums, die acidere Position einzunehmen. Lithium-diisopropylamid, auch LDA genannt, wird wie Kalium-*tert*-butylalkoholat als Base bei Deprotonierungen verwendet: In beiden Fällen verhindern sperrige Substituenten eine zusätzliche nucleophile Aktivität der Base und damit Nebenreaktionen.

Aufgabe

13. Vervollständigen Sie die Reaktionsgleichung:

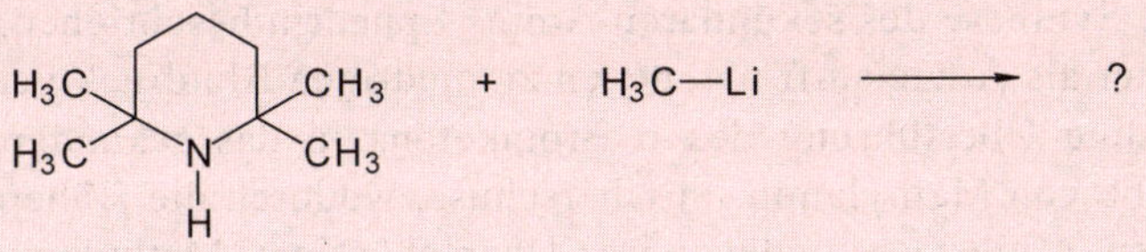

22.5.3 Reaktion von Aminen mit Alkylhalogeniden

Amine sind Nucleophile, sie reagieren mit Alkylhalogeniden, Alkyltosylaten etc. zu alkylierten Ammoniumsalzen. Letztere können in einer Säure-Base-Reaktion ein Proton abgeben und in die entsprechenden höher alkylierten Amine übergehen. Die Umwandlung eines primären Amins in ein sekundäres Amin verläuft wie folgt:

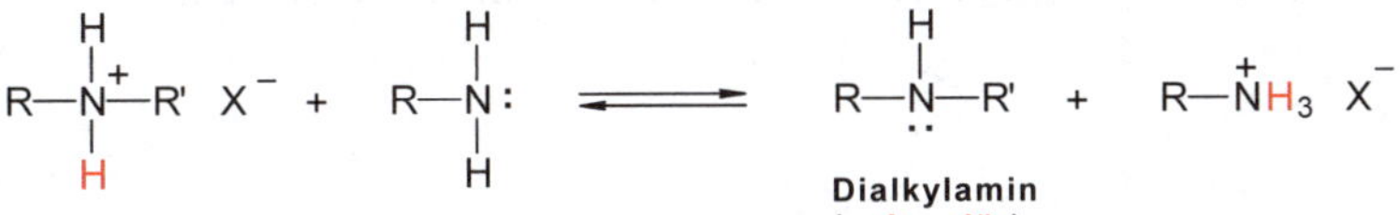

Das sekundäre Amin seinerseits kann ebenfalls alkyliert werden, so dass als weiteres Produkt ein tertiäres Amin und schließlich ein quartäres Ammoniumsalz entsteht. Die erschöpfende Alkylierung eines primären Amins verläuft somit nach folgendem Schema:

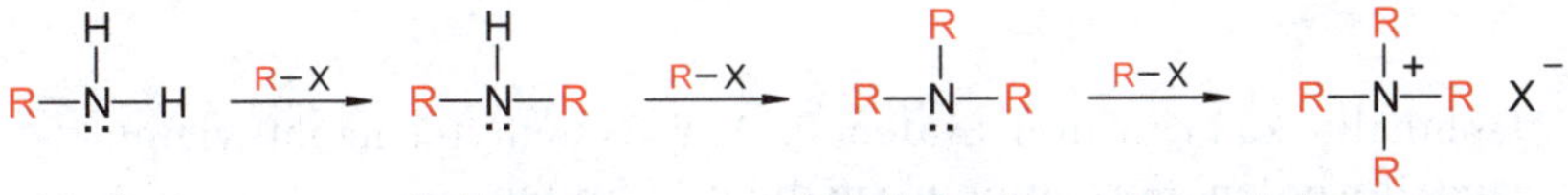

Wird ein sekundäres Amin eingesetzt, entsteht analog ein Gemisch aus einem tertiären Amin und einem quartären Ammoniumsalz. Ein tertiäres Amin ergibt nur ein Produkt, das quartäre Ammoniumsalz.

Wünscht man als Hauptprodukt nur eine einstufige Höheralkylierung, z.B. primär → sekundär, so wird das Ausgangsamin in großem Überschuss eingesetzt. Unter diesen Bedingungen reagiert das Halogenid fast ausschließlich mit dem überschüssigen Ausgangsamin.

Nachfolgend ist die Synthese des sekundären Amins Ephedrin beschrieben, dessen (1R,2S)-Stereoisomer als Arzneistoff u.a. gegen zu niedrigen Blutdruck verwendet wird. Die vollständige Überführung des α-Bromketons in das sekundäre Amin gelingt durch Zugabe von Methylamin im Überschuss, wodurch die Höheralkylierung des sekundären Amins vermieden wird. Überschüssiges Methylamin (Sdp. -6,5 °C) kann nach Beendigung der Reaktion durch Destillation leicht entfernt werden.

Ephedrin
(4 Stereoisomere)

Auch hier gilt: Substitutionreaktionen verlaufen glatt mit primären und zufriedenstellend mit sekundären Halogeniden (wie vorstehend). Mit tertiären Halogeniden tritt dagegen Eliminierung von HX unter Bildung eines Alkens ein.

Aufgaben

14. Welche Verbindungen entstehen, wenn Benzylbromid mit Ammoniak (a) im Verhältnis 1:10, (b) im Verhältnis 1:1 umgesetzt wird?

15. Naphthalin kann in drei Stufen in N,N-Dimethyl-1-naphthylamin (A) umgewandelt werden. Formulieren Sie die drei Stufen.

N,N-Dimethyl-α-naphthylamin

16. Ethylendiamintetraessigsäure (EDTA) ist eine Verbindung, die stabile Komplexe mit Metall-Ionen bildet und u.a. zur Schwermetallentgiftung verwendet wird. Die Synthese geht von Ethylendiamin aus. Formulieren Sie die Synthese.

Ethylendiamin   Ethylendiamin-tetraessigsäure

22.5.4 Quartäre Ammoniumsalze

Stickstoff bildet quartäre Salze. Das gleiche gilt für die anderen Elemente der 5. Hauptgruppe des Periodensystems.

Tetramethyl-ammoniumbromid   **Methyltriphenyl-phosphoniumbromid**   **Tetraethylarsonium-tetrafluoroborat**

Quartäre Salze sind in der Regel kristallin. Sie lösen sich sowohl in organischen Lösungsmitteln als auch in Wasser. In organischen Lösungsmitteln erfolgt die Auflösung wegen der unpolaren Alkylgruppen, in Wasser wegen des Salzcharakters. Quartäre Salze können bei Raumtemperatur flüssig sein, sofern sie ein voluminöses Ion (Kation oder Anion) enthalten. Die folgenden Beispiele zeigen, wie der Schmelzpunkt eines Salzes fällt, wenn das Volumen des Kations oder Anions steigt.

NaCl   KCl

Cl^- oder $F_3C-SO_2-O^-$

Na-chlorid   **K-chlorid**   **1-Ethyl-3-methylimidiazoliumsalz**
803 °C   772 °C   Chlorid: 87 °C; Trifluormethansulfonat: –9 °C

Quartäre Ammoniumsalze mit niedrigem Schmelzpunkt werden auch **ionische Flüssigkeiten** genannt. Vertreter mit einer langen aliphatischen Seitenkette im Kation vermögen organische Verbindungen zu lösen und werden als Lösungsmittel für bestimmte organische Reaktionen verwendet.

Auch in der Natur treten quartäre Ammoniumsalze auf. Von besonderer Bedeutung sind Cholin und Derivate desselben wie α-Lecithin.

Cholin   **Acetylcholin**   α-Lecithin (R = Fettsäurerest)

Cholin ist eine starke, hygroskopische Base. Die Verbindung kommt u.a. in Champignons und im Hopfen vor. Acetylierung der OH-Gruppe von Cholin ergibt Acetylcholin, welches in Nervenzellen auftritt und die Übertragung von Nervenimpulsen reguliert. Cholin ist auch Bestandteil von α-Lecithin, einer fettähnlichen Verbindung, die in Herz, Leber, Gehirn, ferner in Milch, Eidotter usw. vorkommt und viele Funktionen im Körper besitzt. Unter anderem ist α-Lecithin an der Regulierung der Durchlässigkeit von Zellmembranen beteiligt.

Auch Muscarin gehört zu den quartären Ammoniumsalzen. Die Verbindung kommt im Fliegenpilz vor und ist für dessen tödliche Wirkung verantwortlich.

(+)-Muscarin, giftig

Quartäre Ammoniumhydroxide und Hofmann-Eliminierung. Lässt man feuchtes Ag$_2$O auf quartäre Ammoniumhalogenide einwirken, erfolgt ein Austausch der Anionen. Es bilden sich quartäre Ammoniumhydroxide, bei denen es sich um starke Basen vergleichbar mit Natrium- oder Kaliumhydroxid handelt.

Ethyltrimethylammoniumiodid   **Ethyltrimethylammoniumhydroxid, starke Base**

Quartäre Ammoniumhydroxide gehen beim Erhitzen eine β-Eliminierung ein, bei der ein Alken und ein tertiäres Amin entstehen (**Hofmann-Eliminierung**, Abschn. 11.2).

Aufgabe

17. Cholin wird wie folgt hergestellt. Geben Sie einen Mechanismus an.

22.5.5 Quartäre Ammoniumsalze und Phasentransfer

Nucleophile Substitutionen werden meistens in aprotischen Lösungsmitteln wie Dimethylformamid (Siedepunkt 189 °C) oder Dimethylsulfoxid (Siedepunkt 153 °C) durchgeführt, da diese sowohl das organische Substrat R–X als auch die ionische Verbindung mit dem Nucleophil lösen. Diese Lösungsmittel sind jedoch aufgrund der hohen Siedepunkte nur schwierig zu entfernen. Wünschenswert wären tiefsiedende Lösungsmittel wie niedermolekulare Kohlenwasserstoffe, Ether, chlorierte Methanverbindungen u.a. Diese Lösungsmittel weisen aber ein zu geringes Lösungsvermögen für die ionischen Verbindungen auf.

Eine Lösung bietet das Zweiphasen-System aus Wasser und einem tiefsiedenden Lösungsmittel und zusätzlich einem **Phasentransfer-Katalysator**. Das Wasser löst die ionische Verbindung, die organische Phase das Substrat R–X, und der Phasentransfer-Katalysator besorgt den notwendigen Transfer des ionischen Nucleophils von der wässrigen in die organische Phase, in der sich der Reaktionspartner R–X bereits befindet.

Bei dem Phasentransfer-Katalysator handelt es sich um eine quartäre Ammonium- oder Phosphoniumverbindung, welche aufgrund der lipophilen Kohlenwasserstoffreste und des ionischen Anteils *in beiden Phasen* löslich ist. Lipophil bedeutet fettfreundlich (griech. *lipos*, Fett) und bringt zum Ausdruck, dass eine so bezeichnete Verbindung wie Fette in organischen Lösungsmitteln gut löslich ist.

Die Methode soll am Beispiel der Reaktion zwischen Natriumcyanid und Alkylbromid erläutert werden. Zunächst setzt sich ein Teil des Phasentransfer-Katalysators in der wässrigen Phase mit NaCN zu $NR_4^+ CN^-$ um (Pfeil 1 in der Abb.). Letzteres Salz tritt als Ionenpaar in die organische Phase (Pfeil 3) und reagiert dort mit R–Br zum Produkt (Pfeil 5). Der regenerierte Phasentransfer-Katalysator diffundiert anschließend in die wässrige Phase (Pfeil 6), und der Zyklus wiederholt sich. Nach Beendigung der Reaktion liegt das Produkt R–CN in der organischen Phase vor und kann daraus bequem *durch Verdampfen des tiefsiedenden Lösungsmittels* gewonnen werden.

Nucleophile Substitution. Die mit roten Zahlen markierten Pfeile geben in der Reihenfolge 1,3,5,6 den Reaktionscyclus an.

Ein zusätzlicher Vorteil des Zweiphasensystems liegt in der erhöhten Reaktivität des Nucleophils: In der protischen Phase Wasser ist das Nucleophil durch Wasserstoffbrücken desaktiviert, in der unpolaren organischen Phase ist das Nucleophil nur schwach solvatisiert, quasi „nackt" und somit reaktiv.

Zweiphasensysteme werden oftmals dann benutzt, wenn ionische mit kovalenten Verbindungen umgesetzt werden. Vor allem Deprotonierungen mit NaOH werden zunehmend im Zweiphasensystem durchgeführt.

Aufgabe

18. Eine wässrige Lösung von $KMnO_4$ wird mit Benzol überschichtet. Die Benzolphase bleibt farblos. Anschließend wird Tetrabutylammoniumbromid hinzugefügt und das Zweiphasengemisch kurz gerührt. Danach ist die Benzolphase violett gefärbt („violettes Benzol"). Wodurch?

22.5.6   Reaktion von Aminen mit Carbonsäurechloriden und mit Sulfonsäurechloriden

Carbonsäure- und Sulfonsäurechloride sind chemisch ähnlich. Beide besitzen ein äußerst reaktives Chloratom, das durch eine Vielzahl von Nucleophilen ersetzt werden kann. Nachfolgend wird die Reaktion dieser Säurechloride mit Aminen behandelt.

Reaktion von Aminen mit Carbonsäurechloriden. Amine reagieren mit Carbonsäurechloriden zu Carbonsäureamiden. Die Reaktion wurde in Abschn. 19.2.2 ausführlich behandelt. Es werden zwei mol Amin benötigt, ein mol für die Amidbildung, ein zweites mol zum Abfangen von HCl.

Reaktion von Aminen mit Phosgen. Mit Phosgen, dem Säurechlorid der unbeständigen Kohlensäure, setzen sich Amine zu Isocyanaten um. Die Reaktion verläuft über die Zwischenstufe eines Carbamidsäurechlorids, das unter basenvermittelter Abgabe von HCl ins Isocyanat übergeht.

Insgesamt werden drei mol Amin benötigt, ein mol für die Produktbildung und zwei mol zur Neutralisation von HCl.

Isocyanate sind aufgrund der kumulierten Doppelbindungen sehr reaktionsfreudig. Mit Wasser entstehen Amine, mit Alkoholen Carbamate (Urethane) und mit Aminen Harnstoffderivate. In allen Fällen greift das Nucleophil den δ^+-Kohlenstoff der Isocyanatgruppe an.

Zum Reaktionsmechanismus der Reaktion mit Alkohol s. Aufgabe.

Isocyanate haben große technische Bedeutung. Verbindungen mit zwei Isocyanatgruppen reagieren mit Diolen zu Polymeren, aus denen der Kunststoff Polyurethan hergestellt wird (Abschn. 30.8).

Aufgabe

19. Formulieren Sie die Zwischenprodukte, die bei der Umsetzung eines Isocyanats mit einem Alkohol zu einem Urethan (s. vorstehendes Reaktionsschema) auftreten.

20. 2,4-Diisocyanatoluol ist eine wichtige Ausgangsverbindung zur Herstellung von Polyurethan. Die Verbindung wird aus Toluol hergestellt. Formulieren Sie die Schritte zur Umwandlung von Toluol in 2,4-Diisocyanatotoluol.

2,4-Diisocyanatoluol

Reaktion von Aminen mit Sulfonsäurechloriden. Amine reagieren mit Sulfonsäurechloriden zu Sulfonamiden. Auch hier werden zwei mol Amin benötigt, ein mol für die Amidbildung, ein zweites mol zum Abfangen von HCl.

Benzolsulfonylchlorid   **N-Methylbenzolsulfonamid**

Die nucleophile Substitution des Chlors in Benzolsulfonylchlorid verläuft ähnlich wie die in Carbonsäurechlorid nach dem Additions-Eliminierungs-Mechanismus.

Sulfonamide haben große Bedeutung als Arzneimittel (s. nächster Abschnitt). Außerdem werden sie zur Erkennung des Alkylierungsgrades von Aminen herangezogen: Ein *primäres* Amin ergibt ein Sulfonamid mit einer aciden N–H-Bindung (s. oben), welches sich in verdünnter Natronlauge löst. Ein *sekundäres* Amin liefert ein Sulfonamid ohne N–H-aciden Wasserstoff, das deshalb in verdünnter Natronlauge unlöslich ist. Ein *tertiäres* Amin reagiert mit Sulfonylchlorid überhaupt nicht, da es keine N–H-Gruppe besitzt. Die Unterscheidung von Aminen mittels Benzolsulfonylchlorid nennt man **Hinsberg-Test**.

Aufgaben

21. Metolachlor ist ein Herbizid gegen Ungräser in Getreidekulturen. Die Darstellung verläuft nach folgendem Schema. Was bedeuten darin **A**, **B** und **C**?

ein Imin   Metolachlor, ein Herbizid

22. Welches ist die Ursache der NH-Acidität von Sulfonamiden?
23. Natriumcyclamat ist ein künstlicher Süßstoff. Schlagen Sie eine von Benzol ausgehende Synthese vor.

Natriumcyclamat

24. Wie kann man folgende Verbindungen voneinander unterscheiden? (a) Primäre, sekundäre und tertiäre Alkohole. (b) Primäre, sekundäre und tertiäre Amine. Geben Sie jeweils zwei Methoden an.
25. Worauf beruht die gewinkelte Struktur von Methylisocyanat?

22.5.7 *Exkurs*: Sulfonamide als Arzneimittel

Benzolsulfonamide, die in *p*-Stellung eine Aminogruppe enthalten, haben bakteriostatische Wirkung. Diese Entdeckung machte *G. Domagk* (geb. 1895 in Lagow/Brandenburg) und erhielt dafür 1939 den Nobelpreis für Medizin.

Das einfachste wirksame Sulfonamid ist Sulfanilamid. Die Synthese dieser Verbindung verläuft ausgehend von Acetanilid in drei Schritten. Der dritte Schritt ist die Hydrolyse einer Amidbindung, bei der das Carbonsäureamid schneller als das Sulfonsäureamid reagiert.

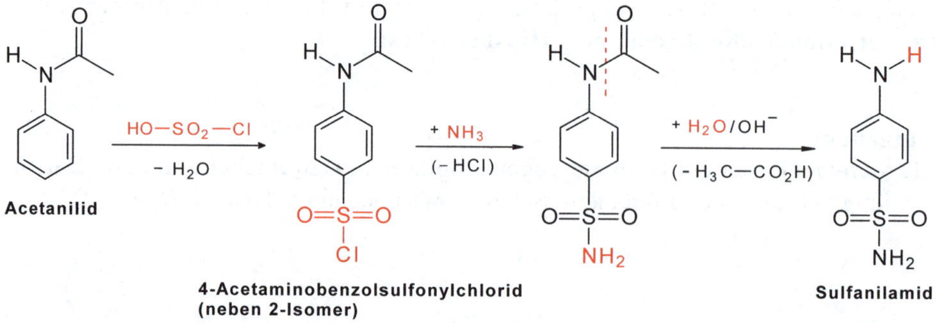

Acetanilid

4-Acetaminobenzolsulfonylchlorid
(neben 2-Isomer)

Sulfanilamid

Alle pharmakologisch wirksamen Sulfonamide leiten sich vom Sulfanilamid dadurch ab, dass eines der beiden Amid-H-Atome durch einen organischen Rest substituiert ist. Das Grundgerüst (Sulfanilamid minus ein H) wird auch **Sulfa** genannt und ist im folgenden Formelschema rot markiert. Von 1932 - 1963 wurden über 50000 Sulfaverbindungen synthetisiert und in Tierversuchen getestet. Ca. 30 werden als Arzneimittel eingesetzt. Zwei davon sind: Sulfapyridin, das gegen Salmonellen und andere Infektionen eingesetzt wird, und Sulfacetamid, das gegen Infektionen des Auges Anwendung findet.

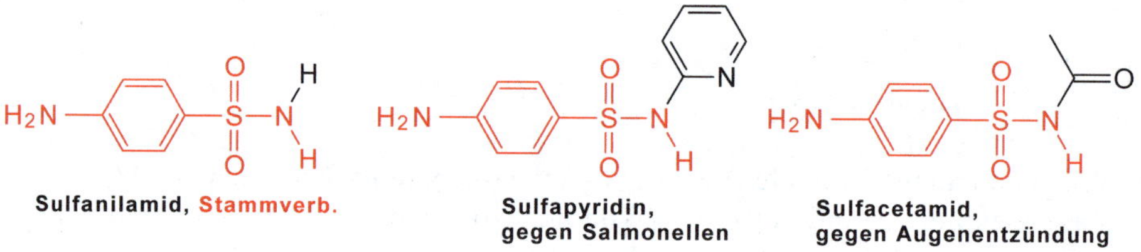

Sulfanilamid, Stammverb.

Sulfapyridin,
gegen Salmonellen

Sulfacetamid,
gegen Augenentzündung

Die bakteriostatische Wirkung der Sulfonamide beruht auf der Verdrängung der *p*-Aminobenzoesäure (ein Vitamin für Bakterien) durch das ähnlich strukturierte *p*-Aminobenzolsulfonamid im Bakterienstoffwechsel. Die Sulfonamide kann man daher auch als "Bakterien-Antivitamine" auffassen. Die folgende Gegenüberstellung zeigt die strukturelle Ähnlichkeit von Vitamin und Antivitamin:

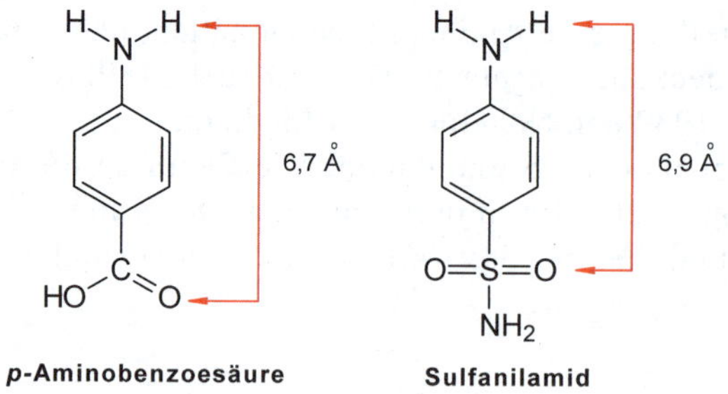

6,7 Å

6,9 Å

p-**Aminobenzoesäure**

Sulfanilamid

22.5.8 Elektrophile Substitution an aromatischen Aminen

Anilin und substituierte Aniline gehören bei elektrophilen aromatischen Substitutionen zu den reaktivsten Aromaten. Ursache ist der starke +M–Effekt der Aminogruppe.

Lässt man Bromwasser auf Anilin einwirken, werden bereits bei Raumtemperatur und ohne Katalysator drei Bromatome eingeführt.

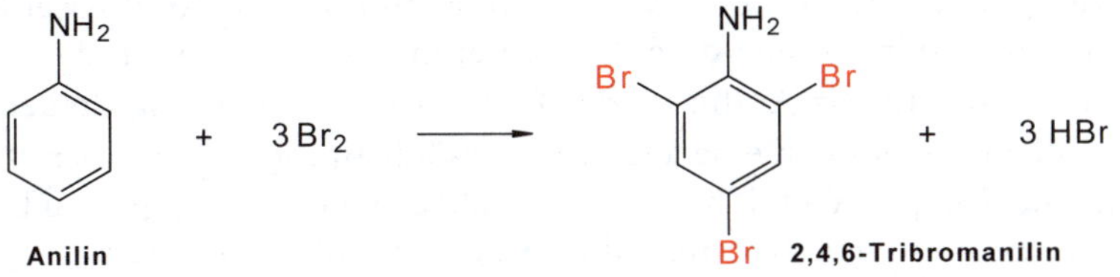

Die elektrophile Substitution verläuft nach folgendem Mechanismus:

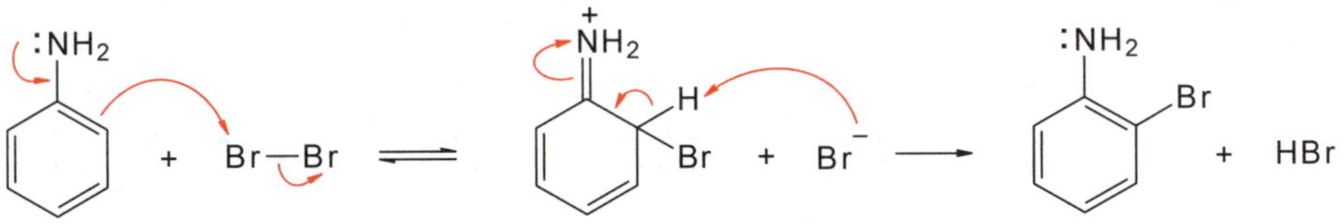

Selbst schwach elektrophile Verbindungen wie salpetrige Säure reagieren noch mit Anilinverbindungen. *N,N*-Dimethylanilin ergibt 4-Nitrosodimethylanilin, eine Verbindung mit grüner Farbe (n → π*–Übergang an der N=O-Gruppe).

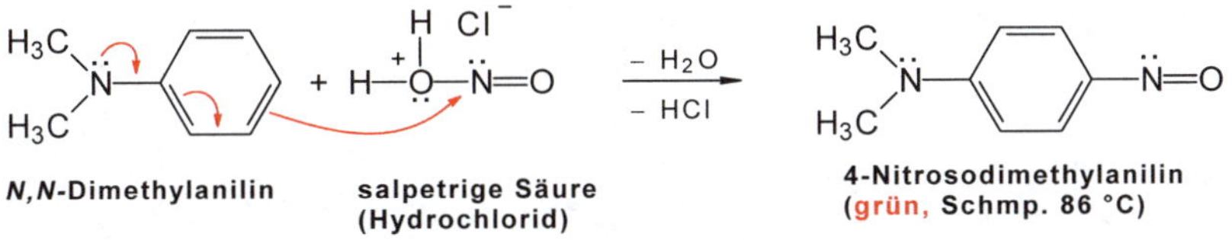

Elektrophile, die zugleich starke Säuren sind (Salpetersäure, Schwefelsäure), treten sowohl in die *o,p*- als auch in die *m*-Position, Ursache ist die partielle Protonierung der Aminogruppe, welche zur *m*-dirigierenden NH_3^+-Gruppe führt. So ergibt die Umsetzung von Anilin mit Salpetersäure ein Gemisch aus *m*- und *p*-Nitroanilin, ferner höhermolekulare Oxidationsprodukte. Die Reaktion von Anilin mit Schwefelsäure führt dagegen hauptsächlich zu dem *p*-Produkt Sulfanilsäure, die eine technisch wichtige Verbindung darstellt.

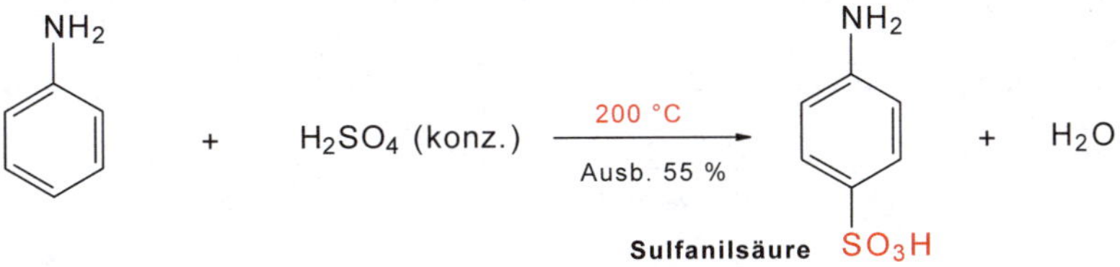

Weshalb erfolgt die Substitution nicht hauptsächlich in *m*-Stellung? Zwei Erklärungen findet man in der Literatur. (a) Die auch in konzentrierter Schwefelsäure vorhandene winzige Menge an freiem reaktivem Anilin reagiert zum *p*-Produkt (neben *o*-Produkt). (b) Das in großem Überschuss vorhandene, jedoch reaktionsträge Aniliniumsalz reagiert zunächst zum *m*-Produkt, welches bei höherer Temperatur zum thermodynamisch stabilen *p*-Produkt äquilibriert. (Zur Erinnerung: Sulfonierungen verlaufen reversibel.)

Viele Schwierigkeiten bei der elektrophilen Substitution von Anilin werden umgangen, wenn die Aminogruppe durch Acetylierung geschützt wird. *N*-Acetanilid ist zwar weniger reaktiv als Anilin (der +M-Effekt von −NHAc ist kleiner als der von −NH$_2$), dennoch gelingt eine elektrophile Substitution. Nach der Reaktion wird die Schutzgruppe Acetyl hydrolytisch abgespalten. Hauptprodukt ist das 4-Isomer. 4-Bromanilin und 4-Nitroanilin werden wie folgt hergestellt:

Acetanilid   4-Bromacetanilid
(daneben: 2-Isomer)   4-Bromanilin

Acetanilid   4-Nitroacetanilid
(*p*:*o*:*m*-Isomer=79:19:2)   4-Nitroanilin

Aufgaben

26. Erklären Sie den folgenden Substitutionsverlauf.

27. Eine Acetaminogruppe übt einen kleineren +M-Effekt aus als eine Amino-gruppe. Welches ist die Ursache?

28. Ausgehend von Nitrobenzol sollen die Isomeren 2-Bromanilin (Verb. A), 3-Bromanilin (Verb. B) und 4-Bromanilin (Verb. C) hergestellt werden. Formulieren Sie die Reaktionsschritte.

22.5.9 *Exkurs*: Vom Anilin zum Arzneistoff Diclofenac

Anilin ist Ausgangspunkt vieler Synthesen. Nachfolgend wird die Herstellung von Diclofenac (Handelsname Voltaren[®]) beschrieben, einem Arzneistoff gegen Schmerzen und Entzündungen.

Diclofenac ist eine arylsubstituierte Essigsäure mit einem Dichloranilin-Baustein.

Diclofenac

Die Verbindung wird aus den Bausteinen 2,6-Dichloranilin und Brombenzol aufgebaut, s. die gestrichelte Linie in der Formel. 2,6-Dichloranilin kann durch Chlorierung von Anilin gewonnen werden, jedoch nur zusammen mit weiteren Chlorierungsprodukten.

2,6-Dichloranilin   **2,4-Dichloranilin**   **2,4,6-Dichloranilin**

Frei von Nebenprodukten bildet sich 2,6-Dichloranilin, wenn der Umweg über das 4-Sulfanilamid gewählt wird. Im letzterer Verbindung ist die 4-Stellung blockiert, und das Chlor wird sowohl von NH_2 als auch SO_2NH_2 ausschließlich in die Stellungen 2 und 6 dirigiert. Desulfonierung mit Schwefelsäure ergibt 2,6-Dichloranilin als einziges Produkt.

4-Sulfanilamid
(4-Aminobenzolsulfonamid) H_2SO_4, 70 %ig / 170 °C / Wasserdampfdestillation   **2,6-Dichloranilin**

Die vorstehende Reaktion ist ein weiteres Beispiel für die Lenkung einer aromatischen Substitution durch den vorübergehenden Einbau einer Sulfogruppe. (Zur Erinnerung: Sulfonierungen von Aromaten verlaufen reversibel.)

2,6-Dichloranilin reagiert mit Brombenzol zu 2,6-Dichlordiphenylamin (**Buchwald-Hartwig**-Reaktion, vgl. Abschn. 16.5.5). Die nächsten Schritte sind Acylierung des N-Atoms mit Chloracetylchlorid, innermolekulare *Friedel-Crafts*-Alkylierung und schließlich Hydrolyse der Amidbindung.

Bei der Verknüpfung des Acetatrests mit der *o*-Stellung bedient man sich des N-Atoms als Relaystation. Die Verseifung im letzten Schritt liefert das Na-Salz von Diclofenac, das als solches auch verabreicht wird.

22.6 Diazoniumverbindungen

Diazoniumverbindungen sind Salze mit der N_2^+-Gruppe. Nachfolgend ist die Struktur der einfachsten Diazoniumverbindung (rot) zusammen mit anderen ähnlichen N_x-Verbindungen aufgeführt. Beachten Sie die Unterschiede in der Wertigkeit der N_x-Gruppen.

$H_2C=N_2$

Diazomethan
(mäßig beständig)

$H_3C-\overset{+}{N}\equiv N$ Cl^-

Methandiazonium-chlorid
(unbeständig)

H_3C-N_3

Methylazid
(mäßig beständig)

Wegen der Neigung der N-Atome, als N_2 aus dem Molekül auszutreten, sind Diazoniumverbindungen wie auch die anderen N_x-Verbindungen instabil. Aliphatische Diazoniumverbindungen wie die vorstehend formulierte Methanverbindung sind nicht fassbar. Aromatische Diazoniumverbindungen sind dagegen bei 0 °C für längere Zeit haltbar und können in eine Vielzahl anderer Verbindungen überführt werden (s. unten).

22.6.1 Reaktion von aliphatischen Aminen mit salpetriger Säure

Bei der Einwirkung von salpetriger Säure (gebildet aus $NaNO_2$ und Salzsäure) auf aliphatische Amine entstehen Produkte, die vom Substitutionsgrad am N-Atom abhängen. *Primäre* aliphatische Amine ergeben Gemische aus isomeren Alkoholen und Alkenen,

sekundäre Amine führen zu *N*-Nitrosoaminen, und *tertiäre* Amine liefern die sehr unbeständigen *N*-Nitroso-ammoniumsalze.

Wie verlaufen die vorstehend genannten Reaktionen? In allen Fällen greift das nucleophile Amin das Stickstoffatom der anorganischen Verbindung an, bei der es sich nicht einfach um HNO_2, sondern um aktivere Spezies wie $H_2NO_2^+$, N_2O_3, $Cl-N=O$ u.a. (allgemein: $X-N=O$) oder um das **Nitrosonium-Ion** NO^+ handelt. Letzteres bildet sich im stark sauren Medium wie folgt:

Die weiteren Schritte werden vom Grad der Alkylierung am Stickstoff bestimmt. *Primäre* Amine werden über die Zwischenstufen I bis IV in die sehr unbeständigen Alkandiazoniumsalze V überführt.

Die Unbeständigkeit der Diazoniumsalze beruht auf der Tendenz der N-Atome, als N_2 aus dem Kation auszutreten. Das kann entweder im Zuge einer nucleophilen Verdrängung durch das Nucleophil Wasser oder auch ohne Hilfe eines Nucleophils geschehen. Im letzteren Fall entsteht ein Carbenium-Ion, das sich oft unter **Hydridverschiebung** in ein stabileres Carbenium-Ion umwandelt. Das Carbenium-Ion reagiert mit Wasser zu einem Alkohol oder stabilisiert sich durch Abgabe eines Protons, wobei ein Alken entsteht. Beachten Sie, dass der über das Carbenium-Ion gebildete Alkohol isomer zu dem ist, der durch direkte Substitution der N_2-Gruppe durch H_2O entsteht.

Bei *sekundären* Aminen bleibt die Reaktion auf der Stufe des Nitrosamins, bei *tertiären* Aminen gar auf der Stufe des Nitrosoammoniomsalzes stehen [vgl. die Zwischenstufe II bzw. I (R statt H) im obigen Formelschema].

Die meisten N-Nitrosamine (N–N=O) sind **Carzinogene**. Deshalb ist große Vorsicht beim Umgang mit solchen Stoffen geboten. Geringe Mengen dieser Verbindungen sind auch im Zigarettenrauch, in gebratenem Schinken und in nitritbehandelten Gewürzen nachgewiesen worden.

Aufgabe

29. Bei der Einwirkung von HNO$_2$ auf einen 1,2-Aminoalkohol tritt eine Umlagerung zu einem Keton ein (**Tiffeneau-Demjanow-Umlagerung**), wie das folgende Beispiel zeigt. Erklären Sie die Umlagerung.

22.6.2 Reaktion von aromatischen Aminen mit salpetriger Säure

Primäre aromatische Amine wie Anilin reagieren mit salpetriger Säure. Es bilden sich Diazoniumsalze.

Das erste Beispiel beschreibt die Diazotierung mit salpetriger Säure in Wasser, das zweiten Beispiel die Diazotierung mit dem Ester der salpetrigen Säure in Ethanol. Letztere Vorgehensweise ermöglicht eine Weiterverarbeitung der Diazoniumverbindung auch in organischen Lösungsmitteln.

Benzoldiazoniumchlorid ist in schwach saurer Lösung bei 0 °C haltbar, in trockenem Zustand neigt es allerdings zur Explosion. Benzoldiazonium-tetrafluoroborat

($C_6H_5-N_2^+$ BF_4^-) kann als Feststoff sogar bei Raumtemperatur aufbewahrt werden. Benzoldiazonium-2-carboxylat, ein Zwitterion, ist bei Raumtemperatur ebenfalls beständig und dient als Quelle zur Erzeugung von Dehydrobenzol (Abschn. 15.7).

Die gegenüber aliphatischen Verbindungen größere Beständigkeit der aromatischen Diazoniumsalze beruht auf der Einbeziehung einer π-Bindung der Diazoniumgruppe in das π-System des Benzolrings.

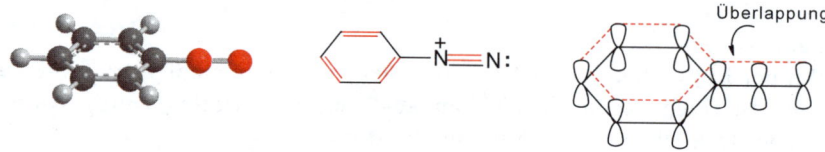

Benzoldiazonium-Kation. Links Kugelstab-Modell. Rechts π-Bindungsmodell

22.6.3 Substitution der Diazoniumgruppe. Sandmeyer-Reaktion

Die Diazoniumgruppe gehört zu den reaktivsten Abgangsgruppen der Chemie und kann durch andere Gruppen substituiert werden, insbesondere wenn Cu(I)-Salze zugegen sind. Das folgende Reaktionsschema verdeutlicht, welche präparative Bedeutung solche Substitutionsreaktionen besitzen: Diazoniumverbindungen können in so unterschiedliche Verbindungen wie Phenole, Arylhalogenide, Arylnitrile und Aromaten umgewandelt werden.

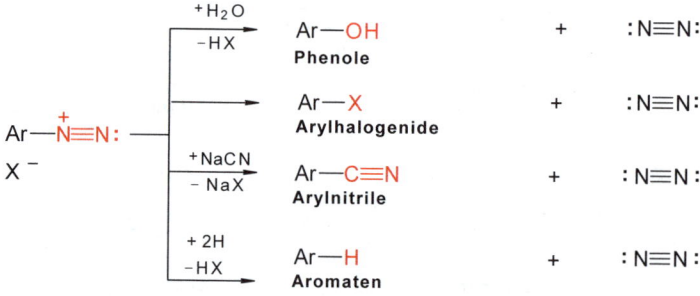

Substitution der Diazoniumgruppe durch Hydroxyl. Wird eine wässrige Lösung von Benzoldiazoniumhydrogensulfat auf 100 °C erhitzt, so bilden sich Phenol und Stickstoff.

Die Reaktion, auch Phenolverkochung genannt, verläuft nach dem S_N1-Mechanismus. Im ersten Schritt tritt eine langsame Dissoziation der C–N-Bindung unter Bildung des Phenylkations und von Stickstoff ein. Im zweiten Schritt erfolgt eine schnelle Vereinigung des reaktiven Phenylkations mit Wasser, welches nucleophiler als das Gegenion HSO_4^- ist, zu Phenol.

Übergangszustand   **Phenylkation**   **Phenol**

Das mechanistische Bild entspricht somit dem der Hydrolyse von *tert*-Butylchlorid, welche ebenfalls nach dem S_N1-Mechanismus erfolgt. In beiden Fällen verläuft die Reaktion über ein Carbenium-Ion.

Die Phenolverkochung bietet eine Möglichkeit zur Synthese substituierter Phenole. Dazu werden die leicht erhältlichen Nitroverbindungen zu Aminen reduziert, diazotiert und zu Phenolverbindungen verkocht. Ein Beispiel ist die Synthese von *m*-Nitrophenol, einer Verbindung, deren direkte Synthese aus Phenol nicht möglich ist (s. auch Aufgabe).

m-Dinitrobenzol   *m*-Nitroanilin   *m*-Nitrobenzol-   *m*-Nitrophenol
                                                    diazoniumhydrogensulfat

Substitution der Diazoniumgruppe durch Halogenid oder Cyanid. Der Austausch der Diazoniumgruppe gegen Halogenid gelingt am einfachsten mit Iodid. Hier genügt Erwärmen der wässrigen Lösung von Arendiazoniumiodid.

4-Iodtoluol

Diazoniumchloride oder –bromide ergeben beim Erhitzen ebenfalls die entsprechenden Chlor- bzw. Bromarene, aber nur im Gemisch mit den jeweiligen Phenolen. Ist aber eine Cu(I)-Verbindung zugegen, so bilden sich allein die entsprechenden Halogenarene. Gleiches gilt für die Reaktion von Aryldiazoniumcyaniden.

$$\text{H}_3\text{C}-\text{C}_6\text{H}_4-\overset{+}{\text{N}}{\equiv}\text{N:}\ \ \text{Cl}^- \xrightarrow[60\ °C]{\text{CuCl}} \text{H}_3\text{C}-\text{C}_6\text{H}_4-\text{Cl}\ +\ \text{N}_2$$

4-Chlortoluol

$$\text{H}_3\text{C}-\text{C}_6\text{H}_4-\overset{+}{\text{N}}{\equiv}\text{N:}\ \ \text{Cl}^- \xrightarrow[\text{2. CuCN}]{\text{1. KCN (Überschuß)}} \text{H}_3\text{C}-\text{C}_6\text{H}_4-\text{CN}\ +\ \text{N}_2$$

4-Methylbenzonitril

Die Substitution der Diazoniumgruppe durch Cu(I)-Verbindungen wird nach dem Entdecker **Sandmeyer-Reaktion** genannt (*T. Sandmeyer,* geb. 1854 in Weltingen/Schweiz). Besonders wichtig ist die Reaktion zur Einführung der Nitrilgruppe, da dieselbe leicht in andere funktionelle Gruppen überführt werden kann.

Sandmeyer-Reaktionen verlaufen radikalisch. Das Cu$^+$-Ion gibt ein Elektron ab und reduziert dabei das Benzoldiazonium-Ion. Letzteres zerfällt in ein Arylradikal und molekularen Stickstoff. Schließlich reagieren Arylradikal und Cu(II)-Halogenid zum Endprodukt, wobei der Katalysator regeneriert wird. Die Umwandlung von Benzoldiazoniumchlorid in Chlorbenzol verläuft wie folgt:

$$\text{CuCl}\ +\ \text{Cl}^-\ \rightleftharpoons\ \text{CuCl}_2{}^-$$

$$\overset{+1}{\text{CuCl}_2{}^-}\ +\ \text{H}_5\text{C}_6-\overset{+}{\text{N}}{\equiv}\text{N:} \xrightarrow[\text{eines Elektrons}]{\text{Übertragung}} \overset{+2}{\text{CuCl}_2}\ +\ \text{H}_5\text{C}_6-\overset{\cdot}{\text{N}}{\equiv}\text{N:}$$

$$\text{H}_5\text{C}_6-\overset{\cdot}{\text{N}}{\equiv}\text{N:} \longrightarrow \text{C}_6\text{H}_5{\cdot}\ +\ \text{:N}{\equiv}\text{N:}$$

Phenylradikal

$$\text{C}_6\text{H}_5{\cdot}\ +\ \overset{+2}{\text{CuCl}_2} \longrightarrow \text{C}_6\text{H}_5-\text{Cl}\ +\ \overset{+1}{\text{CuCl}}$$

Der Austausch gegen Fluorid gelingt auf diese Weise nicht, wohl aber, wenn man zunächst das entsprechende Tetrafluoroborat herstellt und dieses in trockenem Zustand *vorsichtig* erhitzt (**Schiemann-Reaktion**) (*G. Schiemann,* geb. 1899 in Breslau).

HSO$_4^-$
Salz löslich in Wasser   **Salz unlöslich in Wasser**   **Fluorbenzol**

Die Substitution der Diazoniumgruppe durch Halogen wird zur Herstellung von Aromaten mit Substituentenanordnungen herangezogen, die auf andere Weise nur schwer zu erreichen sind. So gelingt die Darstellung von 1,3-Dibrombenzol wie folgt:

Bei der Bromierung von Benzol mit überschüssigem Brom entsteht 1,3-Dibrombenzol nur in Spuren.

Aufgaben

30. Beim Verkochen einer wässrigen Lösung von Benzoldiazonium-hydrogen-sulfat entsteht nur Phenol, beim Verkochen des entsprechenden Chlorids neben Phenol auch Chlorbenzol. Erklären Sie diesen Unterschied.

31. Ausgehend von Benzol sollen die Isomeren A, B und C hergestellt werden. Formulieren Sie die einzelnen Schritte.

A   B   C

32. Wie gelingt folgende Umwandlung?

33. Ausgehend von *p*-Nitroanilin soll 3,4,5-Tribromnitrobenzol hergestellt werden. Formulieren Sie die Reaktionsschritte.

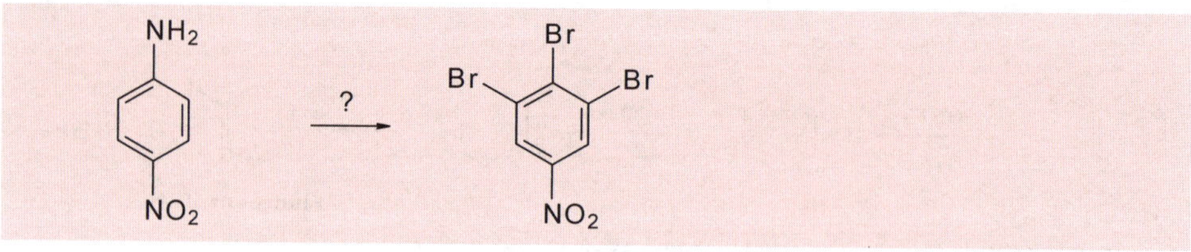

22.6.4 Reduktion der Diazoniumgruppe

Die Diazoniumgruppe kann je nach Reduktionsmittel unter Verbleib der N-Atome im Molekül oder unter Eliminierung derselben reduziert werden.

Reduktion der Diazoniumgruppe zur Hydrazingruppe. Bestimmte Reduktionsmittel wie $SnCl_2$ in Salzsäure reduzieren aromatische Diazoniumsalze zu Arylhydrazinen, z.B.:

Benzoldiazoniumchlorid **Phenylhydrazin**

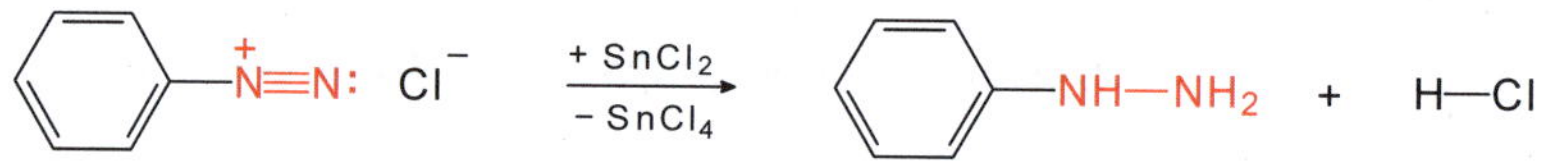

Phenylhydrazin dient als Nachweisreagenz für Aldehyde und Ketone, da es mit diesen meist kristalline Verbindungen, Phenylhydrazone genannt, bildet. Häufiger verwendet man als Nachweisreagenz 2,4-Dinitrophenylhydrazin, da die entsprechenden Hydrazone aufgrund der beiden Nitrogruppen besonders gut kristallisieren (Abschn. 17.5.5).

Substitution der Diazoniumgruppe durch Wasserstoff. Unterphosphorige Säure H_3PO_2 reduziert die Diazoniumgruppe, wobei ein (substituierter) Aromat entsteht.

1,3,5-Tribrombenzol

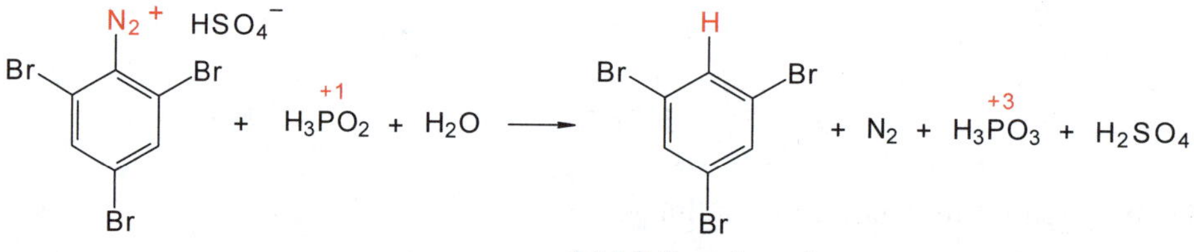

Mithilfe dieser Reduktion werden Substituentenanordnungen erreicht, die durch direkte elektrophile Substitution nicht gelingen. So liefert die Bromierung von Benzol mit Brom im Überschuss das Trisubstitutionsprodukt 1,2,4-Tribrombenzol, nicht aber 1,3,5-Tribrombenzol.

22.6.5 Von Diazoniumverbindungen zu Azofarbstoffen

Diazoniumverbindungen reagieren mit reaktiven Aromaten zu **Azoverbindungen**, das sind Verbindungen mit einer N=N-Brücke. Die Reaktion heißt auch **Azokupplung**. Der Angriff der Diazoniumgruppe erfolgt auf die *p*- oder *o*-Stellung. Mit Phenolat verläuft die Reaktion wie folgt:

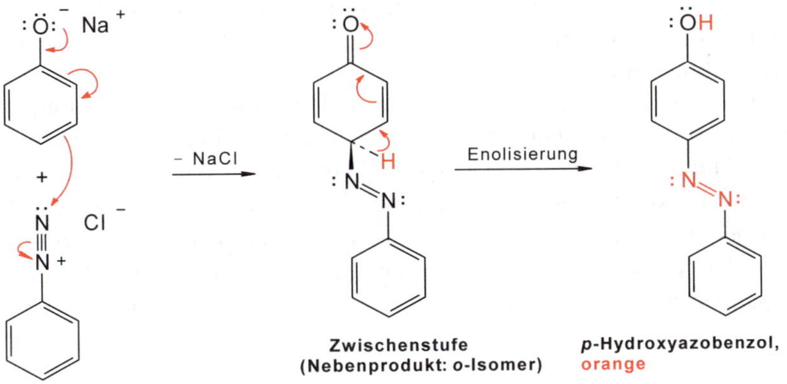

Na⁺
Cl⁻
- NaCl
Enolisierung
Zwischenstufe
(Nebenprodukt: o-Isomer)
p-Hydroxyazobenzol,
orange

Die Diazoniumgruppe reagiert aufgrund ihrer positiven Ladung elektrophil. Zentrum der Elektrophilie ist nicht das mittlere, sondern das endständige N-Atom.

elektrophiles
Zentrum

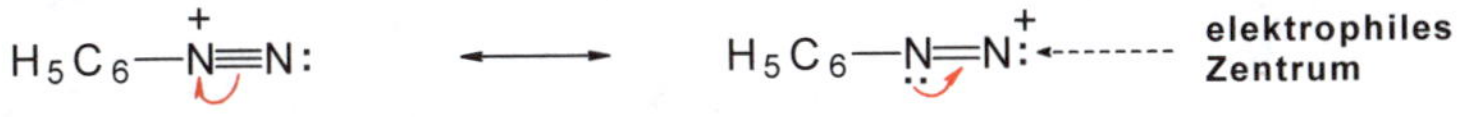

Der elektrophile Charakter der Diazoniumgruppe ist wegen der Delokalisierung der positiven Ladung nur schwach ausgeprägt. Deshalb tritt eine Reaktion nur mit besonders reaktiven Aromaten wie Phenolethern, Phenolaten oder aromatischen Aminen ein.

Mit Anilin bildet sich die erwartete Azoverbindung und außerdem ein Triazen. Letzteres geht aus einem elektrophilen Angriff auf die Aminogruppe hervor. (Anilin reagiert hier als ambidentes Nucleophil.)

Angriff
auf N-Atom
Angriff
auf p-Stellung
- HCl
ein Triazen-hydrochlorid
p-Aminoazobenzol

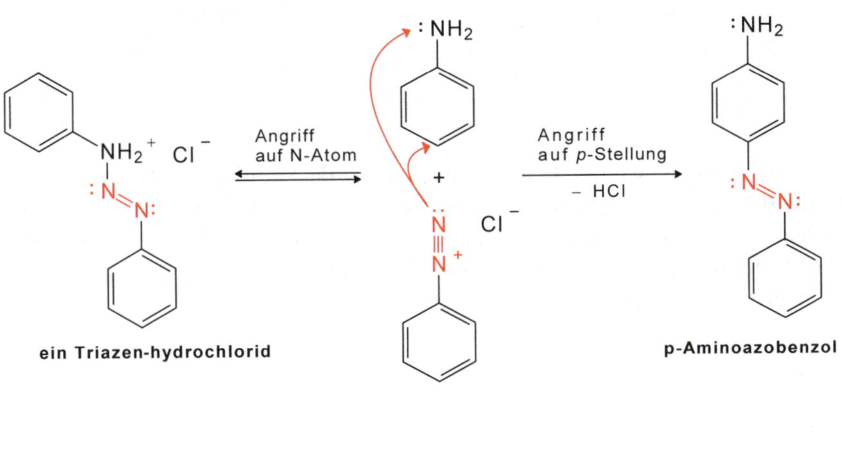

Die Bildung des Triazins verläuft reversibel, die von *p*-Aminoazobenzol nicht, so dass letztere Verbindung als thermodynamisch stabiles Produkt isoliert werden kann.

Azokupplungen werden im Lösungsmittel Wasser durchgeführt, da Diazoniumsalze auch darin hergestellt werden. Die Kupplung mit Phenolen erfolgt im schwach basischen Milieu (ausreichende Konzentration an Phenolat), die mit Anilinverbindungen im neutralen bis schwach sauren Milieu (ausreichende Konzentration an unprotoniertem Amin ferner an Protonen zur Umwandlung des Triazens in seine Ausgangsverbindungen).

Wie Alkene und Imine treten auch Azoverbindungen als *cis-trans*-Isomere auf. Im allgemeinen ist das *trans*-Isomer thermodynamisch stabiler als das *cis*-Isomer.

Azoverbindungen sind farbig. Bei der Lichtabsorption wird eines der vier nichtbindenden n-Elektronen der Azogruppe in ein unbesetztes π^*-Orbital übergeführt ($n\rightarrow\pi^*$-Übergang, s. Abschn. 2.5.1). Wegen der geringen Energiedifferenz zwischen den Orbitalen n und π^* reicht dazu bereits sichtbares Licht. Selbst Azomethan ist farbig, obwohl es nur eine Doppelbindung enthält.

H_3C–$\ddot{N}$=$\underset{\cdot\cdot}{N}$–CH_3

Azomethan, gelb
λ_{max} = 355 nm

Azobenzol, rot
λ_{max} = 450 nm

Azoverbindungen besitzen große praktische Bedeutung. Teilweise dienen sie als **Indikatoren** in der Acidimetrie, da ihre Farbe vom pH-Wert der Lösung abhängt: Methylorange ist in neutraler Lösung gelb, in saurer aber rot. Die Protonierung von Methylorange erfolgt nicht an der tertiären Aminogruppe, sondern wegen des Donoreffekts derselben an der Azogruppe.

Methylorange (gelb)

+ HCl (– NaCl)
+ NaOH (– HOH)

protoniertes Methylorange (rot)

Teilweise dienen sie als **Farbstoffe** zum Färben. Jeder zweite in der Technik hergestellte Farbstoff ist ein Azofarbstoff. Unter einem organischen Farbstoff im strengen Sinn versteht man eine Verbindung, die farbig ist *und* auf einer Faser oder einem anderem Material haftet. Ein bekannter Farbstoff für Wolle ist β-Naphtholorange.

β-Naphtholorange
(Farbstoff für Wolle)

Die Farbigkeit der Verbindung wird von der Azogruppe verursacht und die Haftfestigkeit auf der Faser von den beiden funktionellen Gruppen (Phenolgruppe und Sulfonatgruppe). Letztere treten mit den Aminosäurebausteinen der Wolle über Wasserstoffbrücken und Dipol-Dipol-Assoziation in Wechselwirkung und bewirken damit eine Haftung, die auch dem Waschvorgang widersteht.

Zusammenfassung der Chemie von Diazoniumsalzen

- Diazoniumsalze bilden sich bei der Einwirkung von salpetriger Säure auf primäre Amine.
- Aliphatische Diazoniumsalze sind unbeständig und zerfallen alsbald. Aromatische Diazoniumsalze sind bei 0 °C einige Tage lang stabil und können mit anderen Verbindungen umgesetzt werden.
- Beim Erhitzen einer wässrigen Lösung eines Benzoldiazoniumsalzes tritt eine Dissoziation des Kations ins äußerst reaktive Phenylkation und molekularen Stickstoff ein. Das Phenylkation reagiert mit Wasser zu Phenol.
- Die Diazoniumgruppe kann durch Iodid-Ionen substituiert werden. Eine Substitution durch Chlorid-, Bromid- oder Cyanid-Ionen gelingt mit guten Ausbeu-

ten nur in Gegenwart von Cu-I-Salzen. Letztere Substitutionen verlaufen über ein Arylradikal und heißen Sandmeyer-Reaktionen.

- Die Substitution der Diazoniumgruppe durch Nucleophile oder durch ein H-Atom führt zu Substituentenanordnungen wie in 1,3-Dibrombenzol oder 1,3,5-Tribrombenzol, die durch direkte elektrophile Substitution nicht erreicht werden können.

- Die Diazoniumgruppe ist elektrophil und reagiert mit reaktiven Aromaten zu Azoverbindungen. Diese werden als Indikatoren bei Titrationen oder als Farbstoffe verwendet.

Aufgaben

34. Ist Azobenzol ein Farbstoff im strengen Sinn?

35. Bei der Kupplung von Benzoldiazoniumchlorid mit Phenolat entstehen die isomeren Diazofarbstoffe A und B. Der Farbstoff A ist weniger acid als B und schmilzt zudem tiefer. Geben Sie eine Erklärung.

36. Die Farbstoffe Methylorange und β-Naphtholorange werden nach folgendem Schema dargestellt. Was bedeuten darin A, B und C? (Sie erkennen die Bausteine unschwer, indem Sie die Farbstoffe gemäß der roten Markierung zerlegen.) Gelänge die Kupplung auch ohne den Dimethylamino- oder den Hydroxysubstituenten?

37. Die Azokupplung mit Verb. A erfolgt je nach Acidität der wässrigen Lösung an die Positionen 1, 2 oder 3. Benennen Sie die Bedingungen (sauer oder alkalisch) für eine regioselektive Kupplung an diese Positionen.

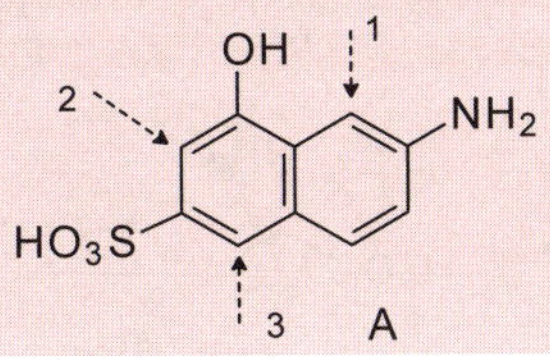

22.7 Lösung der Aufgaben zu Kapitel 22

1. Dimethylamin; 2-Propanol

2. **A**: Diethylamin, sek. **B**: 1,4-Diazacyclohexan, sek. **C**: Triphenylamin, tert. **D**: 4-Aminopyridin, prim. und tert.

3. Ja, z.B. R_3N: ·····HOR

4. Die Inversion am N-Atom verlangt einen Übergangszustand mit einem Winkel von 120°. Dieser kann sich im 3-Ring nicht einstellen.

5. E_a (Amin) < E_a (Phosphin)

6. a: vier; b: zwei

7.

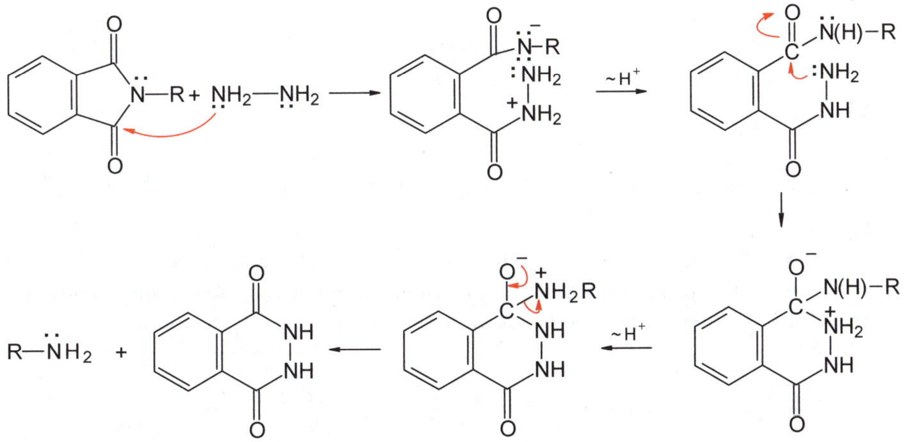

8.

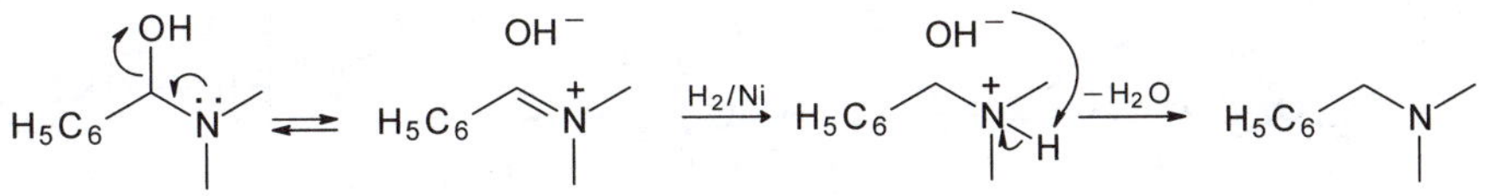

(aus Benzaldehyd und Dimethylamin)

9.

$$A \xrightarrow{\text{Phthalimid-Kalium}} N\text{-Butylphthalimid} \xrightarrow{OH^-} B$$

$$A + KCN \longrightarrow H_3C-(CH_2)_3-C\equiv N \xrightarrow{LiAlH_4} C$$

10.

Benzol $\xrightarrow[]{\overset{\text{Cl}\diagdown\diagup\overset{O}{\parallel}}{+ \text{AlCl}_3}}$ H_5C_6 —(C=O)— $\xrightarrow{NH_3 + H_2/Ni}$ H_5C_6 —CH(NH$_2$)—

Benzol $\xrightarrow[\text{Blanc-Reaktion}]{CH_2O/HCl}$ H_5C_6 —CH$_2$Cl $\xrightarrow[2.\ H_2/Ni]{1.\ KCN}$ H_5C_6 —CH$_2$CH$_2$NH$_2$

11.

$$pTs \text{ gleich} \quad -\!\!\left\langle \bigcirc \right\rangle\!\!-SO_2-$$

12. Eine destillative Trennung ist aufgrund der nahe beieinander liegenden Siedepunkte nicht möglich. Dagegen gelingt eine Trennung wie folgt: Schütteln des
Gemischs mit H$_2$SO$_4$ (verd.) und Neutralisation der wässrigen Phase mit NaOH
ergibt Anilin. Schütteln der zurückbleibenden organischen Phase mit NaOH
(verd.) und Ansäuern der wässrigen Phase mit H$_2$SO$_4$ (verd.) ergibt Valeriansäure. Butylbenzol bleibt in der organischen Phase zurück.

13.

$$+ \quad CH_4$$

14.

(a) Ph—CH$_2$—NH$_2$

(b) Ph—CH$_2$—NH$_2$ $\left(\text{Ph}\diagup\right)_2$NH $\left(\text{Ph}\diagup\right)_3$N $\left(\text{Ph}\diagup\right)_4\overset{+}{N}$ Br$^-$

15.

Naphthalin $\longrightarrow$ 1-Nitronaphthalin $\xrightarrow{Fe/HCl}$ 1-Aminonaphthalin $\xrightarrow{2\ CH_3-I}$ A

Nebenprodukt: quartäre Ammoniumverbindung (aus A + Methyliodid)

16. 1 mol Ethylendiamin + 4 mol Chloressigsäure → EDTA + 4 HCl

17.

18. NR$_4^+$ MnO$_4^-$

19.

20.

Toluol $\xrightarrow[\text{2. Fe/H}^+]{\text{1. HNO}_3}$ (Verbindung mit NH$_2$ und CH$_3$) $\xrightarrow[-\ 4\ \text{HCl}]{2\ \text{COCl}_2}$ (Verbindung mit N=C=O und CH$_3$)

21. **A** gleich Methoxyaceton, **B** gleich Dihydroverbindung des Imins, **C** gleich Chloracetylchlorid

22. Delokalisierung der negativen Ladung in der konjugierten Base:

$$R\!-\!\overset{O}{\underset{O}{\overset{\|}{S}}}\!-\!\ddot{N}^-\!-\!R \quad\longleftrightarrow\quad R\!-\!\overset{O^-}{\underset{O}{\overset{|}{S}}}\!=\!\ddot{N}\!-\!R \quad\longleftrightarrow\quad R\!-\!\overset{O}{\underset{O^-}{\overset{\|}{S}}}\!=\!\ddot{N}\!-\!R$$

23. Benzol → Nitrobenzol → Anilin; +3 H$_2$ → Cyclohexylamin; + SO$_3$ → N-Cyclohexylamidosulfonsäure; + NaOH → Natriumcyclamat

24. Alkohole durch ^{1}H–NMR (Lösungsmittel: Dimethylsulfoxid) oder durch Oxidation mit Kaliumdichromat. Amine durch Hinsberg-Test oder durch Reaktion mit HNO$_2$.

25. (Strukturformel mit N=C=O und H$_3$C)   Die Winkelung ist eine Folge der Elektronenpaarabstoßung am N-Atom.

26. Der substituierte Phenylring ist durch –NH$_3^+$ desaktiviert.

27. (Strukturformel: Ph–N(H)–C(=O)–CH$_3$) ⟷ (Strukturformel: Ph–N$^+$(H)=C(–O$^-$)–CH$_3$)

Freies Elektronenpaar delokalisiert: +M-Effekt der NH-Gruppe reduziert

28. (Reaktionsschema: O$_2$N–C$_6$H$_5$ $\xrightarrow{\text{Fe/H}^+}$ H$_2$N–C$_6$H$_5$ $\xrightarrow{\text{CH}_3\text{COCl}}$ Acetanilid $\xrightarrow{\text{Br}_2}$ bromiertes Acetanilid $\xrightarrow{\text{Verseif.}}$ **A + C**)

(Trennung von A und C durch Chromatographie)

(Reaktionsschema: O$_2$N–C$_6$H$_5$ $\xrightarrow{\text{Br}_2}$ O$_2$N–C$_6$H$_4$–Br $\xrightarrow{\text{Fe/H}^+}$ **B**)

29. (Reaktionsschema: Cyclopentan mit H–O und CH$_2$–NH$_2$ $\xrightarrow{\text{HNO}_2/\text{H}^+}$ Zwischenstufe mit H–O und N$_2^+$ $\xrightarrow{-\ \text{N}_2}$ Cyclohexanon-Oxocarbenium-Ion)

Statt eines Hydrids wandert hier, begünstigt durch den Donoreffekt der OH-Gruppe, ein C-Atom.

30.   Im Gegensatz zu HSO_4^- ist Cl^- nucleophil. Daher: $C_6H_5^+ + Cl^- \rightarrow$ Chlorbenzol

31. $C_6H_6 \xrightarrow[\text{2. NaOH}]{\text{1, } H_2SO_4} C_6H_5{-}OH \xrightarrow{HNO_3 \text{ verd.}} \mathbf{A + C}$

(Trennung durch Wasserdampfdestillation, wobei nur das zur innermolekularen H-Brückenbindung befähigte A mit dem Wasserdampf übergeht)

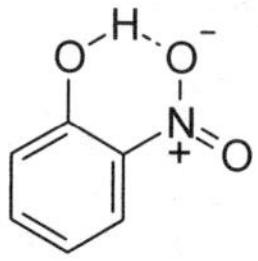

(A)

Benzol $\longrightarrow$ m-Dinitrobenzol $\xrightarrow{H_2S}$ m-Aminonitrobenzol $\xrightarrow[\text{2. verkochen}]{\text{1. } HNO_2} \mathbf{B}$

32.   2-Nitronaphthalin $\longrightarrow$ 2-Aminonaphthalin $\longrightarrow$ 2-Naphthalindiazoniumsalz

$\xrightarrow{CuCN}$ 2-Cyanonaphthalin $\xrightarrow{2 H_2}$ 2-Aminomethylnaphthalin

33.

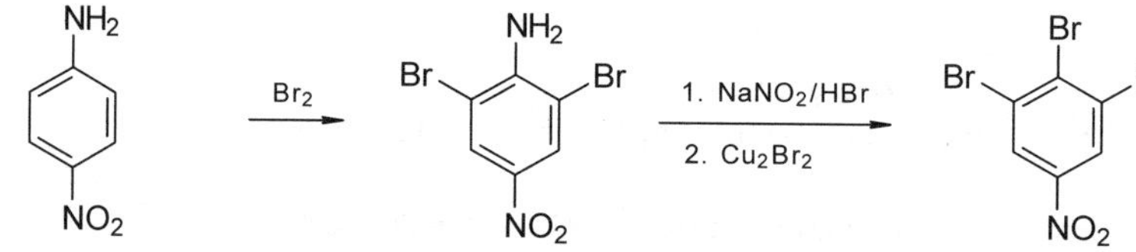

34.   Nein. Es fehlen die Haftgruppen für die Faser.

35.   Intramolekulare H-Brücke erniedrigt die Acidität und verhindert intermolekulare H-Brücken.

36.

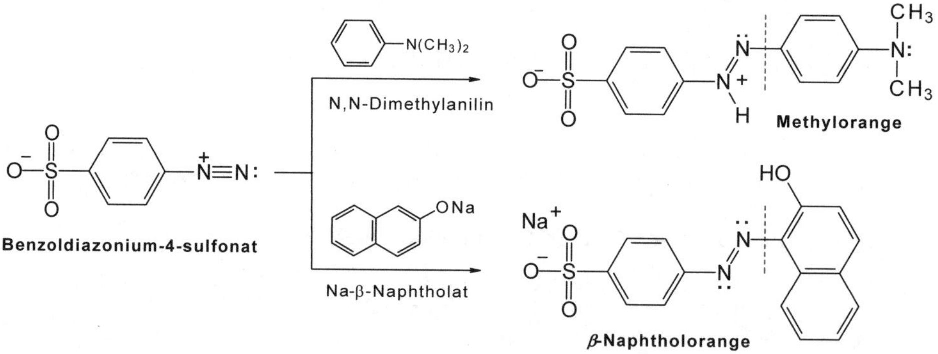

Die Substituenten sind unentbehrlich, da das Diazonium-Ion ein schwaches Elektrophil ist und weder mit Benzol noch mit Naphthalin reagiert.

37.   Schwach saure Bedingungen: Azokuplung in 1-Position. Schwach alkalische Bedingungen: Azokupplung in 2- oder 3-Position.

Kapitel 23
Phenole

23.1 Einführung und Nomenklatur

Phenole sind Verbindungen mit einer OH-Gruppe an einem aromatischen Ring. Der einfachste Vertreter ist Phenol.

Phenol

Verbindungen mit dem Phenol-Baustein treten in vielen Naturstoffen auf. Beispiele:

Tyrosin
(eine Aminosäure)

Salicylsäure
(Pflanzeninhaltsstoff)

Östradiol
(weibliches Sexualhormon)

Zur Benennung von Phenolen verwendet man wie bei Alkoholen die Nachsilbe -*ol* oder die Vorsilbe *Hydroxy-*. Daneben werden Trivialnamen benutzt. Die folgende Tabelle enthält die Namen einiger niedermolekularer Phenole mit Schmelzpunkten, Siedepunkten und Wasserlöslichkeit. Niedermolekulare Phenole mit einer OH-Gruppe sind in Wasser nur wenig, solche mit zwei oder mehr OH-Gruppen erwartungsgemäß besser löslich. Fast alle Phenole sind bei Raumtemperatur fest.
Phenol wurde früher als 5%ige wässrige Lösung zur Desinfektion von Wunden verwendet. Kresole dienen heute noch als Desinfektionsmittel, ferner zur Bekämpfung von Schädlingen wie Blatt- und Schildläusen.
Phenole sind wichtige Ausgangsstoffe für die Synthese einer Vielzahl anderer aromatischer Verbindungen.

Aufgabe
1. Wie lautet der systematische Name von Salicylsäure?

Tabelle.   Phenole

Strukturformel	Bezeichnung	Schmelz-punkt °C	Siede-punkt °C	Löslichkeit (g/100g Wasser)
	Phenol	43	181	9,3
	2-Methylphenol (*o*-Kresol)	31	190	etwas löslich
	3-Methylphenol (*m*-Kresol)	11,5	201	etwas löslich
	4-Methylphenol (*p*-Kresol)	35	202	etwas löslich
	1,2-Dihydroxybenzol (Brenzcatechin)	104	246	45
	1,3-Dihydroxybenzol (Resorcin)	110	281	123
	1,4-Dihydroxybenzol (Hydrochinon)	173	286	8
	1-Naphthol	96	288	unlöslich
	2-Naphthol	123	295	unlöslich

23.2 Herstellung von Phenolen

Phenole aus Steinkohlenteer (Abschn. 14.8). Phenole sind Bestandteil des Stein-kohlenteers. Zur Isolierung wird der Teer mit Natronlauge extrahiert, der Extrakt mit Säure neutralisiert und das Neutralisat fraktionierend destilliert. Phenol und *o*-Kresol werden in jeweils hoher Reinheit, *m*- und *p*-Kresol nur als Mischung er-halten, da die Siedepunkte dieser beiden Verbindungen sehr nahe beieinander lie-gen (s. Tabelle). Die Gewinnung aus Steinkohlenteer ist aber weniger bedeutend als die Gewinnung durch synthetische Verfahren, die nachfolgend behandelt wer-den.

Phenole aus Arensulfonsäuren (Abschn. 15.3.3). Man erhitzt das Natriumsalz einer Arensulfonsäure in geschmolzenem Natriumhydroxid auf 300 °C. Dabei wird die Sulfonatgruppe nucleophil substituiert. Es bildet sich zunächst Na-phenolat, welches durch Ansäuern ins entsprechende Phenol überführt wird.

Nach dieser Methode werden auch 1- und 2-Naphthol hergestellt, die wichtige Zwischenprodukte für Farbstoffe und Pflanzenschutzmittel sind.

Phenole aus Arylhalogeniden (Abschn. 15.3.2). Man vermischt Arylhalogenid und konzentrierte Natronlauge und erhitzt unter Druck auf 350 °C. Die Substitu-tion des Halogenids verläuft teilweise als nucleophile aromatische Substitution, teilweise über den Arinmechanismus, Näheres s. Abschn. 15.7.

Chlorbenzol, Sdp. 132 °C   **Na-phenolat**

Phenole aus Arendiazoniumsalzen

Phenole aus Arendiazoniumsalzen (Abschn. 22.6.3). Dazu wird eine wässrige Lösung eines aromatischen Diazoniumsalzes auf 60 - 100 °C erhitzt. Die erforderlichen Diazoniumsalze werden aus Anilinverbindungen erhalten. Beispiel:

2-Bromanilin   **2-Bromphenol**

Phenol aus Isopropylbenzol. Hierbei wird zunächst Isopropylbenzol (Cumol) mit Sauerstoff zu Cumolhydroperoxid oxidiert und letzteres mit verdünnter Säure zu Phenol und Aceton umgelagert. Die Reaktion wird auch in technischem Maßstab durchgeführt, da beide Verbindungen von Interesse sind (**Phenolsynthese nach Hock**).

Schritt 1: Oxidation von Cumol

Isopropylbenzol (Cumol)   **Cumolhydroperoxid**

Schritt 2: Umlagerung von Cumolhydroperoxid

Phenol   **Aceton**

Der erste Schritt ist eine radikalische Oxidation, die hier besonders glatt verläuft, weil das reagierende H-Atom sowohl benzylisch als auch tertiär ist. (Zum Mechanismus s. Abschn. 3.10.7). Im zweiten Schritt addiert sich zunächst ein Proton an den endständigen Sauerstoff. Das dabei gebildete Kation verliert ein Molekül Wasser unter gleichzeitiger Wanderung des Phenylrings als Anion (*Anionotropie*). Triebkraft der Umlagerung ist die Freisetzung des thermodynamisch stabilen Wassermoleküls. Nach der Umlagerung bleibt ein mesomeriestabilisiertes Carbenium-Ion zurück, das mit Wasser zu einem Halbketal reagiert. Letzteres ist nach der *Erlenmeyer-Regel* instabil und spaltet in Phenol und Aceton.

ein Oxycarbenium-Ion

Halbketal, protoniert

Die vorstehende Umlagerung wird auch **Hock-Reaktion** genannt. Sie gelingt ebenfalls mit anderen Hydroperoxiden (s. Aufgabe).

Vergleich der Herstellungsmethoden von Phenolen. Die Stammverbindung Phenol wird technisch aus Isopropylbenzol und Sauerstoff gewonnen, wobei auch das technisch wichtige Aceton anfällt (Phenolsynthese nach Hock). Phenol, alkyl-substituierte Phenolverbindungen und Naphthol können aus den entsprechenden Arensulfonaten durch NaOH-Schmelze bei 300 °C gewonnen werden. Die vielseitigste Methode ist aber die Herstellung von Phenolen durch Verkochen von Diazoniumsalzen, da man auf diese Weise gezielt zu Phenolen mit unterschiedlichen funktionellen Gruppen gelangen kann. Zudem verläuft diese Reaktion unter milden Bedingungen.

Aufgaben

2. Welches Produkt bildet sich, wenn Methylcyclohexan mit O_2 ins Hydroperoxid überführt und anschließend das Oxidationsprodukt mit Schwefelsäure behandelt wird?

3. Bei der Oxidation von Decalin (Perhydronaphthalin) mit Sauerstoff und anschließender Behandlung des Oxidationsproduktes mit Schwefelsäure entsteht 6-Hydroxycyclodecanon. Stellen Sie einen Mechanismus auf.

4. Die Synthese von Pikrinsäure gelingt nicht auf direktem Wege aus Phenol und Salpetersäure (es entstehen Oxidationsprodukte des Phenols), sondern auf einem

Umweg über Chlorbenzol. Was bedeuten A und B im Reaktionsschema? Um welche Art von Substitution handelt es sich jeweils?

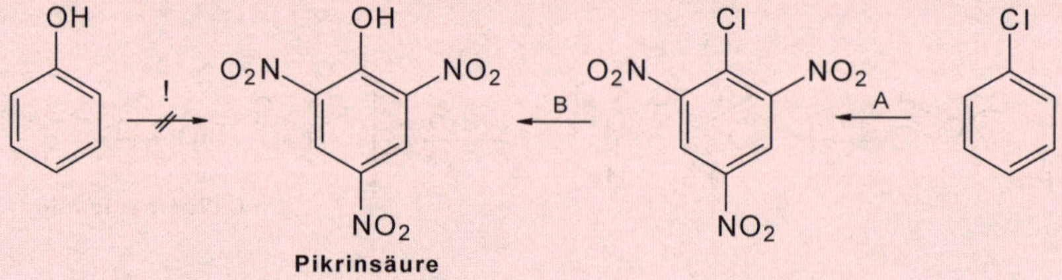

Pikrinsäure

5. Geben Sie die beiden Mechanismen an, nach denen die Umwandlung von Chlorbenzol in Phenol abläuft.

23.3 Reaktionen von Phenolen

23.3.1 Acidität von Phenolen

Phenole sind schwache Säuren. In Wasser liegt folgendes Gleichgewicht vor.

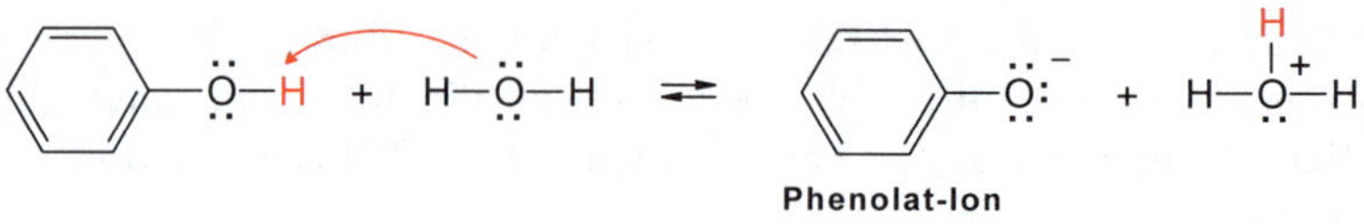

Phenolat-Ion

Der pK_a-Wert von Phenol beträgt 10 und liegt zwischen dem von Alkoholen und Carbonsäuren.

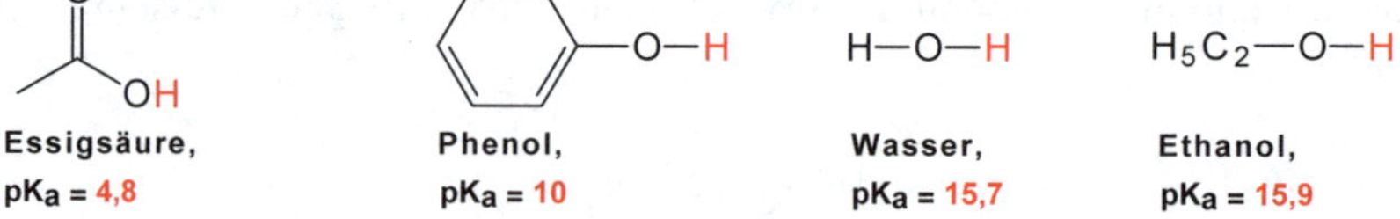

Essigsäure,	Phenol,	Wasser,	Ethanol,
$pK_a = 4,8$	$pK_a = 10$	$pK_a = 15,7$	$pK_a = 15,9$

Weshalb reagieren Phenole stärker sauer als Alkohole? Treibende Kraft der Dissoziation von Phenolen ist die Delokalisierung der negativen Ladung im Phenolat-Ion über den Benzolring, ein Vorgang, der bei Alkoholen nicht möglich ist.

Phenolat-Ion (4 mesomere Grenzstrukturen)

Die Acidität von Phenolen steigt, wenn in *o*- oder *p*-Stellung elektronenanziehen-de Gruppen vorhanden sind. 2,4-Dinitrophenol besitzt einen pK_a-Wert von 4 und ist damit saurer als Essigsäure. Noch saurer reagiert 2,4,6-Trinitrophenol, weshalb diese Verbindung auch Pikrin*säure* genannt wird. Diese Säure ist stärker sauer als Phosphorsäure (pK_a = 2,1), die bekanntlich zu den mittelstarken anorganischen Säuren zählt.

Phenol
pK_a = 10

2,4-Dinitrophenol
pK_a = 4,1

2,4,6-Trinitrophenol
(Pikrinsäure), pK_a = 0,4

In der konjugierten Base der Pikrinsäure ist die Ladung über den Benzolring und die Nitrogruppen verteilt. Diese Verteilung kann man entweder durch 7 mesomere Grenzformen, von denen zwei gezeigt sind, zum Ausdruck bringen oder durch eine einzige Formel. Beide Darstellungen sind gleichwertig.

Aufgrund der unterschiedlichen Acidität gelingt auch eine Unterscheidung zwi-schen Phenolen einerseits und Alkoholen oder Carbonsäuren andererseits. Ver-dünnte Natronlauge löst Phenole und Carbonsäuren, nicht aber Alkohole. Eine wässrige $NaHCO_3$-Lösung löst Carbonsäuren, nicht aber Phenole. Diese Unter-scheidungen gelingen nur, wenn die organische Verbindung in Wasser unlöslich ist.

Aufgabe

6. Ordnen Sie die folgenden Verbindungen nach zunehmender Acidität: 4-Nitro-phenol, 1-Hexanol, Phenol, 4-Methylphenol, 3-Nitrophenol.

23.3.2 Reaktionen der phenolischen OH-Gruppe

Viele Reaktionen, die für die OH-Gruppe von Alkoholen typisch sind, beobachtet man auch bei der OH-Gruppe von Phenolen. Die Mechanismen sind bei beiden Stoffgruppen gleich. Zu den wenigen Unterschieden gehört die Methylierung mit Diazomethan, die nur bei den acideren Phenolen glatt verläuft.

Veresterung von Phenolen mit Carbonsäuren. Wird ein Gemisch aus Phenol und Carbonsäure in Gegenwart einer Mineralsäure erhitzt, so tritt Veresterung ein. Das Gleichgewicht dieser Reaktion liegt allerdings auf der Seite der Ausgangsverbindungen. Eine Verschiebung zugunsten des Esters gelingt aber, wenn das Reaktionswasser durch azeotrope Destillation kontinuierlich entfernt wird.

Veresterung von Phenolen mit Säureanhydriden und -chloriden. Eine quantitative Veresterung eines Phenols tritt ein, wenn statt der Carbonsäure das jeweilige Carbonsäureanhydrid oder -chlorid verwendet wird. Katalysator bei der Veresterung mit einem Anhydrid ist eine Base wie Na-acetat, welche die Phenolverbindung in ein reaktives Phenolat-Ion überführt, oder eine starke Säure, deren Proton sich an die Carbonylgruppe addiert und damit die Reaktivität derselben erhöht.

Bei der Reaktion mit Carbonsäurechloriden fügt man zwecks Bindung des gebildeten Chlorwasserstoffs die äquimolare Menge NaOH (in Wasser gelöst) hinzu (Schotten-Baumann-Bedingungen, Abschn. 19.2.2).

Veretherung von Phenolen mit Diazomethan. Phenole reagieren sauer und lassen sich wie Carbonsäuren mit Diazomethan methylieren. Zum Mechanismus siehe Abschn. 18.4.5

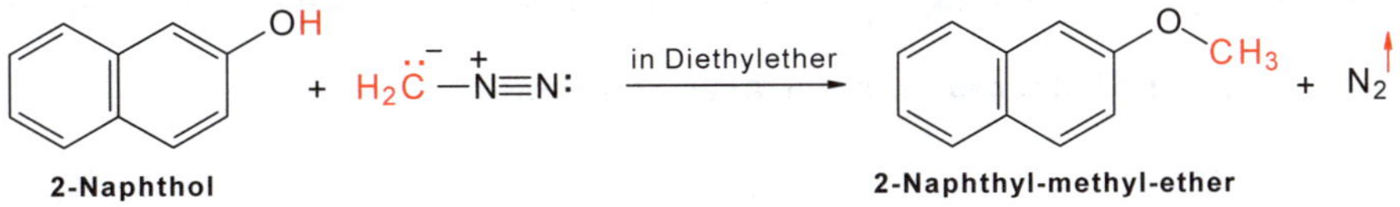

2-Naphthol   2-Naphthyl-methyl-ether

Aufgabe

7. Wie viel mol Diazomethan werden zur Methylierung eines mols Östradiol benötigt (Formel siehe Anfang dieses Kapitels)?

Veretherung von Phenolen mit Alkylhalogeniden. Phenolate reagieren mit Alkylhalogeniden oder –tosylaten zu den entsprechenden Phenylethern. Beispiel:

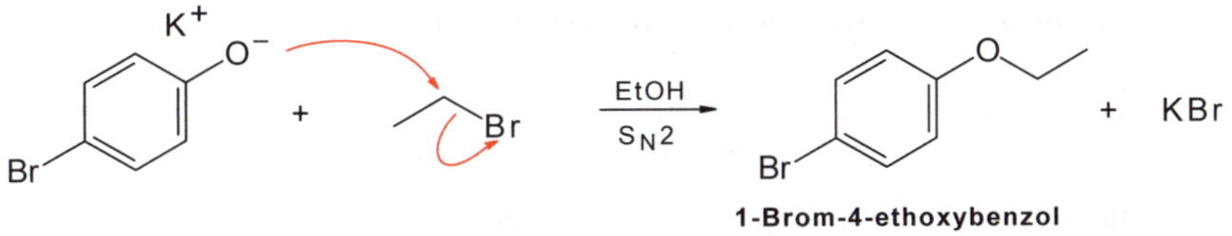

1-Brom-4-ethoxybenzol

Mit Allylhalogeniden bilden sich analog Allyl-phenyl-ether. Letztere gehen die sogenannte Claisen-Umlagerung ein, s. nächsten Abschn.

Aufgaben

8. Definieren Sie ein ambidentes Nucleophil. Geben Sie einige Beispiele an.

9. 2,4-Dichlorphenoxyessigsäure ist ein Herbizid (Unkrautvernichter), das zweikeimblättrige Unkräuter vernichtet, einkeimblättrige (Getreide, Gräser) aber nicht angreift. Schlagen Sie eine von Phenol ausgehende Synthese vor.

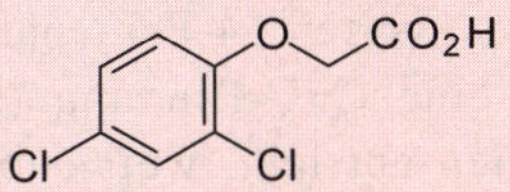

2,4-Dichlorphenoxy-
essigsäure, ein Herbizid

23.3.3 Claisen-Umlagerung von Allyl-phenyl-ethern

Wird Allyl-phenyl-ether auf ca. 200 °C erhitzt, erfolgt eine Wanderung der Allylgruppe in die ortho-Stellung des Benzolringes. Aus Allyl-phenyl-ether entsteht *o*-Allylphenol. Die Umlagerung heißt nach dem Entdecker **Claisen-Umlagerung.**

Claisen-Umlagerung in der Aromatenreihe:

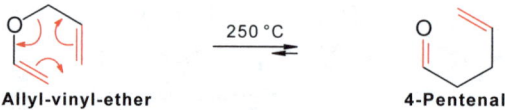

| Allyl-phenyl-ether | ein Cyclohexadienon-Derivat | 2-Allylphenol |

Als Zwischenstufe tritt auch hier ein Cyclohexadienon-Derivat auf, das rasch enolisiert. Markierungsversuche mit ^{13}C oder ^{14}C zeigen, dass bei der Umlagerung die endständige CH_2-Gruppe (rot markiert) mit dem Benzolring reagiert, wie es auch der vorstehende Cyclisierungsmechanismus verlangt.

Die Claisen-Umlagerung ist nicht auf ungesättigte aromatische Ether beschränkt, sie wird auch bei ungesättigten aliphatischen Ethern beobachtet.

Claisen-Umlagerung in der Aliphatenreihe:

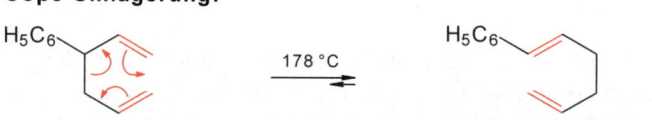

| Allyl-vinyl-ether | 4-Pentenal |

Solche Umlagerungen treten auch ein, wenn nur C-Atome beteiligt sind. Sie werden dann **Cope-Umlagerung** genannt.

Cope-Umlagerung:

H_5C_6 ⇌ (178 °C) H_5C_6

1-Phenyl-1,5-hexadien

Welches sind die Triebkräfte dieser Umlagerungen? Die Frage lässt sich leicht anhand der beiden zuletzt genannten Beispiele beantworten. 4-Pentenal bildet sich, weil eine C=O-Bindung energieärmer ist als eine C=C-Bindung (s. Bindungsenergien im Abschn. 1.9). 1-Phenyl-1,5-hexadien entsteht, weil dabei eine ursprünglich isolierte Doppelbindung in Konjugation zum Phenylring tritt.

Claisen- und Cope-Umlagerung gehören zu den sogenannten [3.3]sigmatropen Umlagerungen (Abschn. 29.4). Voraussetzung für diese Umlagerungen ist, dass das Molekül drei Einfachbindungen zwischen zwei Doppelbindungen enthält und dass diese fünf Bindungen eine 6-Ringanordnung einnehmen können.

Die Buchstaben A bis F bedeuten CH$_X$ oder O.

Aufgabe

10. Welche der Verbindungen A-D wird beim Erhitzen umgelagert? Welche Strukturen besitzen die Umlagerungsprodukte?

23.3.4 Elektrophile Substitution am Benzolring von Phenolen

Elektrophile Substitutionen am Benzolring von Phenolverbindungen verlaufen schnell, solche von Phenolaten noch schneller. Phenolate zählen zu den reaktivsten Aromaten bei elektrophilen Substitutionen. Aufgrund des +M-Effekts des O-Atoms wird das Elektrophil stets in die Positionen ortho oder para dirigiert.

Bromierung von Phenolen. Lässt man Brom auf Phenol im Lösungsmittel Schwefelkohlenstoff (CS$_2$) bei 5 °C einwirken, so erfolgt Bromierung, ohne dass wie bei der Bromierung von Benzol ein Katalysator erforderlich ist. Als Hauptprodukt bildet sich 4-Bromphenol. Eine Weiterbromierung tritt unter diesen Bedingungen nicht ein.

Wird die gleiche Reaktion in Wasser durchgeführt, tritt Höherbromierung ein, bei der sich 2,4,6-Tribromphenol bildet.

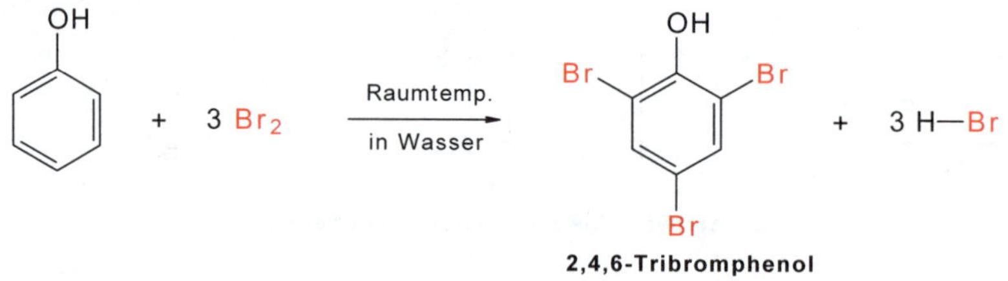

2,4,6-Tribromphenol

Wie ist die höhere Reaktivität des Phenols in Wasser zu verstehen? Phenol dissoziiert in Wasser in geringem Maße in Phenolat (s. auch Aufgabe). Letzteres ist circa 10^6 bis 10^7 mal reaktiver als Phenol. Noch stärker dissoziieren aufgrund des $-I$-Effektes des Broms p-Bromphenol und o,p-Dibromphenol. Das bedeutet: Bromphenol wird schnell in Dibromphenol und letzteres noch schneller in Tribromphenol überführt, obwohl anfangs Phenol in großem Überschuss vorhanden ist. Im Gegensatz dazu tritt in Kohlendisulfid keine nennenswerte Dissoziation des Phenols ein, so dass fast ausschließlich das weniger reaktive Phenol vorliegt.

Aufgabe

11. Der pK_a-Wert von Phenol beträgt 10. Wie viel % Phenol sind in einer 0,1 molaren Lösung dissoziiert? Wie groß ist der pH-Wert der Lösung?

Hydroxylierung von Phenol. Phenol wird mit Wasserstoffperoxid unter sauren Bedingungen zu einem Gemisch von 1,2- und 1,4-Dihydroxybenzol oxidiert.

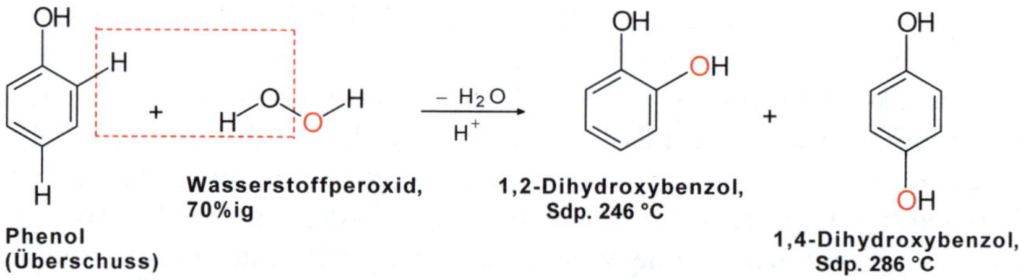

Das Gemisch (ca. 3:2) kann durch Destillation glatt getrennt werden, da die Differenz der Siedepunkte groß ist (40 °C). Verlauf der elektrophilen Substitution:

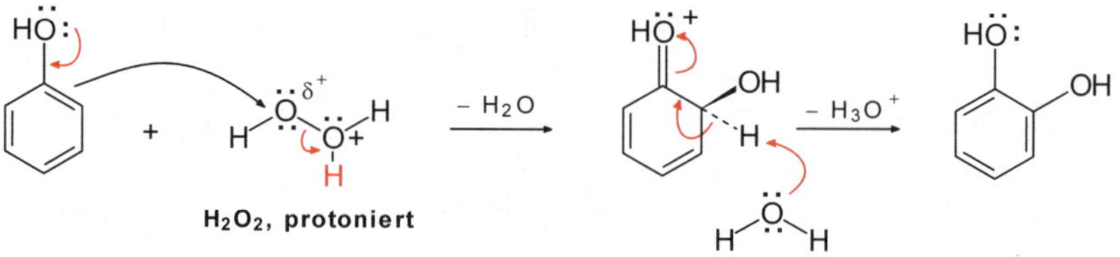

Diese Oxidation wird auch technisch durchgeführt, da Brenzcatechin u.a. zur Gewinnung von Vanillin benötigt wird.

Nitrierung von Phenolen. Phenol reagiert bereits bei Raumtemperatur mit verdünnter Salpetersäure, wobei ein Gemisch aus 2- und 4-Nitrophenol entsteht.

2-Nitrophenol (25 % Ausb.)   **4-Nitrophenol (61 %)**

Eine Trennung der beiden Isomeren gelingt durch Wasserdampfdestillation. Hierbei destilliert ein azeotropes Gemisch aus Wasser und 2-Nitrophenol, da letzteres eine intramolekulare H-Brücke bildet und damit leichter flüchtig ist als 4-Nitrophenol.

Sulfonierung von Phenolen. Auch die Sulfonierung von Phenol verläuft bei niedriger Temperatur.

Phenol-2-sulfonsäure   **Phenol-4-sulfonsäure**
(bei 25 °C Hauptprodukt)   **(bei 100 °C Hauptprodukt)**

Bei Raumtemperatur bildet sich in einer kinetisch kontrollierten Reaktion hauptsächlich das *o*-Isomer, das bei 100 °C in das thermodynamisch stabilere *p*-Isomer übergeht. Zur Reversibilität der Sulfonierung s. Abschn. 15.3.3.

Friedel-Crafts-Reaktionen von Phenolen. Die Friedel-Crafts-Reaktionen von Phenolen mit AlCl₃ als Katalysator verläuft im allgemeinen unbefriedigend, da der Katalysator mit der OH-Gruppe reagiert. Erst bei Verwendung anderer Lewis-Säuren gelingen Alkylierung und Acylierung.

Friedel-Crafts-Alkylierung:

2,6-Di(*tert*-butyl)-4-methylphenol

Friedel-Crafts-Acylierung:

4-Hydroxyacetophenon

Carboxylierung von Phenolen mit CO₂ (Kolbe-Schmitt-Reaktion). Wird Na-phenolat mit CO_2 unter Druck auf 125 °C erhitzt, so erfolgt Addition von CO_2 an die 2- und 4-Stellung des Phenolat-Ions, wobei die Na-Salze von 2- und 4-Hydroxybenzoat entstehen.

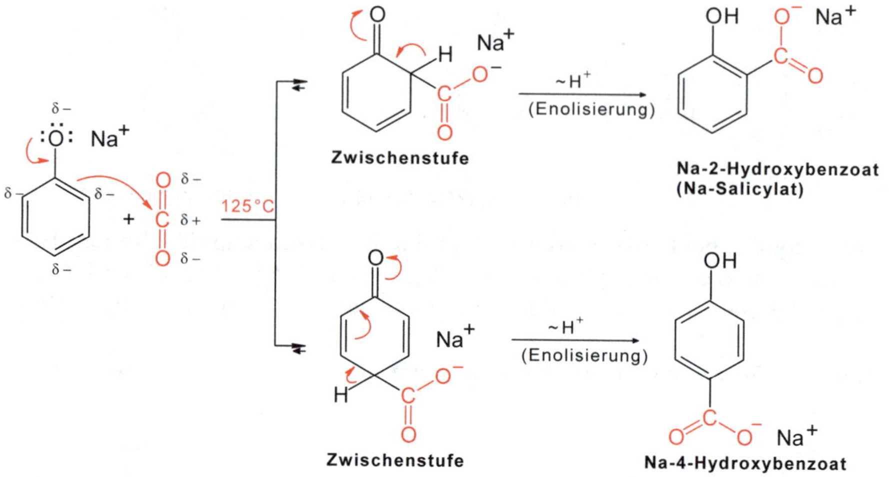

Na-2-Hydroxybenzoat (Na-Salicylat)

Na-4-Hydroxybenzoat

Auch hier liegt eine elektrophile Substitution vor mit dem δ^+-Kohlenstoff von CO_2 als elektrophilem Zentrum. Als Zwischenstufe bildet sich eine Cyclohexadienon-Verbindung, die zur Phenolverbindung enolisiert.

Das Verhältnis von 2- zu 4-Hydroxybenzoat lässt sich durch das Kation steuern. Natriumphenolat ergibt bevorzugt o-Produkt, Kaliumphenolat hauptsächlich p-Produkt. Das kleinere Natrium-Ion komplexiert und stabilisiert das o-Produkt stärker, als es das größere Kalium-Ion vermag.

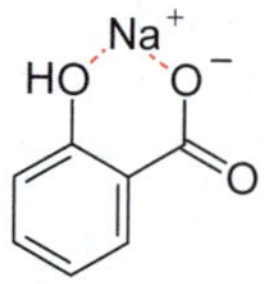

Noch leichter als Phenol reagieren 1,3-Di- und 1,3,5-Trihydroxybenzol. Hier gelingt die Carboxylierung bereits mit Na-hydrogencarbonat, das im Gleichgewicht mit CO_2 steht. 1,3,5-Trihydroxybenzol reagiert schon bei Raumtemperatur und damit 100 °C tiefer als Phenol. Auch hier reagiert das jeweilige Phenolat-Ion.

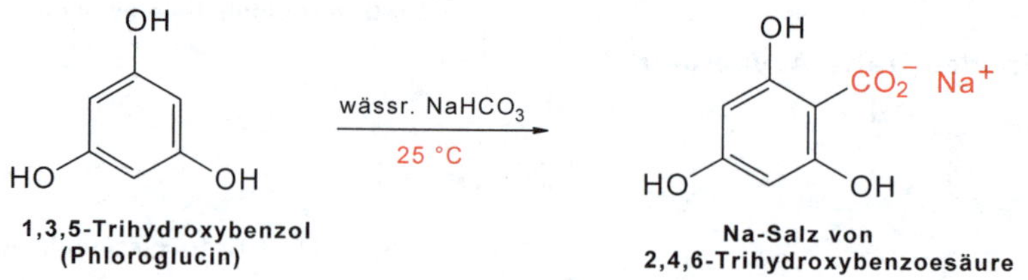

1,3,5-Trihydroxybenzol (Phloroglucin)

wässr. NaHCO₃
25 °C

Na-Salz von 2,4,6-Trihydroxybenzoesäure

Phloroglucin gehört zu den reaktivsten Phenolen, da hier eine CH-Position durch drei o/p-ständige OH-Gruppen aktiviert ist.

Die Kolbe-Schmitt-Reaktion besitzt erhebliche technische Bedeutung: Na-salicylat dient als Konservierungsmittel und Salicylsäure, welche aus dem Na-Salz durch Ansäuern gewonnen wird, als Ausgangsmaterial für das Fieber senkende Arzneimittel Acetylsalicylsäure.

Von Phenol zu Arzneimitteln. Phenol ist Ausgangsverbindung zur Synthese der schmerzstillenden Arzneimittel Acetylsalicylsäure und Paracetamol. Bei beiden Verbindungen handelt es sich um Phenolderivate, wie die Rotmarkierungen in den folgenden Formeln zum Ausdruck bringen.

Acetylsalicylsäure (Aspirin)   **Paracetamol**

Beide Verbindungen werden aus Phenol durch elektrophile Substitution mit CO_2 oder Salpetersäure hergestellt.

Die Synthese von Acetylsalicylsäure geht von Phenolat aus, das durch Carboxylierung in das Na-Salz der Salicylsäure überführt wird. Ansäuern der Lösung dieses Salzes führt zur Salicylsäure, deren Acetylierung mit Acetanhydrid/H^+ zum Produkt führt. Die Protonen dienen zur Aktivierung der Carbonylgruppe des Acetanhydrids.

Synthese von Acetylsalicylsäure:

Na-phenolat   **Na-Salz der Salicylsäure (neben 4-Isomer)**   **Salicylsäure**   **Acetylsalicylsäure**

Paracetamol wird aus Phenol durch Nitrierung, Reduktion und Acetylierung hergestellt. Die Acetylierung erfolgt an der Aminogruppe, da diese nucleophiler als die Phenolgruppe ist.

Synthese von Paracetamol:

4-Nitrophenol (neben 2-Isomer)   **4-Aminophenol**   **Paracetamol**

Beide Synthesen leiden unter dem Nachteil, dass bei dem elektrophilen aromatischen Substitutionsschritt *o*- und *p*-Isomere anfallen, die voneinander getrennt werden müssen.

Aufgaben

12. Folgende Verbindung soll aus Benzol hergestellt werden. Formulieren Sie die Reaktionsschritte.

13. Ausgehend von Benzol sollen die Phenolverbindungen A-C hergestellt werden. Formulieren Sie auch hier die einzelnen Reaktionsschritte.

23.3.5 Oxidation von Phenolen. Chinone

Im Gegensatz zu tertiären Alkoholen können Phenole oxidiert werden. Der Oxidationsverlauf hängt von Anzahl und Stellung der OH-Gruppen zueinander ab. Einwertige Phenole (Phenole mit einer OH-Gruppe) liefern in der Regel Gemische höhermolekularer Verbindungen, zweiwertige Phenole mit 1,2- oder 1,4-Stellung der beiden OH-Gruppen ergeben dagegen einheitlich Chinone.

Oxidation einwertiger Phenole. Der erste Schritt der Phenoloxidation ist die Abstraktion des OH-Wasserstoffs unter Bildung des Phenoxy-Radikals. Dieses ist sehr reaktiv und in der Regel nicht isolierbar. Eine Ausnahme bilden solche Phenoxyradikale, die in ortho- und para-Stellung sperrige Gruppen enthalten. Letztere schirmen radikalische Zentren ab und stabilisieren damit das Radikal. Bei der folgenden Oxidation bildet sich ein stabiles, farbiges Radikal:

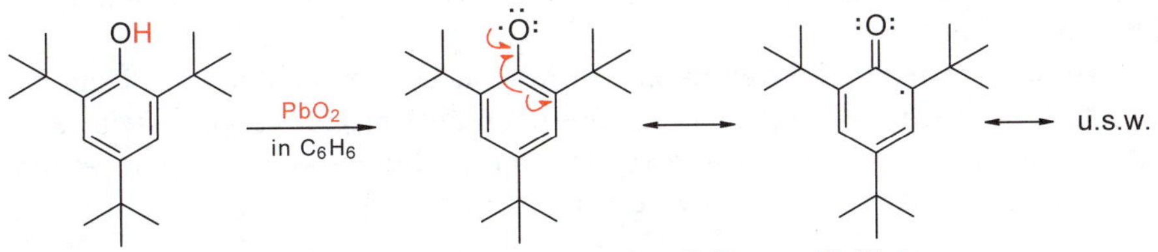

2,4,6-Tri(*tert*-butyl)-phenol,
farblos

2,4,6-Tri(*tert*-butyl)phenoxy-Radikal,
stabil, tiefblau

Fehlt diese Abschirmung wie im Phenoxy-Radikal, tritt Dimerisierung ein. So ergibt die Oxidation von 4-Methylphenol folgende "dimere" Verbindung:

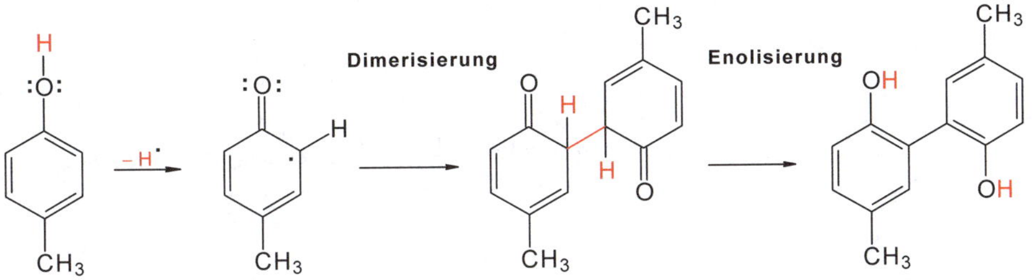

4-Methylphenol 4-Methylphenoxy-Radikal
(unbeständig)

2,2'-Dihydroxy-5,5'-
dimethyl-biphenyl

Die Oxidationsprodukte können ebenfalls oxidiert werden, wobei höhermolekulare Verbindungen entstehen. Die Schritte, welche zur Bildung einer Verbindung mit drei Phenol-Bausteinen führen, sind als Aufgabe formuliert (s. unten).
2-Naphthol ergibt bei der Oxidation mit Kaliumhexacyanoferrat das zweiwertige Phenol Binaphthol.

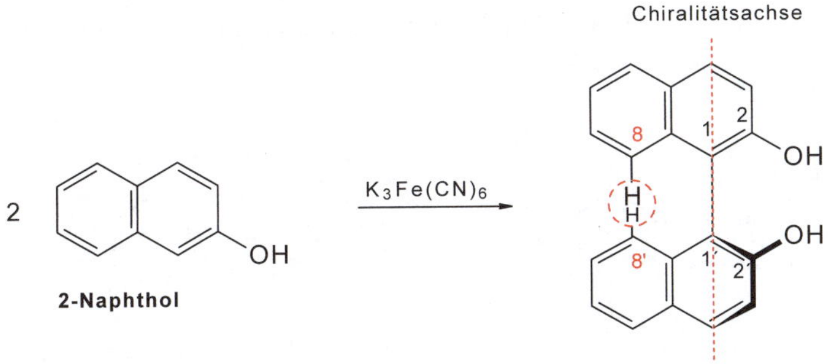

2

2-Naphthol

2,2´-Dihydroxy-1,1´-binaphthyl
(Binaphthol)

Wegen der gegenseitigen Abstoßung der H-Atome in 8- und 8'-Stellung ist Binaphthol verdrillt und besitzt dadurch eine **Chiralitätsachse** (Abschn. 5.4). Die Enantiomeren von Binaphthol dienen als Liganden in Metallverbindungen, die ihrerseits als Katalysatoren zur enantioselektiven Synthese Verwendung finden (Abschn. 17.7).

Oxidation zweiwertiger Phenole zu Chinonen. Die Oxidation von Phenolen, die zwei OH-Gruppen in 1,2- oder 1,4-Stellung aufweisen, verläuft sehr einfach: Unter formaler Abstraktion von zwei H-Atomen bilden sich *o*- oder *p*-Chinone. 1,3-Dihydroxybenzol kann nicht zu einem Chinon oxidiert werden.

1,2-Dihydroxybenzol, farblos
(Brenzcatechin)

o-Benzochinon, rot
(λ_{max} = 610 nm)

1,4-Dihydroxybenzol, farblos
(Hydrochinon)

p-Benzochinon, gelb
(λ_{max} = 434 nm)

Chinone sind intensiv farbig; verantwortlich dafür sind n $\rightarrow$ π*-Übergänge, s. Abschn. 2.5.1.

Die Oxidation zu Chinon ist eine Zweistufen-Reaktion. Zuerst wird ein Elektron auf das Metall-Ion übertragen, gefolgt von der Abgabe eines Protons. Dieser Vorgang wiederholt sich ein zweites Mal. Die Abgabe von zwei Elektronen und zwei Protonen entspricht der Abgabe von zwei H-Atomen. Die Oxidation ist reversibel: Unter Aufnahme von zwei H-Atomen können Chinone zu Hydrochinonen reduziert werden.

Auch in der Natur finden Redoxvorgänge statt, bei denen Elektronen und Protonen von einer Verbindung zur anderen transportiert werden. Ausgangspunkt ist das Coenzym Ubichinon, auch Coenzym Q genannt, das "ubiquitär" (*überall*) in der Zelle vorkommt.

Ubichinon (Coenzym Q)
(n = 6 - 10)

Die langkettige isoprenoide Seitenkette hat die Aufgabe, in die unpolare Membran der Zelle einzudringen, damit dort die Elektronentransport-Vorgänge stattfinden können.

Aufgaben

14. Bei der Oxidation von Phenol mit $FeCl_3$ entstehen drei Produkte, die alle jeweils zwei Benzolringe enthalten. Wie lauten die Konstitutionen der Oxidationsprodukte?

$$Phenol \xrightarrow{\text{wässr. } FeCl_3} \text{drei Produkte}$$

15. Wie müssen zwei OH-Gruppen an einem Naphthalinring angeordnet sein, damit bei der Oxidation Naphthochinone entstehen können?

Phenole als Radikalfänger. Einwertige Phenole dienen als Radikalfänger bei Reaktionen, die über Radikale verlaufen. Von besonderer Bedeutung sind sie in der Lebensmittelchemie. Essbare Fette (Ester aus Glycerin und langkettigen, z.T. ungesättigten Carbonsäuren) werden bei unsachgemäßer Lagerung ranzig. Die Geschmacksbeeinträchtigung beruht auf unangenehm riechenden Aldehyden, die bei der Autoxidation der ungesättigten Seitenketten gebildet werden. Der erste Schritt der Autoxidation ist die Einschiebung von molekularem Sauerstoff in eine der allylständigen C–H-Bindungen. (Zum Mechanismus radikalischer Oxidationen s. Abschn. 3.10.7)

Ölsäure-ester   **partiell oxidierter Ölsäure-ester (Ausschnitt)**

Zur Verhinderung der Autoxidation setzt man Fetten Antioxidantien wie substituierte Kresole oder das natürliche Phenol α-Tocopherol zu.

**2,6-Di(*tert*-butyl)-*p*-kresol,
synthetisches Antioxydans**

**α-Tocopherol (Vitamin E),
natürliches Antioxidans**

Die Wirkung der Phenole als Radikalfänger beruht darauf, dass das phenolische H-Atom leicht auf reaktive Radikale übertragen werden kann. Dadurch werden letztere neutralisiert, was zur Folge hat, dass die Kettenreaktion gestoppt wird.

Das neu gebildete Phenoxy-Radikal ist aufgrund der Delokalisierung des ungepaarten Elektrons wenig reaktiv und damit nicht imstande, die Kettenreaktion aufrecht zu erhalten.

α-Tocopherol (Vitamin E) ist ein natürliches Antioxidans. Es kommt in Pflanzenölen aus Soja, Weizen, Mais u.a. vor. Mit seiner lipophilen Seitenkette wird es leicht in Membrane der Zelle eingelagert und schützt dort die Zellwände gegen einen oxidativen Abbau.

Aufgabe

16. Natürlich vorkommendes α-Tocopherol ist als Antioxidans weniger wirksam als synthetisches 2,6-Di(*tert*-butyl)-*p*-kresol. Warum?

23.3.6 Zusammenfassung der Reaktionen von Phenolen

Die Reaktionen von Phenolen faszinieren durch ihre Vielfalt. Fast alle Reaktionstypen der Organischen Chemie tauchen hier auf:

● die **nucleophile aliphatische Substitution** bei der Veretherung von Phenolen

● die **radikalische aliphatische Substitution** bei der Luftoxidation von Isopropylbenzol, dem ersten Schritt bei der technischen Synthese von Phenol und Aceton

- die **nucleophile aromatische Substitution** bei der Herstellung von Phenolen aus Arensulfonaten

- die **elektrophile aromatische Substitution** bei der Carboxylierung von Phenolat oder bei der Nitrierung von Phenol

- die **sigmatrope Umlagerung** bei der thermischen Umwandlung von Allyl-phenyl-ethern in Allylphenole (Claisen-Umlagerung)

- **Redoxreaktionen** bei Hydrochinon/Chinon-Verbindungen sowohl in vitro als auch in vivo

Mit dieser Vielfalt an Reaktionstypen präsentiert sich das Kapitel Phenole als eine mechanistische Zusammenfassung vieler vorangehender Kapitel.

23.4 *Exkurs*: Herstellung des Aromastoffs Menthol

Menthol ist ein vielseitig verwendeter Riech-, Geschmacks- und sogar Heilstoff. Die Verbindung wirkt belebend, desinfizierend, schmerzstillend und krampflösend und ist Bestandteil von Bonbons, Zahnpasta, Kaugummi, Papiertaschentüchern etc.

(–)-Menthol

Früher wurde Menthol hauptsächlich aus Pfefferminzöl gewonnen, das von der Pfefferminzpflanze *Mentha piperita L.* stammt. Heute kann Menthol kostengünstiger durch Synthese erhalten werden, z. B. wie nachstehend gezeigt durch Hydrierung von Thymol, bei der jährlich weltweit über 1000 Tonnen anfallen.

Ausgangsverbindung ist Toluol, das mit konz. Schwefelsäure bei 0 °C in einer **kinetisch gesteuerten Reaktion** in ein Gemisch von Toluolsulfonsäuren überführt wird, in welchem das *m*-Isomer erwartungsgemäß kaum vertreten ist. Erhitzen des Isomerengemischs auf 200 °C führt in einer **thermodynamisch gesteuerten Reaktion** zu einer Mischung, in der das *m*-Isomer überwiegt. Wird diese Mischung mit verdünnter Schwefelsäure erhitzt, erfolgt eine Desulfonierung von *o*- und *p*-Toluolsulfonsäure, während *m*-Toluolsulfonsäure unverändert zurückbleibt. Die leichtere Desulfonierung des *o*- und *p*-Isomers ist Gegenstand einer Aufgabe (s. unten).

$o:m:p = 43:4:53$
(kinetisch gesteuert)

$o:m:p = 5:54:51$
(thermodynamisch gesteuert)

m-Toluolsulfonsäure

Toluol
H_2SO_4

m-Toluolsulfonsäure wird durch KOH-Schmelze in *m*-Kresol überführt (Abschn. 23.2). Anschließende Friedel-Crafts-Alkylierung desselben mit Propen liefert Thymol, dessen katalytische Hydrierung die vier Diastereomere A-D ergibt (jeweils *drei* chirale Zentren). Hauptkomponente des Diastereomerengemisches ist racemisches Menthol C, welches durch fraktionierende Destillation abgetrennt werden kann, obwohl die Siedepunkte der Isomeren nur minimal voneinander abweichen. (Vergleichen Sie die Siedepunkte.)

m-Kresol
(3-Methylphenol)

$Al(OR)_3$

Thymol

H_2 / Ni

A
(Sdp. 211,7 °C)

B
(Sdp. 214,6 °C)

C (Menthol)
(Sdp. 216,5 °C)

D
(Sdp. 218,6 °C)

Racemisches Menthol muss noch in die Enantiomeren gespalten werden, da (+)-Menthol physiologisch weniger wirksam ist als (−)-Menthol. Die Spaltung gelingt nach Veresterung mit Benzoesäure/H^+ und anschließender fraktionierender Kristallisation der gesättigten Lösung, wozu Impfkristalle aus (−)-Menthylbenzoat erforderlich sind: Das (−)-Menthylbenzoat fällt aus, das (+)-Isomer bleibt zunächst in Lösung. Danach werden Impfkristalle aus (+)-Menthylbenzoat zur Lösung gegeben, wobei nunmehr das (+)-Menthylbenzoat ausfällt. Verseifung der enantiomeren Benzoate liefert schließlich (−)- und (+)-Menthol jeweils in getrennten Phasen. Das nicht benötigte (+)-Menthol wird zusammen mit den Diastereomeren A, B und D zurück in das Gefäß überführt, in dem die Hydrierung von Thymol durchgeführt wurde. Raney-Nickel katalysiert nunmehr zwei Reaktionen: (1) überraschenderweise die Isomerisierung von A, B und D zur ursprünglichen Gleichgewichtsmischung und (2) die Hydrierung von Thymol. Somit ist es im Prinzip möglich, sämtliches Thymol in (−)-Menthol umzuwandeln: eine meisterliche Leistung des auf Ökonomie und Ökologie achtenden Chemikers.

Aufgaben

17. Weshalb werden *o*- und *p*-, nicht jedoch *m*-Toluolsulfonsäure durch verdünnte Schwefelsäure desulfoniert?

18. Welches Isomer entsteht bei der Friedel-Crafts-Alkylierung von *m*-Kresol mit Propen neben dem im Formelschema aufgeführten?

19. Warum fällt aus einer Lösung von (±)-Menthylbenzoat nach Animpfen mit Kristallen von (−)-Menthylbenzoat nur letzteres aus?

23.5 Lösung der Aufgaben zu Kapitel 23

1.   2- Hydroxybenzoesäure (Prioritätsreihe: $-CO_2H > -OH$)

2.

Wie bei der Bayer-Villiger-Oxidation wandert auch hier das C-Atom, welches die meisten Substituenten aufweist (CH_2 vor CH_3).

3.

4.   A: konz. HNO_3 (elektrophile Substitution); B: verd. Natronlauge (nucleophile S.)

5.   a) nucleophile aromatische Substitution; b) HCl-Abspaltung und nucleophile Addition an Dehydrobenzol

6.   1-Hexanol < 4-Methylphenol < Phenol < 3-Nitrophenol < 4-Nitrophenol

7.   Nur ein mol Diazomethan; alkoholische OH-Gruppen werden durch CH_2N_2 nicht methyliert, da zu wenig acid.

8.   Ein ambidentes Nucleophil besitzt zwei oder mehr nucleophile Zentren, Beispiele: Enolat, Cyanat.

nucleophile Zentren: C und O   nucleophile Zentren: N und O

9.   Phenol $\xrightarrow{\text{Cl}_2}$ 2,4-Dichlorphenol $\xrightarrow{\text{NaOH}}$ 2,4-Dichlorphenolat

10.   **A** und **B** enthalten jeweils 3 Einfachbindungen zwischen 2 Doppelbindungen; eine 6-Ringanordnung ist möglich. Die Verbindungen können daher eine Claisen-Umlagerung eingehen.

D enthält ebenfalls 3 Einfachbindungen zwischen 2 Doppelbindungen, eine 6-Ringanordnung ist aber nicht möglich. Keine Umlagerung. **C** enthält nur 2 Einfachbindungen zwischen 2 Doppelbindungen. Keine Umlagerung

11. $[\text{Phenolat-Ion}] = [\text{H+}] = \sqrt{1{,}1 \cdot 10^{-10} \cdot 10^{-1}} = 3{,}3 \cdot 10^{-6};$

$(3{,}3 \cdot 10^{-6} / 10^{-1}) \cdot 100 = 3{,}3 \cdot 10^{-3}$ % Phenolat-Ion; $-\log 3{,}3 \cdot 10^{-6} = 5{,}5 = \text{pH}$

12.   Benzol $\longrightarrow$ Phenol $\xrightarrow[\text{(CS}_2)]{\text{1 Br}_2}$ 4-Bromphenol $\xrightarrow{\text{NaOH}}$ 4-Bromphenolat

13.   Benzol $\longrightarrow$ Benzolsulfonsäure $\longrightarrow$ Phenol $\xrightarrow{\text{HNO}_3}$ **A**

14.

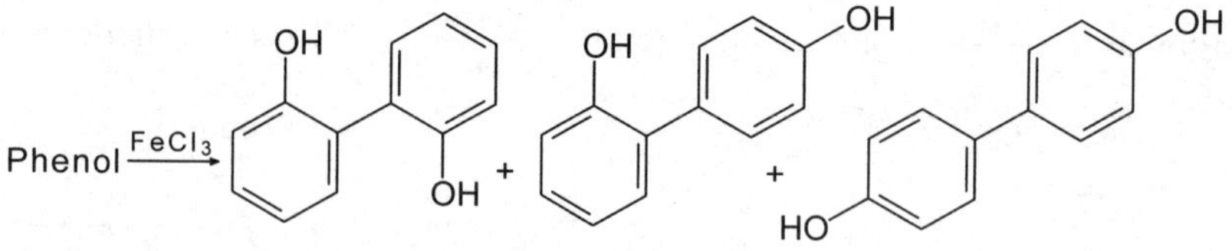

Phenol $\xrightarrow{\text{FeCl}_3}$

15. 1,2-, 1,4-, 1,5-, 1,7-, 2,3- oder 2,6-ständig

16. Im Tocopherol ist die OH-Gruppe von 2 CH$_3$-Gruppen flankiert; diese wirken weniger abschirmend als *tert*-Butylgruppen.

17.

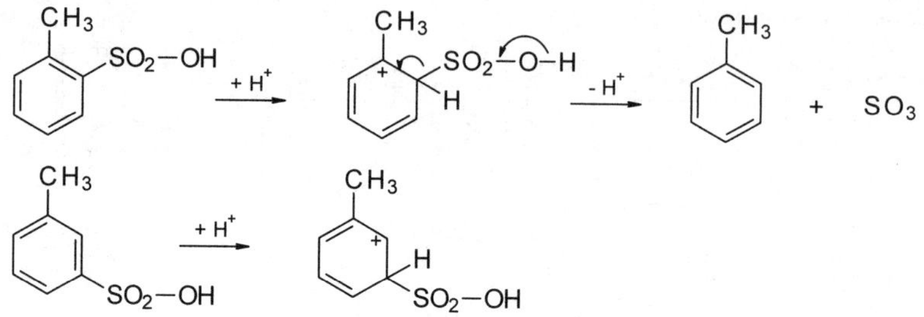

Letztere Protonierung und damit Desulfonierung ist erschwert, da eine Stabilisierung der pos. Ladung durch CH$_3$ nicht eintreten kann.

18. 4-Isopropyl-3-methylphenol

19. Von letzterem sind bereits Kristalle vorhanden.

Kapitel 24
Aromatische Heterocyclen

24.1 Übersicht

Heterocyclen sind ringförmige Kohlenstoffverbindungen mit mindestens einem Heteroatom wie O, S, N, P u.a. Sie unterscheiden sich damit von den homocyclischen Verbindungen, in denen die Ringpositionen ausschließlich mit C-Atomen besetzt sind.

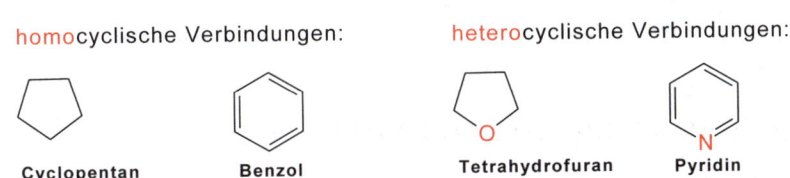

homocyclische Verbindungen: heterocyclische Verbindungen:

Cyclopentan   Benzol   Tetrahydrofuran   Pyridin

Heterocyclen können gesättigt sein (s. Tetrahydrofuran) oder Doppelbindungen enthalten (s. Pyridin). In diesem Kapitel werden hauptsächlich Heterocyclen mit einer bestimmten Anzahl konjugierten Doppelbindungen behandelt. Solche Verbindungen zeichnen sich oftmals durch aromatische Eigenschaften aus und werden daher **aromatische Heterocyclen** genannt.

Heterocyclen mit konjugierten Doppelbindungen sind in der Natur weit verbreitet und kommen als Bausteine in Aminosäuren, Alkaloiden, Vitaminen, Nucleinsäuren u.a. vor. Nachfolgend sind einige wichtige monocyclische und bicyclische Vertreter aufgeführt. Sie werden fast immer mit den historisch bedingten Trivialnamen, selten mit systematischen Namen benannt. Einige Verbindungen treten als Tautomere auf.

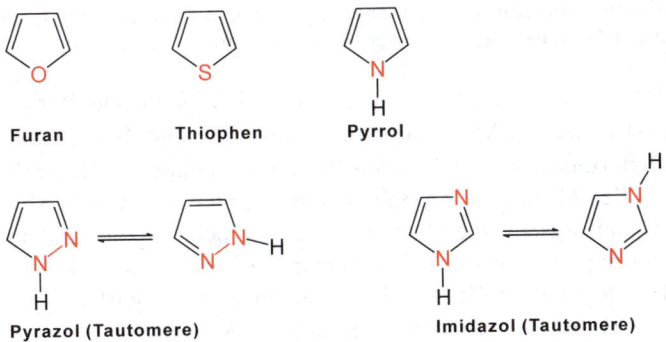

Furan   Thiophen   Pyrrol

Pyrazol (Tautomere)   Imidazol (Tautomere)

Pyridin   Pyridazin   Pyrimidin   Pyrazin   1,3,5-Triazin

Benzofuran   Indol   Chinolin   Isochinolin

Purin (Tautomere)   Harnsäure

24.2 Furan, Thiophen und Pyrrol

24.2.1 Bindung in Furan, Thiophen und Pyrrol

Furan, Thiophen und Pyrrol enthalten jeweils 2 Doppelbindungen und ein bis zwei freie Elektronenpaare am Heteroatom. Die vier Elektronen der Doppelbindung bilden zusammen mit den zwei Elektronen des einen freien Elektronenpaars ein delokalisiertes Bindungssystem bestehend aus 6 π-Elektronen. Diese Delokalisierung ist nachfolgend am Beispiel des Furans formuliert. Sie trifft für Thiophen und Pyrrol genau so zu.

Furan (3 mesomere Grenzstrukturen)

Das π-System im Furan kann durch drei mesomere Grenzstrukturen (links) oder durch überlappende p_z- und n-Orbitale (rechts) beschrieben werden.

Nach der $(4n + 2)\pi$–Regel von Hückel sind Furan, Thiophen und Pyrrol aromatisch, da darin 6 π-Elektronen konjugiert und cyclisch angeordnet sind (Abschn. 14.5). Die Delokalisierung der π-Elektronen führt zur Abgabe von Energie und zu einer Stabilisierung der Moleküle. Thiophen besitzt unter den drei Verbindungen die größte Delokalisierungsenergie (fast so groß wie bei Benzol) und Furan die kleinste. Eine Erklärung liefern die rel. Elektronegativitäten gemäß S (2,5) < N (3,0) < O (3,5). Das S-Atom stellt sein Elektronenpaar bereitwillig, das O-Atom nur in vermindertem Maße für die Delokalisierung zur Verfügung.

Delokalisierungsenergien in kJ/mol einiger Verbindungen

8.3   67   88 H   121   151

In Übereinstimmung mit den Delokalisierungsenergien steht das chemische Verhalten. Thiophen besitzt typische aromatische Eigenschaften, während Furan teils als Aromat teils als Dien reagiert.

24.2.2 Herstellung von Furan-, Thiophen- und Pyrrolverbindungen

Aus 1,4-Dicarbonylverbindungen. Furan-, Thiophen- und Pyrrolverbindungen bilden sich, wenn 1,4-Dicarbonylverbindungen mit P_2O_5, P_2S_5 bzw. NH_3 umgesetzt werden.

2,5-Dimethylfuran

2,5-Dimethylthiophen

2,5-Hexandion

2,5-Dimethylpyrrol

Die erforderlichen 1,4-Dicarbonylverbindungen sind durch Addition von Aldehyden an α,β-ungesättigte Carbonylverbindungen zugänglich (Stetter-Reaktion, Abschn. 21.4.5).

Wie verlaufen diese Cyclisierungen? Bei der Bildung des Furanringes addiert sich die OH-Gruppe des Enol-Tautomers an die Carbonylgruppe des eigenen Moleküls, wobei ein cyclisches Halbacetal entsteht. Es folgt eine Dehydratisierung durch P_2O_5, die zur Furanverbindung führt.

Keto-Tautomer   Enol-Tautomer   Halbacetal   Furanverb.

Bei der Bildung des Thiophenringes wird zunächst eine der beiden Carbonylgruppen in eine Thiocarbonylgruppe umgewandelt und letztere zum Thio-enol tautomerisiert. Danach verläuft der Ringschluss analog vorstehender Reaktionsfolge. Ähnlich verläuft die Bildung der Pyrrolverbindung, wobei hier als Zwischenstufe ein Enamin auftritt.

Furanverbindungen aus Pentose. *Furfural*, wichtigster Aldehyd aus der Furanreihe, wird durch säurekatalysierte Wasserabspaltung aus Pentose gewonnen, welche als Polysaccharid in den Schalen von Haferkörnern und Reiskörnern ("Kleie") vorkommt. Die Reaktion wird in technischem Maßstab durchgeführt und beruht auf Cyclisierungs- und Dehydratisierungsreaktionen.

Pentose   Furfural   + 3 H$_2$O

Furan bildet sich aus Furfural durch Kohlenmonoxidabspaltung (Decarbonylierung). Dazu werden die Dämpfe von Furfural bei ca. 400 °C über Metallsalze geleitet. Auch diese Reaktion wird in technischem Maßstab durchgeführt.

Furfural $\xrightarrow[\text{Zn-chromit}]{400\,°C}$ Furan   + CO

Thiophen aus Butan und Schwefel. Thiophen wird durch Dehydrierung von Butan mit Schwefel bei ca. 550 °C gewonnen; als Zwischenstufe tritt Butadien auf.

H$_3$C—CH$_2$—CH$_2$—CH$_3$ $\xrightarrow[-2\,H_2S]{+2\,S}$ Butadien $\xrightarrow[-H_2S]{+2\,S}$ Thiophen

Butan

Schwefel und Selen gehören zu den Elementen, die Kohlenwasserstoffe bei höherer Temperatur dehydrieren, wobei gleichzeitig H$_2$S bzw. H$_2$Se gebildet werden. Bei der Thiophensynthese wird darüber hinaus der Schwefel in das organische Molekül eingebaut.

Pyrrol aus Furan und Ammoniak. Pyrrol ist technisch aus Furan und Ammoniak erhältlich. Dazu wird ein Dampfgemisch, bestehend aus Furan, Ammoniak und Wasser über erhitztes Aluminiumoxid geleitet.

Furan   + NH$_3$ $\xrightarrow[400-450°C]{Al_2O_3}$ Pyrrol   + H$_2$O

Substituierte Pyrrolverbindungen nach Knorr. Eine allgemeine Synthese zur Darstellung von substituierten Pyrrolverbindungen besteht in der Kondensation eines α-Aminoketons mit einem reaktiven Keton vom Typ Acetessigester. Die Synthese ist nach dem Entdecker *L. Knorr* (geb. 1859 bei München) benannt. Beispiel:

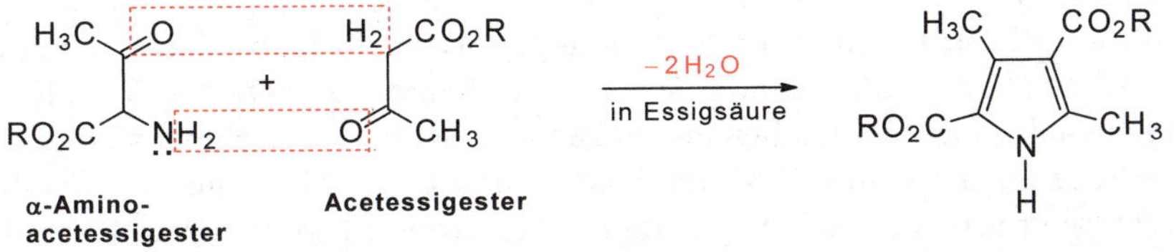

Bei der Pyrrolsynthese werden mehrere Zwischenstufen durchlaufen. Aus Aminoverbindung und Ketoverbindung bildet sich zunächst ein Enamin, welches intramolekular mit der Ketogruppe zum 5-Ring reagiert. (Darstellung und Reaktionen von Enaminen s. Abschn. 17.5.5 bzw. Abschn. 20.8.)

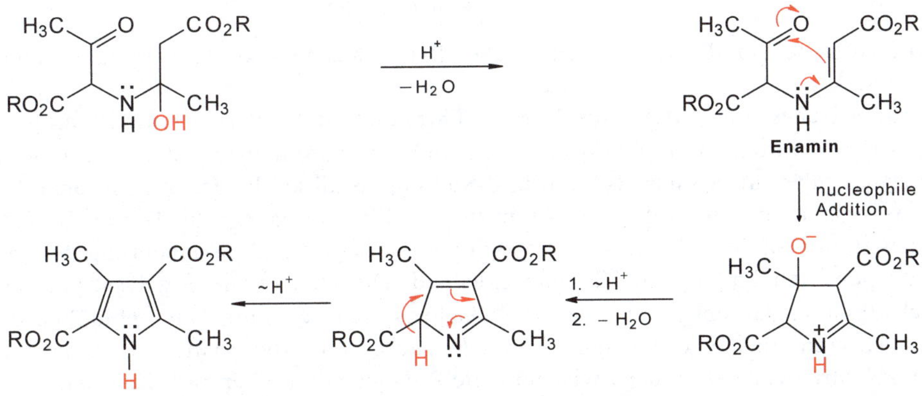

α-Aminoacetessigester wird durch Nitrosierung von Acetessigester (eine Aldolähnliche Reaktion) und nachfolgende Reduktion hergestellt.

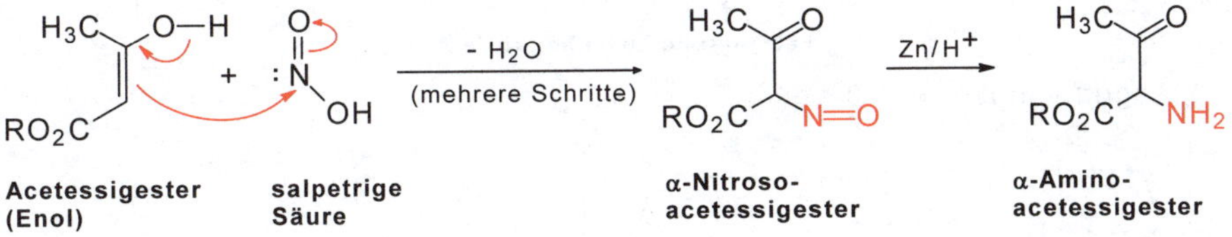

Aufgabe

1. Im letzten Schritt der Knorrschen Pyrrolsynthese tritt eine Verschiebung des H-Atoms ein. Was ist die Triebkraft dieser Verschiebung?

24.2.3 Zur Reaktivität von Furan, Thiophen und Pyrrol

Basisches und saures Verhalten von Furan, Thiophen, Pyrrol. Furan, Thiophen und Pyrrol sind schwächer basisch als aliphatische Ether, Thioether bzw. Amine. Ursache ist die Einbeziehung des freien Elektronenpaars in die Delokalisierung der π-Elektronen. Addition eines Protons schwächt den aromatischen Charakter und fördert die Instabilität der Verbindungen. Deshalb ist bei Reaktionen mit Furan oder Pyrrol darauf zu achten, dass starke Säuren (H_2SO_4, HNO_3, $AlCl_3$) nicht zugegen sind. Thiophen ist dagegen gegenüber Säuren weitgehend stabil.

Pyrrol reagiert amphoter, d.h. als Base oder Säure. Allerdings ist der basische Charakter nur sehr schwach ausgeprägt, da das freie Elektronenpaar in die Delokalisierung einbezogen ist. Der saure Charakter manifestiert sich in der Salzbildung mit festem Kaliumhydroxid.

Mit vorstehender Reaktion wurde früher Pyrrol aus Steinkohlendestillaten abgetrennt.

Aromatisches Verhalten von Furan, Thiophen und Pyrrol. Furan, Thiophen und Pyrrol enthalten ein 6π-System und sind somit aromatisch. Elektrophile Reagenzien substituieren das H-Atom in 2-Stellung. Sind die beiden 2-Positionen bereits substituiert, so wird das H-Atom in 3-Stellung ausgetauscht. Die bevorzugte Substitution an der 2-Position ist eine Folge der besseren Delokalisierung der partiell positiven Ladung im Übergangszustand. Die Delokalisierung lässt sich anschaulich an den entsprechenden σ-Zwischenstufen von Furan und Thiophen demonstrieren. In der kationischen Zwischenstufe A ist die positive Ladung über drei Zentren verteilt, in der Zwischenstufe B dagegen nur über zwei Zentren.

Elektrophile Substitutionen am Thiophen, Furan und Pyrrol verlaufen schneller als am Phenol oder Benzol. Es gilt folgende Reaktivitätsabstufung:

Ursache ist die Delokalisierung des freien Elektronenpaars am Heteroatom, die zu einer erhöhten Elektronendichte am Ort eines Ring-C-Atoms führt.

Ungesättigtes Verhalten von Furan, Thiophen und Pyrrol. Die Delokalisierungsenergien für Furan, Thiophen und Pyrrol liegen zwischen denen von Dienen und Benzol (s. Abschn. 24.2.1). Es überrascht deshalb nicht, dass einige Verbindungen auch wie Diene reagieren. So gehen Furan und unter verschärften Bedingungen auch Thiophen mit dem typischen Dienophil Maleinsäureanhydrid eine Diels-Alder-Reaktion ein. Beide Reaktionen sind thermodynamisch gesteuert und ergeben das *exo*-Addukt. (Zur Erinnerung: Nur bei kinetischer Steuerung entsteht das sterisch gehinderte *endo*-Addukt, s. Abschn. 8.7.4).

Pyrrol reagiert nicht als Dien sondern addiert sich als Michael-Donor an den Michael-Akzeptor Maleinsäureanhydrid.

24.2.4 Reaktionen des Furans

Die Reaktionen des Furans sind im Schema zusammengefasst. Wegen der Säureempfindlichkeit des Furans wird bei der Acetylierung nicht Acetanhydrid/AlCl$_3$ sondern Acetanhydrid/BF$_3$·Ether, und bei der Sulfonierung nicht H$_2$SO$_4$ sondern der Komplex SO$_3$·Pyridin verwendet. Die Einwirkung von Brom in Methanol führt nicht zur Substitution eines H-Atoms, sondern zunächst zur 1,4-Addition von Methylhypobromit H$_3$C−O−Br, das sich in einer Gleichgewichtsreaktion aus Brom und Methanol bildet. Die Umsetzung mit *n*-Butyl-Lithium liefert 2-Lithiofuran. Der Austausch erfolgt an der 2-Position, da das H-Atom wegen des −I-Effektes des Sauerstoffs acider ist als das H-Atom in 3-Position. 2-Lithiofuran ist wie andere metallorganische Verbindungen sehr reaktiv und kann in andere 2-substituierte Furane übergeführt werden.

Furan reactions:

- (Acetanhydrid, BF$_3$) → **2-Acetylfuran** + H$_3$C—CO$_2$H
- C$_5$H$_5$N · SO$_3$ → **2-Furansulfonsäure** (—SO$_3$H)
- Br$_2$ + H$_3$C—OH, − HBr → (OCH$_3$, Br intermediate) → CH$_3$OH → (OCH$_3$, OCH$_3$ acetal)
- C$_4$H$_9$—Li → **2-Lithiofuran** (—Li) + C$_4$H$_{10}$

24.2.5 Reaktionen des Thiophens

Thiophen ist gegenüber Säuren vergleichsweise beständig, deshalb gelingt die Substitution des Wasserstoffs in 2-Stellung durch die bekannten elektrophilen Reagenzien ohne Schwierigkeiten.

Thiophen reactions:

- (Acetylchlorid, SnCl$_4$) → **2-Acetylthiophen** + HCl
- H$_2$SO$_4$ → **2-Thiophensulfonsäure** (—SO$_3$H) + H$_2$O
- 2 Br$_2$ (in Benzol) → **2,5-Dibromthiophen** (Br—...—Br) + 2 HBr
- HNO$_3$ (in H$_3$C—CO$_2$H) → **2-Nitrothiophen** (—NO$_2$) + H$_2$O

24.2.6 Reaktionen des Pyrrols

Pyrrol ist unter den drei Heterocyclen am reaktionsfähigsten. Ein Indiz für die Reaktivität ist die Halogenierung, die bereits mit Iod und ohne Katalysator gelingt. Mit Essigsäureanhydrid erfolgt Acetylierung, ohne dass ein Friedel-Crafts-Katalysator zugegen ist. Sogar mit Diazoniumsalzen tritt eine elektrophile Substitution ein, obwohl diese Salze aufgrund ihrer geringen Elektrophilie in der Regel nur mit besonders reaktiven Aromaten wie Phenol oder Anilin eine Reaktion eingehen. Im übrigen ist Pyrrol wie Furan gegenüber Säuren unbeständig, worauf bei der Wahl der Reagenzien für die elektrophile Substitution zu achten ist (s. Sulfonierung).

Aufgaben

2. Das Benzoldiazonium-Ion $Ph-N_2^+$ ist ein sehr schwaches Elektrophil, trotzdem vermag das Kation ein H-Atom im Pyrrolring zu substituieren. Warum?
3. Vergleichen Sie die Acidität und Basizität von Pyrrol und Tetrahydropyrrol miteinander: Welche Verbindung ist basischer, welche saurer?
4. Thiophen soll in 2-Propylthiophen überführt werden. Formulieren Sie die Reaktionsschritte.

5. Beschreiben Sie anhand je eines Beispiels, dass sich Furan teils wie ein Dien, teils wie ein Aromat verhält.
6. Bei der Bromierung von Thiophen wird als Lösungsmittel Benzol verwendet. Warum wird dabei nicht auch Benzol bromiert?
7. Welche Deuteriumverbindung entsteht bei der Einwirkung von überschüssiger Deuterioschwefelsäure (D_2SO_4) auf Pyrrol?

24.3 Pyridin und Pyridinverbindungen

24.3.1 Bindung im Pyridin

Pyridin ist ein Heterocyclus mit 6 π-Elektronen gebildet aus 5 p_z-Orbitalen der fünf C-Atome und einem p_z-Orbital des N-Atoms. Senkrecht zu dem 6 π-System ist das nichtbindende (freie) Elektronenpaar des N-Atoms angeordnet.

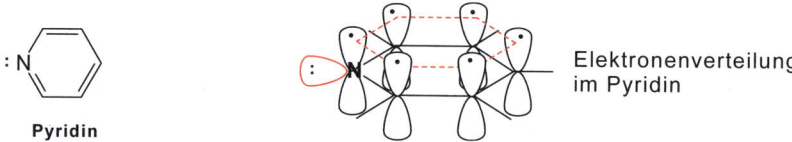

Pyridin

Elektronenverteilung im Pyridin

Das 6π-System ist für das aromatische Verhalten, das freie Elektronenpaar am Stickstoff für das basische und nucleophile Verhalten des Pyridins verantwortlich.

24.3.2 Gewinnung von Pyridinverbindungen

Pyridinverbindungen aus Steinkohlenteer und durch Synthese. Pyridin, Chinolin, Isochinolin und methylierte Pyridinverbindungen werden aus Steinkohlenteer isoliert. Dazu wird der Teer mit verdünnter Schwefelsäure extrahiert, der Extrakt neutralisiert und einer fraktionierenden Destillation unterworfen. Folgende Pyridinverbindungen werden aus Teer isoliert:

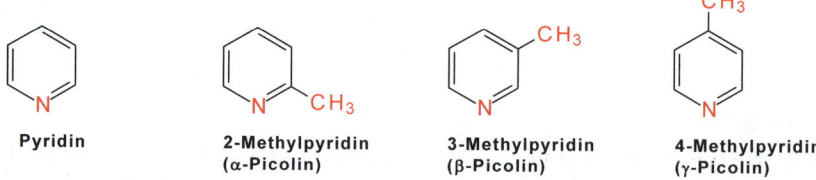

Pyridin   2-Methylpyridin   3-Methylpyridin   4-Methylpyridin
                 (α-Picolin)   (β-Picolin)   (γ-Picolin)

Synthetisch wird Pyridin aus Acetaldehyd, Formaldehyd und Ammoniak gewonnen.

Pyridinsynthese nach A. Hantzsch. Zur Darstellung höher substituierter Pyridinverbindungen bedient man sich der Pyridinsynthese nach *A. Hantzsch* (geb. 1857 in Dresden). Hierbei werden vier unterschiedliche Moleküle schrittweise zu einem

1,4-Dihydropyridin kondensiert. Dabei handelt es sich um zwei Moleküle einer C–H-aciden Carbonylverbindung vom Typ Acetessigester, um ein Molekül Aldehyd und um ein Molekül Ammoniak. Die abschließende Dehydrierung des 1,4-Dihydropyridins mit Salpetersäure führt zur gewünschten Pyridinverbindung.

Die Pyridinsynthese nach Hantzsch ist eine Mehrstufenreaktion, bei der zwei Reaktionswege diskutiert werden: der Weg A über ein Enamin (vgl. auch *Knorr*sche Pyrrolsynthese) und der Weg B über eine 1,5-Dicarbonylverbindung. Welcher Weg beschritten wird, hängt von den Ausgangsverbindungen ab. Es ist auch denkbar, dass sich das Endprodukt über beide Reaktionswege bilden kann.

● **Frage.** Nifedipin ist ein Arzneimittel, das den Blutdruck senkt. Bei der Verbindung handelt es sich um ein Dihydropyridin, welches nach dem Hantzschen Verfahren hergestellt werden kann. Welches sind die Ausgangsverbindungen? (Hinweis: Beginnen Sie mit einer retrosynthetischen Betrachtung.)

● **Antwort.** Die retrosynthetische Betrachtung legt eine Zerlegung gemäß den roten Linien nahe. Die Ausgangsverbindungen sind somit zwei mol Acetessigester, ein mol Ammoniak und ein mol 2-Nitrobenzaldehyd.

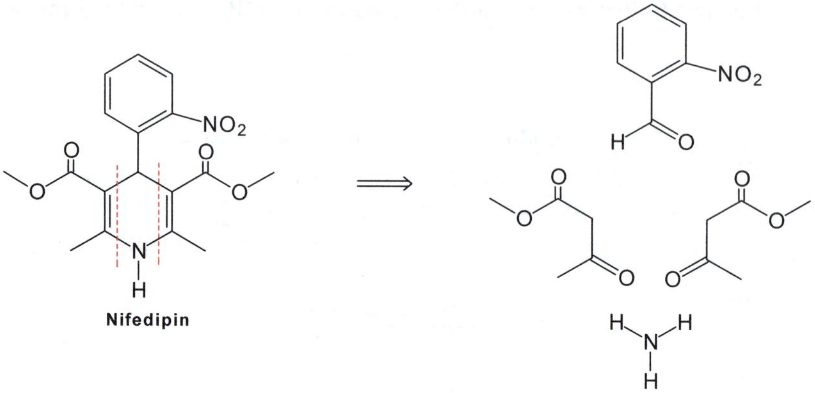

Nifedipin

Aufgabe

8. Die Pyridinverbindung A wird nach einem Verfahren hergestellt, das der Hantzschen Pyridinsynthese ähnelt. Formulieren Sie die einzelnen Schritte.

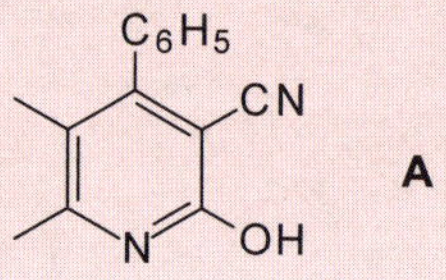

A

24.3.3 Reaktionen von Pyridinverbindungen

Basisches Verhalten. Im Gegensatz zu aliphatischen Aminen ist Pyridin nur eine schwache Base (Pyridin: $pK_a = 5{,}3$; aber Trimethylamin: $pK_a = 9{,}8$), zur Ursache s. 22.5.1. Es bildet nur mit starken Säuren Salze, die Pyridiniumsalze genannt werden.

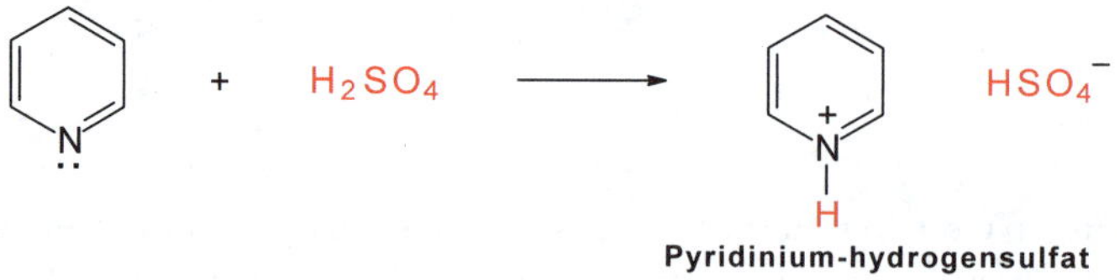

Pyridinium-hydrogensulfat

Wegen seiner basischen Eigenschaft wird Pyridin häufig als Lösungsmittel für Reaktionen verwendet, bei denen eine Säure freigesetzt wird. Pyridin bindet die Säure unter Salzbildung und verschiebt damit die Reaktion im gewünschten Sinne.

Bei der Veresterung eines Alkohols mit einem Säurechlorid dient Pyridin gleichzeitig als Lösungsmittel, Protonenakzeptor und Katalysator (Näheres s. Abschn. 19.2.2).

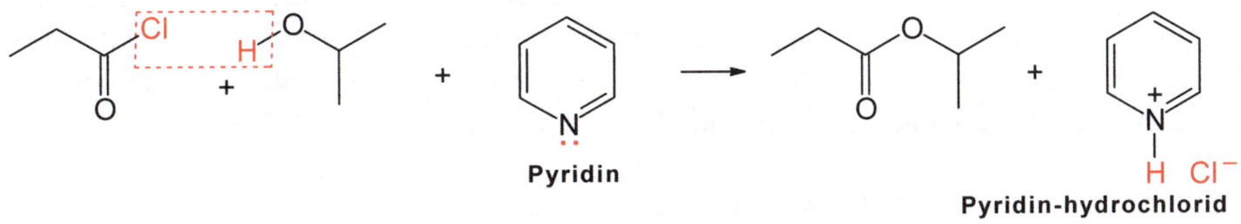

Pyridin

Pyridin-hydrochlorid

Nucleophiles Verhalten. Pyridin reagiert wie ein tertiäres Amin als N-Nucleophil und bildet mit Alkylhalogeniden *N*-Alkyl-pyridinium-halogenide. Mit Peroxycarbonsäuren entsteht das dipolare Pyridin-*N*-oxid.

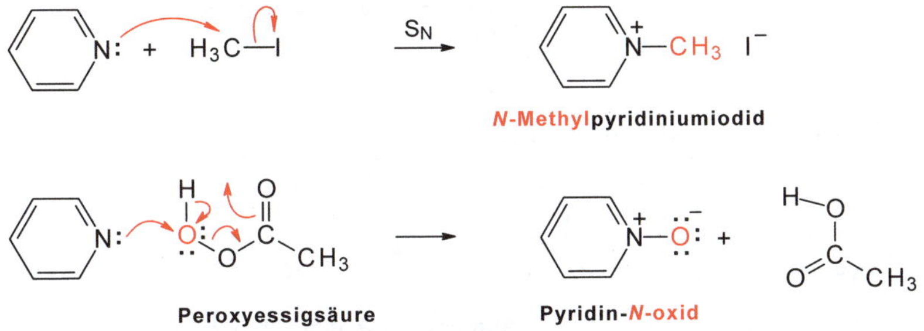

N-**Methyl**pyridiniumiodid

Peroxyessigsäure

Pyridin-*N*-oxid

Elektrophile aromatische Substitution. Elektrophile Substitutionen verlaufen am Pyridinring nur unter verschärften Bedingungen. Grund ist die gegenüber Kohlenstoff höhere Elektronegativität des N-Atoms, die zu einer Desaktivierung des Pyridinringes führt. Diese Desaktivierung wird noch dadurch verstärkt, dass das N-Atom bei einigen Substitutionsreaktionen (z.B. Sulfonierung, Nitrierung) in protonierter Form vorliegt. Dennoch: Bei Temperaturen oberhalb 220 °C finden einige Reaktionen statt, bei denen das H-Atom in 3-Stellung substituiert wird. Die Bromierung von Pyridin ergibt ein Gemisch aus 3-Brom- und 3,5-Dibrompyridin, die Sulfonierung führt zu 3-Pyridinsulfonsäure.

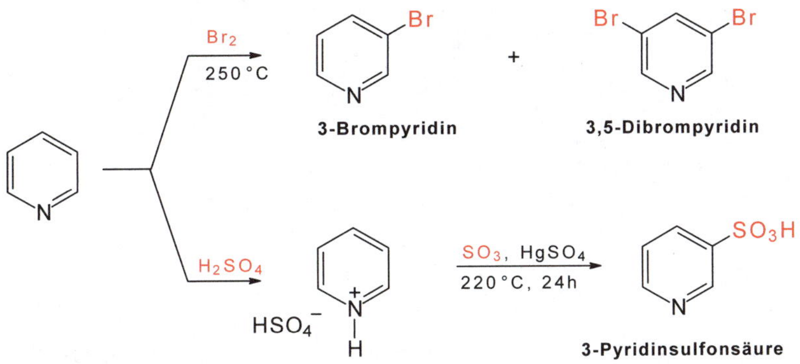

3-Brompyridin

3,5-Dibrompyridin

3-Pyridinsulfonsäure

Weshalb erfolgt die Substitution in 3-Stellung? Beim elektrophilen Angriff an C-3 bildet sich die kationische Zwischenstufe A, in der die positive Ladung auf drei C-Atome verteilt ist. Beim Angriff an C-2 oder C-4 entsteht die kationische Zwischenstufe B, in der die positive Ladung nur über zwei C-Atome delokalisiert ist, da sich das N-Atom wegen seiner gegenüber Kohlenstoff größeren Elektronegativität an der Delokalisierung nicht beteiligt. Somit erfordert der Angriff an C-3 weniger Aktivierungsenergie als der an C-2 oder C-4.

Angriff des Elektrophils an C-3:

kationische Zwischenstufe A relativ stabil

Angriff des Elektrophils an C-2:

kationische Zwischenstufe B weniger stabil

Nucleophile aromatische Substitution. Da das elektronegative Stickstoffatom im Pyridin eine elektrophile Substitution erschwert, sollte es umgekehrt nucleophile Substitutionsreaktionen erleichtern. Das ist der Fall. Stark nucleophile Verbindungen substituieren den Wasserstoff in 2-Stellung (in bestimmten Fällen auch in 4-Stellung), wobei dieser Wasserstoff als **Hydrid-Ion** austritt. Mit Natriumamid bildet sich 2-Aminopyridin, mit n-Butyllithium 2-n-Butylpyridin. Die Reaktion von Pyridin mit Natriumamid ist unter dem Namen **Tschitschibabin**-Reaktion bekannt *(A. E. Tschitschibabin, geb. 1871 in Poltawa, Russland)*.

2-Aminopyridin

2-Butylpyridin

Der Angriff des Nucleophils Nu⁻ erfolgt an der 2-oder 4-Stellung, weil hierbei die im Übergangszustand auftretende partielle negative Ladung auch auf das elektronegative N-Atom verteilt werden kann. Das ist beim Angriff an der 3-Stellung nicht möglich.

Angriff des Nucleophils an C-2:

anionische Zwischenstufe relativ stabil

Angriff des Nucleophils an C-3:

anionische Zwischenstufe relativ instabil

Auch die alkalische Oxidation von Pyridin mit Luft zu 2-Hydroxypyridin gehört zu den nucleophilen aromatischen Substitutionen. Die Reaktion wird durch den nucleophilen Angriff des Hydroxid-Ions eingeleitet, dem eine Hydrid-Abspaltung unter Rückbildung des aromatischen Systems folgt.

2-Hydroxypyridin

Pyridinverbindungen mit einer OH-Gruppe in 2-Stellung treten als Tautomere auf. In der Gasphase überwiegt das Hydroxypyridin, im polaren Lösungsmittel das α-Pyridon.

tautomeres Gleichgewicht

2-Hydroxypyridin
(ein Lactim)

α-Pyridon
(ein Lactam)

Seitenkettenoxidation alkylierter Pyridinverbindungen. Pyridin ist gegenüber den meisten Oxidationsmitteln beständig und wird gelegentlich sogar als Lösungsmittel bei Oxidationsreaktionen verwendet (Oxidation von Alkoholen mit CrO_3 in Pyridin). Anders verhalten sich alkylierte Pyridine. Deren benzylähnliche Wasserstoffatome sind durch den Pyridinring aktiviert und werden glatt oxidiert, wobei Pyridincarbonsäuren entstehen.

3-Methylpyridin

KMnO₄

**3-Pyridincarbonsäure
(Nicotinsäure) (Niacin)**

4-Ethylpyridin

KMnO₄

**4-Pyridincarbonsäure
(Isonicotinsäure)**

$+ \quad CO_2$

Aufgaben

9. Vergleichen Sie Pyrrol und Pyridin miteinander. Welche Verbindung ist basischer, welche ist bei elektrophilen Substitutionen reaktiver?

10. Folgende Reaktion ist eine nucleophile aromatische Substitution. Formulieren Sie den Verlauf der Reaktion:

11. Sulfapyridin ist ein Sulfonamid, das als Arzneimittel gegen Salmonellen eingesetzt wird. Schlagen Sie eine von Pyridin und Anilin ausgehende Synthese vor.

Sulfapyridin

12. Zeichnen Sie sämtliche Dimethylpyridine. Wie können die Verbindungen durch eine Kombination chemischer und spektroskopischer Methoden voneinander unterschieden werden?

13. Ausgehend von Pyridin und Phenol soll folgende Azoverbindung hergestellt werden. Formulieren Sie die einzelnen Schritte. (Hinweis: Beginnen Sie mit einer retrosynthetischen Betrachtung.)

14. Bei der Oxidation von *N*-Methylpyridiniumiodid mit alkalischem K-hexacyanatoferrat entsteht ein 2-Pyridon. Über welche Zwischenstufe verläuft die Reaktion?

15. Bei der Einwirkung von gepulvertem KOH auf Nitrobenzol bilden sich *o*- und *p*-Nitrophenol. Wie verläuft die Reaktion?

24.4 Kondensierte Ringe: Chinolin, Isochinolin und Indol

Kondensierte Heterocyclen bestehen im einfachsten Fall aus zwei Ringen mit einer gemeinsamen Bindung und wenigstens einem Heteroatom. Wichtige Vertreter sind Chinolin, Isochinolin und Indol.

Wie Pyridin kommen auch Chinolin und Isochinolin im Steinkohlenteer vor, Gehalt jeweils ca. 0,2 %.

Chinolin und Isochinolin gehen elektrophile und nucleophile Substitutionsreaktionen ein. Elektrophile Reagenzien greifen hauptsächlich am Benzolring an, da der Pyridinring durch das N-Atom, insbesondere durch das protonierte, desaktiviert ist. Der Angriff erfolgt wie bei Naphthalin bevorzugt auf die C-Atome 5 und 8 (vgl. Bromierung von Naphthalin, Abschn. 15.5).

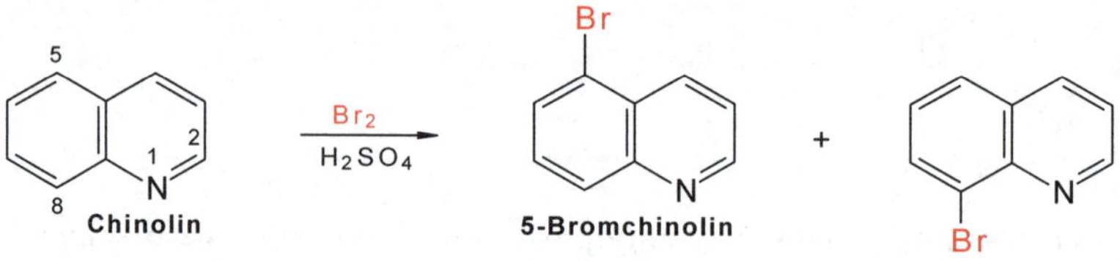

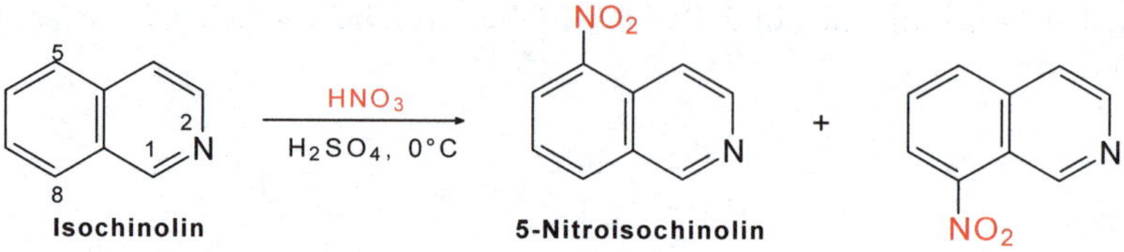

Br
5
2
1
N
8
Chinolin
Br2
H2SO4
N
5-Bromchinolin
+
N
Br

NO2
5
2
1
N
8
Isochinolin
HNO3
H2SO4, 0°C
N
5-Nitroisochinolin
+
N
NO2

Die Oxidation mit Kaliumpermanganat erfolgt ebenfalls am Benzolring, Endprodukte sind Dicarbonsäuren.

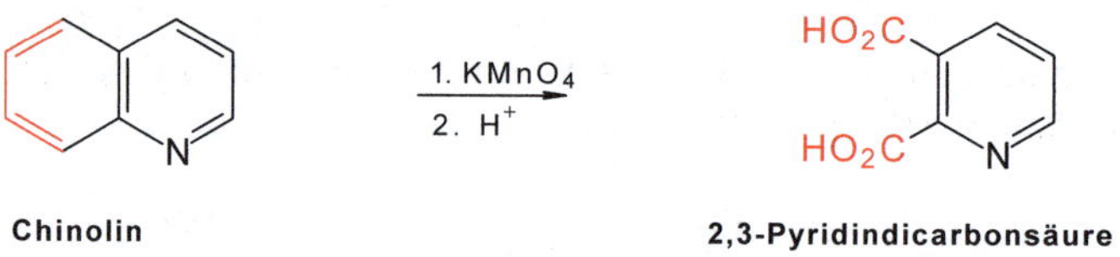

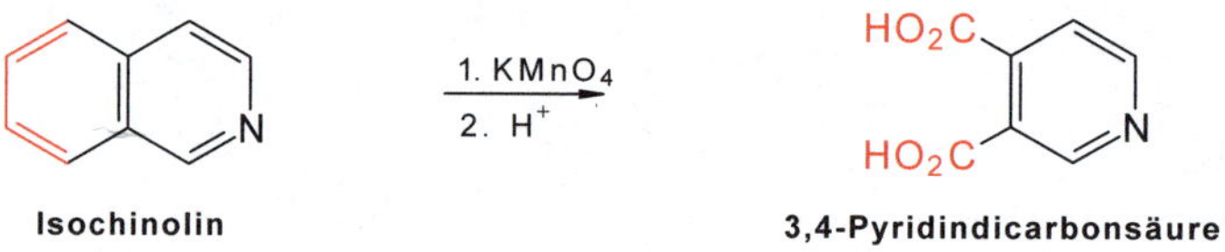

N
Chinolin
1. KMnO4
2. H+
HO2C
HO2C
N
2,3-Pyridindicarbonsäure

N
Isochinolin
1. KMnO4
2. H+
HO2C
HO2C
N
3,4-Pyridindicarbonsäure

Nucleophile Substitutionen erfolgen am Pyridinring. Die Tschitschibabin-Reaktion mit $NaNH_2$ nimmt folgenden Verlauf:

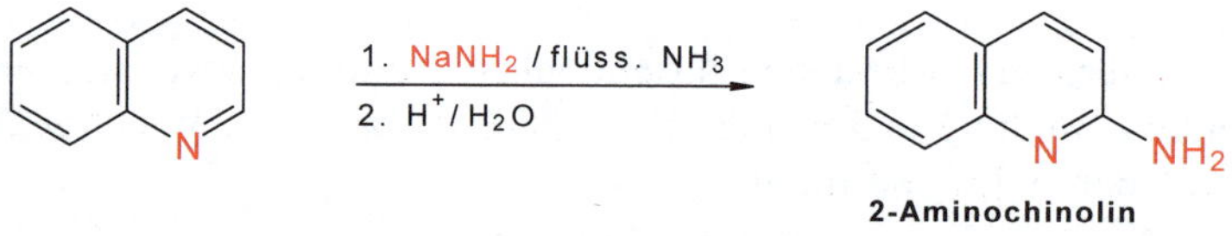

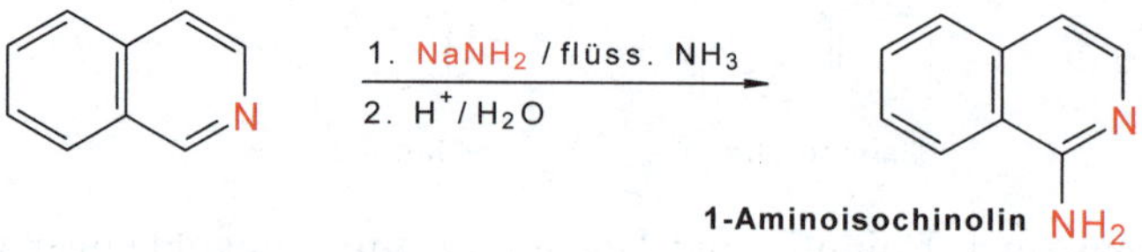

N
1. NaNH2 / flüss. NH3
2. H+/ H2O
N
NH2
2-Aminochinolin

N
1. NaNH2 / flüss. NH3
2. H+/ H2O
N
1-Aminoisochinolin
NH2

Indol enthält ein N-Atom, dessen freies Elektronenpaar wie im Pyrrol in die Delokalisierung des π-Systems einbezogen ist. Die Delokalisierung hat zur Folge, dass Indol nur äußerst schwach basisch, aber sehr reaktiv gegenüber elektrophilen Reagenzien ist. Der elektrophile Angriff erfolgt auf das C-3-Atom. Nachfolgend sind die Bromierung und die Formylierung (Vilsmeier-Reaktion) beschrieben.

Ursache für den Angriff auf C-3 ist die Delokalisierung der partiell positiven Ladung des Übergangszustands durch das N-Atom.

Carbenium-Ion (2 mesomere Grenzstrukturen)

Zusammenfassung. Chinolin und Isochinolin sind Benzopyridine. Elektrophile Reagenzien inklusive Oxidationsmittel greifen den Benzolring, nucleophile Reagenzien den Pyridinring an. Indol ist ein Benzopyrrol. Elektrophile reagieren mit dem Pyrrolring, der so reaktiv wie Pyrrol selbst ist.

Aufgaben

16. Jeweils welche Verbindung entsteht, wenn Methyllithium auf (a) Chinolin oder auf (b) Isochinolin einwirkt? Wie verlaufen die Reaktionen?

17. Indol addiert sich an Enone wie folgt. Wie verläuft die Addition? Mit welcher anderen Addition ist diese Addition verwandt?

24.5 *Exkurs:* Benzodiazepine. Kombinatorische Synthese

Benzodiazepine sind bicyclische Verbindungen bestehend aus einem Benzolring und einem ungesättigten Cycloheptanring, der zwei N-Atome enthält. Sie sind als Arzneimittel von Bedeutung und werden als Beruhigungsmittel (Transquilizer), Schlafmittel (Sedativa) und Antiepileptika verwendet.

3*H*-1,4-Benzodiazepin
(Grundgerüst einiger Arzneimittel)

Diazepam (Valium),
Beruhigungsmittel

Wie eine retrosynthetische Betrachtung ergibt (s. gestrichelte rote Linie), können 1,4-Benzodiazepine aus einem aromatischen *o*-Aminoketon und einem Aminocarbonsäureester hergestellt werden, wobei als Zwischenstufe ein Imin auftritt. Beispiel:

o-Amino-
benzophenon   Glycinester

ein Imin

Aufgabe
18. Bei der Ringbildung des vorstehenden Benzodiazepins wird zuerst die Imin-, danach die Amidbindung gebildet. Warum nicht umgekehrt?

Kombinatorische Synthese. Nachdem man erkannt hatte, dass Benzodiazepine vielfältige pharmakologische Eigenschaften besitzen, wurde durch Variation von R in den drei Bausteine A, B und C eine große Zahl substituierter Benzodiazepine hergestellt. Hinter dem Baustein A verbirgt sich ein aromatisches *o*-Aminoketon, hinter Baustein B eine Aminosäure und hinter Baustein C ein Alkylierungsreagenz. Die einzelnen Schritte werden an einem festen Träger durchgeführt, der die Reinigung der Zwischenstufen durch einfaches Spülen erlaubt, Näheres s. Abschn. 27.2.4.

Bei der kombinatorischen Synthese wird der Baustein A über eine später leicht abspaltbare Silanbrücke –Si(CH$_3$)$_2$– an einen festen Träger (z.B. Polystyrol) gebunden. Der fixierte Baustein A wird mit dem Baustein B umgesetzt, bei dem es sich um ein hoch reaktives Aminocarbonsäurefluorid handelt, dessen Aminogruppe durch die basenlabile Schutzgruppe Fmoc blockiert ist. (Zu Struktur und Eigenschaften von Fmoc s. Abschn. 27.2.3.) Bei dieser Reaktion wird die Säureamidgruppe des Zielmoleküls aufgebaut. Danach erfolgen nacheinander Abspaltung der Fmoc-Schutzgruppe unter Freisetzung der reaktiven Aminogruppe, Kondensation dieser Aminogruppe mit der Ketogruppe unter Bildung des 7-Ringes und Alkylierung des Amid-Stickstoffs durch den Baustein C, der sich von einem Alkylhalogenid herleitet. Schließlich wird das fertige Benzodiazepin durch Fluorwasserstoff vom festen Träger gelöst.

Wie gelangt man nun zu einer Vielfalt von Verbindungen, die sich durch die Substituenten R_1, R_2 und R_3 unterscheiden? Dazu wird der in einem inerten Lösungsmittel aufgeschlämmte feste Träger in mehrere Portionen aufgeteilt und jede Portion mit dem Baustein A, dessen Substituent R_1 von Portion zu Portion variiert, umgesetzt. Die so erhaltenen neuen Portionen werden ebenfalls in Portionen aufgeteilt, und jede Portion wird mit dem Baustein B_2, dessen Substituent ebenso von Portion zu Portion variiert, umgesetzt usw. Wird z. B. Baustein A in 10 Variationen mit Baustein B ebenfalls in 10 Variationen und das Reaktionsprodukt daraus mit Baustein C auch in 10 Variationen umgesetzt, so erhält man 10 mal 10 mal 10 = 1000 unterschiedliche Benzodiazepine.

Vorstehende Reaktionsfolge ist ein Beispiel für eine **kombinatorische Synthese**. Darunter versteht man die Herstellung einer großen Zahl ähnlicher Verbindungen („Verbindungsbibliotheken") an einem festen Träger.

24.6 *Exkurs*: der Farbstoff Indigo und seine Herstellung

Einer der ältesten Farbstoffe ist Indigo. Bereits die Alten Ägypter färbten damit ihre Stoffe, wie die Gewänder der bestatteten Pharaonen dokumentieren. Auch heute besitzt Indigo als Farbstoff noch erhebliche Bedeutung, wenn auch inzwischen viele synthetische Farbstoffe hinzugekommen sind. Man färbt damit hauptsächlich Baumwollstoffe wie die für "Bluejeans".

Indigo enthält zwei Indol-ähnliche Ringe, die über eine Doppelbindung verbunden und zusätzlich über zwei Wasserstoffbrücken zusammengehalten sind. Die Verbindung hat zwitterionischen Charakter, wie die folgende mesomere Grenzstruktur zeigt.

Indigo (zwei mesomere Grenzstrukturen)

Die Farbe des Indigos rührt von dem konjugierten π-System her. Seine Haftfestigkeit auf Gewebe beruht auf der Polarität des Moleküls, ferner den beiden Carbonylgruppen, die mit den OH-Gruppen des Baumwollgewebes Wasserstoffbrücken bilden.

Indigo wurde früher aus bestimmten Pflanzen gewonnen, in denen es in einer Vorstufe und zudem an Glucose gebunden vorliegt. Heute hat das synthetische Indigo das Naturprodukt völlig verdrängt.

Mehrere technische Synthesen sind bekannt. Nachfolgend ist die **Indigo-Synthese** nach **Heumann** skizziert *(K. Heumann,* geb. 1850 in Darmstadt), die von Anilin ausgeht. Zunächst wird Anilin der Strecker-Synthese unterworfen (Abschn. 27.1.4), die hier nicht mit Ammoniak sondern mit Anilin durchgeführt wird. Dabei entsteht ein Anilinonitril. Dieses wird zum Na-Salz des *N*-Phenylglycins verseift, das mit geschmolzenem Natriumamid in ein Dinatriumsalz überführt wird (Säure-Base-Reaktion). Letzteres cyclisiert bei 210 °C zu einer Indoxyl-ähnlichen Verbindung. Allylverschiebung des H-Atoms in Position 3a und Abspaltung von Natriumoxid ergeben Indoxyl.

Der entscheidende Schritt ist die Cyclisierung des Dinatrium-Salzes von *N*-Phenylglycin zu Indoxyl. Diese Reaktion ist mechanistisch vergleichbar mit der Reaktion von Na-phenolat mit CO_2 (s. Kolbe-Schmitt-Reaktion, Abschn. 23.3.4.). Das gelbe Indoxyl wird im letzten Schritt durch Luft nach einem noch nicht restlos geklärten Mechanismus zum blauen Indigo oxidiert. Die Farbverschiebung nach kürzeren Wellenlängen beruht auf der zusätzlichen Doppelbindung.

Nach dem Heumann-Verfahren werden weltweit jährlich 30 000 Tonnen Indigo produziert.

Aufgaben

19. Welche Symmetrieelemente besitzt Indigo?
20. Welches ist die Triebkraft bei der Tautomerisierung zu Indoxyl?
21. Nicotin enthält zwei N-Atome. Welches N-Atom ist basischer und warum?

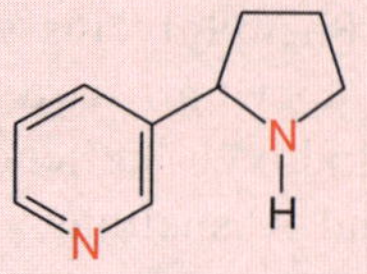

Nicotin

24.7 Lösung der Aufgaben zu Kapitel 24

1. Durch Verschiebung des H-Atoms tritt Aromatisierung ein.
2. Weil Pyrrol sehr reaktiv ist, s. Abschn. 24.2.6.
3. Acidität: Pyrrol > Tetrahydropyrrol. Basizität: Pyrrol < Tetrahydropyrrol
4. Thiophen + Propionylchlorid/SnCl$_4$ → 2-Propionylthiophen; + Zn / HCl → 2-Propylthiophen
5. Diencharakter: Furan geht mit Maleinsäureanhydrid eine Diels-Alder-Reaktion ein. Aromatencharakter: Die Wasserstoffatome des Furans können elektrophil substituiert werden (durch H$_3$C—COCl, SO$_3$ u.a.).
6. Zur Bromierung von Benzol benötigt man einen Katalysator (z.B. FeBr$_3$), zur Bromierung des reaktiven Thiophens nicht.
7. 2,5-Dideuteriopyrrol

8.

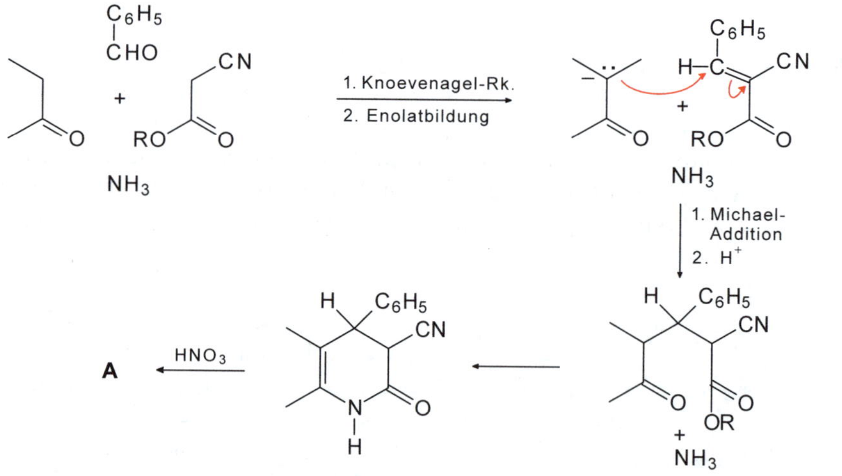

9. Basizität: Pyrrol < Pyridin. Reaktivität bei elektrophilen Reaktionen: Pyrrol >> Pyridin
10. Reaktionsverlauf:

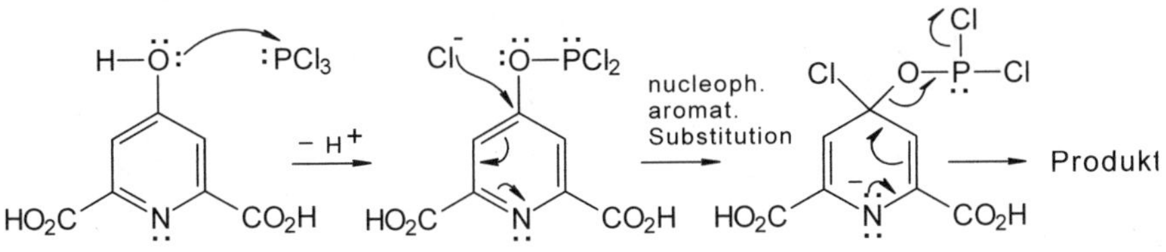

11.

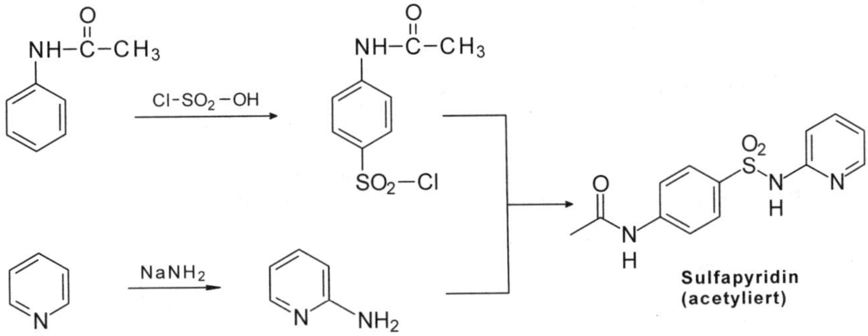

Sulfapyridin (acetyliert)

Selektive Hydrolyse mit Salzsäure ergibt das Sulfapyridin. (Sulfonsäureamide hydrolysieren langsamer als Carbonsäureamide.)

12.

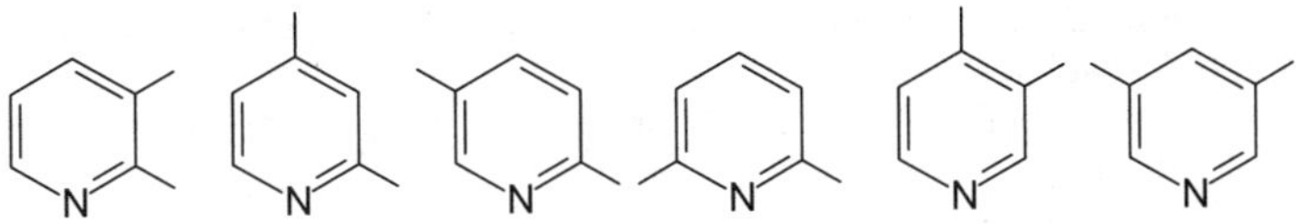

A   B   C   D   E   F

Unterscheidung. **A,E**: KMnO$_4$-Oxidation ergibt eine Dicarbonsäure, die ein Anhydrid bilden kann. Unterscheidung der Anhydride durch ^{1}H-NMR: 2-H (**E**) ergibt näherungsweise ein Singulett, da vicinale H-Atome fehlen. **D,F** zeigen als einzige Isomere im ^{13}C-NMR nur je 3 Signale im aromatischen Bereich. Unterscheidung von **D** und **F** durch ^{1}H-NMR (**F**: näherungsweise 2 Singuletts). **B,C**: KMnO$_4$-Oxidation ergibt jeweils Dicarbonsäuren, deren α-Carboxylgruppe aufgrund des –I-Effekts des N-Atoms durch Pyrolyse abgespalten werden kann. Pyridin-4-carbonsäure liefert im Gegensatz zur 3-Carbonsäure ein ^{13}C-NMR, das nur 3 Signale im aromatischen Bereich aufweist.

13.

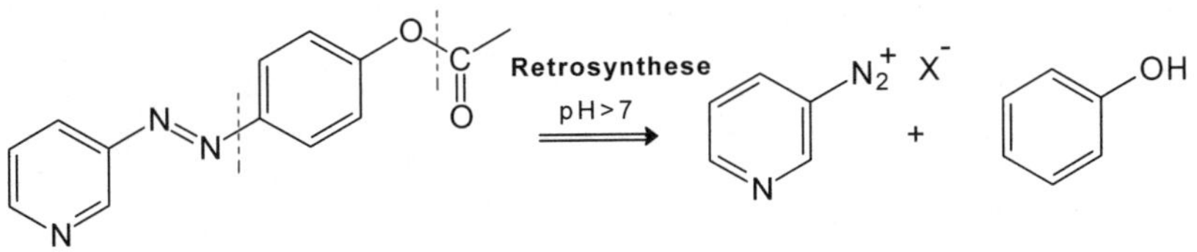

Da die Diazoniumgruppe eine nur schwach elektrophile Gruppe ist, gelingt die Diazotierung nur mit Phenol, nicht mit Phenylacetat und nicht mit Pyridin. *Synthese des 3-Pyridindiazoniumsalzes:* Pyridin → 3-Nitropyridin → 3-Aminopyridin →. 3-Pyridindiazoniumsalz. *Letzter Schritt:* Veresterung mit Essigsäureanhydrid

14.

15.

Bildung der *p*-Verbindung analog
Bruttogleichung: Nitrobenzol + KOH → Produkt + KH (Kaliumhydrid).

16.   (a) → 2-Methylchinolin; (b) → 1-Methylisochinolin
Die Reaktionen verlaufen analog der Tschitschibabin-Reaktion.

17.

Michael-Addition

18.   Eine aliphatische Aminogruppe ist reaktiver als eine aromatische, vgl. pK_a-Werte von Ammoniumsalzen.

19.   Symmetrieebene (Molekülebene), Symmetriezentrum, 2-zählige Achse (senkrecht zur Molekülebene)

20.   Die Aromatisierung

21.   Das aliphatische N-Atom ist basischer, da sein freies Elektronenpaar sp^3-hybridisiert und damit weiter vom Kern entfernt ist als das sp^2-hybridisierte Elektronenpaar des N-Atoms im Pyridin (Abschn. 22.5.1).

Kapitel 25
Kohlenhydrate

25.1 Einteilung der Kohlenhydrate

Kohlenhydrate sind Verbindungen der ungefähren Zusammensetzung $(C \cdot H_2O)_n$ mit $n = 6, 12, 18...$ Von dieser Zusammensetzung, die eine Hydratisierung des Kohlenstoffs vortäuscht, leitet sich auch der Name Kohlen"hydrate" ab. Kohlenhydrate werden auch **Saccharide** genannt (griech. *saccharon*, Zucker), da die niedermolekularen Vertreter süß schmecken.

Kohlenhydrate haben vielfältige Bedeutung. Sie bilden zusammen mit den Fetten und Eiweißen die Grundlage menschlicher Ernährung. Sie üben vielfältige Stützfunktionen bei Pflanzen aus. Ferner verbinden sie sich mit der Oberfläche von biologischen Zellen und ermöglichen damit die Erkennung der Zellen untereinander.

Die Einteilung der Kohlenhydrate erfolgt nach der Anzahl der im Molekül vorhandenen Zuckerbausteine. Man unterscheidet zwischen **Monosacchariden, Disacchariden** etc., **Oligosacchariden** und **Polysacchariden.** Monosaccharide bestehen aus einem einzigen Zuckerbaustein. Hierbei handelt es sich meistens um Verbindungen mit 5 oder 6 C-Atomen. Am weitesten in der Natur verbreitet sind die Monosaccharide Glucose und Fructose, die beide die Zusammensetzung $(C \cdot H_2O)_6 = C_6H_{12}O_6$ aufweisen. Disaccharide setzen sich aus zwei Zuckerbausteinen zusammen. Zu ihnen gehören Saccharose (Rohrzucker), Maltose (Malzzucker) und Lactose (Milchzucker), alles Verbindungen der Zusammensetzung $C_{12}H_{22}O_{11}$. Oligo- und Polysaccharide bestehen aus mehreren oder sehr vielen Zuckerbausteinen. Die wichtigsten Polysaccharide sind Glykogen, Stärke und Cellulose mit der Zusammensetzung $(C_6H_{10}O_5)_n$.

25.2 Struktur von Monosacchariden

Monosaccharide sind Oxidationsprodukte mehrwertiger Alkohole (Alkohole mit mehreren OH-Gruppen). Als einfachstes Monosaccharid kann Glykolaldehyd betrachtet werden. Die Verbindung entsteht formal durch Oxidation des zweiwertigen Alkohols Ethylenglykol.

Es folgen Glycerinaldehyd und Dihydroxyaceton, beides Oxidationsprodukte des dreiwertigen Alkohols Glycerin.

$$\underset{\substack{\text{Dihydroxyaceton}\\\text{(eine Ketose)}}}{\overset{\displaystyle\begin{array}{c}CH_2OH\\|\\C=O\\|\\CH_2OH\end{array}}{}}\quad\xleftarrow{-2H}\quad\underset{\substack{\text{Glycerin}}}{\overset{\displaystyle\begin{array}{c}CH_2OH\\|\\CHOH\\|\\CH_2OH\end{array}}{}}\quad\xrightarrow{-2H}\quad\underset{\substack{\text{Glycerinaldehyd}\\\text{(eine Aldose)}}}{\overset{\displaystyle\begin{array}{c}H-C=O\\|\\{}^*CHOH\\|\\CH_2OH\end{array}}{}}$$

Glycerinaldehyd gehört zu den **Aldosen**, das sind Zucker mit einer Aldehydgruppe, und Dihydroxyaceton zu den **Ketosen**, worunter man Zucker mit einer Ketogruppe versteht.

Glycerinaldehyd besitzt ein Chiralitätszentrum und tritt deshalb als Enantiomerenpaar auf. Zur räumlichen Darstellung wird bei dieser Verbindung und erst recht bei Zuckern mit mehreren Chiralitätszentren die **Fischer-Projektion** verwendet (s. Abschn. 5.2).

Fischer-Projektion:

$$\underset{\substack{\textit{(R)}\text{-2,3-Dihydroxypropanal}\\\text{oder D-Glycerinaldehyd}}}{\overset{\displaystyle\begin{array}{c}H-C=O\\|\\H-\!\!\!-OH\\|\\CH_2OH\end{array}}{}}\;\equiv\;\overset{\displaystyle\begin{array}{c}H-C=O\\|\\H-\!\!\!-OH\\|\\CH_2OH\end{array}}{}$$

Spiegelebene σ

Fischer-Projektion:

$$\underset{\substack{\textit{(S)}\text{-2,3-Dihydroxypropanal}\\\text{oder L-Glycerinaldehyd}}}{\overset{\displaystyle\begin{array}{c}H-C=O\\|\\HO-\!\!\!-H\\|\\CH_2OH\end{array}}{}}\;\equiv\;\overset{\displaystyle\begin{array}{c}H-C=O\\|\\HO-\!\!\!-H\\|\\CH_2OH\end{array}}{}$$

Formale Oxidation des 4-wertigen Alkohols 1,2,3,4-Butantetraol führt zu Zuckern mit vier C-Atomen.

$$\underset{\substack{\text{2,3,4-Trihydroxybutanal}\\\text{(eine Aldose)}}}{\overset{\displaystyle\begin{array}{c}H-C=O\\|\\{}^*CHOH\\|\\{}^*CHOH\\|\\CH_2OH\end{array}}{}}\quad\xleftarrow{-2H}\quad\underset{\substack{\text{1,2,3,4-Butantetraol}}}{\overset{\displaystyle\begin{array}{c}CH_2OH\\|\\{}^*CHOH\\|\\{}^*CHOH\\|\\CH_2OH\end{array}}{}}\quad\xrightarrow{-2H}\quad\underset{\substack{\text{1,3,4-Trihydroxy-2-butanon}\\\text{(eine Ketose)}}}{\overset{\displaystyle\begin{array}{c}CH_2OH\\|\\C=O\\|\\{}^*CHOH\\|\\CH_2OH\end{array}}{}}$$

1,3,4-Trihydroxy-2-butanon enthält wie D-Glycerinaldehyd ein Chiralitätszentrum und tritt deshalb ebenfalls als Enantiomerenpaar auf.

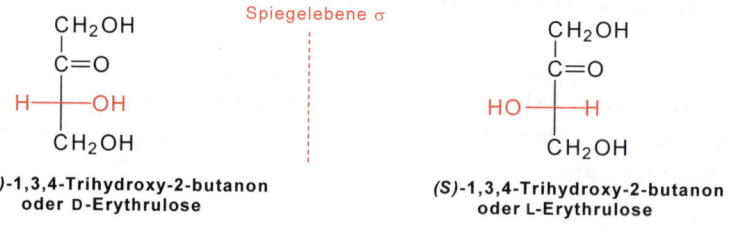

Spiegelebene σ

$$\underset{\substack{\textit{(R)}\text{-1,3,4-Trihydroxy-2-butanon}\\\text{oder D-Erythrulose}}}{\overset{\displaystyle\begin{array}{c}CH_2OH\\|\\C=O\\|\\H-\!\!\!-OH\\|\\CH_2OH\end{array}}{}}\qquad\qquad\underset{\substack{\textit{(S)}\text{-1,3,4-Trihydroxy-2-butanon}\\\text{oder L-Erythrulose}}}{\overset{\displaystyle\begin{array}{c}CH_2OH\\|\\C=O\\|\\HO-\!\!\!-H\\|\\CH_2OH\end{array}}{}}$$

Der andere C_4-Zucker, 2,3,4-Trihydroxybutanal, besitzt bereits zwei Chiralitätszentren, daher leiten sich von dieser Verbindung zwei Diastereomere ab. Jedes Diastereomer existiert als Enantiomerenpaar, so dass insgesamt vier Stereoisomere möglich sind, wie auch die Formel 2^n (*n* Anzahl der Chiralitätszentren) verlangt.

$$
\begin{array}{cccc}
\text{H—C=O} & \text{H—C=O} & \text{H—C=O} & \text{H—C=O} \\
\text{H——OH} & \text{HO——H} & \text{HO——H} & \text{H——OH} \\
\text{H——OH} & \text{HO——H} & \text{H——OH} & \text{HO——H} \\
\text{CH}_2\text{OH} & \text{CH}_2\text{OH} & \text{CH}_2\text{OH} & \text{CH}_2\text{OH} \\
\textbf{D-Erythrose} & \textbf{L-Erythrose} & \textbf{D-Threose} & \textbf{L-Threose}
\end{array}
$$

Monosaccharide mit 5 C-Atomen werden formal erhalten, wenn 1,2,3,4,5-Pentahydroxypentan partiell oxidiert wird, und solche mit 6 C-Atomen formal durch partielle Oxidation von 1,2,3,4,5,6-Hexahydroxyhexan.

D,L-Nomenklatur bei Zuckern. Wie das Beispiel Glycerinaldehyd zeigt, können zur Angabe der Konfiguration zwei Nomenklaturen verwendet werden, die *R,S*- und die D,L-Nomenklatur. Die erstgenannte Nomenklatur ist zwar systematisch, bei Zuckern mit mehreren Chiralitätszentren aber umständlich. Daher wird hauptsächlich die ältere D,L-Nomenklatur verwendet. D und L beziehen sich auf die Konfiguration desjenigen Chiralitätszentrums, das von der Carbonylgruppe *am weitesten entfernt* ist. Alle Zucker der D-Reihe haben an dem genannten C-Atom die gleiche Konfiguration wie die Bezugssubstanz D-Glycerinaldehyd. Entsprechendes gilt für die L-Reihe.

$$
\begin{array}{cccc}
\text{H—C=O} & & \text{H—C=O} & \\
\text{H——OH} & \text{H——OH} & \text{HO——H} & \text{HO——H} \\
\text{CH}_2\text{OH} & \text{CH}_2\text{OH} & \text{CH}_2\text{OH} & \text{CH}_2\text{OH} \\
\textbf{D-Glycerinaldehyd} & \textbf{Kettenende eines} & \textbf{L-Glycerinaldehyd} & \textbf{Kettenende eines} \\
 & \textbf{Zuckers der D-Reihe} & & \textbf{Zuckers der L-Reihe}
\end{array}
$$

Die Konfiguration an den restlichen C-Atomen wird durch den unsystematischen Namen des Zuckers ausgedrückt. Das soll am Beispiel des Zuckers D-Erythrose (s. oben) erläutert werden.

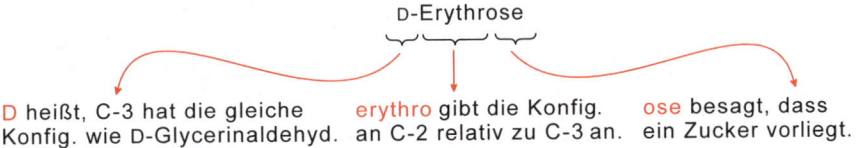

D-Erythrose

D heißt, C-3 hat die gleiche   erythro gibt die Konfig.   ose besagt, dass
Konfig. wie D-Glycerinaldehyd. an C-2 relativ zu C-3 an.   ein Zucker vorliegt.

Von den Namen *Erythrose und Threose* leiten sich im übrigen auch die Vorsilben *erythro* und *threo* ab, die zur Konfigurationsbezeichnung anderer Verbindungen mit zwei Chiralitätszentren dienen (Abschn. 5.3).

In den folgenden Formelschemata sind sämtliche Monosaccharide der D-Reihe mit 3 bis 6 C-Atomen aufgeführt: solche mit einer Aldehydgruppe (**Aldosen**) im ersten Formelschema, solche mit einer Ketogruppe (**Ketosen**) im zweiten.

Formelschema. Konfiguration von D-Aldosen

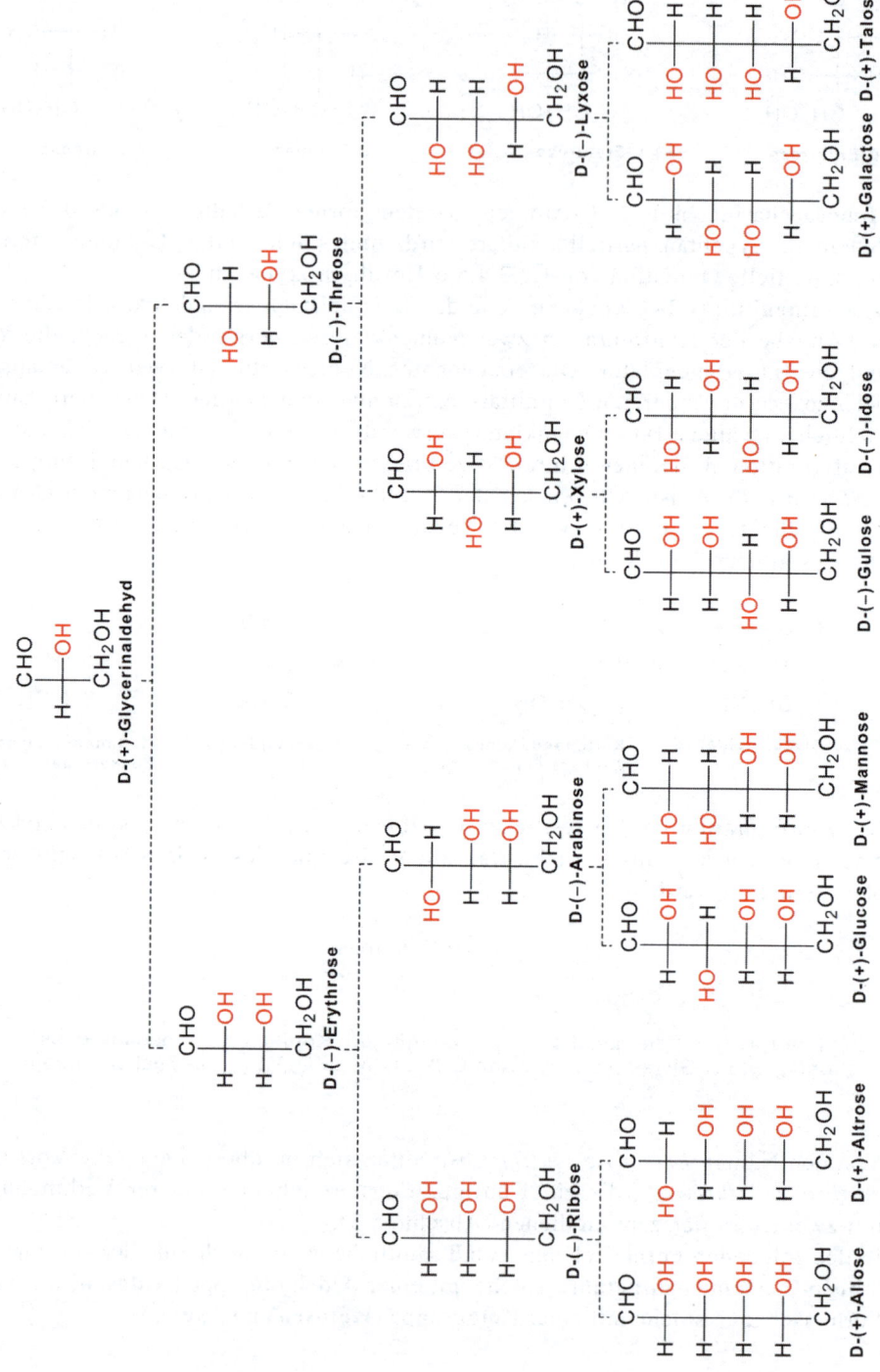

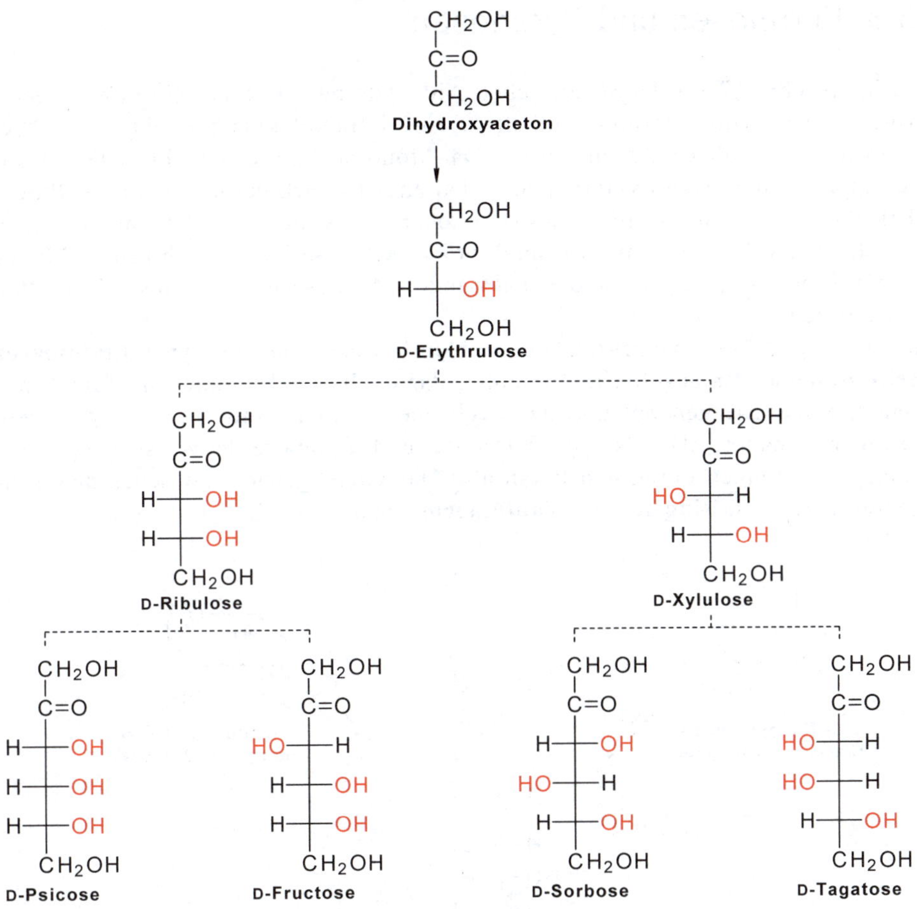

CH₂OH
C=O
CH₂OH
Dihydroxyaceton

CH₂OH
C=O
H——OH
CH₂OH
D-Erythrulose

CH₂OH
C=O
H——OH
H——OH
CH₂OH
D-Ribulose

CH₂OH
C=O
HO——H
H——OH
CH₂OH
D-Xylulose

CH₂OH
C=O
H——OH
H——OH
H——OH
CH₂OH
D-Psicose

CH₂OH
C=O
HO——H
H——OH
H——OH
CH₂OH
D-Fructose

CH₂OH
C=O
H——OH
HO——H
H——OH
CH₂OH
D-Sorbose

CH₂OH
C=O
HO——H
HO——H
H——OH
CH₂OH
D-Tagatose

Formelschema. Konfiguration von D-Ketosen

Verbindungen mit mehreren Chiralitätszentren, die sich nur durch die Konfiguration an einem Zentrum unterscheiden, heißen **Epimere**. So sind D-Erythrose und D-Threose oder D-Glucose und D-Mannose jeweils Epimere.

Die Aufklärung der Struktur von Zuckern verdanken wir *Emil Fischer* (geb. 1852 in Euskirchen/Eifel), der dafür und für weitere Arbeiten auf dem Gebiet der Naturstoffe 1902 den Nobelpreis für Chemie erhielt. E. Fischer wird als Begründer der Biochemie angesehen.

Aufgabe

1. Nennen Sie sämtliche Epimere der D-Glucose.

25.3 Furanosen und Pyranosen

Wie in Abschn. 17.5.3 dargelegt, gehen Aldehyde oder Ketone, die in geeigneter Position eine Hydroxylgruppe enthalten, eine intramolekulare Reaktion ein, bei der cyclische Halbacetale entstehen. Da Monosaccharide sowohl eine Carbonylgruppe als auch Hydroxylgruppen enthalten, tritt auch bei ihnen eine **Halbacetal**-Bildung ein. Dabei werden Fünfringe oder Sechsringe gebildet. Im folgenden wird diese Cyclisierung am Beispiel von D-Glucose, dem wichtigsten Monosaccharid, erläutert. Es sei betont, dass andere Monosaccharide dieses Verhalten ebenfalls zeigen.

Eine wässrige Lösung von D-Glucose enthält drei verschiedene Typen **tautomerer Verbindungen**: das acyclische Tautomer, das cyclische Tautomer mit fünf Ringatomen, **Furanose** genannt und das cyclische Tautomer mit sechs Ringatomen, **Pyranose** genannt. (Die Namen Furanose und Pyranose leiten sich von den Stammverbindungen Furan und Pyran ab.) Das Gleichgewicht zwischen den Tautomeren wird auch **Ring-Ketten-Tautomerie** genannt.

Abbildung. Acyclische D-Glucose im Gleichgewicht mit Pyranosen und Furanosen. Angriff der OH-Gruppe in 5-Stellung auf die Aldehydgruppe führt zu zwei Pyranosen und Angriff der OH-Gruppe in 4-Stellung zu zwei Furanosen.

Pyranosen und Furanosen bestehen jeweils aus Epimeren, da bei der Cyclisierung die an C-1 neu entstehende OH-Gruppe entweder auf derselben Seite wie die Seitenkette angeordnet sein kann (β-Epimer) oder auf der anderen Seite (α-Epimer). Epimere mit unterschiedlicher Konfiguration an C-1 heißen auch **Anomere**, das C-Atom in 1-Stellung **anomeres C-Atom**. Somit enthält eine wässrige Lösung von D-Glucose 5 tautomere Verbindungen. Das Gleichgewicht liegt fast vollständig auf der Seite der beiden Pyranosen. Die Anteile der acyclischen D-Glucose und der beiden Furanosen betragen zusammen genommen weniger als 1% (siehe Formelschema).

Haworth-Projektion von Sacchariden. Die Erkenntnis, dass Zucker als Pyranosen und Furanosen auftreten, stammt von *W.N. Haworth* (geb. 1883 in White Coppice/Engl.), der dafür und für weitere Untersuchungen auf dem Gebiet der Kohlenhydrate 1937 den Nobelpreis für Chemie erhielt. Haworth führte auch eine Projektionsvorschrift ein, nach der Furanosen und Pyanosen als perspektivische ebene Ringe gezeichnet werden mit dem Ring-O-Atom nach hinten bei Furanosen oder nach hinten rechts bei Pyranosen (**Haworth-Projektion**). Die Bindungen werden als senkrechte Striche nach oben oder unten gezeichnet. Nachfolgend sind Haworth-Projektion und Sesselkonformation für α- und β-Glucopyranose gegenübergestellt. β-Glucopyranose besitzt unter allen Aldohexosen eine einzigartige Konformation: Alle Substituenten nehmen die energetisch günstige äquatoriale Anordnung ein.

Haworth-Projektion   **Sesselkonformation**

β-D-Glucopyranose — alle Substituenten äquatorial

α-D-Glucopyranose — OH an C-1 axial, die anderen äquatorial

Bestimmung des Verhältnisses von α- und β-Pyranose durch NMR. Die Anomere der D-Glucopyranose können durch Kristallisation voneinander getrennt und gereinigt werden. Reine α-D-Glucopyranose hat einen Schmelzpunkt von 146 °C und eine spezifische Drehung von $[\alpha]_D = 113°$; reine β-D-Glucopyranose schmilzt bei 150 – 155 °C und hat eine spezifische Drehung von $[\alpha]_D = 19°$. Wird kristalline D-Glucopyranose, entweder das α- oder β-Anomer, in Wasser gelöst und unmittelbar danach das NMR-Spektrum aufgenommen, so erscheinen zunächst nur die Signale des eingesetzten Anomers. Nach einiger Zeit gesellen sich weitere Signale dazu, die vom anderen Anomer stammen. Nach ca. 8 Stunden ist das Gleichgewicht erreicht. Die Anteile der beiden Anomeren können aus den Integrationskurven (rot) der NMR-Signale, die Zuordnungen aus den H,H-Kopplungen abgelesen werden. Signale der anomeren Protonen der beiden Furanosen und des Aldehydprotons sind nicht zu erkennen, da sie unterhalb der NMR-Nachweisgrenze (ca. 1%) liegen. Zur Auswertung des NMR-Spektrums s. Aufgabe.

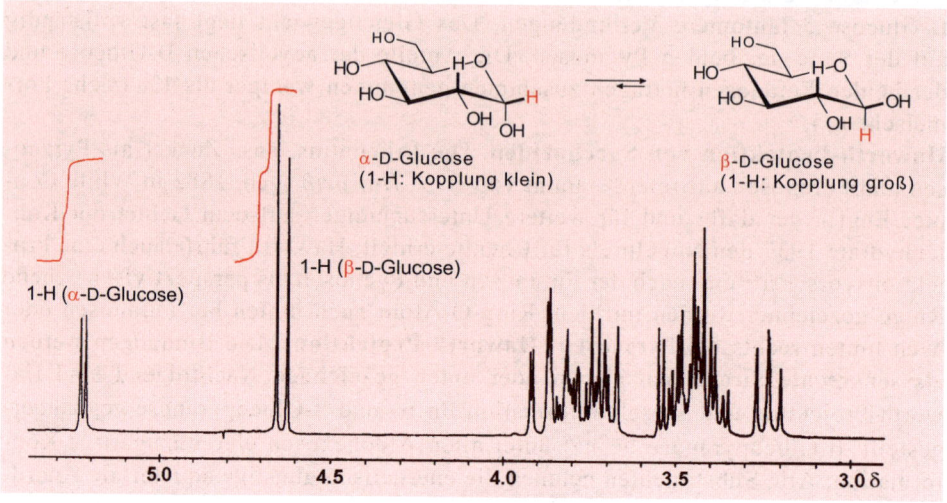

^{1}H-NMR-Spektrum (Messfrequenz 250 MHz) von Glucose in D_2O. Die Messung erfolgte 8 Stunden nach Herstellung der Lösung. 4,6 - 5,3 ppm: Signale der anomeren Protonen. (Signale der OH-Protonen bei 5,5 ppm nicht abgebildet.)

Mutarotation. Die Gleichgewichtseinstellung nach Auflösung des einen oder anderen Anomers kann auch an der optischen Drehung erkannt und quantifiziert werden. Löst man α- *oder* β-D-Glucose in Wasser und verfolgt den Drehwert durch ein Polarimeter, so beobachtet man eine kontinuierliche Änderung bis zu einem konstanten Endwert (nach ca. 8 Stunden). Aus Anfangs- und Endwert lässt sich das Anomerenverhältnis ebenfalls unter der Annahme berechnen, dass weitere Verbindungen in der Lösung nicht vorhanden sind (s. ebenfalls Aufgabe). Die Änderung des Drehwertes einer frisch bereiteten wässrigen Zuckerlösung wird auch **Mutarotation** (lat. *mutare*, ändern) genannt.

Anomerer Effekt. Weshalb ist der Anteil von β-D-Glucose am Gleichgewicht höher (60 %) als der von α-D-Glucose (39 %)? Auf die Stellung der OH-Gruppe am anomeren C-Atom haben zwei Effekte einen Einfluss, die entgegengesetzt wirken. Einerseits ist ein Substituent am Sechsring bestrebt, die äquatoriale Position einzunehmen (vgl. Konformation von Methylcyclohexan). Andererseits besteht eine abstoßende Wechselwirkung zwischen den beiden Elektronenpaaren des Ring-O-Atoms und der OH-Gruppe in 1-Stellung, wodurch die OH-Gruppe in die axiale Position abgedrängt wird **(anomerer Effekt)**. Bei D-Glucose überwiegt offensichtlich der zuerst genannte Effekt.

Aufgaben

2. Zeichnen Sie α-D-Altropyranose in der Sesselkonformation.

3. Bestimmen Sie die Anteile (in %) von α- und β-D-Glucose (a) aus dem ¹H-NMR Spektrum, (b) aus den im Text angegebenen Drehwerten.

25.4 Vorkommen von Monosacchariden

D-Ribose und **2-Desoxy-D-ribose** sind zwei wichtige Aldopentosen, die in der Ribonucleinsäure (RNS) bzw. Desoxyribonucleinsäure (DNS) vorkommen. (Die Vorsilbe *Desoxy* drückt das Fehlen einer OH-Gruppe aus.) Auch hier liegt Ring-Ketten-Tautomerie vor.

D-Glucose ist eine Aldohexose. Zur Struktur und Ring-Ketten-Tautomerie dieser Verbindung s. vorstehenden Abschnitt. Wegen des Vorkommens in Weintrauben wird Glucose auch **Traubenzucker** genannt. D-Glucose ist mengenmäßig das bedeutendste Monosaccharid: Im Disaccharid Saccharose (Rohrzucker) kommt Glucose als Baustein zur Hälfte vor, die andere Hälfte ist Fructose. Ausschließlich aus dem Glucosebaustein bestehen die polymeren Verbindungen Stärke und Cellulose. Auch im Blut des Menschen sind 0,1 % D-Glucose enthalten. Glucose dient u.a. als rasch wirkendes Stärkungsmittel.

D-Fructose ist eine Ketohexose. Auch hier existiert ein Gleichgewicht zwischen dem acyclischen und den cyclischen Tautomeren.

D-Fructofuranose
40 % (α : β = 3 : 1)

CH$_2$—OH
C=O
HO—H
H—OH
H—OH
CH$_2$OH

D-Fructose
< 1%

D-Fructopyranose
60 % (α : β = 1 : 20)

D-Fructose, auch **Fruchtzucker** genannt, ist der süßeste Zucker (50 % süßer als der Tafelzucker Saccharose) und kommt in vielen Früchten und im Honig vor. Die Verbindung ist zusammen mit Glucose Bestandteil des Disaccharids Saccharose.

Aufgabe

4. Wie lauten die systematischen Namen der folgenden Monosaccharide?

A

B

25.5 Reaktionen von Monosacchariden

Wie vorstehend erläutert enthält die Lösung eines Monosaccharids mehrere Tautomere, die über das Aldehyd-(Keto-)Tautomer miteinander im Gleichgewicht stehen. Bei einer Reaktion reagiert meistens nur eines der Tautomeren. In dem Maße, wie dieses Tautomer abreagiert, wird es durch das Gleichgewicht zwischen den Tautomeren wieder nachgebildet, so dass schließlich das gesamte Monosaccharid umgesetzt wird. Dieses Phänomen liegt allen folgenden Reaktionen zugrunde.

25.5.1 Veresterung von Monosacchariden

Monosaccharide enthalten mehrere Hydroxylgruppen und zeigen die für Alkohole typischen Reaktionen. Die Reaktion von D-Glucopyranose mit einem Überschuss an Essigsäureanhydrid zum entsprechenden Pentaacetat ist hierfür typisch. Alle fünf Hydroxylgruppen, einschließlich der Hydroxylgruppe am anomeren C-1, werden verestert. Im Formelschema steht Ac für Acetyl.

D-Glucopyranose
(α,β-Anomerengemisch)

D-Glucopyranose-pentaacetat
(α,β-Anomerengemisch)

25.5.2 Glykosidierung von Monosacchariden

Monosaccharide sind Gemische aus cyclischen Halbacetalen. Wie offenkettige reagieren auch cyclische Halbacetale mit Alkoholen zu Acetalen, sofern eine Säure als Katalysator zugegen ist. Dabei bildet sich ein Gemisch aus α- und β-Acetal. Acetale aus Sacchariden werden **Glykoside** genannt; die Bindung zwischen dem anomeren C-Atom und dem exocyclischen Sauerstoff heißt **glykosidische Bindung**. Mit D-Glucose und Methanol nimmt die Reaktion folgenden Verlauf:

D-Glucopyranose
(α,β-Anomerengemisch)

Methyl-D-glucopyranosid,
α : β = 66 : 33

Der Mechanismus ist der gleiche wie der bei der Bildung von offenkettigen Acetalen (Abschn. 17.5.3). Im ersten Schritt addiert sich ein Proton an die anomere OH-Gruppe.

Oxocarbenium-Ion
(nur eine mesomere Grenzstruktur gezeigt)

(a) **β-Methylglucosid (protoniert)**

(b) **α-Methylglucosid (protoniert)**

Es folgt Abspaltung von Wasser unter Bildung eines mesomeriestabilisierten Oxo-carbenium-Ions. Das Proton kann sich auch an eine der anderen OH-Gruppen ad-dieren. Allerdings führt nur die Addition an die anomere OH-Gruppe mit nachfol-gender Wasserabspaltung zu einem mesomeriestabilisierten Oxocarbenium-Ion. Das Carbenium-Ion reagiert mit Alkohol, wobei ein protoniertes Glykosid ent-steht. Deprotonierung des Glykosids führt zum α,β-Glykosid.

Anomeren*reines* β-Glykosid erhält man aus dem Pentaacetat von Glucose in einer mehrstufigen Reaktionsfolge. Zunächst wird das Pentaacetat mit HBr in ein Pyra-nosylbromid überführt. Das Bromatom darin ist sehr reaktiv und kann leicht durch Alkohol substituiert werden. Dabei bildet sich anomerenreines β-Glykosid. Im letzten Schritt wird das β-Glykosid mit verdünntem Natriumhydroxid behandelt, wobei nur die Estergruppen hydrolysiert werden. (Glykoside sind gegen verdünnte Basen beständig.) Somit besteht die Reaktionsfolge aus drei Schritten:

Tetraacetyl-D-glucopyranosylbromid

Alkyl-β-D-glucopyranosid

Die Silbersalz-unterstützte stereoselektive Umwandlung eines α,β-Pyranosyl-bromids in ein β-Glykosid heißt **Koenigs-Knorr-Reaktion.**

Weshalb verläuft die Reaktion stereoselektiv? Zunächst dissoziiert das Pyrano-sylbromid mit Unterstützung des Silbersalzes in ein mesomeriestabilisiertes Car-benium-Ion und ein Bromid-Ion. Diese S_N1-ähnliche Reaktion erfolgt unabhängig von der Stellung des Bromatoms (α oder β). Das Carbenium-Ion reagiert intramo-lekular mit der Acetoxygruppe an C-2, wobei ein 5-Ring gebildet wird. Dieser kann nur von der Oberseite durch Alkoholat geöffnet werden. Dabei entsteht das β-Glykosid.

ein Oxocarbenium-Ion
(2 mesomere Grenzstrukturen)

ein Oxocarbenium-Ion
(3 mesomere Grenzstrukturen)

ein β-Glykosid

Die vorübergehende Beteiligung einer funktionellen Gruppe (hier der Acetoxy-gruppe) an einer Reaktion wird auch **Nachbargruppen-Effekt** genannt. Nachbar-gruppen-Effekte beeinflussen oftmals den sterischen Verlauf oder die Reaktions-geschwindigkeit einer Reaktion.

Glykoside sind wie einfache Acetale beständig gegenüber Basen. Durch halbkonzentrierte Säuren werden sie hydrolysiert, wobei Monosaccharid und Alkohol (**Aglykon** genannt) gebildet werden.

ein Glucosid H_2O/H^+ **D-Glucose**   +   **ROH (Aglykon)**

Glykoside trifft man auch in der Natur an. So enthält die Rinde des Weidenbaums das bitter schmeckende Salicin, welches schon im Altertum als schmerzstillendes Mittel verwendet wurde. Beachten Sie die strukturelle Ähnlichkeit des Aglykons mit Acetylsalicylsäure, einem synthetischen Arzneistoff gegen Schmerzen.

Salicin   **Acetylsalicylsäure**

Die Natur bedient sich oftmals der Glykosidierung, um wasserunlösliche Alkohole oder Phenole wasserlöslich zu machen. So ist 2-Hydroxybenzylalkohol, das Aglykon von Salicin, nur wenig wasserlöslich, Salicin dagegen gut löslich in Wasser.

25.5.3 Reduktion von Monosacchariden

Aldosen und Ketosen werden durch Wasserstoff/Nickel oder Natriumborhydrid zu **Alditolen**, das sind mehrwertige Alkohole, reduziert. Die Reduktion von D-Glucose liefert **Sorbit**, ein Polyol, das süß schmeckt und deshalb Diabetikern als Zuckerersatzstoff dient.

D-Glucopyranose > 99%   **D-Glucose ca. 0,002 %** $NaBH_4$ **D-Sorbit, Zuckerersatzstoff**

Aufgaben

5. Ist Sorbit optisch aktiv?

6. Welche Aldopentosen (s. Tabelle) werden zu achiralen Alditolen reduziert?

7. Schlagen Sie eine von Tetraacetyl-D-glucopyranosylbromid ausgehende Synthese des β-Glykosids Salicin vor (Formel s. oben). Achten Sie auf den vorübergehenden Schutz der an der Reaktion unbeteiligten funktionellen Gruppe.

25.5.4 Oxidation von Monosacchariden

Glucose wird durch eine Vielzahl von Oxidationsmitteln angegriffen, was in Anbetracht der vielen funktionellen Gruppen nicht verwundert. Dabei werden je nach Bedingungen unterschiedliche Oxidationsprodukte gebildet, die zudem Gemische darstellen können. Bei der Oxidation mit Brom in Wasser wird die Aldehydgruppe in eine Lactongruppe überführt. Die dem Lacton zugrunde liegende Carbonsäure mit dem Glucosegerüst heisst **Gluconsäure**.

Von analytischer Bedeutung ist die Oxidation von Aldosen mit Ag(I)- oder Cu(II)-Salzen, bei der Farbeffekte auftreten. So wird das lösliche blaue Cu(II)-Salz der Weinsäure (**Fehlingsche Lösung**) in das rotbraune unlösliche Cu_2O überführt, wenn eine Aldose hinzugefügt wird. Ketosen geben den gleichen Farbeffekt, weil sie in alkalischer Lösung mit Aldosen im Gleichgewicht stehen:

Der Test mit alkalischer Fehlingscher Lösung wird durchgeführt, um **reduzierende Zucker** von nichtreduzierenden Zuckern zu unterscheiden. Zu ersteren gehören Zucker mit einer Halbacetalstruktur (Aldosen, Ketosen, die meisten Disaccharide außer Saccharose), zu letzteren zählen solche ohne Halbacetalstruktur (Glykoside, Saccharose).

25.6 *Exkurs*: Ascorbinsäure aus Glucose

Ascorbinsäure, auch Vitamin C genannt, ist ein Vitamin, dessen Mangel zum Krankheitsbild des Skorbuts führt (Zahnfleischbluten, Haut- und Gewebebluten). Die Verbindung verhindert nicht nur Skorbut, sondern dient auch als Heilmittel bei Erkältungen, ferner als Antioxidans in Lebensmitteln. Ascorbinsäure ist u.a. in Hagebutten, schwarzen Johannisbeeren, Spinat und Petersilie enthalten. Die Struktur von Ascorbinsäure steht in enger Beziehung zu der von Monosacchariden und ist im folgenden Reaktionsschema enthalten:

Dehydro-L-ascorbinsäure · **L-Ascorbinsäure (Seitenkette: Fischer-Proj.)** · **L-Ascorbat**

Ascorbinsäure besitzt drei herausragende chemische Eigenschaften: Die Verbindung wirkt sauer, reduzierend und Metallionen komplexierend. Die Acidität rührt von der β-OH-Gruppe her, die leicht ein Proton abgibt, wobei ein Enolat-Ion mit stark delokalisierter Ladung entsteht. Die reduzierende Wirkung beruht auf dem Endiol-Baustein, der leicht in einen Diketo-Baustein übergeht und dabei zwei H-Atome abgibt. Auf dem Endiol-Baustein beruht auch die Fähigkeit, mit Metall-Ionen zu komplexieren.

D-Glucose · **D-Sorbit** · **L-Sorbose** · **L-Ascorbinsäure** · **2-Oxo-L-gulonsäure**

Die Synthese geht von D-Glucose aus. Durch katalytische Hydrierung entsteht zunächst D-Sorbit. Diese Verbindung wird durch Sauerstoff in Gegenwart von Mikroorganismen, z.B. *Acetobacter xylinum* dehydriert, wobei der Angriff *nur auf die 5-Stellung* erfolgt. Es entsteht L-Sorbose, ein Ketozucker, der bereits die richtige Konfiguration der natürlichen Ascorbinsäure besitzt (s. Sternmarkierung). L-Sorbose lässt sich mit Sauerstoff am Platinkontakt zu einer Ketocarbonsäure mit vier OH-Gruppen oxidieren. Enolisierung der Ketogruppe und protonenkatalysierte Lactonisierung (Esterbildung zwischen Carboxyl und OH) führen schließlich zur L-Ascorbinsäure. Auf diese oder leicht abgewandelte Weise werden weltweit jährlich 60 000 t hergestellt. Den Grundstein für diese einfache und bis heute unübertroffene Synthese mit einer Gesamtausbeute von 66 % legte *T. Reichstein* (geb. 1897) im Jahr 1934, der dafür und für weitere Arbeiten auf dem Gebiet der Naturstoffe 1950 den Nobelpreis für Physiologie und Medizin erhielt.

Die vorstehende Synthese ist ein weiteres Beispiel für die Nützlichkeit optisch aktiver Naturstoffe (hier D-Glucose) zur Synthese chiraler Verbindungen. Der große Vorrat an optisch aktiven Naturstoffen (Kohlenhydrate, Proteine, Terpene u.a.) wird auch **chirales Reservoir** (engl. *chiral pool*) genannt.

Aufgaben

8. Weshalb führt die Oxidation von D-Sorbit zu L-Sorbose (s. Reaktionsschema) und nicht zu D-Sorbose?

9. Die Synthese von Ascorbinsäure nach Reichstein beginnt mit D-Glucose. Welche andere Aldohexose käme auch in Frage? (Berücksichtigen Sie auch L-konfigurierte Aldohexosen.)

10. Führt die Lactonisierung von 2-Oxo-L-gulonsäure zwangsläufig zum 5-Ring?

25.7 Disaccharide

Disaccharide entstehen formal durch Wasserabspaltung zwischen zwei Monosacchariden, bei der sich eine Sauerstoffbrücke bildet. Meistens erstreckt sich die Sauerstoffbrücke zwischen dem C-Atom 1 des einen Saccharids und dem C-Atom 4 des anderen ("1,4'-Verknüpfung"). Die Verknüpfung kann über eine α- oder eine β-glykosidische Bindung erfolgen, so dass zwei anomere Disaccharide möglich sind. Von Bedeutung sind die Disaccharide Maltose, Cellobiose, Saccharose und Lactose.

Maltose und **Cellobiose** setzen sich aus zwei Bausteinen D-Glucose zusammen, die über die C-Atome 1 und 4' glykosidisch verbunden sind. Die Nummerierungen 1 bis 6 und 1' bis 6' beziehen sich auf jeweils einen Saccharidring. Der entscheidende Unterschied zwischen Maltose und Cellobiose liegt in der Stereochemie der glykosidischen Bindung: Maltose enthält eine α-glykosidische, Cellobiose eine β-glykosidische Bindung.

Maltose   **Cellobiose**

Maltose entsteht bei der enzymatischen Hydrolyse von Stärke, Cellobiose bei der enzymatischen Hydrolyse von Cellulose.

Aufgabe

11. Kristalline Maltose wird in Wasser gelöst und der Drehwert beobachtet. Der anfängliche Wert ändert sich und nähert sich einem konstanten Wert. Wie heißt die Änderung?

Saccharose besteht aus zwei verschiedenen Hexosen: aus D-Glucose und D-Fructose, die 1(α),2'(β)-glykosidisch miteinander verknüpft sind. Das Disaccharid gehört zu den nichtreduzierenden Zuckern, da es zwei Acetalgruppen aber keine Carbonylgruppe enthält.

Saccharose

Saccharose (Rohrzucker, Sucrose) kommt in Zuckerrüben und Zuckerrohr vor und wird daraus in großen Mengen gewonnen: weltweit ca. 160 Millionen/Jahr. Die Reinigung von Saccharose aus Pflanzen erfolgt durch Kristallisation und ist ein wichtiger technischer Prozess in Zuckerraffinerien (franz. *raffiner,* verfeinern). Saccharose ist der wichtigste Nahrungszucker („Tafelzucker").

Saccharose bildet Prismen, die in Wasser leicht, in Ethanol schwer löslich sind. Durch verdünnte Mineralsäuren wird die Verbindung zu je einem Molekül D-Glucose und D-Fructose hydrolysiert. Da die Fructose stärker nach links als die Glucose nach rechts dreht, geht die Rechtsdrehung der Saccharose bei der Hydrolyse in eine Linksdrehung über.

$$C_{12}H_{22}O_{11} \quad + \quad H_2O \quad \xrightarrow{H^+} \quad C_6H_{12}O_6 \quad + \quad C_6H_{12}O_6$$

Saccharose		D-Glucose	D-Fructose
$[\alpha]_D = +66°$		$[\alpha]_D = +52°$	$[\alpha]_D = -92°$

Daher bezeichnet man diese Hydrolyse als **Inversion des Rohrzuckers** und das entstehende Zuckergemisch als **Invertzucker**.

Lactose besteht aus D-Galactose und D-Glucose, die β-1,4'-glykosidisch miteinander verknüpft sind. Die Verbindung kommt in der Milch vor und wird daher auch Milchzucker genannt.

Lactose (Milchzucker)

Lactose wird im Körper durch das Enzym β-Galactosidase (Lactase) in Glucose und Galactose gespalten. Fehlt dieses Enzym oder ist es nicht in ausreichendem Maße vorhanden, liegt eine Verdauungsstörung vor, die als Lactose-Intoleranz bezeichnet wird. Hiervon sind 10 bis 15% der Europäer betroffen. Lactose-Intoleranz äußert sich im Auftreten von Blähungen und Durchfällen nach dem Genuss von Milchprodukten. Für Betroffene stehen Lactose-freie Produkte zur Verfügung, die man erhält, wenn der Milch das Enzym Lactase zugesetzt wird.

25.8 Cyclische Saccharide: Cyclodextrine

Cyclodextrine bestehen aus mehreren Glucosebausteinen, die 1,4'-glykosidisch zu Ringen verknüpft sind. Die wichtigsten sind die α-, β- und γ-Cyclodextrine mit 6,7 bzw. 8 Bausteinen. Cyclodextrine entstehen beim enzymatischen Abbau von Stärke durch *Bacillus circulans*.

α-Cyclodextrin

Cyclodextrine haben eine röhrenförmige Gestalt. Sie sind wie Glucose chiral und werden in der Chromatographie zur Trennung von Enantiomeren eingesetzt. Auch können sie in ihren Hohlraum kleine Moleküle wie unpolare Arzneimittel aufnehmen und dieselben über die polare Blutbahn an den Bestimmungsort transportieren.

Aufgabe

12. Welche der folgenden Saccharin(derivate) ergeben mit der Fehlingschen Lösung eine Farbreaktion? Glucose, Fructose, Methylglucose, Salicin, Saccharose, Lactose

25.9 Polysaccharide

Zu den wichtigsten Polysacchariden gehören Stärke, Glykogen und Cellulose, die alle den Baustein D-Glucose enthalten. Polysaccharide zeigen physikalische und chemische Eigenschaften, die sich erheblich von denen der Mono- oder Oligosaccharide unterscheiden. Sie sind in Wasser nicht löslich (Cellulose) oder nur kolloidal löslich (Stärke), obwohl sie über zahlreiche OH-Gruppen verfügen.

Stärke ist der Hauptbestandteil von Reis, Getreide, Kartoffeln u.a. Das Naturprodukt ist ein Gemisch zweier verschiedener Polysaccharide, der **Amylose** und des **Amylopektins**. Amylose besteht aus 100 bis 1500 Glucosebausteinen, die über 1,4'-Sauerstoffbrücken α-glykosidisch verknüpft sind.

Amylose (Ausschnitt)

Amylopektin enthält das gleiche Grundgerüst, allerdings sind einige der 6-Positionen Ausgangspunkt von Verzweigungen. Auch diese Verknüpfung ist α-glykosidisch.

Amylopektin (Ausschnitt)

Die Hydrolyse von Stärke führt über Maltose zu Glucose. Vergärung der Glucose liefert Ethanol, wichtiger Bestandteil alkoholischer Getränke. Das folgende Schema beschreibt diese Reaktionen, die von großer lebensmitteltechnologischer Bedeutung sind. Beachten Sie die Stöchiometrie der Reaktionen.

$$(C_6H_{10}O_5)_n \xrightarrow[\text{Amylase*}]{H_2O} C_{12}H_{22}O_{11} \xrightarrow[\text{Maltase*}]{H_2O} C_6H_{12}O_6 \xrightarrow{\text{Hefe}} 2\,C_2H_5OH + 2\,CO_2$$

Stärke   **Maltose**   **D-Glucose**   **Ethanol**

* Enzyme, die die Hydrolyse katalysieren

Glykogen ähnelt chemisch dem Amylopektin, nur sind die Ketten noch stärker verzweigt. Die Verbindung stellt das Reservekohlenhydrat des tierischen Organismus dar. Glykogen wird z.T. in der Leber (bis zu 18 % des Lebergewichts), z.T. in den Muskeln gespeichert.

Cellulose ist das am häufigsten vorkommende Kohlenhydrat. Die Verbindung besitzt den gleichen Aufbau wie der Stärkebestandteil Amylose, jedoch sind die Glucose-Bausteine β-glykosidisch verknüpft.

Cellulose (Ausschnitt)

Cellulose ist zu 95 % in Baumwolle und zu 50 % in Holz vorhanden. Die Verbindung ist wichtiger Bestandteil der Zellwände von Pflanzen und übt in den Wänden eine Stützfunktion aus.

Hemicellulosen treten stets vergesellschaftet mit Cellulose, z.B. in den Zellwänden, auf. Sie stellen Gemische verschiedener Polysaccharide dar, wobei als Bausteine nicht D-Glucose, sondern D-Xylose, D-Mannose, D-Galactose und D-Glucuronsäure (d.i. in 6-Stellung zu Carboxyl oxidierte Glucose) fungieren. So besteht die Hemicellulose Xylan aus D-Xylosebausteinen, die β-1,4'-glykosidisch miteinander verknüpft sind.

Hemicellulose Xylan

Holz steht in enger Beziehung zu Polysacchariden. Es besteht zu ca. 50 % aus Cellulose, zu ca. 25 % aus Hemicellulose und zu ca. 25 % aus **Lignin**. Die genaue Struktur des Lignins ist noch unbekannt. Lignin entsteht auch durch Oxidation von Coniferylalkohol und ähnlichen Verbindungen, muss somit Strukturmerkmale solcher Verbindungen enthalten.

Coniferylalkohol

Holz dient u.a. zur Cellulosegewinnung. Dabei werden nussgroße Holzstücke mit einer Calciumhydrogensulfitlösung, $Ca(HSO_3)_2$, bei etwa 4 bar gekocht, wobei (a) Lignin als Ligninsulfonsäure und (b) die Hemicellulosen in Lösung gehen. Der zurückbleibende „Sulfitzellstoff" besteht zu 80-90 % aus unlöslicher Cellulose, die als Rohstoff für Papier dient.

Hydrogensulfit-Ion + **Lignin (Ausschnitt)** unlöslich in Wasser $\xrightarrow{S_N}$ **Ligninsulfonsäure (Ausschnitt)** löslich in Wasser + **HOR**

Heparin ist ein komplexes Polysaccharid bestehend aus Aminozuckern wie D-Glucosamin, Zuckersäuren und anderen Zuckerbausteinen, deren OH- und NH_2-Gruppen teilweise sulfatiert oder sulfoniert sind. Das Heparingerüst ist stark negativ geladen. Die Verbindung kommt in menschlichem und tierischem Gewebe vor und ist ein überaus wichtiges Arzneimittel gegen Blutgerinnung.

Heparin
(Kationen weggelassen)

25.10 Polysaccharide: Sekundärstruktur und Hydrolyse

Sekundärstruktur von Polysacchariden. Eine Amylosekette mit α-glykosidischer Bindung bildet eine Helix, eine Cellulosekette mit β-glykosidischer Bindung dagegen eine mehr oder weniger geradlinige Kette, die sich mit ihresgleichen zu einem Bündel vereinigt.

Amylose (Helix)   **Cellulose (parallele Ketten)**

Die Helixstruktur von Amylose ist eine Folge von H-Brücken innerhalb größerer Abschnitte der Kette. Weitere H-Brücken nunmehr mit Wassermolekülen der Umgebung sind Ursache für die Wasserlöslichkeit von Amylose, wenn auch nur in kolloidaler Form. Die Helix vermag bestimmte Verbindungen wie Iod aufzunehmen. Eingelagerte Iod-Moleküle verursachen die typisch blaue Farbe, die zum Nachweis sowohl von Iod als auch von Stärke dient (**Iod-Stärke-Reaktion**; Iodometrie).

Cellulose bildet intramolekulare H-Brücken über kurze Distanzen, die zu geradlinigen Ketten führen. Diese Ketten vereinigen sich zu Bündeln, die wasserunlöslich und reißfest sind und Fasern bilden (z.B. Baumwollfasern).

intramolekulare H-Brücken
in Cellulose

Hydrolyse von Stärke und Cellulose. Entsprechend der unterschiedlichen Sekundärstrukturen zeigen Stärke und Cellulose ein unterschiedliches Hydrolyseverhalten. Wasserlösliche Stärke wird bereits durch verdünnte Säuren hydrolysiert. Dabei bilden sich zunächst kürzere Ketten, **Dextrine** genannt, und daraus Glucose. Wasserunlösliche Cellulose wird erst durch 40 %ige Salzsäure und bei höherer Temperatur zu Glucose hydrolysiert. Von großer praktischer Bedeutung ist die enzymatische Hydrolyse. Stärke wird durch α-Glucosidase, das alle Säugetiere besitzen, hydrolysiert. Die Hydrolyse von Cellulose erfolgt durch β-Glucosidase, über das nur bestimmte Bakterien im Verdauungstrakt grasfressender Tiere verfügen. Kühe oder Pferde können cellulosehaltige Pflanzen als Nahrung verwerten, der Mensch kann es nicht.

Aufgaben

13. Was sind Diastereomere, Epimere und Anomere?
14. Welche offenkettigen stereoisomeren 3-Ketopentosen gibt es?
15. Zeichnen Sie *threo*-2-Acetoxy-3-bromhexan in der Fischer-Projektion.
16. Warum verläuft die Vergärung von Getreide, Kartoffeln usw. zu Ethanol über das Disaccharid Maltose und nicht über das Disaccharid Cellobiose?
17. Was bedeuten die Begriffe Mutarotation und Inversion in der Zuckerchemie?
18. D-Glycerinaldehyd wird auch (*R*)-Glycerinaldehyd genannt. Ist das zwangsläufig?
19. Stärke wird durch verdünnte Säuren zu D-Glucose hydrolysiert. Gelingt die Hydrolyse auch mit wässrigem Natriumhydroxid?

25.11 Lösung der Aufgaben zu Kapitel 25

1.   D-Allose, D-Mannose, D-Galactose

2.

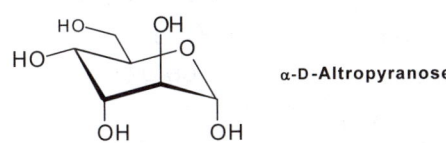

α-D-**Altropyranose**

3.   Berechnung aus den Flächenintegralen der NMR-Signale: 1-H (α) und 1-H(β) 16,5
bzw. 29 mm; daraus folgt α : β = **36 : 64**.
Berechnung aus dem Drehwert: 113°x + 19°y = 52,5°; x + y = 1; daraus folgt α :
β = **35 : 65**

4.   **A** α-D-Allopyranose, **B** 5-Desoxy-β-D–ribofuranose

5.   Ja

6.   Ribose, Xylose. Beide Aldopentosen liefern *meso*-Alditole. Vgl. Abschn. 5.5

7.

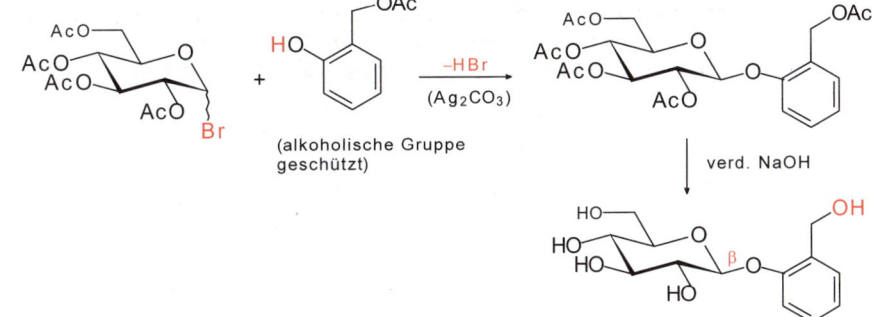

8.   D und L beziehen sich stets auf das C-Atom, das von der Carbonylgruppe am
weitesten entfernt ist. Dieses (C-5) hat hier L-Konfiguration.

9.   L-Gulose

10.   Nein, es könnte auch ein 6-Ringlacton entstehen.

11.   Bei der kristallinen Maltose handelt es sich um das α- **oder** β-Anomer. In Lösung
stellt sich ein Gleichgewicht zwischen den beiden Anomeren ein, was einen neu-
en Drehwert zur Folge hat. Die Drehwertänderung heißt Mutarotation. (Der gleiche Effekt wird auch beim Auflösen von kristalliner Glucose in Wasser beobachtet.)

12.   Glucose, Fructose (Ketogruppe steht im Gleichgewicht mit Aldehydgruppe), Lactose

13.   **Diastereomere**: Stereoisomere, die nicht Enantiomere sind
Epimere: Diastereomere, die sich durch die Konfiguration an nur einem Chirali-
tätszentrum unterscheiden
Anomere: Diastereomere, die sich durch die Konfiguration nur am anomeren
C-Atom unterscheiden. Anomere sind spezielle Epimere.

14.

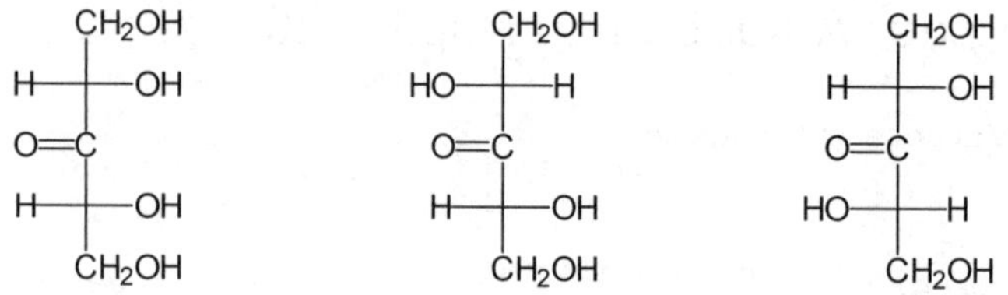

```
   CH₂OH            CH₂OH            CH₂OH
H──┼──OH         HO──┼──H         H──┼──OH
O═C              O═C              O═C
H──┼──OH         H──┼──OH         HO──┼──H
   CH₂OH            CH₂OH            CH₂OH
```

15.

```
   CH₃                 CH₃
H──┼──OAc          AcO──┼──H
Br──┼──H           H──┼──Br
   C₃H₇               C₃H₇
```

16.   Der Abbau von Stärke, in dem die D-Glucose-Bausteine α-glykosidisch verknüpft sind, kann nur zu einem Disaccharid mit ebenfalls α-glykosidischer Verknüpfung (Maltose) führen.

17.   **Mutarotation:** Änderung des Drehwertes einer frisch hergestellten Lösung einer bestimmten optisch aktiven Verbindung, z. B. eines Anomers. **Inversion:** Umkehr des Vorzeichens der optischen Drehung bei der Hydrolyse von Saccharose

18.   Nein; es gibt keine logische Beziehung zwischen den beiden Konfigurationsbezeichnungen. Es ist Zufall, dass D und R die gleiche Konfiguration beschreiben.

19.   Nein. Acetale (dazu gehören auch Glykoside) sind gegen Basen beständig.

Kapitel 26
Lipide

26.1 Eigenschaften von Lipiden

Lipide (griech. *lipos*, Fett) sind organische Verbindungen, die in Wasser kaum und in unpolaren organischen Lösungsmittel gut löslich sind. Lipide trifft man in fast allen Verbindungsklassen an. Gemeinsames Strukturmerkmal sind längere Kohlenwasserstoffketten oder -ringe mit wenig oder keinen hydrophilen Substituenten. Nachfolgend sind zwei typische Vertreter aufgeführt: Tristearin, ein Fett mit mehrere Kohlenwasserstoffketten und Cholesterin, ein Steroid mit mehreren Cycloalkanringen. Beide Verbindungen sind in Pentan gut und in Wasser unlöslich.

Tristearin, ein Fett   **Cholesterin, ein Steroid**

In diesem Kapitel werden hauptsächlich Lipide mit langkettigen Carbonsäuren behandelt. Weitere Lipide (Terpene, Steroide u.a.) sind im Kap. 28 (Naturstoffe) beschrieben.

26.2 Fette und Öle

Fette und Öle sind Ester aus Glycerin und langkettigen Carbonsäuren („Fettsäuren"). Die Bezeichnung *Öl* ist nicht eindeutig, da sie auch auf reine Kohlenwasserstoffe angewandt wird. Zur Unterscheidung werden daher gelegentlich die Begriffe *pflanzliche (tierische) Öle* und *Mineralöle* verwendet. In diesem Kapitel werden nur die pflanzlichen Fette und Öle behandelt.

Glycerin enthält pro Molekül drei OH-Gruppen, zur vollständigen Veresterung sind drei Moleküle Carbonsäuren erforderlich. Diese können identisch oder - wie oftmals der Fall - unterschiedlich sein. Die Veresterungsprodukte werden auch **Glycerylester** genannt. Nachfolgend ist die Struktur eines Glycerylesters mit drei verschiedenen Fettsäuren wiedergegeben.

Glycerylester mit drei verschiedenen Fettsäuren

Bei den Fettsäuren handelt es sich um Verbindungen, deren C-Zahl in der Regel geradzahlig ist und oberhalb 10 liegt. Die wichtigsten Fettsäuren sind die gesättigten Säuren Palmitinsäure $C_{16}H_{32}O_2$ und Stearinsäure $C_{18}H_{36}O_2$ und die ungesättigte Ölsäure $C_{18}H_{34}O_2$. Diese und weitere Fettsäuren sind zusammen mit den Schmelzpunkten in der Tabelle aufgeführt.

Tabelle. Fettsäuren

Konstitution	Trivialname und IUPAC-Name	Schmp. (°C)
	Myristinsäure (Tetradecansäure) $C_{14}H_{28}O_2$	58
	Palmitinsäure (Hexadecansäure) $C_{16}H_{32}O_2$	63
	Stearinsäure (Octadecansäure) $C_{18}H_{36}O_2$	70
	Ölsäure (Z-9-Octadecensäure) $C_{18}H_{34}O_2$	13
	Linolsäure (Z,Z-9,12-Octadecadiensäure) $C_{18}H_{32}O_2$	−5
	α-Linolensäure (Z,Z,Z-9,12,15-Octadecatriensäure) $C_{18}H_{30}O_2$	−11
	Arachidonsäure (Z,Z,Z,Z-5,8,11,14-Eicosatetraensäure) $C_{20}H_{32}O_2$	−50

Die gerade Anzahl von C-Atomen kommt dadurch zustande, dass Fettsäuren in der Zelle aus Acetyl-CoA (Acetyl-Coenzym A), das einen C_2-Baustein enthält, gebildet werden (s. Thiocarbonsäuren Abschn. 19.5). Das folgende Schema beschreibt das schrittweise Ansteigen der Carbonsäure um diesen C_2-Baustein.

Acetyl-CoA   **Butanoyl-CoA**   **Hexanoyl-CoA**

Fette und Öle kommen im Tiergewebe (Depotfett) und in Pflanzen (Olivenöl, Leinöl usw.) vor. Fette enthalten vorwiegend gesättigte Fettsäuren, Öle dagegen vorwiegend ungesättigte Fettsäuren. Die Doppelbindungen sind meistens *cis*-konfiguriert. Ungesättigte Fettsäuren wie Linolsäure und Linolensäure benötigt der Körper für die Synthese anderer hoch ungesättigter Fettsäuren wie Arachidonsäure. Da Linolsäure und Linolensäure im Körper nicht synthetisiert werden können, müssen sie über die Nahrung aufgenommen werden. Solche Fettsäuren heißen **essentielle Fettsäuren**. Aus der vierfach ungesättigten Arachidonsäure werden im menschlichen Organismus die Prostaglandine gebildet (Abschn. 28.4.3).

α-Linolensäure gehört zu den **ω3-Fettsäuren**, das sind Fettsäuren mit einer Doppelbindung in 3-Position (gerechnet vom Ende ω der Fettsäure). ω3-Fettsäuren werden u.a. gegen Arteriosklerose eingesetzt.

Analyse von Fettgemischen. Fette sind stets Gemische verschiedener Glycerylester. Zur Analyse wird häufig die Gaschromatographie herangezogen. Dazu werden die Glycerylester mit Methanol in die jeweiligen Fettsäuremethylester und Glycerin überführt. Diese Reaktion ist eine **Umesterung**.

Das Gemisch der Fettsäuremethylester wird anschließend durch eine Kapillarsäule getrennt. Aus Retentionszeit und Intensität der einzelnen Signale im Chromatogramm lassen sich die einzelnen Fettsäureester identifizieren und quantifizieren. Die Abb. zeigt die Zusammensetzung von Rapsöl älterer Züchtung. Sie erkennen, dass der Anteil ungesättigter Fettsäureester hoch ist. Das Öl enthält aber nicht nur die gesunden Fettsäuren Ölsäure (18:1) und Linolsäure (18:2) sondern auch die gesundheitlich bedenkliche ungesättigte Säure Erucasäure (22:1), bei der es sich um Z-13-Docosensäure handelt. Neuere Züchtungen von Raps enthalten kaum noch Erucasäure und sind deshalb zum Verzehr geeignet.

Fettsäuren dienen u.a. als Rohstoffe. Von besonderer Bedeutung ist Ölsäure. Genetisch veränderte Sonnenblumen enthalten Glycerylester, deren Fettsäureanteil zu 90 % aus Ölsäure besteht. Damit steht Ölsäure als nachwachsender Rohstoff in ausreichendem Maße für die Synthese anderer organischer Verbindungen zur Verfügung.

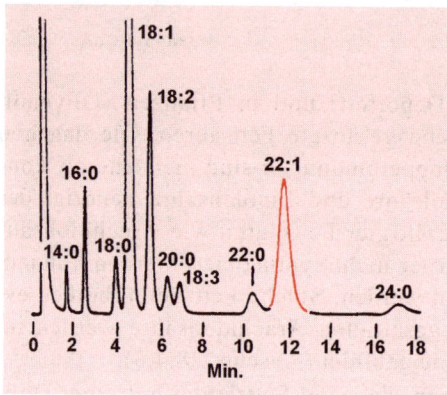

Gaschromatogramm der Fettsäuremethylester von Rapssamenöl. Säulentemperatur 200 °C. Die Zahlen über den Signalen geben Anzahl der C-Atome der Fettsäure und Anzahl der Doppelbindungen an. So bedeutet 18:2, dass die Fettsäure 18 C-Atome und 2 Doppelbindungen enthält. Rotes Signal s. Text.

26.2.1 Reaktionen an der Estergruppe von Fetten

Fette und Öle zeigen die gleichen Reaktionen wie niedermolekulare Ester. Die Verseifung führt zu Glycerin und Fettsäuren oder deren Salzen. Auf die Bedeutung der fettsauren Salze als Seifen wurde bereits im Abschn. 18.4.3 hingewiesen.

Die katalytische Hydrierung unter hohem Druck liefert Glycerin und einen weiteren Alkohol, der sich bei der Reduktion der Carboxylgruppe bildet.

$$H_2C-O-\overset{\overset{\textstyle O}{\|}}{C}-C_{11}H_{23}$$
$$HC-O-\overset{\overset{\textstyle O}{\|}}{C}-C_{11}H_{23} \quad + \quad 6\ H_2 \quad \xrightarrow[250\ °C,\ Druck]{CuCr_2O_4}$$
$$H_2C-O-\overset{\overset{\textstyle O}{\|}}{C}-C_{11}H_{23}$$

Glyceryl-trilaureat

$$H_2C-OH$$
$$HC-OH \quad + \quad 3\ HO-CH_2-C_{11}H_{23}$$
$$H_2C-OH$$

Glycerin

Laurylalkohol
(1-Dodecanol)

Die bei der Hydrierung anfallenden langkettigen Alkohole werden **Fettalkohole** genannt. Sie dienen u.a. zur Herstellung von Tensiden: Dabei wird zunächst das Gemisch der Fettalkohole mit Schwefelsäure in ein Gemisch von Alkylhydrogensulfaten überführt, anschließend erfolgt Neutralisierung dieses Gemischs. Mit Laurylalkohol bildet sich Natriumlaurylsulfat.

$$H_{25}C_{12}-OH \ + \ H_2SO_4 \ \xrightarrow{-\ H_2O} \ H_{25}C_{12}-O-\overset{\overset{\textstyle O}{\|}}{\underset{\underset{\textstyle O}{\|}}{S}}-OH \ \xrightarrow[-\ H_2O]{NaOH} \ H_{25}C_{12}-O-\overset{\overset{\textstyle O}{\|}}{\underset{\underset{\textstyle O}{\|}}{S}}-ONa$$

Laurylalkohol   **Laurylhydrogensulfat**   **Natriumlaurylsulfat**
(anionenaktives Tensid)

26.2.2 Reaktionen an der ungesättigten Seitenkette. Fetthärtung

Ungesättigte Seitenketten in Fetten verhalten sich chemisch ähnlich wie Alkene: Die Doppelbindungen können hydriert und die Allylpositionen oxidiert werden. Beide Reaktionen sind von z.T. großer praktischer Bedeutung.
Hydrierung. Die Hydrierung mit Wasserstoff/Raney-Ni liefert gesättigte Fette.

$$\overbrace{\qquad\qquad}^{C_{17}H_{33}}$$
$$H_2C-O-\overset{\overset{\textstyle O}{\|}}{C}-(CH_2)_7-CH{=}CH-(CH_2)_7-CH_3$$
$$HC-O-\overset{\overset{\textstyle O}{\|}}{C}-(CH_2)_7-CH{=}CH-(CH_2)_7-CH_3 \quad \xrightarrow[Raumtemp.]{3\ H_2/Pt}$$
$$H_2C-O-\overset{\overset{\textstyle O}{\|}}{C}-(CH_2)_7-CH{=}CH-(CH_2)_7-CH_3$$

Glyceryl-trioleat,
Schmp. −5 °C

$$H_2C-O-\overset{\overset{\textstyle O}{\|}}{C}-C_{17}H_{35}$$
$$HC-O-\overset{\overset{\textstyle O}{\|}}{C}-C_{17}H_{35}$$
$$H_2C-O-\overset{\overset{\textstyle O}{\|}}{C}-C_{17}H_{35}$$

Glyceryl-tristearat,
Schmp. 71 °C

Einher mit der Hydrierung geht eine Verfestigung des Fettes. Ursache dafür ist die gegenüber ungesättigten Ketten dichtere Packung von gesättigten Ketten, die sich auch in der Erhöhung der Schmelzpunkte von Fettsäuren manifestiert:

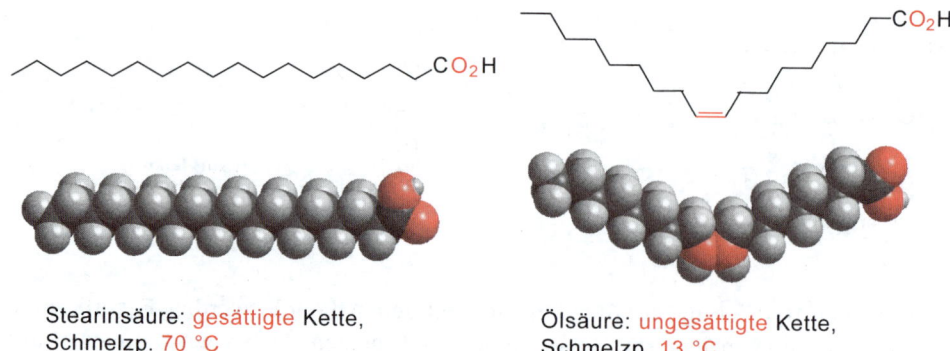

Stearinsäure: gesättigte Kette,
Schmelzp. 70 °C

Ölsäure: ungesättigte Kette,
Schmelzp. 13 °C

Beachten Sie auch die Schmelzpunkte der anderen ungesättigten Fettsäuren in der Tabelle: Je mehr Doppelbindungen vorhanden sind, umso tiefer liegt der Schmelzpunkt.

Die Hydrierung von Ölen und Fetten wird großtechnisch durchgeführt und liefert halbfeste Rohstoffe für Margarine. Dieser Vorgang heißt **Fetthärtung**.

Oxidation. Bei der Einwirkung von Luftsauerstoff auf mehrfach ungesättigte Fette tritt Autoxidation an der reaktionsfähigen Allylstellung ein, wobei gleichzeitig eine Verschiebung der Doppelbindung erfolgt.

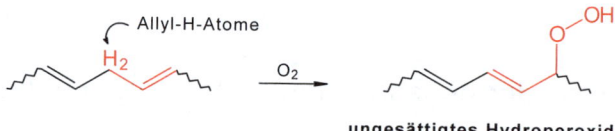

ungesättigtes Hydroperoxid

Das so gebildete Hydroperoxid reagiert auf noch nicht restlos geklärte Weise mit anderen ungesättigten Alkylketten, wobei Harze entstehen. Diese Autoxidation hat erhebliche praktische Auswirkungen:

- Öle werden beim Stehen an der Luft ranzig, wofür Spuren von Aldehyden verantwortlich gemacht werden. Letztere beeinträchtigen Geruch und Geschmack bestimmter Öle, z.B. von Olivenöl.

- Öle mit hohem Anteil an Linolsäure trocknen an der Luft. Trocknende Öle werden seit Jahrhunderten in der Malerei verwendet: Man vermengt ein ungesättigtes Öl (z.B. Leinsamenöl) mit einem Farbpigment (z.B. HgS, rot) und erhält eine „Ölfarbe", die auf eine Leinwand oder Wand aufgetragen zu einer beständigen Farbe „trocknet".

Aufgaben

1. Verbindung C ist eine fettähnliche Verbindung, die in der Natur als Schmetterlingspheromon wirksam ist. Die Synthese dieser Verbindung gelingt mithilfe der Olefinmetathese (Abschn. 16.5.3). Was bedeuten B und D in folgendem Schema?

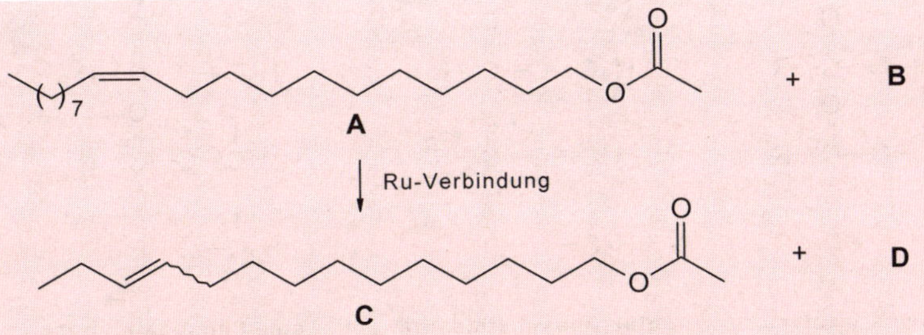

2. Welche Carbonsäuren entstehen bei der Ozonolyse von Ölsäure nach oxidativer Aufarbeitung?

26.3 Wachse

Natürliche Wachse sind Ester aus langkettigen Carbonsäuren und langkettigen primären Alkoholen. Das bekannteste Wachs ist Bienenwachs, Baustoff der sechseckigen Bienenwaben. Bienenwachs stellt eine Mischung mehrerer Ester dar. Zwei davon sind die Ester:

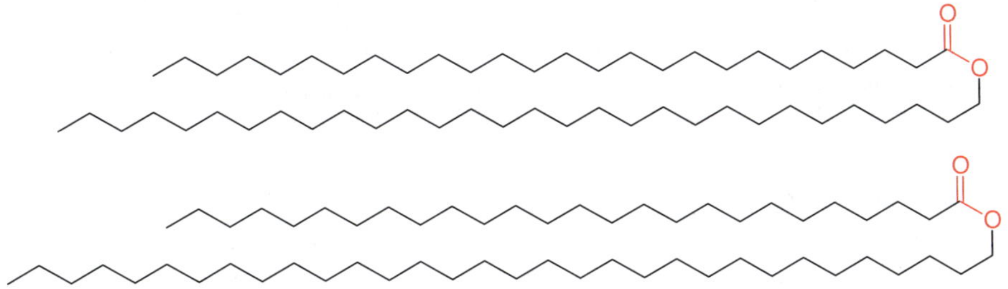

Die biologische Funktion der Wachse scheint häufig darin zu bestehen, den Wasserhaushalt zu regulieren. So werden Palmenblätter durch eine Wachsschicht vor dem Austrocknen bewahrt.

26.4 Phospholipide und Zellmembrane

Ein Phospholipid ist ein Glycerylester, der aus einem Molekül Glycerin, zwei Molekülen Carbonsäure und einem Molekül Phosphorsäure hervorgegangen ist. Die Grundverbindung heißt **Phosphatidsäure**. Letztere kommt in der Natur fast immer als Gemisch vor, da die beiden Fettsäuren unterschiedlich sein können.

ein Glycerylester   eine Phosphatidsäure   eine Phosphatidylrest

Der Phosphor in Phosphatidsäure verfügt noch über freie OH-Gruppen, deshalb ist eine weitere Veresterung möglich. Als Alkohole verwendet die Natur 2-Amino-ethanol, Cholin, Serin und Monosaccharide. Dabei entstehen Kephaline, Lecithine und weitere Verbindungen, die unter dem Namen **Phosphatide** zusammengefasst werden.

ein Phosphatidylethanolamin
(ein Kephalin)

ein Phosphatidylcholin
(ein Lecithin)

ein Phophatidylserin

Wegen der polaren Struktur werden manche Phosphatide als **Emulgatoren** für Nahrungsmittel verwendet. Emulgatoren stabilisieren die Emulsion von Öltröpf-chen in Wasser. So enthalten Margarine, Mayonnaise und andere Nahrungsmittel Lecithin als Stabilisator.

Die größte Bedeutung haben Phospholipide als Hauptbestandteil von Zellmembra-nen. Zellmembrane bestehen aus einer **Doppelschicht** von Phospholipiden. Die polaren Köpfe der Phospholipide sind an den Außenseiten der Doppelschicht an-geordnet, die unpolaren Fettsäureketten ragen ins Innere. Die Dicke einer Dop-pelschicht beträgt etwa 5 nm (zum Vergleich: C–C-Abstand 154 pm). Die Doppelschicht enthält Einschlussverbindungen wie Cholesterin und Protein. Die folgende Abbildung gibt den Aufbau einer Zellmembran schematisch wieder.

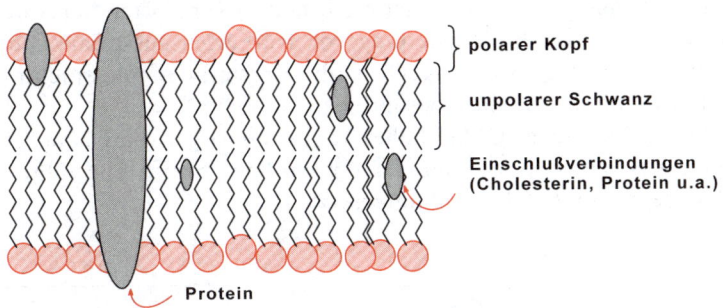

} polarer Kopf

unpolarer Schwanz

Einschlußverbindungen
(Cholesterin, Protein u.a.)

Protein

Aufbau einer Zellmembran aus zwei Phospholipid-Schichten. Polarer Kopf: Phosphatidylanteil. Unpolarer Schwanz: Fettsäureanteil.

26.5 *Exkurs*: Nachwachsende Rohstoffe

Organische Rohstoffe teilt man in fossile Rohstoffe und nachwachsende Rohstoffe ein. Zu den fossilen zählen Steinkohle, Braunkohle, Erdöl und Erdgas; zu den nachwachsenden gehören Zucker (in Zuckerrüben, Zuckerrohr), Stärke (in Mais, Weizen, Kartoffeln), pflanzliche Öle (in Raps, Lein, Sonnenblumen), Holz u.a. Wegen des begrenzten Vorkommens von fossilen Rohstoffen wird in neuerer Zeit das Augenmerk zunehmend auf nachwachsende Rohstoffe gerichtet. Anhand von zwei Beispielen sollen die Möglichkeiten, welche nachwachsende Rohstoffe bieten, beleuchtet werden. In beiden Fällen spielen pflanzliche Öle eine bedeutende Rolle.

Biodiesel aus Rapsöl. Als Kraftstoff für Dieselfahrzeuge dient normalerweise ein Gemisch von Kohlenwasserstoffen, welches man durch Cracken von Erdöl erhält. Eine Alternative bietet der nachwachsende Rohstoff Rapsöl. Dieses Öl kann entweder direkt oder durch Überführung in den Methylester verwendet werden. Die Umwandlung in den Methylester ist eine Umesterung und verläuft wie folgt (Formelschema s. auch Abschn. 26.2):

$$\text{Glycerylester + Methanol} \xrightarrow[\text{Umesterung}]{H^+} \text{Glycerin + Fettsäuremethylester}$$

Das Reaktionsprodukt besteht aus zwei Schichten: Die untere enthält Glycerin und überschüssiges Methanol, die obere ein Gemisch verschiedener Methylester. Vorteil der Methylester gegenüber den Glycerylestern ist die geringere Viskosität, die das Einspritzen in den Dieselmotor erleichtert.

Tenside aus pflanzlichen Ölen und Glucose. Tenside sind Verbindungen, deren wässrige Lösungen u.a. schmutzlösend wirken. Zu ihnen gehören die anionischen, die kationischen und die nichtionogenen Tenside, Näheres s. Abschn. 18.4.3. Alle drei Arten von Tensiden können aus nachwachsenden Rohstoffen hergestellt werden. Bekanntes Beispiel ist die Herstellung von Na-Seifen aus pflanzlichen Ölen durch alkalische Verseifung. Nachfolgend ist die Herstellung eines nichtionischen Tensids aus Pflanzenöl und Glucose beschrieben.

Zunächst wird ein pflanzliches Öl bei hoher Temperatur hydriert. Dabei bildet sich ein Fettalkohol, z.B. ein C_{12}-Alkohol. Dieser wird ins Sulfat überführt und das Sulfat mit Glucose zu einem Glucosid umgesetzt.

Die Verwendung nachwachsender Rohstoffe schont nicht nur die fossilen Rohstoffe sondern auch die Umwelt, da nur soviel klimaschädigendes Kohlendioxid freigesetzt wird, wie von der Pflanze durch Assimilierung aufgenommen wurde.

26.6 Lösung der Aufgaben zu Kapitel 26

1.

2.   Nonansäure plus Nonandisäure

Kapitel 27
Aminosäuren, Peptide, Proteine

27.1 Aminosäuren

27.1.1 Struktur von Aminosäuren

Eine Aminosäure ist eine Carbonsäure mit einer α-ständigen Aminogruppe. Die genaue Bezeichnung müsste α-Aminocarbonsäure lauten.

α-Aminocarbonsäure β-Aminocarbonsäure

In der Tabelle auf der nächsten Seite sind die Strukturen der 20 Aminosäuren aufgeführt, die im genetischen Material kodiert sind, zusammen mit den gebräuchlichen Abkürzungen (Drei- oder Einbuchstabencode). Die meisten Aminosäuren enthalten neben der Amino- und Carbonsäure-Gruppe noch eine zusätzliche funktionelle Gruppe. Letztere wird häufig zur Einteilung in neutrale, saure und basische Aminosäuren herangezogen. Die Tabelle enthält die 20 Aminosäuren eingeteilt nach der Acidität /Basizität in vier Gruppen und unterteilt in sieben Zeilen.

● Glycin in der ersten Zeile ist die Stammverbindung. Alle übrigen Aminosäuren leiten sich von Glycin durch Substitution eines α-H-Atoms her.

● Aminosäuren der zweiten Zeile enthalten eine α-Alkylseitenkette. Prolin weist eine Besonderheit auf: Als einzige Aminosäure enthält sie eine sekundäre Aminogruppe.

Alanin,
Aminosäure mit primärer Aminogruppe

Prolin,
Aminosäure mit sekundärer Aminogruppe

● Aminosäure der dritten und vierten Zeile enthalten als zusätzliche funktionelle Gruppe eine HO-, HS- oder H_3C-S-Gruppe oder aber eine Carboxamid-Gruppe.

● In der fünften Zeile sind Aminosäuren mit einem aromatischen Ring aufgeführt.

● Die Aminosäuren der sechsten Zeile weisen eine zusätzliche Carbonsäure-Gruppe auf. Beachten Sie auch die strukturellen Ähnlichkeiten von Asparaginsäure und Glutaminsäure mit Asparagin und Glutamin.

● Aminosäuren der siebten Zeile zeichnen sich durch eine zusätzliche basische Gruppe aus.

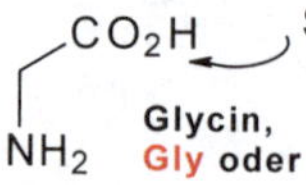

Stammverbindung

Glycin,
Gly oder G

Valin,
Val oder V

Aminosäuren mit einer neutralen oder schwach sauren Seitenkette:

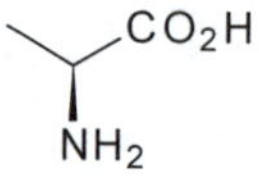

Alanin,
Ala oder A

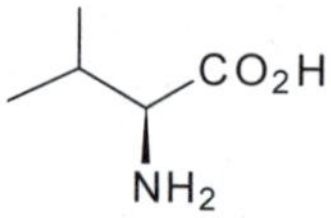

Valin,*
Val oder V

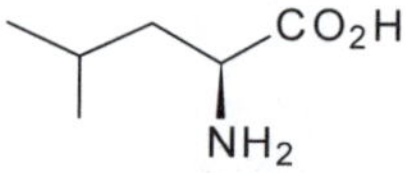

Leucin, *
Leu oder L

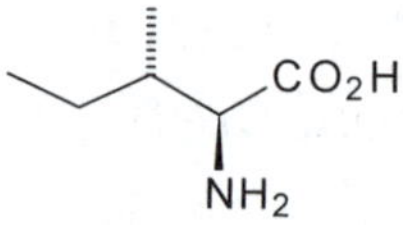

Isoleucin,*
Ile oder I

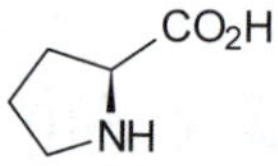

Prolin,
Pro oder P

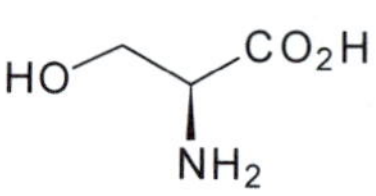

Serin,
Ser oder S

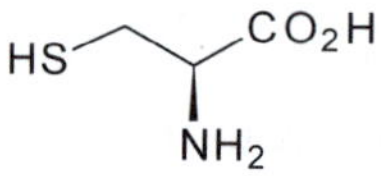

Cystein,
Cys oder C

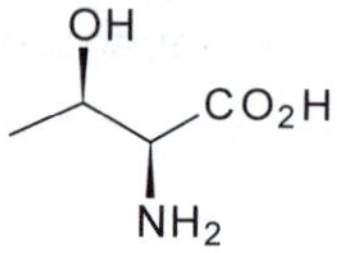

Threonin, *
Thr oder T

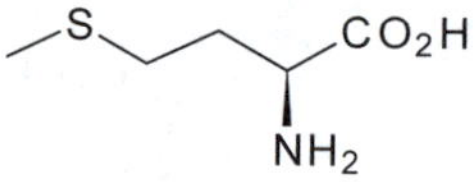

Methionin,*
Met oder M

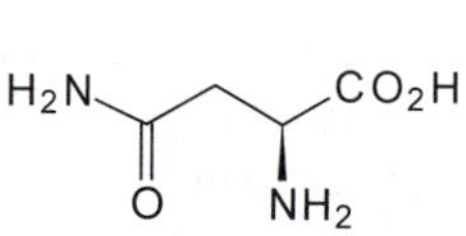

Asparagin,
Asn oder N

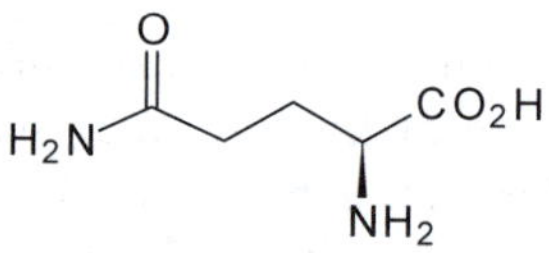

Glutamin,
Gln oder Q

Aminosäuren mit einer aromatischen Seitenkette:

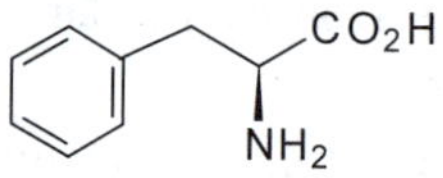

Phenylalanin, *
Phe oder F

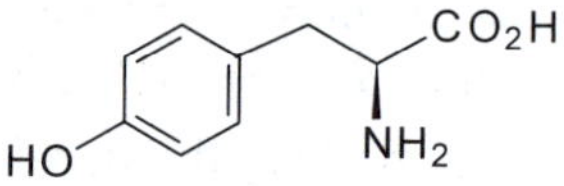

Tyrosin,
Tyr oder Y

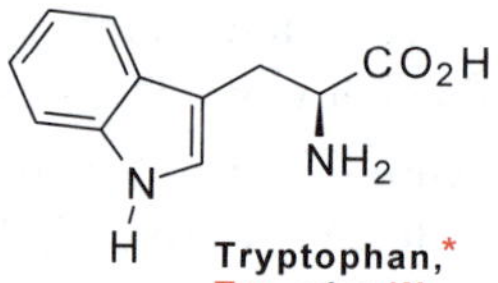

Tryptophan,*
Trp oder W

Aminosäuren mit einer sauren Seitenkette:

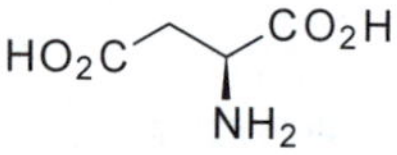

Asparaginsäure,
Asp oder D

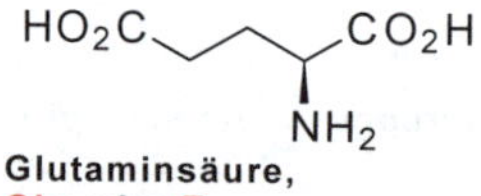

Glutaminsäure,
Glu oder E

Aminosäuren mit einer basischen Seitenkette:

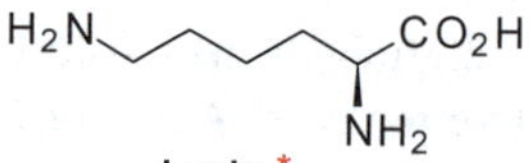

Lysin,*
Lys oder K

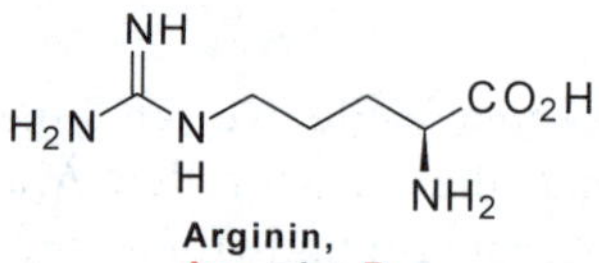

Arginin,
Arg oder R

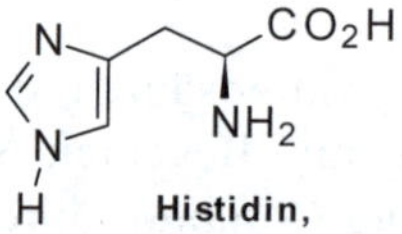

Histidin,
His oder H

* essentielle Aminosäuren

Aufgabe

1. (a) Welche Art von Isomerie besteht zwischen Leucin und Isoleucin?

   (b) Wie heißt der heterocyclische Ring in Prolin?

27.1.2 Konfiguration von Aminosäuren

Mit Ausnahme von Glycin besitzen alle α-Aminosäuren ein Chiralitätszentrum in α-Stellung, welches bei allen Verbindungen die gleiche absolute Konfiguration aufweist. Wie bei den Kohlenhydraten wird auch bei den Aminosäuren die D- und L-Nomenklatur verwendet. Die natürlichen Aminosäuren besitzen die L-Konfiguration. Nach den Cahn-Ingold-Prelog-Regeln haben sie mit Ausnahme von Cystein (s. Aufgabe 2) die (S)-Konfiguration. (Sie erinnern sich: D und L sind willkürliche, auf Glycerinaldehyd bezogene, R und S dagegen systematische Konfigurationsangaben; zwischen beiden besteht kein logischer Zusammenhang, s. auch Zucker, Abschn. 25.2).

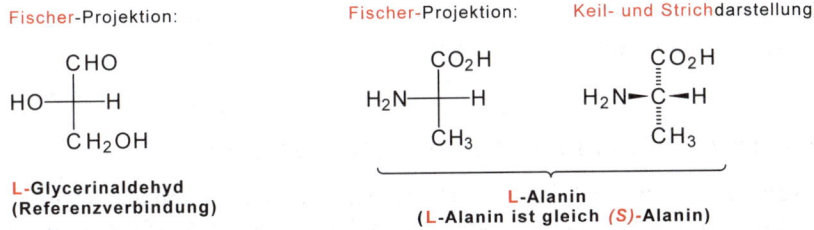

Aminosäuren mit der unnatürlichen D-Konfiguration kommen in der Natur nur sehr selten vor, z.B. in einigen Peptid-Antibiotika, in der Zellwand von Bakterien oder als Neurotransmitter.

Aufgabe

2. Cystein natürlicher Herkunft besitzt die (R)-Konfiguration, obwohl die räumliche Anordnung an C-2 sehr ähnlich wie bei den übrigen natürlich vorkommenden Aminosäuren (z. B. bei (S)-Serin) ist. Wie erklären Sie die unterschiedliche Benennung?

27.1.3 Verwendung von Aminosäuren

Von den 20 in menschlichen Proteinen vorkommenden unterschiedlichen Aminosäuren können 12 vom Körper synthetisiert werden. Die übrigen 8 müssen mit der Nahrung aufgenommen werden und heißen **essentielle Aminosäuren**: Es sind Val, Leu, Ile, Thr, Met, Phe, Trp und Lys (in der vorstehenden Tabelle mit einem roten Stern markiert). Der Mensch kann seinen Bedarf an essentiellen Aminosäuren durch Verzehr von Fleisch, Fisch oder Eiern decken. Vegetarier bedienen sich pflanzlicher Produkte mit Proteingehalt (Reis, Erbsen, Bohnen, Mais, Weizen, Roggen etc.).

Aminosäuren finden in der Human- und Tierernährung, in der Pharmazie und Kosmetik Anwendung. Darüber hinaus sind sie leicht zugängliche Ausgangsverbindungen für chemische Synthesen und werden zur Peptidsynthese verwendet.

Humanernährung. Wässrige Lösungen aus verschiedenen Aminosäuren werden bei der intravenösen künstlichen Ernährung eingesetzt (wichtig z.B. nach Operationen). Eine solche Ernährung kann sich ohne Schaden über längere Zeit erstrecken. Proteine selbst sind dafür nicht geeignet, da deren Hydrolyse nur im Magen/Darm erfolgen kann. Natriumglutamat sensibilisiert die Mundpapillen und dient als Geschmacksverstärker für Gewürze, Suppen, Soßen und Fleischgerichte.

Tierernährung. D,L-Methionin und L-Lysinhydrochlorid werden bei der Intensivfütterung (Geflügel, Schweine) verwendet.

27.1.4 Herstellung racemischer Aminosäuren

In diesem Abschnitt wird die Herstellung racemischer Aminosäuren, im nächsten die enantiomerenreiner Aminosäuren behandelt. Letztere Verfahren sind von besonderer Bedeutung, da L-Aminosäuren u.a. zur Synthese biologisch aktiver Peptide benötigt werden.

D,L-Aminosäuren aus Carbonsäuren. Die Umwandlung einer Carbonsäure in eine α-Aminocarbonsäure gelingt in zwei Stufen. Zunächst wird die Carbonsäure bromiert (Abschn. 20.5), anschließend die gebildete α-Bromcarbonsäure mit Ammoniak in die entsprechende Aminosäure umgewandelt. Beispiel:

Aufgabe

3. Formulieren Sie die Synthese von Phenylalanin aus der zugrunde liegenden Carbonsäure. Welches Problem tritt auf, wenn die Methode auf die Herstellung von Tyrosin angewandt wird?

D,L-Aminosäuren aus Aldehyden: Strecker-Synthese. Aldehyde können in zwei Schritten in α-Aminocarbonsäuren umgewandelt werden. Im ersten Schritt wird der Aldehyd mit einem Gemisch aus Ammoniumchlorid und Natriumcyanid ins entsprechende α-Aminonitril überführt. Im zweiten Schritt erfolgt Hydrolyse desselben zur α-Aminocarbonsäure. Beispiel:

Schritt 1: Überführung des Aldehyds ins α-Aminonitril

Acetaldehyd   α-Aminopropionitril

Schritt 2: Hydrolyse des α-Aminonitrils zur α-Aminocarbonsäure

D,L-Alanin

Zunächst bilden sich in einer Säure-Base-Reaktion Ammoniak und Blausäure: $NH_4^+ + CN^- \rightleftharpoons NH_3 + HCN$. Ammoniak reagiert mit dem Aldehyd zum entsprechenden Imin (Abschn. 17.5.5). Protonierung des Imins ergibt ein Iminium-Salz, das sich mit Cyanid zum α-Aminonitril umsetzt. Beachten Sie in der folgenden Reaktionsfolge die zweifache nucleophile Addition an Carbonyl- und Iminiumgruppe.

Ethaniminium-Ion   D,L-Alanin

Zur Hydrolyse von Nitrilen zu Carbonsäuren s. Abschn. 19.7.2.
Die Synthese von D,L-Aminosäuren aus Aldehyden, Ammoniumchlorid und Natriumcyanid wird nach dem Entdecker **Strecker-Synthese** genannt (*A. Strecker,* geb. 1822 in Darmstadt).

Aufgabe
4. Welche Aminosäure entsteht, wenn die Strecker-Synthese auf 2-Phenylacetaldehyd angewandt wird?

D,L-Aminosäuren aus Acetamidomalonester. Wie im Abschn. 20.6 erläutert, ist die Malonestersynthese eine gängige Methode zur Herstellung von Carbonsäuren. Wird nun nicht Malonester sondern *Acetamido*-malonester eingesetzt, erhält man statt einer Carbonsäure eine *α-Amino*carbonsäure. (Sie erkennen die typischen Schritte einer Malonester-Synthese.)

Zur H^+-katalysierten Hydrolyse sind hier drei mol H_2O erforderlich: zwei mol zur Hydrolyse der beiden Estergruppen und ein mol zur Hydrolyse der Amidgruppe. Acetamidomalonester wird aus Malonester und salpetriger Säure gewonnen. Hierbei bildet sich zunächst Nitroso-malonester, der zum Oxim des Mesoxalsäureesters tautomerisiert. Hydrierung des Oxims in Essigsäurehydrid (Ac$_2$O) führt über das Imin zum Amin, welches mit Ac$_2$O zum Endprodukt reagiert.

Mit Hilfe der Malonestersynthese können viele Aminosäuren hergestellt werden. Hierzu einige Beispiele:

Spezielle Verfahren: D,L-Methionin aus Acrolein. Die Synthese verläuft in zwei Schritten: Michael-Addition von Methanthiol an Acrolein und Strecker-Synthese. Als Nucleophil bei der Michael-Addition fungiert das Methanthiolat-Ion, das sich aus Methanthiol und der Base bildet.

Schritt 1: Michael-Addition

Methanthiol   Acrolein   3-Methylthiopropanal

Schritt 2: Strecker-Synthese

D,L-Methionin

Methionin wird in größerer Menge für die Tierfütterung benötigt. Da D-Methionin die gleiche Wirkung wie L-Methionin besitzt (die Zelle wandelt das D-Isomer ins L-Isomer um), kann das D,L-Gemisch verfüttert werden.

Aufgaben
5. Formulieren Sie die Synthese von Threonin mit Hilfe der Malonestersynthese.
6. Sowohl Leucin als auch Isoleucin können nach der Malonestersynthese hergestellt werden. Weshalb ergibt die Synthese von Leucin eine höhere Ausbeute?
7. Formulieren Sie die mehrstufigen Reaktionsfolgen Isobuten → Valin (Strecker-Synthese) und Toluol → Phenylalanin (Malonestersynthese).
8. Formulieren Sie den Mechanismus der Addition von Methanthiol an Acrolein.

27.1.5 Herstellung enantiomerenreiner Aminosäuren

Zur Herstellung einer enantiomerenreinen Aminosäure wird entweder das Racemat einer Aminosäure in die beiden Enantiomeren aufgetrennt oder eine enantioselektive Synthese durchgeführt. Auch die Hydrolyse eines Peptids oder Proteins und anschließende Auftrennung des Hydrolysats ergibt enantiomerenreine Aminosäuren, naturgemäß als L-Aminosäuren. Schließlich werden enantiomerenreine Aminosäuren biochemisch hergestellt.

Enantiomerenreine Aminosäuren aus Racemat durch Kristallisation. Hierbei wird die Aminosäure in eine *N*-Acylaminosäure, z.B. in eine *N*-Benzoylaminosäure überführt und damit der amphotere Charakter der Aminosäure aufgehoben. Die *N*-Benzoylaminosäure reagiert wie eine normale Carbonsäure und wird mit einem optisch aktiven Amin, z.B. Brucin, umgesetzt, wobei zwei diastereomere Salze entstehen. Die Salze haben unterschiedliche Löslichkeit und können durch fraktionierende Kristallisation voneinander getrennt werden. Einwirkung von Salzsäure auf die getrennten Salze liefert die beiden *N*-benzoylierten Enantiomeren neben dem Hydrochlorid des optisch aktiven Amins. Hydrolyse der *N*-Benzoylverbindungen mit wässriger NaOH-Lösung ergibt schließlich die freie D- und L-Aminosäure. Das folgende Beispiel beschreibt die Herstellung von D- und L-Alanin.

In der Praxis ist diese Methode allerdings oft mühselig, da das ausfallende Brucinsalz durch das andere Diastereomer verunreinigt ist und deshalb mehrmals umkristallisiert werden muss. Geringe Ausbeuten sind die Folge.

Enantiomerenreine Aminosäuren aus *N*-acetylierten Aminosäuren durch enzymatische Hydrolyse. Bei der Hydrolyse einer *N*-acetylierten Aminosäure in Gegenwart des Enzyms Acylase wird das natürliche Aminosäurederivat schneller hydrolysiert als das unnatürliche. Mit D,L-Alanin verläuft die Reaktion wie folgt:

Das acetylierte L-Alanin wird schnell hydrolysiert, das acetylierte D-Alanin praktisch gar nicht. Somit besteht das Reaktionsgemisch aus freiem L-Alanin und acetyliertem D-Alanin. Das Gemisch kann leicht in seine Bestandteile getrennt werden, da ersteres amphoter und letzteres sauer reagiert. Zum freien D-Alanin gelangt man durch Hydrolyse auf nunmehr rein chemischem Weg. Somit sind auch hier beide Enantiomere erhältlich.

Die schnellere Reaktion des einen Enantiomers ist ein Beispiel für eine **kinetische Racematspaltung**. Hierbei bildet sich zunächst ein Komplex zwischen dem chiralen Enzym und dem jeweiligen Enantiomer, der anschließend mit Wasser zum Produkt reagiert. Im Idealfall ist die Reaktionsgeschwindigkeit des einen Enantiomers groß und die des anderen sehr klein, so dass die Reaktion nach 50% Umsatz des Enantiomerengemischs praktisch beendet ist. Sind die Unterschiede weniger stark ausgeprägt, lässt man das Gemisch nur unvollständig abreagieren, um einen zufriedenstellenden Enantiomerenüberschuß zu erhalten.

Enantiomerenreine Aminosäuren durch enantioselektive Alkylierung. Alle Aminosäuren enthalten das Gerüst des Glycins. Es liegt daher nahe, aus einem geeigneten Derivat von Glycin durch Alkylierung andere Aminosäuren herzustellen. Dieses gelingt mit einem Iminderivat von Glycinester. Das Imin enthält zwei beträchtlich acide H-Atome und kann durch wässriges Kaliumhydroxid ins Kalium-Enolat überführt werden. Alkylierung des Enolats liefert ein *racemisches* Aminosäurederivat. Tauscht man aber das Kalium-Ion im Enolat durch ein chirales Kation aus, z.B. durch ein chirales Ammonium-Ion Q^+ (siehe Formel), und führt dann die Alkylierung durch, so erfolgt die Alkylierung enantioselektiv. Es entsteht ein *enantiomerenreines* Aminosäurederivat und daraus durch saure Hydrolyse eine enantiomerenreine Aminosäure.

Imin eines Glycinesters

(*R*)-2-Aminobutansäure
(R:S = 98:2))

Weshalb verläuft die Alkylierung des Enolats mit dem chiralen Gegenion enantioselektiv? In der unpolaren Phase Toluol assoziieren Gegenionen zu **Kontakt-Ionenpaaren**. Das gilt auch für das chirale Ammonium-Enolat. Dabei bilden sich zwei diastereomere Ionenpaare, da das chirale Kation Q^+ die Oberseite oder die Unterseite des prochiralen Enolats besetzen kann. Das Alkylierungsreagenz reagiert bevorzugt mit derjenigen Seite des Enolat-Ions, die durch Q^+ nicht besetzt ist. (Im vorstehenden Beispiel ist die Seite unterhalb der Papierebene durch Q^+ besetzt, die Alkylierung erfolgt deshalb oberhalb der Papierebene.)

Die Reaktion basiert auf einer Phasentransfer-Katalyse (Abschn. 22.5.5), hier mit dem chiralen Katalysator $Q^+ I^-$. Das Kation Q^+ transportiert das Enolat-Ion in die unpolare Phase, in der die enantioselektive Alkylierung stattfindet.

quartäres Ammoniumsalz Q⁺ I⁻
(R=Butyl, R'=3,4,5-Trifluorphenyl)

Enantiomerenreine Aminosäuren durch enantioselektive Hydrierung. Ein weiteres geeignetes Glycinderivat zur Synthese von enantiomerenreinen Aminosäuren ist *N*-Acetylglycin. Die Verbindung setzt sich mit Aldehyden in einer Aldol-ähnlichen Reaktion zu Dehydroaminosäuren um. Letztere können enantioselektiv zu *N*-acetylierten L- oder D-Aminosäuren hydriert werden. Hydrolyse letzterer liefert die freien L- oder D-Aminosäuren. Die Reaktionsfolge setzt sich somit aus drei Schritten zusammen, wie am Beispiel der Synthese von L-Phenylalanin gezeigt ist.

Schritt 1: Kondensation von N-Acetylglycin mit einem Aldehyd

| Benzaldehyd | N-Acetylglycin | | 2-Acetamido-3-phenylacrylsäure (eine Dehydroaminosäure) |

Schritte 2 und 3: Hydrierung der Dehydroaminosäure und Hydrolyse

L-Phenylalanin

Die enantioselektive Hydrierung gelingt in Gegenwart der chiralen Rh$^+$-Verbindung Me–BPE · Rh$^+$ F$_3$C–SO$_3^-$. (Zur Struktur des Katalysators und zum Mechanismus der enantioselektiven Hydrierung s. Abschn. 16.5.1) Bei der Reaktion entsteht neben dem L-Enantiomer auch etwas D-Enantiomer. Das Verhältnis L : D hängt von dem chiralen Liganden am Rh-Atom ab, es werden Selektivitäten von 98 : 2 und besser erreicht.

Durch Variation des Aldehyds kann eine Vielzahl von Aminosäuren hergestellt werden. Nachfolgend sind einige auf diese Weise herstellbaren Aminosäuren aufgeführt. Die gestrichelten Linien in den Formeln weisen auf die Ausgangsverbindungen hin, die Zahlen drücken das Enantiomerenverhältnis L : D mit dem vorstehend genannten chiralen Katalysator aus.

| Alanin (95 : 5) | Phenylalanin (98 : 2) | Lysin (92 : 8) | Tryptophan (96 : 4) |

Auch die unnatürliche α-Aminosäure L-Dopa kann durch enantioselektive Hydrierung hergestellt werden (Abschn. 16.5.1).

Aufgabe

9. Die vorstehenden L-Aminosäuren wurden mit Hilfe der enantioselektiven Hydrierung hergestellt. Benennen Sie die jeweils erforderlichen Aldehyde.

L-Aminosäuren durch Hydrolyse eines Peptids. Bei der durch Säuren katalysierten Hydrolyse eines Peptids entsteht ein Gemisch von L-Aminosäuren, das durch Chromatographie aufgetrennt werden kann. Eine Quelle für Peptide ist Gelatine, die aus dem Collagen tierischer Knochen, Häuten, Federn etc. gewonnen wird. Gelatine enthält hauptsächlich Glycin (28%) und L-Prolin (17%) und dient u.a. zur Gewinnung des letzteren: Jährlich werden weltweit ca. 100 t L-Prolin aus Hühnerfedern gewonnen.

Gelatine + H$_2$O $\xrightarrow[110°\,C]{6\,m\,HCl}$ L-Prolin + weitere L-Aminosäuren

Zur Trennung wird das salzsaure Hydrolysat auf eine Glassäule gegeben, die mit einem Kationenaustauscher-Harz R–SO$_3^-$ Na$^+$ gefüllt ist, und mit einem Laufmittel versetzt. Dabei wandern die einzelnen kationischen Aminosäuren mit unterschiedlicher Geschwindigkeit, da ihre Verweilzeiten an den stationären Gegenionen R–SO$_3^-$ unterschiedlich sind. Diese Trennungsmethode heißt **Kationenaustausch-Chromatographie**.

L-Aminosäuren auf biochemischem Wege. Große Bedeutung haben Verfahren erlangt, bei denen die natürliche L-Aminosäure durch biochemische Prozesse hergestellt wird. Als Katalysator dient ein Enzym oder gar ein Enzymgemisch. Ein Beispiel haben Sie bereits kenngelernt: die kinetische Racematspaltung durch Acylase.

L-Asparaginsäure wird durch Addition von Ammoniak an Fumarsäure hergestellt. Als Katalysator dient das Enzym Aspartat-Ammoniak-Lyase. (Lyasen sind Enzyme, welche die Addition von Atomgruppen an Doppelbindungen katalysieren.)

Fumarsäure (prochiral) → **L-Asparaginsäure**

Auf gleiche Weise gelingt auch die Herstellung von L-Phenylalanin.

Zimtsäure (prochiral) → **L-Phenylalanin**

In beiden Fällen wird das Ammoniakmolekül von der *si*-Seite addiert, das ist bei der vorstehend gewählten Schreibweise die Seite oberhalb der Papierebene. Wegen der Unterschiedlichkeit in Größe und Polarität von Fumarsäure und Zimtsäure sind dazu zwei unterschiedliche Enzyme erforderlich.

L-Asparaginsäure kann zu L-Alanin decarboxyliert werden. Katalysator ist das Enzym L-Aspartat-β-Decarboxylase.

L-Asparaginsäure → (L-Aspartat-β-Decarboxylase, $- CO_2$) → **L-Alanin**

L-Glutaminsäure wird aus D-Glucose, Ammoniak und Sauerstoff durch **Fermentation** hergestellt. Fermentation bedeutet Stoffumwandlung in einer Zelle durch in der Regel mehrere Enzyme. Im vorliegenden Fall erfolgt die Fermentation mit dem Zellinhalt von *Corynebacterium glutamicum*.

D-Glucose $+ 3/2\ O_2 + NH_3$, $- CO_2\ - 3\ H_2O$, mehrere Enzyme → **L-Glutaminsäure**

Eine C_6-Verbindung wird in eine C_5-Verbindung und CO_2 überführt.

Neutralisation der Glutaminsäure liefert ein Glutamat. Na-Glutamat dient als Geschmacksverstärker in Lebensmitteln.

Zusammenfassung

Racemische Aminosäuren werden hergestellt:

- aus Carbonsäuren durch Bromierung und anschließende Substitution des Broms durch Ammoniak
- aus Aldehyden, Ammoniak und Blausäure (Streckersynthese)
- aus Acetamidomalonester durch Alkylierung, Hydrolyse und Decarboxylierung (Malonestersynthese)

Enantiomerenreine Aminosäuren werden erhalten:

- aus racemischen Aminosäuren durch Überführung in diastereomere Salze und fraktionierende Kristallisation derselben
- aus racemischen *N*-acetylierten Aminosäuren durch enantioselektive Hydrolyse in Gegenwart des Enzyms Acylase
- aus Iminoglycinestern durch enantioselektive Alkylierung
- aus *N*-Acetylglycin durch Kondensation mit einem Aldehyd und anschließende enantioselektive Hydrierung der Dehydroaminosäure in Gegenwart einer chiralen Rhodiumverbindungen
- aus Peptiden durch Hydrolyse und chromatographische Trennung der Aminosäuren
- auf biochemischem Weg u.a. aus α,β-ungesättigten Carbonsäuren durch enantioselektive Addition von NH_3

27.1.6 Säure-Base-Verhalten von Aminosäuren

Aminosäuren als Zwitterionen. Eine Aminosäure enthält einen Protonendonor (Carboxylgruppe) und einen Protonenakzeptor (Aminogruppe). Das Proton wandert daher von der einen zur anderen Gruppe, wobei ein **Zwitterion** (auch **Betain** genannt) entsteht.

ein Zwitterion

Im festen Zustand liegen Aminosäuren als Zwitterionen vor. Auch in Lösung treten sie als fast ausschließlich als Zwitterionen auf. Wie gering der Anteil an neutralen Molekülen ist, belegt das Beispiel Alanin (R gleich CH_3): Zwitterionen : Neutralmoleküle gleich 250 000 : 1.

Aminosäuren schmelzen erst oberhalb 200 °C (teilweise unter Zersetzung). Sie lösen sich in Wasser, schwer in Ethanol und kaum in Ether oder Benzol. Ursache ist in allen Fällen der salzartige Charakter.

Aminosäuren als Ampholyte. Aminosäuren (ob als Neutralmoleküle oder als Zwitterionen) können ein Proton aufnehmen oder abgeben, sie sind damit **amphoter** (griech. *amphoteros*, beiderlei).

| saure Lösung: | neutrale Lösung: | alkalische Lösung: |
| Kation | Zwitterion | Anion |

In genügend saurer Lösung sind alle Aminosäuremoleküle protoniert und liegen als Kationen vor. Legt man ein elektrisches Feld an, so wandern sie zur negativen Elektrode. In alkalischer Lösung liegen die Aminosäuremoleküle in deprotonierter Form vor und weisen eine negative Ladung auf. Sie wandern im elektrischen Feld zur positiven Elektrode. Dazwischen existiert ein pH, bei welchem die Aminosäure weder zur Kathode noch zur Anode wandert, da sie als Betain vorliegt. Man nennt diesen pH-Wert den **isoelektrischen Punkt**. Am isoelektrischen Punkt ist die Nettoladung gleich null.

Aminosäuren als mehrbasige Säuren. Protonierte Aminosäuren sind zweibasige Säuren, bei einer zusätzlichen sauren Gruppe gar dreibasige Säuren. Durch Titration mit verdünnter Natronlauge können die Aciditätskonstanten K_a und daraus die isoelektrischen Punkte pI bestimmt werden. Letztere sind bei der elektrophoretischen Trennung von Aminosäuren von Bedeutung.

Glycinhydrochlorid ist eine zweibasige Säure mit den Aciditätskonstanten $K_{a(1)}$ und $K_{a(2)}$.

Dissoziationsstufe 1:

$$\overset{+}{H_3}NCH_2CO_2H + H_2O \overset{K_{a(1)}}{\rightleftharpoons} \overset{+}{H_3}NCH_2CO_2^- + H_3O^+$$
prot. Glycin   Glycin

Dissoziationsstufe 2:

$$\overset{+}{H_3}NCH_2CO_2^- + H_2O \overset{K_{a(2)}}{\rightleftharpoons} H_2NCH_2CO_2^- + H_3O^+$$
Glycin   deprot. Glycin

$$K_{a(1)} = \frac{[H_3O^+][\overset{+}{H_3}NCH_2CO_2^-]}{[\overset{+}{H_3}NCH_2CO_2H]} \qquad K_{a(2)} = \frac{[H_3O^+][H_2NCH_2CO_2^-]}{[\overset{+}{H_3}NCH_2CO_2^-]}$$

(Die Konzentration des Wassers ist in K_a einbezogen.) In der ersten Stufe reagiert Wasser mit der Carboxylgruppe, die stärker sauer als die Ammoniumgruppe ist, in der zweiten Stufe mit letzterer. Die Titrationskurve mit Natronlauge ist in der Abbildung wiedergegeben.

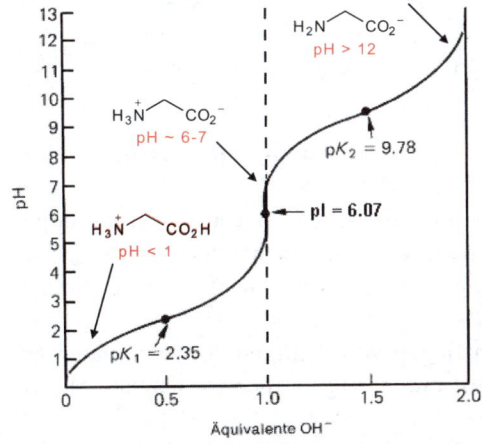

Titrationskurve von Glycin-hydrochlorid mit verdünnter NaOH-Lösung.
Nach Zugabe von 0.5, 1 und 1.5 Äquiv. OH⁻ stellen sich pH-Werte ein, die identisch sind mit pK_1, pI bzw. pK_2.

Nach Zugabe von 0,5 Äquiv. NaOH gilt: $[H_3N^+CH_2CO_2H] = [H_3N^+CH_2CO_2^-]$ und somit $pK_{a(1)} = pH$ (s. vorstehende Gleichung). Ermittlung des pH-Werts mit einer pH-Elektrode liefert die Aciditätskonstante $pK_{a(1)}$. Zugabe von 1,0 Äquivalenten NaOH überführt die Aminosäure ins Betain. Der pH-Wert dieser Lösung ist gleich dem pI-Wert. Nach Zugabe von 1,5 Äquivalenten NaOH gilt: $[H_3N^+CH_2CO_2^-] = [H_2NCH_2CO_2^-]$. Ermittlung des pH-Werts dieser Lösung liefert die Aciditätskonstante $pK_{a(2)}$.

Der isoelektrische Punkt pI kann auch aus den pK$_a$-Werten wie folgt berechnet werden:

$$pI = \frac{pK_{a(1)} + pK_{a(2)}}{2}$$

Protonierte Asparaginsäure ist eine dreibasige Säure mit einer komplexeren Titrationskurve. Auswertung derselben nach dem gleichen Schema liefert drei Aciditätskonstanten, und durch Mittelung der beiden kleineren erhält man den pI-Wert.

Asparaginsäure, protoniert   **Asparaginsäure**   **Asparaginsäure, deprotoniert**   **Asparaginsäure, 2-fach deprotoniert**

Auch zweifach protoniertes Lysin gehört zu den dreibasigen Aminosäuren. Die ebenfalls komplexere Titrationskurve liefert die drei Aciditätskonstanten und durch Mittelung hier der beiden größeren den pI-Wert.

Lysin, zweifach protoniert   **Lysin, protoniert**   **Lysin**

Die so ermittelten pK$_a$- und pI-Werte von Glycin, Glutaminsäure, Lysin und der anderen Aminosäuren sind in der Tabelle aufgeführt.

Vergleich der Aciditätskonstanten. Die pK$_a$-Werte der α-Carbonsäuregruppen liegen zwischen 1,81 und 2,59 und damit deutlich niedriger als der von Essigsäure (4,76). Die höhere Acidität beruht auf dem $-I$-Effekt der benachbarten α-Ammoniumgruppe.

Die pK$_a$-Werte der α-Ammoniumgruppen liegen von wenigen Abweichungen abgesehen zwischen 9 und 10 und sind somit nur wenig kleiner als der des Methylammonium-Ions (10,4).

Die pK$_a$-Werte der sauren oder basischen Seitenketten (Cys, Tyr, Asp, Glu, Lys, Arg, His) ähneln erwartungsgemäß dem pK$_a$-Wert einer Carbonsäure (Asp, Glu), eines Thiols (Cys), eines Phenols (Tyr), eines Alkylammonium-Ions (Lys), eines Guanidinium-Ions (Arg) oder eines Pyridinium-Ions (His). So besitzt Asparaginsäure einen dritten pK$_a$-Wert von 3,90, Glutaminsäure einen von 4,32. Beide Werte kommen dem von Essigsäure (4,75) nahe. Lysin hat einen dritten pK$_a$-Wert von 10,80, der gut mit dem des Methylammonium-Ions (10,4) übereinstimmt.

Tabelle. pK_a-Werte und isoelektrische Punkte von Aminosäuren

Aminosäure	pK_a (α-CO$_2$H)	pK_a (α-NH$_3^+$)	pK_a (Seitenkette)	pI (isoelektr. Punkt)
Glycin	2,35	9,78	-	6,06
Alanin	2,35	9,87	-	6,11
Valin	2,28	9,72	-	6,00
Leucin	2,33	9,74	-	6,02
Isoleucin	2,32	9,76	-	6,04
Prolin	1,95	10,64	-	6,29
Serin	2,19	9,44	-	5,81
Threonin	2,59	9,10	-	5,59
Methionin	2,17	9,27	-	5,72
Phenylalanin	2,58	9,24	-	5,91
Tryptophan	2,43	9,44	-	5,93
Asparagin	2,02	8,80	-	5,41
Glutamin	2,17	9,13	-	5,65
Cystein	1,86	8,35	10,34	5,10
Tyrosin	2,20	9,11	10,07	5,05
Asparaginsäure	1,99	10,00	3,90	2,95
Glutaminsäure	2,13	9,95	4,32	3,22
Lysin	2,16	9,20	10,80	10,00
Arginin	1,82	8,99	13,20	11,10
Histidin	1,81	9,15	6,05	7,6

Einige Seitenketten weisen zwei oder gar drei basische Zentren auf. Die Seitenkettenbasizität des Histidins rührt vom tertiären Stickstoffatom und nicht vom sekundären her, dessen freies Elektronenpaar Teil der aromatischen 6π-Elektronen ist und für eine Protonierung nicht zur Verfügung steht.

Die starke Seitenkettenbasizität des Arginins ist auf den Imin-Stickstoff zurückzuführen, dessen Protonierung ein mesomeriestabilisiertes Carbenium-Ion ergibt.

Trennung von Aminosäuren durch Elektrophorese. Aminosäuren mit einer Carboxyl- und einer Aminogruppe weisen einen isoelektrischen Punkt auf, der zwischen pH 5.5 und 6.5 liegt, solche mit einer *zusätzlichen* Carboxylgruppe einen Wert bei ca. 3.0 und solche mit einer *zusätzlichen* basischen Gruppe einen Wert zwischen 7.5 und 10.5.

Die unterschiedlichen isoelektrischen Punkte können zur Trennung von Aminosäuren genutzt werden. Stellt man beispielsweise den pH-Wert einer wässrigen Lösung von Alanin und Phenylalanin (isoelektrische Punkte bei 6.12 bzw. 5.91) auf exakt 6.12, liegen sämtliche Alanin-Moleküle als Betaine, dagegen einige Phenylalanin-Moleküle auch als Anionen vor. Wird diese Lösung auf ein Gel oder einen Papierstreifen aufgetragen und einem elektrischen Feld ausgesetzt, so wandern nur die Phenylalanin-Moleküle als Anionen zur positiven Elektrode. Auf diese Weise gelingt die Trennung der beiden Aminosäuren. Auch Peptide oder Proteine können so getrennt werden, da sie ebenfalls über individuell charakteristische saure oder basische Gruppen verfügen. Diese Art der Trennung wird **Elektrophorese** genannt.

● **Frage.** Zu welcher Elektrode (positiv oder negativ) wandern Glycin und Glutaminsäure in einer Elektrophoresevorrichtung mit pH 5?

● **Antwort.** Der pI-Wert von Glycin beträgt 6,06. Bei pH 5 liegen einige Moleküle als Kationen vor; diese wandern zur negativen Elektrode. Der pI-Wert von Glutaminsäure liegt bei 4,32. Bei pH 5 liegen einige Moleküle als Anionen vor; diese wandern zur positiv geladenen Elektrode.

Zusammenfassung

● Eine Aminosäure liegt sowohl in kristallinem Zustand als auch in Lösung als Zwitterion vor.

● Eine Aminosäure als Zwitterion kann ein Proton aufnehmen oder abgeben, ist somit amphoter.

● Bei einem bestimmten pH-Wert ist die Nettoladung einer Aminosäure exakt gleich null. Dieser pH-Wert heißt isoelektrischer Punkt. Oberhalb oder unterhalb des isoelektrischen Punktes ist die Nettoladung negativ bzw. positiv.

● Aminosäuren mit einer positiven oder negativen Ladung wandern im elektrischen Feld zur negativ bzw. positiv geladenen Elektrode und können dadurch voneinander getrennt werden. Die Trennmethode heißt Elektrophorese.

● Die Bedeutung der Elektrophorese liegt darin, dass damit sowohl Gemische aus Aminosäuren als auch Gemische aus Peptiden oder Proteinen getrennt werden können.

Aufgaben

10. Warum reagiert die α-Carboxylgruppe von Asparagin saurer als die andere?

11. Zeichnen Sie die Strukturen folgender Aminosäuren am isoelektrischen Punkt: Val, Lys, Arg, Glu

12. Zu welcher Elektrode (+ oder −) wandern die folgenden Aminosäuren? Tyrosin bei pI; Serin bei niedrigem pH-Wert; Asparaginsäure bei hohem pH-Wert

13. Eine Mischung aus His, Tyr, Glu und Gly wird bei pH = 6 der Elektrophorese unterworfen. Welche Aminosäuren wandern zur positiv geladenen Elektrode , welche zur negativ geladenen Elektrode, welche verharren in der Lösung?

14. Glyphosat ist ein wirksames Mittel gegen Unkraut. Wie eine Aminosäure liegt auch diese Verbindung als Zwitterion vor. Warum ist die Phosphonsäuregruppe und nicht die Carbonsäuregruppe ionisiert?

Glyphosat

27.1.7 Veresterung und Acetylierung von Aminosäuren

Aminocarbonsäuren gehen Reaktionen ein, die man auch bei Carbonsäuren oder Aminen beobachtet. Die Carboxylgruppe kann mit Alkoholen verestert und die Aminogruppe z.B. mit Acetylchlorid oder -anhydrid acetyliert werden. Die Veresterung wird nicht wie üblich mit einer katalytischen Menge an Protonendonor, sondern mit einer *äquimolaren* Menge durchgeführt, da das Reaktionsprodukt die Säure durch Salzbildung bindet.

Veresterung:

Alanin   **Alanin-methylester-hydrochlorid**

Acetylierung:

Phenylalanin

***N*-Acetylphenylalanin**

27.1.8 Nachweis von Aminosäuren: die Ninhydrin-Reaktion

Aminosäuren reagieren mit Ninhydrin, dem Hydrat einer Triketoverbindung, zu einer intensiv farbigen Verbindung, Ruhemanns Purpur genannt. Selbst Spuren von Aminosäuren werden mit dieser kompliziert verlaufenden Farbreaktion noch erkannt und einer Quantifizierung zugänglich gemacht.

Die Reaktion verläuft über mehrere Zwischenstufen und soll hier nicht näher erläutert werden. Sie gelingt mit allen Carbonsäuren, die in α-Stellung eine primäre Aminogruppe aufweisen. Prolin mit einer sekundären Aminogruppe reagiert auf andere Weise und liefert einen gelben Farbstoff.

Aufgabe

15. Welche Produkte bilden sich bei der Reaktion zwischen einer aliphatischen Aminosäure und einem der folgenden Reagenzien? (a) wässrige HCl-Lösung; (b) wässrige NaOH-Lösung; (c) Isopropanol + HCl; (d) salpetrige Säure; (e) Thionylchlorid; (f) Chlorameisensäure-benzylester

27.2 Peptide

27.2.1 Struktur und Nomenklatur von Peptiden

Peptide bestehen aus Aminosäureresten, die über Amidbindungen miteinander verknüpft sind. Je nach Anzahl der Reste unterscheidet man zwischen Dipeptiden, Tripeptiden, Tetrapeptiden usw. und schließlich Polypeptiden. Nachfolgend ist je ein Dipeptid und ein Tripeptid in der Zick-Zack-Schreibweise aufgeführt. Die roten Trennstriche dienen zur Erkennung der einzelnen Aminosäurereste.

*Poly*peptide setzen sich aus einer großen Zahl von Aminosäureresten zusammen. Nachfolgend ist die Konstitution eines Abschnitts eines Polypeptids bestehend aus (L)-konfigurierten Aminosäureresten in der Zick-Zack-Projektion wiedergegeben.

Polypeptid (Ausschnitt)

Beachten Sie die räumlichen Anordnungen der Seitenketten R abwechselnd oberhalb (Keile) und unterhalb (gestrichelte Linien) der Papierebene.

Wichtigstes Strukturmerkmal aller Peptide ist die Amidbindung, die hier auch **Peptidbindung** genannt wird. Wie im Abschn. 19.6.1 dargelegt, besitzt eine Amidbindung Eigenschaften einer Doppelbindung, so dass *cis,trans*-Isomere auftreten können. In Peptiden sind die C-Substituenten wegen ihres Raumbedarfs *trans*-ständig angeordnet.

Peptidbindung: C-Substituenten *trans*-ständig

Nomenklatur. Peptide werden stets so gezeichnet, dass der Aminosäurerest mit der freien Aminogruppe links und der Aminosäurerest mit der freien Carboxylgruppe rechts steht. Die endständigen Aminosäuren heißen **N-terminale** bzw. **C-terminale** Aminosäuren. Zur Benennung eines Peptids beginnt man mit dem Namen des N-terminalen Aminosäurerestes, setzt daran die Namen der Aminosäurereste entsprechend ihrer Reihenfolge und schließt mit dem Namen der C-terminalen Aminosäure ab. Beispiele:

Glycylalanin
(**Gly-Ala** oder **GA**)

Alanylserylcystein
(**Ala-Ser-Cys** oder **ASC**)

Aufgaben

16. Zeichnen Sie die Skelettkette eines Polypeptids bestehend aus (D)-Alanin.

17. Zeichnen Sie die Struktur von natürlichem Val-Cys-Tyr.

27.2.2 Bedeutung von Peptiden

Peptide üben eine Vielzahl biochemischer Funktionen aus. **Aspartam** ist der Methylester eines Dipeptids, das als Süßstoff verwendet wird. **Glutathion** ist ein Tripeptid, das im Blut und in Zellen auftritt und das vermöge seiner H–S-Gruppe an biochemischen Redoxprozessen beteiligt ist. Das Tripeptid reduziert schädliche Peroxide und wird dabei selbst zum entsprechenden Disulfid oxidiert. Anschließende Reduktion des Disulfids mit NADPH $+H^+$ (Abschn. 12.6.8) zu Glutathion schließt den Kreislauf.

Dipeptid:

Aspartam
(Asp-Phe-OCH$_3$)

Tripeptid:

Glutathion
(γ-Glu-Cys-Gly)

Endorphine sind Peptidhormone, die aus 20-30 Aminosäureresten bestehen. Sie haben eine mit Morphin vergleichbare schmerzstillende Wirkung. Jedoch sind auch sie nicht suchtfrei.

Von besonderer Bedeutung ist das Peptidhormon **Insulin.** Nach Untersuchungen von *F. Sanger* (geb. 1918 in Gloucestershire/England; Nobelpreis 1958) enthält Insulin 51 Aminosäuren, die sich auf die zwei Polypeptidketten A und B verteilen. Die beiden Peptidketten sind über zwei Disulfidbrücken miteinander verknüpft. Eine weitere Disulfidbrücke verursacht eine Schleife in der Peptidkette A.

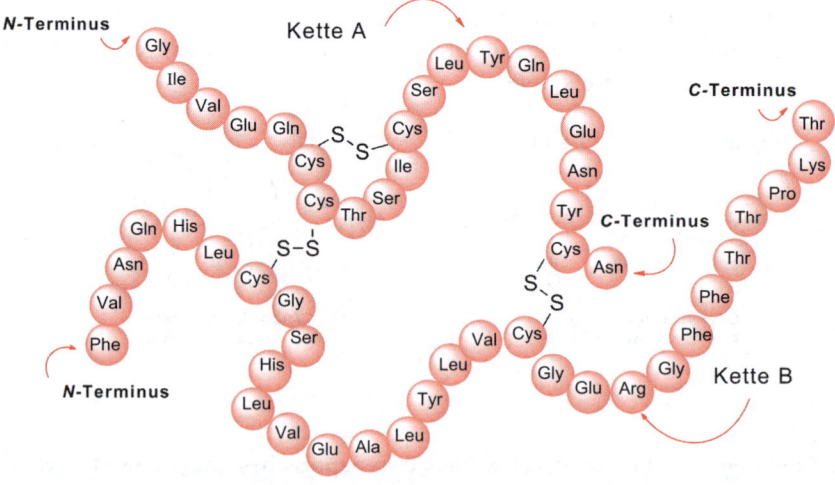

Primärstruktur des Humaninsulins

Insulin wirkt blutzuckersenkend und wird bei der Zuckerkrankheit *diabetes mellitus* angewendet. Die erste chemische Synthese dieses wichtigen Hormons gelang in den 60er Jahren drei Arbeitskreisen in den USA, China und Deutschland.

Aufgaben

18. Warum ist Glutathion kein Tripeptid im strengen Sinn?

19. Enthält Humaninsulin einen Cysteinbaustein mit einer freien Thiol-Gruppe?

27.2.3 Herstellung von Peptiden in Lösung

Strategie der Peptidsynthese. Will man zwei Aminosäuren gezielt zu einem Dipeptid verknüpfen, müssen die funktionellen Gruppen, die nicht reagieren sollen, durch Schutzgruppen SG geschützt werden. Anschließendes Verknüpfen der beiden teilweise geschützten Aminosäuren in Gegenwart einer Verbindung, die das bei der Reaktion freiwerdende Wasser aufnimmt (z.B. Dicyclohexylcarbodiimid, DCC), liefert das gewünschte Dipeptid. So gelingt die Synthese des geschützten Dipeptids Gly-Ala wie folgt:

Glycin, *N*-geschützt + Alanin, *O*-geschützt $\xrightarrow[\text{(DCC)}]{-H_2O}$ Gly–Ala, *N*- und *O*-geschützt

Beachten Sie, dass bei vorstehender Schutzstrategie nur Gly-Ala und nicht Ala-Gly entstehen kann. Das freie Dipeptid erhält man durch Abspaltung der beiden Schutzgruppen, die bei Raumtemperatur oder wenig darüber erfolgt. (Die Peptidbindung bleibt bei Raumtemperatur intakt.) Zur Struktur der Schutzgruppen SG und zum Mechanismus der Wasserabspaltung s. weiter unten.

Die gezielte Verknüpfung dreier Aminosäuren zu einem Tripeptid verläuft formal analog. Zunächst wird eines der beiden dem Tripeptid zugrunde liegenden Dipeptide hergestellt. Anschließend wird das Dipeptid, das aufgrund der Synthese doppelt geschützt anfällt, partiell entschützt und mit einer partiell geschützten Aminosäure umgesetzt. Die Synthese des Tripeptids Gly-Ala-Phe aus Gly-Ala verläuft wie folgt:

Gly-Ala, *N*-geschützt + Phenylalanin, *O*-geschützt $\xrightarrow[\text{(DCC)}]{-H_2O}$ Gly-Ala-Phe, *N*- und *O*-geschützt

Oligopeptide werden hergestellt, indem man die Aminosäuren *nacheinander* verknüpft oder indem man zwei geeignete kleinere Peptidmoleküle passender Sequenz vereinigt.

Bei der Synthese eines Peptids müssen somit insgesamt drei Arbeitsvorgänge verrichtet werden: (1) Schützen derjenigen funktionellen Gruppen, die an der Reaktion nicht teilnehmen sollen, (2) Peptidverknüpfung und (3) Entfernung der Schutzgruppen. Diese drei Arbeitsvorgänge werden nachfolgend in dieser Reihenfolge behandelt.

Aufgaben

20. Formulieren Sie die Synthese des beidseitig geschützten Dipeptids Ala-Gly aus Alanin und Glycin.

21. Im Text ist die Synthese von Gly-Ala-Phe aus Gly-Ala beschrieben. Formulieren Sie die Synthese von Gly-Ala-Phe aus Ala-Phe.

Schutz der Carboxylgruppe. Die Carboxylgruppe wird durch Veresterung geschützt. Bewährt haben sich die Ester mit den Resten *tert*-Butyl (t-Bu), 9-Fluorenylmethyl (Fm) oder Benzyl (Bn). Alle diese Substituenten können nach Beendigung der Peptidsynthese leicht abgespalten werden (s. unten), ohne dass die Peptidbindung angegriffen wird.

Aminosäure + Isobuten → Aminosäure-*tert*-butylester (Schutzgruppe t-Bu)

Aminosäure + 9-Fluorenylmethanol → Aminosäure-9-fluorenylmethylester (Schutzgruppe Fm)

Aminosäure + Benzylalkohol → Aminosäure-benzylester (Schutzgruppe Bn)

Aufgabe

22. Formulieren Sie den Mechanismus der H$^+$-katalysierten Veresterung einer Aminosäure mit Isobuten.

Schutz der Aminogruppe. Zum Schutz wird die Aminosäure mit geeigneten Anhydriden oder Säurechloriden umgesetzt. Die Umsetzung speziell mit Säurechloriden erfolgt im 2-Phasensystem (Schotten-Baumann-Reaktion, Abschn. 19.2.2), wobei die organische Phase das Säurechlorid und die wässrige Phase verd. NaOH zum Abfangen von HCl enthält. Produkte der Reaktion von Aminosäuren mit Anhydriden oder Säurechloriden sind N-geschützte Aminosäuren mit den Schutzgruppen tert-Butoxycarbonyl (abgekürzt mit Boc), 9-Fluorenylmethoxycarbonyl (Fmoc) oder Benzyloxycarbonyl (Z nach *C. Zervas*, einem Pionier der Peptidchemie).

Di-*tert*-butyl-dicarbonat   Boc-Aminosäure

Chlorameisensäure-(9-fluorenylmethyl)-ester   Fmoc-Aminosäure

Chlorameisensäure-benzylester   Z-Aminosäure

Auch diese drei Schutzgruppen lassen sich nach Knüpfung der Peptidbindung leicht abspalten (s. unten), ohne dass die Peptidbindung angegriffen wird.

Schutz der funktionellen Gruppe in der Seitenkette. Trifunktionelle Aminosäuren (Glutaminsäure, Lysin u.a.) enthalten in der Seitenkette eine weitere funktionelle Gruppe. Auch diese Gruppe muss geschützt werden, bevor die Aminosäure zur Peptidsynthese eingesetzt werden kann. Als Schutzgruppen werden häufig die gleichen wie bei difunktionellen Aminosäuren verwendet. Zur Erläuterung dienen die Beispiele Glutaminsäure (zusätzliche Carboxylgruppe) und Lysin (zusätzliche Aminogruppe).

Der selektive Schutz der Carboxylgruppe in der Seitenkette von Glutaminsäure erfolgt durch H⁺-katalysierte Veresterung mit Benzylalkohol. Erster und für die Selektivität entscheidender Schritt ist die Protonierung. Diese erfolgt an der Carboxylgruppe in γ-Stellung, da eine Protonierung der α-Carboxylgruppe aufgrund der benachbarten Ammoniumgruppe erschwert ist.

Glutaminsäure, protoniert — Glutaminsäure, zweifach protoniert — H-Glu(Z)-OH (75 % Ausbeute)

Der selektive Schutz der Aminogruppe in der Seitenkette von Lysin gelingt mit Hilfe von Cu⁺⁺-Ionen, welche die Aminogruppe in α-Stellung durch Komplexierung desaktivieren.

Lysin — H-Lys(Boc)-OH

Als Bausteine für die Peptidsynthese sind die in der Seitenkette geschützten Aminosäuren erst dann geeignet, wenn auch die Aminogruppe oder die Carboxylgruppe geschützt wird.

Knüpfung der Peptidbindung. Zur Verknüpfung werden die beiden partiell geschützten Aminosäuren in einem aprotischen Lösungsmittel wie CH_2Cl_2 gelöst und mit Dicyclohexylcarbodiimid (DCC) versetzt. Dabei erfolgt Kondensation zum Dipeptid, gleichzeitig fällt Dicyclohexylharnstoff als schwer lösliche Verbindung aus. (Achten Sie auf die rot markierten Atome im Schema.)

Dicyclohexyl-
carbodiimid (DCC)   Dipeptid   Dicyclohexylharnstoff

Wie verläuft die formale Wasserabspaltung? Zunächst wird das Proton der Carbo-xylgruppe auf eines der beiden basischen N-Atome des DCC übertragen (Säure-Base-Reaktion). Anschließend tritt eine nucleophile Addition an die durch Proto-nierung aktivierte C=N-Doppelbindung ein:

DCC, protoniert   reaktive Zwischenstufe A

Als Zwischenstufe bildet sich Verbindung A mit einer sehr reaktiven Carbonyl-gruppe. Diese reagiert mit der freien Aminogruppe der zweiten Aminosäure zu den Endprodukten Dipeptid und Dicyclohexylharnstoff.

reaktive Abgangsgruppe   Dipeptid

Entfernung der Schutzgruppen. Nach der Verknüpfung der Aminosäuren müs-sen die Schutzgruppen entfernt werden. Zur Entfernung wählt man möglichst mil-de Reaktionsbedingungen, damit die Peptidbindung erhalten bleibt und auch keine Racemisierung der Chiralitätszentren eintritt. Schutzgruppen mit einer *tert*-Butyl-gruppe oder einer Benzylgruppe werden durch Säuren, solche mit einer 9-Fluorenylmethylgruppe durch Basen gespalten. Schutzgruppen mit einer Ben-zylgruppe können zudem durch Wasserstoff/Pd unter neutralen Bedingungen ab-gespalten werden. Nachfolgend sind die Mechanismen aufgeführt, nach denen die einzelnen Abspaltungen verlaufen.

Die Abspaltung der Schutzgruppe Boc erfolgt mit Trifluoressigsäure in Dichlormethan unter Freisetzung von Isobuten und CO_2:

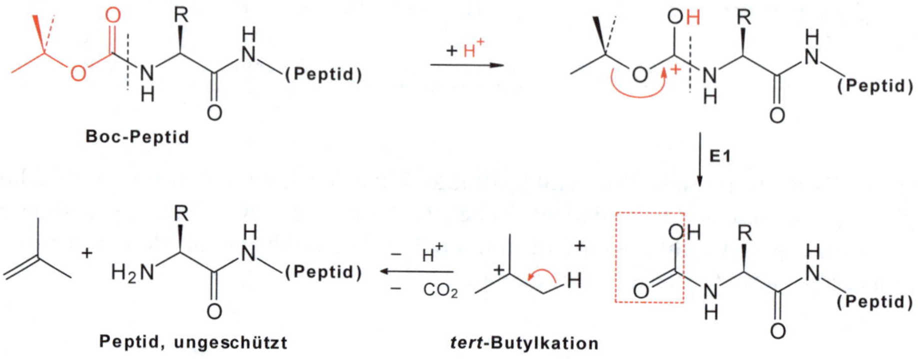

Auf gleiche Weise und nach einem ähnlichen Mechanismus verläuft auch die H^+-katalysierte Abspaltung der Schutzgruppen Z, t-Bu und Bn, nur dass bei t-Bu und Bn kein CO_2 freigesetzt wird.

Die Abspaltung der Fmoc-Gruppe gelingt mit Piperidin. Dabei greift die Base das H-Atom in 9-Stellung an, das aufgrund der benachbarten Benzolringe eine schwache C–H-Acidität ($pK_a = 25$) aufweist. Als Zwischenstufe bildet sich ein Carbanion, das zu 9-Methylenfluoren, CO_2 und entschütztem Peptid fragmentiert.

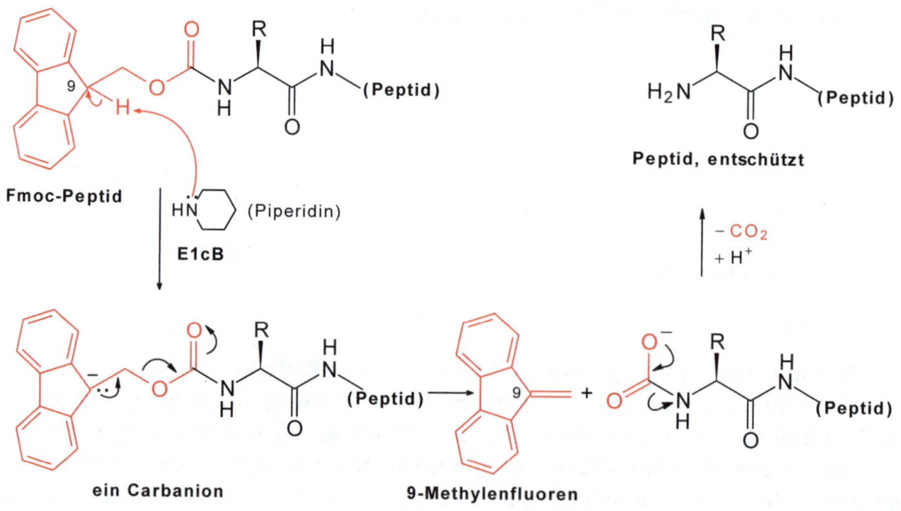

Ähnlich verläuft die Abspaltung der Schutzgruppe Fm, wobei auch hier kein CO_2 freigesetzt wird. Mechanistisch liegen β-Eliminierungen nach dem E1cB-Mechanismus vor (Abschn. 11.6).

Benzylische Schutzgruppen lassen sich besonders schonend durch Hydrogenolyse entfernen. Diese Reaktion ist insofern überraschend, als katalytisch aktivierter Wasserstoff in der Regel nur an Doppelbindungen addiert wird. Eine benzylische σ-Bindung ist so reaktionsfähig, dass sie durch Wasserstoff gespalten werden kann. Bei der Hydrogenolyse der Z-Gruppe entstehen Toluol, CO_2 und das entschützte Peptid.

Analog bilden sich bei der Hydrogenolyse der Bn-Gruppe Toluol und das entschützte Peptid.

Die unterschiedlichen Reaktivitäten von Schutzgruppen gegenüber Säuren oder Basen nutzt man auch zur selektiven Entfernung derselben, etwa beim selektiven Entschützen eines doppelt geschützten Dipeptids. Zwei Schutzgruppen, die sich unabhängig voneinander abspalten lassen, heißen **orthogonale Schutzgruppen**. So sind Boc (Entfernung durch Säure) und Fm (Entfernung durch Base) orthogonale Schutzgruppen, nicht aber Boc und t-Bu (Entfernung beider Schutzgruppen durch Säuren).

Aufgaben

23. Schlagen Sie eine Synthese von Chlorameisensäure-benzylester vor.
24. Das Dipeptid Z-Pro-Ile-O-CH₃ besitzt antivirale Eigenschaften. Welche Struktur hat die Verbindung?
25. Nennen Sie Schutzgruppen, die orthogonal zur Schutzgruppe Fmoc stehen.
26. Formulieren Sie die Synthese von Gly-Ala-Val (schutzgruppenfrei) ausgehend von Z-Gly-Ala.
27. Beschreiben Sie das Wanderungsverhalten der Tripeptide A und B bei der Elektrophorese, die einmal bei pH 1, ein anderes Mal bei pH 11 durchgeführt wird. (Hinweis: Das Wanderungsverhalten von Peptiden wird durch die freien Carboxyl- und Aminogruppen an den Enden und in den Seitenketten bestimmt.)

Ly-Gly-Ala   Glu-Ala-Ile

A   B

27.2.4 Herstellung von Peptiden an fester Phase. Merrifield-Synthese

Die Synthese eines Peptids in flüssiger Phase ist zeitaufwendig, da nach jedem Schritt Isolierung und Reinigung des Produkts notwendig sind. Eine Beschleunigung und zudem Automatisierung wird erreicht, wenn man die Synthese an einem Kunstharz in fester Phase durchführt. Bei letzterem handelt es sich um ein Polystyrol, welches Chlormethylgruppen zur Verankerung der Peptidkette enthält. Die Synthese solcher Polymeren gelingt durch Friedel-Crafts-Alkylierung mit Chlormethyl-ethyl-ether.

Polystyrol

SnCl₄

benzylisch, daher reaktiv

Polystyrol mit Chlormethylgruppen

Das Schema auf der nebenstehenden Seite beschreibt die Synthese eines Tripeptids mit Hilfe dieser festen Phase. Im ersten Schritt wird die Boc-geschützte Aminosäure über die Carboxylgruppe an das Harz gebunden. Im zweiten Schritt erfolgt Entfernung der Schutzgruppe durch Trifluoressigsäure. Im dritten Schritt wird die polymergebundene Aminosäure mit einer zweiten Boc-geschützten Aminosäure zu einem Boc-geschützten Dipeptid verknüpft, wobei die formale Wasserabspaltung durch Dicylohexylcarbodiimid (DCC) erfolgt. Die mehrfache Wiederholung der Schritte 2 und 3 ergibt ein Tripeptid, Tetrapeptid usw., jeweils Boc-geschützt und trägergebunden.

Jeder Kupplungsschritt wird mit einem großen Überschuss an N-geschützter Aminosäure durchgeführt, um eine Umsetzung von > 99% zu erreichen. Eine herkömmliche Reinigung der wachsenden Peptidkette entfällt, lediglich eine Spülung des Harz-gebundenen Peptids zwecks Entfernung überschüssiger Ausgangsverbindungen, freigesetzter Schutzgruppen etc. ist erforderlich. Zum Schluss wird die Schutzgruppe am N-Atom der endständigen Aminosäure entfernt und das Peptid mit wasserfreiem Fluorwasserstoff, welcher die Peptidbindung intakt lässt, vom polymeren Träger gelöst. Chromatographische Reinigung liefert das Peptid in nunmehr reiner Form.

Die Peptidsynthese an fester Phase wurde von *B. Merrifield* (geb. 1921 in Fort Worth/Texas) entdeckt, der dafür 1984 den Nobelpreis für Chemie erhielt. Ein programmierbarer Apparat, der rund um die Uhr arbeitet, kann pro Tag etwa 10 Aminosäuren zu einer Peptidkette zusammenfügen. Mit der Festphasentechnik wurde u.a. Insulin (51 Aminosäuren) innerhalb weniger Tage synthetisiert.

Schritt 1 − Cl⁻ (Verankerung der ersten geschützten Aminosäure)

Schritt 2 CF_3CO_2H in CH_2Cl_2 (Entfernung der Schutzgruppe Boc)

Schritt 3 + DCC (Kupplung mit der zweiten geschützten Aminosäure)

Wiederholung der Schritte 2 und 3

letzter Schritt HF, wasserfrei (Entfernung von BOC und Ablösung vom festen Träger)

Tripeptid

27.2.5 Chemische und enzymatische Hydrolyse von Peptiden

Peptide und Proteine können chemisch (durch starke Säuren oder starke Basen) oder enzymatisch hydrolysiert werden. Produkte sind je nach Reaktionsbedingungen kleinere Peptide oder gar die Bausteine Aminosäuren selbst.

Die **chemische Hydrolyse** eines Proteins verlangt wegen des partiellen Doppelbindungscharakters der Peptidbindung starke Säuren oder starke Basen, zudem eine Temperatur oberhalb 100 °C.

Peptid

H_2O/H^+ oder OH$^-$
100–110 °C

Aminosäure 1   **Aminosäure 2**   **verkürztes Peptid**

So erfordert die saure Hydrolyse mehrstündiges Erhitzen mit 6-molarer HCl auf 110 °C, die alkalische Hydrolyse ebenfalls mehrstündiges Erhitzen mit 4-molarer NaOH auf 100 °C. (Zum Mechanismus der sauren oder alkalischen Hydrolyse von Carbonsäureamiden s. Abschn. 19.6.5.) Selbst unter diesen drastischen Bedingungen werden einige Peptidbindungen nicht gelöst, andere werden zwar gelöst, die freigesetzten Aminosäuren aber chemisch verändert.

Dagegen gelingt die **enzymatische Hydrolyse** bei einem pH nahe 7 und bei 37 °C. Enzyme, welche die Hydrolyse von Peptiden katalysieren, heißen **Proteasen.** Oft verläuft die Hydrolyse mit Proteasen selektiv, d.h. nur an bestimmten Peptidbindungen. So spaltet die Protease Trypsin das Carboxylende der basischen Aminosäurereste Lysin oder Arginin; die Protease Chymotrypsin spaltet hauptsächlich am Carboxylende der aromatischen Aminosäurereste Phenylalanin, Tyrosin oder Tryptophan.

Hydrolyse durch Chymotrypsin   **Hydrolyse durch Trypsin**

Gly–Phe–Leu–Met–Tyr–Pro–Val–Trp–Cys–Asp–Glu–Ile–Lys–Ser–Arg–His

Eine vollständige Hydrolyse eines Peptids gelingt mit Pronase, einem Gemisch unspezifischer Proteasen. Die Tabelle enthält einige wichtige Proteasen zusammen mit deren spezifischer Wirkung.

Tabelle. Proteasen und ihre spezifische Wirkung

Protease	Angriffspunkt der Hydrolyse
Trypsin	Carboxyende von Lys, Arg
Chymotrypsin	Carboxyende von Phe, Tyr, Trp
Carboxypeptidase	C-terminale Aminosäure
Pronase (Proteasengemisch)	alle Peptidbindungen

Worauf beruhen die milden Bedingungen der enzymatischen Hydrolyse? Proteasen wie Trypsin oder Chymotrypsin sind Proteine mit einem aktiven Zentrum bestehend aus der **Triade** Asp, His und Ser. Solche Proteasen heißen **Serinproteasen**, weil dem Serin in der Triade eine zentrale katalytische Aufgabe zukommt. Die Hydrolyse einer Peptidbindung des Substrats wird durch die nucleophile Addition des Serin-O-Atoms (im folgenden Schema rot markiert) an die Carbonylgruppe einer Peptidbindung eingeleitet (erster Schritt). Ermöglicht wird diese nucleophile Aktivität durch gleichzeitige Übertragung des Protons der OH-Gruppe von Serin auf die Histidinseitenkette. Es bildet sich eine **tetraedrische Zwischenstufe** mit einer negativen Ladung, die u.a. durch die Amidgruppe eines Glycinrestes durch eine H-Brücke stabilisiert ist.

katalytisch aktive Triade
Asp, His und Ser in einer Tasche
der Serinprotease

Schritt 1

tetraedrische Zwischenstufe
(Peptid + Serinbaustein)

Schritt 2

Peptid, gespalten in 2 Bruchstücke
(**rot** markiert)

Im zweiten Schritt zerfällt die tetraedrische Zwischenstufe in ein Amin und einen Ester. Auch hieran ist die Seitenkette des nunmehr protonierten Histidins beteiligt. *Dieser Zerfall stellt die eigentliche Spaltung der Peptidbindung dar.* Der Ester wird anschließend durch Wasser, dem anderen Reaktionspartner der Hydrolyse, in Carbonsäure und in den Serinbaustein gespalten. (Einzelschritte hier nicht formuliert.)

Die milden Reaktionsbedingungen der einzelnen Schritte sind eine Folge (1) der enzymvermittelten Anordnung der Reaktanden auf engstem Raum und (2) der Säure- und Basenkatalyse, ebenfalls vermittelt durch das Enzym.

27.2.6 Sequenzanalyse von Peptiden durch Edman-Abbau

Die Hydrolyse eines Peptids unter Freisetzung der darin enthaltenen Aminosäuren zeigt, welche Bausteine ein Peptid enthält, sie besagt aber nichts über die *Reihenfolge* der Verknüpfung derselben. So können die bei der Hydrolyse eines Tripeptids anfallenden drei Aminosäuren Valin, Alanin und Glycin auf sechsfache Weise miteinander verknüpft gewesen sein:

Val–Ala–Gly	Ala–Gly–Val	Gly–Ala–Val
Val–Gly–Ala	Ala–Val–Gly	Gly–Val–Ala

Zur Bestimmung der Sequenz der Aminosäurebausteine bedient man sich entweder chemischer Abbaumethoden (dieser Abschnitt) oder der Massenspektrometrie (nächster Abschnitt).

Sequenzanalyse durch Edman-Abbau. Bei der chemischen Sequenzanalyse wird das Peptid vom N-terminalen Ende her schrittweise abgebaut. Dies geschieht mit Hilfe des Reagenzes **Phenylisothiocyanat** (Ph–N=C=S). Jeder einzelne Abbauvorgang besteht aus vier Einzelschritten: Addition des Reagenzes, Abspaltung des Reagenzes mitsamt der *N*-terminalen Aminosäure, Umlagerung des Abspaltungsproduktes zu einem cyclischen Thioharnstoffderivat und Identifizierung der im Umlagerungsprodukt enthaltenen *N*-terminalen Aminosäure.

Im *ersten* Schritt wird das Reagenz Phenylisothiocyanat an die freie Aminogruppe der *N*-terminalen Aminosäure addiert, wobei ein *N*-Phenylthioharnstoff-peptid entsteht. Die Reaktion verläuft unter schwach basischen Bedingungen, da nur eine unprotonierte Aminogruppe den nucleophilen Angriff einleiten kann.

Im *zweiten* Schritt wird die *N*-terminale Aminosäure im Zuge einer innermolekularen Substitution als Thiazolidinon abgespalten. Die Spaltung erfordert Protonenkatalyse und wird in wasserfreier Trifluoressigsäure (Siedepunkt 72 °C) durchgeführt.

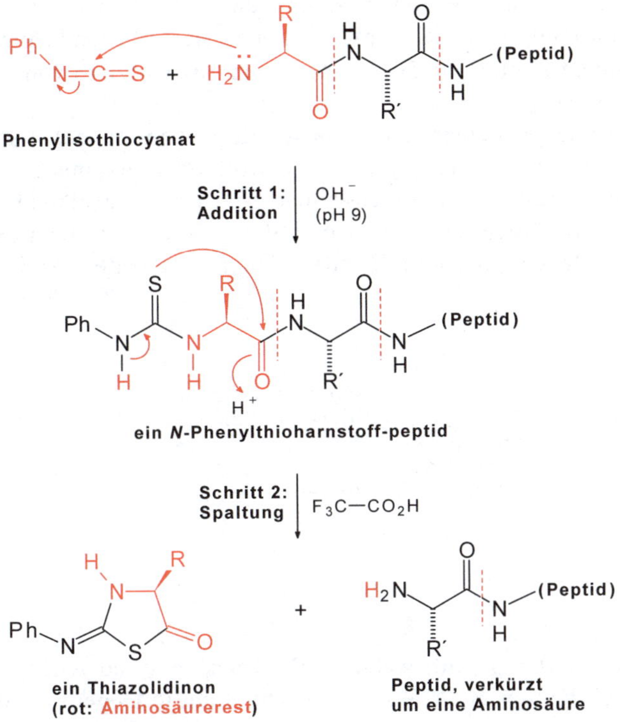

Phenylisothiocyanat

Schritt 1: | OH⁻
Addition | (pH 9)

ein *N*-Phenylthioharnstoff-peptid

Schritt 2: | F₃C—CO₂H
Spaltung

ein Thiazolidinon
(rot: Aminosäurerest)

Peptid, verkürzt
um eine Aminosäure

Im *dritten* Schritt erfolgt eine Umlagerung des Thiazolidinons in ein stabileres cyclisches Thioharnstoffderivat. Die Umlagerung verläuft in wässriger Säure über eine H₂O-Aufnahme/ H₂O-Abgabe.

Schritt 3: Umlagerung

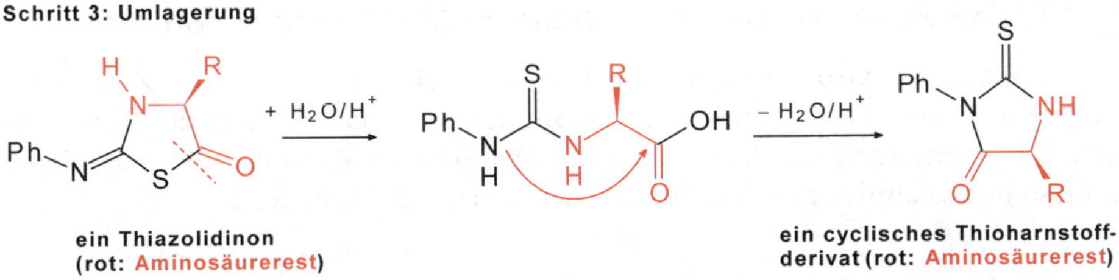

ein Thiazolidinon
(rot: Aminosäurerest)

ein cyclisches Thioharnstoffderivat (rot: Aminosäurerest)

Im *vierten* und letzten Schritt wird das cyclische Thioharnstoffderivat und damit der darin enthaltene Aminosäurebaustein chromatographisch identifiziert, was durch Vergleich der Retentionszeiten von Analyt und authentischer Probe geschieht.

Der gleiche Cyclus wird auf das verkürzte Peptid angewandt usw. Auf diese Weise können Peptide mit bis zu etwa 50 Aminosäureresten sequenziert werden. (Bei noch größeren Peptiden wird die Analyse durch den unvollständigen Abbau der Aminosäurereste erschwert.) Das Verfahren heißt **Edman-Abbau** (*P. V. Edman,* geb. 1916 in Stockholm). Durch Automatisierung der Schritte können Kleinstmengen in der Größenordnung von 1 bis 5 picomol analysiert werden (1 picomol = 10^{-12} mol), was bei einem Peptid aus 50 Aminosäuren einer Menge von ca. 5 ng entspricht.

Bei größeren Peptiden oder Proteinen geht man wie folgt vor. Zunächst wird das Peptid zu kleineren Bruchstücken hydrolysiert (chemisch oder enzymatisch). Letztere werden voneinander getrennt und ebenfalls nach der Edman-Methode sequenziert. Zur Struktur des Primärpeptids gelangt man durch Vergleich der Enden der Bruchstücke. Die Buchstaben im nachfolgenden Schema bedeuten Aminosäurereste.

```
a–b–c–d–e–f
        e–f–g–h–i–j        ⎫  Hydrolyseprodukte des
              i–j–k         ⎬  Primärpeptids
              j–k–l–m–n–o   ⎭
─────────────────────────────
a–b–c–d–e–f–g–h–i–j–k–l–m–n–o  } Primärpeptid
```

Aufgabe

28. Angiotensin II ist ein Octapeptid, welches blutdrucksteigernd wirkt. Welche Produkte bilden sich bei der Hydrolyse der Verbindung in Gegenwart des Enzyms Trypsin?

Asp–Arg–Val–Tyr–Ile–His–Pro–Phe   **Angiotensin II**

27.2.7 *Exkurs*: Sequenzanalyse durch Massenspektrometrie

Bei der massenspektrometrischen Analyse wird ein Molekül durch Zufuhr von Energie, z.B. von Laserenergie, verdampft, ionisiert und fragmentiert. Die häufigste Fragmentierung bei Peptiden ist die Spaltung der Peptidbindung, da hierbei ein mesomeriestabilisiertes Acylium-Ion (Abschn. 2.2.2) entsteht.

$$ R-\overset{O}{\overset{\|}{C}}-\overset{H}{\underset{..}{N}}-R' \quad \xrightarrow{h\nu} \quad R-\overset{+}{C}=O \;+\; H-\overset{..}{N}-R' \;+\; 1\,e^{-} $$

Acylium-Ion

Da alle Peptidbindungen unabhängig voneinander gespalten werden, bilden sich auch alle Bruchstücke, die zur Erkennung der Sequenz erforderlich sind. So liefert das Nonapeptid Trp-Ala-Gly-Gly-Asp-Ala-Ser-Gly-Glu, dessen Massenspektrum unten abgebildet ist, einen Molpeak $M^{+\bullet}$ bei m/z = 848, ferner eine Vielzahl von Bruchstücken bei kleineren m/z-Werten.

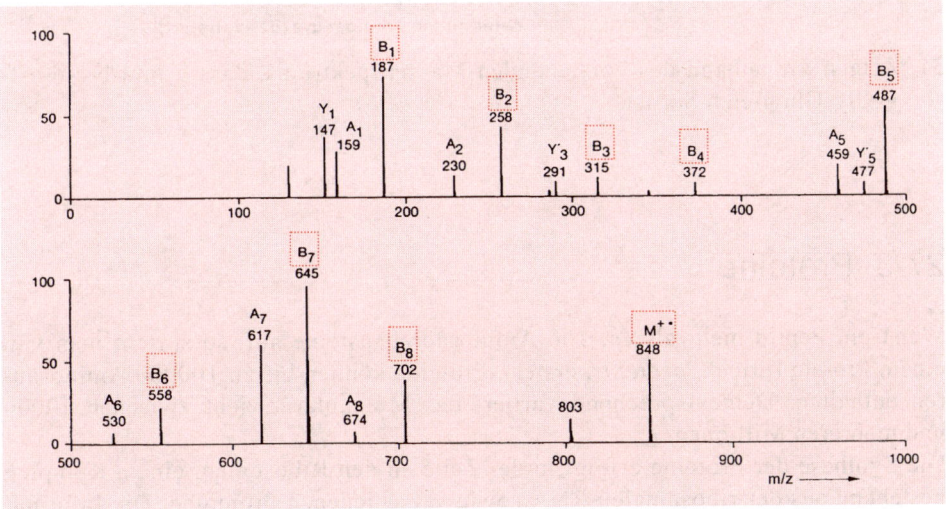

Das Bruchstück bei m/z = 803 entsteht durch Abspaltung von CO_2, es ist wenig aussagekräftig. Das nächstgrößere Bruchstück hat die Masse 702. Die Differenz zur Molmasse von 848 ergibt 146 und damit den Aminosäurerest Glutaminsäure (Glutaminsäure minus 1 H = 146). Somit besteht das C-terminale Ende des Nonapeptids aus Glutaminsäure. Das nächstgrößere Bruchstück bei m/z = 674 ist ebenfalls wenig aussagekräftig, es entsteht aus m/z = 702 durch Abspaltung von CO. Das nächste Bruchstück besitzt die Masse 645. Die Differenz zum Bruchstück 702 beträgt 57, woraus sich der Aminosäurerest Glycin ergibt (Glycin minus H_2O = 57). Somit besitzt das Nonapeptid die Struktur a-b-c-d-e-f-g-Gly-Glu. Auswertung weiterer Bruchstücke aus der Spaltung der Amidbindungen liefert die vollständige Sequenz, s. auch Aufgabe.

Massenspektrum des Nonapeptids *Trp-Ala-Gly-Gly-Asp-Ala-Ser-Gly-Glu,* erzeugt durch Photoionisation. Die Buchstaben A,B und Y stehen für Fragmentierungen unterschiedlicher Bindungstypen. B bedeutet Bruchstück aus der Spaltung einer Amidbindung. (Nach *H. Budzikiewicz, Massenspektrometrie,* Wiley-VCH 1998)

Aufgaben

29. Die partielle Hydrolyse eines Peptids und nachfolgende Edman-Sequenzierung der Spaltprodukte ergibt die Bruchstücke Asp–Arg–Val–Tyr, Ile–His–Pro, Pro–Phe und Val–Tyr–Ile–His. Welche Struktur besitzt das Peptid?

30. Die **Endgruppenbestimmung nach Sanger** ist eine Methode zur Ermittlung der Struktur der N-terminalen Aminosäure (nur dieser!) eines Peptids. Hierbei wird das Peptid mit 2,4-Dinitrofluorbenzol umgesetzt, das Reaktionsprodukt hydrolysiert, die derivatisierte N-terminale Aminosäure von allen anderen underivatisierten Aminosäuren abgetrennt und als 2,4-Dinitrophenylderivat identifiziert. Nach welchem Mechanismus verläuft der erste Schritt zwischen Peptid und Reagenz? Wie heißt der Reaktionstyp?

31. Zeigen Sie anhand des vorstehenden Massenspektrums, dass g in a-b-c-d-e-f-g-Gly-Glu gleich Ser ist.

27.3 Proteine

Weist ein Peptid mehr als ca. 100 Aminosäurebausteine auf, so spricht man von einem Protein (griech. *proteios*, erster). Proteine können bis zu 100000 Aminosäuren enthalten. Dementsprechend variiert das Molekulargewicht zwischen 10000 und mehreren Millionen.

Die Synthese der Proteine erfolgt in der Zelle an den Ribosomen, einem Komplex bestehend aus der ribosomalen RNA sowie verschiedenen Proteinen. Die Information für den Bau der Proteine ist auf der DNA des Genoms festgelegt. Die Übermittlung des Bauplans von der DNA zum Ribosom geschieht über die sogenannte Boten-RNA. Anders als bei der chemischen Peptidsynthese (s. vorstehend) schreitet die Synthese des Proteins am Ribosom vom N-Terminus zum C-Terminus voran.

Entsprechend ihrem Vorkommen lassen sich Proteine in drei Gruppen einteilen.

- Zur ersten Gruppe zählen die wasserlöslichen Proteine. Sie sind hauptsächlich im Inneren der Zelle (z.B. im Cytoplasma) lokalisiert, können aber auch sekretiert werden wie zum Beispiel die Verdauungsenzyme in den Magensaft oder die Hormone in die Blutbahn.

- Zur zweiten Gruppe gehören die Membranproteine, die in der Membran von Zellen oder Zellorganellen (z.B. Zellkern, Mitochondrien) zu finden sind.

- Die dritte Gruppe umfasst die Strukturproteine, die wasserunlöslich sind und im Organismus Stützfunktionen ausüben. Dazu gehören die Keratine der Haare, Nägel, Federn etc.

Proteine üben die verschiedenartigsten Funktionen im Körper aus. Einige haben reine Stützfunktionen, andere sind verantwortlich für den Transport z.B. von Sauerstoff von der Lunge zu den Muskeln (Hämoglobin), wieder andere für den Transport von Nährstoffen (Glucose) durch die Zellmembran (Glucosetransporter).

27.3.1 Primärstruktur von Proteinen

Die Struktur der Proteine ist hierarchisch aufgebaut. Man unterscheidet zwischen primärer, sekundärer, tertiärer und quartärer Struktur eines Proteins.

Die Primärstruktur eines Proteins bezieht sich auf seine Aminosäuresequenz. Man kann sie anschaulich mit einer Kette vergleichen, auf der zwanzig verschiedene farbige Kugeln aufgezogen sind. Zur Beschreibung reiht man, wie im vorhergehenden Abschnitt erläutert, die Abkürzungen der Aminosäuren aneinander. Auf diese Weise kann man die Sequenz verwandter Proteine untereinander schreiben und sie so miteinander vergleichen. Die Positionen, in denen gleiche Aminosäuren gefunden werden (im Schema rot unterlegt) nennt man identische Sequenzen, die Positionen mit homologen Aminosäuren (z.B. Asp und Glu; Val und Leu) heißen homologe Sequenzen (im Schema unterstrichen).

```
Ile-Gly-Asp-Leu-Tyr-Ala-Ala-Phe-Asp-Glu-Met-Arg-Gln-Ser-Val
Met-Gly-Gln-Leu-Ala-Glu-Ser-Leu-Arg-His-Met-Gln-Gly-Glu-Leu
Met-Gly-Asp-Leu-Ala-Gln-Ser-Val-Ser-His-Met-Gln-Arg-Ser-Leu
```

Abb.: Sequenzvergleich einiger Proteine. Identität: rot, Homologie: gestrichelt.

In der Bioinformatik benutzt man diese Sequenzvergleiche, um z.B. die Verwandtschaft von Proteinen zu bestimmen, den Stammbaum einer Proteinfamilie zu kartieren oder die Funktion eines Proteins vorherzusagen.

27.3.2 Sekundärstruktur von Proteinen

Wie im Abschnitt 2.1 dieses Kapitels dargelegt, besitzt eine Amidbindung partiellen Doppelbindungscharakter mit energetisch bevorzugter *trans*-Konfiguration der sperrigen C-Seitenketten (graue C-α-Kugeln in Abb. 1). Aus dem Doppelbindungscharakter folgt auch, dass Rotationen nur um die beiden Bindungen Ψ und Φ

möglich sind, während die 6 Atome der C–CO–NH–C-Einheit in einer Ebene liegen (Abb. 1). Diese Charakteristika der Peptidbindung zusammen mit der eingeschränkten Rotation um Φ und Ψ sind die Ursache dafür, dass Proteine nur bestimmte Konformationen einnehmen können.

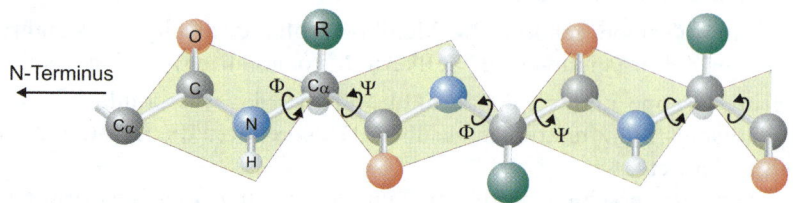

Abb.1. Konfiguration einer Peptidbindung. Die 6 zu einer Peptidbindung gehörenden Atome liegen in einer Ebene (gelb). Bindungen mit freier Drehbarkeit sind durch Pfeile hervorgehoben. Seitenketten (grün) voneinander abgewandt

Eine der wichtigsten Eigenschaften der Peptide, aber auch der funktionellen Seitenketten der Aminosäurereste, ist ihre Fähigkeit, Wasserstoffbrücken zu bilden. Wasserstoffbrücken innerhalb einer Peptidkette führen zu einer Helix, solche zwischen zwei (oder mehr) *Abschnitten* einer Peptidkette ergeben Faltblätter.

α-Helix-Struktur. Abb. 2 gibt ein Protein mit einer α-Helix-Struktur wieder, die man anschaulich mit einer Wendeltreppe vergleichen kann. Eine solche Treppe lässt sich eindeutig durch Stufenhöhe und Zahl der Stufen pro Wendel charakterisieren. Die Stufenzahl entspricht der Zahl der Aminosäuren pro Wendel. Für eine typische α-Helix sind dies 3.6 Aminosäuren. Die Stufenhöhe bezogen auf die Helixachse beträgt 1.5 Å. Die Stabilität einer α-Helix wird ausschließlich durch Wasserstoffbrücken zwischen der C=O Gruppe der Aminosäure *n* und der NH-Gruppe der *n+4* Aminosäure gewährleistet. Diese Struktur verleiht der Helix mechanische Stabilität. Eine weitere wichtige Eigenschaft einer α-Helix ist ihr Netto-Dipolmoment (0.5 - 0.7 Elementarladungseinheiten) mit dem positiven Pol am N-terminalen Ende der Helix.

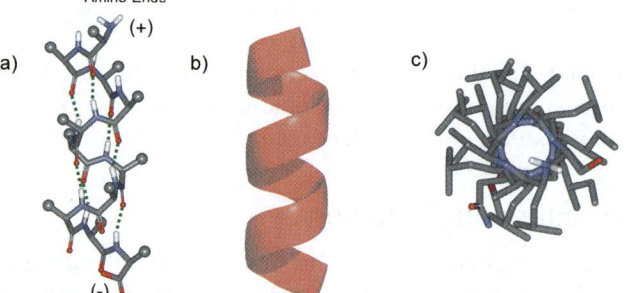

Abb. 2. a) Schema einer α-Helix. Wasserstoffbrücken sind grün gestrichelt. Die Pole des Dipols werden durch (+) und (-) angezeigt. Der N-Terminus entspricht dem (+)-Pol. b) Wendelmodell der α-Helix. c) Aufsicht auf eine α-Helix parallel zur Helixachse

β-Faltblatt-Struktur. Das andere wichtige sekundäre Strukturmerkmal eines Proteins ist das sogenannte β-Faltblatt. Anders als bei der α-Helix werden hier die Wasserstoffbrücken zwischen *zwei Abschnitten* einer Kette, die in der Primärstruktur auch weiter entfernt voneinander liegen können, ausgebildet (Abb. 3). Man unterscheidet zwischen einem parallelen und einem antiparallelen β-Faltblatt. Bei einem parallelen β-Faltblatt verlaufen die Richtungen gemäß N → C parallel (Abb. 3a), bei einem antiparallelen Faltblatt dagegen antiparallel (s. 3b).

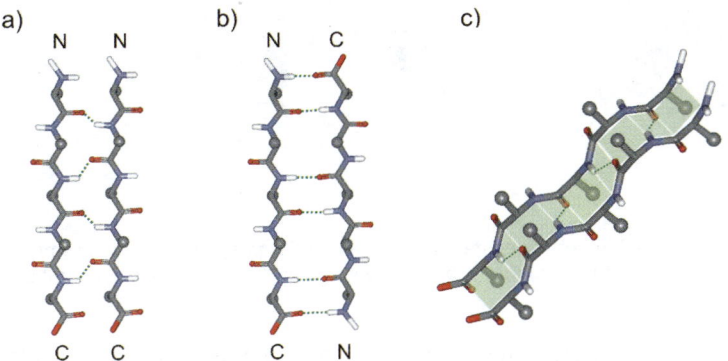

Abb. 3. a) Paralleles β-Faltblatt, Draufsicht. b) Antiparalleles β-Faltblatt, Draufsicht. c) Paralleles β-Faltblatt, Seitenansicht. - Die N- und C-terminalen Enden sind jeweils durch N und C markiert. Wasserstoffbrücken sind grün gestrichelt.

Die Sekundärstruktur eines Proteins hat auf die physikalische Eigenschaften desselben einen erheblichen Einfluss, wie auch die beiden folgenden Beispiele aus dem Alltag zeigen. Wolle ist ein Protein, das fast vollständig aus α-Helices besteht. Dementsprechend lässt sich ein Wollfaden wie eine Spiralfeder beträchtlich dehnen. Seide ist ebenfalls ein Protein, es besteht aber teilweise aus eher starren β-Faltblättern. Deshalb lässt sich ein Seidenfaden nur unwesentlich dehnen.

27.3.3 Tertiärstruktur und Domänen von Proteinen

In der Tertiärstruktur eines Proteins wirken mehrere der Sekundärstrukturmerkmale zusammen, um das reife Protein oder eine Proteindomäne auszubilden. Eine **Domäne** ist ein Teilbereich eines Proteins, der aus einer vom Gesamtprotein unabhängigen Faltung hervorgeht und oftmals eine spezifische Wirkung besitzt. Kleine Proteine wie z.B. Ribonuklease (ein etwa 120 Aminosäuren enthaltendes Enzym, das die Hydrolyse von RNA katalysiert) bestehen nur aus einer Domäne, während andere wie der Faktor IX (dieses Protein ist an der Blutgerinnung beteiligt) aus mehreren Domänen mit unterschiedlichen biologischen Aktivitäten zusammengesetzt sind (Abb. 4).

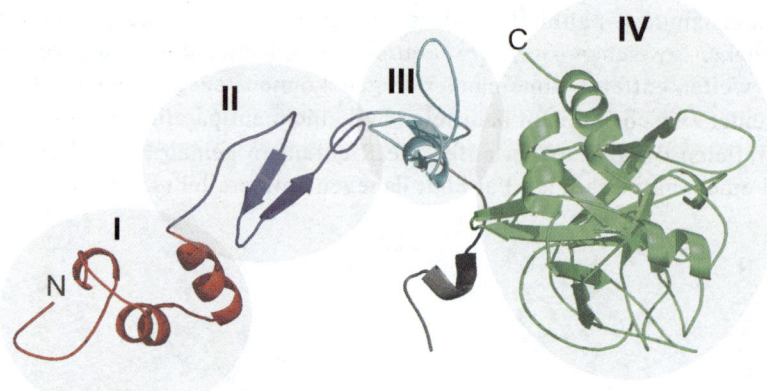

Abb. 4. Tertiärstruktur des Blutgerinnungsfaktors IX. Die vier Domänen I - IV üben unterschiedliche biologische Aktivitäten aus. Domäne II besteht aus einem β-Faltblatt mit antiparalleler Ausrichtung gemäß Abb. 3b.

Die Tertiärstrukturen zweier weiterer Proteine mit charakteristischem Faltungsmuster sind in Abb. 5 dargestellt. Abb. 5a zeigt Myoglobin bestehend aus einem Protein mit α-Helixstruktur und dem Cofaktor Häm, einem Porphyrinfarbstoff, der für die Bindung des Sauerstoffs im Muskel verantwortlich ist. (Zur Struktur und Wirkungsweise des Häms s. Abschn. 28.5.2.) Abb. 5b illustriert das Protein Adenylatkinase mit α-Helix- und β-Faltblatt-Strukturelementen, welche die Phosphorylierung von Adenosinmonophosphat (AMP) zu Adenosindiphosphat (ADP) katalysieren (AMP + ATP → 2 ADP).

a)   b)

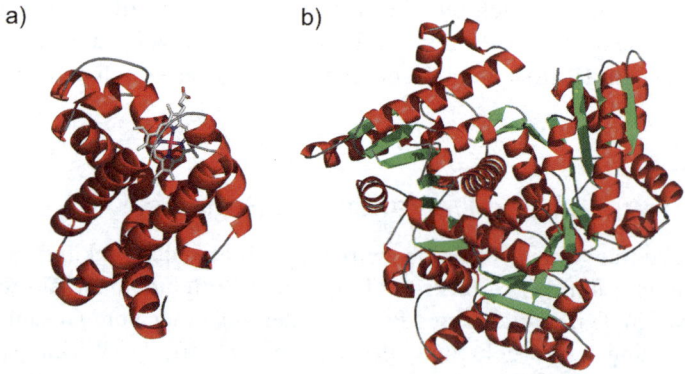

Abb. 5. Tertiärstrukturen von Proteinen. (a) Myoglobin bestehend aus einem Protein mit α-Helix-Struktur (rot) und einer Häm-Gruppe (grau). (b) Adenylatkinase mit α-Helix-Struktur (rot), β-Faltblatt-Struktur (grün) und einigen wenigen Schleifen (das sind Proteinketten ohne Sekundärstruktur).

Die Faltung der Proteine, von der man annimmt, dass sie von der linearen Peptid-kette (Primärstruktur) über die Sekundärstrukturelemente zu der funktionalen Ter-tiärstruktur abläuft, erfolgt normalerweise spontan. Allerdings stellt die Zelle auch sogenannte Faltungshelfer (Proteine, die man auch **Chaperone** nennt) zur Verfü-gung, die es ermöglichen, dass falsch gefaltete Proteine noch einmal eine zweite Chance erhalten. Unkorrekt gefaltete Proteine neigen zur Aggregation, was zu Krankheiten führen kann (z.B. Alzheimer Krankheit).

27.3.4 Quartärstruktur von Proteinen

Von Quartärstruktur spricht man bei Proteinen, die aus mehreren Untereinheiten bestehen. Diese können identisch sein, es ist aber auch möglich, dass sie aus un-terschiedlichen Polypeptidketten zusammengesetzt sind. Ein klassisches Beispiel ist der rote Farbstoff des Blutes, das globuläre (kugelförmige) Hämoglobin (Abb. 6). Es besteht aus vier paarweise identischen Proteinen (α und β) mit der Stöchi-ometrie $2\alpha + 2\beta$ und vier Hämen. Hämoglobin transportiert Sauerstoff von der Lunge zu den Muskeln.

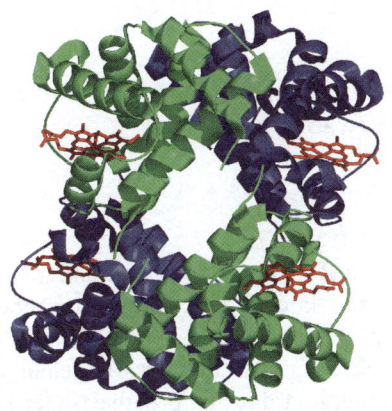

Abb. 6. Quartärstruktur des tetrameren Hämoglobin-Moleküls. Die zwei verschie-denen Untereinheiten (α, β) sind unterschiedlich farbig hervorgehoben (grün, blau). Die prostethische Gruppe (Häm) ist in der Mitte jeder Untereinheit zu erkennen (rot). Häm ist über nichtkovalente Wechselwirkungen an das Protein gebunden.

Zusammenfassung
Die Verknüpfung vieler Aminosäuren ergibt eine Polypeptidkette. Sofern genü-gend Cysteinreste vorhanden sind, können sich Disulfidbrücken bilden, welche die Kette in Schleifen überführen. Kette und Disulfidbrücke ergeben die **Primär-struktur**. Eine weitere Strukturierung erfährt die Kette durch Wasserstoffbrücken zwischen Kettenabschnitten, die zu α-Helices und β-Faltblättern führen. Daraus bildet sich die **Sekundärstruktur** des Proteins. Des weiteren treten Anziehungen zwischen den Seitenketten der Aminosäurebausteinen ein, eine Folge von H-Brücken, von elektrostatischer oder von van-der-Waals-Wechselwirkung. Die Summe aller Wechselwirkungen ergibt die **Tertiärstruktur** des Proteins. Diese ist

in der folgenden Abbildung schematisch wiedergegeben. Besteht ein Protein aus *mehreren* Polypeptidketten, so besitzt es eine **Quartärstruktur**. Diese beschreibt die Art und Weise, in der sich die einzelnen Polypeptidketten zusammenlagern.

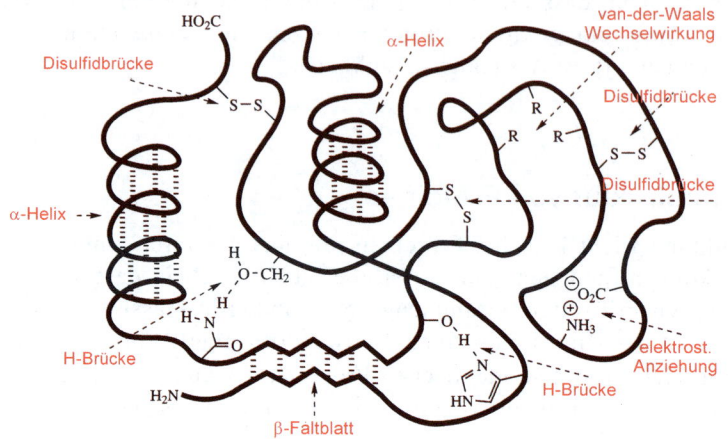

Tertiärstruktur eines Proteins (nach P.W. Dewick, *Fundamentals of Organic Chemistry*, Wiley 2006)

Aufgabe

32. Der Prolinrest einer Proteinseitenkette kann als H-Brücken-Akzeptor, nicht aber als H-Brückendonor fungieren. Warum nicht?

27.3.5 Konjugierte Proteine

Proteine werden nach der Biosynthese am Ribosom häufig mit anderen Molekülen kovalent verknüpft oder mit Metallsalzen koordiniert. Diese Veränderung wird posttranslationale Modifikation genannt, da sie nach der Translation (Übersetzung des DNA-Bauplanes in eine Proteinstruktur) stattfindet. Das angehängte Molekül heißt prosthetische (hinzugefügte) Gruppe, und das aus prosthetischer Gruppe und Protein gebildete Molekül wird konjugiertes Protein genannt. Die folgende Tabelle enthält die wichtigsten konjugierten Proteine mit den jeweiligen prosthetischen Gruppen und physiologischen Funktionen.

Konjug. Protein	prosthetische Gruppe	physiologische Funktion
Lipoprotein	Lipid	Verankerung in der Membran
Glykoprotein	Kohlenhydrat	Stabilisierung, Oberflächenveränd.
Phosphoprotein	Phosphat	Veränderung der Aktivität
Chromoprotein	Farbstoff	Elektronentransport, Lichtumwandl.
Metalloprotein	Metallion	Elektronentransport, Katalyse (Proteolyse)

27.3.6 Proteine als Enzyme

Enzyme (auch Fermente genannt) sind Proteine, die biochemische Reaktionen katalysieren. Oft bedarf es dabei der Mitwirkung einer zusätzlichen chemischen Komponente, die man als **Cofaktor** bezeichnet. Cofaktoren sind entweder anorganische Ionen wie Fe^{2+}, Mg^{2+}, Zn^{2+} oder kleinere Moleküle wie Vitamine, die dann **Coenzyme** genannt werden. So verbindet sich das Coenzym Vitamin-A-aldehyd mit dem Protein Opsin zum Enzym Rhodopsin, welches die Sehempfindung katalysiert.

Enzyme werden nach ihren Funktionen benannt und tragen die Endung *ase*. So bedeutet *Hydrolase* ein Enzym, das die Hydrolyse einer Bindung, z.B. einer Peptidbindung, katalysiert. Enzyme unterteilt man in sechs Klassen:

- **Oxidoreduktasen**. Sie katalysieren die Übertragung von Wasserstoff und Elektronen.
- **Transferasen**. Sie katalysieren die Übertragung von Atomgruppen, z.B. Methyl- oder Aminogruppen.
- **Hydrolasen**. Sie katalysieren die Hydrolyse einer Bindung.
- **Lyasen**. Sie katalysieren die Addition von Atomgruppen an Doppelbindungen oder die Lösung von Atomgruppen unter Bildung von Doppelbindungen.
- **Isomerasen**. Sie katalysieren Isomerisierungen.
- **Ligasen**. Diese auch Synthetasen genannten Enzyme katalysieren die Bildung einer kovalente Bindung zwischen zwei Moleküle.

Wie schon erwähnt, ist die Funktion von Proteinen außerordentlich vielfältig. Im Prinzip sind sie für fast alle Eigenschaften eines Organismus zuständig. Die Katalyse durch Enzyme verläuft nach folgendem Reaktionsschema:

$$E + S \underset{\text{Assoziation}}{\rightleftharpoons} [ES] \underset{\text{Reaktion}}{\rightleftharpoons} [EP] \underset{\text{Dissoziation}}{\rightleftharpoons} E + P$$

Neben dem Bindungsschritt des Enzyms (E) mit dem Substrat (S) und der eigentlichen Katalyse muss immer auch ein Dissoziationsschritt folgen, der das Reaktionsprodukt (P) freisetzt. Die katalytische Wirkung eines Enzyms beruht auf der Erniedrigung der Aktivierungsenergie, d.h. das Enzym beschleunigt eine Reaktion, verschiebt aber nicht das thermodynamische Gleichgewicht. Die Geschwindigkeiten können sehr unterschiedlich sein und sind den physiologischen Erfordernissen angepasst. Ein sehr wirksames Enzym ist die Carboanhydrase. Sie sorgt für die Umwandlung von CO_2 in HCO_3^- und ermöglicht dadurch den schnellen Abtransport des Kohlendioxids aus den Muskeln zur Lunge, wo es ausgeatmet wird. Die Carboanhydrase hat eine Umsatzzahl von 600000 pro Sekunde, d.h. pro 1.7 µsec setzt ein Molekül Enzym ein Molekül CO_2 zu HCO_3^- um.

27.4 Lösung der Aufgaben zu Kapitel 27

1.   (a) Konstitutionsisomerie
(b) Pyrrolidin oder Tetrahydropyrrol

2.   Die unterschiedliche Benennung ist eine Folge der unterschiedlichen Prioritäten der Substituenten am Chiralitätszentrum von Serin ($N>CO_2>CO$) und Cystein ($N>S>C$)

3.

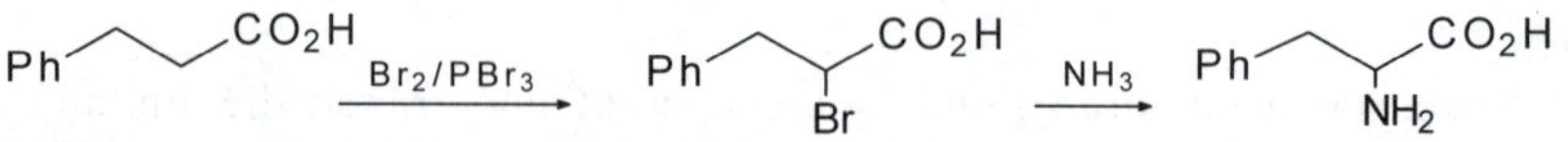

Bromierung des Phenolringes

4.   Phenylalanin

5.   Siehe Synthese von Serin, aber Acetaldehyd statt Formaldehyd. Es bildet sich ein Diastereomerengemisch aus *threo* und *allo*.

6.   Bei sekundären Alkylhalogeniden wie 2-Butylbromid tritt außer nucleophiler Substitution auch 1,2-Eliminierung ein.

7.

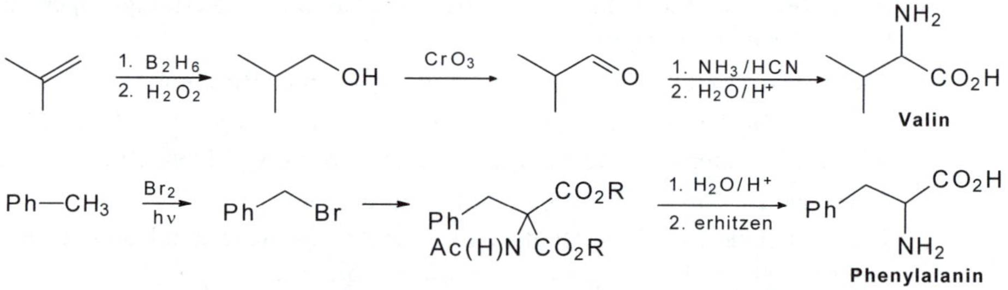

8.

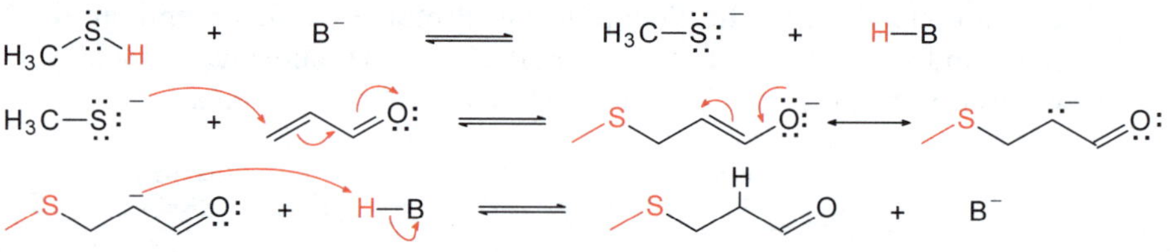

9.   Formaldehyd (Alanin); Benzaldehyd (Phenylalanin); 4-Aminobutanal (Lysin); 3-Formylindol

10.   Hier wirkt der −I-Effekt der α-NH_3^+-Gruppe.

11.

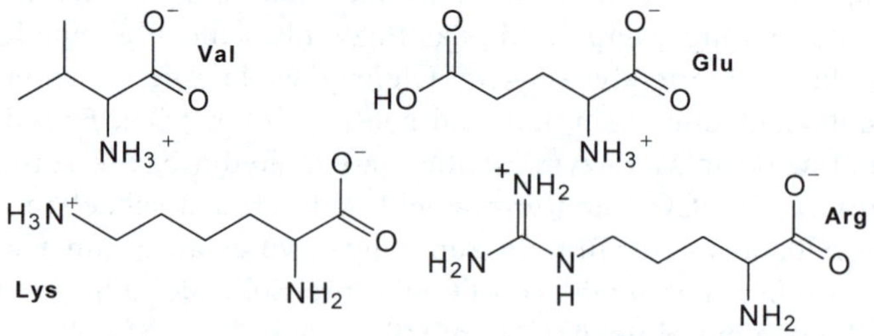

12.   Tyr: keine Wanderung. Ser: Wanderung zur neg. Elektrode. Asp: Wanderung zur pos. Elektrode.

13. Zur Anode: Glu. Zur Kathode: His. Keine Wanderung: Tyr, Gly

14. Die Phosphonsäuregruppe reagiert stärker acid als die Carbonsäuregruppe (s. pK$_a$-Werte auf dem Innendeckel).

15.

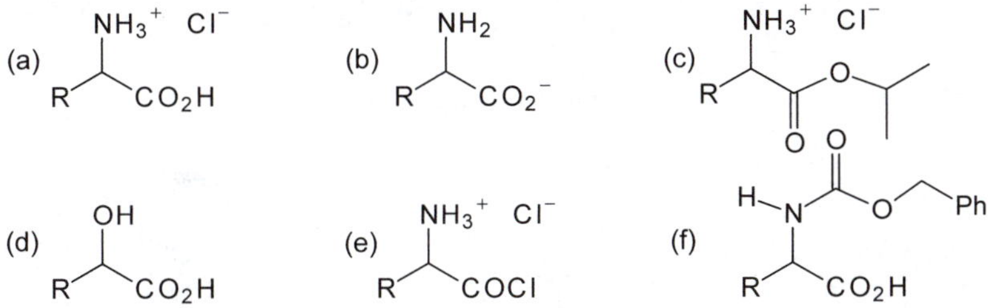

(a) NH_3^+ Cl^- — R CO_2H

(b) NH_2 — R CO_2^-

(c) NH_3^+ Cl^- — R, Ester mit Isopropyl

(d) OH — R CO_2H

(e) NH_3^+ Cl^- — R $COCl$

(f) H–N–O–Ph (Carbamat), R CO_2H

16. (Peptidstruktur)

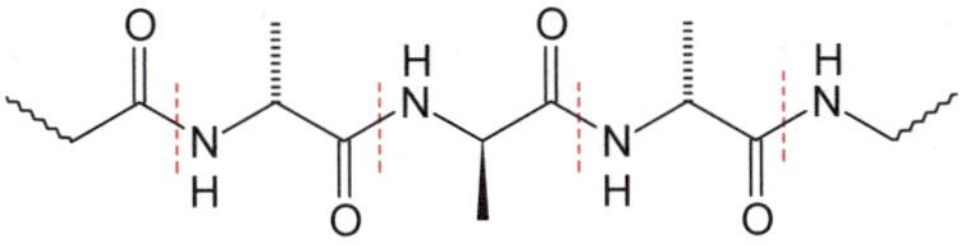

17. (Tetrapeptidstruktur mit SH, C_6H_4–OH (p))

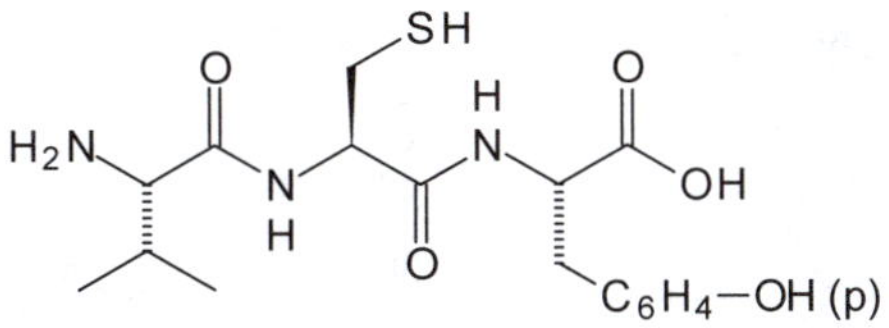

18. Der Baustein Glu ist mit der falschen Carboxylgruppe an der Peptid-Bindung beteiligt.

19. nein

20.

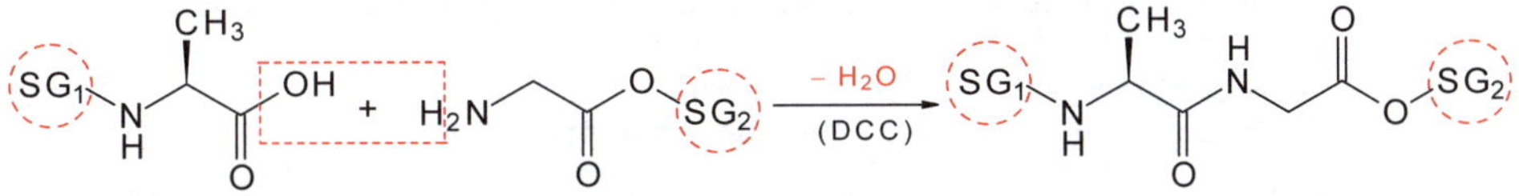

SG$_1$–NH–CH(CH$_3$)–CO–OH + H$_2$N–CH$_2$–CO–O–SG$_2$ $\xrightarrow[\text{(DCC)}]{-H_2O}$ SG$_1$–NH–CH(CH$_3$)–CO–NH–CH$_2$–CO–O–SG$_2$

Alanin, *N*-geschützt   Glycin, *O*-geschützt   Ala-Gly, *N*- und *O*-geschützt

21. Gly (*N*-geschützt) + Ala-Phe (*O*-geschützt) → Gly-Ala-Phe (*N*- und *O*-geschützt)

22.

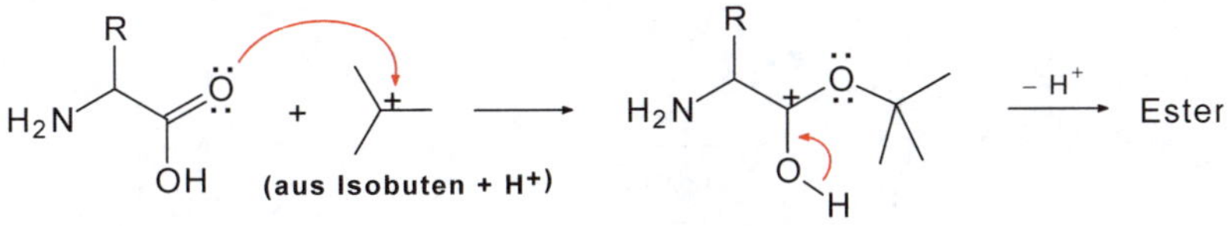

H$_2$N–CH(R)–CO–OH + (aus Isobuten + H$^+$) ⟶ H$_2$N–CH(R)–C(O–tBu) $\xrightarrow{-H^+}$ Ester

23.

Ph–CH$_2$–OH + Cl–CO–Cl $\xrightarrow[-\text{Pyridin·HCl}]{+\text{Pyridin}}$ Ph–CH$_2$–O–CO–Cl

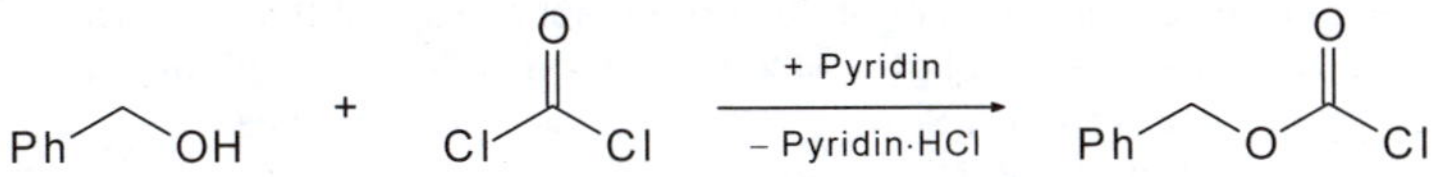

Benzylalkohol   Phosgen

24.

25.   Schutzgruppen, die basenstabil sind (t-Bu, Bn).

26.

Z-Glycylalanin   +   **Val-*Bn***

Z-Gly-Ala-Val-*Bn*

| 2 H$_2$/Pd

Gly-Ala-Val

27.

A   **B**

pH   1: Dikation   pH   1: Monokation
pH 11: Monoanion   pH 11: Dianion

(Di)kationen wandern zur negativen Elektrode, (Di)anionen zur positiven, wobei doppelt geladene Ionen schneller als einfach geladene wandern.

28.   Asp-Arg + Val-Tyr-Ile-His-Pro-Phe
29.   Angiotensin, Struktur s. vorstehende Aufgabe
30.

Der erste Schritt ist eine nucleophile aromatische Substitution. Er wird durch die beiden NO$_2$-Gruppen begünstigt, welche die negative Ladung delokalisieren.

31.   645 – 558 = 87 = Masse von Serin (105) – Masse von Wasser (18)
32.   Der Prolinrest enthält keine NH-Gruppe.

Kapitel 28
Naturstoffe

28.1 Einteilung der Naturstoffe

Als Naturstoffe werden alle organischen Verbindungen bezeichnet, die von Pflanzen, Tieren oder Mikroorganismen durch ihren Stoffwechsel (Metabolismus) produziert werden. Man unterscheidet zwischen primären und sekundären Stoffwechselprodukten (Metaboliten). Zu den primären gehören Verbindungen, die für die Lebenserhaltung eines Organismus unabdingbar sind, z. B. als Nährstoffe (Zucker, Fette, Proteine). Sie sind unabhängig von der biologischen Spezies und deshalb ubiquitär. Im Unterschied hierzu werden Sekundärmetaboliten über spezielle Stoffwechselwege produziert, die häufig für eine oder wenige Arten spezifisch sind. Sekundärmetaboliten dienen nicht unmittelbar der Lebenserhaltung, sondern haben vielfältigere biologische Funktionen, die häufig nicht oder nur unvollständig erforscht sind. So schützen sich viele Pflanzen mit antibiotisch und fungizid wirkenden Phenolen gegen Infektionen mit Bakterien oder Pilzen. In neuerer Zeit erlebt die Naturstoffchemie eine bemerkenswerte Renaissance, da sekundäre Naturstoffe als Quelle und Anregung für neue Wirkstoffe dienen.

Die Einteilung der Naturstoffe erfolgt vorwiegend nach einem der folgenden Gesichtspunkte:

- Chemische Strukturen (z.B. Zucker, Lipide, Alkaloide)
- Biologische Aktivität (z.B. Hormone, Vitamine, Antibiotika)
- Herkunft (z.B. Opiumalkaloide aus Mohn)
- Biosynthese (z.B. Terpene, Steroide)

Bei der Einteilung nach chemischen Strukturen ergeben sich folgende Gruppen:
- Kohlenhydrate
- Lipide
- Aminosäuren, Peptide, Proteine
- Terpene
- Steroide
- stickstoffhaltige Heterocyclen
- sauerstoffstoffhaltige Heterocyclen

Die Naturstoffe der ersten drei Gruppen sind bereits in früheren Kapiteln behandelt worden. In den folgenden Kapiteln werden wir deshalb das Augenmerk auf die unteren Gruppen richten. Zusätzlich werden einige Verbindungen von besonderer biologischer Bedeutung (Hormone, Vitamine, Antibiotika) behandelt.

28.2 Terpene und Isoprenregel

Viele Pflanzen enthalten leicht flüchtige organische Substanzen mit ausgeprägtem Geruch. Besonders große Mengen dieser *ätherischen Öle* kommen in den Harzabsonderungen und den Nadeln von Nadelbäumen vor. Von dem Wort Terpentin (lat. *terebinthus,* Terpentinbaum) hat die Substanzgruppe der Terpene ihren Namen erhalten. Terpene sind offenkettige oder cyclische Kohlenwasserstoffe, die zudem Doppelbindungen und sauerstoffhaltige funktionelle Gruppen enthalten können. Der Aufbau der Terpene erfolgt formal durch Verknüpfung von Isoprengerüsten (**Isoprenregel**). Die Isoprenregel und weitere Erkenntnisse auf dem Gebiet der Terpene verdanken wir *O. Wallach* (geb. 1847 in Königsberg/Ostpr.), der dafür 1910 den Nobelpreis für Chemie erhielt.

Isopren
(2-Methyl-1,3-butadien)   **Isoprengerüst**

Entsprechend der Anzahl der Isoprenbausteine teilt man Terpene in Monoterpene, Sesquiterpene, Diterpene, Triterpene usw. ein (Tabelle). Darüber hinaus unterscheidet man zwischen offenkettigen, monocyclischen, bicyclischen usw. Terpenen.

Tabelle. Einteilung von Terpenen

Bezeichnung des Terpens	Anzahl der Isopren-Bausteine	Anzahl der C-Atome
Monoterpen	2	C_{10}
Sesquiterpen	3	C_{15}
Diterpen	4	C_{20}
Sesterpen	5	C_{25}
Triterpen	6	C_{30}
Tetraterpen	8	C_{40}

Monoterpene. Nachfolgend sind einige Monoterpene ohne oder mit Sauerstoff aufgeführt. Alle diese Terpene zeichnen sich durch einen intensiven, meist angenehmen Geruch aus. α-Pinen ist von allen Terpenen in der Natur am stärksten vertreten ("Pinienwälder"). Die in die Strukturformeln eingezeichneten gestrichelten Linien sollen die Verknüpfungsstellen der beiden Isoprenbausteine aufzeigen.

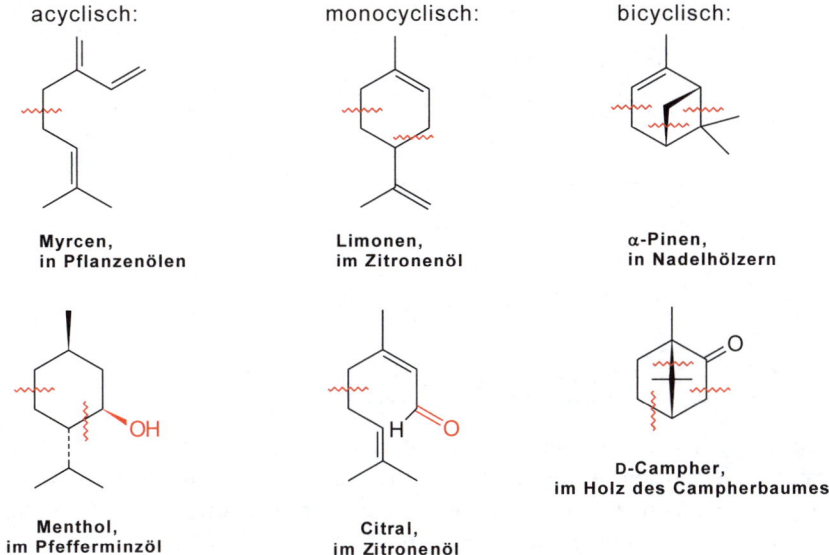

acyclisch: monocyclisch: bicyclisch:

Myrcen,   **Limonen,**   **α-Pinen,**
in Pflanzenölen   **im Zitronenöl**   **in Nadelhölzern**

Menthol,   **Citral,**   **D-Campher,**
im Pfefferminzöl   **im Zitronenöl**   **im Holz des Campherbaumes**

Sesquiterpene. Auch diese Gruppe enthält bekannte Aromastoffe. Einige wichtige Vertreter sind:

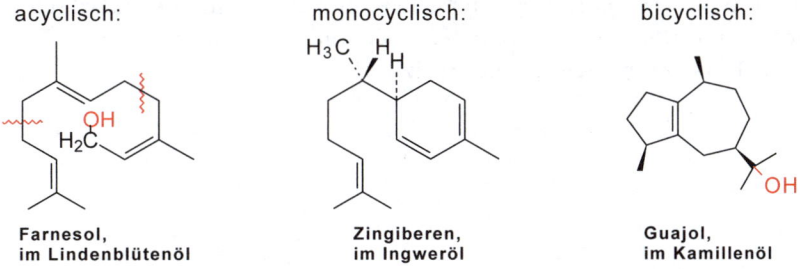

acyclisch: monocyclisch: bicyclisch:

Farnesol,   **Zingiberen,**   **Guajol,**
im Lindenblütenöl   **im Ingweröl**   **im Kamillenöl**

Guajol lässt sich mit Schwefel bei 220 °C zu Guajazulen dehydrieren, welches wie alle Azulene farbig ist.

Guajol,   +3 S   **Guajazulen,**
farblos   ─────────   **blau**
                 − 3 H₂S, −H₂O

Diterpene. Von Bedeutung sind die sauerstoffhaltigen Diterpene Phytol (acyclisch) und Vitamin A (monocyclisch).

acyclisch:

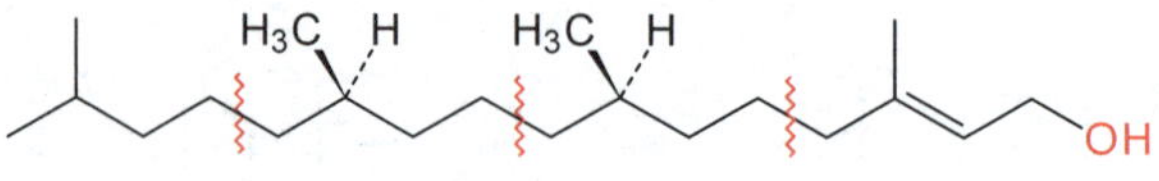

Phytol,
farbloses Öl, Bestandteil des Chlorophylls

monocyclisch:

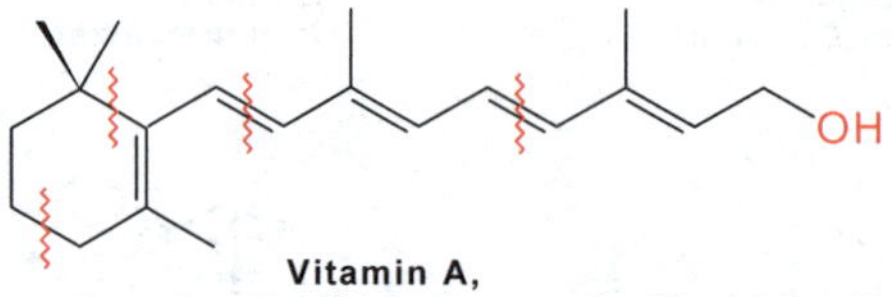

Vitamin A,
schwachgelbe Kristalle, u.a. im Fischleberöl

Zur technischen Synthese des Vitamins A siehe Abschn. 17.5.11.

Triterpene. Triterpene treten in der Natur relativ selten auf. Eine besondere Bedeutung hat Squalen $C_{30}H_{50}$, das bei bestimmten Säugetieren (z.B. Walen) vorkommt. Diese Verbindung dient als Vorstufe bei der **Biosynthese** von Steroiden. Hierbei entsteht zunächst Squalenepoxid, das sich durch Protonierung/Deprotonierung in Lanosterin, ebenfalls ein Triterpen umwandelt. Bei dieser Umwandlung treten kaskadenartige Umlagerungen ein, die zwei H-Atome und zwei CH_3-Gruppen erfassen. Das Lanosterin wird schließlich über eine Vielzahl von Zwischenstufen in Steroide wie Cholesterin und andere umgewandelt. Die Aufklärung der Biosynthese von Cholesterin erfolgte durch Konrad Emil Bloch (geb. 1912 in Neisse), der dafür 1964 den Nobelpreis in Medizin erhielt.

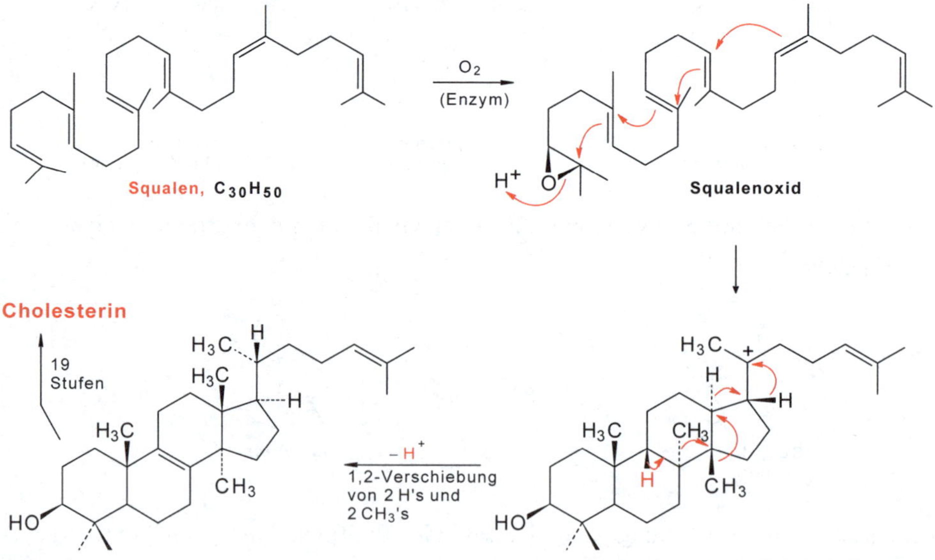

Squalen, $C_{30}H_{50}$

$\dfrac{O_2}{(Enzym)}$

H^+

Squalenoxid

Cholesterin

19
Stufen

Lanosterin (im Wollfett)

$-H^+$

1,2-Verschiebung
von 2 H's und
2 CH_3's

Carbenium-Ion (Zwischenstufe)

Tetraterpene. Hierzu zählen hauptsächlich die *Carotinoide,* worunter man Polyene versteht, die ein ähnliches chromophores System wie Carotin besitzen. Alle Carotinoide sind intensiv farbig, was auf der Konjugation mehrerer Doppelbindungen beruht. Biogenetisch entstehen sie durch Verknüpfung zweier Diterpene ($C_{20} + C_{20} = C_{40}$). Im Formelschema sind die Verknüpfungsstellen durch einen Pfeil markiert.

offenkettig:

Lycopin (tiefrot),
in Tomaten, Hagebutten und anderen Früchten

bicyclisch:

β-Carotin (rot),
in Mohrrüben, Blättern

bicyclisch:

Zeaxanthin (gelb),
in Maiskolben, in Federn von Kanarienvögeln

β-Carotin spielt in der menschlichen Ernährung eine wichtige Rolle. Mit der Nahrung aufgenommen, wird in der Leber ein Molekül β-Carotin in zwei Moleküle Vitamin A umgewandelt. Deshalb nennt man es auch *Provitamin A.* Synthetisch hergestelltes β-Carotin verwendet man zum Färben von Lebensmitteln.

Polyterpene. Darunter versteht man Polymere des Isoprens, d.h. Verbindungen der Summenformel $(C_5H_8)_n$. Das wichtigste Polyterpen ist Naturkautschuk, der emulgiert im Milchsaft verschiedener tropischer Bäume vorkommt. Die Doppelbindungen des Kautschuks sind *cis*-konfiguriert. Weiteres über Kautschuk siehe Abschn. 30.3. Das *trans*-Isomer tritt ebenfalls im Milchsaft auf und heißt Guttapercha.

Naturkautschuk (Kettenausschnitt)

Guttapercha (Kettenausschnitt)

Aufgaben

1. Zerlegen Sie Zingiberen und β-Carotin so, dass die Isoprenbausteine erkennbar sind.
2. Welche der Verbindungen a und b ist ein Terpen?

3. Warum ist Squalen farblos, obwohl es sogar eine Doppelbindung mehr als das farbige Vitamin A besitzt?
4. Die *cis*-Konfiguration von Citral kann aus den δ-Werten des ^{13}C-NMR-Spektrums abgelesen werden. Welcher Effekt ist dafür verantwortlich?
5. Von den drei Monoterpenen Myrcen, Limonen und α-Pinen kann eines mit Hilfe der Diels-Alder-Reaktion dargestellt werden. Welches?
6. β-Carotin wird technisch aus Vitamin A hergestellt. Skizzieren Sie die einzelnen Schritte.
7. Caryophyllen ist ein Sesquiterpen, welches u.a. in Gewürznelken vorkommt und zum typischen Geruch derselben beiträgt. Die Struktur der Verbindung geht aus folgenden Reaktionen hervor. Wie lautet die Struktur? Wie sind die Isoprenbausteine angeordnet?

28.3 Steroide

Diese Naturstoffgruppe hat ihren Namen von dem bereits 1788 erstmals isolierten Cholesterin (griech. *chole,* Galle und *stereos,* fest*)* erhalten. Das Grundgerüst aller Steroide ist das Gonan, ein tetracyclischer Kohlenwasserstoff, der aus drei Sechsringen (A, B, C) und einem Fünfring (D) besteht.

Gonan
(perhydriertes
Cyclopentanophenanthren)

Das Gonangerüst kann in mehreren Diastereomeren auftreten, da die Ringe *cis*- oder *trans*-verknüpft sein können. Zur räumlichen Anordnung von anellierten Sechsringen s. Abschn. 4.7.

In der Natur treten nur bestimmte Ringverknüpfungen auf, wodurch die Zahl der Stereoisomeren verringert wird. Die Ringe A und B weisen entweder *cis*- oder *trans*-Verknüpfung auf, die Ringe B und C sind stets *trans*-verknüpft, und die Ringe C und D zeigen meist *trans*- und nur gelegentlich *cis*-Verknüpfung.

Gonan selbst kommt in der Natur nicht vor, wohl aber substituierte Gonane. Typisch sind Methylgruppen in 10- und 13-Stellung; solche Methylgruppen heißen **anguläre Methylgruppen** von lat. *angulus,* Ecke, Winkel. Weitere Alkylgruppen treten in 17-Stellung auf. Als Bezugspunkt für *cis-trans*-Isomere fungiert die anguläre Methylgruppe an C-10: Substituenten, die sich auf derselben Seite des Ringsystems befinden, sind β-ständig, diejenigen auf der anderen Seite α-ständig. Am Beispiel des 5α- und 5β-Cholestans sollen Ringverknüpfung und Substituentenanordnung erläutert werden.

5α-Cholestan. Die Ringe A bis D sind paarweise *trans*-verknüpft. 5α bedeutet: H an C-5 und Bezugsgruppe CH$_3$ sind auf entgegengesetzten Seiten der Papierebene angeordnet.

5β-Cholestan. Die Ringe A und B sind *cis-*, die anderen paarweise *trans*-verknüpft. 5β bedeutet: H an C-5 ist auf derselben Seite wie die Bezugsgruppe CH$_3$ angeordnet.

Wichtige Steroide sind Cholesterin und Cholsäure, beides Verbindungen mit dem Cholestangerüst.

Cholesterin, C$_{27}$H$_{45}$OH   **Cholsäure**

Cholesterin ist ein ungesättigter Alkohol. Die Verbindung kommt in allen tierischen Zellen, vor allem im Gehirn und im Rückenmark vor. Sie ist Hauptbestandteil der Gallensteine und solcher Ablagerungen, die zur Arterienverkalkung führen. Der Körper eines erwachsenen Menschen enthält etwa 250 g Cholesterin; es stammt z.T. aus der Nahrung, z.T. aus körpereigener Biosynthese (Vorstufe Squalen). Tierische Fette und insbesondere Eigelb sind reich an Cholesterin.

Cholsäure enthält das Gerüst des 5α-Cholestans und besitzt eine Carboxylgruppe und drei OH-Gruppen. Die Verbindung gehört zu den Gallensäuren, deren Aufgabe es ist, die wasserunlöslichen Fette durch Emulgieren wasserlöslich zu machen.

28.4 Hormone

Hormone sind biologisch aktive Stoffe, die von bestimmten Zellen des Körpers ausgeschieden und zu anderen Zellen transportiert werden, in denen sie ihre Wirkung entfalten (griech. *horman*, anregen). Man unterscheidet vier Gruppen von Hormonen: die Steroidhormone, die Aminhormone, die Peptidhormone und die Prostaglandinhormone.

28.4.1 Steroidhormone

Steroidhormone sind die wichtigsten Hormone. Ihre Isolierung und Strukturaufklärung verdanken wir u. a. *A. Butenandt* (geb. 1903 in Wesermünde), *T. Reichstein* (geb. 1897 in Wloclawek/Polen), *L. Ruzicka* (geb. 1887 in Vukovar/Kroatien) und *A. Windaus* (geb. 1876 in Berlin). Sie wurden alle mit dem Nobelpreis für Chemie bzw. Medizin ausgezeichnet, sowohl für Arbeiten auf dem Gebiet der Steroidhormone als auch anderer Naturstoffe.

Steroidhormone teilt man in Sexualhormone und Nebennierenrindenhormone ein.

Sexualhormone. Die Sexualhormone bewirken die Entwicklung der Geschlechtsorgane und der sekundären Geschlechtsmerkmale (Haarwuchs u.a.). Man unterscheidet zwischen männlichen und weiblichen Sexualhormonen.

Zu den männlichen Sexualhormonen oder *androgenen* Hormonen (griech. *andro,* männlich) gehören Testosteron und Androsteron.

Testosteron   Androsteron

Testosteron besitzt im Ring A eine Ketogruppe und eine dazu konjugierte Doppelbindung, ferner eine Hydroxylgruppe in 17-Stellung. Demgegenüber sind im Androsteron die Stellung von Keto- und Hydroxygruppe vertauscht, außerdem fehlt die Doppelbindung.

Zu den weiblichen Sexualhormonen oder *östrogenen* Hormonen (lat. *oestrus,* Brunst*)* zählen hauptsächlich Östron, Östradiol und Östriol.

Östron   Östriol   17β-Östradiol

Typisch für die drei östrogenen Hormone Östron, Östradiol und Östriol sind der aromatische Ring und die Hydroxylgruppe in 3-Stellung. Der Ring A ist aromatisch, deshalb kann keine anguläre Methylgruppe an C-10 gebunden sein.

Ebenfalls zu den weiblichen Sexualhormonen gehören die Schwangerschaftshormone *(Gestagene).* Sie werden während der Schwangerschaft gebildet und verhindern den Eisprung in dieser Zeit. Das wichtigste Schwangerschaftshormon ist Progesteron.

Progesteron

Umgekehrt sollte man erwarten, dass die Verabreichung von Progesteron und anderen Gestagenen an nicht schwangere Frauen ebenfalls zum Ausbleiben des Eisprungs führt. Progesteron ist aber *oral* appliziert inaktiv. Deshalb wurden Steroide synthetisiert, die eine ähnliche Wirkung wie Progesteron besitzen, aber den Magen-Darmkanal unverändert passieren. Diese künstlichen Hormone kommen als Ovulationshemmer ("Antibabypille") zur Anwendung. In der Regel handelt es sich um Kombinationspräparate, die ein Östrogen und ein Gestagen enthalten, zum Beispiel:

ein künstliches Östrogen   ein künstliches Gestagen

17α-Ethinylöstradiol   Norgestrel

Nebennierenrindenhormone (Corticosteroide). Die Rinde (lat. *cortex*) der Nebenniere scheidet eine Vielzahl von Hormonen (etwa 30 an der Zahl) aus, die verschiedene Steuerungsvorgänge ausüben: Regelung des Mineralhaushalts, des Kohlenhydratstoffwechsels u.a. Aber auch als Arzneimittel werden einige verwendet, wenn Krankheiten wie Rheuma, Hautentzündungen u.a. behandelt werden sollen. Typisch für Corticosteroide ist eine Sauerstofffunktion in 11-Stellung.

Cortison,
u.a. gegen Arthritis, Entzündungen

28.4.2 Amin- und Peptidhormone

Ebenfalls zu den Hormonen zählen bestimmte Amine und Peptide. Die wichtigsten Aminhormone sind Thyroxin, Adrenalin und Noradrenalin, und zu den wichtigsten Peptidhormonen zählt Insulin mit 51 Aminosäuren (Struktur s. Abschn. 27.2.2). Die Aminhormone werden in der Schilddrüse, Bauchspeicheldrüse bzw. Nebennierenrinde synthetisiert, Insulin in der Bauchspeicheldrüse.

Thyroxin

Adrenalin (R = CH₃)
Noradrenalin (R = H)

In der folgenden Tabelle sind die Wirkungen der genannten Hormone aufgeführt.

Tabelle. Einige Hormone nebst Wirkung

Hormon	erzeugendes Organ	Wirkung
Thyroxin	Schilddrüse	stoffwechselregulierend
Adrenalin	Nebennierenmark	blutdrucksteigernd
Noradrenalin	Nebennierenmark	blutdrucksteigernd
Insulin	Bauchspeicheldrüse	Regulierung des Kohlenhydratstoffwechsels (bei Mangel: Zuckerkrankheit)

Aufgaben

8. Warum ist Cholesterin keine Terpenverbindung?

9. Zeichnen Sie sämtliche Stereoisomere von A und B.

A   B

10. Wie lautet die rationelle Bezeichnung für Norgestrel? Hinweis: Vom Grundgerüst Gonan ausgehen.

28.4.3 Prostaglandinhormone

Diese Gruppe von Verbindungen, die erstmals in Sekreten der Prostatadrüse nachgewiesen wurde, rechnet man ebenfalls zu den Hormonen, obwohl sie ihre Wirkung nur lokal entfaltet. Nachfolgend ist die Struktur des Prostaglandins E_1 und dessen Biosynthese aus Arachidonsäure, einer vierfach ungesättigten Fettsäure, angegeben.

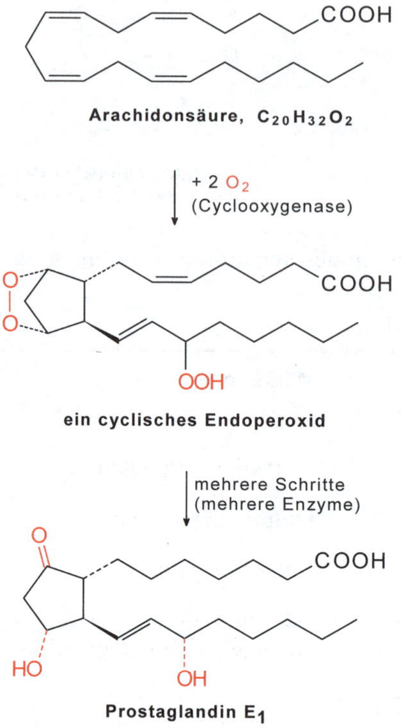

Arachidonsäure, $C_{20}H_{32}O_2$

$+ 2\ O_2$
(Cyclooxygenase)

ein cyclisches Endoperoxid

mehrere Schritte
(mehrere Enzyme)

Prostaglandin E$_1$

Das Grundgerüst der Prostaglandine besitzt wie Arachidonsäure 20 C-Atome und besteht aus einem Cyclopentanring mit 2 benachbarten Kohlenstoffketten. Die verschiedenen Prostaglandine, die durch Buchstaben und Zahlen gekennzeichnet werden, unterscheiden sich in der Anzahl der Sauerstoffatome und der Doppelbindungen.

Fast alle Gewebe von Säugetieren enthalten kleine Mengen von Prostaglandinen. Von den vielfältigen Wirkungen der Prostaglandine seien erwähnt: die Stimulation der Uterusmuskulatur (Verwendung zum Schwangerschaftsabbruch), Senkung des Blutdrucks und Beeinflussung des Schmerzempfindens.

28.5 Stickstoffheterocyclen

28.5.1 Alkaloide

Unter Alkaloiden versteht man gewöhnlich eine Gruppe von stickstoffhaltigen, basischen Verbindungen, die in Pflanzen, seltener in Tieren vorkommen und auf den menschlichen Körper eine ausgeprägte, meist charakteristische Wirkung ausüben. Vom chemischen Standpunkt aus sind Alkaloide keine einheitliche Stoffklasse. Der Name Alkaloid leitet sich von Alkali her und soll zum Ausdruck bringen, dass viele Alkaloide aufgrund des Amin-Stickstoffs basisch reagieren.

Die Alkaloide bilden die wichtigste Gruppe von natürlich vorkommenden Giftstoffen. Ihre Wirkung war bereits vor Jahrtausenden bekannt. So musste der zum Tode verurteilte griechische Philosoph Sokrates aus dem Schierlingsbecher trinken und an der Wirkung des im Schierling enthaltenen Alkaloids *Coniin* sterben.

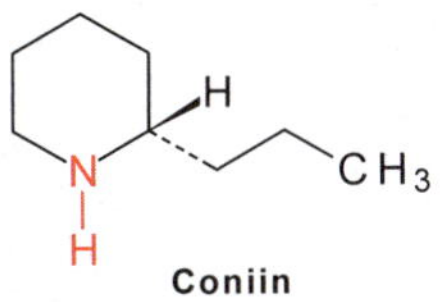

Coniin

Coniin ist ein sehr einfaches Alkaloid. Das racemische Gemisch kann aus α-Picolin wie folgt dargestellt werden.

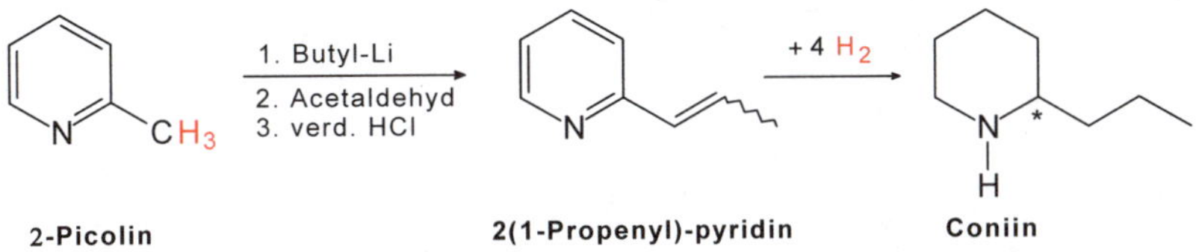

2-Picolin   **2(1-Propenyl)-pyridin**   **Coniin**

Das Hauptalkaloid der Tabakpflanze ist *Nicotin.* Getrocknete Blätter enthalten ca. 5 % davon. Nicotin wirkt auf die Blutgefäße verengend und damit blutdrucksteigernd. Die tödliche Dosis für den Menschen beträgt bei oraler Aufnahme ca. 50 mg.

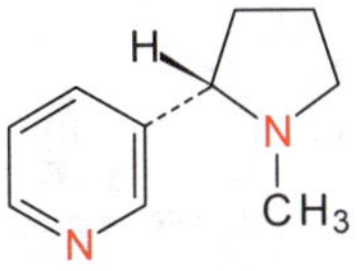

Nicotin

Atropin ist in der Tollkirsche (*Atropa belladonna*) und anderen Nachtschattengewächse enthalten. Die Verbindung ist ein starkes Gift und wird vor allem wegen seiner pupillenerweiternden Eigenschaft in der Augenheilkunde verwendet. Die Hydrolyse dieses Esters führt zu Tropin und Tropasäure.

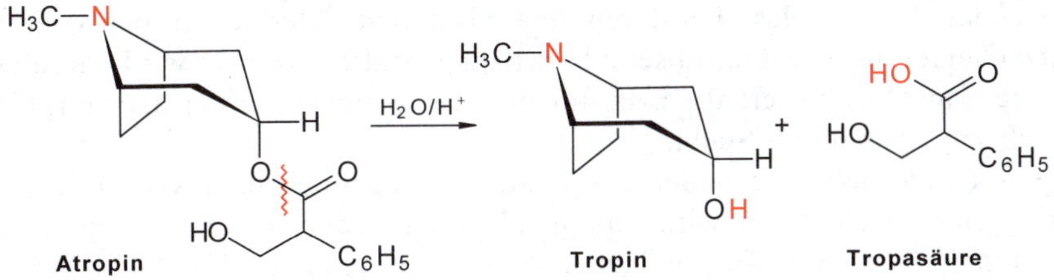

Atropin   **Tropin**   **Tropasäure**

Chemisch verwandt mit Atropin ist Cocain, das Hauptalkaloid des peruanischen Cocabusches. Cocain wirkt der Müdigkeit entgegen, sein wiederholter Genuss kann allerdings zur Gewöhnung (Sucht) führen.

Cocain

Ein früher vielfach verwendetes Antimalariamittel ist *Chinin,* welches in der Rinde des Chinabaumes vorkommt. Wegen seines bitteren Geschmacks wird es gelegentlich Erfrischungsgetränken zugesetzt ("tonic water").

Chinin   **Lysergsäure-diethylamid**
                 ("LSD")

Morphin   (R = R´ = H)
Codein   (R = CH$_3$, R´ = H)
Heroin   (R = R´ = Acetyl)

Lysergsäure gehört zu den Mutterkornalkaloiden, welche in einem auf Getreidekörnern wachsenden Pilz, dem Mutterkorn, enthalten sind. *Lysergsäurediethylamid* ("LSD") ruft bereits in kleinsten Dosen Halluzinationen hervor.

Wichtige Alkaloide werden aus der Milch unreifen Mohns gewonnen. Zu diesen *Opiumalkaloiden* zählt u.a. das *Morphin.* Morphin wird zur Schmerzlinderung verwendet. *Codein,* das sich durch eine zusätzliche Methoxygruppe von Morphin unterscheidet, wirkt krampflösend bei Hustenanfällen. *Heroin* wird durch Diacetylierung von Morphin erhalten. Es lindert den Schmerz stärker als Morphin, führt jedoch sehr schnell zur Sucht.

Coffein ist das bekannteste der *Purinalkaloide,* worunter man Alkaloide mit einem Puringerüst versteht. Es wirkt anregend und belebend. Coffein kommt zu etwa 1,2 % in geröstetem Kaffee und zu ca. 5 % in getrockneten Teeblättern vor.

Die biologische Bedeutung der Alkaloide ist z.T. noch unklar. So stellt sich die Frage, warum z.B. die Mohnpflanze Morphin-Alkaloide als sekundäre Inhaltsstoffe synthetisiert, obwohl sie diese scheinbar nicht benötigt. Wahrscheinlich erfüllen die Alkaloide eine Schutzfunktion, indem sie die Pflanze vor ihren Fraßfeinden (Mensch, Tier) und vor Krankheitserregern (Viren, Bakterien, Pilze) bewahrt. Neue in Pflanzen gefundene Alkaloidstrukturen sind daher potentielle Leitstrukturen zur Entwicklung neuer Pharmaka und Pflanzenschutzmittel.

Aufgaben

11. Wie viele Stereozentren weisen a) Coniin, b) Nicotin auf?

12. Der Hofmannsche Abbau des Coniins ergibt einen ungesättigten Kohlenwasserstoff. Welche Konstitution besitzt der Kohlenwasserstoff?

28.5.2 Porphyrinfarbstoffe

Unter Porphyrinfarbstoffen versteht man Verbindungen, die das Gerüst des Porphins enthalten. Sie sind in der Natur weit verbreitet und von großer biochemischer Bedeutung.

Porphin besteht aus vier Pyrrolringen, welche durch vier Methingruppen (−CH=) miteinander verknüpft sind. Zwei der vier Stickstoffatome sind mit je einem Wasserstoffatom verbunden. Diese beiden H-Atome wechseln rasch ihre Plätze, so dass folgendes tautomeres Gleichgewicht vorliegt.

Porphin: Tautomer 1   Tautomer 2

Das Molekül ist eben und enthält 22 π-Elektronen, die in Konjugation miteinander stehen. Es überrascht deshalb nicht, dass Porphin farbig (dunkelrot) ist. Zur Aromatizität von Porphin s. Abschn. 14.5.

Porphin kommt in der Natur nicht vor, wohl aber Verbindungen mit diesem oder einem ähnlichen Gerüst und Substituenten an der Peripherie . Es sind die Naturstoffe Hämoglobin, Chlorophyll und Vitamin B_{12}. Alle drei Verbindungen enthalten zudem ein Metallion, welches die Position der beiden NH-Protonen einnimmt. Die Aufklärung der Strukturen dieser Verbindungen verdanken wir u.a. *R. Willstätter* (geb. 1872 in Karlsruhe) und *H. Fischer* (geb. 1881 in Hoechst). Die Totalsynthese einiger Porphinverbindungen gelang *R. B. Woodward* (der zusammen mit *R. Hoffmann* auch die bekannten Regeln über pericyclische Reaktionen aufstellte). Alle drei Forscher erhielten für ihre hervorragenden Leistungen auf dem Gebiet der organischen Chemie den Nobelpreis für Chemie.

Hämoglobin. Hämoglobin ist der Farbstoff der roten Blutkörperchen. Die Verbindung setzt sich aus vier Molekülen Häm und vier Peptiden zusammen. Die Peptide sind paarweise gleich und werden unter der Bezeichnung Globin zusammengefasst. Häm und Globin sind komplexartig über ein Histidinrest aus dem Globin miteinander verbunden. Die Struktur des Hämoglobins finden Sie im Abschn. 27.3.4.

Häm leitet sich von Porphin dadurch ab, dass die H-Atome der Pyrrolringe z.T. durch organische Substituenten (Methyl, Vinyl, Propionsäurerest) ersetzt und die Stickstoffatome mit einem Eisen-II-Ion verknüpft sind.

Häm

Chlorophyll a
(* chirale Zentren)

Hämoglobin besorgt den Sauerstofftransport von der Lunge zu den Geweben, in denen der Sauerstoff zur Zellatmung benötigt wird. Bei diesem Vorgang bildet sich zunächst ein loser Komplex zwischen Sauerstoff und dem Eisen-II-Ion, ohne dass die Oxidationsstufe des Ions verändert wird. In den Geweben, wo der Sauerstoffpartialdruck kleiner als in der Lunge ist, zerfällt dieser Komplex, so dass Sauerstoff frei gesetzt wird.

Das Eisen im Hämoglobin komplexiert auch mit Kohlenmonoxid. Da diese Affinität ca. 200 mal größer als die mit Sauerstoff ist, wird Sauerstoff verdrängt, was zum Erstickungstod führen kann. Kohlenmonoxid ist daher ein äußerst giftiges Gas.

Abbildung. Sauerstofftransport durch Hämoglobin. Die vier mit einer Ellipse verbundenen N-Atome symbolisieren den Hämteil des Hämoglobins.

Chlorophyll. Der am weitesten verbreitete Farbstoff in der Natur ist Chlorophyll, welches unserer Pflanzenwelt die grüne Farbe verleiht. Das natürliche Chlorophyll besteht aus zwei Komponenten, dem blaugrünen Chlorophyll a und dem in geringerer Menge auftretenden gelbgrünen Chlorophyll b. Die Trennung beider Chlorophylle gelingt mit Hilfe der Adsorptionschromatographie an geschlämmter Saccharose als Adsorbens. Nebenstehend ist die Struktur des Chlorophylls a angegeben. Der Leser erkennt folgende Unterschiede gegenüber dem Häm: (a) Das Zentralatom ist ein Mg-II-Ion. (b) Einer der vier Pyrrolringe (Ring D) ist partiell hydriert. (c) Es ist ein weiterer carbocyclischer Ring vorhanden. (d) Das Molekül enthält zwei Estergruppen, die sich von den Alkoholen Methanol und Phytol (Abschn. 28.2) herleiten.

Chlorophyll übt eine wichtige Funktion bei der Kohlendioxid-Assimilation durch grüne Pflanzenteile (Photosynthese) aus: Die Verbindung absorbiert Sonnenlicht, das zur Photosynthese erforderlich ist.

Vitamin B$_{12}$. Auch in Vitamin B$_{12}$ ist ein Metall-Ion, hier Cobalt-III, von vier z.T. hydrierten Pyrrolringen umgeben. Allerdings handelt es sich nicht um das Porphingerüst, sondern um das sogenannte **Corringerüst**, das eine Methingruppe weniger als Porphin enthält. Das Molekül ist sehr kompliziert, was allein schon die Summenformel C$_{63}$H$_{88}$Co N$_{14}$O$_{14}$P ausdrückt. Im folgenden ist nur die zentrale Einheit des Moleküls wiedergegeben, die aus Cobalt und dem Corringerüst besteht. Die vollständige Struktur finden Sie in der Tabelle über Vitamine, s. unten. Vitamin B$_{12}$ dient u.a. zur Heilung der perniziösen Anämie (bösartige Blutarmut).

Schematische Darstellung von Vitamin B$_{12}$. Gezeigt ist nur das Corringerüst. Der Pfeil weist auf einen Molekülabschnitt hin, der sich durch eine hier fehlende Methingruppe vom Porphingerüst unterscheidet. (Vergleichen Sie die Gerüste von Corrin und Porphin.)

28.6 Nucleinsäuren

Nucleinsäuren sind hochmolekulare Verbindungen, die aus Phosphorsäure, einer Pentose und einer heterocyclischen Base bestehen. Letztere ist an das anomere C-Atom der Pentose gebunden. Nucleinsäuren kommen hauptsächlich im Zellkern vor und sind Träger der genetischen Information. Der Name Nucleinsäuren leitet sich von lat. *nucleus*, Kern, und Phosphor*säure* her.

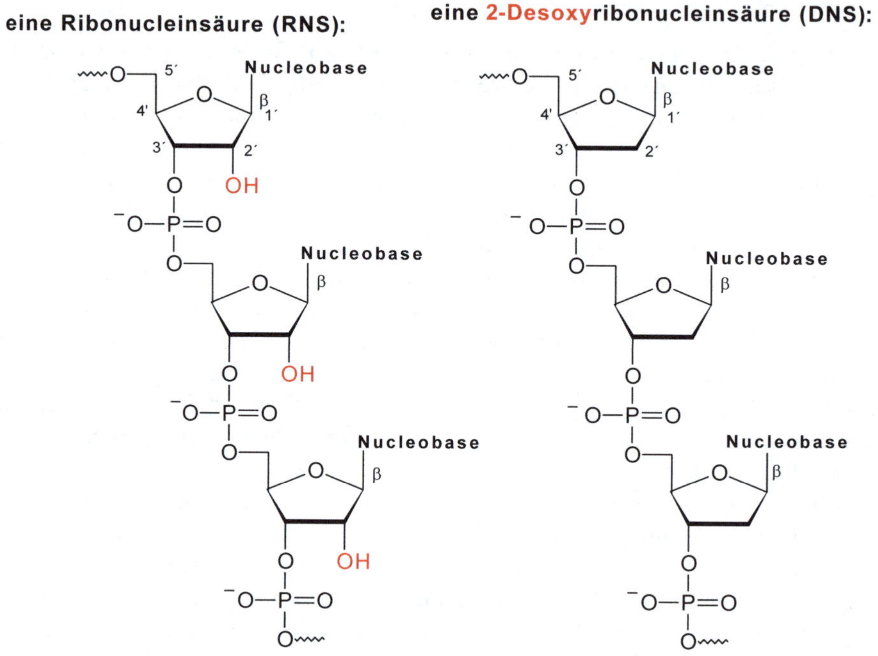

eine Ribonucleinsäure (RNS):

eine 2-Desoxyribonucleinsäure (DNS):

Es gibt zwei Arten von Nucleinsäuren: die **Ribonucleinsäure** (RNS oder engl. RNA von acid) mit Ribose und die **2-Desoxy-ribonucleinsäure** (DNS oder DNA) mit 2-Desoxy-ribose. Das vorstehende Schema zeigt den Aufbau beider Verbindungen. In beiden Nucleinsäuren sind die OH-Gruppen in 3'- und 5'-Stellung des Saccharids mit Phosphorsäure verestert. Die OH-Gruppe in 1'-Stellung ist durch eine heterocyclische Base substituiert, die dabei die β-Konfiguration einnimmt. (β bedeutet wie bei Sacchariden auf derselben Seite stehend wie 5'-C).

Bei den heterocyclischen Basen handelt es sich um die beiden Purinderivate Adenin und Guanin und die drei Pyrimidinderivate Cytosin, Thymin und Uracil. Diese Basen werden auch **Nucleobasen** genannt.

Alle Nucleobasen mit einem Sauerstoffatom am Ring (Guanin, Cytosin, Thymin und Uracil) liegen als Ketotautomere vor. Zur Erinnerung: Das Keto-Enol-Gleichgewicht in der Stammverbindung 2-Hydroxypyridin liegt ebenfalls ganz auf der Seite des Keto-Tautomers (Abschn. 24.3.3).

Die Anbindung der Nucleobase an die Zuckerphosphatkette erfolgt bei Purinderivaten über die 9-Stellung und bei Pyrimidinderivaten über die 1-Stellung. DNS enthält die Nucleobasen A,T,G,C und RNS die Nucleobasen A,U,G,C. Somit ist die in der DNS vorkommende Nucleobase T in der RNS durch U ersetzt.

Die Bausteine der Nucleinsäuren (Saccharid, Phosphorsäure, Nucleobase) treten in der Natur auch in niedermolekularer Verknüpfung auf. Die Verbindung aus einer Nucleobase und einem Saccharid heißt **Nucleosid**, die aus einer Nucleobase, einem Saccharid und Phosphorsäure wird **Nucleotid** genannt. Nachfolgend ist je ein Beispiel für ein Nucleosid und ein Nucleotid angegeben. Nucleinsäuren sind Kondensationspolymere des Bausteins Nucleotid, somit **Polynucleotide**.

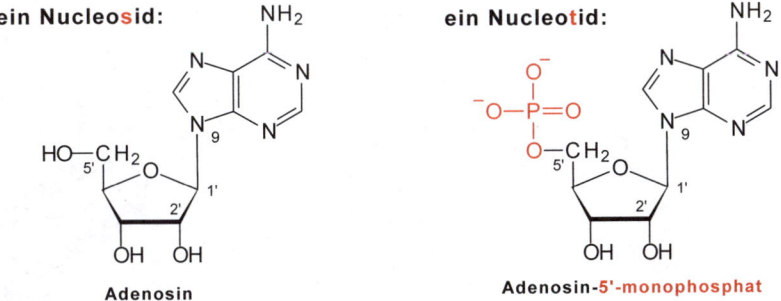

Sekundärstruktur der Desoxyribonucleinsäure. Ribonucleinsäure hat die Gestalt eines einzelnen Stranges (engl. *strand*). Ganz anders verhält sich Desoxyribonucleinsäure. Diese Verbindung tritt zweisträngig und zudem verdrillt auf. Verantwortlich dafür sind intermolekulare Wasserstoffbrücken zwischen einer Purinbase des einen Stranges und einer Pyrimidinbase des anderen Stranges. Dabei paa-

ren sich Adenin mit Thymin (A,T) und Guanin mit Cytosin (G,C). Im ersten Fall
bilden sich zwei H-Brücken, im zweiten Fall gar drei H-Brücken aus:

zwei H-Brücken zwischen T und A: **drei** H-Brücken zwischen C und G:

Thymin (T)   Adenin (A)   Cytosin (C)   Guanin (G)

Die Struktur der zweisträngigen DNS ist nachfolgend zwei- und dreidimensional
wiedergegeben. Die dreidimensionale Darstellung (rechts) entspricht einer dop-
pelsträngigen Helix und ist mit zwei Girlanden vergleichbar, die sich um einen
Ast ranken.

zweisträngige DNS, durch
H-Brücken zusammen-
gehalten

räumliche Darstellung
der zweisträngigen DNS
(Doppelhelix)

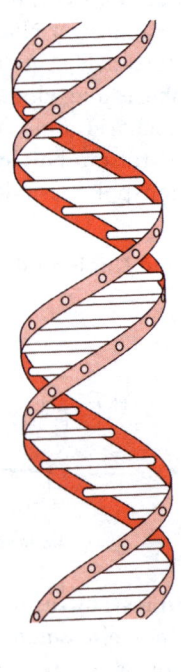

Biosynthese der Proteine. In der Desoxyribonucleinsäure steckt **der genetische Code** für die Biosynthese der Proteine, die wie folgt abläuft. Zunächst wird die Doppelhelix der DNS an einem Ende in zwei Einzelstränge entflochten. An die nunmehr ungepaarten Nucleobasen lagern sich die komplementären Nucleotide an. Wasserabspaltung zwischen fixierten Nucleotidbausteinen liefert die RNS. Die einsträngige RNS wandert als Boten-RNS (engl. *messenger*-RNA) zu den Ribosomen, an denen die Biosynthese der Proteine erfolgt. Dort wird die Sequenz der Nucleobasen in eine Sequenz der Aminosäuren übertragen. Jeweils drei aufeinander folgende Nucleobasen codieren eine Aminosäure. So bedeutet der Code G,C,A die Aminosäure Alanin und der Code A,C,C die Aminosäure Threonin. Der genetische Code für die einzelnen Aminosäuren ist – von wenigen Ausnahmen abgesehen – universell und gilt für alle Lebewesen.

28.7 Antibiotika

Viele Mikroorganismen scheiden Verbindungen aus, die das Wachstum anderer Mikroorganismen hemmen. Solche Verbindungen nennt man **Antibiotika**. Antibiotika dienen zur Heilung von Krankheiten, die durch Mikroorganismen verursacht werden. Im folgenden werden einige wichtige Vertreter vorgestellt: die Penicilline, die Cephalosporine, die Tetracycline und die Streptomycine.

Penicilline setzen sich aus zwei markanten Bausteinen zusammen, der 6-Aminopenicillansäure und einer Carbonsäure variabler Struktur. Beide sind über eine Amidbindung miteinander verknüpft. Bei der 6-Aminopenicillansäure handelt es sich um einen Bicyclus aus einem Thiazolidinring und einem β-Lactamring. Die einzelnen Penicilline unterscheiden sich lediglich durch die Konstitution der Carbonsäure. So tritt im Penicillin G die Carbonsäure Phenylessigsäure auf.

Cephalosporine sind mit den Penicillinen strukturell verwandt. Auch sie weisen einen Bicyclus auf, der aber einen Sechsring enthält.

Penicilline und Cephalosporine gehören zu den **β-Lactamantibiotika**. Die antibiotische Wirkung dieser Verbindungen beruht darauf, dass der gespannte 4-Ring mit nucleophilen Substituenten von Enzymen leicht reagiert. Dabei tritt eine Desaktivierung des Enzyms ein.

Enzym, vor der Desaktivierung   Enzym, acyliert und desaktiviert

Tetracycline enthalten vier Sechsringe, von denen einer aromatisch ist. Sie unterscheiden sich voneinander durch die Substituenten R und R'. Tetracycline stören u.a. die Funktion von Enzymen durch Chelatisierung der Metall-Ionen.

Tetracyclin	(R = R' = H),
Chlortetracyclin	(R = Cl; R' = H),
Oxytetracyclin	(R = H; R' = OH)

Streptomycine bestehen aus zwei Sacchariden, beide mit der für Zucker ungewöhnlichen L-Konfiguration, und aus einem Cyclitol (ein Hydroxycyclohexan-Derivat). Das eine Saccharid enthält eine Aminogruppe, das andere eine variable Verzweigung des Kohlenstoffgerüsts, z. B. durch eine Aldehydgruppe (s. Formelschema). Das Cyclitol enthält zwei Guanidinoreste, die zusammen mit der Aminogruppe dem Streptomycin Basizität verleihen.
Streptomycin wird gegen Tuberkulose-Erreger eingesetzt.

ein Cyclitol
(mit 2 Guanidinoresten)

ein verzweigter Zucker
(L-Streptose)

ein Aminozucker
(N-Methyl-L-glucosamin)

Streptomycin A

Probleme bei der Anwendung von Antibiotika ergeben sich durch *Resistenz* einiger Bakterien gegenüber den Antibiotika. Die Resistenz beruht darauf, dass unter den Bakterienstämmen einige zahlenmäßig zunächst unbedeutende Varianten vom Antibiotikum unbeeinflusst bleiben, sich rasch vermehren und damit an die Stelle der unschädlich gemachten Hauptvariante treten.

28.8 Vitamine

Vitamine sind Verbindungen, die dem Organismus von Mensch oder Tier direkt oder in Form von biologischen Vorstufen zugeführt werden müssen, um Mangelkrankheiten zu verhindern. Der Name stammt aus einer Zeit, da man Stickstoff für einen generellen Bestandteil der Vitamine hielt (lat. *vita,* Leben, *amin* von Aminoverbindung). Vitamine wirken katalytisch, werden somit nur in kleinsten Mengen benötigt. In der Zelle vereinigen sie sich vielfach mit einem bestimmten Protein und bilden danach ein Enzym, den eigentlichen Katalysator biochemischer Reaktionen. Bei einigen Vitaminen (z.B. A, C oder D) konnte man allerdings noch keine Coenzymfunktion nachweisen.

Vitamine werden mit Buchstaben bezeichnet. Es sind bisher bekannt: Vitamin A_1, A_2, B_1, B_2, B_6, B_{12}, C, D_2, D_3, D_4, E, H, H', K_1, K_2, $K_{2\,(35)}$, P und Q. In der Tabelle sind die wichtigsten Vitamine zusammen mit den Mangelkrankheiten aufgeführt, die beim Fehlen des betreffenden Vitamins in der Nahrung auftreten. In den Strukturformeln rot hervorgehoben ist der Teil des Moleküls, der die biochemische Wirkung des Vitamins ausübt.

Aufgaben

13. Welche beiden Aminosäuren verbergen sich im Gerüst der 6-Aminopenicillansäure? (Diese Frage stellt sich auch im Hinblick auf die Biosynthese der Verbindung aus Aminosäuren.)

14. Wie heißt das Farbstoffgerüst, das Cobalt im Vitamin B_{12} (Formel unten) umgibt? Welche anderen Farbstoffe weisen ein ähnliches Gerüst auf?

15. Wie viel Chiralitätszentren enthält Biotin? Wie viel Diastereomere und Enantiomere sind möglich?

Tabelle. Vitamine

Vitamin	Name	Konstitution	täglicher Bedarf	Mangelkrankheit
A	Retinol		1-2 mg	Nachtblindheit, Erkrankung der Haut
B_1	Thiamin		1.1-1.5 mg	Beriberi-Krankheit (Müdigkeit, Lethargie)
B_2	Riboflavin		1.5-1.8 mg	Hauterkrankungen
B_6	Pyridoxin (R= CH_2OH) Pyridoxal (R= CHO) Pyridoxamin (R= CH_2-NH_2)		ca. 2 mg	unspezifisch

Tabelle (Fortsetzung)

Vitamin	Name	Konstitution	täglicher Bedarf	Mangelkrankheit
B_{12}	Cyanocobalamin		0.005 mg	perniziöse Anämie

Tabelle (Fortsetzung)

C	Ascorbinsäure		75 mg — Skorbut (Haut- und Zahnfleischblutung)
D₂	Calciferol		0.005 mg — Rachitis
E	α-Tocopherol		12 mg — unbekannt (bei Ratte: Sterilität)
H	Biotin		ca. 0.25 mg — Hautkrankheit
K₁	Phyllochinon		ca. 50 μg — Beeinträchtigung der Blutgerinnung

28.9 Lösung der Aufgaben zu Kapitel 28

1.

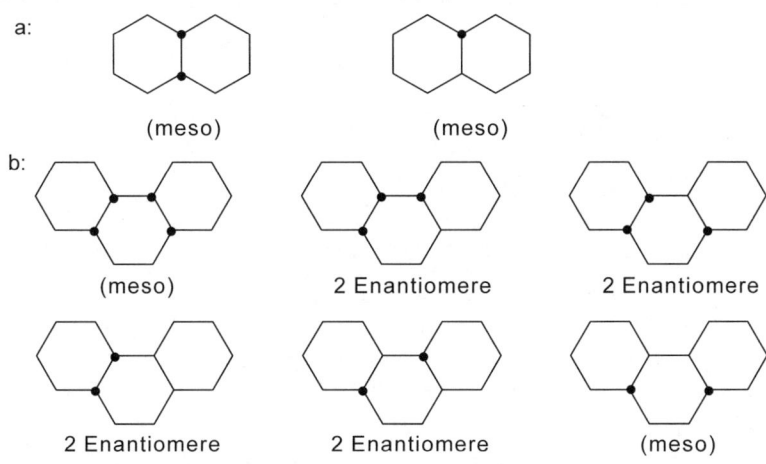

2. **A**

3. Squalen enthält nur isolierte Doppelbindungen.

4. Der γ-Effekt

5. Limonen

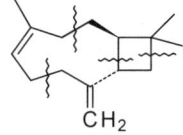

6. Vitamin A → Vitamin A-Aldehyd (Oxidation)
Vitamin A-Aldehyd + Ti (McMurry-Reaktion, Abschn. 4.5) → β-Carotin

7.

$\overset{||}{C}H_2$

Hydroborierung: Diese findet an der weniger substituierten Doppelbindung statt.

8. (a) Cholesterin ist eine C_{27}-Verbindung. (b) Das Isoprenmuster fehlt.

9.

a:

(meso)   (meso)

b:

(meso)   2 Enantiomere   2 Enantiomere

2 Enantiomere   2 Enantiomere   (meso)

10. 17-α-Ethinyl-13-ethyl-17-hydroxy-gon-4-en-3-on

11.   Je 1. N ist im zeitlichen Mittel kein Chiralitätszentrum, da die Inversion am N rasch verläuft.

12.

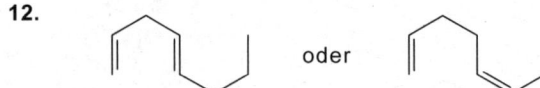

oder

13.   Valin, Cystein
14.   Corrin; Häm und Chlorophyll
15.   3; 4; 8 (vgl. 2^n-Regel, Abschn. 5.3)

Kapitel 29
Pericyclische Reaktionen

29.1 Einteilung pericyclischer Reaktionen

Pericyclische Reaktionen sind solche, bei denen die beteiligten Elektronen gleichzeitig und cyclisch verschoben werden, ohne dass eine Zwischenstufe auftritt (griech. *peri,* herum; *cyclos,* Kreis). Die wichtigsten pericyclischen Reaktionen sind *elektrocyclische Reaktionen, Cycloadditionen* und *sigmatrope Umlagerungen.* Alle drei Reaktionstypen sollen zunächst mit je einem Beispiel vorgestellt werden.

elektrocyclische Reaktion:

ein 1,3-Dien   cyclischer Übergangszustand   ein Cyclobuten

Cycloaddition:

Butadien   Maleinsäure-anhydrid   cyclischer Übergangszustand

sigmatrope Wanderung:

1,3-Dien, monoalkyliert   cyclischer Übergangszustand   1,3-Dien, dialkyliert

Die Gesetzmäßigkeiten dieser Reaktionen wurden von K. Fukui, R. B. Woodward und R. Hoffmann erkannt und in Regeln zusammengefasst *(Woodward-Hoffmann-Regeln).* K. Fukui (geb. 1918 in Nara/Japan) und R. Hoffmann (geb. 1937 in Zloczow/Polen) erhielten dafür 1981 den Nobelpreis für Chemie.

Aufgabe

1. Weshalb ist die Addition von Brom an Ethen keine pericyclische Reaktion?

29.2 Elektrocyclische Reaktionen

Unter einer elektrocyclischen Reaktion versteht man die Cyclisierung einer Verbindung mit konjugierten Doppelbindungen. Man versteht darunter aber auch die Umkehr dieser Reaktion: die Ringöffnung ungesättigter Ringe zu Verbindungen mit konjugierten Doppelbindungen.

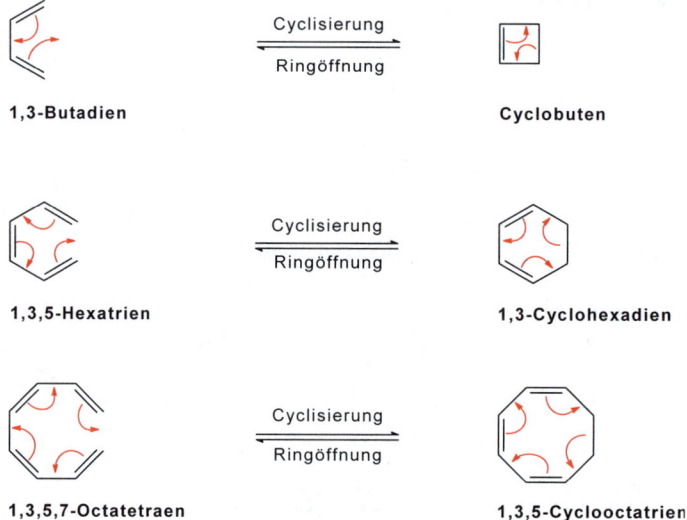

	Cyclisierung / Ringöffnung	
1,3-Butadien		**Cyclobuten**
1,3,5-Hexatrien		**1,3-Cyclohexadien**
1,3,5,7-Octatetraen		**1,3,5-Cyclooctatrien**

In allen Fällen liegen Gleichgewichte vor, das Gleichgewicht liegt oftmals ganz auf der einen oder anderen Seite, so dass es als solches nicht ohne weiteres zu erkennen ist. Elektrocyclische Reaktionen werden auch **Valenzisomerisierungen** genannt, da sich hierbei Valenzen (σ- oder π-Bindungen) neu gruppieren.

Wie andere Reaktionen benötigen auch elektrocyclische Reaktionen eine bestimmte Aktivierungsenergie, die in Form von Wärmeenergie *oder* in Form von Lichtenergie zugeführt werden muss. Dementsprechend gibt es thermisch oder photochemisch verlaufende Reaktionen. Man spricht auch von thermisch erlaubten oder photochemisch erlaubten Reaktionen.

29.2.1 Stereochemie elektrocyclischer Reaktionen

Elektrocyclische Reaktionen verlaufen stereospezifisch. So cyclisiert die *(E,E)*-Butadienverbindung I beim Bestrahlen zur Cyclobutenverbindung II, in der die Substituenten eine *cis*-Anordnung der Substituenten aufweisen.

(E,E)-2,4-Hexadien (I)   **cis-3,4-Dimethylcyclobuten (II)**

disrotatorisch

Die *(E,Z,E)*-Hexatrienverbindung III cyclisiert beim Bestrahlen stereospezifisch zu der Hexadienverbindung IV, in der die Substituenten eine *trans*-Anordnung besitzen.

(E, E)-2,4,6-Octatrien (III)   **trans-5,6-Dimethyl-1,3-cyclohexadien (IV)**

konrotatorisch

Weitere Beispiele für stereospezifisch verlaufende elektrocyclische Reaktionen sind die thermischen Ringöffnungen der beiden Dimethylcyclobutenverbindungen V und VII zum *(Z,E)*- bzw. *(E,E)*-Hexadien.

cis-3,4-Dimethylcyclobuten (V)   **(Z,E)-2,4-Hexadien (VI)**

175 °C

konrotatorisch

trans-3,4-Dimethylcyclobuten (VII)   **(E,E)-2,4-Hexadien (VIII)**

175 °C

konrotatorisch

Der stereospezifische Verlauf einer elektrocyclischen Reaktion (ob Ringschluss oder Ringöffnung) ist die Folge eines bestimmten Drehvorganges während des Reaktionsablaufes. Man unterscheidet zwischen *konrotatorischer* und *disrotatorischer* Drehung. Beim konrotatorischen Vorgang drehen sich die beiden Bindungen mitsamt den Substituenten in die gleiche Richtung, beim disrotatorischen Vorgang in die entgegengesetzte Richtung.

Ob ein Ringschluss oder eine Ringöffnung konrotatorisch oder disrotatorisch verläuft, richtet sich nach der Symmetrie des **Grenzorbitals**.

29.2.2　Orbitalsymmetrie und Drehrichtung

Ringschluss. Die Drehung während eines Ringschlusses wird allein von der Symmetrie des Grenzorbitals HOMO bestimmt. (Zur Symmetrie delokalisierter Molekülorbitale s. Abschn. 1.8.2). Die Elektronen im HOMO sind die „Valenzelektronen" des Moleküls, ähnlich wie das 3s-Elektron des Natriumatoms das Valenzelektron dieses Atoms darstellt. Sie sind am schwächsten an das Molekül gebunden und können deshalb bei einer Reaktion am leichtesten verschoben werden. *Haben die Phasen an den beiden Enden des HOMO entgegengesetztes Vorzeichen, so tritt eine konrotatorische Drehung ein, besitzen sie gleiches Vorzeichen, so erfolgt eine disrotatorische Drehung.* In beiden Fällen führt die Drehung zu einer bindenden Überlappung, aus der schließlich die neue σ-Bindung hervorgeht.

Butadien. In der nebenstehenden Abbildung sind am Beispiel des Butadiens Orbitalsymmetrie und Drehrichtung erklärt. Im Grundzustand stellt ψ_2 das höchste besetzte Molekülorbital dar. Dieses Orbital besitzt an den beiden Enden entgegengesetztes Vorzeichen. Hier führt nur die konrotatorische Drehung zu einer bindenden Überlappung. Im durch Lichtenergie angeregten Zustand ist ψ_3 das HOMO. Hier sind die entsprechenden Vorzeichen gleich, darum tritt nur bei disrotatorischer Drehung eine bindende Überlappung ein. Ergebnis: Verbindungen vom Typ Butadien cyclisieren bei thermischer Anregung (wenn überhaupt, dann) konrotatorisch und bei photochemischer Anregung disrotatorisch.

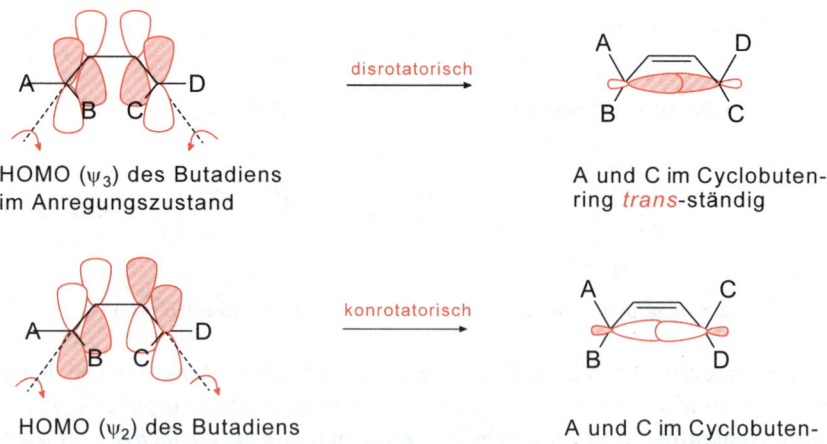

HOMO (ψ_3) des Butadiens
im Anregungszustand

disrotatorisch →

A und C im Cyclobutenring *trans*-ständig

HOMO (ψ_2) des Butadiens
im Grundzustand

konrotatorisch →

A und C im Cyclobutenring cis-ständig

Hexatrien. Führt man die gleichen Überlegungen am HOMO des Hexatriens durch, so gelangt man zu entgegengesetzten Drehrichtungen: Die thermische Anregung führt zum disrotatorischen, die photochemische zum konrotatorischen Ringschluss. (Die Molekülorbitale des Hexatriens finden Sie im Abschn. 1.8.2.)

Ringöffnung. Auf die Ring*öffnung* lässt sich das HOMO-Konzept nicht direkt anwenden (höchstens unter Hinzuziehung des LUMO; darauf soll aber nicht eingegangen werden). Hier hilft uns das **Prinzip der mikroskopischen Reversibilität** weiter: Stehen zwei Verbindungen A und B im Gleichgewicht miteinander, so ist der Übergangszustand der Reaktion A → B identisch mit dem Übergangszustand der Reaktion B → A. Zur Veranschaulichung sei ein Beispiel aus dem Alltag angeführt. Hat jemand den niedrigsten Pass beim Überqueren eines Gebirges in Nord-Süd-Richtung gefunden, kennt er damit auch den niedrigsten Pass in Süd-Nord-Richtung.

Wendet man dieses Prinzip auf elektrocyclische Reaktionen an, so gilt: Die Ring*öffnung* hat den gleichen Übergangszustand und damit den gleichen Drehsinn wie der dazu gehörige Ring*schluss*: An der Ringöffnung der Cyclobutenverbindungen V und VII sind jeweils 4 Elektronen beteiligt (2π- und 2σ-Elektronen), deshalb muss bei *thermischer* Anregung die Drehung konrotatorisch erfolgen. Bei der Cyclobutenverbindung VII könnte das (*E,E*)-Dien VIII (konrotatorische Drehung nach vorn) oder das (*Z,Z*)-Isomere (konrotatorische Drehung nach hinten) entstehen. Aus sterischen Gründen erfolgt nur die erstgenannte Drehung.

29.2.3 Regeln für elektrocyclische Reaktionen

Die durch die Symmetrie der Orbitale bedingten sterischen Verläufe bei elektrocyclischen Reaktionen lassen sich in Regeln zusammenfassen (Tabelle). Ungesättigte Verbindungen mit 4,8,12... an der Reaktion beteiligten Elektronen gehen eine konrotatorische Reaktion ein, sofern die Anregung thermisch erfolgt, und eine disrotatorische Reaktion, wenn es sich um eine photochemische Reaktion handelt. Ungesättigte Verbindungen mit 2,6,10..... an der Reaktion beteiligten Elektronen verhalten sich in allem genau umgekehrt.

Tabelle. Woodward-Hoffmann-Regeln für elektrocyclische Reaktionen

Anzahl beteiligter Elektronen	thermische Anregung	photochemische Anregung
4 n (n = 1, 2, 3...)	konrotatorisch	disrotatorisch
4 n + 2 (n = 0, 1, 2...)	disrotatorisch	konrotatorisch

Aufgaben

2. Wird die folgende Cyclohexadienverbindung auf 130 °C erhitzt, so tritt Ringöffnung unter Bildung von A ein. Welche Konstitution und Konfiguration besitzt A?

$$\xrightarrow[\text{(Ringöffnung)}]{130\ °C}\quad \text{A}$$

3. Handelt es sich bei den folgenden Reaktionen um konrotatorische oder disrotatorische Vorgänge?

a)

b)

4. Verlaufen die vorstehend aufgeführten Reaktionen (a) und (b) durch Zufuhr von Wärmeenergie oder von Strahlungsenergie?

5. Zeigen Sie anhand der entsprechenden Molekülorbitale (s. Abschn. 1.8.2), dass Hexatrien disrotatorisch cyclisiert, wenn es thermisch angeregt wird, und conrotatorisch cyclisiert, wenn es mit Photonen geeigneter Energie bestrahlt wird.

6. Wie viel Elektronen sind an der folgenden Cyclisierung beteiligt? Handelt es sich um einen disrotatorischen oder konrotatorischen Vorgang? Ist die Reaktion thermisch oder photochemisch erlaubt?

7. Dewarbenzol ist eine äußerst gespannte Verbindung, die sich wegen der damit verbundenen Aromatisierung rasch in Benzol umwandeln sollte. Dennoch ist die Verbindung bei Raumtemperatur erstaunlich beständig (nach 2 Tagen ist noch die Hälfte vorhanden). Warum?

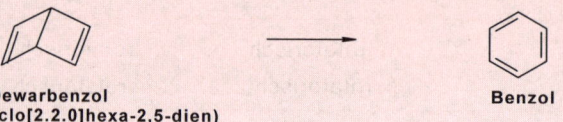

Dewarbenzol
(Bicyclo[2.2.0]hexa-2,5-dien)   **Benzol**

29.3 Cycloadditionen

Cycloadditionen können synchron oder stufenweise verlaufen. Zunächst werden die synchronen Cycloadditionen, auch konzertierte Cycloadditionen genannt, danach die stufenweise verlaufenden behandelt.

29.3.1 Synchrone Cycloadditionen

Bei der synchronen Cycloaddition reagieren zwei ungesättigte Moleküle zu einem Ring, wobei die beiden σ-Bindungen *gleichzeitig* geknüpft werden. Man teilt Cycloadditionen nach der Anzahl der beteiligten π-Elektronen ein. Eine [a + b]-Cycloaddition liegt vor, wenn an der Produktbildung a π-Elektronen des einen Reaktanden und b π-Elektronen des anderen Reaktanden beteiligt sind. Auch diese Reaktionen verlaufen entweder thermisch oder photochemisch.

[2 + 2]-Cycloaddition. Die einfachste [2 + 2]-Cycloaddition ist die Vereinigung zweier Ethenmoleküle zu Cyclobuten. Zwar ist diese Reaktion noch nicht beobachtet worden, wohl aber die photochemische Vereinigung von zwei Molekülen Tetramethylethen.

[2+2]-Cycloaddition:

Tetramethylethen   Octamethylcyclobutan

[2 + 4]-Cycloaddition. Die einfachste [2 + 4]-Cycloaddition ist die thermische Vereinigung von Ethen und Butadien, s. *Diels-Alder*-Reaktion (Abschn. 8.7.4).

[2+4]-Cycloaddition:

Butadien   Ethen   Cyclohexen

[2 + 6]-Cycloaddition. Ein Beispiel für eine [2 + 6]-Cycloaddition ist die photochemische Reaktion von Cycloheptatrien mit Nitrosobenzol.

[2+6]-Cycloaddition:

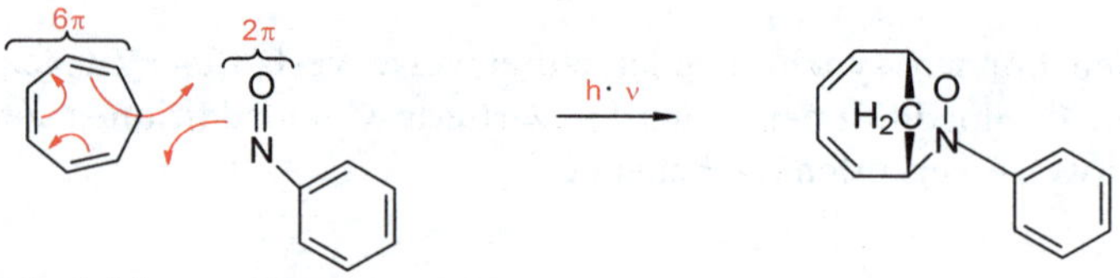

Cycloheptatrien   Nitrosobenzol

Es sei betont, dass zur Klassifizierung nur die Zahl der an der Reaktion *beteilig-ten* π-Elektronen herangezogen wird. Darüber hinaus vorhandene π-Elektronen bleiben unberücksichtigt. So steuert Nitrosobenzol nur 2π-Elektronen bei, die 6 π-Elektronen des Benzolringes sind an der Reaktion nicht beteiligt.

Aufgabe

8. Geben Sie an, wie groß a und b bei den folgenden [a + b]-Cycloadditionen sind.

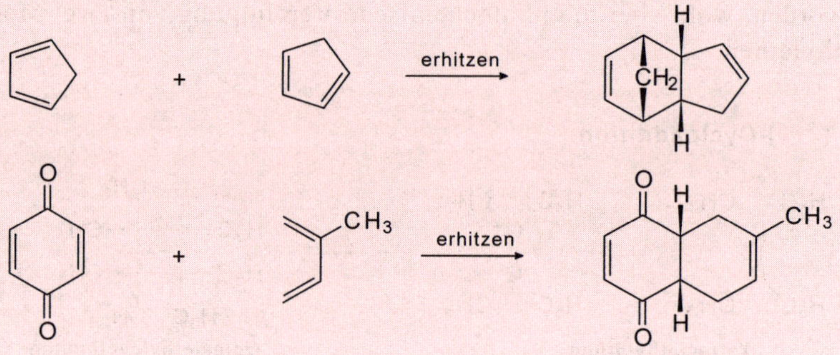

29.3.2 Stereochemie synchroner Cycloadditionen

Synchrone Cycloadditionen verlaufen stereospezifisch. Dies ergibt sich zwangs-läufig daraus, dass die beiden σ-Bindungen gleichzeitig geknüpft werden.

[2 + 2]-Cycloaddition. Bestrahlt man flüssiges *(Z)*-2-Buten mit UV-Licht der Wellenlänge von 214-229 nm, so erfolgt zunächst Absorption des Lichts, danach Cycloaddition. Es bilden sich zwei Stereoisomere, das all-*cis*-Isomer und das *1r, 2c, 3t, 4t*-Isomer (*r*: Referenz; *c,t*: cis, trans). Die Bildung von zwei Reaktionspro-dukten ist nicht etwa eine Folge eines unspezifischen Verlaufs der Cycloaddition, sondern eine Folge entgegengesetzter Orientierung der Moleküle vor der Reaktion.

Orientierung A

(Z)-2-Buten

h·ν

all-*cis*-Tetramethylcyclobutan

Orientierung B

(Z)-2-Buten

h·ν

Tetramethylcyclobutan
(1r, 2c, 3-t, 4-t; r = Referenz)

Bestrahlt man trans-2-Buten, so bildet sich ganz analog ein Gemisch, das ebenfalls nur zwei Stereoisomere enthält (s. Aufgabe).

[2 + 4]-Cycloaddition. Hierzu zählt die Diels-Alder-Reaktion, deren Stereospezifität das folgende Beispiel belegt.

(E,E)-2,4-Hexadien

+

Acetylendicarbonsäure-dimethylester

erhitzen

cis-3,6-Dimethyl-3,6-dihydro-phthalsäure-dimethylester

Aufgaben

 9. Welche stereoisomeren Cyclobutanverbindungen bilden sich bei der Bestrahlung von *(E)*-2-Buten?

10. Welche Verbindung bildet sich beim Erhitzen einer Mischung aus Butadien und Fumarsäure-dimethylester?

11. Wie stellt man *trans*-3,6-Dimethyl-3,6-dihydrophthalsäure-dimethylester her?

29.3.3 Orbitalsymmetrie synchroner Cycloadditionen

Während elektrocyclische Reaktionen sowohl thermisch als auch photochemisch erlaubt sind, gilt für synchrone Cycloadditionen ein Alternativverbot: Diese sind entweder thermisch erlaubt und photochemisch verboten oder umgekehrt.

Wie bei den elektrocyclischen Reaktionen liefert auch hier die Symmetrie der Grenzorbitale den Schlüssel zum Verständnis. Allerdings betrachtet man jetzt nicht allein das HOMO eines einzelnen Moleküls (wie bei elektrocyclischen Reaktionen), sondern die HOMO/LUMO-Wechselwirkung. Bei der Annäherung zweier ungesättigter Moleküle "taucht" das elektronengefüllte HOMO des einen Moleküls in das leere LUMO des anderen Moleküls und umgekehrt. Stimmen die Vorzeichen der Phasen von HOMO und LUMO an denjenigen Atomen, zwischen denen eine Bindung hergestellt werden soll, überein, so erfolgt eine bindende Wechselwirkung und daraus eine Vereinigung der beiden Moleküle. Besitzen die Vorzeichen der Phasen an den genannten Stellen entgegengesetztes Vorzeichen, so unterbleibt die Vereinigung.

[2 + 2]-Cyloaddition. Eine Cycloaddition zwischen zwei Molekülen Ethen, die sich im Grundzustand befinden, ist symmetrieverboten, da die Vorzeichen von HOMO und LUMO nicht übereinstimmen.

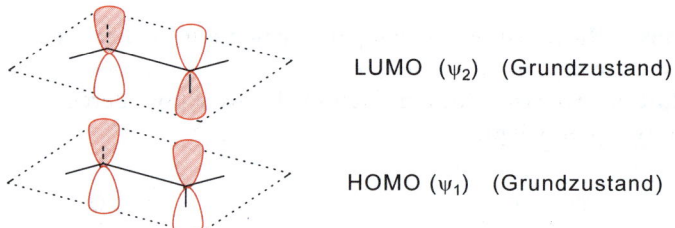

LUMO (ψ_2) (Grundzustand)

HOMO (ψ_1) (Grundzustand)

Annäherung zweier Ethenmoleküle, beide im Grundzustand, führt zu keiner bindenden Wechselwirkung.

Befindet sich dagegen eines der beiden Ethenmoleküle im angeregten Zustand, was durch Aufnahme von Lichtenergie möglich ist, so erlaubt die nunmehr identische Symmetrie der beiden beteiligten Orbitale eine Vereinigung der Moleküle. Ergebnis: Die synchrone [2 + 2]-Cycloaddition ist thermisch verboten, aber photochemisch erlaubt.

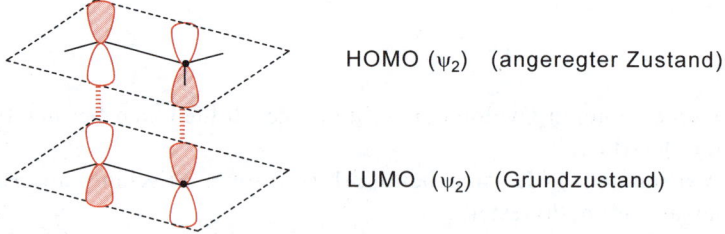

HOMO (ψ_2) (angeregter Zustand)

LUMO (ψ_2) (Grundzustand)

Annäherung zweier Ethenmoleküle (das eine im Grundzustand, das andere im angeregten Zustand) führt zu einer bindenden Wechselwirkung.

[2 + 4]-Cycloaddition. Die Cycloaddition zwischen Ethen und Butadien ist erlaubt, wenn sich beide Moleküle im Grundzustand befinden, da die entsprechenden Phasenvorzeichen übereinstimmen. Dabei ist es gleichgültig, ob man HOMO (Ethylen) mit LUMO (Butadien) oder LUMO (Ethen) mit HOMO (Butadien) kombiniert.

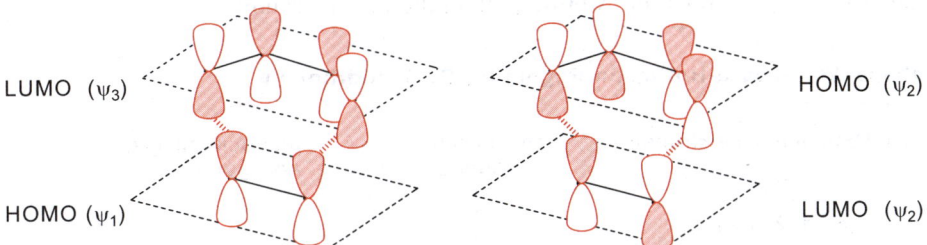

LUMO (ψ_3)   HOMO (ψ_2)

HOMO (ψ_1)   LUMO (ψ_2)

Annäherung von Ethen (jeweils unten) an Butadien (jeweils oben) führt zu einer bindenden Wechselwirkung, gleichgültig welches HOMO/LUMO man heranzieht.

Befindet sich dagegen eine der beiden Verbindungen im elektronisch angeregten Zustand, so stimmen die entsprechenden Vorzeichen der Phasen nicht mehr überein (s. auch Aufgabe), und eine Cycloaddition ist symmetrieverboten. Ergebnis: Die [2 + 4]-Cycloaddition ist thermisch erlaubt und photochemisch verboten. Damit wird verständlich, weshalb bei der Diels-Alder-Reaktion bloßes Erhitzen (sofern überhaupt erforderlich) genügt.

Aufgaben

12. Folgende Cyclisierungsreaktionen konnten erfolgreich durchgeführt werden. Welche Art von Energiezufuhr ist erforderlich?

a) CH_3 + CO_2CH_3 / C ‖ C / CO_2CH_3 → H_3C H / CO_2CH_3 / CO_2CH_3

b) H—O + O / H → O—C=O / H

13. Zeigen Sie anhand der Phasenvorzeichen der π-Orbitale, dass die Diels-Alder-Reaktion photochemisch (symmetrie-) verboten ist.

29.3.4 Regeln für synchrone Cycloadditionen

Auch für konzertierte Cycloadditionen gibt es Regeln. Konzertierte Cycloadditionen sind photochemisch erlaubt, wenn die Gesamtzahl der beteiligten π-Elektronen 4n (n=1,2,3...) beträgt. Beläuft sich die Gesamtzahl auf 4n + 2 π-Elektronen (n=1,2,3...), so ist die Addition allein thermisch erlaubt.

Tabelle. Woodward-Hoffmann-Regeln für Cycloadditionen

Anzahl beteiligter Elektronen	thermische Anregung	photochemische Anregung
4 n (n = 1, 2, 3 ...)	verboten	erlaubt
4 n + 2 (n = 1, 2, 3 ...)	erlaubt	verboten

29.3.5 Thermisch erlaubte [2+2]Cycloadditionen

Wie vorstehend erläutert sind [2+2]Cycloadditionen mit synchronem Verlauf thermisch verboten. Diese Regel gilt jedoch nicht für Verbindungen mit kumulierten Doppelbindungen wie Ketene oder Allene. Diese reagieren mit ungesättigten Verbindungen wie Aldehyde oder Alkene im Sinne einer [2+2]Cycloaddition zu Vierringen. So reagiert Keten mit Methanal zu β-Propiolacton oder Ethoxyketen mit Alkenen zu Cyclobutanonen.

Methanal   Keten   10 °C / ZnCl$_2$ β-Propiolacton

(Z)-2-Buten   Ethoxyketen   CH$_3$-Substituenten: cis

Das zweite Beispiel demonstriert auch den synchronen Charakter der Cycloaddition: (Z)-2-Buten ergibt eine Cyclobutanon-Verbindung mit cis-Anordnung der Methylgruppen, (E)-2-Buten eine solche mit trans-Anordung (letztere Reaktion nicht formuliert).

Das scheinbar regelwidrige Verhalten von Ketenen bei [2+2]Cycloadditionen erklären Woodward und Hoffmann mit einer orthogonalen Annäherung der beiden Reaktanden.

LUMO (Ethen)
HOMO (Keten)

HOMO (Ethen)
LUMO (Keten)

Abb. Orthogonale Annäherung von Keten an Ethen führt zu einer bindenden Wechselwirkung, gleichgültig welches HOMO/LUMO überlappt.

Die orthogonale Annäherung ist zwar sterisch sehr ungünstig, mit Ketenen oder Allenen als Reaktionspartner aber aufgrund der hohen Reaktivität derselben möglich. Ein weiteres Beispiel für eine [2+2]Cycloaddition ist die Dimerisierung von Keten zu Diketen.

Keten ⇌ (20° C / 550° C) **Diketen**

Diketen ist ein technisches Produkt, das u.a. zur Synthese von Sorbinsäure dient (Abschn. 18.8).

29.3.6 Stufenweise Cycloadditionen

Neben den synchron verlaufenden Cycloadditionen treten auch Cycloadditionen auf, die über Zwischenstufen erfolgen. Für diese Reaktionen gelten die oben zusammengefassten Regeln für synchrone Cycloadditionen nicht. Bei den Zwischenstufen handelt es sich um Biradikale oder dipolare Verbindungen. Solche Cycloadditionen sind nicht stereospezifisch, da in der Zwischenstufe freie Drehbarkeit herrscht. Cycloadditionen über Zwischenstufen treten besonders häufig bei der Bildung von Cyclobutanringen auf.

Cycloaddition über biradikalische Zwischenstufe:

Acrylnitril → (250 °C / 10 % Ausb.) → **biradikale Zwischenstufe** → **1,2-Dicyanocyclobutan** (*cis-trans*-Gemisch)

Cycloaddition über dipolare Zwischenstufe:

Enamin + Methylacrylat → (Michael-Add.) → **dipolare Zwischenstufe** → **eine Cyclobutanverb.** (*cis, trans*-Gemisch)

29.4 Sigmatrope Umlagerungen

Unter einer sigmatropen Umlagerung versteht man die Wanderung eines Substituenten (formal als Radikal) entlang einer ungesättigten Kette. Nachfolgend werden nur solche Umlagerungen behandelt werden, bei denen die wandernde Gruppe ein H-Atom darstellt. Solche Umlagerungen gehören zum Typ [1, m]-sigmatroper Umlagerungen. m ist gleich 3,5,7... und gibt an, über wie viele C-Atome sich die Wanderung des H-Atoms erstreckt.

[1,3]-sigmatrope Wanderung von H:

Übergangszustand

[1,5]-sigmatrope Wanderung von H:

Übergangszustand

Das folgende Beispiel beschreibt die [1,5]-sigmatrope Wanderung eines D-Atoms und eines H-Atoms im Indenring.

1-Deuteroinden · **Deuero*iso*inden, abfangbar mit Dienophilen** · **2-Deuteroinden**

29.4.1 Stereochemie sigmatroper Umlagerungen

Ebenso wie die anderen pericyclischen Reaktionen verlaufen auch sigmatrope Umlagerungen stereospezifisch: Sie erfolgen entweder *suprafacial* oder *antarafacial*. Im erstgenannten Fall wandert das H-Atom entlang ein und derselben Seite eines ungesättigten Moleküls, im zweitgenannten Fall (lat. *antara*, entgegen) wechselt das H-Atom auf die andere Seite des Moleküls.

suprafaciale Wanderung:
H bleibt oberhalb der Ebene

[1,5]-H

antarafaciale Wanderung:
H wechselt von der Ober- auf die Unterseite der Ebene

[1,5]-H

29.4.2 Orbitalsymmetrie sigmatroper Umlagerungen

Ob eine Wanderung suprafacial oder antarafacial erfolgt, wird von der Orbital-symmetrie desjenigen Radikals bestimmt, das *formal* bei der Homolyse der sich lösenden Bindung entsteht. Die folgenden Abbildungen geben die Vorzeichen der Phasen der Molekülorbitale von Allyl und Pentadienyl wieder, außerdem die Elektronenverteilungen im Grund- und Anregungszustand.

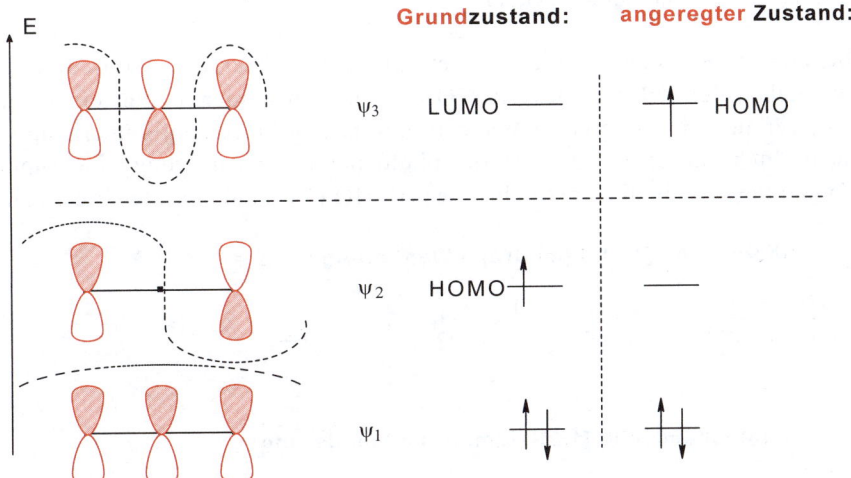

Verteilung der π-Elektronen des Allylradikals $H_2C=CH-CH_2^{\bullet}$ im Grundzustand und im angeregten Zustand

Verteilung der π-Elektronen des Pentadienylradikals $H_2C=CH-CH=CH-CH_2{}^\bullet$ im Grundzustand und im angeregten Zustand

Die [1,3]-sigmatrope Wanderung verläuft formal über ein Allylradikal. Da die Vorzeichen der Orbitale des HOMO (ψ_2) an den beiden Enden entgegengesetzt sind, verläuft die thermische Wanderung eines H-Atoms, falls überhaupt, antarafacial. Im Gegensatz dazu löst die photochemische Anregung eine suprafaciale Wanderung aus, da die Vorzeichen des HOMO (ψ_3) an den Enden gleich sind.

thermische [1,3]-sigmatrope Wanderung: antarafacial

photochemische [1,3]-sigmatrope Wanderung: suprafacial

Stellt man die gleichen Überlegungen für eine [1,5]-sigmatrope Wanderung an, so kommt man zum Ergebnis: Die [1,5]-sigmatrope Wanderung erfolgt suprafacial, sofern sie durch thermische Anregung eingeleitet wird, und antarafacial, wenn das Molekül photochemisch angeregt wird.

thermische [1,5]-sigmatrope Wanderung:
suprafacial

photochemische [1,5]-sigmatrope Wanderung:
antarafacial

[1,3]-sigmatrope Wanderungen sind selten. Das ist für den Fall einer antarafacialen Wanderung durchaus verständlich, da hierzu eine Verdrillung des Moleküls erforderlich ist. Dagegen begegnet man [1,5]- und [1,7]-sigmatropen Umlagerungen häufiger. So liefert das untenstehende, sterisch höchst anspruchsvolle Dien beim Erhitzen auf 200 °C ein neues Dien, dessen Doppelbindungen ein stabileres Substitutionsmuster aufweisen. Da das Ausgangsdien zwei Konformationen einnehmen kann, erhält man auch zwei neue Diene (A und B). Dass hier das H-Atom tatsächlich suprafacial wandert, erkennt man nur, wenn ein Dien eingesetzt wird, das ein Chiralitätszentrum definierter Konfiguration und zudem zwei Doppelbindungen ebenfalls mit definierter Konfiguration enthält.

suprafaciale [1,5]-Wanderung des H-Atoms:

suprafaciale [1,5]-Wanderung des H-Atoms:

29.4.3 Regeln für sigmatrope Umlagerungen

Sigmatrope Umlagerungen, an denen 4n + 2 Elektronen beteiligt sind, verlaufen thermisch suprafacial, während solche mit 4n Elektronen thermisch antarafacial verlaufen (n = 0, 1, 2, 3 ...). Für photochemische Umlagerungen gilt das Umgekehrte. Diese Regeln sind in der folgenden Tabelle zusammengefasst.

Tabelle. Woodward-Hoffmann-Regeln für die sigmatrope Wasserstoffwanderung

Anzahl beteiligter Elektronen*	thermische Anregung	photochemische Anregung
4 n (n = 1, 2, 3...)	antarafacial	suprafacial
4 n + 2 (n = 0, 1, 2...)	suprafacial	antarafacial

* Zahl der π-Elektronen plus 2.
Die 2 Elektronen beziehen sich auf die wandernde σ-Bindung.

29.5 *Exkurs*: Pericyclische Reaktionen in der Biochemie

Pericyclische Reaktionen sind auch von biochemischer Bedeutung. So kann der Thyminring, ein Bestandteil von Desoxyribonucleinsäure, unter dem Einfluss von UV-Licht dimerisieren und dadurch Mutation des Erbmaterials hervorrufen.

Thyminring   Kopf-Kopf-Dimer

Bei der Bestrahlung von Ergosterin, einem Bestandteil von (Bier)Hefe, treten zwei pericyclische Reaktionen hintereinander ein: eine photochemische, die Provitamin D_2 liefert, und eine thermische, die zum Vitamin D_2 führt. Bei der photochemischen Reaktion erfolgt eine elektrocyclische Ringöffnung des Cyclohexadien-Ringes. (Zur Stereochemie s. Aufgabe.) Bei der thermischen Reaktion findet eine [1,7]-sigmatrope Wanderung eines H-Atoms statt.
Die gleichen Vorgänge laufen auch bei der Einwirkung von UV-Strahlung auf die menschliche Haut ab. Mangel an Vitamin D_2 führt zu Rachitis.

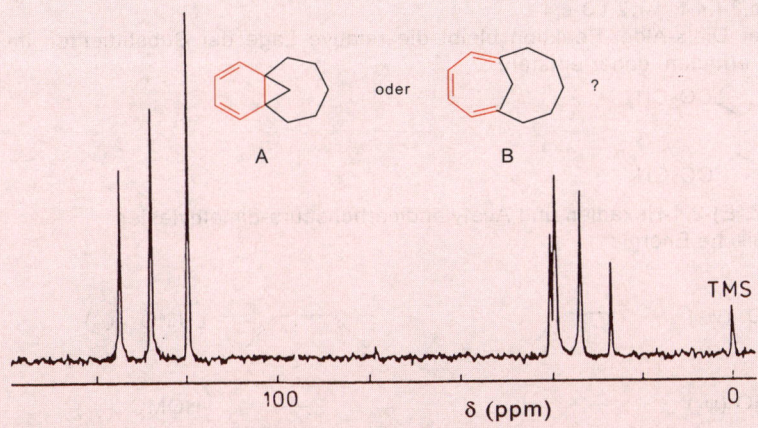

Ergosterin   Provitamin D₂   Vitamin D₂ (Calciferol)

R gleich

Die Beispiele Thymin und Ergosterin zeigen sowohl die schädliche als auch nützliche Wirkung von UV-Strahlung und damit von Sonnenlicht auf den menschlichen Körper: Einerseits kann Sonnenlicht zu schädlichen Mutationen führen,
andererseits bewirkt es die Bildung des lebenswichtigen Vitamins D₂.

Aufgaben

14. Ist die photochemische Ringöffnung von Ergosterin zum Provitamin D₂ ein
konrotatorischer oder disrotatorischer Vorgang?

15. Die Abbildung zeigt das ^{13}C-NMR-Spektrum einer Verbindung, bei der es sich
um das Valenzisomer A oder B handelt. Welches Isomer liegt vor?

oder   ?

A   B

TMS

100   δ (ppm)   0

16. Cyclooctatetraen A steht im Gleichgewicht mit B, Verhältnis 99,99 : 0,01%.
Stellt sich diese Valenzisomerisierung thermisch oder photochemisch ein?

A   ⇌   B

29.6 Lösung der Aufgaben zu Kapitel 29

1.   Es tritt eine Zwischenstufe auf.

2.

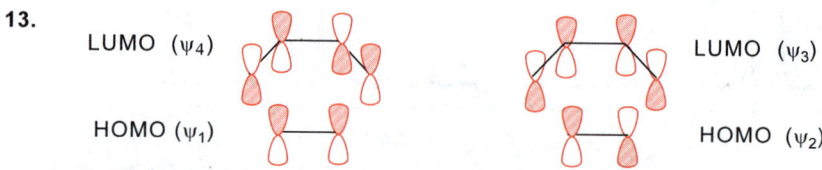

3.   a) konrotatorisch, b) disrotatorisch
4.   a) durch Wärmezufuhr, b) durch Lichtquanten
5.   HOMO bei thermischer Anregung ist ψ_3. Die Vorzeichen der Phasen an den Enden von ψ_3 sind gleich, eine bindende Wechselwirkung findet nur bei disrotatorischer Drehung statt. HOMO bei photochemischer Anregung ist ψ_4. Die entsprechenden Vorzeichen sind hier entgegengesetzt. Drehrichtung daher konrotatorisch.
6.   6; disrotatorisch; thermisch
7.   Die synchrone thermische Ringöffnung von Cyclobutenverbindungen ist ein konrotatorischer Vorgang und würde im Falle von Dewarbenzol zu einem Benzol mit einer *trans*-Doppelbindung führen. Dieser Vorgang tritt nicht ein, statt dessen eine *nicht* synchrone Isomerisierung zu Benzol, die aber nicht den Woodward-Hoffmann-Regeln unterliegt.
8.   Jeweils 4+2
9.   1-r,2-c,3-t,4-t; 1-r,2-t,3-c,4-t
10.   Bei der Diels-Alder-Reaktion bleibt die relative Lage der Substituenten im Dienophil erhalten, daher entsteht:

CO$_2$CH$_3$

CO$_2$CH$_3$

11.   Aus *(Z, E)*-2,4-Hexadien und Acetylendicarbonsäure-dimethylester.
12.   Thermische Energie

13.   LUMO (ψ_4)   LUMO (ψ_3)

HOMO (ψ_1)   HOMO (ψ_2)

Beide Zustände führen zu keiner bindenden Wechselwirkung.

14.   Die photochemische Ringöffnung einer Cyclohexadienverb. wie Ergosterin ist ein konrotatorischer Vorgang. Das beweist auch die Stellung von CH$_3$ und H vor und nach der Ringöffnung.
15.   Das Spektrum zeigt drei Signale oberhalb 100 ppm, d.h. es sind drei Sorten von ungesättigten C-Atomen vorhanden: B.
16.   Es sind 6 π-Elektronen beteiligt. Die Valenzisomerisierung verläuft bei thermischer Energiezufuhr disrotatorisch.

Kapitel 30
Synthetische Polymere

30.1 Einteilung von synthetischen Polymeren

Polymere sind hochmolekulare Verbindungen, die in der Regel aus ein oder zwei Sorten von Bausteinen bestehen. Ihre Erforschung verdanken wir u.a. *Hermann Staudinger* (geb. 1881 in Worms), der dafür 1953 mit dem Nobelpreis für Chemie belohnt wurde.

Man unterscheidet zwischen natürlichen und synthetischen Polymeren. Zu den natürlichen Polymeren gehören Cellulose, Wolle, Seide, Kautschuk, Nucleinsäuren u.a., die in den vorangegangenen Kapiteln erörtert wurden. Synthetische Polymere enthalten typischerweise ein oder zwei Sorten von Bausteinen, die durch Addition oder Kondensation miteinander verknüpft sind. Dementsprechend gibt es **Additionspolymere** und **Kondensationspolymere.** Erstere entstehen durch Aneinanderreihen meist einer Sorte von Monomeren (Beispiel Polyethylen), letztere durch Kondensation von meist zwei Sorten von Monomeren, wobei kleine Moleküle wie H_2O, H_3C-OH, HCl und andere abgespalten werden (Beispiel 6.6-Nylon). Bei den Monomeren handelt es sich um reaktive Moleküle wie Olefine, Diolefine, Epoxide und andere.

Polymere werden benannt nach dem Namen des jeweiligen Monomers (Polyethylen, Polypropylen, Polybutadien, Polyepoxid etc.) oder nach dem Namen der funktionellen Gruppe im Polymer (Polyester, Polyurethan etc.). In diesem Kapitel werden die wichtigsten Polymeren beschrieben, wobei Gewinnung der Monomeren, Mechanismus der Polymerisation der Monomeren und Eigenschaften der Polymeren im Vordergrund stehen.

30.2 Vinylpolymere

Reaktive Monomere wie Ethylen, Propylen, Butadien u.a. werden durch Katalysatoren oder Initiatoren in Polymere umgewandelt. Die Polymere heißen Vinylpolymere, die Bezeichnung Vinyl weist auf die Doppelbindung im Monomer hin. **Initiatoren** sind Verbindungen, die den Polymerisationsvorgang einleiten und dabei an das Polymer gebunden werden. Dadurch unterscheiden sie sich von **Katalysatoren**, die zurückgewonnen werden können. Die Wahl des Katalysators oder Initiators hängt von den Substituenten ab, die an die olefinischen C-Atome gebunden sind. Elektronenreiche Alkene (z. B. Isobuten) werden durch elektrophile Katalysatoren (Protonen oder Lewis-Säuren) polymerisiert (**kationische Polymerisa-tion**). Elektronenarme Alkene (z. B. Methacrylsäureester) werden durch Nucle-ophile polymerisiert (**anionische Polymerisation**). Die technisch wichtigste Ket-tenpolymerisation ist die **radikalische Polymerisation**, die auf Alkene unter-schiedlicher Substitutionsmuster anwendbar ist und meistens durch Radikale initi-iert wird. Auch bestimmte Übergangsmetallverbindungen können die Polymerisa-tion von Olefinen initiieren (**koordinative Polymerisation**, s. auch Abschn. 16.5.4).

30.2.1 Vinylpolymere durch kationische Polymerisation

Wie nachfolgend am Beispiel Isobuten gezeigt, startet die Kettenreaktion mit der Addition des Protons an die Doppelbindung. Hierbei entsteht ein Carbenium-Ion, das ein zweites Molekül Isobuten addiert usw. (Kettenfortpflanzung). Der Ab-bruch erfolgt durch Abgabe eines Protons vom Carbenium-Ion an einen Protonen-akzeptor (z.B. H_2O).

Wann dieser Abbruch eintritt, hängt von der Konzentration des Protonenakzeptors ab. Ist die Konzentration von Wasser klein, so kann die Kette ungestört wachsen; n beträgt mehrere Tausend. Die Anzahl der Monomermoleküle, aus denen ein Makromolekül aufgebaut ist, nennt man **Polymerisationsgrad**. Im obigen Beispiel ist der Polymerisationsgrad n+2. Polymere bestehen in aller Regel aus Makromo-lekülen unterschiedlichen Polymerisationsgrades und somit Molekulargewichts. Daher werden die jeweiligen Mittelwerte angegeben, die wichtige Charakterisie-rungsgrößen für Makromoleküle sind. Die mechanischen Eigenschaften und damit die Anwendungen von Polymeren werden erheblich vom mittleren Polymerisa-tionsgrad beeinflusst, wie am Beispiel von Polyisobuten gezeigt werden soll: Bis zu einem Polymerisationsgrad von ca. 50 ist Polyisobuten eine ölige Flüssigkeit, die zur Verringerung der Viskosität von Schmierölen verwendet wird. Ab einem Polymerisationsgrad von ca. 25000 hat das Polymer gummiartige Konsistenz und findet z. B. Verwendung als Dichtungsmasse im Baugewerbe oder als Grundmasse für viele Kaugummis.

Ist die Konzentration von Wasser groß, kommt es schon gleich zu Anfang zum Abbruch. Es entsteht ein Dimerengemisch, dessen Hydrierung 2,2,4-Trimethylpentan (Trivialname: Isooctan) ergibt. Isooctan wird als Kraftstoffzusatz verwendet, um die Klopffestigkeit von Otto-Kraftstoffen zu erhöhen (s. Abschn. 3.10.7).

Vorstufe des Dimers

2,4,4-Trimethylpentan ("Isooctan")

Aufgaben

1. Bei der Polymerisation von Isobuten tritt die CH_2-Gruppe des einen Moleküls an die $C(CH_3)_2$-Gruppe des anderen Moleküls. Dieser Vorgang heißt auch "Kopf-Schwanz-Addition". Warum tritt keine "Kopf-Kopf-Addition" ein?

Kopf-Schwanz-Addition   Kopf-Kopf-Addition

2. Poly(vinyl-ethyl-ether) ist ein Haftklebstoff. Das Polymer entsteht durch kationische Polymerisation von Ethyl-vinyl-ether (Ethoxyethen). Formulieren Sie die Polymerisation in allen Schritten. Warum ist Ethoxyethen für die kationische Polymerisation besonders geeignet?

30.2.2 Vinylpolymere durch anionische Polymerisation

Alkene mit Substituenten, die eine negative Ladung stabilisieren, können anionisch polymerisiert werden. Dazu gehören z. B. Methacrylsäure-methylester oder Styrol. Das folgende Schema beschreibt die Polymerisation von Methacrylsäure-methylester (*E* gleich Estergruppe) mit dem Initiator Butyllithium C_4H_9Li.

Aufgabe

3. Methyl-methacrylat lässt sich anionisch, nicht aber kationisch polymerisieren. Weshalb nicht?

30.2.3 Vinylpolymere durch radikalische Polymerisation

Die wichtigsten radikalisch polymerisierbaren Alkene sind Ethen, Vinylchlorid, Tetrafluorethen, Vinylacetat, Styrol und Methacrylsäure-methylester. Die beiden zuletzt genannten Verbindungen werden demnach sowohl nach dem anionischen als auch nach dem radikalischen Mechanismus polymerisiert. Als Initiator werden u.a. Peroxide ($R-O-O-R \rightarrow 2\ R-O\cdot$) oder O_2 verwendet.

Polyethylen. Die Polymerisation von Ethen erfolgt in Gegenwart von ca. 0.1% O_2 bei hoher Temperatur (ca. 200 °C) und hohem Druck (ca. 1000 bar). Das so entstehende Polyethylen enthält Verzweigungen in der Hauptkette, was zu einer relativ niedrigen Dichte des Materials führt. Daher wird für dieses Polymer die Bezeichnung „low density polyethylene" (**LDPE**) verwendet.

Der Mechanismus der radikalischen Polymerisation verläuft wie folgt:

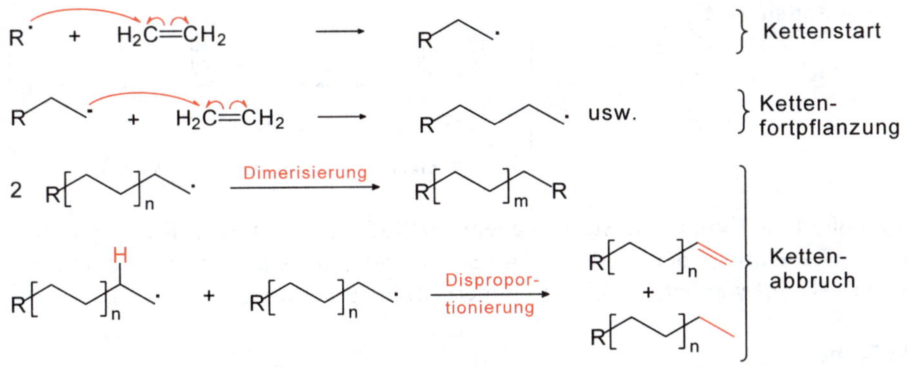

Die Polymerisation verläuft über wenig stabilisierte primäre Radikale und erfordert daher hohen Druck und hohe Temperatur.

Die Verzweigungen resultieren aus der Übertragung eines radikalischen Zentrums von einer wachsenden Kette auf eine fertige:

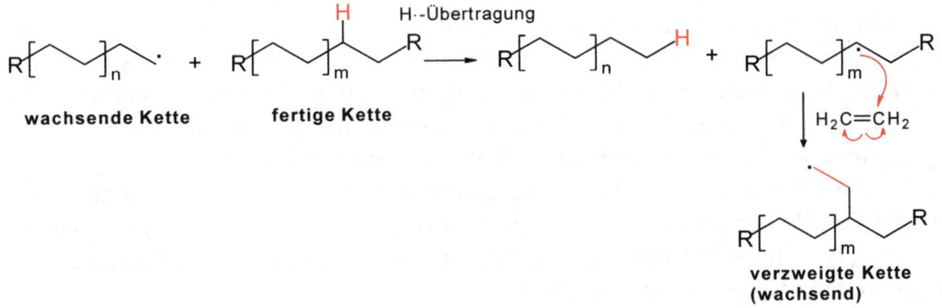

Polystyrol. Die radikalische Polymerisation von Styrol zu Polystyrol verläuft bereits bei Raumtemperatur, da der Phenylsubstituent ein radikalisches C-Atom durch Delokalisierung stabilisiert.

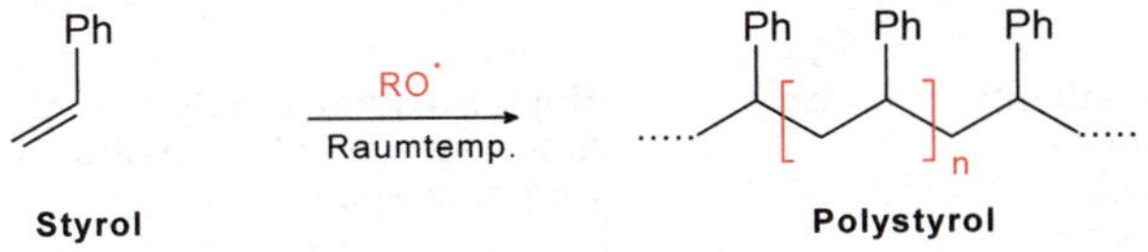

Auch diese Polymerisation besteht aus Start, Fortpflanzung und Abbruch. Nachfolgend ist der Kettenstart formuliert (R$^•$ gleich OH$^•$ aus H$_2$O$_2$); Kettenfortpflanzung und Kettenabbruch verlaufen ähnlich wie bei Ethylen.

Kettenstart:

Radikal (4 mesomere Grenzstrukturen)

Die hohe Reaktivität von Styrol gegenüber Radikalen hat auch Konsequenzen für die Aufbewahrung der Verbindung: Styrol muss in geschlossenen dunklen Flaschen gelagert werden, um eine Polymerisation zu verhindern.

Aufgabe

4. Ist die Polymerisation von Alkenen (gleichgültig ob ionisch oder radikalisch) deshalb eine *Ketten*reaktion, weil lange Molekül*ketten* gebildet werden?

30.2.4 Vinylpolymere durch koordinative Polymerisation

Die Polymerisation von Alkenen (insbesondere Ethen und Propen) gelingt auch durch Übergangsmetallverbindungen. Technisch wichtige Initiatoren sind Gemische aus $TiCl_4$ und $Al(C_2H_5)_3$ sowie Metallocene von Zirkonium (s. Abschn. 16.5.4). Im Gegensatz zur radikalischen Polymerisation verläuft die koordinative Polymerisation bei Normaldruck oder wenig darüber und Raumtemperatur.

Polyethylen. Das durch koordinative Polymerisation gebildete Polyethylen hat eine höhere Dichte als das durch radikalische Polymerisation entstandene und wird mit **HDPE** bezeichnet (engl. *high density polyethylene*). Die höhere Dichte resultiert aus dem Fehlen von Verzweigungen, wodurch eine dichtere Packung der Polymerketten als beim LDPE möglich ist.

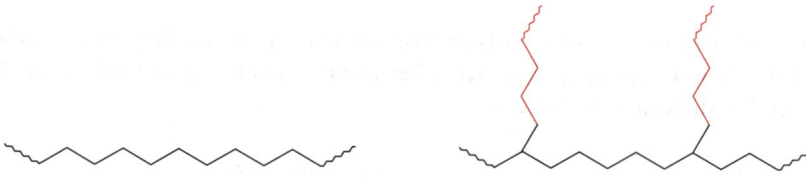

Niederdruckpolyethylen: unverzweigt; höhere Dichte, härter, Schmelztemperatur 130 - 135 °C

Hochdruckpolyethylen: verzweigt; niedrigere Dichte, weicher, Schmelztemperatur ca 110 °C

Polypropylen. Die Niederdruckpolymerisation von Propen führt je nach Art des Metallkatalysators zu sterisch unterschiedlichen Polymeren, die sich nur durch die Stellung der Methylgruppen voneinander unterscheiden: isotaktisches, syndiotaktisches und ataktisches Polypropylen. Isotaktisches Polypropylen zeichnet sich durch eine regelmäßige Anordnung seiner Methylgruppen aus (alle Methylgruppen auf derselben Seite der Polymerkette). Das gleiche gilt für syndiotaktisches Polypropylen (Anordnung der Methylgruppen streng alternierend). Im ataktischen Polypropylen sind dagegen die Methylgruppen unregelmäßig angeordnet.

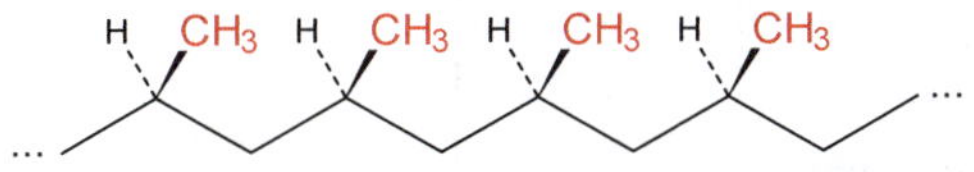

H CH₃ H CH₃ H CH₃ H CH₃

isotaktisches Polypropylen: kristallin

CH₃-Gruppen auf derselben Seite

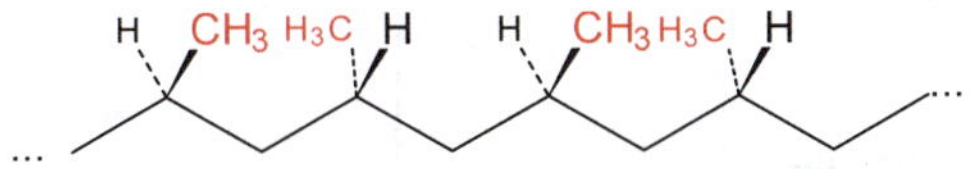

H CH₃ H₃C H   H CH₃ H₃C H

syndiotaktisches Polypropylen: kristallin

CH₃-Gruppen abwechselnd auf beiden Seiten

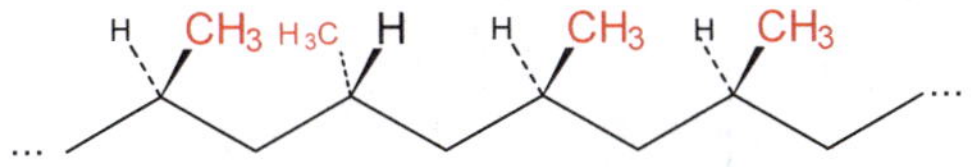

H CH₃ H₃C H   H CH₃ H CH₃

ataktisches Polypropylen: amorph

CH₃-Gruppen statistisch verteilt

Die unregelmäßige Anordnung der Methylgruppen in ataktischem PP führt zu einer schlechten Packung der Polymerketten, so dass dieses Material amorph und wachsartig ist und daher keine Verwendung gefunden hat. Isotaktisches PP (Schmp. 184 °C) und syndiotaktisches PP (Schmp. 160 °C) sind hingegen kristalline, harte und steife Materialien. Allerdings hat nur isotaktisches PP Verwendung gefunden, da Katalysatoren, die syndiotaktisches PP liefern, erst später zugänglich wurden.

Eine Unterscheidung zwischen den beiden symmetrischen Stereoisomeren auf der einen Seite und dem unsymmetrischen Isomer auf der anderen Seite gelingt mit Hilfe der ¹³C-NMR-Spektren. Erstere weisen im wesentlichen nur je drei Signale auf, da es auch nur jeweils drei Sorten von C-Atomen gibt, letzteres liefert eine Vielzahl von Signalen, da dieses Polymer aus einer Vielzahl von Stereoisomeren besteht.

Die koordinative Polymerisation von Alkenen wurde von *K. Ziegler* (geb. 1898 in Helsa/Kassel) beobachtet und stereochemisch von *G. Natta* (geb. 1903 in Imperia/Ligurien) aufgeklärt. Die Katalysatoren werden **Ziegler-Natta-Katalysatoren** genannt (Abschn. 16.5.4). Beide Forscher erhielten 1963 den Nobelpreis für Chemie.

Aufgabe

5. Die nebenstehende Abbildung zeigt die ¹³C-NMR-Spektren dreier Proben von stereoisomerem Polypropylen. Wie viel % isotaktisches Polypropylen enthält das syndiotaktische Polypropylen?

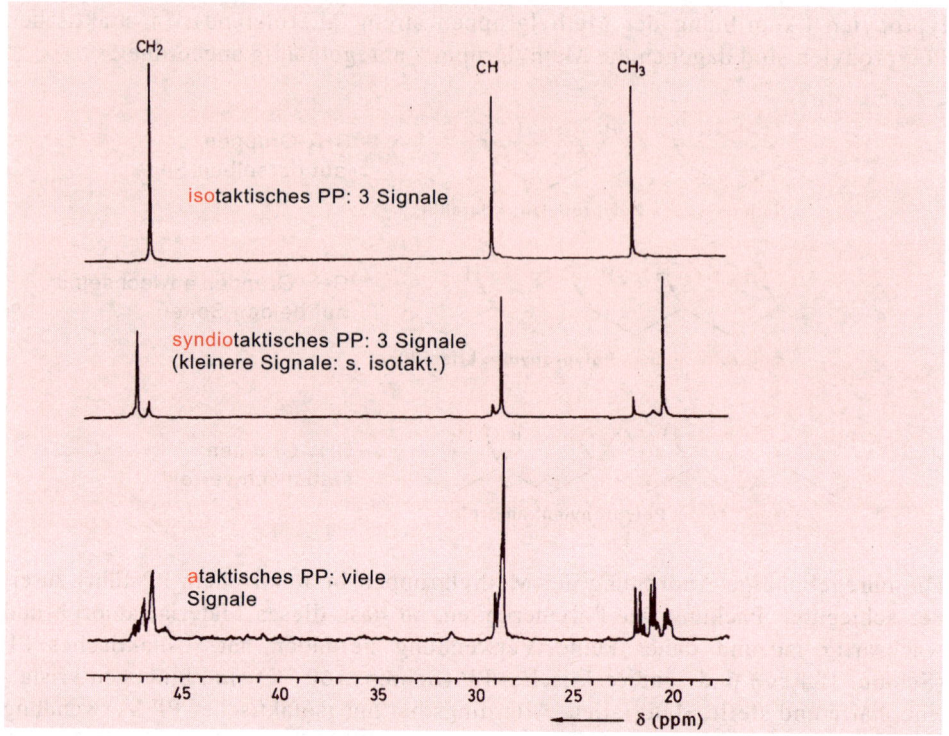

^{13}C-NMR-Spektrum von Polypropylen (PP) (20% in 1,2,4-Trichlorbenzol) bei 140 °C.

30.2.5 Verwendung von Vinylpolymeren

Polymere werden nach ihren mechanischen Eigenschaften wie folgt eingeteilt: **Thermoplaste** (in einem bestimmten Temperaturbereich verformbare Kunststoffe), **Duroplaste** (dreidimensional vernetzte, nach Aushärtung auch bei höheren Temperaturen nicht mehr verformbare Kunststoffe) und **Elastomere** (gummielastische Kunststoffe). Die jeweilige Eigenschaft bestimmt die Verwendung.

Polyethylen niedriger Dichte (LDPE) wird durch radikalische Polymerisation hergestellt (s. Abschn. 30.2.3), die Dichte liegt zwischen 0.915 kg/L und 0.935 kg/L. Es ist ein Thermoplast, aus dem vor allem Folien (für Säcke, Tragetaschen u. ä.) hergestellt werden. Die weltweite Produktionskapazität beträgt jährlich rund 20 Mio. Tonnen.

Polyethylen hoher Dichte (HDPE) wird durch koordinative Polymerisation hergestellt (s. Abschn. 30.2.4) und besitzt eine Dichte zwischen 0.94 kg/L und 0.97 kg/L. Es ist ein Thermoplast, aus dem Folien („raschelnde" Plastiktüten), Hohlkörper (z. B. Spülmittelflaschen) sowie Kanister und Rohre hergestellt werden. Die weltweite Produktionskapazität beträgt jährlich ca. 34 Mio. Tonnen.

Isotaktisches Polypropylen (i-PP) wird durch koordinative Polymerisation hergestellt (s. Abschn. 30.2.4). Es ist ein Thermoplast und z. B. durch Spritzguss verarbeitbar. Anwendungsbereiche sind u. a. Lebensmittelverpackungen (Joghurtbecher), Bauwesen (Rohre), Maschinen- und Fahrzeugbau (Staubsaugergehäuse). Die weltweite Produktionskapazität beträgt knapp 50 Mio. Tonnen pro Jahr.

Polystyrol (PS) wird technisch fast ausschließlich durch radikalische Polymerisation erhalten (s. Abschn. 30.2.3), obwohl alle anderen Kettenpolymerisationen auch möglich sind. Es ist ein glasklarer und relativ spröder thermoplastischer Kunststoff, der im Spritzgussverfahren z. B. zu Gehäuseteilen für Elektrogeräte verarbeitet werden kann. Einweggeschirr (z. B. transparente Getränkebecher) bestehen ebenfalls oft aus PS. Wird die Polymerisation von Styrol in Gegenwart eines Treibmittels (z. B. ein leicht verdampfbarer Kohlenwasserstoff) durchgeführt, erfolgt durch Erwärmen ein Aufschäumen der Polymerkügelchen. Das erhaltene Material wird als Styropor® bezeichnet. Es hat eine sehr niedrige Dichte und wird insbesondere im Baubereich für Wärmedämmung eingesetzt.

Polymethylmethacrylat (PMMA) wird technisch durch radikalische Polymerisation von Methylmethacrylat ($H_2C=CH(CH_3)CO_2CH_3$) erhalten. PMMA ist hoch transparent, hart und sehr kratzfest, weshalb es in der Fahrzeugindustrie Verwendung für Scheiben, Blink- und Rückleuchten gefunden hat. In der Optik wird PMMA für Linsen und Brillengläser verwendet. Bekannt geworden ist der Kunststoff unter dem Markennamen Plexiglas®.

Polyacrylnitril (PAN) wird durch radikalische Polymerisation von Acrylnitril ($H_2C=C(H)CN$) erhalten. PAN wird hauptsächlich zu Fasern verarbeitet, aus denen technische Gewebe (Filter, Siebe) oder Bekleidungstextilien hergestellt werden. PAN-Fasern dienen auch als Ausgangsmaterial für Kohlenstofffasern, die eine verstärkende Komponente in Verbundwerkstoffen sind und u. a. im Flugzeugbau Verwendung finden.

Polyvinylchlorid (PVC) entsteht durch radikalische Polymerisation von Chlorethen. PVC ist schwer entflammbar und findet deshalb Verwendung im Bausektor, z. B. für Fensterprofile und Bodenbeläge. Es gehört mit Produktionsmengen von rund 40 Mio. Tonnen pro Jahr zu den wichtigsten Massenkunststoffen.

Polytetrafluorethylen (PTFE) wird durch radikalische Polymerisation von Tetrafluorethen hergestellt. PTFE, bekannt geworden unter dem Handelsnamen Teflon®, ist sehr beständig gegen Chemikalien und sehr hohe Temperatur. Es wird daher z. B. für den Apparatebau in der chemischen Industrie verwendet. In Alltagsprodukten hat PTFE unter dem Handelsnamen Gore-Tex® in Form von Membranen in Schuhen und Jacken Verwendung gefunden.

30.3 Polymere aus 1,3-Dienen

Ebenso wie Alkene lassen sich auch konjugierte Diene polymerisieren. Technische Bedeutung besitzen die Homopolymere von 1,3-Butadien, 2-Methyl-1,3-butadien (Isopren) und 2-Chlor-1,3-butadien (Chloropren), sowie die Copolymere (s. Abschn. 30.4) von 1,3-Butadien mit Acrylnitril und/oder Styrol.

1,3-Diene gehen sowohl eine 1,2- als auch eine 1,4-Polymerisation ein. Bei 1,2-Polymerisation können ataktische, isotaktische und syndiotaktische 1,2-Polybutadiene entstehen, bei 1,4-Polymerisation kann die in der Polymerkette liegende Doppelbindung E- oder Z-konfiguriert sein. Durch koordinative Polymerisation kann 1,3-Butadien regio- und stereoselektiv polymerisiert werden, wobei die Selektivität durch das Übergangsmetall gesteuert wird.

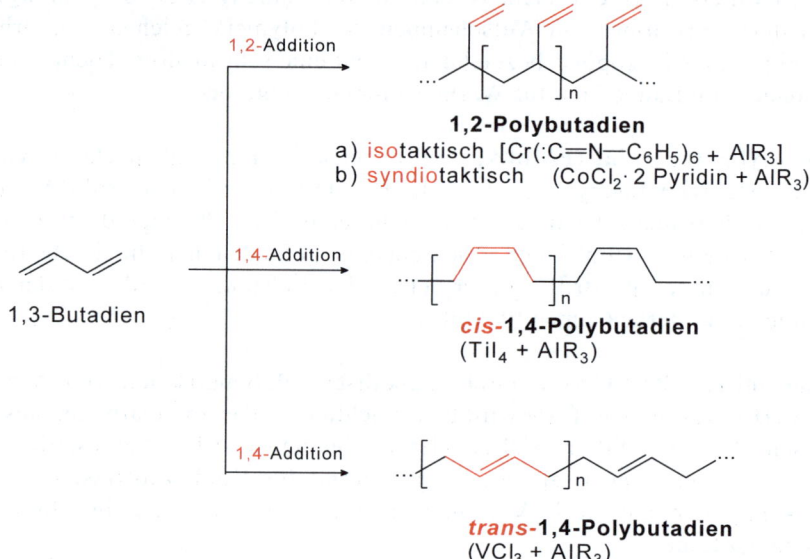

1,2-Addition

1,2-Polybutadien
a) isotaktisch   [Cr(:C=N—C$_6$H$_5$)$_6$ + AlR$_3$]
b) syndiotaktisch   (CoCl$_2$· 2 Pyridin + AlR$_3$)

1,3-Butadien

1,4-Addition

***cis*-1,4-Polybutadien**
(TiI$_4$ + AlR$_3$)

1,4-Addition

***trans*-1,4-Polybutadien**
(VCl$_3$ + AlR$_3$)

Die so gebildeten stereoisomeren Polymere unterscheiden sich teilweise erheblich in ihren physikalischen Eigenschaften voneinander. Deshalb sind stereoselektive Polymerisationen von großer technischer Bedeutung. Das wichtigste Homopolymer von Butadien ist *cis*-1,4-Polybutadien (PBD), das auch als Polybutadien-Kautschuk bezeichnet wird. Von noch größerer technischer Bedeutung ist das Styrol-Butadien-Copolymer (Buna-S, *S* von Styrol). Homopolymer und Copolymer werden überwiegend zur Herstellung von Reifen verwendet.

Ebenso wie Butadien lässt sich auch Isopren in unterschiedliche Polymere überführen. *cis*-1,4-Polyisopren besitzt folgende Struktur:

CH$_3$ CH$_3$ CH$_3$

Ausschnitt aus einer
cis-1,4-Polyisopren-Kette
(Naturkautschuk)

Das Polymer kommt auch in der Natur vor und heißt Naturkautschuk. Naturkautschuk ist als Emulsion im Milchsaft (Latex) verschiedener tropischer Bäume enthalten. Beim Ansäuern des Milchsaftes fällt das Polymer in koagulierter Form aus. Das Koagulat wird durch erwärmte Pressen gedrückt und in Form von Fellen in den Handel gebracht. Durch **Vulkanisierung** (Erhitzen mit Schwefel) wird dieses zunächst noch plastische Material in elastisches überführt. Beim Vulkanisieren werden Polymerketten mit Disulfidbrücken vernetzt, wodurch das Polymer reversibel gedehnt werden kann. Vulkanisierter Naturkautschuk findet vielfältige technische Verwendung u.a. als Reifenmaterial.

Aufgabe

6. Welche Konfiguration besitzen isotaktisches, syndiotaktisches und ataktisches 1,2-Polybutadien?

30.4 Copolymere

Polymere, die nur eine einzige Sorte von Bausteinen enthalten, werden **Homopolymere** genannt. Ihnen stehen die **Copolymeren** gegenüber, die aus zwei (oder mehr) Sorten von Bausteinen bestehen. Vier Typen von Copolymeren sind hier zu unterscheiden. In alternierenden Copolymeren treten die beiden Bausteine abwechselnd auf, in Blockcopolymeren sind zwei Blöcke der jeweiligen Bausteine vorhanden, in statistischen Copolymeren sind die beiden Bausteine unregelmäßig verteilt, und in Pfropfcopolymeren ist das eine Homopolymer dem anderen aufgepfropft.

ABABABABABABABA	alternierendes Copolymer
AAAABBBAABBBB	Blockcopolymer
AABABBBABAAABAB	statistisches Copolymer
AAAAAAAAAAAAAAAA	Pfropfcopolymer

B   B B
B   B B
B   B B
B   B B
B   B B

Bereits geringe Mengen eines zweiten Monomers können die Eigenschaften eines Polymers deutlich verändern. Ein Beispiel ist Butylkautschuk („Isobutene-isoprene rubber", IIR), das durch kationische Polymerisation von Isobuten und 1-5% Isopren entsteht.

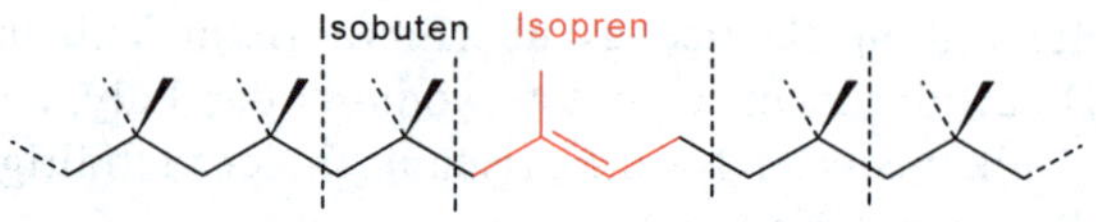

Butylkautschuk

Durch den eingebauten Baustein Isopren können die Polymerketten durch Schwefel miteinander vernetzt werden, was mit reinem Polyisobuten nicht möglich ist. Dadurch entsteht elastisches Material mit sehr geringer Gasdurchlässigkeit, welches zur Herstellung von Dichtungen, Membranen, Schläuchen etc. dient.

30.5 Polyether

Ethylenoxid (Oxiran) und andere Epoxide werden durch basische Katalysatoren zu Polyethern polymerisiert. Bei Verwendung von Alkalimetallhydroxiden und geringen Mengen Wasser entstehen Polyether mit folgender Struktur:

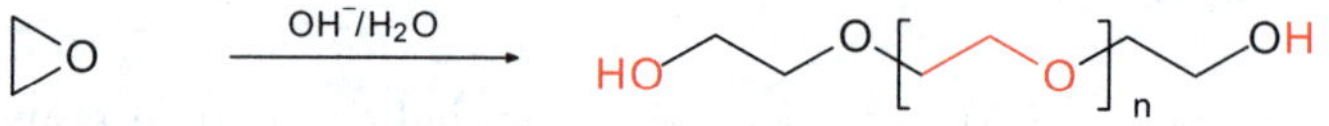

Polyethylenglykol

Auch diese Polymerisation verläuft nach dem Schema Start / Kettenfortpflanzung / Kettenabbruch.

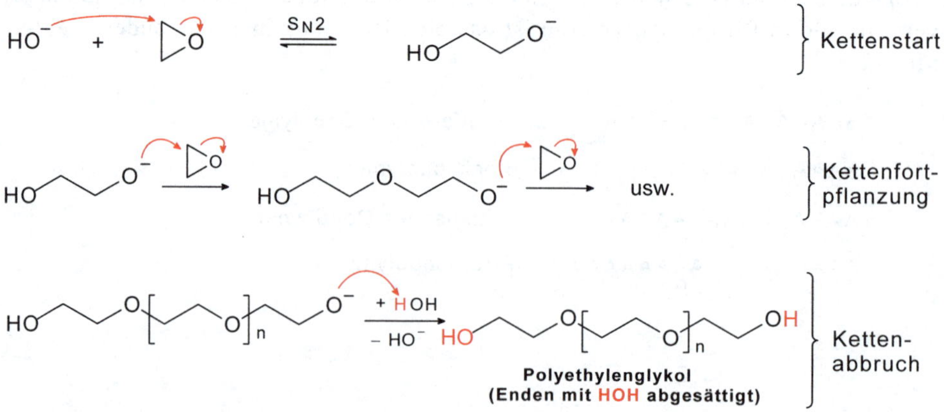

Polyethylenglykole sind je nach Polymerisationsgrad flüssig, wachsartig oder fest. Sie besitzen eine für organische Polymere bemerkenswerte Eigenschaft: Das Polymer ist wasserlöslich, eine Folge der Ausbildung von Wasserstoffbrücken zwischen den Sauerstoffatomen des Polymers und Wasser.

Polyethylen: unlöslich in Wasser   Polyethylenglykol: löslich in Wasser

Polyethylenglykole sind Bestandteil von Kosmetika und dienen oft als Salbengrundlage. Als Diode werden sie auch für die Synthese von Polyurethanen verwendet (s. Abschn. 30.9).

30.6 Polyester

Der bekannteste Polyester ist **Polyethylenterephthalat (PET)**. Das Polymer bildet sich durch Polykondensation von Terephthalsäure und Ethylenglykol in Gegenwart eines sauren Katalysators.

$$\cdots + HO-(CH_2)_2-OH + HO-\overset{O}{\underset{}{C}}-\bigcirc-\overset{O}{\underset{}{C}}-OH + HO-(CH_2)_2-OH + \cdots$$

Ethylenglykol   Terephthalsäure

$$(H^+) \downarrow -H_2O$$

$$\sim O-(CH_2)_2-\left[O-\overset{O}{\underset{}{C}}-\bigcirc-\overset{O}{\underset{}{C}}-O-(CH_2)_2-O\right]_n\sim$$

Polyethylenterephthalat (PET)

PET ist ein thermoplastischer Kunststoff. Etwa zwei Drittel der produzierten Menge werden durch Schmelzspinnen zu Fasern (Trevira®, Diolen®) für knitterfreie und wasserabweisende Kleidung (z. B. Sportjacken) verarbeitet. Rund ein Drittel dient der Herstellung von Getränkeflaschen und anderen Verpackungen. PET ist ein wertvoller Kunststoff und wird deshalb in großem Umfang recycliert. In Europa wird rund die Hälfte aller PET-Flaschen gesammelt, zu Flocken zerkleinert und zu Granulat aufbereitet, aus dem Textilfasern produziert werden.

Zu den Polyestern gehören auch die **Polycarbonate**, bei welchen es sich um Polyester der Kohlensäure handelt. Technisch wichtig ist das aus 2,2-Bis-(4-hydroxyphenyl)-propan (Bisphenol A) und Phosgen gebildete Polycarbonat (Handelsname z. B. Makrolon®):

Bisphenol A

ein Polycarbonat

Dieses Material ist fest, steif und sehr schlagzäh. Es ist transparent und zeigt gute Witterungs- und Strahlungsbeständigkeit, weshalb es z. B. für Verglasungen in Gewächshäusern oder als oberste Schicht von Solarmodulen verwendet wird, um diese vor starker mechanischer Beanspruchung, z. B. durch Hagel, zu schützen. Auch Datenträger wie CD's und DVD's werden aus Polycarbonat gefertigt.

Polyester können auch durch Kettenpolymerisation erhalten werden. Ein Beispiel ist **Polylactid**, das durch **Ringöffnungspolymerisation** von Lactid gewonnen wird. Dieser Polyester besteht aus dem einzigen Baustein Milchsäure:

Milchsäure
(2-Hydroxypropionsäure)

Lactid,
ein Lacton

Polylactid

Polylactid ist biologisch abbaubar und dient als chirurgisches Nahtmaterial. Im Körper werden die Fäden innerhalb von 90 Tagen abgebaut. Polylactid wird gelegentlich auch für kompostierbare Lebensmittelverpackungen (z. B. Teebeutel) und Einwegbesteck eingesetzt.

Herstellung der Ausgangsverbindungen. Terephthalsäure wird aus *p*-Xylol durch katalysierte Seitenkettenoxidation mit Sauerstoff erhalten (vgl. Synthese von Benzoesäure, Abschn. 18.3) und Ethylenglykol aus Ethylenoxid und Wasser (Abschn. 12.7.1). Bisphenol wird aus Phenol und Aceton gewonnen (Abschn. 15.3.6). Milchsäure wird aus Glucose durch Fermentation gemäß $C_6H_{12}O_6$ (Glucose) $\rightarrow$ 2 $C_3H_6O_3$ (Milchsäure) gewonnen.

30.7 Polyamide

Die wichtigsten Polyamide sind **6-Polyamid** (Perlon) und **6.6-Polyamid** (Nylon-6.6). 6-Polyamid besteht aus einem einzigen C_6-Baustein (ε-Aminocapronsäure), 6.6-Polyamid aus zwei C_6-Bausteinen (Adipinsäure und Hexamethylendiamin).

6-Polyamid (Perlon)

6.6-Polyamid (Nylon)

Den unterschiedlichen Aufbau der beiden Polyamide erkennt man leichter, wenn eine Carbonylgruppe mit ● und eine NH-Gruppe mit ○ dargestellt wird.

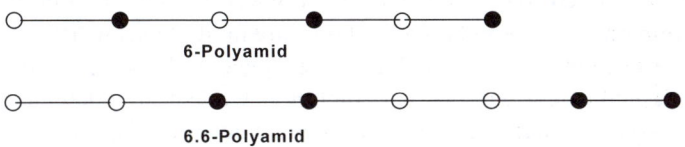

6-Polyamid

6.6-Polyamid

6-Polyamid. Die Verbindung entsteht durch Kettenpolymerisation von ε-Caprolactam bei 260 °C in Gegenwart einer geringen Menge Wasser.

ε-Caprolactam

ε–Aminocapronsäure

Baustein

6-Polyamid (Perlon)

Hierbei bildet sich zunächst durch Hydrolyse von ε-Caprolactam der Polymerisationsstarter ε-Aminocapronsäure. Diese Säure greift ein zweites Molekül Caprolactam an, wobei eine Zwischenstufe ähnlicher Funktionalität entsteht, die ihrerseits ein drittes Molekül ε-Caprolactam angreift usw. Endprodukt ist schließlich eine Polyamidkette, die aus ca. 200 ε-Aminocapronsäure-Bausteinen besteht.

Perlon schmilzt bei 215 °C. Zur Herstellung von Fäden wird die Schmelze durch Düsen gepresst. Die erkalteten Fäden können auf das 4-fache ihrer Länge gestreckt werden. Durch diesen Streckvorgang richten sich die Polyamidketten parallel zueinander aus und verfestigen sich aufgrund intermolekularer Wasserstoffbrücken. Die Fäden dienen zur Herstellung von Heim- und Industrietextilien.

6.6-Polyamid. Zur Herstellung des Polymers werden Adipinsäure und Hexamethylendiamin vermischt, wobei in einer Säure-Base-Reaktion das so genannte AH-Salz (nach den Anfangsbuchstaben der beiden Komponenten) entsteht. Wird das AH-Salz auf 280 °C erhitzt, so entsteht unter Wasserabspaltung ein Polyamid (Reaktionstyp: Ammoniumcarboxylat → Carbonsäureamid, Abschn. 19.6.4).

Die Polyamidkette besteht aus ca. 100 Bausteinen jeweils der einen und anderen Sorte, der Schmelzpunkt liegt bei 251 °C. Auch hier werden die einzelnen Ketten durch intermolekulare Wasserstoffbrücken zusammengehalten. Nylonstoffe haben ähnliche Eigenschaften wie Perlonstoffe.

Nylon ist die erste vollsynthetische Faser, Erfinder ist *W.H. Carothers* (geb. 1896), der derzeit bei der Firma Du Pont als Kunststoffchemiker tätig war.

Adipinsäure   Hexamethylendiamin

Salzbildung

Polysalz "AH-Salz"

$- n\,H_2O$
(280 °C)

Baustein 1   Baustein 2

6.6-Polyamid (Nylon)

Technische Herstellung der Ausgangsverbindungen für Nylon und Perlon. ε-Caprolactam wird aus Cyclohexanon-oxim durch Beckmann-Umlagerung (Abschn. 19.6.6) gewonnen. Das Oxim kann aus Cyclohexanon oder aus Cyclohexan und Nitrosylchlorid durch Bestrahlung erhalten werden:

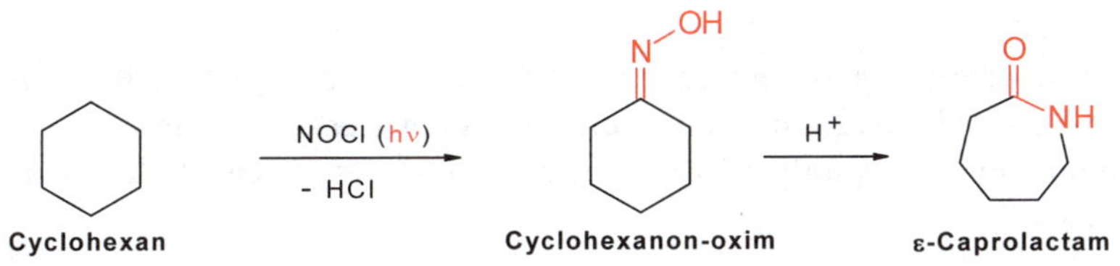

Cyclohexan   Cyclohexanon-oxim   ε-Caprolactam

Adipinsäure wird durch Oxidation von Cyclohexanol mit konzentrierter Salpetersäure hergestellt. Als Zwischenstufe bildet sich Cyclohexanon, das unter Spaltung einer C–C-Bindung ins Endprodukt überführt wird.

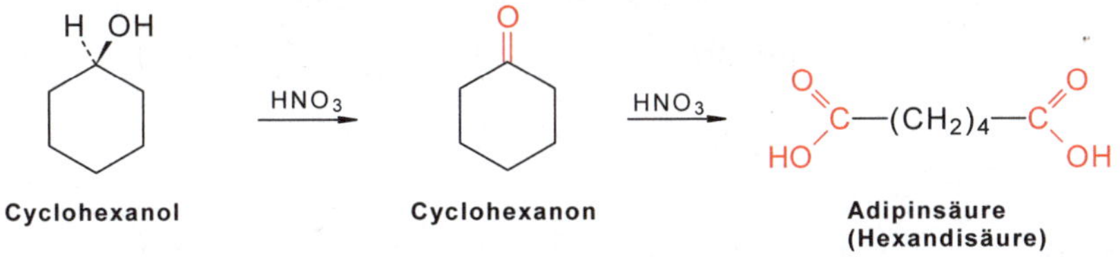

Cyclohexanol   Cyclohexanon   Adipinsäure
(Hexandisäure)

Außerdem gelingt die Herstellung von Adipinsäure durch Hydrolyse von Adipinsäure-dinitril. Hexamethylendiamin wird ebenfalls aus dem Dinitril hergestellt, nunmehr durch Hydrierung. Das folgende Reaktionsschema beschreibt diese beiden Reaktionen, die technisch von großer Bedeutung sind.

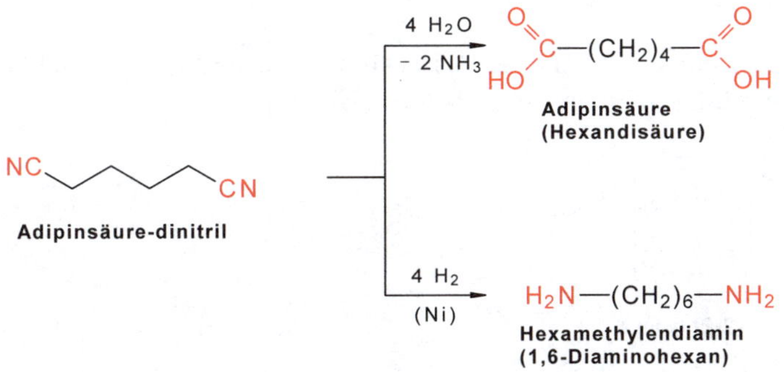

Adipinsäure-dinitril

Adipinsäure
(Hexandisäure)

Hexamethylendiamin
(1,6-Diaminohexan)

Das erforderliche Adipinsäure-dinitril kann z. B. durch katalytische Addition von Blausäure an Butadien (**Hydrocyanierung**) hergestellt werden.

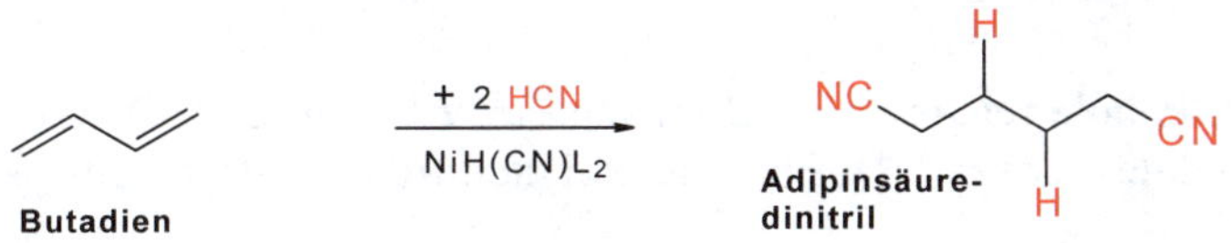

Butadien   Adipinsäure-dinitril

Als Präkatalysator dient NiL$_4$ (L gleich :P(OAr)$_3$), welches unter den Reaktionsbedingungen in den eigentlichen Katalysator umgewandelt wird.

$$NiL_4 \quad + \quad H-CN \quad \rightleftharpoons \quad NiH(CN)L_2 \quad + \quad L_2$$

Präkatalysator   **Katalysator**

Die Katalyse erfolgt nach dem Schema π-Komplexbildung / Insertion / reduktive Eliminierung / oxidative Addition, welches vielen Reaktionen mit Übergangsmetallverbindungen als Katalysatoren zugrunde liegt, s. auch Hydroformylierung, Abschn. 16.5.2.

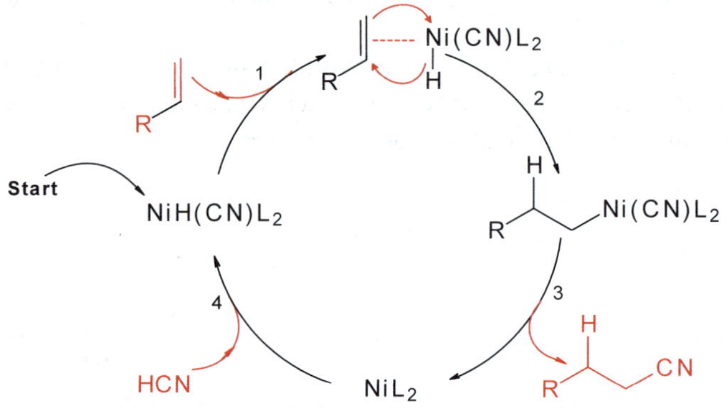

1: π-Komplexbildung 2: Insertion von NiH in C=C
3: reduktive Eliminierung 4: oxidative Addition

Aufgabe

7. 12-Polyamid (Handelsname *Vestamid*) besitzt folgende Struktur. Schlagen Sie eine von Cyclododecanon ausgehende Synthese vor.

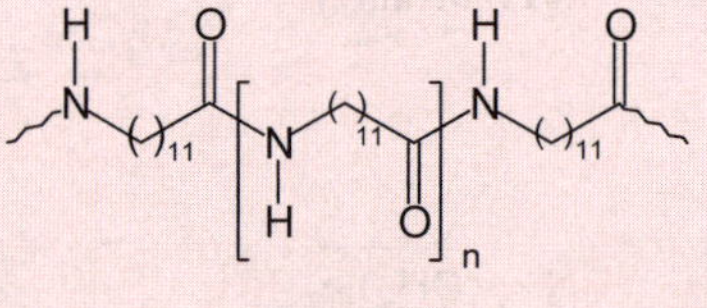

12-Polyamid

30.8 Polyurethane

Isocyanate und Alkohole reagieren zu Urethanen (s. Abschn. 22.5.6). Werden Diisocyanate und Diole verwendet, tritt eine Polyaddition zu Polyurethanen (PU) ein.

$\cdots$ + HO—(H$_2$C)$_2$—Ö—H + O=C=N—⟨Ring⟩—N=C=O + H—Ö—(CH$_2$)$_2$—OH + $\cdots$

1,2-Ethandiol   **p-Phenylendiisocyanat**   **1,2-Ethandiol**

Polyurethan (Ausschnitt)

Für technische Zwecke wird häufig 2,4- und 2,6-Diisocyanatotoluol (s. Abschn. 22.5.6) oder auch Hexamethylendiisocyanat verwendet. Als Diole werden häufig Polyethylenglykole (s. Abschn. 30.5) eingesetzt. Die mechanischen Eigenschaften und damit die Verwendungszwecke der Polyurethane hängen sehr stark von den verwendeten Ausgangsstoffen ab. So sind manche Polyurethane Bestandteile von Klebstoffen und Lacken, andere sind thermoplastische Kunststoffe und werden z. B. für hochwertige Skateboardrollen verwendet.

Wird die Polyaddition in Gegenwart einer kleinen Menge Wasser durchgeführt, bildet sich durch Hydrolyse von Cyanat auch etwas CO_2.

$$R—N=C=O \quad + \quad H_2O \quad \longrightarrow \quad R—NH_2 \quad + \quad CO_2$$

Dieses Kohlendioxid entweicht und bläht dabei das Polyurethan auf: Es entsteht Polyurethan*schaum*. Die durch Decarboxylierung gebildeten primären Amine reagieren mit weiterem Isocyanat und tragen zur Polymerbildung bei (s. Aufgabe 13). Polyurethanschäume finden z. B. Verwendung in Polstern (Möbel, Fahrzeuge), als Isoliermaterial (Türen, Tiefkühltruhen), oder im Bausektor „Montageschaum".

Aufgaben

8. *p*-Phenylendiisocyanat (s. vorstehend) wird aus *p*-Phenylendiamin hergestellt. Formulieren Sie die Reaktionsgleichung.
9. Formulieren Sie den Mechanismus der Hydrolyse von Alkylisocyanat zu Amin und Kohlendioxid (s. auch vorstehende Reaktionsgleichung).

30.9 Phenol-Formaldehyd-Harze

Phenol und Formaldehyd reagieren in Gegenwart eines basischen oder sauren Katalysators zu hochvernetzten Polymeren, genannt **Bakelit**.

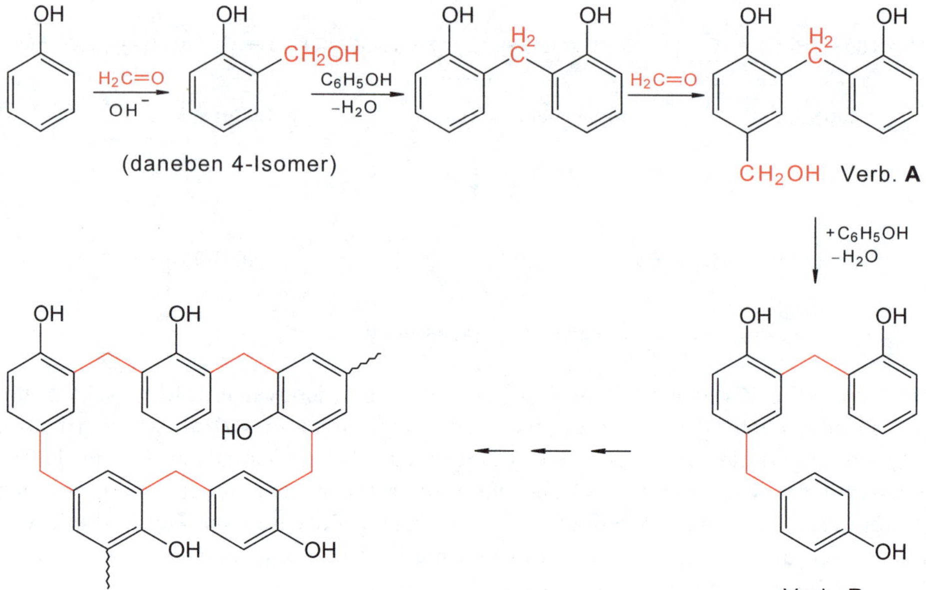

OH
$H_2C{=}O$
OH^-
CH_2OH
C_6H_5OH
$-H_2O$
(daneben 4-Isomer)
H_2
C
$H_2C{=}O$
CH_2OH
Verb. **A**
$+C_6H_5OH$
$-H_2O$
HO
Verb. **B**

Bakelit (Ausschnitt)

Bei der basenkatalysierten Reaktion greift das ambidente Phenolat-Ion ein Molekül Formaldehyd an, wobei eine C,C-Bindung gebildet wird. Über weitere Reaktionsschritte entsteht *o*-Chinomethan.

O
$+ CH_2{=}O$
CH_2
H
1. $+ H^+$
2. Enolisierung
$CH_2{-}OH$
$- H_2O$
(OH^-)
CH_2

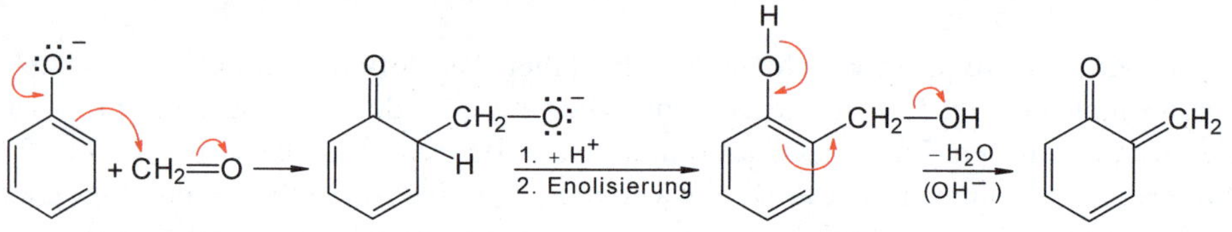

***o*-Hydroxymethyl-phenol** ***o*-Chinomethan**

Chinonmethide sind α,β-ungesättigte Carbonylverbindungen und deshalb Michael-Akzeptoren. Mit Phenolat als Michael-Donor reagieren sie wie folgt:

O
CH_2
H
+
1. $+ H^+$
2. Enolisierung
OH

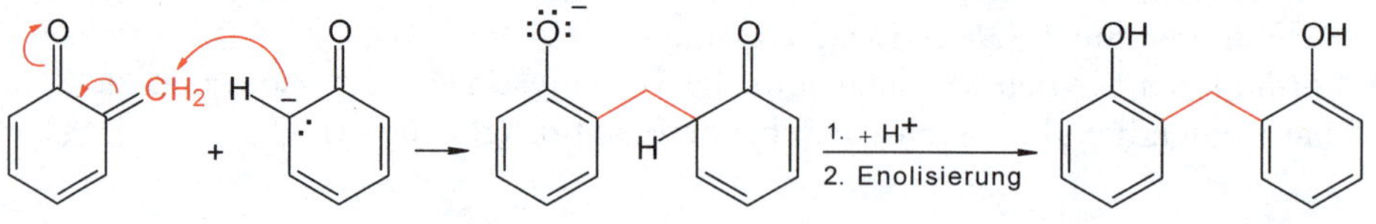

***o,o*´-Dihydroxy-diphenylmethan**

Dihydroxydiphenylmethan reagiert im weiteren Verlauf analog dem eingesetzten Phenol, wobei hochmolekulare Kondensationsprodukte entstehen.

Phenol-Formaldehyd-Harze, nach dem Entdecker *L.H. Baekeland* Bakelit genannt, sind die am längsten verwendeten Kunststoffe. Sie werden für die Herstellung von Formteilen (z. B. für Elektroartikel), vor allem aber als Holzklebstoffe verwendet.

30.10 Harnstoff-Formaldehyd-Harze

Formaldehyd kondensiert auch mit Harnstoff. Unter sauren oder basischen Bedingungen bilden sich verzweigte Polymere, Harnstoff-Formaldehyd-Harze genannt.

$$
\cdots + H_2N-\overset{\displaystyle O}{\overset{\|}{C}}-NH_2 + H_2C{=}O + H_2N-\overset{\displaystyle O}{\overset{\|}{C}}-NH_2 + H_2C{=}O + \cdots
$$

$$
\Big\downarrow \begin{matrix} OH^- \\ -H_2O \end{matrix}
$$

$$
\cdots -NH-\overset{\displaystyle O}{\overset{\|}{C}}-NH-CH_2-NH-\overset{\displaystyle O}{\overset{\|}{C}}-NH-CH_2- \cdots
$$

$$
-NH-\overset{\displaystyle O}{\overset{\|}{C}}-NH{-}CH_2{-}NH-\overset{\displaystyle O}{\overset{\|}{C}}-NH{-}CH_2{-}
$$

Harnstoff-Formaldehyd-Harz
(Ausschnitt)

Harnstoff-Formaldehyd-Harze dienen u.a. zur Herstellung von Küchengeräten und elektrischen Armaturen, ferner als Bindemittel für Holzwerkstoffe („Spanplatten").

Aufgabe

10. Wie verläuft die durch Hydroxid-Ionen katalysierte Reaktion A + Phenol → B (Formeln von A und B im großen Formelschema)?

30.11 Weichmacher

Häufig werden Kunststoffen während der Herstellung niedermolekulare Stoffe zugesetzt, die entweder die Verarbeitung des Polymers vereinfachen oder bestimmte Eigenschaften verbessern sollen. Diese so genannten **Kunststoffadditive** gehen keine kovalente Bindung mit dem Polymer ein, sondern sind in ihm gelöst. Beispiele für Kunststoffadditive sind Flammschutzmittel (häufig hoch halogenierte Aromaten, die die Entflammbarkeit von ansonsten brennbaren Kunststoffen verringern) und Weichmacher (engl. *plasticizer*). Letztere erhöhen die Elastizität eines Kunststoffes und verschieben den thermoplastischen Bereich zu tieferen Temperaturen. So wird ein eigentlich harter und spröder Kunststoff dehn- und biegbar. Ein Beispiel für den Zusatz ist Polyvinylchlorid (PVC). Man unterscheidet zwischen Hart-PVC ohne Weichmacherzusatz und Weich-PVC, das ca. 30 bis 35%

Weichmacher enthält. Aus Hart-PVC werden z. B. Fensterprofile und Rohre gefertigt, aus Weich-PVC Fußbodenbeläge, Folien und Kabelummantelungen. Für Weich-PVC sind Diester der Phthalsäure, insbesondere Bis-(2-ethylhexyl)phthalat als Weichmacher gebräuchlich. (Bu und Ac gleich Butyl bzw. Acetyl.)

Bis-(2-ethylhexyl)-phthalat

1,2-Cyclohexandicarbonsäure-diisononylester

Acetylzitronensäure-tributylester

Da diese Weichmacher nicht kovalent an das Polymer gebunden sind, dünsten sie – trotz ihrer geringen Flüchtigkeit – im Laufe der Zeit aus und gelangen in die Umwelt. Auch durch den Kontakt des Kunststoffs mit Flüssigkeiten (z. B. Speichel) können geringe Mengen Weichmacher aus den Gegenständen herausgelöst und vom Organismus aufgenommen werden. Da das Phthalat als gesundheitsgefährdend eingestuft wurde, ergeben sich Risiken insbesondere bei Verwendung in Kinderspielzeug oder Medizinprodukten. Alternativen sind bestimmte Ester von 1,2-Cyclohexandicarbonsäure (durch Hydrierung der entsprechenden Phthalate erhältlich) oder von Zitronensäure.

30.12 Lösung der Aufgaben zu Kapitel 30

1.   Gemäß der Markownikow-Regel verbindet sich das positiv geladene C-Atom nur mit dem C-1 des Isobutens. Daraus resultiert eine Kopf-Schwanz-Additon.

2.

stabiles Carbeniumion

Kettenstart   **Kettenfortpflanzung**   **Kettenabbruch**

3.   Alkene mit Elektronenakzeptorgruppen reagieren nur mit Nucleophilen.

4.   Nein. *Ketten*reaktion und Molekül*ketten* haben nichts miteinander zu tun.

5.   Ausmessung der Höhen der beiden CH$_3$-NMR-Signale ergibt ~13 % isotaktisches PP. Der verwendete Katalysator lenkt offensichtlich nur stereoselektiv, nicht stereospezifisch.

6.   Taktizitäten die gleichen wie bei Polypropylen, nur dass anstelle von CH_3- nun $H_2C=CH-$ steht.

7.

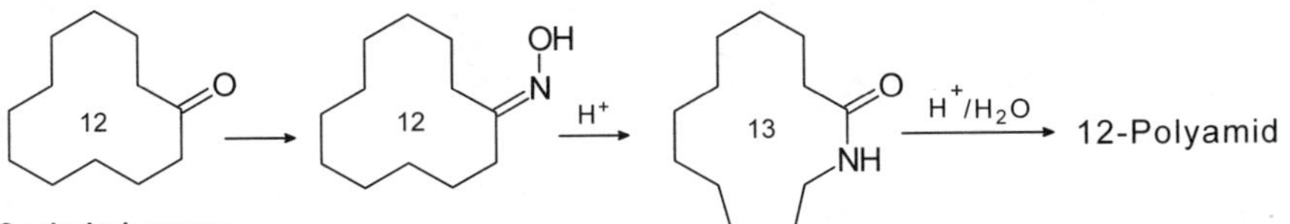

Cyclododecanon

12-Polyamid

8.

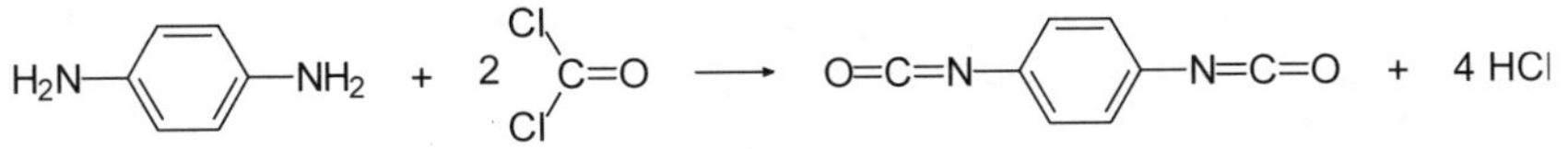

$$H_2N-\langle\rangle-NH_2 \ + \ 2 \ \overset{Cl}{\underset{Cl}{C}}=O \ \longrightarrow \ O=C=N-\langle\rangle-N=C=O \ + \ 4 \ HCl$$

9.

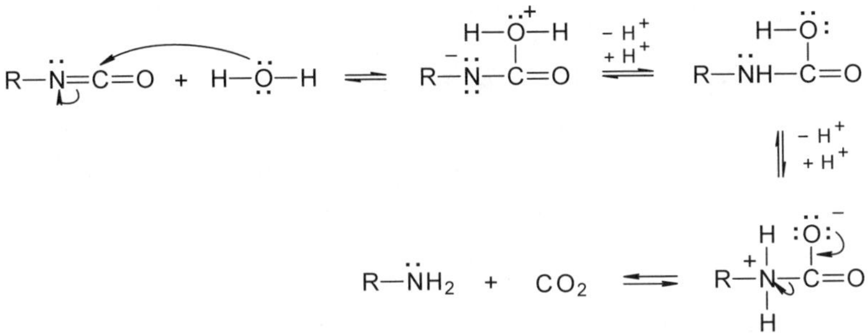

$$R-\overset{..}{N}=C=O \ + \ H-\overset{..}{O}-H \ \rightleftharpoons \ R-\overset{..}{N}-\overset{}{C}=O \ \underset{+H^+}{\overset{-H^+}{\rightleftharpoons}} \ R-\overset{..}{N}H-C=O$$

$$R-\overset{..}{N}H_2 \ + \ CO_2 \ \rightleftharpoons \ R-\overset{+}{\underset{H}{N}}-\overset{}{C}=O$$

10.

A $\xrightarrow{OH^-}$

$-OH^-$

B $\xleftarrow[\text{2. Enolisierung}]{\text{1. } +H^+}$

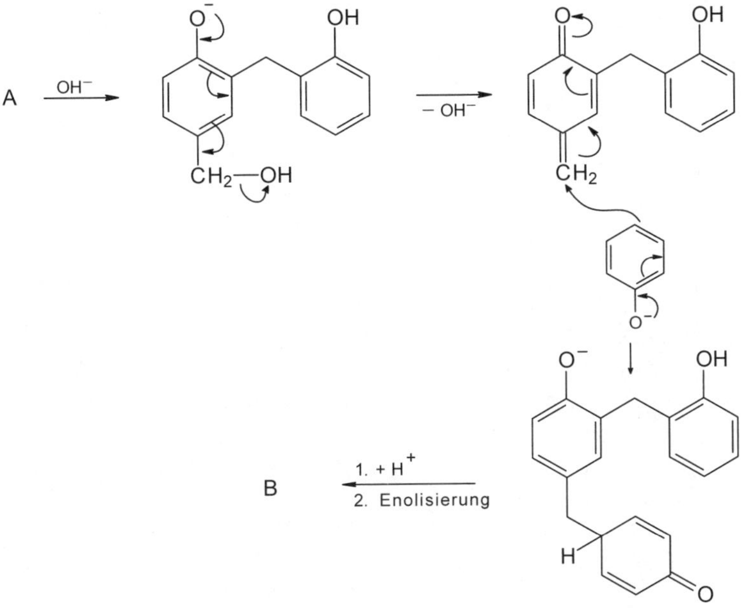

Sachregister

Abgangsgruppe 255, 268
Absorptionsmaxima
  Polyene 227
Acetal
  Hydrolyse 480
Acetaldehyd 474
  aus Ethanol 322
  aus Ethen 474
  enantiotope Seiten 141
Acetale 480
Acetalisierung
  mit 1,2-Ethandiol 481
Acetamid
  aus Ammoniumacetat 574
Acetamidin 673
Acetamidomalonester
  aus Malonester 796
Acetanhydrid 554
N-Acetanilid
  elektrophile Substitutionen 686
Acetessigester
  Alkylierung 608
  Bildung 632
  Enol-Tautomer 598
Acetessigester-Synthese 529, 610
Acetessigsäuren
  Decarboxylierung 529
Acetobacter xylinum 772
Aceton
  aus Propen 474
  technische Synthese 469, 708
Acetonitril
  Carbanion 596
Acetophenon
  aus Benzol 390
Acetylcholin 678
Acetyl-CoA 783
Acetyl-Coenzym A 356, 569
Acetylen
  Dimerisierung 218
  Herstellung 217
  Molekülorbitale 22
  Polymerisierung 218
  Tetramerisierung 218
  Trimerisierung 218
  Verwendung 217
Acetylendicarbonsäure-ester
  Diels-Alder-Reaktion 234
  Reaktion mit Pyridin 650
Acetylferrocen 394
Acetylid 434

Acetylide
  Reaktionen 212, 216
Acetylsalicylsäure
  Synthese 719
Acetylzitronensäuretributylester
  als Weichmacher 908
achiral 128, 143
Acidität
  1-Alkine 212
  Alkohole 308
  Carbonsäuren 519
  Dicarbonsäuren 533
  Peroxycarbonsäuren 532
Aciditätskonstante von Aminosäuren
  Vergleich 807
Aciditätskonstanten pK_a
  Carbonylverbindungen 597
Acrolein
  aus Glycerin 642
  Elektronenverteilung 643
  Si-Seite 144
Acylammoniumsalze
  tertiäre Amine 550
Acylanion-Äquivalente 482
Acylase 802
Acylgruppe 390
Acylierung
  Benzol 390
  mit Derivaten der Ameisensäure
    392
  nichtbenzoide Aromaten 394
  mit $AlCl_3$ 391
Acylium-Ion
  als Elektrophil 391
  Massenspektrum 41, 826
Acylligand 448
Acyloine 564
Acyloinkondensation 564
Acyloin-Kondensation
  Ringbildung 111
Adamantan
  Synthese 116
Adamantyliden-adamantan
  Addition von Brom 168
Addition
  von solvatisierten Elektronen 420
1,4-Addition
  Mechanismus 231
Addition-Eliminierung
  Konkurrenz zu Eliminierung-Addition 413,
    418

Additionen
  1,2-Additionen 643
  1,4-Additionen 643
  radikalische, an Aromaten 419
Additionspolymere 887
Addukt
  Diels-Alder-Reaktion 235
Adenin 857
Adenosin-5'-monophosphat 857
Adenosintriphosphat 276
Adenylatkinase 832
Adipinsäure
  aus Adipinsäure-dinitril 903
  aus Cyclohexanon 903
Adipinsäure-dinitril
  aus Butadien 903
ADMET (acyclic diene metathesis
  polymerization) 455
Adrenalin
  blutdrucksteigernd 659, 848
Aflatoxin
  Carcinogenität 364
Aglykon 769
AH-Salz 902
aktive Tasche 626
aktivierte Essigsäure 570
Aktivierungsenthalpie
  Freie 26
Akzeptorgruppe
  Polymethin 227
Akzeptorsubstituent 11
Alanin
  aus α-Aminopropionitril 798, 801
Aldehyde
  Acylierung von Aromaten 473
  Addition von 1-Alkinen 490
  Addition von Aminoverbindungen 483
  Addition von Cyanwasserstoff 489
  Addition von Wasser 477
  aus Alkenen durch Ozonierung 472
  aus Alkoholen durch Oxidation 472
  aus Carbonsäurederivaten durch Reduktion
    472
  C–H-Acidität 596
  Clemmensen-Reduktion 506
  durch Hydroformylierung 452
  Grignard-Reaktion 500
  in Knoevenagel-Kondensation 628
  IR- und NMR-Spektren 470
  mesomere Grenzstrukturen 470
  Nomenklatur 468
  Oxidation 501
  Oxidationsstufe 471
  Reaktion mit Yliden 495
  Reduktion mit Hydriden 504
  Wolff-Kishner-Reduktion 506
  α-Aminomethylierung 629

  α-Halogenierung 608
  π-Bindung 470
Aldehyde und Ketone
  relative Reaktivitäten 476
Alder, K. 234
Alditole 769
Aldoladdition
  3-Hydroxybutanal 616
  6-Oxoheptanal 620
  durch das Enzym Aldolase 625
  Elektronenakzeptor 617
  Elektronendonor 617
  in der lebenden Zelle 625
  intramolekulare 620
  mit Lithiumenolat 622
  Vergleich mit Claisen-Kondensation 635
Aldolase 625, 627
Aldole 617
  als Zwischenprodukte 623
Aldolkondensation 616, 618
Aldolreaktion
  gemischte 620
  stereochemischer Verlauf 619
Aldolspaltung 618
Aldosen 758
Aldrin 252
Aliphaten 69
Alkaloide 850
Alkane
  aus CO durch Hydrierung 82
  Autoxidation 96
  Dehydrierung 153
  durch Elektrolyse 82
  durch Kreuzkupplung 82
  geradkettige 71
  Halogenierung 84
  Konstitutionsisomerie 70
  NMR-Spektren 80
  Oxidation mit Sauerstoff 96
  Pyrolyse 98
  radikalische Substitution 69
  radikalische Substitutionen 82
  Schmelzpunkte 79, 80
  Siedepunkte 79
  van-der-Waals-Kräfte 79
  Verbrennungsenthalpie 112
  Vorkommen 81
n-Alkane 71
Alkanolate
  Solvatisierung 308, 309
Alkene
  homogen katalysierte Hydrierung
    449
  Hydrierung 153
  Hydroformylierung 452
  koordinative Polymerisation 456
  Metathese 149, 453

Addition von Carbenen 179
Addition von Halogen 167
Addition von Halogenwasserstoff 163
Addition von Schwefelsäure 165
Addition von Wasser 166
Additionen 159
anti-Addition 168
aus Alkanen 157
aus Alkinen 157
aus Alkoholen 158, 282
aus Alkylhalogeniden 158
aus Carbonylverbindungen 159
aus quartären Ammoniumhydroxiden
    158
cis-trans-Isomerie 149
Darstellung 157
durch Eliminierung 282
durch Olefinmetasynthese 159
elektrophile Additionen 160
elektrophiler Angriff 160
Epoxidierung 185
H_2O-Addition mit $Hg(OAc)_2$ 166
Hydroxylierung 188
Isomere 149
Konfiguration 150
NMR-Spektrum 150
Nomenklatur 151
nucleophiler Angriff 159
Oxidation 185
radikalischer Angriff 160
Reaktion mit Boran 174
Reaktivität 159
Spaltung durch Ozon 185
Alkine
    Acidität 204
    Addition von Halogen 205
    Addition von Halogenwasserstoff 206
    Addition von Wasser 206
    aus Acetyliden 203
    aus Dihalogenalkanen 202
    Herstellung 202
    Hydratisierung 207
    Hydrierung 211
    Hydroborierung 208
    IR-Spektren 201
    Nomenklatur 199
    nucleophile Additionen 209
    Reduktion 211
    und C-H-Acidität 438
1-Alkine
    Acidität 212
    Addition an Aldehyde 490
    oxidative Kupplung 215
    Umwandlung in Ketone 473
Alkoholate
    Basizität 308
Alkoholdehydrogenase 321

Alkohole
    Acidität 308
    Darstellung 306
    Dehydratisierung 314
    Dehydratisierung zu Ethern 317
    durch Grignard-Reaktion 491
    in der Atemluft 320
    IR-Spektrum 300
    mehrwertige 323
    NMR-Spektrum 302
    Nomenklatur 299
    Oxidation mit CrO_3 319
    primäre, sekundäre, tertiäre 299
    Reaktion mit Halogenwasserstoff 313
    Reaktion mit Säurehalogeniden 313
    Substitution der OH-Gruppe 318
    Tabelle 300
    Tosylierung 312
    und Thionylchlorid/Pyridin 275
    Veresterung 310
    Wasserstoffbrücken 300
alkoholische Gärung 304
Alkoholyse
    von Säurechloriden 267, 548
Alkylazid 665
Alkylhalogenide
    aus Alkoholen 313
Alkylierung
    Malonester 608
    mit Alkenen 398
    von Acetessigester 608
    von Enaminen 615
Alkylradikale
    Stabilität 88
Alkylsulfate 453
Allen 223, 878
Allicin
    im Knoblauch 352
D-Allose 779
Allyl 152
Allylalkohol
    enantioselektive Epoxidierung 187,
        343
Allylhalogenide
    Substitution 261
Allylkation
    Mesomerie 4, 231, 264
2-Allylphenol 714
Allyl-phenyl-ether
    Claisen-Umlagerung 714
Allylradikal 88, 93
allylständige H-Atome 159
Allylverschiebung 233, 507
D-Altrose 760
Aluminiumchlorid 391
Aluminiumorganyle
    aus Ethen 445

ambidente Nucleophile
  Enolate 266, 612
Ambrox 312
Ameisensäure
  aus Kohlenmonoxid und Natriumhydroxid
  515, 517, 536
Amide
  als Bausteine in Peptiden 571
Amidine
  Basizität 673
Amidinium-Kation 673
Amine
  als schwache Basen 671
  als schwache Säuren 674
  aus Carbonsäureamiden durch Reduktion
  667
  aus Iminen durch Reduktion 667
  aus Nitroverbindungen 668
  chirale 662
  Darstellung mit Kaliumcyanid 665
  Darstellung mit Natriumazid 665
  Darstellung mit Phthalimid-Kalium 665
  Darstellungen im Vergleich 669
  durch Alkylierung von Ammoniak 664
  durch Curtius-Abbau 666
  durch Hofmann-Abbau 666
  H-Brücken 660
  Inversion 661
  Nomenklatur 659
  pharmakologische Wirkung 663
  pK$_a$-Werte 672
  primär, sekundär, tertiär 659
  pyramidale Struktur 661
  Reaktion mit Alkylhalogeniden 675
  Reaktion mit Carbonsäurechloriden 680
  Reaktion mit Phosgen 681
  Reaktion mit salpetriger Säure 689
  Reaktion mit Sulfonsäurechloriden 682
  Siedepunkte 660
Aminhormone 848
β-Aminoalkohole
  als Arzneimittel 630
ε-Aminocapronsäure
  aus ε-Caprolactam 901
α-Aminocarbonsäuren 791
Aminomethylierung
  der Carbonylverbindung 629
6-Aminopenicillansäure 859
2-Aminopropionsäure
  R,S-Nomenklatur 122
Aminosäuren
  Acetylierung 809
  Aciditätskonstanten 804, 805, 807
  als Ampholyte 804
  als mehrbasige Säuren 804
  als Zwitterionen 804
  auf biochemischem Wege 802

  aus Acetamidomalonester 803
  aus Aldehyden 803
  aus Carbonsäuren 803
  aus N-acetylierten Aminosäuren 803
  aus Racemat durch Kristallisation 797
  Cahn-Ingold-Prelog-Regeln 793
  Code 791
  C-terminale 811
  durch enantioselektive Alkylierung 799
  durch enantioselektive Hydrierung 800
  durch Hydrolyse eines Peptids 801
  enantiomerenreine 803
  essentielle 794
  Fermentation 803
  Humanernährung 794
  isoelektrischer Punkt 808
  Konfiguration 793
  Nachweis 810
  N-terminale 811
  pK$_a$-Werte und isoelektrische Punkte 907
  primäre 791
  sekundäre 791
  Tierernährung 794
  Trennung 802, 803
  Trennung durch Elektrophorese 808
  Veresterung 809
  Verwendung 794
Aminozucker 860
Ammoniumcyanat
  Umwandlung in Harnstoff 1
Ammoniumsalze
  quartäre 677
Amphetamin 663
amphoter
  Amine 671
  Aminosäuren 574, 804
Amylopektin 775
Amylose
  H-Brücken 775, 778
Anästhetika 245
Androsteron 103, 847
anellierte Aromaten 361
Anellierung 652
Angiotensin II 826
anguläre Methylgruppen 845
Anhydride
  cyclische 537
Anilin
  Acetylierung 686
  Bromierung 685
  Chlorierung 697
  Diazotierung 691
  Sulfonierung 686
Anionen
  „nackte" 270
anionische Polymerisation
  von Butadien 439

anionische Tenside 453
Anionotropie
    Baeyer-Villiger-Oxidation 502
    im Boranat 162, 177, 578, 579, 581, 708
[10] Annulen 372
[18] Annulen 369, 375
[6] Annulen 369
Anomere 763
anomerer Effekt 764
anomeres C-Atom 763
Anthracen
    aromatische Substitution 361, 412
Anthracenperoxid 413
Anthranilsäure
    durch Hofmann-Abbau 417, 579
anti 77, 78, 619
anti-Addition
    von Brom 168
anti-Addition von Brom
    an Alkene 171
Antiaromat
    Elektronenverteilung 372
    Pentalen 371
    Vergleich mit Aromat 371
Antiaromaten
    NMR-Spektren 370, 373
Antibiotika 859
anti-coplanar
    Eliminierung 286
Anti-Hückel-Aromaten 370
Antiklopfmittel
    Bleitetraethyl 97
    tert-Butyl-methyl-ether 97
anti-Markownikow-Addition 193
anti-Markownikow-Produkt 175
Antioxidantien
    substituierte Kresole 723
    α-Tocopherol 724
Antipellagra-Vitamin 571
Äpfelsäure 539
äquatoriale Bindungen 107
Ar 364
D-Arabinose 760
Arachidonsäure 782, 783, 850
Arene 364
Arensulfonylchloride
    Reaktionen 389
Arginin
    Basizität 792, 807, 822
Arine 416
Aromat
    Elektronenverteilung 372
    Reaktion mit Iminiumsalz 393
Aromaten
    Additionen 419
    anellierte 361
    aus Erdöl 375

aus Steinkohlenteer 376
    benzoide 368
    carcinogene 364
    durch Synthese 376
    Eliminierung zu Arinen 416
    Hydrierung 421
    Hydrierungswärme 366
    kondensierte 361, 410
    Lichtabsorption 228
    nichtbenzoide 368
    NMR-Spektren 373
    Nomenklatur 362
    nucleophile Substitution 413
    Radikal-Anion 421
    Reaktion mit CO 393
    Reaktionen der Seitenkette 423
    Reaktionen im Überblick 381
    Überblick 361
Aromatenseitenketten
    Oxidation 425
aromatische Aldehyde
    Reaktionen 394
aromatische Ketone
    Reaktionen 394
aromatische Substitution
    Energieprofil 382
Aromatizität
    und Planarität 372
Aryl 364
Ascaridol 236
Ascorbinsäure
    Acidität 771
    aus Glucose 771, 864
Asparagin 792
Asparaginsäure
    dreibasige Säure 792, 806
L-Asparaginsäure
    aus Fumarsäure 802
Asparaginsäure-anhydrid
    Synthese 556
Aspartam
    Herstellung 556, 812
Aspirin 719
Assoziation 447
Atomorbitale 15
ATP 276
Atropin
    in der Augenheilkunde 851
Ausbeute
    bei Mehrstufensynthese 500
Autoxidation
    Alkane 96
    Decalin 96
    Ether 96, 338
axiale Bindungen 107
Azacyclopentan 659
azeotrope Destillation 480

azeotropes Gemisch 304, 525, 717
Azid
    aus Tosylat 311
Azid-Ionen
    als Nucleophile 268
Aziridin 662
Azofarbstoffe 700
    aus Diazoniumverbindungen 697
Azoisobutyronitril
    zur Radikalerzeugung 83
Azokupplung 697
Azomethan 698
Azoverbindung 697
Azoverbindungen
    als cis-trans-Isomere 698
    als Farbstoffe 699
    als Indikatoren 700
Azulen
    Synthese 378
    zu 1-Acetylazulen 369, 394

Bacillus circulans 774
Baekeland, L. H. 906
Baeyer-Villiger-Oxidation
    Ketone 502, 503, 533, 568
Bakelit 905
Bananenbindungen
    in Cyclopropan 112
Basizität
    Alkoholate 308
    Amidine 673
    und Nucleophilie 267
Beckmann-Umlagerung
    Oxime 580
    regiospezifisch 581
Benzal- 364
Benzalchlorid 474
Benzaldehyd
    aus Toluol 474
    Oxynitrilase, Re- und Si-Seite 144,
        467
Benzin 97
Benzo[a]pyren
    Carcinogenität 364
    Epoxidierung 365
p-Benzochinon 722
Benzodiazepine
    Bausteine 750
    kombinatorische Synthese 750
Benzoesäure
    durch Oxidation 474, 518
Benzofuran 732
benzoide Aromaten 368
Benzol
    „violettes" 340
    Acylierung 390
    Alkylierung 395

Alkylierung mit Alkenen 398
Alkylierung mit Carbonylverbindungen
    398
Bindungslänge 365
Chlormethylierung 398
Elektronenstruktur 5
elektrophile Substitution 382, 401
Energieniveaus der p-Elektronen 372
Formylierung 401
Halogenierung 385
Hydrierungswärme 366
mesomere Grenzstrukturen 5, 365
Metallierung 438
Molekülorbitale 367
neutrales Radikal 431
Nitrierung 384
NMR-Spektrum 362
Radikal-Anion 431
Radikal-Kation 431
Reaktivität 381
Substitutionsreaktionen 381
Sulfochlorierung 389
Sulfonierung 387
Zweitsubstitution 361, 402
Benzoldiazonium-2-carboxylat
    Quelle von Dehydrobenzol 692
Benzoldiazonium-carboxylat
    aus Anthranilsäure 418
Benzoldiazoniumchlorid 691, 694
Benzolring
    Dreifachsubstitution 404
Benzolsulfonsäure 387
Benzopyridine 749
Benzoyl 363
Benzoylchlorid
    Reduktion zu Benzaldehyd 552
Benzyl 363
Benzylhalogenide
    Substitution 263, 364
Benzyl-Kation 264
Benzylradikal
    mesomere Grenzstrukturen 424
Bernsteinsäure 533
    Dehydrierung 283
    Wasserabspaltung 554
Bernsteinsäureanhydrid 537
Bestrahlung
    bei Halogenierung 90
Betain 487, 497, 804
Biaryle
    durch Suzuki-Kupplung 461
bicyclische Ketone
    durch Robinson-Anellierung 651
Bicyclo[1.1.0]butan 115
bimolekulare Reaktion 256
Binal-H
    zur Reduktion von Ketonen 505

Binaphthol
    aus 2-Naphthol 721
    Chiralitätsachse 721
Bindung 21
p-Bindung
    metallorganische Verbindungen 433
π-Bindung 150
Bindung
    gebogene 13
    ionische 2, 6
    kovalente 2, 6
    σ- 18
π-Bindung
    18-Elektronenregel 435
    Aldehyde 470
    Ketone 470
σ-Bindungen
    gebogene 113
Bindungsdissoziationsenergie 24
Bindungselektronen
    Valenzstriche 3
Bindungsenergie 24
Bindungsenergien
    Tabelle 25
Biodiesel
    aus Rapsöl 789
Biologischer Rezeptor 664
Biosprit 307
Biotin 356, 861
    Übertragung von CO_2 356
Biradikal 879
Birch-Reduktion 420
Bis(2-ethylhexyl)phthalat
    als Weichmacher 559
Bisphenol A
    aus Phenol 400, 899
Bittermandelöl 467
Black, J .W. 350
Bleitetraacetat
    Oxidation von 1,2-Diolen 325
Blockcopolymer 897
Blutgerinnungsfaktor 832
Boran
    Reaktion mit Alkenen 174
Boronsäuren 441, 460
Bororganische Verbindungen
    durch Ummetallierung 441
Borsäure-trialkylester 177
Boten-RNA 828
Boten-RNS 859
Brenzcatechin 706
    Oxidation 717
Brenztraubensäure 538
    enantiotope Seiten 142
Brom
    radikalische Addition an Alkene 192
Bromaceton 603

N-Bromamid 578
Bromchlorid
    Addition an Alken 173
Bromierung
    Alkane 85
    Alkene 169
    Anilin 685
    Chinolin 749
    in Allylstellung 94
    Isobutan 247
    Isopropylbenzol 247
    Phenole 715
    Pyridin 743
    Reaktionsgeschwindigkeit 169
Bromoniumverbindung 168, 169, 205
4-Bromphenol 715
N-Bromsuccinimid 94
    aus Succinimid-Kalium 575
N-Bromsuccinimid (NBS)
    Bromierung von Alkenen 171
Bromwasserstoff
    radikalische Addition an Alkene 193
Brønsted-Säure 336
Brown, H. C. 174
Buchwald-Hartwig-Reaktion 688
Butadien
    aus Butan 229
    HBr-Addition 232
    Molekülorbitale 21, 223
    Polymerisation 896
    Ringschluss 870
    Synthese von Adipinsäure-dinitril 903
Butan
    potentielle Energie 77
1,3-Butandiol 624
1-Butanol 624
Butatrien
    Geometrie 14
2-Buten
    Phillips-Triolefin-Prozess 453
Butenandt, A. 846
2-Butin 199, 200, 201
Buttersäure 513, 514, 515
Butylalkohole
    Herstellung 307
Butylkautschuk
    aus Isobuten und Isopren 898
Butyllithium
    als Base 437, 439
γ-Butyrolacton 566

Cahn-Ingold-Prelog-Regeln 141
Calciferol 864, 885
Campher 467, 841
ε-Caprolactam 581
    aus Cyclohexanon-oxim 903
    ringöffnende Polymerisation 901

Capronsäure 515
Carbamate 585
Carbamidsäure 585
Carbanion
  bei Eliminierungen 291
Carbanionen 482
Carbene
  aus Diazomethan 180
  aus Haloform 182
  Elektronenverteilung 179
  VSEPR-Modell 179
Carbenium-Ion
  aus Diazoniumverbindungen 396, 690
  bei S_N1-Reaktion 259
  Stabilisierung 160
  Umlagerung 162
Carbenoide 183
Carbonsäureamide
  aus Ammoniumsalzen 574
  aus anderen Carbonsäurederivaten 574
  aus Nitril 584
  aus Oximen 580
  Basizität und Acidität 574
  Benennung 570
  Bindung 571
  Hofmann-Abbau 577
  Hydrolyse 575
  Hydrolyse durch Proteasen 576
  NMR-Spektren 573
  Reaktion mit Grignardverbindungen 576
  Reduktion 577
  Wasserstoffbrücken 571
  Zwitterionencharakter 572
Carbonsäureanhydride 553
  aus Carbonsäurechloriden 553
  aus Dicarbonsäuren 554
Carbonsäurechloride
  aus Carbonsäuren 547
  Reaktion mit Alkoholen 548
  Reaktion mit Aminen 550
  Reaktion mit metallorganischen
    Verbindungen 550
  Reaktion mit Wasser 546
  Reduktion zu Aldehyden 552
  Reduktion zu Alkoholen 552
Carbonsäurederivate
  Reaktivität 545
  Reaktivitätsvergleich 546
Carbonsäurehalogenide
  aus Carbonsäuren 527
Carbonsäuren
  Acidität 520
  aus Alkoholen durch Oxidation 516
  aus Alkylaromaten durch Oxidation 516
  aus Kohlendioxid 517
  aus Malonsäure durch Decarboxylierung
    517

aus Methylketonen 606
aus Nitrilen oder Estern 516
Bildung eines Carbonsäurechlorids 527
Bildung eines primären Alkohols 528
Carboxylatbildung 534
Decarboxylierung 529, 530
Dissoziationskonstanten 514
Geruch 515
Löslichkeit 515
Methylierung mit Diazomethan 527
Nomenklatur 513
Reaktion mit Thionylchlorid 527
Veresterung 526
Vorkommen 515
Wasserstoffbrücken 516
α-Halogenierung 603
Carbonylgruppe
  Grignard-Reaktion 491
  zur Reaktivität 475
Carbonylierung
  Pd-katalysiert 409
Carbonylolefinierung 495
Carbonylverbindungen
  Oxidation 501
  Racemisierung 602
  Reaktivität 587
  Reduktion 503
  ungesättigte, nucleophile Addition 645
  ungesättigte, 1,2-Addition 643
  ungesättigte, 1,4-Addition 643
  ungesättigte, Addition Cu-organischer
    Verbindungen 653
  ungesättigte, Addition Li-organischer
    Verbindungen 653
  ungesättigte, Addition Mg-organischer
    Verbindungen 653
  ungesättigte, Addition von Chlorwasserstoff
    644
  ungesättigte, Addition von Cupraten 654
  ungesättigte, Aldolkondensation 641
  ungesättigte, Elektronenverteilung 643
  ungesättigte, elektrophile Additione 643,
    644
  ungesättigte, Epoxidierung 646
  ungesättigte, Halogenaddition 644
  ungesättigte, Michael-Additio 647
  α-CH-Acidität 595
Carboxylate 521
Carboxylgruppe 513, 519
Carboxylierung
  von Phenolen 718
Carboxypeptidase
  Hydrolyse von Peptiden 822
carcinogene Verbindungen
  Aflatoxin 364, 365
  Benzo[a]pyren 365
Carothers, W. H. 902

β-Carotin 226, 843
Carotinoide 843
Carvon 132
Carzinogene
    N-Nitrosamine 691
Cellobiose 772
    enzymatische Hydrolyse von Cellulose 773
Cellulose 776
    H-Brücken 778
Cephalosporine 580, 859
CH-acide Verbindungen
    pKa-Werte 597
α-CH-Acidität
    Carbonylverbindungen 595
    Nitrile 595
Chaperone 833
Chauvin, Y. 455
chemische Verschiebung
    in der NMR-Spektroskopie 47
Chinin 852
Chinolin 740
    aus Steinkohlenteer 740
    Bromierung 748
    Oxidation 749
    Tschitschibabin-Reaktion 744
Chinolone
    als Antibiotika 415
o-Chinomethan 906
p-Chinon
    Diels-Alder-Reaktion 240
Chinone 720
    Diels-Alder-Reaktion 236
    Farbe 724
chiral 120, 143
chirale Rh-Verbindung
    zur enantioselektiven Hydrierung 801
chirales Reservoir 772
Chiralität 119
    axiale 126
    helicale 126
Chiralitätsachse 120
    Binaphthol 721
Chiralitätszentrum 120
Chloraceton 500
Chloral 478
Chloral-hydrat
    Schlafmittel 478
Chloratom 90
Chlorcyclohexan
    Konformere 108
Chlorierung
    mit Sulfurylchlorid 90
    von Alkylaromaten 423
Chlormethylierung
    nach Blanc 398
Chloroform
    Aufbewahrung 249

Bildung von Dichlorcarben 182
Chlorophyll 854
    Absorption von Licht 855
Chloropren 222
    Polymerisation 896
m-Chlorperoxybenzoesäure 186, 533
Cholestadien 222
Cholestan
    aus Cholestanon 507
5α-Cholestan 845
5β-Cholestan 845
Cholesterin 846
    Lipid 781
    Hydroborierung 179
Cholin 677, 678
Cholsäure 845, 846
Chromatographie
    Trennung von Enantiomeren 135
Chromophore
    UV-Spektroskopie 67
Chromsäureester 319
Chrysen 361
Chymotrypsin
    Hydrolyse von Peptiden 822
CIP-Nomenklatur 141
    Prioritäten 121
CIP-Regeln 122
Ciprofloxacin
    Synthese 415
cis-1,2-Dimethylcyclohexan 109
cis-2-Buten
    Epoxidierung 149, 156, 186
cis-Alkene
    Stabilität 156
cis-trans-Isomerie
    bei Cycloalkanen 104
Citral 467, 622, 841
    Retroaldol-Reaktion 647
Citronellol
    Oxidation 320
Claisen-Kondensation 631
    gemischte 633
    intramolekulare 633
    mit Ketonen 634
    Vergleich mit Aldol-Addition 635
Claisen-Umlagerung 714
    Allyl-phenyl-ether 714
    in der Aliphatenreihe 714
    in der Aromatenreihe 714
Clemmensen-Reduktion
    Aldehyde 506
    Ketone 394, 506
Clofenamid 407
CM (cross metathesis) 454
Cobaltocen 436
Cocain 852
Codein 852

Coenzym Q 722
Coenzym Ubichinon 722
Coenzyme 835
Cofaktor 835
Coffein 852
Coniferylalkohol
    Oxidation 776
Coniin
    aus 2-Picolin 851
Cope-Umlagerung 714
Copolymer 897
    alternierendes 897
    statistisches 897
Corringerüst 855
Corticosteroide 848
Cortison 848
cracken 99
Crafts, J. M. 391
Cram, D. J. 342
Crotonaldehyd 501
Crotonsäure
    Herstellung 624
Cuban 115
Cumarin 566, 649
Cumolhydroperoxid 349
    Umlagerung 708
Cuprate
    und Epoxide 444, 445, 551, 587
    Addition an Enone 654
Curl, R. F. 362
Curtius-Abbau
    Carbonsäureazide 579
    Stereospezifität 579
C-C-Verknüpfungsreaktion
    Pd-katalysiert 459
Cyanhydrine
    Intermediate in der Stetter-Reaktion 653
    saure Verseifung 489
Cyanid
    als Katalysator 489
Cyanine 227
Cyanocobalamin 863
cyclisches Halbacetal
    bei Zuckern 479
Cyclitol 860
[2+2]-Cycloaddition 454
[2+4]-Cycloaddition 877
[4+2]-Cycloaddition
    Diels-Alder-Reaktion 235
Cycloadditionen
    [2+2]-Cycloaddition 873
    [2+4]-Cycloaddition 873
    [2+6]-Cycloaddition 873
    Cycloheptatrien 874
    Orbitalsymmetrie 876
    Stereochemie 874
    stufenweise 879

synchrone 876
[2+2]-Cycloaddtion
    thermisch erlaubt 878
Cycloalkane 103
    cis-trans-Isomerie 104
    Konformation 107
    Ringspannung 112
    Verbrennungsenthalpie 112
Cyclobutadien
    Diels-Alder-Reaktion 377
    Herstellung aus Eisencarbonylkomplex 370, 377
    Antiaromat 370
    Rechteck-Anordnung 371
Cyclobutadien-eisentricarbonyl 371
Cyclobutan
    Segel 105
Cyclobutanverbindungen
    durch Cycloaddition 110
Cyclodextrine 774
Cycloheptanon
    Dipolmoment 370
Cycloheptatrien 377
Cycloheptin 201
Cyclohexadienylium-Ion 382
Cyclohexan
    gestaffelt 106
    Konformere 106
    Newman-Projektion 106
    Sessel 105, 106, 107
    verdrillte Wanne 106, 116
1,2-Cyclohexandicarbonsäurediisononylester
    als Weichmacher 908
Cyclohexanon-oxim 903
Cyclohexanverbindungen
    durch Diels-Alder-Reaktion 110
Cyclohexen
    Allylbromierung 94
2-Cyclohexenon
    Addition von Ethanthiol 646
    Diels-Alder-Reaktion 602
Cyclooctatetraen 378
Cyclopentadien
    aus Dicyclopentadien 239
    pK_A-Wert 437
Cyclopentadienid
    aus Cyclopentadien 378
Cyclopentadienid-Ion 434
Cyclopentan
    Briefumschlag 105
Cyclopentancarbonsäure
    Malonester-Synthese 610
Cyclopentandiol 346
Cyclophan 129
Cyclopropan
    Bananenbindungen 112
    Ringspannung 112

Cyclopropancarbonsäure
    Malonester-Synthese 610
Cyclopropanverbindungen
    aus Diazoessigester 182
    aus Dibromcarben 110
Cyclopropenylium-Ion
    Aromat 368
Cyclopropenylium-tetrafluoroborat
    368
[2+2]-Cycloreversion 454
Cystein 792, 793, 807
Cytosin 857

2,4-D 608
D,L-Nomenklatur
    bei Zuckern 759
DBN 673
DDT 252, 399
    Herstellung 252
Decalin
    Autoxidation 96
Decarboxylierung
    durch Elektrolyse 529, 530, 628
    Carbonsäuren 529
    in der biologischen Zelle 530
deformierbar 267
Dehydratisierung
    Alkohole 314
    mit Phosphorsäure 316
    mit Umlagerung 316
Dehydrierung
    Alkane 154
    Bernsteinsäure 283
    Hydrid-Ion 321
    in der Zelle 321
    zu Styrol 155
Dehydrierung mit Schwefel
    Guajol 841
Dehydrierungsmittel
    NAD$^+$ 322
Dehydrobenzol 416
Dehydrochlorierung 287
Dehydronaphthalin 416
Delokalisierung
    Ladungen 5
Delokalisierungsenergie
    von Benzol 366
Deskriptor
    Z und E 151
Desoxy 765
2-Desoxy-D-ribonucleinsäure 856
2-Desoxy-D-ribose 765
Desulfonierung 388
    von o- und p-Toluolsulfonsäure 725
    zu 2,6-Dichloranilin 687
Detergentien 523
Dextrine 778

Diamant 116
Diaminocarben 179
Diastereoisomere 119
Diastereomere 124, 126, 149
diastereomere Salze
    Trennung 797
diastereotop 137
Diazabicyclononen 173
Diazepam 750
Diazepine 750
Diazomethan 688
    zur Methylierung 526
Diazoniumgruppe
    elektrophiler Charakter 696
    Reduktion 696
    Substitution durch Halogenid oder Cyanid
        693
    Substitution durch Hydroxyl 692
Diazoniumsalze
    aliphatische 699
    aromatische 699
    Hydridverschiebung 690
Diazoniumverbindungen 688
    Azofarbstoffe 697
DIBAl-H 472, 563
Dibenzoylperoxid
    zur Radikalerzeugung 83
Diboran 174
Dibromcyclopropan
    cis-trans-Isometrie 104
Dicarbonsäuren
    Acidität 533
    Herstellung 535
1,3-Dicarbonylverbindungen
    Herstellung 635
1,4-Dicarbonylverbindungen
    durch Stetter-Reaktion 653
2,6-Dichloranilin
    aus Sulfanilamid 687
2,4-Dichlorphenoxyessigsäure
    Herbizid 608
    Synthese 713
Diclofenac
    Synthese 687
Dicyclohexylcarbodiimid (DCC) 813, 820
Dicyclohexylharnstoff
    bei Peptidsynthese 816
Dieckmann-Kondensation 633
Diederwinkel
    in Ethan 77
Dielektrizitätskonstante 271
Diels, O. 235
Diels-Alder-Reaktion
    [4+2]Cycloaddition 235
    Bildung von Cyclohexen 234
    cis-Addukt 237
    Cyclobutadien 377

Furan 737
Insektizide 252
intramolekulare 238
mit Acetylendicarbonsäureester 234
mit Azodicarbonsäureester 236
mit Butadien 235
mit Cyclopentadien 236
mit Hexadien 237
mit *p*-Chinon 240
mit Singulett-Sauerstoff 236
retro 239
Stereochemie 237
Thiophen 737
trans-Addukt 237
von Arinen 417, 873
Dien Metathese Polymerisation 455
Diene
    aus Allylhalogenid 229
    1,2-Addition 233
    1,4-Addition 233
    Addition von Br$_2$ 232
    Addition von Bromwasserstoff 231
    aus Allylhalogeniden 229
    aus Diolen 229
    cis-Konformation 235
    Herstellung 228
    Hydrierungsenthalpien 222
    Konformation 224
    konjugierte 221
    offenkettige 235
    Stabilität 222
Dienophil 235
Diethylenglykol
    aus Ethylenoxid 348
Diethylether
    aus Ethanol 334
    Narkotikum 332
Difluorcarben 179, 252
Diglyme 341
Dihalogencarben 182
1,4-Dihydrobenzol
    durch Birch-Reduktion 421
1,4-Dihydropyridin 741
Dihydroxyaceton 758
Dihydroxyaceton-phosphat 625
Diin 203, 230
    Darstellung 215
Diisobutylaluminiumhydrid
    Addition an Alkine 446
    Reduktion von Estern 563
2,4-Diisocyanatotoluol
    aus Toluol 682
Diisooctylphthalat 452
Diisopropylether
    Oxidation 339
Diisopropyltartrat (DIPT) 349
Diketen 878

1,4-Diketone 653
2,3-Dimethyl-1,3-butadien
    Diels-Alder-Reaktion 239
4-Dimethylaminopyridin
    Katalysator 555
Dimethyldioxiran 342
    zur Epoxidierung 186
Dimethylformamid 392
2,2-Dimethyloxiran 347
    Ringöffnung 347
Dimethylsulfid 353
Dimethylsulfon 351
Dimethylsulfoxid 351
    als Oxidationsmittel 501
    für NMR-Spektroskopie 304
Dinitrobenzol
    NMR-Spektrum 405
3,5-Dinitrobenzoylchlorid
    Reaktion mit Alkoholen etc. 549
2,4-Dinitrophenylhydrazin
    Synthese 414, 484
1,2-Diole
    Oxidation 325
Diolen 899
dipolar-aprotisch 270
1,3-dipolare Reaktionen 190
dipolare Verbindung 346
dipolare Zwischenstufe 486
Dipolmoment
    2-Butin 201
    induziertes 8
    IR-Spektrum 59
    permanentes 8
    und IR-Spektroskopie 58
Diradikal
    Triplett-Methylen 180
Direktsynthese 438
dirigierende Gruppe 438
dirigierte ortho-Metallierung
    von Aromaten 438
Disaccharide 772
Disparlur 213
disrotatorisch 869, 871
Dissoziation 447
Dissoziationskonstanten
    Carbonsäuren 514
Disulfid
    Reduktion 350, 354
Disulfidbrücken
    durch Vulkanisierung 897
Diterpene 841
DMAP 549, 555
DNA 856
DNS
    Doppelhelix 858
    H-Brücken 858
Dodecahedran 115

Domagk, G. 683
Domäne
    eines Proteins 831
Donorgruppe
    Polymethin 227
Donorsubstituent 11
Dopa
    gegen Parkinson-Krankheit 133, 663
L-Dopa 451
Dopamin 663
Doppelbindungen
    konjugierte 4, 22
Doppelhelix
    DNS 856
Doppelschicht 788
Drehrichtung
    disrotatorisch 870
    konrotatorisch 870
Drehspiegelachse 129
dreibasige Säure
    Asparaginsäure 806
Dreifachbindungen
    nach Kekulé 4
    nach Lewis 4
Duroplaste 894
Dynamit
    Nobelstiftung 324

E1cB-Mechanismus
    und Aromaten 416, 618, 818
E1cB-Reaktion 290
E1-Reaktion 289
E2-Mechanismus
    und Aromaten 416
E2-Reaktion 284
Edman-Abbau
    von Peptiden 825
ee-Wert 136
I-Effekt 10, 407, 438
M-Effekt 10, 407, 438
ekliptisch 76
ekliptische H-Atome 105
Elastomere 894
elektrocyclische Reaktionen
    Cyclisierung 868
    disrotatorisch 869
    konrotatorisch 869
    Regeln 871
    Ringöffnung 868
    Stereochemie 869
Elektrolyse
    nach Kolbe 82
Elektronegativität
    Fluor 7
    Kohlenstoff 7
    und Polarität 6
    von Acetylen 207

Elektronenakzeptor
    Aldoladdition 617, 619
Elektronenanordnung 2
    edelgasähnliche 3
    Kohlenstoff 3
    Neon 3
Elektronendonor
    Aldoladdition 617, 619
Elektronenkonfiguration
    Eisen 436
Elektronenlücke
    Vinylboran 2, 11
Elektronenmangelbindungen 435
Elektronenpaarabstoßung
    bei Mehrfachbindungen 13
    und Molekülgeometrie 12
Elektronenpaare 2
    nichtbindende 13
18-Elektronenregel
    π-Bindung 435, 443
Elektronenstruktur 1
Elektrophil 28
elektrophile Additionen
    stereochemischer Vergleich 149, 185
Elektrophorese 808
Eliminierung
    an Aromaten 416
    anti 286
    anti-coplanar 286
    basenvermittelte 290
    cis 288
    E1cB-Reaktion 290
    E2-Reaktion 284, 286
    Einteilung 283
    Hofmann-Produkt 284
    Reaktionsgeschwindigkeit 290
    Regioselektivität 284
    Saytzeff-Produkt 284
    syn 286
    synchrone 293
    syn-coplanar 287
    trans 288
    über Carbanion 290
    und Substitution 293
β-Eliminierung 540
    kinetischer Isotopeneffekt 292
    präparative Bedeutung 282
Eliminierung-Addition 417
Emulgatoren 788
Enamine
    ambidente 615
    Michael-Addition 651
    α-Acylierung 615
    α-Alkylierung 486, 615
Enantiomere 119, 126
    Drehwert 131
    Geruchsunterschied 132

optische Aktivität 136
Racematspaltung 136
Enantiomerenreinheit 136
enantiomorphe Kristalle 134
enantioselektive Epoxidierung
von Allylalkohol 187
enantiotop 137
enantiotope H-Atome 322
enantiotope Seiten 451
Brenztraubensäure 142
Geraniol 188
Endgruppenbestimmung
nach Sanger 828
Endiol 771
endo-Addukt 238
endo-Regel 238
Endorphine 812
Energieprofil 27, 164, 259
einer S_N-Reaktion 259
Enolate
ambidente Nucleophile 612
enantiotope Seiten 626
Enolat-Ion 595, 599
Mesomerie 4
Enolether 331
Enolisierung
Carbonsäurebromid 607
Enone 641
Enthalpie 26
Entropie 26
Enzyme 835
Aktivierungsbarriere 278
Carboanhydrase 835
katalytische Wirkung 835
Ephedrin
Synthese 663, 676
Epimere 761
Epoxid
aus Alken und Dimethyldioxiran 342
chirales 351
Darstellung 342
Reaktion mit Desoxyribonucleinsäure 365
Ringöffnung 345
symmetrisches 345
unsymmetrisches 345
Epoxide
Ringöffnung mit Cupraten 445
Epoxidierung
durch Dimethyldioxiran 186, 342
Benzo[a]pyren 365
enantioselektive 187
von Inden 344
von ungesättigter Carbonylverb. 343
Epoxy 331
2,3-Epoxycyclohexanon 343
Erdgas
mit Thiolen versetzt 352

Zusammensetzung 81
Erdöl
Zusammensetzung 81
Erlenmeyer-Regel 478, 645, 709
Erucasäure 783
erythro 124
D-Erythrose 759
D-Erythrulose 759
essentielle Fettsäuren 783
Essigsäure 515, 518
aus Acetaldehyd 516
Dissoziationskonstante 520
durch Carbonylierung von Methanol 518
Essigsäureanhydrid
aus Acetaldehyd 554
aus Essigsäure und Keten 554
zur Acetylierung von Alkoholen 555
Essigsäure-ethylester
Enolat 614
Ester
aus Carbonsäurechloriden und Alkoholen 559
aus Carbonsäuren und Alkoholen 559
C–H-Acidität 596
Hydrolyse 560
Nomenklatur 558
Pyrolse 282
Reaktion mit Ammoniak und Aminen 562
Reaktion mit Grignard-Verbindungen 563
Reduktion mit Diisobutylaluminiumhydrid 563
Reduktion mit Lithiumaluminiumhydrid 563
reduktive Dimerisierung 564
Umesterung 561
α-Alkylierung 612
Ester-Enolat 631
Esterkondensation
nach Claisen 631
Ethan
Konformation 76
Ethanol
aus Ethen 306
aus Zucker 306
Dehydrierung in der Zelle 321
NMR-Spektrum 302
Oxidation zu Acetaldehyd 321
prochirales Molekül 143
Vergällung 304
Ethanthiol 353
Ethen
im Phillips-Triolefin-Prozess 453
Ether
als Ionophore 341
als Lewis-Basen 336
aus Alkoholen 334
aus Alkoholen und Isobuten 334

aus Alkylhalogeniden und Alkoholaten 333
aus Isobuten 334
Autoxidation 96, 338
Benennung 331
Bildung von Oxoniumsalzen 336
cyclische 331
Nonactin 341
Reaktion mit Bortrifluorid 336
Etherperoxid
explosiv 338
Etherspaltung 337
Ethersynthese
nach Williamson 333
Ethin
Kettenverlängerung 212
1-Ethinylcyclohexen
Epoxidierung 345
Ethinylöstradiol 848
Ethyl(vinyl)ether
HBr-Addition 164
Ethylen
Molekülorbitale 18, 21
Ethylendiamintetraessigsäure (EDTA) 677
Ethylenglykol
aus Ethylenoxid 324, 346
Ethylenoxid
großtechnische Herstellung 344
Polymerisation 898
zur Herstellung von Tensiden 524
Exaltolid 456
Extrusion 448

β-Faltblatt-Struktur
antiparallele 831
parallele 831
Farbe
von Polyenen 226
Farnesol 841
FCKW's 252
Fehlingsche Lösung 770
Fermentation
Bildung von Aminosäuren 803
Ferrocen
Valenzelektronen 394, 436
Festphasen-Synthese 752, 820
Fettalkohole 785
Fette
Hydrierung 785
Oxidation 786
Verseifung 784
Fettgemische
Gaschromatographie 783
Fetthärtung 786
Fettsäuremethylester
Gaschromatogramm 784
Fettsäuren 515

ω3-Fettsäuren 783
Fischer, E. O. 436
Fischer, Emil 761
Fischer, Hans 854
Fischerkreuz 123
Fischer-Projektion 123
Zucker 759
Fischer-Tropsch-Verfahren 306
Fluor
Elektronegativität 6
Fluoralkane 249
Fluorbenzol
aus Benzoldiazonium-hydrogensulfat 695
fluorige Phase 246
Fluorkohlenwasserstoffe
als Kältemittel 250
als Treibmittel 250
Siedepunkte 250
Fmoc 751
Formaldehyd 467
aus Methan 473
homotope Seiten 142
zur Synthese eines Polymers 906, 907
Formylgruppe 392, 467
Formylierung
von Benzol 401
3-Formylindol
aus Indol 749
Formylium-Ion 393
Fragmentierung
bei Massenspektroskopie 35
fraktionierende Kristallisation 134
Freie Enthalpie 26, 27
Frequenz 33
Friedel, Ch. 391
Friedel-Crafts-Acylierung
Ibuprofen 390, 391, 409
Phenole 717
Friedel-Crafts-Alkylierung
mit Chlormethyl-ethyl-ether 820
Mehrfachsubstitution 391, 395, 397
Frigene
Abbau der Ozonschicht 251
Darstellung 250
Fruchtzucker 766
D-Fructofuranose 766
D-Fructopyranose 766
Fructose
Fehlingsche Lösung 770
Keto-Enol-Tautomerie 770
D-Fructose 761, 765
in Saccharose 775
Fructose-1,6-diphosphat 625
Fukui, K. 867
Fullerene
Bildung 362
NMR-Spektrum 362

Fulvenderivat 378
Fumarsäure 196, 536
Fungizide 274
funktionelle Gruppe 450
Furan
  in Diels-Alder-Reaktionen 417,
    732
  Acetylierung 737
  aromatisches Verhalten 736
  aus Furfural 734
  Bromierung 738
  Delokalisierungsenergie 732
  Diels-Alder-Reaktion 737
  elektrophile Substitutionen 736
  Metallierung 737
  Sulfonierung 737
Furanose 762
Furanverbindungen
  aus 1,4-Dicarbonylverbindungen
    733
Furfural
  aus Pentose 734
Fuselöle
  alkoholische Gärung 304

Gabriel-Synthese 665
D-Galactose 774
  in Lactose 774
Gallussäure 539
Gammexan 420
Gärung
  alkoholische 304
Gaschromatographie
  Fettgemische 783
  meso und rac 169
Gattermann, L. 393
Gattermann-Koch-Reaktion 393
gauche 77, 78
Gelatine 801
gem-Diol 477
geminal 143
genetischer Code 859
Geometrie
  Allen 14
  Butatrien 14
  Ethen 14
  Ethin 14
geometrische Isomere 149
Germizide 524
Geschwindigkeiten
  bei Substitution 266
Geschwindigkeitsgleichung 258, 260
gestaffelt 76
  Cyclohexan 105
Gestagene 847
Gillespie, R. J. 12
Glaser-Reaktion 215

Gleichgewicht
  Amin/Imin 486
  zwischen Konformeren 106
Globin 854
α-D-Glucofuranose 762
Gluconsäure 770
Glucopyranose
  Halbacetal 479
α-D-Glucopyranose 762
  Haworth-Projektion 765
  Sesselkonformation 763
β-D-Glucopyranose 762
  Haworth-Projektion 765
  Sesselkonformation 763
D-Glucosamin
  Übertragung von Acetyl 569
Glucose
  Acetylierung 767
  Glykosidierung 768
  im Blut 765
  NMR-Spektrum 764
  Oxidation 770
  Permethylierung 333
  Reduktion 769
  spezifische Drehung 763
  Tautomerie 765
  Vergärung 775
D-Glucose 760, 765, 769
  in Saccharose 775
  Tautomere 763
Glutamin 791
Glutaminsäure 791
L-Glutaminsäure
  aus D-Glucose 803
Glutarsäure 533
  Wasserabspaltung 537
Glutarsäureanhydrid 537
Glutathion 812
Glycerin
  Dehydratisierung 323, 642
  aus Allylalkohol 324
  aus Fetten 789
D-Glycerinaldehyd 759
D-Glycerinaldehyd-3-phosphat 625
Glycerylester 781
Glycidol 343
Glycidyltosylat
  Ringöffnung 350
Glycin 791
Glycolaldehyd 757
Glyerin
  aus Fetten 784
Glykogen 776
Glykole 323
Glykolspaltung 325
Glykosid
  Silbersalz-unterstützte Bildung 768

Glykoside 769
glykosidische Bindung 767
Glyme 341
Glyphosat
  gegen Unkraut 809
Gonan 844
Graphit
  als Schmiermittel 362
Grenzstrukturen
  mesomere 35
Grignard, V. 439
Grignard-Reagenzien 439
Grignard-Reaktionen
  Carbonylgruppe 496
  Carbonylverbindungen 586
  Tabelle 588
Grubbs' Katalysator 455
Grubbs, R. H. 455
Guajol 841
  Dehydrierung mit Schwefel 841
Guanidin
  Protonierung 807
Guanin (G) 857
D-Gulose 760
Guttapercha 843

Halbacetal
  Kohlenhydrate 762
Halbacetale 479
Halbaminal 483
Haloform-Reaktion
  α,α,α-Trihalogenketone 605
Halogenaddition
  ungesättigte Carbonylverbindungen 641
Halogenaromaten
  durch Sandmeyer-Reaktion 694
  oxidative Addition an Pd(0) 449
α-Halogencarbonylverbindungen
  Reaktionen 605
Halogenhydrine
  aus Alkenen 170
Halogenierung
  Alkane 84
  in Allylstellung 93
  Mechanismus 85
  mit N-Bromsuccinimid 94
  von Benzol 385
α-Halogenierung
  Aldehyde 603
  Carbonsäuren 607
  Ketone 603
Halogenkohlenwasserstoffe 245
  aus Alkanen und Halogen 247
  aus Alkenen und Halogenwasserstoff 248
  aus Alkoholen und Halogenwasserstoff 248
  aus Aromaten und Halogen 248
  im Alltag 249

Reaktionen 253
  und Ozonschicht 245
Halogensubstituenten
  Sonderstellung bei der aromatischen
  Substitution 407
Halogenverbindungen
  Reduktion mit Metallen 438
Halomon 173, 245, 265
Häm 854
Hammond-Postulat 27, 92
Hämoglobin 833, 854
  Komplex mit Kohlenmonoxid 854
  Sauerstofftransport 855
Hantzsch-Pyridinsynthese 740
Harnsäure 732
Harnstoff
  aus Ammoniumcyanat 1
  aus Kohlendioxid und Ammoniak 586
  Hofmannscher Abbau 580
  Wöhler, F. 1
Harnstoff-Formaldehyd-Harze 907
Haworth-Projektion
  Zucker 763, 765
HBr-Addition
  an Butadien 232
Heck, R. F. 462
Heck-Reaktion 459, 462
Helicene 127
Helix 127
α-Helix-Struktur
  Peptide 830
Hell-Volhard-Zelinski-Reaktion 608
Hemicellulosen 776
Heparin 777
Herbizide 274
Heroin 852
Heterocyclen
  aromatische 731
Heterolyse 24, 264
Heumann-Synthese 753
Hexamethylendiamin
  aus Adipinsäure-dinitril 903
Hexansäure
  Malonestersynthese 608
Hexatrien
  Ringschluss 869
  UV-Spektrum 66
1-Hexin
  IR-Spektrum 201
Hinsberg-Test 683
Histamin 663
Histidin
  Basizität 627, 792, 807
Hock-Reaktion 709
Hoffmann, R. 867
Hofmann-Abbau
  Carbonsäureamid 577

Hofmann-Eliminierung 282
Hofmann-Produkt 284
    Eliminierung 290
Holz 776
HOMO 21
    Symmetrie 870
HOMO/LUMO
    Wechselwirkung 876
homologe Reihe
    der Alkane 71
Homolyse 24
Homomere 119, 126
Homopolymere 897
homotop 137
Hormone 846
Horner-Wadsworth-Emmons-Reaktion 496
Hückel-Regel
    Heteroaromaten 368, 379, 732
Hundsche Regel 21
Hybridisierung 16
    Ethan 204
    Ethen 204
    Ethin 204
Hybridorbitale 15
    Molekülgeometrie 15
Hydrate 477
Hydratisierung
    Alkine 207
Hydratisierungsenergie 25
Hydrazin
    Reaktion mit Aldehyd oder Keton
        494
    Reduktion von Cyclopentanon 507
    Spaltung von N-Alkyl-phthalimid 666
β-Hydrid-Eliminierung 460
Hydrid-Ion
    bei Dehydrierung 321
    nucleophile aromatische Substitution
        425, 744
Hydridübertragung
    auf Iminium-Ion 377, 668
Hydridverschiebung
    Diazoniumsalze 690
Hydridwanderung
    bei Friedel-Crafts-Alkylierung 397
Hydrierung
    Alkene 153
    Alkine 214
    bei Oxosynthese 504
    enantioselektive 451
    von Alkenen 449
    von Aromaten 422
    von Ketonen 503
Hydrierungskatalysatoren 154
Hydrierungswärme
    Benzol 366
    von Alkenen 155

Hydroborierung
    Alkene 174
    Alkine 208
    Regioselektivität 175
Hydrochinon 706
Hydrocyanierung 903
Hydroformylierung
    Katalysecyclus 452
    von Alkenen 452
Hydrogenolyse
    zur Abspaltung von Benzyl 820
Hydrogensulfid-Ion
    Nucleophil 267
Hydrolasen 835
Hydrolyse
    Acetal 480
    Ester 560
    Mechanismus 561
    von Cellulose 778
    von Stärke 778
Hydrolyseempfindlichkeit 442
Hydroperoxid
    aus Alkanen 98
    aus Fetten 709, 768
hydrophober Alkylrest 301
Hydroxy- 705
2-Hydroxybenzoat 718
4-Hydroxybenzoesäureethylester 540
3-Hydroxybuttersäure
    Herstellung 624
Hydroxycarbonsäuren 538
Hydroxy-Gruppe 299
Hydroxylcarbenium-Ion 399
Hydroxylierung
    Alkene 188
2-Hydroxypyridin
    tautomeres Gleichgewicht 745
Hyperkonjugation
    im Ethylkation 156, 161
    im Ethyl-Radikal 88
hypobromige Säure 170

Ibuprofen
    Herstellung 409, 513
D-Idose 760
Imidazol (Tautomere) 731
Imide 570
Imine 483
    bei Transaminierungen 488
    beim Sehvorgang 487
    E/Z-Isomere 484
    in der Zelle 487
Iminium-Ionen 41
    Massenspektrum 41
Iminiumsalz
    Reaktion mit Aromat 393, 616, 629
Iminiumverbindung 629

Inden
    Epoxidierung 344
    HCl-Addition 164
    sigmatrope Wanderung 880
Indigo
    Herstellung nach Heumann 753
    Symmetrieelemente 754
    Wasserstoffbrücken 752
Indikatoren 698
Indol
    Vilsmeier-Reaktion 732, 749
Indoxyl
    aus Anilin 753
induktiver Effekt 10
Infrarotspektroskopie
    Grundlagen 57
Ingold, C. K. 255
Inhibitoren 86
Initiatoren 887
    Peroxide 890
Inosit 323
Insektizide 252, 274
    durch Diels-Alder-Reaktion 252
Insertion 448
Insulin 356, 856
    Herstellung an fester Phase 820
    Primärstruktur 812
Inversion 257, 259, 278
    Amine 661
Invertzucker 774
Iodbenzol
    aus Benzol 386
Iod-Stärke-Reaktion 778
Iodwasserstoff
    zur Etherspaltung 337
Ionen 24
    freie 267
    Sovatisierung 270
Ionenpaar 259, 264
    Phasentransfer 679
ionische Bindung
    metallorganische Verbindungen
        433
ionische Flüssigkeiten 677
Ionisierung
    durch Elektronenstoß 35
    in der Massenspektrometrie 35
Ionophore 341
ipso-Substitution 415
IR-Spektroskopie
    Deformationsschwingung 60
    Dipolmoment 59
    Grundschwingung 59
    Hookesches Gesetz 58
    Obertöne 60
    Streckschwingung 60
    Wellenzahl 58

IR-Spektrum
    1-Butanol 302
    1-Hexin 201
    Alkohole 300
    OH-Bande 302
    von 2-Hexanon 62
    von 3,3-Dimethyl-1-buten 62
    von Alkinen 200
    von Hexan 61
Isoaspartam 557
Isobutan
    Bromierung 247
Isobuten
    Polymerisation 888
Isobutylalkohol 299
Isochinolin 732
    aus Steinkohlenteer 740
    Nitrierung 743, 748
    Oxidation 748
    Tschitschibabin-Reaktion 748
Isocitrat
    in der biologischen Zelle 530
Isocyanat 681
    Hydrolyse 579
    mit Diolen 682
    Reaktion mit Nucleophilen 681
isoelektrischer Punkt 804, 806
Isoleucin 797
(E)-Isomer 149
(Z)-Isomer 149
Isomerasen 835
Isomere
    Alken 150
    Anzahl 71
    Schema 120
Isomerisierung
    bei Friedel-Crafts-Alkylierung 150, 397
Isonicotinsäure 563
    aus 4-Ethylpyridin 746
Isonicotinsäurehydrazid
    als Arzneimittel 563
Isonitril
    als Nebenprodukt 583
Isooctan 97
    klopffester Treibstoff 889
Isopren
    aus 2-Methyl-1-penten 229
    aus Propen 229
    Polymerisation 896
Isoprenregel 840
Isopropylbenzol
    Bromierung 247
Isopropylbromid
    Substitution 262
Isopropylmagnesiumbromid
    als Base 438
Isotetralin 432

Isotope
Häufigkeit 54
Isotopeneffekt
kinetischer 292
Isotopenmarkierung
und Mechanismusaufklärung 418
IUPAC-Regeln
4-Ethyl-2-methylheptan 76

Jodsäure
Oxidation von 1,2-Diolen 325

K,K,K-Regel 423
Kaliumcyanid 664
als Katalysator 653
Kalium-methylid 433
Kaliumpermanganat
zur Hydroxylierung 188
Katalysator
heterogener 100
Übergangsmetallverbindungen 447
Katalysatoraktivierung 457
Katalysatoren
Aluminiumsalze 396
Katalysecyclus
der Heck-Reaktion 459
der Suzuki-Kupplung 447, 450, 452, 461
Kationenaustausch-Chromatographie 802
Kautschuk
natürlicher 896
synthetischer 896
Kekulé, A. 3, 365
Kephalin 788
kernmagnetische Resonanzspektroskopie
Absorptionsfrequenz 44
Ketale 480
aus Orthoestern 587
Keten
Reaktion mit Crotonaldehyd 540
Reaktion mit Essigsäure 554, 555, 878
Ketocarbonsäuren 538
Keto-Enol-Gleichgewicht
Lage 599
Keto-Enol-Tautomerie
Fructose 206, 598, 770
Phenole 600
α-Ketoglutarat 530
Ketogruppe 467
Ketole 617
Ketone siehe auch Carbonylverbindungen
Acylierung von Aromaten 473
Addition von 1-Alkinen 490
Addition von Aminoverbindungen 483
Addition von Cyanwasserstoff 489
Addition von Wasser 477
aus Alkenen durch Ozonierung 472
aus Alkinen durch Wasseraddition 473

aus Alkoholen durch Oxidation 472
aus Carbonsäurechloriden 473, 547, 551
aus Weinreb-Amiden 473
Baeyer-Villiger-Oxidation 503
C–H-Acidität 596
Clemmensen-Reduktion 506
enantioselektive Reduktion 505
Grignard-Reaktion 491
IR- und NMR-Spektren 470
Mehrfachhalogenierung 604
Nomenklatur 468
Oxidation 501
Oxidationsstufe 472
Reaktion mit Yliden 494
Reduktion 503
Reduktion mit komplexen Hydriden 505
unsymmetrische 613
Wolff-Kishner-Reduktion 511
α-Alkylierung 612
α-Aminomethylierung 629
α-Halogenierung 603
π-Bindung 470
Ketosen 758
Kettenabbruch 91, 457
Kettenfortpflanzung 91
Kettenreaktion 91, 193
bei Chlorierung 86
Kettenstart 91
Kettenwachstum 457
Kieselgur
Absorption von Acetylen 217
Kinetik
einer Reaktion 26
kinetisch gesteuerte Reaktion 602, 613, 725
kinetische Racematspaltung
durch Enzym 134, 136, 799, 802
kinetische Steuerung
bei aromatischer Substitution 411
kinetische Steuerung 232
kinetischer Isotopeneffekt 292
Klopffestigkeit
Octanzahl 98
Trimethylpentan 97
Knoevenagel-Kondensation 628
Knorrsche Pyrrolsynthese 735
Koenigs-Knorr-Reaktion 768
Kohlendioxid
Reaktion mit Metallorganika 517, 587
Kohlenhydrate 757
Kohlenmonoxid
als Ligand 448, 452
Kohlensäurederivate 585
Kohlensäure-diethylester 250
Kohlenstoff
Elektronegativität 7
Elektronenanordnung 3
Sonderstellung 1

Kohlenstoffverbindungen
    Anzahl 1
Kohlenwasserstoffe
    Einteilung 69
Koks 376
Kolbe-Elektrolyse 531
Kolbe-Schmitt-Reaktion 718
kombinatorische Synthese
    Benzodiazepine 750
    fester Träger 752
Komplementärfarbe 226
π-Komplex
    Benzol 382
Komplexe 450
π-Komplexe
    und Übergangsmetalle 447
Kondensationspolymere 887
Konfiguration
    Alkene 149, 150
    Umkehr 257
Konformation
    von Alkanen 76
    von Cycloalkan 105
    von Ethan 76
Konformationsisomere 76
Konformere 76, 287
    Chlorcyclohexan 108
    Cyclohexan 105
    Methylcyclohexan 109
Konformerengleichgewicht 109
Konformerenverhältnis 108
konjugierte Addition 645
konjugierte Diene
    durch Suzuki-Kupplung 460
konrotatorisch 869
Konservierungsstoff 539
Konstitutionsisomere 104, 119
    Alkane 70
Kontakt-Ionenpaar 259, 800
koordinative Polymerisation
    von Alkenen 456
koordinative Sättigung
    in Übergangsmetallkomplexen 449
Kopf-Kopf-Addition 889
Kopf-Schwanz-Addition 889
Kopplung
    NMR-Spektrum 49
Kornblum-Oxidation 501
Kossel, W. 2
kovalente Bindung
    metallorganische Verbindungen 433, 434
Kresol 706
m-Kresol
    aus m-Toluolsulfonsäure 726
    Friedel-Crafts-Alkylierung 726
Kresol
    als Desinfektionsmittel 705

Kreuzkupplung 82
Kreuzkupplungsreaktion
    Pd-katalysiert 462
Kreuzmetathese 454
Kristallisation
    fraktionierende 798
Kronenether 339
Kroto, H. W. 362
Krummpfeil 83
Kugelmodell 108
Kumulene
    Chiralitätsachse 126
kumuliert 221
kumulierte Doppelbindungen 878
Kunststoffadditive 907
Kupferacetylacetonat 600
kupferorganische Verbindungen
    Reaktivität 587
    und Carbonsäurehalogenide 551
Kupferorganyle
    durch Ummetallierung 444
    Reaktivität 443

β-Lactamantibiotika
    antibiotische Wirkung 859
β-Lactam-Antibiotika 580
Lactame 580
β-Lactame
    aus Aziridinen 567
Lactid
    aus Milchsäure 900
β-Lacton 540
Lactone
    aus cyclischen Ketonen 502
    aus Epoxiden und CO 566
    aus Ketonen mit Peroxycarbonsäuren 568
    Reaktionen 568
Lactose 774
Lambert-Beersches Gesetz
    UV-Spektroskopie 64
Lanosterin 842
Larmor-Präzession
    NMR-Spektroskopie 46
Laurylalkohol 785
LDA 674
α-Lecithin 677
Lecithine 788
Lehn, J. M. 342
Leuchtgas 376
Leucin 796
    aus Isohexansäure 794
    Isomerie 793
Leuckart-Wallach-Reaktion 668
Lewis, G. N. 2
Lewissäure
    bei Bromierung von Benzol 386

Lewis-Säure
  Trimethylaluminium 435
Ligasen 835
Lignin 776
Limonen 149, 844
Lindan 252, 420
Lindlar-Katalysator
  Hydrierung von Alkinen 210
α-Linolensäure 782
Linolsäure 782
Lipide 781
α-Liponsäure 356
  Reduktion 356
Lithiumaluminiumhydrid
  Reduktion von Carbonsäuren 528
Lithiumdiisopropylamid (LDA)
  aus Diisopropylamin 612, 614, 674
Lithiumorganyle
  Reaktivität 443
Lösungsmittel
  (di)polar-aprotische 270
  protische 270
  unpolare 270
Luftempfindlichkeit 442
LUMO 21, 876
Lyasen 835
Lycopin 843
Lysergsäure 852
Lysin 792
D-Lyxose 760

Magnesiumorganyle
  Reaktivität 443
Maleinsäure 536
Maleinsäureanhydrid
  Diels-Alder-Reaktion 231
  Herstellung 536
Malonester
  Akylierung 608
  in Knoevenagel-Kondensation 628
  Michael-Addition 648
  Na-Salz 609
Malonestersynthese 608
Malonester-Synthese 529, 609
Malonsäure 537
Maltose 773
  enzymatische Hydrolyse von Stärke 775
Mandelsäure 538
Mannichbase 630
Mannich-Reaktion 630
D-Mannose 760
Markownikow-Addition 193
Markownikow-Produkt 177
Markownikow-Regel 164, 173, 206, 231, 248
  bei Additionen 165
Massenspektrometrie 34
  Anregungsenergie 35

Bruchstücke 35
Fragmentierung 35
hochauflösende 43
Ionisierungsenergie 35
Messanordnungen 36
von Peptiden 826
Massenspektrum
  Acylium-Ionen 41
  Fragmentierungen 38
  Iminium-Ionen 41
  McLafferty-Umlagerung 42
  Molpeak 37
  Nonapeptid 827
  Stickstoffregel 40
  tert-Alkylkationen 42
  und Summenformel 43
  von 2-Pentanon 41
  von 3,3-Dimethylheptan 38
  von Aminen 40
  von Butyl-isopropyl-ether 39
  von Ethern 39
  von Ketonen 41
  von Kohlenwasserstoffen 37
  von Methan 37
  α-Spaltung 40
McLafferty-Umlagerung
  Massenspektrum 42
McMurry-Kupplung
  Ringe 111
Mehrstufensynthese
  Ausbeute 517
Mehrzentrenbindung
  metallorganische Verbindungen 433
  Trimethylaluminium 435
Meisenheimer-Komplex
  Isolierung 414
Membranproteine 828
Menthol 841
  Herstellung 725
Merceptane 351
Merrifield-Synthese 820
meso-2,3-Dibrombutan 125, 168
meso-Isomer 128
mesomere Grenzstrukturen
  Benzol 5, 366
  o-Xylol 366
mesomerer Effekt
  Vinylboran 11
  Vinylchlorid 10, 11
Mesomerie
  Allylkation 4
  Enolat-Ion 4
meso-Verbindungen 125
meso-Weinsäure 125
messenger-RNA 859
meta 363
Metallacyclobutan 454

Metall-Carben-Komplexe 454
Metall-Chelate 601
Metall-Halogen-Austausch
    mit Isopropylmagnesiumchlorid 440
    und Grignard-Reagenzien 440
    und Organolithiumverbindungen 440
Metallhydride
    Reaktion mit Alkenen 441
Metallierung 437
Metall-Metall-Austausch 441
metallorganische Verbindungen
    aus Halogenverbindungen 438
    Herstellung 437
    ionische Bindung 433
    kovalente Bindung 433
    Mehrzentrenbindung 433, 435
    π-Bindung 433
    Reaktionen 442
    Reaktivität 587
Metathese
    Ringe 111
Methacrylsäure-methylester
    Polymerisation 890
Methan
    Molekülorbital 18
Methanal 469
Methandiazonium-chlorid 688
Methandiazonium-Ion 527
Methanimin 484
1,6-Methano[10]annulen 369
Methanol
    aus Kohlenmonoxid 306
    Vergiftungen 321
Methanolat 266
Methansulfonsäure 311, 351, 532
Methionin 355, 797
    aus Acrolein 797
    für die Tierfütterung 797
    zur Methylierung 276
Methylalumoxan (MAO) 457
Methylazid 688
Methylcyclohexan
    Konformere 109
Methylcyclohexen
    Reaktion mit Iodchlorid (I-Cl) 172
Methylen 179
    aus Diazomethan 180
α-Methylglucosid 767
Methylid 433
Methylierung
    in der Zelle 277
    mit Methionin 277
    von Noradrenalin 277
Methylketon
    Acetessigester-Synthese 610
    aus Alkin 207
Methylkupfer 444

Methylorange 699
Methylradikal 88
Methyltrioxorhenium 434
Methyl-vinyl-keton
    aus Vinylacetylen 642
    Michael-Addition 651
    Stetter-Addition von Benzaldehyd 652
Metolachlor
    Synthese 683
Micellen
    Seifen 522
Michael-Addition 647
    an Methyl-vinyl-keton 651
    Enamine 651
    von Malonester 648
    von Methanthiol an Acrolein 797
Michael-Akzeptoren 648
Michael-Donoren 648
Michaelis-Arbusov-Reaktion 497
mikroskopische Reversibilität 388
Milchsäure
    aus Glucose 274, 538
    anaerober Abbau 538
    aus Acetaldehyd 585
    aus Glucose 900
    Polylactid 900
Milchsäuregärung
    Stöchiometrie 274
Molekularität
    und Ordnung 291
Molekülgeometrie 17
    Elektronenpaarabstoßung 12
    Hybridorbitale 15
Molekül-Ion 35
Molekülorbitale
    Acetylen 20
    antibindende 18, 367
    Benzol 367
    bindend 367
    Butadien 223
    delokalisierte 21
    Ethylen 19
    Fluorwasserstoff 18
    im Butadien 22
    im Ethylen 22
    im Hexatrien 23
    lokalisierte 18
    Methan 18
    Wasserstoffmolekül 17, 18
Molekülspektroskopie 33
Molybdänkomplexe 455
Monohalogenketon 603
Monomere 887
monomolekulare Reaktion 258, 291
Monosaccharide
    Glykosidierung 767
    Oxidation 770

Oxidation mit Brom 770
Reduktion 769
Veresterung 766
Monoterpene 840
Morphin 852
Moschus-Riechstoff
Synthese durch RCM 456
Müller, P.
DDT 400
Muscalur 149
aus Acetylen 215
Muscarin
im Fliegenpilz 678
Muscon 103
Mutarotation 764
Myoglobin 832
Myrcen 841
Addition von Halogen 172
Myristinsäure 782

n = normal 71
Nabumetone 463
Nachbargruppen-Effekt 768
NAD⁺
als Dehydrierungsmittel 141, 322
Strukturformel 322
Na-hydrid
zur Claisen-Kondensation 631
Naphthalin
elektrophile Substitution 361, 410
1-Naphthalinsulfonsäure
durch kinetische Steuerung 411
2-Naphthalinsulfonsäure
durch thermodynamische Steuerung 411
Naphthol
aus Naphthalin 707
1-Naphthol 706
β-Naphtholorange 699
1-Naphthyl- 364
S-Naproxen 451
Narkotikum
Diethylether 332
Natriumamid 571
Natriumazid 665
Natriumcarboxylat
Elektrolyse 82
Natriumcyclamat
Synthese 683
Natriumglutamat
als Geschmacksverstärker 794
Natriumhydrid 437
Natriumimid 571
Natriumnitrid 571
Natta, G. 893
Naturkautschuk 843, 896
Naturstoffe
Einteilung 839

N-Bromsuccinimid 171
Nebennierenrindenhormon 848
Nebenquantenzahl 15
Negishi-Kupplung 462, 463
Neopentan
Siedepunkt 80
Newman-Projektion 77
Cyclohexan 108
Niacinamid 571
nichtbenzoide Aromaten 368
nichtreduzierende Zucker 770
Nickel-Katalysator
bei Hydrocyanierung 903
Nicotin 660, 851
Basizität 754
Nicotinsäure
aus 3-Methylpyridin 746
Nicotinsäureamid 571
Niederdruckpolyethylen 892
Nifedipin 741
Ninhydrin 478
Ninhydrin-Reaktion 810
Nitrierung
Isochinolin 748
Phenole 717
Nitril
aus Carbonsäureamid durch
Wasserabspaltung 583
aus Kaliumcyanid und Alkylhalogenid 664
aus Natriumcyanid und Alkylhalogenid 583
Benennung 582
Hydrolyse 584
IR-Spektrum 582
Reaktion mit Grignard-Verbindungen 584
Reduktion zu Aminen 585
α-Alkylierung 612
α-CH-Acidität 595
Nitroaromaten
Reaktionen 385
Nitrobenzol
Reduktion 385
Nitroglycerin
aus Glycerin 324
Nitromethan
Carbanion 595
Nitroniumsalze 384
2-Nitrophenol
aus 2-Nitrochlorbenzol 413
4-Nitrophenol 717
m-Nitrophenol 693
N-Nitrosoamine 689
carzinogene 691
N-Nitroso-ammoniumsalze 689
4-Nitrosodimethylanilin 685
Nitrosonium-Ion NO⁺ 689
NMR-Spektren
von Antiaromaten 373

von Aromaten 373
NMR-Spektrometer
  Aufbau 45
  Grundlagen 45
NMR-Spektroskopie
  Abschirmung 48
  chemische Verschiebung 47
  DEPT 55
  Entkopplung 55
  Entschirmung 48
  Larmor-Präzession 46
  Lenzsche Regel 48
  Präzession 46
  Spin 45
NMR-Spektrum
  [18]Annulen 375
  2-Phenylpropen 375
  Alkane 80
  Alkene 154
  Alkohole 302
  Benzol 362
  Carbonsäureamide 573
  Chlorcyclohexan 108, 110
  Dibrompropionsäure 140
  Dinitrobenzol 405
  Dublett 50
  Fullerene 362
  in Dimethylsulfoxid 304
  Kohlenstoff 54
  Kopplung 49
  Multiplizitäten der Signale 52
  nichtäquivalente Protonen 51
  Protonen 54
  Pyranosen 763
  Triplett 50
  von 1,1,2-Trichlorethan 51
  von 1,2,2-Trichlorpropan 56
  von 1,4-Dimethylbenzol 47
  von 2,4-Pentandion 601
  von 3-Methylheptan 81
  von Chloracrylnitril 50
  von Essigsäure-tert-butylester 47
  von N,N-Dimethylformamid 573
  von Polypropylen 892
  von Zimtsäure 151
Nobel, Alfred 325
Nobelstiftung
  Dynamit 324
Nomenklatur 121
  Aromaten 362
  funktionelle Gruppen 74
  prochirale Moleküle 142
  radikofunktionelle 75
  substitutive 75
  von Alkanen 72
Nonactin 341
Nonanal 452

Noradrenalin 849
  Methylierung 277
Norbornan 116
Norcaradiencarbonsäureethylester 182
Norgestrel 848
(R,S)-Norleucin
  aus 2-Bromhexansäure 608
Noyori, R. 451
Nucleinsäuren 731
  Bausteine 731
Nucleobasen 857
Nucleophil
  anionisches 265
  neutrales 29, 259, 265
Nucleophile
  Reaktivität 266
  Schwefel 267
  und Basizität 267
nucleophile Addition
  an Alkine 209
nucleophile Additionen
  an Carbonylverbindungen 476
  an Carbonylverbindungen, ungesättigte 641
nucleophile Substitution 257
  in der Zelle 276
  intramolekulare 343
  Lösungsmittel 270
  Phasentransfer 679
  synchrone 255
  Vergleich von S_N1 und S_N2 271
Nucleosid 857
Nucleotid 857
Nylon 900, 902

Oberflächenspannung 523
Octanzahl 97
Öle
  Mineralöle 781
  Tenside 790
  tierische 781
Olefine 149
Olefinmetathese 453
Ölsäure
  Bromierung 248, 456, 782
  enzymatische Oxidation 145
  Ozonolyse 191, 787
Ölsäure-ester
  Oxidation 723
onium-Verbindung 269
optisch aktiv 131
Orbitale
  leere d-Orbitale 2
Orbitalsymmetrie 870
Ordnung
  und Molekularität 291
Ordnung einer Reaktion 256

Organolithiumverbindungen
technische Synthese 439
ortho 363
Orthoester
Reaktion mit Grignardverbindungen 587
Osmiumtetroxid
zur Hydroxylierung 188
17β-Östradiol 847
Östriol 847
Östron 847
Addition von Acetylid 490
Oxa 331
Oxalsäure
Decarboxylierung 536
aus Natriumformiat 535
Oxaphosphetan 495
Oxidation
1,2-Diole 325
Alkohole 318
Carbonylverbindungen 501
Diisopropylether 339
Fette 786
Phenole 720
von Aromatenseitenketten 425
Oxidationsstufe
in Übergangsmetallkomplexen 448
oxidative Addition 449, 460, 461
oxidative Kupplung
1-Alkine 212
Oxidoreduktasen 835
Oxim 485, 581
oxo 468
Oxocarbenium-Ion 767
6-Oxoheptanal
Aldoladdition 620
Oxonium-Ionen 40
Oxoniumverbindungen 336
Oxosynthese 504
Hydrierung 504
Ozon
Abbau durch Frigene 251
Ozonide 189, 190
Ozonolyse
von Ölsäure 191
Ozonschicht
Halogenkohlenwasserstoffe 245

Palladium
durch Chinolin desaktiviert 459, 552
Palmitinsäure 516, 782
para 363
para-Aminobenzoesäure 684
Paracetamol
Synthese 719
Paraffine 82
Parkinson'sche Krankheit 451
Pasteur, L. 136

Pasteurisierung 136
Pauling, L. 7
Pauli-Prinzip 21, 23
Pedersen, C. 342
Penicilline 580, 859
Pentalen 371
2-Pentin 273
Peptidbindung 811
Peptidbindungen 816
Konfiguration 830
Spaltung durch Laserenergie 826
Peptide
Aspartam 812
chemische Hydrolyse 822
entschützt 819
enzymatische Hydrolyse 822
Glutathion 812
Herstellung an fester Phase 820
Hydrolyse mit Proteasen 822
Insulin 813
Nomenklatur 811
Sequenzanalyse durch Edman-Abbau 824
Sequenzanalyse durch MS 826
Peptidhormone 848
Peptidkette
mit fixierter Schleife 356
Peptidsynthese
Entfernung der Schutzgruppen 817
mit DCC 820
Schotten-Baumann-Reaktion 815
Schutz der Aminogruppe 815
Schutz der Carboxylgruppe 814
Schutz der Seitenkette 816
Strategie 813
Perfluoralkane
Löslichkeit 246
Siedepunkte 246
pericyclische Reaktionen 867
in der Biochemie 884
Perlon 900
Peroxide 97
Initiatoren 890
Peroxycarbonsäure
Acidität 532
Oxidation von Alkenen 185
Pestizide 274
PET 346
PET-Flaschen 899
Pfropfcopolymer 897
Phasensprung 21
Phasentransfer
quartäre Ammoniumsalze 679
Phasentransfer-Katalyse 800
Phenanthren
aromatische Substitution 361, 412
Phenol
durch Dow-Verfahren 418

durch Hock-Verfahren 418
Phenolat-Ion
  ambident 713, 906
Phenole
  Acidität 710
  aus Arendiazoniumsalzen 708
  aus Arensulfonsäuren 707
  aus Arylhalogeniden 707
  aus Isopropylbenzol 708
  aus Steinkohlenteer 707
  Benennung 705
  Bromierung 715
  Carboxylierung mit CO_2 718
  durch Phenolverkochung 693
  elektrophile Substitutionen 715
  Friedel-Crafts-Reaktionen 717
  Nitrierung 717
  Oxidation 720
  Oxidation zu Chinonen 722
  pK_a-Wert 710
  Radikalfänger 723
  Sulfonierung 717
  Veresterung mit Carbonsäure
    712
  Veresterung mit Säureanhydriden oder
    -chloriden 712
  Veretherung mit Alkylhalogeniden
    713
  Veretherung mit Diazomethan 713
Phenol-Formaldehyd-Harze 905
Phenolsynthese nach Hock 708
Phenolverkochung 693
Phenoxypropionsäure 275
Phenoxy-Radikal 720, 721, 724
Phenyl- 364
Phenylalanin 788
L-Phenylalanin
  aus Zimtsäure 802
Phenylcarben 179
2-Phenylethylamin 663
Phenylhydrazin
  aus Benzoldiazoniumchlorid 696
Phenylisothiocyanat
  Abbau von Peptiden 824
Phenylkation 693
2-Phenylpropen
  NMR-Spektrum 375
Pheromone
  aus Acetylen 214
Phillips-Triolefin-Prozeß 453
Phloroglucin
  Kolbe-Schmitt-Reaktion 718
Phosgen
  aus Chloroform 249
  Reaktion mit Aminen 681, 899
Phosphatide
  als Emulgatoren 788

Phosphatidsäure 787
Phosphatidyl-
  cholin 788
  ethanolamin 788
  serin 788
Phosphin
  Enantiomere 662
Phospholipide 787, 789
Phosphonatcarbanionen
  Addition an Aldehyde 496
Phosphoniumsalze 493
Phosphonium-Ylid 493
Phosphonoacetat 497
Phosphorchloride
  Synthese von Carbonsäurechlorid 517
Phosphortribromid
  als Katalysator 607
photochemische Anregung 878
Phthalate 908
Phthalimid-Kalium 665
Phthalsäure
  aus o-Xylol 535, 536
Phthalsäureanhydrid 536
Phyllochinon 864
Phytol 855
Picolin 740
Pikrinsäure
  pK_a-Wert 711
Pinakol-Umlagerung 316
α-Pinen 840
  Addition von Wasser 177
pK_a-Werte
  CH-acide Verbindungen 597
Platinverbindung
  Zeise-Salz 435
Polarimeter 131
Polarisierbarkeitskonstante 8
polarisiertes Licht 131
Polarität
  Brom 9
  Elektronegativität 6
Polyacetylen 222
Polyacrylnitril (PAN) 895
12-Polyamid
  aus Cyclododecanon 904
6-Polyamid 900
6.6-Polyamid 900
  aus Adipinsäure und Hexamethylendiamin
    902
Polyamide
  Nylon 900
  Perlon 900
1,2-Polybutadien 896
1,4-Polybutadien (PBD) 896
Polycarbonat
  aus Bisphenol A 400, 899
Polycyclische Alkane 115

Polyene
UV-Spektren 221, 224
Polyepoxide 887
Polyester 899
Polyether 898
Polyethylen
HDPE 457
high density Polyethylen (HDPE) 892
low density Polyethylen (LDPE) 890, 894
Polyethylenglycol 898
Polyethylenglykol
für Polyurethane 905
Polyethylenterephthalat (PET) 899
Polyisobuten 888
Polylactid
Milchsäure 900
Polymere
aus Dienen 896
Einteilung 887
natürliche 887
synthetische 887
verzweigte 455, 891
Polymerisation
anionische 889
Butadien 896
Chloropren 896
Isobuten 888
Isopren 896
kationische 888
koordinative 456, 892
Methacrylsäure-methylester 890
radikalische 890
Polymerisationsgrad 888
Polymethin
mit Akzeptorgruppe 227
mit Donorgruppe 227
Polymethylmethacrylat (PMMA) 895
Polyolefine 887
Verwendung 894
Polypeptide 811
Polypropylen
ataktisches 893
isotaktisch 457
isotaktisches 893
syndiotaktisches 453, 893, 895
Polysaccharide 775
Hydrolyse 777
Sekundärstruktur 777
Polystyrol 891
Polystyrol (PS) 895
Polyterpene 843
Polytetrafluorethylen (PTFE) 895
Polyurethan
aus p-Phenylendiisocyanat 904, 905
Polyurethanschaum 905
Polyvinylchlorid
aus Acetylen 217

Polyvinylchlorid (PVC)
hart-PVC 907
weich-PVC 907
Pommer, H. 499
Porphin
tautomeres Gleichgewicht 369, 853
Porphyrinfarbstoffe 853
Präfix 75
Präkatalysator 450, 452
primär 88
primärer Alkohol 305
Primärozonid 189
Prins-Reaktion 508
Prinzip der mikroskopischen Reversibilität 871
Prinzip des kleinsten Zwanges 306, 454
Priorität 124
CIP-Nomenklatur 121
Prisman 115
prochirale Moleküle 142
prochirales Zentrum 143
Prochiralität 137
Progesteron 469, 847, 848
Prolin 802
Pronase
Hydrolyse von Peptiden 822
Propanol
aus Ethen 307
aus Propen 307
Propargyl 199
Propen
Hydroformylierung 452
im Phillips-Triolefin-Prozess 453
prochirales Molekül 142
β-Propiolactam 580
β-Propiolacton
aus Keten 567
Propionsäure 513
Propionsäure-ester
als Pestizid 274
Propranolol
Synthese 350
β-Blocker 350
Prostaglandin E_1 850
Prostaglandine
aus Arachidonsäure 783
prostereoisomer 144
prosthetische Gruppe 833
Proteasen 576, 823
Proteine
Biosynthese 828, 834, 859
Chromoprotein 834
Domäne 832
Glykoprotein 834
konjugierte 834
Lipoprotein 834
Metalloprotein 834
Phosphoprotein 834

Primärstruktur 829
Quartärstruktur 833
Sekundärstruktur 829
Tertiärstruktur 831
Proteinketten
    H-Brücken 572
protisch 270
Provitamin A 843
Pseudojonon 622
    aus Citral 622
D-Psicose 761
Purin 732
Purin (Tautomere) 732
Purinalkaloide 852
pyramidale Anordnung
    Amine 661
Pyranose 762
    NMR-Spektrum 763
Pyrazin 732
Pyrazol (Tautomere) 731
Pyrethrin I
    als Insektizid 103
Pyridazin 731
Pyridin
    Diazotierung 731, 755
    Abfangen von HCl 314
    als Base und Katalysator 548
    als Katalysator 743
    aus Steinkohlenteer 740
    Bindung 740
    Bromierung 743
    elektrophile aromatische Substitution 743
    nucleophile aromatische Substitution 744
    nucleophiles Verhalten 743
    schwache Base 742
    Sulfonierung 743
Pyridinium-1-sulfonat 387
Pyridiniumsalze 742
Pyridin-N-oxid 743
Pyridinsynthese
    nach Hantzsch 740
Pyridinverbindungen
    Seitenkettenoxidation 745
2-Pyridon
    Tautomerengleichgewicht 600
α-Pyridon
    tautomeres Gleichgewicht 745
Pyridoxal 488, 864
Pyridoxamin 488, 864
Pyridoxin 864
Pyrimidin 732
Pyrolyse
    Alkane 98
Pyrrol
    Aromat 369
    in Azokupplung 739
    Iodierung 732, 739

Acetylierung 739
aromatisches Verhalten 736
aus Furan und Ammoniak 734
Delokalisierungsenergie 733
elektrophile Substitutionen 739
Formylierung 749
Halogenierung 739
saures Verhalten 736
Sulfonierung 739
Pyrrolidin 486
Pyrrolverbindungen
    aus 1,4-Dicarbonylverbindungen 733
    nach Knorr 735

Quantenausbeute
    bei Chlorierung 86
quartäre Ammoniumhydroxide
    Hofmann-Eliminierung 678
quartäre Ammoniumsalze 662, 675, 677
    Cholin 678
    Phasentransfer 679
    α-Lecithin 677
Quecksilberacetat
    zur Addition von Wasser 166, 207

R,S-Nomenklatur 121
rac 169
Racemat
    Spaltung 134
    bei S_N1-Reaktion 264
Racematspaltung
    von Menthol 726
racemisches Gemisch 262
Racemisierung
    bei S_N1-Reaktion 259
    Carbonylverbindungen 602
rac-Isomer 128
rac-Weinsäure 125
Radikal
    Benzylradikal 424
    Phenylradikal 424
Radikal-Anion 211
Radikale 24
    Erzeugung 83
    Lebensdauer 97
Radikalerzeugung
    durch Azoisobutyronitril 83
    durch Dibenzoylperoxid 83
radikalische Addition
    Bromwasserstoff 193
radikalische Substitution
    bei Alkanen 69
Radikalkettenreaktion 420
Raney-Nickel 727
Rapsöl
    Biodiesel 783, 789
RCM (ring closing metathesis) 454

Reaktion
  elektronischer Verlauf 28
Reaktionsenthalpie
  bei Halogenierung 26, 91
Reaktionsentropie 26
Reaktionsgeschwindigkeit
  Eliminierung 293
Reaktionsgeschwindigkeitskonstante 256
Reaktionsgleichung 258, 262
Reaktionskoordinate 27
Reaktivität
  und Selektivität 89
Reduktion
  Carbonsäuren 530
  eines Esters zum Aldehyd 563
reduktive Aminierung 667
reduktive Eliminierung 444, 448, 449, 460
reduzierende Zucker 770
Reforming
  von Hexan 375
reforming 99
Reforming 367
Regioselektivität 164, 284, 350
  Eliminierung 290
  Hydroborierung 175
  Ringöffnung von Epoxiden 347
Reichstein, T. 772, 846
Reppe, W. 217
Reppe-Vinylierungen 218
resonance 6
resonance energy 366
Resorcin 706
Resveratrol 460
Retention
  bei Oxidation von Boranen 177
  bei zweifacher Inversion 177, 275, 259
Retinal 488
Retinol 241
Retroaldolreaktion 618
  Citral 647
retro-Diels-Alder-Reaktion 239
retrosynthetische Analyse
  Aspartam 557
  der Wittig-Reaktion 214, 499, 750
retrosynthetische Betrachtung
  Dihydropyridin 741
Reversibilität
  mikroskopische 388
Rezeptorblocker 349
Rhodiumkomplex 450
Rhodopsin 241, 488
Riboflavin 864
Ribonuklease 831
D-Ribose 765
D-Ribulose 761
Ringe
  durch Acyloin-Kondensation 111

  durch McMurry-Kupplung 111
  durch Metathese 111
  große 104, 111
  kleine 104
  mittlere 111
Ring-Ketten-Tautomerie 762
ringöffnende Metathesepolymerisation
  455
Ringöffnung
  durch Bromierung 114
  durch Hydrierung 114
Ringöffnungsmetathese 454
Ringöffnungspolymerisation
  von Lactid 900
Ringschlussmetathese 454
Ringspannung
  Cycloalkane 112
  Cyclopropan 113
Ringstrom
  in Aromaten 374
RNA 765
RNS 765
Robinson-Anellierung 651
Roelen, O. 452
Rohrzucker 765
  Inversion 774
Rohstoffe
  nachwachsende 784, 790
ROM (ring opening metathesis) 454
ROMP (ring opening metathesis
  polymerization) 455
Röntgen-Kristallstrukturanalyse 113
Rosenmund-Reduktion 552
Rotationsisomere 76
Rückbindung 435
Ruhemanns Purpur 810
Rutheniumkomplexe 455
Rutheniumtetraoxid
  zur Hydroxylierung 188
Ruzicka, L. 846

S,S,S-Regel 423
Saccharide 757
  Haworth-Projektion 763
Saccharin
  durch Sulfochlorierung 427
Saccharose 765, 773
Sägebock-Projektion 77, 287
Salicin 769
Salicylaldehyd 469
Salicylat 718
Salicylsäure 539, 705, 719
  aus Natriumphenolat und Kohlendioxid 518
SAM
  zur Methylierung 276
Sandmeyer-Reaktion 692
  radikalischer Verlauf 694

Sanger, F. 812
    Endgruppenbestimmung 828
Säure-Base-Reaktion 494
Saytzeff-Produkt 296
    bei Eliminierung 284
Saytzeff-Regel 285, 316
Schiemann-Reaktion 694
Schiffsche Basen 484
schlagendes Wetter 81
Schlenk-Gleichgewicht 439
Schlüssel-Schloss-Beziehung 663
Schotten-Baumann-Reaktion 548
Schrock, R. R. 455
Schutzgruppe
    für Carbonylverbindungen 481
Schutzgruppen
    Bn 818
    Boc 819
    Fm 818
    Fmoc 818, 819
    orthogonale 819
    t-Bu 818
    Z 751, 815, 819
Schwangerschaftshormon 847
Schwefel
    Nucleophilie 268
    Sulfonsäuren 351
    Wertigkeiten 351
    zur Dehydrierung 734
Schwefeldioxid
    bei Chlorierung von Alkanen 95
Schwefelverbindungen
    Darstellung 352
    Geruch 352
    in der Biochemie 355
    Nomenklatur 351
    organische 350
Schwingungsphasen
    der Benzol-Molekülorbitale 21, 367
    der π-Orbitale 20
Seifen
    Micellen 522
Seifenlösung
    Wirkungsweise 523
sekundär 88
Sekundärmetabolite 839
Selektivität 91
Semicarbazid
    Reaktion mit Aldehyd oder Keton
        485
Sensibilisator 236
    Benzophenon 180
Serin 796
Serinproteasen 823
Sesquiterpene 841
Sessel
    Cyclohexan 107

Sesselkonformation
    Zucker 763
Sexualhormone 846
Sharpless, K. B. 187
Sharpless-Oxidation
    Epoxide 187
Shikimisäure 539
sigmatrope Umlagerungen 714
    Orbitalsymmetrie 881
sigmatrope Wanderung 880
Silberacetylide 212
Silberspiegel 501
Siliciumorganische Verbindungen 443
Siliconöl 443
Simmons-Smith-Reaktion 184
Singulett-Carbene 179
Singulett-Sauerstoff 236, 413
Skelett-Formel 70
Skorbut 771
Smalley, R. E. 362
S_N1-Reaktion
    Einfluß Lösungsmittel 271
    Racemat 259
    Racemisierung 259
    Reaktionsgeschwindigkeit 258
    Stereochemie 259
S_N2-Reaktion 257
    Einfluß Lösungsmittel 270
    Stereochemie 257
Solvatation
    Alkylammonium-Ionen 672
solvatisierte Elektronen
    zur Reduktion von Aromaten 211, 420
Solvatisierung
    Alkanolat-Ionen 309
Solvolyse 267
Sorbinsäure 539
    Synthese 539
Sorbit 769
D-Sorbit
    aus D-Glucose 772
D-Sorbose 761
Sovatisierung
    Ionen 270
Spektroskopie 33
    Überblick 34
Spiegelebene 131
Spin 21
Squalen 842, 846
Squalenoxid 842
Stärke 775
    Hydrolyse 775
Staudinger, H. 887
steam-cracking 99
Stearinsäure 786
Steinkohlenteer 364, 376, 740
Stereoisomere 104

Stereoisomerie 119
Stereoselektivität
    Hydroborierung 175
    sterische Hinderung 261
Steroide
    Biosynthese 842
    durch Robinson-Anellierung 652, 848
    Biosynthese 846
    Oxidation 320
Steroidhormone 846
Stetter-Reaktion 652
Stilben 289
Stilbene 460
Stille, J. K. 461
Stille-Kupplung 461, 463
strand 857
Strecker-Synthese 795
    Anilinoacetonitril 753
Streckschwingung
    der Carbonylgruppe 470
Streptomycine 860
Strukturaufklärung 33
Strukturformel
    nach Kekulé 3
    nach Lewis 3
Strukturproteine 828
Styrol
    Aufbewahrung 892
    durch Dehydrierung 155
    radikalische Polymerisation 892
Substituenteneffekte
    bei Substitution 403
Substitution
    Allylhalogenide 263
    bei Chlorierung 84
    Benzylhalogenide 263
    Einfluß des Substrats 261
    Isopropylbromid 262
    nach S_N1 256
    nach S_N2 256
    nucleophile 255
    o:p-Verhältnis 403
    stufenweise 255
    synchrone 255
Substitutionstest
    Schema 138
Substrat 255
Succinat-Dehydrogenase 283
Succinimid 575
Succinimid-Kalium 575
Suffix 75
Sulfa 684
Sulfacetamid 684
    Synthese 684
Sulfanilsäure 685
Sulfapyridin 684
    Synthese 746

Sulfitzellstoff 777
Sulfochlorierung
    und Saccharin 427
Sulfogruppe
    Lenkung einer Substitution 688
Sulfolan 272
Sulfonamide
    als Arzneimittel 683
    aus Sulfonsäurechloriden 682
    bakteriostatische Wirkung 684
Sulfonat-Ion 269
Sulfonierung
    Phenole 717
    Pyridin 743
Sulfoniumgruppe
    als Abgangsgruppe 276
Sulfonsäure
    Na-Salz 95
Sulfonsäureester 310
Sulfonylchlorid
    Reaktion mit Alkoholen 311
Sulfurylchlorid
    Chlorierung von Alkanen 90, 91
Sulfurylkation 389
Summenformel 149, 199
    durch Massenspektrum 43
Süßstoff 427
Suzuki, A. 462
Suzuki-Kupplung 460, 462, 463
Symmetrieebene 128
Symmetrietest
    Schema 138
Symmetriezentrum 128
syn 619
syn-Addition
    bei Hydroborierung 175, 181, 186, 192, 208
    von Singulett-Methylen 180
syn-coplanar
    Eliminierung 287

D-Tagatose 761
D-Talose 760
Tautomere 598
tautomeres Gleichgewicht
    2-Hydroxypyridin 745
Tautomerie 206, 599
Tautomerisierung 488, 599
Teflon
    aus Tetrafluorethylen 252
Templat-Effekt 340
Tenside 522
    anionenaktive 523
    aus Fettalkoholen 790
    Herstellung 524
    kationenaktive 523
    Na-alkylsulfat 523
    nichtionogene 523

Öle 790
Polyether 524
quartäre Ammoniumsalze 524
Umweltverträglichkeit 525
Terephthalsäure
aus p-Xylol 535, 900
Terpene 840
tert-Alkylkationen
bei Substitution 294
Massenspektrum 42
tert-Butylamin
durch Hofmann-Abbau 579
tert-Butylbromid
aus Isobutan 258
tert-Butyl-methyl-ether
Antiklopfmittel 97, 334
tert-Butylradikal (planar) 88
tertiär 86
Testosteron 847
Tetrachlorethylen
Trockenreinigung 250
Tetrachlorkohlenstoff 251
Tetracycline 860
tetraedrische Zwischenstufe 476, 482, 526, 548
bei Veresterung 561
bei Verseifung 561
Tetrafluorethylen
aus Difluorcarben 252
Tetrahedran 115
Tetrahydrofuran
aus Acetylen 334
Tetrahydrofuran (THF)
und Organolithiumverbindungen 443
α-Tetralon 395
Tetramethylethylendiamin (TMEDA) 437
Tetraterpene 843
thermische Anregung 878
Thermodynamik
einer Reaktion 26
thermodynamisch gesteuerte Reaktion 233,
602, 613, 725
thermodynamische Steuerung
bei aromatischer Substitution 411
Thermoplaste 894
Thiamin 864
Thiazolidinon
bei Edman-Abbau 824
Thioacetale 482
Thioaldehyd
in Zwiebeln 352
Thioalkohol 353
Thiocarbonsäureester
aus Carbonsäurechloriden und Thiolaten 569
Thiocarbonsäuren
Gemisch zweier Tautomerer 569
Thioester 569
Thioether 350

Thioharnstoff
zur Synthese 353
Thiolate
nucleophile 353
Thiole
Addition an Carbonylverbindungen 351, 481
Iod-Oxidation 354
Reaktionen 353
Thionylchlorid
Herstellung von Carbonsäurechlorid 527
Reaktion mit Alkohol 313
Thiophen
Nitrierung 732, 738
Acetylierung 738
aromatisches Verhalten 736
aus Butan und Schwefel 734
Delokalisierungsenergie 733
Diels-Alder-Reaktion 737
elektrophile Substitutionen 736
Thiophenverbindungen
aus 1,4-Dicarbonylverbindungen 733
threo 124
Threonin 797
D-Threose 760
Thymin (T) 857
Thyminring
Dimerisierung 884
Thymol
Hydrierung 725
Thyroxin 848, 849
Tiffeneau-Demjanow-Umlagerung 691
α-Tocopherol 723, 864
Tollens-Reagenz 501
Toluidin
Synthese 417
Toluol
aus Heptan 376
m-Toluolsulfonsäure 726
p-Toluolsulfonsäure
aus Toluol 311, 351, 402
als H^+-Katalysator 351
tonic water
Chinin 852
Topizität
von Molekülseiten 141
von Substituenten 137
Torsionsspannung 77
Tosylat 311
Tosylate 390
Tosylester 255
Hydrolyse mit $H_2^{18}O$ 565
Tosylierung
Alkohole 312
Tosyloxygruppe 312
Inversion 311
trans-Alkene
Hydrierung von Alkinen 211

Transaminierung 488
Transferasen 835
Traubensäure 125
Traubenzucker 765
treibende Kraft 184
Treibhausgase 81
Trevira 899
Triade
    Asp, His und Ser 823
    katalytisch aktive 823
Trialkylborane 176
    Oxidation 176
Triazen 697
1,3,5-Triazin 732
1,3,5-Tribrombenzol 696
3,4,5-Tribromnitrobenzol 695
2,4,6-Tribromphenol 716
Triebkraft einer Reaktion 26
Triethylaluminium 445
Triflat 311
Triflate 459
Trifluoressigsäure
    Acidität 521
Trifluormethansulfonsäure 311
α,α,α-Trihalogenketone
    Haloform-Reaktion 605
Trihydroxybenzoesäure 718
Triketohydrinden 478
Trimethylaluminium
    Dimerisierung 435
    Lewis-Säure 435
    Mehrzentrenbindung 435
Trimethylchlorsilan 612
Trimethylpentan
    Klopffestigkeit 97
2,2,4-Trimethylpentan
    klopffester Treibstoff 889
Triphenylmethylchlorid
    Ionisierung 264
Triphenylphosphin
    als Ligand 447
    als Ligand in Pd-Komplexen 459
    Wittig-Reaktion 496
Triplett-Carbene 179
Triptycen 419
Tristearin
    Lipid 781
Triterpene 842
Tritylsalze 264
Trockenreinigung
    Tetrachlorethylen 250
Tropasäure 851
Tropin 851
Tropon
    Dipolmoment 370
Tropylium-Ion
    Aromat 368

Tropylium-Salze
    Synthese 377
Tropylium-tetrafluoroborat
    aus Cycloheptatrien 377
Trypsin
    Hydrolyse von Peptiden 822
Tryptophan 801
Tschitschibabin-Reaktion 744
    an Benzopyridinen 748
Twistan 116
Tyrosin 792

Übergangsmetallverbindungen
    als Katalysatoren 447
Übergangszustand
    der aromatischen Substitution 27, 406
    trigonal-bipyramidal 256
    einer S_N2-Reaktion 256
Überlappung 113
Ubichinon 722
Ultraviolettspektroskopie
    Grundlagen 63
    Messanordnung 63
Umesterung 561, 783, 789
Umlagerung
    bei Dehydratisierung 316
    bei Hock-Reaktion 709
    sigmatrope 880
    Stereochemie 880
    über Carbenium-Ionen 162
Ummetallierung 441, 444, 461
Umpolung 483
Undecanal 452
α,β-ungesättigte Ketone 620
Uracil (U) 857
Urethane
    aus Chlorameisensäureester 586
    aus Isocyanat 681
UV-Spektroskopie
    Chromophore 65
    Lambert-Beersches Gesetz 64
UV-Spektrum
    konjugierte Doppelbindungen 66
    Polyene 224, 225
    Schwingungsniveaus 66
    von 1,3,5-Hexatrien 64
    von Aromaten 67
    von Butadien 65
    von Hexatrien 66

Valenzisomerisierungen 868, 885
valenztautomeres Gleichgewicht 371
Valeriansäure 514
Valin 797
van-der-Waals-Kräfte
    Alkane 79
Vanillin 467

aus Isoeugenol 472
Verbindungsbibliotheken 752
Verbrennungsenthalpie
  Alkane 113
  Cycloalkane 113
verdrillte Wanne
  Cyclohexan 116
Verdünnungsprinzip 111, 565
Veresterung
  mit Alkohol 525
  mit Diazomethan 526
Vergällungsmittel 304
Verseifung
  von Estern 561
vicinal 77, 149
Vilsmeier, A. 393
Vilsmeier-Reaktion
  an Indol 392, 393, 473, 749
Vinyl 152
Vinylanion 211
Vinylboran 208
  Elektronenlücke 11
  mesomerer Effekt 11
Vinylchlorid
  aus 1,2-Dichlorethan 252
  mesomerer Effekt 11
Vinylhalogenide
  aus Dihalogenalkanen 202
Vinylierung 218
Vinylkation 206
Vinyl-MgBr 500
Vinylpolymere
  Verwendung 890, 894
Vinylradikal 88
Vitamin A
  technische Synthese 221, 498, 865
Vitamin B_1 861
Vitamin B_2 861
Vitamin B_3 571
Vitamin B_6 861
Vitamin B_{12} 855, 861
Vitamin C 771
Vitamin D_2
  aus Ergosterin 884, 885
Vitamin E 724
  ein natürliches Antioxidans 724
Vitamin H 355, 358
Vitamin K_1 861
Vitamin-A-acetat 500
Vitamine
  Tabelle 861, 862
VSEPR-Modell 12, 15
Vulkanisierung 897

Wachse 787
Wacker-Verfahren 474
Wagner-Meerwein-Umlagerungen 162, 316

Waldensche Umkehr 257
Wallach, O. 840
Wanderung
  antarafacial 881
  photochemische 881
  suprafacial 881
  thermische 881
Warfarin
  durch Michael-Addition 649
  Keto-Enol-Tautomerie 649
Waschmittel 95, 446
Wasserstoff
  Molekülorbitale 18
Wasserstoffbrücken 468
  Alkohole 302
  asymmetrische 31
  Carbonsäureamide 572
Wasserstoffperoxid
  Addition an Enone 646, 716
Weichmacher 452, 467, 536, 624,
    907
Weinreb-Amide 473
Weinsäure 539
Weinsäure-diethylester 343
Wilkinson, G. 450
Wilkinson-Katalysator 449, 465
Williamson-Ethersynthese 333
Willstätter, R. 854
Windaus, A. 846
Wittig-Reaktion 494, 495
  Regio- und Stereoselektivität 496
Wolff-Kishner-Reduktion
  Aldehyde 507
  Ketone 507
Woodward, R. B. 854, 867
Woodward-Hoffmann-Regeln
  für Cycloadditionen 878
  für die sigmatropen Wanderungen 880
  für elektrocyclische Reaktionen 867,
    876

Xylan 776
o-Xylol
  mesomere Grenzstrukturen 366
D-Xylose 776
D-Xylulose 761
Ylen 493
Ylide 493
  aus Phosphoniumsalzen 493
  stabilisierte 494

Zeaxanthin 843
Zeise-Salz 435
Zellmembrane 789
  aus Phospholipiden 788
Zick-Zack-Kette 619
Zick-Zack-Konformationen 78

Zick-Zack-Schreibweise 811
Ziegler, K. 893
Ziegler-Natta-Katalysatoren 457
Zimtaldehyd 467
Zimtsäure
  Synthese 628
Zingiberen 841
Zink
  in Enzymen 627
Zinkorganyle
  in der Negishi-Kupplung 462
Zinnorganyle
  in der Stille-Kupplung 461
Zirconocendichlorid 457
Zitronensäure 513, 539
Zitronensäure-Cyclus 283

Zucker
  D,L-Nomenklatur 759
  Fischer-Projektion 758
  Haworth-Projektion 763
  Sesselkonformation 763
Zuckerersatzstoff 769
Zweiphasenreaktion 548
Zweitsubstitution
  Geschwindigkeit 408
  Mechanismus 406
Zwischenstufe
  bei Reaktionen 28
σ-Zwischenstufe 382
  tetraedrische 477
Zwitterion 804
  Yilde 493